# Fenômenos de Transporte

# Fenômenos de Transporte

**Eduardo Luis Canedo**
Professor Visitante na Universidade Federal de Campina Grande

gen | LTC

O autor e a editora empenharam-se para citar adequadamente e dar o devido crédito a todos os detentores dos direitos autorais de qualquer material utilizado neste livro, dispondo-se a possíveis acertos caso, inadvertidamente, a identificação de algum deles tenha sido omitida.

Não é responsabilidade da editora nem do autor a ocorrência de eventuais perdas ou danos a pessoas ou bens que tenham origem no uso desta publicação.

Apesar dos melhores esforços do autor, do editor e dos revisores, é inevitável que surjam erros no texto. Assim, são bem-vindas as comunicações de usuários sobre correções ou sugestões referentes ao conteúdo ou ao nível pedagógico que auxiliem o aprimoramento de edições futuras. Os comentários dos leitores podem ser encaminhados à **LTC — Livros Técnicos e Científicos Editora** pelo e-mail ltc@grupogen.com.br.



Travessa do Ouvidor, 11
Rio de Janeiro, RJ — CEP 20040-040
Tels.: 21-3543-0770 / 11-5080-0770
Fax: 21-3543-0896
ltc@grupogen.com.br
www.grupogen.com.br

Capa: Claudio Duque

Editoração Eletrônica: Performa

**CIP-BRASIL. CATALOGAÇÃO-NA-FONTE**
**SINDICATO NACIONAL DOS EDITORES DE LIVROS, RJ**

C224f

Canedo, Eduardo Luis
Fenômenos de transporte / Eduardo Luis Canedo. - [Reimpr.]. - Rio de Janeiro : LTC, 2018.

Apêndice
Inclui bibliografia e índice
ISBN 978-85-216-1755-6

1. Teoria do transporte. 2. Mecânica dos fluidos. 3. Calor - Transmissão. 4. Massa - Transferência. I. Título.

10-2913. CDD: 532.05
CDU: 532.5

# PREFÁCIO

Este texto foi preparado para a disciplina Fenômenos de Transporte, do curso de graduação em Engenharia de Materiais da Universidade Federal de Campina Grande (UFCG), em Campina Grande, PB, onde o autor ministrou aulas para seis turmas de 2006 a 2008. A disciplina é geralmente cursada no terceiro ou no quarto ano (dos cinco do curso) em 90 horas de aula de exposição, discussão e resolução de problemas.

Além do material efetivamente apresentado no curso, o texto contém "material extra" (identificado com o símbolo ★ no *Sumário*, além dos Problemas 5.6 e 9.4) que pode ser utilizado em apresentações alternativas ou como "trabalho de casa". Dessa forma, o autor espera que o livro possa ter utilidade como material suplementar, em cursos de graduação e pós-graduação em outras áreas da engenharia de processos, e/ou possa servir para a atualização e revisão de tópicos talvez esquecidos pelos profissionais na indústria de processamento de materiais.

A presente obra não pretende ser uma apresentação mais ou menos completa ou balanceada dos Fenômenos de Transporte. Ela tenta apresentar apenas os tópicos mais importantes (na opinião do autor) de interesse em engenharia de materiais, de modo que possam ser assimilados pelo estudante médio e que, no conjunto, apresentem um panorama dos conceitos e métodos clássicos utilizados nesta área da física aplicada.

Muitos assuntos, inclusive tópicos de importância para o engenheiro de materiais, foram excluídos por falta de espaço. Assim, assuntos referentes a fluidos compressíveis, camada-limite, turbulência, radiação, transferência de matéria em fluidos com reação química etc. foram excluídos ou apresentados de forma resumida para dar espaço a um tratamento mais detalhado que o usual a respeito do escoamento laminar de fluidos incompressíveis em dutos, fluidos não newtonianos puramente viscosos, transferência de calor em dutos, sem e com dissipação viscosa etc. Uma característica especial desta obra é a inclusão de uma seção relativamente extensa sobre *Misturas* (Capítulo 16), um assunto que geralmente é negligenciado em apresentações para engenheiros mecânicos (que acreditam não precisar do assunto) ou engenheiros químicos (que consideram esses tópicos em outras disciplinas do currículo). Poderíamos tentar justificar cada inclusão e exclusão; porém, preferimos atribuí-las à formação acadêmica, experiência profissional e – em última instância – às preferências do autor.

A obra reflete o nível de sofisticação matemática que o público-alvo original, os estudantes do curso de graduação em Engenharia de Materiais da UFCG, tem (ou deveria ter) depois de ter cursado as disciplinas básicas de matemática: álgebra, cálculo, equações diferenciais etc. Os fenômenos de transporte fazem parte da física aplicada, e a matemática é a língua da física. Aqueles à procura (ilusória, em nossa opinião) de uma apresentação dos fenômenos de transporte "sem matemática" (ou com pouca matemática) ficarão decepcionados.

Tanto a formulação das equações de variação em sua forma mais geral e "elegante" quanto a apresentação de correlações empíricas para os coeficientes de transferência têm sido reduzidas para dar espaço a um tratamento mais detalhado da resolução de problemas ou *casos prototípicos* utilizando os métodos analíticos convencionais. Dentro das limitações do tempo disponível, este é o ponto enfatizado na obra: a modelagem matemática da realidade física, os métodos utilizados para resolver os problemas idealizados, as limitações dos resultados obtidos. Questões matemáticas, além das técnicas básicas de cálculo, são incluídas na forma de anexos ou comentários, e alguns problemas numéricos acompanham – e estendem – o texto na forma de exemplos de utilização dos resultados em casos específicos de interesse na engenharia de materiais. A maioria dos problemas tem um "verniz tecnológico" (principalmente na área de processamento de polímeros) ainda que o objetivo seja sempre ilustrar métodos e conceitos gerais e não elaborar sobre a tecnologia em questão.

O assunto é apresentado na ordem tradicional: (1) *Mecânica dos Fluidos* (transferência de quantidade de movimento em sistemas fluidos – newtonianos e incompressíveis, exceto no Capítulo 8, que inclui uma introdução à mecânica dos fluidos não newtonianos puramente viscosos – homogêneos e de composição e temperatura constantes e uniformes), seguida de (2) *Transferência de Calor* (transporte de energia interna em sólidos e fluidos homogêneos de composição constante e uniforme, mas de temperatura variável), e de uma introdução à (3) *Transferência de Massa* (transporte de uma substância em sólidos e fluidos – principalmente misturas binárias – homogêneos de composição variável, mas de temperatura uniforme e sem reações químicas). A brevidade desta última parte pode ser compensada pelo excelente tratamento do assunto disponível em português.* Este livro finaliza com o capítulo dedicado às misturas e aos processos de mistura, antes mencionado. Um *Sumário* bastante detalhado permite obter um panorama geral do conteúdo do texto e procurar assuntos de interesse para aqueles que prefiram não seguir o caminho (recomendável) de estudar a matéria na ordem apresentada.

Os fenômenos de transporte aprendem-se pelo estudo detalhado (muitas vezes repetitivo e pouco glamoroso) de problemas de bordas que envolvem geometrias, materiais e condições operativas mais ou menos particulares, que sugerem conceitos e métodos de análise mais ou menos diferentes. Dessa forma, aos poucos, o estudante vai construindo seu arsenal de situações conhecidas e desenvolve uma forma (muitas vezes pessoal) de aproximar-se dos problemas novos. De certa maneira, cada indivíduo traça seu próprio caminho nesse labirinto. Nós só podemos "apresentar os fatos", apontar semelhanças e diferenças, mostrar a posição de cada caso particular na imensa estrutura racional da física clássica (uma das mais elevadas construções da mente humana) e, talvez, oferecer alguns conselhos – baseados na experiência – sobre uma forma possível (entre outras) de transitar o labirinto...

Uma consideração final. Depois da publicação da tradução portuguesa do clássico BSL** (a "mãe de todos os livros-texto de fenômenos de transporte"), por que seria necessário mais uma apresentação do assunto? Neste caso, cabe ao leitor – estudantes, colegas professores e engenheiros na prática industrial – considerar se é justificável a publicação de um tratamento mais detalhado e acessível de alguns tópicos de fenômenos de transporte de especial interesse para a engenharia de materiais.† Em todo caso, a presente obra pode ser considerada uma introdução simples, mas rigorosa e detalhada, ao BSL e aos muitos textos avançados e monografias na matéria citados na *Bibliografia*.

*Eduardo Luis Canedo*

# AGRADECIMENTOS

Um texto didático como a presente obra deve muito a todos os que têm contribuído ao "estado da arte" na mecânica dos fluidos, transferência de calor e massa. Ideias e exemplos dos outros têm sido utilizados liberalmente, e atribuídos às fontes utilizadas (não às fontes primárias). Agradeço a todos os que me ensinaram a matéria ao longo dos anos, seja através da palavra escrita ou de viva voz, e me mostraram não só a utilidade, mas a beleza dos Fenômenos de Transporte.

Desejo agradecer especialmente à engenheira **Shirley Waleska Cavalcante Araújo**, que "traduziu" as primeiras versões do manuscrito do original em *portunhol*, à desenhista **Vanina Artus**, que transformou gráficos e desenhos realizados em diversos softwares nas belas imagens TIFF incluídas na obra, e aos estudantes do curso de graduação em Engenharia de Materiais da UFCG, que suportaram estoicamente o desenvolvimento deste texto.

* M. A. Cremasco. *Fundamentos de Transferência de Massa*, 2.ª ed. Editora da UNICAMP, Campinas, 1998.
** R. B. Bird, W. E. Stewart, E. N. Lightfoot. *Fenômenos de Transporte*, 2.ª ed. LTC Editora, Rio de Janeiro, 2004.
† O autor adota a tradução literal das designações em inglês *density*, *specific gravity*, respectivamente densidade, gravidade específica. (N.E.)

# Sobre o Autor

**Eduardo Luis Canedo** estudou Química na Argentina e Engenharia Química nos Estados Unidos, onde obteve o Ph.D. pela University of Delaware. Após estudos pós-doutorais no Technion, em Israel, trabalhou por vinte anos nos Estados Unidos em pesquisa e desenvolvimento na indústria de processamento de polímeros. Ensinou e ensina em universidades da Argentina e do Brasil. Sua especialidade é modelagem e simulação de equipamentos para o processamento de plásticos e borracha. É autor de numerosas apresentações, artigos e capítulos de livros na sua área de especialidade, e do pacote de software TXS™ para gerenciamento, visualização e simulação de processo em extrusoras de dupla rosca, amplamente utilizado pela indústria de processamento na América, Europa e Ásia. Atualmente é presidente da PolyTech, uma empresa de consultoria e produção de software técnico baseada em Prospect, Connecticut, EUA (www.polytech-soft.com).

# Material Suplementar

Este livro conta com o seguinte material suplementar:

- Ilustrações da obra em formato de apresentação (restrito a docentes)

O acesso ao material suplementar é gratuito. Basta que o leitor se cadastre em nosso *site* (www.grupogen.com.br), faça seu *login* e clique em GEN-IO, no menu superior do lado direito. É rápido e fácil.

Caso haja alguma mudança no sistema ou dificuldade de acesso, entre em contato conosco (sac@grupogen.com.br).

# SUMÁRIO

# INTRODUÇÃO AOS FENÔMENOS DE TRANSPORTE

# 1



## 1.1 O QUE SÃO OS "FENÔMENOS DE TRANSPORTE"?

Fenômenos de Transporte é uma área da física aplicada, que inclui os tópicos:

(1) **Mecânica dos fluidos** → transporte de quantidade de movimento (ou "momento")
(2) **Transferência de calor** → transporte de energia
(3) **Transferência de matéria** → transporte de massa (de espécies químicas)

É conveniente estudar os três fenômenos de transporte, juntos, por diversas razões:

(a) Frequentemente acontecem juntos em muitas áreas da indústria, da biologia, do meio ambiente etc. (a ocorrência de um desses fenômenos isolado é a exceção, não a regra).
(b) As equações básicas que descrevem matematicamente os três fenômenos estão estreitamente relacionadas, e muitos problemas em uma área podem ser resolvidos por *analogia* com resultados obtidos em outra área.

Fenômenos de transporte é uma disciplina fundamental em várias áreas da engenharia, em particular aquelas que envolvem processos de transformação da matéria, como engenharia química, engenharia de materiais e engenharia de alimentos. É também importante em muitas outras áreas da ciência e da tecnologia: ciências do ambiente, meteorologia, agricultura, fisiologia, farmácia etc.

**Qual é a utilidade dos fenômenos de transporte para o engenheiro de materiais?**

Vejamos alguns exemplos:

(a) A maioria dos materiais é *sólido*, mas são processados no estado de *líquido* (quer sejam fundidos, ou dissolvidos, ou suspensos num líquido). Por exemplo, queremos saber a energia mecânica requerida para movimentar certa quantidade de polímero fundido ou de uma pasta cerâmica (para dimensionar as bombas ou motores necessários, para saber os custos do processo etc.). Em processos contínuos precisamos saber a potência (energia por unidade de tempo) para uma determinada vazão (massa ou volume por unidade de tempo). Uma bomba vai nos dar uma diferença de pressão e precisamos saber a relação entre a diferença de pressão e a vazão. Esses problemas são típicos da *mecânica dos fluidos* (transporte de quantidade de movimento).
(b) Considere o resfriamento de uma peça cerâmica, de uma placa de plástico ou de um cabo de aço. Como varia a temperatura dentro da peça (no centro, na superfície)? Quanto tarda para atingir uma temperatura determinada? Como dependem estas quantidades das propriedades do material, da forma e tamanho da peça, das condições ambientais (velocidade e temperatura do ar)? Esses são problemas típicos da *transferência de calor* (transporte de energia).
(c) Um filme de plástico é utilizado para proteger um alimento que é afetado pelo oxigênio e pela umidade do ar. Queremos saber quanto tempo tardam o oxigênio e o vapor de água para serem transportados através do filme (desde o exterior até o alimento). Como isso depende da composição do plástico, da espessura do filme, da umidade do ar etc.? Esses problemas são típicos da *transferência de matéria* (transporte de espécies químicas).

Nos cursos de engenharia de materiais, os Fenômenos de Transporte, junto com outras matérias como a Mecânica dos Sólidos e a Termodinâmica, formam uma ponte entre as disciplinas básicas (matemáticas, física, química) e as disciplinas profissionais ("processamento de...", "tecnologia de..."). Uma sólida formação nas *disciplinas-ponte* é essencial para ligar os dois extremos do currículo, assim como para preparar o futuro engenheiro para os desafios na sua vida profissional, onde talvez encontre "processamentos" e "tecnologias" novas.

## 1.2 NÍVEIS DE OBSERVAÇÃO

Nos fenômenos de transporte distinguem-se dois *níveis* ou *escalas de observação* (Figura 1.1):

- *Nível macroscópico* – a unidade de observação é o equipamento ou a peça do material em estudo. Neste nível os comprimentos são medidos em metros (m) ou em centímetros (cm).
- *Nível microscópico* – a unidade de observação é o *elemento material* (grão, partícula, gota etc.) dentro do sistema em estudo. Neste nível os comprimentos são medidos em milímetros (mm) ou mícrons ($\mu$m).

Além dessas escalas de observação existe o nível *molecular*, em que a unidade de observação é a molécula (ou átomo, ou íon).[1] Neste nível os comprimentos são medidos em nanômetros (nm). Todos os fenômenos observados a nível microscópico ou macroscópico estão relacionados às propriedades e interações em escala molecular. Porém, neste curso vamos nos concentrar nos níveis microscópico e macroscópico (Figura 1.1).

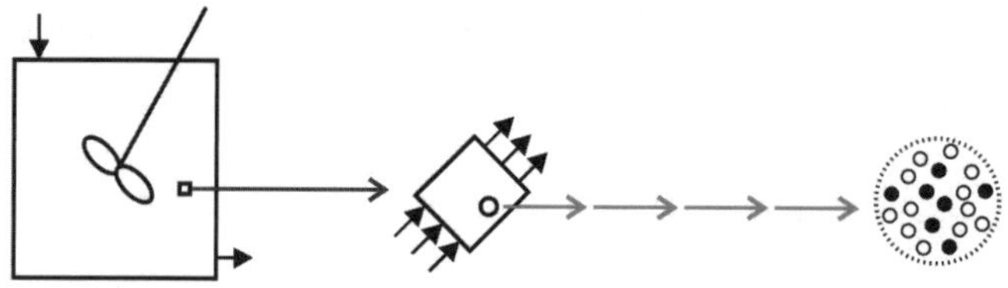


**Figura 1.1**

Considere uma gota de água de 1 mm$^3$ = 1 $\mu$L, com uma massa de aproximadamente 1 mg (a densidade da água é de 1 g/cm$^3$ = 1 mg/mm$^3$). Sabe-se que 1 mol de água tem uma massa de 18 g e contém aproximadamente $6 \cdot 10^{23}$ moléculas (o *número de Avogadro*); portanto, 1 mg de água contém

$$\frac{6 \cdot 10^{23} \text{ moléculas/mol}}{18 \text{ g/mol}} \times 10^{-3} \text{ g/mg} \approx 3 \cdot 10^{19} \text{ moléculas}$$

isto é, 30.000.000.000.000.000.000 moléculas! Isso quer dizer que uma partícula de nível microscópico contém um número virtualmente *infinito* de moléculas, e isso ainda é verdade se subdividirmos a escala linear microscópica em 1000 unidades, ou se considerarmos moléculas 1000 vezes maiores que a molécula de água (macromoléculas). Os níveis microscópicos e macroscópicos são de tamanhos comparáveis, enquanto o nível molecular é "infinitamente" menor.

A desproporção entre o nível microscópico e o nível molecular permite considerar os fenômenos de transporte no nível microscópico como se os sistemas estudados fossem infinitamente divisíveis, isto é, *contínuos*. As variáveis consideradas (velocidades, temperaturas, concentrações) podem ser supostas como variáveis contínuas da posição no espaço (variável independente contínua). Conceitos como o gradiente de uma dessas variáveis fazem sentido; por exemplo:

$$\frac{dT}{dx} = \lim_{\Delta x \to 0} \frac{T\,(x + \Delta x) - T\,(x)}{\Delta x} \tag{1.1}$$

é uma quantidade bem definida, qualquer que seja a precisão nas medições de $T$ ou $x$.[2]

[1] Em muitos casos, especialmente em termodinâmica, os nossos níveis *macro* e *micro* são chamados coletivamente de macroscópicos, reservando o termo microscópico para o nosso nível de observação molecular.

[2] $\Delta x$ pode aproximar-se tão perto de zero quanto for necessário para que a razão de incrementos seja uma ótima aproximação da derivada para todas as funções $T(x)$ de importância prática.

A aproximação (ou "hipótese") do contínuo permite utilizar todo o aparelho da análise matemática das funções reais na formulação dos problemas de fenômenos de transporte. Os princípios e leis físicas se traduzem em equações diferenciais, através de um processo de *modelagem matemática* do universo físico. A solução de complexos problemas físicos fica reduzida à solução de equações matemáticas, tornando-se um problema bem mais simples, ainda que muitos o considerem complicado demais!

## 1.3 ESTRUTURA DOS FENÔMENOS DE TRANSPORTE

Os fenômenos de transporte baseiam-se em certos princípios ou leis fundamentais, chamados *princípios de conservação* (de momento, matéria, energia etc.). Esses princípios de conservação são *leis universais da natureza*, válidos para todos os materiais, em todas as circunstâncias particulares. Não podemos *demonstrar* que esses princípios são verdadeiros; simplesmente, a observação da natureza pelos cientistas, através do tempo, estabeleceu sua validade em todos os casos.[3]

Através da modelagem matemática da realidade física, e a partir dos princípios de conservação, são estabelecidas certas equações diferenciais fundamentais, as *equações de variação*, que relacionam as taxas de variação (mudança) de certas quantidades: velocidade, temperatura, composição etc.

O estudo dos fenômenos de transporte consiste na solução dessas equações fundamentais para casos particulares. Na aplicação das equações de variação a sistemas particulares é necessário estabelecer também certas *equações* (ou *relações*) *constitutivas* que definem *classes de materiais*. As equações constitutivas são equivalentes – em certa forma – às equações de estado da termodinâmica. Porém, não relacionam entre si variáveis termodinâmicas, mas as taxas de variação (de momento, calor, matéria) com os gradientes das variáveis correspondentes (velocidade, temperatura, concentração). As equações constitutivas não são "leis universais" (como os princípios de conservação), pois existem materiais e condições nas quais são válidas, e outros casos onde não o são. Na formulação das equações constitutivas aparecem certas "constantes" materiais, as *propriedades de transporte* (viscosidade, condutividade térmica, difusividade). No entanto, essas "constantes" nem são constantes, nem dependem, em geral, apenas do material ou das variáveis (termodinâmicas) de estado, mas também das condições dinâmicas do sistema.

### 1.3.1 Princípios de Conservação

Os princípios de conservação expressam-se através de balanços da entidade conservada *NNN* na forma de taxas (quantidade de *NNN* por unidade de tempo):

$$\begin{matrix}\text{Taxa de aumento}\\ \text{de } NNN\\ \text{no sistema}\end{matrix} = \begin{matrix}\text{Taxa de entrada}\\ \text{de } NNN\\ \text{no sistema}\end{matrix} - \begin{matrix}\text{Taxa de saída}\\ \text{de } NNN\\ \text{no sistema}\end{matrix} + \begin{matrix}\text{Taxa de geração}\\ \text{de } NNN\\ \text{no sistema}\end{matrix} \qquad (1.2)$$

(A diferença entre as taxas de entrada e saída chama-se "taxa *líquida* de entrada".)

O assunto é:

- definir corretamente a entidade *NNN*;
- estabelecer as formas pelas quais *NNN* pode entrar e sair através das bordas do sistema;
- estabelecer as formas pelas quais *NNN* pode ser gerado dentro do sistema.

### 1.3.2 Princípio de Conservação da Matéria

Este princípio estabelece que a matéria não pode ser criada nem destruída dentro do sistema. Portanto, para um sistema aberto:

$$\begin{matrix}\text{Taxa de aumento}\\ \text{de massa}\\ \text{no sistema}\end{matrix} = \begin{matrix}\text{Taxa de entrada}\\ \text{de massa}\\ \text{no sistema}\end{matrix} - \begin{matrix}\text{Taxa de saída}\\ \text{de massa}\\ \text{no sistema}\end{matrix} \qquad (1.3)$$

***Nota***: Não consideramos sistemas quando a matéria é transformada em energia, em quantidades significativas, através de reações nucleares. Isso só ocorre em sistemas "especiais", não incluídos no tratamento usual dos fenômenos de transporte (no interior do Sol, nos elementos combustíveis de uma central nuclear, em uma bomba atômica etc.). Alguns minerais podem conter substâncias naturalmente radioativas (por exemplo,

[3] Veja, por exemplo, R. Feynman, *The Character of Physical Law*. MIT Press, 1965.

sais de urânio), e não é incomum a presença, em sistemas experimentais, de isótopos radioativos artificiais utilizados como marcadores. Nesses casos, a energia gerada é mínima (ainda que detectável), mas a quantidade de *matéria* transformada em energia é praticamente indetectável. Lembremos que a quantidade de matéria destruída ($\delta m$) para gerar uma quantidade de energia ($\delta e$) está relacionada pela da famosa equação de Einstein:

$$\delta e = \delta m \cdot c^2 \tag{1.4}$$

onde $c = 3 \cdot 10^8$ m/s é a velocidade da luz no vácuo. Assim, a geração de 1 J de energia requer a desaparição de aproximadamente $10^{-17}$ kg = 0,01 pg (*pico*gramas!) de matéria. Nessas circunstâncias o balanço de matéria não é afetado, mas, às vezes, uma pequena *taxa de geração de energia* deve ser adicionada no balanço de energia.

### 1.3.3 Princípio de Conservação da Quantidade de Movimento (Momento Linear)

Este princípio é uma generalização – para um sistema aberto, num meio contínuo e deformável – da chamada *segunda lei de Newton* da mecânica das partículas rígidas.

Lembremos que uma força $\boldsymbol{F}$ aplicada sobre uma partícula rígida de massa $m$ causa uma aceleração $\boldsymbol{a}$, que é a taxa de variação da velocidade instantânea $\boldsymbol{v}$ da partícula na direção da força:

$$\boldsymbol{F} = m \cdot \boldsymbol{a} = m \cdot \frac{d\boldsymbol{v}}{dt} \tag{1.5}$$

que pode ser escrita também como (a massa da partícula é constante):

$$\frac{d}{dt}(m\boldsymbol{v}) = \boldsymbol{F} \tag{1.6}$$

onde $m\boldsymbol{v}$ é a *quantidade de movimento* ou *momento linear* (instantâneo) da partícula.

O *princípio de conservação da quantidade de movimento* diz que a variação de momento de um sistema deve ser igual à soma de todas as forças que atuam sobre o sistema. Para um sistema aberto devem-se considerar as taxas de entrada e saída de quantidade de movimento "arrastada" pela matéria que entra e sai do sistema (o termo técnico é "por convecção"):

| | | | | | | | | |
|---|---|---|---|---|---|---|---|---|
| Taxa de aumento de quantidade de movimento no sistema | = | Taxa de entrada de quantidade de movimento no sistema | − | Taxa de saída de quantidade de movimento no sistema | + | Soma de todas as forças aplicadas sobre o sistema | | (1.7) |

A questão é levar em consideração *todas* as forças que atuam sobre o sistema: peso, pressão, atrito etc.

***Nota***: Tanto a quantidade de movimento quanto as forças são quantidades vetoriais. O balanço de momento origina, portanto, uma *equação vetorial*. O espaço ordinário comporta três dimensões, e todos os vetores podem ser expressos com três componentes *independentes* num sistema de coordenadas ortogonais apropriado. Portanto, correspondem ao balanço de momento três equações "normais" (escalares) independentes, uma para cada uma das três componentes do vetor quantidade de movimento (por exemplo, em coordenadas cartesianas: $mv_x$, $mv_y$, $mv_z$).

O balanço de quantidade de movimento será considerado com detalhe na primeira parte do livro (mecânica dos fluidos).

### 1.3.4 Princípio de Conservação da Energia

Este princípio é uma generalização – para um sistema aberto, num meio contínuo – da *primeira lei da termodinâmica*. Lembremos que a variação de energia $\Delta E$ de um sistema fechado é igual à soma do calor $Q$ e do trabalho $W$ trocado entre o sistema e a vizinhança:

$$\Delta E = Q + W \tag{1.8}$$

A energia total do sistema inclui a energia interna ($U$) e a energia cinética ($\frac{1}{2}mv^2$). Da mesma forma que no balanço de momento, para um sistema aberto devem ser levadas em consideração as taxas de entrada e saída de energia por convecção:

| | | | | | | | | | | |
|---|---|---|---|---|---|---|---|---|---|---|
| Taxa de aumento de energia total no sistema | = | Taxa de entrada de energia total no sistema | − | Taxa de saída de energia total no sistema | + | Taxa de entrada de calor no sistema | + | Soma do trabalho das forças aplicadas sobre o sistema | | (1.9) |

A questão, neste caso, também é levar em consideração o trabalho (reversível ou irreversível) de *todas* as forças que atuam sobre o sistema.

***Nota***: Sabemos (da termodinâmica) que, para sistemas aproximadamente incompressíveis (líquidos e sólidos, que são praticamente todos os sistemas de interesse neste livro), a energia interna é somente (ou principalmente) função da temperatura. Portanto, o balanço de energia fornece informação interessante apenas no caso de sistemas com temperatura variável (no espaço e/ou no tempo), ou seja, sistemas *não isotérmicos*. Para sistemas isotérmicos o balanço de energia fica reduzido a um *balanço de energia mecânica* (que pode ser obtido a partir do balanço de momento). Para sistemas não isotérmicos pode-se subtrair o balanço de energia mecânica do balanço de energia total para obter um *balanço de energia interna* (às vezes chamado *balanço de energia térmica* ou *balanço de calor*).

Os balanços de energia serão considerados com detalhe na segunda parte do livro (transferência de calor).

## 1.3.5 Princípio de Conservação da Matéria (Massa) para uma Espécie Química

Este princípio, aplicado a cada uma das espécies químicas presentes, só tem sentido em misturas multicomponentes. Para a espécie **A**, na unidade de tempo:

$$\begin{matrix}\text{Taxa de acumulação} \\ \text{de massa de } \mathbf{A} \\ \text{no sistema}\end{matrix} = \begin{matrix}\text{Taxa de entrada} \\ \text{de massa de } \mathbf{A} \\ \text{no sistema}\end{matrix} - \begin{matrix}\text{Taxa de saída} \\ \text{de massa de } \mathbf{A} \\ \text{no sistema}\end{matrix} + \begin{matrix}\text{Taxa de formação de } \mathbf{A} \\ \text{por reação química} \\ \text{dentro do sistema}\end{matrix} \quad (1.10)$$

É importante saber que a entrada e a saída de uma determinada espécie química do sistema podem acontecer por convecção ("acompanhando" a matéria que entra e sai globalmente do sistema) ou por difusão "molecular" dessa espécie em particular.

Além disso, uma espécie química pode ser formada a partir de outras (ou desaparecer, transformada em outras) através de uma reação química. Note que a soma dos balanços de massa para todas as espécies químicas presentes numa mistura é o balanço de matéria total, assim:

$$\sum_{i=1}^{N} (\text{taxa de geração de } \mathbf{A}_i) = 0 \quad (1.11)$$

(onde $N$ é o número total de espécies químicas presentes). O balanço de matéria para espécies químicas será considerado na terceira parte do livro (transferência de matéria).

As áreas de aplicação dos balanços de quantidade de movimento (mecânica dos fluidos), de energia interna (transferência de calor) e de massa das espécies químicas presentes (transferência de matéria) estão representadas na Figura 1.2:

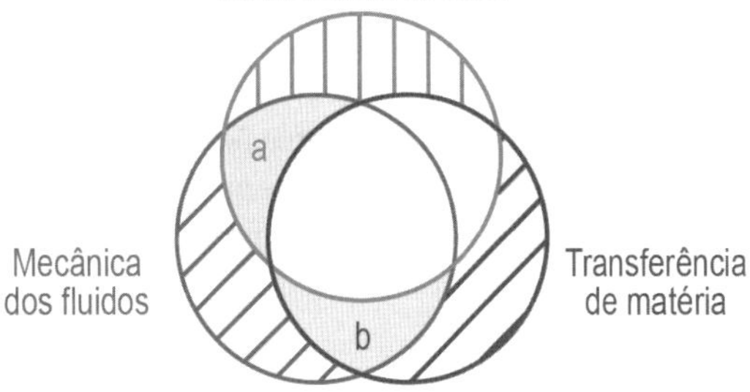


**Figura 1.2**

Problemas que envolvem dois ou mais fenômenos de transporte, ocorrendo simultaneamente, correspondem às áreas compartilhadas por dois ou mais círculos. A área central, compartilhada pelos três círculos, corresponde aos problemas de transferência simultânea de calor e matéria em fluidos em movimento.

Neste texto vamos nos limitar a (1) problemas onde somente um balanço é importante: problemas que envolvem movimento de *fluidos puros em condições isotérmicas* (balanço de quantidade de movimento – área ///), ou problemas de transferência de calor (balanço de energia interna – área |||), ou de matéria (balanço de massa de espécie química – área \\\) em *sólidos*; e (2) problemas que envolvem transferência de calor *ou* matéria em fluidos em movimento (balanços de momento e de energia interna – área ***a*** – *ou* balanços de momento e de massa de espécie química – área ***b***) que são de grande importância na prática.

*Nota*: Existem outros princípios de conservação além dos aqui considerados. Por exemplo, o *princípio de conservação do momento angular* (que conduz à simetria do tensor de tensões, Seção 2.3), o *princípio de conservação da carga elétrica* (importante em eletroquímica e processamento de misturas ionizadas) etc.[4] Veja a bibliografia recomendada para mais esclarecimentos sobre este assunto.

## 1.4 ESTRUTURA DO LIVRO. BIBLIOGRAFIA GERAL

O objetivo deste texto introdutório de Fenômenos de Transporte é apresentar uma série de *conceitos* e *métodos* básicos utilizados nessa área de conhecimento, aplicados à resolução de problemas de especial interesse em engenharia de materiais. Sempre que possível o assunto será apresentado através do estudo de *casos* (exemplos ou problemas genéricos), complementados com alguns problemas numéricos.

O campo dos fenômenos de transporte é muito amplo; por isso, só serão considerados alguns tópicos representativos, com o nível de detalhe necessário para possibilitar a compreensão dos conceitos e métodos envolvidos. Assim, muitos tópicos importantes só serão mencionados *en passant*, ou serão diretamente desconsiderados. Para um tratamento mais completo da matéria, o estudante interessado deve pesquisar a bibliografia recomendada.

Em particular, não vamos considerar duas áreas de grande importância:

(a) *Métodos experimentais*, incluindo as técnicas para medição de fluxos de matéria e energia, pressões, velocidades, temperaturas e concentrações em materiais, assim como a determinação de *propriedades de transporte* (viscosidade, condutividade térmica, difusividade).

(b) *Métodos numéricos* de resolução de problemas, visto que, na maioria dos casos de importância na prática acadêmica ou industrial, não é possível obter uma solução analítica do problema sem fazer suposições e aproximações que, em muitas situações, são inaceitáveis.

Existem muitos livros-texto de fenômenos de transporte, alguns deles traduzidos para o português. Para estudantes na área de engenharia de processos e engenharia de materiais em particular, podemos recomendar as seguintes obras:[5]

(1) R. B. Bird, W. E. Stewart e E. N. Lightfoot, Fenômenos de Transporte, 2ª ed. LTC, Rio de Janeiro, 2004 (BSL).

(2) J. R. Welty, C. E. Wicks e R. E. Wilson, *Fundamentals of Momentum, Heat and Mass Transport*, 3rd ed. Wiley, 1984 (WWW).

(3) W. M. Deen, *Analysis of Transport Phenomena*. Oxford University Press, 1998.

(4) J. C. Slattery, *Advanced Transport Phenomena*. Cambridge University Press, 1999.

O primeiro, que será citado ao longo deste livro simplesmente como o "BSL", é, indiscutivelmente, o melhor e mais importante texto de fenômenos de transporte já publicado (desde a primeira edição, em 1960, que praticamente estabeleceu a disciplina "fenômenos de transporte" da forma como ela é conhecida atualmente).

Todo estudante com interesse mais que superficial na disciplina, que planeje prosseguir estudos de pós-graduação, ou se dedicar à pesquisa e desenvolvimento – seja na academia ou na indústria – em qualquer área da engenharia de processos, deve se familiarizar com essa obra e pensar seriamente em investir na compra desse livro. O segundo (WWW) é uma excelente apresentação do assunto, considerado por muitas pessoas como "mais acessível" que o BSL; o inconveniente é que não tem uma versão traduzida para o português. Os dois últimos, mais avançados, podem ser utilizados como complemento dos outros.

Outros textos de importância para os estudantes de fenômenos de transporte interessados em processamento de polímeros são:

(5) R. B. Bird, R. C. Armstrong e O. Hassager, *Dynamics of Polymeric Liquids*, Volume 1: *Fluid Mechanics*, 2nd ed. Wiley-Interscience, 1987.

(6) Z. Tadmor e C. G. Gogos, *Principles of Polymer Processing*, 2nd ed. Wiley-Interscience, 2006.

---

[4] Uma referência clássica para o estudo da eletroquímica como fenômeno de transporte é o texto de J. Newman, *Electrochemical Systems*. Prentice-Hall, 1973. Um tratamento da transferência de energia radiante utilizando como base o *princípio de conservação dos fótons* é apresentado por S. Whitaker, *Fundamental Principles of Heat Transfer*. Pergamon Press, 1977, capítulos 8-9.

[5] Um texto recente, de autor brasileiro mas publicado em inglês, M. L. de Souza-Santos, *Analytical and Approximate Methods in Transport Phenomena*. CRC Press, 2008, parece bastante interessante. O material está organizado de acordo com o tipo de problema matemático gerado pela modelagem de diferentes casos, muitos de interesse na engenharia de materiais, e não na base do fenômeno de transporte involucrado. Porém, não foi possível sua consulta na preparação do texto presente.

(7) M. M. Denn, *Polymer Melt Processing: Foundations in Fluid Mechanics and Heat Transfer*. Cambridge University Press, 2008.

Estas obras são especialmente úteis para perceber a extensão e o nível da formação em fenômenos de transporte necessária para continuar os estudos de engenharia de materiais nas áreas de reologia e processamento. Porém, é bom lembrar que uma boa formação em fenômenos de transporte é *imprescindível* para compreender o que acontece quando sistemas físicos estão sendo transformados ou modificados, qualquer que seja a área ou subárea da ciência ou da engenharia.

Outro texto, para estudantes avançados, sobre a aplicação dos conceitos e métodos dos fenômenos de transporte ao estudo do processamento de metais, compósitos e outros materiais é:

(8) S. Kou, *Transport Phenomena and Materials Processing*. Wiley-Interscience, 1996.

Os fenômenos de transporte não só fornecem a base do *processamento* de materiais, mas acontecem no dia a dia do laboratório. Um texto avançado, de especial interesse para *ciência* de materiais, é:

(9) R. F. Probstein, *Physicochemical Hydrodynamics: An Introduction*, 2nd ed. Wiley-Interscience, 2003.

Além dos textos de fenômenos de transporte em conjunto, o estudante pode consultar, com proveito, textos de mecânica dos fluidos, transferência de calor e transferência de massa. O BSL contém milhares de referências a textos, monografias e trabalhos originais em todas as áreas e subáreas de fenômenos de transporte. Algumas referências a *fontes secundárias* (textos e monografias) foram incluídas no texto. Para *fontes primárias* (trabalhos originais) ou artigos de revisão, o estudante interessado deve consultar as bibliografias incluídas nas obras citadas.

Este livro inclui problemas resolvidos em detalhe. Em muitos casos, os problemas envolvem a simples aplicação das expressões obtidas no texto para ilustrar os métodos e conceitos desenvolvidos, mas às vezes introduzem conceitos ou métodos novos ou reelaboram o material apresentado. Os problemas devem ser considerados como parte integral do texto. Muitos problemas admitem metodologias alternativas de resolução; a utilizada aqui segue de perto a desenvolvida no texto.

A maioria dos problemas foi formulada em termos de alguma aplicação específica de interesse para a engenharia de materiais. Porém, deve-se levar em consideração que o objetivo é exemplificar e estender os procedimentos de fenômenos de transporte estudados neste livro. Geralmente, a solução de problemas mais "realistas" semelhantes aos apresentados é bem mais complexa que a dos modelos simplificados utilizados na solução proposta e requer um conhecimento apurado das tecnologias envolvidas. Nosso propósito é ilustrar o fato de que a aplicação de conhecimentos elementares de fenômenos de transporte é um excelente *ponto de partida* para análise de uma grande variedade de problemas na área de processamento de materiais. Mas o "ponto de chegada" é outra coisa, e está fora deste curso introdutório.

Nesta obra temos utilizado preferentemente as unidades de medição recomendadas[6] pelo Sistema Internacional de Unidades (SI). O SI apresenta um sistema racional, completo e flexível de unidades para todas as grandezas físicas utilizadas nas ciências e na tecnologia, de aceitação praticamente universal. Assumimos que o leitor está familiarizado com o SI, e tem acesso rápido a tabelas de conversão de unidades para interpretar os dados fornecidos em outras unidades.

A lógica interna do SI o torna ideal para a resolução de problemas numéricos, e nossa recomendação é utilizar sempre o SI no desenvolvimento (resolução) dos problemas. Porém, dados e resultados finais são muitas vezes expressos em outras unidades de uso comum na engenharia. O padrão internacional admite o uso de algumas unidades que não fazem parte do esquema lógico do SI: horas (h) e minutos (min) para tempos, litros (L) para volumes, bar (bar) para pressões etc. Todas elas são utilizadas frequentemente nos problemas desta obra. Além disso, na prática da engenharia utilizam-se muitas vezes unidades cujo uso é explicitamente desencorajado pelo SI. Tentamos evitar seu uso, mas nem sempre isso é possível. Por exemplo, a velocidade angular em equipamentos, desde agitadores no laboratório até misturadores na planta industrial, é universalmente expressa (agora e no futuro previsível) em "voltas ('revoluções') por minuto" (símbolo: rpm). Seria artificioso especificar as velocidades angulares em equipamentos de processo nas unidades "corretas" do SI (radianos por segundo). O objetivo da padronização é facilitar, não dificultar, a comunicação: saber quando utilizar as unidades do SI e quando as unidades alheias ao SI, mas de uso comum, é parte da formação profissional do engenheiro.

[6] O SI *recomenda* o uso de algumas unidades e *desencoraja* o uso de outras na comunicação de informação científica e técnica: não *obriga* nem *proíbe* coisa nenhuma. Não confundir com o uso obrigatório de certas unidades no comércio e outras atividades reguladas pela lei.

**ANEXO A Conselhos para o estudo dos fenômenos de transporte** (BSL, Seção 0.4)

- Estude sempre com lápis e papel na mão; escreva com detalhe todos os estágios "resumidos" no desenvolvimento que encontra em textos ou notas.
- Sempre que necessário consulte os textos de matemática para rever os conhecimentos de cálculo, equações diferenciais, vetores etc., que você já estudou, mas pode ter esquecido (ou não estudou com o nível de detalhe necessário).
- Procure sempre um significado físico para todos os resultados obtidos; crie o hábito de relacionar ideias físicas às equações matemáticas.
- Pergunte-se sempre se os resultados obtidos são "razoáveis". Se a sua intuição não concordar com algum resultado, é importante saber o que está errado: o resultado ou a sua intuição.
- Crie o hábito de verificar as dimensões e unidades de todos os resultados obtidos. Esta é uma maneira muito boa de localizar erros nos desenvolvimentos matemáticos.

**ANEXO B Pré-requisitos de física e química**

Os fenômenos de transporte são parte da física aplicada. Conceitos elementares de física (mecânica e termodinâmica) e de química geral são necessários para o aproveitamento da matéria. Para facilitar a revisão dos conhecimentos prévios requeridos (e assumidos) neste texto introdutório, apresentamos aqui uma lista sumária de tópicos importantes para o desenvolvimento desta disciplina:

> Força, massa e peso. Deslocamento, velocidade e aceleração. Leis de Newton. Aceleração gravitacional ($g$). Rotação e velocidade angular. Trabalho. Potência. Energia cinética e potencial. Pressão. Calor, temperatura e energia interna. Primeira lei da termodinâmica: conservação da energia. Propriedades extensivas e intensivas. Calor específico. Mudança de fase: pontos de ebulição e fusão, calor latente de vaporização e fusão. Propriedades da água líquida e do vapor de água saturado. Átomos e moléculas. Massa molecular e mol. Número de Avogadro ($N_A$). Reações químicas: coeficientes estequiométricos e balanço de reações químicas. Calor de reação. Sólidos, líquidos e gases. Gases ideais: equação de estado. Constante universal dos gases ($R$). Misturas e soluções: concentração e solubilidade. Dimensões e unidades: o "Sistema Internacional de Unidades", seus múltiplos e submúltiplos. Outras unidades de uso comum.

**ANEXO C Pré-requisitos de matemática**

A notação matemática natural para a mecânica dos fluidos, transferência de calor e transferência de matéria é a chamada *notação tensorial*.[7] Conceitos elementares de álgebra e análise vetorial são necessários para formular, interpretar e manipular as equações básicas dos fenômenos de transporte. Já a resolução de problemas requer o uso intensivo das técnicas matemáticas estudadas nos cursos de cálculo e equações diferenciais elementares. Para facilitar a revisão dos conhecimentos prévios requeridos (e assumidos) neste curso introdutório de fenômenos de transporte, apresentamos aqui uma lista sumária de tópicos importantes para o desenvolvimento desta disciplina:

> Conceitos básicos de álgebra elementar, geometria analítica, cálculo diferencial e integral, e equações diferenciais. Sistemas numéricos (números reais e complexos), funções (de uma e várias variáveis), limites, derivadas (ordinárias, parciais), diferenciais, integrais definidas e indefinidas, sucessões e séries numéricas e funcionais, incluindo conceitos tais como continuidade, convergência etc. Funções implícitas. Derivada de uma integral (regra de Leibniz). O espaço ordinário de três dimensões. Análise de curvas planas (máximos, mínimos, pontos de inflexão). Equações diferenciais ordinárias de primeiro e segundo graus com coeficientes constantes; "integração" das equações e determinação das constantes de integração a partir de condições de borda e condições iniciais. Polinômios, funções exponencial e logarítmica, funções trigonométricas (seno, cosseno, tangente, e funções inversas) e funções hiperbólicas (seno, cosseno e tangente hiperbólica, e funções inversas).
>
> Em cada caso é preciso ter uma ideia geral das funções (isto é, como parece um gráfico das mesmas) e *saber onde procurar* a informação necessária sobre raízes, máximos e mínimos, derivadas e integrais, expansões em série, identidades e relações entre funções etc. Como sempre, saber mais não prejudica, mas não é necessário decorar fórmulas (aliás, um péssimo hábito; só se devem "decorar" fórmulas naturalmente, ou seja, de muito usar, e não deliberadamente).

[7] Neste caso, "notação tensorial" envolve tanto os vetores (tensores de primeira ordem) quanto os tensores ordinários (tensores de segunda ordem). Neste livro não vamos precisar de tensores de ordem superior a dois.

BSL, Apêndice C, contém um sumário mínimo do assunto, que pode ser utilizado como "lembrete" em casos extremos. Porém, a experiência indica que é necessário mais do que isso para rever os tópicos de matemática que serão utilizados no dia a dia. Um bom livro-texto de cálculo e equações diferenciais com que o estudante estiver familiarizado é altamente recomendável.

Com relação aos tópicos *vetores e tensores*, para fazer uso deste livro é necessário: (a) ter o conceito básico (mais ou menos "intuitivo") do que é um vetor e um tensor, e (b) ter um conhecimento "operativo" da notação vetorial compacta (a chamada "notação de Gibbs") e sua expressão em componentes para somas, produtos, gradientes e divergentes de vetores e tensores em coordenadas cartesianas, cilíndricas e esféricas.

O conhecimento "operativo" tem que ser suficiente para poder trabalhar com expressões tensoriais, com a ajuda de uma lista de identidades e tabelas com as expressões em termos de componentes nos diversos sistemas de coordenadas. Não é *necessário* ter um conhecimento matemático preciso de espaços vetoriais ou geometria diferencial, nem saber provar as identidades tensoriais ou desenvolver as expressões em componentes. Por enquanto, basta saber onde encontrar o que precisa nas listas e tabelas disponíveis na literatura técnica e como usar essa informação. Porém, um conhecimento mais apurado do assunto é altamente conveniente – em muitos casos, imprescindível – para aqueles que pensam em se dedicar à pesquisa e desenvolvimento de processos em engenharia de materiais, tanto na indústria quanto na academia.

O seguinte programa de autoestudo pode ser de utilidade para rever (ou adquirir) os conhecimentos mínimos necessários nesta área.

### *Vetores*

(1) Escalares (números). Conceito geométrico de vetor (seta com direção e comprimento). Operações com vetores do ponto de vista geométrico: soma de vetores (regra do paralelepípedo), produto de um vetor por um escalar.

(2) Sistema de coordenadas cartesianas $(x, y, z)$. Componentes. Operações com vetores em termos de componentes (soma, produto por um escalar). Produto escalar ("produto de ponto") de dois vetores: conceito geométrico e expressão em componentes. Módulo (valor absoluto) de um vetor. Produto vetorial ("produto de cruz") de dois vetores.

(3) Vetor posição. Campos escalares (funções escalares do vetor posição). Campos vetoriais (funções vetoriais do vetor posição, expressão em componentes). Operações diferenciais. O "operador nabla" ($\nabla$). Gradiente de um campo escalar (notação vetorial compacta e expressão em componentes). Divergente de um campo vetorial (notação vetorial compacta e expressão em componentes). Rotacional.

(4) Coordenadas curvilíneas. Sistemas de coordenadas cilíndricas $(r, \theta, z)$ e esféricas $(r, \theta, \phi)$. Componentes físicas de um vetor (ou campo vetorial) em coordenadas cilíndricas e esféricas. O "operador nabla" em coordenadas cilíndricas e esféricas. Gradiente de um campo escalar e divergente de um campo vetorial em coordenadas cilíndricas e esféricas.

(5) Curvas e superfícies no espaço: o diferencial de comprimento e o vetor "diferencial de área" em coordenadas cartesianas, cilíndricas e esféricas.

### *Tensores*

(6) Conceito de tensores (de segunda ordem) como transformações (lineares) de vetores (ou campos vetoriais). Matriz de componentes de um tensor em coordenadas cartesianas. Tensor unidade (símbolo $\delta$). Tensores simétricos e antissimétricos. Tensor transposto. Decomposição de um tensor na parte simétrica e na parte antissimétrica.

(7) Operações com tensores. Soma de tensores e produto de um tensor por um escalar. Produto simples ("produto de ponto") de um tensor por um vetor. Produto diádico ("produto sem ponto") de dois vetores. Produto escalar ("produto de duplo ponto") de dois tensores. Notação vetorial compacta e expressão em componentes cartesianas. Identidades tensoriais.

(8) Operações diferenciais: gradiente de um vetor e divergente de um tensor. Notação vetorial compacta e expressão em componentes cartesianas. Identidades tensoriais.

(9) Operações tensoriais em coordenadas cilíndricas e esféricas: produtos (simples, diádico, escalar) e operações diferenciais (gradiente e divergente) de um tensor em termos das componentes físicas. Uso das tabelas.

As operações integrais sobre campos vetoriais e tensoriais (integrais de volume e de superfície, integral sobre uma curva no espaço tridimensional, transformação de Green e teorema da divergência de Gauss etc.), necessárias para a formulação rigorosa das equações de variação, não são utilizadas neste texto introdutório.

## *Referências*

BSL, Apêndice A, e inúmeros livros-texto de "matemática avançada" para engenheiros; por exemplo: M. D. Greenberg, *Foundations of Applied Mathematics*, Prentice-Hall, 1978. Para vetores e tensores pode-se consultar também A. L. Coimbra, *Lições de Mecânica do Contínuo*. Edgar Blücher/Editora da USP, 1978; Capítulos 1-2, ou o clássico de R. Aris, *Vectors, Tensors, and the Basic Equations of Fluid Mechanics*. Prentice-Hall, 1962.

A referência clássica para funções comuns e incomuns é M. Abramowitz & I. A. Stegun, *Handbook of Mathematical Functions*. Dover, 1965. Outras obras de referência, de grande utilidade tanto para o estudante quanto para o profissional interessado na aplicação dos fenômenos de transporte à modelagem matemática de processos, são as tabelas de integrais e de soluções de equações diferenciais; por exemplo: I. S. Gradshteyn e I. M. Ryzhik, *Tables of Integrals, Series, and Products*, 4th ed. Academic Press, 1980, e A. D. Polyanin e V. F. Zaitsev, *Handbook of Exact Solutions for Ordinary Differential Equations*, 2nd ed. Chapman & Hall, 2002.

Ainda que neste livro não sejam considerados métodos numéricos, na prática *sempre* é necessário tirar números de fórmulas mais ou menos complexas. Deveria ser leitura obrigatória, para todo engenheiro, o pequeno livro de F. S. Acton, *Real Computing Made Real: Preventing Errors in Scientific and Engineering Calculations*. Princeton University Press, 1996.

PARTE 1

# MECÂNICA DOS FLUIDOS

# INTRODUÇÃO À MECÂNICA DOS FLUIDOS

# 2



## 2.1 FLUIDOS E SÓLIDOS

O que é um fluido? Qual a diferença entre um fluido e um sólido? Os fluidos "fluem" (escoam), ao contrário dos sólidos. Do ponto de vista mecânico, podemos classificar os fluidos em *gases* (fluidos muito compressíveis) e *líquidos* (pouco compressíveis, ou aproximadamente *incompressíveis*).[1] Neste livro será dado ênfase ao comportamento mecânico dos líquidos, mas também é importante compreender o comportamento mecânico dos sólidos. Através da diferença entre os dois comportamentos ficará mais claro o que significa dizer que os fluidos fluem.

### 2.1.1 Comportamento Mecânico dos Sólidos e Líquidos

Em geral os sólidos (exemplos: barra de aço, tubo de borracha) são *elásticos*, isto é, quando se aplica uma força a um sólido ele deforma-se até certo ponto. A *deformação* é, aproximadamente, proporcional à força aplicada (*lei de Hooke*):

$$\text{Força (por unidade de área)} = k \times \text{deformação}$$

A constante $k$ é o *módulo elástico* do material. Quando se retira a força, o sólido volta à configuração original: o sólido tem *memória* perfeita e "lembra" da forma como estava antes que a força fosse aplicada (Figura 2.1a). Durante a deformação a força aplicada trabalha:

$$\text{Trabalho} = \text{Força} \times \text{deslocamento}$$

O trabalho da força é armazenado como *energia* (elástica) *potencial*, que é recuperada após a retirada da força. A deformação é *reversível*.

Em geral os líquidos (exemplo: água) são *viscosos*. Quando se aplica uma força aos líquidos eles também se deformam, tanto assim que *escoam*, isto é, continuam se deformando enquanto a força estiver sendo aplicada. A *taxa de deformação* é, aproximadamente, proporcional à força aplicada (*lei de Newton*):

$$\text{Força (por unidade de área)} = \eta \times \text{taxa de deformação}$$

A constante $\eta$ é a *viscosidade* do material. Quando se retira a força, o líquido deixa de se deformar (deixa de escoar), mas *não* volta à configuração original: o líquido não tem memória e não "lembra" da sua configuração original (Figura 2.1b). O trabalho da força necessária para deformar o líquido é *dissipado* em forma de calor, perdido após a retirada da força. A deformação é *irreversível*.

Muitos materiais não se comportam mecanicamente nem como sólidos elásticos nem como líquidos viscosos, mas de uma forma intermediária. Esses materiais são chamados de *viscoelásticos*, ou seja, líquidos com um pouco de memória (quando se retira a força o líquido recua um pouco) ou sólidos que esquecem um pouco da sua configuração anterior e não voltam completamente à sua posição inicial (a deformação permanente resultante chama-se

[1] Os sólidos também são pouco compressíveis ou incompressíveis.

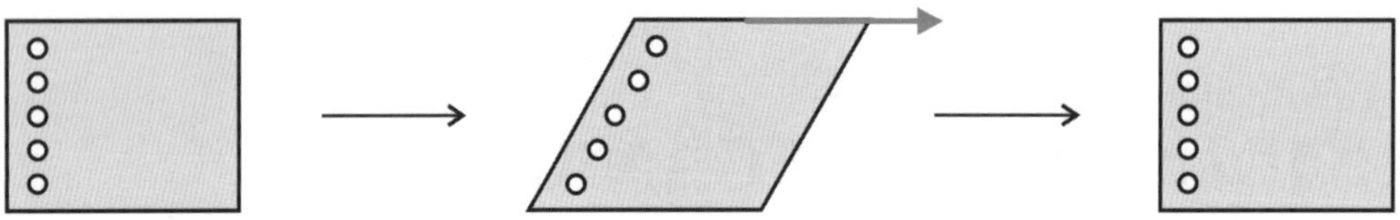

**Figura 2.1a**

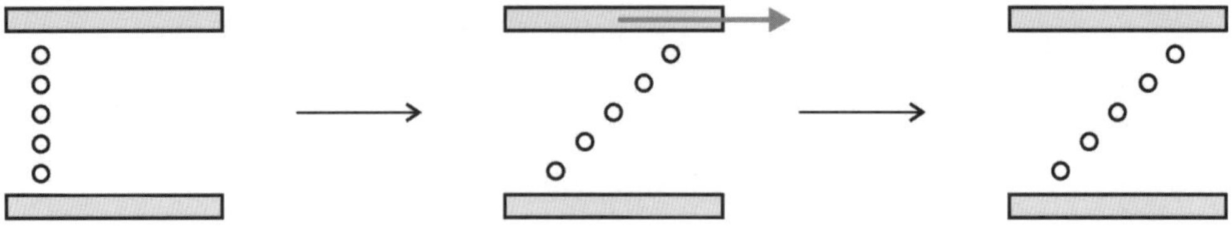

**Figura 2.1b**

*deformação plástica*). Parte do trabalho das forças é armazenada como energia potencial recuperável (elástica) e parte é transformada em calor (dissipação viscosa), sendo esta última parte, portanto, irrecuperável.

### 2.1.2 Mecânica dos Fluidos

O estudo dos materiais viscoelásticos é parte da *reologia*. Neste curso vamos estudar apenas líquidos puramente viscosos, exclusivamente na primeira parte (mecânica dos fluidos) e junto a sólidos rígidos na segunda e terceira partes (transferência de calor e transferência de matéria).

Nos cursos e textos de mecânica é comum distinguir entre *estática* (estudo das forças aplicadas no sistema "em equilíbrio", isto é, sem movimento), *cinemática* (estudo dos movimentos, mas sem considerar as forças que os causam) e *dinâmica* (estudo das forças aplicadas e os movimentos resultantes). Para o caso da mecânica dos fluidos pode-se substituir "deformação" ou "escoamento" por "movimento". É bastante comum chamar *hidrodinâmica* à dinâmica dos líquidos em geral (ainda que, estritamente, *hidro*dinâmica seja a dinâmica da água). Analogamente, a hidrostática é o estudo da estática dos fluidos.

Neste curso vamos estudar essencialmente a dinâmica dos fluidos incompressíveis, isto é, a relação entre os escoamentos e as forças que atuam nos líquidos em movimento. Devido ao caráter introdutório deste livro e à ênfase nos assuntos de interesse para a engenharia de materiais, só podemos considerar uma mínima parte do vasto campo da mecânica dos fluidos viscosos.

Muitos tópicos interessantes, inclusive para o engenheiro de materiais, só serão mencionados *en passant*, ou simplesmente serão ignorados. O estudante curioso pode recorrer à bibliografia recomendada para complementar o conteúdo deste livro.

Antes de iniciar o estudo da dinâmica dos fluidos, vamos considerar brevemente a estática dos mesmos e introduzir dessa forma alguns conceitos importantes.

## 2.2 HIDROSTÁTICA

### 2.2.1 Forças

Considere um fluido em repouso. As partículas componentes do fluido (moléculas etc.) se movem caoticamente em todas as direções devido à "agitação térmica" do material. Ainda que a velocidade média desse movimento microscópico seja nula ($\bar{v} = 0$) devido a que o fluido está em repouso, a velocidade das partículas individuais não é ($v_i \neq 0$), e cada partícula leva uma quantidade de movimento $mv_i$ ($m$ é a massa da partícula). As partículas do fluido que se chocam na parede sólida (Figura 2.2) transferem parte da sua quantidade de movimento à parede[2] (Figura 2.2). A taxa de transferência da quantidade de movimento pode ser considerada como uma força, de acordo com a segunda lei de Newton, Eq. (1.6).

A componente *média* da força, normal (perpendicular) à parede (as componentes paralelas são nulas por "compensação de sinais"), por unidade de área de parede, é a *pressão* do fluido sobre a parede (para uma parede fixa, a força da pressão do fluido sobre a parede é compensada por uma força oposta da mesma magnitude exercida pela

[2] Quando uma esfera elástica de massa $m$ se choca com uma parede plana rígida, sua velocidade normal à parede muda de $-v_n$ para $+v_n$ (as componentes da velocidade paralelas à parede não mudam) com uma transferência de momento, para a parede, de $2mv_n$ em cada colisão.

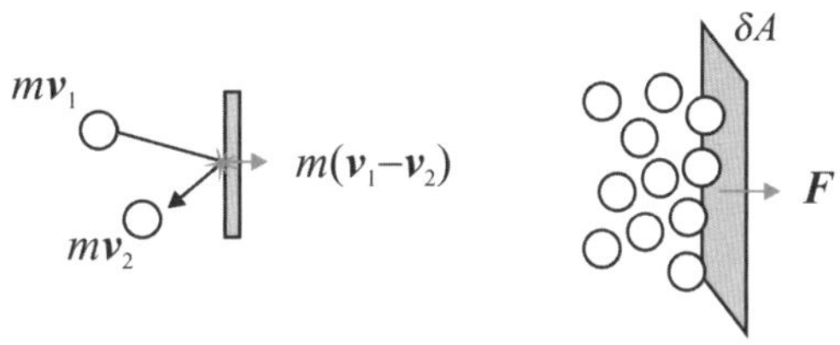


**Figura 2.2**

parede sobre o fluido). O mesmo raciocínio leva à definição da pressão sobre uma superfície "virtual" no interior do material (Figura 2.3).

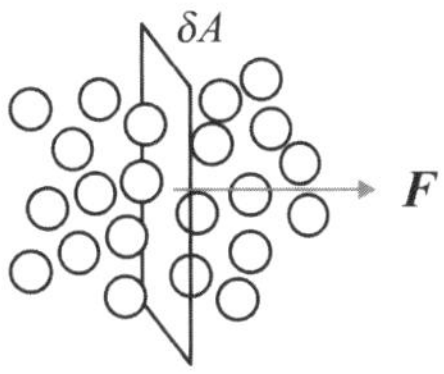


**Figura 2.3**

A área $A$ de uma superfície no espaço é um escalar, mas o *diferencial de área* $\boldsymbol{dA}$ é um vetor, com *magnitude*, dada pelo módulo do vetor, $dA = |\boldsymbol{dA}|$, e *orientação*, dada pelo vetor unitário $\boldsymbol{n} = \boldsymbol{dA}/dA$, normal – perpendicular – à superfície nesse ponto (Figura 2.4).[3]

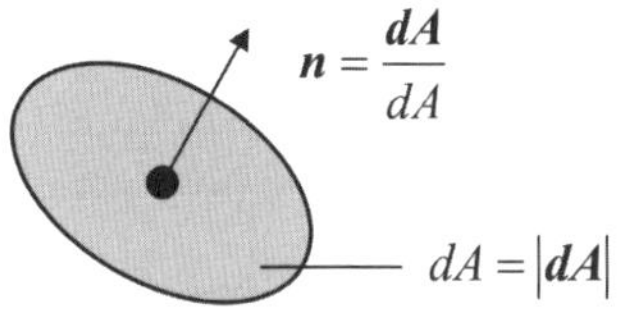


**Figura 2.4**

A pressão (escalar) é uma *tensão* (força por unidade de área). A *força* $\boldsymbol{dF}$ (vetor) exercida pela pressão sobre uma superfície de área diferencial $\boldsymbol{dA}$ tem a direção normal – perpendicular – à superfície:

$$d\boldsymbol{F} = -p\boldsymbol{dA} \tag{2.1}$$

Isto é, a pressão é uma *tensão normal* (Figura 2.5). O valor absoluto da força exercida pela pressão (módulo do vetor força) é independente da direção da força. A força exercida pela pressão (sobre uma área da mesma magnitude) é a mesma em todas as direções, ou seja, a pressão é uma *tensão isotrópica*.

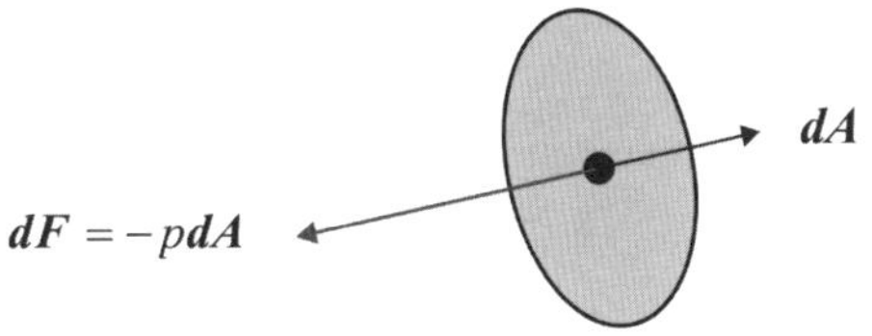


**Figura 2.5**

## 2.2.2 Balanço de Forças

A *pressão hidrostática* é obtida de um balanço de forças. Considere um fluido em repouso. Definimos um sistema de coordenadas cartesianas $x$, $y$, $z$, de tal modo que a coordenada $z$ está alinhada com a vertical (isto é, com a direção do vetor aceleração gravitacional $\boldsymbol{g}$) e orientada de baixo para acima. Nesse sistema de coordenadas um elemento de volume é um paralelepípedo de lados $\Delta x$, $\Delta y$, $\Delta z$ (Figura 2.6):

[3] Notação para escalares, vetores e tensores adotada neste curso. Em manuscrito (e no quadro), os vetores levam um til ($\sim$) *abaixo* do símbolo e os tensores, dois ($\approx$) na mesma posição; os escalares distinguem-se pela ausência dessas marcas. Nos materiais impressos (por exemplo, neste livro) os escalares são representados por caracteres em itálico ($a$), os vetores em itálico e negrito ($\boldsymbol{a}$) e os tensores em negrito reto (**a**). Outra notação bastante utilizada (mas não neste livro) é $\vec{a}$ para vetores e $\vec{\vec{a}}$ para tensores de segunda ordem.

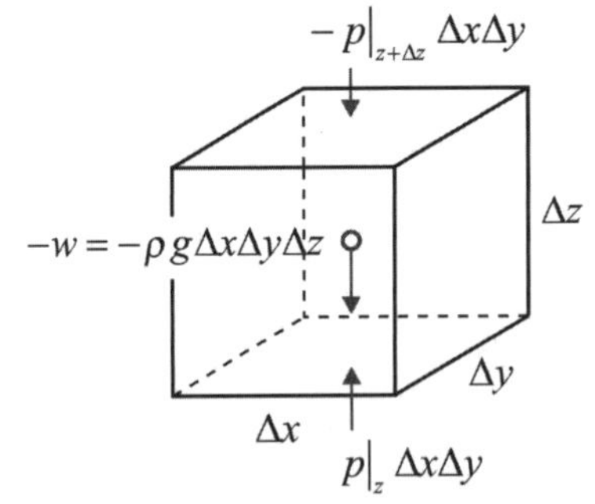


**Figura 2.6**

A posição do elemento de volume na massa de fluido é arbitrária. As únicas forças que atuam sobre o elemento de volume *na direção z* são (a) as forças exercidas pela pressão nas faces superior e inferior do elemento, e (b) o peso do líquido no elemento de volume.

A força exercida pela pressão *sobre* o elemento na face superior é o produto entre a pressão nessa posição $[p(z+\Delta z)]$ e a área da face $(\Delta x\Delta y)$, com sinal negativo, pois a força é exercida na direção $-z$:

$$-p|_{z+\Delta z}\,\Delta x\Delta y \tag{2.2}$$

A força exercida pela pressão *sobre* o elemento na face inferior é o produto entre a pressão nessa posição $[p(z)]$ e a área da face $(\Delta x\Delta y)$, com sinal positivo, pois a força é exercida na direção $z$:

$$+p|_z\,\Delta x\Delta y \tag{2.3}$$

O peso do fluido contido no elemento de volume $(w)$ é igual à massa do fluido $(m)$ multiplicada pela aceleração gravitacional $(-g)$. A massa do fluido pode ser expressa como o produto entre a densidade do fluido $(\rho)$ e o volume do elemento $(\Delta x\Delta y\Delta z)$:

$$w = -mg = -\rho g\Delta x\Delta y\Delta z \tag{2.4}$$

Observe-se o sinal negativo, visto que a aceleração gravitacional tem direção oposta a $z$ (tal como foi definida). Nenhuma outra força atua sobre o elemento de volume nessa direção. As forças exercidas pela pressão nas outras faces do elemento são normais – perpendiculares – à direção $z$. Como o fluido está em repouso (não está acelerado) as forças devem estar balanceadas, isto é, a soma de todas elas deve ser nula. Um *balanço de forças* na direção vertical $z$ resulta em

$$-p|_{z+\Delta z}\,\Delta x\Delta y + p|_z\,\Delta x\Delta y - \rho g\Delta x\Delta y\Delta z = 0 \tag{2.5}$$

Dividindo pelo volume do elemento $\Delta x\Delta y\Delta z$:

$$\frac{p|_{z+\Delta z} - p|_z}{\Delta z} = -\rho g \tag{2.6}$$

No limite $\Delta z \rightarrow 0$, quando o elemento de volume se reduz a um ponto:

$$\frac{dp}{dz} = -\rho g \tag{2.7}$$

Como a posição do elemento de volume é arbitrária, a Eq. (2.7) se cumpre em todos os pontos do fluido. A Eq. (2.7) é uma equação diferencial ordinária de primeiro grau. Se a densidade é uniforme em todo o fluido, isto é, se o fluido é incompressível e a temperatura e a composição do fluido são uniformes, a Eq. (2.7) pode ser integrada facilmente entre dois pontos quaisquer, resultando em

$$p_1 - p_2 = \rho g\,(z_2 - z_1) \tag{2.8}$$

onde $p_1$ é a pressão em um ponto cuja coordenada vertical é $z_1$, e $p_2$ é a pressão em outro ponto cuja coordenada vertical é $z_2$. Observe que temos $p_1 - p_2$, mas temos $z_2 - z_1$, devido à forma como foi definida a direção da coordenada $z$. A Eq. (8) pode ser escrita como:

$$\Delta p = \rho gh \tag{2.9}$$

onde $\Delta p$ é a diferença de pressão entre dois pontos arbitrariamente localizados, e $h$ é a distância vertical entre os mesmos.

### 2.2.3 Pressão

Para um fluido incompressível a Eq. (2.9) define macroscopicamente a pressão: só é possível obter *diferenças de pressão* e não valores "absolutos" da pressão. Ao contrário, para fluidos compressíveis a equação de estado termodinâmica define uma pressão absoluta, onde $p = 0$ no vácuo. Para fluidos incompressíveis o conceito de pressão é puramente mecânico. É comum definir uma *pressão relativa* utilizando como valor de referência a pressão atmosférica "normal":

$$p' = p - p_{atm} \tag{2.10}$$

Muitos aparelhos (manômetros) medem essa pressão relativa, que é chamada – especialmente na prática industrial – *pressão gage* (utilizando a palavra inglesa "gage" ou "gauge", que quer dizer justamente "aparelho").

Observe que para um fluido em repouso (densidade uniforme) a diferença de pressão entre dois pontos só depende da distância vertical entre os mesmos. Este resultado dá origem a várias "curiosidades" descritas nos livros de física elementar (Figura 2.7): os "vasos comunicantes", nos quais o nível de líquido é o mesmo em todos eles, independente da forma e tamanho, o fato "contraintuitivo" de que a força (em repouso!) sobre a base da parede da barragem num açude de 1 m de profundidade e 10 km de diâmetro é a mesma que a força sobre o fundo de um tubo de vidro, cheio de água, de 1 cm de diâmetro e 1 m de comprimento etc.

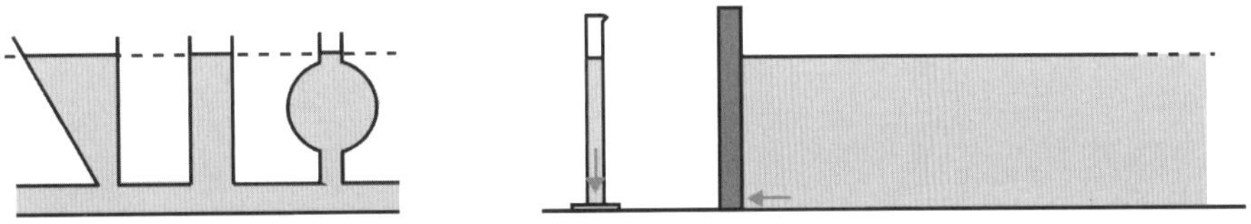

**Figura 2.7**

A pressão tem dimensões de [força]/[comprimento]$^2$ e unidades, no Sistema Internacional (SI), de N/m$^2$ = Pa (Pascal). Muitas outras unidades são de uso comum: atm (atmosfera = pressão atmosférica "normal" ao nível do mar), mmHg (= peso de uma coluna de 1 mm de mercúrio [Hg] a 0°C) etc.:

$$1 \text{ atm} = 101{,}3 \text{ kPa} = 760 \text{ mmHg} \approx 10 \text{ m de } H_2O \approx 1 \text{ bar} \approx 1 \text{ kgf/cm}^2 \text{ (at)} \approx 14{,}7 \text{ lbf/in}^2 \text{ (psi)}$$

Todas estas unidades devem ser "reconhecidas" pelo estudante.[4] Não é necessário nem conveniente (é melhor utilizar os neurônios para outra coisa) decorar os fatores para conversão de unidades, mas todo estudante de engenharia (e todo engenheiro) deve ter acesso rápido a essa informação.[5]

Observe que a pressão tem as mesmas unidades que qualquer outra força por unidade de área (módulo elástico, tensão de cisalhamento etc.). As unidades de pressão são também unidades de *densidade de energia* (1 J/m$^3$ = 1 N · m/m$^3$ = 1 N/m$^2$ = 1 Pa). De fato, a diferença de pressão pode ser considerada como uma "densidade de energia potencial".

### 2.2.4 Densidade

A densidade é uma propriedade básica dos materiais, com dimensões de [massa]/[comprimento]$^3$ e unidades, no Sistema Internacional (SI), de

$$[\rho] = \text{kg/m}^3$$

Um submúltiplo muito utilizado[6] é o g/cm$^3$ = mg/mm$^3$ = $10^{-3}$ kg/m$^3$. É bom saber que a unidade de densidade no "sistema inglês" (ainda utilizado nos EUA, mas não no Reino Unido) é a libra por pé cúbico, lb/ft$^3$, mas esse tipo de unidade não será utilizado neste livro.

---

[4] O bar (100 kPa = 0,1 MPa), um múltiplo da unidade SI, é a "atmosfera métrica" de uso bastante universal, assim como o submúltiplo milibar (mbar = $10^{-3}$ bar = 100 Pa) para pressões baixas. Não é raro encontrar em laboratórios e plantas industriais manômetros calibrados em metros, centímetros ou polegadas de água, unidade mais prática que o mm de mercúrio para pressões baixas, baseada no mesmo princípio. O quilograma-força por centímetro quadrado (kgf/cm$^2$) é a antiga "atmosfera técnica" (at). Na literatura técnica norte-americana são muito utilizadas as libras-força por polegada quadrada (lbf/in$^2$) ou ***pound per square inch*** (psi) e seus múltiplos.

[5] Veja, por exemplo, as tabelas no Apêndice F de R.B. Bird, W.E. Stewart e E.N. Lightfoot, *Fenômenos de Transporte*, 2ª ed. LTC, Rio de Janeiro, 2004 (BSL).

[6] O centímetro cúbico (cm$^3$), às vezes abreviado "cc" (unidade de volume), é equivalente ao mililitro mL (unidade de capacidade), uma vez que volume e capacidade são a mesma coisa (exceto para os puristas da língua). Portanto, 1 g/cm$^3$ = 1 g/mL, e 1 mg/mm$^3$ = 1 mg/$\mu$L ($\mu$L: microlitro).

A densidade dos materiais tem um intervalo de variação bastante limitado. A maioria dos sólidos e líquidos orgânicos (incluindo polímeros fundidos) tem densidades no intervalo de 0,5-1,5 g/cm³. Os sólidos e líquidos inorgânicos (cerâmicos, metais) no intervalo de 1-5 g/cm³, exceto os metais pesados e alguns de seus compostos [mercúrio (Hg): 13,5 g/cm³, platino (Pt): 21 g/cm³]. A densidade da água líquida à temperatura ambiente é de 1,00 g/cm³ (o cm³ foi definido originalmente como o volume que ocupa 1 g de água). Às vezes a densidade de um material é expressa em relação à densidade da água a 20°C, através de uma quantidade adimensional chamada *gravidade específica*, numericamente igual à densidade em g/cm³.

O inverso da densidade é o *volume específico* (volume por unidade de massa), $\hat{V} = \rho^{-1}$. Para intervalos moderados de temperatura, o *volume específico* varia linearmente com a temperatura:

$$\hat{V} = \hat{V}_0\{1 + \alpha(T - T_0)\} \tag{2.11}$$

ou

$$\rho = \frac{\rho_0}{1 + \alpha(T - T_0)} \tag{2.12}$$

onde $\rho_0 = \hat{V}_0^{-1}$ é a densidade na temperatura de referência (arbitrária) $T_0$, e $\alpha$ é o coeficiente de expansão térmica "cúbica" (da ordem de $10^{-3}$ °C$^{-1}$ para muitos fluidos).[7]

O volume específico de uma mistura física (blenda) de dois ou mais materiais diferentes ("imiscíveis") segue a conhecida "regra das misturas":

$$\hat{V}_m = \sum_i w_i \hat{V} \tag{2.13}$$

ou

$$\frac{1}{\rho_m} = \sum_i \frac{w_i}{\rho_i} \tag{2.14}$$

onde $\rho_m = \hat{V}_m^{-1}$ é a densidade da mistura, $\rho_i = \hat{V}_i^{-1}$, onde $i = 1, 2, \ldots, n$, são as densidades das componentes, e $w_i$ as frações mássicas. Para misturas onde as componentes se dissolvem ou interagem quimicamente deve-se adicionar um "volume de mistura" (geralmente negativo).

A densidade (massa por unidade de volume) é às vezes chamada de "massa específica"; como conjuntamente é utilizado o termo "volume específico" (volume por unidade de massa), o significado do adjetivo "específico" nessa terminologia é bastante problemático. Nesta obra utilizamos sistematicamente o adjetivo "específico" para significar "por unidade de massa", e a construção "densidade de ..." para significar "por unidade de volume". Assim, "energia específica" é a energia por unidade de massa e "densidade de energia" é a energia por unidade de volume. Nesse sistema, de uso bastante estendido, a expressão "massa específica" (massa por unidade de massa) não faz muito sentido (de fato, a massa específica é identicamente igual a 1 – adimensional) e a "densidade de massa" (massa por unidade de volume) é simplesmente nossa densidade *tout court*.

## 2.3 ATRITO VISCOSO

### 2.3.1 Atrito

Considere um bloco sólido rígido que desliza a uma velocidade $v$ sobre uma superfície plana. A superfície consiste em outro sólido – fixo ($v_0 = 0$) ou pelo menos mais lento ($v_0 < v$) – em contato com o primeiro. Observa-se que o sólido lento "freia" o sólido rápido. Uma força de *atrito*, com direção oposta ao movimento relativo ($v - v_0$), é exercida pelo sólido lento sobre o sólido rápido. Para manter o movimento a uma velocidade relativa constante[8] é necessário aplicar uma força igual em magnitude e contrária em direção à força de atrito (Figura 2.8).

A magnitude da força de atrito é proporcional à magnitude da força *normal* à superfície de contato que o sólido lento exerce sobre o sólido rápido; neste caso é simplesmente a reação ao peso do bloco:

$$F_t = f \cdot F_n \tag{2.15}$$

onde $F_t$ é o módulo da força de atrito, $F_n$ é o módulo da força normal, e $f$ é o chamado *coeficiente de atrito*, que de-

[7] O circunflexo (^) é utilizado neste livro para indicar quantidades específicas (por unidade de massa).

[8] Lembre-se de que, em ausência de atrito, nenhuma força é necessária para manter o corpo em movimento retilíneo uniforme (velocidade constante em módulo e direção), de acordo com a primeira lei de Newton.

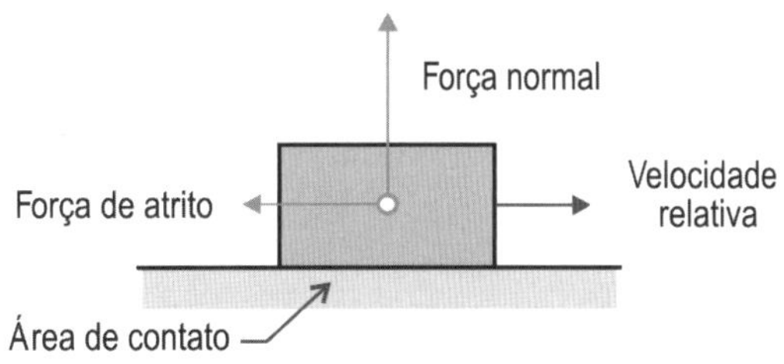


Figura 2.8

pende principalmente da natureza e do estado da interface entre os dois sólidos.[9] Por exemplo, para um bloco de teflon deslizando sobre uma superfície polida de aço, $f \approx 0{,}05$; já para um bloco de náilon reforçado com fibra de vidro sobre a mesma superfície, $f \approx 0{,}5$. Observe que a força de atrito é perpendicular à força que causa o atrito.

Considere agora um líquido incompressível que escoa sob efeito de um gradiente de velocidade, com camadas de fluido de diferentes velocidades em contato. No fluido, como no sólido, as camadas mais lentas "freiam" as mais rápidas,[10] resultando em uma força que chamamos de *atrito viscoso* (Figura 2.9). Contudo, a situação no fluido é mais complexa, desde que temos – em princípio – uma variação contínua da velocidade (tanto em magnitude como em direção).

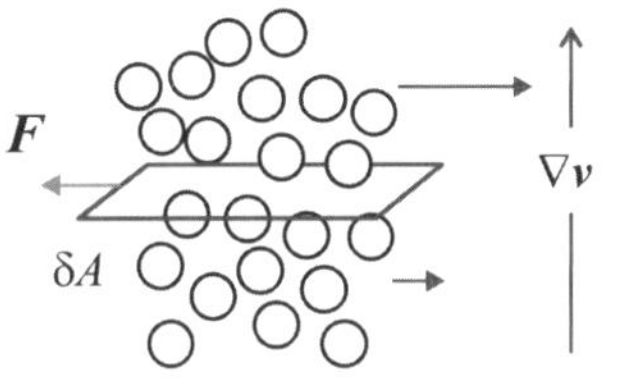


Figura 2.9

A direção da força de atrito viscoso não é *necessariamente* paralela à "área de contato" entre as camadas de fluido (área que é normal ao gradiente de velocidade). A relação entre a *força de atrito viscoso* (magnitude e direção) e a área onde se exerce essa força é dada pelo *tensor de tensões* (forças por unidade de área) *de atrito viscoso* $\boldsymbol{\tau}$ (Figura 2.10).

$$d\boldsymbol{F} = \boldsymbol{\tau} \cdot d\boldsymbol{A} \tag{2.16}$$

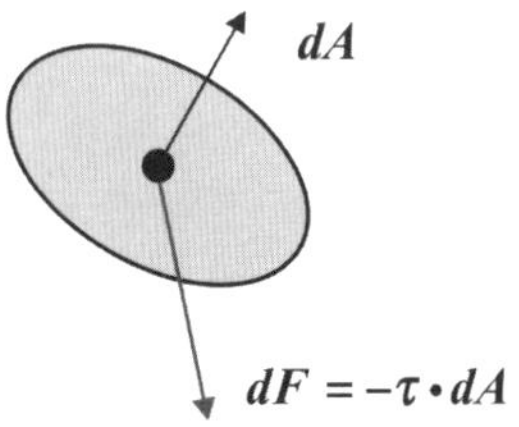


Figura 2.10

Assim, por exemplo, em um sistema de coordenadas cartesianas $(x, y, z)$, a componente $x$ da força de atrito viscoso (por unidade de área) exercida sobre uma área diferencial localizada no plano $x$-$z$, ou seja, uma área *normal* à coordenada $y$, é a componente $xy$ do tensor $\boldsymbol{\tau}$ (isto é, $\tau_{xy}$).[11]

[9] Em muitos casos a força normal é simplesmente devida à pressão que um sólido exerce sobre o outro; portanto, a força de atrito resulta ser proporcional à área (macroscópica) de contato entre os sólidos.

[10] As camadas mais rápidas transferem parte de sua quantidade de movimento (momento linear) na direção do escoamento às camadas mais lentas, e vice-versa. A transferência depende do movimento caótico das moléculas – que as leva de uma a outra camada – e das colisões intermoleculares – onde as moléculas "visitantes", com momento maior (ou menor) que a camada em que se encontram, perdem (ou ganham) momento, efetivando dessa forma a transferência de momento entre camadas. Para uma introdução bastante acessível ao assunto, veja H. Macedo, *Elementos da Teoria Cinética dos Gases*. Guanabara Dois, 1978.

[11] Diferentes autores utilizam sistemas diferentes: às vezes $\tau_{xy}$ é utilizado para designar a tensão de atrito viscoso na direção $y$ exercida sobre a área normal à direção $x$...

Observe que, ao contrário do caso da pressão, a tensão de atrito viscoso não é isotrópica, mas fortemente *anisotrópica*. A direção da força de atrito (sobre uma área de magnitude dada) depende não só da natureza (propriedades físicas e parâmetros materiais) do fluido, mas do escoamento (o perfil de velocidade) ao qual o fluido está sendo submetido.[12]

## 2.3.2 Taxa de Deformação

É possível distinguir dois tipos de movimento em uma partícula rígida: translação e rotação. Porém, a partícula material de um fluido pode se *deformar* (isto é, mudar sua forma) ao mesmo tempo em que se translada e rota. Considerando um sistema de coordenadas centrado no centro de massa da partícula (o que elimina a translação da mesma), o movimento de um fluido incompressível[13] pode ser analisado em termos de duas componentes: deformação e rotação. Neste ponto estamos interessados no estudo da deformação (a rotação será considerada brevemente no Capítulo 7) do material e nas forças que a geram ou mantêm.

Considere o escoamento de um fluido incompressível, no qual as componentes do vetor velocidade em um sistema de coordenadas cartesianas $x$, $y$, $z$ são $v_x = v_y = 0$ e $v_z = v_z(y)$, e um pequeno elemento material[14] (de forma cúbica para tempo $t = 0$). A Figura 2.11a mostra um corte do sistema no plano $yz$.

Como $v_z$ depende de $y$, a velocidade na face BC do elemento material é diferente da velocidade na face AD, e consequentemente o elemento se *deforma* ao mesmo tempo em que se *desloca* na direção $z$ (Figura 2.11b).

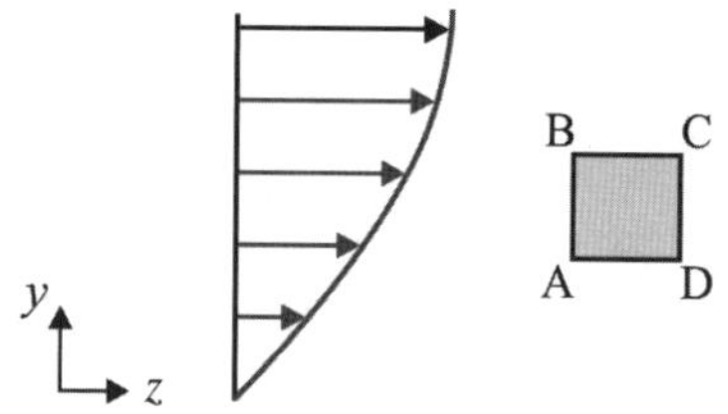


**Figura 2.11a**

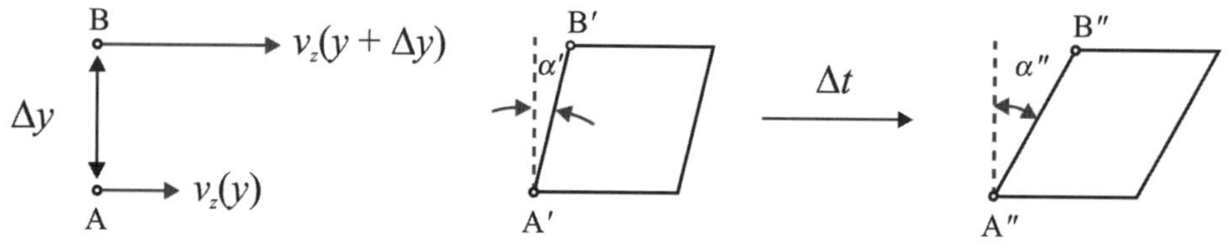


**Figura 2.11b**

Se o tamanho do elemento na direção $y$ ($\Delta y$) for pequeno, é possível considerar um perfil de velocidade linear (gradiente constante) nessa direção. Nessas condições, a deformação do cubo resulta em um paralelogramo, e o ângulo $\alpha$ na Figura 2.11b é uma boa medida do grau de deformação do elemento material originalmente cúbico.

A *taxa de deformação* na direção $z$, causada pela variação da velocidade na direção $y$, é:

$$\dot{g}_{zy} \doteq \frac{\Delta a}{\Delta t} \tag{2.17}$$

Para uma pequena variação $\Delta\alpha$:

$$\Delta\alpha = \alpha \approx \tan(\alpha) = \frac{\Delta z}{\Delta y} = \frac{v_z(y + \Delta y) \cdot \Delta t - v_z(y) \cdot \Delta t}{\Delta y} \tag{2.18}$$

[12] A conservação do momento angular (o momento da quantidade de movimento) requer que o tensor de tensões de atrito viscoso seja simétrico, isso é que $\tau_{ij} = \tau_{ji}$. Veja, por exemplo, J. C. Slattery, *Advanced Transport Phenomena*. Cambridge University Press, 1999, Seção 2.2.4.

[13] Já um fluido *compressível* pode mudar seu volume independentemente dos outros três tipos de movimento (translação, rotação e deformação), o que pode-se chamar de "inflação" (ou deflação) da partícula material.

[14] Um *elemento material* é um conjunto de partículas vizinhas que se deslocam conjuntamente. A massa (e o volume, se o material for incompressível) de um elemento material não varia no tempo (um elemento material é formado sempre pelas mesmas partículas). O conceito de elemento material é muito útil, ainda que, a princípio, não é possível "ver" elementos materiais. Uma definição mais rigorosa de elemento material é apresentada na Seção 16.2.

Substituindo na Eq. (2.3):

$$\dot{\gamma}_{zy} \doteq \frac{v_z(y + \Delta y) - v_z(y)}{\Delta y} \tag{2.19}$$

e no limite:

$$\dot{\gamma}_{zy} = \lim_{\Delta y \to 0} \frac{\Delta v_z}{\Delta y} = \frac{dv_z}{dy} \tag{2.20}$$

que é a componente $zy$ do tensor *gradiente de velocidade*. Em geral, o gradiente de velocidade $\nabla \boldsymbol{v}$ pode se decompor em uma parte simétrica, $\nabla \boldsymbol{v} + \nabla \boldsymbol{v}^T$, e uma parte antissimétrica, $\nabla \boldsymbol{v} - \nabla \boldsymbol{v}^T$:

$$\nabla \boldsymbol{v} = ½ (\nabla \boldsymbol{v} + \nabla \boldsymbol{v}^T) + ½ (\nabla \boldsymbol{v} - \nabla \boldsymbol{v}^T) \tag{2.21}$$

onde $\nabla \boldsymbol{v}^T$ é o *gradiente de velocidade transposto*.[15] Pode-se provar (Seção 7.1) que a parte antissimétrica do gradiente de velocidade está relacionada ao movimento de "rotação rígida" da partícula material, o que deixa a parte simétrica responsável pela pura deformação da mesma. Vamos, portanto, definir essa parte como (tensor) taxa de deformação:

$$\dot{\boldsymbol{\gamma}} = \nabla \boldsymbol{v} + \nabla \boldsymbol{v}^T \tag{2.22}$$

Isto é, para $v_x = v_x(x, y, z, t)$, $v_y = v_y(x, y, z, t)$, $v_z = v_z(x, y, z, t)$:

$$\dot{\gamma}_{zy} = \frac{\partial v_z}{\partial y} + \frac{\partial v_y}{\partial z} \tag{2.23}$$

e expressões equivalentes para $\dot{\gamma}_{xy}$, $\dot{\gamma}_{xz}$ etc. Para as expressões do gradiente de velocidade em diferentes sistemas de coordenadas, veja BSL, Tabelas A.7.1 a A.7.3.

### 2.3.3 Lei de Newton

Para cada fluido particular existe uma relação específica entre a *tensão de atrito viscoso* aplicada no material e a *taxa de deformação* resultante (ou, à inversa, entre uma taxa de deformação dada e a tensão requerida para sustentá-la). Esta relação é chamada *equação constitutiva* do material.[16] O papel das equações constitutivas em mecânica dos fluidos é semelhante ao das *equações de estado* em termodinâmica dos fluidos, nas quais a pressão é dada como função da temperatura e do volume molar. Em mecânica, porém, a situação é bem mais complexa, uma vez que tanto a taxa de deformação quanto a tensão de atrito viscoso são, em princípio, tensores de segunda ordem e não escalares como a pressão, a temperatura e o volume.

O caso mais simples de fluido incompressível puramente viscoso é o fluido newtoniano, onde a tensão de atrito viscoso $\boldsymbol{\tau}$ é *diretamente proporcional* à taxa de deformação $\dot{\boldsymbol{\gamma}}$:[17]

$$\boxed{\boldsymbol{\tau} = -\eta \dot{\boldsymbol{\gamma}} = -\eta(\nabla \boldsymbol{v} + \nabla \boldsymbol{v}^T)} \tag{2.24}$$

A constante de proporcionalidade $\eta$ é a *viscosidade* do material, uma propriedade física ou parâmetro material que depende da temperatura, mas não das condições dinâmicas do sistema (velocidade etc.). A Eq. (2.24) é conhecida como *lei de Newton da viscosidade*, e os materiais regidos pela Eq. (2.24) são chamados *fluidos newtonianos incompressíveis*.[18]

Fluidos newtonianos típicos são os gases e os líquidos simples (água, líquidos orgânicos, metais fundidos etc.); fluidos não newtonianos típicos são os polímeros fundidos, as soluções de polímeros (ainda que diluídas), as suspensões concentradas de sólidos em líquidos etc. Veja a Seção 8.1 para possíveis equações constitutivas para fluidos não newtonianos puramente viscosos. Para expressões da lei de Newton em diferentes sistemas de coordenadas, veja o Apêndice A, Tabela A.1.

A relação constitutiva, Eq. (2.24), é bastante complicada no caso geral. Neste livro vamos considerar casos particularmente simples, nos quais a Eq. (2.24) fica reduzida a expressões mais fáceis de avaliar. Por exemplo:

---

[15] A componente $ij$ do gradiente de velocidade é $\partial v_i/\partial x_j$; a componente $ij$ do gradiente de velocidade transposto é $\partial v_j/\partial x_i$.

[16] Para um tratamento introdutório do assunto (tensão, deformação, equações constitutivas), pode-se consultar S. Whitaker, *Introduction to Fluid Mechanics*, Prentice-Hall, 1968, Capítulos 3-5. Um tratamento mais geral (e mais avançado) em J. C. Slattery, *Advanced Transport Phenomena*, Cambridge University Press, 1999, Capítulo 2; ou A. L. Coimbra, *Lições de Mecânica do Contínuo*, Edgar Blücher/Editora da Universidade de São Paulo, 1978, Capítulos 3-5.

[17] Às vezes o tensor da taxa de deformação é definido com um fator ½, que resulta num fator 2 na lei de Newton.

[18] A extensão da lei de Newton para fluidos compressíveis é bastante simples e inclui um termo correspondente à taxa de "inflação"; veja BSL Seção 1.2.

(a) Em coordenadas cartesianas, se $v_z = v_z(y)$ e $v_x = v_y = 0$, a lei de Newton fica reduzida a

$$\tau_{zy} = -\eta \frac{dv_z}{dy} \tag{2.25}$$

onde $\tau_{xy}$ é a força de atrito de cisalhamento por unidade de área (inglês: *shear stress*) na direção $z$, exercida sobre uma área normal à coordenada $y$, e $dv_z/dy$ é a taxa de cisalhamento (*shear rate*), às vezes representada pelo símbolo $\dot{\gamma}_{zy}$.

(b) Em coordenadas cilíndricas, se $v_z = v_z(r)$ e $v_r = v_\theta = 0$, a lei de Newton fica reduzida a

$$\tau_{zr} = -\eta \frac{dv_z}{dr} \tag{2.26}$$

onde $\tau_{zr}$ é a força de atrito de cisalhamento por unidade de área na direção $z$, exercida sobre uma área normal à coordenada $r$, e $dv_z/dr$ é a taxa de cisalhamento, às vezes representada pelo símbolo $\dot{\gamma}_{zr}$.

### 2.3.4 Viscosidade

O parâmetro material associado à resistência ao escoamento nos fluidos é a viscosidade. A viscosidade tem dimensões de [força]×[tempo]/[comprimento]$^2$ = [pressão]×[tempo], e suas unidades no Sistema Internacional são:

$$[\eta] = \frac{\mathrm{N \cdot s}}{\mathrm{m^2}} = \mathrm{Pa \cdot s}$$

Devido ao amplo intervalo de variação da viscosidade para materiais comuns, são bastante utilizados os submúltiplos (mPa · s = $10^{-3}$ Pa · s) e múltiplos (kPa · s = $10^3$ Pa · s) da unidade padrão. Outra unidade muito utilizada é o poise (P = 0,1 Pa · s) e seu submúltiplo, o centipoise (cP = 0,01 P = 1 mPa · s).

Valores típicos da viscosidade: água, 1 mPa · s; líquidos orgânicos, 0,1-10 mPa · s (à temperatura ambiente), polímeros fundidos, 0,01-10 kPa · s (à temperatura de processamento), $10^6$ vezes maior!

Um parâmetro material que vai aparecer frequentemente no desenvolvimento deste curso é a razão entre a viscosidade e a densidade, chamada *viscosidade cinemática*:

$$\nu = \frac{\eta}{\rho} \tag{2.27}$$

Neste contexto a viscosidade "ordinária" $\eta$ é chamada de *viscosidade dinâmica*. A viscosidade cinemática tem dimensões de [comprimento]$^2$/[tempo] e unidades no Sistema Internacional:

$$[\nu] = \frac{\mathrm{m^2}}{\mathrm{s}}$$

A viscosidade é particularmente sensível à temperatura, sendo uma função fortemente decrescente da mesma. Uma dependência exponencial da viscosidade com a temperatura é bastante utilizada:

$$\eta = \eta_0 \exp\{-\beta\,(T - T_0)\} \tag{2.28}$$

onde $\eta_0$ é a viscosidade à temperatura de referência (arbitrária) $T_0$, e $\beta > 0$ é o coeficiente de temperatura da viscosidade, um parâmetro material aproximadamente constante; por exemplo, $\beta \sim 0{,}02\text{-}0{,}2°\mathrm{C}^{-1}$ para muitos polímeros fundidos. A dependência exponencial implica que a variação da viscosidade com a temperatura será maior quanto maior for a viscosidade:

$$\frac{d\eta}{dT} = -\beta \cdot \eta \tag{2.29}$$

Deve-se ter sempre em mente a dependência da viscosidade com a temperatura, ainda no caso de fluidos de baixa viscosidade. Por exemplo, a viscosidade da água a 20°C é 1 mPa · s, e a 50°C é 0,5 mPa · s (a metade). No mesmo intervalo de temperatura a densidade da água varia em menos de 1%.

Para dispersões de partículas sólidas (imiscíveis) em líquidos, Einstein obteve uma expressão teórica para suspensões diluídas de esferas rígidas em um fluido newtoniano:

$$\frac{\eta}{\eta_0} = 1 + 2{,}5\phi + \mathrm{O}(\phi^2) \tag{2.30}$$

onde $\eta$ é a viscosidade da suspensão, $\eta_0$ é a viscosidade do líquido puro, e $\phi$ é a fração volumétrica do sólido.[19] A fração volumétrica $\phi$ pode ser avaliada a partir da fração mássica $w$:

$$\frac{\rho_S}{\rho_m} = \frac{m_S/V_S}{m/V} = \frac{m_S/m}{V_S/V} = \frac{w}{\phi} \tag{2.31}$$

ou

$$\phi = w\frac{\rho_m}{\rho_S} \tag{2.32}$$

onde $\rho_S$ é a densidade do sólido puro, e $\rho_m$ é a densidade da suspensão (Eq. 2.14). A Eq. (2.15) é válida só para supensões extremamente diluídas ($\phi < 0{,}01$), mas determina o comportamento limite das supensões:

$$[\eta] = \lim_{\phi\to 0}\frac{\eta/\eta_0 - 1}{\phi} = 2{,}5 \tag{2.33}$$

onde $[\eta]$ é chamada *viscosidade intrínseca* da suspensão. Para suspensões concentradas pode ser utilizada a expressão empírica de um parâmetro devida a Krieger e Dougherty:

$$\frac{\eta}{\eta_0} = \left(1 - \frac{\phi}{\phi_m}\right)^{-2{,}5\phi_m} \tag{2.34}$$

onde o parâmetro $\phi_m$ é a máxima fração volumétrica de sólido ($\eta \to \infty$ quando $\phi \to \phi_m$), usualmente, $0{,}50 < \phi_m < 0{,}75$ (uma boa aproximação em caso de não se dispor de dados específicos é $\phi_m \approx 0{,}65$). Observe que no limite de dispersões diluídas ($\phi \to 0$) se recupera a Eq. (2.30).

Muitas suspensões concentradas têm comportamento não newtoniano. Entre outros efeitos, observa-se a dependência da viscosidade da suspensão com a taxa de deformação e a existência de uma tensão mínima de escoamento, abaixo da qual a suspensão se comporta como um sólido (não escoa); veja as Seções 8.1 e 9.2.

## 2.4 REGIMES DE ESCOAMENTO

### 2.4.1 Introdução

Sabe-se, da experiência cotidiana, que os escoamentos de fluidos podem apresentar diversos níveis de ordem e regularidade. Observe, por exemplo, o jato de água que sai de uma torneira (Figura 2.12).

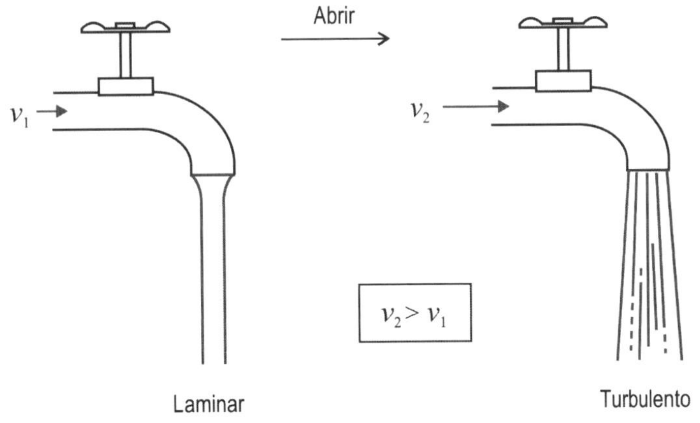


**Figura 2.12**

Quando a torneira está quase fechada, o jato é um cilindro regular, e o escoamento procede de forma ordenada. Chamamos esse tipo de escoamento de *laminar*, porque o fluido se movimenta em camadas (lâminas) paralelas, sem se misturar. Abrindo a torneira, aumenta a velocidade da água. Para uma dada abertura (velocidade) o escoamento se torna completamente desordenado. Chamamos esse tipo de escoamento de *turbulento*, porque o fluido se movimenta em turbilhões que se deslocam de forma caótica. A transição entre o *regime de escoamento* laminar e turbulento é bastante súbita, sem uma longa série de estágios intermediários onde o escoamento é parcialmente

[19] O símbolo O($x$) quer dizer "termos da ordem de magnitude de $x$".

ordenado. A transição é completamente reversível: basta fechar suficientemente a torneira (diminuir a velocidade) para voltar ao regime de escoamento laminar.

Se tentarmos induzir um escoamento turbulento, por exemplo, vertendo o conteúdo de uma jarra (Figura 2.12), observamos que será muito mais fácil se o líquido for água (baixa viscosidade) do que se o líquido for óleo (alta viscosidade). A transição entre o *regime de escoamento* laminar e turbulento também depende, portanto, da viscosidade do líquido.

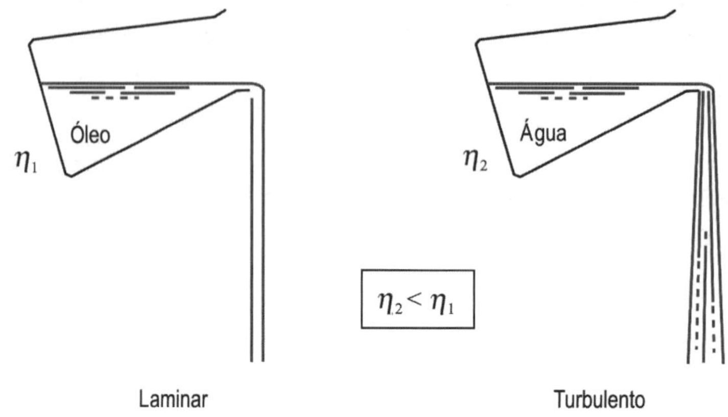


**Figura 2.13**

Estas observações podem ser generalizadas. Os escoamentos laminares (baixa velocidade, alta viscosidade) estão dominados pelas forças de atrito viscoso, enquanto os escoamentos turbulentos (alta velocidade, baixa viscosidade) estão dominados pelas forças "inerciais", que atuam independentemente da viscosidade.

### 2.4.2 Número de Reynolds

Para cada situação específica é possível, muitas vezes, escolher um *comprimento característico* ($L$) do sistema. O comprimento característico é um parâmetro geométrico (constante) da mesma ordem de magnitude que os *deslocamentos significativos* dentro do sistema. A escolha particular é arbitrária (diferentes quantidades podem ser utilizadas). Por exemplo, no estudo dos escoamentos em um tubo cilíndrico, é possível utilizar o raio do tubo ($R$) ou o diâmetro do mesmo ($D = 2R$). No entanto, nem todo comprimento associado ao sistema é um comprimento *característico* do mesmo. No exemplo anterior, o comprimento axial do tubo não é um comprimento característico no sentido que estamos falando. Um deslocamento na direção radial é significativo. Neste caso, a velocidade do fluido varia entre o mínimo valor (zero) na parede do tubo e o máximo no centro do tubo. Já um deslocamento axial não é significativo, pois a velocidade do fluido não varia na direção axial (em estado estacionário). O escoamento no tubo cilíndrico será analisado no próximo capítulo como escoamento em um tubo infinitamente comprido.

Da mesma forma, muitas vezes é possível escolher uma *velocidade característica* ($U$). No exemplo do tubo, pode-se escolher a velocidade máxima ($v_{max}$) ou a velocidade média ($\overline{v}$). Velocidade e comprimento característicos são parâmetros do sistema em estudo, e o produto $L \cdot U$ também é um parâmetro do sistema, com dimensões de [comprimento]$^2$/[tempo]. Observe que a viscosidade cinemática $\nu$ é um parâmetro material com as mesmas dimensões. A razão entre $L \cdot U$ e $\nu$ é um *parâmetro adimensional* do sistema, que chamamos *número de Reynolds*:

$$Re = \frac{LU}{\nu} = \frac{\rho LU}{\eta} \tag{2.35}$$

Grupos adimensionais são sempre interessantes porque, sendo independentes do sistema de unidades utilizado para expressar os parâmetros primários (dimensionais) do sistema, seu valor numérico tem um *significado intrínseco*. O número de Reynolds tem uma importância fundamental na mecânica dos fluidos. Ele determina a *natureza* do escoamento.

Observe que, sendo $U$ uma velocidade característica, as "forças inerciais" (por unidade de área) que atuam no sistema são da ordem de magnitude de

$$\text{Forças inerciais} \sim \rho U^2$$

($\frac{1}{2}\rho U^2$ é a energia cinética por unidade de volume característica do sistema.) Por outro lado, as forças de atrito viscoso (por unidade de área) são da ordem de magnitude de

$$\text{Forças viscosas} \sim \eta U/L$$

(Lei de Newton.) A razão entre as forças inerciais e viscosas é justamente o número de Reynolds:

$$\frac{\text{Forças inerciais}}{\text{Forças viscosas}} = \frac{\rho U^2}{\eta U/L} = \frac{\rho L U}{\eta} = \frac{LU}{\nu} = Re \tag{2.36}$$

Portanto,

- Para $Re \gg 1$ as forças inerciais características são muito maiores que as forças de atrito viscoso, e o escoamento é dominado por efeitos "inerciais", independentes da viscosidade do material.
- Para $Re \ll 1$ as forças de atrito viscoso características são muito maiores que as forças inerciais, e o escoamento é dominado por efeitos derivados da viscosidade do material.

Uma interpretação do número de Reynolds em termos de fluxos de quantidade de movimento (momento), talvez mais reveladora, será apresentada na segunda parte deste livro, em conexão com a analogia entre mecânica dos fluidos e transferência de calor (Seção 13.4).

Se for possível gerar um regime de escoamento turbulento, a transição entre os regimes laminar e turbulento estará associada a um *valor crítico* do número de Reynolds, $Re_{cr}$, de modo que:

- Para $Re < Re_{cr}$ o escoamento é laminar: as forças de atrito viscoso são suficientes para "esmagar" as instabilidades que poderiam gerar a desordem turbulenta.
- Para $Re > Re_{cr}$ o escoamento é turbulento: as forças de atrito viscoso não são suficientes para eliminar as instabilidades, que crescem até gerar a desordem global, em um escoamento dominado pelas forças inerciais.

Os escoamentos laminares[20] podem ser *estacionários* (a velocidade depende da posição, mas não do tempo) ou *não estacionários*. Se o sistema for suficientemente simétrico, é possível obter escoamentos unidirecionais. Os escoamentos turbulentos são essencialmente tridimensionais e não estacionários. Por esse motivo, o estudo dos escoamentos laminares é bem mais simples, e precede sempre o estudo dos escoamentos turbulentos.

Muitos fluidos encontrados no processamento de materiais (exemplo: lamas cerâmicas, polímeros fundidos) têm viscosidade elevada, resultando em escoamentos predominantemente laminares. Não é incomum que a aproximação de $Re \approx 0$ seja suficiente para analisar os problemas.[21] Neste curso introdutório de fenômenos de transporte vamos nos concentrar, quase que exclusivamente, no estudo dos escoamentos laminares.

### 2.4.3 Condição de Não Deslizamento

Em geral, os fluidos aderem aos sólidos em contato com eles. Dessa maneira, a velocidade de um fluido na interface entre o fluido e o sólido é igual à velocidade do sólido nesse ponto. Esta condição de borda, quase universal, é chamada *condição de não deslizamento* (inglês: *no-slip*). A condição de não deslizamento aparece às vezes como "contraintuitiva" (pense em uma gota de óleo se deslizando sobre uma superfície recoberta de teflon). Mas ainda se o fluido não "molha" o sólido, para líquidos "simples" o deslizamento fica confinado a uma fina camada de dimensões frequentemente comparáveis à rugosidade da superfície mais bem polida, muito menor que o comprimento característico do sistema. Raramente o fluido desliza "macroscopicamente" nas paredes sólidas, e neste curso não vamos considerar esses casos excepcionais (polímeros fundidos submetidos a elevadas taxas de cisalhamento perto da parede).

A condição de não deslizamento será sempre utilizada para resolver problemas de escoamento de fluidos. Nesses casos, a condição de não deslizamento tem importantes consequências. Por exemplo, considere um fluido escoando em paralelo a uma parede sólida estacionária ($v = 0$). A velocidade do fluido, na direção da parede, será zero em contato com a parede, e algum valor diferente de zero perto da parede (o fluido escoa!). Portanto, a velocidade do fluido na direção paralela à superfície deve ser – pelo menos perto da parede – função da coordenada normal à mesma (Figura 2.14), gerando um gradiente de velocidade que resulta em forças de atrito viscoso.

Como a velocidade é pequena perto da parede ($v = 0$ na parede) as forças inerciais são sempre menores que as forças de atrito viscoso suficientemente perto da parede.

---

[20] Os escoamentos turbulentos são tridimensionais e não estacionários por natureza. Veja a Seção 4.3.

[21] No limite $Re \to 0$ o escoamento é chamado "reptante" (*creeping flow*) ou "escoamento lento viscoso".

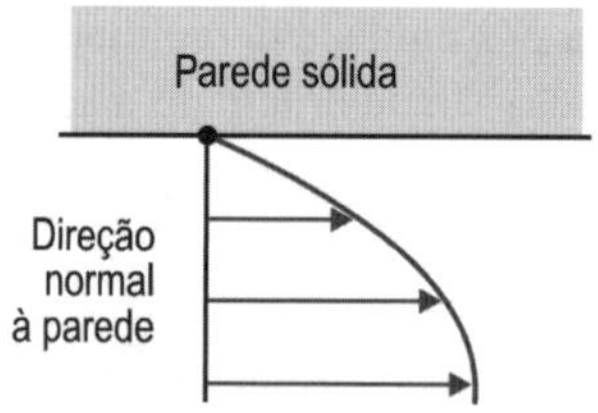


**Figura 2.14**

Para as condições de borda na interface entre fluidos imiscíveis, veja as Seções 5.7-8, especialmente a Seção 5.7.2a.

## 2.5 BIBLIOGRAFIA

Os textos de fenômenos de transporte recomendados no Capítulo 1, como, por exemplo, o BSL, têm uma boa cobertura da mecânica dos fluidos, adequada para completar este texto. Além disso, existem muitos excelentes textos de mecânica dos fluidos, alguns traduzidos para o português. Porém, a maioria deles é mais apropriada para cursos de engenharia mecânica do que para cursos de engenharia de processos ou engenharia de materiais. Um ótimo livro-texto, claro e conciso, especificamente dedicado aos estudantes de graduação das engenharias de processo, é M. M. Denn, *Process Fluid Mechanics.* Prentice-Hall, 1980; boa parte do tratamento do assunto neste texto é baseada nessa obra. Outro texto apropriado é o clássico de S. Whitaker, *Introduction to Fluid Mechanics.* Prentice-Hall, 1968.

Outros textos e monografias sobre as diferentes subáreas da mecânica dos fluidos serão citados quando o assunto for discutido no texto.

Estudantes de engenharia de materiais interessados em fenômenos de transporte além do curso de graduação, que desejem explorar a "continuação" do assunto em um nível mais elevado, podem consultar com proveito L. G. Leal, *Laminar Flow and Convective Transport Processes – Scaling Principles and Asymptotic Analysis.* Butterworth-Heinemann, 1992, uma obra apropriada para cursos de pós-graduação em engenharia de processos. Para aplicações em processamento de polímeros, veja R. B. Bird, R. C. Armstrong e O. Hassager, *Dynamics of Polymeric Liquids*, Volume 1: *Fluid Mechanics*, 2nd ed. Wiley-Interscience, 1987, ou o recente texto avançado de M. M. Denn, *Polymer Melt Processing: Foundations in Fluid Mechanics and Heat Transfer.* Cambridge University Press, 2008.

Estudantes motivados podem explorar também os textos clássicos de mecânica dos fluidos orientados à física, como, por exemplo, G. K. Batchelor, *An Introduction to Fluid Dynamics.* Cambridge University Press, 1967, e L. D. Landau e E. M. Lifshitz, *Fluid Mechanics,* 2nd ed. Pergamon Press, 1987. É recomendável dar pelo menos uma "olhada" nesses textos para perceber a amplitude da mecânica dos fluidos, e colocar na perspectiva correta a pequena fração do assunto discutida neste livro.

# 3

# ESCOAMENTOS BÁSICOS



Neste capítulo vamos considerar dois casos de escoamento em dutos: a fenda estreita e o tubo cilíndrico, que vão nos acompanhar em todo o livro. Vamos supor que os escoamentos são estacionários e que a "causa" ou "força impulsora" dos mesmos é uma diferença entre a pressão nos extremos (na entrada e na saída) dos dutos. Como a área transversal dos dutos é constante, o balanço de matéria se satisfaz automaticamente e o balanço de momento linear fica reduzido a um balanço de forças: forças gravitacionais (peso), forças de pressão, forças de atrito viscoso.

Finalmente, vamos considerar uma variante do escoamento em uma fenda estreita: o movimento causado pelo deslocamento forçado de uma das paredes da fenda, em ausência de gradientes de pressão. Ainda que bastante simples, estes três escoamentos básicos servem para apresentar muitos conceitos e métodos dos fenômenos de transporte.

## 3.1 ESCOAMENTO EM UMA FENDA ESTREITA[1]

### 3.1.1 Formulação do Problema

Deseja-se obter os perfis de velocidade e pressão em um líquido que escoa através de uma fenda estreita horizontal fixa, sob efeito de uma diferença de pressão imposta entre uma e outra extremidades da fenda.

Vamos supor que a fenda é formada por duas placas (paredes) planas, paralelas e fixas, de comprimento $L$ e largura $W$, separadas por uma distância $H_0 = 2H$, que é a espessura da fenda ($H$ é a semiespessura). Vamos supor também que a condição de fenda "estreita" quer dizer que $H \ll L$ e $H \ll W$; assim, os "efeitos de entrada" e os "efeitos de bordas" não serão muito importantes se ficarmos distantes da entrada e das paredes laterais. A diferença de pressão é $\Delta p = p_0 - p_L > 0$. Além disso, consideramos:

(a) Estado estacionário (o estado do sistema – velocidade, pressão etc. – não varia com o tempo).
(b) Material homogêneo com temperatura e composição constantes e uniformes em todo o sistema.
(c) Fluido newtoniano incompressível (as forças de atrito são proporcionais à taxa de deformação).
(d) Escoamento laminar (escoamento ordenado em camadas).

Nessas condições, as propriedades físicas do líquido (densidade e viscosidade) podem ser consideradas constantes.

Definimos um sistema de coordenadas retangulares – cartesianas – $(x, y, z)$, centrado no meio do espaço entre as duas placas:[2] a coordenada $z$ na direção do gradiente de pressão e a coordenada $y$ perpendicular às placas (Figura 3.1).

Vamos supor que longe da entrada e das bordas (paredes laterais) o fluido se movimenta em camadas paralelas às placas e na direção do gradiente de pressão (a *coordenada axial* $z$). Isto é, vamos supor que a única componente da velocidade diferente de zero é $v_z$. O balanço de matéria (a área transversal $2HW$ é constante) requer que $v_z$ não

[1] Veja, por exemplo, o Problema 2B.3 de R. B. Bird, W. E. Stewart e E. N. Lightfoot, *Fenômenos de Transporte*, 2ª ed. LTC, Rio de Janeiro, 2004 (BSL).

[2] A escolha do sistema de coordenadas é ditada pela simetria (geométrica) do problema. O posicionamento da origem das coordenadas no plano central é sugerido pela simetria das condições de borda. Eq. (3.4): a velocidade é a mesma (nula) na parede superior e inferior. A escolha facilita a formulação e resolução do problema, mas não é obrigatória.

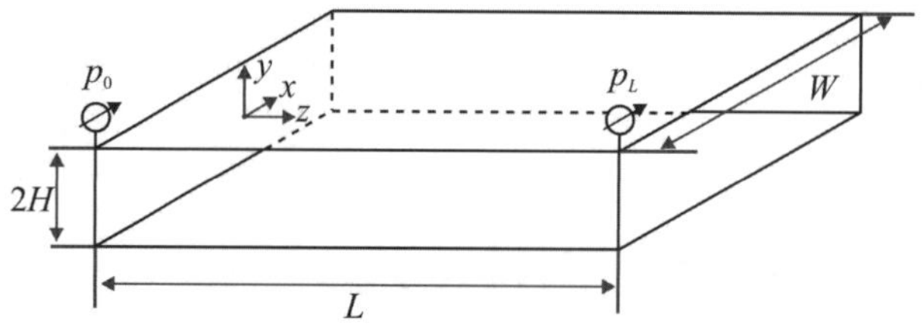


**Figura 3.1**

dependa de $z$, e não existe motivo para $v_z$ depender – longe das bordas – da coordenada $x$. Mas $v_z$ deve ser função da *coordenada transversal* $y$, visto que $v_z > 0$ entre as placas $(-H < y < H)$ e $v_z = 0$ na superfície das placas $(y = \pm H)$, uma vez que o líquido adere às placas estacionárias. Vamos supor que a pressão $p$ só depende da coordenada $z$, na direção do escoamento. Formalmente:

$$v_x = v_y \equiv 0 \qquad \text{em toda a fenda} \tag{3.1}$$
$$v_z = v_z(y) \qquad \text{para } -H < y < H \tag{3.2}$$
$$p = p(z) \qquad \text{para } z > 0 \tag{3.3}$$

com as condições de borda:

$$v_z = 0 \qquad \text{para } y = \pm H \tag{3.4}$$
$$p = p_0 \qquad \text{para } z = 0 \tag{3.5}$$
$$p = p_L \qquad \text{para } z = L \tag{3.6}$$

O problema é encontrar uma solução, isto é, um perfil (transversal) de velocidade $v_z = v_z(y)$ e um perfil (axial) de pressão, $p = p(z)$, que satisfaçam as condições dadas pelas Eqs. (3.4)-(3.6) e o balanço de forças (ou quantidade de movimento).

Definimos como *volume de controle* um paralelepípedo alinhado nas coordenadas escolhidas, com um vértice no ponto $(x, y, z)$, outro vértice no ponto $(x + \Delta x, y + \Delta y, z + \Delta z)$ e volume $\Delta V = \Delta x \Delta y \Delta z$. As dimensões do volume de controle $(\Delta x, \Delta y, \Delta z)$ são pequenas, mas por enquanto finitas.

## 3.1.2 Balanço de Forças na Direção Axial

Temos que:

(a) O sistema é estacionário, pois $v_z$ não depende do tempo $t$, e por isso não tem acúmulo (variação temporal) de momento dentro do volume de controle.
(b) O fluido não está acelerado ($v_z$ não depende da coordenada axial $z$) e, portanto, não tem variação líquida (entrada − saída) de momento (que é proporcional à velocidade $v_z$) na direção do escoamento pelas superfícies normais a essa direção (os lados $\Delta x \Delta y$ do volume de controle).

Nessas condições o balanço de momento na direção $z$, no volume de controle $\Delta x \Delta y \Delta z$, fica reduzido a um balanço das forças exercidas (pela vizinhança) *sobre* o volume de controle na direção $z$.

Temos dois tipos de forças:

(a) As *forças da pressão*, $p(\Delta x \Delta y)$, na direção $z$, exercidas sobre as superfícies normais à direção $z$ $(\Delta x \Delta y)$ – cinza-escuro no gráfico.
(b) As *forças de atrito viscoso* entre camadas de fluido, $\tau_{zy}(\Delta x \Delta z)$, na direção $z$, exercidas sobre as superfícies paralelas à direção $z$ e à direção $y$ $(\Delta x \Delta z)$ – cinza-claro no gráfico.

Observe que $\tau_{zy}$ é a força (por unidade de área) exercida pelo volume de controle *sobre a vizinhança*; $-\tau_{zy}$ é a força (por unidade de área) exercida pela vizinhança *sobre o volume de controle* (Figura 3.2). Veja a Seção 3.1.12b sobre o sinal de $\tau_{zy}$ (uma componente do tensor de tensões $\tau$).

Temos, então,

$$\Delta x \Delta y \, p\big|_z - \Delta x \Delta y \, p\big|_{z+\Delta z} + \Delta x \Delta z \tau_{zy}\big|_y - \Delta x \Delta z \tau_{zy}\big|_{y+\Delta y} = 0 \tag{3.7}$$

Reordenando e dividindo pelo volume $\Delta x \Delta y \Delta z$,

$$-\frac{\tau_{zy}\big|_{y+\Delta y} - \tau_{zy}\big|_y}{\Delta y} = \frac{p\big|_{z+\Delta z} - p\big|_z}{\Delta z} \tag{3.8}$$

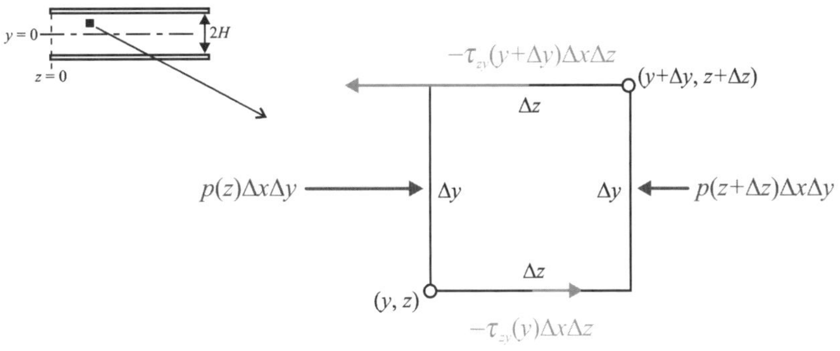


**Figura 3.2**

No limite $\Delta z \rightarrow 0$, $\Delta y \rightarrow 0$:

$$\boxed{-\frac{d\tau_{zy}}{dy} = \frac{dp}{dz}} \tag{3.9}$$

A Eq. (3.9) é a *equação de movimento* que descreve o comportamento mecânico do fluido.

### 3.1.3 Solução da Equação de Movimento

Para um fluido newtoniano incompressível em que $v_z = v_z(y)$ e $v_y \equiv 0$,

$$\tau_{zy} = -\eta \frac{dv_z}{dy} \tag{3.10}$$

onde $\eta$ é a viscosidade do fluido, um parâmetro material característico do fluido, constante nas condições do problema. Como $d\tau_{zy}/dy$ é função apenas de $y$, e $dp/dz$ é função apenas de $z$, ambos os termos devem ser iguais a uma constante (a única "função" que ao mesmo tempo é função só de $x$ e só de $y$):

$$-\frac{d\tau_{zy}}{dy} = \frac{dp}{dz} = C \tag{3.11}$$

#### *Perfil de pressão*

Temos, então,

$$\frac{dp}{dz} = C \tag{3.12}$$

Integrando,

$$p = Cz + D \tag{3.13}$$

onde $D$ é uma constante de integração. As constantes $C$ e $D$ podem ser determinadas utilizando as condições de borda, Eqs. (3.5) e (3.6).

Para $z = 0$: $$p_0 = C \cdot 0 + D \tag{3.14}$$

Para $z = L$: $$p_L = C \cdot L + D \tag{3.15}$$

Ou seja:

$$D = p_0 \tag{3.16}$$

$$C = \frac{p_L - p_0}{L} = -\frac{\Delta p}{L} \tag{3.17}$$

onde $\Delta p = p_0 - p_L$ é a *queda de pressão* (como $v_z > 0$, $p_0 > p_L$ e $\Delta p > 0$). Observe que $\Delta p$ é definido de forma contrária de como é definido usualmente o símbolo "Δ" (saída – entrada). Substituindo as Eqs. (3.16)-(3.17) na Eq. (3.13), o perfil (axial) de pressão resulta em

$$\boxed{p = p_0 - \frac{\Delta p}{L} z} \tag{3.18}$$

### *Perfil de velocidade*

Substituindo a Eq. (3.17) na Eq. (3.11),

$$\frac{d\tau_{zy}}{dy} = \frac{\Delta p}{L} \tag{3.19}$$

Integrando,

$$\tau_{zy} = \frac{\Delta p}{L} y + B \tag{3.20}$$

onde $B$ é uma constante de integração. Introduzindo a Eq. (3.10),

$$\eta \frac{dv_z}{dy} = -\frac{\Delta p}{L} y - B \tag{3.21}$$

ou

$$\frac{dv_z}{dy} = -\frac{\Delta p}{\eta L} y + B_1 \tag{3.22}$$

onde $B_1 = -B/\eta$ é outra constante, já que a viscosidade $\eta$ é constante. Integrando novamente,

$$v_z = -\frac{\Delta p}{2\eta L} y^2 + B_1 y + B_2 \tag{3.23}$$

onde $B_2$ é mais uma constante de integração. As constantes $B_1$ e $B_2$ podem ser determinadas utilizando as condições de borda Eq. (3.4).

Para $y = H$:

$$0 = -\frac{\Delta p}{2\eta L} H^2 + B_1 H + B_2 \tag{3.24}$$

Para $y = -H$:

$$0 = -\frac{\Delta p}{2\eta L} H^2 - B_1 H + B_2 \tag{3.25}$$

As Eqs. (3.24)-(3.25) formam um sistema de duas equações lineares com duas incógnitas, que pode ser resolvido facilmente. Somando as duas equações,

$$0 = -\frac{\Delta p}{\eta L} H^2 + 2B_2 \tag{3.26}$$

de onde resulta:

$$B_2 = \frac{\Delta p}{2\eta L} H^2 \tag{3.27}$$

Substituindo a Eq. (3.27) na Eq. (3.24) ou na Eq. (3.25) obtêm-se

$$B_1 = 0 \tag{3.28}$$

Finalmente, introduzindo as Eqs. (3.27)-(3.28) na Eq. (3.23):

$$v_z = -\frac{\Delta p}{2\eta L} y^2 + \frac{\Delta p}{2\eta L} H^2 \tag{3.29}$$

ou

$$\boxed{v_z = \frac{\Delta p H^2}{2\eta L}\left[1 - \left(\frac{y}{H}\right)^2\right]} \tag{3.30}$$

que é o perfil (transversal) de velocidade (Figura 3.3).

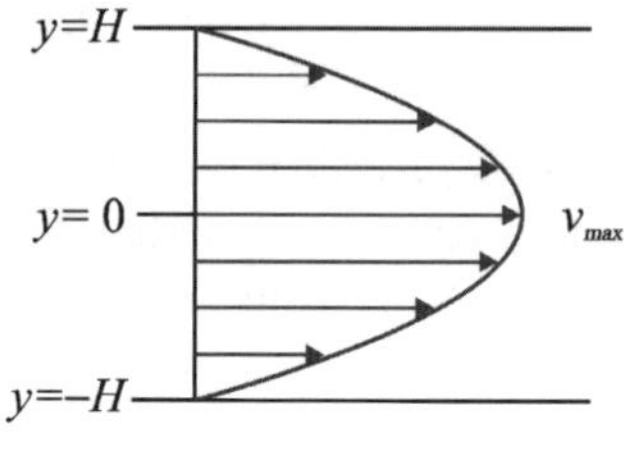


**Figura 3.3**

A solução do problema é dada pelas Eqs (3.18) e (3.30), os perfis de pressão $p = p(z)$ e velocidade $v_z = v_z(y)$ no espaço entre as placas, para $z > 0$, $-H < y < H$.

### 3.1.4 Velocidade Máxima, Velocidade Média e Vazão

O perfil de pressão é linear, e o gradiente de pressão (constante) é negativo (se $v_z > 0$). O perfil de velocidade é quadrático (parabólico) e simétrico com referência ao plano central entre as placas ($y = 0$), onde atinge o valor máximo:

$$v_{max} = \frac{\Delta p H^2}{2\eta L} \tag{3.31}$$

O volume de fluido que escoa através da fenda por unidade de tempo ou *vazão volumétrica* é avaliada pela integral:

$$Q = \int v_z dA = W \int_{-H}^{H} v_z dy = \frac{\Delta p H^2 W}{2\eta L} \int_{-H}^{H} \left[1 - \left(\frac{y}{H}\right)^2\right] dy = \frac{\Delta p H^3 W}{2\eta L} \int_{-1}^{1} (1 - \xi^2) d\xi \tag{3.32}$$

onde define-se a variável de integração $\xi = y/H$. A integral avalia-se como

$$\int_{-1}^{1} (1 - \xi^2) d\xi = \left(\xi - \frac{\xi^3}{3}\right)\Bigg|_{-1}^{1} = 2 - \frac{2}{3} = \frac{4}{3} \tag{3.33}$$

resultando em

$$\boxed{Q = \frac{2\Delta p H^3 W}{3\eta L}} \tag{3.34}$$

(A vazão mássica é simplesmente $G = \rho Q$, desde que a densidade é constante.)

A Eq. (3.34) pode ser utilizada para calcular a vazão obtida para um gradiente de pressão determinado, e pode ser invertida facilmente para calcular o gradiente de pressão requerido para obter uma vazão determinada:

$$\boxed{\frac{\Delta p}{L} = \frac{3\eta Q}{2H^3 W}} \tag{3.35}$$

A velocidade média é a vazão por unidade de área de fluxo (área normal) $A_F = 2HW$:

$$\bar{v} = \frac{Q}{A_F} = \frac{Q}{2HW} = \frac{\Delta p H^2}{3\eta L} \tag{3.36}$$

Comparando a Eq. (3.36) com a Eq. (3.31),

$$\bar{v} = \tfrac{2}{3}\, v_{max} \tag{3.37}$$

ou seja, a velocidade máxima é 1,5 vez a média.

O perfil de velocidade, Eq. (3.30), pode ser expresso em termos da velocidade máxima ou da velocidade média:

$$v_z = v_{max}\left[1 - \left(\frac{y}{H}\right)^2\right] = \tfrac{3}{2}\bar{v}\left[1 - \left(\frac{y}{H}\right)^2\right] \tag{3.38}$$

### 3.1.5 Tensão e Taxa de Cisalhamento

O escoamento entre duas placas paralelas é um exemplo do tipo de escoamento chamado *cisalhamento* (*shear*), onde a velocidade numa direção é função da coordenada normal à mesma, e o material é submetido a uma deformação que lembra o movimento das folhas de uma tesoura (segundo o dicionário, *cisalha* é o nome – quase obsoleto – do tesourão utilizado para cortar papelão). A tensão (força por unidade de área) $\tau = |\tau_{zy}|$ chama-se *tensão de cisalhamento* (*shear stress*), e o gradiente de velocidade $\dot{\gamma} = |dv_z/dy|$ chama-se *taxa de cisalhamento* (*shear rate*). Lembrar a Seção 2.4.[3] Os escoamentos de cisalhamento unidirecionais, onde a "força impulsora" para o mo-

[3] Observe que temos definido $\tau$ e $\dot{\gamma}$ como módulos (quantidades sempre positivas), reservando a notação com subíndices $\tau_{zy}$ e $\dot{\gamma}_{zy}$ para os correspondentes valores com sinal. Esta prática *não* é universal.

vimento é um gradiente de pressão na direção do escoamento, são chamados *escoamentos de Poiseuille*. O perfil da taxa de cisalhamento $\dot{\gamma}$ e o da tensão de cisalhamento $\tau$, Eq. (3.20), são dados por

$$\dot{\gamma} = \left|\frac{dv_z}{dy}\right| = \left|\frac{\Delta p}{\eta L}y\right| \tag{3.39}$$

$$\tau = \eta\dot{\gamma} = \left|\frac{\Delta p}{L}y\right| \tag{3.40}$$

Em termos da vazão, Eq. (3.35), ou da velocidade média, Eq. (3.36),

$$\dot{\gamma} = \left|\frac{3Q}{2H^3W}y\right| = \left|\frac{3\bar{v}}{H^2}y\right| \tag{3.41}$$

$$\tau = \left|\frac{3\eta Q}{2H^3W}y\right| = \left|\frac{3\eta\bar{v}}{H^2}y\right| \tag{3.42}$$

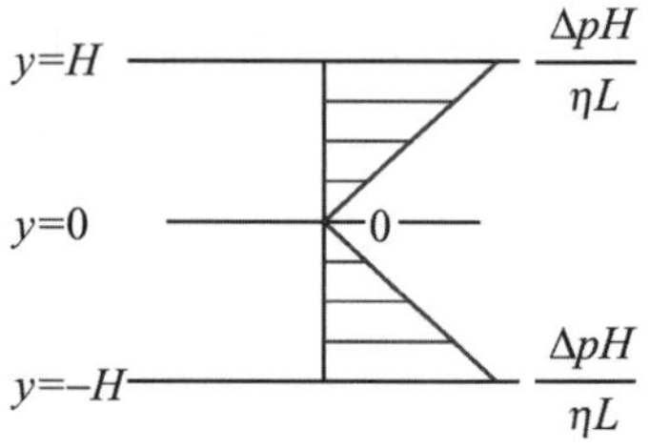


**Figura 3.4**

Os perfis são lineares com $\dot{\gamma} = 0$ e $\tau = 0$ no plano central ($y = 0$) e máximo (em valor absoluto) nas placas ($y = \pm H$) – ou "na parede" (*wall*, daí o *w*):[4]

$$\dot{\gamma}_w = \left|\frac{dv_z}{dy}\right|_{y=\pm H} = \frac{\Delta pH}{\eta L} \tag{3.43}$$

$$\tau_w = \eta\dot{\gamma}_w = \frac{\Delta pH}{L} \tag{3.44}$$

Em termos da vazão, Eq. (3.35), ou da velocidade média, Eq. (3.36),

$$\dot{\gamma}_w = \frac{3Q}{2H^2W} = \frac{3\bar{v}}{H} \tag{3.45}$$

$$\tau_w = \frac{3\eta Q}{2H^2W} = \frac{3\eta\bar{v}}{H} \tag{3.46}$$

### 3.1.6 Força

A força exercida pelo fluido sobre *uma* parede é

$$\mathcal{F}_w = \int \tau_w dA = \tau_w (LW) = \Delta pHW \tag{3.47}$$

Esta força de arraste deve ser compensada por uma força externa para manter a fenda estacionária (caso contrário, o fluido levaria a fenda embora). A força pode ser expressa em termos da vazão ou da velocidade média:

$$\mathcal{F}_w = \frac{3\eta QL}{2H^2} = \frac{3\eta\bar{v}LW}{H} \tag{3.48}$$

Observe que a força *total* sobre a fenda (sobre as duas paredes: inferior e superior) é o dobro. As paredes laterais foram desconsideradas.

A Eq. (3.41) pode ser obtida diretamente através de um balanço global (macroscópico) de forças na direção axial (Figura 3.5), no espaço entre as duas placas paralelas (sem as bordas!).

[4] Vamos supor $\Delta p > 0$.

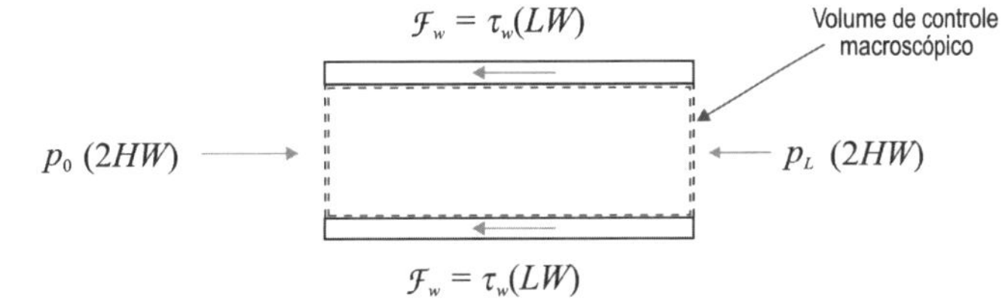


**Figura 3.5**

A força de atrito viscoso sobre as placas é compensada pela diferença de pressão na entrada e na saída:

$$2\tau_w\ (LW) = p_0\ (2HW) - p_L\ (2HW) = \Delta p\ (2HW) \tag{3.49}$$

Observe que para obter a tensão de cisalhamento através da Eq. (3.43) não foi necessário fazer nenhuma suposição acerca do perfil de velocidade nem das propriedades do material que escoa na fenda. A Eq. (3.41) é, portanto, válida para qualquer fluido e regime de escoamento, incluindo escoamentos turbulentos e fluidos não newtonianos. Já as Eqs. (3.39)-(3.40) são válidas somente para o escoamento laminar de um fluido newtoniano incompressível, com um perfil de velocidade parabólico.

### 3.1.7 Potência

Para manter o escoamento, isto é, para manter sua "força impulsora" (a diferença de pressão entre os extremos da fenda), é necessário realizar trabalho sobre o sistema. A taxa líquida de fornecimento de trabalho é a *potência* requerida. As forças de atrito exercidas pelo fluido sobre as paredes sólidas da fenda não "trabalham" (a velocidade é nula nas paredes sólidas). Apenas as forças exercidas pela pressão na entrada e na saída da fenda realizam trabalho. Na entrada, o fluido se desloca *contra* a pressão do interior da fenda, e é necessário exercer trabalho *sobre* o sistema para "forçar" o fluido a entrar na fenda. O trabalho é o produto da força exercida e o deslocamento do material (Figura 3.6).

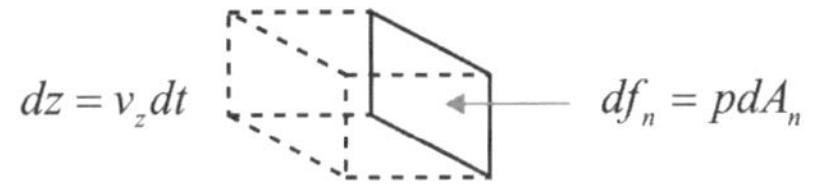


**Figura 3.6**

A força sobre uma área diferencial é $df_1 = p_1 dA$, e a taxa de deslocamento correspondente é $v_z = dz/dt$. Portanto, a taxa de fornecimento de trabalho (potência) é

$$d\mathcal{W}_1 = p_1 v_z dA \tag{3.50}$$

Sobre toda a área de entrada:

$$\mathcal{W}_1 = p_1 \int_A v_z dA = p_1 Q \tag{3.51}$$

No outro extremo, a pressão no interior da fenda favorece a saída do fluido, e o sistema produz trabalho. A taxa de produção de trabalho é

$$\mathcal{W}_2 = p_2 \int_A v_z dA = p_2 Q \tag{3.52}$$

(Em estado estacionário a vazão é a mesma na entrada e na saída.) A taxa *líquida* de fornecimento de trabalho, isto é, a potência líquida requerida para puxar o fluido através da fenda, é a diferença entre as Eqs. (3.51) e (3.52):

$$\mathcal{W} = (p_1 - p_2)Q \tag{3.53}$$

ou

$$\mathcal{W} = Q\Delta p \tag{3.54}$$

Considerando as Eqs. (3.34)-(3.35), temos:

$$\mathcal{W} = \frac{2\Delta p^2 H^3 W}{3\eta L} = \frac{3\eta Q^2 L}{2H^3 W} \tag{3.55}$$

ou, em termos da velocidade média, Eq. (3.36):

$$\mathcal{W} = \frac{6\eta \bar{v}^2 LW}{H} \tag{3.56}$$

### 3.1.8 Escoamento Laminar

O problema foi resolvido sob a suposição de escoamento ordenado em camadas (lâminas), chamado *escoamento laminar*, e isto é válido para escoamentos nos quais as forças de atrito viscoso dominam (são bastante maiores que) as forças "inerciais". Utilizando a velocidade média $\overline{v}$, Eq. (3.30), como velocidade característica, e a distância entre as placas (a espessura da fenda), $2H$, como comprimento característico, é possível definir o *número de Reynolds*, Eq. (2.35)-(2.36) como a razão entre as forças inerciais $[\rho\overline{v}^2]$ e viscosas $[\eta\overline{v}/(2H)]$ características do sistema:

$$Re = \frac{\rho\overline{v}^2}{\eta\overline{v}/(2H)} = \frac{2H\rho\overline{v}}{\eta} \tag{3.57}$$

onde $\rho$ é a densidade e $\eta$ a viscosidade (constante) do líquido. Observe que a tensão de cisalhamento na parede $\tau_w$, Eq. (3.46), é proporcional às forças viscosas características por unidade de área.

Para essa definição do número de Reynolds, observa-se *experimentalmente* um escoamento laminar unidimensional em camadas paralelas às placas para

$$Re < 1350 \tag{3.58}$$

Para valores maiores de $Re$ o escoamento torna-se instável, até chegar a um regime turbulento estável para valores ainda maiores do $Re$. A Eq. (3.58) é portanto o limite de validade da nossa solução. Note que a solução é igualmente válida para qualquer valor de $Re$, desde que seja inferior ao valor crítico dado pela Eq. (3.58), isto é, o movimento não é "mais laminar" quando o $Re$ for menor.

Observe que um escoamento laminar pode ser realizado na prática para diferentes combinações de espessura ($H$), velocidade média ($\overline{v}$) e viscosidade ($\eta$). A densidade dos líquidos apresenta geralmente uma variação muito pequena; portanto, a deixamos fora desta discussão, enquanto for cumprida a condição dada pela Eq. (3.58). Assim, o escoamento em fendas muito estreitas permanece laminar, ainda que para velocidades relativamente elevadas ou materiais de viscosidade relativamente baixa. Já o escoamento de materiais altamente viscosos (por exemplo, polímeros fundidos) é geralmente laminar em fendas relativamente amplas.

### 3.1.9 Efeito de Bordas

O escoamento laminar num duto retangular (uma fenda de espessura e largura arbitrárias, não necessariamente estreita, mas com $H < \tfrac{1}{2}W$) é um problema bidimensional[5] que pode ser resolvido analiticamente. De fato, ele foi resolvido em 1868 pelo físico francês Boussinesq. A solução é bastante complexa. Apresentamos aqui a expressão para a vazão como função do gradiente de pressão, o equivalente da Eq. (3.34):

$$Q = \frac{2\Delta p H^3 W}{3\eta L}\left\{1 - \frac{384}{\pi^5}\cdot\frac{H}{W}\sum_{n=0}^{\infty}\frac{1}{(2n+1)^5}\tanh\left[\frac{(2n+1)\pi W}{4H}\right]\right\} \tag{3.59}$$

Observe que a expressão *fora* da chave {...} na Eq. (3.59) é a vazão para o caso de placas planas infinitas ($H \ll W$ ou, estritamente, para o limite $H/W \rightarrow 0$), Eq. (3.34), que, neste caso, pode ser chamado $Q_0$:

$$Q_0 = \frac{2\Delta p H^3 W}{3\eta L} \tag{3.60}$$

e que a expressão *dentro* da chave é função somente de $H/W$.

$$F_p = 1 - \frac{384}{\pi^5}(H/W)\sum_{n=0}^{\infty}\frac{1}{(2n+1)^5}\tanh\left[\frac{(2n+1)\pi}{4(H/W)}\right] \tag{3.61}$$

Portanto, a Eq. (3.59) pode ser escrita como

$$Q = Q_0 \cdot F_p \tag{3.62}$$

onde $Q_0$ é a vazão para uma fenda estreita (isto é, de espessura $H \ll W$), sob efeito de um gradiente de pressão $\Delta p/L$, e $F_p$ é um fator de correção da solução do problema de placas paralelas para o caso onde a fenda não for muito estreita ("efeito de bordas") representado na Figura 3.7.

Para fendas bastante – mas não *muito* – estreitas ($H/W \leq 0{,}3$) pode-se aproximar

$$F_p \approx 1 - 1{,}26\frac{H}{W} \tag{3.63}$$

[5] Bidimensional, porém unidirecional no sistema de coordenadas utilizado, $v_z = v_z(x, y)$, $v_x = v_y = 0$.

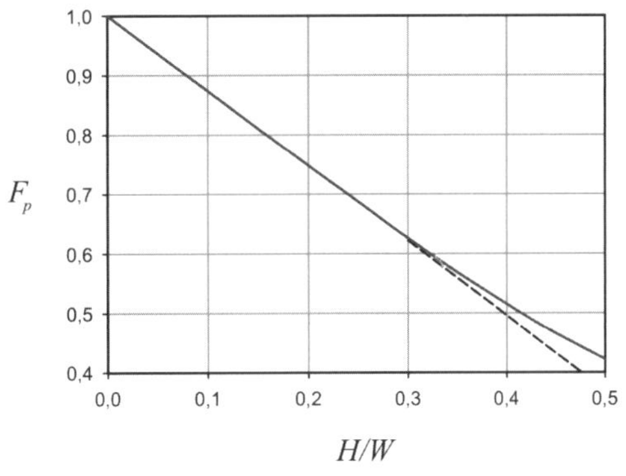


**Figura 3.7**

Isto é, a vazão numa fenda com $H < 0{,}008W$ ($W > 125H$) difere do valor calculado, utilizando a Eq. (3.34), em menos de 1%. Para um duto de seção transversal quadrada ($W = 2H$):

$$F_p \approx 0{,}422 \tag{3.64}$$

A queda de pressão requerida para manter uma vazão $Q$ através de uma fenda arbitrária ($H < \frac{1}{2}W$) é

$$\Delta p = \frac{\Delta p_0}{F_p} \tag{3.65}$$

onde

$$\frac{\Delta p_0}{L} = \frac{3\eta Q_0}{2H^3 W} \tag{3.66}$$

é o gradiente de pressão em uma fenda estreita (isto é, com $H << W$), Eq. (3.35). A diferença

$$\Delta p_b = \Delta p - \Delta p_0 = (F_p^{-1} - 1) \tag{3.67}$$

é a queda de pressão "extra" requerida em um duto retangular, além da diferença de pressão avaliada pela Eq. (3.35), para puxar o fluido contra as forças de atrito nas paredes laterais.

Observe que a queda de pressão através do duto de seção transversal quadrada ($W = 2H$) é quase 2,4 vezes o valor numa fenda estreita da mesma espessura e com a mesma vazão. Dutos de seção retangular com $H > \frac{1}{2}W$ podem ser analisados trocando $2H$ por $W$ (e $y$ com $x$): todas as expressões derivadas nesta seção podem ser utilizadas neste caso (Figura 3.8).

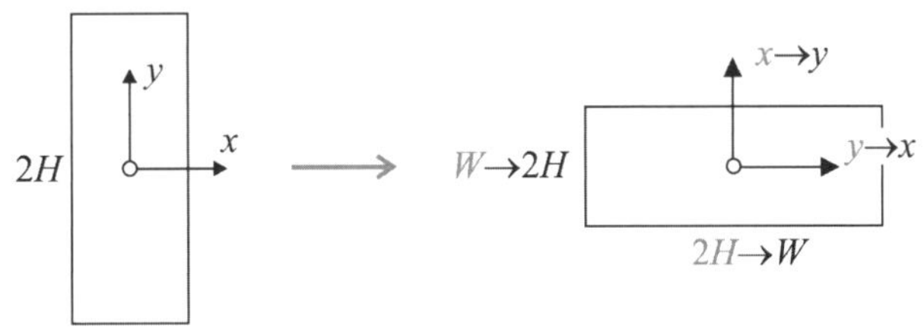


**Figura 3.8**

## 3.1.10 Efeito de Entrada

Se assumirmos um perfil plano de velocidade na entrada da fenda ($v_z = \overline{v}$) é necessário certo comprimento para desenvolver o perfil parabólico, Eq. (3.30). Nessa *zona de entrada* as velocidades não nulas são $v_z = v_z(y, z)$ e $v_y(y, z)$ e temos um escoamento bidimensional (Figura 3.9).

Chamamos comprimento de entrada ($L_e$) à distância da entrada necessária para que o perfil parabólico de velocidade seja desenvolvido. Se considerarmos completamente desenvolvido o perfil de velocidade quando a velocidade máxima (no plano central entre as duas placas) atinge 99% do valor "final" (isto é, para $z \to \infty$), obtemos, para um perfil plano de entrada,

$$\frac{L_e}{2H} \approx 0{,}63 + 0{,}044\, Re \tag{3.68}$$

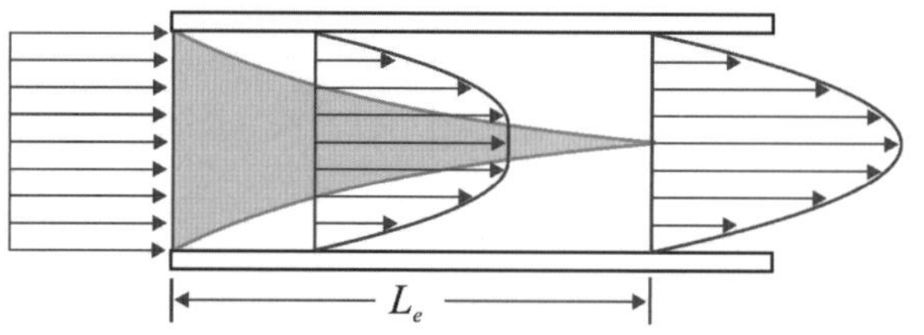


**Figura 3.9**

onde o número de Reynolds *Re*, baseado na velocidade média (a velocidade *média* não varia durante o desenvolvimento do perfil, devido à continuidade) e no comprimento característico $2H$, é dado pela Eq. (3.57). Este resultado foi obtido resolvendo numericamente o problema bidimensional.

Observe que o comprimento de entrada aumenta com a velocidade relativa (medida através do *Re*), chegando a ser bastante considerável para altos valores de *Re*. Porém, um comprimento mínimo, da ordem de magnitude da distância entre as placas, é necessário para desenvolver o perfil parabólico ainda no limite $Re \to 0$ (ou seja, $\bar{v} \to 0$ ou $Q \to 0$). Para $z < L_e$, no núcleo central (zona sombreada na Figura 3.9), o escoamento é principalmente *extensional* (isto é, a velocidade axial $v_z$ depende principalmente da coordenada axial $z$ – e secundariamente da coordenada transversal $y$); no plano central ($y = 0$) a velocidade varia (aumenta) entre $v_z(0) = \bar{v}$ e $v_z(L_e) = v_{max} = \frac{3}{2}\bar{v}$. O gradiente de pressão na região de entrada é maior do que o gradiente de pressão obtido para uma fenda ideal (infinitamente comprida):

$$\Delta p = \Delta p_0 + \Delta p_e \tag{3.69}$$

onde $\Delta p_0$ é a diferença de pressão na fenda "ideal", sem efeitos de entrada, avaliada pela Eq. (3.35), e $\Delta p_e$ é o "excesso" de pressão na fenda "real" devido a esses efeitos.

Uma solução numérica do problema bidimensional[6] leva a estimativa dos "efeitos de entrada" para $L > L_e$:

$$\frac{\Delta p_e}{\tau_w} = 0{,}62 + 0{,}055\,Re \tag{3.70}$$

onde $\tau_w$ é a tensão de cisalhamento na parede de uma fenda ideal, Eq. (3.44) ou Eq. (3.46). Observe que $\tau_w$ é justamente (três vezes) a força de atrito viscoso (por unidade de área) "característica" do sistema, que foi utilizada para definir o número de Reynolds.

A Eq. (3.70) pode ser expressa em termos da velocidade média:

$$\Delta p_e = 1{,}86\frac{\eta\bar{v}}{H} + 0{,}33\rho\bar{v}^2 \tag{3.71}$$

O primeiro termo da direita nas Eqs. (3.70)-(3.71) é proporcional às forças de atrito viscoso características do sistema, dominantes para $Re \ll 1$; o segundo termo é proporcional às forças inerciais e deve ser levado em consideração para $1 < Re < 1000$ [as Eqs. (3.70)-(3.71) só são válidas em regime laminar, $Re < 1000$]. A Eq. (3.36) permite expressar $\Delta p_e$ como função da queda de pressão ou da vazão na fenda ideal.

Outras considerações sobre os efeitos de entrada (e saída) encontram-se no comentário correspondente na Seção 3.2.

## 3.1.11 Efeitos Térmicos

O trabalho fornecido ao sistema [a taxa de fornecimento é a potência avaliada pelas Eqs. (3.53)-(3.56)] não aumenta a energia mecânica (cinética ou potencial) do fluido: a velocidade é a mesma na entrada e na saída da fenda, e o uso da pressão modificada elimina a energia potencial da discussão. O princípio de conservação da energia requer que este trabalho não "desapareça". Para onde vai, então? Vamos ver, na segunda parte do livro, que o trabalho mecânico é transformado em *calor*.

Parte do calor gerado por *dissipação viscosa* (o termo técnico para o calor gerado no escoamento de um fluido viscoso) pode ser eliminada através das paredes do duto. Em um sistema homogêneo (sem mudanças de fase), o resto do calor resulta no aumento da temperatura do material. A distribuição de temperatura no fluido resultante destes efeitos é estudada no Capítulo 13.

[6] Bidimensional e bidirecional. Neste caso, no sistema de coordenadas utilizado, $v_z = v_z(y, z)$, $v_y = v_y(y, z)$, $v_x = 0$.

Porém, é possível avaliar facilmente o aumento *máximo* na temperatura do fluido devido à dissipação da energia mecânica, que acontece quando todo o calor gerado é utilizado para aumentar a temperatura (isto é, quando o calor não é transmitido para fora do sistema através das paredes da fenda, que se dizem, nesse caso, *adiabáticas*).

Nesse caso, a taxa de geração de calor é[7]

$$\mathcal{W} = \rho Q \hat{c} \Delta T_{max} \tag{3.72}$$

onde $\mathcal{W}$ é a potência dada pelas Eqs. (3.53)-(3.56) e $\hat{c}$ é o calor específico do fluido (uma propriedade física do fluido), e $\Delta T_{max}$ é o aumento da temperatura. Levando em consideração a Eq. (3.54),

$$\Delta T_{max} = \frac{\Delta p}{\rho \hat{c}} \tag{3.73}$$

Se o $\Delta T$ avaliado pela Eq. (3.73) é desprezível (frente à diferença de temperatura necessária para mudar substancialmente a viscosidade do fluido),[8] os efeitos térmicos podem ser desconsiderados.[9] Caso contrário, o problema da transferência de calor na fenda deve ser estudado detalhadamente antes de decidir se o tratamento "isotérmico" desenvolvido nesta seção é aplicável ao problema.

Considerando a dependência exponencial da viscosidade com a temperatura, Eq. (2.29),

$$\frac{d\eta}{dT} = -\beta \cdot \eta \tag{3.74}$$

a variação relativa da viscosidade correspondente a uma variação de temperatura $\Delta T_{max}$ pode ser avaliada aproximadamente como

$$\frac{\Delta \eta}{\eta} = -\beta \Delta T_{max} = -\frac{\beta}{\rho \hat{c}} \Delta p \tag{3.75}$$

Para uma dada vazão ($Q_0$) o gradiente de pressão é diretamente proporcional à viscosidade, e para um dado gradiente de pressão ($\Delta p_0$) a vazão é inversamente proporcional à viscosidade; portanto, suas variações relativas *máximas* são da mesma ordem de magnitude. Porém, a dissipação viscosa é um processo gradual ao longo da fenda, e o erro máximo esperável na avaliação de vazões ou gradientes de pressão utilizando as equações "isotérmicas", Eqs. (3.34)-(3.35), é – na ausência de um mecanismo eficiente de resfriamento – menor do que isso. Uma avaliação mais apurada (mais ainda uma aproximação grosseira) leva a

$$\left| \frac{\Delta(\Delta p)_{max}}{\Delta p} \right|_{Q=Q_0} \approx \left| \frac{\Delta Q_{max}}{Q} \right|_{\Delta p=\Delta p_0} \approx ½\, \beta \Delta T_{max} \tag{3.76}$$

Observe que a dissipação viscosa sempre causa um *aumento* da temperatura do fluido e uma *diminuição* da viscosidade do mesmo, o quc resulta em uma *diminuição* do gradiente de pressão necessário para uma dada vazão, ou em um *aumento* da vazão do escoamento para um dado gradiente de pressão. Em geral, os efeitos térmicos são importantes para escoamentos de fluidos de alta viscosidade que requerem elevados gradientes de pressão (o coeficiente térmico da viscosidade $\beta$ não é muito menor para água do que para um polímero fundido).

## 3.1.12 Comentários

**(a)** ***Modelagem matemática: sistema real* versus *sistema idealizado***

Observe que temos substituído o sistema original (fenda de largura e comprimento finitos) por um sistema idealizado mais simples (placas planas paralelas e infinitas, isto é, sem bordas e sem entrada), no entendimento de que a *solução exata* de um problema no *sistema idealizado* (unidimensional) fornecerá uma *solução aproximada* do problema no *sistema original* (tridimensional), válida distante das bordas e da entrada.

Também temos simplificado a definição do *material* (líquido incompressível de propriedades constantes) e das *condições* "operativas" (estado estacionário, temperatura constante, escoamento laminar).

---

[7] A Eq. (3.71) é a versão "por unidade de tempo" da bem conhecida expressão

$$q = mc\Delta T$$

que relaciona o calor $q$ necessário para mudar em $\Delta T$ a temperatura de uma massa $m = \rho V$ de material. Na Eq. (3.71) a potência $\mathcal{W}$ e a vazão $Q$ correspondem ao calor e ao volume "por unidade de tempo".

[8] O efeito da variação de temperatura sobre a densidade do fluido é muito menor e pode ser desconsiderado.

[9] Sendo a Eq. (3.71) um balanço *global* de calor, o resultado é a variação da temperatura *média* ao longo da fenda. Considerações sobre possíveis gradientes *transversais* de temperatura serão feitas no Capítulo 13.

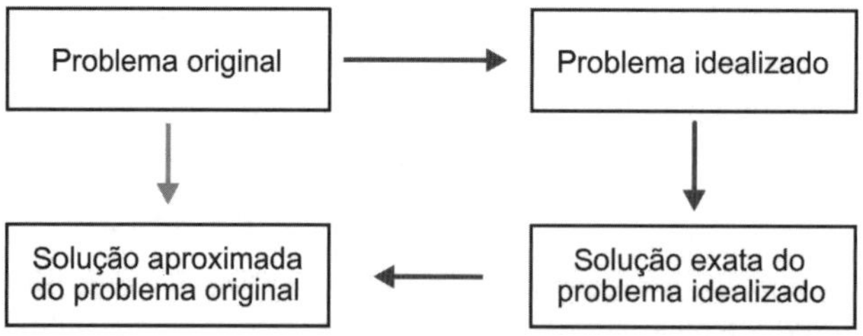


**Diagrama 3.1**

Essas operações fundamentais na *modelagem matemática* do problema físico[10] são geralmente razoáveis, porém, devem ser verificadas, usualmente pela comparação dos resultados obtidos com informação empírica de sistemas semelhantes.

**(b)** ***Balanço de forças na direção transversal***

No tratamento deste problema não foi considerada outra força atuante no volume de controle: o peso do fluido (a "força da gravidade"). Essa força atua na direção transversal $y$ e é balanceada pelas forças de pressão nessa direção:

$$-\Delta x \Delta z\, p\big|_{y+\Delta y} + \Delta x \Delta z\, p\big|_{y} = \Delta x \Delta y \Delta z\, \rho g \tag{3.77}$$

onde $\rho$ é a densidade do fluido e $g \approx 9{,}8$ m/s$^2$ é a "aceleração da gravidade" (uma constante universal). Dividindo pelo volume $\Delta x \Delta y \Delta z$, resulta em

$$\frac{p\big|_{y+\Delta y} + p\big|_{y}}{\Delta y} = -\rho g \tag{3.78}$$

e no limite $\Delta y \rightarrow 0$:

$$\frac{\partial p}{\partial y} = -\rho g \tag{3.79}$$

Considerando o peso do fluido, a pressão resulta ser função das coordenadas $y$ e $z$ (e não apenas função de $z$, como foi assumida). Porém, o tratamento anterior é válido se a derivada da pressão na direção axial for independente de $y$ (isto é, se $\Delta p$ é constante):

$$\frac{\partial p}{\partial z} = -\frac{\Delta p}{L} \tag{3.80}$$

onde $\Delta p = p(0, y) - p(L, y)$ é constante para todo $y$, $-H < y < H$. Nesse caso, as Eqs. (3.19)-(3.36) são estritamente válidas, mas o perfil de pressão deve ser avaliado como

$$dp = \frac{\partial p}{\partial z} dz + \frac{\partial p}{\partial y} dy = -\frac{\Delta p}{L} dz - \rho g dy \tag{3.81}$$

Integrando:

$$p = p_0 - \frac{\Delta p}{L} z - \rho g y \tag{3.82}$$

**(c)** ***Sinal de $\tau_{zy}$***

Existem diversas formas de interpretar os termos que contêm componentes do tensor $\tau$ no balanço de quantidade de movimento, seja como força de atrito viscoso por unidade de área ou como fluxo "difusivo" de quantidade de movimento. Diferentes interpretações resultam em diferentes convenções para o sinal de $\tau_{ij}$. Porém, qualquer que seja a convenção de sinais, o perfil de pressão e de velocidade deve resultar sempre no mesmo. Consequentemente, se o sinal de $\tau_{zy}$ na Eq. (3.7) é trocado, deve-se trocar também o sinal na lei de Newton, Eq. (3.10), resultando em

$$\tau_{zy} = \eta \frac{dv_z}{dy} \tag{3.83}$$

[10] Sobre modelagem matemática em geral, veja, por exemplo, M. M. Denn, *Process Modeling*. Longman, 1986.

Observe que $\tau_{zy}$ e $\dot{\gamma}_{zy}$ (que neste escoamento resulta ser simplesmente $dv_z/dy$) são componentes dos tensores $\boldsymbol{\tau}$ e $\dot{\boldsymbol{\gamma}}$, valores reais que podem ser positivos ou negativos. Nas Eqs. (33)-(36) foram definidos os parâmetros $\dot{\gamma}$ e $\tau$ (sem subíndices) como os *módulos* de $\dot{\gamma}_{zy}$ e $\tau_{zy}$ respectivamente, sendo portanto sempre positivos. Os parâmetros $\dot{\gamma}$ e $\tau$ assim definidos são casos particulares (para este escoamento unidimensional) da "norma" dos tensores $\boldsymbol{\tau}$ e $\dot{\boldsymbol{\gamma}}$ (uma generalização do conceito de módulo ou "magnitude" de um vetor para tensores de segunda ordem). Veja a Seção 5.5, *Nota*.

**(d)** ***Mudança de coordenadas***

Todas as expressões obtidas nesta seção podem ser *desenvolvidas* utilizando outros sistemas de coordenadas, ou podem ser *transformadas* para outros sistemas de coordenadas. Por exemplo, o perfil de velocidade, Eq. (3.30), pode ser expresso com origem na placa inferior. Nesse caso, é necessário substituir $H_0 = 2H$ e transformar a coordenada $y \rightarrow y' - H = y' - \tfrac{1}{2}H_0$ na Eq. (3.30). (Figura 3.10.)

$$v_z = \frac{\Delta p H^2}{2\eta L}\left[1-\left(\frac{y}{H}\right)^2\right] = \frac{\Delta p(\tfrac{1}{2}H_0)^2}{2\eta L}\left[1-\left(\frac{y' - \tfrac{1}{2}H_0}{\tfrac{1}{2}H_0}\right)^2\right] = \frac{\Delta p H_0^2}{2\eta L}\left[\left(\frac{y'}{H_0}\right)-\left(\frac{y'}{H_0}\right)^2\right] \tag{3.84}$$

$$v_z = \frac{\Delta p H_0^2}{2\eta L}\left(\frac{y'}{H_0}\right)\left(1-\frac{y'}{H_0}\right) \tag{3.85}$$

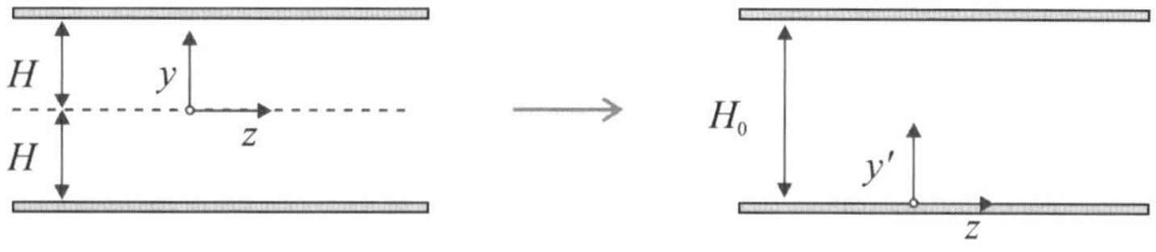


**Figura 3.10**

# 3.2 ESCOAMENTO EM UM TUBO CILÍNDRICO[11]

## 3.2.1 Formulação do Problema

Deseja-se obter os perfis de velocidade e pressão em um líquido que escoa através de um tubo cilíndrico vertical fixo sob efeito de uma diferença de pressão imposta entre uma extremidade e outra do tubo (Figura 3.11).

Vamos supor um tubo de diâmetro $D$ (raio $R = \tfrac{1}{2}D$) e comprimento $L \gg D$. A diferença de pressão é $\Delta p = p_0 - p_L > 0$.

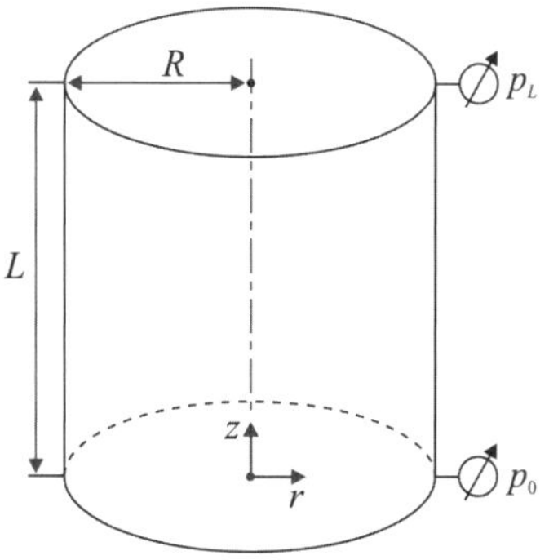


**Figura 3.11**

Além disso, consideramos:

(a) estado estacionário;
(b) material homogêneo, temperatura constante e uniforme;
(c) fluido newtoniano incompressível;
(d) escoamento laminar.

As propriedades físicas do líquido (densidade e viscosidade) podem ser consideradas constantes.

[11] BSL, Seção 2.3.

Definimos um sistema de coordenadas cilíndricas $(r, \theta, z)$, centrado no eixo do tubo,[12] com a coordenada $z$ na direção do eixo. Vamos supor que o fluido se movimenta em camadas cilíndricas (cascas) na direção do gradiente de pressão, da *coordenada axial* $z$. Vamos supor também que a única componente da velocidade diferente de zero é $v_z$.

O balanço de matéria requer que $v_z$ não dependa de $z$, e não existe motivo para $v_z$ depender da coordenada angular $\theta$. Mas $v_z$ deve ser função da *coordenada radial* $r$, visto que $v_z > 0$ no centro do tubo ($r < R$) e $v_z = 0$ na parede do tubo ($r = R$), desde que o líquido adere às paredes estacionárias. A pressão $p$ depende apenas da coordenada $z$, na direção do escoamento. Formalmente,

$$v_r = v_\theta \equiv 0 \qquad \text{em todo o tubo} \tag{3.86}$$

$$v_z = v_z(r) \qquad \text{para } 0 \leq r < R \tag{3.87}$$

$$p = p(z) \qquad \text{para } z > 0 \tag{3.88}$$

com as condições

$$v_z = 0 \qquad \text{para } r = R \tag{3.89}$$

O perfil de velocidade é *simétrico* em relação ao centro do tubo ($r = 0$), isto é, a velocidade tem um máximo (ou um mínimo) nesse ponto:

$$\frac{dv_z}{dr} = 0 \qquad \text{para } r = 0 \tag{3.90}$$

As condições em relação à pressão são, simplesmente,

$$p = p_0 \qquad \text{para } z = 0 \tag{3.91}$$

$$p = p_L \qquad \text{para } z = L \tag{3.92}$$

O problema é encontrar um perfil de velocidade $v_z = v_z(r)$ e um perfil de pressão $p = p(z)$ que satisfaçam as condições das Eqs. (3-86)-(3.92) e o balanço de forças.

O volume de controle em coordenadas cilíndricas pode ser definido como um "setor de casca cilíndrica", de comprimento $\Delta z$, espessura $\Delta r$ e extensão angular $\Delta\theta$ (Figura 3.12).

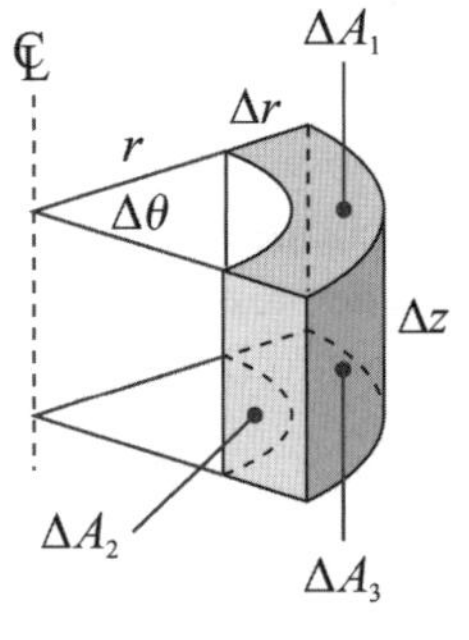


**Figura 3.12**

Observe que as áreas das faces deste volume de controle (ao contrário do volume de controle em coordenadas cartesianas utilizado no caso anterior, Seção 3.1) dependem da posição do elemento, isto é, do valor da coordenada radial ($r$):

$$\Delta A_1 = ½\,(r + \Delta r)^2\,\Delta\theta - ½ r^2 \Delta\theta = r\Delta r\Delta\theta\left(1 + \frac{\Delta r}{2r}\right) \tag{3.93}$$

Sabendo que o volume de controle será utilizado no limite $\Delta r \rightarrow 0$, é usual, porém desnecessário, expressar $A_1$ de forma aproximada (que se torna exata só no limite):

$$\Delta A_1 \approx r\Delta r\Delta\theta \tag{3.94}$$

A área $\Delta A_2$ é, simplesmente,

$$\Delta A_2 = \Delta r\Delta z \tag{3.95}$$

As áreas $A_3$, interna e externa, são diferentes (o valor de $r$ não é o mesmo nos dois casos):

$$\Delta A_3 = r\Delta z\Delta\theta \begin{cases} \Delta A_3^{(int)} = r'\big|_{r'=r}\,\Delta z\Delta\theta \\ \Delta A_3^{(ext)} = r'\big|_{r'=r+\Delta r}\,\Delta z\Delta\theta \end{cases} \tag{3.96}$$

[12] Pelas mesmas razões de simetria que no caso anterior, Seção 3.1; veja a Seção 3.2.11c.

Finalmente, o volume do elemento de controle é

$$\Delta V = A_1\Delta z = r\Delta r\Delta z\Delta\theta\left(1+\frac{\Delta r}{2r}\right) \approx r\Delta r\Delta z\Delta\theta \tag{3.97}$$

### 3.2.2 Balanço de Forças na Direção Axial

O sistema é estacionário ($v_z$ não depende do tempo $t$) e, portanto, não tem acúmulo de quantidade de movimento dentro do volume de controle. O fluido não está acelerado ($v_z$ não depende da coordenada axial $z$); logo, não tem variação líquida (entrada − saída) de quantidade de movimento na direção do escoamento pelas superfícies normais a essa direção (os lados $A_1$ do volume de controle).

Nessas condições, o balanço de momento na direção $z$, no volume de controle, se reduz a um balanço das forças *sobre* o volume de controle na direção $z$:

$$r\Delta r\Delta\theta \cdot p|_z - r\Delta r\Delta\theta \cdot p|_{z+\Delta z} + r\Delta z\Delta\theta \cdot \tau_{zr}|_r - (r+\Delta r)\,\Delta z\Delta\theta \cdot \tau_{zr}|_{r+\Delta r} - r\Delta r\Delta z\Delta\theta \cdot \rho g = 0 \tag{3.98}$$

(Nas figuras a seguir, o volume de controle é visto através de um corte no plano $\theta = \theta_0$, o "plano do papel".)

O primeiro e o segundo termos representam as forças de pressão na direção $z$ exercidas sobre as áreas $\Delta A_1$ (perpendiculares à direção $z$). (Figura 3.13a.)

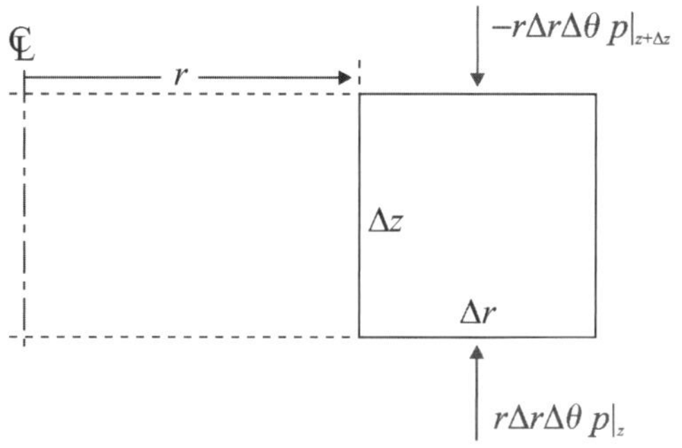


**Figura 3.13a**

O terceiro e o quarto termos representam as forças de atrito viscoso entre camadas de fluido na direção $z$ exercidas sobre as áreas $\Delta A_2$ (paralelas à direção $z$). (Figura 3.13b.)

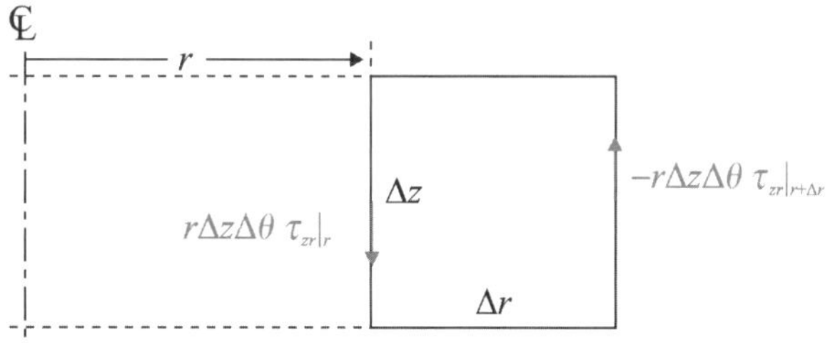


**Figura 3.13b**

Finalmente, o quinto termo é a força da gravidade (peso do fluido dentro do volume de controle) na direção $z$ (sobre o volume $\Delta V$). (Figura 3.13c.)

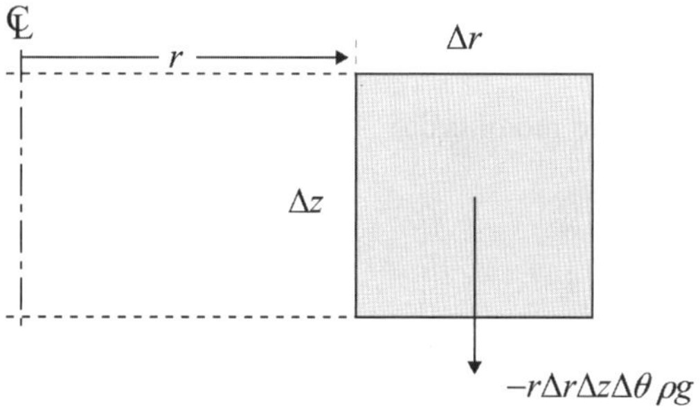


**Figura 3.13c**

Reordenando e dividindo por $r\Delta r\Delta z\Delta\theta$,

$$\frac{1}{r}\left[\frac{(r\tau_{zr})|_{r+\Delta r} - (r\tau_{zr})|_{r}}{\Delta r}\right] = \frac{p|_{z+\Delta z} - p|_{z}}{\Delta z} + \rho g \tag{3.99}$$

Observe a diferença no tratamento da variável independente $r$ no termo de atrito viscoso e nos outros (pressão, peso).

No limite $\Delta r \rightarrow 0$, $\Delta z \rightarrow 0$:

$$\boxed{-\frac{1}{r}\cdot\frac{d(r\tau_{zr})}{dr} = \frac{dp}{dz} + \rho g} \tag{3.100}$$

A Eq. (3.100) é a *equação de movimento* que descreve o comportamento mecânico do fluido.

### 3.2.3 Solução da Equação de Movimento

Para um fluido newtoniano, em que $v_z = v_z(r)$,

$$\tau_{zr} = -\eta\frac{dv_z}{dr} \tag{3.101}$$

onde $\eta$ é a viscosidade do fluido, uma propriedade física (característica do fluido) constante nas condições do problema. Como o termo da esquerda da Eq. (3.100) é função apenas de $r$, e os termos da direita não são funções de $r$, ambos devem ser iguais a uma constante:

$$-\frac{1}{\text{r}}\cdot\frac{d(r\tau_{zr})}{dr} = \frac{dp}{dz} + \rho g = C \tag{3.102}$$

#### *Perfil de pressão*

$$\frac{dp}{dz} + \rho g = C \tag{3.103}$$

Integrando,

$$p = -\rho g z + Cz + D \tag{3.104}$$

onde $D$ é uma constante de integração. As constantes $C$ e $D$ podem ser determinadas utilizando as condições de borda, Eqs. (3.91) e (3.92).

Para $x = 0$: $$p_0 = -\rho g\cdot 0 + C\cdot 0 + D \tag{3.105}$$

Para $x = L$: $$p_L = -\rho g L + CL + D \tag{3.106}$$

Ou seja,

$$D = p_0 \tag{3.107}$$

$$C = \frac{p_L - p_0}{L} + \rho g = -\frac{\Delta p}{L} + \rho g \tag{3.108}$$

onde a *queda de pressão* $\Delta p$ é definida como $\Delta p = p_0 - p_L$. Observe que $\Delta p$ é definido da mesma forma que na Seção 3.1, ao invés de como é definido usualmente o "Δ" (saída – entrada). Introduzindo as Eqs. (3.107)-(3.108) na Eq. (3.103), obtemos o perfil (axial) de pressão:

$$\boxed{p = p_0 - \frac{\Delta p}{L}z} \tag{3.109}$$

É conveniente combinar a pressão com o termo gravitacional, introduzindo uma *pressão modificada P*:

$$P = p + \rho g z \tag{3.110}$$

Em termos da pressão modificada,

$$C = -\frac{\Delta P}{L} \tag{3.111}$$

#### *Perfil de velocidade*

Substituindo a Eq. (3.111) na Eq. (3.102),

$$\frac{1}{r}\cdot\frac{d(r\tau_{zr})}{dr} = \frac{\Delta P}{L} \tag{3.112}$$

Integrando,

$$r\tau_{zr} = \frac{\Delta P}{2L} r^2 + B' \tag{3.113}$$

onde $B'$ é uma constante de integração. Introduzindo a Eq. (3.100),

$$\eta \frac{dv_z}{dr} = -\frac{\Delta P}{2L} r - \frac{B'}{r} \tag{3.114}$$

ou

$$\frac{dv_z}{dr} = -\frac{\Delta P}{2\eta L} r + \frac{B_1}{r} \tag{3.115}$$

onde $B_1 = -B'/\eta$ é outra constante, já que a viscosidade $\eta$ é constante. Utilizando a condição de simetria, Eq. (3.90), temos $B_1 = 0$. Pela Eq. (3.115), para qualquer valor de $B_1 \neq 0$, $dv_z/dr \to \pm\infty$ para $r \to 0$. Então,

$$\frac{dv_z}{dr} = -\frac{\Delta P}{2\eta L} r \tag{3.116}$$

Integrando novamente,

$$v_z = -\frac{\Delta P}{4\eta L} r^2 + B_2 \tag{3.117}$$

onde $B_2$ é outra constante de integração. Utilizando a condição de borda, Eq. (3.93),

$$0 = -\frac{\Delta P}{4\eta L} R^2 + B_2 \tag{3.118}$$

Assim,

$$B_2 = \frac{\Delta P}{4\eta L} R^2 \tag{3.119}$$

Introduzindo a Eq. (3.119) na Eq. (3.117),

$$v_z = -\frac{\Delta P}{4\eta L} r^2 + \frac{\Delta P}{4\eta L} R^2 \tag{3.120}$$

ou

$$\boxed{v_z = \frac{\Delta P R^2}{4\eta L}\left[1 - \left(\frac{r}{R}\right)^2\right]} \tag{3.121}$$

que é o perfil (radial) de velocidade (Figura 3.14).

A solução do problema é dada pelas Eqs. (3.109) e (3.121) que representam, respectivamente, os perfis de pressão $p = p(z)$ e de velocidade $v_z = v_z(r)$ no tubo, para $z > 0$, $0 \leq r < R$.

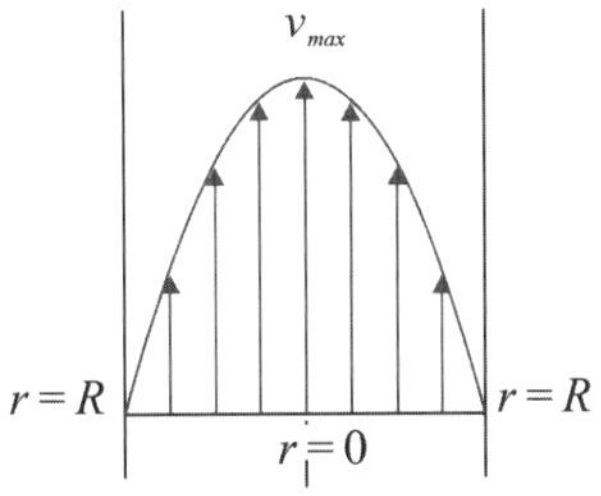


**Figura 3.14**

## 3.2.4 Velocidade Máxima, Velocidade Média e Vazão

O perfil de pressão é linear e o perfil de velocidade é quadrático (parabólico) e simétrico em relação ao centro do tubo ($r = 0$), onde atinge o valor máximo:

$$v_{max} = \frac{\Delta P R^2}{4\eta L} \tag{3.122}$$

A vazão volumétrica é avaliada pela integral

$$Q = \int v_z dA = 2\pi \int_0^R v_z r\, dr = \frac{\pi \Delta P R^2}{2\eta L} \int_0^R \left[1 - \left(\frac{r}{R}\right)^2\right] r\, dr = \frac{\pi \Delta P R^4}{2\eta L} \int_{-1}^{1} (1 - \xi^2)\xi\, d\xi \qquad (3.123)$$

onde se define a variável de integração $\xi = y/H$. A integral avalia-se como

$$\int_0^1 (1 - \xi^2)\xi\, d\xi \left(\frac{\xi^2}{2} - \frac{\xi^4}{4}\right)\Bigg|_0^1 = \frac{1}{2} - \frac{1}{4} = \frac{1}{4} \qquad (3.124)$$

resultando em

$$\boxed{Q = \frac{\pi \Delta P R^4}{8\eta L}} \qquad (3.125)$$

(A vazão mássica é simplesmente $G = \rho Q$, visto que a densidade é constante.) Esta expressão pode ser invertida para obter a pressão necessária para uma dada vazão:

$$\boxed{\frac{\Delta P}{L} = \frac{8\eta Q}{\pi R^4}} \qquad (3.126)$$

As Eqs. (3.125) e (3.126) são conhecidas como *Equações de Hagen-Poiseuille*. A velocidade média é

$$\bar{v} = \frac{Q}{A} = \frac{Q}{\pi R^2} = \frac{\Delta P R^2}{8\eta L} \qquad (3.127)$$

Comparando a Eq. (3.122) com a Eq. (3.127),

$$\bar{v} = {}^1\!/\!_2\, v_{max} \qquad (3.128)$$

isto é, a velocidade máxima é duas vezes a média.

O perfil de velocidade, Eq. (3.121), pode ser expresso em termos da velocidade máxima ou da velocidade média:

$$v_z = v_{max}\left[1 - \left(\frac{r}{R}\right)^2\right] = 2\bar{v}\left[1 - \left(\frac{r}{R}\right)^2\right] \qquad (3.129)$$

### 3.2.5 Tensão e Taxa de Cisalhamento

O escoamento no tubo cilíndrico é outro exemplo de escoamento de *cisalhamento*, onde a velocidade numa direção (neste caso, $z$) é função da coordenada normal à mesma (neste caso, $r$). O módulo (valor absoluto) da tensão (força por unidade de área), $\tau = |\tau_{zr}|$, chama-se *tensão de cisalhamento*, e o módulo do gradiente de velocidade, $\dot{\gamma} = |dv_z/dr|$, chama-se *velocidade de cisalhamento*. A "força impulsora" para este escoamento de cisalhamento unidirecional é um gradiente de pressão na direção do escoamento; portanto, é outro exemplo de *escoamento de Poiseuille*. O perfil da velocidade de cisalhamento $\dot{\gamma}$ [cf. Eq. (3.116)] é[13]

$$\dot{\gamma} = \left|\frac{dv_z}{dr}\right| = \frac{\Delta P}{2\eta L} r \qquad (3.130)$$

e o perfil da tensão de cisalhamento é

$$\tau = \eta\dot{\gamma} = \frac{\Delta P}{2L} r \qquad (3.131)$$

Em termos da vazão, Eq. (3.126), ou da velocidade média, Eq. (3.127),

$$\dot{\gamma} = \frac{4Q}{\pi R^4} r = \frac{4\bar{v}}{R^2} r \qquad (3.132)$$

$$\tau = \frac{4\eta Q}{\pi R^4} r = \frac{4\eta\bar{v}}{R^2} r \qquad (3.133)$$

[13] Como na Seção 3.1, vamos supor $\Delta P > 0$.

Os perfis são lineares com $\dot{\gamma} = 0$ e $\tau = 0$ no centro do tubo ($r = 0$), e máximo na parede do tubo ($r = R$):

$$\dot{\gamma}_w = \left|\frac{dv_z}{dr}\right|_{r=R} = \frac{R\Delta P}{2\eta L} \tag{3.134}$$

$$\tau_w = \eta\dot{\gamma}_w = \frac{R\Delta P}{2L} \tag{3.135}$$

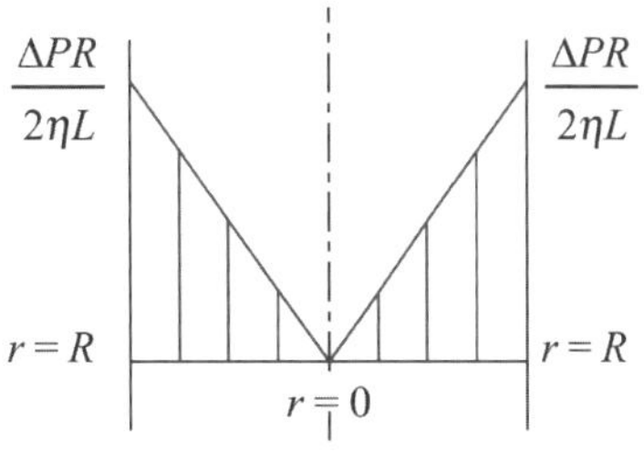


**Figura 3.15**

Em termos da vazão, Eq. (3.126), ou da velocidade média, Eq. (3.127):

$$\dot{\gamma}_w = \frac{4Q}{\pi R^3} = \frac{4\bar{v}}{R} \tag{3.136}$$

$$\tau_w = \frac{4\eta Q}{\pi R^3} = \frac{4\eta\bar{v}}{R} \tag{3.137}$$

## 3.2.6 Força

A força exercida pelo fluido sobre a parede do tubo é

$$\mathcal{F}_w = \int \tau_w dA = \tau_w (2\pi RL) = \Delta P \pi R^2 \tag{3.138}$$

Essa força de arraste deve ser compensada por uma força externa para manter o tubo estacionário. A força pode ser expressa em termos da vazão ou da velocidade média:

$$\mathcal{F}_w = \frac{8\eta QL}{R^2} = 8\pi\eta\bar{v}L \tag{3.139}$$

A Eq. (3.138) pode ser obtida diretamente por um balanço global (macroscópico) de forças na direção axial. A força de atrito viscoso sobre a parede do tubo é compensada pela diferença de pressão (modificada) na entrada e na saída:

$$\tau_w (2\pi RL) = \Delta P\,(\pi R^2) \tag{3.140}$$

Observe que para obter a tensão de cisalhamento pela Eq. (3.140) não foi necessário fazer nenhuma suposição acerca do perfil de velocidade nem das propriedades do material que escoa no tubo. A Eq. (3.135) é, portanto, válida para qualquer fluido e regime de escoamento, incluindo escoamentos turbulentos e fluidos não newtonianos. Já as Eqs. (3.136)-(3.137) são válidas somente para o escoamento laminar de um fluido newtoniano incompressível, com um perfil de velocidade parabólico.

## 3.2.7 Potência

Para manter o escoamento, isto é, para manter sua "força impulsora" (a diferença de pressão entre os extremos do tubo) é necessário realizar trabalho sobre o sistema. A taxa líquida de fornecimento de trabalho é a *potência* requerida para manter o escoamento. As forças de atrito exercidas pelo fluido sobre a parede sólida não "trabalham" (a velocidade é nula na parede). Apenas as forças exercidas pela pressão na entrada e na saída do tubo realizam trabalho. Veja a discussão na Seção 3.1.

A taxa *líquida* de fornecimento de trabalho, isto é, a potência requerida para puxar o fluido através do tubo é

$$\mathcal{W} = Q\Delta P \tag{3.141}$$

Considerando as Eqs. (3.125)-(3.126), temos

$$\mathcal{W} = \frac{\pi \Delta P^2 R^4}{8\eta L} = \frac{8\eta L Q^2}{\pi R^4} \tag{3.142}$$

Ou, em termos da velocidade média, Eq. (3.127),

$$\mathcal{W} = 8\pi\eta L \bar{v}^2 \tag{3.143}$$

### 3.2.8 Escoamento Laminar

O problema foi resolvido sob a suposição de escoamento laminar, isto é, as forças de atrito viscoso são bem maiores do que as forças "inerciais", medidas através do *número de Reynolds*, que pode ser definido utilizando a velocidade média $\bar{v}$ e o diâmetro do tubo $D = 2R$ como velocidade e comprimento característicos:

$$Re = \frac{\rho \bar{v} D}{\eta} \tag{3.144}$$

onde $\rho$ é a densidade e $\eta$ a viscosidade do líquido. Para essa definição do número de Reynolds, observa-se *experimentalmente* um escoamento laminar para

$$Re < 2000 \tag{3.145}$$

Para valores maiores do $Re$ o escoamento torna-se instável até chegar a um regime turbulento estável para valores ainda maiores do $Re$. A Eq. (3.145) é, portanto, o limite de validade da nossa solução.

### 3.2.9 Efeitos de Entrada e Saída

Chamamos comprimento de entrada ($L_e$) à distância da entrada necessária para que o perfil parabólico de velocidade seja desenvolvido.

Se considerarmos completamente desenvolvido o perfil de velocidade quando a velocidade máxima (no eixo do tubo) atinge 99% do valor "final" (isto é, para $z \to \infty$), obtemos, para um perfil plano de entrada,

$$\frac{L_e}{D} \approx 0{,}59 + 0{,}056 \cdot Re \tag{3.146}$$

onde o número de Reynolds $Re$ é baseado na velocidade média (a velocidade *média* não varia durante o desenvolvimento do perfil, devido à continuidade) e no comprimento característico $D$. Este resultado foi obtido resolvendo numericamente o problema bidimensional (Figura 3.16).

Observe que o comprimento de entrada aumenta com a velocidade relativa (medida através do $Re$) chegando a ser bastante considerável para altos valores de $Re$. Porém, um comprimento mínimo, da ordem de magnitude do diâmetro do tubo, é necessário para desenvolver o perfil parabólico ainda no limite $Re \to 0$ (ou seja, $\bar{v}$ ou $Q \to 0$).

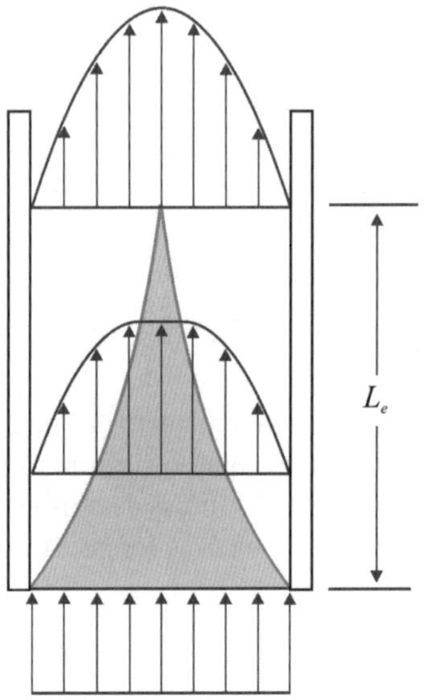


**Figura 3.16**

O gradiente de pressão, para uma dada vazão, é maior na região de entrada do que o obtido para um tubo "ideal" de comprimento infinito,

$$\Delta P = \Delta P_0 + \Delta p_e \quad (3.147)$$

onde $\Delta P_0$ é a diferença de pressão avaliada pela Eq. (3.126), isto é, sem levar em consideração os efeitos de entrada; e $\Delta p_e$ é o "excesso" de pressão devido a esses efeitos. Uma solução numérica do problema bidimensional[14] leva a

$$\frac{\Delta p_e}{\tau_w} = 1{,}16 + 0{,}085\, Re \quad (3.148)$$

onde $\tau_w$ é a tensão de cisalhamento na parede do tubo ideal, Eq. (3.135) ou Eq. (3.137). A Eq. (3.148) pode ser expressa em termos da velocidade média:

$$\Delta p_e = 4{,}64\frac{\eta \bar{v}}{R} + 0{,}68\,\rho \bar{v}^2 \quad (3.149)$$

A Eq. (3.127) permite expressar $\Delta p_e$ como função da queda de pressão ou da vazão na fenda ideal.

As Eqs. (3.148)-(3.149) são válidas para tubos de comprimento maior que o comprimento de entrada ($L > L_e$) avaliado pela Eq. (3.146). Os coeficientes numéricos dependem da natureza da entrada e foram avaliados numericamente (e verificados experimentalmente) para tubos de entrada "reta" (Figura 3.17a). O excesso de pressão para um tubo com entrada "arredondada" (Figura 3.17b) é menor do que o valor avaliado pelas Eqs. (3.148)-(3.149). Se a exata natureza da entrada é desconhecida – caso frequente na prática – as Eqs. (3.148)-(3.149) devem ser utilizadas como aproximações ao máximo valor da correção por efeitos de entrada (Figura 3.17).

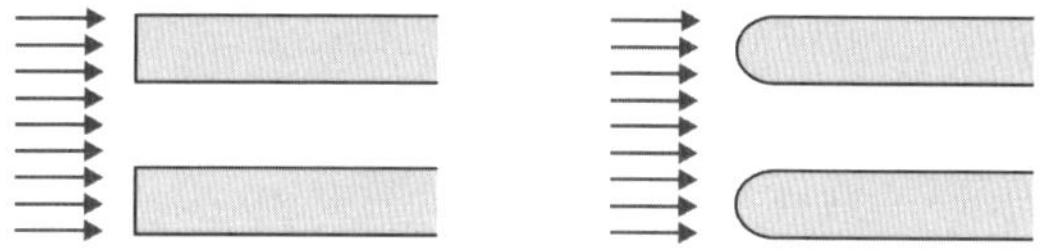


**Figura 3.17**

Se um tubo comprido vaza na atmosfera, parece razoável supor que a pressão na saída será igual à pressão atmosférica e que o fluido escoa na forma de um jato cilíndrico de velocidade uniforme (igual à velocidade média no tubo) e diâmetro igual ao diâmetro do tubo. Porém, observações experimentais e cálculos numéricos indicam que isso ocorre somente se o número de Reynolds avaliado no tubo for $Re \approx 15$. Para valores menores do *Re* observa-se a *expansão* do jato (diâmetro maior que o diâmetro do tubo, velocidade menor que a velocidade média no tubo), e para valores maiores do *Re* observa-se a *contração* do jato (diâmetro menor que o diâmetro do tubo, velocidade maior que a velocidade média no tubo) (Figura 3.18).

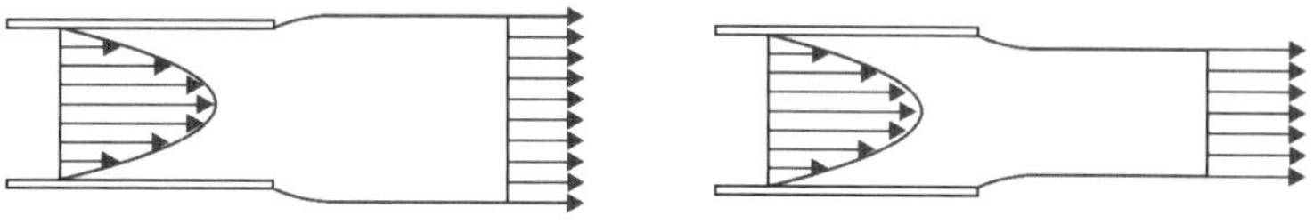


**Figura 3.18**

Para $Re \to 0$ a expansão do jato na saída de um tubo cilíndrico longo é de 13% (isto é, o diâmetro do jato cilíndrico longe da saída é 1,13 vez o diâmetro do tubo).[15] Este fenômeno é conhecido como "engrossamento do extrudado" (*extrudate swell*) e é de importância nas aplicações.

Como, em geral, $p(L) \neq p_{atm}$, o uso da condição de borda

$$p = p_{atm} \qquad \text{para } z = L \quad (3.150)$$

introduz um erro na avaliação da queda de pressão, que pode ser corrigido adicionando um termo de correção por efeitos de saída,

$$\Delta P = \Delta P_0 + \Delta p_x \quad (3.151)$$

[14] Bidimensional e bidirecional. Neste caso, no sistema de coordenadas utilizado, $v_z = v_z(r, z)$, $v_r = v_r(r, z)$, $v_\theta = 0$.

[15] Nas mesmas condições, a expansão de um jato plano (Seção 3.1) é de 19%.

onde $\Delta P_0$ é a diferença de pressão avaliada pela Eq. (3.126), isto é, sem levar em consideração os efeitos de saída; e $\Delta p_x$ é o "excesso" (ou defeito, desde que $\Delta p_x$ pode ser positivo ou negativo, dependendo do número de Reynolds) de pressão devido a esses efeitos. Observação e cálculo numérico levam a

$$\frac{\Delta p_x}{\tau_w} = 0{,}50 - 0{,}060\, Re \tag{3.152}$$

onde $\tau_w$ é a tensão de cisalhamento na parede do tubo ideal, Eq. (3.135) ou Eq. (3.137). A Eq. (3.152) pode ser expressa em termos da velocidade média:

$$\Delta p_x = 2{,}0\frac{\eta \bar{v}}{R} - 0{,}48\,\rho \bar{v}^2 \tag{3.153}$$

A soma das Eqs. (3.148) e (3.152) resulta no fator de correção por *efeitos de entrada e saída*, a chamada *correção de Bagley* para o escoamento laminar de um fluido newtoniano incompressível em um tubo cilíndrico de comprimento finito:

$$\frac{\Delta p_e + \Delta p_x}{\tau_w} = 1{,}66 + 0{,}025\, Re \tag{3.154}$$

Ou, em termos da velocidade média,

$$\Delta p_e + \Delta p_x = 6{,}64\frac{\eta \bar{v}}{R} + 0{,}20\,\rho \bar{v}^2 \tag{3.155}$$

O cálculo que resulta nas Eq. (3.152)-(3.153) é mais elaborado do que o que corresponde aos efeitos de entrada, devido a que a posição da interface líquido-ar é desconhecida a princípio, e deve ser avaliada através de um balanço de forças normais à superfície (Figura 3.19) ao mesmo tempo em que são avaliados os perfis de pressão e velocidade.[16]

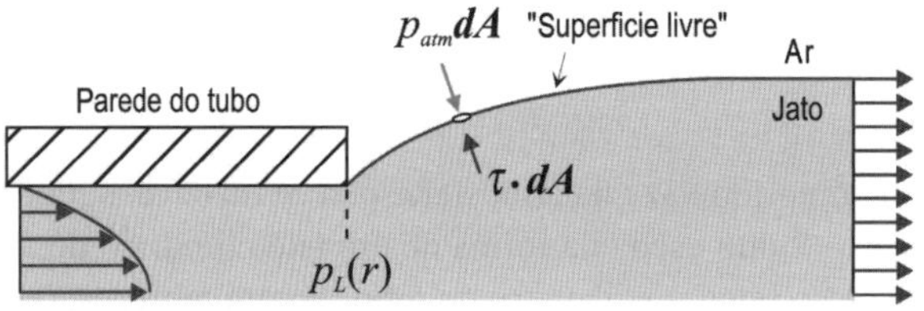


**Figura 3.19**

## 3.2.10 Efeitos Térmicos

O trabalho fornecido ao sistema [a taxa de fornecimento é a potência avaliada pelas Eqs. (3.141)-(3.142)] é transformado em calor. O aumento máximo na temperatura do fluido devido à dissipação da energia mecânica, quando todo o calor gerado é utilizado para aumentar a temperatura do fluido, é

$$\mathcal{W} = \rho Q \hat{c} \Delta T \tag{3.156}$$

onde $\mathcal{W}$ é a potência dada pelas Eqs. (3.141)-(3.142), $\hat{c}$ é o calor específico do fluido e $\Delta T$ é o aumento da temperatura.[17] Levando em consideração a Eq. (3.141),

$$\Delta T_{max} = \frac{\Delta P}{\rho \hat{c}} \tag{3.157}$$

Se o $\Delta T$ avaliado pela Eq. (3.157) for desprezível (frente à diferença de temperatura necessária para mudar substancialmente a viscosidade do fluido), os efeitos térmicos podem ser desconsiderados. Caso contrário, o problema da transferência de calor no tubo deve ser estudado detalhadamente antes de decidir se o tratamento "isotérmico" desenvolvido nesta seção é aplicável ao problema.

---

[16] Para mais informações sobre o assunto, pode-se consultar R. I. Tanner, *Engineering Rheology*. Oxford University Press, 1985, Seções 8.1-8.5.

[17] A Eq. (3.156) é a versão "por unidade de tempo" da bem conhecida expressão

$$q = m\hat{c}\Delta T$$

que relaciona o calor $q$ necessário para mudar em $\Delta T$ a temperatura de uma massa $m = \rho V$ de material (onde $V$ é o volume do mesmo). A potência $\mathcal{W}$ e a vazão $Q$ representam o calor e o volume "por unidade de tempo", respectivamente.

Considerando a dependência exponencial da viscosidade com a temperatura, Eq. (2.29), a variação relativa da viscosidade correspondente a uma variação de temperatura $\Delta T_{max}$ pode ser avaliada aproximadamente como

$$\frac{\Delta\eta}{\eta} = -\beta\Delta T_{max} = -\frac{\beta}{\rho\hat{c}}\Delta p \tag{3.158}$$

Para uma dada vazão, o gradiente de pressão é diretamente proporcional à viscosidade, e para um dado gradiente de pressão a vazão é inversamente proporcional à viscosidade. Portanto, os erros relativos na avaliação de vazões ou gradientes de pressão utilizando as equações "isotérmicas", Eqs. (3.32)-(3.33), são, em ausência de um eficiente mecanismo de resfriamento, da mesma ordem de magnitude que a variação relativa na viscosidade, Eq. (3.158).

Para uma dada vazão ($Q_0$), o gradiente de pressão é diretamente proporcional à viscosidade, e para um dado gradiente de pressão ($\Delta p_0$) a vazão é inversamente proporcional à viscosidade. Portanto, suas variações relativas *máximas* são da mesma ordem de magnitude. Porém, a dissipação viscosa é um processo gradual ao longo do tubo, e o erro máximo esperável na avaliação de vazões ou gradientes de pressão utilizando as equações "isotérmicas", Eqs. (3.125)-(3.126), é, na ausência de um mecanismo eficiente de resfriamento, menor do que isso. Uma avaliação mais apurada (mas ainda uma aproximação grosseira) leva a

$$\left|\frac{\Delta(\Delta p)_{max}}{\Delta p}\right|_{Q=Q_0} \approx \left|\frac{\Delta Q_{max}}{Q}\right|_{\Delta p=\Delta p_0} \approx \tfrac{1}{2}\beta\Delta T_{max} \tag{3.159}$$

Observe que a dissipação viscosa sempre causa um *aumento* da temperatura do fluido e uma *diminuição* da viscosidade do mesmo, o que resulta em uma *diminuição* do gradiente de pressão necessário para uma dada vazão, ou em um *aumento* da vazão do escoamento para um dado gradiente de pressão. Em geral, os efeitos térmicos são importantes para escoamentos de fluidos de alta viscosidade, que requerem elevados gradientes de pressão (o coeficiente térmico da viscosidade $\beta$ não é muito menor para água do que para um polímero fundido).

### 3.2.11 Comentários

**(a)** ***Tubo inclinado***

Se o tubo tiver uma inclinação $\phi$ em relação à vertical, no balanço de forças deve ser considerado somente a componente do peso do fluido na direção axial $z$ (Figura 3.20). As equações obtidas serão exatamente as mesmas, mas a pressão modificada torna-se

$$P = p + \rho g z \cos\phi \tag{3.160}$$

Essa é a vantagem de utilizar pressões modificadas $P$. O resultado pode ser generalizado para todo tipo de dutos (por exemplo, para a fenda estreita; Seção 3.1).

**(b)** ***Volume de controle parcialmente integrado***

Para a análise deste problema é conveniente definir como *volume de controle* um anel cilíndrico de comprimento $\Delta z$ e espessura $\Delta r$, isto é, um volume de controle parcialmente integrado na direção tangencial $\theta$, entre $\theta = 0$ e $\theta = 2\pi$ (Figura 3.21). Isso é possível porque $v_\theta \equiv 0$, e tanto a componente não nula da velocidade ($v_z$) quanto a pressão não são funções de $\theta$.

As áreas resultantes são (observe que $A_2$ desaparece durante a integração):

$$\Delta A_1' = \pi(r+\Delta r)^2 - \pi r^2 = 2\pi r\Delta r\left(1+\frac{\Delta r}{2r}\right) \approx 2\pi r\Delta r \tag{3.161}$$

$$\Delta A_3' = 2\pi r\Delta z \begin{cases} \Delta A_3'^{(int)} = 2\pi r'\big|_{r'=r}\Delta z \\ \Delta A_3'^{(ext)} = 2\pi r'\big|_{r'=r+\Delta r}\Delta z \end{cases} \tag{3.162}$$

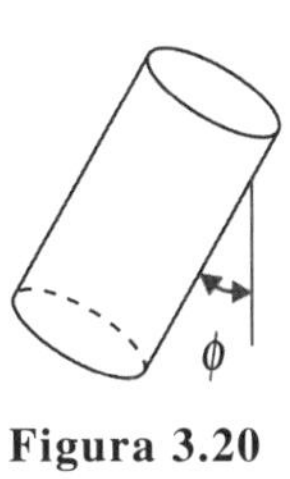

**Figura 3.20**

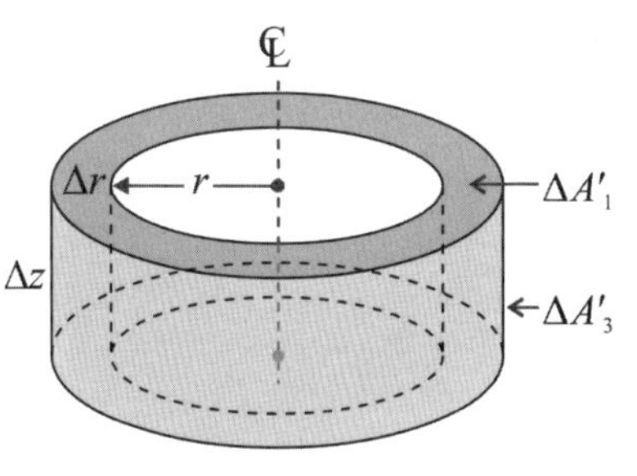

**Figura 3.21**

e o volume do elemento de controle é

$$\Delta V' = 2\pi r \Delta r \Delta z \left(1 + \frac{\Delta r}{2r}\right) \approx 2\pi r \Delta r \Delta z \tag{3.163}$$

Na passagem para o limite, o volume de controle "normal", utilizado no desenvolvimento deste caso, se reduz a um ponto de localização arbitrária dentro do sistema. Nas mesmas circunstâncias, o volume de controle "semi-integrado" se reduz a uma linha, um círculo de raio $r$, em que tanto a velocidade quanto a pressão têm o mesmo valor, de acordo com a forma funcional proposta para essas variáveis, Eqs. (3.86)-(3.88).

Muitas apresentações dos escoamentos básicos utilizam volumes de controle parcialmente integrados (por exemplo, BSL). Um procedimento semelhante pode ser utilizado para o escoamento em uma fenda estreita (onde as condições de borda têm sido completamente desconsideradas), integrando o volume de controle na direção $x$.

**(c)** ***Simetria***

Do ponto de vista geométrico, a fenda tem um *plano* de simetria ($y = 0$) e o tubo cilíndrico tem um *eixo* de simetria ($r = 0$) (Figura 3.22).

Se as condições de borda impostas no sistema também são simétricas, os problemas de bordas (e os resultados) também são simétricos, isto é,

Para a fenda: $$\frac{dv_z}{dy} = \text{para } y = 0 \tag{3.164}$$

Para o tubo cilíndrico: $$\frac{dv_z}{dr} = \text{para } r = 0 \tag{3.165}$$

A condição de simetria no tubo cilíndrico, Eq. (3.165), já foi utilizada na Eq. (3.90). A condição de simetria na fenda, Eq. (3.164), permite resolver o problema na "meia fenda" (por exemplo, $0 < y < H$), em vez de na fenda inteira ($-H < y < H$).

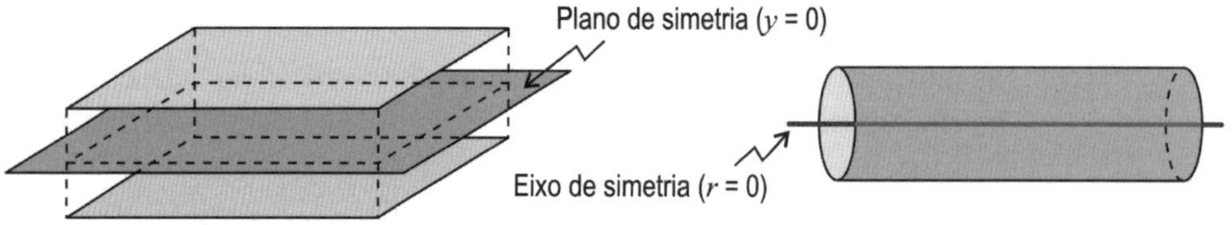


**Figura 3.22**

**(d)** ***Verificação experimental***

A Figura 3.23 representa o perfil de velocidade medido para a água à temperatura ambiente, escoando em um tubo de vidro de 13,6 mm de diâmetro, para três valores do número de Reynolds, Eq. (3.144). A linha sólida representa a Eq. (3.129).

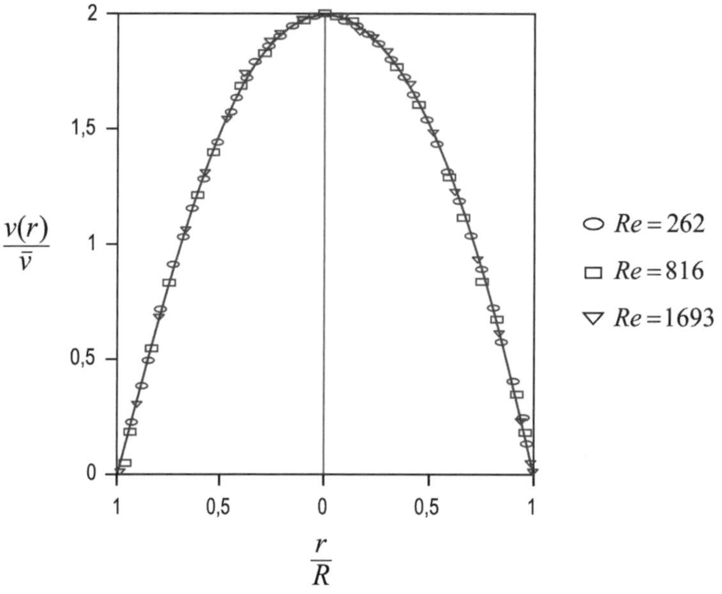


**Figura 3.23**

As velocidades locais foram medidas utilizando um fluxímetro laser-Doppler. Um raio laser de frequência conhecida é focalizado em um ponto do escoamento. A luz refletida por partículas sólidas muito pequenas, que se movem com o fluido, é captada pelo aparelho, e sua frequência comparada com a da radiação incidente. A diferença entre essas duas frequências é proporcional à velocidade da partícula, que é igual à velocidade local do fluido. O deslocamento da frequência refletida por um objeto que se move em relação à fonte de radiação é conhecido como "efeito Doppler".

O princípio de funcionamento é bastante simples (a ótica e a eletrônica do aparelho são bem mais complexas). O uso do fluxímetro laser-Doppler é o método mais preciso e conveniente de medir perfis de velocidade no laboratório, tanto em escoamentos laminares quanto em turbulentos, em fluidos newtonianos ou não newtonianos. [Redesenhado a partir de M. M. Denn, *Process Fluid Mechanics*. Prentice Hall, 1980; Figura 6-9, p. 118.]

(e) ***Comparação entre o escoamento na fenda e no tubo***

O problema do escoamento na fenda estreita (Seção 3.1) e do escoamento num tubo cilíndrico apresenta muitas semelhanças no método de solução, assim como nos resultados obtidos (Tabela 3.1). No entanto, podem ser percebidas algumas diferenças. Para a fenda estreita, a distância entre as placas ($2H$) é o comprimento característico, equivalente ao diâmetro do tubo ($D = 2R$), sendo, portanto, $H$ equivalente a $R$.

Algumas diferenças podem ser explicadas considerando a relação entre a área da parede (às vezes chamada de "área molhada") e o volume do duto. Para um tubo cilíndrico de diâmetro $2R$ a relação área/volume é

$$\frac{A_P}{V} = \frac{2\pi RL}{\pi R^2 L} = \frac{2}{R} \tag{3.166}$$

Para um duto de seção retangular $2H \times W$ a relação área/volume é

$$\frac{A_P}{V} = \frac{(2H + W)L}{2HWL} = \frac{1}{2H} + \frac{1}{W} \tag{3.167}$$

que para uma fenda *estreita* ($W \gg H$) fica reduzida a

$$\frac{A_P}{V} \approx \frac{1}{2H} \tag{3.168}$$

Se considerarmos que a distância entre as placas ($2H$) é equivalente ao diâmetro do tubo ($D = 2R$), a área da parede de um tubo com mesmo volume que uma fenda é quatro vezes maior. Para um mesmo fluido, a força de atrito na parede será maior e, consequentemente, a vazão obtida para uma dada queda de pressão será menor.

**Tabela 3.1** Comparação entre o escoamento na fenda e no tubo

| Item | Fenda estreita | Tubo cilíndrico |
|---|---|---|
| Perfil de velocidade | $v_z = \frac{\Delta PH^2}{2\eta L}\left[1-\left(\frac{y}{H}\right)^2\right]$ | $v_z = \frac{\Delta PR^2}{4\eta L}\left[1-\left(\frac{r}{R}\right)^2\right]$ |
| Relação entre vazão e queda de pressão | $Q = \frac{2}{3}\cdot\frac{\Delta PH^3W}{\eta L}$ | $Q = \frac{\pi}{8}\cdot\frac{\Delta PR^4}{\eta L}$ |
| Relação entre velocidade média e velocidade máxima | $\bar{v} = ⅔\, v_{max}$ | $\bar{v} = ½\, v_{max}$ |
| Taxa de cisalhamento na parede | $\dot{\gamma}_w = \frac{\lvert\Delta p\rvert}{\eta}\frac{H}{L}$ | $\dot{\gamma}_w = ½\frac{\lvert\Delta P\rvert}{\eta}\frac{R}{L}$ |

# 3.3 ESCOAMENTO EM UMA FENDA ESTREITA (CONTINUAÇÃO)[18]

## 3.3.1 Formulação do Problema

Considere o escoamento laminar estacionário de um fluido newtoniano incompressível, de propriedades físicas constantes, em uma fenda estreita formada por duas placas planas paralelas, sob efeito do movimento paralelo de uma delas (Figura 3.24). Consideramos o seguinte:

[18] BSL, Problema 2B.4.

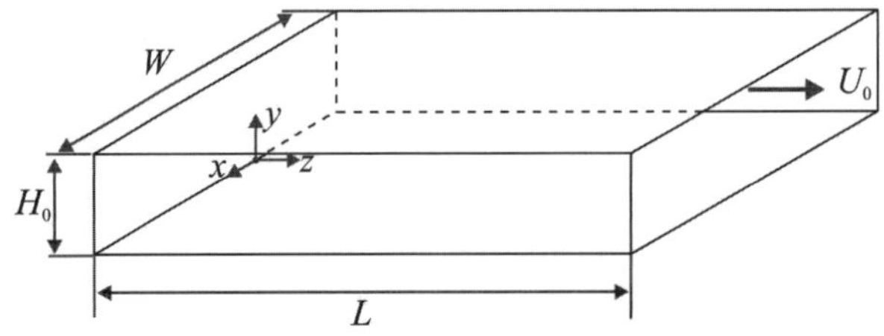


**Figura 3.24**

(a) O comprimento das placas é $L$, a largura é $W$ e a distância entre as placas é $H_0$, com $H_0 << L, W$, de forma que os efeitos de bordas e de entrada possam ser desconsiderados. A placa inferior é estacionária e a placa superior move-se paralelamente com velocidade constante $U_0$. O movimento da placa "arrasta" o fluido e gera um escoamento na fenda.
(b) Estado estacionário.
(c) Material homogêneo com temperatura e composição constantes e uniformes em todo o sistema.
(d) Fluido newtoniano incompressível.
(e) Escoamento laminar.

Nessas condições, as propriedades físicas do fluido (densidade e viscosidade) são constantes e uniformes. Escolhemos um sistema de coordenadas cartesianas, centrado no meio da placa inferior, com a coordenada $z$ na direção do movimento (axial) e a coordenada $y$ na direção normal das placas (transversal).[19]

A forma funcional para a velocidade é a mesma que na Seção 3.1:

$$v_z = v_z(y) \qquad (0 < y < H_0) \tag{3.169}$$

$$v_x = v_y = 0 \qquad (0 < y < H_0) \tag{3.170}$$

Porém, considera-se a pressão constante ao longo da fenda:

$$dp/dz = 0 \qquad (0 < y < H_0) \tag{3.171}$$

As condições de borda são:

$$v_z = 0 \qquad \text{para } y = 0 \tag{3.172}$$

$$v_z = U_0 \qquad \text{para } y = H_0 \tag{3.173}$$

## 3.3.2 Solução: Perfil de Velocidade e Vazão

O balanço de forças na direção axial resulta na mesma equação que foi obtida na Seção 3.1, Eq. (3.9):

$$-\frac{d\tau_{zy}}{dy} = \frac{dp}{dz} \tag{3.174}$$

que, de acordo com a Eq. (3.171), fica reduzida a

$$\frac{d\tau_{zy}}{dy} = 0 \tag{3.175}$$

Para um fluido newtoniano incompressível em que $v_z = v_z(y)$ e $v_y \equiv 0$,

$$\frac{d\tau_{zy}}{dy} = \frac{d}{dz}\left(-\eta\frac{dv_z}{dy}\right) = -\eta\frac{d^2v_z}{dy^2} = 0 \tag{3.176}$$

e, como $\eta \neq 0$,

$$\frac{d^2v_z}{dy^2} = 0 \tag{3.177}$$

Integrando a Eq. (3.177) duas vezes, obtém-se

$$v_z = B_1y + B_2 \tag{3.178}$$

[19] A *assimetria* nas condições de borda, Eqs. (3.172)-(3.173), torna pouco atrativo o posicionamento da origem das coordenadas no plano central. Veja a Seção 3.3.7a.

onde $B_1$ e $B_2$ são duas constantes que podem ser determinadas utilizando as condições de borda, Eqs. (3.169)-(3.171):

Para $y = 0$: $$0 = B_1 \cdot 0 + B_2 \tag{3.179}$$

Para $y = H_0$: $$U_0 = B_1 H_0 + B_2 \tag{3.180}$$

ou seja,

$$B_2 = 0, B_1 = \frac{U_0}{H_0} \tag{3.181}$$

Substituindo na Eq. (3.178), resulta em

$$\boxed{v_z = U_0 \frac{y}{H_0}} \tag{3.182}$$

que é um perfil de velocidade linear (Figura 3.25).

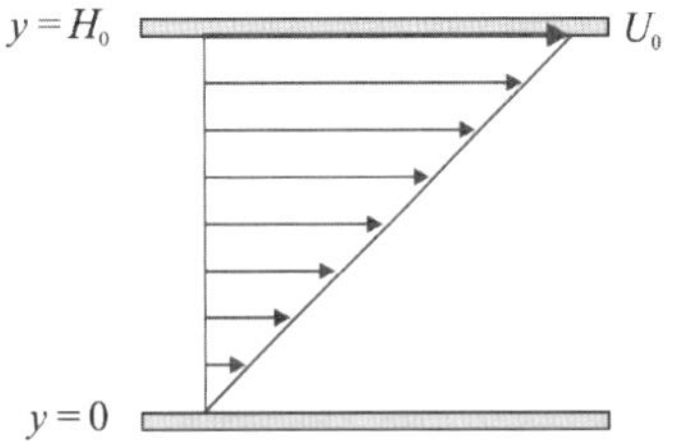


**Figura 3.25**

A velocidade mínima é 0 na placa inferior e a velocidade máxima é $U_0$ na placa superior. A velocidade média é, simplesmente,

$$\bar{v} = \tfrac{1}{2} v_{max} = \tfrac{1}{2} U_0 \tag{3.183}$$

e a vazão é

$$Q = \bar{v} H_0 W = \tfrac{1}{2} U_0 H_0 W \tag{3.184}$$

O mesmo resultado pode-se obter integrando a Eq. (3.182):

$$Q = \int v_z dA = W \int_0^{H_0} v_z dy = U_0 W \int_0^{H_0} \frac{y}{H} dy = U_0 H_0 W \int_0^1 \xi \, d\xi = \tfrac{1}{2} U_0 H_0 W \tag{3.185}$$

Os escoamentos de cisalhamento unidirecionais, onde a "força impulsora" para o movimento é o movimento de uma borda na direção do escoamento, são chamados *escoamentos de Couette*.

### 3.3.3 Tensão e Taxa de Cisalhamento, Força, Potência

A taxa de cisalhamento $\dot{\gamma}$ é constante:[20]

$$\dot{\gamma} = \left| \frac{dv_z}{dy} \right| = \frac{U_0}{H_0} = \frac{2\bar{v}}{H_0} \tag{3.186}$$

o mesmo que a tensão de cisalhamento

$$\tau = \eta \dot{\gamma} = \frac{\eta U_0}{H_0} = \frac{2\eta \bar{v}}{H_0} \tag{3.187}$$

Sendo $\dot{\gamma}$ e $\tau$ constantes através da fenda, as Eqs. (3.186)-(3.187) expressam diretamente os valores na parede $\dot{\gamma}_w$ e $\tau_w$.

A *magnitude* da força exercida pelo fluido sobre cada uma das paredes da fenda é obtida multiplicando a tensão de cisalhamento na parede pela área da parede.

$$\mathcal{F}_w = -\tau L W = \frac{\eta U_0 L W}{H_0} = \frac{2\eta \bar{v} L W}{H_0} \tag{3.188}$$

[20] Vamos supor $U_0 > 0$.

Observe que a força exercida pelo fluido sobre a parede móvel tende a *frear* a mesma, isto é, tem sentido contrário ao movimento, mas a força exercida sobre a parede estacionária tende a *arrastar* a parede, isto é, tem o mesmo sentido que o movimento. Para manter a velocidade $U_0$ constante da parede móvel é necessário que a "vizinhança" a puxe com uma força $\mathcal{F}_w$ constante na direção do escoamento (isto é, na direção de $U_0$); e para evitar que o fluido arraste a parede estacionária é necessário que a "vizinhança" mantenha uma força $\mathcal{F}_w$ sobre ela na direção contrária ao escoamento (Figura 3.26).

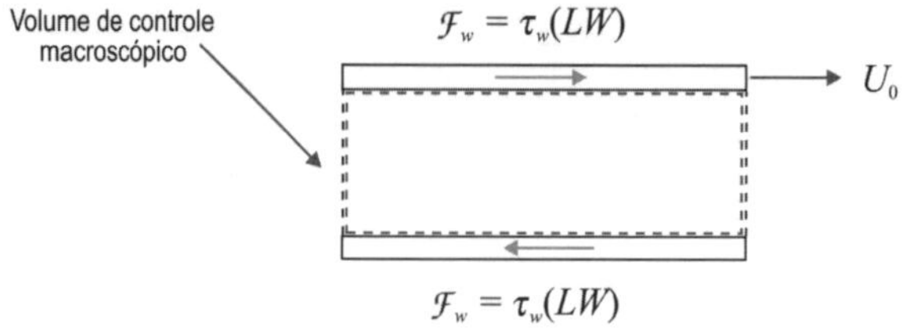


**Figura 3.26**

Compare com a Seção 3.1, caso em que as forças do fluido sobre as duas paredes da fenda tendem a arrastar as paredes na direção do movimento, e é necessário a "vizinhança" manter às mesmas no seu lugar com uma força contrária ao movimento, nas duas paredes.

A potência requerida para manter o escoamento não pode neste caso ser avaliada pela Eq. (3.54), visto que $\Delta p = 0$ e, portanto, $\mathcal{W} = 0$, o que não é verdade. A potência relevante neste caso é o trabalho (por unidade de tempo) da força necessária para movimentar a parede móvel com velocidade constante $U_0$:

$$\mathcal{W} = \mathcal{F}_w \cdot U_0 \tag{3.189}$$

Levando em consideração as Eqs. (3.183) e (3.187):

$$\mathcal{W} = \tau_w U_0 LW = \frac{\eta U_0^2 LW}{H_0} = \frac{4\eta \bar{v}^2 LW}{H_0} \tag{3.190}$$

### 3.3.4 Escoamento Laminar

A discussão precedente supõe o escoamento laminar em camadas paralelas, que é observado experimentalmente para valores suficientemente baixos do número de Reynolds. Se o número de Reynolds é definido utilizando a velocidade da parede móvel $U_0$ e a espessura da fenda $H_0$ como parâmetros característicos,

$$Re = \frac{\rho U_0 H_0}{\eta} \tag{3.191}$$

o escoamento turbulento é observado experimentalmente para

$$Re > 750 \tag{3.192}$$

ainda que pareça ser possível gerar turbulência estável utilizando o tipo certo de perturbação para valores tão baixos do número de Reynolds, como 370.

### 3.3.5 Efeitos de Bordas e de Entrada

O escoamento laminar de Couette numa fenda de espessura e largura arbitrárias, não necessariamente estreita, é um problema bidimensional que pode ser resolvido analiticamente, da mesma forma como no caso do escoamento de Poiseuille estudado na Seção 3.1. A expressão para a vazão, equivalente da Eq. (3.59), é

$$Q = \tfrac{1}{2} U_0 H_0 W \left\{ \frac{16}{\pi^3} \cdot \frac{W}{H_0} \sum_{n=0}^{\infty} \frac{1}{(2n+1)^3} \tanh\left[ \frac{(2n+1)\pi H_0}{2W} \right] \right\} \tag{3.193}$$

A expressão fora da chave na Eq. (3.193) é a vazão para o caso de placas planas infinitas ($H_0 \ll W$), que, neste caso, pode ser chamada $Q_0$.

$$Q_0 = \tfrac{1}{2} U_0 H_0 W \tag{3.194}$$

A expressão dentro da chave é função somente de $H_0/W$.

$$F_d = \frac{16}{\pi^3} \cdot \frac{1}{(H_0/W)} \sum_{n=0}^{\infty} \frac{1}{(2n+1)^3} \tanh[\tfrac{1}{2}(2n+1)\pi(H_0/W)] \tag{3.195}$$

Portanto, a Eq. (3.193) pode ser escrita como:

$$Q = Q_0 \cdot F_d \tag{3.196}$$

Para fendas bastante – mas não *muito* – estreitas ($H_0/W \leq 0{,}6$) pode-se aproximar

$$F_d \approx 1 - 0{,}57\frac{H_0}{W} \tag{3.197}$$

O escoamento na entrada de uma fenda estreita é um problema bidimensional que pode ser resolvido numericamente. Como nos casos anteriores, o comprimento de entrada depende do escoamento fora da fenda e da natureza da borda de entrada. Para cálculos aproximados pode-se utilizar a Eq. (3.68) com o número de Reynolds definido pela Eq. (3.191) – os coeficientes numéricos são virtualmente idênticos.

Ainda que o gradiente de pressão seja nulo no escoamento de Couette completamente desenvolvido, é necessária uma pequena queda de pressão "extra" $\Delta p_e$ para reordenar o perfil de velocidade na zona de entrada. A magnitude de $\Delta p_e$ parece ser um pouco menor (75%) do que a correspondente ao escoamento de Poiseuille com a mesma velocidade média.

## 3.3.6 Efeitos Térmicos

A avaliação dos efeitos térmicos se baseia nas mesmas considerações que nos casos anteriores (Seções 3.1-3.2). O aumento *máximo* na temperatura do fluido devido à dissipação da energia mecânica, que acontece quando toda a potência fornecida é utilizada para aumentar a temperatura (isto é, quando o calor gerado não é transmitido para fora do sistema através das paredes *adiabáticas*), pode ser avaliado pela Eq. (3.72),

$$\mathcal{W} = \rho Q \hat{c} \Delta T_{max} \tag{3.198}$$

onde $\mathcal{W}$ é a potência dada pela Eq. (3.190), $Q$ é a vazão, dada pela Eq. (3.184), $\rho$ é a densidade e $\hat{c}$ o calor específico do fluido (propriedades físicas do fluido), e $\Delta T_{max}$ é o aumento máximo da temperatura. Substituindo as Eqs. (3.184) e (3.190),

$$\Delta T_{max} = \frac{2\eta U_0 L}{\rho \hat{c} H_0^2} \tag{3.199}$$

Se o $\Delta T$ avaliado pela Eq. (3.199) é desprezível (frente à diferença de temperatura necessária para mudar substancialmente as propriedades físicas do fluido), os efeitos térmicos podem ser desconsiderados. Caso contrário, o problema da transferência de calor na fenda deve ser estudado detalhadamente antes de decidir se o tratamento "isotérmico" desenvolvido nesta seção é aplicável ao problema.

## 3.3.7 Comentários

**(a)** ***Sistemas de coordenadas***

O sistema de coordenadas utilizado neste problema é diferente do utilizado na Seção 3.1. Às vezes é necessário expressar o perfil de velocidade obtido neste problema nas coordenadas do caso anterior. É necessário transformar a coordenada $y \to y + H$ e substituir $H_0 = 2H$ (Figura 3.27).

Nestas condições,

$$v_z = \tfrac{1}{2}U_0\left(1 + \frac{y}{H}\right) \tag{3.200}$$

que é o perfil de velocidade expresso nas coordenadas da Seção 3.1. Desde que $H = ½H_0$, a vazão é

$$Q = U_0 H W \tag{3.201}$$

**Figura 3.27**

**(b)** ***Comparação entre os escoamentos de Couette e de Poiseuille em uma fenda estreita***

É interessante comparar os resultados para o escoamento de Couette em uma fenda estreita obtidos nesta seção com os resultados obtidos na Seção 3.1 para a mesma fenda ($L \times W \times 2H = H_0$) com o mesmo material (fluido newtoniano incompressível com viscosidade $\eta$ constante) em escoamento de Poiseuille. Escolhemos para a comparação a taxa de cisalhamento $\dot{\gamma}$, um parâmetro do escoamento de importância prática na análise de processos de mistura (Seção 6.5 e Capítulo 16).

Para o escoamento de Couette a taxa de cisalhamento é constante (independente da posição), Eq. (3.186):

$$\dot{\gamma} = \frac{U_0}{H_0} = \frac{2\overline{v}}{H_0} \tag{3.202}$$

Para o escoamento de Poiseuille, sob efeito de um gradiente de pressão, a taxa de cisalhamento é uma função da posição, $\dot{\gamma} = \dot{\gamma}(y)$, Eqs. (3.39) e (3.41),[21] que varia entre um valor máximo $\dot{\gamma}_w$, Eq. (3.45), na parede ($y = \pm H$),

$$\dot{\gamma}_w = \frac{3\overline{v}}{H} \tag{3.203}$$

e $\dot{\gamma}_w = 0$ no plano central ($y = 0$). Tem cabimento se perguntar que "valor médio" da taxa de cisalhamento deve ser utilizado, para comparar com o valor constante obtido para a fenda em escoamento de Couette. Uma possibilidade é utilizar o valor médio "ordinário" $\overline{\dot{\gamma}}$ que, devido à linearidade da relação entre $\dot{\gamma}$ e $y$, é simplesmente a média aritmética entre os valores máximo e mínimo de $\dot{\gamma}$,

$$\overline{\dot{\gamma}} = {}^3\!/_2 \frac{\overline{v}}{H} \tag{3.204}$$

ou, levando em consideração que $H_0 = 2H$,

$$\overline{\dot{\gamma}} = \frac{3\overline{v}}{H_0} \tag{3.205}$$

Comparação entre a Eq. (3.205) e (3.202) mostra que para a taxa de deformação por cisalhamento para o escoamento de Poiseuille é 50% maior que no caso do escoamento de Couette. O primeiro é, aparentemente, um escoamento mais "agressivo" em termos de cisalhamento.

Observe que, na avaliação do valor médio $\overline{\dot{\gamma}}$, temos dado o mesmo "peso" à contribuição das camadas perto das paredes, com elevada taxa de cisalhamento, mas baixa velocidade (na parede, $v = 0$), e à contribuição das camadas centrais, com baixa taxa de cisalhamento, mas elevada velocidade (no plano central, $v = v_{max}$). Isto não é muito representativo da taxa de cisalhamento imposta em um elemento material "típico" processado através de uma fenda. Imagine o seguinte experimento virtual: colete em um copo o fluido que passa através da fenda em um determinado período de tempo, misture, e escolha ao acaso um elemento material dentro do copo. Qual é o valor médio da taxa de cisalhamento a que foi submetido esse elemento material? Isto é, se repetirmos a escolha ao acaso muitas vezes, qual é o valor médio das taxas de cisalhamento obtidas? Este valor médio é chamado *valor médio de mistura em copo* (ou simplesmente *valor médio de mistura*) e às vezes é considerado mais representativo do efeito do cisalhamento no material que a taxa de cisalhamento média considerada anteriomente.[22]

No valor médio de mistura $\dot{\gamma}_m$ as diversas camadas contribuem à média em proporção a sua vazão por unidade de área (isto é, a sua velocidade). Matematicamente,

$$\dot{\gamma}_m = \frac{\int_0^1 v_z(y)\dot{\gamma}(y)dy}{\int_0^1 v_z(y)dy} \tag{3.206}$$

Levando em consideração as Eqs. (3.38) e (3.41),

$$\dot{\gamma}_m = \frac{1}{\overline{v}H}\int_0^1 {}^3\!/_2\overline{v}\left[1-\left(\frac{y}{H}\right)^2\right]\cdot\frac{3\overline{v}}{H}y\,dy = {}^9\!/_2\frac{\overline{v}}{H}\int_0^1(1-\xi^2)\xi\,d\xi = {}^9\!/_2\frac{\overline{v}}{H}\left[\frac{\xi^3}{3}-\frac{\xi^4}{4}\right]_0^1 \tag{3.207}$$

e, finalmente,

$$\dot{\gamma}_m = {}^3\!/_8\frac{\overline{v}}{H} \tag{3.208}$$

[21] A taxa de cisalhamento para fenda com escoamento de Poiseuille pode ser expressa em termos da queda de pressão $\Delta p$, Eq. (3.39), da vazão $Q$, Eq. (3.41*a*), ou da velocidade média $\overline{v}$, Eq. (3.41*b*). A expressão em termos de $\Delta p$ é difícil de comparar com o caso da fenda com escoamento de Couette, onde $\Delta p \equiv 0$. As expressões em termos de $Q$ e $\overline{v}$ são completamente equivalentes; escolhemos a segunda.

[22] No estudo da transferência de calor em fluidos, vamos reencontrar a média de mistura, nesse caso da temperatura, sob o nome de *temperatura bulk*, Seção 13.1.

ou, levando em consideração que $H_0 = 2H$,

$$\dot{\gamma}_m = \tfrac{3}{4}\frac{\overline{v}}{H_0} \tag{3.209}$$

Para o escoamento de Couette, visto que a taxa de cisalhamento é constante, o valor médio de mistura é o valor dado pela Eq. (3.202). Comparando este valor com o valor médio de mistura para o escoamento de Poiseuille, Eq. (3.209), resulta em que a taxa fornecida pelo escoamento de Couette, além de ser uniforme (ponto importante na análise dos processos de mistura), é 8/3 = 2,67 vezes *maior* que no caso do escoamento de Poiseuille!

Todos estes resultados são válidos para tensões de cisalhamento, diretamente proporcionais às taxas de cisalhamento para um material de viscosidade constante.

Pode-se perguntar agora: qual é o "preço a pagar" pelo cisalhamento? Trata-se, neste caso, de um "custo energético" representado pela potência requerida para manter o escoamento. No caso do escoamento de Poiseuille, a potência é dada pela Eq. (3.56),

$$\mathcal{W}_{\text{Poiseuille}} = \frac{6\eta\overline{v}^2 LW}{H} \tag{3.210}$$

ou, levando em consideração que $H_0 = 2H$,

$$\mathcal{W}_{\text{Poiseuille}} = \frac{12\eta\overline{v}^2 LW}{H_0} \tag{3.211}$$

No escoamento de Couette a potência é avaliada pela Eq. (3.190):

$$\mathcal{W}_{\text{Couette}} = \frac{4\eta\overline{v}^2 LW}{H_0} \tag{3.212}$$

Comparando as Eqs. (3.211) e (3.212), vemos que o custo é três vezes maior para o escoamento de Poiseuille que para o escoamento de Couette, na mesma fenda e para o mesmo material.

Resumido: Em termos do cisalhamento, o escoamento de Couette, comparado com o escoamento de Poiseuille equivalente, fornece quase *três vezes mais* cisalhamento com um gasto de potência *três vezes menor*. Além disso, o cisalhamento é fornecido em forma uniforme para todo o fluido que passa pela fenda (no escoamento de Poiseuille uma boa parte do material não é submetido a cisalhamento nenhum). Os escoamentos de Couette são frequentemente utilizados em misturadores laminares.

## 3.4 REVISÃO

Temos visto três exemplos de escoamentos de cisalhamento em dutos. Um *duto* é um sistema com uma entrada e uma saída, em que o fluido escoa na direção *axial* entre a entrada e a saída. Geralmente o comprimento do duto na direção axial é muito maior que o comprimento na direção *transversal*, normal à mesma. Nos escoamentos de *cisalhamento* a velocidade na direção axial é função da coordenada normal à mesma.

Os escoamentos estudados correspondem a duas geometrias diferentes:

- Fenda estreita, em que o sistema de coordenadas natural é o sistema cartesiano (Seções 3.1 e 3.3).
- Tubo cilíndrico, em que as coordenadas naturais são cilíndricas (Seção 3.2).

Esses escoamentos são resultantes de dois tipos diferentes de "força impulsora":

- Gradiente de pressão na direção axial, escoamento de *Poiseuille* (Seções 3.1 e 3.2).
- Movimento forçado da borda na direção axial, escoamento de *Couette* (Seção 3.3).

A Figura 3.28 representa esquematicamente os sistemas estudados.

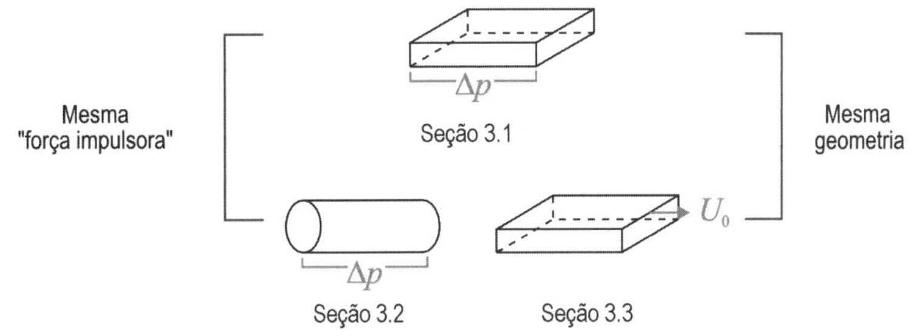


**Figura 3.28**

Todos os escoamentos estudados são *bidimensionais* (apenas duas dimensões são relevantes: nada acontece na outra). Os escoamentos na fenda estreita são *planos* (movimento no plano *y-z*), o escoamento no tubo cilíndrico é *axissimétrico* (simétrico em relação ao eixo *z*).

Considerando condições especialmente simples (sistema geometricamente idealizado, estado estacionário, regime de escoamento laminar, fluido newtoniano incompressível etc.), temos obtido, para cada um deles, as equações diferenciais que regem o movimento. Temos resolvido essas equações (utilizando condições de borda apropriadas) para obter os perfis de velocidade e de pressão no sistema. Finalmente, temos obtido vários parâmetros de interesse associados a esses perfis (velocidade máxima e média, vazão, taxa e tensão de cisalhamento etc.).

É conveniente neste ponto fazermos uma pausa para analisar detalhadamente cada um desses estágios, com o propósito de estabelecer um *método geral* de análise e resolução de problemas de escoamento em dutos, dentro do nível de complexidade deste curso introdutório de Fenômenos de Transporte.

***Estágio 1*: *Definição do sistema*.** Trata-se de estabelecer o *domínio* (geométrico) do sistema e as causas ou *forças impulsoras* do movimento do fluido que gera o escoamento no sistema. A simetria do domínio sugere o sistema de coordenadas a ser utilizado e sua orientação. É conveniente neste ponto fazer um diagrama esquemático do sistema.

***Estágio 2*: *Aproximações e suposições básicas***

(a) *Sistema geometricamente idealizado*. Muitas vezes é necessário ou conveniente simplificar ou *idealizar* a geometria do sistema para permitir ou facilitar a solução analítica do problema. Essas simplificações acarretam "efeitos especiais" (efeitos de entrada, efeitos de bordas etc.), que podem ser estudados na base de observações empíricas, soluções numéricas ou soluções analíticas mais complexas, e que permitem ($\alpha$) estabelecer os limites de validade da solução no sistema idealizado, e às vezes ($\beta$) ajustar a solução do sistema idealizado ao sistema real. Nos casos estudados até agora, a situação é a seguinte:

**Tabela 3.2** Sistema real e sistema ideal

| Sistema real | Geometria | Sistema ideal | Ajuste do sistema ideal ao sistema real |
|---|---|---|---|
| Fenda estreita | Retangular | Placas planas paralelas infinitas (espessura: $2H$) | • Efeitos de *entrada* (comprimento $L \ll \infty$)<br>• Efeitos de *bordas* (largura $W \ll \infty$) |
| Tubo cilíndrico | Cilíndrica | Tubo cilíndrico infinito (diâmetro: $2R$) | • Efeitos de *entrada* (comprimento $L \ll \infty$) |

Nos casos estudados (e no curso em geral) resolvemos de forma exata o problema no sistema ideal e apresentamos resultados (empíricos ou calculados) sem prova que permitem avaliar os "efeitos especiais".

(b) *Sistema homogêneo* (formado apenas por uma fase) de *composição constante e uniforme* (exclui transferência de massa e/ou reações químicas).

(c) *Temperatura constante e uniforme*. Devido à dissipação de energia mecânica, não é possível manter a temperatura uniforme no escoamento de um fluido viscoso.

Consequentemente, a condição jamais será estritamente válida. Porém, existem casos em que as diferenças de temperatura são desprezíveis na prática (uma diferença de temperatura é *inteiramente desprezível* se é menor do que a incerteza com que é conhecida a temperatura do sistema). Nas Seções 3.1-3.2 foi apresentado um procedimento para avaliar a magnitude dos *efeitos térmicos*; porém, só é possível verificar se os efeitos térmicos *podem* ser relevantes. Sem considerar detalhadamente a transferência simultânea de calor e quantidade de movimento, não é possível determinar se os efeitos térmicos são efetivamente relevantes e estabelecer, neste caso, fatores de correção como foi feito para os efeitos de entrada e de bordas.

(d) *Fluido newtoniano incompressível* de propriedades físicas constantes (no tempo) e uniformes (no espaço). Em geral, as propriedades físicas (densidade, viscosidade) dependem apenas das variáveis termodinâmicas de estado: pressão, temperatura e composição. Para um fluido incompressível as propriedades são independentes da pressão; portanto, temperatura e composição constantes e uniformes garantem a constância e uniformidade das propriedades físicas. A suposição de fluido newtoniano é necessária para relacionar a força de atrito viscoso com as variáveis dependentes (velocidade) através de uma relação constitutiva particularmente simples (lei de Newton). Nas Seções 8.2-8.3 vamos considerar o escoamento de um "fluido lei da potência" (um tipo idealizado, muito simples, de fluido não newtoniano puramente viscoso) através de uma fenda estreita e de um tubo cilíndrico.

(e) *Estado estacionário*. Vamos considerar apenas casos em que as variáveis dependentes (velocidade, pressão) *não são* funções do tempo. Isto só é possível se as condições de borda forem independentes do tempo (condição necessária, mas não suficiente). Às vezes é possível atenuar um pouco este requerimento e considerar sistemas em *estado quase estacionário*, nos quais as variáveis dependentes variam muito lentamente no tempo (Problema 3.4).

(f) *Regime de escoamento laminar*. Estamos procurando uma solução estacionária e geometricamente simples ao problema do escoamento, em que o movimento se desenvolva em camadas paralelas, ou seja, em regime laminar. A solução obtida só será *estável* para certas combinações dos parâmetros geométricos, condições operativas, e propriedades físicas, que podem ser expressas através de um número de Reynolds crítico (Seção 2.4).[23] Como no caso dos efeitos térmicos (item c), pode ser estabelecido, a princípio, se o escoamento laminar é estável, mas não é possível corrigir a solução obtida se o escoamento laminar não for estável. Não é possível resolver *exatamente* nenhum escoamento turbulento, que será estudado empiricamente na Seção 9.2.

Muitos sistemas reais de interesse nas aplicações não cumprem estritamente as condições (d)-(f); porém, pequenos desvios são muitas vezes tolerados (principalmente porque sua consideração complica bastante – ou diretamente impede – a solução analítica do problema). Nestes casos, as condições (d)-(f) refletem uma "idealização" do material, da mesma forma (ou quase) que as aproximações consideradas no item (a) refletem uma "idealização" da geometria do sistema.

***Estágio 3*: *Operações preliminares***, incluindo:

(a) *Escolher* um sistema de coordenadas apropriado para a geometria do sistema e orientá-lo respeitando a simetria do mesmo. É importante saber que é possível resolver o escoamento na fenda em coordenadas cilíndricas ou o escoamento no tubo em coordenadas retangulares, mas é *muito* mais difícil. Usualmente o sistema de coordenadas apropriado é completamente evidente (às vezes requer um pouquinho de habilidade; veja a Seção 6.3).

(b) *Propor* uma forma funcional para a pressão e para as componentes do vetor velocidade. Estabelecer: (a) as variáveis dependentes que são identicamente nulas (isto é, iguais a zero para todos os pontos do sistema), e (b) de quais variáveis independentes (coordenadas) dependem a pressão e cada uma das componentes da velocidade não nulas (e de quais variáveis independentes não dependem). Isto requer a análise qualitativa do problema com um pouco de imaginação e um pouco de experiência. A recomendação é considerar somente aquelas dependências estritamente necessárias e tentar obter uma solução.

(c) *Coletar* as condições de borda disponíveis. Existem diferentes tipos de condições de borda. No caso mais simples, o valor de uma ou mais variáveis dependentes (ou suas derivadas, ou uma combinação linear das mesmas) é conhecido (é um *dado* do problema) nas superfícies que limitam o sistema (isto é, as "bordas" do sistema, de onde vem o nome). Por exemplo, a velocidade do fluido nas bordas sólidas (paredes) do sistema é igual à velocidade das paredes (condição de não deslizamento). Às vezes, a simetria do sistema revela onde alguma variável dependente deve atingir necessariamente um máximo ou mínimo relativo; neste caso, uma derivada dessa variável é conhecida (nula) nesses pontos (veja a Seção 3.2.11c). Condições de simetria desse tipo são consideradas "condições de borda", ainda que as superfícies ou linhas de simetria não estejam localizadas nas bordas do sistema.

(d) *Posicionar* dentro do sistema um "volume de controle" com dimensões pequenas, mas finitas. A posição do volume de controle é arbitrária: variando a posição, quando o volume limita-se a um ponto (no limite de suas dimensões $\to 0$), percorre-se todo o sistema.

***Estágio 4*: *Balanço de forças***. Através de um balanço de forças se obtém as equações diferenciais que regem o movimento do fluido. Em princípio:

(a) Balancear *todas* as forças que atuam sobre o "elemento de volume" (pressão, atrito viscoso, peso).
(b) Dividir pelo volume do "volume de controle".
(c) Associar termos na equação resultante para obter quocientes de variações.

---

[23] O escoamento correspondente à solução laminar geometricamente simples só é fisicamente *visível* se a solução for estável frente a pequenas (e fisicamente inevitáveis) perturbações. As soluções laminares geometricamente simples existem (matematicamente) para qualquer valor do número de Reynolds, mas só são realizadas "na prática" (isto é, fisicamente) se forem mais estáveis que outras soluções laminares geometricamente complexas ou soluções não laminares (turbulentas). A estabilidade (não a existência) das soluções está ligada ao número de Reynolds crítico.

(d) Tomar o limite (→ 0) na equação resultante para *todas* e para cada uma das dimensões do volume de controle.

***Estágio 5***: Resolver as equações diferenciais resultantes, com as condições de borda disponíveis, para obter os perfis de velocidade e de pressão. Este estágio é principalmente matemático. A solução de equações diferenciais, nos casos considerados nesta seção (lineares e ordinárias), com condições de borda, é parte da bagagem de conhecimentos considerados como pré-requisitos para esta disciplina (porém, as soluções foram desenvolvidas detalhadamente).

As equações diferenciais, obtidas diretamente do balanço de forças, estão expressas em termos das componentes do tensor de tensões de atrito viscoso, $\tau_{ij}$. Essas componentes devem ser agora substituídas em função da velocidade e de suas derivadas, utilizando uma equação constitutiva para a classe de material que escoa no sistema. Nesta seção, e em todo o livro (exceto no Capítulo 8 que é dedicado a fluidos não newtonianos), a equação constitutiva é a lei de Newton, uma simples relação linear entre as forças de atrito viscoso por unidade de área e os componentes do gradiente de velocidade.

Às vezes (nos casos mais simples apresentados nesta seção isto não é realmente necessário) é conveniente integrar parcialmente as equações *antes* de substituir a equação constitutiva. Desta forma obtemos resultados (parciais) independentes da *classe* de material, que podem ser posteriormente reutilizados para diferentes tipos de fluidos viscosos.

Observe a forma pela qual a equação diferencial para a pressão foi separada (desacoplada) da equação diferencial para a tensão de atrito viscoso (ou a velocidade), utilizando o fato (teorema) de que, se duas funções de variáveis independentes *diferentes* são iguais, então são constantes:

$$F(x) = G(y) \Rightarrow \begin{cases} F(x) = C \\ G(y) = C \end{cases} \tag{3.213}$$

A integração das equações diferenciais gera "constantes de integração". A aplicação das condições de borda às expressões integradas resulta em um sistema de equações algébricas lineares com as "constantes de integração" como incógnitas. Se o problema está apropriadamente formulado, o número de incógnitas será igual ao número de equações disponíveis (nem mais, nem menos). Substituindo esses valores nas expressões integradas, obtêm-se finalmente os perfis de velocidade e de pressão (as variáveis dependentes em função das variáveis independentes) com os dados do problema (dimensões, propriedades físicas, condições operativas) como parâmetro.

***Estágio 6***: ***Obter "variáveis auxiliares"***. Conhecido o perfil de velocidade (velocidade em função da coordenada espacial), podem-se obter outras funções (taxa e tensão de cisalhamento) ou parâmetros (velocidade máxima e média, vazão, força) de importância nas aplicações.

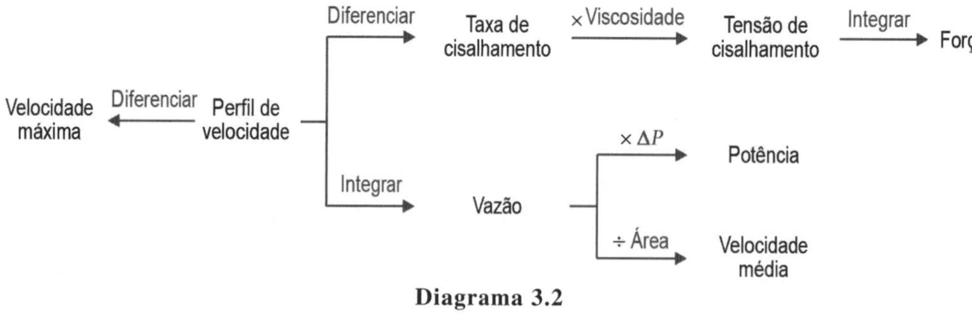


**Diagrama 3.2**

***Estágio 7***: ***Verificar suposições e aproximações***

(a) *Escoamento laminar*. Os perfis de velocidade e de pressão obtidos (e as "variáveis auxiliares" associadas) são válidos apenas se o regime de escoamento for laminar.

Para determinar se um escoamento específico é laminar ou turbulento avalia-se o número de Reynolds ($Re$): se o número de Reynolds for superior a um valor crítico *empiricamente* determinado, que depende da geometria do sistema, o escoamento laminar é instável e não pode ser realizado na prática. O escoamento visível é turbulento.

O número de Reynolds é um parâmetro adimensional que depende do fluido (densidade e viscosidade), das dimensões do sistema (representadas por um *comprimento característico*) e da "magnitude" ou "intensidade" do escoamento (representada por uma *velocidade característica*). O número de Reynolds propriamente avaliado caracteriza a natureza do escoamento, isto é, a relação entre as "forças inerciais" (forças inerciais por unidade de área = energia cinética por unidade de volume) e as forças de atrito viscoso.

O comprimento e a velocidade característicos são mais ou menos arbitrários. Por exemplo, no escoamento em um tubo cilíndrico pode-se utilizar o raio ou o diâmetro do tubo, a velocidade máxima ou a velocidade média. Porém, estes parâmetros não são *completamente* arbitrários; no exemplo anterior não é possível utilizar o comprimento do tubo como comprimento característico (isto é, o número de Reynolds baseado no comprimento do tubo *não é* um critério para avaliar a natureza do escoamento).

(b) *Efeitos de entrada e saída*. A solução obtida no Estágio 5 corresponde a um duto geometricamente idealizado, de comprimento infinito. Muitas vezes é possível avaliar os "efeitos de entrada" na base de soluções analíticas mais complexas ou soluções numéricas (que não os tenham desconsiderado), ou simplesmente na base de observações empíricas. Nas situações estudadas (fenda estreita e tubo cilíndrico) o processo se inicia pela avaliação do "comprimento de entrada", a extensão da zona onde o perfil de velocidade e a queda de pressão não são bem representados pelas expressões obtidas, desconsiderando esses efeitos. Compara-se então o comprimento de entrada $L_e$ com o comprimento (real) do duto $L$.

($\alpha$) Se $L_e \ll L$, os "efeitos de entrada" podem ser completamente desconsiderados no duto real.

($\beta$) Se $L_e < L$ (mas não *muito* menor), a solução obtida para o sistema ideal (duto infinito) pode ser aproximadamente corrigida.

Neste livro temos apresentado expressões para avaliar (aproximadamente) a diferença de pressão "extra" devido aos efeitos de entrada, $\Delta p_e$. As expressões consideradas são válidas se o perfil de velocidade na entrada for plano[24] (isto é, se a velocidade for uniforme).

- Se a vazão (ou a velocidade média) for conhecida, é possível obter então a queda de pressão real ($\Delta p$), somando a diferença de pressão extra ($\Delta p_e$) à diferença de pressão avaliada no duto ideal ($\Delta p_0$).
- Se a queda de pressão real é conhecida ($\Delta p$), pode-se avaliar a diferença de pressão em um duto ideal, sem efeitos de entrada ($\Delta p_0$), restando a diferença de pressão extra ($\Delta p_e$). A partir de $\Delta p_0$ pode-se avaliar a vazão (e a velocidade média) utilizando a equação de Hagen-Poiseuille (para um tubo cilíndrico) ou seu equivalente (para uma fenda estreita).

($\gamma$) Se $L_e > L$ o escoamento é dominado pelos efeitos de entrada, e a solução obtida, baseada na sua desconsideração, não pode ser utilizada.

Para tubos cilíndricos com saída em forma de jato numa atmosfera de pressão uniforme e viscosidade desprezível, também foram apresentadas expressões para avaliar (aproximadamente) os *efeitos de saída*.

(c) *Efeitos de bordas*. A solução apresentada para o escoamento em uma fenda estreita (Seção 3.1) foi obtida para o caso em que a largura da fenda é muito maior que sua espessura, de forma que o escoamento pode ser analisado desconsiderando o efeito das paredes laterais (as *bordas* do sistema) como o escoamento entre duas placas planas paralelas "infinitas".

Se a largura ($W$) for da ordem de 100 vezes a semiespessura ($H$), ou menor, caso do maior interesse na prática, as expressões para a vazão (para um dado gradiente de pressão) ou para o gradiente de pressão (para uma dada vazão), obtidas para uma fenda de largura infinita, podem ser corrigidas utilizando os fatores numéricos apresentados no texto.

Observe que as correções por efeitos de bordas são estritamente aplicáveis para fendas infinitamente longas (isto é, sem efeitos de entrada), da mesma forma que as correções por efeitos de entrada (item *b*) são estritamente aplicáveis para fendas infinitamente largas (isto é, sem efeitos de bordas). O problema das fendas curtas e de largura moderada não tem sido considerado neste livro. Na prática, pode-se utilizar a superposição (soma) dos dois efeitos como primeira aproximação.

O tubo cilíndrico não tem bordas, e no decorrer deste texto (por exemplo, nas Seções 5.1-5.3) serão apresentados outros escoamentos que, em determinadas condições, podem se modelados (aproximadamente) como fendas estreitas sem bordas. Nesses casos as correções apresentadas na Seção 3.1 não são necessárias.

(d) *Efeitos térmicos*. As soluções apresentadas para os escoamentos estudados neste capítulo e, em geral, para todos os escoamentos estudados na primeira parte do livro, foram obtidas sob a condição de temperatura constante e uniforme em todo o sistema. Mas, em princípio, essa condição é difícil (ou impossível) de manter em escoamentos de fluidos viscosos, onde os elementos materiais são deformados (por exemplo, nos escoamentos de cisalhamento estudados nos Capítulos 3 e 5 deste livro). O assunto será considerado, em maior detalhe, no Capítulo 13.

[24] Para a entrada de um tubo (cilindro) de diâmetro $D_0$ para um tubo de diâmetro $D$ o requerimento é $D_0 \gg D$. Na prática, as expressões do texto podem ser utilizadas em primeira aproximação para $D_0 > 2D$.

A magnitude dos efeitos térmicos (isto é, das variações de temperatura no fluido) depende localmente da transferência simultânea de quantidade de movimento (que determina a taxa local de geração de energia térmica por dissipação viscosa) e de calor (que determina que parte dessa energia resulte no aumento local da temperatura e que parte é transferida para fora). Os dois fenômenos de transporte estão acoplados, devido a que a viscosidade (que rege a transferência de momento) depende da temperatura (determinada pela transferência de calor). O assunto é muito complexo, mas é possível determinar o valor *máximo* dos efeitos térmicos através da diferença de temperatura adiabática $\Delta T_{max}$, que deve ser comparada com a diferença de temperatura que ocasiona uma mudança significativa nas propriedades físicas (viscosidade) do fluido, uma *diferença de temperatura característica* do sistema, $\Delta T_{vis}$.[25]

A diferença de temperatura adiabática não é representativa da magnitude dos efeitos térmicos no sistema; apenas informa se os efeitos térmicos *poderiam* ser importantes. Nesse sentido só permite um teste negativo. Se $\Delta T_{max} \ll \Delta T_{vis}$, os efeitos térmicos podem ser desconsiderados. Caso contrário, podem ou não ser importantes. A resposta nesse caso depende das características térmicas do sistema fluido (condutividade térmica, calor específico) e das condições de borda térmicas do sistema. (As paredes do duto estão isoladas? É mantida a temperatura constante? Uma quantidade de calor determinada é retirada através das paredes?)

Observe que a avaliação do número de Reynolds ($Re$) e da diferença de temperatura adiabática ($\Delta T_{max}$) permite decidir se a solução obtida é ou não válida em problemas específicos (no primeiro caso, na base de observações empíricas para a geometria e o tipo de escoamento em questão), mas não permite corrigir a solução em caso onde não seja válida. A avaliação do comprimento de entrada ($L_e$) e, no caso da fenda, da razão espessura-largura ($H/W$), permite avaliar a validade da solução obtida e corrigir a mesma. Porém, as correções consideradas no texto limitam-se aos parâmetros globais (queda de pressão, vazão) e baseiam-se em soluções numéricas de problemas multidimensionais que não foram desenvolvidas no texto deste livro. Aparecem na forma de coeficientes numéricos cujo valor deve ser "aceito" pelo estudante sem que haja necessidade de prova. Os interessados em levar o assunto "até as últimas consequências" podem consultar a bibliografia indicada.

## *Observações*

**1.** A *pressão modificada* $P$ é definida formalmente através da equação

$$\nabla P = \nabla p - \rho \mathbf{g} \tag{3.214}$$

onde $\mathbf{g}$ é o vetor aceleração gravitacional. Por extensão, no segundo termo da direita podem ser adicionados outros campos de forças "externas" (por unidade de volume) que sejam impostos no material (por exemplo, campos elétricos ou magnéticos). Esses campos são geralmente direcionais e podem, ou não, estar relacionados com a simetria geométrica do sistema.

Por exemplo, nos escoamentos estudados nas Seções 3.1-3.2 a forma funcional da pressão $p$ é afetada pela orientação do campo gravitacional em relação ao eixo do duto. O uso da pressão modificada $P$ em lugar de $p$ permite formular o problema independentemente dessa orientação. Assim, os resultados obtidos na Seção 3.1 na forma em que estão expressos no texto são válidos apenas para fendas horizontais. A substituição de $p$ por $P$ nas equações valida as expressões para fendas de orientação arbitrária em relação à vertical. Nesse caso, a pressão modificada é função apenas da coordenada axial. Porém, é conveniente, às vezes (condições de borda, avaliação de forças etc.), manter a separação entre pressão e campo gravitacional.

**2.** Nas Seções 3.1-3.2 foi estabelecido que para dutos ideais (isto é, sem efeitos de entrada/saída) o gradiente axial da pressão modificada $dP/dz$ é constante ao longo do duto. Este resultado foi logo integrado para obter

$$-\frac{dP}{dz} = \frac{\Delta P}{L} \tag{3.215}$$

onde $\Delta P$ é a diferença de pressão modificada entre a entrada e a saída do duto, e $L$ é seu comprimento. Somente um duto "real" infinitamente comprido comporta-se como um duto ideal, e nesse caso a Eq. (3.215) não tem sentido. O gradiente de pressão só pode ser integrado entre dois pontos arbitrários ("1" e "2") separados por um comprimento finito $L'$, sendo $\Delta P'$. Portanto, a Eq. (3.215) fica:

$$-\frac{dP}{dz} = \frac{\Delta P'}{L'} \tag{3.216}$$

[25] Às vezes o valor calculado de $\Delta T_{max}$ é menor – ou da mesma ordem de magnitude – que o "erro" ou incerteza associado com a determinação da temperatura (suposta constante e uniforme) do sistema. Nesse caso, a consideração dos possíveis efeitos térmicos no escoamento é relevante.

Para um duto real (isto é, com efeitos de entrada/saída), o gradiente de pressão é constante somente fora das regiões de entrada e saída. Em geral,

$$-\frac{dP}{dz} = \frac{\Delta P - \Delta P_e}{L} \neq \frac{\Delta P}{L} \tag{3.217}$$

onde $\Delta P_e$ é o *excesso de pressão* na entrada e na saída do duto, discutido nas Seções 3.1-3.2. As expressões derivadas nessas seções para vazão, taxa e tensão de cisalhamento etc., são aplicáveis somente a dutos ideais. Quando utilizadas em dutos finitos, $\Delta P/L$ deve ser substituído nessas expressões por $\Delta P'/L'$ (sempre que os pontos "1" e "2" estejam fora das regiões de entrada e saída), ou diretamente por $-dP/dz$ (avaliado fora das regiões de entrada e saída). Por exemplo, a equação de Hagen-Poiseuille, Eq. (3.125), escrita

$$Q = \frac{\pi R^4}{8\eta}\left(-\frac{dP}{dz}\right) \tag{3.218}$$

com o gradiente de pressão (constante) corretamente avaliado é estritamente[26] válida em tubos cilíndricos finitos ou infinitos. A única limitação é que o comprimento seja maior que o comprimento de entrada (isto é, que exista uma zona fora das regiões de entrada e saída onde avaliar o gradiente de pressão).

# PROBLEMAS

## Problema 3.1 Matriz plana

Uma placa plástica é produzida em forma contínua por extrusão através de uma matriz plana de 20 cm de comprimento, 50 cm de largura e 2 mm de espessura (Figura P3.1.1). Considere, em primeira aproximação, que o plástico fundido que escoa através da matriz é um fluido newtoniano incompressível, que a temperatura é constante, e que nessas condições a densidade do fundido é $\rho = 800$ kg/m³, o calor específico é $\hat{c} = 2{,}5$ kJ/kg°C, a viscosidade é $\eta = 0{,}1$ kPa·s, e o coeficiente de temperatura da viscosidade é $\beta = 0{,}02°C^{-1}$. Pode-se supor escoamento laminar estacionário.

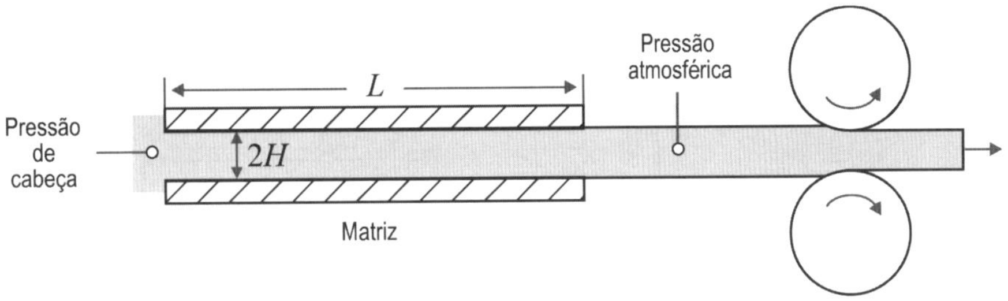


**Figura P3.1.1**

(a) Qual é a pressão de cabeça requerida para produzir 100 kg/h?
(b) Qual é a máxima produção, se a tensão de cisalhamento imposta ao material na passagem pela matriz não deve superar 20 kPa?

### *Resolução*

**(a)** Considere que a matriz plana é uma "fenda estreita". Temos a Eq. (3.35) com $Q = G/\rho$:

$$\Delta p = \frac{3\eta GL}{2\rho H^3 W} \tag{P3.1.1}$$

onde $G = 100$ kg/h $= 0{,}028$ kg/s; $H = 1$ mm $= 0{,}001$ m; $L = 20$ cm $= 0{,}2$ m; $W = 50$ cm $= 0{,}5$; $\eta = 0{,}1$ kPa·s $= 100$ Pa·s; $\rho = 800$ kg/m³. Portanto,

$$\Delta p = \frac{3\eta GL}{2\rho H^3 W} = \frac{3\cdot(100\text{ Pa·s})\cdot(0{,}028\text{ kg/s})\cdot(0{,}2\text{ m})}{2\cdot(800\text{ kg/m}^3)\cdot(0{,}001\text{ m})^3\cdot(0{,}5\text{ m})} = 2{,}1\cdot 10^6\text{ Pa} = 2{,}1\text{ MPa} = 21\text{ bar} \checkmark$$

[26] Estamos falando de validade em termos de comprimento. Está implícito dizer que todas as outras condições de validade (estado estacionário, regime laminar etc.) têm que ser cumpridas.

**(b)** A máxima tensão de cisalhamento está sobre a parede, onde, levando em consideração a Eq. (3.44), obtemos

$$\tau_w = \Delta p \frac{H}{L} \tag{P3.1.2}$$

Assim, a máxima pressão de cabeça aceitável é

$$(\Delta p)_{max} = \frac{(\tau_w)_{max} L}{H} = \frac{(20 \cdot 10^3 \text{ Pa}) \cdot (0,2 \text{ m})}{(0,001 \text{ m})} = 4 \cdot 10^6 \text{ Pa} \checkmark$$

ou seja, 4 MPa. Como a produção ($G$) é proporcional à pressão ($\Delta p$), a máxima produção de qualidade aceitável é

$$G_{\max} = 100 \text{ kg/h} \cdot \frac{4}{2,1} \approx 190 \text{ kg/h} \checkmark$$

ou 0,053 kg/s.

Ainda que o enunciado do problema não o requeira explicitamente, deve-se verificar que nas condições do problema o escoamento é laminar e, sempre que possível, que os "efeitos especiais" (bordas, entrada, térmicos) sejam desprezíveis,[27] de maneira que a solução do *problema idealizado* possa ser utilizada como aproximação válida da solução do *problema original* (Seção 3.1.12a). Isto é, falta verificar:

(a) que o escoamento é laminar (caso contrário, as Eqs. (3.1)-(3.2) não podem ser utilizadas);
(b) que os efeitos de entrada são desprezíveis (caso contrário, deve-se introduzir uma correção nos resultados dos itens *a* e *b*);
(c) que os efeitos de bordas são desprezíveis (caso contrário, deve-se introduzir uma correção nos resultados dos itens *a* e *b*);
(d) que os efeitos térmicos são desprezíveis (caso contrário, as Eqs. (P3.1.1)-(P3.1.2) não podem ser utilizadas sem uma análise da transferência de calor na matriz).

Podemos organizar os cálculos com base no seguinte diagrama (equações correspondentes à Seção 3.1):

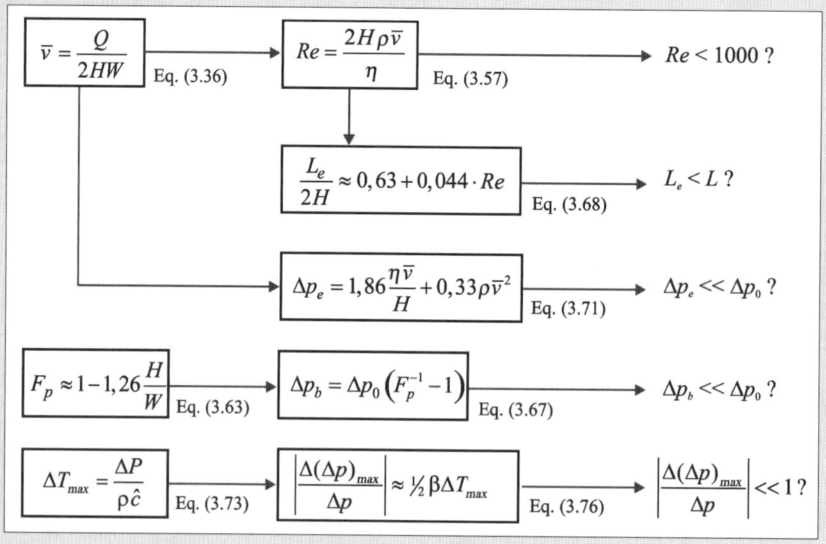


**Diagrama 3.3**

Nas condições do item (*b*), a velocidade média é

$$\bar{v} = \frac{Q_{max}}{2HW} = \frac{G_{max}}{2\rho HW} = \frac{(0,053 \text{ kg/s})}{2 \cdot (800 \text{ kg/m}^3) \cdot (0,001 \text{ m}) \cdot (0,5 \text{ m})} = 0,066 \text{ m/s}$$

[27] *Desprezíveis,* levando em consideração a precisão do resultado requerida pela aplicação do mesmo na situação prática que deu origem ao "problema". Este requerimento deve ser consistente com a incerteza nos dados (parâmetros geométricos, propriedades físicas etc.). Por exemplo, não faz sentido requerer a avaliação da queda de pressão com uma precisão $\pm$ 0,5% se a viscosidade do material nas condições do problema é conhecida com um erro provável da ordem de $\pm$5%. Nessas condições, qualquer "correção" muito menor que $\pm$5% é efetivamente desprezível.

e o máximo valor do número de Reynolds é

$$Re_{max} = \frac{2\rho\bar{v}_{max}H}{\eta} = \frac{G_{max}}{W\eta} = \frac{(0,053 \text{ kg/s})}{(0,5 \text{ m})\cdot(100 \text{ Pa·s})} = 0,001 \ll 1350$$

Portanto, o escoamento é laminar. ✓

O comprimento de entrada é

$$L_e \approx (0,63 + 0,044 \cdot Re)(2H) \approx 0,63 \cdot 0,002 \text{ m} \approx 0,0013 \ll L$$

e

$$\Delta p_e \approx 1,86\frac{\eta\bar{v}}{H} = 1,86\frac{(100 \text{ Pa·s})\cdot(0,066 \text{ m/s})}{(0,001 \text{ m})} = 12 \cdot 10^3 \text{ Pa}$$

Aproximadamente 0,6% de $\Delta p_0 = 2,1 \cdot 10^6$ Pa. Portanto, os efeitos de entrada são desprezíveis. ✓

Para avaliar os efeitos de bordas, temos

$$\frac{H}{W} = \frac{1 \text{ mm}}{500 \text{ mm}} = 0,002$$

e

$$F_p = 1 - 1,26(H/W) = 0,997$$

de onde

$$\frac{\Delta p_b}{\Delta p_0} = F_p^{-1} - 1 = 0,0025$$

ou 0,25%. Portanto, os efeitos de bordas são desprezíveis. ✓

A máxima variação de temperatura no fluido devido à dissipação viscosa é

$$\Delta T_{max} = \frac{(\Delta p)_{max}}{\rho\hat{c}} = \frac{(4 \cdot 10^6 \text{ Pa})}{(0,8 \cdot 10^3 \text{ kg/m}^3)(2,5 \cdot 10^3 \text{ J/kg°C})} = 2°\text{C}$$

e o erro máximo relativo no gradiente de pressão é

$$\left|\frac{\Delta(\Delta p)}{\Delta p}\right|_{max} = \tfrac{1}{2}\beta\Delta T_{max} = 0,5 \cdot (0,02°\text{C}^{-1}) \cdot (2°\text{C}) = 0,02$$

ou 2%. Ainda que os efeitos térmicos sejam provavelmente maiores que os efeitos de bordas e de entrada, a incerteza na avaliação das pressões é tolerável neste caso, frente à aproximação (muito mais séria) de considerar que o polímero fundido se comporta como um fluido newtoniano. ✓

## Problema 3.2 Determinação do diâmetro de um capilar

Um método de determinar o diâmetro interno de um capilar é medir a vazão de um líquido newtoniano incompressível sob efeito de um gradiente de pressão conhecido. Em um teste com um capilar (suponha um tubo cilíndrico de seção circular e diâmetro constante) de $L$ = 10,0 cm de comprimento, utilizando um óleo de densidade $\rho$ = 1,00 g/cm³ e viscosidade $\eta$ = 2,50 mPa·s, obteve-se uma vazão $Q$ = 36,0 cm³/min sob efeito de um gradiente de pressão aparente $\Delta P/L$ = 25,0 Pa/m.

(a) Determine o diâmetro do capilar utilizando a equação de Hagen-Poiseuille.

(b) Verifique se o escoamento no capilar é laminar.

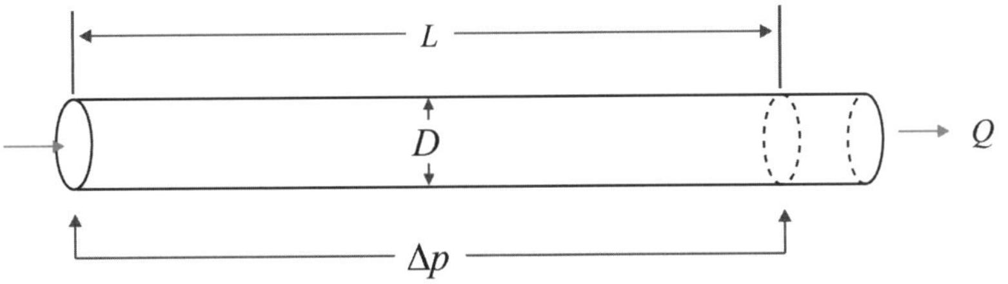


**Figura P3.2.1**

(c) Avalie o comprimento de entrada e determine (aproximadamente) o diâmetro do capilar considerando os efeitos de entrada.

*Resolução*

**(a)** A equação de Hagen-Poiseuille, Eq. (3.125),

$$Q = \frac{\pi \Delta P R^4}{8\eta L} \qquad \text{(P3.2.1)}$$

ou seja,

$$R = \left[\frac{8\eta Q}{\pi(\Delta P/L)}\right]^{1/4} \qquad \text{(P3.2.2)}$$

onde $Q = 36$ cm$^3$/min $= 36 \cdot 10^{-6}$ m$^3$/60 s $= 0{,}6 \cdot 10^{-6}$ m$^3$/s. Portanto,

$$R = \left[\frac{8\eta Q}{\pi(\Delta P/L)}\right]^{1/4} = \left[\frac{8 \cdot (2{,}5 \cdot 10^{-3}\ \text{Pa}\cdot\text{s}) \cdot (0{,}6 \cdot 10^{-6}\ \text{m}^3/\text{s})}{(3{,}1416) \cdot (25\ \text{Pa/m})}\right]^{1/4} = (152{,}8 \cdot 10^{-12}\ \text{m}^4)^{1/4}$$

$$R = 3{,}516 \cdot 10^{-3}\ \text{m} = 3{,}516\ \text{mm}$$

$$D = 2R = 7{,}03\ \text{mm}\ \checkmark$$

**(b)** A velocidade média no capilar é

$$\bar{v} = \frac{Q}{\pi R^2} = \frac{0{,}6 \cdot 10^{-6}\ \text{m}^3/\text{s}}{(3{,}1416) \cdot (3{,}516 \cdot 10^{-3}\ \text{m})^2} = 0{,}0154\ \text{m/s}$$

e o número de Reynolds é

$$Re = \frac{\rho \bar{v} D}{\eta} = \frac{(10^3\ \text{kg/m}^3) \cdot (15{,}4 \cdot 10^{-3}\ \text{m/s}) \cdot (7{,}03 \cdot 10^{-3}\ \text{m})}{(2{,}5 \cdot 10^{-3}\ \text{Pa}\cdot\text{s})} = 43{,}3 < 2000\ \checkmark$$

**(c)** Comprimento de entrada, Eq. (3.146),

$$\frac{L_e}{D} \approx 0{,}59 + 0{,}056 \cdot Re$$

ou seja:

$$L_e = (0{,}59 + 0{,}056 \cdot 43{,}3) \cdot (7{,}03 \cdot 10^{-3}\ \text{m}) = 0{,}02\ \text{m}$$

O comprimento de entrada é 20% do comprimento do tubo, $L = 10$ cm $= 0{,}1$ m, ou seja, significativo. Parte do $\Delta p$ é utilizada para reordenar o perfil de velocidade no comprimento de entrada. O $\Delta p$ "efetivo" resulta, então, em

$$\Delta p_0 = \Delta p - \Delta p_e$$

onde o $\Delta p$ "extra" é (aproximadamente), Eq. (3.149),

$$\Delta p_e = 4{,}64 \frac{\eta \bar{v}}{R} + 0{,}68\ \rho \bar{v}^2$$

$$\Delta p_e = 4{,}64 \cdot \frac{(2{,}5 \cdot 10^{-3}\ \text{Pa}\cdot\text{s}) \cdot (15{,}4 \cdot 10^{-3}\ \text{m/s})}{(3{,}516 \cdot 10^{-3}\ \text{m})} + 0{,}68 \cdot (10^3\ \text{kg/m}^3) \cdot (15{,}4 \cdot 10^{-3}\ \text{m/s})^2$$

$$= 0{,}01\ \text{Pa} + 0{,}16\ \text{Pa} = 0{,}17\ \text{Pa}$$

6,8% do $\Delta p$ "total":

$$\Delta p = (\Delta p/L) \cdot L = (25\ \text{Pa/m}) \cdot (0{,}1\ \text{m}) = 2{,}50\ \text{Pa}$$

Temos, então,

$$\Delta p_0 = \Delta p - \Delta p_e \approx 2{,}50\ \text{Pa} - 0{,}17\ \text{Pa} = 2{,}33\ \text{Pa}$$

e

$$R = \left[\frac{8\eta Q}{\pi(\Delta P_0/L)}\right]^{1/4} = R_0\left(\frac{P}{\Delta P_0}\right)^{1/4} = 3{,}516\ \text{mm}\left(\frac{2{,}50}{2{,}33}\right)^{1/4} \approx 3{,}578\ \text{mm}$$

$$D \approx 7{,}16\ \text{mm}\ \checkmark$$

Uma diferença de apenas 1,8%.

Observe que um comprimento de entrada de 20% do comprimento total resulta em um $\Delta p_e$ de 6,8% do $\Delta p$ total, o que leva a uma diferença de menos de 2% no diâmetro avaliado.

## Problema 3.3 Viscosímetro capilar

Um viscosímetro capilar consiste em um reservatório (tanque cilíndrico de 20 mm de diâmetro) conectado a um capilar (tubo cilíndrico) de 2 mm de diâmetro interno e 15 mm de comprimento. Uma força constante exercida sobre a capa do reservatório empurra o fluido através do capilar (Figura P3.3.1).

Em um teste à temperatura constante, com um fluido newtoniano incompressível (densidade $\rho = 0,875$ g/cm$^3$ à temperatura do experimento), a vazão do fluido através do capilar (em estado estacionário) é de 1,5 cm$^3$/min quando a força externa é de 20 N, e a altura do líquido no reservatório é de 20 mm.

(a) Avalie a viscosidade do fluido. Suponha regime laminar de escoamento no capilar e desconsidere o atrito nas paredes do reservatório e os efeitos de entrada no capilar.

(b) Verifique que o escoamento no capilar é laminar e justifique as aproximações feitas avaliando aproximadamente a queda de pressão no reservatório e o excesso de pressão devido aos efeitos de entrada.

(c) Verifique que os efeitos térmicos são desprezíveis. Suponha que o calor específico do fluido é $\hat{c} = 2$ kJ/kg°C (valor típico para um solvente orgânico).

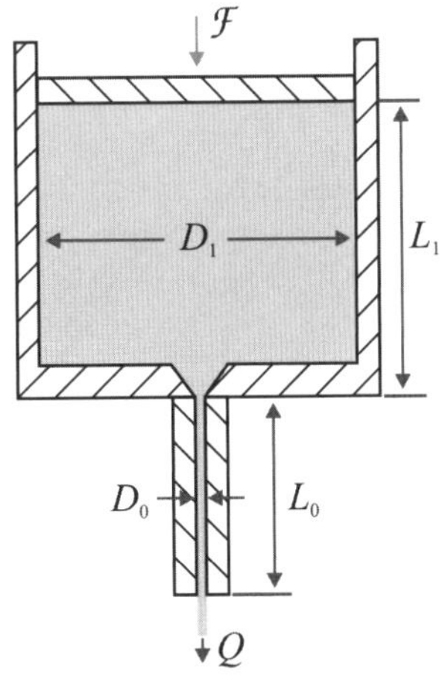


**Figura P3.3.1**

### *Resolução*

**(a)** A diferença de pressão "efetiva" entre a entrada e a saída do capilar é (Figura P3.3.2)

$$\Delta P = p_0 - p_{atm} + \rho g L_0 \tag{P3.3.1}$$

Mas, desconsiderando o atrito no reservatório, a pressão na entrada do capilar é igual à pressão na capa mais a queda "hidrostática" no reservatório:

$$p_0 = p_1 + \rho g L_1 \tag{P3.3.2}$$

e a pressão na capa é

$$p_1 = p_{atm} + \frac{\mathcal{F}}{\pi R_1^2} \tag{P3.3.3}$$

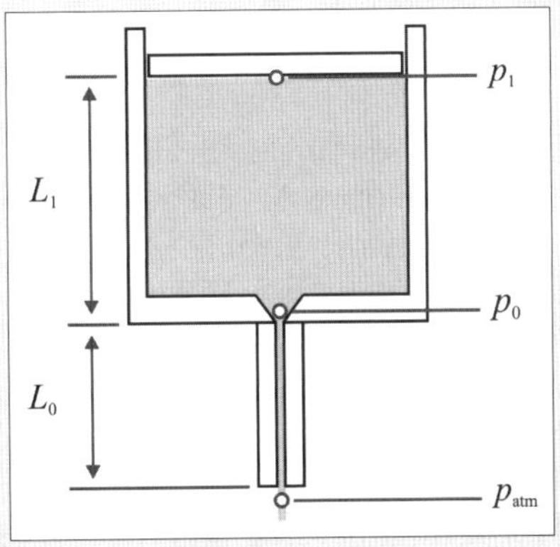


**Figura P3.3.2**

Observe que temos somado a pressão atmosférica à pressão exercida pela força externa (a atmosfera está em todos os lados, tanto sobre a capa do reservatório quanto na saída do capilar). Por esse motivo é conveniente trabalhar com pressões "gage" (equivalente a $p_{atm} = 0$).

Substituindo as Eqs. (P3.3.2) e (P3.3.3) na Eq. (P3.3.1):

$$\Delta P = \cancel{p_{atm}} + \frac{\mathcal{F}}{\pi R_1^2} + \rho g L_1 - \cancel{p_{atm}} + \rho g L_0 = \frac{\mathcal{F}}{\pi R_1^2} + \rho g\,(L_0 + L_1) \qquad \text{(P3.3.4)}$$

$$\Delta P = \frac{(20\ \text{N})}{(3{,}1416)\cdot(0{,}010\ \text{m})^2} + (875\ \text{kg/m}^3)\cdot(9{,}8\ \text{m/s}^2)\cdot(0{,}015\ \text{m} + 0{,}020\ \text{m})$$

$$\Delta P = 63{,}7\ \text{kPa} + 0{,}3\ \text{kPa} = 64{,}0\ \text{kPa}$$

Observe que a queda hidrostática total é uma fração menor (0,5%), nem sempre completamente desprezível, da diferença de pressão efetiva no capilar.

A vazão volumétrica

$$Q = \frac{(1{,}5\ \text{cm}^3/\text{min})\cdot(10^{-6}\ \text{m}^3/\text{cm}^3)}{(60\ \text{s/min})} = 25{,}0\cdot 10^{-9}\ \text{m}^3/\text{s}$$

está relacionada, em ausência de efeitos de entrada, à diferença de pressão efetiva no capilar através da equação de Hagen-Poiseuille, Eq. (3.126):

$$\Delta P = \frac{8\eta L_0 Q}{\pi R_0^4} \qquad \text{(P3.3.5)}$$

de onde

$$\eta = \frac{\pi R_0^4 \Delta P}{8 L_0 Q} \qquad \text{(P3.3.6)}$$

$$\eta = \frac{\pi R_0^4 \Delta P}{8 L_0 Q} = \frac{(3{,}1416)\cdot(1\cdot 10^{-3}\ \text{m})^4\cdot(64\cdot 10^3\ \text{Pa})}{8\cdot(0{,}015\ \text{m})\cdot(25\cdot 10^{-9}\ \text{m}^3/\text{s})} = 67\ \text{Pa}\cdot\text{s}\ ✓$$

**(b)** A velocidade média no capilar é

$$\bar{v} = \frac{Q}{\pi R_0^2} = \frac{(25\cdot 10^{-9}\ \text{m}^3/\text{s})}{(3{,}1416)\cdot(1\cdot 10^{-3}\ \text{m})^2} = 8\cdot 10^{-3}\ \text{m/s}$$

e o número de Reynolds é

$$Re = \frac{\rho \bar{v} D_0}{\eta} = \frac{(0{,}875\cdot 10^3\ \text{kg/m}^3)\cdot(8\cdot 10^{-3}\ \text{m/s})\cdot(2\cdot 10^{-3}\ \text{m})}{(67\ \text{Pa}\cdot\text{s})} = 0{,}2\cdot 10^{-3} \ll 2\cdot 10^3\ ✓$$

Portanto, o escoamento é laminar, como temos assumido. O comprimento de entrada, Eq. (3.146), é

$$\frac{L_e}{D_0} \approx 0{,}59 + 0{,}056\cdot Re \approx 0{,}59$$

isto é, $L_e \approx 0{,}6\cdot D_0 = 1{,}2$ mm (compare com $L_0 = 15$ mm).

Se o atrito nas paredes do tanque e/ou os efeitos de entrada fossem significativos, a diferença de pressão efetiva no capilar, que é utilizada na equação de Hagen-Poiseuille para avaliar a viscosidade, seria menor do que o valor avaliado pela Eq. (P3.3.6),

$$\Delta P' = \Delta P - \Delta p_1 - \Delta p_e$$

onde $\Delta p_1$ é a queda de pressão "dinâmica" no reservatório (devido ao atrito viscoso e por cima da queda hidrostática utilizada no item (**a**), e $\Delta p_e$ é a queda de pressão "extra" devido aos efeitos de entrada no capilar (desenvolvimento do perfil parabólico).

Ainda que seja difícil avaliar $\Delta p_1$ e $\Delta p_e$ com precisão, é possível estimar facilmente, de forma aproximada, esses valores. Se as estimativas fossem completamente desprezíveis, comparadas com $\Delta P$, não seria necessário procurar métodos mais apurados.

A queda de pressão "dinâmica" no reservatório pode ser avaliada utilizando a equação de Hagen-Poiseuille, Eq. (P3.3.5), aplicada ao escoamento no tanque. Ao contrário do que acontece no capilar, a equação de Hagen-Poiseuille, aplicada ao reservatório, fornece apenas uma aproximação bastante grosseira da queda de pressão, visto que o perfil parabólico não foi desenvolvido neste caso.

Levando em consideração que, em estado estacionário, a vazão deve ser a mesma que no capilar,

$$\Delta p_1 \approx \frac{8\eta L_1 Q}{\pi R_1^4} = \frac{8\cdot(67\ \text{Pa}\cdot\text{s})\cdot(0{,}020\ \text{m})\cdot(25\cdot 10^{-9}\ \text{m}^3/\text{s})}{(3{,}1416)\cdot(10\cdot 10^{-3}\ \text{m})^4} = 8{,}5\cdot 10^{-3}\ \text{kPa}\ ✓$$

Isto é, pouco mais que 0,01% do valor de $\Delta P$ utilizado (67 kPa).

A queda de pressão "extra" devida aos efeitos de entrada e saída pode ser avaliada pela Eq. (3.155), levando em consideração que o último termo (efeitos inerciais) é desprezível para o número de Reynolds avaliado anteriormente,

$$\Delta p_e + \Delta p_x \approx 6{,}64\frac{\eta \bar{v}}{R} = 6{,}64 \cdot \frac{(67\ \text{Pa·s}) \cdot (8 \cdot 10^{-3}\ \text{m/s})}{(10 \cdot 10^{-3}\ \text{m})} = 0{,}36\ \text{kPa}$$

ou 0,6% do valor de $\Delta P = 64$ kPa.

**(c)** A máxima variação de temperatura no fluido devido à dissipação viscosa é, Eq. (3.158):

$$\Delta T_{max} = \frac{\Delta p}{\rho \hat{c}} \approx \frac{64{,}0 \cdot 10^3\ \text{Pa}}{(0{,}875 \cdot 10^3\ \text{kg/m}^3) \cdot (2 \cdot 10^3\ \text{J/kg°C})} < 0{,}04°\text{C}\ ✓$$

Esse valor é desprezível, provavelmente menor que a incerteza na medição da suposta temperatura "constante".

## Problema 3.4 Sistema tanque/tubo

Um tanque cilíndrico, de diâmetro $D_1 = 1$ m, contendo uma solução de PIB em ciclo-hexano, à temperatura ambiente (densidade $\rho = 1$ g/mL e viscosidade $\eta = 1$ Poise), até um nível $L_1 = 1{,}5$ m, é esvaziado através de um tubo cilíndrico horizontal, de diâmetro $D_2 = 1$ cm e comprimento $L_2 = 50$ cm (Figura P3.4.1). Considere que o tanque está praticamente vazio quando o nível de líquido é reduzido até 2 cm.

(a) Faça um gráfico do nível de líquido no tanque como função do tempo.
(b) Avalie o tempo necessário para esvaziar o tanque.
(c) Verifique que o escoamento no tubo é laminar. Avalie aproximadamente os efeitos de entrada e saída. Justifique a aproximação de estado quase estacionário.
(d) O que acontece se o tanque for aquecido de modo que a viscosidade da solução fique reduzida à metade? E se o diâmetro do tubo dobrar? E se acontecerem as duas coisas?

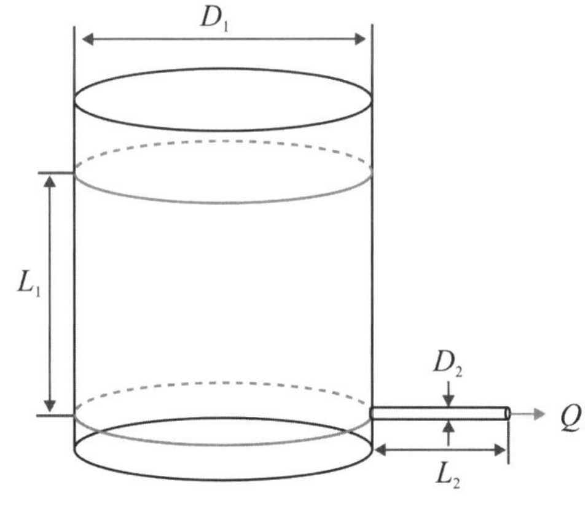


**Figura P3.4.1**

## *Resolução*

O escoamento no tubo de drenagem é devido à pressão (principalmente hidrostática) do líquido no tanque. O escoamento é claramente não estacionário (o nível do tanque varia com o tempo, portanto a pressão na entrada do tubo e a vazão variam com o tempo). Porém, vamos supor que o vazamento seja suficientemente lento para que a relação entre vazão e diferença de pressão seja a mesma que no estado estacionário.[28] Esta aproximação, que envolve decompor o estado não estacionário numa sucessão infinita de estados estacionários, chama-se *estado quase estacionário*. Do ponto de vista prático, o processo é o seguinte:

- Escrever a equação correspondente ao estado estacionário, equação estritamente válida somente se todos os parâmetros (vazão, pressão, comprimento, propriedades físicas) forem constantes.

[28] Isto é, que o valor da vazão no instante em que a pressão atinge um determinado valor $\Delta P$ é igual à vazão avaliada no estado estacionário sob a mesma diferença de pressão $\Delta P$.

- Substituir os parâmetros que variam em função do tempo.
- Integrar (no tempo) utilizando condições de borda apropriadas.

Além da aproximação de estado quase estacionário, vamos utilizar as aproximações usuais: fluido newtoniano incompressível e temperatura constante, resultando em densidade ($\rho$) e viscosidade ($\eta$) constantes, efeito de entrada no tubo desprezível e escoamento laminar.

Vamos supor também que o atrito nas paredes do tanque é desprezível, comparado com o atrito nas paredes do tubo. Esta aproximação é bem razoável. Sabemos que para uma dada vazão (e, para cada tempo, a vazão no tanque é igual à vazão no tubo, por continuidade!) a queda de pressão que gera essa vazão é proporcional à quarta potência da inversa do diâmetro $\Delta p \sim D^{-4}$. O diâmetro do tanque é 200 vezes o diâmetro do tubo; portanto, a relação entre as quedas de pressão no tubo e no tanque é de $1{,}6 \cdot 10^9$.

Em regime laminar estacionário, a vazão $Q$ pode ser expressa em função da queda de pressão no tubo, $\Delta p_2$, pela equação de Hagen-Poiseuille, Eq. (3.125),

$$Q = \frac{\pi \Delta p_2 D_2^4}{128 \eta L_2} \qquad \text{(P3.4.1)}$$

(Em termos do diâmetro do tubo, $D_2 = 2R_2$.) Como a pressão acima do líquido e a pressão fora do tubo são as mesmas (pressão atmosférica), a queda de pressão *total* é nula. Portanto, a queda de pressão no tubo, $\Delta p_2$, é igual à queda de pressão no tanque:

$$\Delta p_2 = -\Delta p_1 \qquad \text{(P3.4.2)}$$

Mas, como o atrito nas paredes do tanque é desprezível, a queda de pressão no tanque é apenas a queda de pressão "hidrostática" devido ao peso do líquido:

$$\Delta p_1 = -\rho g L_1 \qquad \text{(P3.4.3)}$$

onde $g = 9{,}8$ m/s$^2$. Substituindo a Eq. (P3.4.3) na Eq. (P3.4.2) e o resultado na Eq. (P3.4.1), temos

$$Q = \frac{\pi \rho g L_1 D_2^4}{128 \eta L_2} \qquad \text{(P3.4.4)}$$

Vamos supor agora que esta equação é válida para cada instante, ainda que o nível de líquido no tanque, $L_1$ (e, portanto, a vazão $Q$), varie no tempo (estado quase estacionário). A vazão volumétrica no tubo deve ser igual à taxa de diminuição do volume de líquido no tanque $V_1$:

$$V_1 = \tfrac{1}{4} \pi D_1^2 L_1 \qquad \text{(P3.4.5)}$$

ou seja, desde que $D_1$ não varia no tempo:

$$Q = -\frac{\pi D_1^2}{4} \cdot \frac{dL_1}{dt} \qquad \text{(P3.4.6)}$$

Substituindo a Eq. (P3.4.6) na Eq. (P3.4.4),

$$-\frac{\pi D_1^2}{4} \cdot \frac{dL_1}{dt} = \frac{\pi \rho g L_1 D_2^4}{128 \eta L_2} \qquad \text{(P3.4.7)}$$

ou

$$\frac{dL_1}{dt} = -\frac{\rho g D_2^4}{32 \eta L_2 D_1^2} L_1 \qquad \text{(P3.4.8)}$$

Temos então uma simples equação diferencial ordinária na variável dependente $L_1(t)$, que pode ser integrada facilmente entre uma *condição inicial*,

$$\text{Para } t = 0,\ L_1 = L_1(0) = 1{,}5 \text{ m} \qquad \text{(P3.4.9)}$$

e uma *condição final*,

$$\text{Para } t = t_D,\ L_1 = L_1(t_D) = 0{,}02 \text{ m} \qquad \text{(P3.4.10)}$$

onde $t_D$ é o *tempo de drenagem* procurado. O resultado é

$$\ln \frac{L_1(t_D)}{L_1(0)} = -\frac{\rho g D_2^4}{32 \eta L_2 D_1^2} t_D \qquad \text{(P3.4.11)}$$

ou

$$t_D = \frac{32\eta L_2 D_1^2}{\rho g D_2^4} \cdot \ln\frac{L_1(0)}{L_1(t_D)} \qquad \text{(P3.4.12)}$$

Observe o requerimento $L_1(t_D) > ½D_2$.

No modelo idealizado a interface líquido-ar é plana (a), mas, na realidade, na vizinhança da entrada no tubo de drenagem, a interface não é plana (b), e para uma altura de líquido no tanque $L_1 < (L_1)_{mín}$ a interface penetra no tubo de drenagem (c). O escoamento bifásico (ar + líquido) no tubo não é regido pela simples equação de Hagen-Poiseuille, utilizada neste problema (veja a Seção 5.9).

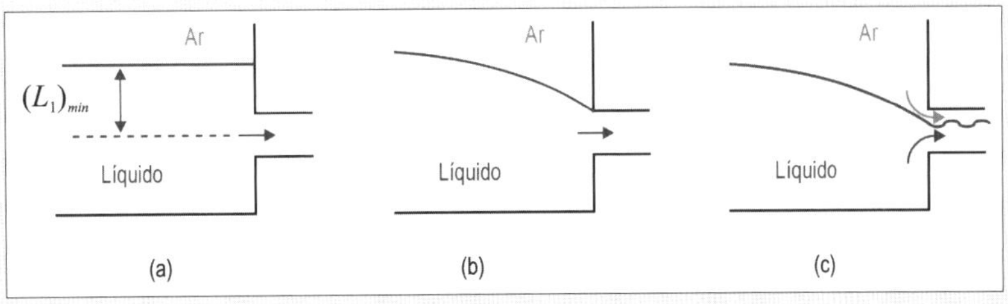

**Figura P3.4.2**

**(a)** Para obter a variação da altura do líquido no tanque, integramos entre a condição inicial, Eq. (P3.4.9), e um tempo genérico $t$,

$$\ln\frac{L_1(t)}{L_1(0)} = -\frac{\rho g D_2^4}{32\eta L_2 D_1^2}t \qquad \text{(P3.4.13)}$$

ou

$$L_1(t) = L_1(0)\exp\left\{-\frac{\rho g D_2^4}{32\eta L_2 D_1^2}t\right\} \qquad \text{(P3.4.14)}$$

A variação da vazão no tempo obtém-se substituindo a Eq. (P3.4.14) na Eq. (P3.4.4),

$$Q(t) = \frac{\pi\rho g L_1(0) D_2^4}{128\eta L_2}\exp\left\{-\frac{\rho g D_2^4}{32\eta L_2 D_1^2}t\right\} \qquad \text{(P3.4.15)}$$

Temos, então,

$$L_1(t) = L_1(0)\exp\{-at\} \qquad \text{(P3.4.16)}$$

$$Q(t) = ab\exp\{-at\} \qquad \text{(P3.4.17)}$$

onde

$$a = \frac{\rho g D_2^4}{32\eta L_2 D_1^2} = \frac{(1000\ \text{kg/cm}^3)\cdot(9{,}8\ \text{m/s}^2)\cdot(0{,}01\ \text{m})^4}{32\cdot(0{,}1\ \text{Pa})\cdot(0{,}5\ \text{m})\cdot(1\ \text{m})^2} = 0{,}06\cdot 10^{-3}\ \text{s}^{-1}\ ✓$$

$$b = ¼\pi L_1(0) D_1^2 = 0{,}25\cdot 3{,}1416\cdot(1{,}5\ \text{m})\cdot(1\ \text{m})^2 = 1{,}2\ \text{m}^3\ ✓$$

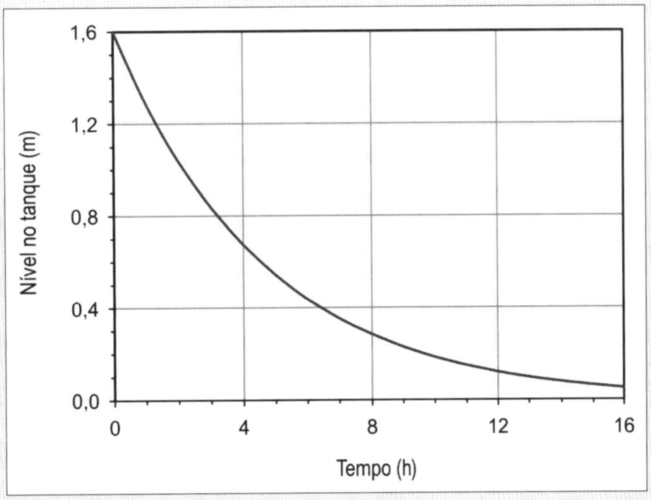

**Figura P3.4.3**

**(b)** Temos, da Eq. (P3.4.12),

$$t_D = a^{-1} \cdot \ln \frac{L_1(0)}{L_1(t_D)} \tag{P3.4.18}$$

$$t_D = a^{-1} \cdot \ln \frac{L_1(0)}{L_1(t_D)} = (0{,}06 \cdot 10^{-3}\ \text{s}^{-1})^{-1} \cdot \ln\left(\frac{1{,}5\ \text{m}}{0{,}02\ \text{m}}\right) = 72 \cdot 10^3\ \text{s}\ ✓$$

ou seja, o tempo de drenagem é $t_D \approx 20$ h.

**(c)** *Escoamento laminar*. Para verificar se o escoamento é laminar, basta checar o número de Reynolds inicial (para $t = 0$), que corresponde ao valor máximo da velocidade média,

$$Re_{max} = \frac{\rho \overline{v}_2(0) D_2}{\eta} \tag{P3.4.19}$$

onde, considerando a Eq. (P3.4.17),

$$\overline{v}_2(0) = \frac{Q(0)}{\frac{1}{4}\pi D_2^2} = \frac{ab}{\frac{1}{4}\pi D_2^2} = \frac{(0{,}06 \cdot 10^{-3}\ \text{s}^{-1}) \cdot (1{,}2\ \text{m}^3)}{0{,}25 \cdot (3{,}14) \cdot (0{,}01\ \text{m})^2} = 0{,}92\ \text{m/s}$$

$$Re_{max} = \frac{\rho \overline{v}_2(0) D_2}{\eta} = \frac{(1000\ \text{kg/m}^3) \cdot (0{,}92\ \text{m/s}) \cdot (0{,}01\ \text{m})}{(0{,}1\ \text{Pa} \cdot \text{s})} = 92\ ✓$$

Verificamos que $Re_{max} < 2000$.

*Efeitos de entrada e saída*. O máximo e o mínimo comprimentos de entrada (para $Re = Re_{max}$ e $Re \approx 0$) podem ser avaliados, Eq. (3.146), como

$$(L_e)_{max} = (0{,}6 + 0{,}056\, Re_{max})\, D_2 = 5{,}8\, D_2 = 0{,}06\ \text{m}\ ✓$$

$$(L_e)_{min} = 0{,}6\, D_2 = 0{,}006\ \text{m}\ ✓$$

Estes valores devem ser comparados com $L_2 = 0{,}5$ m (o comprimento de entrada representa entre 1 e 2% do comprimento total). No início do processo a queda de pressão extra devida aos efeitos de entrada e saída pode ser avaliada aproximadamente como, Eq. (3.155):

$$\begin{aligned}(\Delta p_e + \Delta p_x)_{max} &= 13{,}28 \frac{\eta \overline{v}_2(0)}{D_2} + 0{,}20 \rho [\overline{v}_2(0)]^2 \\ &= 13{,}28 \cdot \frac{(0{,}1\ \text{Pa} \cdot \text{s}) \cdot (0{,}92\ \text{m/s})}{(0{,}01\ \text{m})} + 0{,}20 \cdot (1000\ \text{kg/m}^3) \cdot (0{,}92\ \text{m/s})^2 \\ &= 122\ \text{Pa} + 169\ \text{Pa} = 191\ \text{Pa} \approx 0{,}2\ \text{kPa}\end{aligned}$$

que deve ser comparada com a queda de pressão inicial no tanque:

$$(\Delta p)_{max} = \rho g L_1(0) = (1000\ \text{kg/m}^3) \cdot (9{,}8\ \text{m/s}^2) \cdot (1{,}5\ \text{m}) \approx 15\ \text{kPa}\ ✓$$

Isto é, a queda de pressão disponível no início, para o escoamento "desenvolvido" no tubo, é 1,3% menor do que o valor utilizado no problema. Isso quer dizer que a vazão será um pouco menor e o tempo um pouco maior que o avaliado na parte (b), da ordem de 1,3% maior.

*Estado quase estacionário*. O escoamento no tubo é *quase* estacionário (e não estacionário) devido à variação de $\Delta p_2 = -\Delta p_1$ no tempo, que causa uma variação em $v_2$. O tempo característico da variação de $\Delta p$ é inversamente proporcional à velocidade de variação da altura do líquido no tanque,

$$\overline{v}_1 = \frac{Q}{\frac{1}{4}\pi D_1^2} \tag{P3.4.20}$$

Esse tempo tem que ser comparado com o tempo característico no tubo, inversamente proporcional à velocidade no tubo,

$$\overline{v}_2 = \frac{Q}{\frac{1}{4}\pi D_2^2} \tag{P3.4.21}$$

Portanto, a condição de validade da aproximação de estado quase estacionário é $\overline{v}_1 \ll \overline{v}_2$, ou,

$$\lambda = \frac{\overline{v}_1}{\overline{v}_2} = \left(\frac{D_2}{D_1}\right)^2 = \left(\frac{0{,}01\ \text{m}}{1\ \text{m}}\right)^2 = 0{,}0001 \ll 1\ ✓$$

**(d)** *Sensibilidade paramétrica.* Considerando as Eqs. (P3.4.14) e (P3.4.18),

$$t_D = \frac{32\eta L_2 D_1^2}{\rho g D_2^4} \ln \frac{L_1(0)}{L_1(t_D)} = k' \frac{\eta}{D_2^4} \tag{P3.4.22}$$

Isto é, se a viscosidade é reduzida à metade, o tempo de drenagem é reduzido à metade ($t_D \sim \eta$); mas, se o diâmetro do tubo aumenta o dobro, o tempo de drenagem é 16 vezes menor ($t_D \sim D^{-4}$)! É conveniente levar em consideração o efeito das mudanças de parâmetros no número de Reynolds para verificar se o escoamento continua sendo laminar [a solução desenvolvida neste problema, incluindo a Eq. (P3.4.21), é válida somente para $Re < 2000$]. Considerando as Eqs. (P3.4.14) e (P3.4.19),

$$Re = \frac{\rho^2 g D_2^3 L_1(0)}{32\eta^2 L_2} = k'' \frac{D_2^3}{\eta^2} \tag{P3.4.23}$$

Observe que as mudanças de viscosidade ou do diâmetro, consideradas acima, não aumentam o número de Reynolds acima do seu valor crítico (2000); porém, a mudança simultânea dos dois parâmetros resulta num aumento do número de Reynolds em um fator $2^5 = 32$, de $Re(0) = 92$, regime de escoamento laminar, para $Re(0) = 2950$, correspondente a um regime de escoamento turbulento (ou de transição).

# 4 BALANÇOS MICROSCÓPICOS DE MATÉRIA E QUANTIDADE DE MOVIMENTO



## 4.1 BALANÇO DE MATÉRIA. EQUAÇÃO DA CONTINUIDADE

Escolhemos um sistema cartesiano $x$, $y$, $z$, com um volume de controle de tamanho fixo $\Delta V = \Delta x \Delta y \Delta z$, arbitrariamente localizado e orientado no meio contínuo, fluido ou sólido (Figura 4.1):[1]

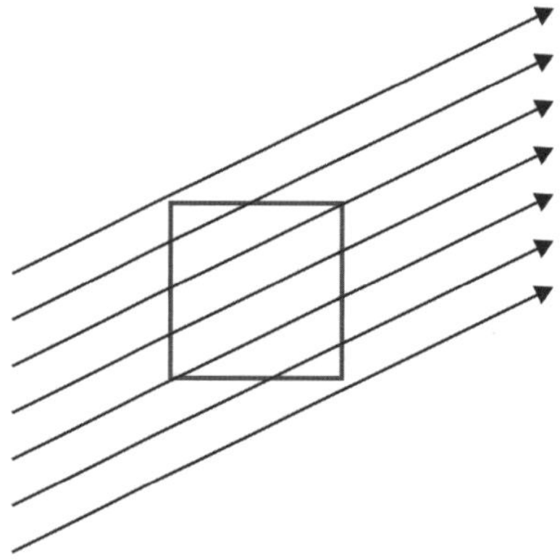

**Figura 4.1**

Consideremos o princípio de conservação da matéria:

$$\begin{matrix}\text{Taxa de aumento} \\ \text{de massa} \\ \text{no sistema}\end{matrix} = \begin{matrix}\text{Taxa de entrada} \\ \text{de massa} \\ \text{no sistema}\end{matrix} - \begin{matrix}\text{Taxa de saída} \\ \text{de massa} \\ \text{do sistema}\end{matrix} + \begin{matrix}\text{Taxa de geração} \\ \text{de massa} \\ \text{no sistema}\end{matrix} \quad (4.1)$$

O aumento da massa no volume de controle resulta apenas do aumento da densidade do fluido (m assa por unidade de volume):

$$\Delta\rho\Delta V \quad (4.2)$$

A entrada ou saída de massa através da face $\Delta x \Delta y$ resulta somente da velocidade *normal* à face, $v_z$. Em um intervalo de tempo $\Delta t$ a massa que entra (se $v_z > 0$) ou sai (se $v_z < 0$) é (Figura 4.2):

$$\rho v_z \Delta x \Delta y \Delta t \quad (4.3)$$

[1] Outro procedimento para obter as equações de variação, talvez mais satisfatório, consiste em formular os balanços de forma integral, em um *volume material* macroscópico arbitrário, independente do sistema de coordenadas, e extrair deles as equações diferenciais (pontuais) utilizando os *teoremas integrais* do cálculo vetorial (teorema do transporte, teorema da divergência). S. Whitaker, *Introduction to Fluid Mechanics*, Prentice-Hall, 1968, Capítulo 3, inclui uma explicação particularmente detalhada e acessível do assunto. Para um tratamento mais rigoroso, veja, por exemplo, R. Aris, *Vectors, Tensors, and the Basic Equations of Fluid Mechanics*, Prentice-Hall,1962, ou J. C. Slattery, *Advanced Transport Phenomena*, Cambridge University Press, 1999.

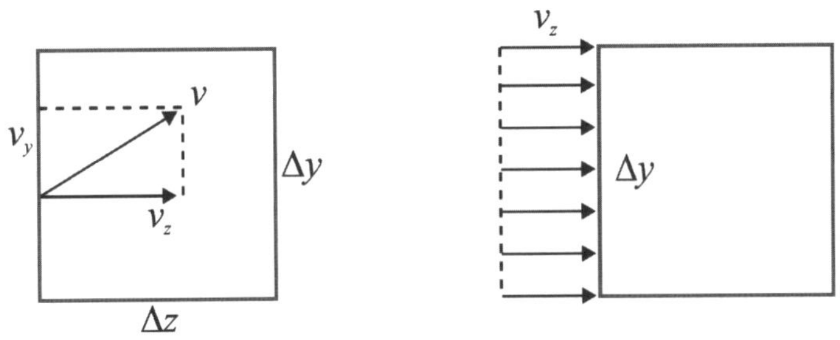


**Figura 4.2**

O mesmo para as faces $\Delta x\Delta z$ e $\Delta y\Delta z$. Em geral, $\rho = \rho(x, y, z, t)$, $v_x = v_x(x, y, z, t)$ etc.

O *balanço de matéria* resulta de igualar o aumento de massa no volume de controle à soma da massa que entra ou sai pelas seis faces do volume de controle:

$$\begin{aligned}\Delta\rho\Delta V = (\rho v_x)_x\Delta y\Delta z\Delta t - (\rho v_x)_{x+\Delta x}\Delta y\Delta z\Delta t \\ + (\rho v_y)_y\Delta x\Delta z\Delta t - (\rho v_y)_{y+\Delta y}\Delta x\Delta z\Delta t \\ + (\rho v_z)_z\Delta x\Delta y\Delta t - (\rho v_z)_{z+\Delta z}\Delta x\Delta y\Delta t\end{aligned} \tag{4.4}$$

Dividindo por $\Delta V\Delta t$,

$$\frac{\Delta\rho}{\Delta t} = -\frac{(\rho v_x)_{x+\Delta x} - (\rho v_x)_x}{\Delta x} - \frac{(\rho v_y)_{y+\Delta y} - (\rho v_y)_y}{\Delta y} - \frac{(\rho v_z)_{z+\Delta z} - (\rho v_z)_x}{\Delta z} \tag{4.5}$$

e no limite $\Delta t \to 0$, $\Delta x \to 0$, $\Delta y \to 0$, $\Delta z \to 0$:

$$\frac{\partial\rho}{\partial t} = -\frac{\partial(\rho v_x)}{\partial x} - \frac{\partial(\rho v_y)}{\partial y} - \frac{\partial(\rho v_z)}{\partial z} \tag{4.6}$$

A expressão à direita do sinal de igualdade é o divergente do vetor $-\rho\boldsymbol{v}$. Portanto, em notação vetorial:

$$\boxed{\frac{\partial\rho}{\partial t} + \nabla\cdot(\rho\boldsymbol{v}) = 0} \tag{4.7}$$

A Eq. (4.7) é chamada *equação da continuidade*, e representa, em termos vetoriais, o princípio de conservação da matéria na sua forma mais geral. Em coordenadas cartesianas $(x, y, z)$ a equação da continuidade é dada pela Eq. (4.6). Em outros sistemas de coordenadas é necessário expressar o divergente da quantidade de movimento por unidade de volume $\rho\boldsymbol{v}$ nesse sistema de coordenadas.

A densidade de um fluido incompressível (em sistemas homogêneos com temperatura e composição constantes e uniformes) é constante; não é função do tempo, mesmo nos sistemas em regime transiente, e, portanto, $\partial\rho/\partial t \equiv 0$; desde que $\rho$ não é função da posição, $\rho$ pode sair do divergente. Para um fluido incompressível a equação da continuidade fica reduzida a

$$\boxed{\nabla\cdot\boldsymbol{v} = 0} \tag{4.8}$$

Em coordenadas cartesianas:

$$\frac{\partial v_x}{\partial x} + \frac{\partial v_y}{\partial y} + \frac{\partial v_z}{\partial z} = 0 \tag{4.9}$$

Para as expressões da equação da continuidade em coordenadas curvilíneas (cilíndricas e esféricas), veja o Apêndice A, Tabela A.2.

## 4.2 BALANÇO DE QUANTIDADE DE MOVIMENTO. EQUAÇÃO DE MOVIMENTO

### 4.2.1 Balanço de Quantidade de Movimento

A quantidade de movimento ou *momento* linear (massa × velocidade) é uma quantidade vetorial. A escolha de um sistema de coordenadas ortogonais reduz o *balanço vetorial* de momento para três *balanços escalares*, um para cada uma das componentes (independentes) da quantidade de movimento no sistema de coordenadas escolhido.

Vamos escolher (sem perda de generalidade) um sistema cartesiano $x$, $y$, $z$, com um volume de controle de tamanho fixo $\Delta V = \Delta x \Delta y \Delta z$, arbitrariamente localizado e orientado no meio contínuo (fluido ou sólido), e vamos considerar o princípio da conservação da quantidade de movimento ou momento na direção $x$, que iremos chamar de "momento-$x$".

O *balanço geral de momento-x* no volume de controle pode ser expresso como:

$$\begin{matrix}\text{Taxa de aumento} \\ \text{de momento-}x \\ \text{dentro do sistema}\end{matrix} = \begin{matrix}\text{Taxa de entrada} \\ \text{de momento-}x \\ \text{no sistema}\end{matrix} - \begin{matrix}\text{Taxa de saída} \\ \text{de momento-}x \\ \text{do sistema}\end{matrix} + \begin{matrix}\text{Soma da componente } x \\ \text{de todas as forças} \\ \text{aplicadas no sitema}\end{matrix} \tag{4.10}$$

O momento-$x$ por unidade de volume é $\rho v_x$; portanto, a quantidade de movimento nessa direção, contida no volume de controle, será $\rho v_x \Delta x \Delta y \Delta z$. A taxa de aumento do momento-$x$ no volume de controle é

$$\frac{\partial(\rho v_x)}{\partial t} \Delta x \Delta y \Delta z \tag{4.11}$$

Para avaliar a taxa de entrada e de saída de momento-$x$ ($\rho v_x$) que é "arrastada" pela matéria que entra e que sai do volume de controle, deve-se considerar a entrada ou saída de matéria pelas seis faces do volume de controle cúbico. Para as faces normais à direção $x$, de área (fixa) $\Delta y \Delta z$,

$$\underset{\substack{\text{Momento-}x \\ \text{por unidade} \\ \text{de volume}}}{\rho v_x\big|_x} \times \underset{\substack{\text{Volume que "entra"} \\ \text{por unidade} \\ \text{de tempo}}}{v_x\big|_x \Delta y \Delta z} - \underset{\substack{\text{Momento-}x \\ \text{por unidade} \\ \text{de volume}}}{\rho v_x\big|_{x+\Delta x}} \times \underset{\substack{\text{Volume que "sai"} \\ \text{por unidade} \\ \text{de tempo}}}{v_x\big|_{x+\Delta x} \Delta y \Delta z} \tag{4.12}$$

Para as faces normais à direção $y$, de área (fixa) $\Delta x \Delta z$:

$$\underset{\substack{\text{Momento-}x \\ \text{por unidade} \\ \text{de volume}}}{\rho v_x\big|_y} \times \underset{\substack{\text{Volume que "entra"} \\ \text{por unidade} \\ \text{de tempo}}}{v_y\big|_y \Delta x \Delta z} - \underset{\substack{\text{Momento-}x \\ \text{por unidade} \\ \text{de volume}}}{\rho v_x\big|_{y+\Delta y}} \times \underset{\substack{\text{Volume que "sai"} \\ \text{por unidade} \\ \text{de tempo}}}{v_y\big|_{y+\Delta y} \Delta x \Delta z} \tag{4.13}$$

Para as faces normais à direção $z$, de área (fixa) $\Delta x \Delta y$:

$$\underset{\substack{\text{Momento-}x \\ \text{por unidade} \\ \text{de volume}}}{\rho v_x\big|_z} \times \underset{\substack{\text{Volume que "entra"} \\ \text{por unidade} \\ \text{de tempo}}}{v_z\big|_z \Delta x \Delta y} - \underset{\substack{\text{Momento-}x \\ \text{por unidade} \\ \text{de volume}}}{\rho v_x\big|_{z+\Delta z}} \times \underset{\substack{\text{Volume que "sai"} \\ \text{por unidade} \\ \text{de tempo}}}{v_z\big|_{z+\Delta z} \Delta x \Delta y} \tag{4.14}$$

O momento-$x$ entra ou sai, de acordo com o sinal das velocidades. Observe que a quantidade de movimento que entra/sai é sempre na direção $x$ (momento-$x$), mas os fluxos de matéria que levam o momento-$x$ podem ser em qualquer direção: na direção $x$ através das faces $\Delta x \Delta z$, na direção $y$ através das faces $\Delta y \Delta z$ etc. Considerando as seis faces do volume de controle, a taxa de entrada/saída de momento-$x$ levada pela matéria que entra/sai do volume de controle é

$$\left(\rho v_x v_x\big|_x - \rho v_x v_x\big|_{x+\Delta x}\right) \Delta y \Delta z + \left(\rho v_x v_y\big|_y - \rho v_x v_y\big|_{y+\Delta y}\right) \Delta x \Delta z + \left(\rho v_x v_z\big|_z - \rho v_x v_z\big|_{z+\Delta z}\right) \Delta x \Delta y \tag{4.15}$$

Devemos avaliar agora todas as forças aplicadas sobre o sistema (o volume de controle) na direção $x$. Vamos considerar as seguintes forças:

(a) As forças exercidas pela pressão sobre as duas faces normais à direção $x$ (a pressão, uma grandeza escalar, só exerce forças na direção $x$ em faces orientadas nessa direção; a componente $x$ das forças de pressão nas outras faces é zero).

(b) As forças de atrito viscoso na direção $x$, exercidas sobre as seis faces do volume de controle (o atrito viscoso, representado pelo tensor de tensões $\boldsymbol{\tau}$, exerce forças na direção $x$ – em princípio – sobre todas as faces).

(c) A componente do peso do volume de controle na direção $x$.

Não vamos considerar outras forças que podem ser exercidas sobre o volume de controle em casos especiais (por exemplo, forças eletromagnéticas).

As forças de pressão sobre o volume de controle na direção $x$ são expressas como

$$p\big|_x \Delta y \Delta z - p\big|_{x+\Delta x} \Delta y \Delta z \tag{4.16}$$

As forças de atrito viscoso por unidade de área (tensões) são dadas pelas componentes do tensor $\boldsymbol{\tau}$. Devem-se levar em consideração as três componentes que expressam as forças na direção $x$: $\tau_{xx}$ (tensões "normais" ou extensionais), $\tau_{xy}$ e $\tau_{xz}$ (tensões de cisalhamento):

$$\left(\tau_{xx}\big|_x-\tau_{xx}\big|_{x+\Delta x}\right)\Delta y\Delta z+\left(\tau_{xy}\big|_y-\tau_{xy}\big|_{y+\Delta y}\right)\Delta x\Delta z+\left(\tau_{xz}\big|_z-\tau_{xz}\big|_{z+\Delta z}\right)\Delta x\Delta y \tag{4.17}$$

Finalmente, a contribuição do peso ("força da gravidade") do fluido no volume de controle

$$-\rho g_x \Delta x\Delta y\Delta z \tag{4.18}$$

onde $g_x$ é a componente da "aceleração da gravidade" (um vetor) na direção $x$. O sinal negativo $(-)$ indica que o peso do fluido é sempre "para baixo".

Substituindo as Eqs. (4.11)-(4.18) no balanço de momento-$x$, Eq. (4.10), temos simbolicamente:

$$\underset{\substack{\text{Aumento}\\ \text{de momento-}x}}{[\text{Eq. (4.11)}]} = \underset{\substack{\text{Entrada "líquida"}\\ \text{de momento-}x}}{[\text{Eq. (4.15)}]} + \underset{\substack{\text{Forças de}\\ \text{pressão}}}{[\text{Eq. (4.16)}]} + \underset{\substack{\text{Forças de}\\ \text{atrito viscoso}}}{[\text{Eq. (4.17)}]} + \underset{\substack{\text{Forças de}\\ \text{gravidade}}}{[\text{Eq. (4.18)}]} \tag{4.19}$$

Dividindo por $\Delta V = \Delta x\Delta y\Delta z$ e no limite $\Delta x \to 0$, $\Delta y \to 0$, $\Delta z \to 0$, temos

$$\frac{\partial(\rho v_x)}{\partial t}=-\left[\frac{\partial(\rho v_x v_x)}{\partial x}+\frac{\partial(\rho v_x v_y)}{\partial y}+\frac{\partial(\rho v_x v_z)}{\partial z}\right]-\frac{\partial p}{\partial x}-\left[\frac{\partial(\tau_{xx})}{\partial x}+\frac{\partial(\tau_{xy})}{\partial y}+\frac{\partial(\tau_{xz})}{\partial z}\right]-\rho g_x \tag{4.20}$$

que é a *equação de movimento* na direção $x$. Um raciocínio semelhante para a conservação do momento-$y$ e o momento-$z$ leva às equações de movimento nas direções $y$ e $z$:

$$\frac{\partial(\rho v_y)}{\partial t}=-\left[\frac{\partial(\rho v_y v_x)}{\partial x}+\frac{\partial(\rho v_y v_y)}{\partial y}+\frac{\partial(\rho v_y v_z)}{\partial z}\right]-\frac{\partial p}{\partial y}-\left[\frac{\partial(\tau_{yx})}{\partial x}+\frac{\partial(\tau_{yy})}{\partial y}+\frac{\partial(\tau_{yz})}{\partial z}\right]-\rho g_y \tag{4.21}$$

e

$$\frac{\partial(\rho v_z)}{\partial t}=-\left[\frac{\partial(\rho v_z v_x)}{\partial x}+\frac{\partial(\rho v_z v_y)}{\partial y}+\frac{\partial(\rho v_z v_z)}{\partial z}\right]-\frac{\partial p}{\partial z}-\left[\frac{\partial(\tau_{zx})}{\partial x}+\frac{\partial(\tau_{zy})}{\partial y}+\frac{\partial(\tau_{zz})}{\partial z}\right]-\rho g_z \tag{4.22}$$

Em termos vetoriais:

$$\boxed{\frac{\partial(\rho \boldsymbol{v})}{\partial t}+\nabla\cdot\rho\boldsymbol{v}\boldsymbol{v}+\nabla p+\nabla\cdot\boldsymbol{\tau}+\rho\boldsymbol{g}=0} \tag{4.23}$$

Todos os termos da Eq. (4.23) são taxas de variação de quantidade de movimento por unidade de volume ou forças por unidade de volume. O primeiro termo é a taxa de acúmulo de quantidade de movimento por unidade de volume. Este termo é identicamente nulo em estado estacionário. O segundo termo representa a taxa de transporte *convectivo* de quantidade de movimento por unidade de volume; é o vetor divergente do tensor $\rho\boldsymbol{v}\boldsymbol{v}$, formado pelo produto *diádico* do vetor quantidade de movimento (por unidade de volume) $\rho\boldsymbol{v}$ com o do vetor velocidade $\boldsymbol{v}$. Os outros termos são forças por unidade de volume: o terceiro é o vetor gradiente da pressão (gradiente de um escalar, portanto um vetor), o quarto é o divergente do tensor $\boldsymbol{\tau}$ de tensões de atrito viscoso, e o quinto é simplesmente peso por unidade de volume.

Para fluidos incompressíveis (em sistemas homogêneos com temperatura e composição constantes e uniformes) a densidade $\rho$ é constante e uniforme; assim, temos:

(a) A densidade sai da derivada (ou do divergente) no primeiro e segundo termos:

$$\frac{\partial(\rho \boldsymbol{v})}{\partial t}=\rho\frac{\partial \boldsymbol{v}}{\partial t} \tag{4.24}$$

$$\nabla\cdot\rho\boldsymbol{v}\boldsymbol{v}=\rho\nabla\cdot\boldsymbol{v}\boldsymbol{v} \tag{4.25}$$

(b) O terceiro e o quinto termos podem se combinar, definindo uma *pressão modificada*:

$$P = p + \rho\phi \tag{4.26}$$

onde $\phi$ é o chamado *potencial gravitacional*, definido através de

$$\boldsymbol{g} = \nabla\phi \tag{4.27}$$

($\phi = -gz'$, onde $g$ é o módulo do vetor $\boldsymbol{g}$, e $z'$ é uma "coordenada vertical").

Introduzindo as Eqs. (4.24)-(4.27) na Eq. (4.23), obtemos a versão da equação de movimento para fluidos incompressíveis:

$$\rho\left(\frac{\partial \boldsymbol{v}}{\partial t}+\nabla\bullet\boldsymbol{v}\boldsymbol{v}\right)=-\nabla P-\nabla\bullet\boldsymbol{\tau} \tag{4.28}$$

O segundo termo também pode ser expresso como[2]

$$\rho\nabla\bullet\boldsymbol{v}\boldsymbol{v}=\rho\left[\boldsymbol{v}\bullet\nabla\boldsymbol{v}+\boldsymbol{v}\cancel{(\nabla\bullet\boldsymbol{v})}\right]=\rho\boldsymbol{v}\bullet\nabla\boldsymbol{v} \tag{4.29}$$

levando em consideração a equação da continuidade para materiais incompressíveis. Substituindo na Eq. (4.28), obtemos

$$\boxed{\rho\left(\frac{\partial \boldsymbol{v}}{\partial t}+\boldsymbol{v}\bullet\nabla\boldsymbol{v}\right)=-\nabla P-\nabla\bullet\boldsymbol{\tau}} \tag{4.30}$$

As componentes desta equação em coordenadas cartesianas, cilíndricas e esféricas encontram-se tabelados no BSL, Tabela B.5.

Para um fluido *newtoniano* incompressível, introduzindo a lei de Newton

$$\boldsymbol{\tau}=-\eta\left[\nabla\boldsymbol{v}+(\nabla\boldsymbol{v})^{\mathrm{T}}\right] \tag{4.31}$$

no último termo da Eq. (4.30), temos

$$\nabla\bullet\boldsymbol{\tau}=\nabla\bullet\left\{-\eta\left[\nabla\boldsymbol{v}+(\nabla\boldsymbol{v})^{\mathrm{T}}\right]\right\}=-\eta\nabla\bullet\nabla\boldsymbol{v}-\eta\nabla\bullet(\nabla\boldsymbol{v})^{\mathrm{T}}=-\eta\nabla^2\mathbf{v}-\eta\nabla\cancel{(\nabla\bullet\boldsymbol{v})}=-\eta\nabla^2\boldsymbol{v} \tag{4.32}$$

levando em consideração a equação da continuidade para materiais incompressíveis.[3] O operador (escalar) $\nabla^2 = \nabla\cdot\nabla$ é chamado *laplaciano*. Em coordenadas cartesianas,

$$\nabla^2=\frac{\partial^2}{\partial x^2}+\frac{\partial^2}{\partial y^2}+\frac{\partial^2}{\partial z^2} \tag{4.33}$$

Para as componentes do laplaciano em coordenadas curvilíneas, veja a Tabela A.7 no BSL. Substituindo na Eq. (4.30),

$$\boxed{\rho\left(\frac{\partial \boldsymbol{v}}{\partial t}+\boldsymbol{v}\bullet\nabla\boldsymbol{v}\right)=-\nabla P+\eta\nabla^2\boldsymbol{v}} \tag{4.34}$$

chamada *Equação de Navier-Stokes*. Para as componentes da equação de Navier-Stokes em coordenadas cartesianas, cilíndricas e esféricas, veja o Apêndice A, Tabela A.3.

### 4.2.2 Derivada Substancial

Existem duas formas alternativas de observar um sistema contínuo em movimento ou sendo deformado: de uma posição fixa no espaço (Figura 4.3a) e de uma posição que se movimenta com o material (Figura 4.3b).

Na primeira alternativa, às vezes chamada "ponto de vista euleriano", as coordenadas espaciais são independentes do tempo, e uma taxa de variação – de um campo escalar ou vetorial qualquer, $\phi = \phi(x, y, z, t)$ – observada nestas condições corresponde a uma derivada parcial com referência ao tempo:

$$\frac{\partial \phi}{\partial t} \tag{4.35}$$

Na segunda alternativa, às vezes chamada "ponto de vista lagrangiano", as coordenadas espaciais, vistas de um ponto fixo, dependem do tempo, uma vez que o ponto de observação se desloca. A variação observada de um campo escalar ou vetorial qualquer pode ser expressa como

$$d\phi=\frac{\partial \phi}{\partial t}dt+\frac{\partial \phi}{\partial x}dx+\frac{\partial \phi}{\partial y}dy+\frac{\partial \phi}{\partial z}dz \tag{4.36}$$

---

[2] Para a identidade tensorial: $\nabla\bullet\boldsymbol{v}\boldsymbol{v}=\boldsymbol{v}\bullet\nabla\boldsymbol{v}+\boldsymbol{v}(\nabla\bullet\boldsymbol{v})$, veja, por exemplo, Apêndice A, Eq. A4-24. de R. B. Bird, W. E. Stewart e E. N. Lightfoot, *Fenômenos de Transporte*, 2ª ed. LTC, Rio de Janeiro, 2004 (BSL).

[3] Para a identidade tensorial: $\nabla\bullet(\nabla\boldsymbol{v})^{\mathrm{T}}=\nabla(\nabla\bullet\boldsymbol{v})$, veja BSL, Exercício 5 da Seção 4 no Apêndice A.

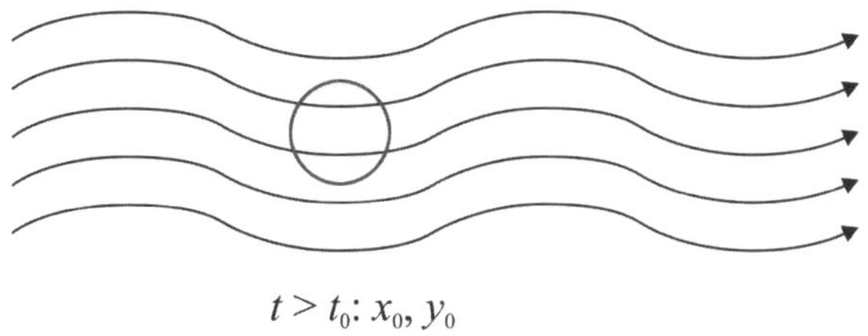


**Figura 4.3a**

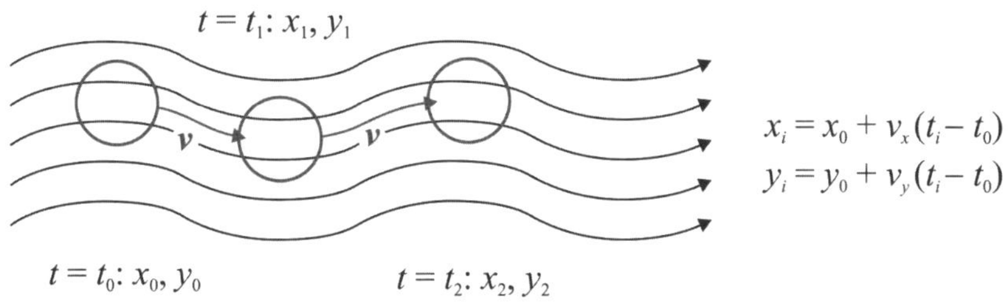


**Figura 4.3b**

e a taxa de variação resulta em

$$\frac{d\phi}{dt} = \frac{\partial \phi}{\partial t} + \frac{\partial \phi}{\partial x} \cdot \frac{dx}{dt} + \frac{\partial \phi}{\partial y} \cdot \frac{dy}{dt} + \frac{\partial \phi}{\partial z} \cdot \frac{dz}{dt} \tag{4.37}$$

Porém, como o ponto de observação se desloca à velocidade do material, as taxas de variação das coordenadas espaciais (*dx/dt* etc.) são as componentes da velocidade do material ($v_x$ etc.), resultando em

$$\frac{D\phi}{Dt} = \frac{\partial \phi}{\partial t} + \frac{\partial \phi}{\partial x} \cdot v_x + \frac{\partial \phi}{\partial y} \cdot v_y + \frac{\partial \phi}{\partial z} \cdot v_z \tag{4.38}$$

Chama-se *derivada substancial* (ou derivada material) a esse tipo especial de taxa de variação, e utiliza-se o símbolo $D$ (maiúsculo) para a variação. Os últimos três termos podem ser expressos em notação vetorial, como o produto escalar do vetor velocidade $\boldsymbol{v}$ e o gradiente do campo $\phi$:

$$\frac{D\phi}{Dt} = \frac{\partial \phi}{\partial t} + \boldsymbol{v} \cdot \nabla \phi \tag{4.39}$$

O conceito de derivada substancial aplica-se também a campos vetoriais, incluindo o próprio vetor velocidade $\boldsymbol{v}$:

$$\frac{D\boldsymbol{v}}{Dt} = \frac{\partial \boldsymbol{v}}{\partial t} + \boldsymbol{v} \cdot \nabla \boldsymbol{v} \tag{4.40}$$

Substituindo a Eq. (4.40) na Eq. (4.34), obtemos

$$\boxed{\rho \frac{D\boldsymbol{v}}{Dt} = -\nabla P + \eta \nabla^2 \boldsymbol{v}} \tag{4.41}$$

uma forma mais compacta da equação de Navier-Stokes. A Eq. (4.41) mostra claramente que os termos à esquerda do sinal de igualdade, na equação de Navier-Stokes, correspondem a uma *aceleração* (taxa de variação da velocidade) do ponto de vista de um elemento material. Para escoamentos não acelerados nesse sentido, a equação de Navier-Stokes fica reduzida a

$$\nabla P = \eta \nabla^2 \boldsymbol{v} \tag{4.42}$$

Isto é, uma versão geral do balanço entre as forças de pressão e as forças de atrito viscoso. A Eq. (4.31) é conhecida como *Equação de Stokes*.

### 4.2.3 Adimensionalização

Suponha que das condições de borda para a Eq. (4.42), em algum problema particular, podem-se extrair um comprimento característico $L$ e uma velocidade característica $v_0$.

O tempo característico pode ser definido claramente como $t_0 = L/v_0$, mas há dois candidatos (igualmente bem "qualificados") para a diferença de pressão característica $\Delta P_0$:

$$\Delta P_0^{(1)} = \rho v_0^2 \text{ e } \Delta P_0^{(2)} = \eta v_0 / L \tag{4.43}$$

A utilização de um ou de outro leva a duas versões diferentes da equação de Navier-Stokes adimensional:

$$\frac{D\boldsymbol{v}^*}{Dt^*} = -\nabla P_{(1)}^* + \frac{1}{Re}\nabla^2 \boldsymbol{v}^* \tag{4.44}$$

$$Re\frac{D\boldsymbol{v}^*}{Dt^*} = -\nabla P_{(2)}^* + \nabla^2 \boldsymbol{v}^* \tag{4.45}$$

onde o sobrescrito * indica uma variável adimensional, os subíndices (1) e (2) dependem da escolha de $\Delta P_0$, e $Re$ é o número de Reynolds:

$$Re = \frac{\rho v_0 L}{\eta} \tag{4.46}$$

Tanto a Eq. (4.44) quanto a Eq. (4.45) são duas formas igualmente aceitáveis da equação de Navier-Stokes adimensional. A diferença aparece quando se torna explícito o propósito do exercício.

Caso deseja-se estudar escoamentos para valores elevados do número de Reynolds, a Eq. (4.44) é mais conveniente. No limite $Re \to \infty$ temos, para *escoamentos invíscidos*:

$$\frac{D\boldsymbol{v}^*}{Dt^*} + \nabla P_{(1)}^* = 0 \tag{4.47}$$

Mas, caso deseja-se estudar escoamentos para valores baixos do número de Reynolds, a Eq. (4.45) é mais conveniente. No limite $Re \to 0$ temos, para *escoamentos lentos viscosos*,

$$-\nabla P_{(2)}^* + \nabla^2 \boldsymbol{v}^* = 0 \tag{4.48}$$

O *objetivo* do estudo governa, muitas vezes, a escolha dos valores característicos das variáveis.

## 4.3 TURBULÊNCIA

Se as condições de borda não forem funções do tempo, a equação de Navier-Stokes, Eq. (4.34), admite, geralmente, uma solução estacionária, isto é, onde a velocidade e a pressão não são funções explícitas do tempo. Essa solução é *estável* para valores do número de Reynolds suficientemente baixo. Isso quer dizer que toda *perturbação* (dependente do tempo) introduzida no escoamento (por causas externas – vibrações etc. – ou por inevitáveis flutuações internas) é *atenuada* pelas forças de atrito viscoso e diminui com o tempo até desaparecer. Porém, quando o número de Reynolds supera certo valor crítico, as forças de atrito viscoso não são capazes de atenuar algumas perturbações, que crescem com o tempo, e o escoamento torna-se *turbulento*.

Suponha que em certas condições a equação de Navier-Stokes admita uma solução estacionária $\boldsymbol{v} = \boldsymbol{v}_0(\boldsymbol{r})$. No regime de escoamento turbulento essa solução é instável, enquanto outra solução não estacionária $\boldsymbol{v}(\boldsymbol{r}, t)$ mais estável é observada. Em geral, o perfil de velocidade em regime turbulento não é completamente arbitrário, mas consiste em variações mais ou menos aleatórias (caóticas) em todas as direções, em torno de um *valor médio* $\tilde{\boldsymbol{v}}$ independente do tempo (Figura 4.4).

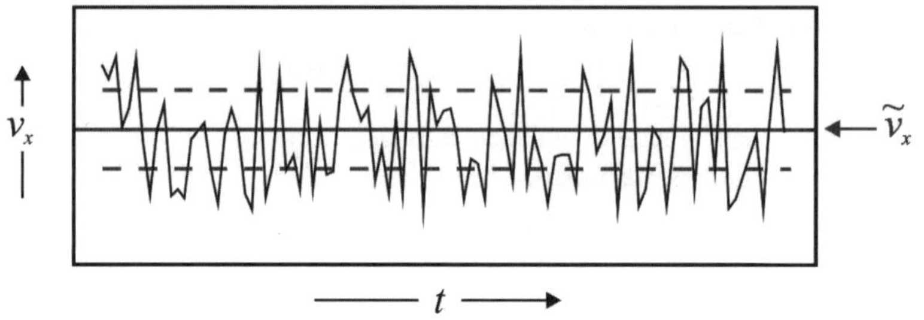


**Figura 4.4**

Isto é, existe uma escala de tempo $\Delta t_0$ tal que

$$v = \tilde{v} + v' \tag{4.49}$$

onde

$$\tilde{v} = \tilde{v}(r) = \frac{1}{\Delta t_0}\int_0^{\Delta t_0} v(r,t)dt \tag{4.50}$$

e $v' = v'(r, t)$, onde a média temporal das *flutuações turbulentas* $v'$ é nula:

$$\widetilde{v'} = \frac{1}{\Delta t_0}\int_t^{t+\Delta t_0} v'(r,t)dt \equiv 0 \tag{4.51}$$

Ainda que a velocidade das flutuações turbulentas seja, em média, nula, a energia cinética associada às mesmas não é nula:[4]

$$\frac{1}{\Delta t_0}\int_t^{t+\Delta t_0} (v' \cdot v')dt = \frac{1}{\Delta t_0}\int_t^{t+\Delta t_0} v'^2\,dt > 0 \tag{4.52}$$

e o mesmo acontece com o fluxo convectivo de momento associado às flutuações turbulentas.

As flutuações turbulentas não devem ser confundidas com os movimentos semelhantes a nível molecular, responsáveis pela temperatura e energia interna dos materiais (sólidos e fluidos). Essas flutuações serão consideradas na Parte II deste livro.

As flutuações turbulentas envolvem o movimento de elementos de volume que, embora pequenos comparados com as dimensões do sistema, contêm bilhões de moléculas. Esses elementos materiais, chamados *turbilhões* (devido à sua movimentação caótica), se deslocam sobre distâncias pequenas, mas bem maiores que o "caminho livre médio" das moléculas. Em síntese, o transporte turbulento é um fenômeno contínuo a nível microscópico, não molecular.

Os turbilhões se movimentam com sua própria "identidade", isto é, contêm a quantidade de movimento específica, temperatura etc., características de seu lugar de origem. A distância média de deslocamento, antes de os turbilhões se misturarem com o fluido que os rodeia e perderem sua "identidade", é chamada de *comprimento de mistura* turbulento.

Ocorre assim, através do movimento dos turbilhões, uma transferência de momento "extra" (microscópico) entre as camadas de fluido, somada a transferência de momento "ordinária" (molecular) representada pelas forças de atrito viscoso (Figura 4.5).

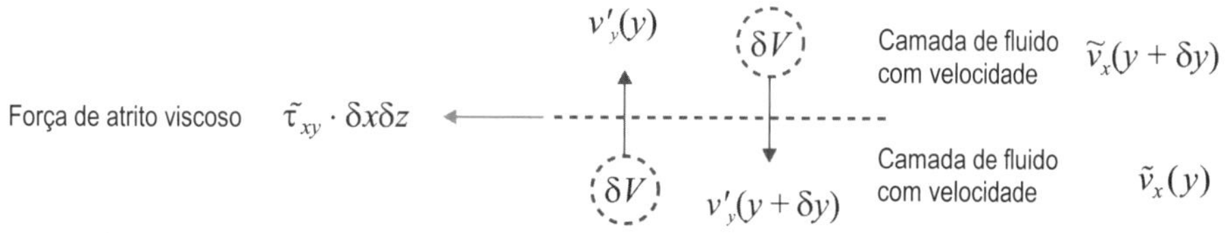


**Figura 4.5**

Devido ao caráter aleatório das flutuações, o perfil de velocidade turbulento $v(r, t)$ só pode ser considerado estatisticamente. Nas aplicações estamos mais interessados no perfil "suavizado" de velocidade $\tilde{v}(r)$. Porém, ainda que $v$ seja uma solução (complexa) da equação de Navier-Stokes, $\tilde{v}$ *não é uma solução da equação de Navier-Stokes*. Tomando a média da equação de Navier-Stokes, Eq. (4.23), sobre o intervalo 0-$\Delta t_0$

$$\frac{1}{\Delta t_0}\int_0^{\Delta t_0}\left\{\rho\left(\frac{\partial v}{\partial t} + v \cdot \nabla v\right)\right\}dt = \frac{1}{\Delta t_0}\int_0^{\Delta t_0}(-\nabla P + \eta \nabla^2 v)dt \tag{4.53}$$

obtém-se (veja o Anexo):

$$\rho\left(\frac{\partial \tilde{v}}{\partial t} + \tilde{v} \cdot \nabla \tilde{v}\right) + \rho \nabla \cdot \widetilde{v'v'} = -\nabla \tilde{P} + \eta \nabla^2 \tilde{v} \tag{4.54}$$

[4] Observe que se pode ter $\overline{x} = 0$ incluso se todos os $x_i \neq 0$, por compensação dos sinais, mas $\overline{x^2} = 0$ somente se *todos* os $x_i = 0$.

onde aparece um termo "extra" correspondente ao transporte convectivo de momento (em média) pelos turbilhões. Esse termo associa-se, às vezes, a uma tensão (fictícia) de atrito viscoso

$$\boldsymbol{\tau}_{turb} = \tilde{\boldsymbol{\tau}} + \rho\widetilde{\boldsymbol{v}'\boldsymbol{v}'} = -\eta\left[\nabla\tilde{\boldsymbol{v}} + (\nabla\tilde{\boldsymbol{v}})^{\mathrm{T}}\right] + \rho\widetilde{\boldsymbol{v}'\boldsymbol{v}'} \tag{4.55}$$

mas isto não resolve o problema, desde que – ao contrário do que acontece com a verdadeira tensão de atrito viscoso $\boldsymbol{\tau}$ – não é possível obter uma "equação constitutiva" geral para o termo "extra". O estudo da turbulência é uma importante subárea especializada da mecânica dos fluidos. Como os escoamentos de interesse maior para a engenharia de materiais são os escoamentos laminares, por falta de espaço só vamos considerar neste curso introdutório de fenômenos de transporte algumas correlações empíricas para escoamentos turbulentos em dutos.

Para uma introdução bastante completa ao assunto, veja o BSL, Capítulos 5, 13 e 21.

### Anexo Equação de Navier-Stokes em regime turbulento

A média temporal da equação de Navier-Stokes, na forma da Eq. (4.28) com a Eq. (4.32), é

$$\frac{1}{\Delta t_0}\int_0^{\Delta t_0}\left\{\rho\left(\frac{\partial \boldsymbol{v}}{\partial t} + \nabla\boldsymbol{\cdot}\boldsymbol{v}\boldsymbol{v}\right) + \nabla P - \eta\nabla^2\boldsymbol{v}\right\}dt = 0 \tag{4.56}$$

Considerando que a integral da soma é a soma das integrais, que os termos independentes do tempo podem ser colocados fora das integrais, e que, para funções suficientemente regulares, a ordem das operações de integração e diferenciação pode ser invertida, temos para cada termo, exceto para o segundo,

$$\frac{1}{\Delta t_0}\int_0^{\Delta t_0}\left(\rho\frac{\partial \boldsymbol{v}}{\partial t}\right)dt = \rho\frac{\partial}{\partial t}\left(\frac{1}{\Delta t_0}\int_0^{\Delta t_0}\boldsymbol{v}\,dt\right) = \rho\frac{\partial}{\partial t}\left\{\frac{1}{\Delta t_0}\int_0^{\Delta t_0}(\tilde{\boldsymbol{v}} + \boldsymbol{v}')dt\right\} =$$

$$= \rho\frac{\partial}{\partial t}\left(\frac{1}{\Delta t_0}\int_0^{\Delta t_0}\tilde{\boldsymbol{v}}\,dt\right) + \rho\frac{\partial}{\partial t}\left(\frac{1}{\Delta t_0}\int_0^{\Delta t_0}\boldsymbol{v}'\,dt\right) = \rho\frac{\partial}{\partial t}\tilde{\boldsymbol{v}} + \rho\frac{\partial}{\partial t}0 = \rho\frac{\partial\tilde{\boldsymbol{v}}}{\partial t} \tag{4.57}$$

ou seja,

$$\frac{1}{\Delta t_0}\int_0^{\Delta t_0}\left(\rho\frac{\partial \boldsymbol{v}}{\partial t}\right)dt = \rho\frac{\partial\tilde{\boldsymbol{v}}}{\partial t} \tag{4.58}$$

Da mesma forma, obtém-se:

$$\frac{1}{\Delta t_0}\int_0^{\Delta t_0}(\nabla P)dt = \nabla\tilde{P} \tag{4.59}$$

$$\frac{1}{\Delta t_0}\int_0^{\Delta t_0}(\eta\nabla^2\boldsymbol{v})dt = \eta\nabla^2\tilde{\boldsymbol{v}} \tag{4.60}$$

O produto diádico $\boldsymbol{v}\boldsymbol{v}$

$$\boldsymbol{v}\boldsymbol{v} = (\tilde{\boldsymbol{v}} + \boldsymbol{v}')(\tilde{\boldsymbol{v}} + \boldsymbol{v}') = \tilde{\boldsymbol{v}}\tilde{\boldsymbol{v}} + \tilde{\boldsymbol{v}}\boldsymbol{v}' + \boldsymbol{v}'\tilde{\boldsymbol{v}} + \boldsymbol{v}'\boldsymbol{v}' \tag{4.61}$$

(observe que $\tilde{\boldsymbol{v}}\boldsymbol{v}' \neq \boldsymbol{v}'\tilde{\boldsymbol{v}}$), portanto:

$$\frac{1}{\Delta t_0}\int_0^{\Delta t_0}(\rho\nabla\boldsymbol{\cdot}\boldsymbol{v}\boldsymbol{v})dt = \rho\nabla\boldsymbol{\cdot}\tilde{\boldsymbol{v}}\tilde{\boldsymbol{v}}\overbrace{\left(\frac{1}{\Delta t_0}\int_0^{\Delta t_0}dt\right)}^{1} + \rho\nabla\boldsymbol{\cdot}\tilde{\boldsymbol{v}}\overbrace{\left(\frac{1}{\Delta t_0}\int_0^{\Delta t_0}\boldsymbol{v}'dt\right)}^{0}$$

$$+\rho\nabla\boldsymbol{\cdot}\overbrace{\left(\frac{1}{\Delta t_0}\int_0^{\Delta t_0}\boldsymbol{v}'dt\right)}^{0}\tilde{\boldsymbol{v}} + \rho\nabla\boldsymbol{\cdot}\left(\frac{1}{\Delta t_0}\int_0^{\Delta t_0}(\boldsymbol{v}'\boldsymbol{v}')dt\right) \tag{4.62}$$

e o segundo termo fica:

$$\frac{1}{\Delta t_0}\int_0^{\Delta t_0}(\rho\nabla\boldsymbol{\cdot}\,\boldsymbol{v}\boldsymbol{v})dt = \rho\nabla\boldsymbol{\cdot}\tilde{\boldsymbol{v}}\tilde{\boldsymbol{v}} + \rho\nabla\boldsymbol{\cdot}\left(\frac{1}{\Delta t_0}\int_0^{\Delta t_0}(\boldsymbol{v}'\boldsymbol{v}')dt\right) = \rho\nabla\boldsymbol{\cdot}\widetilde{\boldsymbol{v}\boldsymbol{v}} \tag{4.63}$$

Substituindo as Eqs. (4.58)-(4.63) na Eq. (4.56), e levando em consideração a Eq. (4.29), obtemos a Eq. (4.54).

# MAIS ESCOAMENTOS BÁSICOS

5



Neste capítulo vamos considerar outros escoamentos básicos. Como no Capítulo 3, vamos supor em todos os casos que os escoamentos são laminares, estacionários, e que o fluido é newtoniano e incompressível. Porém, em vez de formular um balanço de forças específico para cada caso, vamos obter a equação de movimento correspondente simplificando as equações *gerais* de movimento: a equação da continuidade (Seção 4.1) e a equação de Navier-Stokes (Seção 4.2), para a geometria do caso.

## 5.1 ESCOAMENTO AXIAL EM UM ANEL CILÍNDRICO (I)[1]

### 5.1.1 Formulação

Considere o escoamento laminar estacionário de um fluido newtoniano incompressível, de propriedades físicas constantes, no espaço entre dois cilindros circulares concêntricos (fixos), de raios $R_1$ e $R_2$, $R_2 > R_1$, e comprimento $L \gg R_1, R_2$, sob efeito de uma diferença de pressão axial $\Delta p = p_0 - p_L > \rho g L$ (Figura 5.1).

Escolhemos um sistema de coordenadas cilíndricas, centrado no eixo comum aos dois cilindros, e uma "casca" cilíndrica coaxial, de comprimento $\Delta z$ e espessura $\Delta r$, como volume de controle.

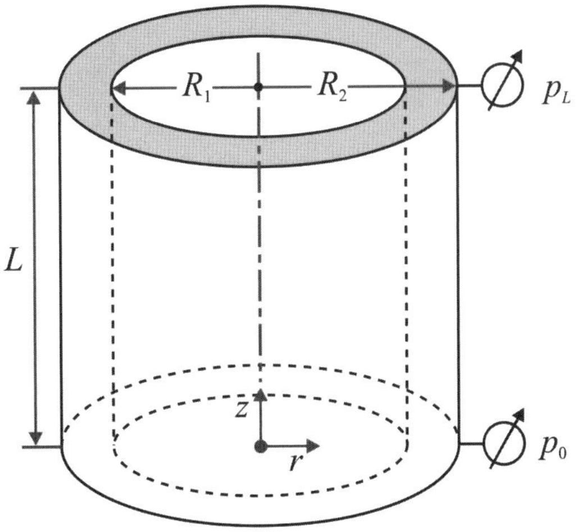


**Figura 5.1**

[1] Veja, por exemplo, a Seção 2.4. de R. B. Bird, W. E. Stewart e E. N. Lightfoot, *Fenômenos de Transporte*, 2ª ed. LTC, Rio de Janeiro, 2004 (BSL).

Longe da entrada, a dependência funcional assumida para o caso é:

$$v_z = v_z(r) \qquad (R_1 < r < R_2) \tag{5.1}$$

$$v_r = v_\theta = 0 \tag{5.2}$$

$$p = p(z) \qquad (z > 0) \tag{5.3}$$

Condições de borda. Como não há deslizamento nas paredes dos cilindros, para a velocidade temos:

Para $r = R_1$: $\quad v_z = 0 \quad$ (5.4)

Para $r = R_2$: $\quad v_z = 0 \quad$ (5.5)

Para a pressão, simplesmente:

Para $z = 0$: $\quad p = p_0 \quad$ (5.6)

Para $z = L$: $\quad p = p_L \quad$ (5.7)

Para a dependência funcional escolhida, a componente $z$ da equação de Navier-Stokes em coordenadas cilíndricas [Apêndice A, Tabela A.3, Eq. (6)], notando que $g_z = -g$, é

$$-\frac{dp}{dz} + \frac{\eta}{r}\frac{d}{dr}\left(r\frac{dv_z}{dr}\right) - \rho g = 0 \tag{5.8}$$

A equação da continuidade e as componentes $r$ e $\theta$ da equação de Navier-Stokes são satisfeitas automaticamente.

### 5.1.2 Preliminares

Definimos uma pressão modificada como

$$P = p + \rho g z \tag{5.9}$$

de modo que

$$\frac{dP}{dz} = \frac{dp}{dz} + \rho g \tag{5.10}$$

A Eq. (5.8), em termos da pressão modificada, torna-se

$$-\frac{dP}{dz} + \frac{\eta}{r}\frac{d}{dr}\left(r\frac{dv_z}{dr}\right) = 0 \tag{5.11}$$

As condições de borda, Eqs. (5.6)-(5.7), ficam expressas como

$$P(0) = p_0 + \rho g \cdot 0 = p_0,\ P(L) = p_L + \rho g \cdot L \tag{5.12}$$

e

$$\Delta P = (p_0 + \rho g \cdot 0) - (p_L + \rho g \cdot L) = \Delta p - \rho g L > 0 \tag{5.13}$$

ou

$$\frac{\Delta P}{L} = \frac{\Delta p}{L} - \rho g \tag{5.14}$$

Para utilizar apenas uma escala dimensional de comprimento é conveniente definir o parâmetro $\kappa$:

$$\kappa = \frac{R_1}{R_2} \tag{5.15}$$

e chamar $R \equiv R_2$, de modo que as condições de borda, Eqs. (5.4)-(5.5), ficam expressas como

$$v_z(\kappa R) = v_z(R) = 0 \tag{5.16}$$

É preciso resolver agora a Eq. (5.11) com as condições de borda, Eq. (5.12) e Eq. (5.16).

### 5.1.3 Perfil de Pressão e Velocidade

Como $P$ é função apenas de $z$, e $v_z$ é função apenas de $r$, temos

$$\frac{dP}{dz} = \frac{\eta}{r}\frac{d}{dr}\left(r\frac{dv_z}{dr}\right) = C \tag{5.17}$$

onde $C$ é uma constante. Integrando o primeiro termo e levando em consideração as Eqs. (5.12) e (5.13), obtemos o valor de $C$:

$$C = -\frac{\Delta P}{L} \tag{5.18}$$

e o *perfil* axial (linear) *de pressão*:

$$\boxed{p = p_0 - \frac{\Delta p}{L} z} \tag{5.19}$$

Substituindo a Eq. (5.18) na Eq. (5.17), temos

$$\frac{\eta}{r}\frac{d}{dr}\left(r\frac{dv_z}{dr}\right) = -\frac{\Delta P}{L} \tag{5.20}$$

ou

$$\frac{d}{dr}\left(r\frac{dv_z}{dr}\right) = -\frac{\Delta P}{\eta L} r \tag{5.21}$$

Integrando:

$$r\frac{dv_z}{dr} = -\frac{\Delta P}{2\eta L} r^2 + B_1 \tag{5.22}$$

onde $B_1$ é uma constante de integração. Reordenando:

$$\frac{dv_z}{dr} = -\frac{\Delta P}{2\eta L} r + \frac{B_1}{r} \tag{5.23}$$

e integrando novamente:

$$v_z = -\frac{\Delta P}{4\eta L} r^2 + B_1 \ln r + B_2 \tag{5.24}$$

onde $B_2$ é outra constante de integração. As constantes $B_1$ e $B_2$ podem ser obtidas utilizando as condições de borda, Eq. (5.16):

$$-\frac{\Delta P}{4\eta L} R^2 + B_1 \ln R + B_2 = 0 \tag{5.25}$$

$$-\frac{\Delta P}{4\eta L} \kappa^2 R^2 + B_1 \ln(\kappa R) + B_2 = 0 \tag{5.26}$$

para obter

$$B_1 = \frac{R^2 \Delta P}{4\eta L} \cdot \frac{1-\kappa^2}{\ln \kappa} \tag{5.27}$$

$$B_2 = \frac{R^2 \Delta P}{4\eta L}\left[1 + \frac{1-\kappa^2}{\ln \kappa} \ln R\right] \tag{5.28}$$

Substituindo na Eq. (5.24):

$$\boxed{v_z = \frac{R^2 \Delta P}{4\eta L}\left[1 - \left(\frac{r}{R}\right)^2 - \frac{1-\kappa^2}{\ln \kappa} \ln\left(\frac{r}{R}\right)\right]} \tag{5.29}$$

que é o *perfil* radial *de velocidade* na direção $z$ (Figura 5.2). Considerando que o logaritmo de quantidades menores que a unidade é negativo, que $\kappa < 1$ e $r \leq R$, é conveniente, às vezes, escrever a Eq. (5.29) como

$$v_z = \frac{R^2 \Delta P}{4\eta L}\left[1 - \left(\frac{r}{R}\right)^2 - \frac{1-\kappa^2}{\ln(1/\kappa)} \ln\left(\frac{R}{r}\right)\right] \tag{5.30}$$

O perfil de velocidade neste caso não é parabólico devido ao termo logarítmico na Eq. (5.29).

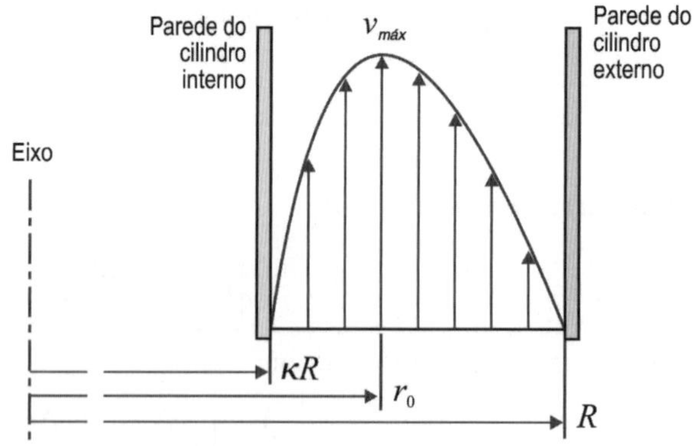


**Figura 5.2**

### 5.1.4 Velocidade Máxima e Vazão

Substituindo a Eq. (5.27) na Eq. (5.22), obtemos

$$\frac{dv_z}{dr} = \frac{R\Delta P}{2\eta L}\left[\frac{1-\kappa^2}{2\ln(1/\kappa)}\cdot\frac{R}{r} - \frac{r}{R}\right] \tag{5.31}$$

O termo entre colchetes muda de sinal num ponto[2] intermediário $r_0$, $\kappa R < r_0 < R$, onde a velocidade atinge o máximo valor; $r_0$ pode ser obtido zerando a Eq. (5.31):

$$\left.\frac{dv_z}{dr}\right|_{r=r_0} = -\frac{R\Delta P}{2\eta L}\left(\frac{1-\kappa^2}{2\ln(1/\kappa)}\cdot\frac{R}{r_0} - \frac{r_0}{R}\right) \tag{5.32}$$

ou seja,

$$\frac{r_0}{R} = \frac{1-\kappa^2}{2\ln(1/\kappa)}\cdot\frac{R}{r_0} \tag{5.33}$$

ou

$$\frac{r_0}{R} = \sqrt{\frac{1-\kappa^2}{2\ln(1/\kappa)}} \tag{5.34}$$

A *velocidade máxima* é obtida substituindo a Eq. (5.34) na Eq. (5.30):

$$v_{max} = v_z(r_0) = \frac{R^2\Delta P}{4\eta L}\left\{1 - \left(\frac{1-\kappa^2}{2\ln(1/\kappa)}\right)\left[1 - \ln\left(\frac{1-\kappa^2}{2\ln(1/\kappa)}\right)\right]\right\} \tag{5.35}$$

A *vazão volumétrica* é avaliada integrando o perfil de velocidade, Eq. (5.29):

$$Q = \int_{\kappa R}^{R} v_z(r)\cdot 2\pi r dr \tag{5.36}$$

Depois de introduzir a Eq. (5.29) e substituir $\xi = r/R$, obtemos

$$Q = \frac{\pi R^4\Delta P}{2\eta L}\int_{\kappa}^{1}\left(1-\xi^2 - \frac{1-\kappa^2}{\ln\kappa}\ln\xi\right)\xi d\xi \tag{5.37}$$

e, finalmente,[3]

$$\boxed{Q = \frac{\pi R^4\Delta P}{8\eta L}\left[(1-\kappa^4) - \frac{(1-\kappa^2)^2}{\ln(1/\kappa)}\right]} \tag{5.38}$$

[2] Isto é, em uma superfície cilíndrica de raio $r_0$.
[3] Lembre-se: $\int x\ln x\, dx = \frac{1}{2}x^2(\ln x - \frac{1}{2}) + C$.

ou, levando em consideração que $(1 - \kappa^4) = (1 + \kappa^2)(1 - \kappa^2)$,

$$Q = \frac{\pi R^4 \Delta P}{8\eta L}(1-\kappa^2)\left[(1+\kappa^2) - \frac{(1-\kappa^2)}{\ln(1/\kappa)}\right] \tag{5.39}$$

A *vazão mássica* é simplesmente $G = \rho Q$. A *velocidade média* é obtida dividindo a vazão volumétrica pela área de escoamento $A_F$:

$$A_F = \pi R^2 - \pi(\kappa R)^2 = \pi(1-\kappa^2)R^2 \tag{5.40}$$

Depois de alguns rearranjos, obtemos

$$\bar{v} = \frac{Q}{A_F} = \frac{R^2 \Delta P}{8\eta L}\left(1+\kappa^2 - \frac{1-\kappa^2}{\ln(1/\kappa)}\right) \tag{5.41}$$

## 5.1.5 Tensão e Taxa de Cisalhamento

A componente *zr* do tensor $\dot{\boldsymbol{\gamma}}$ é

$$\dot{\gamma}_{zr} = \frac{dv_z}{dr} = \frac{R\Delta P}{2\eta L}\left[\frac{1-\kappa^2}{2\ln(1/\kappa)}\cdot\frac{R}{r} - \frac{r}{R}\right] \tag{5.42}$$

e a *taxa de cisalhamento* é

$$\boxed{\dot{\gamma} = |\dot{\gamma}_{zr}| = \frac{R|\Delta P|}{2\eta L}\cdot\left|\frac{1-\kappa^2}{2\ln(1/\kappa)}\cdot\frac{R}{r} - \frac{r}{R}\right|} \tag{5.43}$$

A *tensão de cisalhamento* é simplesmente $\tau = \eta\dot{\gamma}$.

Os perfis não são lineares nem simétricos, pois a taxa de cisalhamento na parede do cilindro externo é diferente (e menor em valor absoluto) da taxa de cisalhamento na parede do cilindro interno, onde $\dot{\gamma}_{rz}$ tem o mesmo sinal que $\Delta P$:

$$\dot{\gamma}_{w(\text{in})} = \frac{R|\Delta P|}{2\eta L}\left[\frac{1-\kappa^2}{2\kappa\ln(1/\kappa)} - \kappa\right] \tag{5.44}$$

No entanto, na parede do cilindro externo $\dot{\gamma}_{rz}$ e $\Delta P$ têm sinal diferente:

$$\dot{\gamma}_{w(\text{ex})} = \frac{R|\Delta P|}{2\eta L}\left[1 - \frac{1-\kappa^2}{2\ln(1/\kappa)}\right] \tag{5.45}$$

A tensão e a taxa de cisalhamento são nulas na posição $r = r_0$, [Eq. (5.34)], onde a velocidade é máxima (Figura 5.3).

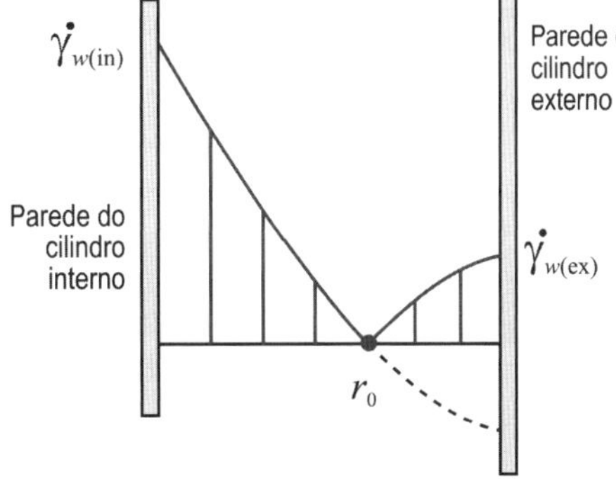


**Figura 5.3**

### 5.1.6 Força e Potência

A *força* exercida pelo fluido sobre cada parede é obtida multiplicando a tensão de cisalhamento na parede $\tau_w$ (força de atrito viscoso por unidade de área) pela área (lateral) $A_T$ da parede correspondente. Levando em consideração as Eqs. (5.44)-(5.45),

$$\mathcal{F}_{w(\text{in})} = \tau_{w(\text{in})} \cdot A_{T(\text{in})} = \eta\dot{\gamma}_{w(\text{in})} \cdot (2\pi\kappa RL) = \pi R^2 |\Delta P| \left[ \frac{1-\kappa^2}{2\ln(1/\kappa)} - \kappa^2 \right] \tag{5.46}$$

$$\mathcal{F}_{w(\text{ex})} = \tau_{w(\text{ex})} \cdot A_{T(\text{ex})} = \eta\dot{\gamma}_{w(\text{ex})} \cdot (2\pi RL) = \pi R^2 |\Delta P| \left[ 1 - \frac{1-\kappa^2}{2\ln(1/\kappa)} \right] \tag{5.47}$$

A força total é a soma das duas:

$$\mathcal{F}_{w(\text{total})} = \mathcal{F}_{w(\text{in})} + \mathcal{F}_{w(\text{ex})} = \pi R^2 |\Delta P| (1-\kappa^2) = |\Delta P| \cdot A_F \tag{5.48}$$

Observe que a força total – sobre as duas paredes, interna e externa – é igual à diferença das forças que a pressão exerce sobre a área de escoamento $A_F$ [Eq. (5.40)], à entrada e à saída do duto, resultado que poderia ser obtido diretamente de um balanço global de forças no anel cilíndrico, no estilo das Seções 3.1-3.2.

A *potência* necessária para manter o escoamento é o produto da vazão volumétrica pela queda de pressão [Eq. (3.54) ou (3.141)]. Neste caso, levando em consideração a Eq. (5.38),

$$\mathcal{W} = Q \cdot \Delta P = \frac{\pi R^4 (\Delta P)^2}{8\eta L} \left[ (1-\kappa^4) - \frac{(1-\kappa^2)^2}{\ln(1/\kappa)} \right] \tag{5.49}$$

As Eqs. (5.39) e (5.41) permitem obter a potência em termos da vazão e da velocidade média.

### 5.1.7 Estabilidade

O valor crítico do número de Reynolds para a transição do escoamento laminar para o escoamento turbulento é, aproximadamente, o mesmo que para o escoamento em um tubo cilíndrico ou em um canal retangular, sempre que o *diâmetro hidráulico* $D_h = 2(1 - \kappa)R$ for o comprimento característico (veja a Seção 5.1.8a):

$$Re = \frac{\rho \bar{v} D_h}{\eta} = \frac{2(1-\kappa)\rho\bar{v}R}{\eta} < 2000 \tag{5.50}$$

### 5.1.8 Comentários

**(a) *Diâmetro hidráulico***

O escoamento em dutos depende do equilíbrio entre a quantidade de movimento levada pelo fluido (proporcional ao volume do duto) e o atrito nas paredes do duto (proporcional à área da parede). Consequentemente, a razão volume/área é um comprimento característico do duto. Para um tubo cilíndrico de diâmetro $D$ e comprimento $L$, temos

$$\frac{\text{Volume do tubo}}{\text{Área da parede}} = \frac{\frac{1}{4}\pi D^2 L}{\pi DL} = \tfrac{1}{4} D \tag{5.51}$$

A Eq. (5.51) é a base para a definição do *diâmetro hidráulico* de um duto de seção arbitrária (não necessariamente constante):

$$D_h = 4 \cdot \frac{\text{Volume do duto}}{\text{Área da parede}} \tag{5.52}$$

onde se devem utilizar a área efetiva da parede "molhada" pelo fluido e o volume ocupado pelo fluido, medidos ou estimados para o duto em questão. O diâmetro hidráulico de um tubo cilíndrico é o diâmetro (ordinário) do mesmo.[4] Para dutos de seção transversal constante (ou para definir valores "locais" para uma dada

[4] Este esclarecimento pode parecer desnecessário, mas não é; o *raio hidráulico* é usualmente definido como a razão volume/área, isto é, o raio hidráulico é a *quarta parte* do diâmetro hidráulico, e não a metade! No entanto, o raio hidráulico de um tubo cilíndrico é a metade de seu raio ordinário. Contudo, não vamos considerar o raio hidráulico neste curso; se for necessário "hidraulizar" uma expressão em que aparece um raio, vamos utilizar $\frac{1}{2}D_h$.

posição axial), a Eq. (5.52) se expressa frequentemente por unidade de comprimento:

$$D_h = 4 \cdot \frac{\text{Área (transversal) de fluxo}}{\text{Perímetro molhado}} \tag{5.53}$$

Para o anel cilíndrico,

$$D_h = 4\frac{A_F}{P_F} = 4\frac{\pi(1-\kappa^2)R^2}{2\pi(1+\kappa)R} = 2(1-\kappa)R = (1-\kappa)D_2 = D_2 - D_1 = 2\Delta R \tag{5.54}$$

O tubo cilíndrico de diâmetro $D_h = D_2 - D_1$ se diz "equivalente" ao anel cilíndrico de diâmetro externo $D_2$ e diâmetro interno $D_1$. Mas, equivalente em relação a quê? Esta equivalência não é grande, como iremos ver a seguir.

Por exemplo, a vazão através do tubo equivalente a um anel cilíndrico, sob efeito do mesmo gradiente de pressão, pode ser avaliada pela equação de Hagen-Poiseuille, Eq. (3.125), para $R = ½D_h$ (que *não é* o raio hidráulico – veja a nota de rodapé 4):

$$Q' = \frac{\pi(\frac{1}{2}D_h)^4\,\Delta P}{8\eta L} = \frac{\pi R^4 \Delta P}{8\eta L}(1-\kappa)^4 \tag{5.55}$$

Compare com a Eq. (5.36):

$$Q = \frac{\pi R^4 \Delta P}{8\eta L}\left(1-\kappa^4 + \frac{1-2\kappa^2+\kappa^4}{\ln\kappa}\right) \tag{5.56}$$

Podemos ver claramente que não são iguais. Um estudo da função

$$\phi(\kappa) = \frac{Q}{Q'} = \frac{1-\kappa^4 + \dfrac{1-2\kappa^2+\kappa^4}{\ln\kappa}}{(1-\kappa)^4} \tag{5.57}$$

revela que $\phi \approx 1$ ($\pm 10\%$) para $\kappa < 0{,}25$. Fora desse intervalo, a estimativa da vazão no anel pela Eq. (5.55) não é muito boa, requerendo o uso de um "fator de correção" (a função $\phi$).

O conceito de diâmetro hidráulico é utilizado principalmente para escoamentos em regime turbulento em dutos de seção não circular, onde as condições não possibilitam uma análise, teórica ou experimental, mais apurada do sistema, para aproveitar o enorme volume de dados experimentais obtidos em tubos cilíndricos. Sempre que possível, evite utilizar o diâmetro hidráulico em escoamentos laminares.

**(b)** ***Anel cilíndrico no limite $\kappa \to 0$***

Para $\kappa = 0$ o anel cilíndrico se transforma em um tubo cilíndrico, estudado anteriormente (Seção 3.2). Se tentarmos o limite para $\kappa \to 0$ do perfil de velocidade, Eq. (5.29), temos

$$\lim_{\kappa\to 0}(v_z) = \frac{R^2\Delta P}{4\eta L}\left[1-\left(\frac{r}{R}\right)^2\right] \tag{5.58}$$

para todo valor $r > \kappa R$. A expressão na direita da Eq. (5.58) é justamente o perfil de velocidade em um tubo cilíndrico de raio $R$, Eq. (3.121). O limite dessa expressão para $r \to 0$ é a velocidade máxima no tubo cilíndrico:

$$\lim_{r\to 0}\left[\lim_{\kappa\to 0}(v_z)\right] = \lim_{r\to 0}\left\{\frac{R^2\Delta P}{4\eta L}\left[1-\left(\frac{r}{R}\right)^2\right]\right\} = \frac{R^2\Delta P}{4\eta L} \tag{5.59}$$

Mas o limite da Eq. (5.58) não é válido para $r = \kappa R$. Substituindo $r = \kappa R$ na Eq. (5.29), obtemos

$$\lim_{r\to 0}(v_z) = 0 \tag{5.60}$$

para *todo* $\kappa$ (incluído $\kappa \to 0$) que é o que corresponde na parede interna do anel. O resultado contraditório das Eqs. (5.58) e (5.59) indica que o limite do perfil de velocidade para $\kappa \to 0$ e $r \to \kappa R$ simultaneamente *não existe*: no limite, o eixo do cilindro se torna uma *linha singular*.

O mesmo acontece para a taxa de cisalhamento etc. A vazão é um caso especial, devido a que a integral da velocidade é insensível ao que acontece em uma linha.

Para $\kappa \to 0$ a Eq. (5.36) resulta em

$$Q_0 = \lim_{\kappa\to 0} Q = \frac{\pi R^4 \Delta P}{8\eta L} \tag{5.61}$$

Observe que $Q_0$ é a vazão de um tubo cilíndrico de raio $R$, dada pela equação de Hagen-Poiseuille, Eq. (3.125). Porém, o "avanço para o limite" é, neste caso, extremamente lento: para $\kappa = 10^{-6}$ (que corresponde a um tubo de 1 m de diâmetro com um fio – invisível – de 1 $\mu$m de diâmetro no centro), $Q$ é ainda 7,25% menor do que $Q_0$.

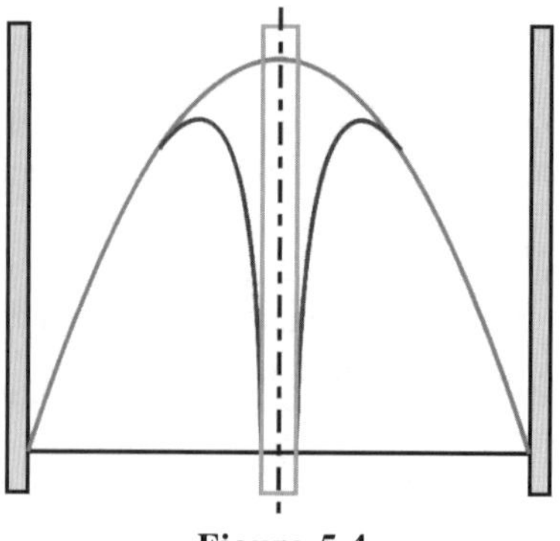

**Figura 5.4**

A razão deste comportamento não é difícil de compreender, considerando a Figura 5.4, que compara o perfil de velocidade no anel para $\kappa \ll 1$ (linha cinza-escura) e num tubo com o mesmo diâmetro, $\kappa = 0$ (linha cinza-clara).

A vazão $Q$ é proporcional à área sob o perfil de velocidade no anel (cinza-escuro), e $Q_0$ é proporcional à área sob o perfil de velocidade no tubo (cinza-claro). O cilindro central no anel "obstrui" a zona de maior velocidade (vazão). Consequentemente, a vazão em um anel com $\kappa$ pequeno, porém finito, não pode ser, na prática, aproximada pela vazão em um tubo cilíndrico do mesmo diâmetro. Ainda que o limite seja matematicamente correto, o anel e o tubo são fisicamente muito diferentes devido à condição de não deslizamento ($v = 0$) na superfície do tubo interno, independente do diâmetro do mesmo.

(c) ***Anel cilíndrico no limite $\kappa \to 1$: aproximação de fenda estreita***

Para valores de $\kappa$ próximos a 1, a espessura da fenda radial entre os dois cilindros $\Delta R = R_2 - R_1 = (1 - \kappa)R$ é pequena comparada com os raios de curvatura das paredes, $R$ e $\kappa R$, e o sistema aproxima-se do caso do escoamento em uma fenda estreita *plana* (Seção 3.1).

Pode-se provar que todas as expressões desenvolvidas neste problema, incluindo os perfis de velocidade, taxa de cisalhamento, vazão etc., são equivalentes, no limite $\kappa \to 1$, às expressões correspondentes para escoamento plano de Poiseuille, obtidas na Seção 3.1. Por exemplo, no caso da vazão:

$$Q_1 = \lim_{\kappa \to 1} Q = \frac{\pi R^4 \Delta P}{8\eta L} \lim_{\kappa \to 1} \left\{ 1 - \kappa^4 + \frac{1 - 2\kappa^2 + \kappa^4}{\ln \kappa} \right\} = \frac{\pi R^4 \Delta P}{6\eta L}(1+\kappa)(1-\kappa)^3 \tag{5.62}$$

A prova da Eq. (5.62) não é matematicamente difícil, mas requer bastante cuidado no manuseio das expressões intermediárias. Veja, por exemplo, BSL, Problema 2B.5.

Observe que, se tomarmos a "largura" das placas como igual à circunferência média do cilindro,

$$W = \pi(R_2 + R_1) = \pi(1+\kappa)R \tag{5.63}$$

e levando em consideração que a espessura da fenda é

$$2H = R_2 - R_1 = (1-\kappa)R \tag{5.64}$$

a Eq. (5.62) pode ser expressa como

$$Q_1 = \frac{2\Delta p H^3 W}{3\eta L} \tag{5.65}$$

que é a expressão da vazão para uma fenda estreita plana, Eq. (3.121). Além disso, as "bordas" têm desaparecido.

## 5.2 ESCOAMENTO AXIAL EM UM ANEL CILÍNDRICO (II)[5]

### 5.2.1 Formulação

Considere o escoamento laminar estacionário de um fluido newtoniano incompressível, no espaço entre dois cilindros concêntricos (diâmetros $D$ e $D_0 < D$, comprimento $L \gg D$), sob o efeito do movimento axial, com velocidade constante $U_0$ de um deles (por exemplo, o cilindro interno).

Como em outros casos, definimos o parâmetro $\kappa$

$$\kappa = \frac{D_0}{D} \tag{5.66}$$

e temos o raio do cilindro interior $R_0 = \frac{1}{2}D_0 = \kappa R$, onde $R = \frac{1}{2}D$ é o raio do cilindro exterior, e $\kappa$ é um parâmetro de variação $0 < \kappa < 1$ característico do sistema (Figura 5.5).

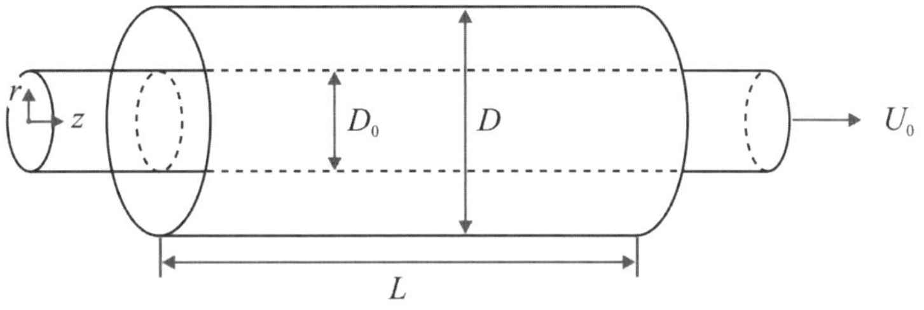


**Figura 5.5**

A escolha natural é de um sistema de coordenadas cilíndricas, com a coordenada axial $z$ coincidente com o eixo comum dos cilindros. Uma proposta razoável de dependência funcional para a velocidade é:

$$v_z = v_z(r), \quad v_r = v_\theta = 0 \tag{5.67}$$

No domínio do problema tem-se $\kappa R \leq r \leq R$. A pressão é independente da coordenada axial e não afeta o movimento do fluido; portanto, não será considerada neste caso.

### 5.2.2 Perfil de Velocidade e Taxa de Cisalhamento

A equação da continuidade e as componentes $r$ e $\theta$ da equação de Navier-Stokes se cumprem identicamente para a dependência funcional proposta, e a componente $z$ [Apêndice, Tabela A.3, Eq. (6)] fica reduzido a

$$\frac{\partial}{\partial r}\left(r\frac{\partial v_z}{\partial r}\right) = 0 \tag{5.68}$$

Integrando duas vezes,

$$v_z = A \ln r + B \tag{5.69}$$

onde as constantes de integração $A$, $B$ são determinadas a partir das condições de borda:

$$v_z(\kappa R) = U_0, \quad v_z(R) = 0 \tag{5.70}$$

de onde

$$A = U_0/\ln \kappa, \qquad B = -U_0 \ln R/\ln \kappa \tag{5.71}$$

e o *perfil de velocidade* resulta em

$$\boxed{v_z = \frac{U_0}{\ln \kappa}\ln\left(\frac{r}{R}\right)} \tag{5.72}$$

Observe que sempre temos $\kappa < 1$ e $r \leq R$; portanto, $\ln \kappa < 0$, $\ln(r/R) \leq 0$ e $1 \geq \ln(r/R)/\ln \kappa \geq 0$. Às vezes é conveniente substituir $\ln \kappa = -\ln(1/\kappa)$ para facilitar a identificação do sinal das expressões (desde que $\ln(1/\kappa) > 0$); veja a Figura 5.6a.

[5] BSL, Problema 2B.7.

A componente $zr$ do tensor $\dot{\boldsymbol{\gamma}}$ é obtido diferenciando o perfil de velocidade:

$$\dot{\gamma}_{zr} = \frac{dv_z}{dr} = \frac{U_0}{r \ln \kappa} \tag{5.73}$$

A *taxa de cisalhamento* é

$$\dot{\gamma} = |\dot{\gamma}_{zr}| = \frac{|U_0|}{r \ln(1/\kappa)} \tag{5.74}$$

ou

$$\boxed{\dot{\gamma} = \frac{|U_0|}{R \ln(1/\kappa)} \cdot \frac{R}{r}} \tag{5.75}$$

Na parede do cilindro interno, $r = \kappa R$:

$$\dot{\gamma}_w^{(\text{in})} = \frac{|U_0|}{R\kappa \ln(1/\kappa)} \tag{5.76}$$

e na parede do cilindro externo, $r = R$

$$\dot{\gamma}_w^{(\text{ex})} = \frac{|U_0|}{R \ln(1/\kappa)} \tag{5.77}$$

A taxa de cisalhamento é máxima na parede do cilindro interno e mínima na parede do cilindro externo; veja a Figura 5.6b. As *tensões de cisalhamento* são simplesmente $\tau = \eta\dot{\gamma}$, onde $\eta$ é a viscosidade do fluido. As Eqs. (5.76)-(5.77) são válidas independente de qual das paredes é móvel e qual é estacionária. Para uma velocidade $U_0$, tensões e taxas de cisalhamento na parede são *maiores* quanto menor (menor raio) é o anel.

Observe, na Figura 5.6, como à medida que $\kappa$ aproxima-se de 1 (isto é, que o espaço entre os dois cilindros se estreita) o perfil de velocidade se torna mais *linear* e a taxa de cisalhamento *aumenta* e se torna mais *uniforme*.

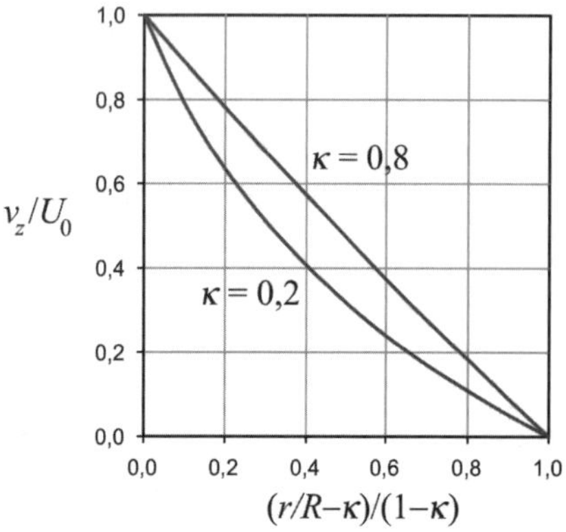


**Figura 5.6a**

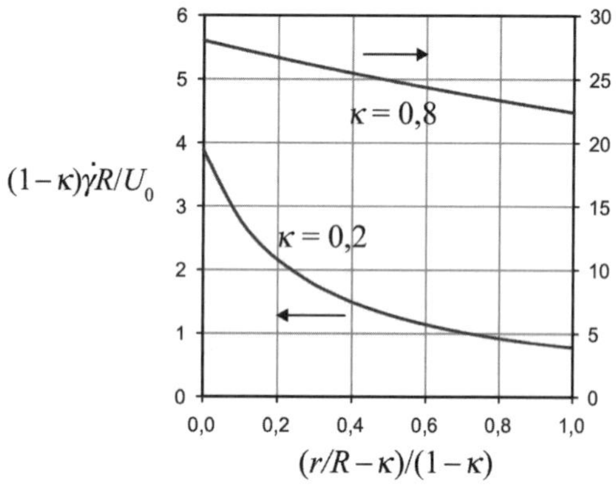


**Figura 5.6b**

A *força* exercida pelo fluido sobre a parede móvel (interna neste caso) tende a frear o movimento, e a força exercida pelo fluido sobre a parede estacionária (externa neste caso) tende a arrastar a mesma (compare com situação semelhante discutida na Seção 3.3). A magnitude das forças é obtida multiplicando a tensão de cisalhamento na parede pela área da parede correspondente; feitos os cálculos, bastante simples e que deixamos por conta do leitor, resulta em que a magnitude das forças é a mesma:

$$|\mathcal{F}_{w(\text{in})}| = |\mathcal{F}_{w(\text{ex})}| = \frac{2\pi\eta|U_0|L}{\ln(1/\kappa)} \tag{5.78}$$

mas o sentido é oposto. Consequentemente, a soma (vetorial) das forças é nula, como corresponde neste caso em que $\Delta p = 0$. Observe que a magnitude da força depende da viscosidade do fluido, do "fator de forma" $\kappa$, da velocidade da parede e do comprimento do anel, mas não depende (em forma direta) do raio do mesmo.

### 5.2.3 Vazão e Potência

A *vazão volumétrica* é obtida integrando o perfil de velocidade, Eq. (5.72), sobre a área de escoamento:

$$Q=\int_{\kappa R}^{R} v_z(r)\cdot(2\pi r dr)=\frac{2\pi U_0}{\ln\kappa}\int_{\kappa R}^{R}\ln\left(\frac{r}{R}\right) r dr \tag{5.79}$$

A substituição $x = r/R$ reduz a integral a

$$Q=\frac{2\pi R^2 U_0}{\ln\kappa}\int_{\kappa}^{1} x\ln x\, dx=\frac{2\pi R^2 U_0}{\ln\kappa}\left[\tfrac{1}{2}x^2(\ln x-\tfrac{1}{2})\right]_{\kappa}^{1} \tag{5.80}$$

Avaliando e reordenando os termos:

$$\boxed{Q=\tfrac{1}{2}\pi R^2 U_0\left[\frac{1-\kappa^2}{\ln(1/\kappa)}-2\kappa^2\right]} \tag{5.81}$$

A *vazão mássica* é simplesmente $G = \rho Q$, onde $\rho$ é a densidade do fluido.

A *velocidade média* é obtida dividindo a vazão volumétrica pela área de escoamento:

$$A_F=\pi R^2-\pi(\kappa R)^2=\pi(1-\kappa^2)R^2 \tag{5.82}$$

ou seja,

$$\bar{v}=\frac{Q}{A_F}=\tfrac{1}{2}U_0\left[\frac{1}{\ln(1/\kappa)}-2\frac{\kappa^2}{1-\kappa^2}\right] \tag{5.83}$$

A *potência* requerida para manter o escoamento é o trabalho (por unidade de tempo) da força necessária para movimentar a parede móvel com velocidade constante $U_0$ (compare com situação semelhante discutida na Seção 3.3):

$$\mathcal{W}=\mathcal{F}_w\cdot U_0 \tag{5.84}$$

Levando em consideração as Eqs. (5.78) e (5.81),

$$\mathcal{W}=\frac{2\pi\eta|U_0|L}{\ln(1/\kappa)}=\frac{4\eta Q L}{R^2\left[1-\kappa^2-2\kappa^2\ln(1/\kappa)\right]} \tag{5.85}$$

### 5.2.4 Comentários

**(a)** ***Adimensionalização***

Uma variável é adimensionalizada quando é dividida por um parâmetro (ou "constante" do sistema) de mesmas dimensões que ela. A escolha do parâmetro (ou combinação de parâmetros, já que toda combinação de parâmetros é necessariamente outro parâmetro do sistema) é, em princípio, arbitrária.

A escolha mais simples é dividir a coordenada radial pelo raio do cilindro externo $R$, a velocidade axial pela velocidade do cilindro interno $U_0$, e a taxa de cisalhamento[6] por $U_0/R$:

$$r^*=\frac{r}{R},\quad v^*=\frac{v_z}{U_0},\quad \dot\gamma^*=\frac{\dot\gamma R}{U_0} \tag{5.86}$$

Os perfis adimensionais de velocidade, Eq. (5.72), e taxa de cisalhamento, Eq. (5.75), resultam em expressões particularmente simples:

$$v^*=\frac{\ln r^*}{\ln\kappa} \tag{5.87}$$

$$\dot\gamma^*=\frac{1}{r^*\ln\kappa} \tag{5.88}$$

Porém, a escolha *naïve* não parece muito útil para estudar graficamente a dependência dos perfis de velocidade e taxa de cisalhamento com o parâmetro geométrico característico $\kappa$, particularmente nos casos ex-

[6] Nesta seção supomos $U_0 > 0$ e substituímos $|U_0|$ por $U_0$ por simplicidade.

tremos, já que o intervalo de variação da coordenada radial adimensional, $\kappa < r^* < 1$, depende do próprio parâmetro $\kappa$.

Uma escolha mais criteriosa reconhece que os parâmetros utilizados para adimensionalizar as variáveis devem ser *valores característicos* das mesmas, atingidos em algum ponto do sistema, de forma real ou virtual (como limites).

Já que o escoamento está limitado à fenda entre os dois cilindros, é conveniente escolher a fenda entre os mesmos $\Delta R$ como comprimento característico:

$$\Delta R = R - \kappa R = (1-\kappa)R \tag{5.89}$$

e utilizar uma coordenada linear $y$ com origem na parede do cilindro interno:

$$y = r - \kappa R \tag{5.90}$$

que varia entre 0 e $\Delta R$ (o uso de $y$ implica uma mudança de variável independente). A coordenada linear adimensional $y^*$ é, agora,

$$y^* = \frac{y}{\Delta R} = \frac{r-\kappa R}{(1-\kappa)R} = \frac{r/R-\kappa}{1-\kappa} \tag{5.91}$$

$y^*$ varia entre 0, na parede do cilindro interno, e 1, na parede do cilindro externo, para qualquer valor do parâmetro $\kappa$. Observe que

$$\frac{r}{R} = (1-\kappa)y^* + \kappa \tag{5.92}$$

A velocidade do cilindro móvel $U_0$ é uma boa escolha para velocidade característica do sistema; portanto, a velocidade adimensional $v^{**}$ resulta igual à escolha prévia $v^*$, Eq. (5.87):

$$v^{**} = \frac{v_z}{U_0} \tag{5.93}$$

Como a taxa de deformação característica pode-se tomar como a razão entre a diferença de velocidade dos dois cilindros, $\Delta U = U_0 - 0 = U_0$, e a distância através da qual essa diferença é observada (a espessura da fenda), $\Delta R$, a taxa de cisalhamento adimensional resulta em

$$\dot{\gamma}^{**} = \frac{\dot{\gamma}}{\Delta U/\Delta R} = \frac{(1-\kappa)\dot{\gamma}R}{U_0} \tag{5.94}$$

Com essas escolhas, os perfis adimensionais de velocidade, Eq. (5.72), e da taxa de cisalhamento, Eq. (5.75), tornam-se

$$v^{**} = \frac{\ln\{(1-\kappa)y^* + \kappa\}}{\ln\kappa} \tag{5.95}$$

$$\dot{\gamma}^{**} = \frac{1}{\{y^* + \kappa/(1-\kappa)\}\ln\kappa} \tag{5.96}$$

Ainda que as Eqs. (5.95)-(5.96) sejam mais "complicadas" do que as Eqs. (5.87)-(5.88), elas mostram melhor a variação do escoamento com o parâmetro $\kappa$. Os gráficos da Figura 5.6 representam $v^{**}$ vs. $y^*$ e $\dot{\gamma}^{**}$ vs. $y^*$.

**(b)** ***Aproximação de fenda estreita***

Para valores de $\kappa$ próximos de 1, a espessura da fenda entre os dois cilindros $\Delta R$ é pequena quando comparada com os raios de curvatura das paredes ($R$ e $\kappa R$), e o sistema aproxima-se do caso do escoamento de Couette entre duas placas planas paralelas (Seção 3.3).

Pode-se provar que todas as expressões desenvolvidas neste problema, incluindo os perfis de velocidade e taxa de cisalhamento, a vazão etc., são equivalentes às expressões correspondentes para o escoamento plano de Couette, obtidas na Seção 3.3 no limite $\kappa \to 1$. As provas não são matematicamente difíceis, mas requerem muito cuidado no manuseio das expressões intermediárias. Veja, por exemplo, o Problema 2B.5 em BSL. Observe que neste sistema pode-se tomar a "largura" das placas como igual à circunferência do cilindro (interior ou exterior, desde que $\kappa \approx 1$) $W = \pi R^2$, mas as "bordas" desaparecem.

# 5.3 ESCOAMENTO TANGENCIAL EM UM ANEL CILÍNDRICO[7]

## 5.3.1 Formulação

Considere o escoamento laminar estacionário de um fluido newtoniano incompressível, de propriedades físicas constantes, no espaço entre dois cilindros circulares concêntricos, de raios $R_1$ e $R_2$, $R_2 > R_1$, quando o cilindro exterior rota no seu eixo com uma velocidade angular $\Omega_0$, correspondente a uma velocidade linear $U_0 = \Omega_0 R_2$ (Figura 5.7).

Escolhemos um sistema de coordenadas cilíndricas centrado no eixo comum aos dois cilindros, e uma "casca" cilíndrica coaxial de comprimento $\Delta z$ e espessura $\Delta r$ como volume de controle.

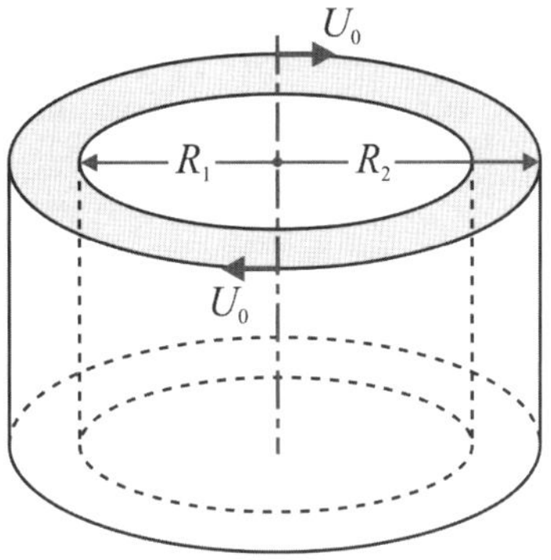


**Figura 5.7**

Longe das extremidades o movimento do fluido é circular ao redor do eixo dos cilindros. A dependência funcional assumida para este caso é

$$v_\theta = v_\theta(r) \qquad (R_1 < r < R_2) \tag{5.97}$$

$$v_r = v_z = 0 \tag{5.98}$$

$$p = p(r, z) \qquad (R_1 < r < R_2, z > 0) \tag{5.99}$$

Condições de borda:

Para a velocidade, não há deslizamento nas paredes dos cilindros.

Para $r = R_1$: $$v_z = 0 \tag{5.100}$$

Para $r = R_2$: $$v_z = U_0 = \Omega_0 R_2 \tag{5.101}$$

Para a pressão:

Para $z = 0$, $r = R_1$: $$p = p_0 \tag{5.102}$$

Para $z = L$, $r = R_1$: $$p = p_L \tag{5.103}$$

Observe que a pressão também é função da coordenada radial e, portanto, tem que ser especificada para um valor determinado de $r$ (por exemplo, na superfície do cilindro interno $r = R_1$).

Nessas condições, a equação da continuidade é satisfeita automaticamente, e as componentes da equação de Navier-Stokes em coordenadas cilíndricas [Apêndice, Tabela A.3, Eqs. (4)-(6)] ficam reduzidas a

Componente $r$: $$-\rho\frac{v_\theta^2}{r} = -\frac{\partial p}{\partial r} \tag{5.104}$$

Componente $\theta$: $$\frac{d}{dr}\left(\frac{1}{r}\frac{d(rv_\theta)}{dr}\right) = 0 \tag{5.105}$$

Componente $z$: $$\frac{\partial p}{\partial z} + \rho g = 0 \tag{5.106}$$

[7] BSL, Exemplo 3.6-3.

## 5.3.2 Preliminares

Como no caso anterior, é conveniente definir a pressão modificada

$$P = p + \rho g z \tag{5.107}$$

de modo que

$$\frac{\partial P}{\partial z} = \frac{\partial p}{\partial z} + \rho g \tag{5.108}$$

Em termos da pressão modificada, a Eq. (5.106) resulta simplesmente em

$$\frac{\partial P}{\partial z} = 0 \tag{5.109}$$

Observe que a pressão modificada *não é função da coordenada axial*: essa é justamente a maior utilidade da pressão modificada! Assim como no caso anterior, introduzimos o parâmetro $\kappa$:

$$\kappa = \frac{R_1}{R_2} \tag{5.110}$$

e chamamos $R \equiv R_2$. Revemos agora a situação. Temos duas equações diferenciais *ordinárias*: a Eq. (5.105) e, levando em consideração a Eq. (5.109), a Eq. (5.104):

$$\frac{d}{dr}\left(\frac{1}{r}\frac{d(rv_\theta)}{dr}\right) = 0 \tag{5.111}$$

$$\frac{dP}{dr} = \rho\frac{v_\theta^2}{r} \tag{5.112}$$

com condições de borda

$$v_\theta(\kappa R) = 0,\ v_\theta(R) = U_0 = \Omega_0 R \tag{5.113}$$

$$P(\kappa R) = p_0 \tag{5.114}$$

Observe que

(a) Nem a velocidade e nem a pressão são afetadas pela viscosidade do fluido.
(b) O perfil de velocidade $v_\theta(r)$ é independente da pressão; a Eq. (5.111), com condições de borda dadas pela Eq. (5.113), pode ser resolvida de forma independente.
(c) Conhecendo-se o perfil de velocidade, o perfil de pressão $P(r)$ pode ser obtido resolvendo a Eq. (5.112) com a condição de borda dada pela Eq. (5.114).

## 5.3.3 Perfil de Velocidade e Taxa de Cisalhamento

Integrando a Eq. (5.111) duas vezes, sucessivamente, obtemos

$$\frac{1}{r}\frac{d(rv_\theta)}{dr} = B_1 \tag{5.115}$$

$$\frac{d(rv_\theta)}{dr} = B_1 r \tag{5.116}$$

$$rv_\theta = \frac{B_1}{2}r^2 + B_2 \tag{5.117}$$

$$v_\theta = \frac{B_1}{2}r + \frac{B_2}{r} \tag{5.118}$$

onde $B_1$ e $B_2$ são constantes de integração. Utilizando as condições de borda, Eq. (5.111), temos

$$0 = \frac{B_1}{2}\kappa R + \frac{B_2}{\kappa R} \tag{5.119}$$

$$\Omega_0 R = \frac{B_1}{2} R + \frac{B_2}{R} \tag{5.120}$$

obtemos finalmente

$$\boxed{v_\theta = \frac{\Omega_0 R}{1-\kappa^2}\left(\frac{r}{R} - \kappa^2 \frac{R}{r}\right)} \tag{5.121}$$

que é o perfil tangencial de velocidade (Figura 5.8).

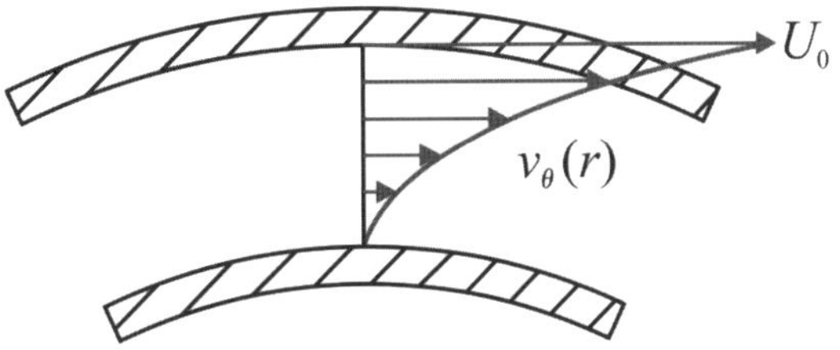


**Figura 5.8**

Este escoamento unidimensional de cisalhamento (a velocidade na direção *tangencial* $\theta$ varia na direção *radial* $r$, normal à direção do escoamento), em que a "força impulsora" é o movimento (forçado) das bordas (neste caso, a parede do cilindro exterior), é chamado de *escoamento de Couette*. Compare com os *escoamentos de Poiseuille* estudados nos casos anteriores, também escoamentos unidimensionais de cisalhamento, mas as "forças impulsoras" eram devidas a um gradiente de pressão. Em coordenadas cilíndricas a componente $\theta r$ do tensor $\dot{\boldsymbol{\gamma}}$ não é simplesmente a derivada do perfil de velocidade [Apêndice, Tabela A.1, Eq. (10)]:

$$\dot{\gamma}_{\theta r} = r\frac{d}{dr}\left(\frac{v_\theta}{r}\right) \tag{5.122}$$

e a *taxa de cisalhamento* $\dot{\gamma} = |\dot{\gamma}_{\theta r}|$ resulta em

$$\dot{\gamma} = r\left|\frac{d}{dr}\left(\frac{v_\theta}{r}\right)\right| \tag{5.123}$$

Introduzindo a Eq. (5.113), chega-se a

$$\boxed{\dot{\gamma} = 2|\Omega_0|\left(\frac{\kappa^2}{1-\kappa^2}\right)\left(\frac{R}{r}\right)^2} \tag{5.124}$$

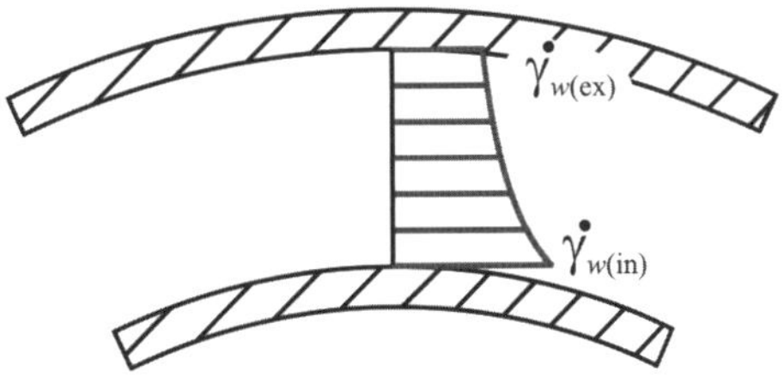


**Figura 5.9**

A *tensão de cisalhamento* é simplesmente $\tau = \eta\dot{\gamma}$. A taxa de cisalhamento varia com o raio, entre um mínimo, na parede do cilindro externo, e um máximo, na parede do cilindro interno:

$$\dot{\gamma}_w^{(\text{ex})} = \frac{2|\Omega_0|}{1-\kappa^2}\cdot\kappa^2 \tag{5.125}$$

$$\dot{\gamma}_w^{(\text{in})} = \frac{2|\Omega_0|}{1-\kappa^2} \tag{5.126}$$

O torque (força × distância) exercido pelo fluido sobre o cilindro interno é

$$Z_{(\text{in})} = \eta\dot{\gamma}_w^{(\text{in})} \cdot 2\pi\kappa RL \cdot \kappa R = 4\pi\eta|\Omega_0|R^2L\left(\frac{\kappa^2}{1-\kappa^2}\right) \tag{5.127}$$

que é chamada, às vezes, *equação de Margules*. Veja a Figura 5.10.

### 5.3.4 Perfil de Pressão

A substituição da Eq. (5.121) na Eq. (5.112) leva a

$$\frac{dP}{dr} = \rho\frac{v_\theta^2}{r} = \rho\left(\frac{\Omega_0 R}{1-\kappa^2}\right)^2\left(\frac{r}{R^2} - \frac{2\kappa^2}{r} + \kappa^4\frac{R^2}{r^3}\right) \tag{5.128}$$

que, integrada, resulta em

$$P = \tfrac{1}{2}\rho\frac{\Omega_0^2R^2}{(1-\kappa^2)^2}\left(\frac{r^2}{R^2} - 4\kappa^2\ln(r) - \kappa^4\frac{R^2}{r^2}\right) + C \tag{5.129}$$

A constante de integração é determinada na base da condição de borda, Eq. (5.114),

$$p_0 = -2\rho\frac{\Omega_0^2\kappa^2R^2}{(1-\kappa^2)^2}\ln(\kappa R) + C \tag{5.130}$$

de onde o perfil radial de pressão resulta em

$$\boxed{P = p_0 + \tfrac{1}{2}\rho\frac{\Omega_0^2R^2}{(1-\kappa^2)^2}\left[\frac{r^2}{R^2} + 4\kappa^2\ln\left(\frac{\kappa R}{r}\right) - \kappa^4\frac{R^2}{r^2}\right]} \tag{5.131}$$

A diferença de pressão entre o cilindro externo e o interno é (Figura 5.10)

$$\Delta P = P(R) - p_0 = \tfrac{1}{2}\rho\Omega_0^2R^2\left(\frac{1+\kappa^2}{1-\kappa^2} + 4\frac{\kappa^2}{(1-\kappa^2)^2}\ln\kappa\right) \tag{5.132}$$

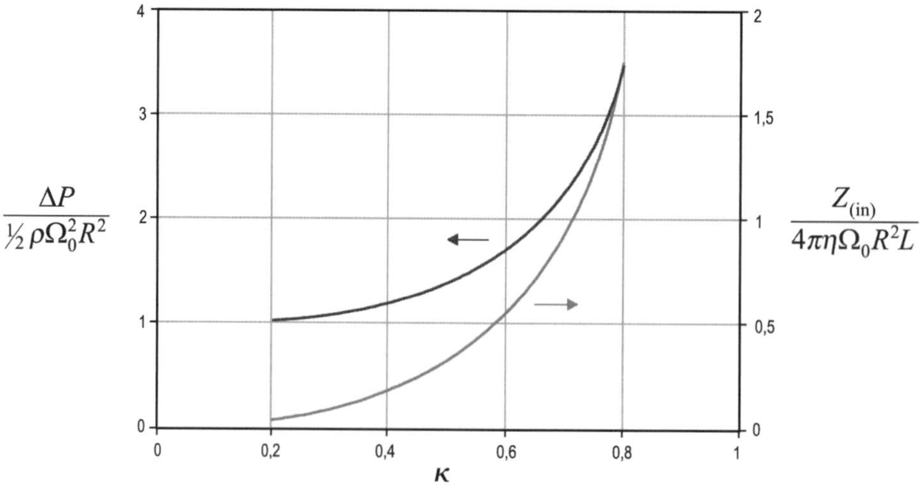


**Figura 5.10**

### 5.3.5 Rotação do Cilindro Interior ou Exterior: Estabilidade

Se o escoamento for gerado pela rotação do cilindro interior (em vez do exterior), a equação de movimento não muda, mas as condições de borda tornam-se:

Para $r = \kappa R$: $\quad v_\theta = U_i = \Omega_0\kappa R \qquad (5.133)$

Para $r = R$: $\quad v_\theta = 0 \qquad (5.134)$

onde $\Omega_0$ é a velocidade angular e $U_i$ a velocidade linear do cilindro interno. O perfil de velocidade resulta em

$$v_\theta = \Omega_0 R\frac{\kappa^2}{1-\kappa^2}\left(\frac{R}{r} - \frac{r}{R}\right) \tag{5.135}$$

E a taxa de cisalhamento é

$$\dot{\gamma} = 2|\Omega_0|\left(\frac{\kappa^2}{1-\kappa^2}\right)\left(\frac{R}{r}\right)^2 \tag{5.136}$$

Compare a Eq. (5.135) com a Eq. (5.121) – diferentes – e a Eq. (5.136) com a Eq. (5.124) – idênticas.

Quando se move o cilindro *externo*, o escoamento laminar unidimensional – perfil de velocidade dado pela Eq. (5.121) – é estável, ainda que para elevadas velocidades de rotação. Se definirmos um número de Reynolds baseado no raio $R$ e na velocidade tangencial do cilindro externo, $U_0 = R\Omega_0$, temos

$$Re' = \frac{\rho R^2 \Omega_0}{\eta} \tag{5.137}$$

Observa-se experimentalmente uma transição para o regime turbulento para valores de $Re'$ que variam de 50.000 a 200.000, dependendo da espessura da fenda (parâmetro $\kappa$). Porém, observações em sistemas onde as vibrações e a concentricidade dos cilindros foram cuidadosamente controladas revelaram que o escoamento continua sendo laminar e unidimensional para valores de $Re'$ superiores a 500.000, independente do valor de $\kappa$.

Quando o cilindro *interno* se move, a situação é completamente diferente. Para velocidades relativamente baixas, cujo valor preciso depende do parâmetro $\kappa$, o escoamento, ainda que laminar, deixa de ser unidimensional. Um movimento periódico nas direções radial e axial se sobrepõe ao movimento circular (os chamados *vórtices de Taylor*; Figura 5.11). À velocidade maior, o movimento circular torna-se periódico na direção tangencial até que, finalmente, o regime de escoamento torna-se turbulento. Uma descrição mais detalhada desse movimento laminar tridimensional pode ser visto em textos de mecânica dos fluidos.[8]

Se definirmos o número de Reynolds como:

$$Re'' = \frac{\rho R^2 (1-\kappa)^{3/2}\, \Omega_0}{\eta} \tag{5.138}$$

temos, para $\kappa$ próximo de 1,

(a) $Re'' < 41{,}3$ – escoamento laminar unidimensional (Couette)
(b) $41{,}3 < Re'' < 400$ – escoamento laminar tridimensional (Taylor)
(c) $Re'' > 400$ – escoamento turbulento

A Figura 5.11 representa o padrão de escoamento para o caso intermédio ($41{,}3 < Re'' < 400$); observe os "vórtices de Taylor" entre dois cilindros concêntricos quando o cilindro interior rota no seu eixo. [Redesenhado a partir de H. Schlichting, *Boundary-Layer Theory*, 6th ed., McGraw-Hill, 1968; Figura 17.32, p. 501.]

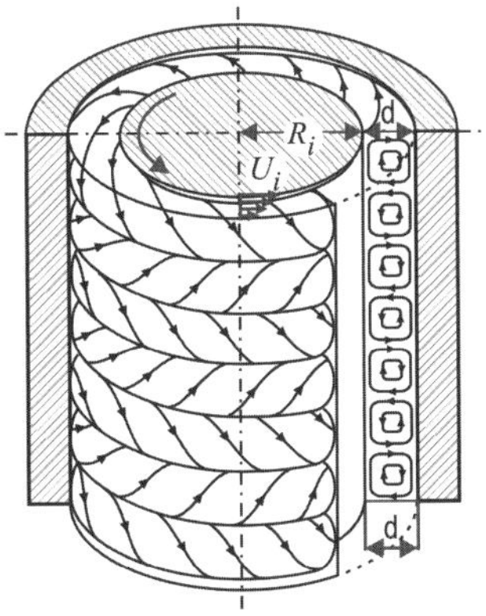


**Figura 5.11**

O fato é que, se o escoamento é devido ao movimento do cilindro interno, a Eq. (5.135), neste caso, só é válida para $Re'' < 41{,}3$.

O porquê da diferença tem a ver com a distribuição das forças centrífugas (proporcionais a $v_\theta^2$; veja a Seção 5.3.6a) que afetam a estabilidade do movimento circular na presença de pequenas perturbações do movimento.

[8] Por exemplo, H. Schlichting, *Boundary-Layer Theory*, 6th ed., McGraw-Hill, 1968.

Quando rota o cilindro externo, as forças centrífugas aumentam na direção radial, de dentro para fora. Essa distribuição "correta" estabiliza o movimento circular. Quando rota o cilindro interno, as forças centrífugas são maiores nas camadas mais internas. Pequenas perturbações são aceleradas pelas forças centrífugas e impelidas para fora. À medida que aumenta a velocidade de rotação, as forças de atrito viscoso do movimento circular não conseguem "abafar" essas perturbações; gera-se então um movimento laminar estável na direção radial, sobreposto ao movimento circular. A geometria do sistema (as paredes) requer que esse movimento radial seja periódico e ligado a um movimento, também periódico, na direção axial: os vórtices de Taylor. A distribuição "incorreta" das forças centrífugas desestabiliza o movimento circular.

Para sistemas nos quais os dois cilindros rodam, seja na mesma direção ou em direções opostas, a transição entre o regime laminar simples (Couette) e o regime laminar periódico (Taylor), assim como a transição entre o regime laminar e turbulento, é observada para valores maiores do $Re''$. (Veja, por exemplo, BSL, Capítulo 3, Exemplo 3.6-3.)

### 5.3.6 Comentários

**(a)** ***Aceleração***

No escoamento tangencial em um anel cilíndrico os elementos materiais se movem em círculos ao redor do eixo. Este movimento é, portanto, *acelerado* no sentido em que a velocidade de um elemento material muda enquanto se desloca no sistema. Não muda em *módulo* (desde que o módulo $|\boldsymbol{v}| = v_\theta$ é somente função de $r$, que é constante ao longo da trajetória circular), mas muda em *direção*. A aceleração é "causada" por uma força que "dobra" a trajetória do elemento material (na ausência de forças, a trajetória seria uma linha reta). A força radial *sobre* o elemento material, responsável pela trajetória circular do mesmo, é chamada *força centrípeta*[9] (Figura 5.12).

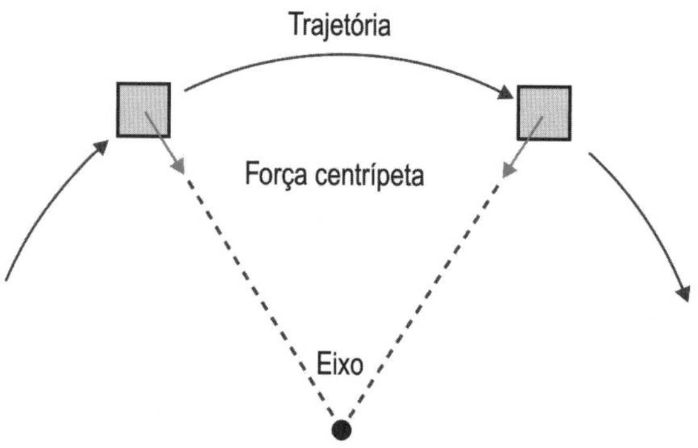


**Figura 5.12**

A Eq. (5.104), o balanço de forças na direção radial, é a expressão da segunda lei de Newton da mecânica clássica, aplicada ao elemento material:

$$\rho \cdot \frac{v_\theta^2}{r} = \frac{\partial p}{\partial r} \tag{5.139}$$

Massa (por unidade de volume) × aceleração = força (por unidade de volume)

Observe que a Eq. (5.104) é válida, ainda que o fluido seja invíscido ($\eta = 0$) e não existam forças de atrito viscoso. Vemos então que: (a) o gradiente de pressão radial é a força centrípeta, e (b) o termo não linear $v_\theta^2/r$ é a aceleração. Neste caso, devido à aceleração ser normal à direção do escoamento, a Eq. (5.105), linear em $v_\theta$, pode ser resolvida independentemente. A expressão de $v_\theta$ obtida é substituída na Eq. (5.104), linear em $p$, que pode ser resolvida sem problemas, contornando-se desta forma a não linearidade da aceleração.

[9] Veja, em um livro-texto de física elementar, a diferença entre a *força centrípeta*, "verdadeira", percebida por um observador fixo, e a *força centrífuga*, "fictícia" (mais conhecida, ou melhor, mais falada), que existe apenas para um observador que se movimenta com o fluido (um observador acelerado). A terminologia ("verdadeira", "fictícia") privilegia o observador fixo.

**(b)** ***Aproximação de fenda estreita***

No limite de $\kappa \to 1$, isto é, para $\Delta R = R_2 - R_1 \ll R_2$, a curvatura das paredes é desprezível e o anel cilíndrico se torna uma fenda estreita, na qual uma das paredes se move com velocidade constante $U_0$. O escoamento tangencial no anel cilíndrico se aproxima do escoamento de Couette, estudado na Seção 3.3.

Não é difícil mostrar que o perfil de velocidade no anel, Eq. (5.119), se transforma, no limite, no perfil de velocidade na fenda, Eq. (3.182). A forma mais simples é considerar o limite $R \to \infty$ para $\Delta R$ e $U_0$ finitos. A Eq. (5.121) pode ser escrita como

$$v_\theta = U_0\left(\frac{1}{1-\kappa^2}\cdot\frac{r}{R} - \frac{\kappa^2}{1-\kappa^2}\cdot\frac{R}{r}\right) \tag{5.140}$$

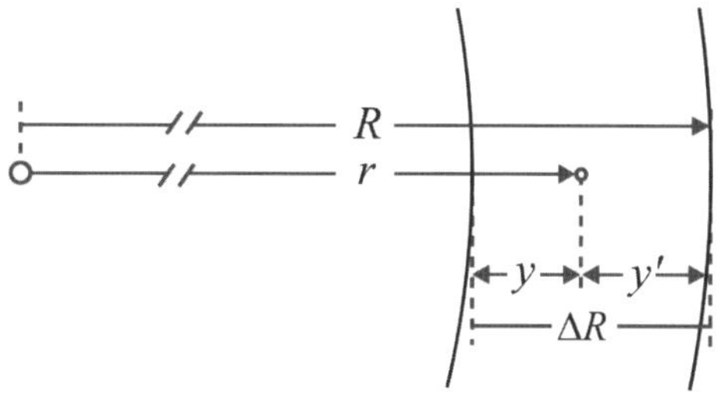


**Figura 5.13**

Utilizando a nomenclatura da Figura 5.13 e desconsiderando os termos de ordem $R^{-2}$, temos

$$\frac{r}{R} = 1 - \frac{y'}{R}, \qquad \frac{R}{r} \doteq 1 + \frac{y'}{R} \tag{5.141}$$

$$\frac{1}{1-\kappa^2} \doteq \frac{R}{2\Delta R}, \qquad \frac{\kappa^2}{1-\kappa^2} \doteq \frac{R}{2\Delta R} - 1 \tag{5.142}$$

onde o símbolo $\doteq$ significa, neste caso, "a menos de termos da ordem $R^{-2}$". Substituindo na Eq. (5.121),

$$v_\theta \doteq U_0\left[\frac{R}{2\Delta R}\left(1 - \frac{y'}{R}\right) - \left(\frac{R}{2\Delta R} - 1\right)\left(1 + \frac{y'}{R}\right)\right] = U_0\left(1 - \frac{y'}{\Delta R} + \frac{y'}{R}\right) \tag{5.143}$$

e no limite

$$v_z = \lim_{R\to\infty}(v_\theta) = U_0\left(1 - \frac{y'}{\Delta R}\right) = U_0\frac{y}{H_0} \tag{5.144}$$

levando em consideração que $y = \Delta R - y'$ e $H_0 \equiv \Delta R$. Para o caso do escoamento gerado pela rotação do cilindro interior, o resultado é

$$v_z = U_0\left(1 - \frac{y}{\Delta R}\right) = U_0\frac{y'}{H_0} \tag{5.145}$$

Isto é, no limite de $\kappa \to 1$, os perfis de velocidade também são idênticos. Observe que os dois casos devem ser comparados com a origem do sistema de coordenadas na parede fixa *ou* na parede móvel.

## 5.4 ESCOAMENTO COMBINADO EM UMA FENDA ESTREITA[10]

Considere o escoamento laminar estacionário de um fluido newtoniano incompressível, de propriedades físicas constantes, no espaço entre duas placas planas paralelas, sob efeito combinado do movimento de uma delas e de um gradiente de pressão na mesma direção (Figura 5.14).

[10] R. B. Bird, R. C. Armstrong e O. Hassager, *Dynamics of Polymeric Liquids*, Volume 1: *Fluid Mechanics*, 2nd ed., Wiley-Interscience, 1987, Exemplo 1.3.1; Z. Tadmor e C. Gogos, *Principles of Polymer Processing*, 2nd ed., Wiley-Interscience, 2006, Exemplo 2.5.

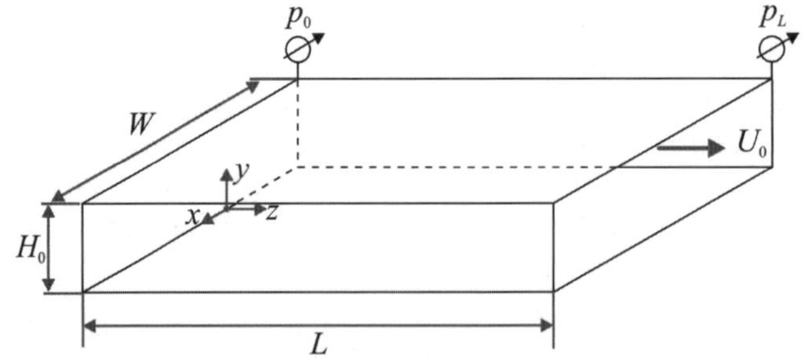


**Figura 5.14**

O comprimento das placas é $L$, a largura é $W$ e a distância entre as placas é $H_0$, com $H_0 \ll L, W$. A placa inferior é estacionária e a placa superior move-se paralelamente com velocidade constante $U_0$. Escolhemos um sistema de coordenadas cartesianas com origem na placa inferior (fixa), com a coordenada $z$ na direção do movimento (axial), de forma tal que $U_0 > 0$, e a coordenada $y$ na direção normal às placas (transversal). Uma diferença de pressão $\Delta p = p_0 - p_L$ é mantida ao longo do comprimento $L$. Vamos considerar tanto o caso $p_0 > p_L$ ($\Delta p > 0$) quanto o caso $p_0 < p_L$ ($\Delta p < 0$), sempre com $U_0 > 0$.

## 5.4.1 Formulação do Problema

A forma funcional proposta é

$$v_z = v_z(y) \qquad (0 < y < H_0) \tag{5.146}$$

$$v_x = v_y = 0 \tag{5.147}$$

$$P = P(z) \qquad (z > 0) \tag{5.148}$$

Observe que a introdução da pressão modificada $P = p + \rho g y$ simplifica a formulação do problema, visto que $p = p(y, z)$, porém $P = P(z)$. As condições de borda são:

Para $y = 0$: $\quad v_z = 0 \qquad (5.149)$

Para $y = H_0$: $\quad v_z = U_0 \qquad (5.150)$

Para $z = 0$: $\quad p = p_0 \qquad (5.151)$

Para $z = L$: $\quad p = p_L \qquad (5.152)$

A componente $z$ da equação de Navier-Stokes é

$$-\frac{dP}{dz} + \eta \frac{d^2 v_z}{dy^2} = 0 \tag{5.153}$$

## 5.4.2 Perfil de Velocidade e Taxa de Cisalhamento

A equação da continuidade e as componentes $x$ e $y$ da equação de Navier-Stokes são satisfeitas automaticamente. Como $P$ é somente função de $z$, e $v_z$ é somente função de $y$, a Eq. (5.153) fica

$$\eta \frac{d^2 v_z}{dy^2} = \frac{dP}{dz} = -\frac{\Delta P}{L} \tag{5.154}$$

onde $\Delta P = \Delta p = p_0 - p_L$. Integrando duas vezes,

$$v_z = -\frac{\Delta P}{2\eta L} y^2 + B_1 y + B_2 \tag{5.155}$$

onde $B_1$ e $B_2$ são duas constantes que podem ser determinadas utilizando as condições de borda, Eqs. (5.149)-(5.150):

$$B_2 = 0 \tag{5.156}$$

$$U_0 = -\frac{\Delta P H_0^2}{2\eta L} + B_1 H_0 \tag{5.157}$$

ou seja,

$$B_1 = \frac{U_0}{H_0} + \frac{\Delta P H_0}{2\eta L} \tag{5.158}$$

Substituindo as Eqs. (5.156) e (5.158) na Eq. (5.155), resulta no perfil de velocidade:

$$\boxed{v_z = U_0 \frac{y}{H_0} + \frac{\Delta P H_0^2}{2\eta L}\left(\frac{y}{H_0}\right)\left(1 - \frac{y}{H_0}\right)} \tag{5.159}$$

Observe que a Eq. (5.159) é a soma da Eq. (3.182) da Seção 3.3 e da Eq. (3.85) da Seção 3.1. Isto é, o perfil de velocidade para o escoamento sob o efeito *combinado* da velocidade de uma placa e de um gradiente de pressão é a *soma* dos perfis de velocidade para os escoamentos sob efeito de cada uma das "forças impulsoras" (velocidade de uma placa e gradiente de pressão) atuantes separadamente.

A Eq. (5.159) pode ser escrita como

$$\frac{v_z}{U_0} = \frac{y}{H_0} + 3\Phi \frac{y}{H_0}\left(1 - \frac{y}{H_0}\right) \tag{5.160}$$

onde

$$\Phi = \frac{\Delta P H_0^2}{6\eta U_0 L} \tag{5.161}$$

O coeficiente numérico 1/6 na definição do parâmetro Φ foi incluído por conveniência; veja a Eq. (5.173), mais na frente.

O parâmetro Φ pode assumir valores positivos (gradiente de pressão "favorável", isto é, $\Delta P > 0$) ou negativos (gradiente de pressão "desfavorável", isto é, $\Delta P < 0$), ou ainda valor zero (sem gradiente de pressão, $\Delta P = 0$, escoamento de Couette puro).

Observe que, devido à forma como temos definido as diferenças de pressão, o gradiente de pressão "favorável" é negativo, isto é, $\Delta P > 0$ quer dizer $dP/dz < 0$ etc.

Para evitar confusões é conveniente utilizar $\Delta P/L = -dP/dz$ como "gradiente" de pressão.

A taxa de cisalhamento avalia-se diferenciando a Eq. (5.159):

$$\dot{\gamma} = \left|\frac{dv_z}{dy}\right| = \left|\frac{U_0}{H_0} + \frac{\Delta P H_0}{2\eta L}\left(1 - 2\frac{y}{H_0}\right)\right| \tag{5.162}$$

ou, em termos do parâmetro Φ,

$$\dot{\gamma} = \frac{U_0}{H_0}\left|1 + 3\Phi\left(1 - 2\frac{y}{H_0}\right)\right| \tag{5.163}$$

### 5.4.3 Vazão

A vazão avalia-se integrando a Eq. (5.159):

$$Q = \int v_z dA = W\int_{-H}^{H} v_z(y)dy = U_0 W\int_0^{H_0} \frac{y}{H_0}dy + \frac{\Delta P H_0^2 W}{2\eta L}\int_0^{H_0} \frac{y}{H_0}\left(1 - \frac{y}{H_0}\right)dy \tag{5.164}$$

ou, em termos da variável de integração adimensional $\xi = y/H$,

$$Q = U_0 H_0 W\int_0^1 \xi d\xi + \frac{\Delta P H_0^3 W}{2\eta L}\int_0^1 \xi(1-\xi)d\xi \tag{5.165}$$

As duas integrais avaliam-se para

$$\int_0^1 \xi d\xi = \left.\frac{\xi^2}{2}\right|_0^1 = \frac{1}{2} \tag{5.166}$$

$$\int_0^1 \xi(1-\xi)d\xi = \left.\left(\frac{\xi}{2} - \frac{\xi^3}{3}\right)\right|_0^1 = \frac{1}{2} - \frac{1}{3} = \frac{1}{6} \tag{5.167}$$

Portanto,

$$\boxed{Q = \tfrac{1}{2}U_0 H_0 W + \frac{\Delta P H_0^3 W}{12\eta L}} \tag{5.168}$$

Observe que a Eq. (5.168) é a soma da Eq. (3.184) da Seção 3.3 e da Eq. (3.34) da Seção 3.1 (desde que $H_0 = 2H$). Em termos do parâmetro $\Phi$,

$$Q = \tfrac{1}{2}U_0 H_0 W(1+\Phi) \tag{5.169}$$

O escoamento neste caso é uma combinação dos escoamentos analisados na Seção 3.1 (escoamento de Poiseuille entre duas placas planas paralelas) e na Seção 3.3 (escoamento de Couette entre duas placas planas paralelas). A equação de movimento é idêntica à obtida detalhadamente no primeiro caso estudado, e as condições de borda são uma combinação das condições de borda dos dois.

A solução da equação de movimento (perfil de velocidade) é a soma das soluções obtidas anteriormente, e o mesmo acontece para as quantidades derivadas do perfil de velocidade, seja por diferenciação (taxa de cisalhamento) ou por integração (vazão). Esta é uma característica dos problemas *lineares* do ponto de vista matemático (tanto a equação de movimento quanto a lei de Newton da viscosidade são equações diferenciais lineares nas variáveis $v_z$ e $y$). Este princípio de combinação de casos mais simples facilita a análise de casos mais complexos.

A contribuição do escoamento de Couette à vazão total é chamada *vazão de arraste* $Q_D$ (*drag flow*), por ser causada pelo "arraste" do fluido pela placa em movimento:

$$Q_D = \tfrac{1}{2}U_0 H_0 W \tag{5.170}$$

A contribuição do escoamento de Poiseuille à vazão total é chamada *vazão de pressão* $Q_P$, por ser causada pelo gradiente de pressão

$$Q_P = \frac{\Delta P H^3 W}{12\eta L} \tag{5.171}$$

A vazão total, Eq. (3.169), é a soma das duas contribuições:

$$Q = Q_D + Q_P \tag{5.172}$$

O comportamento do sistema depende das proporções em que se combinam os dois tipos de escoamento. A medida das contribuições relativas de $Q_D$ e $Q_P$ é o parâmetro adimensional $\Phi$:

$$\Phi = \frac{\Delta P H^2}{6\eta U_0 L} = \frac{Q_P}{Q_D} \tag{5.173}$$

Para $|\Phi| \gg 1$ ($Q_P \gg Q_D$) predomina o escoamento de pressão, no mesmo sentido que o arraste, se $\Phi > 0$, e no sentido oposto, se $\Phi < 0$. Para $|\Phi| \ll 1$ ($Q_P \ll Q_D$) predomina o escoamento de arraste, e para $\Phi = 0$ ($Q_P = 0$) o escoamento é puro arraste (escoamento de Couette entre duas placas).

### 5.4.4 Perfil de Pressão

O perfil axial de pressão é linear e pode ser obtido facilmente da Eq. (5.154):

$$p = p_0 - \frac{\Delta P}{L}z \tag{5.174}$$

Invertendo a Eq. (5.168), obtém-se a queda de pressão em termos da vazão:

$$\frac{\Delta P}{L} = \frac{12\eta}{H_0^3}\left(Q/W - \tfrac{1}{2}U_0 H_0\right) \tag{5.175}$$

ou, em vista da Eq. (5.169),

$$\frac{\Delta P}{L} = \frac{\eta U_0}{6H_0^3}\Phi \tag{5.176}$$

Substituindo as Eqs. (5.175) ou (5.176) na Eq. (5.174),

$$\boxed{p = p_0 - \frac{12\eta}{H_0^3}\left(Q/W - \tfrac{1}{2}U_0 H_0\right)z} \tag{5.177}$$

ou

$$p = p_0 - \frac{\eta U_0}{6H_0^3}\Phi z \tag{5.178}$$

### 5.4.5 Análise do Perfil de Velocidade em Termos do Parâmetro Φ

A análise do perfil de velocidade no intervalo completo de valores positivos e negativos do parâmetro Φ revela interessantes fatos acerca desse escoamento, o mais simples dos escoamentos "complexos", mas de importância para a modelagem de equipamentos de processamento de materiais (Seção 6.5).

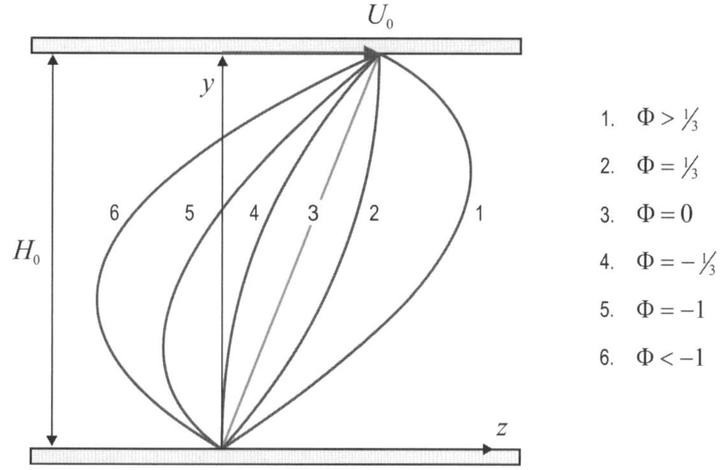


**Figura 5.15**

Para valores elevados do parâmetro Φ [perfil n.º 1 na Figura 5.15] o perfil de velocidade é convexo e a velocidade atinge um máximo relativo $v_{max} > U_0$ no ponto $0 < y_{max} \leq H$. A coordenada do ponto do máximo $y_{max}$ pode ser obtida anulando-se a derivada de $v_z$:

$$\left.\frac{dv_z}{dy}\right|_{y=y_{max}} = 0 \tag{5.179}$$

Levando em consideração a Eq. (5.160),

$$\frac{y_{max}}{H_0} = \frac{1}{2}\left(1 + \frac{1}{3\Phi}\right) \tag{5.180}$$

O valor da velocidade máxima $v_{max}$ obtém-se substituindo a expressão para $y_{max}$ na Eq. (5.160):

$$\frac{v_{max}}{U_0} = \frac{1}{4}(1+3\Phi)\left(1 + \frac{1}{3\Phi}\right) = \frac{(1+3\Phi)^2}{12\Phi} \tag{5.181}$$

À medida que o valor de Φ diminui, o ponto do máximo desloca-se desde $y_{max} = 0$ (para $\Phi \to \infty$) até atingir a placa superior $y_{max} = H$, para $\Phi = 1/3$. Nesse ponto [perfil nº 2 na Figura 5.15 e Figura 5.16] $v_{max} = U_0$.

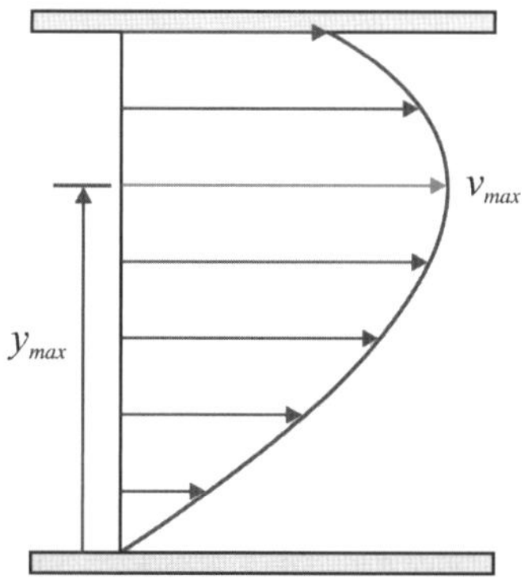


**Figura 5.16**

Para $0 < \Phi < ⅓$ a Eq. (5.160) atinge o máximo relativo em $y_{max} > H$ (fora da fenda), isto é, o perfil de velocidade não tem extremos *relativos*;[11] a velocidade varia entre $v_z = U_0$ (na parede superior) e $v_z = 0$ (na parede inferior).

Quando $\Phi = 0$ [perfil nº 3 na Figura 5.15, linha cinza-clara], $\Delta P = 0$, o perfil de velocidade torna-se linear, o que corresponde ao caso de arraste puro (escoamento de Couette) entre as placas planas paralelas.

Para valores negativos de $\Phi$ ($\Delta P < 0$) o perfil de velocidade é côncavo. Para $-⅓ < \Phi < 0$ a Eq. (5.159) atinge um mínimo relativo em $y_{min} < -H$ (fora da fenda), isto é, o perfil de velocidade não tem extremos *relativos*; a velocidade varia entre $v_z = U_0$ (na parede superior) e $v_z = 0$ (na parede inferior). O mínimo relativo da Eq. (5.160) atinge a parede inferior da fenda ($y_{min} = -H$) para $\Phi = -⅓$ [perfis nº 4 na Figura 5.15].

Para $\Phi < -⅓$ a velocidade perto da parede inferior é negativa [perfis nº 5 e nº 6 na Figura 5.15 e Figura 5.17]. Informalmente, podemos dizer que a *força* do gradiente negativo de pressão − que é independente de $y$ − é suficiente para mover o fluido na direção *oposta* ao arraste perto da parede inferior, isto é, longe da parede superior, que é a *fonte* do arraste. A velocidade $v_z$ atinge um mínimo relativo (máximo de $-v_x$) $v_{min} < 0$ no ponto $-H \leq y_{min} < 0$. A coordenada do ponto do máximo $y_{min}$ pode ser obtida utilizando o mesmo procedimento que na Seção 5.1, isto é, anulando a derivada de $v_x$, para obter

$$\frac{y_{min}}{H_0} = \tfrac{1}{2}\left(1 + \frac{1}{3\Phi}\right) \qquad (5.182)$$

O valor da velocidade máxima $v_{min}$ obtém-se substituindo a expressão para $y_{min}$ na Eq. (5.160):

$$\frac{v_{min}}{U_0} = \tfrac{1}{4}(1+3\Phi)\left(1 + \frac{1}{3\Phi}\right) = \frac{(1+3\Phi)^2}{12\Phi} \qquad (5.183)$$

Observe-se que as Eqs. (5.182)-(5.183) são as mesmas que as Eqs. (5.180)-(5.181); os critérios para máximo e mínimo são os mesmos. À medida que o valor de $\Phi$ diminui, o ponto do mínimo desloca-se desde $y_{min} = 0$ (para $\Phi = -⅓$) aproximando-se de $y_{min} = 0$ para $\Phi = \rightarrow -\infty$.

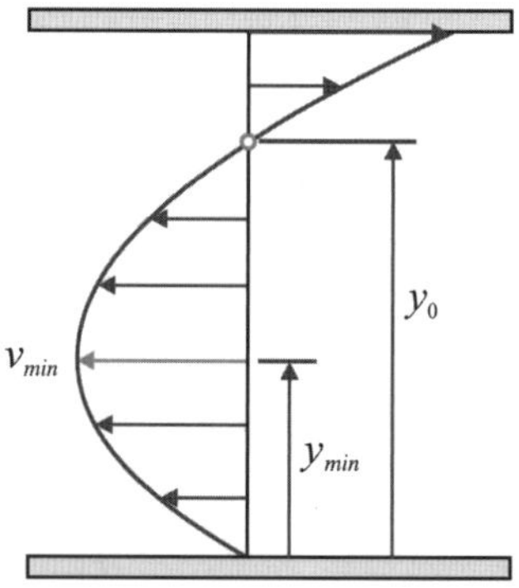


**Figura 5.17**

Sabendo-se que a velocidade é negativa perto da placa inferior e é (necessariamente) positiva perto da placa superior ($v_z = U_0 > 0$ para $y = H$), existe também um plano paralelo às placas, $-H \leq y_0 < H$, onde a velocidade é nula ($v_z = 0$). O ponto de velocidade nula obtém-se através do perfil de velocidade, Eq. (5.160), para $v_z = 0$:

$$1 + 3\Phi\left(1 - \frac{y}{H_0}\right) = 0 \qquad (5.184)$$

o que resulta em

$$\frac{y_0}{H_0} = 1 + \frac{1}{3\Phi} \qquad (5.185)$$

[11] A função $f(y)$ dada pela Eq. (5.159) ou (5.160) é a velocidade do fluido $v_z = f(y)$ na fenda, isto é, para $0 \leq y \leq H_0$, e não tem *significado físico* fora desse intervalo. Mas $f(y)$ é uma função definida e válida para todo valor real de $y$. Se $\Delta P \neq 0$ ($\Phi \neq 0$), a função $f(y)$ tem *sempre* um extremo relativo para $y = y_e$:

$$\frac{2y_e}{H_0} = 1 + \frac{2\eta L U_0}{\Delta P H_0^2} = 1 + \frac{1}{3\Phi}$$

Para $-⅓ < \Phi < ⅓$ o extremo relativo é atingido fora da fenda, isto é, $y_e > H_0$ ou $y_e < 0$. Nesse caso, $y_e$ não tem significado físico.

Comparando a Eq. (5.182) com a Eq. (5.185),

$$y_0 = 2y_{min} \tag{5.186}$$

Observe que para $\Phi > -1/3$ o fluido *recircula* na fenda, isto é, parte do fluido se move em uma direção e parte na direção oposta. O valor crítico para o início deste fenômeno, $\Phi = \Phi_R = -1/3$, corresponde ao gradiente de pressão

$$\left(\frac{\Delta p}{L}\right)_R = -\tfrac{1}{2}\frac{\eta U_0}{H^2} \tag{5.187}$$

Para um determinado valor crítico $\Phi_0$ do parâmetro $\Phi$, a vazão *negativa* perto da placa inferior balanceia exatamente a vazão *positiva* perto da placa superior, e, então, a vazão líquida total é nula (Figura 5.18):

$$Q = \tfrac{1}{2}U_0 H_0 W(1+\Phi_0) = 0 \tag{5.188}$$

ou seja, $Q_P = -Q_D$ e

$$\Phi_0 = -1 \tag{5.189}$$

Para esse valor o gradiente de pressão vale

$$\left(\frac{\Delta p}{L}\right)_0 = -\tfrac{3}{2}\frac{\eta U_0}{H^2} \tag{5.190}$$

O ponto de velocidade nula, neste caso, obtém-se da Eq. (5.185) com $\Phi_0 = -1$:

$$\left.\frac{y_0}{H}\right|_{Q=0} = \tfrac{1}{3} \tag{5.191}$$

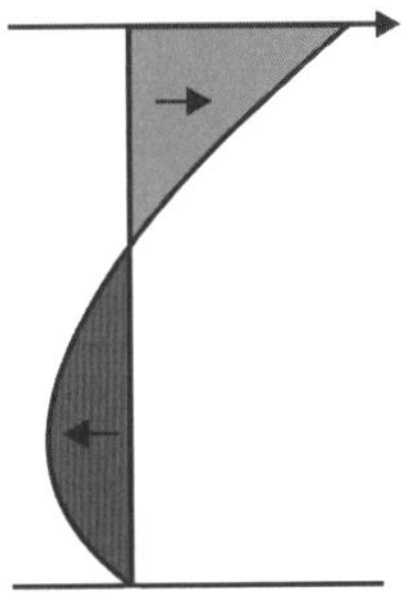

**Figura 5.18**

**Tabela 5.1** Padrões de escoamento combinado

<table>
<tr><th colspan="4">Perfil de velocidade</th><th colspan="2">Vazão</th></tr>
<tr><td>$\Phi > 1/3$</td><td>Perfil de velocidade com máximo relativo<br>$v_{max} > U_0$ a $0 < y_{max} \leq +H$<br>$v_{min} = 0$ a $y_{min} = -H$</td><td rowspan="2">$\Phi > 0$</td><td rowspan="2">Perfil de velocidade convexo<br>($\Delta P > 0$)</td><td rowspan="4">$\Phi > -1$</td><td rowspan="4">Vazão "positiva" (mesma direção que $U_0$)</td></tr>
<tr><td rowspan="2">$-1/3 \leq \Phi \leq 1/3$</td><td rowspan="2">Perfil de velocidade sem max/min relativos<br>$v_{max} = U_0$ a $y_{max} = +H$<br>$v_{min} = 0$ a $y_{min} = -H$</td></tr>
<tr><td>$\Phi = 0$</td><td>Perfil de velocidade linear<br>($\Delta P = 0$)</td></tr>
<tr><td rowspan="3">$\Phi < -1/3$</td><td rowspan="3">Perfil de velocidade com mínimo relativo (escoamento com recirculação)<br>$v_{min} < 0$ a $-H \leq y_{min} < 0$<br>$v_{max} = U_0$ a $y_{max} = +H$</td><td rowspan="3">$\Phi < 0$</td><td rowspan="3">Perfil de velocidade côncavo<br>($\Delta P < 0$)</td></tr>
<tr><td>$\Phi = -1$</td><td>Vazão nula</td></tr>
<tr><td>$\Phi < -1$</td><td>Vazão "negativa" (direção oposta a $U_0$)</td></tr>
</table>

# 5.5 ESCOAMENTOS COMBINADOS EM UM ANEL CILÍNDRICO

## 5.5.1 Introdução: Os Casos

Considere os seguintes escoamentos de fluido newtoniano incompressível no espaço entre dois cilindros concêntricos (raios $R$ e $\kappa R$, $0 < \kappa < 1$, comprimento $L$):

(A) Escoamento sob o efeito do movimento axial do cilindro interno com velocidade constante $U_0$ e de um gradiente de pressão axial constante $\Delta P/L$ (Figura 5.19).

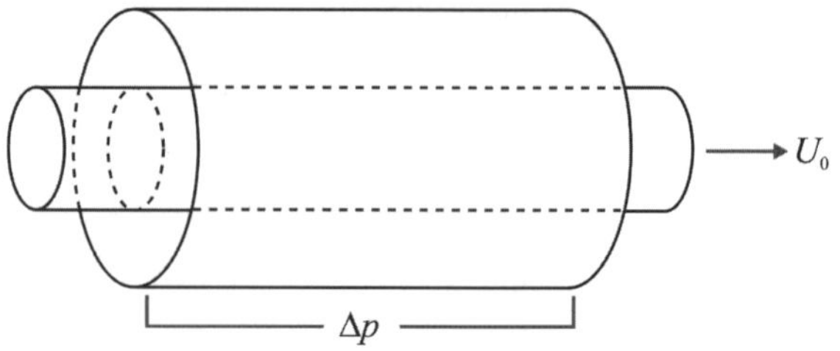


**Figura 5.19**

(B) Escoamento sob o efeito da rotação do cilindro interno com velocidade angular constante $\Omega_0$ e de um gradiente de pressão axial constante $\Delta P/L$ (Figura 5.20).

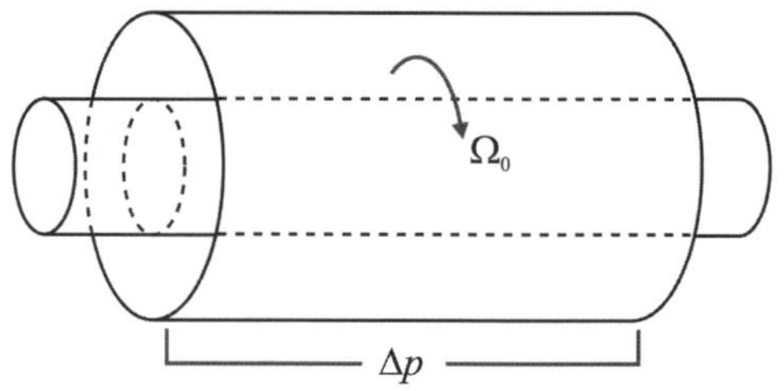


**Figura 5.20**

(C) Escoamento sob o efeito da rotação do cilindro interno com velocidade angular constante $\Omega_0$ e do movimento axial do mesmo com velocidade constante $U_0$ (Figura 5.21).

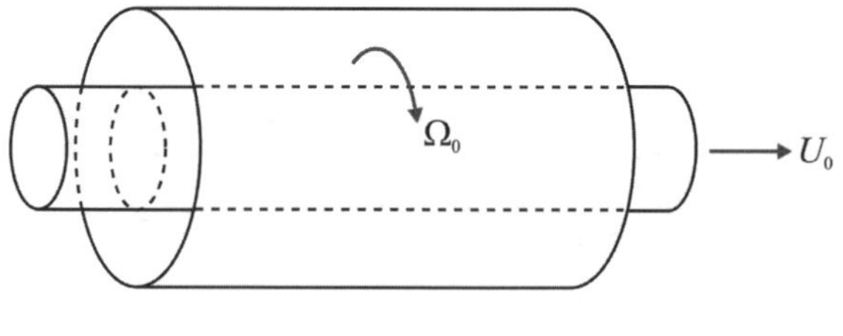


**Figura 5.21**

Considere escoamentos laminares estacionários e isotérmicos para $L \gg R$ (sem efeitos de entrada), levando em conta o princípio de combinação (enunciado na Seção 5.4) e os resultados obtidos para as *componentes* na mesma geometria (anel cilíndrico):

(1) Escoamento sob o efeito de um gradiente de pressão axial constante $\Delta P/L$ (Seção 5.1).
(2) Escoamento sob o efeito do movimento axial do cilindro interno com velocidade constante $U_0$ (Seção 5.2).
(3) Escoamento sob o efeito da rotação do cilindro interno com velocidade angular constante $\Omega_0$ (Seção 5.3).

O princípio de superposição baseia-se em uma propriedade matemática das equações diferenciais *lineares*: a soma de duas soluções particulares é também uma solução particular da equação.

Se tivermos dois escoamentos *na mesma geometria* de solução (perfil de velocidade) conhecida e se forem cumpridas as condições:

- Os termos não lineares da equação de movimento são nulos ou desprezíveis (escoamento lento viscoso).
- A equação constitutiva do fluido é linear (fluido newtoniano de viscosidade constante).
- As condições de borda são lineares.

Então, o perfil de velocidade (solução da equação de movimento) do *escoamento combinado*, com condições de borda iguais à soma das condições de borda dos "componentes", é simplesmente a soma dos perfis de velocidade dos escoamentos componentes. Desta forma é possível obter a solução de escoamentos complexos se for possível sua decomposição em escoamentos simples de solução conhecida.

Para analisar os escoamentos combinados apresentados neste problema, seguindo a prática de todos os escoamentos componentes, define-se um sistema de coordenadas cilíndricas centrado no eixo comum aos cilindros com a coordenada axial $z$ paralela aos mesmos.[12]

### 5.5.2 Escoamento Axial Combinado: Couette-Poiseuille

O caso A corresponde à combinação dos escoamentos simples (1) e (2), que são dois escoamentos axiais ($v_z$ é a única componente da velocidade diferente de 0). O princípio de combinação aplica-se imediatamente. O perfil de velocidade do escoamento combinado é a soma dos perfis de velocidade das componentes. A taxa de cisalhamento e a vazão, obtidas por diferenciação e integração da velocidade, respectivamente, obtêm-se também com a soma das contribuições dos escoamentos componentes, desde que a derivada (e a integral) da soma de duas funções é a soma das derivadas (e das integrais) dos termos somados.

Por exemplo, o perfil de velocidade obtém-se somando a Eq. (5.72) à Eq. (5.29):

$$v_z = \frac{U_0}{\ln\kappa}\ln\left(\frac{r}{R}\right) + \frac{R^2\Delta P}{4\eta L}\left[1-\left(\frac{r}{R}\right)^2 - \frac{1-\kappa^2}{\ln\kappa}\ln\left(\frac{r}{R}\right)\right] \tag{5.192}$$

A taxa de cisalhamento, somando a Eq. (5.73) à Eq. (5.42):

$$\dot{\gamma} = -\frac{U_0}{R\ln(1/\kappa)}\cdot\frac{R}{r} - \frac{R\Delta P}{2\eta L}\left(\frac{r}{R} - \frac{1-\kappa^2}{2\ln(1/\kappa)}\cdot\frac{R}{r}\right) \tag{5.193}$$

E a vazão volumétrica, somando a Eq. (5.81) à Eq. (5.38):

$$Q = \frac{\pi R^2 U_0}{2}\left[\frac{1-\kappa^2}{\ln(1/\kappa)} - 2\kappa^2\right] + \frac{\pi R^4\Delta P}{8\eta L}\left[(1-\kappa^4) - \frac{(1-\kappa^2)^2}{\ln(1/\kappa)}\right] \tag{5.194}$$

Este caso é o equivalente (em geometria cilíndrica) ao escoamento combinado de Couette-Poiseuille, estudado (em geometria plana) na Seção 5.4.

### 5.5.3 Escoamento Axial/Tangencial Combinado: Couette-Poiseuille

O caso B corresponde à combinação dos escoamentos simples (1) e (3). Trata-se de escoamentos em direções *diferentes*, um axial (1) e outro tangencial ou circular (3). O princípio de combinação é aplicável, mas a velocidade no escoamento combinado é a soma *vetorial* das velocidades das componentes. O movimento *helicoidal* do fluido ao longo do anel cilíndrico tem duas componentes independentes da velocidade, uma componente tangencial $v_\theta(r)$, dada pela Eq. (5.119),

$$v_\theta = \Omega_0 R\frac{\kappa^2}{1-\kappa}\left(\frac{R}{r} - \frac{r}{R}\right) \tag{5.195}$$

e uma componente axial $v_z(r)$, dada pela Eq. (5.29),

$$v_z = \frac{R^2\Delta P}{4\eta L}\left[1-\left(\frac{r}{R}\right)^2 - \frac{1-\kappa^2}{\ln\kappa}\ln\left(\frac{r}{R}\right)\right] \tag{5.196}$$

Neste caso, a soma (escalar) dos dois perfis de velocidade não faz muito sentido. Porém, o *módulo* do vetor velocidade pode ser de utilidade:

$$v = \left(v_\theta^2 + v_z^2\right)^{1/2} = \left\{\Omega_0^2 R^2\frac{\kappa^4}{(1-\kappa)^2}\left(\frac{R}{r} - \frac{r}{R}\right)^2 + \frac{R^4\Delta P^2}{8\eta^2 L^2}\left[1-\left(\frac{r}{R}\right)^2 - \frac{1-\kappa^2}{\ln\kappa}\ln\left(\frac{r}{R}\right)\right]^2\right\}^{1/2} \tag{5.197}$$

[12] A partir desta seção vamos eliminar os módulos nas expressões das taxas e tensões de cisalhamento, forças etc.

Da mesma forma, as taxas de cisalhamento obtidas em cada problema representam diferentes componentes do tensor velocidade de deformação, $\dot{\boldsymbol{\gamma}}$, no escoamento combinado: a componente $\dot{\gamma}_{\theta r}(r)$, dada pela Eq. (5.122),

$$\dot{\gamma}_{\theta r} = 2\Omega_0 \left( \frac{\kappa^2}{1-\kappa^2} \right) \left( \frac{R}{r} \right)^2 \tag{5.198}$$

e a componente $\dot{\gamma}_{zr}(r)$, dada pela Eq. (5.42),

$$\dot{\gamma}_{zr} = -\frac{R\Delta P}{2\eta L} \left( \frac{r}{R} + \frac{1-\kappa^2}{2\ln\kappa} \cdot \frac{R}{r} \right) \tag{5.199}$$

A *norma*[13] do tensor velocidade de deformação $\dot{\boldsymbol{\gamma}}$, que neste caso chamamos simplesmente de "taxa de cisalhamento", é o equivalente do módulo no vetor velocidade:

$$\dot{\gamma} = (\dot{\gamma}_{\theta r}^2 + \dot{\gamma}_{zr}^2)^{1/2} = \left\{ \frac{4\kappa^4}{(1-\kappa^2)^2} \Omega_0^2 \left( \frac{R}{r} \right)^4 + \frac{R^2 \Delta P^2}{4\eta^2 L^2} \left( \frac{r}{R} + \frac{1-\kappa^2}{2\ln\kappa} \cdot \frac{R}{r} \right)^2 \right\}^{1/2} \tag{5.200}$$

Como a componente do movimento circular não contribui para a vazão axial, a vazão volumétrica do escoamento combinado é simplesmente a da componente axial, Eq. (5.38),

$$Q = \frac{\pi R^4 \Delta P}{8\eta L} \left[ (1-\kappa^4) - \frac{(1-\kappa^2)^2}{\ln(1/\kappa)} \right] \tag{5.201}$$

## 5.5.4 Escoamento Axial/Tangencial Combinado: Couette-Couette

O caso C corresponde à combinação dos escoamentos simples (2) e (3). Como no caso anterior, trata-se de escoamentos em direções *diferentes*, um axial (2) e outro tangencial ou circular (3). O princípio de combinação é aplicável, mas a velocidade no escoamento combinado é a soma *vetorial* das velocidades das componentes. O escoamento combinado, movimento *helicoidal* do fluido ao longo do anel cilíndrico, tem duas componentes independentes da velocidade, uma componente tangencial $v_\theta(r)$, dada pela Eq. (5.121),

$$v_\theta = \frac{\kappa \Omega_0 R}{1-\kappa^2} \left( \frac{r}{\kappa R} - \frac{\kappa R}{r} \right) \tag{5.202}$$

e uma componente axial $v_z(r)$, dada pela Eq. (5.72),

$$v_z = \frac{U_0}{\ln\kappa} \ln\left( \frac{r}{R} \right) \tag{5.203}$$

O *módulo* do vetor velocidade é

$$v = (v_\theta^2 + v_z^2)^{1/2} = \left\{ \frac{\kappa^2 \Omega_0^2 R}{(1-\kappa^2)^2} \left( \frac{r}{\kappa R} - \frac{\kappa R}{r} \right)^2 + \frac{U_0^2}{(\ln\kappa)^2} \left[ \ln\left( \frac{r}{R} \right) \right]^2 \right\}^{1/2} \tag{5.204}$$

Da mesma forma, as taxas de cisalhamento obtidas em cada problema representam diferentes componentes do tensor velocidade de deformação $\dot{\gamma}$ no escoamento combinado: a componente $\dot{\gamma}_{zr}(r)$, dada pela Eq. (5.121),

$$\dot{\gamma}_{\theta r} = \frac{2\kappa^2 \Omega_0}{1-\kappa^2} \left( \frac{R}{r} \right)^2 \tag{5.205}$$

e a componente $\dot{\gamma}_{zr}(r)$, dada pela Eq. (5.72),

$$\dot{\gamma}_{zr} = \frac{U_0}{R\ln\kappa} \left( \frac{R}{r} \right) \tag{5.206}$$

[13] O *módulo* de um vetor é um escalar independente do sistema de coordenadas ("invariante à mudança de coordenadas", na gíria matemática) que representa a *magnitude* do mesmo. No caso de tensores há vários (três para tensores de segunda ordem) "invariantes" escalares. O mais útil, neste caso, é a *norma* do tensor, definida para tensores simétricos como

$$\dot{\gamma} = \| \dot{\gamma} \| = (\dot{\gamma} : \dot{\gamma})^{1/2}$$

(veja BSL, Seção A3, para o "produto com ponto duplo" de dois tensores) e ligada ao chamado "segundo invariante" do tensor, de uso frequente nos textos de reologia. A respeito, deve-se ter muito cuidado com a forma como diversos autores definem esta função (existe um fator 2 dando volta por aí); da mesma forma é preciso ficar atento às convenções utilizadas para o sinal das tensões de atrito viscoso e à lei de Newton.

A taxa de cisalhamento é

$$\dot{\gamma} = \left(\dot{\gamma}_{\theta r}^2 + \dot{\gamma}_{zr}^2\right)^{1/2} = \left\{ \frac{4\kappa^4}{(1-\kappa^2)^2} \Omega_0^2 \left(\frac{R}{r}\right)^4 + \frac{1}{(\ln\kappa)^2} \left(\frac{U_0}{R}\right)^2 \left(\frac{R}{r}\right)^2 \right\}^{1/2} \tag{5.207}$$

Como a componente do movimento circular não contribui para a vazão axial, a vazão volumétrica do escoamento combinado é simplesmente a da componente axial, Eq. (5.81),

$$Q = \tfrac{1}{2}\pi R^2 U_0 \left[ \frac{1-\kappa^2}{\ln(1/\kappa)} - 2\kappa^2 \right] \tag{5.208}$$

# 5.6 ESCOAMENTO NO CANAL DE UMA EXTRUSORA

## 5.6.1 Introdução

A extrusora de parafuso é um equipamento extremamente versátil e amplamente utilizado no processamento de materiais, para o transporte de sólidos particulados, pastas e fluidos viscosos. Uma aplicação típica consiste no transporte e pressurização de fluidos muito viscosos (por exemplo, plásticos fundidos) para forçar sua passagem por uma matriz – isto é, para *extrudar* o material: daí o nome do equipamento.[14]

A extrusora consiste em uma *rosca* ou parafuso formado por um *núcleo* e um ou mais *filetes* helicoidais dentro de um *barril* ou cilindro de diâmetro interno apenas maior que o da rosca. A rosca rota em torno do *eixo* comum da mesma e do cilindro.

O espaço entre o núcleo, o barril e as faces laterais do filete define um *canal* helicoidal que, junto com o *gap*, espaço entre o ápice do filete e o barril, forma a *câmara de processamento* acessível ao material (Figura 5.22).

A rotação da rosca resulta no transporte do material que preenche a câmara de processamento ao longo da extrusora. Isto é, a extrusora transforma o movimento de rotação da rosca (na direção tangencial ou angular) no movimento do material *na direção axial* da máquina.[15]

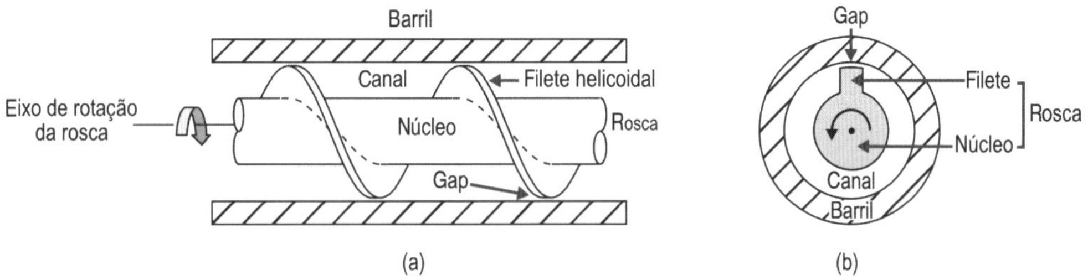


**Figura 5.22**

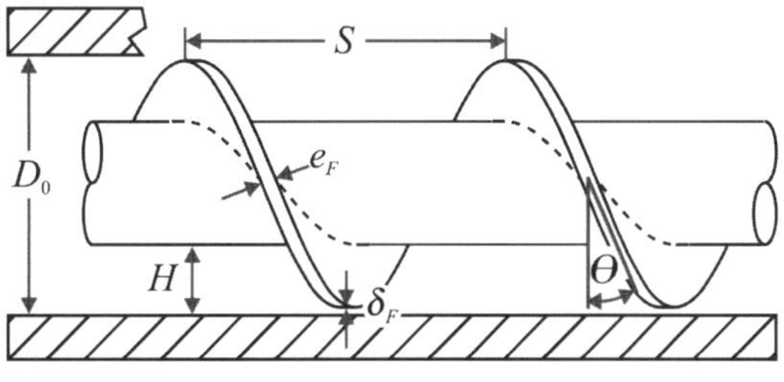


**Figura 5.23**

[14] A extrusora é muito mais que uma simples bomba para fluidos viscosos. Na indústria de processamento de polímeros é utilizada para fundir ("plastificar") termoplásticos e misturar o fundido com outros plásticos e com aditivos sólidos e líquidos, para conduzir todo tipo de modificações físicas e químicas no material etc. A variedade de aplicações tem gerado uma variedade de configurações geométricas e modos operacionais. Nesta seção vamos considerar um modelo muito simplificado de "extrusora básica" como aplicação dos conceitos e métodos de fenômenos de transporte desenvolvidos nas seções prévias. É um excelente exemplo do poder dos fenômenos de transporte: como, utilizando uma bagagem "teórica" bastante reduzida, é possível modelar as características essenciais – ainda que em primeira aproximação – de um equipamento relativamente complexo.

[15] Quando empurramos um parafuso na parede com uma chave de fenda, o movimento de rotação origina o movimento axial *do parafuso*; a parede permanece estacionária. O princípio básico é o mesmo: a rotação gera o movimento axial *relativo* da rosca (parafuso) e do material (parede).

A geometria da câmara de processamento da extrusora é definida por uma série de parâmetros (Figura 5.23):

- diâmetro interno do barril ($D_0$);
- distância radial entre o núcleo da rosca e a parede interna do barril, ou profundidade do canal ($H$);
- distância radial entre o ápice do filete e a parede interna do barril, ou altura do gap ($\delta_F$);
- distância axial entre filetes sucessivos, ou passo da rosca ($S$);
- espessura do filete ($e_F$).

No caso presente vamos considerar a zona de transporte de fluido de uma extrusora monorrosca, onde os parâmetros geométricos não variam ao longo da mesma. Nessa zona, a altura do gap é geralmente mantida no mínimo valor compatível com as tolerâncias de fabricação e a integridade mecânica da rosca, muito menor que a profundidade do canal, $\delta_F \ll H$, de modo que a grande maioria do material se desloca através do canal.[16] No caso presente vamos considerar $\delta_F \approx 0$.

O ângulo da hélice descrita pelo ápice do filete está relacionado com o passo da rosca $S$ e o diâmetro máximo da mesma (o "diâmetro de filete", igual ao diâmetro interno do barril $D_0$ na presente aproximação) através da relação (Figura 5.24):

$$\tan\theta = \frac{S}{\pi D_0} \tag{5.209}$$

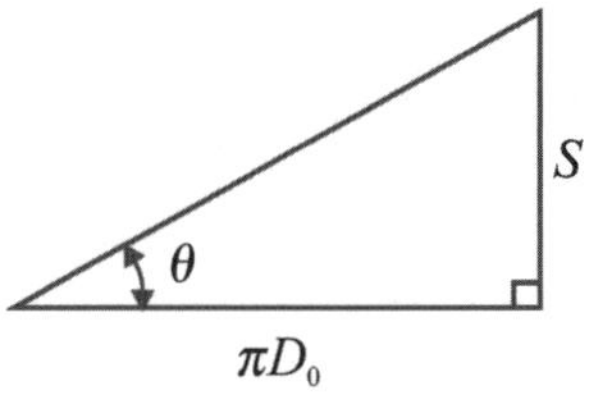


**Figura 5.24**

Na zona de transporte de fluido o canal da extrusora é bastante raso, isto é, $H \ll D_0$. Nessas condições, é possível

(a) Considerar a rosca fixa e o barril rolando no sentido oposto com a mesma velocidade angular $\Omega_0$. Este procedimento (que não é uma aproximação, mas uma simples mudança do "ponto de vista"), chamado *inversão cinemática*, é válido para canais rasos, como visto na Seção 5.3 (veja também a Seção 6.6). Ainda que não seja crítica para o desenvolvimento presente, a inversão cinemática facilita a visualização do escoamento, fazendo com que a rosca, com uma geometria mais complexa (núcleo e filetes), fique estacionária, e o barril, com uma geometria bem mais simples (cilindro), se desloque em relação à rosca.

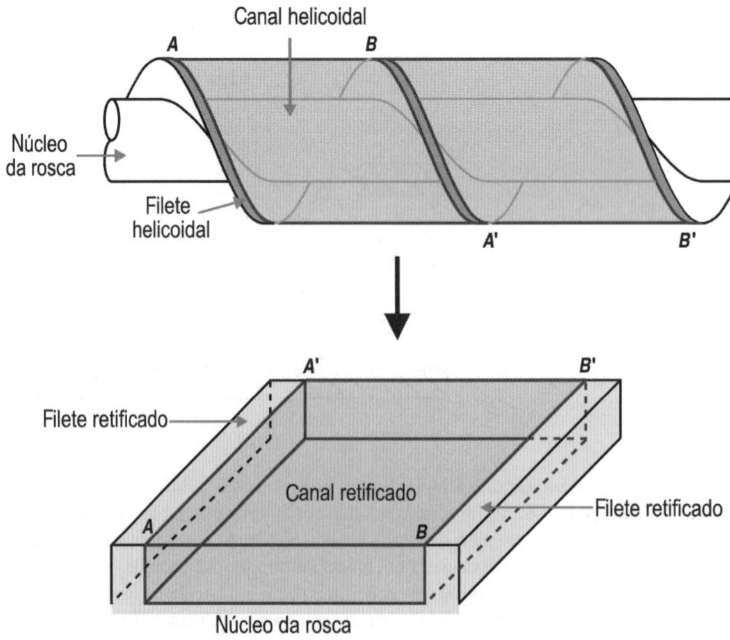


**Figura 5.25**

[16] O vazamento (*leak*) de fluido através do gap tem grande importância na avaliação da potência dissipada no transporte do fluido ao longo da extrusora, assim como para avaliar os efeitos térmicos do escoamento, mas sua contribuição à vazão global é relativamente pequena.

(b) "Desenrolar" e retificar o canal helicoidal, que fica reduzido a uma *fenda estreita* plana entre o núcleo da rosca (parede fixa) e a superfície interna do barril (parede móvel), com paredes laterais (também fixas) formadas pelas faces do filete (Figura 5.25). A suposição de canais rasos permite desconsiderar a curvatura das paredes e considerar que a largura do canal não varia entre a parede fixa e a parede móvel.

O canal retificado tem forma prismática com inclinação dada pelo ângulo de hélice $\theta$ (Figura 5.26).

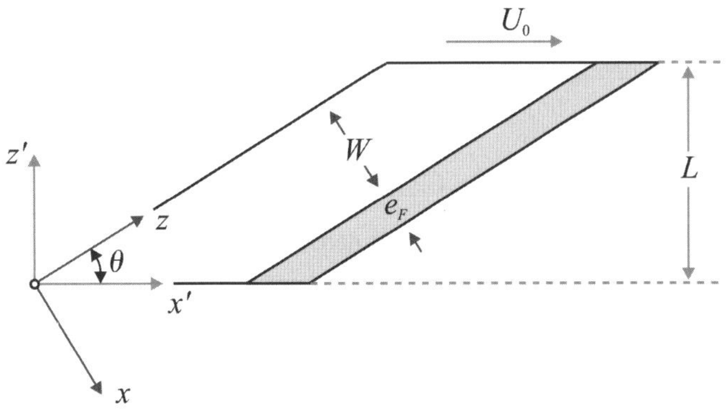


**Figura 5.26**

É possível analisar o escoamento no canal em termos de um sistema de coordenadas cartesianas orientado com o eixo da extrusora ($x'$-$y'$-$z'$) ou de um sistema de coordenadas orientado com o canal ($x$-$y$-$z$). Vamos chamar *coordenadas da extrusora* ao primeiro e *coordenadas do canal* ao segundo. Este último corresponde à rotação das coordenadas da extrusora em torno do eixo comum $y' = y$, de modo que a direção da coordenada ao longo do canal ($z$) forme um ângulo $\theta$ com a direção da coordenada normal ao eixo da extrusora ($x'$) (veja a Figura 5.26).

A largura do canal (independente da coordenada $y$ na aproximação de canais rasos), avaliada na direção da coordenada transversal do canal $x$, é (Figura 5.27):

$$W = \pi D_0 \operatorname{sen}\theta - e_F \tag{5.210}$$

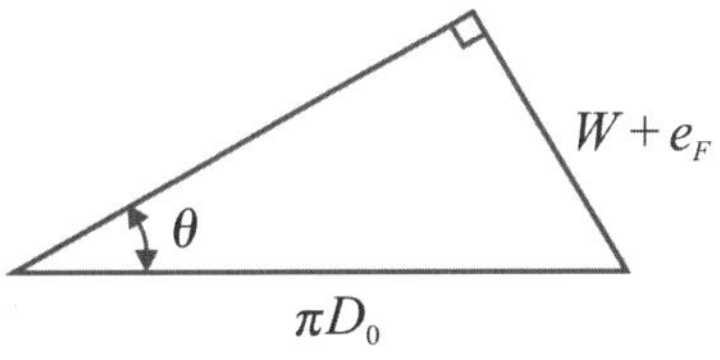


**Figura 5.27**

A velocidade angular de rotação da rosca $\Omega_0$, geralmente expressa em termos das voltas (revoluções) por unidade de tempo[17] $N$, se traduz, no canal retificado e devido à inversão cinemática, na velocidade linear $U_0$ da parede do barril, na direção $x'$ normal ao eixo da extrusora:

$$U_0 = \tfrac{1}{2}\Omega_0 D_0 = \pi N D_0 \tag{5.211}$$

$U_0$ pode se decompor, no sistema de coordenadas do canal (Figura 5.28) como

Através do canal: $$(U_0)_x = U_0 \operatorname{sen}\theta \tag{5.212}$$

Ao longo do canal: $$(U_0)_z = U_0 \cos\theta \tag{5.213}$$

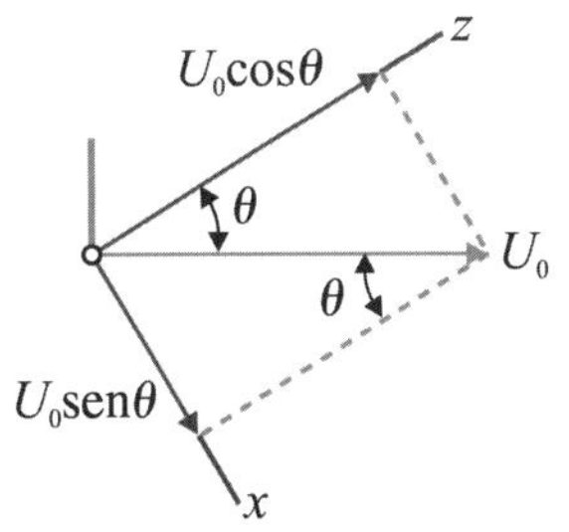


**Figura 5.28**

[17] $\Omega_0 = 2\pi N/60$, onde $\Omega_0$ é expressa em $s^{-1}$ e $N$ é o *número de revoluções por minuto* (rpm).

Vamos considerar o escoamento laminar estacionário de um fluido homogêneo newtoniano incompressível que preenche completamente o canal, ao longo de uma extrusora suficientemente comprida para que os efeitos de entrada sejam desprezíveis (comprimento axial $L \gg H$). Possíveis efeitos térmicos serão desconsiderados; à temperatura constante, a viscosidade $\eta$ e a densidade $\rho$ do fluido são constantes materiais. A velocidade de rotação $\Omega_0$ (e a velocidade linear da parede do canal retificado $U_0$) é constante.

As aproximações e suposições padrões nos permitem utilizar resultados obtidos previamente. Admite-se que o modelo é bastante idealizado, mas *em primeira aproximação* (aproximação grosseira) pode revelar as características mais importantes do problema. Analisamos o escoamento em duas partes, em termos das coordenadas do canal: o *escoamento transversal* (na direção da coordenada $x$) e o *escoamento axial* (na direção da coordenada $z$). A natureza linear do problema permite construir depois a solução como soma (vetorial) das soluções parciais.

## 5.6.2 Escoamento Através do Canal

Considere o escoamento na caixa bidimensional $W \times H$, o sistema de coordenadas $x$-$y$ orientado como mostra a Figura 5.29.

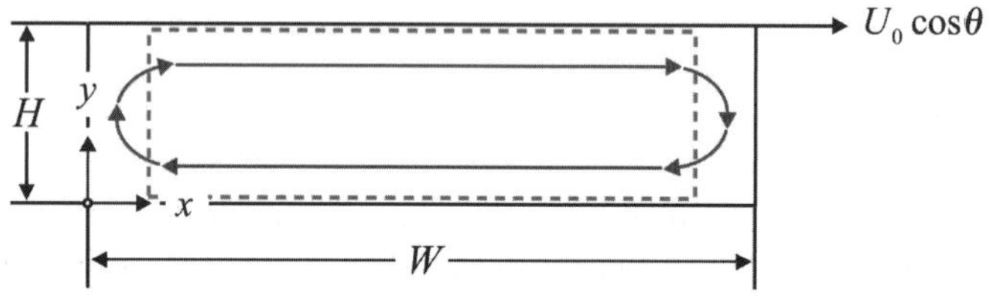


**Figura 5.29**

O fluido próximo da parede móvel, $y = H$ (barril), é arrastado na direção transversal ($x$) até chocar com a parede lateral, $x = W$ (face do filete), que o força a retornar na direção oposta ($-x$), escoando próximo da parede fixa, $y = 0$ (núcleo da rosca). O fluxo de retorno, por sua vez, choca com a parede lateral, $x = 0$ (a outra face do filete), e o ciclo se repete. O fluido fica preso, dando voltas na caixa bidimensional, e a vazão através de todo "plano" normal à direção $x$ é nula, $Q_x \equiv 0$.

A força impulsora do retorno não pode ser outra que um gradiente de pressão na direção oposta ao deslocamento da parede móvel, $-\partial p/\partial y$. Esse gradiente de pressão transversal, se não for imposto exteriormente, será gerado internamente pelo movimento constante do barril, com a ajuda do filete, e terá justo o valor necessário para manter a vazão nula.

Trata-se, portanto, do escoamento numa fenda sob o efeito combinado de um gradiente de pressão e do movimento paralelo de uma parede. Em canais rasos, a fenda pode ser considerada estreita, caso estudado na Seção 5.4. No centro da caixa, não muito perto dos filetes (zona rodeada da linha tracejada na Figura 5.29), o escoamento é unidirecional, com $v_y = 0$ e $v_x = v_x(y)$, expressa pela Eq. (5.159):

$$\frac{v_x}{(U_0)_x} = \frac{y}{H} + 3\Phi_x \frac{y}{H}\left(1 - \frac{y}{H}\right) \tag{5.214}$$

Neste caso $(U_0)_x = U_0 \operatorname{sen}\theta$, Eq. (5.212), e o parâmetro $\Phi_x = -1$, pela condição $Q_x = 0$; portanto,

$$v_x = -U_0 \operatorname{sen}\theta \frac{y}{H}\left(2 - 3\frac{y}{H}\right) \tag{5.215}$$

(Figura 5.30). A componente $xy$ do tensor taxa de deformação por cisalhamento é

$$\dot{\gamma}_{xy} = \frac{dv_x}{dy} = -\frac{2U_0 \operatorname{sen}\theta}{H}\left(1 - 3\frac{y}{H}\right) \tag{5.216}$$

Temos então um perfil quadrático (parabólico) de velocidade e um perfil linear de taxa de cisalhamento. As Eqs. (5.215)-(5.216) mostram que $v_x = U_0 \operatorname{sen}\theta$ para $y = H$, e $v_x = 0$ para $y = 0$ e para $y = \frac{2}{3}H$; $v_x > 0$ para $\frac{2}{3}H < y < H$ e $v_x < 0$ para $0 < y < \frac{2}{3}H$, onde atinge um mínimo $(v_x)_{min} = -\frac{1}{3}U_0 \operatorname{sen}\theta$ em $y = \frac{1}{3}H$ (Figura 5.30).

O gradiente de pressão adverso na direção $x$ é obtido da condição $\Phi_x = -1$ e a definição de $\Phi_x$, Eq. (5.161) é[18]

$$\Phi_x = \frac{H^2}{6\eta(U_0)_x}\left(-\frac{\partial P}{\partial x}\right) \tag{5.217}$$

[18] Um gradiente de pressão *positivo* empurra o fluido na direção oposta, neste caso $-x$.

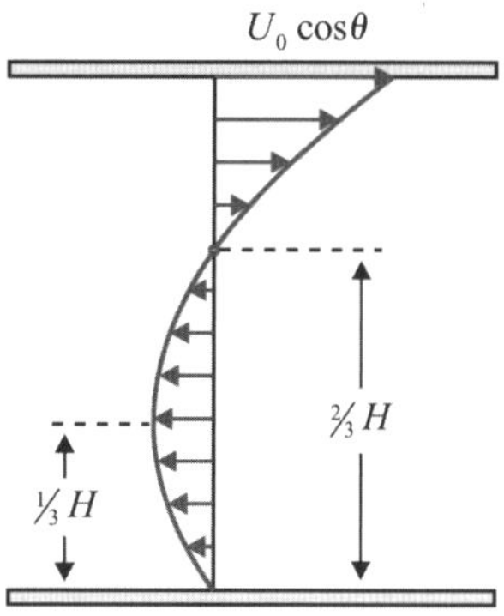


**Figura 5.30**

ou seja,

$$\frac{\partial P}{\partial x} = \frac{6\eta U_0 \operatorname{sen}\theta}{H^2} = \frac{3\eta D_0 \Omega_0 \operatorname{sen}\theta}{H^2} = \frac{6\pi\eta D_0 N \operatorname{sen}\theta}{H^2} \tag{5.218}$$

onde temos substituído a velocidade linear do ápice do filete $U_0$ em termos da velocidade angular da rosca $\Omega_0$, Eq. (5.211).

## 5.6.3 Escoamento ao Longo do Canal

Considere o escoamento ao longo do canal, direção da coordenada $z$. Também neste caso trata-se do escoamento combinado numa fenda estreita estudado na Seção 5.4, um escoamento unidirecional, com $v_y = 0$ e $v_z = v_z(y)$, expressa pela Eq. (5.159):[19]

$$\frac{v_z}{(U_0)_z} = \frac{y}{H} + 3\Phi_z \frac{y}{H}\left(1 - \frac{y}{H}\right) \tag{5.219}$$

Neste caso $(U_0)_z = U_0 \cos\theta$, Eq. (5.213), e o parâmetro $\Phi_z$ (que podemos chamar simplesmente $\Phi$ daqui em diante) dado pela Eq. (5.161) é

$$\Phi = \frac{H^2}{6\eta (U_0)_z}\left(-\frac{\partial P}{\partial z}\right) = \frac{H^2}{6\eta U_0 \cos\theta}\left(-\frac{\partial P}{\partial z}\right) \tag{5.220}$$

O gradiente de pressão ao longo do canal pode ser expresso em termos do gradiente axial na extrusora:

$$\frac{\partial P}{\partial z} = \operatorname{sen}\theta \frac{\partial P}{\partial z'} = -\operatorname{sen}\theta \frac{\Delta P}{L} \tag{5.221}$$

onde temos chamado $\Delta P = P_0 - P_L$ à diferença de pressão (modificada) numa seção de extrusora de comprimento axial $L$ (medido ao longo do eixo da máquina, direção da coordenada $z'$). Substituindo na Eq. (5.220),

$$\Phi = \frac{H^2 \tan\theta}{6\eta U_0} \cdot \frac{\Delta P}{L} \tag{5.222}$$

e substituindo estes resultados na Eq. (5.219),

$$v_z = U_0 \cos\theta \left[\frac{y}{H} + 3\Phi \frac{y}{H}\left(1 - \frac{y}{H}\right)\right] \tag{5.223}$$

ou

$$v_z = U_0 \cos\theta \left[\frac{y}{H} + \frac{H^2 \tan\theta}{2\eta U_0} \cdot \frac{\Delta P}{L} \cdot \frac{y}{H}\left(1 - \frac{y}{H}\right)\right] \tag{5.224}$$

A componente $zy$ do tensor da taxa de deformação é

$$\dot{\gamma}_{zy} = \frac{dv_z}{dy} = \frac{U_0 \cos\theta}{H}\left[1 + 3\Phi\left(1 - 2\frac{y}{H}\right)\right] \tag{5.225}$$

[19] Também neste caso consideramos o escoamento unidirecional longe das paredes laterais (filetes), aproximação justificável para canais rasos, $H \ll W$.

ou

$$\dot{\gamma}_{zy} = \frac{U_0 \cos\theta}{H}\left[1 + \frac{H^2 \tan\theta}{2\eta U_0} \cdot \frac{\Delta P}{L}\left(1 - 2\frac{y}{H}\right)\right] \tag{5.226}$$

Como no caso anterior, temos um perfil quadrático (parabólico) de velocidade e um perfil linear de taxa de cisalhamento.

A vazão $Q = Q_z$ é dada pela Eq. (5.168):

$$Q = ½(U_0)_z HW(1+\Phi) = ½U_0 \cos\theta\, HW(1+\Phi) \tag{5.227}$$

Estamos interessados só no caso $Q > 0$, isto é, no caso em que o fluido é transportado ao longo da extrusora da direção positiva. A Eq. (5.227) requer $\Phi > -1$, e a Eq. (5.222) fica:

$$\frac{\Delta P}{L} > -\frac{6\eta U_0}{H^2 \tan\theta} \tag{5.228}$$

Isto é, a extrusora pode transportar o material *contra* um gradiente de pressão ($\Delta P < 0$). Nesse caso se diz que a extrusora "gera pressão", e sua capacidade de gerar pressão é dada pela Eq. (5.228). Essa capacidade depende de que o canal esteja completamente cheio com o fluido viscoso. Se o canal estiver parcialmente cheio (em contato com uma massa contínua de ar ao longo do canal) a pressão no fluido viscoso será igual à pressão do ar (pressão atmosférica) e $\Delta p \equiv 0$.

Na "aplicação típica" mencionada no início desta seção (o transporte e pressurização de fluidos viscosos para forçar sua passagem por uma matriz) $-\Delta P$ é determinada pela resistência ao escoamento no equipamento alimentado pela extrusora, na forma de uma *pressão de cabeçote* que é necessário gerar (a queda de pressão na matriz). Rara vez uma extrusora é operada com auxílio de uma pressão externa ($\Delta P > 0$); só vamos considerar o caso típico $\Delta P < 0$ ou $-1 < \Phi < 0$.

Às vezes é conveniente analisar o escoamento em termos da vazão de arraste:

$$Q_D = ½HWU_0 \cos\theta \tag{5.229}$$

e da vazão de pressão:

$$Q_P = \frac{H^3 W \operatorname{sen}\theta}{12\eta} \cdot \frac{\Delta P}{L} \tag{5.230}$$

de forma que

$$Q = Q_D + Q_P = ½HWU_0 \cos\theta + \frac{H^3 W \operatorname{sen}\theta}{12\eta} \cdot \frac{\Delta P}{L} \tag{5.231}$$

ou

$$Q = Q_D(1 + \Phi) \tag{5.232}$$

onde

$$\Phi = \frac{Q_P}{Q_D} \tag{5.233}$$

Veja, na Seção 5.4, as Eqs. (5.169)-(5.173).

A *forma* do perfil de velocidade depende, portanto, dos valores relativos de $Q_D$ e $Q_P$.

Dois casos extremos podem ser reconhecidos:

- Para $\Phi = 0$, $Q_P = 0$ e $Q = Q_D$. A resistência na saída é nula e o escoamento ao longo do canal é arraste puro. Esta condição é conhecida como *descarga aberta*.
- Para $\Phi = -1$, $Q_P = -Q_D$ e $Q = 0$. A resistência na saída é igual à capacidade de geração de pressão, e o material recircula ao longo do canal, de forma semelhante à observada no escoamento transversal. Esta condição é conhecida como *descarga fechada*.

A Figura 5.31 representa o perfil de velocidade ao longo do canal, $v_z = v_z(y)$, Eq. (5.223), para vários valores do parâmetro $\Phi$ entre os dois extremos de comportamento.

A velocidade varia entre $v_z = 0$ para $y = 0$ e $v_z = U_0 \cos\theta$ para $y = H$. Para $\Phi < -⅓$ tem-se recirculação na zona próxima ao núcleo da rosca (onde $v_z < 0$), a velocidade atinge um mínimo (negativo) e um "ponto zero" (velocidade axial nula). A posição do mínimo varia entre $y_{min} = 0$ para $\Phi = -⅓$ e $y_{min} = ⅓$ para $\Phi = -1$; a posição do "ponto zero" é simplesmente $y_0 = 2y_{min}$, isto é, varia entre $y_{min} = 0$ para $\Phi < -⅓$ e $y_{min} = ⅔$ para $\Phi = -1$.

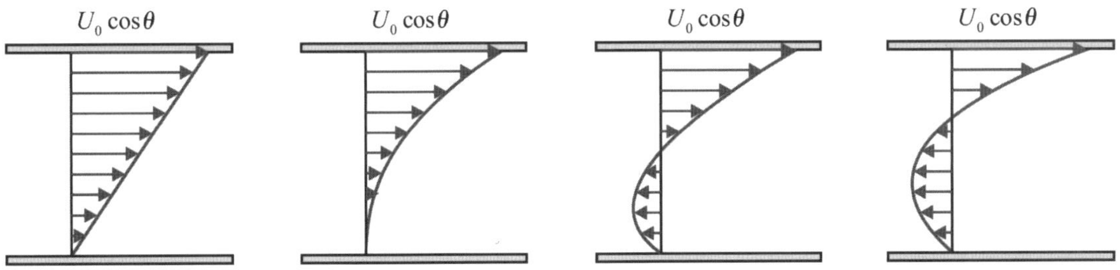


$\Phi = 0\,(Q_P = 0)$ Descarga aberta (a) | $\Phi = -\frac{1}{3}$ (b) | $\Phi = -\frac{2}{3}$ (c) | $\Phi = -1\,(Q_P = -Q_D)$ Descarga fechada (d)

**Figura 5.31**

## 5.6.4 Escoamento Axial (ao Longo da Extrusora)

A análise do problema das coordenadas do canal ($x$-$z$) facilitou a obtenção dos perfis de velocidade, Eqs. (5.515) e (5.223)-(5.224), mas nosso maior interesse é descrever o comportamento do sistema nas coordenadas da extrusora ($x'$-$z'$). Em particular, o perfil de velocidade axial na extrusora, isto é, na direção $z'$, pode ser obtido através da soma (vetorial) dos perfis de velocidade nas coordenadas do canal (Figura 5.32).

$$v_{z'} = v_z \operatorname{sen}\theta - v_x \cos\theta \qquad (5.234)$$

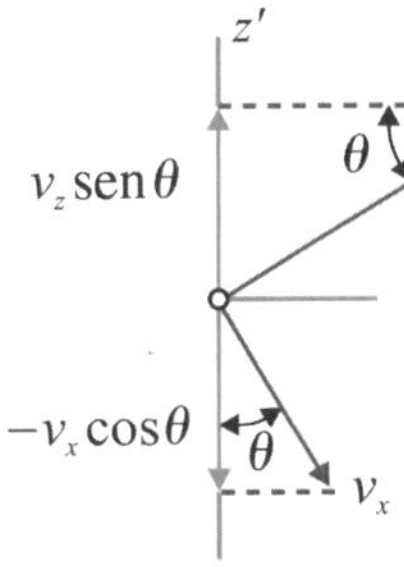


**Figura 5.32**

Substituindo as Eqs. (5.515) e (5.223) na Eq. (5.234), obtém-se

$$v_{z'} = 3U_0(1+\Phi)\operatorname{sen}\theta\cos\theta\frac{y}{H}\left(1-\frac{y}{H}\right) \qquad (5.235)$$

ou, utilizando a Eq. (5.224) em vez da Eq. (5.223) – ou substituindo a Eq. (5.221) na Eq. (5.235),

$$v_{z'} = 3U_0 \operatorname{sen}\theta\cos\theta\left(1+\frac{H^2\tan\theta}{6\eta U_0}\cdot\frac{\Delta P}{L}\right)\frac{y}{H}\left(1-\frac{y}{H}\right) \qquad (5.236)$$

A Figura 5.33 representa o perfil de velocidade axial na extrusora, $v_{z'} = v_{z'}(y)$, Eq. (5.235), para vários valores do parâmetro $\Phi$ entre os dois extremos de comportamento.

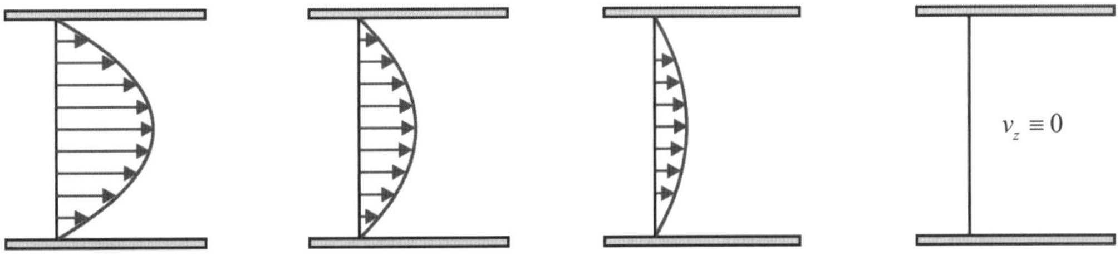


$\Phi = 0\,(Q_P = 0)$ Descarga aberta (a) | $\Phi = -\frac{1}{3}$ (b) | $\Phi = -\frac{2}{3}$ (c) | $\Phi = -1\,(Q_P = -Q_D)$ Descarga fechada (d)

**Figura 5.33**

Observe que não existe arraste na direção axial (o arraste é na direção $x'$ normal a $z'$), $v_{z'} = 0$ nas paredes $y = 0$ e $y = H$, e atinge o máximo no plano central $y = \frac{1}{2}H$:

$$(v_{z'})_{max} = \tfrac{3}{4}U_0 \operatorname{sen}\theta\cos\theta(1+\Phi) \tag{5.237}$$

ou

$$(v_{z'})_{max} = \tfrac{3}{4}U_0 \operatorname{sen}\theta\cos\theta\left(1+\frac{H^2\tan\theta}{6\eta U_0}\cdot\frac{\Delta P}{L}\right) = \tfrac{3}{4}U_0 \operatorname{sen}\theta\cos\theta + \frac{H^2\operatorname{sen}^2\theta}{12\eta}\cdot\frac{\Delta P}{L} \tag{5.238}$$

A velocidade média pode ser obtida integrando o perfil de velocidade, Eq. (5.235) – como temos feito repetidas vezes – ou simplesmente dividindo a Eq. (5.232) pela área normal:

$$A_F = \frac{HW}{\operatorname{sen}\theta} \tag{5.239}$$

Ou seja,

$$\bar{v}_{z'} = \frac{Q}{A_F} = \tfrac{1}{2}U_0 \operatorname{sen}\theta\cos\theta(1+\Phi) \tag{5.240}$$

Comparando com a Eq. (5.237),

$$\bar{v}_{z'} = \tfrac{2}{3}(v_{z'})_{max} \tag{5.241}$$

um resultado familiar para fendas estreitas; [veja a Eq. (3.37)].

Pode ser interessante observar o deslocamento de uma partícula material no canal da extrusora. A Figura 5.34 mostra a trajetória de uma partícula "típica" nas condições extremas: descarga aberta ($\Phi = 0$) e fechada ($\Phi = -1$) e um caso intermédio ($\Phi \approx -\frac{1}{2}$). O traço cheio corresponde ao movimento transversal de arraste perto da parede móvel (barril) e o traço pontilhado ao movimento no interior do canal, mais ou menos equidistante das paredes. Observe as trajetórias fechadas do fluido preso no canal para descarga fechada.

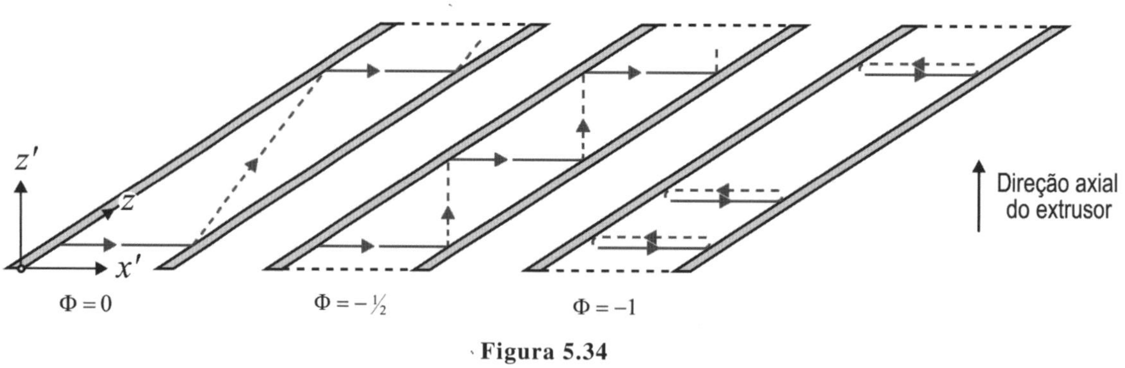


**Figura 5.34**

## 5.6.5 Equação Característica

Uma das expressões mais úteis desenvolvidas nesta seção é a *equação característica* da extrusora, Eq. (5.231) substituindo a Eq. (5.211),

$$Q = \tfrac{1}{2}\pi N D_0 HW\cos\theta + \frac{H^3 W\operatorname{sen}\theta}{12\eta}\cdot\frac{\Delta P}{L} \tag{5.242}$$

que relaciona as *condições operativas* (vazão volumétrica $Q$, velocidade de rotação da rosca $N$, gradiente de pressão na extrusora $\Delta P/L$), com a *geometria* (diâmetro da rosca $D_0$, profundidade do canal $H$, largura do canal $W$, ângulo da hélice $\theta$) e as propriedades físicas do *material* (viscosidade $\eta$). Graças à natureza linear do problema (escoamento laminar de um fluido newtoniano), as contribuições do arraste e do gradiente de pressão à vazão aparecem claramente separadas, nos dois termos na direita da Eq. (5.242).

A Eq. (5.242) tem muitas limitações, decorrentes das múltiplas suposições e aproximações feitas na sua derivação: fluido newtoniano, temperatura constante, canais rasos, vazamento desprezível no ápice dos filetes etc. Porém, ela é a base para a análise do escoamento em extrusoras monorroscas, e pode ser "corrigida" para acomodar algumas das aproximações. Por exemplo, o "efeito de bordas" das paredes laterais do filete é levado em consideração através de *fatores de forma* separados para a vazão de arraste ($F_D$) e a vazão de pressão ($F_P$):

$$\boxed{Q = \tfrac{1}{2}\pi N D_0 H W \cos\theta \cdot F_D + \frac{H^3 W \operatorname{sen}\theta}{12\eta} \cdot \frac{\Delta P}{L} F_P} \tag{5.243}$$

Os fatores de correção $F_D$ e $F_P$ são funções somente da relação entre a profundidade ($H$) e a largura ($W$) do canal.[20] Para todos os casos de interesse prático (na zona de transporte de fluidos nas extrusoras monorroscas $H/W$ é tipicamente 0,05 a 0,1) $H < 0,6W$, e as expressões obtidas na Seção 3.1, Eq. (3.63), e na Seção 3.3, Eq. (3.197), podem ser utilizadas:

$$F_P = 1 - 0,63\frac{H}{W} \tag{5.244}$$

$$F_D = 1 - 0,57\frac{H}{W} \tag{5.245}$$

Nas Eqs. (5.242)-(5.245) a largura do canal $W$ pode ser avaliada em termos do diâmetro da rosca $D_0$, da espessura do filete $e_F$ e do ângulo da hélice $\theta$, parâmetros geométricos geralmente mais acessíveis que a largura $W$, utilizando a Eq. (5.210).

## 5.6.6 Taxa de Cisalhamento

A breve discussão dos escoamentos helicoidais no anel cilíndrico (Seção 5.5) sugere a definição da taxa de cisalhamento *escalar* (independente do sistema de coordenadas) como

$$\dot{\gamma} = \sqrt{\dot{\gamma}_{xy}^2 + \dot{\gamma}_{zy}^2} \tag{5.246}$$

Substituindo as Eqs. (5.216) e (5.225) na Eq. (5.246),

$$\dot{\gamma} = \frac{U_0}{H} f \tag{5.247}$$

onde $f$ é função da posição ($y/H$), do ângulo da hélice ($\theta$), e do parâmetro $\Phi$:

$$f^2 = 4\left[1 - 6\frac{y}{H} + 9\left(\frac{y}{H}\right)^2\right]\operatorname{sen}^2\theta + \left[(1+3\Phi)^2 - 12\Phi(1+3\Phi)\frac{y}{H} + 36\Phi^2\left(\frac{y}{H}\right)^2\right]\cos^2\theta \tag{5.248}$$

O *valor médio de mistura* da taxa de cisalhamento (Seção 3.3.7) é adequado para avaliar (aproximadamente) a potência dissipada ou a deformação imposta no material no canal da extrusora:

$$\dot{\gamma}_m = \sqrt{\overline{(\dot{\gamma}^2)_m}} = k\frac{U_0}{H} \tag{5.249}$$

onde

$$k = \sqrt{f_m^2} = \left(\frac{1}{\overline{v}_{z'} H}\int_0^H f^2 v_{z'} dy\right)^{\frac{1}{2}} \tag{5.250}$$

Substituindo as Eqs. (5.248), (5.236) e (5.240) na Eq. (5.250) e avaliando a integral, temos

$$k = \sqrt{\frac{14}{5}\operatorname{sen}^2\theta + \left(1 + \frac{9}{5}\Phi^2\right)\cos^2\theta} \tag{5.251}$$

A Figura 5.35 representa o fator $k$ como função do parâmetro $\Phi$ para valores típicos do ângulo da hélice, correspondentes a $S = \tfrac{1}{2}D_0$ ($\theta = 9{,}04°$), $S = D_0$ ($\theta = 17{,}66°$) e $S = 2D_0$ ($\theta = 32{,}48°$).

[20] Dentro do nível de aproximação discutido nesta seção (canais rasos retificados, temperatura constante, altura do gap nula etc.), a Eq. (5.242) é a solução *exata* do problema unidimensional (desconsiderando os efeitos de bordas), assim como a Eq. (5.243) é a solução *exata* do problema bidimensional. O uso das expressões aproximadas para os fatores de forma, Eq. (5.244)-(5.245) – em vez das expressões exatas, Eqs. (3.195) e (3.61) – é uma simples conveniência que não afeta a natureza da solução.

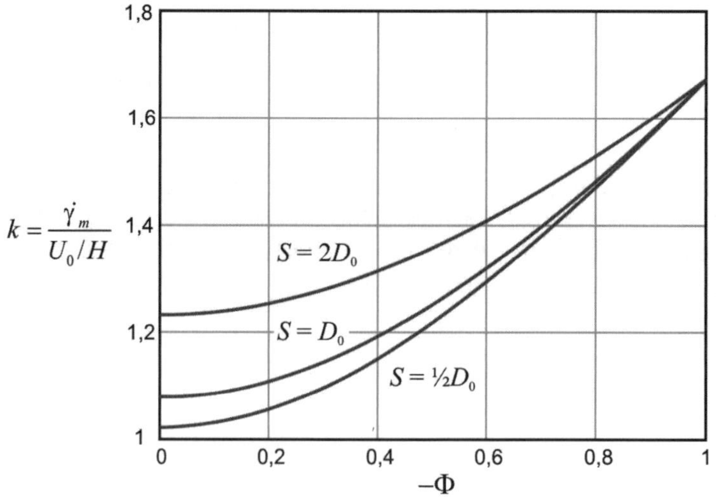


**Figura 5.35**

Observe que $k > 1$ sempre, e $k = \sqrt{14/5} = 1{,}67$ (independente do ângulo) para $\Phi = 0$. Para avaliar a *ordem de magnitude* da taxa de cisalhamento no canal da extrusora é muitas vezes utilizada, na prática, a expressão:

$$(\dot{\gamma})_{\text{canal}} \approx \frac{U_0}{H} \tag{5.252}$$

Avaliações mais elaboradas da taxa de cisalhamento média aconselham multiplicar a Eq. (5.251) por um fator de correção de 0,8.

## 5.6.7 Potência

Levando em consideração o nível de aproximação do modelo desenvolvido nesta seção (e a inversão cinemática), a potência necessária para mover a rosca (com o barril estacionário) é avaliada como a potência necessária para mover o barril (com a rosca estacionária). A potência desenvolvida numa fatia diferencial do canal (largura $W$, comprimento $dz$) é dada pela soma de dois termos semelhantes à Eq. (3.190), correspondentes ao escoamento transversal e axial nas coordenadas do canal:

$$d\mathcal{W} = \left[\tau_{xy}^{(w)}(U_0)_x + \tau_{zy}^{(w)}(U_0)_z\right]Wdz \tag{5.253}$$

onde as tensões de cisalhamento na parede móvel são, levando em consideração as Eqs. (5.216) e (5.225),

$$\tau_{xy}^{(w)} = \eta\,\dot{\gamma}_{xy}\big|_{y=H} = 4\eta\frac{U_0 \operatorname{sen}\theta}{H} \tag{5.254}$$

$$\tau_{zy}^{(w)} = \eta\,\dot{\gamma}_{zy}\big|_{y=H} = (1-3\Phi)\eta\frac{U_0 \cos\theta}{H} \tag{5.255}$$

e as componentes da velocidade estão dadas pelas Eqs. (5.212)-(5.213). Substituindo na Eq. (5.253), temos

$$d\mathcal{W} = \left(4\operatorname{sen}^2\theta + (1-\Phi)\cos^2\theta\right)\eta\frac{U_0^2 W}{H}dz \tag{5.256}$$

Nas coordenadas da extrusora, levando em conta que $dz' = \operatorname{sen}\theta\, dz$ e integrando ao longo de uma seção de extrusora de comprimento $L$,

$$\mathcal{W} = \left(4\operatorname{sen}^2\theta + (1-\Phi)\cos^2\theta\right)\eta\frac{U_0^2 WL}{H\operatorname{sen}\theta} \tag{5.257}$$

Substituindo as expressões para a velocidade linear $U_0$, Eq. (5.211), e o parâmetro $\Phi$, Eq. (5.222), na expressão anterior,

$$\mathcal{W} = \left[4\operatorname{sen}^2\theta + \left(1 - \frac{H^2\tan\theta}{6\eta U_0}\cdot\frac{\Delta P}{L}\right)\cos^2\theta\right]\frac{\eta\pi^2 N^2 D_0^2 WL}{H\operatorname{sen}\theta} \tag{5.258}$$

ou

$$\mathcal{W} = \left(1 + 3\operatorname{sen}^2\theta - \frac{H^2 \operatorname{sen}\theta\cos\theta}{12\pi\eta N D_0} \cdot \frac{\Delta P}{L}\right)\frac{\eta\pi^2 N^2 D_0^2 W L}{H \operatorname{sen}\theta} \tag{5.259}$$

A Eq. (5.259) permite avaliar a potência *total* necessária para operar a extrusora, que é utilizada em parte para gerar a pressão $-\Delta P$ e em parte é dissipada em forma de calor que, se não for transferido para fora através das paredes do barril e/ou da rosca, resulta no aumento da temperatura do fluido.

### 5.6.8 Conclusão

Modelagem de extrusoras é uma área importante no estudo do processamento de materiais. Temos visto nesta seção que é possível obter um bom ponto de partida nessa área pela simples aplicação dos conhecimentos adquiridos na análise dos escoamentos básicos nos Capítulos 3 e 5 deste livro. Para uma introdução mais apurada ao assunto, pode-se consultar um texto de processamento de polímeros, como, por exemplo, Z. Tadmor e C. Gogos, *Principles of Polymer Processing*, 2nd ed., Wiley-Interscience, 2006, Seção 6.3. Para mais informações, deve-se recorrer às monografias especializadas sobre extrusão, como, por exemplo, C. Rauwendaal, *Polymer Extrusion*, 4th ed., Hanser, 2001. A obra de Z. Tadmor e I. Klein, *Engineering Principles of Plasticating Extrusion*, Reinhold, 1970, inclui – entre outras joias – uma detalhada e rigorosa derivação da correção da equação característica, Eq. (5.242), pelo efeito da vazão através do gap entre o ápice dos filetes e o barril (Seção 6.216, p. 224-231). A derivação pode ser facilmente seguida pelo estudante interessado e constitui mais um exemplo, desta vez da mão de um mestre, de como um conhecimento elementar de fenômenos de transporte permite analisar problemas bastante complexos.

## 5.7 ESCOAMENTO DE UM FILME LÍQUIDO PLANO[21]

Considere o escoamento de um líquido newtoniano incompressível num plano inclinado sob efeito de seu peso e em contato com a atmosfera (ar) (Figura 5.36).

### 5.7.1 Perfil de Velocidade e Espessura do Filme Descendente

Considere uma parede plana (comprimento $L$, largura $W$) que forma um ângulo $\beta$ com a horizontal ($0 < \beta \leq \frac{1}{2}\pi$), sobre a qual escoa, sob efeito de seu próprio peso, um líquido newtoniano incompressível (densidade $\rho$, viscosidade $\eta$) em contato com a atmosfera. Consideremos o escoamento laminar estacionário e isotérmico, desconsiderando os efeitos de entrada e saída. Longe dos extremos da parede, a suposição de termos uma interface líquido-ar plana e paralela à parede (isto é, um filme de espessura uniforme $\delta$) parece razoável (Seção 5.7.2b).

Nessas condições, escolhemos um sistema de coordenadas cartesianas com centro na superfície do filme em contato com o ar, onde a coordenada $z$ está na direção do escoamento e a coordenada $y$ na direção normal à interface. A simetria do sistema sugere que a pressão e a única componente não nula da velocidade (na direção $z$) sejam apenas funções da coordenada transversal $y$:

$$0 < y < \delta: \qquad p = p(y), \quad v_z = v_z(y), \quad v_x = v_y = 0 \tag{5.260}$$

Na interface líquido-ar vamos supor atrito viscoso desprezível e pressão atmosférica (Seção 5.7.2a):

$$y = 0: \qquad p = p_0 \tag{5.261}$$

$$y = 0: \qquad \tau_{zy} = 0 \tag{5.262}$$

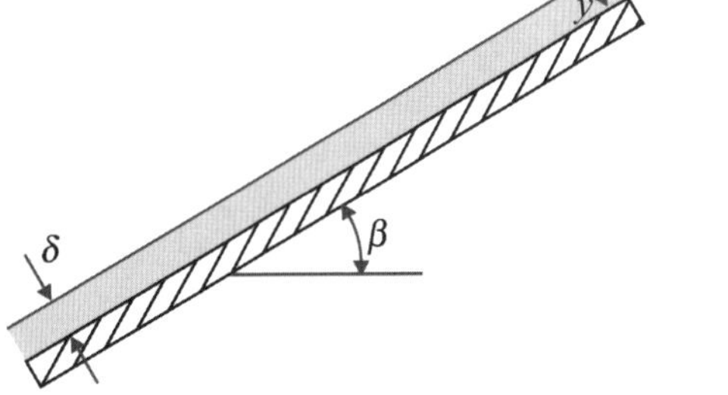


**Figura 5.36**

[21] BSL, Seção 2.2.

A condição de não deslizamento na parede sólida requer

$$y = \delta: \qquad v_z = 0 \tag{5.263}$$

As componentes $y$ e $z$ da equação de movimento em termos das componentes do tensor $\boldsymbol{\tau}$ ficam reduzidas a

$$\frac{dp}{dy} = \rho g \cos\beta \tag{5.264}$$

$$\frac{d\tau_{zy}}{dy} = \rho g \operatorname{sen}\beta \tag{5.265}$$

onde temos considerado que as componentes $y$ e $z$ do vetor aceleração da gravidade $\mathbf{g}$ são $g_y = g \cdot \cos\beta$, $g_z = g \cdot \operatorname{sen}\beta$. A componente $x$ da equação de movimento e a da equação da continuidade são satisfeitas identicamente para a dependência funcional proposta [Eq. (5.260)].

A integração da Eq. (5.264), com a condição de borda, Eq. (5.261), fornece o perfil (linear) de pressão:

$$\boxed{p = p_0 + \rho g \cos\beta y} \tag{5.266}$$

A integração da Eq. (5.265), com a condição de borda, Eq. (5.262), fornece o perfil (linear) de tensão de cisalhamento:

$$\tau_{zy} = \rho g\,(\operatorname{sen}\beta)\,y \tag{5.267}$$

Substituindo a lei de Newton da viscosidade e integrando novamente, temos

$$v_z = -\frac{\rho g \operatorname{sen}\beta}{2\eta} y^2 + C \tag{5.268}$$

onde a constante de integração $C$ é obtida da condição de borda restante, Eq. (5.263):

$$C = \frac{\rho g \operatorname{sen}\beta}{2\eta}\delta^2 \tag{5.269}$$

Introduzindo a Eq. (5.269) na Eq. (5.268), temos o perfil (quadrático) de velocidade (Figura 5.37):

$$\boxed{v_z = \frac{\rho g \delta^2 \operatorname{sen}\beta}{2\eta}\left[1 - \left(\frac{y}{\delta}\right)^2\right]} \tag{5.270}$$

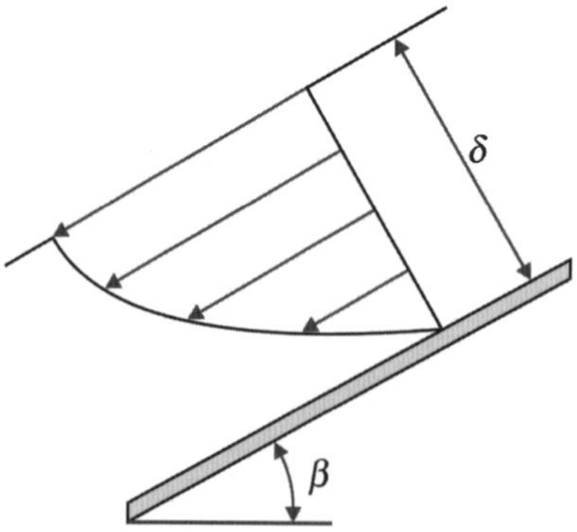


**Figura 5.37**

A vazão é obtida por integração na área de escoamento:

$$\frac{Q}{W} = \int_0^\delta v_z dy = v_z = -\frac{\rho g \delta^3 \operatorname{sen}\beta}{2\eta}\int_0^\delta\left[1 - \left(\frac{y}{\delta}\right)^2\right] d\left(\frac{y}{\delta}\right) \tag{5.271}$$

$$\frac{Q}{W} = -\frac{\rho g \delta^3 \operatorname{sen}\beta}{2\eta}\int_0^1 [1 - \xi^2]\, d\xi = -\frac{\rho g \delta^3 \operatorname{sen}\beta}{2\eta}\left[1 - \frac{\xi^3}{3}\right]_0^1 \tag{5.272}$$

e, finalmente,

$$\boxed{\frac{Q}{W} = \frac{\rho g \delta^3 \operatorname{sen}\beta}{3\eta}} \tag{5.273}$$

A Eq. (5.273) permite avaliar a espessura do filme para uma dada vazão por unidade de largura:

$$\delta = \left[\frac{3\eta(Q/W)}{\rho g \operatorname{sen}\beta}\right]^{1/3} \tag{5.274}$$

A velocidade máxima (na interface líquido-ar) é obtida da Eq. (5.270) para $y = 0$:

$$v_{max} = \frac{\rho g \delta^2 \operatorname{sen}\beta}{2\eta} \tag{5.275}$$

e a velocidade média dividindo a vazão, Eq. (5.273), pela área de escoamento $\delta W$

$$\bar{v} = \frac{Q}{\delta W} = \frac{\rho g \delta^2 \operatorname{sen}\beta}{3\eta} \tag{5.276}$$

Comparando as Eqs. (5.275) e (5.276), vemos que

$$\bar{v} = \tfrac{2}{3} v_{max} \tag{5.277}$$

O perfil de velocidade, Eq. (5.270), pode ser expresso de forma mais compacta em termos da velocidade máxima ou da velocidade média:

$$\boxed{v_z = v_{max}\left[1 - \left(\frac{y}{\delta}\right)^2\right] = \tfrac{3}{2}\bar{v}\left[1 - \left(\frac{y}{\delta}\right)^2\right]} \tag{5.278}$$

Observe que o perfil de velocidade, vazão etc., obtidos, coincidem com os resultados do escoamento em uma fenda estreita (Seção 3.1) para $H = \delta$. O filme é equivalente a meia fenda; a condição interfacial no filme é equivalente à condição de simetria na fenda.

## 5.7.2 Comentários

**(a)** ***Condições de borda na interface líquido-ar***

O ar, como todos os gases (a pressões que não sejam *extremamente* baixas), é um fluido viscoso, ainda que possua viscosidade muito menor – em condições normais – do que a maioria dos líquidos.[22] Portanto, na interface líquido-ar, o ar "adere" ao líquido e sua velocidade deve ser igual à do líquido nesse plano. Para o ar, o líquido no plano inclinado aparece praticamente como uma parede "sólida" que se movimenta com velocidade constante e uniforme. Desde que a interface não esteja acelerada, a força exercida pelo líquido sobre o ar deve ser igual à força exercida pelo ar sobre o líquido. A igualdade da componente normal à interface resulta na condição de borda, Eq. (5.261); a igualdade das forças paralelas à interface (forças de atrito viscoso) resulta na condição de borda, Eq. (5.262), devido à baixa viscosidade do ar comparada com a viscosidade dos líquidos (à pressão e temperatura ambiente a viscosidade do ar é perto de 2% da viscosidade da água). As verdadeiras condições de bordas na interface líquido-ar são

$$y = 0: \qquad v_z^{(L)} = v_z^{(G)}, \qquad \tau_{zy}^{(L)} = \tau_{zy}^{(G)} \approx 0, \qquad p^{(L)} = p^{(G)} = p_{atm}$$

onde o expoente ($G$) significa "no gás" (ar), e o expoente ($L$) "no líquido".

**(b)** ***Estabilidade***

Observa-se experimentalmente que a interface líquido-ar não é estritamente plana, mas ondulada, ainda que para baixas velocidades de escoamento. Porém, para velocidades muito baixas as ondulações são pequenas e podem ser desconsideradas, e a interface pode então ser considerada "praticamente" plana. À medida que se aumenta a velocidade do escoamento, as ondas superficiais crescem em amplitude, e chega-se a um ponto em que um regime de escoamento laminar, mas com interface ondulada, é estabelecido. As ondas são estabilizadas por um balanço entre as forças "capilares" (tensão superficial) e a força de gravidade (peso do fluido). Para velocidades ainda mais elevadas, o escoamento se torna turbulento.

Como em outros casos, a transição entre os diferentes regimes de escoamento está relacionada ao balanço entre as forças inerciais e as forças de atrito viscoso no líquido, através de um número de Reynolds. Para o

[22] Para o ar a 20°C (293 K) e 1 atm (101 kPa), a densidade é $\rho = 1{,}2$ kg/m³ e a viscosidade $\eta = 18$ $\mu$Pa · s. A densidade e a viscosidade dos gases dependem da pressão e da temperatura. À pressão moderada, a densidade é diretamente proporcional à pressão e inversamente proporcional à temperatura absoluta (gás ideal), e a viscosidade é independente da pressão e proporcional à raiz quadrada da temperatura (absoluta).

número de Reynolds definido como

$$Re = \frac{4\rho\delta\overline{v}}{\eta} \tag{5.279}$$

temos os seguintes regimes de escoamento:

(a) $Re < 20$: escoamento laminar com interface praticamente plana;
(b) $20 < Re < 1500$: escoamento laminar com interface ondulada estável;
(c) $Re > 1500$: escoamento turbulento; a interface, inicialmente ondulada, fica cada vez mais plana, à medida que o $Re$ aumenta.

No início do problema foi *postulado* que a interface líquido-ar era um plano paralelo à superfície sólida. É a partir desta suposição que faz sentido a forma funcional proposta para a velocidade e a pressão. Portanto, a solução encontrada somente é aplicável (aproximadamente) no regime (a), isto é, para $Re < 20$.

Observe que a situação é, de certa forma, semelhante à que foi vista no estudo do escoamento em um anel cilíndrico sob efeito da rotação do cilindro *interno* (Seção 5.2). Nos dois casos temos que a validade da solução laminar simples, unidirecional, das equações de Navier-Stokes, está limitada, não pela transição a um escoamento turbulento, mas por outra solução laminar estável, mais complexa, das equações de Navier-Stokes: estacionária, mas tridimensional no caso do anel cilíndrico, e periódica (não estacionária) bidimensional no caso do filme descendo numa parede plana.

## 5.8 ESCOAMENTO DE LÍQUIDOS IMISCÍVEIS EM UMA FENDA ESTREITA[23]

Considere o escoamento simultâneo de dois líquidos imiscíveis (densidade e viscosidade diferentes) através de uma fenda estreita, sob efeito de um gradiente de pressão (Figura 5.38).

Considere que os líquidos são fluidos newtonianos e incompressíveis, que o escoamento é laminar estacionário e isotérmico, desconsiderando os efeitos de bordas, de entrada e de saída. Obtenha uma expressão para a razão das vazões dos dois líquidos como função da razão de suas viscosidades, necessária para que a interface entre os líquidos coincida com o plano médio da fenda.

Consideremos duas placas planas paralelas, horizontais e fixas (comprimento $L$, largura $W$), separadas por uma distância $2H$ ("fenda estreita" quer dizer que $L \gg H$ e $W \gg H$), e o problema pode ser considerado, longe da entrada e das bordas, como um escoamento entre duas placas planas paralelas infinitas (Seção 3.1). No espaço entre as placas escoam dois líquidos newtonianos incompressíveis e imiscíveis, o fluido $A$ (densidade $\rho_A$, viscosidade $\eta_A$) e o fluido $B$ (densidade $\rho_B$, viscosidade $\eta_B$), sob efeito de um gradiente de pressão (modificada) $\Delta P/L$. Suponhamos que o escoamento é laminar e estacionário, e que a temperatura é constante e uniforme em todo o sistema.

Temos um sistema formado por duas *fases* separadas. Cada fase pode ser uma substância pura ou uma mistura. Os termos fluido $A$ e fluido $B$ referem-se às fases $A$ e $B$, não aos componentes (substâncias) $A$ e $B$. Em muitos casos (por exemplo, água e hexano) cada fase é praticamente uma substância pura diferente, mas isso não é necessário para o argumento. O importante é que se trata de duas fases completamente imiscíveis, isto é, não existe *transferência de matéria* entre elas no escoamento.

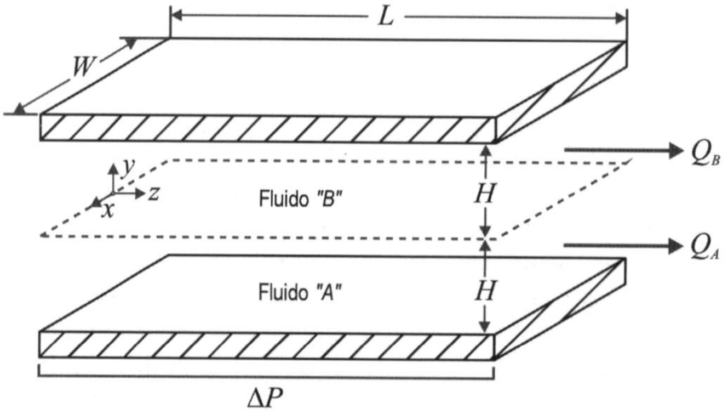


**Figura 5.38**

[23] BSL, Seção 2.5.

Iniciamos a análise deste problema, como em outros casos, definindo um sistema de coordenadas apropriado à geometria do sistema, neste caso um sistema cartesiano centrado no espaço entre as placas, com a coordenada $z$ paralela às placas e na direção do gradiente de pressão, e a coordenada $y$ normal às placas. A simetria do sistema sugere que a única componente não nula da velocidade para cada fluido (na direção $z$) seja somente função da coordenada transversal $y$. No escoamento laminar (em camadas), cada fase escoa paralelamente sob efeito do mesmo gradiente de pressão. O fluido mais denso escoa vizinho à placa inferior, e o menos denso vizinho à placa superior. Como a vazão de cada um tem sido ajustada de modo que a interface entre os dois coincida com o plano central $y = 0$, chama-se de $A$ o fluido mais denso ($\rho_A > \rho_B$):

$$-H < y < 0: \qquad v_z^{(A)} = v_z^{(A)}(y), \qquad v_x^{(A)} = v_y^{(A)} = 0 \tag{5.280}$$

$$0 < y < H: \qquad v_z^{(B)} = v_z^{(B)}(y), \qquad v_x^{(B)} = v_y^{(B)} = 0 \tag{5.281}$$

Nas paredes das placas a condição de não deslizamento requer:

$$y = -H: \qquad v_z^{(A)} = 0 \tag{5.282}$$

$$y = H: \qquad v_z^{(B)} = 0 \tag{5.283}$$

Na interface entre as duas fases a condição de não deslizamento requer:

$$y = 0: \qquad v_z^{(A)} = v_z^{(B)} \tag{5.284}$$

E o balanço de forças (componente paralela à interface das forças de atrito viscoso por unidade de área) requer:

$$y = 0: \qquad \tau_{zy}^{(A)} = \tau_{zy}^{(B)} \tag{5.285}$$

Observe que se trata de dois escoamentos paralelos, onde cada fase cumpre *separadamente* com as equações da continuidade e de Navier-Stokes. Os escoamentos estão ligados através das *condições interfaciais*, Eqs. (5.284)-(5.285).

A componente $z$ da equação de movimento para cada fase, em termos das componentes do tensor $\boldsymbol{\tau}$, fica reduzida a

$$-H < y < 0: \qquad \frac{d\tau_{zy}^{(A)}}{dy} = -\frac{dP}{dz} = \frac{\Delta P}{L} \tag{5.286}$$

$$0 < y < H: \qquad \frac{d\tau_{zy}^{(B)}}{dy} = -\frac{dP}{dz} = \frac{\Delta P}{L} \tag{5.287}$$

As componentes $x$, $y$ da equação de Navier-Stokes e a equação da continuidade são satisfeitas identicamente para a dependência funcional proposta, Eqs. (5.280)-(5.281).

Integrando, e levando em consideração que os termos da direita são constantes (independentes de $y$),

$$-H < y < 0: \qquad \tau_{zy}^{(A)} = \frac{\Delta P}{L} y + C_A \tag{5.288}$$

$$0 < y < H: \qquad \tau_{zy}^{(B)} = \frac{\Delta P}{L} y + C_B \tag{5.289}$$

A condição de borda, Eq. (5.285), requer

$$C_A = C_B = C \tag{5.290}$$

Introduzindo a lei de Newton da viscosidade para cada fase nas equações respectivas, Eqs. (5.288)-(5.289), e levando em consideração a Eq. (5.290),

$$-H < y < 0: \qquad -\eta_A \frac{dv_z^{(A)}}{dy} = \frac{\Delta P}{L} y + C \tag{5.291}$$

$$0 < y < H: \qquad -\eta_B \frac{dv_z^{(B)}}{dy} = \frac{\Delta P}{L} y + C \tag{5.292}$$

Integrando

$$-H < y < 0: \qquad v_z^{(A)} = \frac{\Delta P}{2\eta_A L} y^2 + \frac{C}{\eta_A} y + A \tag{5.293}$$

$0 < y < H$: $$v_z^{(B)} = \frac{\Delta P}{2\eta_B L} y^2 + \frac{C}{\eta_B} y + B \tag{5.294}$$

As constantes de integração $A$, $B$, $C$ são obtidas através da aplicação das condições de borda restantes, Eqs. (5.282)-(5.286), às Eqs. (5.293)-(5.294):

$$A = B = \frac{H^2 \Delta P}{(\eta_A + \eta_B) L} \tag{5.295}$$

$$C = -\frac{H \Delta P}{2L} \left( \frac{\eta_A - \eta_B}{\eta_A + \eta_B} \right) \tag{5.296}$$

Substituindo as Eqs. (5.295)-(5.296) nas Eqs. (5.293)-(5.294), obtemos os perfis de velocidade para cada fluido:

$-H < y < 0$: $$v_z^{(A)} = \frac{\Delta P \cdot H^2}{2\eta_A L} \left[ \left( \frac{2\eta_A}{\eta_A + \eta_B} \right) + \left( \frac{\eta_A - \eta_B}{\eta_A + \eta_B} \right) \left( \frac{y}{H} \right) - \left( \frac{y}{H} \right)^2 \right] \tag{5.297}$$

$0 < y < H$: $$v_z^{(B)} = \frac{\Delta P \cdot H^2}{2\eta_B L} \left[ \left( \frac{2\eta_B}{\eta_A + \eta_B} \right) + \left( \frac{\eta_A - \eta_B}{\eta_A + \eta_B} \right) \left( \frac{y}{H} \right) - \left( \frac{y}{H} \right)^2 \right] \tag{5.298}$$

(Figura 5.39.) As taxas de deformação são:

$$\dot{\gamma}_{zy}^{(A)} = \frac{dv_z^{(A)}}{dy} = \frac{\Delta P \cdot H}{2\eta_A L} \left[ \left( \frac{\eta_A - \eta_B}{\eta_A + \eta_B} \right) - 2\frac{y}{H} \right] \tag{5.299}$$

$$\dot{\gamma}_{zy}^{(B)} = \frac{dv_z^{(B)}}{dy} = \frac{\Delta P \cdot H}{2\eta_B L} \left[ \left( \frac{\eta_A - \eta_B}{\eta_A + \eta_B} \right) - 2\frac{y}{H} \right] \tag{5.300}$$

A posição do máximo relativo no perfil de velocidade ($y_0$) é obtido como

$$\left. \frac{dv_z}{dy} \right|_{y=y_0} = 0 \Rightarrow \frac{y_0}{H} = \tfrac{1}{2} \frac{\eta_A - \eta_B}{\eta_A + \eta_B} = \tfrac{1}{2} \frac{\lambda - 1}{\lambda + 1} \tag{5.301}$$

onde $\lambda = \eta_A/\eta_B$. Para $\lambda < 1$ ($\eta_B < \eta_A$) $-H < y_0 < 0$; para $\lambda > 1$ ($\eta_A < \eta_B$) $0 < y_0 < H$, ou seja, o perfil de velocidade, tem um máximo relativo no intervalo $-\tfrac{1}{2}H < y_0 < \tfrac{1}{2}H$, no fluido com *menor* viscosidade, e tão longe do plano médio da fenda quanto maior for a diferença de viscosidade entre os dois fluidos.

Na interface $y = 0$ as taxas de cisalhamento *não são as mesmas* nos dois fluidos (exceto, obviamente, no caso $\eta_A = \eta_B$): a taxa de cisalhamento é *descontínua* na interface para $\eta_A \neq \eta_B$:

$$\Delta \dot{\gamma}_{zy}^{(AB)} = \dot{\gamma}_{zy}^{(A)} - \dot{\gamma}_{zy}^{(B)} = \frac{\Delta P \cdot H}{2L} \left( \frac{1}{\eta_A} - \frac{1}{\eta_B} \right) = \frac{\Delta P \cdot H}{2\eta_A L} (1 - \lambda) \tag{5.302}$$

Porém, a tensão de atrito viscoso é uma função linear de $y$, contínua através da interface, que pode ser representada por uma única função em todo o campo de escoamento, obtida substituindo a Eq. (5.296) nas Eqs. (5.288)-(5.289) levando em consideração a Eq. (5.290):

$-H < y < H$: $$\tau_{zy} = \Delta P \frac{H}{L} \left[ \left( \frac{y}{H} \right) - \frac{1}{2} \left( \frac{\eta_A - \eta_B}{\eta_A + \eta_B} \right) \right] \tag{5.303}$$

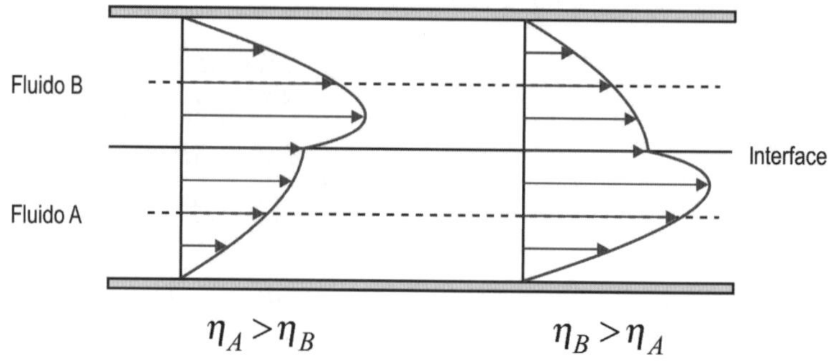


**Figura 5.39**

Em particular, na interface $y = 0$,

$$\tau_{zy}(0) = -\tfrac{1}{2}\Delta P\frac{H}{L}\left(\frac{\eta_A - \eta_B}{\eta_A + \eta_B}\right) \tag{5.304}$$

Entende-se que $\tau = |\tau_{zy}^{(A)}|$ para $-H < y \leq 0$ e $\tau = |\tau_{zy}^{(B)}|$ para $0 < y < H$. As taxas de cisalhamento nos fluidos $A$ e $B$ são simplesmente $\dot{\gamma}_A = \tau/\eta_A$ e $\dot{\gamma}_B = \tau/\eta_B$.

A vazão de cada fluido é obtida integrando-se a velocidade correspondente:

$$Q_A = W\int_{-H}^{0} v_z^{(A)}dy = \frac{\Delta P \cdot H^3W}{12\eta_A L}\left(\frac{7\eta_A + \eta_B}{\eta_A + \eta_B}\right) \tag{5.305}$$

$$Q_B = W\int_{0}^{H} v_z^{(B)}dy = \frac{\Delta P \cdot H^3W}{12\eta_B L}\left(\frac{\eta_A + 7\eta_B}{\eta_A + \eta_B}\right) \tag{5.306}$$

A razão das vazões depende somente da razão das viscosidades $\lambda = \eta_A/\eta_B$:

$$\boxed{\frac{Q_A}{Q_B} = \frac{\eta_B}{\eta_A}\left(\frac{7\eta_A + \eta_B}{\eta_A + 7\eta_B}\right) = \lambda\left(\frac{7+\lambda}{1+7\lambda}\right)} \tag{5.307}$$

Para mais informação sobre escoamentos multifásicos em dutos, veja, por exemplo, a clássica monografia de G. W. Govier e K. Aziz, *The Flow of Complex Mixtures in Pipes*. Van Nostrand, 1972, ou G. Hetsroni (editor), *Handbook of Multiphase Systems*. New York, McGraw-Hill, 1982.

## 5.9 REVISÃO

Nesta seção introduzimos uma nova geometria — o *anel cilíndrico*, às geometrias já estudadas — tubo cilíndrico e na fenda estreita. O anel cilíndrico é mais complexo do que os simples dutos considerados no Capítulo 3, e permite o estudo de diferentes casos: escoamento *axial* causado por um gradiente de pressão (escoamento de Poiseuille, Seção 5.1) ou pelo deslocamento (axial) de um cilindro (escoamento axial de Couette, Seção 5.3); escoamento *tangencial* causado pela rotação de um cilindro (escoamento tangencial de Couette, Seção 5.2).

A geometria mais complexa do anel cilíndrico leva à introdução de um *parâmetro geométrico* adimensional ($\kappa$, a razão dos raios – ou diâmetros – dos cilindros interno e externo que limitam o anel). Para um anel, $0 < \kappa < 1$, temos estudado em todos os casos os limites $\kappa \to 1$ (que resulta em uma fenda estreita, considerado na Seção 3.1 e na Seção 3.3) e $\kappa \to 0$ (que resulta em um tubo cilíndrico, considerado na Seção 3.2, mas com uma *singularidade* no eixo. (Ver a Seção 5.1.8b.)

Temos visto que os escoamentos tangenciais, ainda que com velocidade constante (em módulo), são movimentos acelerados, devido à mudança na *direção* do vetor velocidade. A aceleração desses escoamentos resulta em comportamentos bem diferentes para movimentos relativamente rápidos, isto é, para $Re > 1$ (para $Re \ll 1$ – escoamento lento viscoso – os efeitos da aceleração podem ser desconsiderados). A estabilidade do simples escoamento unidimensional desenvolvido é diferente para o movimento gerado pela rotação do cilindro interno ou do cilindro externo (Seção 5.2).

Temos visto também escoamentos mistos ou combinados (Seções 5.4 e 5.5), onde o escoamento é devido a duas forças impulsoras atuando simultaneamente: gradiente de pressão e movimento das bordas. Observou-se que, sendo as equações de movimento lineares[24] em todos os casos estudados até agora, a solução da *combinação* de dois escoamentos simples, com condições de borda iguais à *soma* das condições de borda das "componentes", resulta ser simplesmente a *soma* das soluções das componentes. Chamamos este fato de "princípio de combinação".

O escoamento combinado em uma fenda estreita (Seção 5.4) foi desenvolvido com mais detalhe devido à sua importância prática na modelagem de equipamentos para o processamento de materiais. A combinação de forças impulsoras leva à introdução de um *parâmetro dinâmico* adimensional ($\Phi$, a razão da vazão devida ao "escoamento de arraste" – Couette – e a vazão devida ao "escoamento de pressão" – Poiseuille).

Neste caso, $\Phi$ pode assumir valores positivos (pressão e arraste puxando o fluido na mesma direção) ou negativos (pressão e arraste operando em direções opostas). Esta última condição dá origem aos importantes conceitos de *recirculação* e "escoamento" de descarga fechada.

[24] Sabemos (Capítulo 4) que, *em geral*, as equações de movimento (equações de Navier-Stokes) não são lineares. Nos casos estudados (básicos), os termos não lineares das equações de movimento são *nulos* devido à forma especialmente simples da geometria e das condições de borda. Devem-se distinguir estes casos daqueles (Capítulo 6) em que os termos não lineares, diferentes de zero, são desconsiderados em escoamentos com baixo número de Reynolds (aproximação de escoamento lento viscoso).

A Figura 5.40 sintetiza os escoamentos "simples" estudados nos Capítulos 3 e 5.

Em termos do *método* de análise e resolução de problemas, temos substituído a formulação de um balanço de forças específico para cada problema. O balanço de forças (momento ou quantidade de movimento) *em geral* foi definitivamente estabelecido no Capítulo 4. O resultado do balanço é a equação de Navier-Stokes [Eq. (4.34)], válida para todo escoamento de um fluido newtoniano incompressível. A equação de Navier-Stokes está disponível para ser simplificada em cada caso particular.

Portanto, no protocolo da Seção 3.4 deve-se *eliminar* o Estágio 3.4 (volume de controle) e *substituir* o Estágio 4 (balanço de forças) por:

***Estágio 4A***: Simplificação da equação de Navier-Stokes para o sistema em estudo, levando em consideração a forma funcional proposta (Estágio 3.2). As expressões das três componentes da equação de Navier-Stokes, em coordenadas cartesianas, cilíndricas e esféricas, estão reunidas no Apêndice, Tabela A.3.

Lembre-se de que um termo das equações pode ser eliminado de duas formas: (a) quando no termo aparece uma variável dependente que, de acordo com a forma funcional proposta, é nula, e/ou (b) quando no termo aparece a derivada de uma variável dependente (não nula) com referência a uma variável independente, da qual, de acordo com a forma funcional proposta, aquela não depende. Observe que para fluidos incompressíveis não newtonianos pode-se utilizar a Eq. (4.30), em vez da equação de Navier-Stokes, utilizando a relação constitutiva apropriada. As expressões das componentes dessa equação em diferentes sistemas de coordenadas estão tabeladas no Apêndice.

Em todos os casos estudados no Capítulo 5, o balanço de matéria (massa) ou equação da continuidade [Eq. (4.7)] é satisfeito automaticamente pela forma funcional proposta. Os termos não lineares na equação de Navier-Stokes são identicamente nulos (exceto no caso da Seção 5.2, onde aparecem na componente radial, que não afeta o caráter linear da componente tangencial).

Exceto em alguns escoamentos combinados (Seção 5.5), os casos estudados são *unidimensionais*, isto é, no sistema de coordenadas apropriado, só *uma* componente da velocidade é diferente de zero, e essa componente é somente função de *uma* variável independente (coordenada espacial) normal à direção do escoamento (escoamentos de *cisalhamento*). Quando a pressão depende de duas variáveis independentes (como, por exemplo, no caso da Seção 5.2), uma das dependências é puramente hidrostática e pode ser eliminada pelo uso da pressão modificada. Os termos não lineares na equação de Navier-Stokes são identicamente nulos, exceto no escoamento tangencial em um anel cilíndrico, onde aparecem desligados – desacoplados – da variável em questão (veja a Seção 5.2.4). Portanto, do ponto de vista matemático, os problemas ficam reduzidos à solução de equações diferenciais *ordinárias* e *lineares*.

Observe também a existência de escoamentos laminares "complexos" (isto é, mais complexos que o simples escoamento unidirecional) para valores elevados do número de Reynolds, mas aquém da transição de regime laminar para turbulento (Seção 5.2).

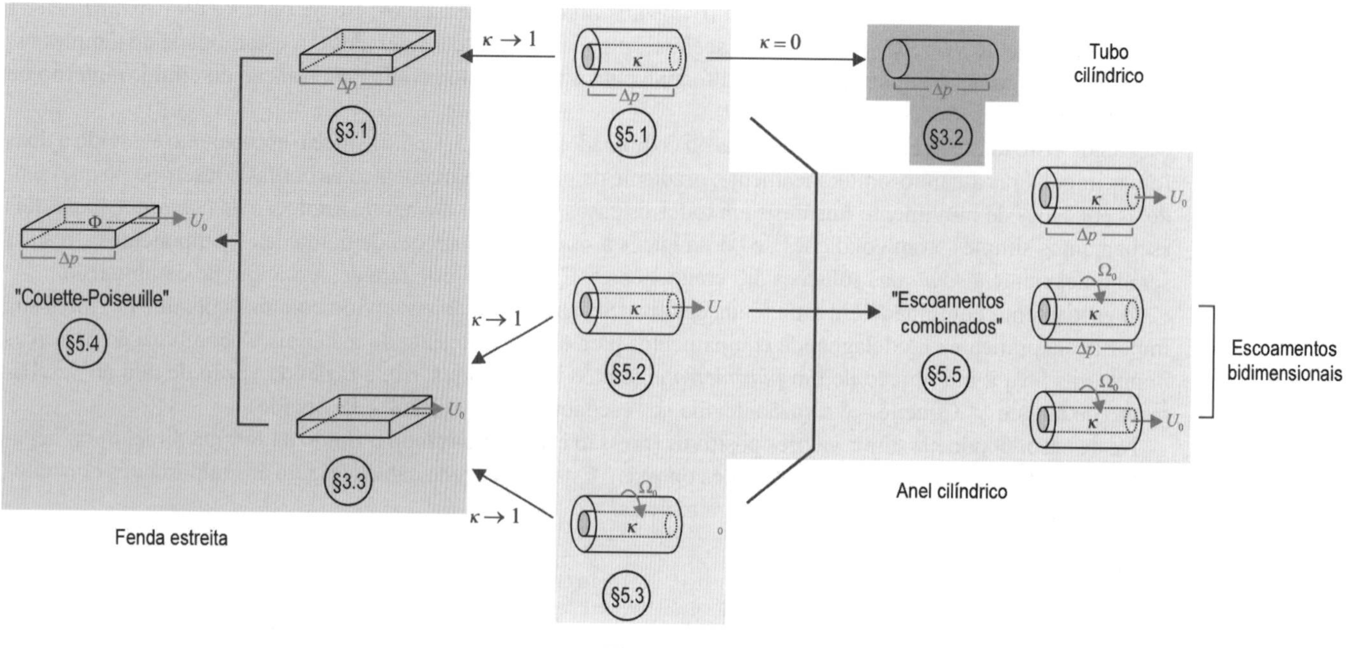


Figura 5.40

No caso de um fluido newtoniano incompressível de propriedades físicas constantes, todo escoamento observável, isto é, que se manifesta fisicamente no sistema, é uma solução da equação de Navier-Stokes (seja laminar ou turbulenta, simples ou complexa). Porém, a equação de Navier-Stokes é não linear e tem, em geral, múltiplas soluções com dependências funcionais e estabilidade bastante diferentes. Saber qual a solução que se expressa na realidade física depende da estabilidade relativa das diferentes soluções, que por sua vez depende do peso relativo dos termos lineares e não lineares na equação de Navier-Stokes, expressado através do número de Reynolds (*Re*).

Para baixo número de Reynolds ($Re \to 0$) as equações de Navier-Stokes são efetivamente lineares [Seção 4.2, Eq. (4.42)] e é sempre possível observar uma solução laminar simples (de máxima ordem) que se torna instável para um valor crítico do *Re*. Pequenas perturbações (infinitesimais) crescem e resultam em uma mudança da configuração ou do regime do escoamento. Às vezes, essas perturbações crescem até um ponto (finito) em que deixam de crescer, e um novo escoamento laminar estável (outra solução laminar da equação de Navier-Stokes) é estabelecido.

É o caso do escoamento entre dois cilindros concêntricos, originado pela rotação do cilindro interno (Seção 5.2) ou do filme que escorrega em uma parede inclinada (Seção 5.7). Outras vezes as perturbações crescem sem limite, e um escoamento completamente desordenado é estabelecido. É o regime turbulento de escoamento, que prevalece em quase todos os casos para valores suficientemente elevados do número de Reynolds ($Re \to \infty$).[25]

# PROBLEMAS

## Problema 5.1 Tensão sobre uma fibra

Uma fibra longa (cilíndrica) de vidro, com diâmetro 0,2 mm, encontra-se fixa no centro de um tubo cilíndrico de 10 mm de diâmetro e 200 mm de comprimento, onde escoa um polímero fundido (suponha fluido newtoniano incompressível de viscosidade 0,1 kPa · s) em regime laminar e estado estacionário, a uma velocidade média de 0,01 m/s. Avalie: (a) o gradiente de pressão no fluido, e (b) a tensão (força por unidade de área transversal de fibra) necessária para manter a fibra estacionária. O que acontece se o diâmetro da fibra for cem vezes menor (2 $\mu$m)?

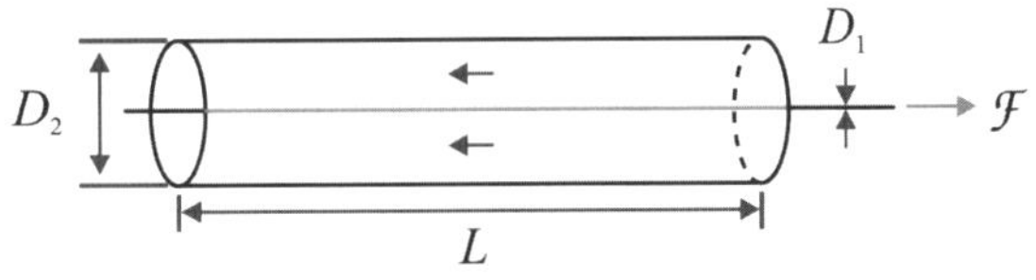


**Figura P5.1.1**

### *Resolução*

O fluido escoa no anel cilíndrico entre o tubo (diâmetro $D_2 = 10 \cdot 10^{-3}$ m) e a fibra (diâmetro $D_1 = 0{,}2 \cdot 10^{-3}$ m). A razão dos diâmetros, neste caso, é

$$\kappa = \frac{D_1}{D_2} = \frac{0{,}2 \text{ mm}}{10 \text{ mm}} = 0{,}02$$

O escoamento axial em um anel cilíndrico sob efeito de um gradiente de pressão foi estudado na Seção 5.1. A velocidade média no anel ($\overline{v}$) está relacionada ao gradiente de pressão ($\Delta p/L$) pela Eq. (5.41),

$$\overline{v} = \frac{R^2 \Delta P}{8\eta L}\left(1 + \kappa^2 + \frac{1-\kappa^2}{\ln \kappa}\right) \tag{P5.1.1}$$

onde $R = \frac{1}{2} D_2 = 5 \cdot 10^{-3}$ m é o raio do tubo, $L = 0{,}2$ m seu comprimento, e $\eta = 100$ Pa · s é a viscosidade do fluido. Temos então

$$\Delta P = \frac{8\eta L \overline{v}}{R^2} a \tag{P5.1.2}$$

[25] A teoria da estabilidade das soluções da equação de Navier-Stokes é matematicamente complexa, além do nível deste texto introdutório de Fenômenos de Transporte. Para uma introdução deste assunto, veja M. M. Denn, *Stability of Reaction and Transport Processes*. Prentice-Hall, 1975, assim como o Capítulo 9 do livro-texto (avançado, porém bastante acessível) C.-S. Yih, *Fluid Mechanics*. West River Press, 1979. Uma referência moderna, recomendada para o leitor com inclinação matemática, é P. G. Drazin e W. H. Reid, *Hydrodynamic Stability*, 2nd ed., Cambridge University Press, 2004.

onde

$$a=\left(1+\kappa^2+\frac{1-\kappa^2}{\ln\kappa}\right)^{-1}\approx\left(1+\frac{1}{\ln\kappa}\right)^{-1}=1{,}343$$

ou seja,

$$\Delta P=\frac{8\eta L\bar{v}}{R^2}a=\frac{8\cdot(100\text{ Pa}\cdot\text{s})\cdot(0{,}2\text{ m})\cdot(0{,}01\text{ m/s})}{(0{,}005\text{ m})^2}\cdot 1{,}343=85{,}95\text{ kPa }\checkmark$$

A força necessária para manter a fibra estacionária deve compensar a tensão de cisalhamento do fluido nas paredes da fibra:

$$\mathcal{F}=\tau_w^{(\text{in})}A_L=-\eta\dot{\gamma}_w^{(\text{in})}(2\pi\kappa RL) \tag{P5.1.3}$$

Da Eq. (5.44),

$$\dot{\gamma}_w^{(\text{in})}=-\frac{R\Delta P}{2\eta L}\left(\kappa+\frac{1-\kappa^2}{2\kappa\ln\kappa}\right) \tag{P5.1.4}$$

Substituindo a Eq. (P5.1.2),

$$\mathcal{F}=\pi R^2\Delta p\left(\kappa^2+\frac{1-\kappa^2}{2\ln\kappa}\right) \tag{P5.1.5}$$

e, finalmente, a tensão na fibra,

$$\sigma=\frac{\mathcal{F}}{A_F}=\frac{\mathcal{F}}{\pi(\kappa R)^2}=\Delta p\left(1+\frac{1-\kappa^2}{2\kappa^2\ln\kappa}\right) \tag{P5.1.6}$$

ou

$$\sigma=\Delta pb \tag{P5.1.7}$$

onde

$$b=1+\frac{1-\kappa^2}{2\kappa^2\ln\kappa}\approx 1+\frac{1}{2\kappa^2\ln\kappa}=-318{,}5$$

ou seja,

$$\sigma=\Delta pb=-85{,}95\text{ kPa}\cdot 318{,}5=-27{,}4\text{ MPa }\checkmark$$

Compare com a tensão de ruptura da fibra de vidro (~2,8 GPa). Para uma fibra de diâmetro cem vezes menor, o parâmetro $\kappa$ é cem vezes menor (0,0002); a diferença de pressão é um pouco menor (73 kPa vs. 86 kPa), mas a tensão (280 GPa vs. 0,03 GPa) é bem maior que a tensão de ruptura.

## Problema 5.2 Recobrimento de um cabo

Avalie a força necessária para pular um cabo de 5 mm de diâmetro, a 2 m/s, através de uma matriz cilíndrica de 7 mm de diâmetro e 100 mm de comprimento. O cabo está sendo coberto com um polímero fundido (suponha líquido newtoniano incompressível) de viscosidade 0,1 kPa · s à temperatura (constante) de operação, que é conduzido à pressão atmosférica.

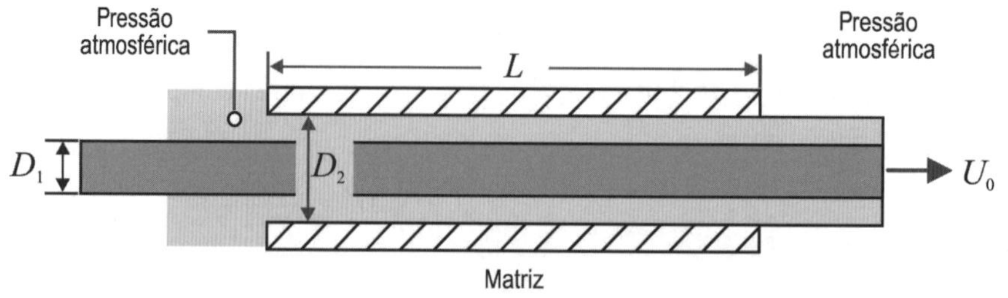


**Figura P5.2.1**

### *Resolução*

O fluido escoa, arrastado pelo cabo, no anel cilíndrico entre a matriz (diâmetro $D_2$ = 7 mm) e o cabo (diâmetro $D_1$ = 5 mm). A razão dos diâmetros neste caso é

$$\kappa = \frac{D_1}{D_2} = \frac{5\text{ mm}}{7\text{ mm}} = 0{,}714$$

O escoamento axial em um anel cilíndrico sob efeito do movimento do cilindro interno foi estudado na Seção 5.2. A força necessária para pular o cabo deve compensar a tensão de cisalhamento do fluido nas paredes do mesmo:

$$\mathcal{F} = \tau_w^{(\text{in})} A_L = -\eta \dot{\gamma}_w^{(\text{in})} (2\pi\kappa RL) \quad \text{(P5.2.1)}$$

Da Eq. (5.76),

$$\dot{\gamma}_w^{(\text{in})} = \frac{U_0}{R\kappa \ln \kappa} \quad \text{(P5.2.2)}$$

ou seja,

$$\mathcal{F} = -\frac{2\pi\eta L U_0}{\ln \kappa} \quad \text{(P5.2.3)}$$

onde $R = \frac{1}{2}D_2 = 3{,}5 \cdot 10^{-3}$ m e $U_0 = 2$ m/s. Temos, então,

$$\mathcal{F} = -\frac{2\pi\eta L U_0}{\ln \kappa} = -\frac{2 \cdot (3{,}1416) \cdot (100\text{ Pa} \cdot \text{s}) \cdot (0{,}1\text{ m}) \cdot (2\text{ m/s})}{(-0{,}337)} = 373\text{ N} \checkmark$$

aproximadamente 38 kgf.

## Problema 5.3 Viscosímetro de Couette

Um viscosímetro de Couette é formado por um copo rotatório de 80 mm de diâmetro interno e um pistão fixo coaxial de 50 mm de diâmetro, com um espaço, entre a base do pistão e o copo, de 4 mm. Certa quantidade de um líquido newtoniano viscoso preenche o espaço entre os dois cilindros.

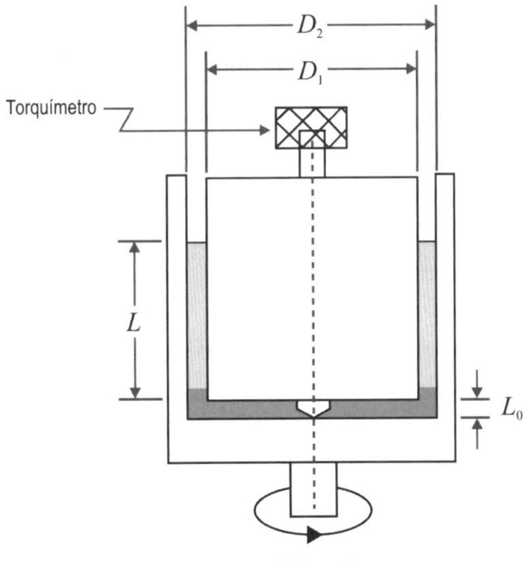


**Figura P5.3.1**

O torque ($\mathcal{Z}$) necessário para manter o pistão estacionário é medido para uma velocidade de rotação $N = 90$ rpm e para vários valores da altura do líquido no copo ($L$):

| $L$ (mm) | $\mathcal{Z}$ (mN · m) |
|---|---|
| 30 | 89 |
| 40 | 105 |
| 50 | 121 |
| 60 | 153 |
| 70 | 170 |

Avalie a viscosidade do material à temperatura do experimento (suposta constante e uniforme) desconsiderando os efeitos de bordas.

## *Resolução*

Sem considerar os efeitos de bordas na base do copo, o torque no pistão ($Z$) está relacionado à altura de líquido no copo ($L$) e à viscosidade do líquido ($\eta$) através da equação de Margules, Eq. (5.127),

$$Z = 4\pi\eta\Omega R^2 L\left(\frac{\kappa^2}{1-\kappa^2}\right) \quad \text{(P5.3.1)}$$

onde $\Omega = 2\pi N/60 = 9{,}42\ \text{s}^{-1}$ é a velocidade angular do copo, $R = ½D_2 = 40$ mm é o raio do mesmo, e $\kappa = D_1/D_2 = 0{,}625$. Um gráfico de $Z$ vs. $L$, como o representado na Figura P5.3.2,

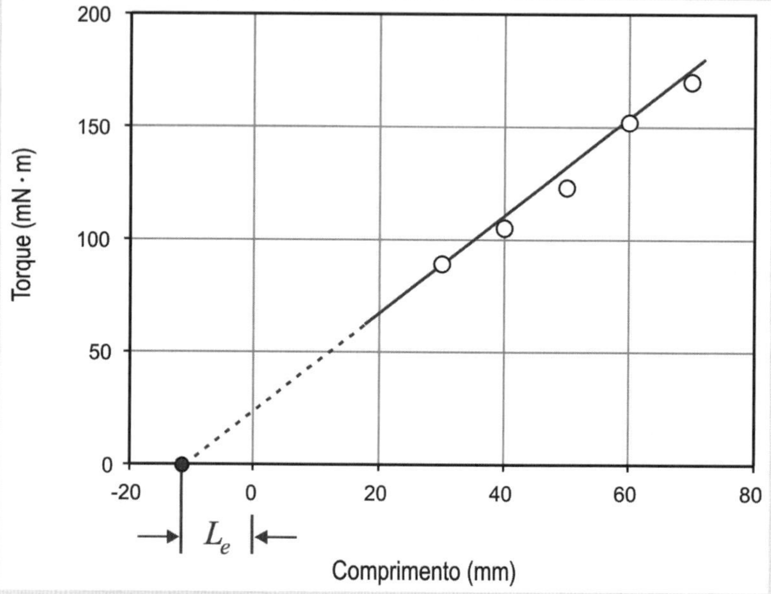


**Figura P5.3.2**

revela que, ainda que a relação entre o torque e a altura do líquido seja linear,

$$\lim_{L\to 0} Z \neq 0 \quad \text{(P5.3.2)}$$

Portanto, a viscosidade $\eta$ pode ser avaliada a partir da inclinação da reta:

$$a = \frac{dZ}{dL} = 4\pi\eta\Omega R^2\left(\frac{\kappa^2}{1-\kappa^2}\right) \quad \text{(P5.3.3)}$$

ou

$$\eta = \frac{a}{4\pi\Omega R^2}\left(\frac{1-\kappa^2}{\kappa^2}\right) \quad \text{(P5.3.4)}$$

Através de uma regressão linear dos dados, obtém-se

$$a = 2{,}09\ \text{mN} \cdot \text{m/mm} = 2{,}09\ \text{N}$$

Portanto,

$$\eta = \frac{a}{4\pi\Omega R^2}\left(\frac{1-\kappa^2}{\kappa^2}\right) = \frac{2{,}09\ \text{N}}{4 \cdot 3{,}1416 \cdot (9{,}42\ \text{s}^{-1}) \cdot (0{,}040\ \text{m})^2} \cdot 1{,}56 = 172\ \text{Pa}\cdot\text{s} \ \checkmark$$

Os efeitos de bordas compreendem o torque "extra" devido ao atrito viscoso no fluido entre a base do pistão (fixa) e a base do copo (rotante) – fenda axial – e o reordenamento do fluxo na parte inferior da fenda radial entre os mesmos, e podem ser avaliados na forma de uma correção na altura do fluido no copo $L_e$, correção esta que deve ser somada à altura real $L$ para utilizar com a Eq. (P5.3.1):

$$Z = 4\pi\eta\Omega R^2 (L + L_e)\left(\frac{\kappa^2}{1-\kappa^2}\right) \quad \text{(P5.3.5)}$$

O valor limite de $Z$ para $L \rightarrow 0$ pode ser obtido através da regressão linear:

$$b = 20{,}3 \text{ mN}$$

de onde a correção da altura é

$$L_e = \frac{b}{a} = \frac{23{,}3 \text{ mN}}{2{,}09 \text{ mN}\cdot\text{m/mm}} = 11 \text{ mm} \checkmark$$

Os efeitos de bordas têm sido estudados teoricamente resolvendo a equação de Navier-Stokes para o sistema completo (fenda cilíndrica + fenda plana) no limite de escoamento lento viscoso. Uma expressão *aproximada* da correção da altura[26] é

$$L_e \approx \tfrac{1}{8}(1-\kappa^2)\kappa^2 \frac{R^2}{L_0} \tag{P5.3.6}$$

de onde

$$L_e \approx \tfrac{1}{8}(1-\kappa^2)\kappa^2 \frac{R^2}{L_0} = \frac{0{,}61 \cdot 0{,}39}{8} \frac{(40 \text{ mm})^2}{4 \text{ mm}} \approx 12 \text{ mm} \checkmark$$

em concordância com o resultado experimental. Observe que, de acordo com a Eq. (P5.3.2), os efeitos de borda minimizam-se com o aumento da separação axial entre o copo e o pistão ($L_0/R \gg 1$). Visto que este arranjo não é muito prático (requer elevados volumes de líquido para medir a viscosidade), o desenho de viscosímetros de Couette aproveita outras características para diminuir a correção da altura (veja, por exemplo, a referência citada na nota de rodapé 26). Este problema foi escolhido mais pelo valor didático do que pela sua fidelidade ao desenho dos viscosímetros comerciais...

## Problema 5.4 Aparelho de Couette

Um aparelho para estudar o efeito do cisalhamento no comportamento de partículas sólidas ou fluidas (gotas, bolhas), suspensas em um líquido viscoso, consiste em dois cilindros coaxiais que giram em direções opostas ao redor do eixo comum. A partícula em estudo é injetada no líquido que preenche o espaço entre os dois cilindros. A rotação dos cilindros (com velocidade angular constante) gera no líquido um escoamento tangencial que, se a espessura da fenda radial entre os cilindros for pequena comparada com o raio, é bastante homogêneo (taxa de cisalhamento praticamente uniforme). A velocidade de rotação de cada um dos cilindros é controlada de forma independente até que a partícula apareça estacionária (sem se transladar ao redor do cilindro) para um observador externo.

Um aparelho com dimensões $D_1$ = 200 mm, $D_2$ = 210 mm, com um líquido newtoniano incompressível de viscosidade $\eta$ = 1 Pa · s, é utilizado para estudar uma gota (esférica) suspensa (a densidade da gota é aproximadamente igual à densidade do líquido). As velocidades de rotação são $N_1$ = 60 rpm e $N_2$ = 120 rpm. Avalie a distância da gota à parede do cilindro externo e a taxa de cisalhamento, se a gota for mantida estacionária quando as velocidades de rotação são $N_1$ = 60 rpm e $N_2$ = 120 rpm.

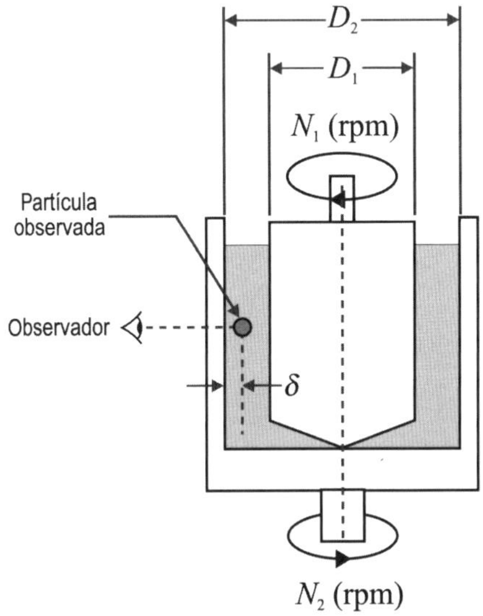


**Figura P5.4.1**

[26] Veja, por exemplo, J. R. Van Wazer, J. W. Lyons, K. Y. Kim e R. E. Colwell, *Viscosity and Flow Measurement*. Wiley-Interscience, 1963, p. 70.

## *Resolução*

O problema requer uma análise do sistema estudado na Seção 5.3, mas com condições de borda diferentes: naquele caso tínhamos um cilindro móvel (externo ou interno) e o outro estacionário; agora temos os dois cilindros móveis. A equação diferencial – componente $\theta$ da equação de Navier-Stokes simplificada para a geometria do problema – é a mesma que na Seção 5.2, Eq. (5.105),

$$\frac{d}{dr}\left(\frac{1}{r}\frac{d(rv_\theta)}{dr}\right)=0 \tag{P5.4.1}$$

As condições de borda são, agora,

Para $r = \kappa R$: $$v_\theta = -\Omega_1 \kappa R \tag{P5.4.2}$$
Para $r = R$: $$v_\theta = \Omega_2 R \tag{P5.4.3}$$

onde consideramos positiva a direção de rotação do cilindro externo ($\Omega_1$ e $\Omega_2$ são os valores absolutos – positivos – das velocidades angulares). A integração da Eq. (P5.4.1) resulta em

$$v_\theta = \frac{B_1}{2}r + \frac{B_2}{r} \tag{P5.4.4}$$

Utilizando as condições de borda, Eq. (P5.4.2), obtêm-se

$$\tfrac{1}{2}B_1 = \Omega_2 + (\Omega_1 + \Omega_2)\frac{\kappa^2}{1-\kappa^2} \tag{P5.4.5}$$

$$B_2 = -(\Omega_1 + \Omega_2)R^2\frac{\kappa^2}{1-\kappa^2} \tag{P5.4.6}$$

que, substituídas na Eq. (P5.4.4), levam ao perfil de velocidade tangencial

$$v_\theta = (\Omega_1 + \Omega_2)R\frac{\kappa^2}{1-\kappa^2}\left(\frac{R}{r} - \frac{r}{R}\right) + \Omega_2 r \tag{P5.4.7}$$

Compare com a Eq. (5.121) (Figura P5.4.2).

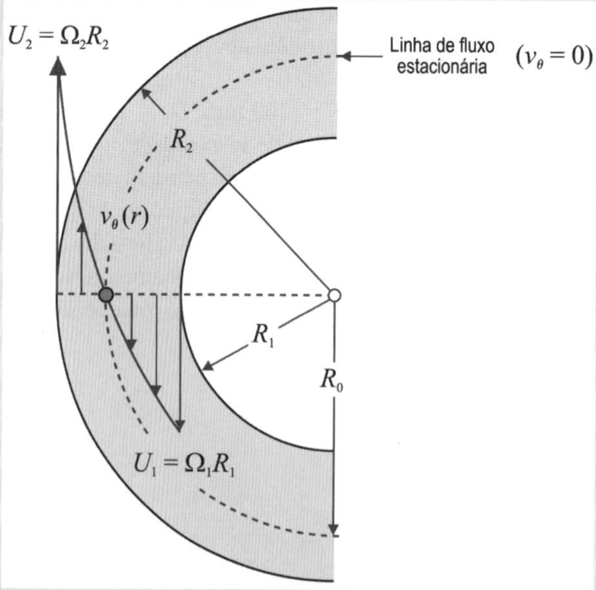


**Figura P5.4.2**

A taxa de cisalhamento $\dot{\gamma} = |\dot{\gamma}_{\theta r}|$é:

$$\dot{\gamma} = r\left|\frac{d}{dr}\left(\frac{v_\theta}{r}\right)\right| \tag{P5.4.8}$$

ou seja,*

$$\dot{\gamma} = 2(\Omega_1 + \Omega_2)\left(\frac{\kappa^2}{1-\kappa^2}\right)\left(\frac{R}{r}\right)^2 \quad \text{(P5.4.9)}$$

Compare com a Eq. (5.124). A superfície cilíndrica de velocidade nula, correspondente ao raio $R_0$, é obtida tomando-se $v_\theta = 0$ na Eq. (P5.4.7), o que resulta em

$$\frac{R_0}{R} = \left(1 - \frac{\Omega_2}{\Omega_1 + \Omega_2} \cdot \frac{1-\kappa^2}{\kappa^2}\right)^{-1/2} \quad \text{(P5.4.10)}$$

O presente problema pode ser resolvido utilizando as Eqs. (P5.4.9) e (P5.4.10). Avalia-se primeiro a razão dos diâmetros:

$$\kappa = \frac{D_1}{D_2} = \frac{200 \text{ mm}}{210 \text{ mm}} = 0{,}952$$

A "velocidade angular total" é

$$\Omega_1 + \Omega_2 = \frac{2\pi(N_1 + N_2)}{60} = \frac{2 \cdot (3{,}14) \cdot 180}{60} \text{s}^{-1} = 18{,}85 \text{ s}^{-1}$$

$$\frac{\Omega_2}{\Omega_1 + \Omega_2} = \frac{N_2}{N_1 + N_2} = \frac{120}{60 + 120} = \frac{2}{3}$$

$$p = \frac{\Omega_2}{\Omega_1 + \Omega_2} \cdot \frac{1-\kappa^2}{\kappa^2} \cdot = \frac{2}{3} \cdot \frac{1-(0{,}952)^2}{(0{,}952)^2} = 0{,}069$$

O raio da superfície estacionária, Eq. (P5.4.10), é

$$\frac{R_0}{R} = (1-p)^{1/2} = 0{,}965$$

e a distância à parede é

$$\delta = R - R_0 = (1 - 0{,}965) \cdot 105 \text{ mm} = 3{,}68 \text{ mm} \ \checkmark$$

A taxa de cisalhamento para $r = R_0$, Eq. (P5.4.9) é

$$\dot{\gamma} = 2(\Omega_1 + \Omega_2)\left(\frac{\kappa^2}{1-\kappa^2}\right)\left(\frac{R}{R_0}\right)^2 = 2 \cdot (18{,}85 \text{ s}^{-1}) \cdot \frac{(0{,}952)^2}{[1-(0{,}952)^2](0{,}965)^2} = 392 \text{ s}^{-1} \ \checkmark$$

## *Aproximação de fenda estreita*

Se a espessura da fenda radial entre os dois cilindros for pequena, isto é, se $\Delta R = R_2 - R_1 \ll R_2$ (ou, em termos do parâmetro $\kappa = R_2/R_1$, se $\kappa \approx 1$), a fenda radial pode ser considerada *plana*, e o escoamento se reduz ao escoamento de Couette entre duas placas planas paralelas, conforme estudado na Seção 5.3. Uma mudança de coordenadas

$$y = r - R_1, \ z = \tfrac{1}{2}\theta(R_1 + R_2) \quad \text{(P5.4.11)}$$

reduz o problema à determinação de $v_z(y)$ que satisfaz

$$\frac{d^2 v_z}{dy^2} = 0 \quad \text{(P5.4.12)}$$

para $0 < y < H_0 = R_2 - R_1$, com as condições de borda:

Para $y = 0$: $\quad v_z = -U_1 = \Omega_1 R_1 \quad$ (P5.4.13)
Para $y = H_0$: $\quad v_z = U_2 = \Omega_2 R_2 \quad$ (P5.4.14)

A integração da Eq. (P5.4.12), com as condições de borda, Eqs. (P5.4.13)-(P5.4.14), resulta em um perfil linear de velocidade (Figura P5.3.3),

$$v_z = -U_1 + \frac{U_1 + U_2}{H_0} y \quad \text{(P5.4.15)}$$

* Observe que $\Omega_1$ e $\Omega_2$ foram definidos como parâmetros positivos, independente da direção de rotação.

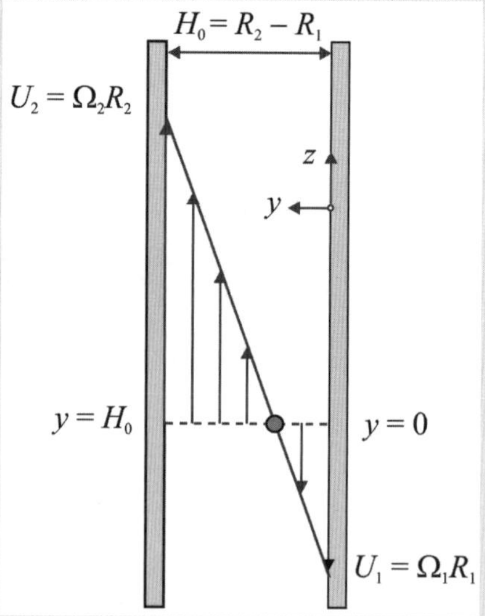


**Figura P5.4.3**

e em uma taxa de cisalhamento constante,

$$\dot{\gamma} = \left| \frac{dv_z}{dy} \right| = \frac{|U_1 + U_2|}{H_0} \tag{P5.4.16}$$

A posição do plano de velocidade nula, $v_z(y_0) = 0$, na Eq. (P5.4.15), resulta em

$$y_0 = \frac{U_1}{U_1 + U_2} H_0 \tag{P5.4.17}$$

Para o presente problema temos

$$H_0 = R_2 - R_1 = 5 \text{ mm}$$

$$U_1 = \Omega_1 R_1 = \frac{2\pi N_1 R_1}{60} = 628 \text{ mm/s}$$

$$U_2 = \Omega_2 R_2 = \frac{2\pi N_2 R_2}{60} = 1319 \text{ mm/s}$$

e, portanto,

$$\delta = H_0 - y_0 = \left(1 - \frac{U_1}{U_1 + U_2}\right) H_0 = \frac{U_2}{U_1 + U_2} H_0 = 3{,}39 \text{ mm} \checkmark$$

$$\dot{\gamma} = \frac{U_1 + U_2}{H_0} = 390 \text{ s}^{-1} \checkmark$$

Comparando com os valores "exatos", a aproximação de fenda estreita plana resulta em diferenças de 8% (a menos) em $\delta$ e 0,25% (a mais) em $\dot{\gamma}$.

## Problema 5.5 Descarga fechada

O escoamento bidimensional em uma caixa retangular, onde uma das paredes se move, é utilizado como modelo ideal de vários equipamentos de processos (bombas de engrenagem, extrusores etc.).

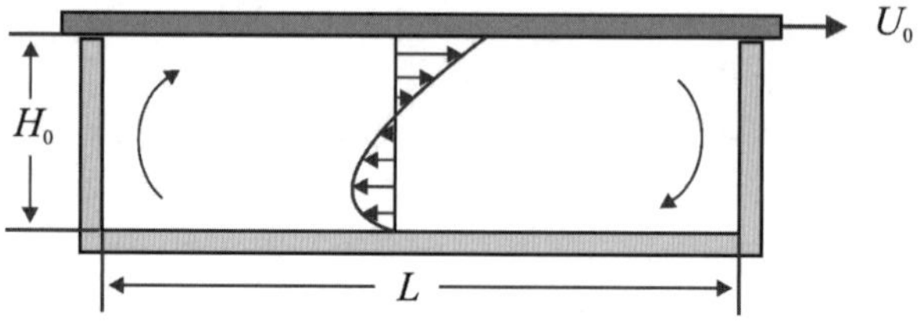


**Figura P5.5.1**

Para o caso de a velocidade da parede ser constante e $H_0 \ll L$, o movimento corresponde, aproximadamente, ao escoamento unidimensional de Couette-Poiseuille entre duas placas planas paralelas infinitas, no caso de descarga fechada. Para um fluido newtoniano incompressível de viscosidade $\eta = 0{,}1$ kPa · s (constante e uniforme), avalie o gradiente de pressão gerado pelo movimento e a tensão sobre a parede móvel. Dados: $U_0 = 1$ m/s, $H_0 = 5$ mm.

## *Resolução*

A vazão, Eq. (5.168),

$$\frac{Q}{W} = \frac{U_0 H_0}{2} + \frac{\Delta p H_0^3}{12\eta L} \tag{P5.5.1}$$

Para descarga fechada $Q = 0$,

$$\frac{U_0 H_0}{2} + \frac{\Delta p H_0^3}{12\eta L} = 0 \tag{P5.5.2}$$

ou seja,

$$\frac{\Delta p}{L} = -\frac{6\eta U_0}{H_0^2} \tag{P5.5.3}$$

$$\frac{\Delta p}{L} = -\frac{6\eta U_0}{H_0^2} = -\frac{6 \cdot 0{,}1\,\text{kPa} \cdot \text{s} \cdot 1\,\text{m/s}}{(0{,}005\,\text{m})^2}$$

$$\frac{\Delta p}{L} = -24 \cdot 10^3\ \text{kPa/m} = -24\ \text{MPa/m}\ \checkmark$$

A taxa de cisalhamento, Eq. (5.162), na parede móvel, $y = H_0$, é

$$\dot{\gamma}_w = \frac{U_0}{H_0} - \frac{\Delta p H_0}{2\eta L} \tag{P5.5.4}$$

Substituindo a Eq. (P5.5.3) para descarga fechada, obtemos

$$\dot{\gamma}_w = 4\frac{U_0}{H_0} \tag{P5.5.5}$$

e a tensão de cisalhamento (força de atrito viscoso por unidade de área) é

$$\tau_w = -4\eta\frac{U_0}{H_0} \tag{P5.5.6}$$

$$\tau_w = -\frac{4\eta U_0}{H_0} = -\frac{4 \cdot 0{,}1\,\text{kPa}\cdot\text{s} \cdot 1\,\text{m/s}}{0{,}005\,\text{m}}$$

$$\tau_w = -80\ \text{kPa}\ \checkmark$$

# Problema 5.6 Extrusora

Cento e quarenta e quatro quilos/hora de um polímero fundido são extrudados – em estado estacionário – através de uma matriz composta de 10 tubos cilíndricos, em paralelo,[27] de 3,5 mm de diâmetro interno e 15 mm de comprimento cada um. O fundido é pressurizado em uma extrusora monorrosca de 100 mm de diâmetro e passo igual ao diâmetro,[28] com canais de 5 mm de profundidade e filetes de 10 mm de espessura (direção normal à hélice). Avalie:

(a) A pressão na saída da extrusora.
(b) O comprimento mínimo da rosca se a extrusora é operada a 120 rpm.
(c) O mesmo, se a extrusora é operada a 60 rpm.
(d) Que acontece quando se tenta operar a extrusora a 30 rpm?
(e) A taxa de cisalhamento média no canal da extrusora nas condições do item (c).
(f) A potência necessária para mover a rosca nas condições do item (c).

Considere – em primeira aproximação – que o polímero fundido se comporta como um fluido newtoniano incompressível com densidade $\rho = 800$ kg/m$^3$ e viscosidade $\eta = 1$ kPa · s, constantes e uniformes ao longo do sistema (desconsidere os inevitáveis efeitos térmicos). Desconsidere a diferença de diâmetro entre a rosca e o barril (gap), assim como a queda de pressão no cabeçote (espaço entre a rosca e a matriz). Suponha que a extrusora tenha mais do que 5 diâmetros de comprimento.

## *Resolução*

Neste problema a *queda* de pressão na matriz tem que ser *gerada* pela extrusora. Desconsiderando as perdas no cabeçote,

$$(\Delta P)_{\text{matriz}} = (-\Delta P)_{\text{extrusora}} \tag{P5.6.1}$$

onde $\Delta P = P_0 - p_{atm}$, sendo $P_0$ a *pressão do cabeçote* e $p_{atm}$ a pressão atmosférica na saída da matriz e na entrada da seção da extrusora com canais cheios; nos canais parcialmente cheios (ou parcialmente vazios) a pressão não varia (é igual à pressão no ar na parte do canal vazia) e pode ser considerada atmosférica. A situação é ilustrada na Figura P5.6.1, onde temos chamado $L$ ao comprimento axial da extrusora (zona de canais cheios) e $L_0$ ao comprimento dos tubos da matriz.

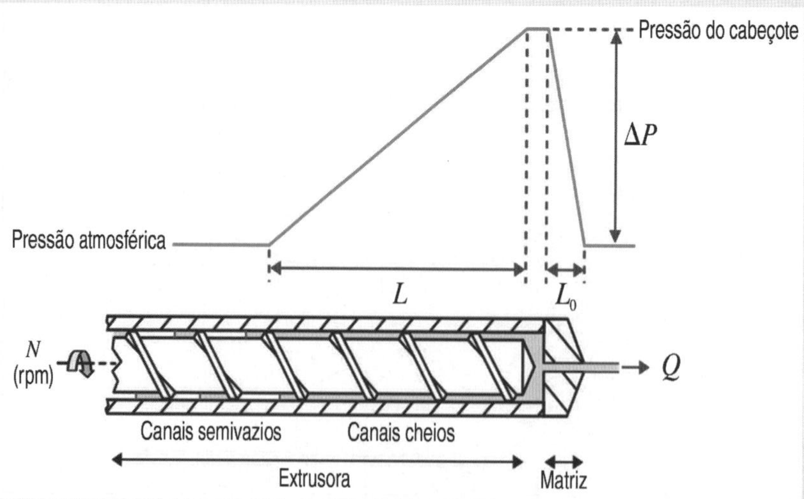


**Figura P5.6.1**

[27] Matrizes formadas por um conjunto de tubos *em paralelo* são utilizadas para obter material granulado (os "spaghetti" do polímero fundido à saída da matriz são resfriados e cortados para formar os grânulos ou *pellets*). Nesse caso, o diâmetro dos furos da matriz é determinado pelo diâmetro requerido dos grânulos, geralmente da ordem de 2 a 5 mm. Em princípio, o número de saídas em paralelo é determinado pela capacidade de gerar pressão na extrusora que alimenta a matriz. Porém, elevadas tensões de cisalhamento na matriz resultam em *instabilidades* no material extruído, o que limita a vazão por tubo que pode ser utilizada, independente da capacidade da extrusora; para materiais comuns, 10 a 20 kg/h p

[28] O passo igual ao diâmetro (conhecido em inglês como *square pitch*), $S = D_0$, que resulta num ângulo de hélice de 17,66°, é tradicionalmente considerado (com pouco fundamento teórico ou prático) o *standard* para roscas de extrusoras de uso geral.

A queda de pressão na matriz pode ser avaliada pela equação de Hagen-Poiseuille em termos da vazão volumétrica $Q_0$ em *um* tubo da matriz:

$$Q_0 = \frac{Q}{n} \tag{P5.6.2}$$

onde $Q$ é a vazão através do sistema extrusora-matriz (constante em estado estacionário) e $n$ é o número de tubos em paralelo. Observe que para dutos em paralelo a mesma diferença de pressão $\Delta P$ puxa o fluido através de cada um deles (supomos que o fundido é distribuído uniformemente em todos os tubos). Temos então, pela Eq. (3.125),

$$Q_0 = \frac{\pi \Delta P R_0^4}{8\eta L_0} \tag{P5.6.3}$$

ou

$$\Delta P = \frac{128\eta Q}{n\pi d^4} L_0 \tag{P5.6.4}$$

onde temos substituído a Eq. (P5.6.2) e utilizado o diâmetro dos tubos $d = 2R_0$ (em vez do raio $R_0$); $\eta$ é a viscosidade do fundido nas condições do sistema, que temos considerado constante e uniforme no nível de aproximação utilizado.

A equação característica da extrusora,[29] na aproximação de canais rasos retificados e desconsiderando o vazamento no gap entre a ponta dos filetes e o barril, é dada pela Eq. (5.240):

$$Q = \tfrac{1}{2}\pi N D_0 H W F_D \cos\theta + \frac{H^3 W F_P \operatorname{sen}\theta}{12\eta} \cdot \frac{\Delta P}{L} \tag{P5.6.5}$$

Relaciona – em primeira aproximação – a vazão (volumétrica) através do sistema com o gradiente de pressão axial nos canais *cheios* da extrusora, em termos da geometria da extrusora (diâmetro da rosca $D_0$, profundidade do canal $H$, largura do canal $W$, ângulo da hélice $\theta$), a velocidade de rotação da rosca $N$ (rpm), e a viscosidade do fundido $\eta$. Os fatores de forma $F_D$ e $F_P$ dados pelas Eqs. (5.244)-(5.245) corrigem o efeito das paredes laterais do canal na vazão. Isolando $\Delta P$ na Eq. (P5.6.5),

$$\Delta P = \frac{Q - \tfrac{1}{2}\pi N D_0 H W F_D \cos\theta}{H^3 W F_P \operatorname{sen}\theta} 12\eta L \tag{P5.6.6}$$

Substituindo as Eqs. (P5.6.4) e (P5.6.6) na Eq. (P5.6.1),

$$\frac{128\eta Q}{n\pi d^4} L_0 = -\frac{Q - \tfrac{1}{2}\pi N D_0 H W F_D \cos\theta}{H^3 W F_P \operatorname{sen}\theta} 12\eta L \tag{P5.6.7}$$

ou

$$L = \frac{32 Q L_0}{3n\pi d^4} \cdot \frac{H^3 W F_P \operatorname{sen}\theta}{\tfrac{1}{2}\pi N D_0 H W F_D \cos\theta - Q} \tag{P5.6.8}$$

A Eq. (P5.6.8) pode ser expressa como

$$L = \frac{32 L_0 H^3 W F_P \operatorname{sen}\theta}{3n\pi d^4 \left[\tfrac{1}{2}\pi (N/Q) D_0 H W F_D \cos\theta - 1\right]} \tag{P5.6.9}$$

que revela verdadeira *variável operativa* do sistema, $N/Q$, razão entre a velocidade de rotação da rosca e a vazão volumétrica através do sistema. Isto é, o comprimento da rosca com canais cheios requerido para puxar o fundido através da matriz depende tanto da vazão quanto da velocidade de rotação, mas o efeito dos dois parâmetros é idêntico: o dobro da vazão requer o dobro da velocidade de rotação no mesmo comprimento. O parâmetro combinado

$$q = \frac{Q}{N} \tag{P5.6.10}$$

às vezes (mal) chamado *vazão específica*, representa a quantidade de material que passa através de um plano normal ao eixo da extrusora durante o tempo que leva para dar uma volta (revolução) completa da rosca.

---

[29] Neste caso, a equação de Hagen-Poiseuille, Eq. (P5.6.2), é a equação característica da matriz.

Parâmetros geométricos:

$d = 3$ mm $= 0{,}003$ m $\qquad H = 5$ mm $= 0{,}005$ m
$L_0 = 15$ mm $= 0{,}015$ m $\qquad e_F = 10$ mm $= 0{,}010$ m
$D_0 = 100$ mm $= 0{,}100$ m $\qquad S = 100$ mm $= 0{,}100$ m

Ângulo da hélice $\theta$ dado pela Eq. (5.209):

$$\theta = \arctan\left(\frac{S}{\pi D_0}\right) = 17{,}66°$$

(sen $\theta = 0{,}3034$, cos $\theta = 0{,}9529$).

Largura do canal $W$ (direção normal à hélice) pela Eq. (5.210):

$$W = \pi D_0 \operatorname{sen}\theta - e_F = (3{,}1416)\cdot(100\text{ mm})\cdot(0{,}3034) - (10\text{ mm}) = 85{,}3\text{ mm} = 0{,}0853\cdot 10^{-3}\text{ m}$$

Fatores de forma, Eqs. (5.244)-(5.245):

$$F_D \approx 1 - 0{,}57\frac{H}{W} = 1{,}00 - 0{,}57\frac{5}{85} = 0{,}966$$

$$F_P \approx 1 - 0{,}63\frac{H}{W} = 1{,}00 - 0{,}63\frac{5}{85} = 0{,}963$$

Vazão volumétrica:

$$Q = \frac{G}{\rho} = \frac{144\text{ kg/h}}{800\text{ kg/m}^3} = 0{,}18\text{ m}^3\text{/h} = 0{,}05\cdot 10^{-3}\text{ m}^3\text{/s}$$

## *Respostas*

**(a)** A pressão pode ser avaliada pela Eq. (P5.6.4):

$$\Delta P = \frac{128\eta Q L_0}{n\pi d^4} = \frac{128\cdot(1{,}0\cdot 10^3\text{ Pa}\cdot\text{s})\cdot(0{,}05\cdot 10^{-3}\text{m}^3/\text{s})\cdot(15\cdot 10^{-3}\text{m})}{10\cdot(3{,}1416)\cdot(3{,}5\cdot 10^{-3}\text{m})^4} = 20{,}4\cdot 10^6\text{ Pa}$$

ou seja,

$$\Delta P = 20{,}4\text{ MPa} = 204\text{ bar} ✓$$

**(b)** Substituindo na Eq. (P5.6.9),
$N = 120$ rpm (2 rps) → $Q/N = 0{,}025 \cdot 10^{-3}$ m³ (25 cm³/volta):
$L = 0{,}081$ m ou $L/D_0 = 0{,}8$ ou $L = 0{,}8$ diâmetros ✓
Só uma fração de volta de rosca é suficiente para gerar a pressão requerida. A extrusora está sendo subutilizada: pode aumentar a produção (vazão) ou utilizar uma máquina menor.

**(c)** O mesmo,
$N = 60$ rpm (1 rps) → $Q/N = 0{,}050 \cdot 10^{-3}$ m³ (50 cm³/volta):
$L = 0{,}455$ m ou $L/D_0 = 4{,}5$ ou $L = 4{,}5$ diâmetros ✓
Justo no ponto! Com capacidade suficiente para acomodar as incertezas do modelo simplificado.

**(d)** Para $N = 30$ rpm (0,5 rps), o denominador das Eqs. (P5.6.8)-(P5.6.9) é negativo, isto é,

$$Q > \tfrac{1}{2}\pi N D_0 H W F_D \cos\theta \qquad \text{(P5.6.11)}$$

A extrusora não pode empurrar o fundido contra a pressão requerida pela matriz. Em realidade, a 30 rpm a extrusora não pode puxar 144 kg/h contra pressão positiva *nenhuma*. O termo da direita na Eq. (P5.6.11) é a *capacidade de arraste* da extrusora, proporcional à velocidade de rotação, e, a 30 rpm, uma vazão de 144 kg/h excede a capacidade de arraste da extrusora.

**(e)** Substituindo a Eq. (5.211) na Eq. (5.222),

$$\Phi = \frac{H^2\tan\theta}{12\pi\eta N D_0}\cdot\frac{\Delta P}{L} \qquad \text{(P5.6.12)}$$

em termos de parâmetros conhecidos ou já avaliados nos itens (a) e (c). A partir de $\Phi$ é possível avaliar o fator de correção, Eq. (5.251):

$$k = \sqrt{\frac{14}{5}\text{sen}^2\theta + \left(1 + \frac{9}{5}\Phi^2\right)\cos^2\theta} \tag{P5.6.13}$$

e a taxa de cisalhamento média de mistura, substituindo a Eq. (5.211) na Eq. (5.249):

$$\dot{\gamma}_m = k\frac{\pi N D_0}{H} \tag{P5.6.14}$$

Do item (a):

$$\Delta P = -20{,}4 \cdot 10^6 \text{ Pa}$$

Para $N$ = 60 rpm = 1 rps, $L$ = 0,455 m [(item (c)], e da Eq. (P5.6.12):

$$\Phi = \frac{H^2 \tan\theta}{12\pi\eta N D_0} \cdot \frac{\Delta P}{L} = \frac{(5 \cdot 10^{-3}\,\text{m})^2 \cdot (0{,}3184) \cdot (-20{,}4 \cdot 10^6\,\text{Pa})}{12 \cdot (3{,}1416) \cdot (1 \cdot 10^3\,\text{Pa} \cdot \text{s}) \cdot (1\,\text{s}^{-1}) \cdot (0{,}1\,\text{m}) \cdot (0{,}455\,\text{m})} = -0{,}095$$

O fator $k$, Eq. (P5.6.13), é

$$k = \sqrt{2{,}8 \cdot (0{,}3034)^2 + (1 + 1{,}8 \cdot (-0{,}095)^2) \cdot (0{,}9529)^2} = 1{,}087$$

e, finalmente, da Eq. (P5.6.14),

$$\dot{\gamma}_m = (0{,}8) \cdot (1{,}087)\frac{(3{,}1416) \cdot (1\,\text{s}^{-1}) \cdot (0{,}1\,\text{m})}{(5 \cdot 10^{-3}\,\text{m})} = 54{,}6\,\text{s}^{-1} \checkmark$$

**(f)** Substituindo na Eq. (5.6.50),

$$\frac{\eta\pi^2 N^2 D_0^2 W L}{H\,\text{sen}\,\theta} = \frac{(1{,}0 \cdot 10^3\,\text{Pa} \cdot \text{s}) \cdot (3{,}1416)^2 \cdot (1\,\text{s}^{-1})^2 \cdot (0{,}1\,\text{m})^2 \cdot (85{,}3 \cdot 10^{-3}\,\text{m}) \cdot (0{,}36\,\text{m})}{(5 \cdot 10^{-3}\,\text{m}) \cdot (0{,}3033)} = 2000\text{ W}$$

$$\frac{H^2\,\text{sen}\,\theta\cos\theta}{6\pi\eta N D_0} \cdot \frac{\Delta P}{L} = \frac{(5 \cdot 10^{-3}\,\text{m})^2 \cdot (0{,}3033) \cdot (0{,}9529) \cdot (-3{,}5 \cdot 10^6\text{ Pa})}{6 \cdot (3{,}1416) \cdot (1{,}0 \cdot 10^3\,\text{Pa} \cdot \text{s}) \cdot (1\,\text{s}^{-1}) \cdot (0{,}1\,\text{m}) \cdot (0{,}36\,\text{m})} = -0{,}0372$$

$$\mathcal{W} = \left(1 + 3 \cdot (0{,}3034)^2 + 0{,}037\right) \cdot 2{,}0\text{ kW} = 2{,}63\text{ kW} \checkmark$$

## Problema 5.7 Espessura do filme descendente em uma parede plana

Avalie a espessura do filme glicerol ($\rho$ = 1050 kg/m³ e $\eta$ = 950 mPa · s a 25°C) escoando numa parede vertical, à temperatura ambiente e com uma vazão de 10 mL/s por metro de largura.

### *Resolução*

A partir da Eq. (5.274),

$$\delta = \left[\frac{3\eta(Q/W)}{\rho g\,\text{sen}\,\beta}\right]^{1/3} \tag{P5.7.1}$$

Para uma parede vertical $\beta$ = 90° e sen $\beta$ = 1; a vazão de 10 mL/m · s corresponde a $Q/W = 10 \cdot 10^{-6}$ m²/s:

$$\delta = \left[\frac{3\eta(Q/W)}{\rho g\,\text{sen}\,\beta}\right]^{1/3} = \left[\frac{3 \cdot (0{,}95\,\text{Pa} \cdot \text{s}) \cdot (10 \cdot 10^{-6}\,\text{m}^2/\text{s})}{(1{,}05 \cdot 10^3\,\text{kg/m}^3) \cdot (9{,}8\,\text{m/s}^2) \cdot 1}\right]^{1/3} = 1{,}4 \cdot 10^{-3}\,\text{m}$$

Isto é,

$$\delta = 1{,}4\text{ mm} \checkmark$$

Levando em consideração que a velocidade média do filme é $\overline{v} = (Q/W)/\delta$, o número de Reynolds (Seção 5.7.2b) resulta em

$$Re = \frac{4\rho\delta\overline{v}}{\eta} = \frac{4\rho(Q/W)}{\eta} = \frac{4 \cdot \left(1{,}05 \cdot 10^3\,\mathrm{kg/m^3}\right) \cdot \left(10 \cdot 10^{-6}\,\mathrm{m^2/s}\right)}{\left(0{,}95\,\mathrm{Pa \cdot s}\right)} = 0{,}04 \;\checkmark$$

Sendo $Re < 20$, a suposição de interface plana líquido-ar é justificada neste caso.

# Escoamentos Complexos

6



Nos escoamentos considerados nos Capítulos 3 e 5, a única componente não nula da velocidade (na direção do escoamento) é função apenas da coordenada transversal (normal a essa direção), resultando em escoamentos *unidirecionais* e *unidimensionais*. Nessas condições, (a) a equação da continuidade é satisfeita identicamente e não fornece informação adicional sobre o escoamento, e (b) os termos *não lineares* na equação de Navier-Stokes são identicamente nulos. Portanto, a equação do movimento simplifica-se, nestes casos, para uma equação diferencial *linear* ordinária de segundo grau, de integração imediata, obtendo-se uma *solução exata* das equações de variação. Nesta seção vamos explorar escoamentos um pouco mais complexos, *multidirecionais* e/ou *multidimensionais*, onde os termos não lineares da equação de Navier-Stokes não são identicamente nulos. Porém, esses termos podem ser desconsiderados para velocidade baixa (ou alta viscosidade), isto é, para um número de Reynolds muito baixo (sob a aproximação de escoamento lento viscoso). O resultado é uma *solução aproximada* das equações de variação.

## 6.1 ESCOAMENTO RADIAL ENTRE DOIS DISCOS PARALELOS (I)[1]

### 6.1.1 Formulação do Problema

Considere um líquido (newtoniano, incompressível, à temperatura constante) que escoa radialmente entre dois discos planos, paralelos e separados por uma distância fixa $H_0$, alimentado no eixo com uma vazão $Q_0$ (Figura 6.1).

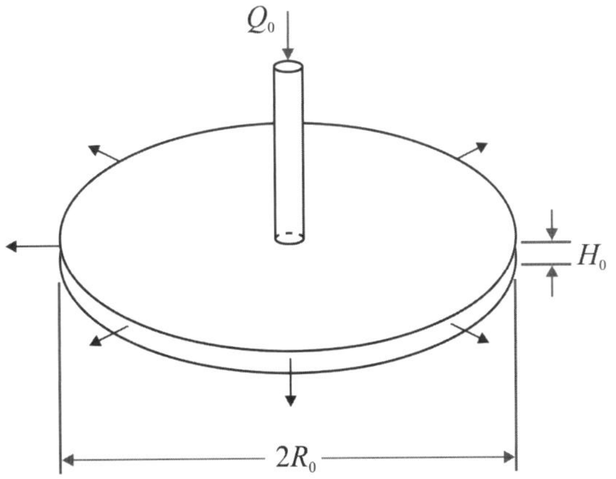


**Figura 6.1**

[1] Veja, por exemplo, o Problema 3B.10 do Capítulo 3, de R. B. Bird, W. E. Stewart e E. N. Lightfoot, *Fenômenos de Transporte*, 2ª ed. LTC, Rio de Janeiro, 2004 (BSL).

Escolhe-se um sistema de coordenadas cilíndricas $(r, \theta, z)$ centrado no disco inferior e coaxial com o duto (cilíndrico) de alimentação. Em estado estacionário, e fora de uma *zona de entrada* (próxima ao eixo) onde o escoamento muda da direção vertical (no duto) para a horizontal (no espaço entre os discos), uma dependência funcional razoável é

$$P = P(r),\ v_r = v_r(r, z),\ v_z = v_\theta = 0.$$

Observe que a velocidade radial $v_r$ depende necessariamente da coordenada axial porque é nula na superfície dos discos (e não nula no espaço entre os mesmos) e da coordenada radial porque, sendo a vazão constante (em estado estacionário), o fluido escoa através de uma área cada vez maior, à medida que avança nessa direção (Figura 6.2). Por outra parte, a utilização da *pressão modificada* $P = p + \rho g$ elimina o efeito da variação axial (hidrostática) da pressão "ordinária" $p = p(r, z)$. Portanto, temos um escoamento *unidirecional* (só uma componente não nula da velocidade) e *bidimensional* (a velocidade depende de duas variáveis independentes).

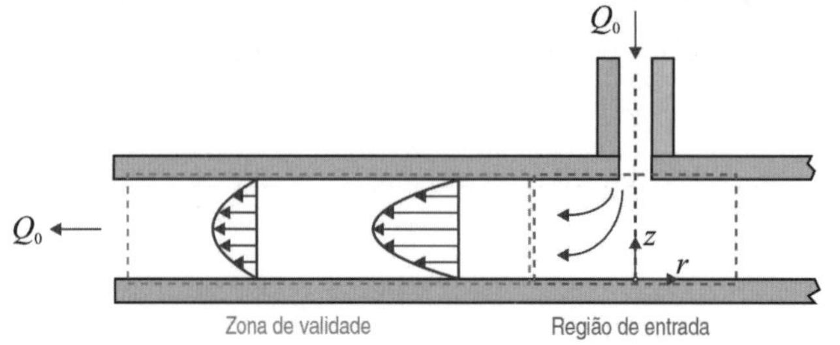


**Figura 6.2**

## 6.1.2 Perfil de Velocidade e de Pressão

Nestas condições, a equação da continuidade [Apêndice, Tabela A.2, Eq. (A.2)] simplifica-se para

$$\frac{1}{r}\frac{\partial(rv_r)}{\partial r} = 0 \tag{6.1}$$

e a componente $r$ da equação de Navier-Stokes [Apêndice, Tabela A.3, Eq. (4)] para

$$\rho v_r \frac{\partial v_r}{\partial r} = -\frac{dP}{dr} + \eta\left\{\frac{\partial}{\partial r}\left[\frac{1}{r}\frac{\partial(rv_r)}{\partial r}\right] + \frac{\partial^2 v_r}{\partial z^2}\right\} \tag{6.2}$$

As componentes $z$ e $\theta$ são identicamente nulas. Observe o termo não linear (aceleração) na esquerda da Eq. (6.2). O primeiro dentro dos colchetes { } na direita da Eq. (6.2) é eliminado pela equação de continuidade, Eq. (6.1),

$$\rho v_r \frac{\partial v_r}{\partial r} = -\frac{dP}{dr} + \eta\left\{\cancel{\frac{\partial}{\partial r}\left[\frac{1}{r}\frac{\partial(rv_r)}{\partial r}\right]} + \frac{\partial^2 v_r}{\partial z^2}\right\} \tag{6.3}$$

resultando em

$$\rho v_r \frac{\partial v_r}{\partial r} = -\frac{dP}{dr} + \eta\frac{\partial^2 v_r}{\partial z^2} \tag{6.4}$$

As condições de borda para a velocidade são:

Para $z = 0$: $\quad v_r = 0 \quad$ (6.5)

Para $z = H_0$: $\quad v_r = 0 \quad$ (6.6)

Vamos supor que a pressão é conhecida para dois valores do raio:

Para $r = R_1$: $\quad P = P_1 \quad$ (6.7)

Para $r = R_0$: $\quad P = P_0 \quad$ (6.8)

onde $0 < R_1 < R_0$, com o menor raio fora da zona de entrada[2] e $P_1 > P_0$.

[2] Os dados para o comprimento de entrada em fendas, Eq. (3.68), sugerem (mas não provam!) que para $Re \ll 1$, $R_1 \approx R_D + H_0$ é uma aproximação aceitável. Desconsiderando os efeitos de entrada $P_1$ pode ser identificada com a "pressão de injeção" no duto de alimentação.

A Eq. (6.1) implica que o produto ($r \cdot v_r$) não é uma função de $r$, mas é uma função somente de $z$, que chamamos $f(z)$; assim, temos

$$v_r = \frac{f(z)}{r} \tag{6.9}$$

Isto é, a velocidade radial é inversamente proporcional ao raio. Derivando a Eq. (6.9), obtemos

$$\frac{\partial v_r}{\partial r} = -\frac{f}{r^2} \tag{6.10}$$

$$\frac{\partial v_r}{\partial z} = \frac{1}{r}\frac{df}{dz}, \quad \frac{\partial^2 v_r}{\partial z^2} = \frac{1}{r}\frac{d^2 f}{dz^2} \tag{6.11}$$

Introduzindo as Eqs. (6.10)-(6.11) na Eq. (6.4) e reordenando,

$$r\frac{dP}{dr} = \eta\frac{d^2 f}{dz^2} + \rho\frac{f^2}{r^2} \tag{6.12}$$

Vamos considerar o caso em que o segundo termo da direita (o termo não linear, isto é, a aceleração) é desprezível em relação ao primeiro:

$$\rho\frac{f^2}{r^2} \ll \eta\frac{d^2 f}{dz^2} \tag{6.13}$$

A solução que obtivermos estará limitada às condições em que a Eq. (6.13) é aproximadamente válida [veja, mais na frente, as Eqs. (6.26)-(6.27)]. Neste caso, a Eq. (6.12) se reduz a

$$r\frac{dP}{dr} = \eta\frac{d^2 f}{dz^2} \tag{6.14}$$

A partir deste ponto o método de solução segue o mesmo padrão estabelecido em muitos casos estudados anteriormente.

O termo da esquerda na Eq. (6.14) só pode ser função de $r$, e o termo da direita só pode ser função de $z$; portanto, são iguais a uma constante $C$, ou seja,

$$r\frac{dP}{dr} = C \tag{6.15}$$

$$\eta\frac{d^2 f}{dz^2} = C \tag{6.16}$$

A Eq. (6.15) pode ser integrada facilmente, utilizando as condições de borda Eqs. (6.7)-(6.8), para obter

$$C = -\frac{P_1 - P_0}{\ln(R_0/R_1)} \tag{6.17}$$

(observe que $R_1 > R_0$, mas $P_1 < P_0$ para $Q > 0$) e o perfil logarítmico de pressão é

$$\boxed{P = P_0 + (P_1 - P_0)\frac{\ln(R_0/r)}{\ln(R_0/R_1)}} \tag{6.18}$$

As condições de borda para $f(z)$ podem ser obtidas diretamente das Eqs. (6.5)-(6.6) e da definição de $f$, Eq. (6.9):

Para $z = 0$: $$f = 0 \tag{6.19}$$

Para $z = H_0$: $$f = 0 \tag{6.20}$$

A Eq. (6.16) também é facilmente integrada com as condições de borda, Eqs. (6.19)-(6.20):

$$f = -\frac{CH_0^2}{2\eta}\left(\frac{z}{H_0}\right)\left[1-\left(\frac{z}{H_0}\right)\right] \tag{6.21}$$

Substituindo na Eq. (6.9), temos

$$v_r = -\frac{CH_0^2}{2\eta r}\left(\frac{z}{H_0}\right)\left(1-\frac{z}{H_0}\right) \tag{6.22}$$

Levando em consideração a Eq. (6.17),

$$\boxed{v_r = \frac{(P_1 - P_0)H_0^2}{2\eta r \ln(R_0/R_1)}\left(\frac{z}{H_0}\right)\left(1-\frac{z}{H_0}\right)} \tag{6.23}$$

Um perfil parabólico de velocidade semelhante ao obtido para o escoamento de Poiseuille em uma fenda estreita, Eq. (3.85), com a *velocidade máxima* no plano médio entre os discos, $z = ½H_0$:

$$v_{max} = \frac{(P_1 - P_0)H_0^2}{8\eta r \ln(R_0/R_1)} \tag{6.24}$$

A *vazão* é avaliada integrando o perfil de velocidade:

$$Q_0 = \int_0^{H_0} v_r(r,z)\cdot 2\pi r dz = \frac{\pi(P_1 - P_0)H_0^3}{\eta \ln(R_0/R_1)}\int_0^1 (1-\xi)\xi d\xi \tag{6.25}$$

$$\boxed{Q_0 = \frac{\pi(P_1 - P_0)H_0^3}{6\eta \ln(R_0/R_1)}} \tag{6.26}$$

ou

$$P_1 - P_0 = \frac{6\eta Q_0 \ln(R_0/R_1)}{\pi H_0^3} \tag{6.27}$$

A vazão é constante, mas a *velocidade média* depende da posição:

$$\bar{v}(r) = \frac{Q_0}{2\pi r H_0} = \frac{(P_1 - P_0)H_0^2}{12\eta r \ln(R_0/R_1)} \tag{6.28}$$

### 6.1.3 Taxa de Deformação

A *taxa de cisalhamento*

$$\dot{\gamma} = \left|\frac{\partial v_r}{\partial z}\right| = \frac{(P_1 - P_0)H_0}{2\eta r \ln(R_0/R_1)}\left|2\frac{z}{H_0} - 1\right| \tag{6.29}$$

é nula no plano médio entre os discos, $z = ½H_0$, e máxima na parede dos mesmos, $z = 0, H_0$:

$$\dot{\gamma}_w = \frac{(P_1 - P_0)H_0}{2\eta r \ln(R_0/R_1)} \tag{6.30}$$

A *tensão* de cisalhamento é obtida multiplicando a taxa pela viscosidade do fluido. Observe que a taxa de cisalhamento é inversamente proporcional ao raio, isto é, diminui ao longo do percurso do fluido entre os discos.

A taxa de cisalhamento avaliada pela Eq. (6.29) corresponde a só uma das componentes não nulas do tensor da taxa de deformação [Apêndice, Tabela A.1, Eqs. (10)-(12)].

O termo $\dot{\gamma}_{rz} = \dot{\gamma}_{zr}$ está relacionado com a taxa de cisalhamento:

$$\dot{\gamma} \equiv |\dot{\gamma}_{rz}| = |\dot{\gamma}_{zr}| \tag{6.31}$$

Mas neste caso o fluido sofre também deformações extensionais, relacionadas com as outras duas componentes não nulas do tensor da taxa de deformação. Levando em consideração as Eqs. (6.9)-(6.10),[3]

$$\dot{\gamma}_{rr} = 2\frac{\partial v_r}{\partial r} = -2\frac{f}{r^2} \tag{6.32}$$

$$\dot{\gamma}_{\theta\theta} = 2\frac{v_r}{r} = 2\frac{f}{r^2} \tag{6.33}$$

ou

$$\dot{\gamma}_{\theta\theta} = -\dot{\gamma}_{rr} = \frac{(P_1 - P_0)H_0^2}{\eta r^2 \ln(R_0/R_1)}\left(\frac{z}{H_0}\right)\left(1-\frac{z}{H_0}\right) \tag{6.34}$$

[3] Observe que a equação da continuidade, Eq. (6.1), pode ser escrita como $\dot{\gamma}_{\theta\theta} + \dot{\gamma}_{rr} = 0$.

Define-se a *taxa de extensão*:

$$\dot{\varepsilon} = \frac{|P_1 - P_0| H_0^2}{\eta r^2 \ln(R_0 / R_1)} \cdot \frac{z}{H_0} \left| 1 - \frac{z}{H_0} \right| \tag{6.35}$$

A taxa de extensão depende tanto da coordenada axial quanto da radial. É nula nas paredes, ou seja, para $z = 0$ e $z = H_0$, e máxima no plano médio, isto é, para $z = ½H$:

$$\dot{\varepsilon}_{1/2} = \frac{|P_1 - P_0| H_0^2}{4\eta r^2 \ln(R_0 / R_1)} \tag{6.36}$$

O significado destes termos será discutido em detalhe na Seção 6.4. Veja também a Seção 6.2.8.

Resta verificar as condições nas quais o termo da aceleração pode ser desconsiderado, Eq. (6.13). A substituição dos resultados obtidos na Eq. (6.13) resulta na condição:

$$3\frac{\rho \bar{v}(r) H_0}{\eta} \left( \frac{H_0}{r} \right) \left( \frac{z}{H_0} \right)^2 \left( 1 - \frac{z}{H_0} \right)^2 \ll 1 \tag{6.37}$$

Para $z = ½H_0$ e $r = R_0$, e desconsiderando coeficientes numéricos,

$$Re = \frac{\rho v_0 H_0}{\eta} \ll 1 \tag{6.38}$$

onde $v_0 = (H_0 / R_0) \cdot \bar{v}(R_0)$. Escoamentos em que se verifica a condição Eq. (6.38) são chamados *escoamentos lentos viscosos*, característicos em sistemas onde a velocidade é pequena e a viscosidade é grande.

# 6.2 ESCOAMENTO RADIAL ENTRE DOIS DISCOS PARALELOS (II)[4]

## 6.2.1 Formulação do Problema

Considere um líquido newtoniano incompressível (à temperatura constante) contido entre dois discos planos e paralelos de raio $R_0$. Inicialmente os discos estão separados por uma distância $H_0$. O líquido contido entre os discos é "espremido" (*squeeze*) radialmente pelo efeito de uma força $\mathcal{F}$ exercida sobre o disco superior, mantendo-se o disco inferior fixo (Figura 6.3).

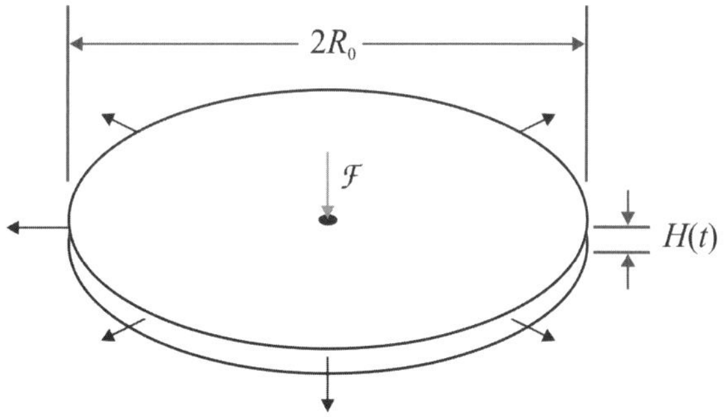


**Figura 6.3**

Escolhe-se um sistema de coordenadas cilíndricas $(r, \theta, z)$ centrado no disco inferior. Claramente pode-se observar que o problema não é estacionário. A pressão e a velocidade dependem do tempo através da variação da distância entre os discos,

$$H(t)$$

sendo a velocidade do deslocamento do disco superior:

$$U = -\frac{dH}{dt} \tag{6.39}$$

[4] Veja o Problema 3C.1, Capítulo 3, do BSL; R. B. Bird, R. C. Armstrong e O. Hassager, *Dynamics of Polymeric Liquids*, Volume 1: *Fluid Mechanics*, 2nd ed. Wiley-Interscience, 1987, Exemplo 1.3.5.

Apresentam-se dois casos simples:

(a) A força exercida sobre o disco é constante, $\mathcal{F} = \mathcal{F}_0$; nesse caso a velocidade do disco superior varia com o tempo, $U = U(t)$.

(b) A velocidade de deslocamento do disco é constante, $U = U_0$; nesse caso a força exercida é uma função do tempo $\mathcal{F} = \mathcal{F}(t)$.

Vamos analisar o caso (a) sob a aproximação de *estado quase estacionário*, válida para o deslocamento suficientemente lento do disco móvel, de forma que seja possível desconsiderar, no momento, a dependência temporal das velocidades e pressões. Para o caso (b), veja a Seção 6.2.8a. A seguinte dependência funcional parece razoável (Figura 6.4):

$$P = P(r, z),\ v_r = v_r(r, z),\ v_z = v_z(z),\ v_\theta = 0$$

Temos, portanto, um escoamento *bidirecional* (duas componentes não nulas da velocidade) e *bidimensional* (a velocidade depende de duas variáveis independentes).

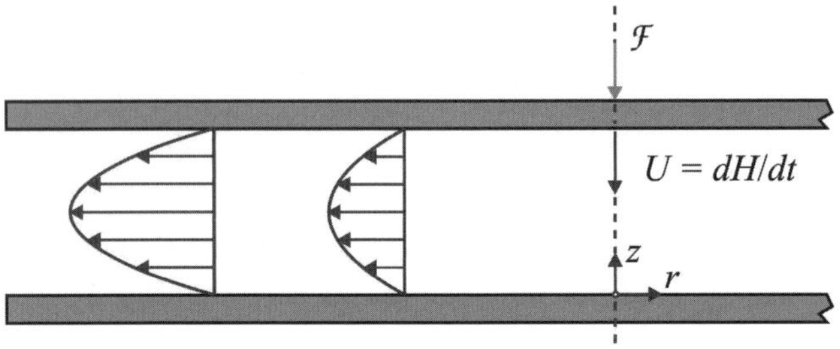


**Figura 6.4**

Nestas condições, a equação da continuidade simplifica-se para

$$\frac{1}{r}\frac{\partial(rv_r)}{\partial r} + \frac{dv_z}{dz} = 0 \tag{6.40}$$

e as componentes $r$ e $z$ da equação de Navier-Stokes para

$$\rho\left(v_r\frac{\partial v_r}{\partial r} + v_z\frac{\partial v_r}{\partial z}\right) = -\frac{\partial P}{\partial r} = \eta\left\{\frac{\partial}{\partial r}\left[\frac{1}{r}\frac{\partial(rv_r)}{\partial r}\right] + \frac{\partial^2 v_r}{\partial z^2}\right\} \tag{6.41}$$

$$\rho v_z\frac{dv_z}{dz} = -\frac{\partial P}{\partial z} + \eta\frac{d^2 v_z}{dz^2} \tag{6.42}$$

A componente $\theta$ da equação de Navier-Stokes é identicamente nula.

Utilizando $U$ como a velocidade característica, e $H$ como o comprimento característico, os termos "inerciais" (esquerda) da equação de Navier-Stokes são da ordem de $\rho U^2/H$, e os termos "viscosos" (direita) são da ordem de $\eta U/H$. Como no caso anterior (Seção 6.1), vamos considerar a aproximação de escoamento lento viscoso, que corresponde a

$$\rho U^2/H \ll \eta U/H \tag{6.43}$$

ou

$$Re = \frac{\rho HU}{\eta} \ll 1 \tag{6.44}$$

Os termos "inerciais" são eliminados na aproximação de escoamento lento viscoso, não por serem nulos, mas porque são considerados muito menores do que os dois termos da esquerda, resultando em

$$\frac{\partial P}{\partial r} = \eta\left\{\frac{\partial}{\partial r}\left[\frac{1}{r}\frac{\partial(rv_r)}{\partial r}\right] + \frac{\partial^2 v_r}{\partial z^2}\right\} \tag{6.45}$$

$$\frac{\partial P}{\partial z} = \eta\frac{d^2 v_z}{dz^2} \tag{6.46}$$

As condições de borda para as velocidades $v_r$ e $v_z$ são:

Para $z = 0$: $$v_r = 0 \tag{6.47}$$

$$v_z = 0 \tag{6.48}$$

Para $z = H$:
$$v_r = 0 \qquad (6.49)$$
$$v_z = -U \qquad (6.50)$$

Vamos resolver formalmente o problema como se $U$ e $H$ fossem constantes[5] para obter os resultados desejados, e então vamos introduzir a Eq. (6.39) nesses resultados (estado quase estacionário).

### 6.2.2 Perfil de Velocidade

A Eq. (6.39) pode ser escrita como

$$\frac{\partial(rv_r)}{\partial r} = -r\frac{dv_z}{dz} \qquad (6.51)$$

Integrando em relação a $r$, e levando em consideração que $v_z$ não é função de $r$, temos

$$\int \frac{\partial(rv_r)}{\partial r}\,dr = -\frac{dv_z}{dz}\int r\,dr \qquad (6.52)$$

$$rv_r = -\tfrac{1}{2}r^2\frac{dv_z}{dz} + C \qquad (6.53)$$

$$v_r = -\tfrac{1}{2}r\frac{dv_z}{dz} + \frac{C}{r} \qquad (6.54)$$

Mas $C = 0$, desde que não tenhamos $v_r \to \infty$ para $r \to 0$. Portanto,

$$v_r = -\tfrac{1}{2}r\frac{dv_z}{dz} \qquad (6.55)$$

A Eq. (6.55) diz que, ainda que o problema tenha duas componentes da velocidade diferentes de 0, estas não são independentes uma da outra: por "continuidade" (isto é, por conservação da matéria) a entrada líquida de matéria em uma direção (para um volume de controle fixo) tem necessariamente que ser compensada pela saída líquida de matéria na outra direção.

Derivando duas vezes a Eq. (5.55) em relação a $z$,

$$\frac{\partial^2 v_r}{\partial z^2} = -\tfrac{1}{2}r\frac{d^3 v_z}{dz^3} \qquad (6.56)$$

Introduzindo a Eq. (6.40) na Eq. (6.45), temos

$$\frac{\partial P}{\partial r} = \eta\left\{-\cancel{\frac{\partial}{\partial r}\left(\frac{dv_z}{dz}\right)} + \frac{\partial^2 v_r}{\partial z^2}\right\} = \eta\frac{\partial^2 v_r}{\partial z^2} \qquad (6.57)$$

desde que $v_z$ não é função de $r$.

Introduzindo a Eq. (6.56) na Eq. (6.57), obtemos

$$\frac{\partial P}{\partial r} = -\tfrac{1}{2}\eta r\frac{d^3 v_z}{dz^3} \qquad (6.58)$$

Derivando este resultado em relação a $z$,

$$\frac{\partial^2 P}{\partial z\partial r} = \frac{\partial}{\partial z}\left(-\tfrac{1}{2}\eta r\frac{d^3 v_z}{dz^3}\right) = -\tfrac{1}{2}\eta r\frac{d^4 v_z}{dz^4} \qquad (6.59)$$

Derivando a Eq. (6.46) em relação a $r$,

$$\frac{\partial^2 P}{\partial r\partial z} = \frac{\partial}{\partial r}\left(\eta\frac{d^2 v_z}{dz^2}\right) = 0 \qquad (6.60)$$

[5] Observe que se $H$ fosse constante teríamos $U = 0$. Porém, vamos considerar $U \neq 0$, o que implica que $H$ não é realmente constante, mas sua variação, ou seja, $U$, é bastante *pequena*: a aproximação de *estado quase estacionário* implica a aproximação de *escoamento lento viscoso*, Eq. (6.43). O inverso não é necessariamente válido: é possível considerar o escoamento lento viscoso em casos onde $U$ não seja tão pequena assim, sempre que $H$ seja *muito* pequena.

A ordem de derivação não faz diferença, isto é,

$$\frac{\partial^2 P}{\partial r \partial z} = \frac{\partial^2 P}{\partial z \partial r} \tag{6.61}$$

ou seja, das Eqs. (6.59)-(6.60), temos

$$-\tfrac{1}{2}\eta r \frac{d^4 v_z}{dz^4} = 0 \tag{6.62}$$

mas como $\eta > 0$ e $r > 0$, concluímos que a derivada quarta tem que ser 0:

$$\frac{d^4 v_z}{dz^4} = 0 \tag{6.63}$$

Integrando a Eq. (6.63), temos

$$v_z = B_0 + B_1 z + B_2 z^2 + B_3 z^3 \tag{6.64}$$

Precisamos de *quatro* condições de borda. As condições de $v_z$ na parede dos dois discos fornecem duas condições, as Eqs. (6.48) e (6.50). A Eq. (6.55) diz que a derivada de $v_z$ em relação a $z$ é proporcional a $v_r$; portanto, as condições de $v_r$ na parede dos dois discos, Eqs. (6.47) e (6.49), podem ser expressas como condições:

Para $z = 0$:

$$\frac{dv_z}{dz} = 0 \tag{6.65}$$

Para $z = H$:

$$\frac{dv_z}{dz} = 0 \tag{6.66}$$

Das condições no disco inferior ($z = 0$), Eqs. (6.48) e (6.65), resulta

$$B_0 = B_1 = 0 \tag{6.67}$$

Das condições no disco superior ($z = H$), Eqs. (6.50) e (6.66), resulta

$$B_2 H^2 + B_3 H^3 = -U \tag{6.68}$$

$$2B_2 H + 3B_3 H^2 = 0 \tag{6.69}$$

ou seja,

$$B_2 = -3\frac{U}{H} \tag{6.70}$$

$$B_3 = 2\frac{U}{H^3} \tag{6.71}$$

Substituindo $B_0$, $B_1$, $B_2$ e $B_3$ na Eq. (6.64) e reordenando os termos, obtemos

$$\boxed{v_z = -3U\left(\frac{z}{H}\right)^2\left(1 - \frac{2}{3}\cdot\frac{z}{H}\right)} \tag{6.72}$$

o perfil da velocidade axial $v_z = v_z(z)$ (Figura 6.5a). Derivando a Eq. (6.72) e substituindo na Eq. (6.55), obtemos

$$\boxed{v_r = 3U\frac{r}{H}\cdot\frac{z}{H}\left(1 - \frac{z}{H}\right)} \tag{6.73}$$

o perfil da velocidade radial $v_r = v_r(r, z)$ (Figura 6.5b).

## 6.2.3 Perfil de Pressão

O diferencial total da pressão modificada $P$ é

$$dP = \frac{\partial P}{\partial r}dr + \frac{\partial P}{\partial z}dz \tag{6.74}$$

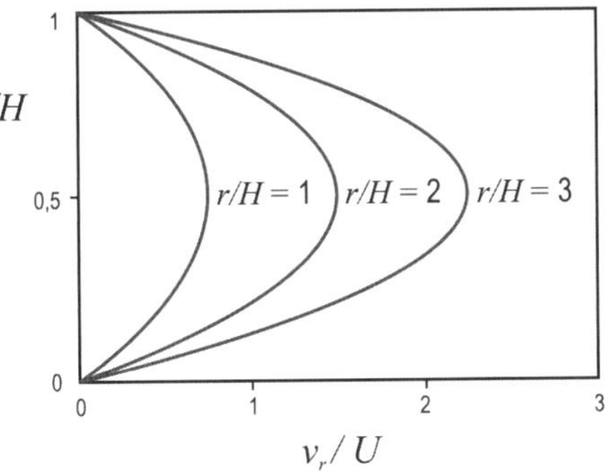


Figura 6.5a

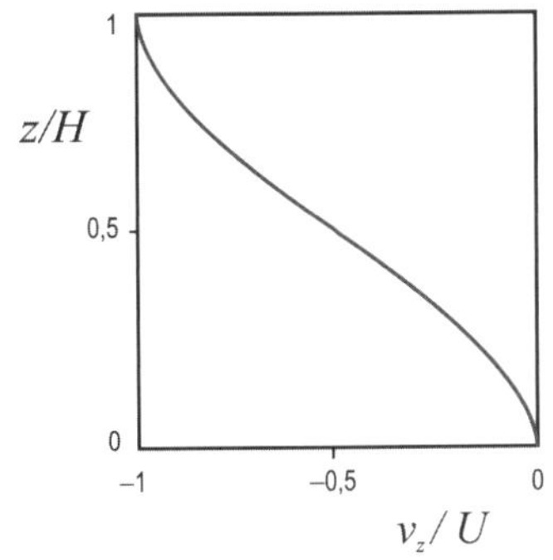


Figura 6.5b

Substituindo as Eqs. (6.46) e (6.58),

$$dP = -\tfrac{1}{2}\eta\frac{d^3v_z}{dz^3}rdr + \eta\frac{d^2v_z}{dz^2}dz \tag{6.75}$$

Integrando:

$$\int_{P_0}^{P} dP = -\tfrac{1}{2}\eta\frac{d^3v_z}{dz^3}\int_0^r rdr + \eta\int_0^z \frac{d^2v_z}{dz^2}dz \tag{6.76}$$

Observe que no primeiro termo da direita (integração em $r$) a derivada de $v_z$ sai da integral porque não é função de $r$. A integral é, simplesmente,

$$-\tfrac{1}{2}\eta\frac{d^3v_z}{dz^3}\int_0^r rdr = -\tfrac{1}{4}\eta r^2\frac{d^3v_z}{dz^3} \tag{6.77}$$

Derivando três vezes a Eq. (6.72),

$$\frac{d^3v_z}{dz^3} = 12\frac{U}{H^3} \tag{6.78}$$

e substituindo:

$$-\tfrac{1}{2}\eta\frac{d^3v_z}{dz^3}\int_0^r rdr = -3\eta\frac{U}{H}\left(\frac{r}{H}\right)^2 \tag{6.79}$$

Já no segundo termo da direita (integração em $z$) a derivada de $v_z$ fica dentro. Integrando:

$$\eta\int_0^z \frac{d^2v_z}{dz^2}dz = \eta\frac{dv_z}{dz}\bigg|_0^z = -6\eta\frac{U}{H}\left(\frac{z}{H}\right)\left(1-\frac{z}{H}\right) \tag{6.80}$$

Substituindo as Eqs. (6.79) e (6.89) na Eq. (7.76), obtemos o perfil de pressão:

$$P = P_0 - \frac{3\eta U}{H}\left[2\left(\frac{z}{H}\right)\left(1-\frac{z}{H}\right)+\left(\frac{r}{H}\right)^2\right] \tag{6.81}$$

$P_0$ é o valor de $P$ para $r = 0$ e $z = 0$ (ou $z = H$).

Conhecemos o valor de $P$ fora do disco, isto é, para $r = R_0$, que é simplesmente a pressão atmosférica $p_{atm}$. Mas $P(R_0)$ é função de $z$ e não constante! O paradoxo é resolvido se os esforços normais foram considerados (veja a *Observação* no Problema 6.2). Por enquanto igualamos a $p_{atm}$ à pressão no plano médio:

$$p_{atm} = P(\tfrac{1}{2}H, R_0) = P_0 - \frac{3\eta U}{H}\left[\tfrac{1}{2}+\left(\frac{R_0}{H}\right)^2\right] \tag{6.82}$$

Substituindo na Eq. (6.81),

$$\boxed{P = p_{atm} + \frac{3\eta U}{H}\left[\tfrac{1}{2}+\left(\frac{R_0}{H}\right)^2-\left(\frac{r}{H}\right)^2-2\left(\frac{z}{H}\right)\left(1-\frac{z}{H}\right)\right]} \tag{6.83}$$

### 6.2.4 Força e Deslocamento

A força necessária para mover o disco superior à velocidade $U$ é

$$\mathcal{F} = \int_0^{R_0} P(r, H) \cdot 2\pi r dr \tag{6.84}$$

ou, levando em consideração a Eq. (6.81),

$$\boxed{\mathcal{F} = \frac{3\pi\eta U R_0^4}{2H^3}} \tag{6.85}$$

que é conhecida como *equação de Stefan*, físico alemão que obteve este resultado em 1874. A Eq. (6.85) relaciona a força exercida sobre o disco superior $\mathcal{F}$, a velocidade de deslocamento vertical $U$ do disco sob efeito dessa força, e a distância entre os discos $H$, com as "constantes" do sistema (viscosidade do material $\eta$ e raio dos discos $R_0$).

Para força constante, $\mathcal{F} = \mathcal{F}_0$, a velocidade de deslocamento é

$$U = \frac{2\mathcal{F}_0 H^3}{3\pi\eta R_0^4} \tag{6.86}$$

Substituindo na Eq. (6.39) e reordenando, temos

$$\frac{1}{H^3}\frac{dH}{dt} = -\frac{2\mathcal{F}_0}{3\pi\eta R_0^4} \tag{6.87}$$

Integrando no tempo, sob a suposição de $R_0$ e $\mathcal{F}_0$ constantes (independentes do tempo),

$$-\frac{1}{H^2}\bigg|_{H_0}^{H(t)} = -\frac{2\mathcal{F}_0 t}{3\pi\eta R_0^4} \tag{6.88}$$

ou

$$\frac{1}{H^2} = \frac{1}{H_0^2} + \frac{2\mathcal{F}_0 t}{3\pi\eta R_0^4} \tag{6.89}$$

onde chamamos $H_0 = H(0)$, que é a "condição inicial" para $H(t)$. Portanto,

$$\boxed{H(t) = H_0\left(1 + \frac{4\mathcal{F}_0 H_0^2 t}{3\pi\eta R_0^4}\right)^{-1/2}} \tag{6.90}$$

A Eq. (6.90) pode ser escrita em forma adimensional como

$$H(t) = H_0\left(1 + \frac{t}{t_0}\right)^{-1/2} \tag{6.91}$$

onde

$$t_0 = \frac{3\pi\eta R_0^4}{4\mathcal{F}_0 H_0^2} \tag{6.92}$$

é um *tempo característico* do sistema (Figura 6.6).

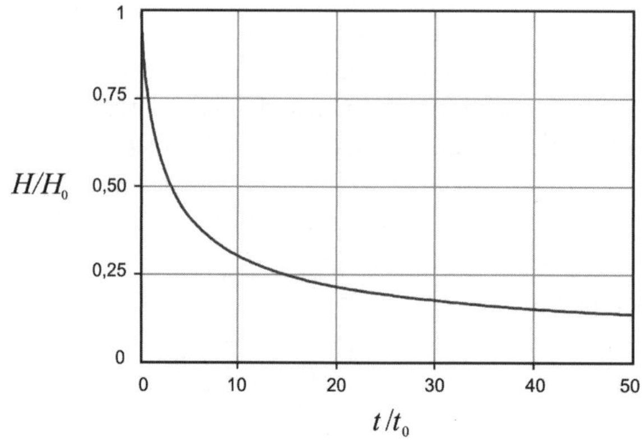


**Figura 6.6**

A velocidade de deslocamento como função do tempo se obtém substituindo a Eq. (6.90) na Eq. (6.86):

$$U = \frac{2\mathcal{F}_0 H_0^3}{3\pi\eta R_0^4}\left(1 + \frac{4\mathcal{F}_0 H_0^2 t}{3\pi\eta R_0^4}\right)^{-3/2} \tag{6.93}$$

ou, em termos do tempo característico,

$$U = \tfrac{1}{2}\frac{H_0}{t_0}\left(1 + \frac{t}{t_0}\right)^{-3/2} \tag{6.94}$$

### 6.2.5 Vazão

A quantidade de fluido por unidade de tempo que vaza através das bordas dos discos (isto é, a "vazão") pode ser avaliada em termos do volume $\Delta V = \pi R_0^2 \Delta H$ que é espremido no intervalo de tempo $\Delta t$:

$$Q_0 = \frac{\Delta V_0}{\Delta t} = \frac{\pi R_0^2 \Delta H}{\Delta t} = \pi R_0^2 U \tag{6.95}$$

Para força exercida constante, a velocidade $U$ na Eq. (6.95) pode ser expressa como função da força $\mathcal{F}_0$ e do tempo, substituíndo a Eq. (6.93):

$$Q_0 = \frac{2\mathcal{F}_0 H_0^3}{3\eta R_0^2}\left(1 + \frac{4\mathcal{F}_0 H_0^2 t}{3\pi\eta R_0^4}\right)^{-3/2} \tag{6.96}$$

ou, em termos do tempo característico, Eq. (6.92):

$$Q_0 = \frac{2H_0^3\mathcal{F}_0}{3\eta R_0^2}\left(1 + \frac{t}{t_0}\right)^{-3} \tag{6.97}$$

### 6.2.6 Escoamento Lento Viscoso

A condição de validade da aproximação de escoamento lento viscoso é dada pela Eq. (6.43). Para força exercida constante (caso *a*), substituindo a Eq. (6.86) na expressão para o *Re*, Eq. (6.44), temos

$$Re = \frac{2}{3\pi}\cdot\frac{\rho\mathcal{F}_0}{\eta}\left(\frac{H}{R_0}\right)^4 \tag{6.98}$$

Portanto, sem considerar as constantes, $Re \ll 1$ se

$$\frac{\rho\mathcal{F}_0}{\eta}\left(\frac{H}{R_0}\right)^4 \ll 1 \tag{6.99}$$

ou

$$\mathcal{F}_0 \ll \frac{\eta^2}{\rho}\left(\frac{R_0}{H}\right)^4 \tag{6.100}$$

Pode-se provar[6] que um tratamento que leve em consideração os termos inerciais na Eq. (6.40) resulta, em segunda aproximação, na seguinte expressão para a força necessária para espremer o fluido:

$$\mathcal{F} \doteq \frac{3\pi\eta U R^4}{2H^3}\left[1 + \frac{5\rho H U}{14\eta} + \frac{\rho H^2}{10U}\left(\frac{dU}{dt}\right)\right] \tag{6.101}$$

Compare com a Eq. (6.85), que foi obtida desconsiderando completamente esses termos. Para $dU/dt \approx 0$ a equação anterior se reduz a

$$\mathcal{F}_0 \approx \mathcal{F}_0{}^*(1 + 0{,}357Re) \tag{6.102}$$

onde a primeira aproximação à força $\mathcal{F}_0^*$ é dada pela Eq. (6.85), e o número de Reynolds é dado pela Eq. (6.44).

[6] Veja R. B. Bird, R. C. Armstrong e O. Hassager, *Dynamics of Polymeric Liquids*, Volume 1: *Fluid Mechanics*, 2nd ed. Wiley-Interscience, 1987, Exemplo 1.3.5.

### 6.2.7 Tensão e Taxa de Deformação

Considere as componentes não nulas do tensor de taxa de deformação [Apêndice, Tabela A.1, Eqs. (10)-(12)]:

$$\dot{\gamma}_{rr} = 2\frac{\partial v_r}{\partial r} \tag{6.103}$$

$$\dot{\gamma}_{\theta\theta} = 2\frac{v_r}{r} \tag{6.104}$$

$$\dot{\gamma}_{zz} = 2\frac{\partial v_z}{\partial z} \tag{6.105}$$

$$\dot{\gamma}_{rz} = \dot{\gamma}_{zr} = \frac{\partial v_r}{\partial z} \tag{6.106}$$

A equação da continuidade, Eq. (6.40), pode ser escrita como

$$\frac{\partial v_r}{\partial r} + \frac{v_r}{r} + \frac{dv_z}{dz} = 0 \tag{6.107}$$

ou seja,

$$\dot{\gamma}_{\theta\theta} + \dot{\gamma}_{rr} + 2\dot{\gamma}_{zz} = 0 \tag{6.108}$$

Por outro lado, diferenciando a Eq. (6.55),

$$\frac{\partial v_r}{\partial r} = \frac{v_r}{r} \tag{6.109}$$

ou seja,

$$\dot{\gamma}_{\theta\theta} = \dot{\gamma}_{rr} \tag{6.110}$$

Das Eqs. (6.109) e (6.110),

$$\dot{\varepsilon} = \dot{\gamma}_{\theta\theta} = \dot{\gamma}_{rr} = -2\dot{\gamma}_{zz} = 2\frac{v_r}{r} \tag{6.111}$$

que chamamos *taxa de extensão* (veja a Seção 6.4). Na aproximação de escoamento lento viscoso, Eq. (6.73),

$$\dot{\varepsilon} = 6\left(\frac{U}{H}\right)\left(\frac{z}{H}\right)\left(1 - \frac{z}{H}\right) \tag{6.112}$$

A taxa de extensão é independente da coordenada radial e quadrática na coordenada axial. Nas paredes, ou seja, para $z = 0$ e $z = H$, a taxa de extensão é nula:

$$\dot{\varepsilon}_w = \dot{\varepsilon}|_{z=0} = \dot{\varepsilon}|_{z=H} = 0 \tag{6.113}$$

e é máxima no plano central entre as placas, isto é, para $z = ½H$,

$$\dot{\varepsilon}_{1/2} = \dot{\varepsilon}|_{z=\frac{1}{2}H} = \tfrac{3}{2}\frac{U}{H} \tag{6.114}$$

A última componente não nula de $\dot{\gamma}$ corresponde a uma deformação de cisalhamento (veja a Seção 6.4), e a *taxa de cisalhamento* é

$$\dot{\gamma} = \dot{\gamma}_{rz} = \dot{\gamma}_{zr} = 3\frac{U}{H}\left(\frac{r}{H}\right)\left(1 - 2\frac{z}{H}\right) \tag{6.115}$$

A taxa de cisalhamento é proporcional à coordenada radial e linear na coordenada axial. Nas paredes, ou seja, para $z = 0$ e $z = H$, a taxa de cisalhamento é máxima:

$$\dot{\gamma}_w = \dot{\gamma}|_{z=0} = -\dot{\gamma}|_{z=H} = -3\frac{U}{H}\left(\frac{r}{H}\right) \tag{6.116}$$

porém é nula no plano central entre as placas

$$\dot{\gamma}_{1/2} = \dot{\gamma}|_{z=\frac{1}{2}H} = 0 \tag{6.117}$$

onde a velocidade radial atinge um máximo.

Para obter as taxas de deformação em função do tempo, deve-se substituir $U = U(t)$ e $H = H(t)$, Eqs. (6.90) e (6.93) nas expressões correspondentes. Para um fluido newtoniano incompressível, as *tensões* de cisalhamento e de extensão são obtidas multiplicando as correspondentes taxas de deformação pela viscosidade do fluido.

## 6.2.8 Comentários

**(a)** ***Velocidade do disco constante***

Para velocidade constante, $U = U_0$, a Eq. (6.39) fica sendo

$$\frac{dH}{dt} = -U_0 \tag{6.118}$$

que corresponde a um perfil linear do deslocamento:

$$H = H_0 - U_0 t \tag{6.119}$$

A velocidade como função do tempo se obtém substituindo a Eq. (6.119) na Eq. (6.85):

$$\mathcal{F} = \frac{3\pi\eta U_0 R_0^4}{2H_0^3}\left(1 - \frac{U_0 t}{H_0}\right)^{-3} \tag{6.120}$$

Observe que o tempo característico neste caso é, simplesmente,

$$t_0' = \frac{H_0}{U_0} \tag{6.121}$$

Neste caso a vazão é constante no tempo:

$$Q_0 = \pi R_0^2 U_0 \tag{6.122}$$

As taxas de deformação Eqs. (6.103)-(6.117) são igualmente válidas neste caso; é só substituir $U$ por $U_0$ e $H$ pela Eq. (6.119).

**(b)** ***Comparação entre os casos discutidos nas Seções 6.1 e 6.2***

Muito próximo do ponto de vista geométrico, o comportamento fluidodinâmico destes dois sistemas é bastante diferente. O caso da Seção 6.1 lembra um escoamento de Poiseuille (mantido por uma diferença de pressão), e o caso da Seção 6.2 lembra um escoamento de Couette (gerado pelo movimento forçado das bordas), um pouco na mesma relação que tinham os escoamentos em uma fenda estreita estudados nas Seções 3.1 e 3.3. Porém, no caso presente os escoamentos não são puramente de cisalhamento, mas têm *componentes extensionais* que devem ser consideradas. Ainda que o sistema da Seção 6.1 possa ser considerado um "duto" (de geometria um tanto peculiar), o sistema da Seção 6.2 definitivamente não é um duto (não tem entrada, só saída, e, portanto, não pode ser operado em estado estacionário); além disso, o movimento das bordas (disco superior) é normal (não paralelo) à direção de escoamento.

Nos dois casos o perfil radial da velocidade, Eq. (6.23) e Eq. (6.73), é parabólico na coordenada *transversal* (a coordenada axial $z$ nestes casos), mas a dependência na direção do escoamento (a coordenada radial $r$ nestes casos) é completamente diferente:

Seção 6.1:
$$v_r = \frac{(P_1 - P_0)H_0}{2\eta \ln(R_0/R_1)}\left(\frac{H_0}{r}\right)\left(\frac{z}{H_0}\right)\left(1 - \frac{z}{H_0}\right) \tag{6.123}$$

Seção 6.2:
$$v_r = 3U\left(\frac{r}{H}\right)\left(\frac{z}{H}\right)\left(1 - \frac{z}{H}\right) \tag{6.124}$$

No caso da Seção 6.1, onde o escoamento é alimentado com uma vazão (constante) $Q_0$ em estado estacionário, a velocidade radial é *inversamente* proporcional ao raio. Um elemento material é *desacelerado* no seu percurso entre o centro e a periferia dos discos. No caso da Seção 6.2, o escoamento não estacionário é devido à compressão forçada do espaço entre os discos, a "vazão" depende da posição (e do tempo), e a velocidade radial é *diretamente* proporcional ao raio. Um elemento material é *acelerado* no seu percurso no espaço entre os discos. A diferença é representada esquematicamente nas Figuras 6.2 e 6.4.

O comportamento do caso da Seção 6.1 é mais facilmente de compreender. É claro que o fluido escoa através de áreas cada vez maiores e, portanto, sua velocidade tem que diminuir para manter a vazão *constante*. Mas, como é possível, no caso da Seção 6.2, onde o fluido também escoa através de áreas cada vez maiores, que o material se mova cada vez mais rápido? A resposta está na vazão inconstante. A Eq. (6.95) é válida não só para a vazão nas bordas ($r = R_0$), mas para qualquer valor *local* da vazão:

$$Q = \pi r^2 U \tag{6.125}$$

Observe que a vazão local (para um dado valor de $r$) corresponde à evacuação do volume de um disco de raio $r$ ($\pi r^2 dz$), isto é, aumenta com o *quadrado* do raio. Mas a área através da qual escoa ($2\pi rH$) depende *linearmente* do raio. É para compensar a discrepância que é preciso incrementar a velocidade (*linearmente*) com o raio.

Continuaremos a comparação, em termos das taxas de deformação, na Seção 6.5.

# 6.3 ESCOAMENTO ENTRE PLACAS PLANAS NÃO PARALELAS (I)

## 6.3.1 Formulação do Problema

Considere um líquido newtoniano incompressível (à temperatura constante) que escoa em regime estacionário (vazão volumétrica por unidade de largura $Q/W$ constante) entre duas placas planas, estacionárias convergentes,[7] com ângulo de separação $2\alpha$, sob efeito de um gradiente de pressão (Figura 6.7).

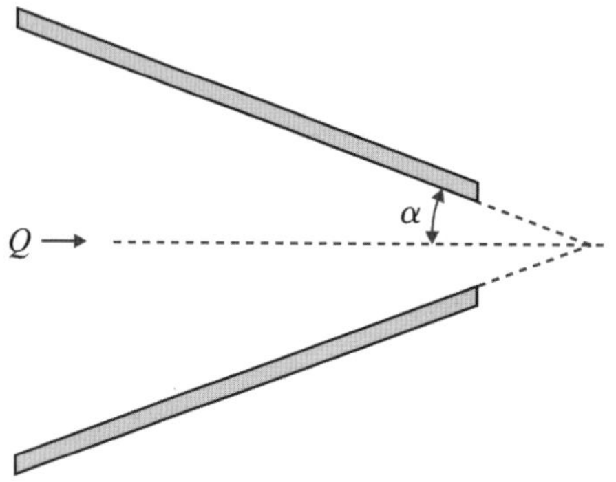


**Figura 6.7**

Escolhe-se um sistema de coordenadas cilíndricas ($r$, $\theta$, $z$) centrado no vértice das placas. A distância entre as placas é função do raio, $2H(r)$. Pode-se supor que neste caso a velocidade é radial, função das coordenadas radial e angular. Em princípio, pode-se supor que a pressão modificada é função das mesmas variáveis:

$$P = P(r, \theta),\ v_r = v_r(r, \theta),\ v_z = v_\theta = 0$$

Temos, portanto, um escoamento *unidirecional* (uma componente não nula da velocidade) e *bidimensional* (a velocidade e a pressão dependem de duas variáveis independentes) (Figura 6.8). Observe que, devido à escolha da origem do sistema de coordenadas, a velocidade (radial) $v_r$ é negativa ($v_r < 0$).

Nestas condições a equação da continuidade [Apêndice, Tabela A.2, Eq. (A2.2)] simplifica-se para

$$\frac{1}{r}\frac{\partial(rv_r)}{\partial r} = 0 \tag{6.126}$$

e as componentes $r$ e $\theta$ da equação de Navier-Stokes [Apêndice, Tabela A.3, Eqs. (4)-(5)] para:

$$\rho v_r \frac{\partial v_r}{\partial r} = -\frac{\partial P}{\partial r} + \eta\left\{\frac{\partial}{\partial r}\left[\frac{1}{r}\frac{\partial(rv_r)}{\partial r}\right] + \frac{1}{r^2}\frac{\partial^2 v_r}{\partial \theta^2}\right\} \tag{6.127}$$

$$0 = -\frac{1}{r}\frac{\partial P}{\partial \theta} + \frac{2\eta}{r^2}\frac{\partial v_r}{\partial \theta} \tag{6.128}$$

A componente $z$ da equação de Navier-Stokes é identicamente nula.

Devido à variação (neste caso, diminuição) da seção transversal na direção de escoamento, o valor absoluto da velocidade do fluido varia (neste caso, aumenta) nessa direção: um elemento material que percorre a fenda aumenta sua velocidade à medida que avança, isto é, está *acelerado*. Consequentemente, a equação da continuidade não é satisfeita "identicamente", e fornece, portanto, informação acerca do sistema: o produto ($r \cdot v_r$) não depende de $r$, ou seja, a velocidade é inversamente proporcional à coordenada radial. Os termos "inerciais" da equação de Navier-Stokes – o termo da esquerda da Eq. (6.127) – não se anulam "identicamente" e o problema não é linear.

[7] Para o escoamento entre duas placas planas divergentes, veja a Seção 6.3.7c.

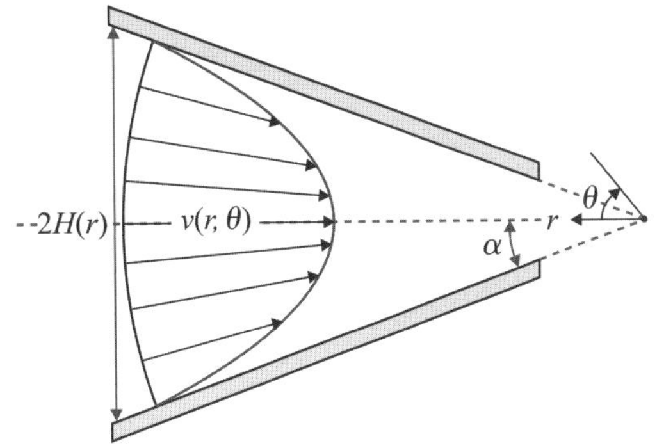


**Figura 6.8**

A situação é semelhante ao escoamento radial entre discos paralelos estudado nas Seções 6.1-6.2. Porém, neste caso vamos considerar mais detalhadamente as possíveis aproximações e, brevemente (Seção 6.3.7d), a solução exata do problema.

Observe que o primeiro termo da direita da Eq. (6.127) é nulo por continuidade, Eq. (6.126):

$$\rho v_r \frac{\partial v_r}{\partial r} = -\frac{\partial P}{\partial r} + \eta \left\{ \frac{\partial}{\partial r}\left[\frac{1}{r}\frac{\partial (r v_r)}{\partial r}\right] + \frac{1}{r^2}\frac{\partial^2 v_r}{\partial \theta^2} \right\} \tag{6.129}$$

ou seja, a Eq. (6.127) fica reduzida a

$$\rho v_r \frac{\partial v_r}{\partial r} = -\frac{\partial P}{\partial r} + \frac{\eta}{r^2}\frac{\partial^2 v_r}{\partial \theta^2} \tag{6.130}$$

A equação da continuidade, Eq. (6.126), revela que $rv_r$ não é função de $r$; portanto, deve ser apenas função de $\theta$. Chamamos $f(\theta)$ a essa função:

$$r v_r = f(\theta) \tag{6.131}$$

ou

$$v_r = \frac{f(\theta)}{r} \tag{6.132}$$

Compare com a Eq. (6.9). Da Eq. (6.132), diferenciando em relação a $r$, temos

$$\frac{\partial v_r}{\partial r} = -\frac{f}{r^2} \tag{6.133}$$

Em relação a $\theta$,

$$\frac{\partial v_r}{\partial \theta} = \frac{1}{r}\frac{df}{d\theta} \tag{6.134}$$

e

$$\frac{\partial^2 v_r}{\partial \theta^2} = \frac{1}{r}\frac{d^2 f}{d\theta^2} \tag{6.135}$$

Substituindo agora as Eqs. (6.132)-(6.135) nas Eqs. (6.130) e (6.128),

$$-\rho \frac{f^2}{r^3} = -\frac{\partial P}{\partial r} + \frac{\eta}{r^3}\frac{d^2 f}{d\theta^2} \tag{6.136}$$

e

$$0 = -\frac{\partial P}{\partial \theta} + \frac{2\eta}{r^3}\frac{df}{d\theta} \tag{6.137}$$

Temos duas equações para as duas variáveis dependentes, $f(\theta)$ e $P(r, \theta)$. O primeiro estágio é eliminar a pressão $P$ entre as duas. Para isso, diferenciamos a Eq. (6.136) em relação a $\theta$ para obter

$$-\rho \frac{2f}{r^3}\frac{df}{d\theta} = -\frac{\partial^2 P}{\partial \theta \partial r} + \frac{\eta}{r^3}\frac{d^3 f}{d\theta^3} \tag{6.138}$$

e a Eq. (6.137) em relação a $r$ para obter

$$0 = -\frac{\partial^2 P}{\partial r \partial \theta} - \frac{4\eta}{r^3}\frac{df}{d\theta} \tag{6.139}$$

Observe que a derivada segunda, "mista", de $P$ é independente da ordem de derivação:

$$\frac{\partial^2 P}{\partial r \partial \theta} = \frac{\partial^2 P}{\partial \theta \partial r} \tag{6.140}$$

desde que $P(r, \theta)$ é uma função contínua. Subtraindo a Eq. (6.139) da Eq. (6.138),

$$-\rho \frac{2f}{r^3}\frac{df}{d\theta} = \frac{\eta}{r^3}\frac{d^3 f}{d\theta^3} + \frac{4\eta}{r^3}\frac{df}{d\theta} \tag{6.141}$$

Reordenando,

$$\boxed{\frac{d^3 f}{d\theta^3} + \left(4 + \frac{2\rho}{\eta} f\right)\frac{df}{d\theta} = 0} \tag{6.142}$$

Das *três* equações diferenciais *parciais*, Eqs. (6.126)-(6.128), obtemos *uma* equação diferencial *ordinária* para determinar o perfil de velocidade. Observe que é uma equação *não linear* e de terceiro grau, que requer *três* condições de borda para ser integrada. Duas destas condições são imediatas, desde que a velocidade nas placas é nula:

Para $\theta = -\alpha$: $$v_r = 0 \tag{6.143}$$

Para $\theta = \alpha$: $$v_r = 0 \tag{6.144}$$

Se a vazão (por unidade de largura) é conhecida,[8] a terceira condição pode ser formulada como

$$\frac{Q}{W} = \int_{-\alpha}^{\alpha} v_r \cdot r d\theta = \int_{-\alpha}^{\alpha} f(\theta) d\theta \tag{6.145}$$

A Eq. (6.142) com as condições de borda dadas pelas Eqs. (6.143)-(6.145) pode ser resolvida analiticamente em forma exata (Seção 6.3.7d), mas é conveniente considerar algumas soluções aproximadas, muito mais simples e práticas.

## 6.3.2 Aproximações

Vamos considerar algumas simplificações da Eq. (6.142) para casos extremos. Com esse objetivo, definimos variáveis adimensionais baseadas em parâmetros característicos do sistema. Neste sistema não temos velocidades ou comprimentos característicos; apenas o "fluxo" $Q/W$ pode ser utilizado como valor característico de $f$. Ainda que o ângulo $\theta$ seja essencialmente adimensional e de variação limitada ($0 < \theta < \frac{1}{2}\pi$), escolhemos a semiabertura $\alpha$ como valor característico do mesmo. Nestas condições, definimos:

$$f^* = \frac{\alpha f}{Q/W} \qquad \text{ou} \qquad f = \frac{(Q/W) f^*}{\alpha} \tag{6.146}$$

$$\theta^* = \frac{\theta}{\alpha} \qquad \text{ou} \qquad \theta = \alpha\theta^* \tag{6.147}$$

Em termos das novas variáveis adimensionais, temos:

$$\frac{d^3 f}{d\theta^3} = \frac{Q/W}{\alpha^4} \cdot \frac{d^3 f^*}{d\theta^{*3}} \tag{6.148}$$

$$\frac{df}{d\theta} = \frac{Q/W}{\alpha^2} \cdot \frac{df^*}{d\theta^*} \tag{6.149}$$

$$f\frac{df}{d\theta} = \frac{(Q/W)^2}{\alpha^3} \cdot f^* \frac{df^*}{d\theta^*} \tag{6.150}$$

[8] É possível seguir um caminho semelhante ao da Seção 6.1 e impor condições de borda na pressão em substituição da Eq. (6.145). Também é possível resolver o caso da Seção 6.1 utilizando uma condição integral semelhante à Eq. (6.145). O assunto é decidir qual valor é "conhecido": vazão ou gradiente de pressão; o outro será "derivado" da solução obtida com o primeiro.

Substituindo na Eq. (6.142) e simplificando,

$$\frac{d^3 f^*}{d\theta^{*3}} + 4\alpha^2 \frac{df^*}{d\theta^*} + \frac{2\rho\alpha(Q/W)}{\eta} f^* \frac{df^*}{d\theta^*} = 0 \tag{6.151}$$

ou

$$\frac{d^3 f^*}{d\theta^{*3}} + 4\alpha^2 \frac{df^*}{d\theta^*} + 4\alpha^2 Re' f^* \frac{df^*}{d\theta^*} = 0 \tag{6.152}$$

onde

$$Re' = \frac{Q/W}{\alpha\nu} \tag{6.153}$$

($\nu = \rho/\eta$ é a viscosidade cinemática) é o "número de Reynolds" para este sistema.[9] Observe que para o escoamento convergente $Q < 0$ e, portanto, $Re' < 0$.

Podem ser estudados dois casos extremos:

Aproximação para $|Re'| \ll 1$ (*escoamento lento viscoso*):

$$\frac{d^3 f^*}{d\theta^{*3}} + 4\alpha^2 \frac{df^*}{d\theta^*} = 0 \qquad \text{ou} \qquad \frac{d^3 f}{d\theta^3} + 4\frac{df}{d\theta} \doteq 0 \tag{6.154}$$

Aproximação para $|Re'| \gg 1$ (*escoamento invíscido*):

$$f^* \frac{df^*}{d\theta^*} = 0 \qquad \text{ou} \qquad f\frac{df}{d\theta} \doteq 0 \tag{6.155}$$

No caso de escoamento lento viscoso, como consequência da desconsideração dos termos inerciais, a equação resultante é linear. O resultado no caso de escoamento invíscido não é linear, mas é uma equação não linear particularmente simples (Seção 6.3.7b).

Temos também outra situação extrema: sistemas com ângulos de abertura pequenos, isto é, no limite $\alpha \ll 1$. Neste caso, a Eq. (6.154) fica reduzida a

$$\frac{d^3 f^*}{d\theta^{*3}} = 0 \qquad \text{ou} \qquad \frac{d^3 f}{d\theta^3} \doteq 0 \tag{6.156}$$

Esta aproximação é chamada de *aproximação de lubrificação.*[10] Poder-se-ia considerar como um caso particular de escoamento lento viscoso, desde que a Eq. (6.156) pode ser obtida a partir da Eq. (6.154). Porém, a Eq. (6.156) requer que $Re'$ não seja muito maior que 1 (o escoamento não pode ser invíscido), mas *não requer* que $Re' \ll 1$ (escoamento lento viscoso). A aproximação de lubrificação leva a resultados *consistentes* com a aproximação de escoamento lento viscoso, mas não é a mesma coisa.

### 6.3.3 Aproximação de Escoamento Lento Viscoso

Vamos considerar primeiro o caso de escoamento lento viscoso, Eq. (6.154), onde se elimina o termo não linear da Eq. (6.142):

$$\boxed{\frac{d^3 f}{d\theta^3} + 4\frac{df}{d\theta} \doteq 0} \tag{6.157}$$

Chamando $g$ à derivada de $f$:

$$g = \frac{df}{d\theta} \tag{6.158}$$

[9] $Re'$ não é um verdadeiro número de Reynolds, devido à ausência de velocidade e comprimento característicos neste problema, mas cumpre o rol de $Re$ neste sistema. A Eq. (6.153) não é a única forma em que o número de Reynolds pode ser definido; uma definição alternativa é dada pela Eq. (6.176).

[10] O nome *aproximação de lubrificação* vem do fato de que foi primeiramente utilizada por Reynolds (em 1886) na análise de fenômenos desse tipo (exemplo: a rotação de um eixo "estabilizada" por um anel fixo, com óleo ou graxa *lubrificante* no espaço entre os dois). Porém, seu uso é bem mais geral que a implicância de seu nome; é uma importante ferramenta na análise de muitas operações de processamento de materiais: extrusão, moldagem, calandragem, recobrimento etc. Para uma introdução ao asunto, veja, por exemplo, M. M. Denn, *Process Fluid Mechanics*, Prentice-Hall, 1980, Capítulo 13; para as aplicações: M. M. Denn, *Polymer Melt Processing: Foundations in Fluid Mechanics and Heat Transfer*, Cambridge University Press, 2008.

a Eq. (6.157) fica reduzida a

$$\frac{d^2g}{d\theta^2}+4g=0 \tag{6.159}$$

A solução geral da Eq. (6.157) (Seção 6.3.7a) é

$$g=C_1\,\text{sen}\,2\theta+C_2\cos 2\theta \tag{6.160}$$

onde $C_1$ e $C_2$ são constantes arbitrárias. Substituindo a Eq. (6.160) na Eq. (6.158) e integrando, obtemos

$$f=-\tfrac{1}{2}C_1\cos 2\theta+\tfrac{1}{2}C_2\text{sen}2\theta+A \tag{6.161}$$

onde $A$ é uma constante de integração. Chamando $B = \tfrac{1}{2}C_2$ e $C = -\tfrac{1}{2}C_1$, temos que a solução geral da Eq. (6.157) é

$$f=A+B\,\text{sen}2\theta+C\cos 2\theta \tag{6.162}$$

As condições de borda, Eqs. (6.143)-(6.144), requerem que

$$A+B\,\text{sen}2\alpha+C\cos 2\alpha=0 \tag{6.163}$$

$$A+B\,\text{sen}(-2\alpha)+C\cos(-2\alpha)=A-B\,\text{sen}2\alpha+C\cos 2\alpha=0 \tag{6.164}$$

A diferença entre as duas resulta em

$$2B\,\text{sen}\,2\alpha = 0 \tag{6.165}$$

onde

$$B = 0 \tag{6.166}$$

A soma das duas resulta em

$$2A + 2C\cos 2\alpha = 0 \tag{6.167}$$

onde

$$A = -C\cos 2\alpha \tag{6.168}$$

Substituindo as Eqs. (6.166) e (6.168) na Eq. (6.162),

$$f = C(\cos 2\theta - \cos 2\alpha) \tag{6.169}$$

Finalmente, substituindo a Eq. (6.169) na Eq. (6.145), e avaliando a integral,

$$\frac{Q}{W}=C\int_{-\alpha}^{\alpha}(\cos 2\theta-\cos 2\alpha)d\theta=C(\text{sen}2\alpha-2\alpha\cos 2\alpha) \tag{6.170}$$

obtemos

$$C=\frac{Q}{W}\cdot\frac{1}{\text{sen}2\alpha-2\alpha\cos 2\alpha} \tag{6.171}$$

Substituindo a Eq. (6.171) na Eq. (6.169),

$$\boxed{f=\frac{Q}{W}\cdot\frac{\cos 2\theta-\cos 2\alpha}{\text{sen}2\alpha-2\alpha\cos 2\alpha}} \tag{6.172}$$

ou, levando em consideração a Eq. (6.132) (Figura 6.9),

$$v_r=\frac{Q}{W}\cdot\frac{\cos 2\theta-\cos 2\alpha}{\text{sen}2\alpha-2\alpha\cos 2\alpha}\cdot\frac{1}{r} \tag{6.173}$$

A velocidade máxima (em valor absoluto; desde que $v_r < 0$ para o escoamento convergente, de acordo com o sistema de coordenadas escolhido, trata-se, na realidade, da velocidade mínima[11]) é obtida no plano central ($\theta = 0$):

$$v_0=\frac{Q}{W}\cdot\frac{1-\cos 2\alpha}{\text{sen}\,2\alpha-2\alpha\cos 2\alpha}\cdot\frac{1}{r} \tag{6.174}$$

[11] Observe que $Q < 0$.

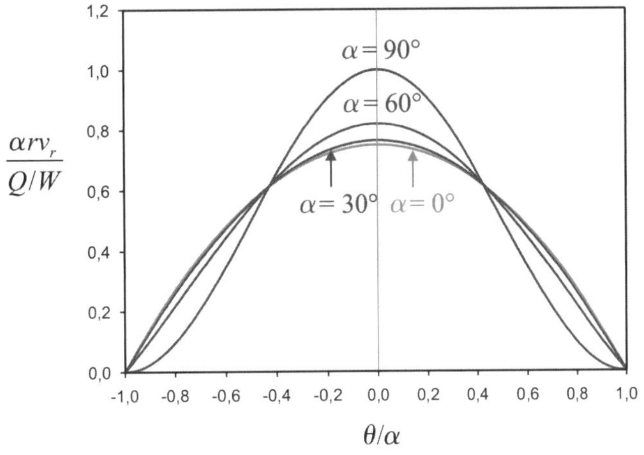


**Figura 6.9**

Observe que $v_0 = v_0(r)$, mas $rv_0$ é uma "constante" proporcional a $Q/W$ para um dado valor do ângulo $\alpha$:

$$rv_0 = \left(\frac{1 - \cos 2\alpha}{\operatorname{sen} 2\alpha - 2\alpha \cos 2\alpha}\right)\frac{Q}{W} \tag{6.175}$$

o que sugere uma definição alternativa do número de Reynolds:

$$Re'' = \frac{\alpha r v_0}{\nu} = \left[\frac{(1 - \cos 2\alpha)\alpha^2}{\operatorname{sen} 2\alpha - 2\alpha \cos 2\alpha}\right] Re' \tag{6.176}$$

As Eqs. (6.172)-(6.173) são válidas – dentro da aproximação de escoamento lento viscoso – para qualquer valor de $\alpha$. No limite para $\alpha \to 0$,

$$\lim_{\alpha \to 0}(\alpha f) = \tfrac{3}{4}\frac{Q}{W}\left[1 - \left(\frac{\theta}{\alpha}\right)^2\right] \tag{6.177}$$

O gráfico da Figura 6.9 representa os perfis de velocidade adimensional como função do ângulo no intervalo $-\alpha \leq \theta \leq \alpha$, para diferentes valores do ângulo de separação $\alpha$. Observe que os perfis de velocidade adimensionais entre $\alpha = 0$ e $\alpha \approx \tfrac{1}{6}\pi$ (30°) são praticamente idênticos.

## 6.3.4 Aproximação de Lubrificação

Para ângulos pequenos a equação de movimento simplifica-se ainda mais:

$$\boxed{\frac{d^3 f}{d\theta^3} \doteq 0} \tag{6.178}$$

A solução geral da Eq. (6.178) é

$$f = A + B\theta + C\theta^2 \tag{6.179}$$

As condições de borda, Eqs. (6.143)-(6.144), requerem que

$$A + B\alpha + C\alpha^2 = 0 \tag{6.180}$$

$$A - B\alpha + C\alpha^2 = 0 \tag{6.181}$$

onde

$$B = 0 \tag{6.182}$$

$$A = -\alpha^2 C \tag{6.183}$$

Substituindo na Eq. (6.179),

$$f = -C(\alpha^2 - \theta^2) \tag{6.184}$$

Finalmente, substituindo a Eq. (6.184) na Eq. (6.145), e avaliando a integral,

$$\frac{Q}{W} = C\int_{-\alpha}^{\alpha}(\theta^2 - \alpha^2)d\theta = -\tfrac{4}{3}C\alpha^3 \qquad (6.185)$$

obtemos

$$C = -\frac{3}{4\alpha^3} \cdot \frac{Q}{W} \qquad (6.186)$$

Substituindo a Eq. (6.186) na Eq. (6.184), e reordenando os termos, chegamos a

$$\boxed{f = \frac{3}{4}\frac{(Q/W)}{\alpha}\left[1 - \left(\frac{\theta}{\alpha}\right)^2\right]} \qquad (6.187)$$

ou, levando em consideração a Eq. (6.132),

$$v_r = \frac{3}{4}\frac{(Q/W)}{\alpha r}\left[1 - \left(\frac{\theta}{\alpha}\right)^2\right] \qquad (6.188)$$

Outra forma de expressar o resultado para ângulos pequenos aproveita o fato de que, nesse caso, a *tangente* do ângulo é aproximadamente igual ao ângulo (em radianos).[12] Introduzindo a variável auxiliar $y$, $-H(r) < y < H(r)$, onde $H$ é o valor local da semiespessura, temos:

$$H = r\tan\alpha \doteq r\alpha \qquad (6.189)$$

$$y = r\tan\theta \doteq r\theta \qquad (6.190)$$

ou seja,

$$\frac{\theta}{\alpha} \doteq \frac{y}{H} \qquad (6.191)$$

A velocidade média *local* pode ser avaliada como

$$\overline{v} = \frac{Q}{2WH} = \frac{Q}{2Wr\tan\alpha} \doteq \frac{Q}{2Wr\alpha} \qquad (6.192)$$

ou seja,

$$\frac{(Q/W)}{\alpha} \doteq 2r\overline{v} \qquad (6.193)$$

Substituindo as Eqs. (6.191) e (6.193) na Eq. (6.188), obtemos, finalmente,

$$\boxed{v_r = \frac{3}{2}\overline{v}\left[1 - \left(\frac{y}{H}\right)^2\right]} \qquad (6.194)$$

A Eq. (6.194) é formalmente idêntica à obtida para o escoamento entre duas placas *paralelas*, Eq. (3.38), mas, neste caso, tanto a velocidade média ($\overline{v}$) quanto a distância entre as placas ($2H$) são funções da posição (que variam "lentamente") e não parâmetros constantes (uniformes). Poderíamos chamar esta aproximação de escoamento entre placas quase paralelas.

A observação anterior (de que os perfis de velocidade adimensional são praticamente idênticos para $\alpha < \tfrac{1}{6}\pi$) fornece uma ideia do intervalo de validade da aproximação de lubrificação.

### 6.3.5 Pressão

Uma vez que $f(\theta)$ é conhecido, a pressão pode ser obtida integrando

$$dp = \frac{\partial P}{\partial r}dr + \frac{\partial P}{\partial \theta}d\theta \qquad (6.195)$$

Substituindo as Eqs. (6.136)-(6.137) para o caso de escoamento lento viscoso,

$$dp = \frac{\eta}{r^3} \cdot \frac{d^2 f}{d\theta^2}dr + \frac{2\eta}{r^2} \cdot \frac{df}{d\theta}d\theta \qquad (6.196)$$

[12] Considere a expansão de tan $x$ em torno de $x = 0$ (série de Taylor): $\tan x = x + \tfrac{1}{3}x^3 + \ldots = x + \mathbb{O}(x^3)$.

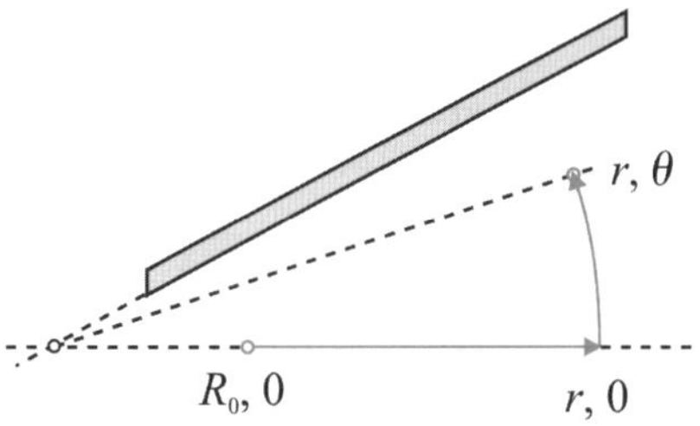


**Figura 6.10**

Integrando a Eq. (6.196), por exemplo, no caminho $(R_0, 0) \to (r, 0) \to (r, \theta)$ (Figura 6.10),

$$p = p_0 - \tfrac{1}{2}\eta\left(\frac{d^2 f}{d\theta^2}\right)_0\left(\frac{1}{r^2} - \frac{1}{R_0^2}\right) + \left(\frac{2\eta}{r^2}\right)\int_0^\theta \frac{df}{d\theta}d\theta \tag{6.197}$$

onde $p_0$, a pressão em $r = R_0$ no plano central, $\theta = 0$, e $(d^2f/d\theta^2)_0$, é avaliada para $\theta = 0$. Sob a aproximação de escoamento lento viscoso, a primeira derivada da Eq. (6.172) resulta em

$$\frac{df}{d\theta} = -\frac{2\,\text{sen}\,2\theta(Q/W)}{\text{sen}\,2\alpha - 2\alpha\cos 2\alpha} \tag{6.198}$$

Portanto,

$$\int_0^\theta \frac{df}{d\theta}d\theta = -\frac{(Q/W)}{\text{sen}\,2\alpha - 2\alpha\cos 2\alpha}\int_0^{2\theta}\text{sen}\,\xi d\xi = \frac{(Q/W)\cos 2\theta}{\text{sen}\,2\alpha - 2\alpha\cos 2\alpha} \tag{6.199}$$

Diferenciando a Eq. (6.198),

$$\frac{d^2 f}{d\theta^2} = -\frac{4\cos 2\theta(Q/W)}{\text{sen}\,2\alpha - 2\alpha\cos 2\alpha} \tag{6.200}$$

Portanto,

$$\left(\frac{d^2 f}{d\theta^2}\right)_0 = -\frac{4(Q/W)}{\text{sen}\,2\alpha - 2\alpha\cos 2\alpha} \tag{6.201}$$

Substituindo as Eqs. (6.198) e (6.200) na Eq. (6.197),

$$\boxed{p = p_\infty - \frac{2\eta(1+\cos 2\theta)(Q/W)}{\text{sen}\,2\alpha - 2\alpha\cos 2\alpha}\cdot\frac{1}{r^2}} \tag{6.202}$$

onde $p_\infty$ é uma constante, relacionada a $p_0$ através de

$$p_\infty = p_0 + \frac{2\eta(Q/W)}{\text{sen}\,2\alpha - 2\alpha\cos 2\alpha}\cdot\frac{1}{R_0^2} \tag{6.203}$$

Observe que $p_\infty$ é o limite de $p(r, \theta)$ para $r \to \infty$. A diferença de pressão entre duas superfícies cilíndricas, uma com raio $R_2$ e outra com raio $R_1 < R_2$,

$$\Delta p = p_2 - p_1 = \frac{2\eta(1+\cos 2\theta)(Q/W)}{\text{sen}\,2\alpha - 2\alpha\cos 2\alpha}\cdot\left(\frac{1}{R_1^2} - \frac{1}{R_2^2}\right) \tag{6.204}$$

depende da coordenada angular $\theta$, e é máxima no plano central $\theta = 0$:

$$\Delta p_0 = \Delta p|_{\theta=0} = \frac{4\eta(Q/W)}{\text{sen}\,2\alpha - 2\alpha\cos 2\alpha}\cdot\left(\frac{1}{R_1^2} - \frac{1}{R_2^2}\right) \tag{6.205}$$

Em termos do "gradiente de pressão",

$$\frac{\Delta p_0}{L} = \frac{4\eta(Q/W)}{\text{sen}\,2\alpha - 2\alpha\cos 2\alpha}\cdot\left(\frac{R_1 + R_2}{R_1^2 R_2^2}\right) \tag{6.206}$$

onde $L = R_2 - R_1$.

### 6.3.6 Tensão e Taxa de Deformação

Considere as componentes não nulas do tensor da taxa de deformação [Apêndice, Tabela A.1, Eqs. (10)-(12)]:

$$\dot{\gamma}_{rr} = -\dot{\gamma}_{\theta\theta} = -2\frac{v_r}{r} \tag{6.207}$$

$$\dot{\gamma}_{r\theta} = \dot{\gamma}_{\theta r} = \frac{1}{r}\frac{\partial v_r}{\partial \theta} \tag{6.208}$$

O primeiro, Eq. (6.207), corresponde a uma deformação de extensão ou elongação, e a taxa correspondente é a *taxa de extensão*. Na aproximação de escoamento lento viscoso:

$$\dot{\varepsilon} = \dot{\gamma}_{rr} = -\dot{\gamma}_{\theta\theta} = -\frac{2(\cos 2\theta - \cos 2\alpha)(Q/W)}{\operatorname{sen} 2\alpha - 2\alpha \cos 2\alpha} \cdot \frac{1}{r^2} \tag{6.209}$$

A taxa de extensão é inversamente proporcional ao quadrado da coordenada radial (isto é, $\dot{\varepsilon} \propto r^{-2}$) e linear em $\cos 2\theta$. Nas paredes ($\theta = \pm\alpha$) a taxa de extensão é nula:

$$\dot{\varepsilon}_w = \dot{\varepsilon}\big|_{\theta=\alpha} = -\dot{\varepsilon}\big|_{\theta=-\alpha} = 0 \tag{6.210}$$

e é máxima no plano central ($\theta = 0$):

$$\dot{\varepsilon}_0 = \dot{\varepsilon}\big|_{\theta=0} = -\frac{2(1 - \cos 2\alpha)(Q/W)}{\operatorname{sen} 2\alpha - 2\alpha \cos 2\alpha} \cdot \frac{1}{r^2} \tag{6.211}$$

A segunda componente não nula de $\dot{\gamma}$, Eq. (6.281), corresponde a uma deformação de cisalhamento, e a taxa correspondente é a *taxa de cisalhamento*. Na aproximação de escoamento lento viscoso,

$$\dot{\gamma} = \dot{\gamma}_{r\theta} = \dot{\gamma}_{\theta r} = -\frac{2 \operatorname{sen} 2\theta (Q/W)}{\operatorname{sen} 2\alpha - 2\alpha \cos 2\alpha} \cdot \frac{1}{r^2} \tag{6.212}$$

A taxa de cisalhamento também é inversamente proporcional ao quadrado da coordenada radial ($\dot{\gamma} \propto r^{-2}$) e proporcional ao sen $2\theta$. Nas paredes ($\theta = \pm\alpha$) a taxa de cisalhamento é máxima:

$$\dot{\gamma}_w = \dot{\gamma}\big|_{\theta=\alpha} = -\dot{\gamma}\big|_{\theta=-\alpha} = -\frac{2 \operatorname{sen} 2\alpha (Q/W)}{\operatorname{sen} 2\alpha - 2\alpha \cos 2\alpha} \cdot \frac{1}{r^2} \tag{6.213}$$

Porém é nula no plano central:

$$\dot{\gamma}_0 = \dot{\gamma}\big|_{\theta=0} = 0 \tag{6.214}$$

onde a velocidade radial atinge um máximo.

Para um fluido newtoniano incompressível as *tensões* de cisalhamento e de extensão são obtidas multiplicando as correspondentes taxas de deformação, Eqs. (6.209) e (6.212), pela viscosidade do fluido.

O escoamento entre placas planas não paralelas é conhecido na mecânica dos fluidos como *escoamento de Jeffery-Hamel*. Um tratamento mais detalhado do assunto, tanto do escoamento convergente quanto do divergente, considerando ou não os termos inerciais, encontra-se, por exemplo, em M. M. Denn, *Process Fluid Mechanics*. Prentice-Hall, 1980, Capítulo 10, e P.-C. Lu, *Introduction to the Mechanics of Viscous Fluids*. McGraw-Hill, 1977, Seção 8.5.7. Veja também G. K. Batchelor, *An Introduction to Fluid Dynamics*. Cambridge University Press, 1967, Seção 5.6, e L. D. Landau e E. M. Lifshitz, *Fluid Mechanics,* 2nd ed. Pergamon Press, 1987, Seção 23.

### 6.3.7 Comentários

**(a)** ***Solução da Eq. (6.159) e semelhantes***

Senos e cossenos são funções cuja derivada segunda é igual à função com o sinal trocado (a derivada do seno é o cosseno, e a derivada do cosseno é −seno). Assim, duas soluções *independentes* de

$$\frac{d^2F}{dx^2} = -a^2F \tag{6.215}$$

são justamente $F_1 = \operatorname{sen}(ax)$ e $F_2 = \cos(ax)$. Senos e cossenos *hiperbólicos* são funções cuja derivada segunda é igual à função com o mesmo sinal, de forma que duas soluções *independentes* de

$$\frac{d^2G}{dx^2} = a^2G \tag{6.216}$$

são $G_1 = \text{senh}(ax)$ e $G_2 = \cosh(ax)$. Os dois casos podem ser unificados utilizando exponenciais complexos, lembrando que

$$\text{sen}\, x = \tfrac{1}{2}(e^{ix} + e^{-ix}) \quad , \quad \cos x = \tfrac{1}{2}(e^{ix} - e^{-ix}) \tag{6.217}$$

e

$$\text{senh}\, x = \tfrac{1}{2}(e^{x} + e^{-x}) \quad , \quad \cosh x = \tfrac{1}{2}(e^{x} - e^{-x}) \tag{6.218}$$

**(b)** ***Escoamento invíscido e camada-limite***

Para $|Re'| \gg 1$ a função $f(\theta)$ satisfaz (aproximadamente) a equação diferencial não linear, Eq. (6.155),

$$f\frac{df}{d\theta} = 0 \tag{6.219}$$

de integração imediata; a Eq. (6.219) é equivalente a

$$\frac{d(\tfrac{1}{2}f^2)}{d\theta} = 0 \tag{6.220}$$

que, integrada, resulta em

$$\tfrac{1}{2}f^2 = C' \tag{6.221}$$

de onde

$$f = \sqrt{2C'} = C \tag{6.222}$$

A constante $C$ pode ser obtida da condição dada pela Eq. (6.145):

$$Q/W = C\int_{-\alpha}^{\alpha} d\theta = 2\alpha C \tag{6.223}$$

Substituindo na Eq. (6.222),

$$f = \frac{Q/W}{2\alpha} \tag{6.224}$$

ou

$$\boxed{v_r = \frac{Q/W}{2\alpha r}} \tag{6.225}$$

Isto é, a velocidade radial não é função da coordenada angular $\theta$! Portanto, a solução não satisfaz as condições de borda, Eqs. (6.143)-(6.144),

$$v_r(\pm\alpha) = \frac{Q/W}{2\alpha r} \neq 0 \tag{6.226}$$

A aproximação $|Re'| \gg 1$ corresponde a um fluido efetivamente invíscido, e não pode ser válida perto das paredes, onde $v_r \to 0$. Perto das paredes o efeito do atrito viscoso é importante, e as condições de borda, Eqs. (6.143)-(6.144), são cumpridas. Para elevados valores absolutos do número de Reynolds (especialmente para escoamentos convergentes, $Re' < 0$), o escoamento é formado por um *núcleo invíscido* com perfil de velocidade plano, Eq. (6.225), e finas camadas perto das paredes, onde o escoamento é regido pelo efeito da viscosidade. A camada próxima à parede onde a viscosidade do fluido não pode ser desconsiderada, qualquer que seja o valor do número de Reynolds fora dela, é conhecida como *camada-limite* e é de grande importância nas aplicações (transferência de calor e massa em fluidos de baixa viscosidade). Uma introdução à "teoria da camada-limite" é apresentada no Capítulo 7. A estrutura "núcleo invíscido + camada-limite" no escoamento convergente é aparente na Figura 6.11 para $\alpha^2 Re' = -50$.

**(c)** ***Escoamento divergente***

Nas condições de escoamento lento viscoso ($Re' \ll 1$) a forma da solução, Eq. (6.175), não varia, seja o escoamento convergente ($Q < 0$) ou divergente ($Q > 0$). Simplesmente deve-se trocar o sinal da velocidade. Porém, para $Re' > 1$, a forma da solução é diferente para escoamento convergente e divergente. Observe que a Eq. (6.157) não muda se substituirmos $f$ por $-f$, mas a Eq. (6.142) sim, devido ao termo não linear $f \cdot (df/d\theta)$. Para $\alpha^2 Re' > 7$ o escoamento divergente envolve a inversão do fluxo (recirculação) perto da parede. Veja, por exemplo, a Figura 6.11 para $\alpha^2 Re' = 10$.

Escoamentos laminares "supercríticos" são instáveis e raramente observáveis. Nessas condições o regime de escoamento torna-se turbulento.

A Figura 6.11 mostra os perfis de velocidade adimensionais para $\alpha = \frac{1}{4}\pi$ e diversos valores do número de Reynolds modificado $\alpha^2Re'$. A curva marcada $\alpha^2Re' \approx 0$ corresponde à solução aproximada para escoamento lento viscoso em um canal convergente ou divergente. As curvas para $\alpha^2Re' < 0$ correspondem a escoamentos convergentes, e as curvas para $\alpha^2Re' > 0$ a escoamentos divergentes. Observe a recirculação perto das paredes para $\alpha^2Re' = +10$ e a formação de um núcleo invíscido e camadas-limite para $\alpha^2Re' = -50$. [Baseado em M. M. Denn, *Process Fluid Mechanics*. Prentice-Hall, 1980, Figura 10-3.]

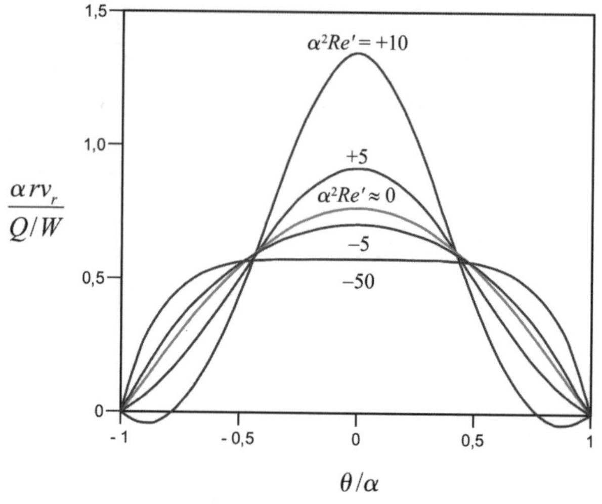


**Figura 6.11**

**(d)** ***Solução exata***

A Eq. (6.142) é relativamente fácil de integrar. Ainda que o assunto vá além do escopo desde curso, apresentamos o procedimento de forma esquemática, como exemplo – uma raridade – de solução *exata* das equações de Navier-Stokes no caso em que os termos não lineares não sejam identicamente nulos.

A Eq. (6.142) pode ser escrita como

$$\frac{d}{d\theta}\left(\frac{d^2f}{d\theta^2}\right) = \left(-\frac{2\rho}{\eta}f - 4\right)\frac{df}{d\theta} \tag{6.227}$$

ou seja,

$$d\left(\frac{d^2f}{d\theta^2}\right) = \left(-\frac{2\rho}{\eta}f - 4\right)df \tag{6.228}$$

Integrando termo a termo, obtém-se

$$\frac{d^2f}{d\theta^2} = -\frac{\rho}{\eta}f^2 - 4f + a \tag{6.229}$$

onde $a$ é uma constante de integração a ser determinada através das condições de borda. Multiplicando a Eq. (6.229) pela derivada de $f$,

$$\frac{df}{d\theta}\cdot\frac{d^2f}{d\theta^2} = \left(-\frac{\rho}{\eta}f^2 - 4f + a\right)\frac{df}{d\theta} \tag{6.230}$$

O termo da esquerda é

$$\frac{df}{d\theta}\cdot\frac{d^2f}{d\theta^2} = \left(\frac{df}{d\theta}\right)\frac{d}{d\theta}\left(\frac{df}{d\theta}\right) = \frac{1}{2}\frac{d}{d\theta}\left(\frac{df}{d\theta}\right)^2 \tag{6.231}$$

ou seja,

$$\frac{d}{d\theta}\left(\frac{df}{d\theta}\right)^2 = \left(-\frac{2\rho}{\eta}f^2 - 8f + a\right)\frac{df}{d\theta} \tag{6.232}$$

Aplicando o mesmo procedimento, isto é, integrando termo a termo,

$$\left(\frac{df}{d\theta}\right)^2 = -\frac{2\rho}{3\eta} f^3 - 4f^2 + af + b \tag{6.233}$$

onde $b$ é outra constante de integração a ser determinada através das condições de borda. A Eq. (6.233) pode ser escrita como

$$\frac{df}{d\theta} = \left(-\frac{2\rho}{3\eta} f^3 - 4f^2 + af + b\right)^{1/2} \tag{6.234}$$

ou seja,

$$\boxed{\theta = \int \frac{df}{G^{1/2}} + c} \tag{6.235}$$

onde $c$ é mais uma constante de integração a ser determinada através das condições de borda, e

$$G(f) = -\frac{2\rho}{3\eta} f^3 - 4f^2 + af + b \tag{6.236}$$

A Eq. (6.235) é a solução exata da Eq. (6.142), mas de forma implícita, ou seja, a variável independente ($\theta$) como função explícita da variável dependente ($f$). A Eq. (6.236) pode ser invertida numericamente.

# 6.4 ESCOAMENTO ENTRE PLACAS PLANAS NÃO PARALELAS (II)[13]

## 6.4.1 Formulação do Problema

Considere um fluido newtoniano incompressível (à temperatura constante) que escoa em regime laminar e estado estacionário (vazão volumétrica por unidade de largura $Q/W$ constante) entre duas placas planas convergentes (cunha), com um ângulo de separação $\alpha$, sob efeito do movimento paralelo de uma das placas com velocidade constante $U_0$ (Figura 6.12).

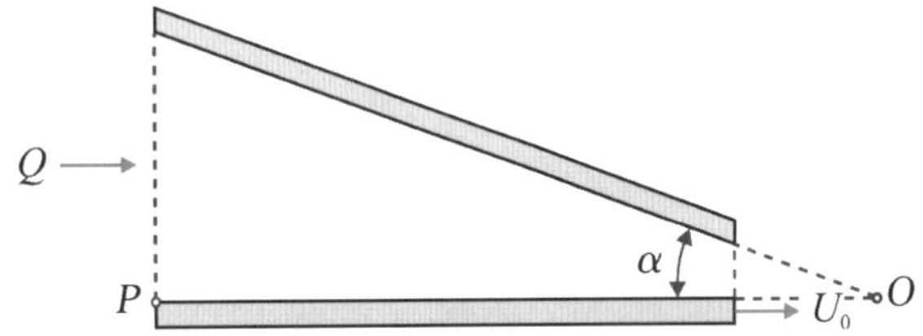


**Figura 6.12**

Esse sistema é semelhante ao estudado na seção anterior (Seção 6.3), exceto pelas condições de borda. Se escolhermos, como na seção prévia, um sistema de coordenadas cilíndricas ($r$, $\theta$, $z$) centrado no vértice das placas (ponto $O$ na Figura 6.12) é fácil verificar que não é possível escolher a mesma forma funcional que no caso anterior, isto é, $v_r = v_r(r, \theta)$, $v_z = v_\theta = 0$. A equação da continuidade, Eq. (6.126),

$$\frac{1}{r}\frac{\partial(rv_r)}{\partial r} = 0 \tag{6.237}$$

leva à conclusão de que o produto $rv_r$ não é função de $r$, Eq. (6.132):

$$v_r = \frac{f(\theta)}{r} \tag{6.238}$$

Mas, neste caso, para $\theta = 0$ (placa móvel) temos

$$v_r|_{\theta=0} = U_0 \tag{6.239}$$

constante, independente de $r$, ao contrário do previsto pela Eq. (6.238). Portanto, neste caso $v_\theta \neq 0$.

[13] Z. Tadmor e C. Gogos, *Principles of Polymer Processing*, 2nd ed. Wiley-Interscience, 2006, Exemplo 2.8.

O sistema é complexo demais para tentar uma solução analítica do problema com os recursos matemáticos disponíveis neste curso, ainda sob a aproximação de escoamento lento viscoso.[14] Vamos considerar diretamente a *aproximação de lubrificação*, válida para $\alpha \ll 1$ (mas utilizada muitas vezes como "primeira aproximação" fora do intervalo de validade).

É conveniente neste caso definir um sistema de coordenadas cartesianas com origem no ponto $P$ da Figura 6.12, com a coordenada axial $x$ paralela à placa móvel e a coordenada transversal $y$ perpendicular à mesma. A distância entre as placas varia linearmente na direção axial, $H = H(x)$:

$$H = H_0 - x\tan\alpha = H_1 + (L - x)\tan\alpha, \quad 0 < x < L \tag{6.240}$$

onde $H_0$ é a distância entre as placas na entrada ($x = 0$), $H_1$ é a distância entre as placas na saída ($x = L$), e $\alpha$ é o ângulo de inclinação da placa fixa referente à placa móvel (Figura 6.13):

$$\tan\alpha = \frac{H_0 - H_1}{L} \tag{6.241}$$

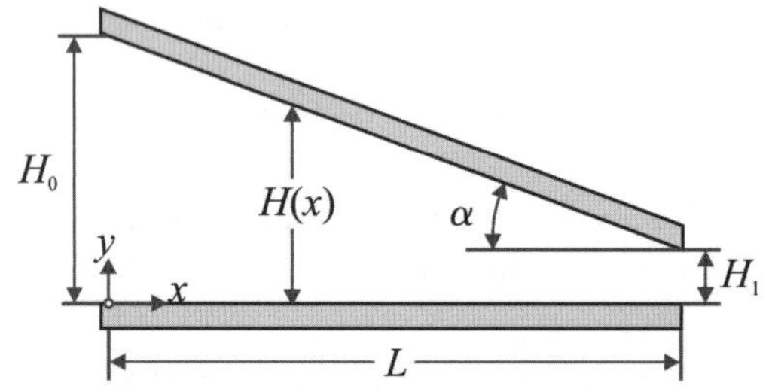


**Figura 6.13**

Neste sistema de coordenadas,[15] $v_x = v_x(x, y)$, $v_y = v_y(x, y)$, $v_z = 0$, e $P = P(x, y)$. A equação da continuidade [Apêndice, Tabela A.2, Eq. (1)] e as componentes $x$ e $y$ da equação de Navier-Stokes [Apêndice, Tabela A.3, Eqs. (1)-(2)] resultam em

Continuidade:
$$\frac{\partial v_x}{\partial x} + \frac{\partial v_y}{\partial y} = 0 \tag{6.242}$$

Componente $x$:
$$\rho\left(v_x\frac{\partial v_x}{\partial x} + v_y\frac{\partial v_x}{\partial y}\right) = -\frac{\partial P}{\partial x} + \eta\left(\frac{\partial^2 v_x}{\partial x^2} + \frac{\partial^2 v_x}{\partial y^2}\right) \tag{6.243}$$

Componente $y$:
$$\rho\left(v_x\frac{\partial v_y}{\partial x} + v_y\frac{\partial v_y}{\partial y}\right) = -\frac{\partial P}{\partial y} + \eta\left(\frac{\partial^2 v_y}{\partial x^2} + \frac{\partial^2 v_y}{\partial y^2}\right) \tag{6.244}$$

no intervalo $0 < x < L$, $0 < y < H(x)$.

Sob a *aproximação de escoamento lento viscoso* os termos da esquerda na Eq. (6.243) são desconsiderados. Adicionalmente, a *aproximação de lubrificação* desconsidera a dependência da pressão na coordenada transversal e considera:

$$\frac{\partial^2 v_x}{\partial x^2} \ll \frac{\partial^2 v_x}{\partial y^2} \tag{6.245}$$

Portanto, a Eq. (6.243) fica reduzida a

$$\frac{dP}{dx} = \eta\frac{\partial^2 v_x}{\partial y^2} \tag{6.246}$$

com as condições de borda para a velocidade axial:

Para $y = 0$: $$v_x = U_0 \tag{6.247}$$

Para $y = H(x)$ $$v_x = 0 \tag{6.248}$$

---

[14] O leitor interessado pode consultar a clássica monografia de J. Happel e H. Brenner, *Low Reynolds Number Hydrodynamics*, 2nd ed. Nijhoff, 1973, Seção 3.3.

[15] Observe que este sistema de coordenadas escolhido nesta seção *não* é o mesmo utilizado nas Seções 3.3 e 5.4.

## 6.4.2 Perfil de Velocidade

Diferenciando a Eq. (6.246) em relação a $y$, e levando em consideração que $P$ não é função de $y$, temos

$$\frac{\partial^3 v_x}{\partial y^3} = 0 \tag{6.249}$$

que é integrada imediatamente para

$$v_x = A + By + Cy^2 \tag{6.250}$$

um perfil parabólico de velocidade onde as "constantes" de integração $A$, $B$ e $C$ (na realidade, funções de $x$) podem ser determinadas a partir das condições de borda. Como só temos duas condições, Eqs. (6.247)-(6.248), só é possível determinar duas constantes e expressar $v_x$ em função da outra. Por exemplo:

$$v_x = U_0 - \left(\frac{U_0}{H} + CH\right)y + Cy^2 \tag{6.251}$$

A constante restante, $C$, neste caso, fica determinada se a vazão (por unidade de largura) for conhecida:

$$\frac{Q}{W} = \int_0^H v_x dy = \tfrac{1}{2} U_0 H - \tfrac{1}{6} CH^3 \tag{6.252}$$

onde

$$-\tfrac{1}{6} CH^3 = \frac{Q - \tfrac{1}{2} U_0 HW}{W} \tag{6.253}$$

Neste ponto é conveniente fazer um pequeno parêntese. Observe que o segundo termo no numerador da direita na Eq. (6.253) é a *vazão de arraste* em uma fenda estreita (placas planas paralelas):

$$Q_D = \tfrac{1}{2} U_0 HW \tag{6.254}$$

A vazão de arraste foi definida na Seção 5.4 como a vazão devida somente ao movimento da parede, em ausência de gradiente axial de pressão. Compare a Eq. (6.254) com a Eq. (5.170) e lembre que na Seção 5.4 $H$ era a *metade* da distância entre as paredes da fenda. No caso presente, onde $H = H(x)$, pode-se utilizar a Eq. (6.254) para definir o valor *local* (isto é, em uma determinada posição axial $x$) da vazão de arraste. Seguindo a analogia com a Seção 5.4, pode-se definir também o valor local da vazão de pressão:

$$Q_P = Q - Q_D \tag{6.255}$$

e o "parâmetro" (na realidade, uma função de $x$) adimensional $\Phi$:

$$\Phi = \frac{Q_P}{Q_D} = \frac{Q - Q_D}{Q_D} = \frac{Q}{Q_D} - 1 = \frac{2Q/W}{U_0 H} - 1 \tag{6.256}$$

ou

$$Q = Q_D(1 + \Phi) = \tfrac{1}{2} U_0 HW(1 + \Phi) \tag{6.257}$$

Observe que

$$(1 + \Phi)H = \frac{Q/W}{U_0} \tag{6.258}$$

constante (para valores dados da vazão e da velocidade da placa móvel), independente da posição ao longo da cunha. Observe também que $\Phi > -1$ sempre que sinal($Q$) = sinal ($U_0$).

Voltando ao argumento principal, substituindo a Eq. (6.257) na Eq. (6.253),

$$-\tfrac{1}{6} CH^3 = \tfrac{1}{2} U_0 H \Phi \tag{6.259}$$

ou

$$C = -\frac{3U_0 \Phi}{H^2} \tag{6.260}$$

Finalmente, substituindo a Eq. (6.260) na Eq. (6.251) se obtém o *perfil de velocidade axial*:

$$\frac{v_x}{U_0} = 1 - (1 - 3\Phi)\left(\frac{y}{H}\right) - 3\Phi\left(\frac{y}{H}\right)^2 \tag{6.261}$$

ou

$$\boxed{\frac{v_x}{U_0} = \left(1+3\Phi\frac{y}{H}\right)\left(1-\frac{y}{H}\right)} \tag{6.262}$$

Observe que $\Phi$ é uma função de $H$, Eq. (6.256), e portanto a velocidade depende de $x$ através de $H$. Neste caso é possível utilizar $H$ como variável independente no lugar de $x$. Se for necessário, todas as equações podem ser explícitas em termos de $x$ utilizando a Eq. (6.240).

O perfil *local* de velocidade axial (local porque tanto $H$ quanto $\Phi$ dependem de $x$), Eq. (6.262), é formalmente idêntico ao perfil *uniforme* de velocidade obtido no caso do escoamento entre placas planas paralelas (Seção 5.4) para cada valor de $\Phi$, Eq. (5.160),

$$\frac{v_z}{U_0} = \frac{y'}{H} + 3\Phi\frac{y'}{H}\left(1-\frac{y'}{H}\right) = \left[1+3\Phi\left(1-\frac{y'}{H}\right)\right]\left(\frac{y'}{H}\right) \tag{6.263}$$

onde $y' = H - y$. A igualdade formal dos perfis de velocidade (um local, outro uniforme) tem importantes consequências: a análise do perfil de velocidade em termos do parâmetro $\Phi$, desenvolvida na Seção 5.4 (e sumariada na Tabela 5.1), é válida, no caso presente, para cada valor *local* de $\Phi$.

Uma vez que o perfil de velocidade axial é obtido, o *perfil da velocidade transversal* pode ser avaliado integrando a equação da continuidade, Eq. (6.242).

Diferenciando a Eq. (6.261) em relação a $x$, e levando em consideração as Eqs. (6.240) e (6.256),

$$\frac{\partial v_x}{\partial x} = -\tan\alpha\frac{\partial v_x}{\partial H} = \tan\alpha\frac{U_0}{H}\left[2(1+3\Phi)\frac{y}{H} - 3(1+3\Phi)\left(\frac{y}{H}\right)^2\right] \tag{6.264}$$

e substituindo na Eq. (6.242),

$$\frac{\partial v_y}{\partial y} = -\tan\alpha\frac{U_0}{H}\left[2(1+3\Phi)\frac{y}{H} - 3(1+3\Phi)\left(\frac{y}{H}\right)^2\right] \tag{6.265}$$

Integrando a Eq. (6.265), obtém-se

$$\boxed{\frac{v_y}{U_0} = -(1+3\Phi)\tan\alpha\left(1-\frac{y}{H}\right)\left(\frac{y}{H}\right)^2} \tag{6.266}$$

Observe que a Eq. (6.266) cumpre com as condições de borda correspondentes, $v_y(0) = v_y(H) = 0$, e que no intervalo de validade da aproximação de lubrificação, $\tan\alpha \ll 1$ e consequentemente $v_y \ll v_x$.

### 6.4.3 Perfil de Pressão

Diferenciando a Eq. (6.261) duas vezes em relação a $y$ e substituindo na Eq. (6.246), se obtém o gradiente (axial) de pressão:

$$\frac{dP}{dx} = -\tan\alpha\frac{dP}{dH} = -6\eta\Phi\frac{U_0}{H^2} \tag{6.267}$$

Levando em consideração a Eq. (6.256),

$$\frac{dP}{dH} = 6\eta\cot\alpha\left(\frac{2Q/W}{H^3} - \frac{U_0}{H^2}\right) \tag{6.268}$$

e integrando desde $H = H_0$ ($x = 0$), $P = P_0$,

$$P = P_0 + 6\eta\cot\alpha\left[\left(\frac{U_0}{H} - \frac{Q/W}{H^2}\right) - \left(\frac{U_0}{H_0} - \frac{Q/W}{H_0^2}\right)\right] \tag{6.269}$$

Mas, da Eq. (6.256),

$$\frac{U_0}{H} - \frac{Q/W}{H^2} = \tfrac{1}{2}(1-\Phi)\frac{U_0}{H} \tag{6.270}$$

Introduzindo a Eq. (6.70) na Eq. (6.269),

$$P = P_0 + 3\eta U_0\cot\alpha\left(\frac{1-\Phi}{H} - \frac{1-\Phi_0}{H_0}\right) \tag{6.271}$$

onde $\Phi_0$ é o valor do parâmetro $\Phi$ na entrada ($H = H_0$, $x = 0$). Em particular, a queda de pressão na cunha, $\Delta P = P_1 - P_0$, é

$$\Delta P = 6\eta \cot\alpha \left[ \left( \frac{U_0}{H_1} - \frac{Q/W}{H_1^2} \right) - \left( \frac{U_0}{H_0} - \frac{Q/W}{H_0^2} \right) \right] \tag{6.272}$$

ou

$$\Delta P = 3\eta U_0 \cot\alpha \left( \frac{1-\Phi_1}{H_1} - \frac{1-\Phi_0}{H_0} \right) \tag{6.273}$$

Observe que $\Delta P$ é uma função linear de $Q$ (para um dado valor de $U_0$) e uma função linear de $U_0$ (para um dado valor de $Q$):

$$\Delta P = 6\eta \cot\alpha \left( \frac{H_0 - H_1}{H_0 H_1} \right) \left[ U_0 + \left( \frac{H_0 + H_1}{H_0 H_1} \right) \cdot Q/W \right] \tag{6.274}$$

No escoamento estacionário entre placas inclinadas temos sempre um escoamento combinado (Couette-Poiseuille). O gradiente de pressão é gerado automaticamente pelo movimento da placa. De fato, a cunha com parede móvel é um dispositivo utilizado para bombear fluidos viscosos nos equipamentos para processamento de materiais sempre que $\Delta P > 0$, e isto acontece se

$$\frac{H_0}{H_1} > \frac{1-\Phi_0}{1-\Phi_1} \tag{6.275}$$

A razão $H_0/H_1$ é chamada às vezes de fator de compressão da cunha.

Considerando sistemas em que $Q > 0$ e $U_0 > 0$, observa-se que o gradiente de pressão, Eq. (6.267), é positivo (a pressão aumenta com $x$) para $\Phi < 0$, e negativo (a pressão diminui) para $\Phi > 0$. O gradiente é nulo para $\Phi = 0$, onde a pressão atinge o máximo (sempre que $\Phi_0 \leq 0$ e $\Phi_1 \geq 0$). Levando em consideração a Eq. (6.256), a separação entre as placas para $\Phi = 0$ é

$$H_M = \frac{2Q/W}{U_0} = (1+\Phi_0) H_0 \tag{6.276}$$

Isto é, o perfil de pressão possui um máximo relativo sempre que

$$(1+\Phi_0) H_0 > H_1 \tag{6.277}$$

Das Eqs. (6.271) e (6.276) a pressão máxima é

$$P_M = P_0 + 3\eta U_0 \cot\alpha \left( \frac{1}{H_M} - \frac{1-\Phi_0}{H_0} \right) \tag{6.278}$$

Mas

$$\frac{1}{H_M} - \frac{1-\Phi_0}{H_0} = \left[ \frac{1}{(1+\Phi_0)} - (1-\Phi_0) \right] \frac{1}{H_0} = \frac{\Phi_0^2}{1+\Phi_0} \cdot \frac{1}{H_0} \tag{6.279}$$

Portanto,

$$P_M = P_0 + 3\eta \frac{U_0}{H_0} \cot\alpha \left( \frac{\Phi_0^2}{1+\Phi_0} \right) \tag{6.280}$$

Observe que $\Delta P = 0$ para

$$\frac{H_0}{H_1} = \frac{1-\Phi_0}{1-\Phi_1} \tag{6.281}$$

ou

$$U_0 = \left( \frac{1}{H_0} + \frac{1}{H_1} \right) \cdot (Q/W) \tag{6.282}$$

Mas $\Delta P = 0$ não quer dizer que a pressão $P(z)$ seja constante, como no caso do escoamento entre placas paralelas, nem que o escoamento seja de Couette puro.

## 6.4.4 Padrões de Escoamento

É possível considerar diversas variações do sistema em estudo segundo o sinal relativo de $Q$, $U_0$ e $dH/dx$ (Figura 6.14).

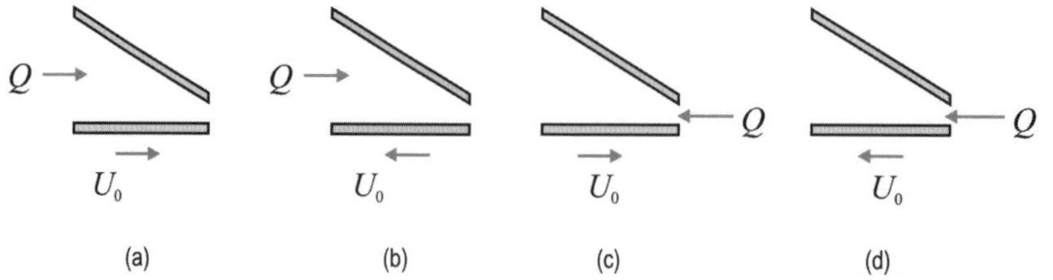


**Figura 6.14**

Vamos analisar os padrões de escoamento no caso *a* da Figura 6.14, com sinal($Q$) = sinal($U_0$) = − sinal($dH/dx$). O padrão de escoamento vai depender também da geometria do sistema (dos valores de $H_0$, $H_1$ e $L$). Porém, é possível analisar uma cunha com valores muito elevados de $H_0$ e muito pequenos de $H_1$, e considerar os sistemas particulares como seções (janela cinza-clara na Figura 6.15) desta cunha "geral".

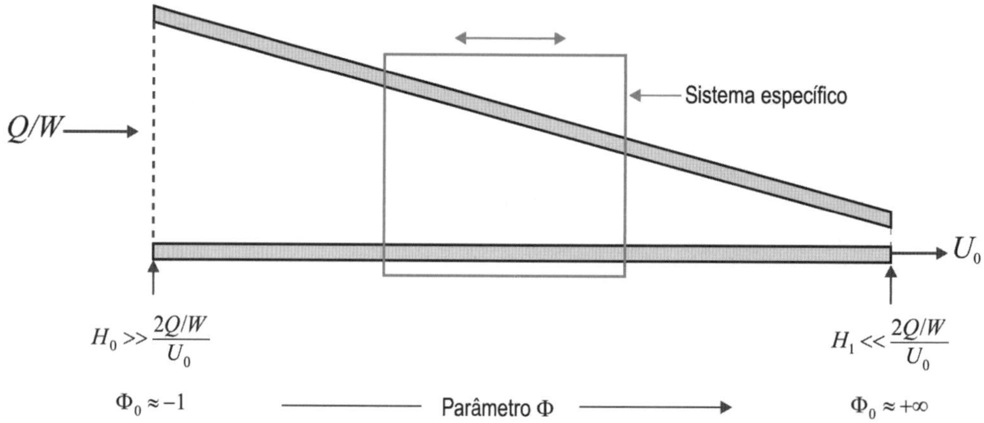


**Figura 6.15**

Valores muito elevados da separação entre as placas $H$ quer dizer

$$Q \ll \tfrac{1}{2} U_0 H W \tag{6.283}$$

ou seja,

$$H \gg \frac{2Q/W}{U_0} \tag{6.284}$$

ou, da Eq. (6.256),

$$\Phi \approx -1 \tag{6.285}$$

Valores muito pequenos da separação entre as placas $H$ quer dizer

$$Q \gg \tfrac{1}{2} U_0 H W \tag{6.286}$$

ou seja,

$$H \ll \frac{2Q/W}{U_0} \tag{6.287}$$

ou, da Eq. (6.256),

$$\Phi \approx \frac{2Q/W}{U_0 H} \gg 1 \tag{6.288}$$

O perfil transversal da velocidade axial, $v_x(y)$, Eq. (6.262), tem *forma* diferente para diferentes valores do parâmetro $\Phi$. A Figura 6.16 representa (em escala) os perfis de velocidade em vários pontos ao longo da cunha para uma escolha particular de $Q$, $U_0$ e $\alpha$. Os números abaixo da placa móvel são proporcionais à separação entre as placas, $H$, para essa posição.

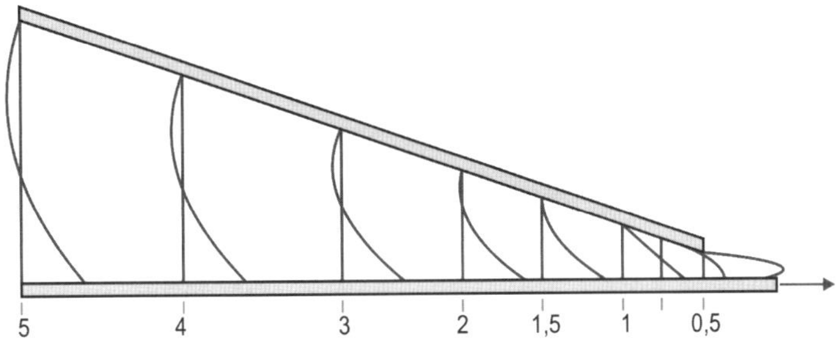


**Figura 6.16**

A descrição quantitativa dos perfis de velocidade foi considerada detalhadamente na Seção 5.4. A seguir apresentamos um resumo desses resultados.

- **$\Phi > ⅓$:** Perfil de velocidade com máximo relativo. Velocidade máxima ($v_{max}$) e posição do máximo ($y_{max}$) dadas pelas Eqs. (5.180) e (5.181). Na nomenclatura desta seção,

$$1-\frac{y_{max}}{H}=\tfrac{1}{2}\left(1+\frac{1}{3\Phi}\right) \tag{6.289}$$

$$\frac{v_{max}}{U_0}=\frac{(1+3\Phi)^2}{12\Phi} \tag{6.290}$$

Observe que $\Phi > ⅓$ implica $v_{max} > 0$. Veja a Figura 5.16.

- **$-⅓ < \Phi < ⅓$:** Perfil de velocidade sem máximos nem mínimos relativos; em particular, para $\Phi = 0$: perfil linear correspondente ao gradiente de pressão nulo.
- **$\Phi < -⅓$:** Perfil de velocidade com mínimo relativo. Velocidade mínima ($v_{min}$) e posição do mínimo ($y_{min}$) dadas pelas mesmas Eqs. (6.289) e (6.290):

$$1-\frac{y_{min}}{H}=\tfrac{1}{2}\left(1+\frac{1}{3\Phi}\right) \tag{6.291}$$

$$\frac{v_{min}}{U_0}=\frac{(1+3\Phi)^2}{12\Phi} \tag{6.292}$$

Observe que $\Phi < -⅓$ implica $v_{min} < 0$. Veja a Figura 5.17. O fluido vizinho à placa móvel se movimenta na direção de $U_0$; o fluido vizinho à placa estacionária se movimenta na direção oposta. Velocidade é nula, $v_x = 0$, no ponto dado pela Eq. (5.185). Na nomenclatura desta seção,

$$1-\frac{y_0}{H_0}=1+\frac{1}{3\Phi} \tag{6.293}$$

Observe que

$$1-\frac{y_0}{H}=2\left(1-\frac{y_{min}}{H}\right) \tag{6.294}$$

A região de entrada para $\Phi < -⅓$, que corresponde a

$$H>\frac{3Q/W}{2U_0} \tag{6.295}$$

e que pode ou não estar representada em instâncias específicas da cunha, de acordo com o valor de $\Phi_0$, apresenta o interessante fenômeno de *recirculação* do fluido no interior da cunha. Se $\Phi_0 < -⅓$ e $\Phi_1 \geq -⅓$, $v_x \geq 0$ na "saída" ($x = L$), mas parte do fluido que entra na cunha em $x = 0$, $y < y_0$, sai pela "entrada" ($x = 0$, $y > y_0$) mesmo depois de ter recirculado dentro da mesma (Figura 6.17).

As linhas de corrente são – em estado estacionário – as trajetórias que seguem os elementos materiais dentro do sistema (tangentes ao vetor velocidade); portanto, elas não se cruzam. Existem, de fato, dois escoamentos em paralelo: (a) um *escoamento direto*, próximo à parede móvel, do fluido que entra na cunha em $x = 0$ e sai em $x = L$, e (b) um *escoamento recirculante* do fluido que entra e sai em $x = 0$.

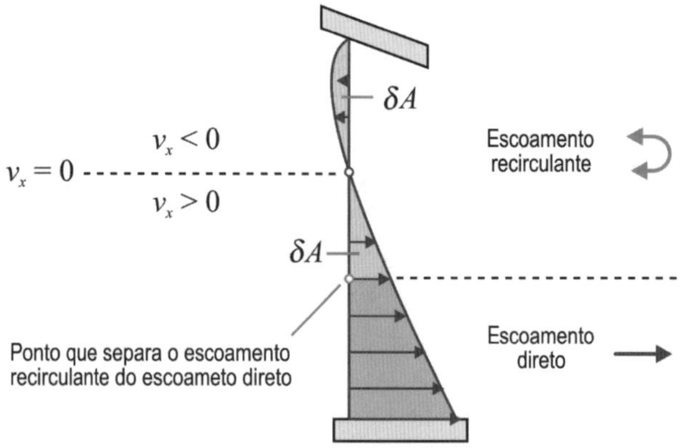


**Figura 6.17**

A vazão *líquida* do escoamento recirculante é nula, e esse fato pode ser utilizado para localizar o ponto $y_S$ que separa os dois escoamentos (direto para $0 < y < y_S$, recirculante para $y_S < y < H$):

$$\int_{y_S}^{H} v_x dy = -U_0 H \int_{y_S/H}^{1} (1+3\Phi\xi)(1-\xi)d\xi = 0 \tag{6.296}$$

Resolvendo a integral, resulta a condição:

$$\Phi\left(\frac{y_S}{H}\right)^3 + \tfrac{1}{2}(1-3\Phi)\left(\frac{y_S}{H}\right)^2 - \left(\frac{y_S}{H}\right) + \tfrac{1}{2}(1+\Phi) = 0 \tag{6.297}$$

O valor de $y_S/H$ é a raiz positiva da Eq. (6.297) e pode ser avaliada numericamente para diferentes valores de $\Phi$, $\Phi_0 < \Phi < -1/3$. A Figura 6.18 ilustra o fenômeno.

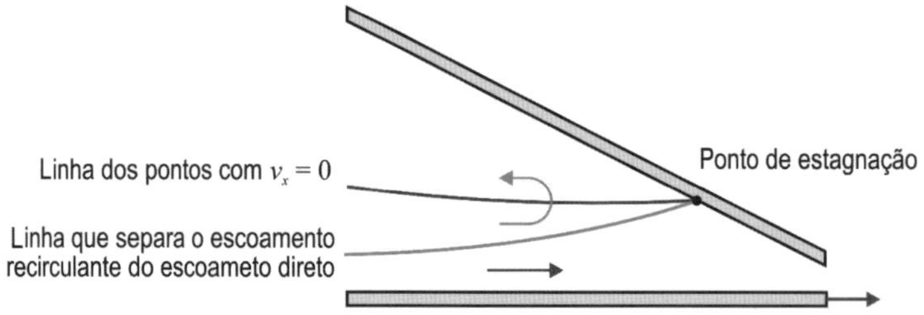


**Figura 6.18**

A velocidade do fluido na linha cinza-escura é nula, mas na linha cinza-clara é diferente de zero. Esta é uma linha de corrente (a trajetória de um elemento material em estado estacionário) que "morre" na placa fixa no *ponto de estagnação* ($v = 0$). A posição do ponto de estagnação é dada pela condição $\Phi_S = -1/3$.

O escoamento em uma cunha com uma parede móvel é de grande importância prática na análise e desenho de equipamentos para o processamento de materiais. Uma aplicação específica é apresentada na Seção 6.6, onde o sistema cunha-fenda é considerado no contexto da modelagem de um misturador de dupla rosca.

Referências onde continuar o estudo deste sistema são apresentadas no final dessa seção.

## 6.5 DEFORMAÇÕES EM ESCOAMENTOS BIDIMENSIONAIS

Uma característica dos escoamentos de fluidos viscosos é que o material experimenta uma deformação contínua e irreversível durante estes escoamentos. As deformações "sofridas" pelo material no decurso de seu processamento afetam as propriedades do produto final e são de grande importância na análise e desenho dos processos de fabricação.

As forças de atrito viscoso são as maiores responsáveis pela deformação do material, e é conveniente distinguir dois tipos de deformação: as *deformações extensionais* (ou elongacionais), onde as forças atuam na direção normal das áreas afetadas, e as *deformações de cisalhamento*, onde as forças são paralelas às áreas afetadas. A Figura 6.19 torna mais claro este conceito.

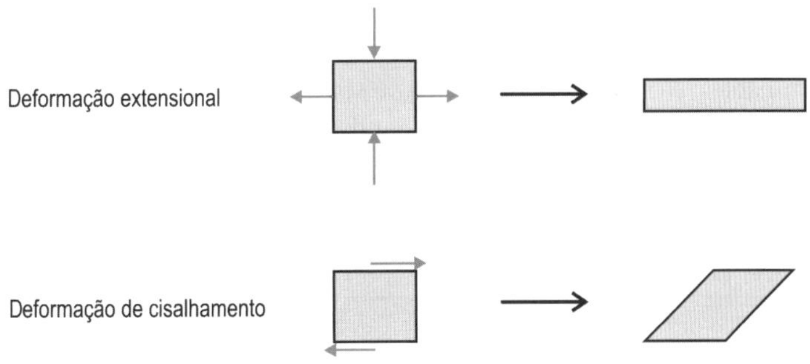


**Figura 6.19**

No diagrama (bidimensional) vemos o efeito das forças de atrito viscoso num *elemento material* (para fluidos incompressíveis o volume do elemento material antes e depois da deformação é o mesmo).

Observe que, em materiais incompressíveis, o princípio de conservação da matéria (que neste caso se traduz na conservação do volume) requer que as deformações extensionais combinem sempre compressão e expansão. Considerando as possíveis combinações em um sistema de coordenadas ortogonais, pode-se distinguir entre *extensão plana* (expansão em uma direção, compressão em outra, invariante na terceira), *extensão uniaxial* (expansão em uma direção, compressão nas outras duas), e *extensão biaxial* (expansão em duas direções, compressão na outra). A Figura 6.20 representa os três tipos de deformação extensional visualizados em um elemento de volume em coordenadas cartesianas; as setas indicam as tensões normais $\tau_{xx}$, $\tau_{yy}$, $\tau_{zz}$, compressivas (cinza-claro) e expansivas (cinza-escuro).

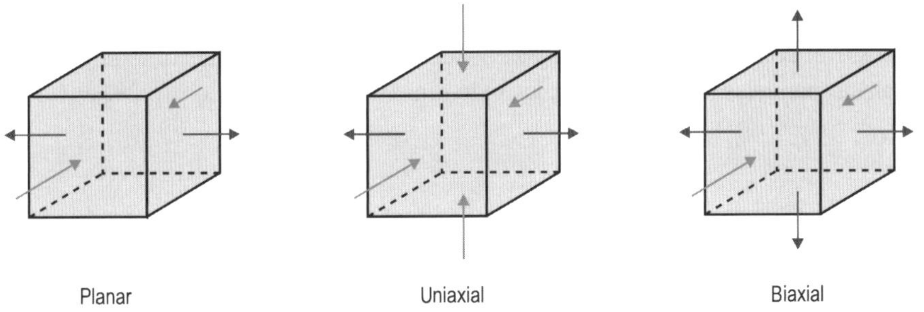


**Figura 6.20**

No escoamento de fluidos é importante considerar as *taxas de deformação*, isto é, a velocidade na qual o material é continuamente deformado. As taxas de deformação dependem da *cinemática* do escoamento, isto é, dos perfis de velocidade. Já as forças responsáveis dependem das características do material que está sendo deformado.

Em fluidos newtonianos incompressíveis as forças de atrito viscoso por unidade de área (*tensões*) são diretamente proporcionais às taxas de deformação, e a constante de proporcionalidade é a *viscosidade*, que é uma propriedade física do material (lei de Newton). Consequentemente, em escoamentos isotérmicos de fluidos newtonianos incompressíveis só é preciso analisar os perfis de velocidade para obter as taxas de deformação. Neste caso, as tensões são obtidas simplesmente multiplicando as taxas de deformação pela viscosidade (constante).

Não é o caso em fluidos não Newtonianos, nos quais a relação entre tensão e taxa de deformação pode ser bem mais complexa.[16] Ainda nos mais simples fluidos não newtonianos, os chamados fluidos puramente viscosos, a "viscosidade" não é simplesmente uma constante material, mas depende da mesma taxa de deformação.

Nos casos estudados anteriormente tínhamos apenas uma componente não nula da velocidade, que era função somente da coordenada normal à mesma. Nesses problemas de escoamentos unidirecionais e unidimensionais, a única deformação observada era uma deformação de cisalhamento. A correspondente taxa de cisalhamento foi derivada em todos os casos, e utilizada (na forma de tensão de cisalhamento) para obter forças ou torques atuantes nos sistemas estudados.

Nas Seções 6.1-6.3 introduzimos as situações um pouco mais complexas de escoamentos bidimensionais. A dependência funcional das taxas de deformação, tanto extensional quanto de cisalhamento, varia bastante entre os casos, refletindo o fato de serem sistemas bem diferentes. Porém, nos três casos observa-se que a taxa de extensão

[16] A presença de deformações extensionais afeta especialmente o comportamento reológico dos fluidos viscoelásticos.

é nula nas paredes e máxima no centro do sistema, enquanto a taxa de cisalhamento é máxima nas paredes e nula no centro do sistema, ou seja, perto das paredes sólidas existe uma região onde as deformações de cisalhamento são dominantes, e outra zona, no centro do sistema, onde o escoamento é dominado pelas deformações extensionais. Esta é uma característica bastante geral de fluidos newtonianos em escoamentos combinados com extensão e cisalhamento. Os resultados obtidos podem ser resumidos na seguinte tabela:

**Tabela 6.1** Taxas de deformação

| Caso 1 (Seção 6.1) | Caso 2 (Seção 6.2) | Caso 3 (Seção 6.3) |
|---|---|---|
| Escoamento divergente entre placas paralelas: | Compressão entre placas paralelas: | Escoamento convergente entre placas não paralelas: |
| $v_r = v_r(r, z)$ | $v_r = v_r(r, z)$, $v_z = v_z(z)$ | $v_r = v_r(r, \theta)$ |
| Extensão plana | Extensão biaxial | Extensão plana |
| $\dot{\varepsilon}$ proporcional a $r^{-2}$, quadrática em $z$ | $\dot{\varepsilon}$ independente de $r$, quadrática em $z$ | $\dot{\varepsilon}$ proporcional a $r^{-2}$, linear em $\cos(2\theta)$ |
| $\dot{\gamma}$ proporcional a $r^{-1}$, linear em $z$ | $\dot{\gamma}$ proporcional a $r$, linear em $z$ | $\dot{\gamma}$ proporcional a $r^{-2}$, linear em $\text{sen}(2\theta)$ |

$\dot{\varepsilon}$ nulo nas paredes, máximo no centro do sistema; $\dot{\gamma}$ máximo nas paredes, nulo no centro do sistema.

Para comparar a importância relativa das duas deformações, extensão e cisalhamento, nos casos estudados, é possível comparar a magnitude das taxas de máxima deformação. Para o caso do escoamento divergente entre placas paralelas (caso 1) temos, levando em consideração as Eqs. (6.29) e (6.36),

$$\left|\frac{\dot{\gamma}_w}{\dot{\varepsilon}_{1/2}}\right| = 4\left(\frac{r}{H_0}\right) \tag{6.298}$$

onde $H_0$ é a distância (constante e uniforme) entre as placas. Para o caso do escoamento de compressão entre placas paralelas (caso 2), temos, levando em consideração as Eqs. (6.109) e (6.111),

$$\left|\frac{\dot{\gamma}_w}{\dot{\varepsilon}_{1/2}}\right| = 2\left(\frac{r}{H}\right) \tag{6.299}$$

onde $H$ é a distância (uniforme, mas variável no tempo) entre as placas. Tanto no caso 1 quanto no caso 2 a deformação de cisalhamento é dominante, exceto numa zona perto do centro das placas $r < \frac{1}{2}H$. Nas aplicações práticas (Problemas 6.1 e 6.2) os escoamentos podem ser considerados essencialmente como escoamentos de cisalhamento.

Para o caso do escoamento convergente (caso 3), temos, levando em consideração as Eqs. (6.211) e (6.213),

$$\left|\frac{\dot{\gamma}_w}{\dot{\varepsilon}_0}\right| = \frac{\text{sen}\, 2\alpha}{1-\cos 2\alpha} \tag{6.300}$$

Neste caso a situação é diferente. A deformação de cisalhamento é dominante para $\alpha < \frac{1}{4}\pi$ (45°), e a deformação extensional para valores maiores do ângulo de abertura, independente da coordenada radial. Para ângulos pequenos, dentro dos limites de validade da aproximação de lubrificação, a Eq. (6.300) pode ser simplificada (substituindo o seno e o cosseno pelos primeiros termos das suas expansões em série de Taylor):

$$\left|\frac{\dot{\gamma}_w}{\dot{\varepsilon}_0}\right| \approx \frac{2\alpha}{1-(1-2\alpha^2)} = \frac{1}{\alpha} \tag{6.301}$$

Lembre-se de que na Eq. (6.301) o ângulo $\alpha$ deve ser expresso em radianos.

Levando em consideração que a deformação extensional ocorre no centro do sistema onde a velocidade é máxima, pode-se concluir que, exceto para ângulos de separação bastante pequenos, o escoamento pode ser considerado essencialmente como um escoamento de extensão. Estes resultados são independentes da posição radial. Isto é, um elemento material é submetido a tensões extensionais relativamente elevadas durante todo seu percurso no sistema.

Nos escoamentos de interesse em processamento de materiais, extensão e cisalhamento apresentam-se frequentemente combinados. Em muitos casos as taxas de deformação por cisalhamento são bem maiores que as taxas de extensão, até o ponto em que é possível a análise de algumas características desses escoamentos (potência requerida, efeitos térmicos etc.) sem considerar as componentes elongacionais.

Porém, a extraordinária eficiência das deformações extensionais nos processos de mistura (Capítulo 16) demanda a consideração das *componentes elongacionais* ainda em escoamentos predominantemente de cisalhamento.

# 6.6 ESCOAMENTO TANGENCIAL EM UM MISTURADOR DE DUPLA ROSCA

## 6.6.1 Introdução

Como exemplo final, vamos considerar um caso um pouco mais elaborado: a modelagem matemática de um equipamento para processamento de materiais.

Polímeros fundidos (plásticos ou elastômeros) são frequentemente processados (misturados com outros polímeros e/ou aditivos sólidos ou líquidos) em equipamentos chamados genericamente *misturadores*. Um tipo muito comum de misturador é formado por duas roscas ou *rotores* montados dentro de um barril ou *câmara de processamento*. A forma dos rotores varia com o modelo do misturador, porém, em todos os casos os rotores possuem *asas* (*wings*). Os rotores rolam em torno de eixos paralelos, em direções opostas (*contrarrotação*), forçando a passagem do polímero fundido e sua carga através dos *gaps*, entre a ponta das *asas* dos rotores (às vezes chamadas *filetes*) e a parede interna da câmara de processamento, gerando *poças rolantes* (*rolling pools*) de fundido entre o rotor e a câmara, na frente dos gaps. O misturador é operado parcialmente cheio, de forma que um filme de fundido adere às paredes da câmara de processamento nas seções "vazias" do misturador. A geometria da seção normal de um misturador desse tipo é ilustrada na Figura 6.21a, com o detalhe da região vizinha à ponta da asa de um rotor na Figura 6.21b.

O fundido (fluido), arrastado pela asa de um rotor, converge à *fenda* entre a ponta da asa do rotor e a parede da câmara de processamento, através da *cunha* formada entre a face empurrante (ou face "ativa") da asa e a parede da câmara. Durante a passagem através desta região o fluido é submetido à intensa deformação (cisalhamento na fenda, cisalhamento e extensão na cunha), essencial para o processo de mistura (veja o Capítulo 16).

Para a análise de processos de mistura e para o desenho eficiente de misturadores, é importante estabelecer como a deformação do material depende das propriedades físicas do mesmo, da geometria do sistema (por exemplo, da espessura e comprimento da fenda) e das condições operativas (por exemplo, da velocidade de rotação do rotor).

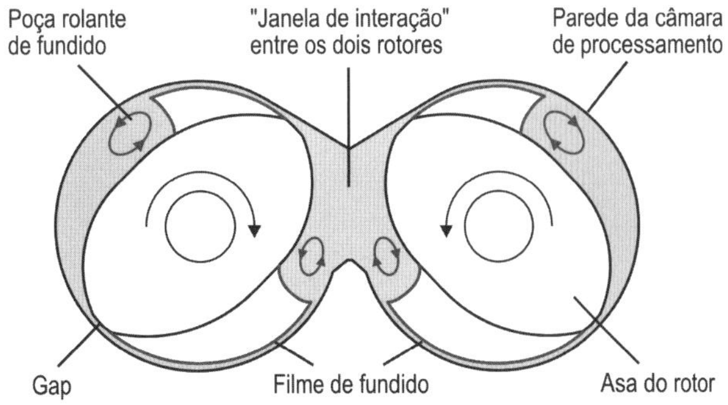


**Figura 6.21a**

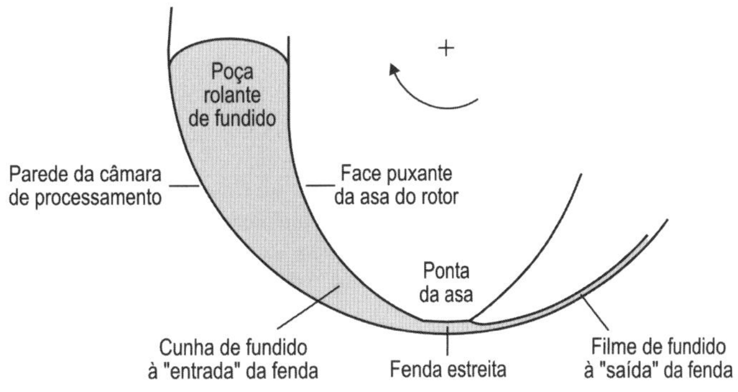


**Figura 6.21b**

O sistema "real" é muito complicado para ser analisado diretamente, visto que o fluido é usualmente um material não newtoniano (geralmente viscoelástico) e heterogêneo ("carregado" com sólidos ou líquidos imiscíveis), submetido a gradientes de temperatura significativos, escoado em um sistema de geometria bastante complexa.

## 6.6.2 Formulação do Modelo

O objetivo deste problema é desenvolver um *modelo simples* do escoamento que possa ser manipulado analiticamente, com vistas a melhorar nossa compreensão do sistema. Portanto, vamos nos restringir ao movimento tangencial do fluido, desconsiderando o movimento axial do mesmo, com as suposições usuais: escoamento laminar estacionário, temperatura constante e uniforme, fluido newtoniano incompressível e homogêneo, propriedades físicas constantes etc. Desconsiderando a curvatura do rotor e da câmara de processamento, vamos *linearizar* a geometria do sistema *na vizinhança da fenda*, considerando a cunha como duas placas planas inclinadas, e a fenda como duas placas planas paralelas. O movimento (global) de rotação transforma-se assim em um movimento *localmente* retilíneo. Para simplificar o tratamento, vamos considerar o caso em que o rotor está fixo (estacionário) e a parede da câmara de processamento move-se na direção oposta. Este é um procedimento conhecido como *inversão cinemática*[17] (Figura 6.22).

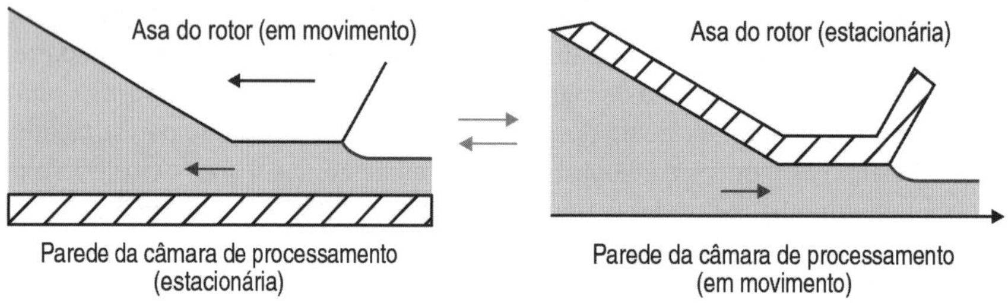


**Figura 6.22**

Considere o escoamento no sistema cunha-fenda, linearizado e invertido, representado na Figura 6.23. Um sistema de coordenadas cartesianas fixo é posicionado com a direção $x$ (tangencial) ao longo da cunha-fenda (com origem na entrada da fenda, de maneira que $x < 0$ corresponde à cunha e $x > 0$ à fenda) e a coordenada $y$ (radial) perpendicular à parede móvel; $h$ e $e$ são, respectivamente, a espessura (radial) e o comprimento (normal) da fenda entre a ponta da asa do rotor e a câmara de processamento, e $\alpha$ é o ângulo (normal) entre a face empurrante do rotor e a ponta da asa;[18] $H(x)$ é a espessura da cunha, uma função (linear) da coordenada $x$.

$$H = \begin{cases} h - x\tan\alpha, & -E_0 < x < 0 \quad \text{(cunha)} \\ h, & 0 < x < e \quad \text{(fenda)} \end{cases} \tag{6.302}$$

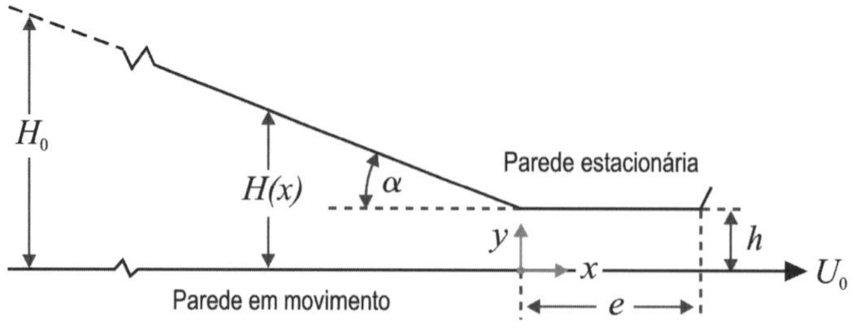


**Figura 6.23**

[17] Neste caso, a *inversão cinemática* (Seção 5.6) não é uma aproximação, mas um procedimento utilizado para simplificar o desenvolvimento e visualização do problema. Em vez de considerar um sistema de coordenadas fixo na câmara de processamento, o escoamento é visto desde um sistema de coordenadas (um "observador") que se move com o rotor: para esse observador é a parede da câmara que se move na direção oposta. Em estado estacionário, uma vez que o sistema tem sido linearizado, os resultados obtidos são *exatamente* iguais (com o sinal da velocidade trocado) devido ao princípio de relatividade do movimento retilíneo uniforme (descoberto por Galileu em 1630). Temos visto que no movimento circular (acelerado), Seção 5.2, os resultados – estabilidade do movimento – podem ser dramaticamente diferentes. Porém, sob a aproximação de *escoamento lento viscoso*, a aceleração do fluido é desconsiderada e os resultados obtidos são *sempre* os mesmos (salvo a troca de sinal).

[18] O ângulo $\alpha$ é chamado, às vezes, *ângulo de dispersão* do rotor, em reconhecimento do seu rol determinante na qualidade de mistura dispersiva que pode ser obtida no equipamento.

$H_0 = H(-E_0)$ é a espessura da cunha "longe" da entrada da fenda. O valor do parâmetro $E_0$ (e, portanto, $H_0$) não está bem definido no modelo e depende possivelmente do grau de enchimento do misturador. Basta dizer que, em geral, $H_0$ é bem maior que a espessura da fenda $h$, de forma que os resultados obtidos no limite $h/H_0 \to 0$ são representativos do comportamento dos misturadores na maioria dos casos. Observe que a Eq. (6.302) permite considerar $H$ em vez de $x$ como a variável independente na cunha.

### 6.6.3 Perfis de Velocidade e de Pressão

Para o sistema cunha-fenda pode-se propor a seguinte forma funcional para o perfil de velocidade e pressão: $v_x = v_x(x, y)$, $v_y = v_y(x, y)$, $v_z = 0$ e $P = P(x)$, que satisfazem a equação da continuidade e as equações de Navier-Stokes [Apêndice, Tabela A.2, Eq. (1), e Tabela A.3, Eqs. (1) e (2)]:

$$\frac{\partial v_x}{\partial x} + \frac{\partial v_y}{\partial y} = 0 \tag{6.303}$$

Componente $x$:

$$\rho\left(v_x \frac{\partial v_x}{\partial x} + v_y \frac{\partial v_x}{\partial y}\right) = -\frac{dP}{dx} + \eta\left(\frac{\partial^2 v_x}{\partial x^2} + \frac{\partial^2 v_x}{\partial y^2}\right) \tag{6.304}$$

Componente $y$:

$$\rho\left(v_x \frac{\partial v_y}{\partial x} + v_y \frac{\partial v_y}{\partial y}\right) = \eta\left(\frac{\partial^2 v_y}{\partial x^2} + \frac{\partial^2 v_y}{\partial y^2}\right) \tag{6.305}$$

No intervalo $-E_0 < x < e$, $0 < y < H(x)$, com as condições de borda para a velocidade:

Para $y = 0$: $$v_x = U_0,\ v_y = 0 \tag{6.306}$$

Para $y = H(x)$: $$v_x = v_y = 0 \tag{6.307}$$

e a pressão:

Para $x = -E_0$: $$P = P_0 \tag{6.308}$$

Para $x = e$: $$P = P_0 \tag{6.309}$$

$\rho$ e $\eta$ são a densidade e a viscosidade do fluido, respectivamente, e $P_0$ é a pressão (constante) no espaço "vazio" do misturador, usualmente a pressão atmosférica. A velocidade (constante) da placa móvel $U_0$ está relacionada à velocidade de rotação dos rotores ($\Omega_0$ em $s^{-1}$, $N$ em rpm):

$$U_0 = ½\Omega_0 D_0 = \pi N D_0/60 \tag{6.310}$$

onde $D_0$ é o diâmetro interno da "meia câmara" de processamento (*barrel bore diameter*).

O escoamento na fenda, $0 < x < e$, desconsiderando os efeitos de entrada, foi estudado na Seção 5.4: é o escoamento de Couette-Poiseuille em uma fenda estreita, com perfil de velocidade dado pela Eq. (5.160). No sistema de coordenadas do caso presente (diferente do utilizado na Seção 5.4), e em função da espessura da fenda (na Seção 5.4 foi usada a semiespessura),

$$\frac{v_x}{U_0} = \frac{y}{h} + 3\Phi_0 \frac{y}{h}\left(1 - \frac{y}{h}\right) \tag{6.311}$$

(na fenda $v_y \equiv 0$). O parâmetro $\Phi_0$ é a razão entre a "vazão de pressão" e a "vazão de arraste" na *fenda*, Eq. (5.173), e pode ser expresso, Eq. (5.161), como

$$\Phi_0 = \tfrac{1}{6}\frac{\Delta P_0 h^2}{\eta U_0 e} \tag{6.312}$$

onde $\Delta P_0 = P(0) - P_0$ é a queda de pressão na fenda. Desde que $P(0)$ é, por enquanto, desconhecida, é conveniente considerar $\Phi_0$ como um parâmetro do sistema a ser determinado posteriormente. Observe que $\Phi_0$ não é a razão das vazões no sistema global (cunha-fenda), mas apenas na fenda ($x > 0$).

Na cunha ($x < 0$),[19] e considerando a aproximação de lubrificação (placas "quase" paralelas), a Eq. (6.304) fica reduzida a

$$\frac{dP}{dx} = \eta \frac{\partial^2 v_x}{\partial y^2} \tag{6.313}$$

[19] O escoamento em uma cunha foi estudado na Seção 6.4. Porém, vamos desenvolver a solução novamente para o caso particular do sistema acoplado cunha-fenda.

que deve ser integrada com as condições de borda, Eqs. (6.306)-(6.307), para obter o perfil tangencial de velocidade $v_x(x, y)$.

Diferenciando a Eq. (6.313) em relação a $y$, e levando em consideração que $P$ não é função de $y$,

$$\frac{\partial^3 v_x}{\partial y^3} = 0 \tag{6.314}$$

que é integrada imediatamente para

$$v_x = A + By + Cy^2 \tag{6.315}$$

onde as "constantes" de integração $A$, $B$ e $C$ (na realidade, funções de $x$) podem ser determinadas a partir das condições de borda. Como só temos duas condições, Eqs. (6.306)-(6.307), só é possível determinar duas constantes e expressar $v_x$ em função da outra. Por exemplo:

$$v_x = U_0 - \left(\frac{U_0}{H} + CH\right)y + Cy^2 \tag{6.316}$$

A constante restante, $C$ neste caso, é determinada igualando a vazão total (por unidade de comprimento axial $W$) através da cunha

$$q = \frac{Q}{W} = \int_0^H v_x dy = \tfrac{1}{2}U_0 H - \tfrac{1}{6}CH^3 \tag{6.317}$$

à vazão total através da fenda

$$q = \tfrac{1}{2}U_0 h(1+\Phi_0) \tag{6.318}$$

de onde

$$C = \frac{3U_0}{H^2}\left[1 - \frac{h}{H}(1+\Phi_0)\right] \tag{6.319}$$

Substituindo esta expressão na Eq. (6.316) se obtém o perfil tangencial de velocidade $v_x(x, y)$:

$$\boxed{\frac{v_x}{U_0} = \left[1 - 3\left(1 - (1+\Phi_0)\frac{h}{H}\right)\frac{y}{H}\right]\left(1 - \frac{y}{H}\right)} \tag{6.320}$$

Observe que a dependência de $v_y$ com $x$ se dá através de $H(x)$. A Eq. (6.320) se reduz à Eq. (6.311) para $H = h$, isto é, na fenda. Portanto, a Eq. (6.320) pode ser utilizada em todo o sistema cunha-fenda, com $H$ definido pela Eq. (6.302).

Introduzindo a Eq. (6.320) na Eq. (6.303) e integrando o resultado, obtém-se o perfil de velocidade radial $v_y(x, y)$ na cunha ($x < 0$):

$$\frac{v_y}{U_0} = \tan\alpha\left(2 - 3(1+\Phi_0)\frac{h}{H}\right)\left(1 - \frac{y}{H}\right)\left(\frac{y}{H}\right)^2 \tag{6.321}$$

Na fenda ($x > 0$) $v_y \equiv 0$. Observe que na aproximação de lubrificação (placas quase paralelas) $\tan\alpha \ll 1$ e, portanto, $v_y \ll v_x$.

Diferenciando duas vezes a Eq. (6.320) e introduzindo o resultado na Eq. (6.313), temos

$$\frac{dP}{dx} = \frac{6\eta U_0}{H(x)^2}\left[1 - (1+\Phi_0)\frac{h}{H(x)}\right] \tag{6.322}$$

onde $H(x)$ é dado pela Eq. (6.302). A Eq. (6.322) pode ser integrada ao longo da cunha, com a condição de borda Eq. (6.308), e ao longo da fenda, com a condição de borda Eq. (6.309):

$$P - P_0 = \begin{cases} \dfrac{3\eta U_0 \cot\alpha}{h}\left[2 - (1+\Phi_0)\left(\dfrac{h}{H} + \dfrac{h}{H_0}\right)\right]\left(\dfrac{h}{H} - \dfrac{h}{H_0}\right), & -E_0 < x < 0 \\ \dfrac{6\eta U_0 \Phi_0}{h^2}(e - x), & 0 < x < e \end{cases} \tag{6.323}$$

A pressão atinge o máximo valor (gradiente nulo) na cunha, justo antes do início da fenda. A partir da Eq. (6.322) obtém-se a espessura da cunha no máximo da pressão:

$$H_M = (1+\Phi_0)h \tag{6.324}$$

Substituindo na Eq. (6.302),

$$-x_M = \Phi_0 h \cot\alpha \tag{6.325}$$

A diferença máxima de pressão nesse ponto é

$$\Delta P_M = \frac{3\eta U_0 \cot\alpha}{(1+\Phi_0)h}\left[1-(1+\Phi_0)\frac{h}{H_0}\right]^2 \tag{6.326}$$

Para o caso em que $h \ll H_0$, obtemos a seguinte expressão aproximada:

$$\Delta P_M \approx \frac{3\eta U_0 \cot\alpha}{(1+\Phi_0)h} \tag{6.327}$$

A Figura 6.24 representa a pressão adimensional ao longo do sistema cunha-fenda, calculada para $e = 3h$ e $\alpha = 15°$.

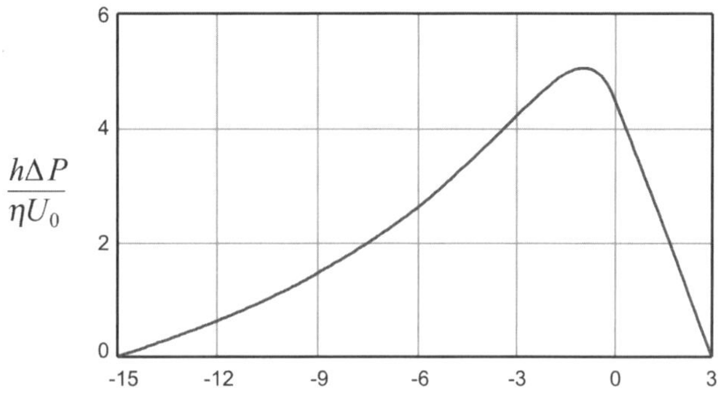


**Figura 6.24**

A "continuidade" da pressão em $x = 0$:

$$\lim_{x\to 0^-} P(x) = \lim_{x\to 0^+} P(x) \tag{6.328}$$

Introduzindo a Eq. (6.322) na Eq. (6.328), obtemos uma expressão para o parâmetro $\Phi_0$ em termos puramente geométricos:

$$\Phi_0 = \frac{\left(1-\frac{h}{H_0}\right)^2}{1+2\frac{e}{h}\tan\alpha-\left(\frac{h}{H_0}\right)^2} \tag{6.329}$$

Para o caso em que $h \ll H_0$, obtemos a seguinte expressão aproximada:

$$\boxed{\Phi_0 \approx \left(1+2\frac{e}{h}\tan\alpha\right)^{-1}} \tag{6.330}$$

que liga os parâmetros mais importantes do modelo: as dimensões da fenda da ponta da asa ($h$, $e$) e o ângulo de dispersão do rotor ($\alpha$).

Observe que $\Phi_0$ é o *incremento* da vazão na fenda sobre a asa do rotor devido à *pressurização dinâmica* na cunha que a precede. Na maioria dos rotores em misturadores industriais, $0{,}25 < \Phi_0 < 0{,}50$, ou seja, a pressurização dinâmica incrementa a vazão em 25-50%.

Em princípio, a aproximação de lubrificação é válida somente se $\tan\alpha \ll 1$. O desenho de rotores em misturadores industriais é baseado frequentemente em ângulos de dispersão no intervalo de 10-20° ($\tan\alpha$ no intervalo 0,18-0,36), o que desqualificaria o uso dessa aproximação no caso presente. Porém, cálculos numéricos realizados sem o uso da aproximação de lubrificação coincidem, dentro de uma margem de erro aceitável para avaliações de engenharia (5-10%), com os resultados analíticos para o perfil de pressão apresentado aqui [Eq. (6.323)].

### 6.6.4 Padrões de Escoamento

A análise do perfil de velocidade tangencial, Eq. (6.320), revela um possível *ponto de estagnação* na parede fixa ($y = H$), isto é, um ponto em que a velocidade tangencial na vizinhança da parede (na parede $v_x = 0$) muda de sinal. De um lado do ponto de estagnação, o fluido escoa "para frente" ($v_x > 0$); do outro, na direção oposta ($v_x < 0$). Um ponto de estagnação implica a existência de uma *região de recirculação* vizinha à parede fixa. No ponto de estagnação, $v_x$ tem um extremo relativo em $y = H$ e, portanto,

$$\left.\frac{\partial v_x}{\partial y}\right|_{y=H_S} = 0 \tag{6.331}$$

onde $H_S$ é o valor de $H(x)$ no ponto de estagnação $x_S$. A partir da Eq. (6.302),

$$-x_S = (H_S - h) \cdot \cot\alpha \tag{6.332}$$

Para determinar a posição do ponto de estagnação, diferencia-se a Eq. (6.320)

$$-H\frac{\partial v_x}{\partial y} = 1 + 3\left(1 - (1+\Phi_0)\frac{h}{H}\right)\left(1 - 2\frac{y}{H}\right) \tag{6.333}$$

de onde a condição da Eq. (6.331) resulta em

$$H_S = \tfrac{3}{2}(1+\Phi_0)h \tag{6.334}$$

Se $H_0 > H_S$, o que geralmente acontece, o ponto de estagnação cai dentro do sistema modelo cunha-fenda e recirculação na cunha. Para $x > x_S$, ou seja, $H < H_S$, o fluido escoa para frente (isto é, na direção do movimento da parede móvel), tanto na fenda (região I) quanto na cunha (região II). Para $x < x_S$, ou seja, $H > H_S$, uma camada de fluido vizinha à parede móvel se move para frente (região III) e uma zona de recirculação ("poça rolante") se desenvolve vizinha à parede estacionária (região IV). A Figura 6.25 mostra o padrão de escoamento no sistema cunha-fenda.

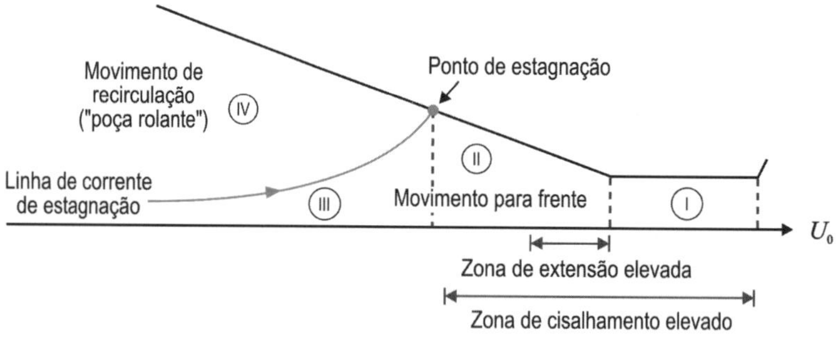


**Figura 6.25**

A linha de corrente[20] que separa a região III da região IV, $y = y_S(x)$, que chamamos linha de corrente de estagnação porque contém o ponto de estagnação definido anteriormente, pode ser obtida levando em consideração que a vazão na camada $0 < y < y_S$ (região III) deve ser a mesma que a vazão na fenda, dada pela Eq. (6.318):

$$\int_0^{y_S} v_x\,dy = \tfrac{1}{2}(1+\Phi_0)U_0 h \tag{6.335}$$

Através da condição de vazão nula na poça rolante (região IV),

$$\int_{y_S}^{H} v_x\,dy = 0 \tag{6.336}$$

Da Eq. (6.335) ou (6.336) e da Eq. (6.320), obtemos

$$y_S = \frac{\tfrac{1}{2}(1+\Phi_0)h}{1 - (1+\Phi_0)\dfrac{h}{H}} \tag{6.337}$$

A velocidade ao longo da linha de corrente de estagnação é obtida substituindo a Eq. (6.337) na Eq. (6.320):

[20] Em escoamentos bidimensionais as linhas de corrente são tangentes ao vetor velocidade $v$: o fluido não "cruza" através das mesmas. Veja a Seção 7.1.

$$v_S = \frac{\left(1-\tfrac{3}{2}(1+\Phi_0)\dfrac{h}{H}\right)^2}{1-(1+\Phi_0)\dfrac{h}{H}}U_0 \tag{6.338}$$

Dentro da poça rolante (região IV) a velocidade atinge um mínimo para $y = y_{min}(x)$:

$$y_{min} = \frac{\tfrac{2}{3}\left(1-\tfrac{3}{4}(1+\Phi_0)\dfrac{h}{H}\right)H}{1-(1+\Phi_0)\dfrac{h}{H}} \tag{6.339}$$

com velocidade:

$$v_{min} = -\frac{\tfrac{1}{3}\left(1-\tfrac{3}{2}(1+\Phi_0)\dfrac{h}{H}\right)^2}{1-(1+\Phi_0)\dfrac{h}{H}}U_0 \tag{6.340}$$

A velocidade é nula, $v_x = 0$, no ponto $y = y_0(x)$:

$$y_0 = \frac{\tfrac{1}{3}H}{1-(1+\Phi_0)\dfrac{h}{H}} \tag{6.341}$$

A Figura 6.26(a) mostra um perfil de velocidade típico nas regiões II e IV. Para $\Phi_0 > 1/3$ a velocidade atinge um máximo na fenda (região I) e na cunha vizinha à mesma (região II), se $H < \tfrac{3}{4}(1+\Phi_0)\cdot h$.

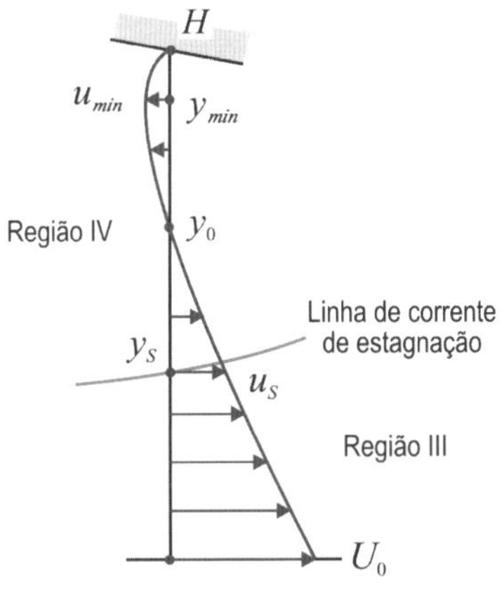

**Figura 6.26a**

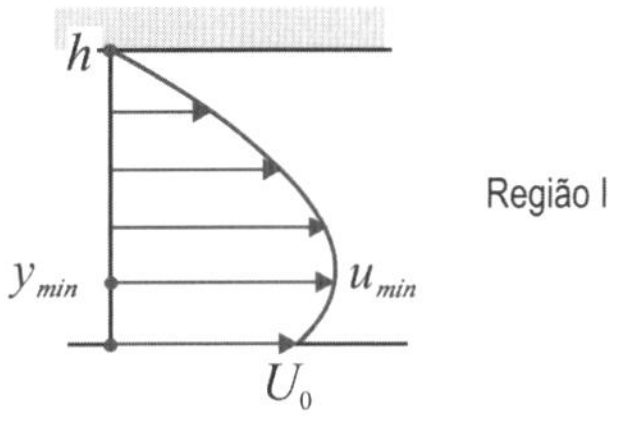

**Figura 6.26b**

Na fenda, o máximo está localizado em

$$y_{max} = \frac{3\Phi_0 - 1}{6\Phi_0}h \tag{6.342}$$

com velocidade:

$$v_{max} = \frac{(3\Phi_0 + 1)^2}{12\Phi_0}U_0 \tag{6.343}$$

A Figura 6.26(b) mostra um perfil de velocidade típico nas regiões I e II.

## 6.6.5 Deformação e Taxa de Deformação

O objetivo do sistema cunha-fenda é misturar o material que escoa através dele; e o grau de mistura obtido durante a passagem do fluido, através do sistema, está relacionado tanto à *deformação* experimentada pelo material quanto à *taxa* na qual a deformação é fornecida (Capítulo 16). O *tipo* de deformação imposta no material é basicamente *cisalhante* (e secundariamente *extensional* na entrada da fenda, região II). Portanto, é importante avaliar a taxa de cisalhamento ($\dot{\gamma}$) e a deformação de cisalhamento ($\gamma$) que sofre um elemento material que percorre o sistema.

Na cunha, o perfil da taxa de cisalhamento $\dot{\gamma} = \dot{\gamma}(x, y)$ é dado por

$$\dot{\gamma} = \sqrt{\left(\frac{\partial v_x}{\partial y}\right)^2 + \left(\frac{\partial v_y}{\partial x}\right)^2} \tag{6.344}$$

A contribuição radial (que é proporcional a $\tan^2\alpha$) pode ser desconsiderada, resultando em

$$\dot{\gamma} \doteq \left|\frac{\partial v_x}{\partial y}\right| \tag{6.345}$$

Essa expressão é válida tanto na cunha quanto na fenda. Levando em consideração a Eq. (6.333),

$$\dot{\gamma} = \left|1 - 3\left(1 - (1+\Phi_0)\frac{h}{H}\right)\left(1 + 2\frac{y}{H}\right)\right|\frac{U_0}{H} \tag{6.346}$$

O perfil da taxa de cisalhamento é uma função linear da coordenada radial $y$; utilizando as Eqs. (6.338)-(6.343) é possível obter uma completa descrição do campo de cisalhamento.

Na fenda (região I), $0 \leq x \leq e$, a espessura é fixa, $H = h$, e a taxa de cisalhamento é independente da posição ao longo da mesma. Se $\Phi_0 \leq 1/3$, a taxa de cisalhamento atinge o mínimo na parede móvel ($y = 0$) e o máximo na parede fixa ($y = h$):

$$(1 - 3\Phi_0)\frac{U_0}{h} \leq \dot{\gamma} \leq (1 + 3\Phi_0)\frac{U_0}{h} \tag{6.347}$$

A taxa média de cisalhamento é dada por

$$\boxed{\dot{\gamma}_{avg} = \frac{1}{q}\int_0^h \dot{\gamma}\, v_x\, dy = \frac{U_0}{(1+\Phi_0)h}} \tag{6.348}$$

Se $\Phi_0 > 1/3$, a velocidade atinge um máximo dentro da fenda, e a taxa de cisalhamento atinge o mínimo ($\dot{\gamma} = 0$) nesse ponto, $y = y_{max}$, dado pela Eq. (6.342), o máximo na parede estacionária ($y = h$):

$$0 \leq \dot{\gamma} \leq (1 + 3\Phi_0)\frac{U_0}{h} \tag{6.349}$$

A taxa de cisalhamento na parede fixa é $\dot{\gamma} = 3\Phi_0 - 1$ e a taxa média de cisalhamento é

$$\boxed{\dot{\gamma}_{avg} = \frac{1}{q}\int_0^h \dot{\gamma}\, v_x\, dy = \left[2\left(\frac{v_{max}}{U_0}\right)^2 - 1\right]\frac{U_0}{(1+\Phi_0)h} = \left(\frac{(1+3\Phi_0)^4}{72\Phi_0^2} - 1\right)\frac{U_0}{(1+\Phi_0)h}} \tag{6.350}$$

onde $v_{max}$ é dada pela Eq. (6.343) e a vazão $q$ pela Eq. (6.318).

No início da região II a taxa de cisalhamento atinge o mínimo ($\dot{\gamma} = 0$) no ponto de estagnação, na parede fixa, e o máximo na parede móvel (justo o inverso do que acontece na fenda):

$$0 \leq \dot{\gamma} \leq \frac{4U_0}{3(1+S)H} \tag{6.351}$$

No ponto de pressão máxima, onde $H = H_M$ dado pela Eq. (6.324), a taxa de cisalhamento é uniforme através da cunha. Ainda que a taxa de cisalhamento máxima, desenvolvida na região II, seja menor que o máximo obtido na fenda, a taxa *média* tem o mesmo valor para toda a cunha, dado pela Eq. (6.348), sempre que $\Phi_0 \leq 1/3$. Se $\Phi_0 > 1/3$, a taxa média de cisalhamento é dada pela Eq. (6.348), exceto em uma pequena seção de cunha, justo antes da entrada na fenda, para $H < 3/4(1 + \Phi_0) \cdot h$, onde a taxa média se ajusta gradativamente ao valor dado pela Eq. (6.350), que é realizado no ponto $x = 0$.

As regiões I e II (a fenda da asa do rotor e sua vizinhança imediata) são as zonas do misturador onde se atingem as mais elevadas taxas de cisalhamento. Taxas da ordem de 500-1000 $s^{-1}$ são bastante comuns em misturadores contínuos.

Na região III, tanto a *amplitude* quanto a *magnitude* da taxa de cisalhamento são menores:

$$4\left(1 - 3/2(1+\Phi_0)\frac{h}{H}\right)\frac{U_0}{H} \leq \dot{\gamma} \leq 4\left(1 - 3/4(1+\Phi_0)\frac{h}{H}\right)\frac{U_0}{H} \tag{6.352}$$

A taxa média na região III (avaliada da mesma forma que nas outras regiões) é dada por

$$\dot{\gamma}_{avg} = \left[1 - \left(\frac{v_S}{U_0}\right)^2\right]\frac{U_0}{(1+\Phi_0)h} = \left[1 - \frac{\left(1 - \frac{3}{2}(1+\Phi_0)\frac{h}{H}\right)^4}{\left(1-(1+\Phi_0)\frac{h}{H}\right)^2}\right]\frac{U_0}{(1+\Phi_0)h} \tag{6.353}$$

A Figura 6.27 representa a taxa média de cisalhamento (adimensional) ao longo do sistema cunha-fenda, calculada para $e = 3h$ e $\alpha = 15°$.

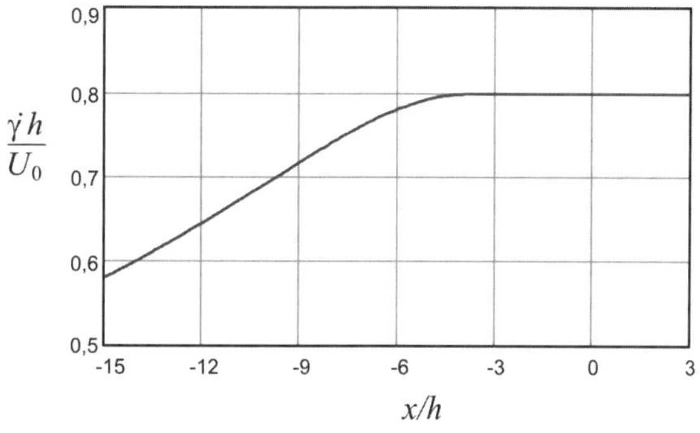


**Figura 6.27**

Pode ser de interesse dispor de uma estimativa da taxa média de cisalhamento no material retido na poça rolante (região IV):

$$\dot{\gamma}_{avg} = \frac{1}{2q_{RP}}\int_{y_0}^{H} \dot{\gamma}|v_x|dy = \frac{v_S^{\,2} + 2v_{min}^{\,2}}{4q_{RP}} \tag{6.354}$$

onde $q_{RP} = q_{RP}(x)$ é a vazão recirculante (por unidade de comprimento axial) avaliada como

$$q_{RP} = \int_{y_S}^{y_0} v_x\, dy = -\int_{y_0}^{H} v_x\, dy \tag{6.355}$$

A Figura 6.28 mostra a taxa média de cisalhamento na poça rolante (adimensional) como função da geometria do sistema cunha-fenda, calculada para $e = 3h$ e $\alpha = 15°$. Observe que a taxa média de cisalhamento na poça rolante é de uma ordem de magnitude menor que nas zonas de elevado cisalhamento (regiões I e II).

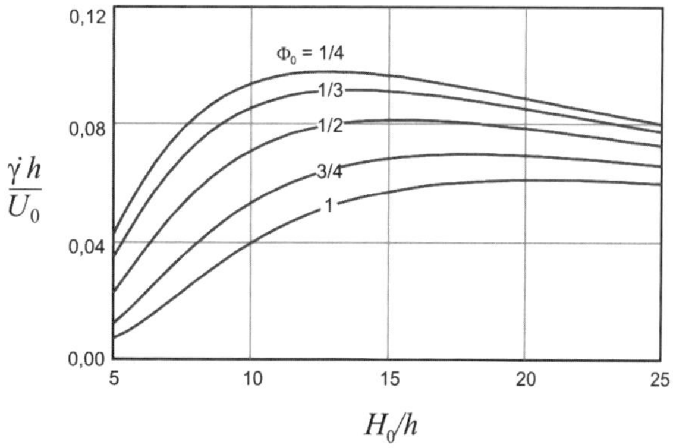


**Figura 6.28**

Define-se a *deformação de cisalhamento*, em termos diferenciais (Seção 6.4) e de acordo com a aproximação de lubrificação, como

$$d\gamma = -\frac{\partial v_x}{\partial y}dt = -\frac{\partial v_x}{\partial y}\frac{dx}{v_x} \tag{6.356}$$

A Eq. (6.356), integrada ao longo das linhas de corrente, resulta na *distribuição de deformações de cisalhamento* no sistema. Exceto nos casos mais simples, isto requer métodos numéricos. Porém, a *deformação média* em uma região pode ser avaliada facilmente invertendo a ordem de integração (isto é, integrando primeiro na região).

Considere as regiões I-II-III do sistema cunha-fenda, o que acontece com o fluido que entra no sistema em $x = -E_0$ e sai do sistema em $x = e$. A deformação de cisalhamento imposta, em média, no material que escoa através da região III pode ser avaliada como

$$\gamma_{avg}^{(III)} = \frac{h}{q \tan\alpha} \int_{H_S}^{H_0} \frac{dH}{H} \int_0^{y_S} \left( -\frac{\partial v_x}{\partial y} \right) dy = \frac{2}{(1+\Phi_0)\tan\alpha} \int_{H_S}^{H_0} \left( 1 - \frac{v_S}{U_0} \right) \frac{dH}{H} \tag{6.357}$$

ou seja,

$$\gamma_{avg}^{(III)} = \frac{1}{\tan\alpha} \left[ 6\left( 1 - \tfrac{3}{2}(1+\Phi_0)\frac{h}{H_0} \right) - \frac{1}{1+\Phi_0} \ln \sqrt{3\left( 1 - (1+\Phi_0)\frac{h}{H_0} \right)} \right] \tag{6.358}$$

Um procedimento semelhante na região II leva a

$$\gamma_{avg}^{(II)} = \frac{h}{q \tan\alpha} \int_h^{H_S} \frac{dH}{H} \int_0^{H} \left( -\frac{\partial v_x}{\partial y} \right) dy = \frac{2}{(1+\Phi_0)\tan\alpha} \int_h^{H_S} \frac{dH}{H} \tag{6.359}$$

ou seja,

$$\gamma_{avg}^{(II)} = \frac{2}{(1+\Phi_0)\tan\alpha} \ln \tfrac{3}{2}(1+\Phi_0) \tag{6.360}$$

e na fenda, região I,

$$\gamma_{avg}^{(I)} = \frac{1}{q} \int_0^e dx \int_0^h \left( -\frac{\partial v_x}{\partial y} \right) v_x \, dy = \frac{e}{(1+\Phi_0)h} \tag{6.361}$$

As regiões I-II-III estão conectadas em série, e uma deformação *linear* é imposta sucessivamente sobre o mesmo material. Portanto, a deformação total durante a passagem do fluido através do sistema é simplesmente a soma das Eqs. (6.358), (6.360) e (6.361):

$$\boxed{\gamma_{avg} = \frac{1}{1+\Phi_0} \left\{ \frac{e}{h} + \cot\alpha \left[ \ln \frac{\tfrac{3}{4}\sqrt{3}(1+\Phi_0)^2}{\sqrt{1-(1+\Phi_0)\frac{h}{H_0}}} + 6(1+\Phi_0)\left( 1 - \tfrac{3}{2}(1+\Phi_0)\frac{h}{H_0} \right) \right] \right\}} \tag{6.362}$$

A comparação das Eqs. (6.358), (6.360) e (6.361), ou dos termos correspondentes na Eq. (6.362), revela que a contribuição da região III não é nada desprezível: 60-75% da *deformação* de cisalhamento é imposta ao material nessa região, em comparação com 5-10% na fenda, ainda que a *taxa* de cisalhamento na região III seja apenas uma fração da taxa nas regiões I e II.

Um misturador contínuo típico fornece aproximadamente 20-25 unidades de deformação durante cada passagem do material através da ponta da asa. Uma mistura razoável requer bem mais do que isso (da ordem de $10^3$-$10^4$ unidades), e pode ser obtida por múltiplas passagens durante o tempo de residência do material no misturador.

## 6.6.6 Conclusão

Temos analisado detalhadamente o escoamento em um *sistema modelo* bastante simples, mas de relevância no "mundo real" do processamento de materiais. O engenheiro de materiais poderá ser chamado para resolver problemas semelhantes na sua vida profissional. No exercício temos aplicado – explícita e implicitamente – muitos *conceitos* e *métodos* de análise estudados nas seções anteriores.

Utiliza-se a informação fornecida pela análise fluidodinâmica do sistema modelo para aperfeiçoar o desenho e/ou as condições de processamento em misturadores industriais, porém esta parte foge do conteúdo de um curso de fenômenos de transporte.

Este exemplo tem sido tomado do capítulo de E. L. Canedo e L. N. Valsamis, "Continuous Mixers", em I. Manas-Zloczower (editor), *Mixing and Compounding of Polymers. Theory and Practice*, 2nd ed. Hanser, 2009, pp. 1081-1138, onde pode ser vista a "continuação" do problema (deformação extensional, fluidos não newtonianos, funções de distribuição etc.); veja também Z. Tadmor e C. Gogos, *Principles of Polymer Processing*, 2nd ed. Wiley-Interscience, 2006, pp. 561ss.

# PROBLEMAS

## Problema 6.1 Molde

Deseja-se preencher um molde cilíndrico, de 20 cm de diâmetro e 2 mm de espessura, com um polímero fundido (considerado fluido newtoniano incompressível) de viscosidade 0,1 kPa · s à temperatura (constante) do processo, em um tempo de 5 s, através de um orifício de 4 mm de diâmetro. Avalie a pressão $p_0$ (constante) necessária, desconsiderando a aceleração e os efeitos de entrada e de bordas, e considerando que o molde vazio é mantido à pressão atmosférica através de um furo equalizador.

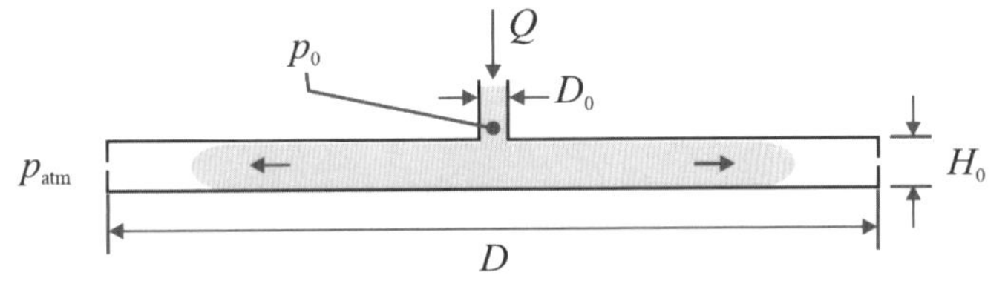


**Figura P6.1.1**

### *Resolução*

Nas condições do problema, a vazão no molde não é constante no tempo e o escoamento radial não é estacionário; contudo, vamos supor que é possível utilizar os resultados da Seção 6.1 sob a aproximação de estado quase estacionário, apresentada no Problema 3.5.

Uma vez que os efeitos de entrada são desconsiderados, pode-se tomar a pressão na superfície cilíndrica, localizada em $R_0 = ½D_0$, como representativa da pressão $p_0$ na entrada do molde. Na frente do polímero a pressão é constante ($p_{atm}$); portanto, $\Delta P_0 = p_0 - p_{atm}$ é constante durante o enchimento, mas a posição da frente, $R$, varia entre $R_0$ e $R_1 = ½D_0$.

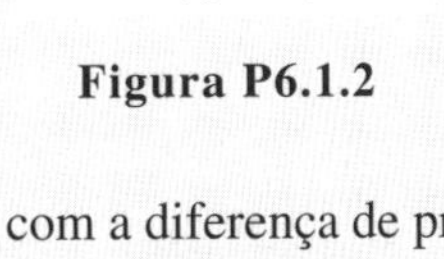


**Figura P6.1.2**

A Eq. (6.26) permite relacionar a vazão $Q$ com a diferença de pressão $\Delta P_0$:

$$Q = \frac{\pi \Delta P_0 H_0^3}{6\eta \ln(R/R_0)} \tag{P6.1.1}$$

A relação entre $Q(t)$ e a variação da posição da frente e $R(t)$ é obtida através de um "balanço de massa" (de volume, neste caso, uma vez que o polímero é incompressível e a densidade é constante):

$$Q = \frac{dV}{dt} = \frac{d(\pi R^2 H_0)}{dt} = 2\pi R H_0 \frac{dR}{dt} \tag{P6.1.2}$$

Substituindo na Eq. (P6.1.1),

$$2\pi R H_0 \frac{dR}{dt} = \frac{\pi \Delta P_0 H_0^3}{6\eta \ln(R/R_0)} \tag{P6.1.3}$$

e, reordenando,

$$\xi \ln \xi d\xi = \frac{\Delta P_0 H_0^2}{12\eta R_0^2} dt \qquad \text{(P6.1.4)}$$

onde $\xi = R/R_0$. A Eq. (P6.1.4) pode ser integrada[21] entre o estado inicial $\xi = 1$ e o estado final (molde preenchido) $\xi = R_1/R_0 = D/D_0$.

$$\tfrac{1}{2}(D/D_0)^2\left[\ln(D/D_0) - \tfrac{1}{2}\right] + \tfrac{1}{4} = \frac{\Delta P_0 H_0^2}{12\eta R_0^2} t_P \qquad \text{(P6.1.5)}$$

onde $t_P$ é o tempo de preenchimento. Reordenando, temos

$$\Delta P_0 = \frac{3\eta}{2t_P}\left[\left(\frac{D}{H_0}\right)^2\left(\ln\frac{D}{D_0} - \tfrac{1}{2}\right) + \tfrac{1}{2}\left(\frac{D_0}{H_0}\right)^2\right] \qquad \text{(P6.1.6)}$$

Para o caso deste problema: $D/H_0 = 200/2 = 100$, $D/D_0 = 200/4 = 50$, $D_0/H_0 = 4/2 = 2$, e

$$\left(\frac{D}{H_0}\right)^2\left(\ln\frac{D}{D_0} - \tfrac{1}{2}\right) + \tfrac{1}{2}\left(\frac{D_0}{H_0}\right)^2 = (100)^2(3{,}91 - 0{,}50) + 0{,}5 \cdot (2)^2 = 3{,}41 \cdot 10^4$$

Portanto,

$$\Delta P_0 = 5{,}11 \cdot 10^4 \cdot \frac{\eta}{t_P} = \frac{(5{,}11 \cdot 10^4)(0{,}1\ \text{kPa}\cdot\text{s})}{5\ \text{s}} = 1{,}02 \cdot 10^3\ \text{kPa} \approx 10\ \text{bar}\ \checkmark$$

## *Observação*

Na solução do problema temos desconsiderado o que acontece tanto na região de entrada próxima ao centro do molde quanto na vizinhança da "frente de avanço" do material na interface polímero fundido–ar. Nessas duas zonas o escoamento não é unidirecional (isto é, $v_z \neq 0$).

Nesta última região, pode-se perguntar como é que o líquido "molha" a parede à medida que a interface polímero fundido–ar se desloca radialmente no molde durante o processo de enchimento (Figura P6.1.3). Se a condição de não deslizamento na parede for válida (e a temos considerado assim no desenvolvimento das expressões utilizadas para resolver o problema), o material em contato com a parede sólida não pode avançar na direção radial porque sua velocidade é nula (mecanismo (a) na Figura P6.1.3). Outra alternativa envolve o "rolamento" do fluido na zona central para preencher o espaço próximo às paredes (mecanismo (b) na Figura P6.1.3). De fato, o escoamento na imediata vizinhança da *línea de contato móvel* entre as três fases – parede (sólido), polímero fundido (líquido) e ar (gás) –, representada pelo ponto • no corte da Figura P6.1.3, não cumpre com a condição de não deslizamento, e o mecanismo de avanço da mesma (*slip*) é semelhante à primeira alternativa.[22]

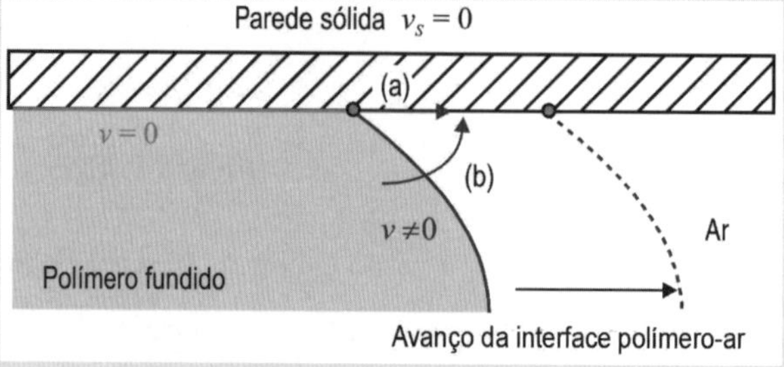


**Figura P6.1.3**

[21] Lembre-se: $\int x \ln x\, dx = \tfrac{1}{2}x^2(\ln x - \tfrac{1}{2}) + C$.

[22] M. M. Denn, *Polymer Melt Processing: Foundations in Fluid Mechanics and Heat Transfer*. Cambridge University Press, 2008, Seção 6.2.1 (p. 74, nota).

## Problema 6.2 Prensa

Uma prensa de laboratório consiste em dois discos rígidos horizontais e paralelos, de 40 cm de diâmetro. Um determinado volume de material (plástico) é colocado no meio do disco inferior, e uma força constante é aplicada sobre o disco superior. O material prensado escoa até que atinge as bordas da prensa.

Para efeitos de cálculo, suponha que o material comporta-se como um líquido newtoniano incompressível, que a temperatura do mesmo permanece constante durante o processo, que inicialmente o material tem forma cilíndrica (diâmetro < altura) e que o processo é suficientemente lento de forma que as aproximações de escoamento lento viscoso e estado quase estacionário sejam válidas.

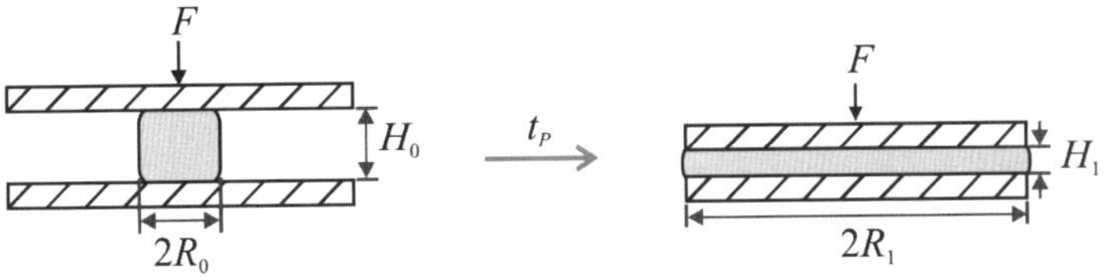


**Figura P6.2.1**

(a) Avalie a espessura da lâmina e o tempo necessário para prensar 500 g de um material com densidade $\rho$ = 950 kg/m$^3$ e viscosidade $\eta$ = 100 kPa · s, utilizando uma força de 9,8 kN (1 "tonelada-força").

(b) Avalie a temperatura necessária para diminuir o tempo de prensado (mesma quantidade de material) para 15 s. Suponha que a viscosidade do material depende da temperatura.

$$\eta = \eta_0 \exp\{-A(T^{-1} - T_0^{-1})\} \tag{P6.2.1}$$

onde $\eta$ é a viscosidade à temperatura (absoluta) $T$, $\eta_0$ = 100 kPa · s é a viscosidade à temperatura $T_0$ = 298 K, e $A$ = 5000 K; a densidade do material não muda com a temperatura.

### *Resolução*

A massa de matéria prensada é m = 500 g = 0,5 kg. O volume pode ser avaliado como

$$V = \frac{m}{\rho} = \frac{0{,}5\ \text{kg}}{950\ \text{kg/m}^3} = 0{,}526 \cdot 10^{-3}\ \text{m}^3$$

O volume (sempre de forma – aproximadamente – cilíndrica) não muda durante o processo, visto que a densidade é constante; portanto,

$$V = \pi R_0^2 H_0 = \pi R^2 H = \pi R_1^2 H_1 \tag{P6.2.2}$$

O raio $R_0$ e a espessura $H_0$, iniciais ($t$ = 0), podem ser avaliados utilizando a condição abaixo:

$$H_0 = 2\,R_0 \tag{P6.2.3}$$

Então,

$$V = 2\pi R_0^3$$

ou

$$R_1 = \left(\frac{V}{2\pi}\right)^{1/3} = \sqrt[3]{\frac{0{,}526 \cdot 10^{-3}\ \text{m}^3}{6{,}2832}} = 0{,}038\ \text{m}$$

e

$$H_0 = 2R_0 = 2 \cdot 0{,}038\ \text{m} = 0{,}075\ \text{m}$$

O raio final (isto é, para $t = t_F$) do material é o raio dos discos $R_1$ = 20 cm = 0,2 m. A espessura final $H_1$ resulta em

$$H_1 = \frac{V}{\pi R_1^2} = \frac{0{,}526 \cdot 10^{-3}\ \text{m}^3}{3{,}1416 \cdot (0{,}2\ \text{m})^2} = 4{,}18 \cdot 10^{-3}\ \text{m}$$

ou

$$H_1 = 4{,}18\ \text{mm}\ \checkmark$$

Ainda que as condições de borda deste caso não sejam as mesmas que na Seção 6.2 (veja *Observação*), vamos utilizar a expressão para a força (constante) sobre o disco superior, obtida nesse caso, Eq. (6.85):

$$\mathcal{F} = \frac{3\pi\eta U R^4}{2H^3} \tag{P6.2.4}$$

onde $U$ é a velocidade (variável) do disco superior

$$U = -\frac{dH}{dt} \tag{P6.2.5}$$

Porém, neste caso, o raio $R$ e a espessura $H$ estão relacionados através da Eq. (P6.2.3) (conservação do volume de material):

$$R = \left(\frac{V}{\pi H}\right)^{1/2} \tag{P6.2.6}$$

Substituindo a Eq. (P6.2.6) na Eq. (P6.2.4),

$$\mathcal{F} = \frac{3\eta U V^2}{2\pi H^5} \tag{P6.2.7}$$

ou

$$U = \frac{2\pi F}{3\eta V^2} H^5 \tag{P6.2.8}$$

Substituindo a Eq. (P6.2.5) na Eq. (P6.2.8),

$$\frac{dH}{dt} = -\frac{2\pi\mathcal{F}}{3\eta V^2} H^5 \tag{P6.2.9}$$

que pode ser integrada entre $t = 0$, $H = H_0$ e $t = t_F$, $H = H_1$, para obter

$$\frac{1}{H_1^4} = \frac{1}{H_0^4} + \frac{8\pi\mathcal{F}}{3\eta V^2} t_F \tag{P6.2.10}$$

ou

$$t_F = \frac{3\eta V^2}{8\pi\mathcal{F}}\left(\frac{1}{H_1^4} - \frac{1}{H_0^4}\right) \tag{P6.2.11}$$

Para $\mathcal{F} = 9{,}8$ kN, temos

$$t_F = \frac{3\eta V^2}{8\pi\mathcal{F}}(H_1^{-4} - H_0^{-4}) = \frac{3 \cdot 100\ \text{kPa}\cdot\text{s} \cdot (0{,}526 \cdot 10^{-3}\ \text{m}^3)^2}{8 \cdot 3{,}1416 \cdot 9{,}8\ \text{kN}}\left[(4{,}18 \cdot 10^{-3}\ \text{m})^{-4} - \cancel{(0{,}075\ \text{m})^{-4}}\right]$$

$$t_F = 1104\ \text{s} = 18{,}4\ \text{min}\ ✓$$

Observe que o tempo de prensado não depende, praticamente, da espessura inicial, por isso a forma inicial exata do material não afeta os resultados, desde que $H \ll H_0$. Pela Eq. (P6.2.7), o tempo de mistura é diretamente proporcional à viscosidade do material:

$$\frac{(\eta)_T}{(\eta)_{T_0}} = \frac{(t_F)_T}{(t_F)_{T_0}} \tag{P6.2.12}$$

e, neste caso,

$$a = \frac{(t_F)_T}{(t_F)_{T_0}} = \frac{15\ \text{s}}{1104\ \text{s}} = 0{,}0136$$

Levando em consideração a dependência da viscosidade com a temperatura, Eq. (P6.2.1),

$$a = \frac{(\eta)_T}{(\eta)_{T_0}} = \frac{\eta_0 \exp\{-A(T^{-1} - T_0^{-1})\}}{\eta_0} = \exp\left\{-A\left(\frac{1}{T} - \frac{1}{T_0}\right)\right\} \tag{P6.2.13}$$

ou

$$\frac{1}{T} = \frac{1}{T_0} + \frac{\ln a}{A} \tag{P6.2.14}$$

de onde

$$T = \left[\frac{1}{298\ \text{K}} + \frac{\ln(0{,}0136)}{5000\ \text{K}}\right]^{-1}$$

$$T = 400\ \text{K} = 127°\text{C}\ ✓$$

## *Observação*

Na Seção 6.2, a condição da pressão, necessária para obter o perfil de pressão $P(r, z)$, que, integrado, origina a equação da força, Eq. (P6.2.7), neste problema (Figura P6.2.2a, esquerda), é

$$p_{atm} = P + \tau_{zz}\big|_{r=R,z=H} = P - 2\eta \left.\frac{dv_z}{dz}\right|_{r=R,z=H} \tag{P6.2.15}$$

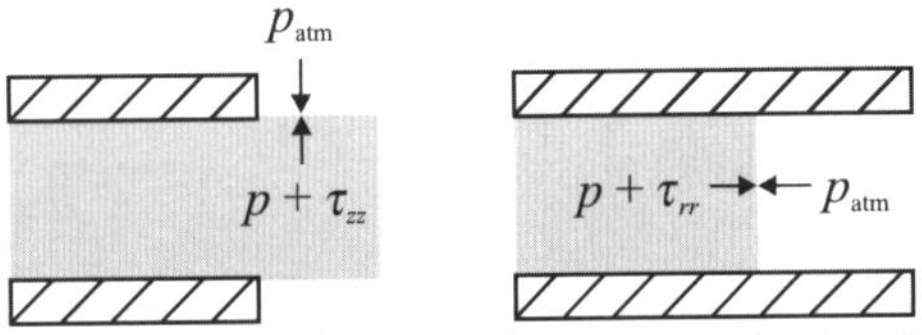


**Figura P6.2.2a**

O perfil de velocidade axial, Eq. (6.72), é

$$v_z = -3U\left(\frac{z}{H}\right)^2\left(1 - \frac{2}{3}\cdot\frac{z}{H}\right) \tag{P6.2.16}$$

Diferenciando,

$$\frac{dv_z}{dz} = -6\frac{U}{H}\left(\frac{z}{H}\right)\left(1 - \frac{z}{H}\right) \tag{P6.2.17}$$

de onde

$$\left.\frac{dv_z}{dz}\right|_{r=R,z=0} = \left.\frac{dv_z}{dz}\right|_{r=R,z=H} = 0 \tag{P6.2.18}$$

e a condição da pressão fica reduzida a

$$P\,(R, H) = p_{atm} \tag{P6.2.19}$$

No caso deste problema a condição da pressão (Figura P6.2.2a, direita) é

$$p_{atm} = P + \tau_{rr}\big|_{r=R,z=H} = P - 2\eta \left.\frac{\partial v_r}{\partial r}\right|_{r=R,z=H} \tag{P6.2.20}$$

O perfil de velocidade radial, Eq. (6.73), é

$$v_r = 3U\frac{r}{H}\cdot\frac{z}{H}\left(1 - \frac{z}{H}\right) \tag{P6.2.21}$$

Diferenciando,

$$\frac{\partial v_r}{\partial r} = 3\frac{U}{H}\left(\frac{z}{H}\right)\left(1 - \frac{z}{H}\right) \tag{P6.2.22}$$

de onde

$$\left.\frac{\partial v_r}{\partial r}\right|_{r=R,z=0} = \left.\frac{\partial v_r}{\partial r}\right|_{r=R,z=H} = 0 \tag{P6.2.23}$$

e a condição da pressão fica reduzida a:

$$P\,(R, H) = p_{atm} \tag{P6.2.24}$$

Nota-se que o perfil de pressão é o mesmo nos dois casos; dessa forma, a utilização da Eq. (P6.2.7) está justificada. Observe, porém, que, para $r = R$ e $0 < z < H$, temos neste problema (mas não na Seção 6.2) uma "superfície livre" na qual $p \neq p_{atm}$. O balanço de forças na interface ar–material mostra que a mesma não pode ser plana, como foi assumido, mas curva, como é observado experimentalmente.

**Figura P6.2.2b**

O "efeito de borda" no tempo de prensado é desprezível para $H \ll R$.

## Problema 6.3 Potência em um misturador extensional

Um misturador extensional é formado por duas placas planas convergentes com um ângulo entre as mesmas de 30°. A separação entre as placas é de 20 cm na entrada e 10 cm na saída. Através do misturador escoa um fluido newtoniano incompressível à temperatura constante e uniforme. Nessas condições a densidade do fluido é de 1 g/cm³ e a viscosidade 1 kPa · s.

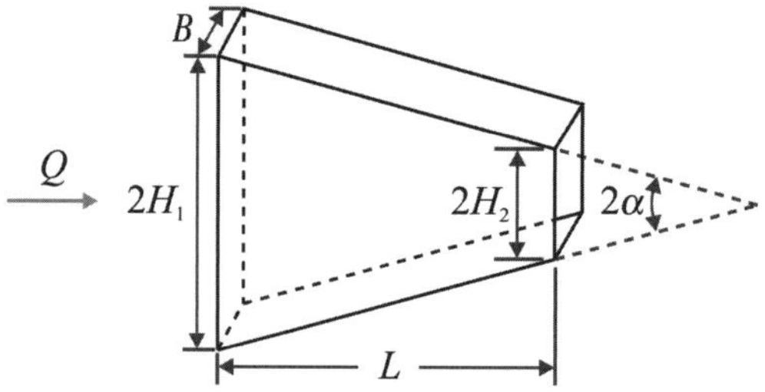


**Figura P6.3.1**

Avalie a potência necessária (por metro de largura) para manter um escoamento estacionário de 9 m³/h (por metro de largura). Suponha (justifique) escoamento lento viscoso e compare com o resultado obtido com a aproximação de lubrificação. Desconsidere efeitos de bordas e de entrada/saída.

### *Resolução*

Temos $2H_1 = 200$ mm e $2H_2 = 100$ mm, de onde $H_1 = 100$ mm e $H_2 = 50$ mm. O ângulo entre as paredes superior e inferior é $2\alpha = 30°$, de onde $\alpha = 15° = 0{,}262$ radianos. Para fixar ideias, vamos considerar uma largura[23] $B = 1$ m $= 1000$ mm. O comprimento pode ser obtido da relação:

$$\tan\alpha = \frac{H_1 - H_2}{L} \tag{P6.3.1}$$

de onde:

$$L = \frac{H_1 - H_2}{\tan\alpha} = \frac{(100\text{ mm}) - (50\text{ mm})}{\tan(15°)} = 187\text{ mm}$$

É conveniente considerar o problema nas coordenadas cilíndricas definidas na Seção 6.3. Os raios na entrada ($R_1$) e na saída ($R_2$) – medidos nas paredes – podem ser avaliados como (Figura P6.3.2):

$$R_1 = \frac{H_1}{\operatorname{sen}\alpha} = \frac{100\text{ mm}}{\operatorname{sen}(15°)} = 38{,}6\text{ mm}$$

[23] Vamos utilizar o símbolo $B$ para a largura, para evitar confusões com a potência, representada por $\mathcal{W}$.

$$R_2 = \frac{H_2}{\operatorname{sen}\alpha} = \frac{50\text{ mm}}{\operatorname{sen}(15°)} = 19{,}3\text{ mm}$$

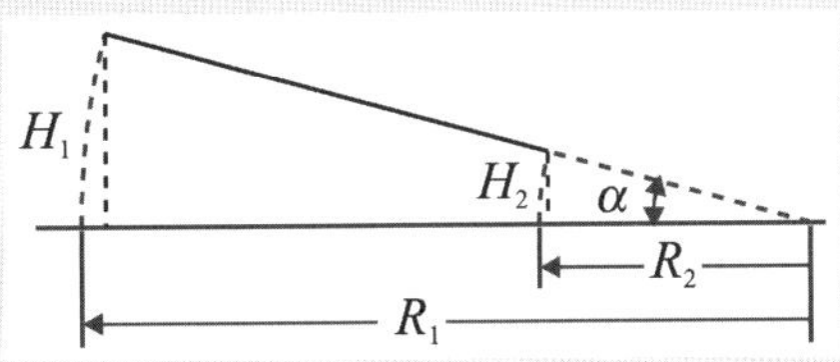


**Figura P6.3.2**

Observe que $L' = R_1 - R_2 = 19{,}3$ mm $\neq L$ (efeito da curvatura das superfícies de entrada e saída). A densidade do fluido é $\rho = 1$ g/cm³ $= 10^3$ kg/m³ e a viscosidade $\eta = 1$ kPa · s $= 10^3$ Pa · s. A vazão volumétrica é $Q = 9$ m³/h $= 2{,}5 \cdot 10^{-3}$ m³/s; a vazão por unidade de largura, $Q/B = 2{,}5 \cdot 10^{-3}$ m²/s. O número de Reynolds modificado, Eq. (6.153), é

$$Re' = \frac{\rho(Q/B)}{\alpha\eta} = \frac{(10^3\text{ kg/m}^3)\cdot(2{,}5\cdot 10^{-3}\text{ m}^2/\text{s})}{(0{,}262)\cdot(10^3\text{ Pa}\cdot\text{s})} = 9{,}5\cdot 10^{-3} \ll 1$$

Portanto, pode-se utilizar a aproximação de escoamento lento viscoso. A potência necessária para manter o escoamento é o trabalho líquido de *todas* as forças na entrada e na saída do misturador. Neste caso devem-se considerar as forças pressão e a *tensão normal* na entrada e na saída do misturador.[24]

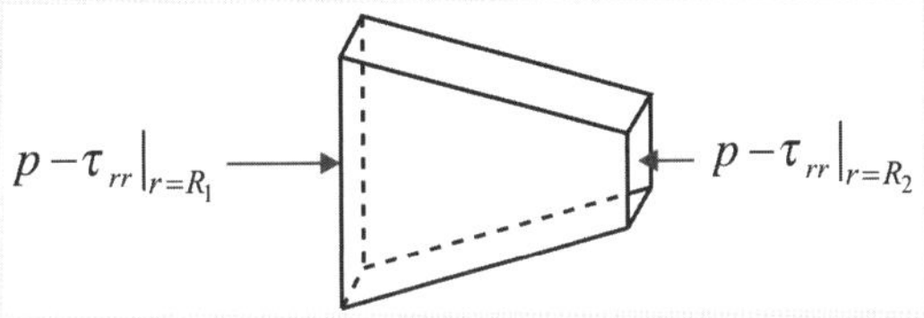


**Figura P6.3.3**

Isto é,

$$\mathcal{W} = \int_{-\alpha}^{\alpha} v_r(p-\tau_{rr})r\big|_{r=R_1} d\theta - \int_{-\alpha}^{\alpha} v_r(p-\tau_{rr})r\big|_{r=R_2} d\theta \tag{P6.3.2}$$

Na aproximação de escoamento lento viscoso a velocidade é dada pela Eq. (6.173):

$$v_r = \frac{(\cos 2\theta - \cos 2\alpha)(Q/B)}{\operatorname{sen} 2\alpha - 2\alpha\cos 2\alpha}\cdot\frac{1}{r} \tag{P6.3.3}$$

A pressão, pela Eq. (6.202):

$$p = p_\infty - \frac{2\eta(1+\cos 2\theta)(Q/B)}{\operatorname{sen} 2\alpha - 2\alpha\cos 2\alpha}\cdot\frac{1}{r^2} \tag{P6.3.4}$$

E a tensão normal $\tau_{rr} = \eta\dot{\gamma}_{rr}$, onde $\dot{\gamma}_{rr}$ é avaliada, pela Eq. (6.207):

$$\tau_{rr} = -\frac{2\eta(\cos 2\theta - \cos 2\alpha)(Q/B)}{\operatorname{sen} 2\alpha - 2\alpha\cos 2\alpha}\cdot\frac{1}{r^2} \tag{P6.3.5}$$

Substituindo na Eq. (P6.3.2),

$$\frac{\mathcal{W}}{B} = 8\eta(Q/B)^2\left(\frac{1}{R_2^2} - \frac{1}{R_1^2}\right)F(\alpha) \tag{P6.3.6}$$

onde

$$F = \frac{\int_{-\alpha}^{\alpha}(\cos 2\theta - \cos 2\alpha)(1 + 2\cos 2\theta - \cos 2\alpha)\,d\theta}{4(\operatorname{sen} 2\alpha - 2\alpha\cos 2\alpha)^2} \tag{P6.3.7}$$

[24] Compare com a situação no caso da fenda estreita (placas planas paralelas) da Seção 3.1, onde $\tau_{nn} \equiv 0$ e $W = Q\Delta p$.

Integrando,[25] resulta em

$$F = \frac{2\alpha(1+\cos^2 2\alpha) - 2\,\mathrm{sen}\,2\alpha\cos 2\alpha}{(\mathrm{sen}\,2\alpha - 2\alpha\cos 2\alpha)^2} \qquad \text{(P6.3.8)}$$

Valores numéricos:

$$8\eta(Q/B)^2\left(\frac{1}{R_2^2}-\frac{1}{R_1^2}\right) = 8\cdot(10^3\ \text{Pa})\cdot(2{,}5\cdot 10^{-3}\ \text{m}^2/\text{s})^2 = 0{,}05\ \text{Nm}^2/\text{s}$$

$$\frac{1}{R_2^2}-\frac{1}{R_1^2} = (19{,}3\cdot 10^{-3}\ \text{m})^{-2} - (38{,}6\cdot 10^{-3}\ \text{m})^{-2} = 2014\ \text{m}^{-2}$$

$$2\alpha(1+\cos^2 2\alpha) = (0{,}5236)[1+(0{,}8660)^2] = 0{,}9163$$

$$2\,\mathrm{sen}\,2\alpha\cos 2\alpha = 2\cdot(0{,}5000)\cdot(0{,}8660) = 0{,}2165$$

$$\mathrm{sen}\,2\alpha - 2\alpha\cos 2\alpha = 0{,}5000 - (0{,}5236)\cdot(0{,}8660) = 0{,}0466$$

$$F = \frac{0{,}9163 - 0{,}2165}{(0{,}0466)^2} = 322$$

$$\frac{\mathcal{W}}{B} = (0{,}05\ \text{Nm}^2/\text{s})\cdot(2014\ \text{m}^{-2})\cdot(322) = 2{,}4\cdot 10^3\ \text{W/m}\ \checkmark$$

## Problema 6.4 Deformação em um misturador extensional

Deseja-se utilizar um sistema de placas planas não paralelas para o desenho de um misturador laminar.

As dimensões propostas para o sistema são $H_1 = 20$ mm, $H_2 = 2$ mm, $L = 15$ mm. A vazão por unidade de largura requerida é $Q/B = 3 \cdot 10^{-3}$ m²/s. Considere que o material é um fluido newtoniano incompressível e que a temperatura é constante. Utilize a aproximação de escoamento lento viscoso e desconsidere os efeitos de bordas e de entrada/saída.

Avalie o tempo que leva um elemento material, localizado no plano central, para percorrer o misturador, e determine a deformação que ele sofre.

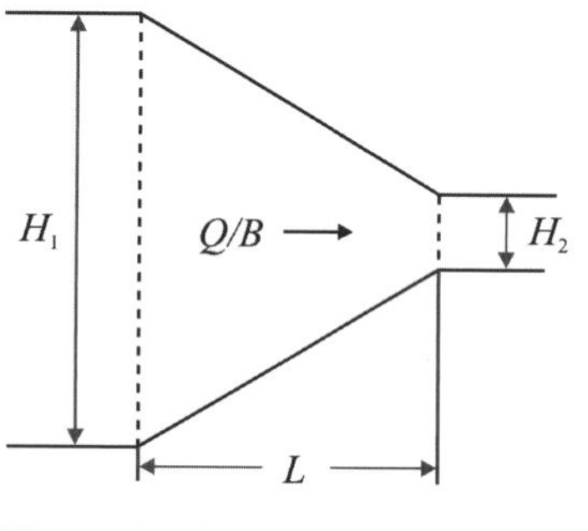


**Figura P6.4.1**

### *Resolução*

Cálculos preliminares:

$$\tan\alpha = \frac{\tfrac{1}{2}(H_1 - H_2)}{L} = \frac{0{,}5\cdot(20-2)}{15} = 0{,}6 \Rightarrow \alpha = 0{,}54\ (31°)$$

$$R_2 = \frac{\tfrac{1}{2}H_2}{\tan\alpha} = \frac{0{,}5\cdot 1\ \text{mm}}{0{,}6} = 0{,}8\ \text{mm}$$

$$R_1 = R_2 + L = 0{,}8\ \text{mm} + 15\ \text{mm} = 15{,}8\ \text{mm}$$

[25] Lembre-se: $\int \cos x\,dx = \mathrm{sen}\,x$ e $\int \cos^2 x\,dx = \tfrac{1}{2}(x + \mathrm{sen}\,x\cdot\cos x)$.

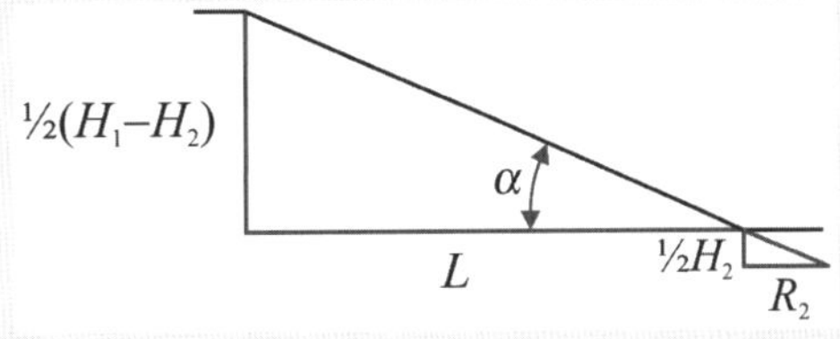


**Figura P6.4.2**

A velocidade no plano central, $\theta = 0$ [Problema 6.3, Eq. (P6.3.4)] é

$$\frac{dr}{dt} = v_r\big|_{\theta=0} = \frac{Q}{B} \cdot \frac{1-\cos 2\alpha}{\text{sen}\, 2\alpha - 2\alpha\cos 2\alpha} \cdot \frac{1}{r} \tag{P6.4.1}$$

Portanto,

$$\int_{R_1}^{R_2} r dr = \frac{Q}{B} \cdot \frac{1-\cos 2\alpha}{\text{sen}\, 2\alpha - 2\alpha\cos 2\alpha} \int_0^t dt \tag{P6.4.2}$$

$$½(R_1^2 - R_2^2) = \frac{Q}{B} \cdot \frac{1-\cos 2\alpha}{\text{sen}\, 2\alpha - 2\alpha\cos 2\alpha} \cdot t \tag{P6.4.3}$$

ou

$$t = ½\left(\frac{\text{sen}\, 2\alpha - 2\alpha\cos 2\alpha}{1-\cos 2\alpha}\right) \cdot \frac{R_1^2 - R_2^2}{Q/B} \tag{P6.4.4}$$

$$t = 0{,}5 \cdot 0{,}705 \cdot \frac{(0{,}0158\ \text{m})^2 - (0{,}0008\ \text{m})^2}{0{,}003\ \text{m}^2/\text{s}} = 0{,}029\ \text{s}$$

Isto é, 29 ms, com uma velocidade "máxima-média" de aproximadamente 0,5 m/s.

Vamos considerar o caso[26] de dois pontos no plano central, alinhados na direção $r$, separados por uma distância $\lambda_0$ (pode-se considerar que $\lambda_0$ é o comprimento de um elemento material, como na discussão da Seção 6.4) na entrada da seção convergente do misturador. Deseja-se avaliar a distância entre esses pontos em relação à saída da seção. No plano central a única deformação é extensional; portanto, os pontos continuam alinhados. O incremento *relativo* da distância entre os mesmos num intervalo de tempo $dt$ é

$$\frac{d\lambda}{\lambda} = d\varepsilon = \dot{\varepsilon} dt \tag{P6.4.5}$$

onde $\dot{\varepsilon}$ é a taxa de extensão. O deslocamento do elemento material no intervalo $dt$ é

$$dr = v_r dt \tag{P6.4.6}$$

Portanto,

$$\frac{d\lambda}{\lambda} = \frac{\dot{\varepsilon}}{v_r} dr \tag{P6.4.7}$$

No plano central ($\theta = 0$) [Eq. (6.174), Eq. (6.211)],

$$v_r\big|_{\theta=0} = \frac{Q}{B} \cdot \frac{1-\cos 2\alpha}{\text{sen}\, 2\alpha - 2\alpha\cos 2\alpha} \cdot \frac{1}{r} \tag{P6.4.8}$$

$$\dot{\varepsilon}\big|_{\theta=0} = -2\frac{Q}{B} \cdot \frac{1-\cos 2\alpha}{\text{sen}\, 2\alpha - 2\alpha\cos 2\alpha} \cdot \frac{1}{r^2} \tag{P6.4.9}$$

Portanto,

$$\frac{d\lambda}{\lambda} = -\frac{2}{r} dr \tag{P6.4.10}$$

$$\ln\frac{\lambda}{\lambda_0} = -2\int_{R_1}^{R_2} \frac{dr}{r} = 2\ln\frac{R_1}{R_2} = \ln\left(\frac{R_1}{R_2}\right)^2 \tag{P6.4.11}$$

[26] Em geral a geometria das deformações é bem mais complexa. Este é um caso particularmente simples.

ou

$$\frac{\lambda}{\lambda_0} = \left(\frac{R_1}{R_2}\right)^2 \tag{P6.4.12}$$

Neste caso,

$$\lambda = \left(\frac{15,8}{0,8}\right)^2 \lambda_0 = 390\lambda_0$$

Isto é, um elemento material (central e alinhado) aumenta seu comprimento em 390 vezes (e diminui sua espessura para 1/390 do seu valor original) durante os 29 ms do percurso no misturador.

7

# ESCOAMENTOS EXTERNOS



## 7.1 INTRODUÇÃO

Nos escoamentos estudados nos Capítulos 3, 5 e 6, a condição de não deslizamento faz das paredes sólidas *fontes* (ou sumidouros) de quantidade de movimento que afetam, e em alguns casos determinam, o comportamento do fluido em *todo* o sistema. Esses escoamentos, em dutos e geometrias semelhantes, podem ser chamados *escoamentos internos* e são do maior interesse nas aplicações dos fenômenos de transporte na engenharia de materiais. Há casos, porém, em que o efeito das paredes é limitado a uma camada de fluido, e o resto do fluido se desloca em um meio virtualmente infinito, em que o efeito das paredes é mínimo ou nulo. Falamos, nesses casos, de *escoamentos externos*.[1] É conveniente, portanto, estudar o movimento de fluidos em geral, independente do efeito das paredes sólidas.

### 7.1.1 Função de corrente

Considere um *escoamento plano*, isto é, um escoamento em que é possível definir um sistema de coordenadas cartesianas $(x, y, z)$ no qual a velocidade assume a forma $v_x = v_x(x, y)$, $v_y = v_y(x, y)$ e $v_z = 0$. Um escoamento plano é um tipo particular de escoamento bidimensional. A equação da continuidade para um escoamento plano estacionário de um fluido incompressível é, simplesmente,

$$\frac{\partial v_x}{\partial x} + \frac{\partial v_y}{\partial y} = 0 \tag{7.1}$$

$$\rho\left( v_x \frac{\partial v_x}{\partial x} + v_y \frac{\partial v_x}{\partial y} \right) = -\frac{\partial P}{\partial x} + \eta\left( \frac{\partial^2 v_x}{\partial x^2} + \frac{\partial^2 v_x}{\partial y^2} \right) \tag{7.2}$$

$$\rho\left( v_x \frac{\partial v_y}{\partial x} + v_y \frac{\partial v_y}{\partial y} \right) = -\frac{\partial P}{\partial y} + \eta\left( \frac{\partial^2 v_y}{\partial x^2} + \frac{\partial^2 v_y}{\partial y^2} \right) \tag{7.3}$$

Define-se uma função $\psi = \psi(x, y)$ – que vamos chamar *função de corrente* do sistema – de forma tal que

$$v_x = -\frac{\partial \psi}{\partial y}, \quad v_y = \frac{\partial \psi}{\partial x} \tag{7.4}$$

[1] Nos *escoamentos internos*, a distância de *todos* os elementos do fluido à parede sólida mais próxima é aproximadamente igual ou menor que o comprimento característico do sistema. Já num *escoamento externo*, a distância de *alguns* elementos do fluido à parede mais próxima é muito maior do que o comprimento característico. Exemplos típicos de escoamentos externos são estudados nas Seções 7.2 (escoamento sobre uma placa plana) e 7.3 (escoamento ao redor de uma esfera sólida). Nesses casos, nosso interesse é no comportamento do fluido perto do sólido, mas esse comportamento, ainda que determinado em grande parte pela condição de não deslizamento na interface fluido-sólido, é afetado também pelo movimento do fluido longe do sólido. Na Seção 7.4 (escoamento ao redor de uma esfera fluida) é apresentado um caso de escoamento – de grande interesse na engenharia de processos – em um sistema inteiramente sem paredes sólidas.

A substituição da Eq. (7.4) nas Eqs. (7.2)-(7.3) resulta em

$$\rho\left(\frac{\partial\psi}{\partial y}\cdot\frac{\partial^2\psi}{\partial x\partial y}-\frac{\partial\psi}{\partial x}\cdot\frac{\partial^2\psi}{\partial y^2}\right)=-\frac{\partial P}{\partial x}-\eta\left(\frac{\partial^3\psi}{\partial x^2\partial y}+\frac{\partial^3\psi}{\partial y^3}\right) \tag{7.5}$$

$$\rho\left(-\frac{\partial\psi}{\partial y}\cdot\frac{\partial^2\psi}{\partial x^2}+\frac{\partial\psi}{\partial x}\cdot\frac{\partial^2\psi}{\partial x\partial y}\right)=-\frac{\partial P}{\partial y}+\eta\left(\frac{\partial^3\psi}{\partial x^3}+\frac{\partial^3\psi}{\partial x\partial y^2}\right) \tag{7.6}$$

A pressão pode ser eliminada entre as Eqs. (7.5)-(7.6), derivando a primeira em relação a $y$ e a segunda em relação a $x$, um procedimento que utilizamos anteriormente (Seções 6.2 e 6.3).

$$\rho\left(\frac{\partial\psi}{\partial y}\cdot\frac{\partial^3\psi}{\partial x\partial y^2}-\frac{\partial\psi}{\partial x}\cdot\frac{\partial^3\psi}{\partial y^3}\right)=-\frac{\partial^2 P}{\partial x\partial y}-\eta\left(\frac{\partial^4\psi}{\partial x^2\partial y^2}+\frac{\partial^4\psi}{\partial y^4}\right) \tag{7.7}$$

$$\rho\left(-\frac{\partial\psi}{\partial y}\cdot\frac{\partial^3\psi}{\partial x^3}+\frac{\partial\psi}{\partial x}\cdot\frac{\partial^3\psi}{\partial x^2\partial y}\right)=-\frac{\partial^2 P}{\partial x\partial y}+\eta\left(\frac{\partial^4\psi}{\partial x^4}+\frac{\partial^4\psi}{\partial x^2\partial y^2}\right) \tag{7.8}$$

Subtraindo a Eq. (7.7) da Eq. (7.8),

$$\frac{\partial\psi}{\partial x}\cdot\frac{\partial}{\partial y}\left(\frac{\partial^2\psi}{\partial x^2}+\frac{\partial^2\psi}{\partial y^2}\right)-\frac{\partial\psi}{\partial y}\cdot\frac{\partial}{\partial x}\left(\frac{\partial^2\psi}{\partial x^2}+\frac{\partial^2\psi}{\partial y^2}\right)=\nu\left(\frac{\partial^4\psi}{\partial x^4}+2\frac{\partial^4\psi}{\partial x^2\partial y^2}+\frac{\partial^4\psi}{\partial y^4}\right) \tag{7.9}$$

onde $\nu = \eta/\rho$ é a viscosidade cinemática do fluido. Os termos entre parênteses na esquerda são os laplacianos da função $\psi$.

$$\nabla^2\psi=\frac{\partial^2\psi}{\partial x^2}+\frac{\partial^2\psi}{\partial y^2} \tag{7.10}$$

O termo entre parênteses na direita é o *operador bi-hamônico*[2] aplicado à função $\psi$, e é simplesmente o "laplaciano do laplaciano" da função $\psi$.

$$\nabla^4\psi=\nabla^2(\nabla^2\psi)=\frac{\partial^4\psi}{\partial x^4}+2\frac{\partial^4\psi}{\partial x^2\partial y^2}+\frac{\partial^4\psi}{\partial y^4} \tag{7.11}$$

Com essas definições a Eq. (7.9) pode ser expressa de forma mais compacta:

$$\left(\frac{\partial\psi}{\partial x}\cdot\frac{\partial}{\partial y}-\frac{\partial\psi}{\partial y}\cdot\frac{\partial}{\partial x}\right)\nabla^2\psi=\nu\nabla^4\psi \tag{7.12}$$

A substituição da Eq. (7.4) na Eq. (7.1) revela que a função de corrente satisfaz identicamente a equação da continuidade. Portanto, só é necessário resolver a Eq. (7.9), com as condições de borda apropriadas, para obter a solução de um problema regido pelas Eqs. (7.1)-(7.3). Obtida a função de corrente $\psi(x, y)$, as componentes do vetor velocidade, $v_x$ e $v_y$, são facilmente avaliadas através da Eq. (7.4), e a pressão modificada $P$ pode ser obtida integrando como

$$P=\int\frac{\partial P}{\partial x}dx+\int\frac{\partial P}{\partial y}dx \tag{7.13}$$

onde as derivadas parciais da pressão são avaliadas a partir das Eqs. (7.7)-(7.8). Uma equação, a Eq. (7.9), em uma variável dependente ($\psi$), substitui três equações, as Eqs. (7.1)-(7.3), em três variáveis dependentes ($v_x$, $v_y$, $P$). Ainda que a Eq. (7.9) seja de quarta ordem e as Eqs. (7.2)-(7.3) sejam de segunda, isso facilita bastante a solução de alguns problemas de escoamentos planos.[3]

---

[2] O laplaciano foi introduzido na Seção 4.2 como o "divergente do (vetor) gradiente" de uma função:

$$\nabla^2 f \equiv (\nabla\cdot\nabla)f = (\nabla f)$$

As funções que satisfazem a equação

$$\nabla^2 f = 0$$

são conhecidas na matemática aplicada (por razões históricas) como *funções harmônicas*. Existe uma extensa literatura sobre as propriedades das mesmas e sua utilização em muitos problemas da física aplicada. Daí que as funções que satisfazem

$$\nabla^4 f = \nabla^2(\nabla^2 f) = 0$$

são chamadas *funções bi-harmônicas*, e o operador $\nabla^4$ é conhecido como *operador bi-harmônico*.

[3] Na aproximação de escoamento lento viscoso, os termos não lineares da Eq. (7.12) são desconsiderados; a função de corrente é neste caso bi-harmônica:

$$\nabla^4\psi = 0$$

Observe que a função de corrente foi definida na Eq. (7.4) através de suas derivadas. Consequentemente só pode ser determinada a menos de uma constante aditiva arbitrária $C$. Isto é, se $\psi_0$ é uma solução da Eq. (7.9) a função de corrente é $\psi_0 + C$.

O vetor velocidade é tangente à curva $\psi(x, y) = C$ (Figura 7.1). Portanto, as linhas de corrente $\psi(x, y) = C$ descrevem as trajetórias das partículas de fluido (os elementos materiais).[4]

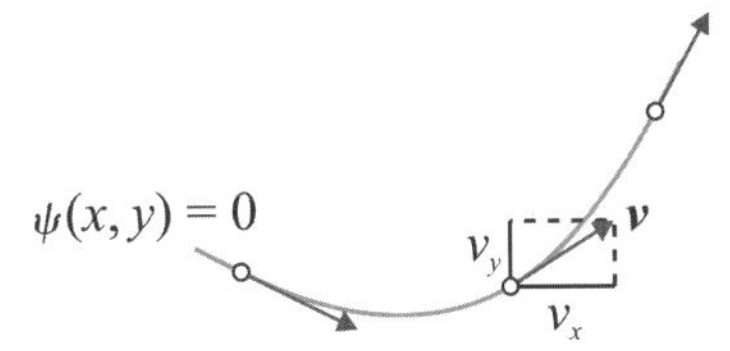


**Figura 7.1**

É mais fácil visualizar um escoamento complexo através de um gráfico da função de corrente (para diferentes valores da constante $C$) do que através da expressão analítica dos perfis de velocidade ou de algumas "setas" isoladas do vetor velocidade. A visualização de escoamentos é uma importante aplicação da função de corrente.

A função de corrente pode ser definida para escoamentos planos utilizando outros sistemas de coordenadas (coordenadas cilíndricas), para escoamentos *axissimétricos*[5] bidimensionais, em coordenadas cilíndricas ou esféricas (veja a Tabela 4.2.1 no BSL), e ainda em casos mais complexos. Em escoamentos axissimétricos a função de corrente é definida por expressões mais complexas que a Eq. (7.4), e o equivalente da Eq. (7.9) é bem mais elaborado. Porém, a função de corrente conserva suas propriedades fundamentais (satisfaz identicamente a equação da continuidade, o vetor velocidade é tangente às linhas de corrente etc.). Por exemplo, para um escoamento com $v_r = v_r(r, \theta)$, $v_\theta = v_\theta(r, \theta)$ e $v_\phi = 0$, em coordenadas esféricas $(r, \theta, \phi)$, a função de corrente é definida como

$$v_r = -\frac{1}{r^2 \operatorname{sen}\theta}\frac{\partial \psi}{\partial \theta}, \quad v_\theta = \frac{1}{r \operatorname{sen}\theta}\frac{\partial \psi}{\partial r} \tag{7.14}$$

que satisfaz a equação da continuidade nessas condições [Apêndice, Tabela A.2, Eq. (3)]:

$$\frac{1}{r^2}\frac{\partial r^2 v_r}{\partial r} + \frac{1}{r \operatorname{sen}\theta}\frac{\partial v_\theta \operatorname{sen}\theta}{\partial \theta} = 0 \tag{7.15}$$

Porém, o termo da direita no equivalente da Eq. (7.9) neste caso não é $\nu \nabla^4 \psi$, mas $\nu \mathbf{E}^4 \psi = \nu \mathbf{E}^2(\mathbf{E}^2 \psi)$, onde

$$\mathbf{E}^2 = \frac{\partial^2}{\partial r^2} + \frac{\operatorname{sen}\theta}{r^2}\frac{\partial}{\partial \theta}\left(\frac{1}{\operatorname{sen}\theta}\frac{\partial}{\partial \theta}\right) \tag{7.16}$$

Observe que $\mathbf{E}^2 \neq \nabla^2$ nessas condições [$\nabla^2 T$ em Apêndice, Tabela A.6, Eq. (3)]:

$$\nabla^2 = \frac{1}{r^2}\frac{\partial}{\partial r}\left(r^2 \frac{\partial}{\partial r}\right) + \frac{1}{r^2 \operatorname{sen}\theta}\frac{\partial}{\partial \theta}\left(\operatorname{sen}\theta \frac{\partial}{\partial \theta}\right) \tag{7.17}$$

Exemplos do uso da função de corrente em problemas com simetria axial em coordenadas esféricas são apresentados nas Seções 7.3 e 7.4.

## 7.1.2 Vorticidade

Suponha um corpo rígido (indeformável) se deslocando no plano $x$-$y$. Escolhendo um sistema de coordenadas com origem no centro de massa do corpo, o único movimento possível é uma rotação em torno do eixo $z$ (normal ao plano $x$-$y$ e que contém o centro de massa), com velocidade angular:

$$|\boldsymbol{w}| = w_z = r v_\theta \tag{7.18}$$

mas

$$v_\theta = -v_x \operatorname{sen}\theta + v_y \cos\theta \tag{7.19}$$

e

$$v_r = v_x \cos\theta + v_y \operatorname{sen}\theta = 0 \tag{7.20}$$

[4] Em escoamentos estacionários.

[5] Escoamentos axissimétricos têm um eixo de simetria (eixo = *axis*). Os escoamentos axissimétricos não são planos, mas podem ser bidimensionais (em coordenadas polares).

[Apêndice, Eq. (A.3).] Eliminando $\theta$ entre as Eqs. (7.19)-(7.20) e substituindo na Eq. (7.18),

$$|\boldsymbol{w}| = w_z = \tfrac{1}{2}\left(\frac{\partial v_x}{\partial y} - \frac{\partial v_y}{\partial x}\right) \tag{7.21}$$

Em geral, para um movimento em três dimensões, a velocidade de rotação ou velocidade *angular* ($\boldsymbol{w}$) do corpo é dada pelo *rotacional* do vetor velocidade *linear* ($\boldsymbol{v}$), que pode ser representado pelo produto vetorial ($\times$) do operador nabla ($\nabla$) vezes o vetor velocidade ($\boldsymbol{v}$):

$$\boldsymbol{w} = \tfrac{1}{2}\nabla \times \boldsymbol{v} \tag{7.22}$$

Isto pode ser generalizado ao movimento de um elemento material deformável (fluido) onde o vetor definido pela Eq. (7.22) é chamado *vorticidade* do escoamento (Figura 7.2).[6]

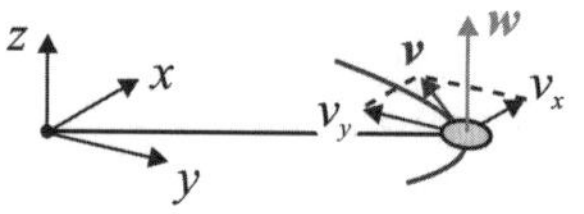


**Figura 7.2**

O gradiente de velocidade $\nabla\boldsymbol{v}$ pode se decompor na soma da parte simétrica e da parte antissimétrica:

$$\nabla\boldsymbol{v} = \tfrac{1}{2}(\nabla\boldsymbol{v} + \nabla\boldsymbol{v}^T) + \tfrac{1}{2}(\nabla\boldsymbol{v} - \nabla\boldsymbol{v}^T) \tag{7.23}$$

A parte antissimétrica, segundo termo na direita da Eq. (7.23), que chamamos tensor de vorticidade $\dot{\omega}$,[7]

$$\dot{\omega} \equiv \nabla v - \nabla v^T \tag{7.24}$$

é associada à taxa de rotação.[8] Como todo tensor antissimétrico, $\dot{\omega}$ tem somente três componentes independentes. Em coordenadas cartesianas,

$$\dot{\omega}_{xx} = \dot{\omega}_{yy} = \dot{\omega}_{zz} = 0 \tag{7.25}$$

e

$$\dot{\omega}_{yz} = -\dot{\omega}_{zy} = \frac{\partial v_y}{\partial z} - \frac{\partial v_z}{\partial y}, \quad \dot{\omega}_{zx} = -\dot{\omega}_{xz} = \frac{\partial v_z}{\partial x} - \frac{\partial v_x}{\partial z}, \quad \dot{\omega}_{xy} = -\dot{\omega}_{yx} = \frac{\partial v_x}{\partial y} - \frac{\partial v_y}{\partial z} \tag{7.26}$$

as três componentes (a menos do fator ½) do vetor vorticidade $w_x$, $w_y$, $w_z$.

Os escoamentos em que a taxa de rotação é nula são chamados *escoamentos irrotacionais*. Nesses escoamentos os elementos materiais se deslocam e (possivelmente) se deformam, mas não rotam. Em um escoamento irrotacional estacionário a aceleração do fluido é devida exclusivamente à mudança no módulo do vetor velocidade. Pode-se provar (BSL, Eq. A.4-23) que

$$\boldsymbol{v}\cdot\nabla\boldsymbol{v} = \tfrac{1}{2}\nabla(\boldsymbol{v}\cdot\boldsymbol{v}) + \boldsymbol{v}\times(\nabla\times\boldsymbol{v}) \tag{7.27}$$

e para $\nabla \times \boldsymbol{v} = 0$:

$$\boldsymbol{v}\cdot\nabla\boldsymbol{v} = \tfrac{1}{2}\nabla(\boldsymbol{v}\cdot\boldsymbol{v}) = \nabla(\tfrac{1}{2}v^2) \tag{7.28}$$

Substituindo na equação de Navier-Stokes, Eq. (4.34),

$$\rho\nabla(\tfrac{1}{2}v^2) = -\nabla P + \eta\nabla^2\boldsymbol{v} \tag{7.29}$$

Se as forças de atrito viscosas podem ser desconsideradas, isto é, se o fluido pode ser considerado como invíscido, a Eq. (7.29) fica reduzida a

$$\nabla(\tfrac{1}{2}v^2 + P) = 0 \tag{7.30}$$

---

[6] Veja, por exemplo, S. Whitaker, *Introduction to Fluid Mechanics*. Prentice-Hall, 1968, Seção 5.3. O estudo do movimento sem considerar as forças que o fazem possível é chamado *cinemática*. Para mais informação sobre a cinemática dos fluidos, assunto considerado de forma muito superficial neste livro, o estudante interessado pode consultar R. Aris, *Vectors, Tensors, and the Basic Equations of Fluid Mechanics*. Prentice-Hall, 1962, Capítulo 4, ou textos mais avançados de mecânica dos fluidos, por exemplo, G. K. Batchelor, *An Introduction to Fluid Dynamics*. Cambridge University Press, 1967, Capítulo 3. A cinemática dos materiais deformáveis em geral é assunto da mecânica do contínuo; veja, por exemplo, A. L. Coimbra, *Lições de Mecânica do Contínuo*. Edgar Blücher/Editora da USP, 1978, Capítulo 3.

[7] Definido às vezes com um fator ½.

[8] Vimos na Seção 2.3, que a parte simétrica do gradiente de velocidade, primeiro termo na direita da Eq. (7.23), é associada à *taxa de deformação*.

ou

$$\tfrac{1}{2}v^2 + P = C \tag{7.31}$$

onde $C$ é uma constante característica do escoamento. A Eq. (7.31) é um caso particular da *equação de Bernoulli* para um escoamento invíscido irrotacional estacionário de um fluido incompressível. A substituição na Eq. (7.31) da definição de pressão modificada leva à forma mais conhecida da equação de Bernoulli,

$$\tfrac{1}{2}v^2 + p + \rho g h = C \tag{7.32}$$

onde $h$ é uma coordenada linear na direção vertical. Avaliando a Eq. (7.36) em dois pontos do sistema ("1" e "2") e subtraindo uma da outra, temos

$$\tfrac{1}{2}(v_2^2 - v_1^2) + (p_2 - p_1) + \rho g(h_2 - h_1) = 0 \tag{7.33}$$

ou

$$\tfrac{1}{2}\Delta v^2 + \Delta p + \rho g \Delta h = 0 \tag{7.34}$$

### 7.1.3 Escoamento Potencial e Camada-limite

É fácil verificar que, se a velocidade pode ser expressa como o gradiente de uma função (escalar),

$$\boldsymbol{v} = \nabla \phi \tag{7.35}$$

o movimento é irrotacional (BSL, Apêndice A, Exercício A.4-6):[9]

$$2\boldsymbol{w} = \nabla \times \boldsymbol{v} = \nabla \times (\nabla \phi) = (\nabla \times \nabla)\phi \equiv 0 \tag{7.36}$$

A função $\phi$ é chamada *potencial* do campo vetorial $\boldsymbol{v}$, e os escoamentos que satisfazem a Eq. (7.35) são conhecidos como *escoamentos potenciais*. O estudo dos escoamentos potenciais (ou irrotacionais) é uma área bastante desenvolvida da fluidodinâmica clássica, que não vamos considerar neste curso introdutório de fenômenos de transporte. O estudante interessado pode consultar a bibliografia indicada. É claro que os escoamentos irrotacionais invíscidos são mais fáceis de resolver, mas são de alguma utilidade na engenharia de materiais?

Escoamentos irrotacionais puros são encontrados raramente em aplicações de interesse na engenharia de processos. A condição de não deslizamento nas paredes sólidas fixas gera gradientes de velocidade normais às mesmas que resultam em vorticidade (as paredes são *fontes* de vorticidade). Portanto, escoamentos irrotacionais não podem, em geral, satisfazer a condição de não deslizamento da velocidade nas interfaces fluido-sólido ou fluido-fluido (imiscível). Perto das paredes as soluções obtidas nessas condições não têm significado físico. Porém, escoamentos irrotacionais podem representar adequadamente muitos escoamentos externos *longe* de paredes sólidas.[10]

Escoamentos laminares efetivamente invíscidos também parecem ser de pouca utilidade, e limitados a regiões longe de paredes sólidas. Na vizinhança das paredes as forças de atrito viscoso têm um papel crítico no escoamento, ainda que para $Re \to \infty$.[11] Isto é devido aos elevados gradientes de velocidade na parede (tanto mais elevados quanto maior for o número de Reynolds). Vamos considerar escoamentos com $Re \gg 1$, mas vamos supor que o escoamento é laminar, ainda que na maioria dos casos o escoamento laminar se torna instável e, eventualmente, turbulento, para valores elevados do número de Reynolds.

---

[9] Para um escoamento plano a Eq. (7.35) implica que:

$$v_x = \frac{\partial \phi}{\partial x}, \quad v_y = \frac{\partial \phi}{\partial y}$$

A vorticidade nesse caso é:

$$w_z = \tfrac{1}{2}\left(\frac{\partial v_x}{\partial y} - \frac{\partial v_y}{\partial x}\right) = \tfrac{1}{2}\left(\frac{\partial^2 \phi}{\partial y \partial x} - \frac{\partial^2 \phi}{\partial x \partial y}\right) = 0$$

[10] Todos os escoamentos estudados nos Capítulos 3, 5 e 6 são escoamentos rotacionais. Os escoamentos de cisalhamento contêm uma quantidade significativa de vorticidade. Por exemplo, no escoamento de cisalhamento plano (Seções 3.1 e 3.3) com $v_z = v_z(y)$ e $v_x = v_y = 0$, a única componente não nula do tensor taxa de deformação (a "taxa de cisalhamento") é igual à única componente não nula do tensor de vorticidade:

$$\dot{\gamma}_{zy} = \dot{\gamma}_{yz} = \frac{dv_z}{dy} = \dot{\omega}_{zy} = -\dot{\omega}_{yz}$$

Isto é, pode-se dizer que o escoamento é "metade" rotação e "metade" deformação (veja a Seção 16.2). Os únicos escoamentos irrotacionais *mencionados* nesses capítulos são os escoamentos extensionais "puros". Ainda que os escoamentos extensionais sejam de considerável interesse nos processos de mistura, a extensão aparece sempre "contaminada" com o cisalhamento (ou seja, com a rotação) devido ao efeito das inevitáveis paredes sólidas.

[11] Nestes casos, o número de Reynolds é baseado em um comprimento característico do sólido em questão.

O escoamento é dividido em duas zonas: uma zona *interna*, próxima à parede onde o escoamento do fluido viscoso é analisado utilizando os conceitos e métodos que temos estudado previamente neste curso, e uma zona *externa*, longe da parede onde o escoamento é regido pelas equações mais simples do escoamento irrotacional invíscido. O ponto crítico desta aproximação é a junção entre as duas zonas, onde o perfil de velocidade avaliado em cada uma delas (as soluções interna e externa do problema) deve se fundir "suavemente". Em muitos casos a região interna é restrita a uma fina *camada* próxima à parede. Desde que a solução interna deve convergir no *limite* para a solução externa, a camada viscosa estreita é chamada *camada-limite* (*boundary layer*).

A teoria da camada-limite, desenvolvida por Ludwig Prandtl no início do século XX, permite simplificar as equações de Navier-Stokes baseada em duas aproximações:

(a) A espessura da camada (na direção normal à superfície do sólido) é muito menor que o comprimento característico do sólido.
(b) O perfil de pressão na camada é avaliado para o escoamento potencial ao redor do sólido.

Para um escoamento plano ou axissimétrico, a equação de movimento na direção paralela à parede, assim simplificada, pode ser integrada junto com a equação da continuidade e das condições de borda:

(a) Velocidade do fluido em contato com a parede igual à velocidade do sólido (não deslizamento).
(b) Velocidade do fluido, paralela à parede e longe da mesma, igual à velocidade do escoamento potencial.

Um exemplo particularmente simples do desenvolvimento de uma camada-limite laminar, onde o escoamento externo é uniforme (velocidade constante), é apresentado na Seção 7.2. A teoria da camada-limite é de grande importância em muitas aplicações da mecânica dos fluidos, desde a aerodinâmica (de fato, a teoria da camada-limite foi desenvolvida na primeira metade do século XX, parte dos esforços para otimizar o desenho das asas de avião) até a engenharia química (no estudo da transferência de calor e massa nas interfaces fluido-fluido e fluido-sólido como parte das "operações unitárias" e no "desenho de reatores"). A falta de tempo impede desenvolver o assunto neste curso, mas existe ampla bibliografia que o interessado pode consultar.[12]

## 7.2 ESCOAMENTO SOBRE UMA PLACA PLANA[13]

Considere o escoamento de um fluido newtoniano incompressível de propriedades físicas constantes (densidade $\rho$ e viscosidade $\eta$), escoamento este paralelo a uma placa plana sólida de comprimento $L$, largura $W \gg L$, e espessura $H \ll L, W$. Longe do sólido o fluido se desloca com velocidade constante e uniforme, $U_0$, relativa à placa (Figura 7.3).

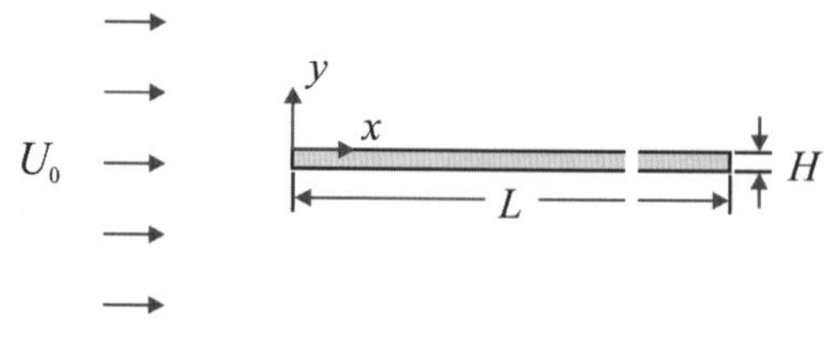


**Figura 7.3**

Escolhemos um sistema de coordenadas cartesianas com origem na "borda de ataque" da placa (Figura 7.3). Vamos desconsiderar a espessura da placa e os efeitos de bordas, isto é, vamos considerar a placa como um plano de espessura nula ($H = 0$) e largura infinita ($W = \infty$). Nessas condições, vamos estudar o escoamento laminar no plano $x$-$y$ para um valor elevado do número de Reynolds baseado no comprimento da placa como dimensão característica:

$$Re_L = \frac{\rho U_0 L}{\eta} \gg 1 \tag{7.37}$$

Em primeira aproximação, o movimento do fluido ao redor do sólido pode ser analisado como um escoamento potencial plano (irrotacional e invíscido). No caso presente, o escoamento potencial ao redor da placa plana é

[12] A referência clássica é H. Schlichting, *Boundary-Layer Theory*, 6th ed. McGraw-Hill, 1968. Para um tratamento mais afim à engenharia de processos, pode-se consultar L.G. Leal, *Laminar Flow and Convective Transport Processes*. Butterworth-Heinemann, 1992, Capítulos 10-11. O assunto da fusão das soluções externa e interna é desenvolvido em detalhe por M. Van Dyke, *Perturbation Methods in Fluid Mechanics*. Parabolic Press, 1975.

[13] Veja, por exemplo, os Exemplos 4.4.1 e 4.4.2, de R. B. Bird, W. E. Stewart e E. N. Lightfoot, *Fenômenos de Transporte*, 2ª ed. LTC, Rio de Janeiro, 2004 (BSL).

muito simples.[14] Desde que a espessura da placa é nula e a condição de não deslizamento não é satisfeita, a presença da placa sólida não afeta o escoamento. O perfil de velocidade é o mesmo perto e longe da placa, neste caso a velocidade constante e uniforme paralela à placa:

$$v'_x = U_0, \quad v'_y = v'_z = 0 \tag{7.38}$$

onde temos utilizado uma linha ′ para indicar as variáveis dependentes neste nível de aproximação. O gradiente de pressão (modificada) é nulo, de acordo com a equação de Bernoulli, Eq. (7.30):

$$\frac{dP'}{dx} = -\tfrac{1}{2}\rho \frac{dv'^2_x}{dx} = 0 \tag{7.39}$$

Esta primeira aproximação não é satisfatória perto da placa. Em uma fina *camada-limite* (tanto mais fina quanto maior for o número de Reynolds) o escoamento é dominado pelas forças de atrito viscoso derivadas da condição de não deslizamento na parede (Figura 7.4). Nessa camada, $v_x = v_x(x, y)$ e $v_y = v_y(x, y)$. A Figura 7.4 mostra esquematicamente a estrutura da camada-limite sobre uma placa plana; a escala vertical tem sido muito amplificada, desde que $\delta(x) \ll x$, exceto na vizinhança do ponto de estagnação em $x = 0$, onde $\delta(x) \sim x$.

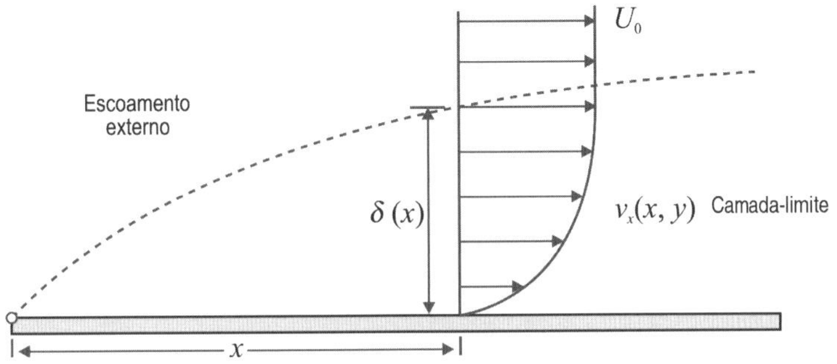


**Figura 7.4**

O escoamento na camada-limite é regido pela equação da continuidade [Apêndice, Tabela A.2, Eq. (1)]:

$$\frac{\partial v_x}{\partial x} + \frac{\partial v_y}{\partial y} = 0 \tag{7.40}$$

e pelas equações de Navier-Stokes [Apêndice, Tabela A.3, Eqs. (1)-(2)]:

$$\rho\left(v_x \frac{\partial v_x}{\partial x} + v_y \frac{\partial v_x}{\partial y}\right) = -\frac{\partial P}{\partial x} + \eta\left(\frac{\partial^2 v_x}{\partial x^2} + \frac{\partial^2 v_x}{\partial y^2}\right) \tag{7.41}$$

$$\rho\left(v_x \frac{\partial v_y}{\partial x} + v_y \frac{\partial v_y}{\partial y}\right) = -\frac{\partial P}{\partial y} + \eta\left(\frac{\partial^2 v_y}{\partial x^2} + \frac{\partial^2 v_y}{\partial y^2}\right) \tag{7.42}$$

Na camada-limite a variação da coordenada $x$ é da mesma ordem de magnitude do comprimento da placa $L$, mas a variação da coordenada $y$ é da ordem de magnitude da espessura da camada $\delta \ll L$. Além disso, a velocidade transversal $v_y$ é muito menor do que a velocidade axial $v_x$:

$$v_y \ll v_x \tag{7.43}$$

Mas o gradiente transversal da velocidade axial é muito maior do que o correspondente gradiente axial:

$$\frac{\partial v_x}{\partial y} \gg \frac{\partial v_x}{\partial x} \tag{7.44}$$

Portanto, os dois termos da esquerda da Eq. (7.41) têm a mesma ordem de magnitude:

$$v_y \frac{\partial v_x}{\partial y} \sim v_x \frac{\partial v_x}{\partial x} \tag{7.45}$$

[14] O escoamento externo é neste caso tão simples que parece desnecessário o requerimento de escoamento efetivamente invíscido ($Re_L \gg 1$). Porém, esse requerimento nos assegura uma camada-limite de espessura muito menor que o comprimento da placa, o que justifica as aproximações das Eqs. (7.43)-(7.46). Veja a Eq. (7.68).

e, em princípio, nenhum pode ser desconsiderado frente ao outro. Porém, os termos na direita da Eq. (7.41) são claramente de diferente ordem de magnitude:

$$\frac{\partial^2 v_x}{\partial y^2} \gg \frac{\partial^2 v_x}{\partial x^2} \tag{7.46}$$

Consequentemente a Eq. (7.41) fica reduzida a

$$\rho\left(v_y \frac{\partial v_x}{\partial y} + v_x \frac{\partial v_x}{\partial x}\right) = -\frac{\partial P}{\partial x} + \eta \frac{\partial^2 v_x}{\partial y^2} \tag{7.47}$$

Se for possível avaliar o gradiente de pressão axial de forma independente, a Eq. (7.47) pode ser efetivamente desacoplada da Eq. (7.42), já que a velocidade transversal $v_y$ pode ser eliminada entre a Eq. (7.47) e a equação da continuidade, Eq. (7.40). Vamos *supor* que o gradiente de pressão axial na camada-limite pode ser aproximado pelo gradiente de pressão obtido através da solução do escoamento potencial invíscido, Eq. (7.39):

$$\frac{\partial P}{\partial x} = \frac{dP'}{dx} = 0 \tag{7.48}$$

Nessas condições o problema se reduz à solução de

$$\frac{\partial v_x}{\partial x} + \frac{\partial v_y}{\partial y} = 0 \tag{7.49}$$

$$v_y \frac{\partial v_x}{\partial y} + v_x \frac{\partial v_x}{\partial x} = \nu \frac{\partial^2 v_x}{\partial y^2} \tag{7.50}$$

(onde $\nu = \eta/\rho$ é a viscosidade cinemática do fluido) com as condições de borda:

Para $y = 0$, $0 < x < L$: $$v_x = v_y = 0 \tag{7.51}$$

Para $y \rightarrow \infty$, $0 < x < L$: $$v_x \rightarrow U_0 \tag{7.52}$$

Para $x = 0$, $y > 0$: $$v_x = U_0 \tag{7.53}$$

A Eq. (7.51) é a condição de não deslizamento na placa, e a Eq. (7.52) requer que a velocidade axial na camada-limite tenda à velocidade do escoamento externo longe da placa. A Eq. (7.53) é simplesmente uma "condição inicial" (no início da camada-limite).

É conveniente neste ponto introduzir a função de corrente $\psi$, definida [Eq. (7.4)] como

$$v_x = -\frac{\partial \psi}{\partial y}, \quad v_y = \frac{\partial \psi}{\partial x} \tag{7.54}$$

que satisfaz automaticamente a equação da continuidade, Eq. (7.49). Substituindo a Eq. (7.54) na Eq. (7.50), resulta [Eq. (7.5)] em

$$\frac{\partial \psi}{\partial y} \cdot \frac{\partial^2 \psi}{\partial x \partial y} - \frac{\partial \psi}{\partial x} \cdot \frac{\partial^2 \psi}{\partial y^2} = -\nu \frac{\partial^3 \psi}{\partial y^3} \tag{7.55}$$

e substituindo a Eq. (7.54) nas Eqs. (7.51)-(7.53), resulta em

Para $y = 0$, $0 < x < L$: $$\frac{\partial \psi}{\partial x} = \frac{\partial \psi}{\partial y} = 0 \tag{7.56}$$

Para $y \rightarrow \infty$, $0 < x < L$: $$\frac{\partial \psi}{\partial y} \rightarrow -U_0 \tag{7.57}$$

Para $x = 0$, $y > 0$: $$\frac{\partial \psi}{\partial y} = -U_0 \tag{7.58}$$

Observe que a forma das duas últimas condições, Eqs. (7.57)-(7.58), sugere que o comportamento de $v_x(x, y)$ seja *semelhante* para $x \rightarrow \infty$ e para $y \rightarrow 0$. Se as variáveis $x$ e $y$ pudessem ser associadas da forma

$$\xi \doteq \frac{y^\alpha}{x^\beta} \tag{7.59}$$

para algum valor das constantes $\alpha, \beta > 0$, as duas condições colapsariam em uma:

Para $\xi \to \infty$ $\qquad v_x = U_0 \qquad$ (7.60)

E a equação diferencial *parcial*, Eq. (7.55), nas variáveis $x$ e $y$ se transformaria em uma equação diferencial *ordinária* na variável $x$ (as equações diferenciais ordinárias são *muito* mais fáceis de resolver do que as equações diferenciais parciais). Para o procedimento dar certo, é necessário encontrar valores para as constantes $\alpha$ e $\beta$ que, quando a Eq. (7.59) for substituída na Eq. (7.55), façam desaparecer toda dependência *direta* da variável $\psi$ com $x$ e $y$ (isto é, $\psi$ depende de $x$ e $y$ somente através da nova variável independente $\xi$). Caso exista, a transformação $\xi = \xi(x, y)$ será chamada *transformação de semelhança*. Um exemplo detalhado deste procedimento é apresentado na Seção 13.1, no contexto de um caso um pouco mais simples (transferência de calor não estacionária em uma parede semi-infinita).

No caso presente é possível obter uma transformação de semelhança:[15]

$$\xi = y\sqrt{\frac{U_0}{\nu x}} \tag{7.61}$$

mas a situação é mais complexa. Para eliminar a dependência direta da coordenada axial é necessário mudar também a variável dependente, definindo uma função de corrente adimensional:

$$f = \frac{\psi}{\sqrt{\nu x U_0}} \tag{7.62}$$

Nessas condições, é possível eliminar $x$ e $y$ como variáveis independentes e transformar a Eq. (7.55) em uma equação diferencial ordinária não linear em $f(\xi)$:[16]

$$\frac{d^3 f}{d\xi^3} + \tfrac{1}{2} f \frac{d^2 f}{d\xi^2} = 0 \tag{7.63}$$

As condições de borda, Eqs. (7.56)-(7.58), ficam:

$$f|_{\xi=0} = \left.\frac{df}{d\xi}\right|_{\xi=0} = 0, \quad \lim_{\xi\to\infty} \frac{df}{d\xi} = 1 \tag{7.64}$$

O problema de bordas, Eqs. (7.63)-(7.64), não pode ser resolvido analiticamente. A solução numérica do mesmo foi obtida pelo engenheiro alemão P. R. H. Blasius, em 1908. A Tabela 7.1 coleta os valores da função de corrente adimensional $f$, assim como da sua primeira e segunda derivadas, para alguns valores da variável adimensional $\xi$.

A velocidade axial é obtida a partir da função de corrente adimensional $f(\xi)$ como

$$\frac{v_x}{U_0} = \frac{1}{U_0}\frac{\partial\psi}{\partial y} = \frac{1}{U_0}\frac{\partial\psi}{\partial\xi}\frac{\partial\xi}{\partial y} = \frac{df}{d\xi} \tag{7.65}$$

A Figura 7.5 mostra um gráfico do perfil transversal da velocidade axial (adimensional) ao longo da placa, como função da variável $\xi$. Como era de se esperar, a velocidade axial $v_x$ é uma função crescente de $\xi$ que tende assintoticamente à velocidade $U_0$ do fluido longe da placa.

De fato, a velocidade axial é praticamente idêntica à velocidade longe da placa para $\xi > 5$. Definindo a espessura da camada-limite $\delta(x)$ – que é uma função da coordenada axial – como a distância em que $v_x$ atinge 99% de $U_0$ (Tabela 7.1),[17]

$$\delta\sqrt{\frac{U_0}{\nu x}} = a \approx 4{,}90 \tag{7.66}$$

ou

$$\delta(x) = a\sqrt{\frac{\nu x}{U_0}} \tag{7.67}$$

[15] Poder-se-ia ter previsto esta situação observando que foram impostas *três* condições de borda, Eqs. (7.51)-(7.53) em uma equação de *segunda* ordem, Eq. (7.50); normalmente duas condições seriam suficientes.

[16] Não vamos desenvolver o assunto em detalhe. O estudante curioso (e esforçado) pode verificar facilmente que a substituição das Eqs. (7.61)-(7.62) na Eq. (7.55) resulta efetivamente na Eq. (7.63).

[17] Designam-se com as letras $a$, $b$, $c$... valores numéricos particulares de $\xi$ ou $f$ e de suas derivadas, tirados da Tabela 7.1.

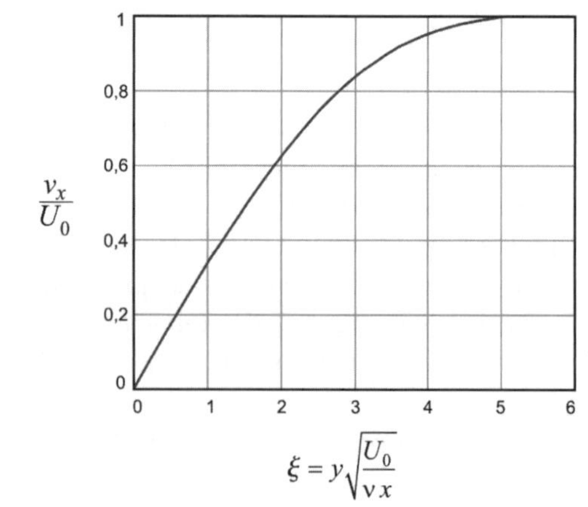


**Figura 7.5**

A Eq. (7.67) pode ser expressa como

$$\frac{\delta}{x} = a\sqrt{\frac{\nu}{xU_0}} = \frac{a}{\sqrt{Re_x}} \tag{7.68}$$

onde $Re_x$ é o número de Reynolds local:

$$Re_x = \frac{xU_0}{\nu} = \frac{\rho x U_0}{\eta} = \frac{x}{L} \cdot Re_L \tag{7.69}$$

A Eq. (7.68) mostra que, para cada posição ao longo da placa, a espessura adimensional da camada-limite é inversamente proporcional à raiz quadrada do número de Reynolds local. Como a coordenada axial $x$ é da mesma ordem de magnitude que o comprimento da placa $L$ (exceto na vizinhança do ponto de estagnação $x = 0$), o número de Reynolds local é da mesma ordem de magnitude que o número de Reynolds "global", baseado no comprimento da placa. Portanto, a camada-limite é estreita só para $Re_L \gg 1$, o que justifica a necessidade da condição na Eq. (7.37).

A velocidade axial *média* na camada-limite é avaliada integrando $v_x$ entre a parede, $y = 0$, e a borda da camada, $y = \delta(x)$:

$$\bar{v}_x = \frac{1}{\delta}\int_0^{\delta} v_x dy = \frac{1}{\delta}\int_0^{a} \frac{v_x(\xi)}{(\partial\xi/\partial y)} d\xi = \frac{f(a)}{a} U_0 = bU_0 \approx 0{,}65U_0 \tag{7.70}$$

Observe que a velocidade média é independente da posição ao longo da placa, uma consequência da *semelhança* dos perfis de velocidade.

A velocidade transversal é obtida a partir da função de corrente adimensional $f(\xi)$ como:

$$\frac{v_y}{U_0} = -\frac{1}{U_0}\frac{\partial\psi}{\partial x} = \frac{1}{U_0}\frac{\partial\psi}{\partial\xi}\frac{\partial\xi}{\partial x} = \tfrac{1}{2}\sqrt{\frac{\nu}{xU_0}}\left(\xi\frac{df}{d\xi} - f\right) \tag{7.71}$$

ou

$$\frac{v_y}{U_0}\sqrt{Re_x} = \tfrac{1}{2}\left(\xi\frac{df}{d\xi} - f\right) \tag{7.72}$$

onde $Re_x$ é o número de Reynolds local, Eq. (7.69). A Figura 7.6 mostra um gráfico do perfil de velocidade transversal (adimensional) ao longo da placa, como função da variável $\xi$. Observe que a escala da velocidade transversal é amplificada com a raiz quadrada e com o valor local do número de Reynolds, $Re_x \gg 1$, e, portanto, $v_y \ll v_x$. A velocidade transversal não se anula fora da camada-limite:

$$\lim_{y\to\infty}\frac{v_y}{U_0}\sqrt{Re_x} \approx \left.\frac{v_y}{U_0}\sqrt{Re_x}\right|_{y=\delta(x)} = \tfrac{1}{2}\left(a\left.\frac{df}{d\xi}\right|_{\xi=a} - f(a)\right) = c \approx 0{,}86 \tag{7.73}$$

ou

$$v_y^{\infty} = c\frac{U_0}{\sqrt{Re_x}} = c\sqrt{\frac{\nu U_0}{x}} \tag{7.74}$$

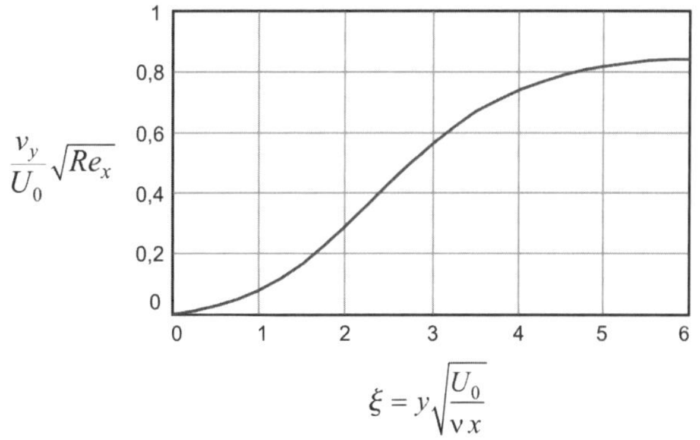


Figura 7.6

Este comportamento aparentemente estranho (poder-se-ia esperar que o escoamento fora da camada-limite não fosse "perturbado" pela mesma) explica-se através de um balanço de matéria. A velocidade média, $\bar{v}_x < U_0$, é constante, Eq. (7.70), mas a espessura da camada-limite $\delta$ aumenta ao longo da placa, Eq. (7.67). Portanto, a vazão (por unidade de largura) transportada na camada-limite $\bar{v}_x\delta(x)$ – à menor velocidade – aumenta, à medida que o fluido se desloca sobre a parede, resultando no fluxo de fluido na direção normal à placa (Figura 7.7).

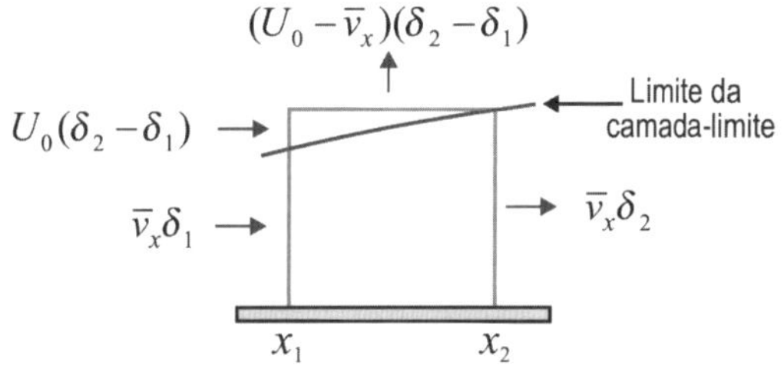


Figura 7.7

Porém, $v_y^\infty$ diminui ao longo da placa devido à diminuição da taxa de crescimento da espessura da camada-limite.

Observe que a solução obtida é independente do comprimento da placa, isto é, a solução é válida para uma placa de comprimento indefinido, limitado apenas pela estabilidade do escoamento laminar. Para placas planas a transição para o escoamento turbulento ocorre para $Re_x \approx 10^6$.

A tensão de atrito viscoso no fluido na camada-limite é

$$\tau_{xy} = -\eta\left(\frac{\partial v_x}{\partial y} + \frac{\partial v_y}{\partial x}\right) \tag{7.75}$$

Levando em consideração as Eqs. (7.61), (7.65) e (7.71),

$$\frac{\partial v_x}{\partial y} = U_0 \frac{d}{d\xi}\left(\frac{df}{d\xi}\right)\frac{\partial \xi}{\partial y} = \frac{d^2 f}{d\xi^2}\frac{\partial \xi}{\partial y} = \frac{U_0}{x}\sqrt{Re_x}\,\frac{d^2 f}{d\xi^2} \tag{7.76}$$

$$\frac{\partial v_y}{\partial x} = \frac{U_0}{2\sqrt{Re_x}}\frac{d}{d\xi}\left(\xi\frac{df}{d\xi} - f\right)\frac{\partial \xi}{\partial x} = \tfrac{1}{2}\frac{U_0}{\sqrt{Re_x}}\,\xi\frac{d^2 f}{d\xi^2}\frac{\partial \xi}{\partial x} = -\tfrac{1}{4}\left(\frac{y}{x}\right)^2\frac{U_0}{x}\sqrt{Re_x}\,\frac{d^2 f}{d\xi^2} \tag{7.77}$$

Substituindo as Eqs. (7.61)-(7.62) na Eq. (7.75),

$$\tau_{xy} = -\eta\frac{U_0}{x}\sqrt{Re_x}\left[1 - \tfrac{1}{4}\left(\frac{y}{x}\right)^2\right]\frac{d^2 f}{d\xi^2} \tag{7.78}$$

Na parede ($y = 0$):

$$\tau_w = -\eta\frac{U_0}{x}\sqrt{Re_x}\left.\frac{d^2 f}{d\xi^2}\right|_{y=0} \tag{7.79}$$

Da Tabela 7.1:

$$\left.\frac{d^2 f}{d\xi^2}\right|_{y=0} = d \approx 0{,}332 \tag{7.80}$$

Portanto,

$$\tau_w = -d\eta \frac{U_0}{x}\sqrt{Re_x} = -d\sqrt{\frac{\rho\eta U_0^3}{x}} \tag{7.81}$$

A força exercida pelo fluido sobre a placa é

$$\mathcal{F} = 2W\int_0^L (-\tau_w)dx \tag{7.82}$$

levando em consideração que a placa tem duas faces (superior e inferior). Substituindo a Eq. (7.81) na Eq. (7.82) e integrando,

$$\mathcal{F} = 4d\sqrt{\rho\eta U_0^3 L W^2} \approx 1,328\sqrt{\rho\eta U_0^3 L W^2} \tag{7.83}$$

Observe que temos integrado desde $x = 0$, onde as equações da camada-limite obtidas não são válidas. O erro introduzido é pequeno para valores elevados do número de Reynolds (para $Re_L \geq 10^6$ o erro é menor que 0,3%).

**Tabela 7.1** Camada-limite sobre uma placa plana. Solução numérica das Eqs. (7.63)-(7.64)

| $\xi$ | $f$ | $df/d\xi$ | $d^2f/d\xi^2$ | $\xi$ | $f$ | $df/d\xi$ | $d^2f/d\xi^2$ |
|---|---|---|---|---|---|---|---|
| 0 | 0 | 0 | 0,33206 | 2,8 | 1,23099 | 0,81152 | 0,18401 |
| 0,2 | 0,00664 | 0,06641 | 0,33119 | 3,0 | 1,39682 | 0,84605 | 0,16136 |
| 0,4 | 0,02656 | 0,13277 | 0,33147 | 3,2 | 1,56911 | 0,87609 | 0,13913 |
| 0,6 | 0,05974 | 0,19894 | 0,33008 | 3,4 | 1,74696 | 0,90177 | 0,11788 |
| 0,8 | 0,10611 | 0,26471 | 0,32739 | 3,6 | 1,92954 | 0,92333 | 0,09809 |
| 1,0 | 0,16557 | 0,32979 | 0,32301 | 3,8 | 2,11655 | 0,94112 | 0,08013 |
| 1,2 | 0,23795 | 0,39378 | 0,31659 | 4,0 | 2,30576 | 0,95552 | 0,06424 |
| 1,4 | 0,32298 | 0,45627 | 0,30797 | 4,2 | 2,49806 | 0,96696 | 0,05052 |
| 1,6 | 0,42032 | 0,51676 | 0,29627 | 4,4 | 2,69238 | 0,97587 | 0,03897 |
| 1,8 | 0,52952 | 0,57477 | 0,28293 | 4,6 | 2,88826 | 0,98269 | 0,02948 |
| 2,0 | 0,65003 | 0,62977 | 0,26675 | 4,8 | 3,08534 | 0,98779 | 0,02187 |
| 2,2 | 0,78120 | 0,68132 | 0,24835 | 5,0 | 3,28329 | 0,99155 | 0,01591 |
| 2,4 | 0,92230 | 0,72899 | 0,22809 | 6,0 | 4,27964 | 0,99898 | 0,00240 |
| 2,6 | 1,07252 | 0,77246 | 0,20646 | 8,0 | 6,27923 | 1,00000 | 0,00001 |

Resumido de H. Schlichting, *Boundary-Layer Theory*, 6th ed. McGraw-Hill, 1968. Chapter 7, Table 7.1. A referência citada contém tabelas mais detalhadas.

## 7.3 ESCOAMENTO AO REDOR DE UMA ESFERA SÓLIDA[18]

Considere o problema de uma esfera *sólida* estacionária, de raio $R$, submersa num fluido newtoniano incompressível, de propriedades físicas (densidade $\rho$, viscosidade $\eta$) constantes; fluido que se move, longe da esfera, com velocidade constante e uniforme $U_0$ na direção vertical (Figura 7.8).

Em um sistema de coordenadas esféricas $(r, \theta, \phi)$ centrado na esfera e orientado de forma que a coordenada cartesiana $z = r\cos\theta$ esteja na vertical, o problema é bidimensional e axissimétrico (simétrico em relação ao "eixo" $z$), com $v_r = v_r(r, \theta)$, $v_\theta = v_\theta(r, \theta)$, $v_\phi = 0$, e $P = P(r, \theta)$.

Em estado estacionário e na aproximação de escoamento lento viscoso, o movimento do fluido ao redor da esfera é regido pela equação da continuidade, Eq. (4.8), e pela equação de Stokes, Eq. (4.42). Em coordenadas esféricas e para a dependência funcional do caso [Apêndice, Tabela A.2, Eq. (3), e Tabela A.3, Eqs. (7) e (8)]:

$$\frac{1}{r^2}\frac{\partial}{\partial r}(r^2 v_r) + \frac{1}{r\,\mathrm{sen}\,\theta}\frac{\partial}{\partial\theta}(\mathrm{sen}\,\theta\, v_\theta) = 0 \tag{7.84}$$

[18] BSL, Exemplo 4.2.1.

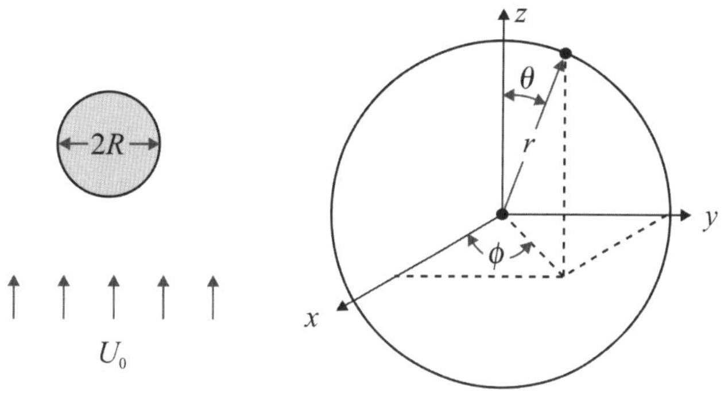


**Figura 7.8**

$$\frac{\partial P}{\partial r} = \eta \left[ \frac{1}{r^2} \frac{\partial^2}{\partial r^2} (r^2 v_r) + \frac{1}{r \operatorname{sen} \theta} \frac{\partial}{\partial \theta} \left( \operatorname{sen} \theta \frac{\partial v_r}{\partial \theta} \right) \right] \tag{7.85}$$

$$\frac{1}{r} \frac{\partial P}{\partial \theta} = \eta \left[ \frac{1}{r^2} \frac{\partial}{\partial r} \left( r^2 \frac{\partial v_\theta}{\partial r} \right) + \frac{1}{r^2} \frac{\partial}{\partial \theta} \left( \frac{1}{\operatorname{sen} \theta} \frac{\partial \operatorname{sen} \theta \, v_\theta}{\partial \theta} \right) \right] \tag{7.86}$$

Para $r > R$, com as condições de borda:

Para $r = R$: $$v_r = v_\theta = 0 \tag{7.87}$$

Para $r \to \infty$: $$v_r \to U_0 \cos \theta, \; v_\theta \to U_0 \operatorname{sen} \theta \tag{7.88}$$

Para $r \to \infty$ e $z = 0$: $$P = p_0 \tag{7.89}$$

A Eq. (7.87) resulta da condição de não deslizamento e impenetrabilidade da esfera sólida fixa; a Eq. (7.88) resulta do fato de a velocidade do fluido ser constante e igual a $U_0$ (na direção $z$) longe da esfera. A forma mais instrutiva – senão a mais simples – de integrar as Eqs. (7.84)-(7.86) com as condições de borda [Eqs. (7.87)-(7.89)] resulta de introduzir a função de corrente $\psi = \psi(x, y)$ para escoamentos bidimensionais axissimétricos, que em coordenadas esféricas é dada por

$$v_r = -\frac{1}{r^2 \operatorname{sen} \theta} \frac{\partial \psi}{\partial \theta} \tag{7.90}$$

$$v_\theta = \frac{1}{r \operatorname{sen} \theta} \frac{\partial \psi}{\partial r} \tag{7.91}$$

A substituição das Eqs. (7.90)-(7.91) na Eq. (7.84) mostra que a equação da continuidade é satisfeita identicamente. Diferenciando a Eq. (7.85) em relação a $\theta$ e a Eq. (7.86) em relação a $r$, e considerando que

$$\frac{\partial^2 p}{\partial r \partial \theta} = \frac{\partial^2 p}{\partial \theta \partial r} \tag{7.92}$$

permite eliminar a pressão $p$ entre as [Eqs. (7.85)-(7.86) à custa de elevar a ordem da equação diferencial, um procedimento análogo ao que foi utilizado nas Seções 6.2 e 6.3. A substituição das Eqs. (7.85)-(7.86) no resultado leva a

$$\left[ \frac{\partial^2}{\partial r^2} + \frac{\operatorname{sen} \theta}{r^2} \frac{\partial}{\partial \theta} \left( \frac{1}{\operatorname{sen} \theta} \frac{\partial}{\partial \theta} \right) \right]^2 \psi = 0 \tag{7.93}$$

A substituição das Eqs. (7.90)-(7.91) nas condições de borda [Eq. (7.87)] resulta em

$$\left. \frac{\partial \psi}{\partial \theta} \right|_{r=R} = 0, \quad \left. \frac{\partial \psi}{\partial r} \right|_{r=R} = 0 \tag{7.94}$$

e a substituição nas condições de borda [Eq. (7.88)] resulta em

$$\lim_{r \to \infty} \psi = -\tfrac{1}{2} U_0 r^2 \operatorname{sen}^2 \theta \tag{7.95}$$

Observe que as *duas* condições, Eqs. (7.88), para a velocidade resultam em *uma* condição, Eq. (7.95), para a função de corrente, levando a *três* o número de condições de borda para equação diferencial parcial de *quarta* ordem [Eq. (7.93)]. Mas a função de corrente, $\psi$, definida através das derivadas da velocidade, Eqs. (7.90)-(7.91), só pode ser determinada a menos de uma constante arbitrária, e três condições são suficientes para isso.

A Eq. (7.95) sugere tentar uma solução da forma

$$\psi(r,\theta) = f(r)\operatorname{sen}^2\theta \tag{7.96}$$

onde $f$ é uma função apenas da coordenada radial a ser determinada. A substituição da Eq. (7.96) na Eq. (7.93) resulta em

$$\left(\frac{d^2}{dr^2} + \frac{2}{r^2}\right)^2 f = 0 \tag{7.97}$$

uma equação diferencial ordinária de quarta ordem bastante simples para $f$, que admite soluções do tipo $f_n = r^n$. A substituição na Eq. (7.97) revela que $n$ pode ser igual a $-1$; 1; 2 ou 4. Portanto, a solução *geral* da Eq. (7.97) é

$$f = \frac{C_1}{r} + C_2 r + C_3 r^2 + C_4 r^4 \tag{7.98}$$

onde $C_1 \ldots C_4$ são constantes de integração. A Eq. (7.95) requer

$$C_3 = -\tfrac{1}{2}U_0 \tag{7.99}$$

$$C_4 = 0 \tag{7.100}$$

e da Eq. (7.94) obtém-se

$$C_2 = \tfrac{3}{4}U_0 R \tag{7.101}$$

$$C_1 = -\tfrac{1}{4}U_0 R^3 \tag{7.102}$$

Substituindo na Eq. (7.98) e o resultado na Eq. (7.96), obtém-se a função de corrente para o escoamento ao redor da esfera:

$$\boxed{\psi = -\tfrac{1}{2}U_0 R^2\left[\left(\frac{r}{R}\right)^2 - \tfrac{3}{2}\left(\frac{r}{R}\right) + \tfrac{1}{2}\left(\frac{R}{r}\right)\right]\operatorname{sen}^2\theta} \tag{7.103}$$

Substituindo nas Eqs. (7.90)-(7.91), temos o *perfil de velocidade*

$$\boxed{v_r = U_0\left[1 - \tfrac{3}{2}\left(\frac{R}{r}\right) + \tfrac{1}{2}\left(\frac{R}{r}\right)^3\right]\cos\theta} \tag{7.104}$$

$$\boxed{v_\theta = U_0\left[-1 + \tfrac{3}{4}\left(\frac{R}{r}\right) + \tfrac{1}{4}\left(\frac{R}{r}\right)^3\right]\operatorname{sen}\theta} \tag{7.105}$$

para $r > R$ e $0 \leq \theta \leq 2\pi$. É conveniente visualizar o escoamento através das *linhas de corrente* (Seção 7.1) tangentes ao vetor velocidade, $\psi(r, \theta) = C$. A Figura 7.9 mostra as linhas de corrente em um plano que contém o eixo de simetria do escoamento lento viscoso ao redor de uma esfera sólida; os pontos de estagnação estão marcados por círculos pretos.

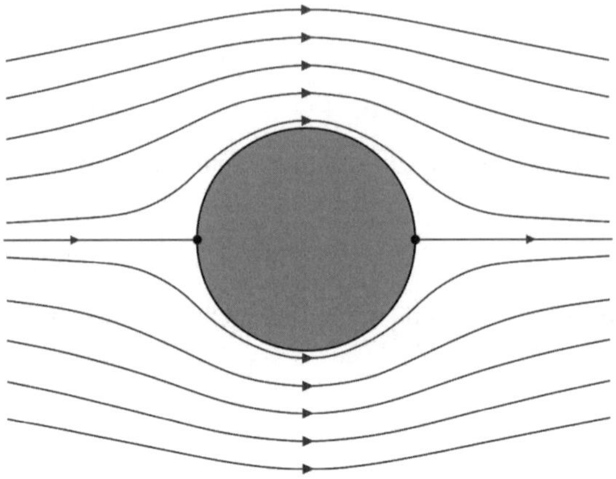

**Figura 7.9**

Substituindo as Eqs. (7.104)-(7.105) nas Eqs. (7.85)-(7.86),

$$\frac{\partial P}{\partial r} = 3\frac{\eta U_0}{R^2}\left(\frac{R}{r}\right)^3 \cos\theta \tag{7.106}$$

$$\frac{\partial P}{\partial \theta} = \tfrac{3}{2}\frac{\eta U_0}{R}\left(\frac{R}{r}\right)^2 \operatorname{sen}\theta \tag{7.107}$$

Substituindo em

$$dP = \frac{\partial P}{\partial r}dr + \frac{\partial P}{\partial \theta}d\theta \tag{7.108}$$

e integrando com a condição de borda, Eq. (7.89),

$$P = p_0 - \tfrac{3}{2}\frac{\eta U_0}{R}\left(\frac{R}{r}\right)^2 \cos\theta \tag{7.109}$$

Mas, levando em consideração que $P = p + \rho g z$,

$$\boxed{p = p_0 - \rho g r\cos\theta - \tfrac{3}{2}\frac{\eta U_0}{R}\left(\frac{R}{r}\right)^2 \cos\theta} \tag{7.110}$$

que é o *perfil de pressão* para $r > R$ e $0 \leq \theta \leq 2\pi$.

As tensões, ou seja, as forças de atrito viscoso por unidade de área, podem ser obtidas substituindo o perfil de velocidade, Eqs. (7.104)-(7.105), na da lei de Newton expressada em coordenadas esféricas [Apêndice, Tabela A.1] lembrando que $\nabla \cdot \mathbf{v} = 0$ por continuidade (para um fluido incompressível). *As tensões normais* (extensionais) são

$$\tau_{rr} = -2\tau_{\theta\theta} = -2\tau_{\phi\phi} = 3\frac{\eta U_0}{R}\left[-\left(\frac{R}{r}\right)^2 + \left(\frac{R}{r}\right)^4\right]\cos \tag{7.111}$$

e a única componente não nula das *tensões tangenciais* (de cisalhamento) é

$$\tau_{r\theta} = \tau_{\theta r} = \tfrac{3}{2}\frac{\eta U_0}{R}\left(\frac{R}{r}\right)^4 \operatorname{sen}\theta \tag{7.112}$$

Observe que as tensões normais, ainda que diferentes de zero para $r > R$, são nulas na superfície da esfera ($r = R$). As forças exercidas pelo fluido sobre a esfera na direção $z$ são obtidas por integração. A força derivada da pressão é

$$\mathcal{F}_n = \int_0^{2\pi}\int_0^{\pi}\left[\left(-p\big|_{r=R} + \cancel{\tau_{rr}\big|_{r=R}}\right)\cos\theta\right]\cdot R^2 \operatorname{sen}\theta d\theta d\phi = \tfrac{4}{3}\pi R^3 \rho g + 2\pi\eta R U_0 \tag{7.113}$$

e a força derivada das tensões de cisalhamento (tangenciais à superfície da esfera) é

$$\mathcal{F}_t = \int_0^{2\pi}\int_0^{\pi}\left(\tau_{r\theta}\big|_{r=R}\operatorname{sen}\theta\right)\cdot R^2 \operatorname{sen}\theta d\theta d\phi = 4\pi\eta R U_0 \tag{7.114}$$

A força total na direção $z$ resulta da soma das Eqs. (7.113)-(7.114):

$$\mathcal{F} = \mathcal{F}_n + \mathcal{F}_t = \tfrac{4}{3}\pi R^3 \rho g + 2\pi\eta R U_0 + 4\pi\eta R U_0 \tag{7.115}$$

A força total pode ser decomposta em duas partes:

$$\mathcal{F} = \mathcal{F}_S + \mathcal{F}_D \tag{7.116}$$

uma *força de flotação* (estática), $\mathcal{F}_S$, presente ainda sem movimento, igual ao peso do fluido deslocado pela esfera sólida:

$$\mathcal{F}_S = \tfrac{4}{3}\pi R^3 \rho g \tag{7.117}$$

e uma *força de arraste* (dinâmica), $\mathcal{F}_D$, presente apenas se o fluido se movimentar ao redor da esfera:

$$\boxed{\mathcal{F}_D = 6\pi\eta R U_0} \tag{7.118}$$

A Eq. (7.118) é a chamada "*lei de Stokes*" (1851). Aplicações da lei de Stokes são consideradas na Seção 9.3.

A Eq. (7.118) é válida em condições de escoamento lento viscoso, $Re_P \ll 1$, o que na prática se traduz no requerimento de $Re_P \leq 0{,}1$, para o número de Reynolds definido como

$$Re_P = \frac{2\rho U_0 R}{\eta} \tag{7.119}$$

Outros desenvolvimentos permitem avaliar – em primeira aproximação – o efeito das forças inerciais no arraste da partícula. Por exemplo, a expressão devida ao físico sueco C. Oseen (1910),

$$\mathcal{F}_D = 6\pi\eta R U_0 [1 + {}^3\!/_{16} Re_P + \mathbb{O}(Re_P^2)] \tag{7.120}$$

pode ser utilizada até $Re_P \approx 1$.

Observe que este problema – e sua solução, a lei de Stokes – aplica-se também ao caso inverso: movimento lento viscoso de uma esfera num fluido que, longe do sólido, permanece estacionário. Neste caso a velocidade $U_0$ corresponde à velocidade (constante) da esfera. Uma esfera sólida de raio $R$ e densidade $\rho'$, submersa em um fluido viscoso em repouso, de densidade $\rho \neq \rho'$, está submetida a uma força $\Delta w$ na direção vertical que é a diferença entre o peso da partícula e o peso do fluido deslocado (força de sustentação):

$$\Delta w = \Delta\rho g V_P = |\rho' - \rho| g ({}^4\!/_3 \pi R^3) \tag{7.121}$$

O sentido da força (para abaixo ou para acima) depende dos valores relativos da densidade do sólido e do fluido. A força $\Delta w$ acelera a partícula, aumentando sua velocidade e incrementando a resistência ao movimento. A força de resistência, na direção do movimento e com sentido oposto à força $\Delta w$, não é outra (reversão cinemática) senão a força de arraste $\mathcal{F}_D$ avaliada pela lei de Stokes, Eq. (7.118). Chega-se a um ponto em que as duas forças se equilibram:

$$\Delta w = \mathcal{F}_D \tag{7.122}$$

Nessas condições a partícula se desloca com velocidade constante $U_0$, a chamada *velocidade terminal* (se $\rho' > \rho'$ chamamos $v_\infty$ *velocidade de sedimentação*). Levando em consideração as Eqs. (7.118) e (7.121),

$$\boxed{U_0 = \frac{2(\rho' - \rho) g R^2}{9\eta}} \tag{7.123}$$

## 7.4 ESCOAMENTO AO REDOR DE UMA ESFERA FLUIDA

Considere o caso de uma esfera *fluida* de raio $R$ submersa em outro fluido imiscível, ambos os fluidos newtonianos incompressíveis e de propriedades físicas constantes. Chamamos fluido interno ao material da partícula (gota de líquido ou bolha de gás) e designamos suas propriedades com um traço (por exemplo, densidade $\rho'$, viscosidade $\eta'$). Longe da esfera, o fluido externo (propriedades sem traço) escoa com velocidade constante e uniforme $U_0$ na direção vertical (Figura 7.8 na Seção 7.3). Este movimento do fluido externo induz, por efeito da continuidade das tensões tangenciais (cisalhamento) na interface, um movimento no fluido interno. Uma partícula fluida é deformável e a forma esférica postulada é, por enquanto, uma suposição que deve ser verificada.

Vamos supor que em um sistema de coordenadas esféricas $(r, \theta, \phi)$ centrado na esfera e orientado de forma que a coordenada cartesiana $z = r\cos\theta$ esteja vertical, o problema é bidimensional e axissimétrico, com $v_r = v_r(r, \theta)$, $v_\theta = v_\theta(r, \theta)$, $v_\phi = 0$, e $p = p(r, \theta)$ no fluido externo, e $v'_r = v'_r(r, \theta)$, $v'_\theta = v'_\theta(r, \theta)$, $v'_\phi = 0$, e $p' = p'(r, \theta)$ no fluido interno. Veja a Figura 7.8. Em estado estacionário e na aproximação de escoamento lento viscoso, o movimento do fluido externo ao redor da esfera fluida é regido pelas Eqs. (7.84)-(7.86) da Seção 7.3 para o movimento ao redor de uma esfera sólida:

$$\frac{1}{r^2}\frac{\partial}{\partial r}(r^2 v_r) + \frac{1}{r\,\mathrm{sen}\,\theta}\frac{\partial}{\partial\theta}(\mathrm{sen}\,\theta\, v_\theta) = 0 \tag{7.124}$$

$$\frac{\partial P}{\partial r} = \eta\left[\frac{1}{r^2}\frac{\partial^2}{\partial r^2}(r^2 v_r) + \frac{1}{r\,\mathrm{sen}\,\theta}\frac{\partial}{\partial\theta}\left(\mathrm{sen}\,\theta\frac{\partial v_r}{\partial\theta}\right)\right] \tag{7.125}$$

$$\frac{1}{r}\frac{\partial P}{\partial\theta} = \eta\left[\frac{1}{r^2}\frac{\partial}{\partial r}\left(r^2\frac{\partial v_\theta}{\partial r}\right) + \frac{1}{r^2}\frac{\partial}{\partial\theta}\left(\frac{1}{\mathrm{sen}\,\theta}\frac{\partial\,\mathrm{sen}\,\theta\, v_\theta}{\partial\theta}\right)\right] \tag{7.126}$$

O movimento do fluido interno dentro da esfera é regido por idênticas equações (neste caso para as variáveis "com traço"):

$$\frac{1}{r^2}\frac{\partial}{\partial r}(r^2 v_r') + \frac{1}{r\,\text{sen}\,\theta}\frac{\partial}{\partial \theta}(\text{sen}\,\theta\, v_\theta') = 0 \tag{7.127}$$

$$\frac{\partial P'}{\partial r} = \eta\left[\frac{1}{r^2}\frac{\partial^2}{\partial r^2}(r^2 v_r') + \frac{1}{r\,\text{sen}\,\theta}\frac{\partial}{\partial \theta}\left(\text{sen}\,\theta \frac{\partial v_r'}{\partial \theta}\right)\right] \tag{7.128}$$

$$\frac{1}{r}\frac{\partial P'}{\partial \theta} = \eta\left[\frac{1}{r^2}\frac{\partial}{\partial r}\left(r^2\frac{\partial v_\theta'}{\partial r}\right) + \frac{1}{r^2}\frac{\partial}{\partial \theta}\left(\frac{1}{\text{sen}\,\theta}\frac{\partial\, \text{sen}\,\theta\, v_\theta'}{\partial \theta}\right)\right] \tag{7.129}$$

As condições de borda são:

Fluxo nulo através da interface (isto é, não tem transporte de matéria através da interface):

Para $r = R$:
$$v_r = v_r' = 0 \tag{7.130}$$

Continuidade da velocidade tangencial na interface:

Para $r = R$:
$$v_\theta' - v_\theta = 0 \tag{7.131}$$

Continuidade da tensão tangencial na interface:

Para $r = R$:
$$\eta'\frac{\partial}{\partial r}\left(\frac{\text{sen}\,\theta\, v_\theta'}{r}\right) - \eta\frac{\partial}{\partial r}\left(\frac{\text{sen}\,\theta\, v_\theta}{r}\right) = 0 \tag{7.132}$$

Descontinuidade da tensão normal na interface. A diferença entre as tensões normais na superfície da esfera fluida é balanceada pela tensão interfacial, de acordo com a equação de Laplace (veja o Anexo no final desta seção):

Para $r = R$:
$$\left(p' - 2\eta'\frac{\partial v_r'}{\partial r}\right) - \left(p - 2\eta\frac{\partial v_r}{\partial r}\right) = \frac{2\sigma}{r} \tag{7.133}$$

onde $\sigma$ é a tensão interfacial entre os fluidos interno e externo.

Velocidade constante longe da partícula:

Para $r \to \infty$:
$$v_r \to U_0 \cos\theta, \quad v_\theta \to -U_0\,\text{sen}\,\theta \tag{7.134}$$

Para as pressões:

Para $r \to \infty$ e $z = 0$:
$$p = p_0 \tag{7.135}$$

Para $r = 0$:
$$p' = p_0' \tag{7.136}$$

É conveniente expressar a solução deste problema em termos da razão das viscosidades:

$$\lambda = \frac{\eta'}{\eta} \tag{7.137}$$

Não vamos desenvolver a solução deste problema, que pode ser obtida através de um procedimento análogo ao detalhado para o caso da esfera sólida na seção anterior, mas só apresentar o resultado final para as funções de corrente (interna e externa) para um escoamento axissimétrico e os perfis de velocidade e de pressão dentro e fora da esfera fluida. Para o escoamento externo (no fluido ao redor da partícula), $r > R$,

$$\psi = -\tfrac{1}{2}U_0 R^2\left[\left(\frac{r}{R}\right)^2 - \frac{2+3\lambda}{2(1+\lambda)}\left(\frac{r}{R}\right) + \frac{1}{2(1+\lambda)}\left(\frac{R}{r}\right)\right]\text{sen}^2\theta \tag{7.138}$$

$$v_r = U_0\left[1 - \frac{2+3\lambda}{2(1+\lambda)}\left(\frac{R}{r}\right) + \frac{\lambda}{2(1+\lambda)}\left(\frac{R}{r}\right)^3\right]\cos\theta \tag{7.139}$$

$$v_\theta = -U_0\left[1 - \frac{2+3\lambda}{4(1+\lambda)}\left(\frac{R}{r}\right) - \frac{\lambda}{4(1+\lambda)}\left(\frac{R}{r}\right)^3\right]\text{sen}\,\theta \tag{7.140}$$

$$p = p_0 - \rho g r\cos\theta - \frac{2+3\lambda}{2(1+\lambda)}\cdot\frac{\eta U_0}{R}\left(\frac{R}{r}\right)^2\cos\theta \tag{7.141}$$

Vamos considerar o escoamento externo nos dois casos extremos: o escoamento ao redor de uma gota de elevada viscosidade ($\eta' \gg \eta$) – por exemplo, no processamento de blendas poliméricas – e o escoamento ao redor de uma bolha de viscosidade desprezível – por exemplo, no processo de devolatilização de um polímero fundido. Para $\eta' \gg \eta$ (isto é, no limite $\lambda \to \infty$) a partícula fluida comporta-se como um sólido, e as Eqs. (7.138)-(7.141) ficam reduzidas às Eqs. (7.103)-(7.105) e (7.110). Para $\eta' \ll \eta$ (isto é, no limite $\lambda \to 0$) as Eqs. (7.138)-(7.141) ficam reduzidas a

$$\psi^{(0)} = -\tfrac{1}{2} U_0 R^2 \left[ \left(\frac{r}{R}\right)^2 - \left(\frac{r}{R}\right) + \tfrac{1}{2}\left(\frac{R}{r}\right) \right] \mathrm{sen}^2\theta \tag{7.142}$$

$$v_r^{(0)} = U_0 \left(1 - \frac{R}{r}\right) \cos\theta \tag{7.143}$$

$$v_\theta^{(0)} = -U_0 \left(1 - \tfrac{1}{2}\frac{R}{r}\right) \mathrm{sen}\,\theta \tag{7.144}$$

$$p^{(0)} = p_0 \tag{7.145}$$

As Eqs. (7.142)-(7.145) correspondem ao escoamento lento viscoso ao redor de uma esfera de viscosidade desprezível (invíscida) e de livre circulação interna.

Para o escoamento interno (no fluido dentro da partícula), $r < R$,

$$\psi' = \tfrac{1}{4} \frac{U_0 R^2}{1+\lambda} \left(\frac{r}{R}\right)^2 \left[1 - \left(\frac{r}{R}\right)^2\right] \mathrm{sen}^2\theta \tag{7.146}$$

$$v_r' = -\frac{U_0}{2(1+\lambda)} \left[1 - \left(\frac{r}{R}\right)^2\right] \cos\theta \tag{7.147}$$

$$v_\theta' = \frac{U_0}{2(1+\lambda)} \left[1 - 2\left(\frac{r}{R}\right)^2\right] \mathrm{sen}\,\theta \tag{7.148}$$

$$p' = p_0' - \frac{\lambda}{1+\lambda} \cdot \frac{\eta U_0}{R} \left(\frac{r}{R}\right) \cos\theta \tag{7.149}$$

Observe que para $\eta' \gg \eta$ (isto é, no limite $\lambda \to \infty$) a partícula fluida comporta-se como um sólido rígido estacionário:

$$v_r'^{(\infty)} = v_\theta'^{(\infty)} = 0 \tag{7.150}$$

Para $\eta' \ll \eta$ (isto é, no limite $\lambda \to 0$), as Eqs. (7.146)-(7.149) ficam reduzidas a

$$\psi'^{(0)} = \tfrac{1}{4} U_0 R^2 \left(\frac{r}{R}\right)^2 \left[1 - \left(\frac{r}{R}\right)^2\right] \mathrm{sen}^2\theta \tag{7.151}$$

$$v_r'^{(0)} = -\tfrac{1}{2} U_0 \left[1 - \left(\frac{r}{R}\right)^2\right] \cos\theta \tag{7.152}$$

$$v_\theta'^{(0)} = \tfrac{1}{2} U_0 \left[1 - 2\left(\frac{r}{R}\right)^2\right] \mathrm{sen}\,\theta \tag{7.153}$$

$$p'^{(0)} = p_0' \tag{7.154}$$

Como no caso anterior (Seção 7.3), é conveniente visualizar o escoamento (interno e externo) através das *linhas de corrente* (Seção 7.1) tangentes ao vetor velocidade, $\psi(r, \theta) = C$ e $\psi'(r, \theta) = C'$. A Figura 7.10 mostra as linhas de corrente (internas e externas) em um plano que contém o eixo de simetria para o escoamento lento viscoso ao redor de uma esfera fluida de viscosidade desprezível ($\lambda = 0$); os pontos de estagnação estão marcados por círculos pretos.

Observe que o padrão de escoamento no interior da partícula fluida é composto por um *vórtice toroidal*. A localização dos pontos de estagnação na superfície e no interior da esfera obtém-se utilizando as Eqs. (7.152)-(7.153) e a condição $v_r' = v_\theta' = 0$. Para $r = R$, $v_r' = 0$; nesse caso, $v_\theta' = 0$ somente se $\theta = 0$ ou $\theta = \pi$, isto é, nos "polos" da esfera. Para $r = R/\sqrt{2}$, $v_\theta' = 0$; nesse caso, $v_r' = 0$ para $\theta = \tfrac{1}{2}\pi$, isto é, num círculo de raio $r_0 =$

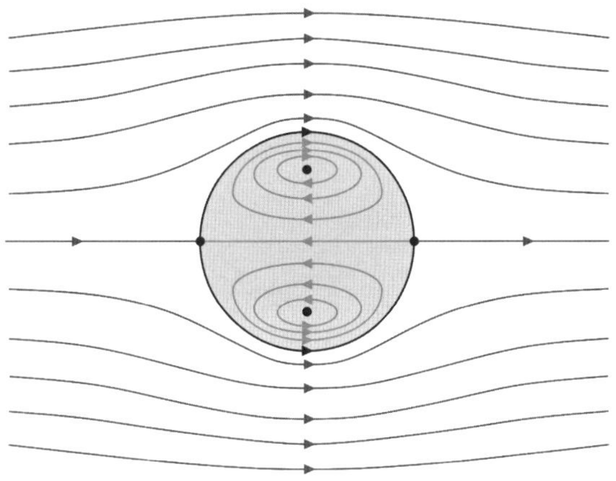

**Figura 7.10**

$R/\sqrt{2} = 0{,}707R$ no "equador" da esfera ($\theta = \frac{1}{2}\pi$, $0 \leq \phi \leq 2\pi$ ). Observe que a localização dos pontos de estagnação é independente da viscosidade do fluido no interior da partícula.

Comparando as Figuras 7.9 e 7.10, pode-se apreciar a diferença na extensão da "zona de perturbação" do escoamento uniforme ao redor das esferas nos dois casos.

Seguindo um procedimento semelhante ao utilizado no caso da esfera sólida, obtemos a força de arraste exercida pelo fluido sobre a esfera:

$$\boxed{\mathcal{F}_D = 2\pi\eta R U_0 \left( \frac{2+3\lambda}{1+\lambda} \right)} \tag{7.155}$$

A Eq. (7.155) é conhecida como *equação de Hadamard-Rybczynski*, obtida simultaneamente pelo matemático francês J. Hadamard e o polonês W. Rybczynski, em 1911.

Observe que para $\lambda \to \infty$ (esfera sólida) a Eq. (7.155) se reduz à lei de Stokes, Eq. (7.118). No outro extremo, para $\lambda \to 0$ (bolha de gás em líquido viscoso), a força de arraste é 2/3 do valor correspondente à esfera sólida.

A velocidade na superfície da esfera (isto é, na interface fluido-fluido) é

$$v_s = v_\theta|_{r=R} = v'_\theta|_{r=R} = \frac{U_0 \operatorname{sen}\theta}{2(1+\lambda)} \tag{7.156}$$

visto que a componente radial é nula na interface, Eq. (7.130). A máxima velocidade é atingida no "equador" da esfera ($\theta = \frac{1}{2}\pi$):

$$(v_s)_{max} = \frac{U_0}{2(1+\lambda)} \tag{7.157}$$

A existência da solução, Eqs. (7.138)-(7.145), confirma que a partícula fluida adota a forma esférica em escoamento lento viscoso. Desconsiderando efeitos gravitacionais, as partículas fluidas adotam a forma esférica (de mínima relação área/volume) em repouso devido à tensão superficial. O escoamento uniforme lento viscoso não deforma a partícula (isto é, não modifica a forma esférica), independentemente do valor da tensão interfacial $\sigma$, que não aparece na solução. De fato, as Eqs. (7.138)-(7.145) foram obtidas *sem* utilizar a condição de borda correspondente, Eq. (7.133), que determina somente a pressão no interior da partícula:

$$p'_0 = p_0 + \frac{2\sigma}{r} \tag{7.158}$$

São as forças inerciais (representadas pelas componentes não lineares das equações de Navier-Stokes) que resultam na deformação de gotas e bolhas submersas em escoamento uniforme. Em outros escoamentos (por exemplo, em escoamentos de cisalhamento ou extensão), as partículas fluidas são deformadas ainda no regime de escoamento lento viscoso (Seção 7.5).

Observe que o escoamento (para partículas tanto sólidas quanto fluidas) possui, além da simetria axial postulada na forma funcional dos perfis de velocidade, um plano de simetria normal ao eixo (Figura 7.11). Esse tipo de simetria "frente e verso" (*fore and aft*) é característica do escoamento lento viscoso.

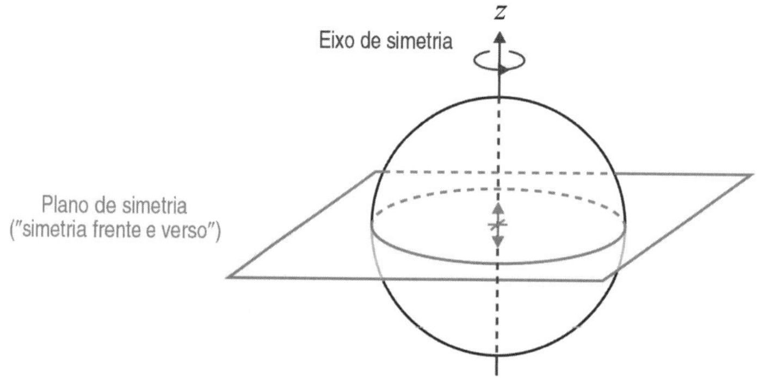


**Figura 7.11**

## *Anexo Tensão superficial*

A geração de interface entre dois fluidos imiscíveis (A e B) requer trabalho mecânico, que é proporcional à área gerada:

$$dW = \sigma_{AB} dA \tag{7.159}$$

A constante de proporcionalidade $\sigma_{AB}$ é um parâmetro material chamado *tensão interfacial* (entre as faces A e B). Se uma das faces consiste na substância pura A e a outra é ar saturado com A, a tensão interfacial recebe o nome de *tensão superficial*, uma propriedade física da substância em questão.

Do ponto vista molecular, a tensão superficial resulta da diferença entre as interações intermoleculares no interior do líquido, onde as moléculas estão completamente rodeadas de outras semelhantes, e na superfície, onde as possibilidades de interação são menores: para transferir moléculas do meio do líquido para a superfície é necessário energia para quebrar algumas "ligações" (Figura 7.12).

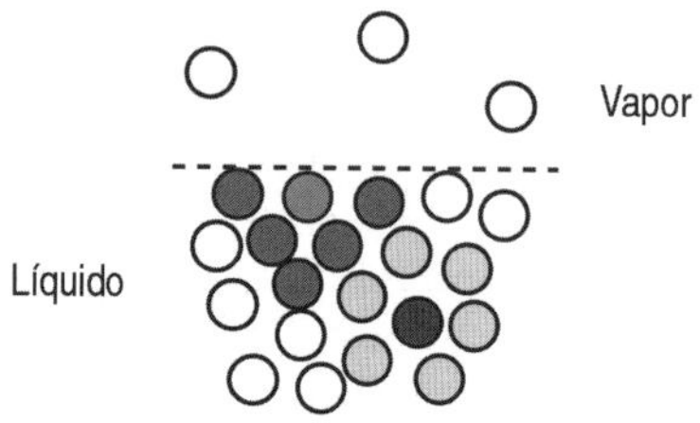


**Figura 7.12**

A tensão superficial tem dimensões de [força]/[comprimento] e unidades, no Sistema Internacional (SI), de

$$[\sigma] = \text{N/m}$$

Um submúltiplo mais prático é mN/m = $10^{-3}$ N/m. É comum na literatura técnica expressar a tensão superficial em dinas/cm, a unidade correspondente no antigo sistema *cgs*; 1 dina/cm = 1 mN/m. A tensão superficial geralmente diminui com o aumento da temperatura, mas a dependência é modesta, exceto na vizinhança do ponto crítico (onde a tensão superficial é nula). Alguns valores típicos à temperatura ambiente (ou à temperatura de processamento, em caso de materiais sólidos à temperatura ambiente) são

- Água: 72 mN/m.
- Líquidos orgânicos (incluindo polímeros fundidos): 20-50 mN/m.
- Metais líquidos: 200-500 mN/m (mercúrio: 485 mN/m).

A *tensão interfacial* entre dois líquidos imiscíveis depende da diferença entre as interações intermoleculares dos dois líquidos.

Para líquidos apolares uma relação empírica aproximada entre a tensão interfacial, $\sigma_{AB}$, e as tensões superficiais, $\sigma_A$ e $\sigma_B$, das duas faces em contato é

$$\sigma_{AB} = \left(\sqrt{\sigma_A} - \sqrt{\sigma_B}\right)^2 \tag{7.160}$$

que resulta em valores pequenos da tensão interfacial (polímeros fundidos à temperatura de processamento: 1-5 mN/m). Para metais líquidos ou substâncias fortemente polares, ou com uniões de hidrogênio, a tensão interfacial é bem maior e, em geral, deve ser determinada experimentalmente.

Em equilíbrio, a diferença de pressão entre os dois lados de uma superfície curva que separa dois fluidos imiscíveis é dada pela equação de Young-Laplace:[19]

$$\Delta p = \sigma_{AB}\left(\frac{1}{R_1}+\frac{1}{R_2}\right) \tag{7.161}$$

onde $R_1$ e $R_2$ são os raios de curvatura (sobre a definição de raios de curvatura, veja *Nota* no final deste Anexo). Para uma esfera, $R_1 = R_2 = R$, o raio da esfera. Portanto, as pressões externa e interna estão relacionadas por

$$p_{ex} - p_{in} = \frac{2\sigma_{AB}}{R} \tag{7.162}$$

No equilíbrio, a diferença de pressão é nula através de uma interface plana, onde $R_1 = R_2 = \infty$.

A equação de Young-Laplace pode ser generalizada para um estado dinâmico (não equilíbrio) se a diferença de pressão for substituída por uma diferença de tensões normais à interface:

$$(p+\tau_n)_A - (p+\tau_n)_B = \sigma_{AB}\left(\frac{1}{R_1}+\frac{1}{R_2}\right) \tag{7.163}$$

onde $\tau_n$ é a componente da tensão de atrito viscoso normal à interface,[20] avaliada separadamente nas faces A e B.

***Nota:*** O raio de curvatura, $R$, de uma curva plana $y = f(x)$ no ponto **P** (que pertence à curva) é o raio do círculo que melhor aproxima a curva no ponto em questão (o chamado *círculo osculador*, isto é, que comparte as duas primeiras derivadas com a curva):

$$R^2 = \frac{(1+f'^2)^3}{f''^2} \tag{7.164}$$

onde $f'$ e $f''$ são a primeira e a segunda derivadas da função (que define a curva) avaliadas no ponto **P**.

Um raio de curvatura $R_1$ de uma superfície no espaço, no ponto **P**, é o raio de curvatura da curva (plana) obtida pela interseção da superfície com um plano (plano 1) que contém um vetor normal ***n*** à superfície no ponto **P**. É possível obter um segundo raio de curvatura $R_2$ em outro plano (plano 2) perpendicular ao primeiro, que também contém o vetor ***n*** (Figura 7.13). Pode-se provar que a soma das inversas dos raios de curvatura $R_1$ e $R_2$ (isto é, $R_1^{-1} + R_1^{-1}$) é independente da escolha do primeiro plano (o segundo plano é sempre perpendicular ao primeiro).

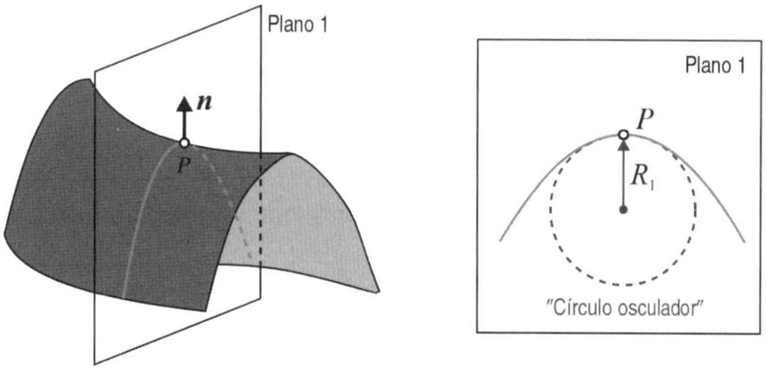


**Figura 7.13**

Achamos que este "procedimento construtivo" define o assunto claramente. A curvatura de superfícies pode ser apresentada de forma mais compacta, geral e "elegante" em termos vetoriais. Consulte um texto de geometria diferencial para mais esclarecimentos.

[19] Textos de termodinâmica ou físico-química contêm derivações da Eq. (7.161). Veja, por exemplo, A. W. Adamson, *Physical Chemistry of Surfaces*, 4th ed. Wiley-Interscience, 1982, Seção II-2.

[20] Em termos do tensor de tensões de atrito viscoso $\tau$ e o vetor normal à superfície $n$: $t_n = \tau{:}nn$.

# 7.5 PARTÍCULA IMERSA EM UM FLUIDO VISCOSO EM CISALHAMENTO SIMPLES

## 7.5.1 Problema

Considere uma partícula fluida (fluido interno) de raio $R_0$ flutuando em outro fluido (fluido externo) de extensão ilimitada, imiscível no primeiro,[21] ambos os fluidos newtonianos incompressíveis e de propriedades físicas constantes. Longe da partícula o fluido externo escoa com movimento de cisalhamento simples, semelhante ao escoamento de Couette, considerado na Seção 3.1 (Figura 7.14). O perfil de velocidade longe da partícula pode ser expresso, em um sistema de coordenadas cartesiano (com origem no centro da partícula), como

$$v_z \equiv u_\infty = \dot{\gamma} y\,,\ v_x = v_y = 0 \tag{7.165}$$

onde $\dot{\gamma}$ é a taxa de cisalhamento do escoamento plano, desenvolvido no plano $z$-$y$.

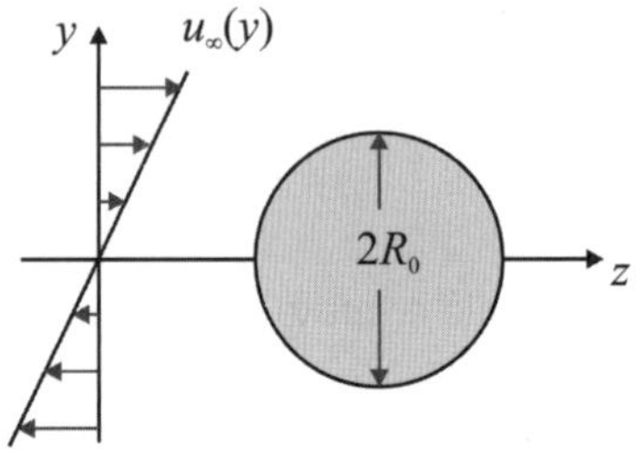


**Figura 7.14**

Como no caso anterior (Seção 7.4), vamos representar as propriedades correspondentes ao fluido interno com um traço e as correspondentes ao fluido externo sem traço (por exemplo, se $\eta$ é a viscosidade do fluido externo, $\eta'$ será a viscosidade do fluido interno). Temos visto que, se o fluido externo estiver em repouso ou se movimentar com velocidade uniforme longe da partícula, a mesma assume forma esférica na aproximação de escoamento lento viscoso, independente das viscosidades ou da tensão interfacial. No entanto, o cisalhamento no fluido externo resulta na deformação (e eventualmente na quebra) da partícula fluida. Nesta seção vamos estudar somente partículas submetidas a *pequenas deformações*, em condições em que é mantida a integridade das mesmas, e sua forma não difere muito de uma esfera.

## 7.5.2 Deformação

A partícula deformada tem o mesmo volume que a esfera original (o fluido interno é incompressível) e o parâmetro $R_0$, não mais o raio da partícula, pode-se considerar um *raio equivalente*: o raio de uma esfera do mesmo volume $V_P$ que a partícula:

$$R_0 = \left(\frac{3V_P}{4\pi}\right)^{1/3} \tag{7.166}$$

Como nos casos anteriores, vamos considerar regime laminar estacionário na aproximação de *escoamento lento viscoso*, que neste caso implica

$$Re_P = \frac{\rho\dot{\gamma}R_0^2}{\eta} \ll 1 \tag{7.167}$$

onde $Re_P$ é o número de Reynolds *da partícula*, baseado nas propriedades físicas do fluido externo ($\rho$, $\eta$), utilizando o raio equivalente da partícula $R_0$ como comprimento característico, e o produto $\dot{\gamma}R_0$ como velocidade característica.

Um sistema de coordenadas cartesiano ($x$, $y$, $z$) é o mais apropriado para representar o escoamento de cisalhamento plano do fluido externo longe da partícula. Porém, um sistema de coordenadas esféricas ($r$, $\theta$, $\phi$) é mais conveniente para expressar a forma quase esférica da partícula e o escoamento dentro dela ou na sua vizinhança.

Consequentemente, os dois sistemas de coordenadas (ambos centrados na partícula) são utilizados no problema. Às vezes iremos utilizar uma mistura dos dois. A relação entre coordenadas cartesianas e esféricas é discutida no Apêndice. Veja especialmente a Figura A1(b) e as Eqs. (A.3)-(A.4).

[21] Um dos fluidos, no mínimo, é um líquido: os gases são miscíveis entre si. Se a partícula *flutua*, sua densidade é igual à do fluido externo, o que parece indicar que os dois fluidos devem ser líquidos.

A formulação do problema é relativamente simples: na aproximação de escoamento lento viscoso, o movimento tanto do fluido externo quanto do fluido interno é regido pela equação de Stokes, Eq. (4.42):

$$\nabla P = \eta \nabla^2 \boldsymbol{v} \tag{7.168}$$

$$\nabla P' = \eta \nabla^2 \boldsymbol{v}' \tag{7.169}$$

Com as condições de borda:

(i) O perfil de velocidade no escoamento externo deve-se aproximar ao perfil de velocidade em cisalhamento simples, Eq. (7.165), longe da partícula (isto é, para $r \to \infty$).

(ii) A velocidade na superfície da partícula deve ser a mesma no escoamento externo e no escoamento interno (continuidade da velocidade na interface).

(iii) A velocidade normal à superfície da partícula é nula na superfície, tanto para o escoamento externo quanto para o escoamento interno (não há "transferência de matéria" através da interface).

(iv) As tensões de cisalhamento na superfície da partícula devem ser as mesmas no escoamento externo e no escoamento interno (continuidade da tensão tangencial de atrito viscoso na interface).

(v) A diferença entre a tensão normal, incluindo a pressão, dentro (escoamento interno) e fora (escoamento externo) da partícula, avaliada na superfície, está relacionada com a tensão interfacial e a curvatura da superfície através da equação de Young-Laplace.

Contudo, a solução do problema é bastante complexa, e uma apresentação detalhada da mesma vai além do conteúdo deste livro. Duas características do problema dificultam a solução:

(a) Em princípio, o escoamento é tridimensional, sem simetria axial. Tanto em coordenadas cartesianas quanto em coordenadas esféricas, a pressão e as três componentes do vetor velocidade são diferentes de zero e dependem das três variáveis independentes:

$$v_r = v_r(r, \theta, \phi),\ v_\theta = v_\theta(r, \theta, \phi),\ v_\phi = v_\phi(r, \theta, \phi),\ P = P(r, \theta, \phi) \tag{7.170}$$

(b) As condições de borda mencionam repetidamente *a superfície da partícula*. Mas a forma da partícula (e, portanto, a posição de sua superfície) é desconhecida *a priori*, e deve ser determinada como parte da solução do problema de bordas.[22] A superfície da partícula pode ser expressa como uma função (por enquanto desconhecida):

$$r_S = r_S(\theta, \phi) \tag{7.171}$$

para $0 < \theta < \pi$, $0 < \phi < 2\pi$, onde $r_S$ é o valor da coordenada (esférica) $r$ na superfície. A única limitação na função $r_S(\theta, \phi)$ é no volume da partícula, Eq. (7.166):

$$V_P = \tfrac{4}{3}\pi R_0^3 \tag{7.172}$$

Na matemática aplicada, os problemas de bordas em que a posição de uma das bordas é desconhecida, *a priori*, são chamados "problemas com uma superfície livre".

Como no caso anterior (Seção 7.4), a razão das viscosidades

$$\lambda = \frac{\eta'}{\eta} \tag{7.173}$$

é um parâmetro adimensional característico do sistema. Outro parâmetro adimensional que aparece na consideração das condições de borda é

$$Ca = \frac{\tau R_0}{\sigma} = \frac{\eta \dot{\gamma} R_0}{\sigma} \tag{7.174}$$

o chamado *número capilar*, que relaciona a tensão de atrito viscoso $\tau = \eta\dot{\gamma}$, que tende deformar a partícula fluida, com a tensão superficial $\sigma/R_0$, que tenta preservar a forma esférica da mesma. É razoável assumir que a deformação depende do número capilar, e que pequenas deformações são observadas para valores pequenos de $Ca$. Para o escoamento de fluidos altamente viscosos e com baixa tensão interfacial, deformações pequenas só são possíveis em partículas muito pequenas e taxas de cisalhamento bastante baixas.

A solução deste complexo problema de bordas com superfície livre vai além do conteúdo deste texto introdutório. Porém, vamos apresentar o resultado final. A superfície da partícula deformada pode ser obtida como uma

[22] Os problemas de bordas onde a posição de uma das bordas é desconhecida, *a priori*, são chamados "problemas com uma *superfície livre*".

série de potências do número capilar:

$$\frac{r_S}{R_0} = 1 + \sum_{n=1}^{\infty} f_n(\lambda, \theta, \phi) \cdot Ca^n \tag{7.175}$$

O primeiro termo é

$$f_1 = k_1 \left(\text{sen}^2 \theta \cdot \text{sen}\, 2\phi\right) \tag{7.176}$$

onde $k_1 = k_1(\lambda)$ é dado por

$$k_1 = \frac{1 + {}^{19}\!/_{16}\lambda}{1+\lambda} \tag{7.177}$$

Os termos de ordem superior ($n \geq 2$) são funções extremamente complexas de $\lambda$, $\theta$ e $\phi$. Conservando somente o primeiro termo, obtemos a solução de ordem de $Ca$:[23]

$$\frac{r_S}{R_0} = 1 + k_1 \left(\text{sen}^2 \theta \cdot \text{sen}\, 2\phi\right) Ca + \mathbb{O}(Ca^2) \tag{7.178}$$

Em primeira aproximação (isto é, para deformações pequenas), a partícula tem a forma de um elipsoide não axissimétrico. A projeção no plano $z$-$y$ ($\theta = \frac{1}{2}\pi = 90°$) é uma elipse (Figura 7.15):

$$\left.\frac{r_S}{R_0}\right|_{\theta = \frac{1}{2}\pi} = 1 + k_1 \,\text{sen}\, 2\phi Ca = 1 + 2k_1 \frac{xy}{r^2} Ca \tag{7.179}$$

com o eixo maior inclinado com um ângulo $\phi_0 = \frac{1}{4}\pi = 45°$ em relação ao eixo $z$.

Define-se o grau de deformação $D$ da partícula, com base nos raios maior, $R_{max}$, e menor, $R_{min}$, da elipse:

$$D = \frac{R_{max} - R_{min}}{R_{max} + R_{min}} \tag{7.180}$$

E da Eq. (1.177) resulta

$$D = k_1 Ca = \frac{1 + {}^{19}\!/_{16}\lambda}{1+\lambda} Ca \tag{7.181}$$

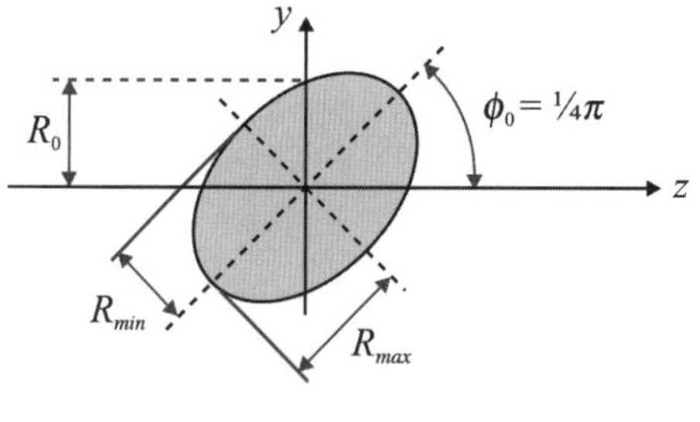


**Figura 7.15**

Uma análise dos termos de ordem superior revela que a solução da ordem de $Ca$, Eq. (7.179), pode ser utilizada (com incerteza menor que 1%) para $Ca \leq 0{,}1$. Para $Ca < 0{,}01$ a deformação da partícula fluida é desprezível e pode ser considerada, na prática, como uma esfera.

Observe que $k_1$ varia entre 1 (para $\lambda \to 0$) e $19/16 = 1{,}19$ (para $\lambda \to \infty$); $k_1 = 1{,}09$ para $\eta = \eta'$ ($\lambda = 1$). Isto é, *na ordem de Ca*, o efeito da diferença de viscosidades entre os fluidos interno e externo é bastante limitado.[24] Neste caso, $\lambda \to \infty$ *não* corresponde a uma partícula sólida (como na Seção 7.4), desde que $D \neq 0$, exceto no caso $Ca = 0$: as partículas fluidas, mesmo as de viscosidade elevada, são deformadas em um escoamento de cisalhamento.

Uma característica importante para o estudo dos fenômenos de transporte entre o fluido externo e a partícula (Seção 17.5) é sua área superficial:

$$A_P = \int_0^{2\pi} \int_0^{\pi} r_S^2 \,\text{sen}\, \phi \, d\phi d\theta \tag{7.182}$$

[23] O símbolo $\mathbb{O}(Ca^2)$ representa a soma de termos (não especificados) proporcionais a $Ca^n$ com $n \geq 2$. Se a série da Eq. (8) é convergente (para valores pequenos de $Ca$), para valores *suficientemente pequenos* de $Ca$, o erro de desconsiderar esses termos é desprezível. A expressão resultante se diz "de ordem 1 (em $Ca$)", ou, simplesmente, "da ordem de $Ca$".

[24] Isto é válido somente para valores pequenos do número capilar. Para $Ca > 1$ o efeito de $\lambda$ na deformação é significativo, e inclusive crítico (veja a Seção 16.4).

Substituindo a Eq. (7.178) na Eq. (7.182), não é difícil verificar que a deformação não causa um aumento da área superficial *na ordem de Ca*. Um tratamento mais apurado, incluindo termos de ordem superior na Eq. (7.175), permite chegar a

$$\frac{A_P}{4\pi R_0^2} = 1 + {}^{4}\!/_{15}\, k_1 Ca^2 + \mathbb{O}(Ca^4) \tag{7.183}$$

A área superficial de uma esfera de raio $R_0$ é $4\pi R_0^2$. Portanto, a Eq. (7.183) estabelece que o incremento da área superficial causado pela deformação da partícula em cisalhamento simples é da ordem de $Ca^2$, indicando as limitações do tratamento do problema na ordem de $Ca$.

## 7.5.3 Padrões de Escoamento

A expressão do escoamento (isto é, os perfis de velocidade e de pressão) ao redor da partícula elipsoidal é bastante complexa e sua validade limitada a pequenas deformações, $D < 0{,}1$. Muitas características importantes do escoamento (por exemplo, o efeito da razão das viscosidades – o parâmetro $\lambda$ – na vizinhança da partícula) são praticamente independentes da forma precisa da partícula para esse nível de deformação, e podem ser estudadas em uma partícula não deformada, isto é, esférica. É verdade que nesse caso será impossível estabelecer o efeito do número capilar no escoamento, já que será utilizada a aproximação de "ordem 0" nesse parâmetro (na prática, $Ca < 0{,}01$ em vez de $Ca < 0{,}1$ para aproximação de "ordem 1"). Mas os resultados obtidos serão bastante úteis para o estudo dos fenômenos de transporte em partículas suficientemente pequenas.

A superfície da partícula é dada, neste caso, por $r_S = R_0$. A equação da continuidade e as equações de Navier-Stokes podem ser resolvidas sem maiores problemas (ainda que com um pouco de trabalho), utilizando as condições de borda apropriadas para os escoamentos de cisalhamento simples longe da partícula. Este problema foi resolvido pela primeira vez pelo físico inglês G. I. Taylor, em 1932.

Os perfis de velocidade e de pressão no escoamento externo ($r > R_0$) são

$$\frac{v_r}{\dot{\gamma} R_0} = \frac{\operatorname{sen}^2\theta \operatorname{sen} 2\phi}{2(1+\lambda)}\left(\frac{R_0}{r}\right)\left\{1-\left(\frac{R_0}{r}\right)^3 + \lambda\left[1 - {}^{3}\!/_{2}\left(\frac{R_0}{r}\right)^3 + {}^{3}\!/_{2}\left(\frac{R_0}{r}\right)^5\right]\right\} \tag{7.184}$$

$$\frac{v_\theta}{\dot{\gamma} R_0} = \frac{\operatorname{sen} 2\theta \operatorname{sen} 2\phi}{4(1+\lambda)}\left(\frac{R_0}{r}\right)\left\{1+\lambda\left[1-\left(\frac{R_0}{r}\right)^5\right]\right\} \tag{7.185}$$

$$\frac{v_\phi}{\dot{\gamma} R_0} = -\frac{\operatorname{sen}\theta \operatorname{sen}^2\phi}{1+\lambda}\left(\frac{R_0}{r}\right)\left\{1+\lambda\left[1+\frac{1-2\operatorname{sen}^2\phi}{\operatorname{sen}^2\phi}\left(\frac{R_0}{r}\right)^5\right]\right\} \tag{7.186}$$

$$\frac{P-P_\infty}{\eta\dot{\gamma}} = -\frac{\operatorname{sen} 2\theta \operatorname{sen}\phi}{1+\lambda}\left(1 - {}^{5}\!/_{2}\lambda\right)\left(\frac{R_0}{r}\right) \tag{7.187}$$

e expressões igualmente complexas para o escoamento interno ($r < R_0$). Temos visto, em casos semelhantes (Seções 7.3 e 7.4), que uma forma de visualizar o escoamento é através das *linhas de corrente* ou trajetórias que, em estado estacionário, percorrem os elementos materiais ao se deslocarem no espaço. Mas não é possível, neste caso, aplicar o método utilizado anteriormente, baseado na função de corrente, que só foi definida para escoamentos bidimensionais, planos ou axissimétricos (Seção 7.1). Uma possibilidade é generalizar o conceito de função de corrente para escoamentos tridimensionais. Outra é integrar diretamente os perfis de velocidade, procedimento descrito esquematicamente a seguir.

Considere as três componentes do vetor velocidade em coordenadas cartesianas,

$$v_x \equiv \frac{dx}{dt} = v_x(x,y,z;\lambda), \quad v_y \equiv \frac{dy}{dt} = v_y(x,y,z;\lambda), \quad v_z \equiv \frac{dz}{dt} = v_z(x,y,z;\lambda) \tag{7.188}$$

onde o tempo pode ser considerado como um parâmetro que varia ao longo da linha de corrente. Eliminando esse parâmetro entre as Eqs. (7.188), resultam duas equações diferenciais ordinárias de primeiro grau (usualmente não lineares); por exemplo:

$$\frac{dy}{dx} = \frac{v_y(x,y,z;\lambda)}{v_x(x,y,z;\lambda)} \tag{7.189}$$

$$\frac{dz}{dx} = \frac{v_z(x,y,z;\lambda)}{v_x(x,y,z;\lambda)} \tag{7.190}$$

que podem ser integradas, analítica ou numericamente, para obter

$$y = F(x,z;\lambda) + C_1 \tag{7.191}$$

$$z = G(x,y;\lambda) + C_2 \tag{7.192}$$

onde $C_1$ e $C_2$ são duas constantes de integração. As Eqs. (7.191)-(7.192) representam duas *famílias* de superfícies no espaço tridimensional, cada uma dependente de um parâmetro (a constante de integração correspondente). As interseções dessas superfícies são precisamente as linhas de corrente procuradas.

A aplicação deste método (conceitualmente simples, mas trabalhoso na prática), que não vamos detalhar aqui (o leitor interessado pode consultar a bibliografia indicada), permite obter as linhas de corrente dentro e fora da partícula. A Figura 7.16 mostra as linhas de corrente no plano de cisalhamento *y-z* para uma esfera sólida ($\lambda \rightarrow \infty$) imersa em um fluido viscoso; a zona marcada /// corresponde à região de recirculação com linhas de corrente fechadas. Já a Figura 7.17 mostra as linhas de corrente para o caso de uma partícula invíscida ($\lambda \rightarrow 0$) com livre circulação interna, no limite de baixo número capilar ($Ca < 0{,}01$).

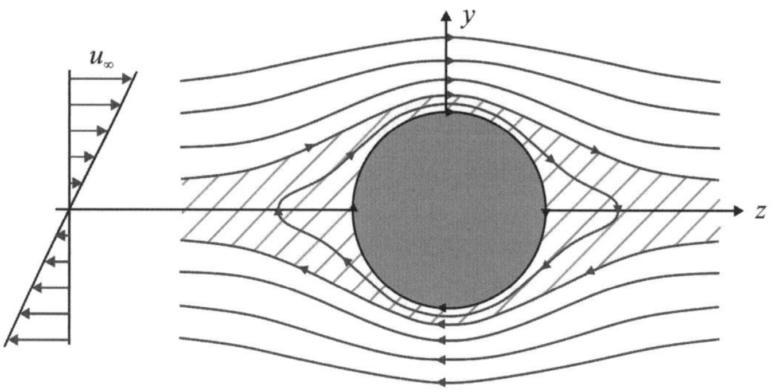


**Figura 7.16**

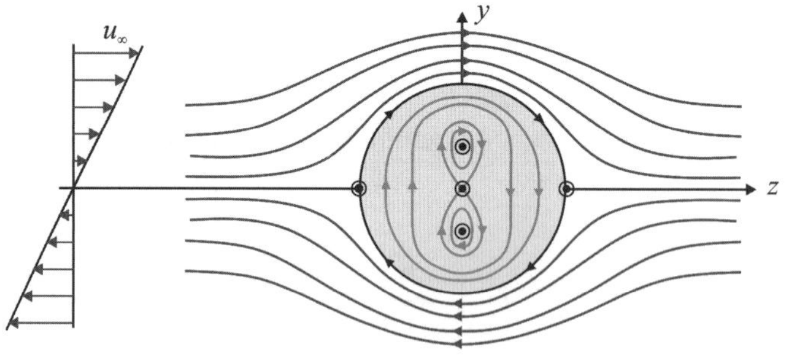


**Figura 7.17**

Algumas conclusões interessantes:

(a) As linhas de corrente são coplanares somente no plano *y-z* ($\theta = \frac{1}{4}\pi = 45°$), onde o escoamento é bidimensional plano.

(b) Para $\lambda > 0$ existe uma zona vizinha à partícula onde o escoamento (externo) recircula, isto é, as linhas de corrente são "fechadas". Fora dessa zona, as linhas de corrente são "abertas". A superfície que limita a zona de recirculação estende-se até $\pm\infty$ ao longo do eixo *z*, e é mais próxima à partícula no eixo *y*. Para uma partícula sólida ($\lambda \rightarrow \infty$) a mínima espessura da zona de recirculação é

$$\delta_F = 0{,}156 R_0 \tag{7.193}$$

e diminui com $\lambda^{3/2}$ até colapsar na superfície da partícula para $\lambda \rightarrow 0$.[25]

[25] Esta característica do escoamento, difícil de perceber simplesmente olhando o perfil de velocidade, Eqs. (7.184)-(7.186), revela a importância de estudar o *padrão de escoamento* como parte da resolução de problemas complexos em mecânica dos fluidos. O resultado mostra o diverso comportamento *qualitativo* de uma gota de líquido viscoso e de uma bolha gasosa em cisalhamento, e será explorado na Seção 15.4.

Para concluir esta breve introdução ao assunto, considere o escoamento na superfície da partícula esférica. Na superfície da esfera, $r = r_S = R_0$ e $v_r = 0$. Nessas condições, as Eqs. (7.187)-(7.188) ficam reduzidas a

$$\frac{(v_S)_\theta}{\dot{\gamma}R_0} = \frac{\operatorname{sen} 2\theta \operatorname{sen} 2\phi}{4(1+\lambda)} \quad (7.194)$$

$$\frac{(v_S)_\phi}{\dot{\gamma}R_0} = -\frac{\operatorname{sen}\theta(\operatorname{sen}^2\phi + \frac{1}{2}\lambda)}{1+\lambda} \quad (7.195)$$

Para $\lambda \longrightarrow \infty$ (esfera sólida)

$$(v_S)_\phi = 0 \quad (7.196)$$

$$(v_S)_\phi = -\tfrac{1}{2}\dot{\gamma}R_0 \operatorname{sen}\theta \quad (7.197)$$

que corresponde a uma rotação de "corpo rígido" em torno do eixo $x$ com velocidade angular:[26]

$$\Omega_0 = -\tfrac{1}{2}\dot{\gamma} \quad (7.198)$$

As linhas de corrente (fechadas) são círculos concêntricos. A Figura 7.18 mostra as linhas de corrente na superfície de uma esfera sólida ($\lambda \longrightarrow \infty$) imersa em um fluido viscoso, em escoamento de cisalhamento plano longe da partícula.

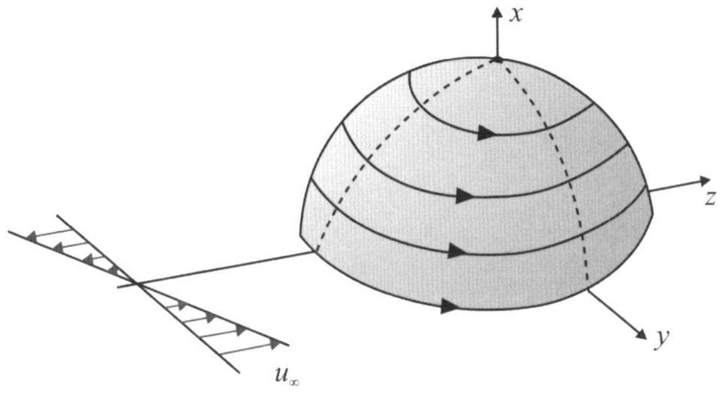


**Figura 7.18**

Para $\lambda \longrightarrow 0$ (esfera fluida com livre circulação interna):

$$(v_S)_\theta = \tfrac{1}{4}\dot{\gamma}R_0 \operatorname{sen} 2\theta \operatorname{sen} 2\phi \quad (7.199)$$

$$(v_S)_\phi = -\dot{\gamma}R_0 \operatorname{sen}\theta \operatorname{sen}^2\phi \quad (7.200)$$

A velocidade é nula no equador da esfera, para $y = 0$. As linhas de corrente (abertas) se iniciam e terminam nos pontos de estagnação nos polos da esfera ($\theta = \frac{1}{2}\pi$, $\phi = 0, \pi$) e têm todas o mesmo comprimento, $\Delta s = \pi R_0$. A Figura 7.19 mostra as linhas de corrente na superfície de uma partícula invíscida ($\lambda \longrightarrow 0$), esférica, com livre circulação interna, imersa em um fluido viscoso em escoamento de cisalhamento plano longe da partícula; a linha cinza-clara é uma linha de estagnação ($v = 0$).

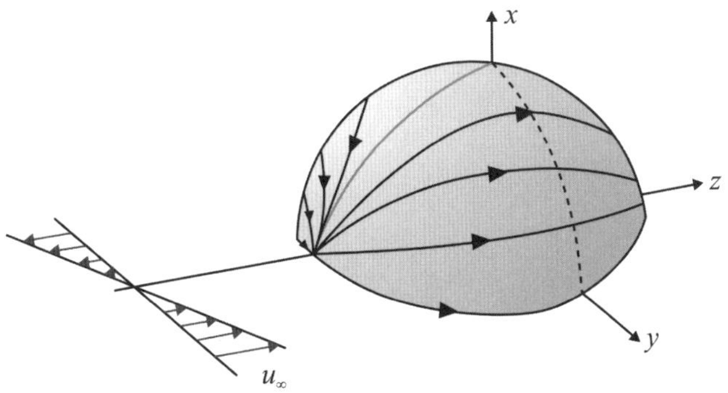


**Figura 7.19**

[26] Observe que $\Omega_0$ é igual à vorticidade do escoamento não perturbado, longe da partícula (Seção 7.1).

### 7.5.4 Conclusão

O escoamento lento viscoso ao redor de uma esfera *sólida*, imersa em um fluido que se movimenta com velocidade uniforme longe da mesma (Stokes), é considerado na maioria dos textos de mecânica dos fluidos e fenômenos de transporte (por exemplo, BSL, Seção 2.6 e Exemplo 4.2-1).

Para um tratamento mais geral do escoamento ao redor de partículas rígidas ou fluidas, nas mesmas condições, o leitor pode consultar monografias mais especializadas. Por exemplo: J. Happel e H. Brenner, *Low Reynolds Number Hydrodynamics, with special applications to particulate media*, 2nd ed. Nijhoff, 1973, S. Kim e S. J. Karrila, *Microhydrodynamics: Principles and Selected Applications*. Butterworth-Heinemann, 1996, ou R. Clift, J. R. Grace e M. E. Weber, *Bubbles, Drops, and Particles*. Academic Press, 1978.

Já para o tratamento das partículas sólidas ou fluidas imersas em um escoamento de *cisalhamento*, o leitor interessado em complementar o tratamento desta seção deve recorrer a revisões e trabalhos originais. Uma excelente revisão do assunto (antiga, mas ainda válida) é H. L. Goldsmith e S. G. Mason, "The Microrheology of Dispersions", em F. E. Eirich (editor), *Rheology: Theory and Applications*, volume 4. Academic Press, 1967.

# Fluidos Não Newtonianos

# 8



## 8.1 INTRODUÇÃO

O comportamento mecânico de muitos fluidos incompressíveis de importância para a engenharia de materiais (polímeros fundidos, soluções de polímeros em solventes de baixo peso molecular, suspensões concentradas de partículas sólidas em líquidos, blendas e compósitos poliméricos etc.) não pode ser representado corretamente pela lei de Newton (dependência *linear* entre o tensor das forças de atrito $\boldsymbol{\tau}$ e o tensor das taxas de deformação $\dot{\boldsymbol{\gamma}}$). Em sua maioria, esses sistemas, aparentemente fluidos, chamados *fluidos não newtonianos*, têm componentes elásticos e não se comportam, portanto, como puramente viscosos (isto é, $\boldsymbol{\tau}$ não depende *somente* de $\dot{\boldsymbol{\gamma}}$).

### 8.1.1 Fluidos Viscosos

Porém, é conveniente definir *fluidos incompressíveis puramente viscosos* como aqueles onde a força de atrito só é função da taxa de deformação, ainda que essa função não seja linear. Esses fluidos são idealizações que permitem aproximar o comportamento mecânico de muitos materiais não newtonianos reais em escoamentos simples, por exemplo, em escoamentos onde cada elemento material é submetido a uma taxa de deformação constante:[1] escoamentos em tubos e anéis cilíndricos, em fendas estreitas etc.

Os únicos fluidos não newtonianos puramente viscosos de importância prática são os chamados *fluidos newtonianos generalizados*, nos quais

$$\boldsymbol{\tau} = -\eta(\dot{\gamma})\dot{\boldsymbol{\gamma}} \tag{8.1}$$

onde

$$\dot{\gamma} = (\dot{\boldsymbol{\gamma}} : \dot{\boldsymbol{\gamma}})^{1/2} \tag{8.2}$$

A função escalar $\eta(\dot{\gamma})$é chamada *viscosidade não newtoniana* (ou simplesmente *viscosidade*, se não houver dúvida de que estamos nos referindo a um fluido não newtoniano). Observe que $\dot{\boldsymbol{\gamma}}$ é um tensor de segunda ordem (o tensor da taxa de deformação), mas $\dot{\gamma}$ é um escalar, também chamado taxa de deformação. A Eq. (8.2) já foi introduzida em nota na Seção 5.5, onde $\dot{\gamma}$ foi chamada *norma* do tensor $\dot{\boldsymbol{\gamma}}$ e assimilada à *magnitude* do mesmo. Infelizmente, tanto o nome quanto o símbolo podem induzir à confusão, mas ao longo deste capítulo só iremos utilizar o escalar $\dot{\gamma}$. Visto que todos os escoamentos considerados no capítulo são escoamentos de cisalhamento, $\dot{\gamma}$ será chamado *taxa de cisalhamento*.

Lembramos que a taxa de cisalhamento no escoamento axial em tubos e anéis cilíndricos (Seções 3.2, 5.1, 5.5) é, no caso onde $v_r = v_\theta = 0$ e $v_z = v_z(r)$,

$$\dot{\gamma} = \left|\frac{dv_z}{dr}\right| \tag{8.3}$$

[1] Em mecânica dos fluidos, estes são chamados *escoamentos viscométricos*, desde que são utilizados nos aparelhos para medir a viscosidade (viscosímetros). A taxa de deformação pode ser diferente para cada elemento material.

e no escoamento axial em fendas estreitas, $v_x = v_y = 0$, $v_z = v_z(y)$ (Seções 3.1, 5.3, 5.4),

$$\dot{\gamma} = \left| \frac{dv_z}{dy} \right| \tag{8.4}$$

Observe que as Eqs. (8.3)-(8.4) são independentes da equação constitutiva do fluido. Nestes casos, a Eq. (8.1) é apresentada às vezes em forma escalar:

$$\tau = -\eta(\dot{\gamma})\,\dot{\gamma} \tag{8.5}$$

Na Eq. (8.5) está implícita a existência de apenas uma componente relevante do tensor $\boldsymbol{\tau}$. Por exemplo, para uma fenda estreita, onde $\dot{\gamma}$ é dado pela Eq. (8.4), $\tau = \tau_{zy}$, o $\tau$ da Eq. (8.5) *não* é necessariamente a norma do tensor $\boldsymbol{\tau}$.

## 8.1.2 Lei da Potência

O *modelo reológico* mais simples para fluidos não newtonianos generalizados é o chamado modelo da lei da potência:

$$\boxed{\tau = m\dot{\gamma}^n} \tag{8.6}$$

ou

$$\boxed{\eta = m\dot{\gamma}^{n-1}} \tag{8.7}$$

onde a constante $m$ é o *índice de consistência* (ou, simplesmente, consistência) do material, e a constante $n$ é o *índice da lei da potência*. Observe que $n$ é adimensional, mas $m$ tem unidades. Se a taxa de cisalhamento $\dot{\gamma}$ for medida em $s^{-1}$ (na prática – e nesta obra – $\dot{\gamma}$ é *sempre* medida em $s^{-1}$ ou "segundos recíprocos") e $\eta$ for medida em Pa · s, o índice de consistência $m$ será medido em Pa · $s^{-n}$. Estas unidades são bastante estranhas e indicam o caráter puramente empírico (sem base teórica) da Eq. (8.6). Porém, a lei da potência é extremamente útil e de uso universal como *primeira aproximação* da mudança do comportamento reológico newtoniano de muitos fluidos de interesse para a engenharia de materiais em escoamentos predominantemente cisalhantes. O modelo reológico da lei da potência é também conhecido como *modelo de Ostwald-de-Waele*, e os materiais (ideais) que se comportam de acordo com ele são conhecidos como "fluidos lei da potência". Para $n = 1$ a viscosidade é independente da taxa de cisalhamento, e a lei da potência fica reduzida à lei de Newton, onde, neste caso, a consistência $m \equiv \eta_0$ é a viscosidade newtoniana. Para a maioria dos fluidos não newtonianos, $0 < n < 1$. Neste caso, o fluido torna-se menos viscoso (a viscosidade diminui) com o aumento da taxa de cisalhamento (*shear thinning*). Para alguns "fluidos" (principalmente suspensões concentradas) ocorre o oposto: $n > 1$, o fluido torna-se mais viscoso (a viscosidade aumenta) com a taxa de cisalhamento (*shear thickening*). Por obscuras razões históricas, esses comportamentos receberam o nome de "pseudoplástico" e "dilatante", respectivamente.

O estudo das mudanças microestruturais (a nível molecular ou supramolecular) causadas pela mudança na taxa de deformação (mudanças na configuração das macromoléculas ou partículas em suspensão, mudanças nas interações físicas e químicas entre as mesmas, incluindo a geração ou ruptura de ligações químicas etc.), que se refletem a nível macroscópico em uma mudança da viscosidade, é assunto principal da *reologia*, que não vamos discutir neste texto introdutório de fenômenos de transporte.[2] Porém, o estudo do escoamento dos fluidos complexos (não newtonianos) pode ser considerado como uma área especializada da mecânica dos fluidos.[3]

É comum representar a viscosidade $\eta$ como função da taxa de cisalhamento $\dot{\gamma}$ em um gráfico duplo-logarítmico. Observe que no exemplo seguinte (Figura 8.1), correspondente a um polietileno de alta densidade (polímero semicristalino com ponto de fusão próximo de 130°C), a lei da potência representa muito bem a dependência da viscosidade com a taxa de cisalhamento no intervalo $1\ s^{-1} \leq \dot{\gamma} \leq 1000\ s^{-1}$ (intervalo de interesse na maioria das aplicações).[4]

---

[2] Para uma introdução clara e concisa à reologia, veja H. A. Barnes, J. F. Hutton and K. Walters, *An Introduction to Rheology*. Elsevier, 1989, ou, a nível mais avançado, os dois volumes de R. B. Bird, C. F. Curtiss, R. C. Armstrong e O. Hassager, *Dynamics of Polymeric Liquids*, 2nd ed. Wiley-Interscience, 1987.

[3] Área relacionada (mas, em princípio, diferente) da *reologia*; veja, por exemplo G. Astarita e G. Marrucci, *Principles of Non-Newtonian Fluid Mechanics*. McGraw-Hill, 1974.

[4] Os polímeros fundidos apresentam propriedades viscoelásticas além do comportamento puramente viscoso. A elasticidade do fundido deve ser levada em consideração em escoamentos com componentes extensionais significativos. Ainda em escoamentos viscométricos, esses materiais apresentam *tensões normais* (perpendiculares à direção de escoamento) além da pressão (tensão normal isotrópica). A consideração desses efeitos corresponde ao curso de reologia.

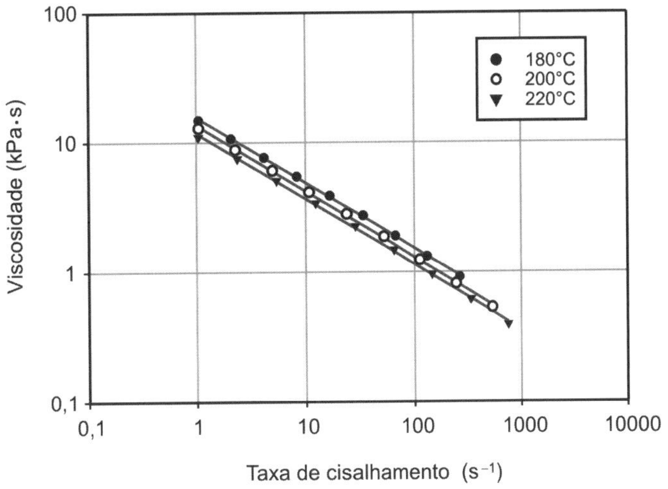


**Figura 8.1**

O índice da lei da potência está ligado à inclinação da reta no gráfico log-log:[5]

$$n = 1 + \frac{\partial \ln \eta}{\partial \ln \dot{\gamma}} = 1 + \frac{\partial \log \eta}{\partial \log \dot{\gamma}} \tag{8.8}$$

Neste caso, $n \approx 0{,}5$, praticamente independente da temperatura (no intervalo de temperatura apresentado no gráfico, que também é o de maior interesse nas aplicações). O parâmetro $m$ depende da temperatura: a $\dot{\gamma} = 1\ \mathrm{s}^{-1}$ a viscosidade varia entre 11 kPa · s a 220°C e 14,9 kPa · s a 180°C (uma variação de 30% sobre o intervalo de 40°C). A lei da potência tem um inconveniente: a viscosidade aumenta sem limite a baixas taxas de cisalhamento ($\eta \to \infty$ para $\dot{\gamma} \to 0$). No entanto, muitos fluidos puramente viscosos conhecidos comportam-se como fluidos newtonianos a baixas taxas de deformação, isto é,

$$\lim_{\dot{\gamma} \to 0} \eta(\dot{\gamma}) = \eta_0 \tag{8.9}$$

De fato, a viscosidade da amostra de HDPE,[6] no exemplo anterior, atinge o limite newtoniano para taxas de cisalhamento da ordem de 0,01-0,001 $\mathrm{s}^{-1}$, que está fora do intervalo utilizado em equipamentos de processamento (e fora do gráfico na Figura 8.1), mas de interesse para testes de caracterização de materiais.

Ainda que a lei da potência seja uma excelente aproximação para valores elevados da taxa de cisalhamento, os fluidos viscosos reais apresentam um *plateau newtoniano* (intervalo de viscosidade constante) para taxas de cisalhamento suficientemente baixas, às vezes dentro do intervalo de interesse nas aplicações. Um modelo simples, consistente com a Eq. (8.9), é a *lei da potência trunca*:

$$\eta = \begin{cases} \eta_0\,, & \dot{\gamma} \le \dot{\gamma}_0 \\ \eta_0 \left( \dfrac{\dot{\gamma}}{\dot{\gamma}_0} \right)^{n-1}, & \dot{\gamma} > \dot{\gamma}_0 \end{cases} \tag{8.10}$$

onde $\dot{\gamma}_0$ é outro parâmetro, a taxa de cisalhamento crítica, que divide o *plateau* newtoniano (para $\dot{\gamma} \le \dot{\gamma}_0$) da zona onde a dependência da viscosidade com a taxa de cisalhamento é representada pela lei da potência.[7]

Observe que o índice de consistência é

$$m = \eta_0 \dot{\gamma}_0^{1-n} \tag{8.11}$$

[5] Seguindo o uso comun, $\ln(x)$ é o *logaritmo natural* (base: $e$ = 2,71828...), e $\log(x)$ é o *logaritmo decimal* (base: 10).

[6] HDPE (do inglês, ***h**igh **d**ensity **p**oly**e**thylene*) é a abreviatura internacional para o polietileno de alta densidade (PEAD no Brasil), sancionada pela União Internacional de Química Pura e Aplicada (IUPAC) e pela Organização Internacional de Padronização (ISO). O estudante brasileiro de engennharia tem a dupla tarefa de se familiarizar com os padrões nacionais e internacionais, muitas vezes (mas nem sempre) derivados do inglês.

[7] Muitos fluidos não newtonianos (por exemplo: soluções de polímeros) também apresentam um valor-limite da viscosidade (*plateau* newtoniano) para taxas de cisalhamento suficientemente elevadas, geralmente fora do intervalo de interesse:

$$\lim_{\dot{\gamma} \to \infty} \eta(\dot{\gamma}) = \eta_\infty$$

Na maioria dos casos, trata-se de fluidos viscoelásticos, assunto que vai além do escopo deste livro.

### 8.1.3 Modelo de Carreau-Yasuda

É conveniente estudar outro caso de fluido não newtoniano real no qual é possível observar o *plateau* newtoniano a baixas taxas de cisalhamento, porém dentro do intervalo de interesse para o processamento de materiais.

Observe que no exemplo da Figura 8.2 (um policarbonato com ponto de transição vítreo próximo de 150°C) o material comporta-se como um fluido newtoniano (isto é, com viscosidade independente da taxa de cisalhamento) para $\dot{\gamma} \ll 100\ \mathrm{s^{-1}}$, mas a lei da potência representa razoavelmente a dependência da viscosidade com a taxa de cisalhamento para $\dot{\gamma} \gg 1000\ \mathrm{s^{-1}}$. No intervalo $100\ \mathrm{s^{-1}} < \dot{\gamma} < 1000\ \mathrm{s^{-1}}$ (os limites precisos dependem da temperatura) ocorre uma transição gradual de uma zona para a outra.

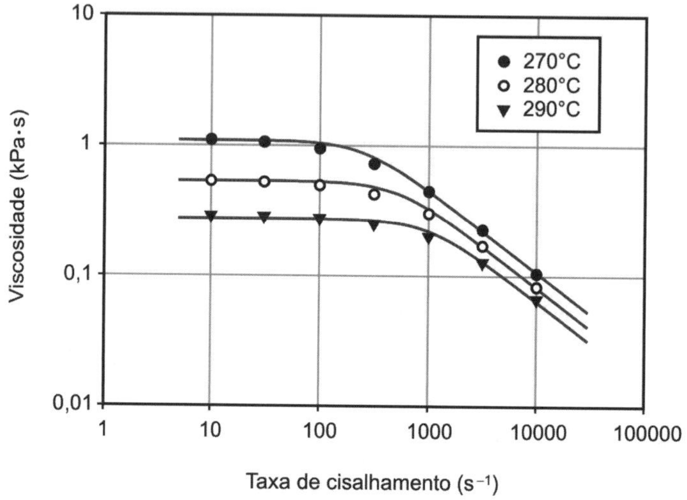


**Figura 8.2**

As três regiões (*plateau* newtoniano, transição, e lei da potência) podem ser claramente identificadas neste caso (Figura 8.3). Observe que os valores da taxa de cisalhamento que delimitam o intervalo de transição dependem da temperatura. A transição ocorre para valores maiores da taxa de cisalhamento a temperaturas mais elevadas.

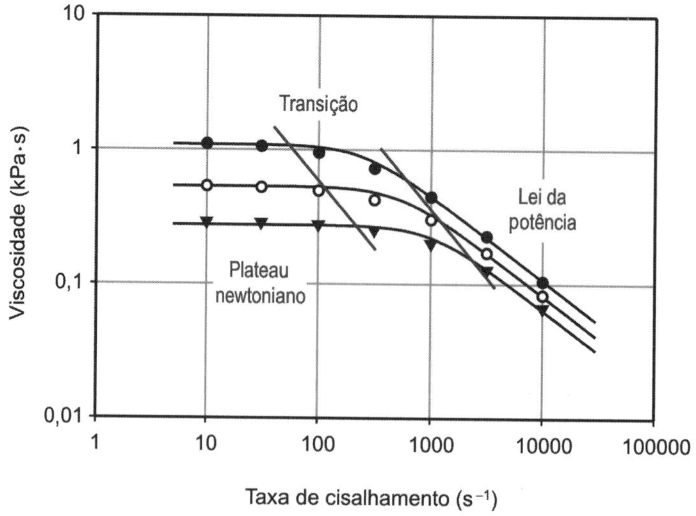


**Figura 8.3**

A lei da potência trunca representa bem os extremos do comportamento reológico deste material. Porém, essa lei apresenta uma transição brusca entre os extremos (a curva $\log\eta$ vs. $\log\dot{\gamma}$ tem uma "cúspide" no ponto de transição – a derivada é descontínua). Nos materiais reais a transição é mais "suave". No *modelo de Carreau-Yasuda*,

$$\boxed{\eta = \frac{\eta_0}{\left[1+(\lambda\dot{\gamma})^{\kappa}\right]^{\frac{1-n}{\kappa}}}} \tag{8.12}$$

o ponto de transição é representado usualmente por um *tempo característico* $\lambda$, inversa da taxa de cisalhamento crítica, $\lambda = (\dot{\gamma}_0)^{-1}$. Observe que para $\lambda\dot{\gamma} \ll 1$ (isto é, para $\dot{\gamma} \ll \dot{\gamma}_0 = \lambda^{-1}$) o material comporta-se como um fluido newtoniano:

$$\eta \to \eta_0 \tag{8.13}$$

Para $\lambda\dot{\gamma} \gg 1$ (isto é, para $\dot{\gamma} \gg \dot{\gamma}_0 = \lambda^{-1}$) o material comporta-se como um fluido lei da potência:

$$\eta \to \frac{\eta_0}{(\lambda\dot{\gamma})^{1-n}} = m\dot{\gamma}^{n-1} \tag{8.14}$$

onde $m = \eta_0\dot{\gamma}_0^{1-n} = \eta_0\lambda^{n-1}$. O quarto parâmetro $\kappa$, chamado *parâmetro de dispersão*[8] ou *parâmetro de Yasuda*, rege o grau de "suavidade" da transição entre o *plateau* newtoniano e o intervalo de validade da lei da potência.

A Figura 8.4 (esquerda) identifica os parâmetros $\eta_0$, $\lambda$ e $n$ (viscosidade-limite do *plateau* newtoniano, ponto de transição, índice da lei da potência, respectivamente) do modelo de Carreau-Yasuda; as quatro curvas no gráfico da direita correspondem a um fluido com o mesmo valor dos parâmetros $\eta_0$, $\lambda$ e $n$, mas com diferentes valores do parâmetro de dispersão $\kappa$ (0,5; 1; 2; $\infty$).

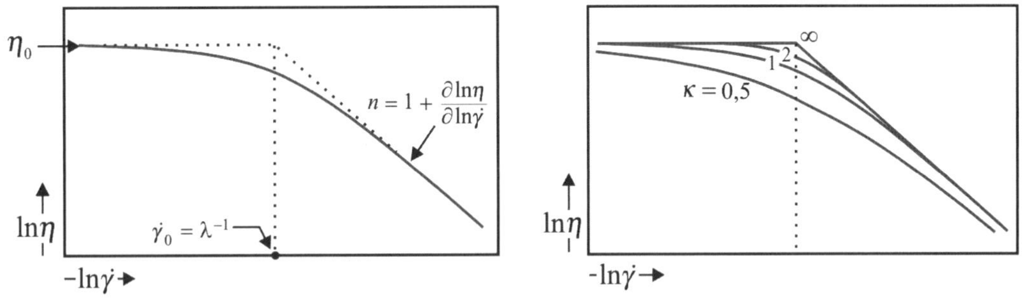


**Figura 8.4**

Resumindo, a Eq. (8.12) contém quatro parâmetros:

$\eta_0$ Viscosidade-limite a baixa taxa de cisalhamento, correspondente ao *plateau* newtoniano.
$n$ Índice da lei da potência, para elevadas taxas de cisalhamento (adimensional).
$\lambda$ Tempo característico; a inversa do tempo característico, $\dot{\gamma}_0 = \lambda^{-1}$, é a taxa de cisalhamento no ponto de transição entre o *plateau* newtoniano e o intervalo de validade da lei da potência.
$\kappa$ Parâmetro de dispersão (adimensional); indica a "suavidade" da transição entre o *plateau* newtoniano e o intervalo de validade da lei da potência.

Atribuindo valores particulares ao parâmetro $\kappa$, na Eq. (8.12), obtêm-se vários modelos de três parâmetros bastante utilizados na prática. Por exemplo, para $\kappa = 1-n$:

$$\eta = \frac{\eta_0}{1+(\lambda\dot{\gamma})^{1-n}} \tag{8.15}$$

conhecido como *modelo de Cross*, apropriado para descrever o comportamento reológico de muitos termoplásticos industriais fundidos em escoamentos viscométricos. Para $\kappa = 2$, obtém-se

$$\eta = \frac{\eta_0}{\left[1+(\lambda\dot{\gamma})^2\right]^{\frac{1}{2}(1-n)}} \tag{8.16}$$

conhecido como *modelo de Carreau*. Observe que o modelo de Carreau-Yasuda inclui, como caso-limite, o modelo da lei da potência trunca, desde que

$$\lim_{\kappa\to\infty}\left[1+x^\kappa\right]^{\frac{a}{\kappa}} = \begin{cases} 1, & x \le 1 \\ x^a, & x > 1 \end{cases} \tag{8.17}$$

[8] O nome "parâmetro de dispersão" deriva do fato de que, para polímeros fundidos, observa-se que a suavidade da transição entre o *plateau* newtoniano e o intervalo de validade da lei da potência depende do índice de dispersão da massa molecular: quanto maior a dispersão (maior amplitude da distribuição de massa molecular), menor é o parâmetro. Existe também uma interessante conexão entre o tempo característico (o ponto de transição) e os tempos de relaxação da cadeia polimérica. Contudo, estes assuntos correspondem a outra disciplina...

Na prática, $\kappa > 5$ é suficiente para obter uma resposta na Eq. (8.12) equivalente à da lei da potência trunca, Eq. (8.10).

O modelo de Carreau-Yasuda e seus derivados (Cross, Carreau etc.) são modelos empíricos, e os parâmetros do modelo devem ser determinados pela correlação de dados experimentais, ou seja, medições da relação $\tau$-$\dot{\gamma}$ em escoamentos viscométricos à temperatura constante, com a viscosidade não newtoniana avaliada pela Eq. (8.5). Observe que todos estes modelos são não lineares nos coeficientes (parâmetros). A popularidade dos modelos mais simples, de três parâmetros, é devida à dificuldade de obter dados experimentais de qualidade suficiente para justificar o parâmetro adicional do modelo de Carreau-Yasuda "completo".

### 8.1.4 Dependência da Viscosidade com a Temperatura

Até agora temos considerado a dependência da viscosidade com a taxa de cisalhamento. Contudo, a viscosidade não newtoniana também é função da temperatura. Para fluidos newtonianos incompressíveis pode-se definir um coeficiente de temperatura $a_T$:

$$\eta(T) = \eta(T_0) \cdot a_T(T, T_0) \tag{8.18}$$

Um modelo muito utilizado para o coeficiente de temperatura é

$$a_T = \exp\left\{E_V\left(\frac{1}{T} - \frac{1}{T_0}\right)\right\} \tag{8.19}$$

onde $E_V$ é um parâmetro com dimensões de temperatura absoluta (unidades: K); $T_0$ é uma temperatura de referência arbitrária; $T$ e $T_0$ são temperaturas absolutas e devem ser expressas nas unidades correspondentes (K). A Eq. (8.18) é chamada, às vezes, de *equação de Arrhenius*, e o parâmetro $E_V$ escrito como $E_V = E_a/R$, onde $R$ é a constante universal dos gases ($R$ = 8,314 kJ/mol · K), e $E_a$, com dimensões de energia molar (unidades: kJ/mol), pode-se considerar como uma "energia de ativação para o escoamento viscoso", seguindo a interpretação da Eq. (8.19) na cinética química (veja um texto de físico-química para mais informações sobre a equação de Arrhenius).[9]

Observe que a Eq. (8.18) pode ser escrita como

$$\log \eta(T) = \log \eta(T_0) + \log a_T \tag{8.20}$$

e, portanto,

$$\log a_T = \frac{d \log \eta}{dT} \tag{8.21}$$

O tratamento anterior pode ser generalizado para fluidos não newtonianos. Nesse caso,

$$\log a_T = \frac{\partial \log \eta}{\partial T} \tag{8.22}$$

A derivada parcial na Eq. (8.22) indica que a "outra" variável independente se mantém constante na derivação. A interpretação mais simples consiste em considerar que a viscosidade é uma função da temperatura e da *taxa* de cisalhamento $\eta = \eta(\dot{\gamma}, T)$; portanto,

$$\log a_T = \left.\frac{\partial \log \eta}{\partial T}\right|_{\dot{\gamma}\text{ constante}} \tag{8.23}$$

Porém, os dados experimentais não são consistentes com essa interpretação do coeficiente de temperatura $a_T$, mas com a viscosidade como função da temperatura e da *tensão* de cisalhamento $\eta = \eta(\tau, T)$, de acordo com a Eq. (8.5). Tomando a derivada parcial da Eq. (8.23) à $\tau$ constante,

$$\log a_T = \left.\frac{\partial \log \eta}{\partial T}\right|_{\tau\text{ constante}} \tag{8.24}$$

[9] A equação de Arrhenius pode ser utilizada para todo tipo de materiais. Entretanto, para polímeros amorfos a temperaturas maiores, porém próximas à temperatura de transição vítrea, a expressão teórica de *Williams-Landel-Ferry* (WLF) é preferida:

$$\ln a_T = \frac{c_0(T_0 - T_S)}{c_1 + T_0 - T_S} - \frac{c_0(T - T_S)}{c_1 + T - T_S}$$

onde $T_0$ é uma temperatura de referência, $T_S$ é um parâmetro que depende do material, e as constantes $c_0$ = 8,86 e $c_1$ = 101,6°C são as mesmas para todos os materiais. Observe que $T$, $T_0$ e $T_S$ podem ser expressos tanto em K quanto em graus Celsius (mas não misture as escalas de temperatura!).

Nestas condições, o modelo de Carreau-Yasuda se expressa como

$$\boxed{\eta = \frac{\eta_0 a_T}{\left[1+(\lambda a_T \dot{\gamma})^{\kappa}\right]^{\frac{1-n}{\kappa}}}} \tag{8.25}$$

onde $\eta$ é a viscosidade à temperatura $T$ e à taxa de cisalhamento $\dot{\gamma}$, $\eta_0$ é a viscosidade à temperatura de referência $T_0$ e no limite $\dot{\gamma} \to 0$, $\lambda$ é um parâmetro característico do material (com dimensões de tempo). O ponto de transição entre o *plateau* newtoniano e o intervalo de validade da lei da potência depende da temperatura e é dado por

$$\gamma_0 = (\lambda a_T)^{-1} \tag{8.26}$$

Observe que $\gamma_0 = \lambda^{-1}$ somente à temperatura de referência $T_0$. O índice da lei da potência para taxas de cisalhamento elevadas, $n$, e o parâmetro de dispersão, $\kappa$, são dois parâmetros adimensionais característicos do material. Os parâmetros $\lambda$, $n$, $\kappa$ são "constantes materiais" independentes da temperatura.

A Eq. (8.25) pode ser escrita em termos de uma viscosidade e de uma taxa de cisalhamento modificada:

$$\eta^* = \eta / a_T \tag{8.27}$$

$$\dot{\gamma}^* = \dot{\gamma} \cdot a_T \tag{8.28}$$

resultando em

$$\eta^* = \frac{\eta_0}{\left[1+(\lambda \dot{\gamma}^*)^{\kappa}\right]^{\frac{1-n}{\kappa}}} \tag{8.29}$$

A função $\eta^* = \eta^*(\dot{\gamma}^*)$ é independente da temperatura e depende apenas do material e da escolha da temperatura de referência $T_0$, que afeta a "constante" $\eta_0$. A Figura 8.5 apresenta os dados da Figura 8.2, plotados em termos da viscosidade e taxa de cisalhamento modificadas.

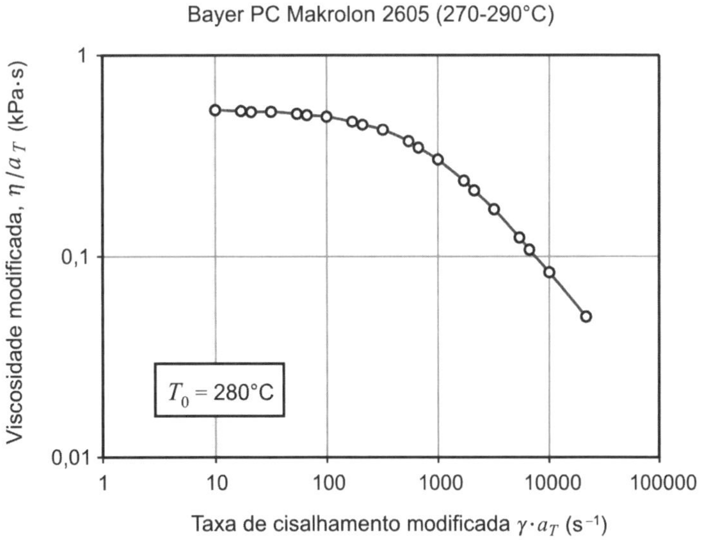


**Figura 8.5**

Esta característica dos materiais poliméricos, que se aplica também a outras propriedades, mostra a "equivalência" entre a variação de temperatura e a variação da taxa de cisalhamento e é chamada, às vezes, princípio de superposição. A Eq. (8.24) representa "deslocamentos" em um gráfico duplo-logarítmico (Figura 8.6).

Finalmente só resta assinalar a expressão da lei da potência, Eq. (8.7), incluindo os efeitos térmicos:

$$\boxed{\eta = m\, a_T^n\, \dot{\gamma}^{n-1}} \tag{8.30}$$

onde o coeficiente de temperatura $a_T$ é dado pela Eq. (8.19).

Outra forma de apresentar a dependência da viscosidade não newtoniana com a temperatura envolve a expressão da viscosidade-limite para $\eta_0$ e o tempo característico $\lambda$ em termos do *mesmo* coeficiente de temperatura $a_T$:

$$\eta_0 = \eta_{00} a_T \tag{8.31}$$

$$\lambda = \lambda_0 a_T \tag{8.32}$$

onde $\eta_{00}$ é a viscosidade-limite a baixa taxa de cisalhamento, avaliada à temperatura de referência $T_0$, e $\lambda_0$ é o tempo característico, avaliado à temperatura de referência $T_0$. A expressão resultante é formalmente idêntica à Eq. (8.25):

$$\eta = \frac{\eta_{00} a_T}{\left[1 + (\lambda_0 a_T \dot{\gamma})^{\kappa}\right]^{\frac{1-n}{\kappa}}} \tag{8.33}$$

A Figura 8.6 (esquerda) mostra o "deslocamento" térmico (de $T_0$ para $T$) para a taxa de cisalhamento $\dot{\gamma}$ constante (linhas verticais): inconsistente com os dados experimentais; à direita, o mesmo "deslocamento" para a tensão de cisalhamento $\tau = \eta\dot{\gamma}$ constante (linhas inclinadas): consistente com os dados experimentais. Nos dois casos o fator de corrimento $a_T$ foi determinado com os valores experimentais da viscosidade a baixas taxas de cisalhamento (*plateau* newtoniano). Dados correspondentes ao policarbonato Bayer Macrolon 2605.

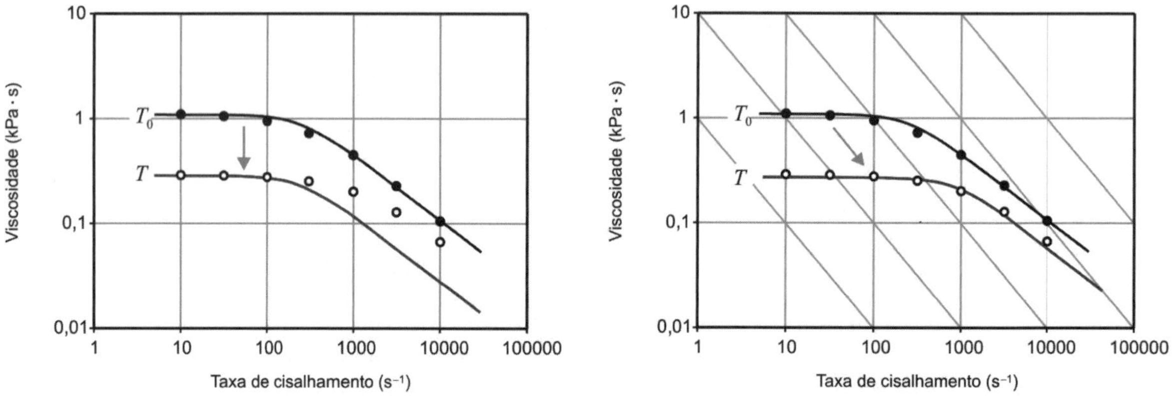


**Figura 8.6**

É possível encontrar, na literatura técnica, dúzias de modelos, mais ou menos empíricos, para descrever o comportamento reológico dos fluidos não newtonianos puramente viscosos – ou dos fluidos não newtonianos (em geral) em escoamentos viscométricos. No entanto, nenhum é mais simples do que a *lei da potência*, com dois parâmetros, Eq. (8.7) e Eq. (8.30), e nenhum representa esse comportamento melhor do que o modelo de *Carreau-Yasuda*, com quatro parâmetros, Eq. (8.12) e Eq. (8.25). O primeiro, com todas as suas limitações, é de grande utilidade porque possibilita resolver analiticamente muitos problemas de escoamentos simples para "fluidos lei da potência". O modelo de Carreau-Yasuda e seus derivados requer soluções numéricas, ainda que para os escoamentos mais simples.

## 8.1.5 Suspensões Concentradas de Sólidos em Líquidos

A breve introdução à "reologia fenomenológica" dos fluidos viscosos não newtonianos apresentada nesta seção utiliza como exemplo os polímeros fundidos, de grande interesse para a engenharia de materiais. Outros fluidos complexos de interesse no processamento de materiais são as suspensões concentradas de partículas sólidas (ou fluidas imiscíveis) de dimensões microscópicas (tipicamente 0,01-100 $\mu$m de diâmetro equivalente) em líquidos que, quando puros, podem ter um comportamento perfeitamente newtoniano.

As suspensões *diluídas* de esferas sólidas em líquidos newtonianos têm geralmente comportamento reológico newtoniano, com viscosidade dependente do conteúdo de sólidos de acordo com a expressão linear de Einstein, Eq. (2.30). Uma suspensão é considerada diluída se a interação entre as partículas suspensas é desprezível e o escoamento ao redor de uma delas não é afetado pela presença das outras. Isto requer que a separação entre as partículas seja muito maior que seu tamanho; isto é, partículas "inertes" que não se associem entre elas, e concentração volumétrica de sólidos bastante baixa, $\phi < 0{,}01$ para partículas "esferoidais" (mais ou menos isométricas), ainda menor para fibras e plaquetas (partículas anisométricas), onde $\phi$ é a fração volumétrica de sólidos, Eq. (2.32). Veja a Seção 9.3.

Suspensões moderadamente concentradas podem ainda exibir comportamento newtoniano quando submetidas a baixas taxas de deformação; a dependência da viscosidade com a concentração nesse caso pode ser modelada por alguma das várias expressões empíricas (não lineares) disponíveis; por exemplo, a expressão devida a Krieger e Dougherty, Eq. (2.34). Porém, para elevado conteúdo de sólidos e altas – ou moderadas – taxas de cisalhamento frequentemente encontradas na prática do processamento de materiais, o comportamento é quase sempre não newtoniano.

A Figura 8.7 mostra a dependência da viscosidade com a taxa de cisalhamento e a fração volumétrica de sólidos para suspensões de partículas esferoidais de vidro (diâmetro: 5-45 μm) em Indopol L100, um polibutileno de baixo peso molecular (líquido de comportamento newtoniano a temperatura ambiente, ainda sob elevadas taxas de cisalhamento).

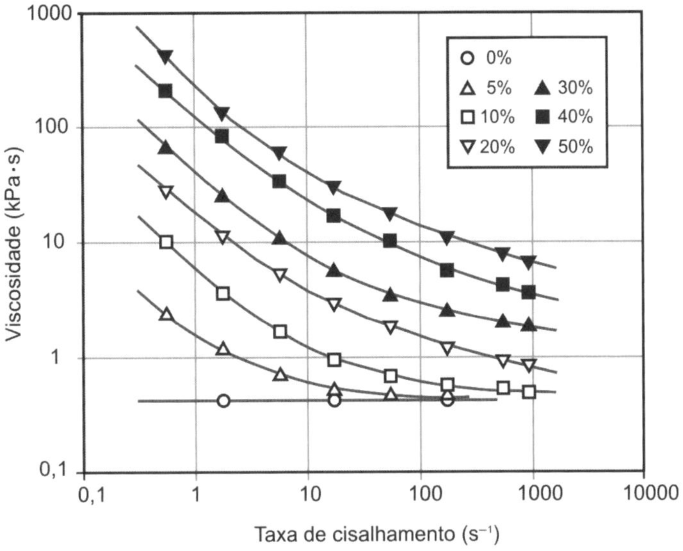


**Figura 8.7**

Observe a significativa diminuição da viscosidade com o aumento da taxa de cisalhamento (*shear thinning*), especialmente para baixas taxas de cisalhamento, inclusive para moderadas concentrações de sólidos, sem traço do *plateau* newtoniano, característico dos polímeros fundidos (Figura 8.2); e mais: os dados *sugerem* um *plateau* newtoniano a taxas de cisalhamento muito elevadas...

A Figura 8.8 mostra um exemplo do procedimento para determinar a tensão-limite de escoamento para suspensões de esferas de vidro em Indopol L100. Um gráfico de tensão *vs* taxa de cisalhamento (Figura 8.8a) para baixas taxas de cisalhamento revela a existência de um valor-limite da tensão de cisalhamento para $\dot{\gamma} \to 0$; a tensão de cisalhamento tende a um valor finito diferente de zero, uma *tensão mínima de escoamento* (*yield stress*) $\tau_0$ que depende da concentração de sólidos. Para valores de $\tau \leq \tau_0$, a suspensão se comporta como um sólido (um fluido de "viscosidade infinita") e não escoa. Observe que a tensão mínima de escoamento aumenta exponencialmente com a fração de sólidos para valores moderadamente elevados da mesma ($\phi > 0{,}2$), mas diminui rapidamente para suspensões diluídas (Figura 8.8b).

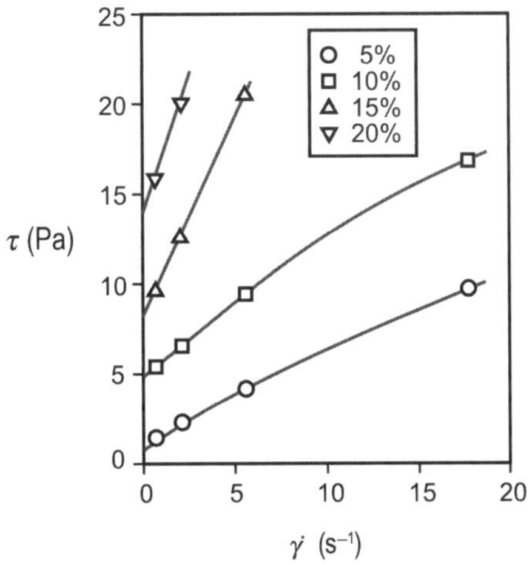


**Figura 8.8a**

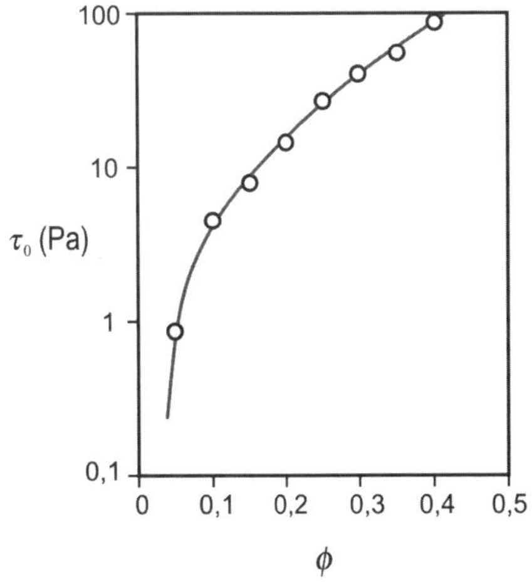


**Figura 8.8b**

Ainda que a viscosidade parecesse tender a um valor constante a elevadas taxas de cisalhamento, dentro do intervalo das medições experimentais, os dados podem ser razoavelmente representados por um modelo da lei da potência com tensão mínima de escoamento:

$$\tau = \tau_0 + m\dot{\gamma}^n \tag{8.34}$$

ou

$$\eta = \frac{\tau}{\dot{\gamma}} = \frac{\tau_0}{\dot{\gamma}} + \frac{m}{\dot{\gamma}^{1-n}} \tag{8.35}$$

expressão do modelo reológico de *Herschel-Bulkley*, onde $\tau_0$ é a tensão mínima de escoamento, $m$ é a consistência e $n$ é o índice da lei da potência. Os três parâmetros são funções do conteúdo de sólidos. A tensão mínima de escoamento aumenta e o "índice da lei da potência" diminui com a concentração de sólidos, no limite

$$\lim_{\phi \to 0} \tau_0 = 0 \tag{8.36}$$

e

$$\lim_{\phi \to 0} n = 1 \tag{8.37}$$

isto é, a suspensão se torna newtoniana para conteúdo de sólidos suficientemente baixo. Testes com suspensões diluídas ($\phi < 0{,}01$) revelam que o comportamento do material é efetivamente newtoniano nessas condições, com viscosidade linear na fração volumétrica de sólidos, de acordo com a expressão de Einstein [Eq. (2.30)]:

$$\eta = \eta_S\,[1 + 2{,}5\phi + \mathbb{O}(\phi^2)] \tag{8.38}$$

onde $\eta_S$ é a viscosidade do líquido base.

Muitas vezes é conveniente aproximar o modelo de *Herschel-Bulkley* com uma "lei da potência trunca":

$$\eta = \begin{cases} \infty, & \dot{\gamma} \le \dot{\gamma}_0 \\ \eta_0 \left(\dfrac{\dot{\gamma}}{\dot{\gamma}_0}\right)^{n-1}, & \dot{\gamma} > \dot{\gamma}_0 \end{cases} \tag{8.39}$$

onde $\dot{\gamma}_0$ é uma taxa de cisalhamento crítica, por baixo da que não é possível o escoamento, e $\eta_0$ é a viscosidade do fluido para essa taxa de cisalhamento; compare com a Eq. (8.10).[10] Os parâmetros $\dot{\gamma}_0$ e $\eta_0$ estão relacionados com a tensão mínima de escoamento $\tau_0$ e o índice de consistência $m$:

$$m = \eta_0 \dot{\gamma}_0^{1-n} \tag{8.40}$$

e

$$\tau_0 = \eta_0 \dot{\gamma}_0 \tag{8.41}$$

A Figura 8.9 mostra o perfil de velocidade de um fluido de Herschel-Bulkley [equação constitutiva simplificada, Eq. (8.39)] em um tubo cilíndrico para $\tau_w \approx 1{,}5 \cdot \tau_0$ e $n \approx 0{,}5$.

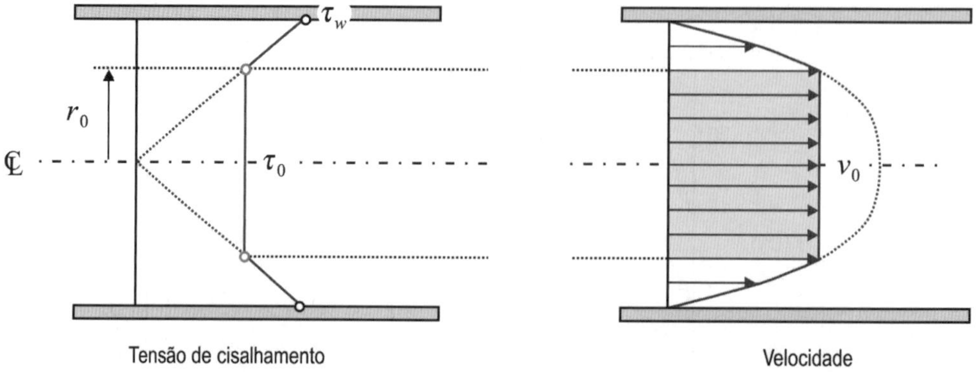


**Figura 8.9**

[10] Os materiais (ideais) com comportamento reológico de acordo com a Eq. (8.39) e $n = 1$ (isto é, que se comportam como fluidos newtonianos acima de uma tensão mínima de escoamento) são conhecidos como *plásticos de Bingham*.

Observe que na zona central ($r < \frac{2}{3} R$) o fluido se movimenta como um bloco sólido, sem gradientes internos de velocidade.

A tensão-limite de escoamento também é observada em suspensões concentradas de sólidos em fluidos não newtonianos. A Figura 8.10 mostra a viscosidade de poliestireno a 170°C recheado com negro de fumo (*carbon black*), em função da tensão cisalhamento para diferentes valores da fração volumétrica de recheio sólido ($\phi$). Podem-se observar claramente as tensões-limites de escoamento $\tau_0 = 12{,}5$ kPa para $\phi = 0{,}20$ e $\tau_0 = 65$ kPa para $\phi = 0{,}25$.

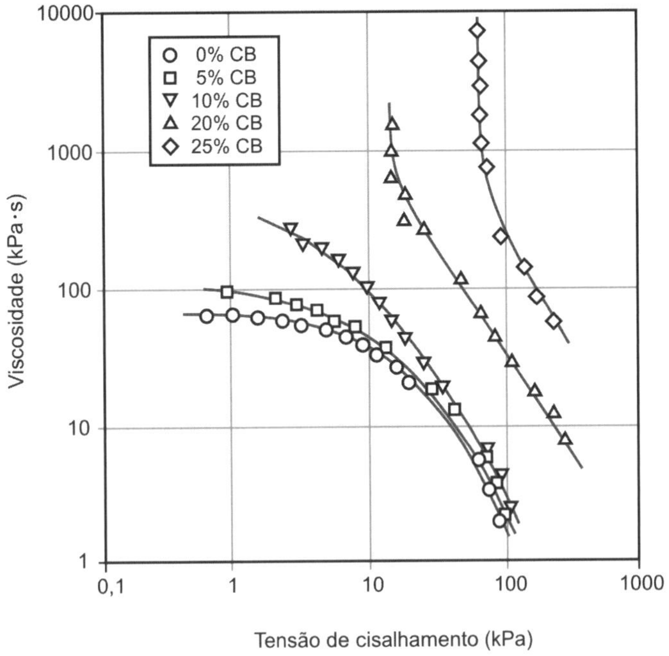


**Figura 8.10**

*Nota*: Os exemplos apresentados nesta seção foram tirados de C. D. Han, *Multiphase Flow in Polymer Processing*. Academic Press, 1981, Seções 3.2 e 3.3, onde o leitor pode aprofundar este assunto.

## 8.1.6 *Shear Thinning*, Sólidos e Fluidos

Vimos que o fenômeno de *shear thinning* (diminuição da viscosidade – resistência ao escoamento – com a taxa de deformação) é bastante comum em fluidos não newtonianos de importância no processamento de materiais (polímeros fundidos, suspensões concentradas de sólidos em líquidos newtonianos e não newtonianos etc.). O índice da lei da potência local, $n$, definido pela Eq. (8.8) para escoamentos viscométricos é uma boa medida da intensidade do fenômeno de *shear thinning*: quanto menor o valor de $n$, maior a intensidade local do fenômeno. O índice da lei da potência liga os valores locais da tensão e a taxa de deformação com a viscosidade "aparente" (ou local):

$$\tau \sim \dot{\gamma}^n \tag{8.42}$$

$$\eta \sim \dot{\gamma}^{-(1-n)} \tag{8.43}$$

onde utilizamos o símbolo $\sim$ para indicar proporcionalidade. Observe que para materiais que apresentam *shear thinning* o índice varia entre $n = 1$ (tensão diretamente proporcional à taxa, viscosidade constante) e $n = 0$ (tensão constante, viscosidade inversamente proporcional à taxa).

Como o *shear thinning* resulta na diminuição da viscosidade – a igualdade de consistência – e a facilidade de escoamento (medida, por exemplo, através da vazão obtida para um determinado gradiente de pressão em um duto) é inversamente proporcional à viscosidade, poder-se-ia pensar que o *shear thinning* faz os materiais "mais fluidos" (fluem mais facilmente).

Porém, no início do Capítulo 2 caracterizamos os sólidos – por oposição aos fluidos – como materiais em que a tensão de deformação não depende da taxa de deformação (depende só da quantidade de deformação) e utilizamos como protótipo de fluido o fluido newtoniano incompressível, em que a tensão de deformação depende *linearmente* da taxa de deformação. Um menor índice da lei da potência (maior *shear thinning*) faz a tensão *menos dependente* da taxa de deformação e, portanto, aproxima seu comportamento reológico ao de um sólido. O *shear thinning* faz os materiais se comportarem como "mais sólidos"!

O paradoxo resulta de considerar redução da viscosidade e não sua dependência com a taxa de formação como a característica essencial do fenômeno de *shear thinning* (assim como de crer que um fluido com menor viscosidade é mais fluido).

Compare, por exemplo, os perfis de velocidade obtidos para pequenos valores do índice da lei da potência em fendas (Figura 8.12) e tubos (Figura 8.16) com os perfis newtonianos (ou para índices da lei da potência mais elevados). Observe que, para baixos valores do índice, o fluido tende a se mover – no centro do duto – quase como um "bloco sólido", com perfil de velocidade quase plano e com mínimos gradientes de velocidade, se aproximando ao comportamento tipicamente sólido exibido nessa zona pelo material com uma taxa mínima de escoamento (Figura 8.9). No escoamento de cisalhamento simples (por exemplo, o escoamento de Couette entre duas placas planas) o perfil de velocidade é independente da viscosidade, e o fluido não mostra a tendência a se deslocar em bloco. Mas neste caso a taxa de deformação é constante e o fenômeno de *shear thinning* não pode se manifestar.

Concluindo, os fluidos que apresentam *shear thinning* têm um comportamento reológico que se pode descrever como *parcialmente fluido* e *parcialmente sólido*. O índice da lei da potência resulta então em uma medida do "caráter sólido" do fluido.[11]

### 8.1.7 Conclusão

Nem todos os polímeros fundidos, nem – especialmente – todas as suspensões de sólidos em líquidos têm o comportamento reológico descrito. Os exemplos apresentados têm o objetivo de introduzir alguns modelos simples para descrever o escoamento de fluidos complexos, além do modelo newtoniano utilizado ao longo deste livro.

Nas próximas seções vamos apresentar alguns exemplos simples de escoamentos de fluidos viscosos não newtonianos. Para mais informações, veja a bibliografia recomendada, em particular R. B. Bird, W. E. Stewart e E. N. Lightfoot, *Fenômenos de Transporte*, 2ª ed. LTC, Rio de Janeiro, 2004 (BSL), Seção 8.3, e o texto de R. B. Bird, R. C. Armstrong e O. Hassager, *Dynamics of Polymeric Liquids – Volume* 1: *Fluid Dynamics*, 2nd ed. Wiley-Interscience, 1987, Capítulo 4.

## 8.2 ESCOAMENTO EM UMA FENDA ESTREITA (FLUIDO LEI DA POTÊNCIA)

Deseja-se obter os perfis de velocidade e de pressão em um fluido incompressível puramente viscoso, cujo comportamento reológico pode ser modelado pela lei da potência, Eq. (8.7), que escoa através de uma fenda estreita sob efeito de uma diferença de pressão $\Delta p$ imposta entre uma e outra ponta da fenda. O desenvolvimento nesta seção segue o padrão dos "casos" de escoamentos simples estudados nos Capítulos 3 e 5, em particular o caso da Seção 3.1, resumindo os pontos comuns e destacando as diferenças.

A fenda *estreita* é formada por duas placas planas paralelas e fixas, de comprimento $L$ e largura $W$, separadas por uma distância $2H$, onde $H \ll L$ e $H \ll W$. Os "efeitos de entrada" e os "efeitos de bordas" podem ser desconsiderados longe da entrada e das paredes laterais, de modo que a análise considera essencialmente o escoamento de Poiseiulle entre duas placas planas paralelas e infinitas. Além disso, consideram-se estado estacionário, escoamento laminar, temperatura e composição constantes e uniformes em todo o sistema; a densidade, a consistência e o índice da lei da potência podem ser considerados constantes.

Define-se um sistema de coordenadas cartesianas $(x, y, z)$ centrado no meio do espaço entre as duas placas; $z$ (coordenada axial) na direção do gradiente de pressão e $y$ (coordenada transversal) perpendicular às placas (Figura 8.11).

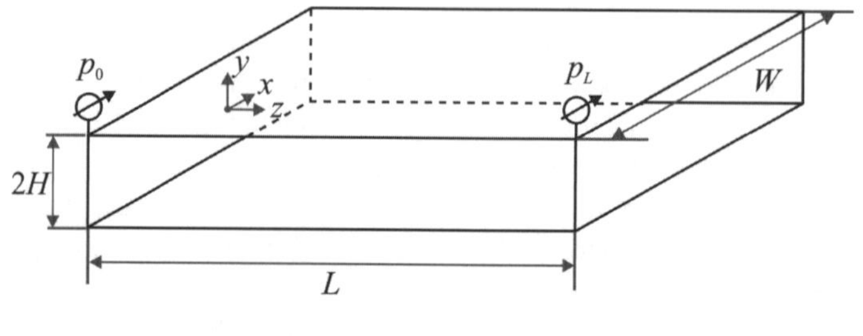


**Figura 8.11**

[11] Esta é justamente uma característica dos materiais *viscoelásticos*. A resposta mecânica de muitos fluidos, quando submetidos a elevadas taxas de deformação, apresenta significativas (e até dominantes) componentes elásticas. A lei da potência (em geral, a aproximação de comportamento puramente viscoso) é útil para modelar escoamentos de cisalhamento, unidirecionais e estacionários (escoamentos viscométricos), ainda sob elevadas taxas de cisalhamento, mas a *viscosidade de cisalhamento* representada pela lei não descreve completamente a resposta do material em escoamentos não estacionários ou multidimensionais. Mas esta é outra (interessante) história, a ser desenvolvida nas disciplinas de Reologia.

Como no caso de escoamento newtoniano, vamos supor que a dependência funcional do perfil de velocidade e pressão modificada é $v_x = v_y \equiv 0$, $v_z = v_z(y)$, $P = P(z)$, para $-½W < x < ½W$, $-H < y < H$ e $z > 0$, com as condições de borda:

$$v_z = 0 \quad \text{para } y = \pm H \quad \text{(não deslizamento nas paredes da fenda)} \tag{8.44}$$

$$\frac{dv_z}{dy} = 0 \quad \text{para } y = 0 \quad \text{(simetria no plano central da fenda)} \tag{8.45}$$

$$P = p_0 \quad \text{para } z = 0 \tag{8.46}$$

$$P = p_L \quad \text{para } z = L \tag{8.47}$$

O balanço de quantidade de movimento na direção axial $z$, Eq. (4.23) [BSL, Tabela B.5], fica reduzido a

$$-\frac{d\tau_{zy}}{dy} = \frac{dP}{dz} \tag{8.48}$$

onde $\tau_{zy}$ é a tensão de atrito viscoso na direção $z$, exercida sobre uma superfície normal à direção $y$. A equação da continuidade, Eq. (4.7) [Apêndice, Tabela A.2], é satisfeita automaticamente para a escolha da dependência funcional de $\boldsymbol{v}$ (em estado estacionário).

Para um "fluido incompressível lei da potência", onde $v_z = v_z(y)$ e $v_y = 0$,

$$\tau_{zy} = -m\left(\frac{dv_z}{dy}\right)^n \tag{8.49}$$

onde $m$ é a *consistência* do fluido e $n$ é o *índice da lei da potência*, parâmetros materiais característicos do fluido, constantes nas condições do problema. Como $d\tau_{zy}/dy$ é função apenas de $y$, e $dP/dz$ é função apenas de $z$, ambos os termos devem ser iguais a uma constante:

$$-\frac{d\tau_{zy}}{dy} = \frac{dP}{dz} = C \tag{8.50}$$

Ou seja, a Eq. (8.48) dá origem a duas equações diferenciais ordinárias, ligadas pela constante $C$ (no momento, desconhecida):

$$\frac{dP}{dz} = C \tag{8.51}$$

e

$$\frac{d\tau_{zy}}{dy} = -C \tag{8.52}$$

A integração da Eq. (8.51) resulta em

$$P = Cz + D \tag{8.53}$$

onde $D$ é uma constante de integração. As constantes $C$ e $D$ podem ser determinadas com as condições de borda, Eqs. (8.46)-(8.47), para obter

$$C = -\frac{\Delta P}{L} \tag{8.54}$$

onde $\Delta P = \Delta p = p_0 - p_L$, e

$$P = p_0 - \frac{\Delta P}{L}z \tag{8.55}$$

Observe que o perfil de pressão é idêntico ao do escoamento newtoniano, Eq. (3.18).

A integração da Eq. (8.52), levando em consideração a Eq. (8.54), resulta em

$$\tau_{zy} = \frac{\Delta P}{L}y + A \tag{8.56}$$

onde $A$ é uma constante de integração. A condição de simetria, Eq. (8.45), implica que $A = 0$. Portanto,

$$\tau_{zy} = \frac{\Delta P}{L}y \tag{8.57}$$

Introduzindo a lei da potência, Eq. (8.49),

$$-m\left(\frac{dv_z}{dy}\right)^n = \frac{\Delta P}{L}y \tag{8.58}$$

ou

$$-\frac{dv_z}{dy} = \left(\frac{\Delta P}{mL}\right)^{1/n} y^{1/n} \tag{8.59}$$

É conveniente introduzir o parâmetro auxiliar $s = 1/n$:

$$-\frac{dv_z}{dy} = \left(\frac{\Delta P}{mL}\right)^s y^s \tag{8.60}$$

Integrando novamente,

$$v_z = -\frac{1}{s+1}\left(\frac{\Delta P}{mL}\right)^s y^{s+1} + B \tag{8.61}$$

onde $B$ é uma constante de integração que pode ser determinada utilizando a condição de borda, Eq. (8.44):

$$B = \frac{1}{s+1}\left(\frac{\Delta P}{mL}\right)^s H^{s+1} \tag{8.62}$$

Introduzindo a Eq. (8.62) na Eq. (8.61),

$$v_z = -\frac{1}{s+1}\left(\frac{\Delta P}{mL}\right)^s y^{s+1} + \frac{1}{s+1}\left(\frac{\Delta P}{mL}\right)^s H^{s+1} \tag{8.63}$$

ou

$$v_z = \frac{H^{s+1}}{s+1}\left(\frac{\Delta P}{mL}\right)^s \left[1 - \left(\frac{y}{H}\right)^{s+1}\right] \tag{8.64}$$

ou, em termos do índice da lei da potência,

$$\boxed{v_z = \frac{nH^{1+1/n}}{n+1}\left(\frac{\Delta P}{mL}\right)^{1/n} \left[1 - \left(\frac{y}{H}\right)^{1+1/n}\right]} \tag{8.65}$$

que é o *perfil* (transversal) *de velocidade* (Figura 8.12).

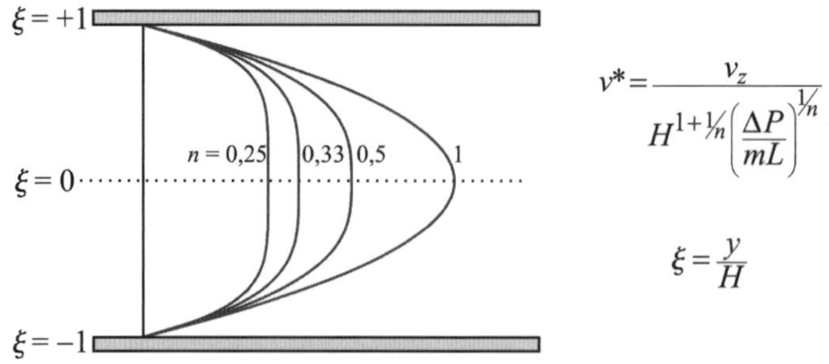


**Figura 8.12**

O perfil de velocidade é simétrico em relação ao plano central entre as placas ($y = 0$), onde a velocidade atinge o máximo:

$$v_{max} = \frac{nH^{1+1/n}}{n+1}\left(\frac{\Delta P}{mL}\right)^{1/n} \tag{8.66}$$

Observe que o perfil é mais achatado quanto menor é o parâmetro $n$. Para $n = 1$ recupera-se o perfil de velocidade parabólico do escoamento newtoniano, Eq. (3.30).

A *vazão volumétrica* é avaliada pela integral

$$Q = \int v_z dA = W\int_{-H}^{H} v_z dy = \frac{H^{1+s}W}{1+s}\left(\frac{\Delta P}{mL}\right)^s \int_{-H}^{H}\left[1-\left(\frac{y}{H}\right)^{1+s}\right]dy$$

$$= \frac{H^{2+s}W}{1+s}\left(\frac{\Delta P}{mL}\right)^s \int_{-1}^{1}(1-\xi^{1+s})d\xi \tag{8.67}$$

onde se define a variável de integração $\xi = y/H$. A integral avalia-se como

$$\int_{-1}^{1}(1-\xi^{1+s})d\xi = \left(\xi - \frac{\xi^{2+s}}{2+s}\right)\Bigg|_{-1}^{1} = 2 - \frac{2}{2+s} = 2\frac{1+s}{2+s} \tag{8.68}$$

resultando em

$$Q = \frac{2H^{2+s}W}{(2+s)}\left(\frac{\Delta P}{mL}\right)^s \tag{8.69}$$

ou

$$\boxed{Q = \frac{2nH^{2+1/n}W}{(2n+1)}\left(\frac{\Delta P}{mL}\right)^{1/n}} \tag{8.70}$$

(a *vazão mássica* é simplesmente $G = \rho Q$, desde que a densidade é constante); Figura 8.13. Para $n = 1$ recupera-se a expressão para o escoamento de um fluido newtoniano, Eq. (3.34).

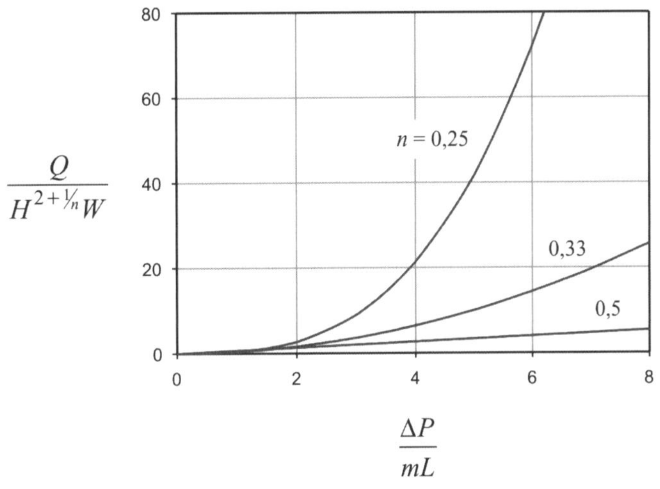


**Figura 8.13**

A Eq. (8.70) pode ser invertida para calcular o gradiente de pressão requerido para obter uma vazão determinada:

$$\Delta P = \left(\frac{2n+1}{2n}\right)^n \frac{mLQ^n}{H^{2n+1}W^n} \tag{8.71}$$

A velocidade média é

$$\bar{v} = \frac{Q}{2HW} = \frac{nH^{1+1/n}}{(2n+1)}\left(\frac{\Delta P}{mL}\right)^{1/n} \tag{8.72}$$

Comparando a Eq. (8.72) com a Eq. (8.66),

$$\bar{v} = \frac{n+1}{2n+1}v_{max} \tag{8.73}$$

O perfil de velocidade, Eq. (8.65), pode ser expresso em termos da velocidade média:

$$v_z = \frac{2n+1}{n+1}\bar{v}\left[1-\left(\frac{y}{H}\right)^{1+1/n}\right] \tag{8.74}$$

O perfil da *tensão de cisalhamento* $\tau$ é dado pela Eq. (8.59):

$$\tau = |\tau_{zy}| = \frac{\Delta P}{L} y \tag{8.75}$$

ou, levando em consideração a Eq. (9.71),

$$\tau = \left(\frac{2n+1}{2n}\right)^n \frac{mQ^n}{H^{2n} W^n} \left(\frac{y}{H}\right) \tag{8.76}$$

perfil linear, como no caso do fluido newtoniano. Porém, o perfil da *taxa de cisalhamento*, dado pela Eq. (8.59), não é linear:

$$\dot{\gamma} = \left|\frac{dv_z}{dy}\right| = \left(\frac{\Delta P}{mL}\right)^s y^s \tag{8.77}$$

ou

$$\dot{\gamma} = \left(\frac{\Delta P}{mL}\right)^{1/n} y^{1/n} \tag{8.78}$$

(Figura 8.14.) Levando em consideração a Eq. (8.71),

$$\dot{\gamma} = \left(\frac{2n+1}{2n}\right) \frac{Q}{H^2 W} \left(\frac{y}{H}\right)^{1/n} \tag{8.79}$$

Os valores na parede ($y = \pm H$) são

$$\tau_w = \frac{\Delta P}{L} H \tag{8.80}$$

$$\dot{\gamma}_w = \left(\frac{\Delta P}{mL}\right)^{1/n} H^{1/n} \tag{8.81}$$

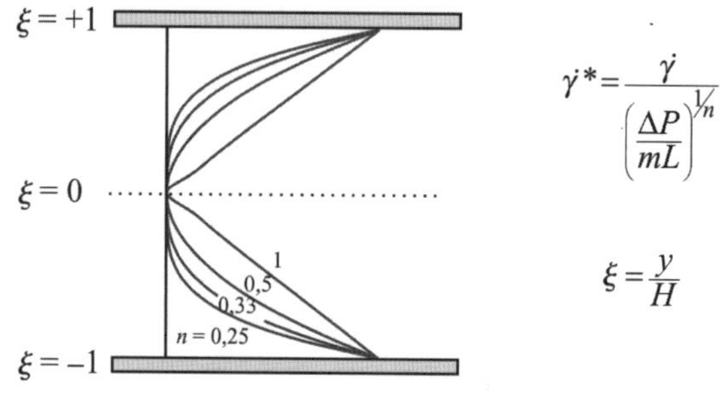


**Figura 8.14**

ou, em termos da vazão,

$$\tau_w = \left(\frac{2n+1}{2n}\right)^n \frac{mQ^n}{H^{n+1} W^n} \tag{8.82}$$

$$\dot{\gamma} = \left(\frac{2n+1}{2n}\right) \frac{Q}{H^2 W} \tag{8.83}$$

***Nota***: Os gráficos dos perfis adimensionais de velocidade e taxa de cisalhamento, apresentados acima, servem para se ter uma ideia da *forma* dos perfis e de como varia essa forma com o índice da lei da potência. Os gráficos não indicam (quantitativa nem qualitativamente) a *magnitude* da dependência da velocidade ou da taxa de cisalhamento com o índice da lei da potência, devido a que os valores característicos das variáveis dependentes utilizados na adimensionalização (indicados à direita dos gráficos) dependem fortemente do parâmetro $n$.

Por exemplo, para a mesma vazão (mesma velocidade média) a velocidade máxima para um fluido com $n = 0{,}25$ é só 20% menor que a velocidade máxima para um fluido newtoniano ($n = 1$). A dependência da vazão com o índice da lei da potência depende das condições:

$$\frac{Q_n}{Q_1} = \frac{3n}{2n+1}\left(\frac{H\Delta P}{mL}\right)^{1/n-1} = \frac{3n}{2n+1}\left(\frac{m}{\tau_w}\right)^{1-1/n} \tag{8.84}$$

onde $Q_n$ é a vazão para um fluido com índice $n$ e $Q_1$ para um fluido com índice 1 (newtoniano). Para $\tau_w$ = 1 kPa e $m$ = 1 kPa · $s^n$ a vazão para um fluido com $n$ = 0,25 é a metade da vazão para um fluido newtoniano ($n$ = 1). Observe que neste caso estamos comparando dois fluidos com a mesma viscosidade a $\dot{\gamma}$ = 1 $s^{-1}$ sob efeito do mesmo gradiente de pressão. Nenhum desses resultados pode ser obtido com um simples olhar nas Figuras 8.12 e 8.13.

## 8.3 ESCOAMENTO EM UM TUBO CILÍNDRICO (FLUIDO LEI DA POTÊNCIA)[12]

Deseja-se obter os perfis de velocidade e pressão em um fluido incompressível puramente viscoso, cujo comportamento reológico pode ser modelado pela lei da potência, Eq. (8.7), que escoa através de um tubo cilíndrico de diâmetro $D = 2R$ e comprimento $L \gg D$, sob efeito de uma diferença de pressão $\Delta p$ imposta entre uma e outra extremidade do tubo e desconsiderando os "efeitos de entrada". O desenvolvimento nesta seção segue o padrão dos "casos" de escoamentos simples estudados nos Capítulos 3 e 5, em particular a Seção 3.2, resumindo os pontos comuns e destacando as diferenças. Considera-se que o escoamento é laminar e estacionário, com temperatura e composição constantes e uniformes em todo o sistema. Define-se um sistema de coordenadas cilíndricas ($r$, $\theta$, $z$) coaxiais com o tubo (Figura 8.15).

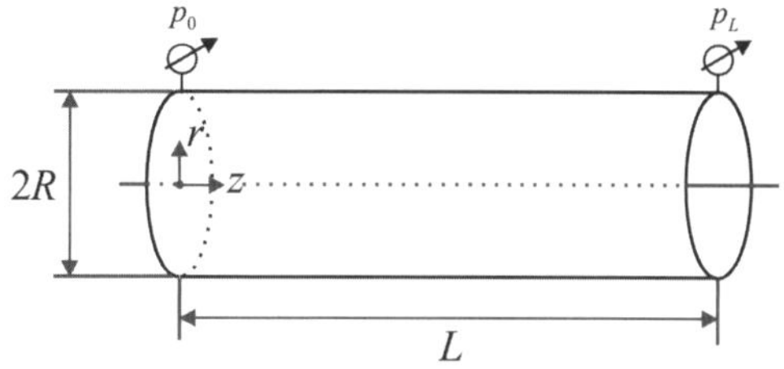


**Figura 8.15**

Como no caso de escoamento newtoniano, vamos supor que a dependência funcional do perfil de velocidade e pressão modificada seja $v_r = v_\theta \equiv 0$, $v_z = v_z(r)$, $P = P(z)$, para $0 < r < R$, e $z > 0$, com as condições de borda:

| | | | |
|---|---|---|---|
| $v_z = 0$ | Para $r = R$ | (não deslizamento na parede do tubo) | (8.85) |
| $\dfrac{dv_z}{dr} = 0$ | Para $r = 0$ | (simetria no eixo do tubo) | (8.86) |
| $P = p_0$ | Para $z = 0$ | | (8.87) |
| $P = p_L$ | Para $z = L$ | | (8.88) |

O balanço de quantidade de movimento na direção axial $z$, Eq. (4.23) [BSL, Tabela B.5], fica reduzido a

$$-\frac{1}{r}\frac{d(r\tau_{zr})}{dr} = \frac{dP}{dz} \tag{8.89}$$

onde $\tau_{zr}$ é a tensão de atrito viscoso na direção $z$ exercida sobre uma superfície normal à direção $r$. A equação da continuidade, Eq. (4.7) [Apêndice, Tabela A.2], é satisfeita automaticamente para a escolha da dependência funcional de $\mathbf{v}$ (em estado estacionário).

Para um "fluido incompressível lei da potência", em que $v_z = v_z(y)$ e $v_y = 0$,

$$\tau_{zr} = -m\left(\frac{dv_z}{dr}\right)^n \tag{8.90}$$

onde $m$ é a *consistência* do fluido e $n$ é o *índice da lei da potência*, parâmetros materiais característicos do fluido,

[12] R. B. Bird, R. C. Armstrong e O. Hassager, *Dynamics of Polymeric Liquids*, Volume 1: *Fluid Mechanics*, 2nd ed. Wiley-Interscience, 1987, Exemplo 4.2-1; Z. Tadmor e C. Gogos, *Principles of Polymer Processing*, 2nd ed. Wiley-Interscience, 2006, Exemplo 3.4.

constantes nas condições do problema. Como $d\tau_{zr}/dr$ é função apenas de $r$, e $dP/dz$ é função apenas de $z$, ambos os termos devem ser iguais a uma constante:

$$-\frac{1}{r}\frac{d(r\tau_{zr})}{dr}=\frac{dP}{dz}=C \tag{8.91}$$

Ou seja, a Eq. (8.89) dá origem a duas equações diferenciais ordinárias, ligadas pela constante $C$ (no momento desconhecida):

$$\frac{dP}{dz}=C \tag{8.92}$$

e

$$\frac{1}{r}\frac{d(r\tau_{zr})}{dr}=-C \tag{8.93}$$

A integração da Eq. (8.92) resulta em

$$P = Cz + D \tag{8.94}$$

onde $D$ é uma constante de integração. As constantes $C$ e $D$ podem ser determinadas com as condições de borda, Eqs. (8.87)-(8.88), para obter

$$C=-\frac{\Delta P}{L} \tag{8.95}$$

onde $\Delta P = \Delta p = p_0 - p_L$, e

$$P=p_0-\frac{\Delta P}{L}z \tag{8.96}$$

Observe que o perfil de pressão é idêntico ao do escoamento newtoniano, Eq. (3.109).

A integração da Eq. (8.93), levando em consideração a Eq. (8.95), resulta em

$$r\tau_{zr}=\frac{\Delta P}{2L}r^2+A \tag{8.97}$$

ou

$$\tau_{zr}=\frac{\Delta P}{2L}r+\frac{A}{r} \tag{8.98}$$

onde $A$ é uma constante de integração. A condição de simetria, Eq. (8.87), implica que $A = 0$. Portanto,

$$\tau_{zr}=\frac{\Delta P}{2L}r \tag{8.99}$$

Introduzindo a lei da potência, Eq. (8.90),

$$-m\left(\frac{dv_z}{dr}\right)^n=\frac{\Delta P}{2L}r \tag{8.100}$$

ou

$$-\frac{dv_z}{dr}=\left(\frac{\Delta P}{2mL}\right)^{1/n}r^{1/n} \tag{8.101}$$

É conveniente introduzir o parâmetro auxiliar $s = 1/n$:

$$-\frac{dv_z}{dr}=\left(\frac{\Delta P}{2mL}\right)^{s}r^{s} \tag{8.102}$$

Integrando novamente,

$$v_z=-\frac{1}{s+1}\left(\frac{\Delta P}{2mL}\right)^{s}r^{s+1}+B \tag{8.103}$$

onde $B$ é uma constante de integração que pode ser determinada utilizando a condição de borda, Eq. (8.85):

$$B=\frac{1}{s+1}\left(\frac{\Delta P}{2mL}\right)^{s}R^{s+1} \tag{8.104}$$

Introduzindo a Eq. (8.104) na Eq. (8.103),

$$v_z = -\frac{1}{s+1}\left(\frac{\Delta P}{2mL}\right)^s r^{s+1} + \frac{1}{s+1}\left(\frac{\Delta P}{2mL}\right)^s R^{s+1} \tag{8.105}$$

ou

$$v_z = \frac{R^{s+1}}{s+1}\left(\frac{\Delta P}{2mL}\right)^s \left[1-\left(\frac{r}{R}\right)^{s+1}\right] \tag{8.106}$$

ou, em termos do índice da lei da potência,

$$\boxed{v_z = \frac{nR^{1+1/n}}{n+1}\left(\frac{\Delta P}{2mL}\right)^{1/n}\left[1-\left(\frac{r}{R}\right)^{1+1/n}\right]} \tag{8.107}$$

que é o *perfil* (radial) *de velocidade* (Figura 8.16).

O perfil de velocidade é simétrico em relação ao eixo do tubo ($r = 0$), onde a velocidade atinge o máximo:

$$v_{max} = \frac{nR^{1+1/n}}{n+1}\left(\frac{\Delta P}{2mL}\right)^{1/n} \tag{8.108}$$

Observe que o perfil é mais achatado quanto menor é o parâmetro $n$. Para $n = 1$ recupera-se o perfil de velocidade parabólico do escoamento newtoniano, Eq. (3.121).

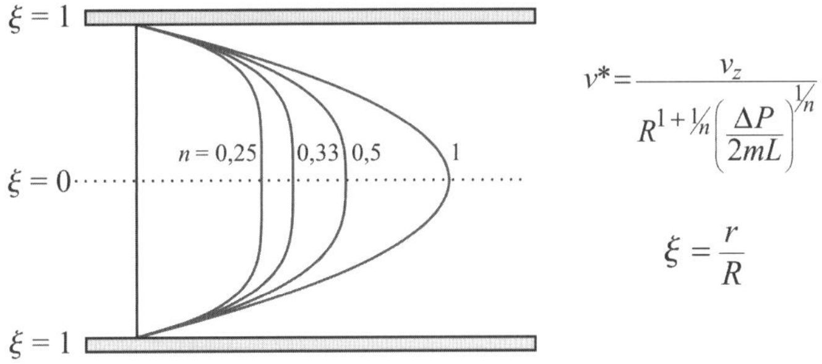


**Figura 8.16**

A *vazão volumétrica* é avaliada pela integral:

$$Q = \int v_z dA = 2\pi\int_0^R v_z r dr = \frac{2\pi R^{1+s}}{1+s}\left(\frac{\Delta P}{2mL}\right)^s \int_0^R \left[1-\left(\frac{r}{R}\right)^{1+s}\right] rdr$$
$$= \frac{2\pi R^{3+s}}{1+s}\left(\frac{\Delta P}{2mL}\right)^s \int_0^1 (1-\xi^{1+s})\xi d\xi \tag{8.109}$$

onde se define a variável de integração $\xi = r/R$. A integral avalia-se como

$$\int_0^1 (1-\xi^{1+s})\xi d\xi = \left(\frac{\xi^2}{2} - \frac{\xi^{3+s}}{3+s}\right)\Bigg|_0^1 = \frac{1}{2} - \frac{1}{3+s} = \frac{1+s}{2(3+s)} \tag{8.110}$$

resultando em

$$Q = \frac{\pi R^{3+s}}{(3+s)}\left(\frac{\Delta P}{2mL}\right)^s \tag{8.111}$$

ou

$$\boxed{Q = \frac{n\pi R^{3+1/n}}{(3n+1)}\left(\frac{\Delta P}{2mL}\right)^{1/n}} \tag{8.112}$$

(A *vazão mássica* é simplesmente $G = \rho Q$, desde que a densidade é constante.) Para $n = 1$ recupera-se a expressão para o escoamento de um fluido newtoniano, Eq. (3.125). A Eq. (8.112) pode ser invertida para calcular o gradiente de pressão requerido para obter uma vazão determinada:

$$\Delta P = 2\left(\frac{3n+1}{n\pi}\right)^n \frac{mLQ^n}{R^{3n+1}} \tag{8.113}$$

(Figura 8.17.) A velocidade média é

$$\bar{v} = \frac{Q}{\pi R^2} = \frac{nR^{1+1/n}}{(3n+1)}\left(\frac{\Delta P}{2mL}\right)^{1/n} \tag{8.114}$$

Comparando a Eq. (8.114) com a Eq. (8.108),

$$\bar{v} = \frac{n+1}{3n+1} v_{max} \tag{8.115}$$

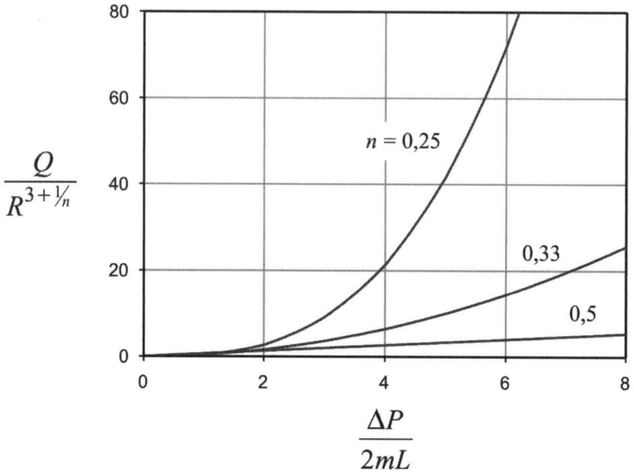


**Figura 8.17**

O perfil de velocidade, Eq. (8.107), pode ser expresso em termos da velocidade média:

$$v_z = \frac{3n+1}{n+1}\bar{v}\left[1-\left(\frac{r}{R}\right)^{1+1/n}\right] \tag{8.116}$$

O perfil da *tensão de cisalhamento* $\tau$ é dado pela Eq. (8.99)

$$\tau = |\tau_{zr}| = \frac{\Delta P}{2L} r \tag{8.117}$$

ou, levando em consideração a Eq. (8.113),

$$\tau = \left(\frac{3n+1}{n}\right)^n \frac{mQ^n}{\pi^n R^{3n}}\left(\frac{r}{R}\right) \tag{8.118}$$

perfil linear, como no caso do fluido newtoniano. Porém, o perfil da *taxa de cisalhamento*, dado pela Eq. (8.101), não é linear (Figura 8.18):

$$\dot{\gamma} = \left|\frac{dv_z}{dr}\right| = \left(\frac{\Delta P}{2mL}\right)^s y^s \tag{8.119}$$

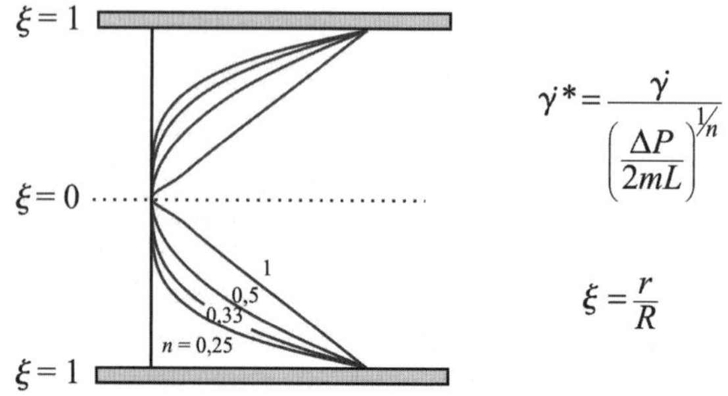


**Figura 8.18**

ou

$$\dot{\gamma}=\left(\frac{\Delta P}{2mL}\right)^{1/n} r^{1/n} \tag{8.120}$$

Levando em consideração a Eq. (8.113),

$$\dot{\gamma}=\left(\frac{3n+1}{n}\right)\frac{Q}{\pi R^3}\left(\frac{r}{R}\right)^{1/n} \tag{8.121}$$

os valores na parede ($r = R$) são

$$\tau_w=\frac{\Delta P}{2L}R \tag{8.122}$$

$$\dot{\gamma}_w=\left(\frac{\Delta P}{2mL}\right)^{1/n} R^{1/n} \tag{8.123}$$

ou, em termos da vazão,

$$\tau_w=\left(\frac{3n+1}{n}\right)^n \frac{mQ^n}{\pi^n R^{3n}} \tag{8.124}$$

$$\dot{\gamma}_w=\left(\frac{3n+1}{n}\right)\frac{Q}{\pi R^3} \tag{8.125}$$

(Veja *Nota* no caso anterior.)

A Figura 8.19 mostra o perfil de velocidade de uma solução de poliacrilamida em água, um fluido não newtoniano (pseudoplástico), escoando em um tubo cilíndrico. A linha corresponde à Eq. (8.116) com índice da lei da potência $n = 0,48$. As velocidades foram determinadas com a técnica de "fotografia de traço", medindo o comprimento do traço de partículas muito pequenas que se movimentam com o fluido deixam no filme fotográfico durante um tempo de exposição controlado. Compare com o perfil da Figura 3.22 obtido com um fluido newtoniano. [Redesenhado a partir de M. M. Denn, *Process Fluid Mechanics*. Prentice Hall, 1980; Figura 8.8, p. 193.]

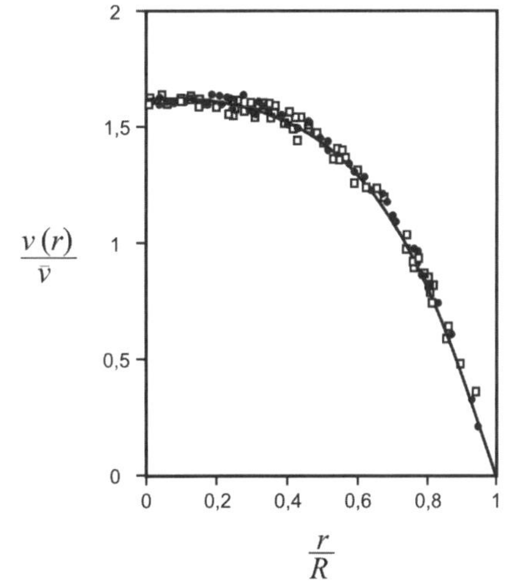


**Figura 8.19**

## 8.4 ESCOAMENTOS "COMBINADOS"

O perfil de velocidade para o escoamento laminar estacionário de um fluido lei da potência no espaço entre duas placas planas paralelas, sob efeito do deslocamento paralelo de uma delas (escoamento plano de Couette), é *idêntico* ao obtido para um fluido newtoniano (Seção 3.3), uma vez que o perfil de velocidade é independente da viscosidade do fluido. Porém, em outros casos a situação é mais complexa. Em particular, o perfil de velocidade para o escoamento de um fluido não newtoniano (lei da potência) em uma fenda estreita, sob efeito *simultâneo* de um gradiente de pressão axial e do deslocamento paralelo de uma das paredes, *não é* a soma do escoamento de Couette (deslocamento da parede, sem gradiente de pressão) e do escoamento de Poiseuille (parede estacionária, com gradiente de pressão), como acontecia no caso de um fluido newtoniano (Seção 5.4), pois a equação constitutiva (isto é, a lei da potência) não é linear para $n \neq 1$.

Este problema, de grande importância nas aplicações, é desenvolvido em detalhe na bibliografia.[13] Apresentamos aqui somente um resumo da formulação e o resultado final para o perfil de velocidade, e a relação entre a vazão e a queda de pressão no sistema.

Considere o sistema representado na Figura 8.20, que corresponde ao espaço entre duas placas planas paralelas com uma separação $H$, por onde escoa, em estado estacionário e regime laminar, um fluido "lei da potência" de consistência $m$ e índice $n$ (constantes e uniformes), sob o efeito simultâneo de um gradiente de pressão (constante) na direção axial $-\Delta P/L$ (seguindo a prática neste texto, $\Delta P = P_0 - P_L$) e do movimento (na mesma direção) da parede superior com velocidade constante $U_0$. Sem perda de generalidade, vamos supor $U_0 > 0$, mas vamos considerar $\Delta P$ arbitrário (maior ou menor que 0). Vamos supor também que a única componente não nula do vetor velocidade é a velocidade na direção axial, que é função apenas da coordenada transversal, isto é, em um sistema de coordenadas cartesianas alinhado com a fenda e com a origem na parede inferior, $v_z = v_z(y)$ e $v_y = v_x = 0$.

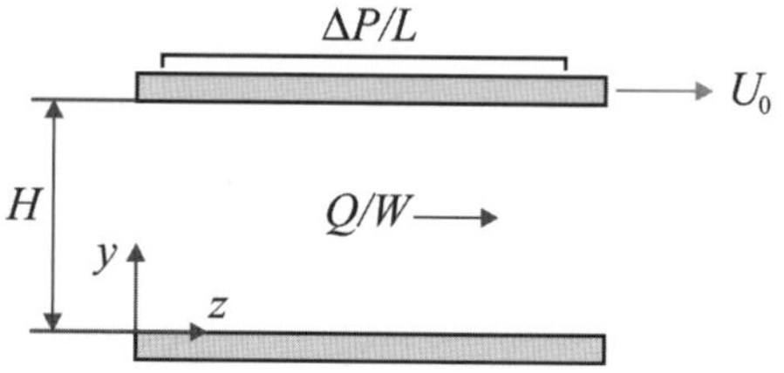


**Figura 8.20**

A equação de movimento fica reduzida a

$$\frac{d}{dy}\left(m\left|\frac{dv_z}{dy}\right|^{n-1}\frac{dv_z}{dy}\right) = -\frac{\Delta P}{L} \tag{8.126}$$

A Eq. (8.126) deve ser integrada com as condições de borda:

$$v_z = 0 \qquad \text{para } y = 0 \tag{8.127}$$

$$v_z = U_0 \qquad \text{para } y = H \tag{8.128}$$

Para integrar a Eq. (8.126) é necessário tirar o valor absoluto do gradiente de velocidade $dv_z/dy$. Mas, como se pode esperar considerando os resultados da Seção 5.4, o perfil de velocidade tem um extremo relativo na fenda ($0 \leq y \leq H$) para certos valores do gradiente de pressão, $-\Delta P/L$, relativos à velocidade da placa móvel $U_0$. Portanto, o sinal do gradiente de velocidade pode ser diferente em diferentes partes da fenda, e é impossível tirar o valor absoluto na Eq. (8.126) sem considerar essa característica do escoamento. Porém, é possível obter uma expressão geral para o perfil de velocidade:

$$\frac{v_z}{U_0} = \pm\frac{1}{1+s}\left(\frac{H^{n+1}}{mU_0^n}\left|\frac{\Delta P}{L}\right|\right)^s \left(|\xi-\lambda|^{1+s} + |\lambda|^{1+s}\right) = \frac{|\xi-\lambda|^{1+s} + |\lambda|^{1+s}}{|1-\lambda|^{1+s} + |\lambda|^{1+s}} \tag{8.129}$$

onde $s = 1/n$, $\xi = y/H$, e $\lambda$ é um parâmetro auxiliar, a raiz da equação algébrica não linear

$$|\lambda|^{1+s} - |1-\lambda|^{1+s} \pm (1+s)\left(\frac{H^{n+1}}{mU_0^n}\left|\frac{\Delta P}{L}\right|\right)^{-s} = 0 \tag{8.130}$$

que, em geral,[14] deve ser resolvida numericamente. Nas Eqs. (8.129)-(8.130) o sinal $\pm$ deve ser interpretado como $+$ se $\Delta P < 0$ ou $-$ se $\Delta P > 0$. O parâmetro $\lambda$ é a posição (adimensional) do extremo da função que representa (para $0 \leq y \leq H$) a velocidade do fluido na fenda. A raiz a ser utilizada na Eq. (8.129) é selecionada [em geral, a Eq. (8.129) tem múltiplas raízes], levando em consideração:

$$\text{Se } \frac{H^{n+1}}{mU_0^n}\left|\frac{\Delta P}{L}\right| \geq (1+s)^n \qquad \text{então} \qquad 0 \leq \lambda \leq 1 \tag{8.131}$$

[13] R. B. Bird, R. C. Armstrong e O. Hassager, *Dynamics of Polymeric Liquids*, Volume 1: *Fluid Mechanics*, 2nd ed. Wiley-Interscience, 1987, Exemplo 4.2-3; Z. Tadmor e C. Gogos, *Principles of Polymer Processing*, 2nd ed. Wiley-Interscience, 2006, Exemplo 3.6.

[14] Exceto no caso em que $s$ é um número inteiro positivo, isto é, para $n = 1$, ½, ⅓, ¼ etc.

$$\text{Se } \frac{H^{n+1}}{mU_0^n}\left|\frac{\Delta P}{L}\right| \leq (1+s)^n \text{ e } \Delta P < 0, \quad \text{então} \quad \lambda \leq 0 \tag{8.132}$$

$$\text{Se } \frac{H^{n+1}}{mU_0^n}\left|\frac{\Delta P}{L}\right| \leq (1+s)^n \text{ e } \Delta P > 0, \quad \text{então} \quad \lambda \geq 1 \tag{8.133}$$

Compare com a Seção 5.4. A integração da Eq. (8.129) resulta na função característica do sistema

$$\frac{Q}{\frac{1}{2}U_0HW} = \pm\frac{2}{(1+s)(2+s)}\left(\frac{H^{n+1}}{mU_0^n}\left|\frac{\Delta P}{L}\right|\right)^s \left[(1-\lambda)|1-\lambda|^{1+s} + \lambda|\lambda|^{1+s} - (2+s)|\lambda|^{1+s}\right] \tag{8.134}$$

onde é utilizada a mesma convenção de sinais que nas equações anteriores. A Figura 8.21 representa, em forma adimensional, a relação entre a vazão e o gradiente de pressão para diversos valores do índice da lei da potência $n$.

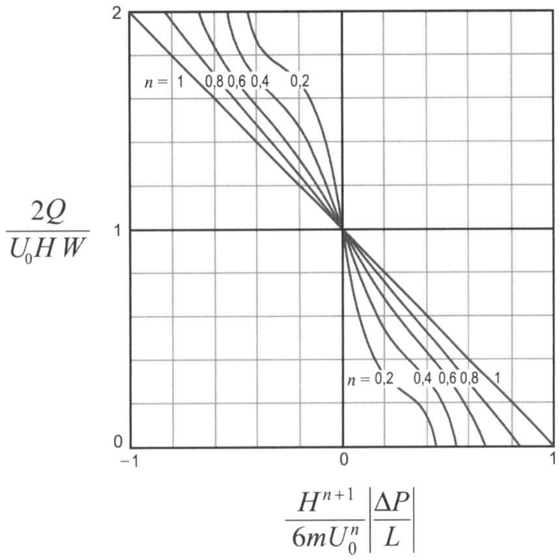


**Figura 8.21**

Para um fluido newtoniano ($n = 1$) a vazão é uma função linear do gradiente de pressão, obtida somando as contribuições separadas dos escoamentos de Couette e de Poiseuille. Para fluidos não newtonianos ($n \neq 1$) a relação não é linear. A Eq. (8.134) não pode ser obtida somando a Eq. (3.182) para o escoamento de Couette entre placas planas paralelas (válida para fluidos puramente viscosos, newtonianos ou não newtonianos) com a Eq. (8.70) para o escoamento de Poiseuille na mesma geometria (válida para fluidos lei da potência).

Na Seção 5.6 foi desenvolvido um modelo simples para o escoamento de um fluido newtoniano incompressível no canal de uma extrusora monorrosca, baseado na aplicação do princípio de superposição ou combinação linear de soluções conhecidas; uma solução exata muito simples do problema unidimensional (desconsiderando efeitos de bordas) foi obtida.

Para um fluido lei da potência a solução exata do problema unidimensional é bem mais elaborada: requer a solução numérica ou aproximada de uma equacão algébrica, e não pode ser "corrigida" com fatores de forma ($F_d$, $F_p$) que sejam funções só da geometria do canal, como no caso de fluidos newtonianos. O problema bidimensional necessariamente tem que ser resolvido numericamente.

Porém, na prática, a Eq. (5.243) é frequentemente utilizada com *fatores de correção* ($\phi_D$, $\phi_P$), de validez limitada a intervalos específicos dos parâmetros geométricos, materiais e operativos do sistema, obtidos a partir de soluções numéricas do problema não newtoniano:

$$Q = \tfrac{1}{2}\pi N D_0 HW\cos\theta\cdot\phi_D + \frac{H^3W\,\text{sen}\,\theta}{12\eta*}\cdot\frac{\Delta P}{L}\phi_P \tag{8.135}$$

Expressões para os fatores de correção são encontradas na bibliografia; por exemplo:[15]

$$\phi_D \approx \frac{4+n}{5} \tag{8.136}$$

[15] C. Rauwendaal, *Polymer Extrusion*, 4th ed. Hanser, 2001, p. 308.

$$\phi_P \approx \frac{3}{1+2n} \qquad (8.137)$$

onde $n$ é o *índice da lei da potência* do fluido. De acordo com a referência citada, as Eqs. (8.136)-(8.137) são válidas (aproximadamente) para $0{,}2 < n < 1$ e $15° < \theta < 25°$. A viscosidade $\eta^*$ deve ser avaliada à taxa de cisalhamento padrão:

$$\eta^* = m\left[\frac{(U_0)_z}{H}\right]^{n-1} = m\left(\frac{\pi N D_0 \cos\theta}{H}\right)^{n-1} \qquad (8.138)$$

Expressões mais complexas[16] (presumivelmente mais exatas) levam em consideração o efeito do ângulo da hélice, das paredes laterais do canal etc.

# PROBLEMAS

## Problema 8.1 Viscosímetro capilar (fluido lei da potência)

Um viscosímetro capilar, semelhante ao descrito no Problema 3.2 (com as mesmas dimensões), é utilizado para determinar a viscosidade de um fluido com comportamento reológico modelado pela lei da potência, Eq. (8.6), medindo a vazão mássica na saída do capilar ($G$) para diversos valores da força ($\mathcal{F}$) exercida sobre a capa do reservatório. A densidade do fluido à temperatura (constante e uniforme) do experimento é $\rho = 0{,}85$ g/cm³.

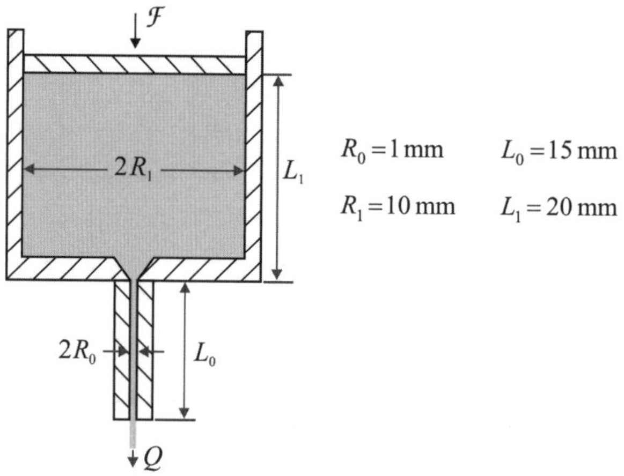


**Figura P8.1.1**

Desconsiderando os efeitos de entrada no capilar, avalie os parâmetros $m$, $n$ da lei da potência para o fluido em questão, nas condições do experimento.

| $\mathcal{F}$(N) | $G$ (g/min) |
|---|---|
| 4,9 | 0,009 |
| 9,8 | 0,035 |
| 19,6 | 0,140 |
| 49,0 | 0,880 |
| 98,0 | 3,200 |

[16] Veja, por exemplo, H. Potente, "Single Screw Extruder Analysis and Design", in: J. L. White e H. Potente, *Screw Extrusion*. Hanser, 2003, pp. 232-234, onde fatores de correção são apresentados em termos da razão profundidade/largura do canal ($H/W$), do ângulo da hélice ($\theta$), do índice da lei da potência ($n$), e do parâmetro adimensional $\Phi^*$:

$$\frac{Q}{\frac{1}{2}\pi N D_0 H W \cos\theta} = 1 + \Phi^*$$

Observe a semelhança entre a definição de $\Phi^*$ (que *não é* $Q_P/Q_D$) para o fluido não newtoniano e a Eq. (5.233) para o fluido newtoniano.

## *Resolução*

Para um "fluido lei da potência" escoando em regime laminar e estado (quase) estacionário no capilar do viscosímetro, a tensão e a taxa de cisalhamento na parede estão relacionadas pela expressão

$$\tau_w = m\dot{\gamma}_w^n \tag{P8.1.1}$$

Substituindo as Eqs. (8.122) e (8.125) na equação anterior,

$$\frac{R_0 \Delta P}{2L_0} = m\left(\frac{3n+1}{n} \cdot \frac{Q}{\pi R_0^n}\right)^n \tag{P8.1.2}$$

ou

$$\log\left(\frac{R_0 \Delta P}{2L_0}\right) = a + n \cdot \log\left(\frac{Q}{\pi R_0^3}\right) \tag{P8.1.3}$$

onde

$$a = \log\left[m\left(\frac{3n+1}{n}\right)^n\right] \tag{P8.1.4}$$

Os parâmetros $n$ e $a$ podem ser obtidos através da regressão linear dos dados experimentais, na forma

$$\log\left(\frac{R_0 \Delta P}{2L_0}\right) \quad \text{vs.} \quad \log\left(\frac{Q}{\pi R_0^3}\right)$$

e a consistência $m$ é avaliada como

$$m = 10^a\left(\frac{n}{3n+1}\right)^n \tag{P8.1.5}$$

A queda de pressão no capilar pode ser obtida pela Eq. (P3.3.4) do Problema 3.3:

$$\Delta P = \frac{\mathcal{F}}{\pi R_1^2} + \rho g(L_0 + L_1) \tag{P8.1.6}$$

**Tabela P8.1.1**

| $\mathcal{F}$ (N) | $\Delta P \times 10^{-3}$ (Pa) | $\frac{R_0 \Delta P}{2L_0}$ (Pa) | $\log\left(\frac{R_0 \Delta P}{2L_0}\right)$ - | $G \times 10^6$ (kg/s) | $Q \times 10^9$ ($m^3$/s) | $\frac{Q}{\pi R_0^3}$ ($s^{-1}$) | $\log\left(\frac{Q}{\pi R_0^3}\right)$ - |
|---|---|---|---|---|---|---|---|
| 4,9 | 15,7 | 523 | 2,719 | 0,150 | 0,176 | 0,056 | −1,252 |
| 9,8 | 31,5 | 1050 | 3,021 | 0,583 | 0,686 | 0,218 | −0,662 |
| 19,6 | 63,0 | 2100 | 3,322 | 2,333 | 2,745 | 0,874 | −0,059 |
| 49,0 | 157,4 | 5230 | 3,719 | 14,67 | 17,26 | 5,495 | 0,740 |
| 98,0 | 314,9 | 10500 | 4,021 | 53,33 | 62,75 | 19,970 | 1,300 |

Da regressão linear obtêm-se $n = 0{,}507$ e $a = 3{,}354$; portanto,

$$m = 10^a\left(\frac{n}{3n+1}\right)^n = (10^{3{,}354})\left(\frac{0{,}507}{2{,}521}\right)^{0{,}507} = 1002$$

Como todos os cálculos foram feitos nas unidades do Sistema Internacional, podemos atribuir à consistência as unidades correspondentes;[17] neste caso, $\text{Pa} \cdot \text{s}^{0{,}507}$. Devido às várias aproximações utilizadas, pode-se informar o valor dos parâmetros da lei da potência para o fluido em questão, à temperatura do experimento, como

Consistência: $m \approx 1{,}0 \text{ kPa} \cdot \text{s}^{0{,}5}$ ✓

Índice da lei da potência: $n \approx 0{,}5$ ✓

[17] Mais um caso em que o uso *consistente* de um sistema de unidades facilita bastante a interpretação dos resultados numéricos.

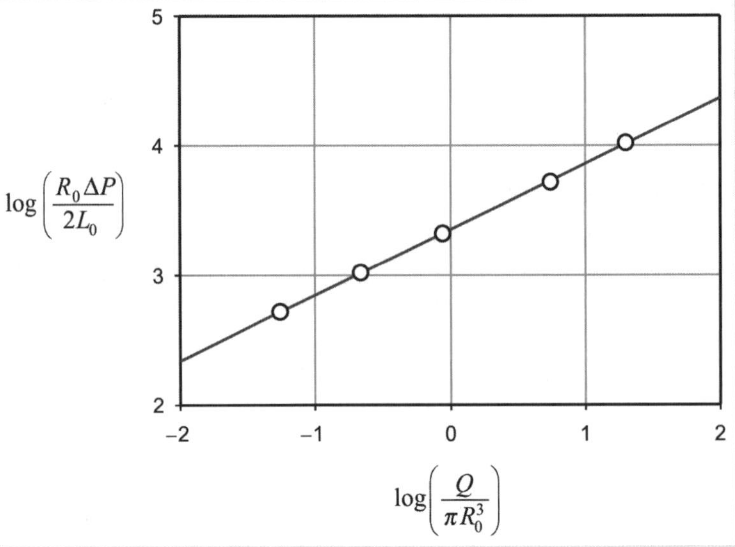


**Figura P8.1.2**

*Nota*: A viscometria capilar é o método experimental mais simples para medir a viscosidade de fluidos homogêneos altamente viscosos (por exemplo, plásticos fundidos) em condições próximas às de processamento. O método pode ser generalizado para obtenção da *viscosidade de cisalhamento* (a relação entre a tensão e a taxa de cisalhamento) independentemente do modelo reológico assumido para o material, assunto considerado em detalhe nos cursos de Reologia.[18]

## Problema 8.2 Matriz plana (fluido lei da potência)

Uma placa de LLDPE[19] é produzida de forma contínua por extrusão através de uma matriz plana, de 20 cm de comprimento, 50 cm de largura e 2 mm de espessura. Considere que o comportamento reológico do plástico fundido que escoa através da matriz pode ser representado pela lei da potência, Eq. (8.6), com $n = 0{,}3$ e $m = 2{,}56$ kPa · $s^{0,3}$ à temperatura (constante) de processamento. Nessas condições a densidade do fundido é $\rho = 800$ kg/m$^3$. Pode-se supor escoamento laminar estacionário.

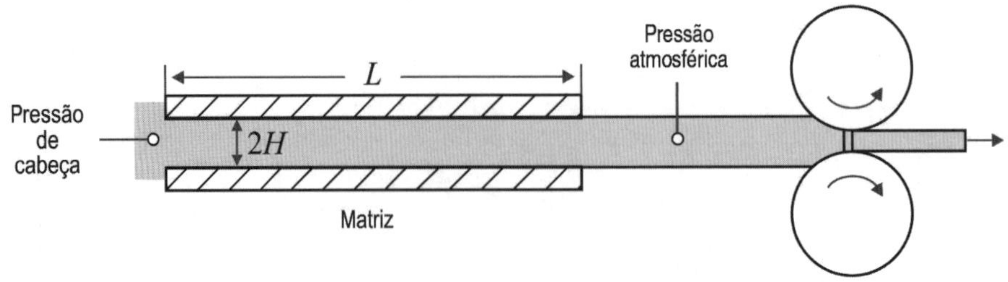


**Figura P8.2.1**

Avalie a pressão de cabeça requerida para produzir 100 kg/h e compare com o resultado do Problema 3.1.

### *Resolução*

Considere que a matriz plana é uma "fenda estreita"; temos a Eq. (8.71) com $Q = G/\rho$:

$$\Delta P = \left(\frac{2n+1}{2n}\right)^n \frac{mLG^n}{\rho^n H^{2n+1} W^n} \qquad \text{(P8.2.1)}$$

[18] R. B. Bird, R. C. Armstrong e O. Hassager, *Dynamics of Polymeric Liquids*, Volume 1: *Fluid Mechanics*, 2nd ed. Wiley-Interscience, 1987, Exemplo 10.2-3; Z. Tadmor e C. Gogos, *Principles of Polymer Processing*, 2nd ed. Wiley-Interscience, 2006, Exemplo 3.1.

[19] LLDPE (do inglês, *linear low density polyethylene*) é a abreviatura internacional para o polietileno linear de baixa densidade (PELBD no Brasil); veja Nota de rodapé 6 da Seção 8.1.2.

onde $G$ = 100 kg/h = 0,028 kg/s; $H$ = 1 mm = 0,001 m; $L$ = 20 cm = 0,2 m; $W$ = 50 cm = 0,5; $m$ = 0,5 kPa · $s^{0,3}$; $n$ = 0,3; $\rho$ = 1000 kg/m³. Portanto,

$$\Delta p = \left(\frac{2n+1}{2n}\cdot\frac{G}{\rho W}\right)^n \frac{mL}{H^{2n+1}} = \left[\frac{(2{,}667)\cdot(0{,}028\ \text{kg/s})}{(800\ \text{kg/m}^3)\cdot(0{,}5\ \text{m})}\right]^{0,3} \frac{(2600\ \text{Pa}\cdot\text{s}^{0,3})\cdot(0{,}2\ \text{m})}{(0{,}001\ \text{m})^{1,6}}$$

$$\Delta p = 2{,}50\cdot 10^6\ \text{Pa} = 2{,}50\ \text{MPa} = 2{,}50\ \text{bar} \quad \checkmark$$

aproximadamente 20% maior que o valor $\Delta p$ = 2,1 Pa, obtido no Problema 3.1 para um fluido newtoniano *da mesma viscosidade aparente*. A taxa de cisalhamento *aparente* na parede, avaliada através da Eq. (3.45), é

$$\dot{\gamma}_w = \frac{3Q}{2H^2W} = \frac{3G}{2\rho H^2 W} = \frac{1{,}5\cdot(0{,}028\ \text{kg/s})}{(800\ \text{kg/m}^3)\cdot(0{,}001\ \text{m})^2\cdot(0{,}5\ \text{m})} = 105\ \text{s}^{-1}$$

e a viscosidade do polímero fundido nessas condições é

$$\eta = \frac{m}{\dot{\gamma}_w^{1-n}} = \frac{2{,}6\ \text{kPa}\cdot\text{s}^{0,3}}{(105\ \text{s}^{-1})^{0,7}} = 0{,}1\ \text{kPa}\cdot\text{s}$$

o valor utilizado no Problema 3.1

# 9 BALANÇO MACROSCÓPICO DE ENERGIA MECÂNICA E APLICAÇÕES



## 9.1 BALANÇO MACROSCÓPICO DE ENERGIA MECÂNICA

O movimento de uma partícula rígida é regido pelo *balanço de quantidade de movimento* (segunda lei de Newton), expressa, em forma vetorial, como

$$\frac{d}{dt}(m\boldsymbol{v}) = \sum \boldsymbol{F}_i \tag{9.1}$$

onde $m$ é a massa da partícula e $\boldsymbol{v}$ sua velocidade, de forma que $m\boldsymbol{v}$ é a quantidade de movimento ou momento linear da partícula, e as $\boldsymbol{F}_i$ são todas as forças que atuam sobre a mesma. Fazendo o produto escalar da Eq. (9.1) pela velocidade da partícula, o termo da esquerda corresponde à taxa de variação da energia cinética da partícula:

$$\boldsymbol{v}\bullet\frac{d}{dt}(m\boldsymbol{v}) = \frac{d}{dt}(\tfrac{1}{2}mv^2) \tag{9.2}$$

e os termos da direita correspondem à potência (trabalho por unidade de tempo) desenvolvida pelas forças atuantes sobre a partícula:

$$\boldsymbol{v}\bullet\sum \boldsymbol{F}_i = \sum \frac{\boldsymbol{F}_i\bullet d\boldsymbol{x}}{dt} = \sum \frac{dW_i}{dt} = \sum \mathcal{W}_i \tag{9.3}$$

Observe que os termos da direita são diferentes de zero na medida em que as forças $\boldsymbol{F}_i$ tenham componentes não nulas na direção da velocidade $\boldsymbol{v}$.

O resultado é um *balanço de energia mecânica*:

$$\frac{d}{dt}(\tfrac{1}{2}mv^2) = \sum \mathcal{W}_i \tag{9.4}$$

Isto é, a variação da energia cinética da partícula é igual ao trabalho (por unidade de tempo) das forças atuantes. Ao contrário do balanço de quantidade de movimento, Eq. (9.1), o balanço de energia mecânica, Eq. (9.4), é escalar: quantidade de movimento e força são grandezas vetoriais, mas energia cinética e potência são escalares. Observe que não foi necessário utilizar o princípio de conservação da energia: no movimento de uma partícula rígida a conservação (balanço) da energia mecânica resulta diretamente da conservação (balanço) da quantidade de movimento.

O mesmo procedimento pode ser aplicado ao movimento de um elemento material deformável. No caso de um fluido newtoniano incompressível, o produto escalar da equação de Navier-Stokes, Eq. (4.34), pelo vetor velocidade $\boldsymbol{v}$ resulta em uma equação escalar que podemos chamar *balanço (diferencial) de energia mecânica*. O resultado (Anexo A, nesta seção) é

$$\frac{\partial}{\partial t}(\tfrac{1}{2}\rho v^2) + \nabla\bullet[(\tfrac{1}{2}\rho v^2)\boldsymbol{v}] + \nabla\bullet(p\boldsymbol{v}) + \nabla\bullet(\boldsymbol{\tau}\bullet\boldsymbol{v}) - \rho\boldsymbol{g}\bullet\boldsymbol{v} - p\nabla\bullet\boldsymbol{v} - \boldsymbol{\tau}:\nabla\boldsymbol{v} = 0 \tag{9.5}$$

Porém, no escoamento de um fluido viscoso a energia mecânica não é “conservada”. A soma da potência desenvolvida por todas as forças atuantes sobre um elemento material é – em geral – *maior* que a variação de energia cinética do elemento. Uma parte da *energia mecânica* gerada pelo trabalho das forças é "perdida" (se *dissipa*, na gíria da mecânica dos fluidos) e não é utilizada para incrementar a energia cinética do elemento. Como sabemos que a *energia total* é conservada (princípio de conservação da energia), essa energia mecânica "perdida" deve ter se transformado em outro tipo de energia não mecânica. De fato, como já comentamos (Seção 2.1), em um fluido viscoso a energia mecânica necessária para deformar o material é transformada (dissipada) irreversivelmente em *energia térmica* (calor).

Integrando o balanço diferencial no sistema, obtemos o *balanço macroscópico de energia mecânica*. Vamos considerar aqui somente o resultado final, simplificado para um caso muito particular, porém de grande importância prática na engenharia de processos: o balanço macroscópico de energia mecânica para um *fluido incompressível* escoando em *estado estacionário* através de um sistema com apenas *uma entrada* (1) e *uma saída* (2); Figura 9.1.

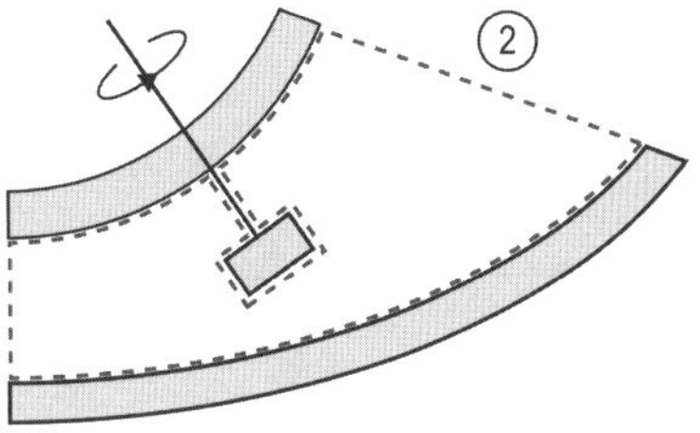


**Figura 9.1**

Considerando um *volume de controle* com essas características (linha cinza-escura tracejada na figura), temos

$$\underset{(i)}{\tfrac{1}{2}\rho\Delta\left(\frac{\overline{v^3}}{\overline{v}}\right)} + \underset{(ii)}{\rho g\Delta h} + \underset{(iii)}{\Delta p} = \underset{(iv)}{\rho\hat{W}_m} - \underset{(v)}{E_v} \tag{9.6}$$

Como sempre, o símbolo "Δ" quer dizer "valor avaliado na saída – valor avaliado na entrada" (únicas do sistema). Consideremos o significado físico de cada termo da Eq. (9.6):

*Termo* (*i*): Variação da energia cinética do fluido entre a saída e a entrada do sistema (isto é, saída líquida de energia cinética) por unidade de volume (Figura 9.2a).

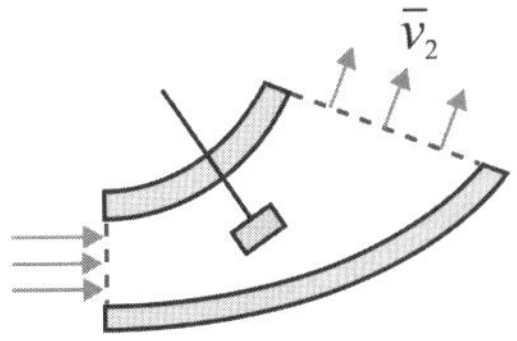


**Figura 9.2a**

Se o perfil de velocidade na direção *normal* à entrada e à saída (a única componente da velocidade que contribui para a entrada ou saída de material, que "carrega" a energia cinética) for "plano", $v_n \equiv \overline{v}$; então, $\overline{v^3} = \overline{v}^3$ e o termo (*i*) fica reduzido à forma mais familiar:

$$\tfrac{1}{2}\rho\overline{v}_2^2 - \tfrac{1}{2}\rho\overline{v}_1^2 \tag{9.7}$$

Se o perfil de velocidade não for plano, deve ser integrado de acordo com a Eq. (9.6). É comum expressar $\overline{v^3}$ em termos da velocidade média $\overline{v}$ através de um fator de correção $a$:

$$\overline{v^3} = \frac{1}{A}\int_A v_n^3 dA = a\overline{v}^3 \tag{9.8}$$

Neste caso o termo (*i*) fica:

$$\tfrac{1}{2}\rho a_2\overline{v}_2^2 - \tfrac{1}{2}\rho a_1\overline{v}_1^2 \tag{9.9}$$

Para escoamento laminar em um tubo cilíndrico (perfil parabólico de velocidade), $a = 2$; para escoamento turbulento, o fator de correção não é muito diferente de 1, e a Eq. (9.7) é utilizada muitas vezes como uma aproximação "razoável" para cálculos de engenharia (veja o Anexo B desta seção).

*Termo* (*ii*): Variação da energia potencial do fluido entre a saída e a entrada do sistema, por unidade de volume, em relação a um plano horizontal arbitrário onde a energia potencial é considerada nula (Figura 9.2b).

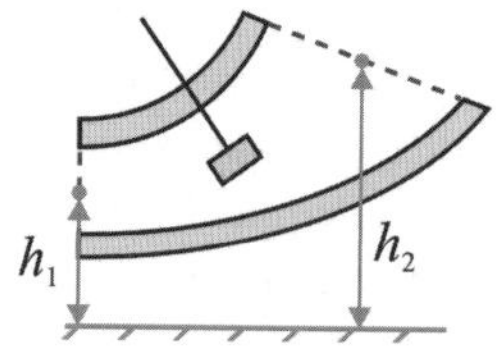


**Figura 9.2b**

*Termo* (*iii*): Diferença entre o trabalho das forças de pressão na entrada e na saída do sistema, por unidade de volume (Figura 9.2c).

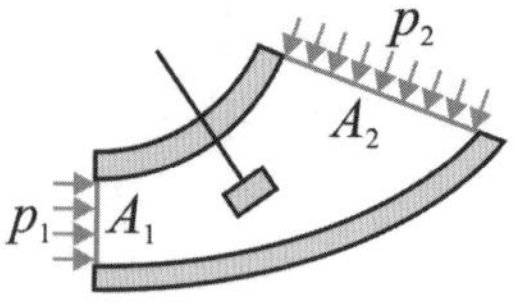


**Figura 9.2c**

A força da pressão na entrada é

$$d\mathcal{F}_1 = p_1 dA \tag{9.10}$$

e o trabalho dessa força por unidade de tempo (para fazer entrar o fluido) obtém-se multiplicando a força pelo deslocamento por unidade de tempo (a velocidade normal):

$$d\mathcal{W}_1 = p_1 v_n dA \tag{9.11}$$

Considerando um valor médio da pressão na entrada,

$$\mathcal{W}_1 = p_1 \int_{A_1} v_n dA = p_1 Q \tag{9.12}$$

Expressões equivalentes às Eqs. (9.10)-(9.12) podem ser obtidas para a força $\mathcal{F}_2$ e para o trabalho da força $\mathcal{W}_2$, substituindo $p_2$ e $A_2$ no lugar de $p_1$ e $A_1$. O trabalho líquido das forças de pressão é a diferença entre $\mathcal{W}_2$ e $\mathcal{W}_1$.O trabalho por unidade de volume obtém-se dividindo o trabalho *líquido* pelo volume deslocado por unidade de tempo, que é justamente a vazão volumétrica $Q$ (constante em estado estacionário e bem definida para sistemas com uma entrada e uma saída), de modo que o termo (*iii*) é simplesmente a diferença das pressões de saída e entrada.

*Termo* (*iv*): Trabalho de forças *externas* por unidade de volume, requerido para mover as paredes sólidas do volume de controle (para sistemas com paredes móveis, por exemplo, os rotores de um misturador ou o parafuso de uma extrusora); Figura 9.2d. É prática comum expressar este trabalho em termos da energia mecânica específica (por unidade de massa) fornecida ao sistema (*specific energy input*).

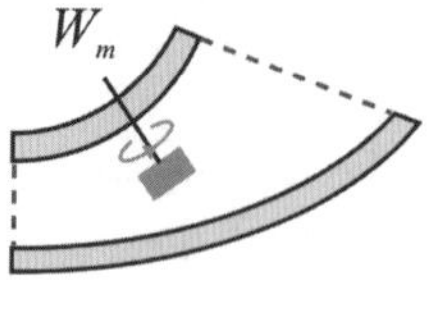


**Figura 9.2d**

*Termo* (*v*): Este termo está relacionado ao atrito viscoso no fluido, mas não é o trabalho de uma força. As forças de atrito viscoso nas paredes (as forças de atrito viscoso normais, na entrada e na saída do sistema, são nulas ou desprezíveis para fluidos newtonianos) são certamente muito importantes, mas não "trabalham" em paredes estacionárias. O termo (*v*) é a energia mecânica que "desaparece" por unidade de volume (e se transforma em calor, que é uma forma de energia não mecânica). Esta perda ou "dissipação" de energia mecânica é uma característica fundamental do escoamento dos fluidos viscosos; é, portanto, chamada *dissipação viscosa* de energia mecânica.

A dissipação viscosa de energia mecânica por unidade de volume $E_v$ é sempre positiva e maior que zero (ainda que possa ser desprezível comparada com os outros termos do balanço de energia mecânica em casos particulares). Este fato mostra que a energia mecânica *não* se conserva em escoamentos de materiais viscosos; contudo, a energia total, incluindo a energia interna, se conserva, porém isso é matéria para a segunda parte do curso.

A *dissipação viscosa* depende do que acontece dentro do sistema. Pode-se ver (detalhes na bibliografia indicada) que

$$E_v = \frac{1}{Q}\int_V (-\boldsymbol{\tau} : \dot{\boldsymbol{\gamma}})\, dV \tag{9.13}$$

ou, para fluidos newtonianos incompressíveis de viscosidade constante, onde as forças de atrito viscoso são proporcionais à taxa de deformação:

$$E_v = \frac{\eta}{Q}\int_V (\dot{\boldsymbol{\gamma}} : \dot{\boldsymbol{\gamma}})\, dV \tag{9.14}$$

O integrando da Eq. (9.13), conhecido como função de dissipação viscosa, encontra-se tabelado no Apêndice, Tabela A.4, em termos das derivadas da velocidade em diferentes sistemas de coordenadas. Porém, nem sempre é possível avaliar $E_v$ baseando-se nas Eqs. (9.13)-(9.14), uma vez que isso requer o conhecimento interno detalhado (ponto a ponto) do sistema, somente disponível – em geral – para geometrias simples e em regime de escoamento laminar. De fato, os balanços macroscópicos tentam contornar esse desconhecimento (ao preço de obter apenas quantidades "globais"). Portanto, $E_v$ é geralmente obtido, particularmente (mas não apenas) no regime de escoamento turbulento, a partir de correlações empíricas.

Para um sistema sem mudanças (ou com mudanças desprezíveis) de energia cinética e potencial entre a entrada e a saída, e sem paredes móveis, o balanço macroscópico de energia mecânica, Eq. (9.6), fica reduzido a

$$E_v = -\Delta p = p_1 - p_2 \tag{9.15}$$

As *perdas de energia mecânica* são então mediadas através da queda de pressão que originam. A avaliação de $E_v$ para alguns casos de importância prática é a matéria das próximas seções.

Finalmente é conveniente reescrever o balanço macroscópico de energia mecânica, Eq. (9.6), como

$$\tfrac{1}{2}\rho\Delta a\bar{v}^2 + \rho g\Delta h + \Delta p - \rho\hat{W}_m + E_v = 0 \tag{9.16}$$

Para um sistema sem paredes móveis, desprezando as "perdas" por dissipação viscosa e considerando $a_1 = a_2 \approx 1$, temos

$$\tfrac{1}{2}\Delta\bar{v}^2 + g\Delta h + \frac{\Delta p}{\rho} = \Delta\left(\tfrac{1}{2}\bar{v}^2 + gh + \frac{p}{\rho}\right) = 0 \tag{9.17}$$

ou

$$\tfrac{1}{2}\bar{v}_2^2 + gh_2 + \frac{p_2}{\rho} = \tfrac{1}{2}\bar{v}_1^2 + gh_1 + \frac{p_1}{\rho} \tag{9.18}$$

chamada *equação de Bernouilli*, válida (aproximadamente) para escoamentos efetivamente invíscidos. Veja a Seção 7.1.2, Eq. (7.33).

## *Anexo A Balanço diferencial de energia mecânica*

O balanço de quantidade de movimento em sua forma mais geral é expresso pela Eq. (4.23):

$$\frac{\partial(\rho \boldsymbol{v})}{\partial t} + \nabla\boldsymbol{\cdot}\rho\boldsymbol{vv} + \nabla p + \nabla\boldsymbol{\cdot}\boldsymbol{\tau} + \rho\boldsymbol{g} = 0 \tag{9.19}$$

O produto escalar da Eq. (9.19) pelo vetor velocidade $\boldsymbol{v}$ é

$$\left(\frac{\partial\rho V}{\partial t}\right)\boldsymbol{\cdot v} + (\nabla\boldsymbol{\cdot}\rho\boldsymbol{vv})\boldsymbol{\cdot v} + (\nabla p)\boldsymbol{\cdot v} + (\nabla\boldsymbol{\cdot\tau})\boldsymbol{\cdot v} + \rho\boldsymbol{g\cdot v} = 0 \tag{9.20}$$

Queremos interpretar a Eq. (9.20) como derivada de um "balanço de energia mecânica" num elemento de volume; um balanço semelhante teria a seguinte forma

| Taxa de aumento de energia cinética no sistema | | Taxa líquida de entrada de energia cinética no sistema | | Trabalho de todas as forças aplicadas *sobre* o sistema | | | |
|---|---|---|---|---|---|---|---|
| (*i*) | + | (*ii*) | – | (*iii*) | = | 0 | (9.21) |

Os primeiros dois termos da Eq. (9.20) conformam-se diretamente com os termos (*i*) e (*ii*) da Eq. (9.21):

$$\left(\frac{\partial\rho\boldsymbol{v}}{\partial t}\right)\boldsymbol{\cdot v} = \frac{\partial(\tfrac{1}{2}\rho v^2)}{\partial t} \tag{9.22}$$

$$(\nabla\boldsymbol{\cdot}\rho\boldsymbol{vv})\boldsymbol{\cdot v} = \nabla\boldsymbol{\cdot}(\tfrac{1}{2}\rho v^2)\boldsymbol{v} \tag{9.23}$$

Observe que, como no caso dos balanços de matéria e quantidade de movimento estudados no Capítulo 4, a taxa líquida de entrada (da vizinhança para o sistema) de energia cinética (por unidade de volume) no volume controle através de área que limita o mesmo resulta no divergente da energia cinética vezes a velocidade.

Analisemos agora o terceiro, quarto e quinto termos da Eq. (9.20), que deveriam corresponder ao trabalho das forças de pressão, de atrito viscoso, e gravitacionais sobre o volume de controle. O termo correspondente à pressão deveria ter a forma

$$\nabla \cdot p\boldsymbol{v}$$

(A taxa de produção de trabalho ou potência desenvolvida pela força de pressão sobre uma área $d\boldsymbol{A}$ através da que se movimenta um fluido com velocidade $\boldsymbol{v}$ é $-\,p\boldsymbol{v} \cdot d\boldsymbol{A}$.) e não a forma

$$(\nabla p) \cdot \boldsymbol{v}$$

como aparece na Eq. (9.20). Utilizando a identidade tensorial,[1]

$$\nabla \cdot p\boldsymbol{v} = (\nabla p) \cdot \boldsymbol{v} + p(\nabla \cdot \boldsymbol{v}) \tag{9.24}$$

temos

$$(\nabla p) \cdot \boldsymbol{v} = \nabla \cdot p\boldsymbol{v} - p(\nabla \cdot \boldsymbol{v}) \tag{9.25}$$

Isto é, o terceiro termo da Eq. (9.20) corresponde ao trabalho das forças de pressão (da vizinhança sobre o sistema) mais um termo extra, $p(\nabla \cdot \boldsymbol{v})$: a energia mecânica necessária para comprimir o volume (mudar o volume[2]) do material *dentro* do volume de controle.

O quarto termo da Eq. (9.20) pode ser submetido a um procedimento semelhante. Utilizando a identidade tensorial

$$\nabla \cdot (\boldsymbol{\tau} \cdot \boldsymbol{v}) = (\nabla \cdot \boldsymbol{\tau}) \cdot \boldsymbol{v} + \boldsymbol{\tau} : \nabla \boldsymbol{v} \tag{9.26}$$

temos

$$(\nabla \cdot \boldsymbol{\tau}) \cdot \boldsymbol{v} = \nabla \cdot (\boldsymbol{\tau} \cdot \boldsymbol{v}) - \boldsymbol{\tau} : \nabla \boldsymbol{v} \tag{9.27}$$

O quarto termo da Eq. (9.20) corresponde ao trabalho das forças de atrito viscoso sobre o sistema mais um termo extra, $\boldsymbol{\tau} : \nabla \boldsymbol{v}$: a energia mecânica dissipada pelo atrito viscoso *dentro* do volume de controle.

O último termo da Eq. (9.20) corresponde ao trabalho das forças gravitacionais (a entrada líquida de energia potencial).

Introduzindo as Eqs. (9.22), (9.23), (9.25) e (9.27) na Eq. (9.20), resulta na Eq. (9.5):

$$\underset{(i)}{\frac{\partial}{\partial t}(\tfrac{1}{2}\rho v^2)} + \underset{(ii)}{\nabla \cdot [(\tfrac{1}{2}\rho v^2)\boldsymbol{v}]} + \underset{(iii\,a)}{\nabla \cdot (p\boldsymbol{v})} + \underset{(iii\,b)}{\nabla \cdot (\boldsymbol{\tau} \cdot \boldsymbol{v})} - \underset{(iii\,c)}{\rho \boldsymbol{g} \cdot \boldsymbol{v}} - \underset{(iv\,a)}{p \nabla \cdot \boldsymbol{v}} - \underset{(iv\,b)}{\boldsymbol{\tau} : \nabla \boldsymbol{v}} = 0 \tag{9.28}$$

onde os termos (*i*), (*ii*) e (*iii*) correspondem aos mesmos termos da Eq. (9.21). A presença do termo (*iv*) revela que a energia mecânica não se conserva; a Eq. (9.21) deve ser modificada para

$$\underset{(i)}{\begin{array}{c}\text{Taxa de aumento}\\ \text{de energia cinética}\\ \text{no sistema}\end{array}} + \underset{(ii)}{\begin{array}{c}\text{Taxa líquida de entrada}\\ \text{de energia cinética}\\ \text{no sistema}\end{array}} - \underset{(iii)}{\begin{array}{c}\text{Trabalho de todas}\\ \text{das forças aplicadas}\\ \text{sobre o sistema}\end{array}} + \underset{(iv)}{\begin{array}{c}\text{Taxa de desaparição}\\ \text{de energia mecânica}\\ \text{do sistema}\end{array}} = 0 \tag{9.29}$$

## *Anexo B Perfis de velocidade e fatores de correção*

Para o escoamento laminar em um tubo cilíndrico[3] (raio $R$, diâmetro $D = 2R$), a velocidade [Eqs. (3.30) e (3.31)] é

$$v = v_0 \left[1 - \left(\frac{r}{R}\right)^2\right] \tag{9.30}$$

onde $v = v_z(r)$ e $v_0$ é a velocidade máxima (no centro do tubo, $r = 0$), correspondente ao nosso velho conhecido perfil parabólico. A velocidade média [Eq. (3.37)] é

$$\bar{v} = \tfrac{1}{2} v_0 \tag{9.31}$$

Portanto, a Eq. (9.30) fica da seguinte forma:

$$v = 2\bar{v} \left[1 - \left(\frac{r}{R}\right)^2\right] \tag{9.32}$$

[1] A generalização em termos vetoriais da fórmula para a derivada de um produto: $(f \cdot g)' = f' \cdot g + f \cdot g'$.

[2] Pela equação de continuidade, Seção 4.1.

[3] Fluido newtoniano incompressível de viscosidade $\eta$ constante, estado estacionário, sem efeitos de entrada.

A avaliação do fator de correção para o balanço macroscópico de energia mecânica requer a média do cubo da velocidade $v^3$:

$$\overline{v^3} = \frac{\int v^3 dA}{A} = \frac{v_0^3}{\pi R^2}\int_0^R \left[1-\left(\frac{r}{R}\right)^2\right]^3 2\pi r dr = 2v_0^3\int_0^R \left[1-\left(\frac{r}{R}\right)^2\right]^3 \left(\frac{r}{R}\right) d\left(\frac{r}{R}\right) \quad (9.33)$$

A substituição $\xi = r/R$ leva a

$$\overline{v^3} = 2v_0^3\int_0^1 (1-\xi^2)^3 \xi d\xi \quad (9.34)$$

e a substituição $\zeta = 1 - \xi^2$, $d\zeta = -2\xi d\xi$ leva a

$$\overline{v^3} = -v_0^3\int_1^0 \zeta^3 d\zeta = v_0^3\int_0^1 \zeta^3 d\zeta = v_0^3 \cdot \left.\frac{\zeta^4}{4}\right|_0^1 = \tfrac{1}{4} v_0^3 \quad (9.35)$$

Portanto,

$$a = \frac{\overline{v^3}}{(\overline{v})^3} = \frac{\tfrac{1}{4} v_0^3}{(\tfrac{1}{2} v_0)^3} = 2 \quad (9.36)$$

Em regime turbulento, o perfil de velocidade[4] em um tubo cilíndrico pode ser representado *aproximadamente* pela equação

$$v = v_0\left(1-\frac{r}{R}\right)^{\frac{1}{n}} \quad (9.37)$$

onde $v_0$ é a velocidade máxima. Observa-se que o parâmetro empírico $n$ depende do número de Reynolds, $Re = \rho\overline{v}D/\eta$, tomando valores de $n \approx 6$ para $Re = 4 \cdot 10^3$ até $n \approx 10$ para $Re > 10^6$. A Eq. (9.37) não é uma boa aproximação perto da parede do tubo, mas, particularmente para $n = 7$, é muito utilizada para avaliações rápidas, conhecida como "lei da potência $\tfrac{1}{7}$". A Figura 9.3 mostra os perfis de velocidade laminar e turbulento (suavizada) em tubo cilíndrico avaliados para a mesma velocidade média.[5]

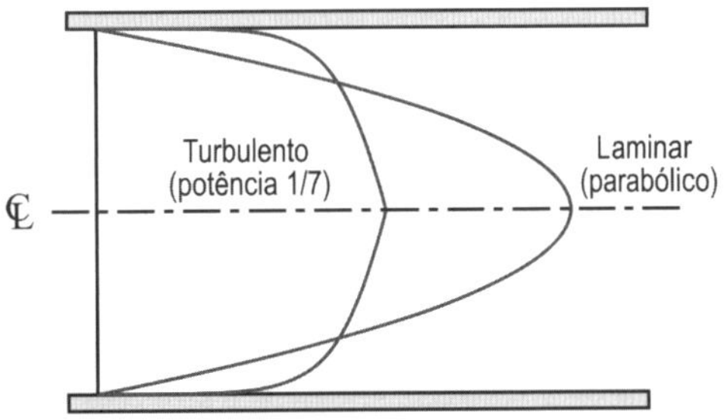


**Figura 9.3**

A velocidade média é

$$\overline{v} = \frac{\int v dA}{A} = \frac{v_0}{\pi R^2}\int_0^R \left(1-\frac{r}{R}\right)^{\frac{1}{n}} 2\pi r dr = 2v_0\int_0^R \left(1-\frac{r}{R}\right)^{\frac{1}{n}} \left(\frac{r}{R}\right) d\left(\frac{r}{R}\right) \quad (9.38)$$

Substituindo $\xi = 1 - r/R$, $d\xi = -d(r/R)$,

$$\overline{v} = 2v_0\int_0^1 \xi^{\frac{1}{n}}(1-\xi)d\xi = 2v_0\left[\frac{\xi^{\frac{1}{n}+1}}{\frac{1}{n}+1} - \frac{\xi^{\frac{1}{n}+2}}{\frac{1}{n}+2}\right]_0^1 = v_0\frac{2n^2}{(n+1)(2n+1)} \quad (9.39)$$

$$\overline{v} = \frac{2n^2}{(n+1)(2n+1)} v_0 \quad (9.40)$$

[4] Em regime turbulento, todas as velocidades são "suavizadas" (média temporal).

[5] Observe a cúspide (artificial) no centro do tubo no caso turbulento, devida ao fato de que o gradiente de velocidade correspondente à Eq. (9.37) não se anula nesse ponto.

A Eq. (9.37) pode ser escrita, então, como

$$v = \frac{(n+1)(2n+1)}{2n^2}\overline{v}\left(1-\frac{r}{R}\right)^{\frac{1}{n}} \tag{9.41}$$

Para $n = 7$,

$$\overline{v} \approx 0{,}817 v_0 \tag{9.42}$$

$$v \approx 1{,}224\overline{v}\left(1-\frac{r}{R}\right)^{\frac{1}{7}} \tag{9.43}$$

Compare com as Eqs. (9.31)-(9.32).

Um procedimento análogo é utilizado para avaliar o fator de correção $a$:

$$\overline{v^3} = \frac{\int v^3 dA}{A} = \frac{v_0^3}{\pi R^2}\int_0^R \left(1-\frac{r}{R}\right)^{\frac{3}{n}} 2\pi r dr = 2v_0^3 \int_0^R \left(1-\frac{r}{R}\right)^{\frac{3}{n}}\left(\frac{r}{R}\right) d\left(\frac{r}{R}\right) \tag{9.44}$$

Substituindo $\xi = 1 - r/R$, $d\xi = -d(r/R)$,

$$\overline{v^3} = 2v_0^3 \int_0^1 \xi^{\frac{3}{n}}(1-\xi)d\xi = 2v_0^3\left[\frac{\xi^{\frac{3}{n}+1}}{\frac{1}{n}+1} - \frac{\xi^{\frac{3}{n}+2}}{\frac{1}{n}+2}\right]_0^1 = \frac{2n^2}{(n+3)(2n+3)}v_0^3 \tag{9.45}$$

que resulta, para $n = 7$, em

$$\overline{v^3} \approx 0{,}577 v_0^3 \tag{9.46}$$

Levando em consideração a Eq. (9.42),

$$a = \frac{\overline{v^3}}{(\overline{v})^3} \approx 1{,}06 \tag{9.47}$$

para o escoamento turbulento típico em tubos cilíndricos.

## 9.2 ESCOAMENTO EM DUTOS

Considere o escoamento em estado estacionário de um fluido newtoniano incompressível através de um duto. Vamos supor, no momento, que se trata de um tubo de seção circular uniforme (Figura 9.4).

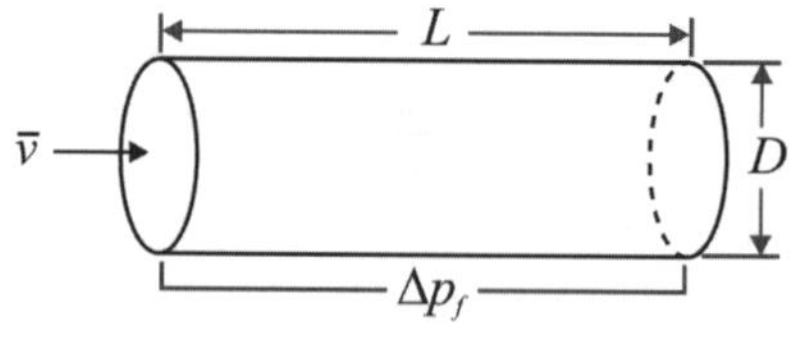


**Figura 9.4**

Seguindo a prática em engenharia, e levando em consideração a Eq. (9.15), vamos chamar *queda de pressão devida ao atrito viscoso* à energia mecânica dissipada no duto por unidade de volume:

$$\Delta p_f \equiv E_v \tag{9.48}$$

$\Delta p_f$ é a *queda de pressão equivalente* à dissipação de energia mecânica; só será a verdadeira queda de pressão no tubo, se o tubo for horizontal. Da mesma forma, a dissipação de energia mecânica pode ser expressa em termos de uma *altura equivalente*:

$$\rho g h_f \equiv E_v \tag{9.49}$$

$h_f$ só é a verdadeira diferença de altura entre a entrada e a saída do tubo para um tubo vertical com diferença de pressão nula entre os extremos.

$\Delta p_f$ é frequentemente correlacionada através de um *fator de atrito*. Uma expressão comum é

$$\Delta p_f = 4f\frac{L}{D}(½\rho\overline{v}^2) \tag{9.50}$$

onde $L$ é o comprimento e $D$ o diâmetro do duto, $\rho$ é a densidade do fluido, e $\bar{v}$ é a velocidade média do escoamento, de forma que $\frac{1}{2}\rho\bar{v}^2$ é a energia cinética do fluido por unidade de volume. O fator de atrito é só uma forma adimensional de expressar a taxa de dissipação de energia mecânica por unidade de volume. Escrito desta forma (com o 4 na frente), o fator de atrito é chamado de *fator de atrito de Fanning*. A Eq. (9.50) é a definição formal do fator de atrito, que é obtido experimentalmente *medindo* a queda de pressão como função da velocidade média e da geometria do duto:

$$4f = \frac{\Delta p_f}{\left(\frac{1}{2}\rho\bar{v}^2\right)} \cdot \frac{D}{L} \tag{9.51}$$

Para escoamentos de fluidos newtonianos, o fator de atrito é função apenas do número de Reynolds:

$$f = f(Re) \tag{9.52}$$

onde

$$Re = \frac{\rho\bar{v}D}{\eta} \tag{9.53}$$

é o número de Reynolds baseado no diâmetro ($D$), $\bar{v}$ é a velocidade média, $\rho$ e $\eta$ são, respectivamente, a densidade e a viscosidade (constantes materiais) do fluido.

Para *escoamento laminar*, ou seja, para $Re < 2000$, o fator de atrito é

$$f = \frac{16}{Re} \tag{9.54}$$

Substituindo a definição de $Re$, Eq. (9.53),

$$f = \frac{16\eta}{\rho\bar{v}D} \tag{9.55}$$

e substituindo este resultado na Eq. (9.50), obtemos uma expressão para a perda de pressão em regime de escoamento laminar:

$$\Delta p_f = \frac{32\eta L\bar{v}}{D^2} \tag{9.56}$$

Levando em consideração que a vazão volumétrica $Q$ através do duto é

$$Q = \frac{1}{4}\pi D^2\bar{v} \tag{9.57}$$

temos

$$\Delta p_f = \frac{128\eta LQ}{\pi D^4} \tag{9.58}$$

ou, em termos do raio $R = \frac{1}{2}D$,

$$\Delta p_f = \frac{8\eta LQ}{\pi R^4} \tag{9.59}$$

que é a equação de *Hagen-Poiseuille* para o escoamento laminar estacionário de um fluido newtoniano incompressível em um tubo cilíndrico, Eq. (3.126).

Para $Re > 3000$, o regime de escoamento é *turbulento* e a dependência do fator de atrito com o número de Reynolds é mais complexa (Figura 9.5).

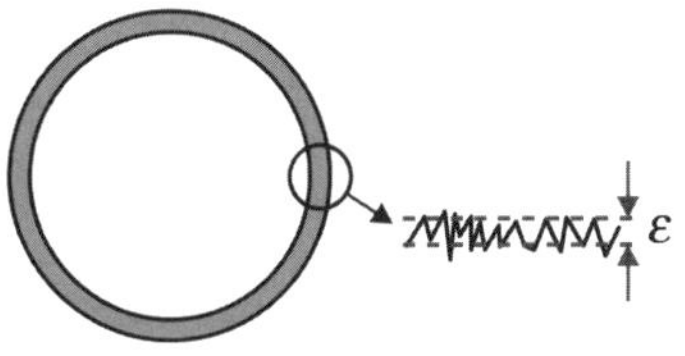


**Figura 9.5**

Para dutos comerciais deve-se levar em consideração o estado da parede, desde que, em regime turbulento, o atrito na parede depende da espessura da camada laminar comparada com a "rugosidade" da parede (Figura 9.6). Define-se uma *rugosidade relativa* $\varepsilon/D$ como

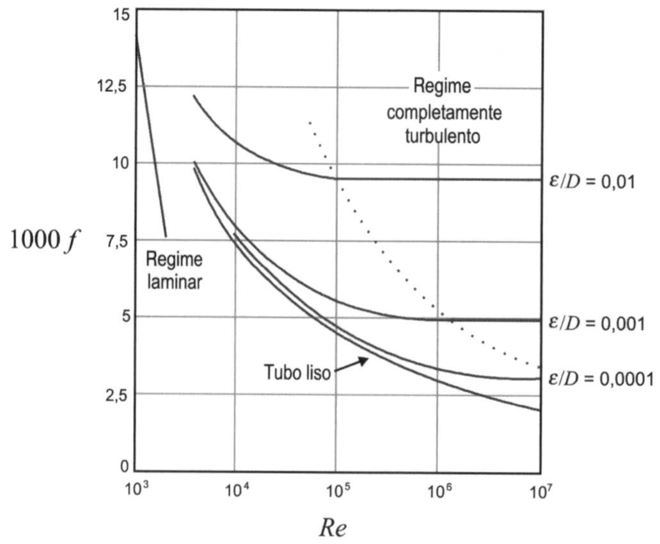


**Figura 9.6**

Como $\varepsilon$ é muito difícil de medir, $\varepsilon/D$ aparece de fato como um parâmetro ajustável, ligado ao estado da superfície da parede do tubo. Por exemplo, para tubos de aço utiliza-se convencionalmente o valor $\varepsilon = 0{,}05$ mm; já para tubos de cimento, o valor é de 0,25 mm a 2,5 mm.

Uma expressão empírica para o fator de atrito como função do número de Reynolds e da rugosidade relativa é a *equação de Haaland*:[6]

$$\frac{1}{\sqrt{f}} = -3{,}6\log\left[\frac{6{,}9}{Re} + \left(\frac{\varepsilon/D}{3{,}7}\right)^{1{,}11}\right] \tag{9.60}$$

A Eq. (9.60) representa os dados experimentais para $\varepsilon/D < 0{,}05$ dentro de um intervalo de $\pm 10\%$ (uma incerteza que é importante levar em consideração no momento de fazer avaliações numéricas).

Observe que a partir de certo valor do $Re$ (que depende da rugosidade) o fator de atrito torna-se independente do número de Reynolds. Nesse regime, chamado *completamente turbulento*, a camada laminar perto das paredes "some" nas rugosidades da parede, e a queda de pressão é independente da viscosidade do material.

Estes resultados, obtidos para um tubo de seção circular, são, em princípio, aplicáveis a dutos de outras seções se o diâmetro $D$ for substituído por um diâmetro equivalente, o chamado *diâmetro hidráulico*, definido como

$$D_H = \frac{4A_F}{P_S} \tag{9.61}$$

onde $A_F$ é a *área de escoamento* (normal à velocidade média) e $P_S$ é o *perímetro* (da seção normal do duto) *molhado* pelo fluido. Para um tubo cilíndrico, o diâmetro hidráulico é simplesmente o diâmetro:

$$D_H = \frac{4(\pi D^2/4)}{(\pi D)} = D \tag{9.62}$$

Para um duto de seção retangular $H \times W$,

$$D_H = \frac{4(HW)}{(2H + 2W)} = \frac{2HW}{(H + W)} \tag{9.63}$$

ou seja, a *média harmônica* das duas dimensões:

$$D_H^{-1} = \tfrac{1}{2}(H^{-1} + W^{-1}) \tag{9.64}$$

Observe que para fendas estreitas (placas planas paralelas e infinitas), $H \ll W$, o diâmetro hidráulico é o dobro da distância entre as placas.

A potência (trabalho por unidade de tempo) necessária para puxar o fluido através do duto pode ser avaliada considerando o trabalho das forças de pressão na entrada e saída do tubo (Seções 3.1-3.2):

$$\mathcal{W} = Q \cdot \Delta p \tag{9.65}$$

[6] Veja, por exemplo, a Eq. (6.2-15), de R. B. Bird, W. E. Stewart e E. N. Lightfoot, *Fenômenos de Transporte*, 2.ª ed. LTC, Rio de Janeiro, 2004 (BSL).

A queda de pressão $\Delta p = p_1 - p_2$ pode ser obtida a partir do balanço global de energia mecânica, Eq. (9.6),

$$\Delta p = \tfrac{1}{2}\rho\Delta\bar{v}^2 + \rho g\Delta h + \Delta p_f \tag{9.66}$$

onde $\Delta\bar{v}^2 = \bar{v}_2^2 - \bar{v}_1^2$, $\Delta h = h_2 - h_1$, em ausência de trabalho mecânico externo (bombas etc.) e para escoamento turbulento ($\alpha_1 \approx a_2 \approx 1$).

A potência mecânica é *dissipada* em forma de calor que, se não for logo transferido para fora do sistema, vai resultar no aumento da temperatura do fluido. O assunto da transferência de calor será estudado na segunda parte do texto, mas é possível obter um limite do possível aquecimento analisando um sistema adiabático (isto é, termicamente isolado) onde *toda* a energia dissipada é utilizada para aumentar a temperatura do fluido. A energia necessária para aumentar a temperatura de um material (por unidade de massa e unidade de aumento de temperatura) é precisamente o *calor específico* do material. Um simples balanço de calor (Seções 3.1-3.2) resulta em

$$\mathcal{W} = Q\Delta p_f = \rho\hat{c}Q\Delta T_{max} \tag{9.67}$$

onde $\hat{c}$ é o calor específico do fluido e $\Delta T_{max}$ é o máximo aumento de temperatura:

$$\Delta T_{max} = \frac{\Delta p_f}{\rho\hat{c}} \tag{9.68}$$

A Eq. (9.68) permite avaliar a validade da hipótese de "temperatura constante" feita na derivação de todos nossos problemas. Se $\Delta T_{max}$ for desprezível (por exemplo, comparada com a diferença de temperatura necessária para haver uma mudança significativa nas propriedades físicas – viscosidade – do fluido), a hipótese isotérmica será razoável. Se $\Delta T_{max}$ for apreciável, a hipótese isotérmica dependerá da eficiência de possíveis mecanismos de transferência de calor.

Em regime laminar (Seção 3.2), o comprimento de entrada necessário para que a velocidade no centro do tubo atinja 99% da velocidade máxima, no perfil completamente desenvolvido, $v_{max} = 2\bar{v}$, foi avaliado, Eq. (3.146), como

$$\frac{L_e}{D} \approx 0,59 + 0,056 \cdot Re \tag{9.69}$$

e a queda de pressão extra devida aos efeitos de entrada, Eq. (3.149), como

$$\Delta p_e = 4,64\frac{\eta\bar{v}}{R} + 0,68\rho\bar{v}^2 \tag{9.70}$$

Uma expressão comum para avaliar o comprimento do duto necessário para estabilizar o *perfil de velocidade* em regime turbulento é

$$\frac{L_e}{D} \approx 50 \tag{9.71}$$

(Valores maiores que 100*D* têm sido observados experimentalmente.) Porém, o comprimento necessário para estabilizar o *fator de atrito* é muito menor, da ordem de 3 a 6 diâmetros, dependendo do *Re* (menor a maior *Re*), mostrando que o perfil de velocidade perto da parede atinge rapidamente a forma "final" (longe da entrada). A queda de pressão extra, que se deve somar à queda de pressão no comprimento total do duto, avaliada pela Eq. (9.50), se expressa como uma fração da energia cinética "final":

$$\Delta p_e = k_e\rho\bar{v}^2 \tag{9.72}$$

onde o *coeficiente de perdas* $k_e$ depende da *forma* da entrada (Figura 9.7).

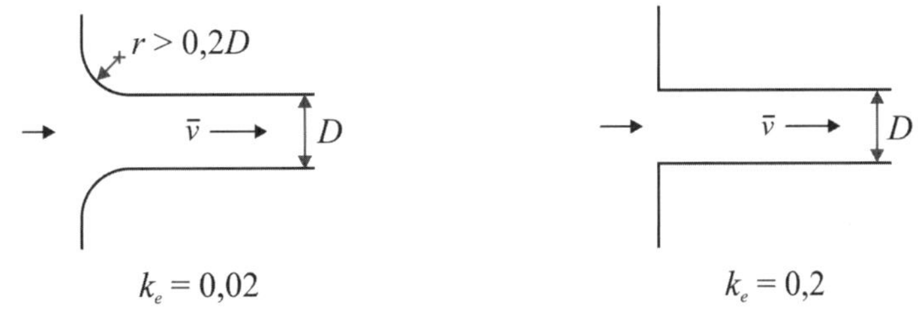


**Figura 9.7**

Coeficientes de perdas determinados empiricamente são utilizados com a Eq. (9.72) para "corrigir" a Eq. (9.50) pela presença na linha de componentes que perturbam o escoamento. Por exemplo, a queda de pressão extra devida à contração súbita em um tubo cilíndrico, do diâmetro $D_1$ para $D_2 < D_1$ (Figura 9.8a), pode ser avaliada, em regime turbulento, através da expressão

$$\Delta p_c = k_c \rho \bar{v}_2^2 \tag{9.73}$$

com o coeficiente de perdas

$$k_c = \tfrac{1}{4}\left[1-\left(\frac{D_2}{D_1}\right)^4\right]^2 \tag{9.74}$$

As correções não são "reversíveis"; para a expansão súbita de $D_1$ para $D_2 > D_1$ (Figura 9.8b),

$$\Delta p_d = k_d \rho \bar{v}_1^2 \tag{9.75}$$

com o coeficiente de perdas

$$k_d = \tfrac{1}{2}\left[1-\left(\frac{D_1}{D_2}\right)^2\right]^2 \tag{9.76}$$

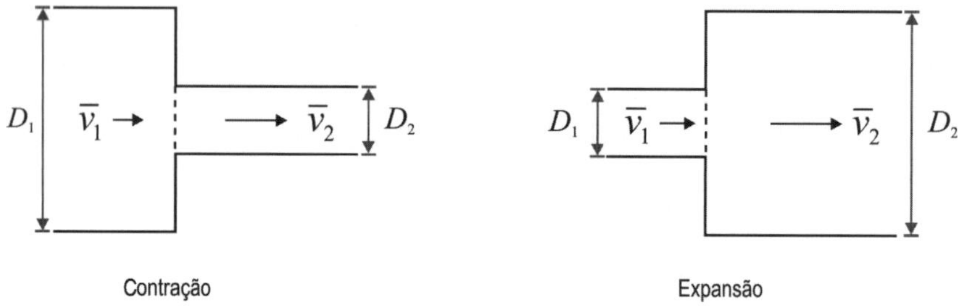


**Figura 9.8**

Coeficientes de perdas para uma variedade de componentes (cotovelos, ângulos, válvulas etc.) são listados nos textos de operações unitárias.

# 9.3 ESCOAMENTO AO REDOR DE PARTÍCULAS

## 9.3.1 Esferas Sólidas

Considere o escoamento de um fluido newtoniano incompressível ao redor de uma partícula esférica sólida estacionária, de diâmetro $D$. Longe da partícula o fluido se move a uma velocidade constante e uniforme $v_\infty$ (Figura 9.9).

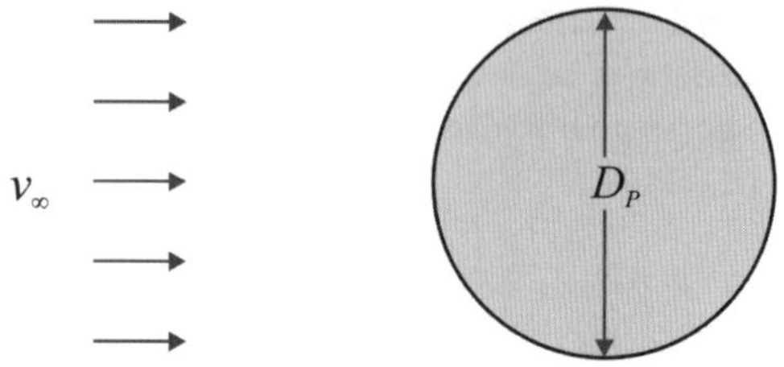


**Figura 9.9**

A *força de arraste* $\mathcal{F}_D$ exercida pelo fluido sobre o sólido é frequentemente correlacionada através de um *coeficiente de arraste* $C_D$:

$$\mathcal{F}_D = C_D A_F \left(\tfrac{1}{2}\rho v_\infty^2\right) \tag{9.77}$$

onde $\rho$ é a densidade do fluido e $A_F$ é a área projetada pela partícula em um plano normal ao escoamento. A Eq. (9.77) é a definição formal do coeficiente de arraste, que é obtido experimentalmente *medindo* a força como função da geometria do sistema e da velocidade $v_\infty$:

$$C_D = \frac{\mathcal{F}_D}{\tfrac{1}{2}\rho A_F v_\infty^2} \tag{9.78}$$

Para uma esfera

$$A_F = \tfrac{1}{4}\pi D_P^2 \tag{9.79}$$

onde $D$ é o diâmetro da esfera.

Substituindo a Eq. (9.78) na Eq. (9.77), temos

$$\mathcal{F}_D = \tfrac{1}{8}\pi C_D \rho v_\infty^2 D_P^2 \tag{9.80}$$

Para fluidos newtonianos o coeficiente de arraste é função apenas do número de Reynolds (Figura 9.10):

$$C_D = C_D(Re_P) \tag{9.81}$$

onde

$$Re_P = \frac{\rho v_\infty D_P}{\eta} \tag{9.82}$$

é o número de Reynolds baseado no diâmetro da esfera ($D_P$) e na velocidade do fluido longe do sólido ($v_\infty$); $\rho$ e $\eta$ são a densidade e a viscosidade (constantes materiais) do fluido, respectivamente.

Para *escoamento lento viscoso*, ou seja, para $Re_P \ll 1$, o coeficiente de arraste é

$$C_D = \frac{24}{Re_P} \tag{9.83}$$

Substituindo a definição de $Re_P$, Eq. (9.82),

$$C_D = \frac{24\eta}{\rho v_\infty D_P} \tag{9.84}$$

e substituindo este resultado na Eq. (9.80), obtemos uma expressão para a força de arraste numa esfera no limite de escoamento lento viscoso:

$$Re_P \leq 0{,}1: \qquad \mathcal{F}_D = 3\pi\eta v_\infty D_P \tag{9.85}$$

que é conhecida como a *lei de Stokes*, Eq. (7.118). O assunto foi considerado, em detalhe, na Seção 7.3.

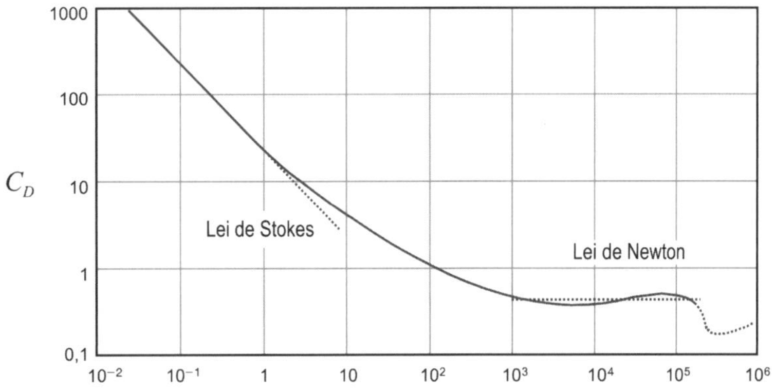


**Figura 9.10**

Para valores elevados do número de Reynolds o coeficiente de arraste é aproximadamente constante, independente de $Re_P$,

$$C_D \approx 0{,}44 \tag{9.86}$$

que corresponde a uma força de arraste proporcional a $v_\infty^2$ e independente da viscosidade do fluido:

$$Re_P > 1000: \qquad \mathcal{F}_D \approx 0{,}173\rho v_\infty^2 D_P^2 \tag{9.87}$$

A Eq. (9.87) é chamada, às vezes, *lei de Newton* (mais uma!). Observe (Figura 9.10) que para $Re_P \approx 2 \cdot 10^5$ o coeficiente de arraste cai bruscamente para valores perto de 0,2.

Para valores intermediários do número de Reynolds, é útil a expressão empírica[7]

$$C_D \approx \left(0{,}54 + \sqrt{\frac{24}{Re_P}}\right)^2 \tag{9.88}$$

[7] BSL, Eq. (6.3-16).

### 9.3.2 Esferas Fluidas

Um tratamento semelhante aplica-se a partículas fluidas (gotas de líquido ou bolhas de gás ou vapor) submersas em um fluido viscoso imiscível, em movimento uniforme. O escoamento do fluido *externo* (ao redor da partícula) gera um movimento no fluido interno (dentro da partícula) que deve ser considerado na determinação da força de arraste. Mas, ao contrário dos sólidos, as partículas fluidas são deformáveis, e adotam forma esférica somente no regime de escoamento lento viscoso. Nessas condições a equação equivalente à "lei de Stokes" é

$$\mathcal{F}_D = \pi\eta D_P v_\infty \left(\frac{2+3\lambda}{1+\lambda}\right) \tag{9.89}$$

onde

$$\lambda = \frac{\eta_P}{\eta} \tag{9.90}$$

sendo $\eta$ a viscosidade do fluido externo e $\eta_P$ a viscosidade do fluido interno. A Eq. (9.89) é conhecida como *equação de Hadamard-Rybczynski*, Eq. (7.155). O assunto foi considerado, em detalhe, na Seção 7.4.

O coeficiente de arraste neste caso é

$$C_D = \frac{\mathcal{F}_D}{\frac{1}{2}\rho A_F v_\infty^2} = \frac{8\eta}{\rho v_\infty D_P}\left(\frac{2+3\lambda}{1+\lambda}\right) = \frac{8}{Re_P}\left(\frac{2+3\lambda}{1+\lambda}\right) \tag{9.91}$$

onde o número de Reynolds, Eq. (9.82), é baseado nas propriedades do fluido externo. Observe que as Eqs. (9.89) e (9.91) ficam reduzidas às Eqs. (9.85) e (9.83) – a lei de Stokes – respectivamente, no limite $\lambda \to \infty$ (isto é, para $\eta_P \gg \eta$), visto que

$$\lim_{\lambda\to\infty} \frac{2+3\lambda}{1+\lambda} = \lim_{\lambda\to\infty} \frac{2/\lambda+3}{1/\lambda+1} = 3 \tag{9.92}$$

No extremo oposto, para uma bolha de gás, $\lambda \approx 0$ (isto é, $\eta_P \ll \eta$), as Eqs. (9.89) e (9.91) ficam reduzidas a

$$\mathcal{F}_D = 2\pi\eta D_P v_\infty \tag{9.93}$$

$$C_D = \frac{16}{Re_P} \tag{9.94}$$

A equação de Hadamard-Rybczynski foi verificada experimentalmente utilizando fluidos puros. Na prática, a força de arraste de esferas fluidas tem valores intermediários entre os correspondentes à equação de Hadamard-Rybczynski e a lei de Stokes. A Eq. (9.89) supõe a existência de uma interface *móvel* fluido-fluido. Porém, as impurezas frequentes e inevitavelmente presentes nos líquidos tendem a se concentrar na interface e a tornam mais ou menos rígida.[8] Nessas condições, o fluido externo "percebe" uma partícula de viscosidade muito maior que a viscosidade interna real, resultando em significativos desvios da Eq. (9.89) avaliada com a verdadeira viscosidade.

### 9.3.3 Partículas Rígidas Não Esféricas

As expressões anteriores podem ser utilizadas para avaliar de forma aproximada o fator de arraste de outros sólidos isométricos[9] utilizando uma esfera de *diâmetro equivalente*. A definição de diâmetro equivalente depende

---

[8] O processo é bem mais complexo do que esta breve menção sugere.

[9] A forma de uma partícula pode ser caracterizada, em primeira aproximação, por três diâmetros ($a$, $b$, $c$) medidos ao longo dos três eixos de um sistema de coordenadas cartesianas centrado na partícula. Em geral, os valores dos diâmetros dependem da orientação da partícula no sistema de coordenadas. Uma partícula é *isométrica* se os três diâmetros têm a mesma ordem de magnitude ($a \sim b \sim c$), independentemente da orientação. Dois casos extremos de grande importância prática podem ser definidos para partículas não isométricas (chamadas *anisométricas*): as *plateletas* podem ser orientadas de forma que um diâmetro resulte muito menor que os outros ($a \ll b \sim c$) e as *agulhas* ou *fibras* de forma que um diâmetro resulte muito maior que os outros ($a \gg b \sim c$). A vareta cilíndrica e o disco representados na Figura 9.11 são modelos idealizados (regulares) de agulhas e plateletas.

A superfície dos elipsoides de revolução, ou *esferoides*, é gerada pela rotação de uma elipse ao redor de um eixo que passa pelo centro da figura. Se o eixo coincide com o diâmetro maior da elipse, se obtém um *esferoide prolato* (uma esfera "esticada" ao longo de um diâmetro). Se o eixo coincide com o diâmetro menor da elipse, se obtém um *esferoide oblato* (uma esfera "achatada" ao longo de um diâmetro). À medida que a relação diâmetro maior/diâmetro menor da elipse geradora aumenta, o esferoide prolato se aproxima a uma *vareta*, e o esferoide oblato a um *disco*. Como o escoamento uniforme lento viscoso em torno destes esferoides tem sido estudado em detalhe, e soluções analíticas – algumas surpreendentemente simples – estão disponíveis na literatura técnica, é possível dispor de modelos aproximados do comportamento de *fibras* e *plateletas* em escoamentos uniformes. Para uma introdução ao assunto, veja o texto de R. F. Probstein, *Physicochemical Hydrodynamics: An Introduction*, 2nd ed. Wiley-Interscience, 2003, Capítulo 5; para mais informações, consulte as monografias especializadas, citadas na *Conclusão* da Seção 7.4.

da forma e orientação da partícula. Em ausência de informação específica, pode-se utilizar o diâmetro baseado na área projetada $A_F$:

$$D_e \approx \sqrt{\frac{4A_F}{\pi}} \tag{9.95}$$

Para varetas e discos (Figura 9.11) em escoamento lento viscoso, a seguinte expressão aproximada permite avaliar o coeficiente de arraste em função do fator de forma $\varepsilon = L/D$:

$$\bar{C}_D = 0{,}6\frac{(4+\varepsilon)(3+2\varepsilon)}{(11+4\varepsilon)}C_D^0 \tag{9.96}$$

onde $\varepsilon = L/D$ e $C_D{}^0$ é o coeficiente de arraste de uma esfera de diâmetro $D$.

Os sólidos não esféricos imersos em um escoamento uniforme orientam-se de forma a apresentar a menor área ao fluido que impinge neles. Assim, varetas alinham-se com o eixo de simetria paralelo à velocidade longe da partícula, apresentando uma área projetada $A_F = \frac{1}{4}\pi D^2$; no entanto, os discos alinham-se com o eixo de simetria normal à velocidade longe da partícula, apresentando uma área projetada $A_F = LD$. No limite de varetas finas ($D \ll L$) ou discos delgados ($L \ll D$), a força de arraste é

$$\boldsymbol{F}_D \approx \begin{cases} 2{,}83\eta D v_\infty & \text{para } D \ll L \\ 4{,}72\eta L v_\infty & \text{para } L \ll D \end{cases} \tag{9.97}$$

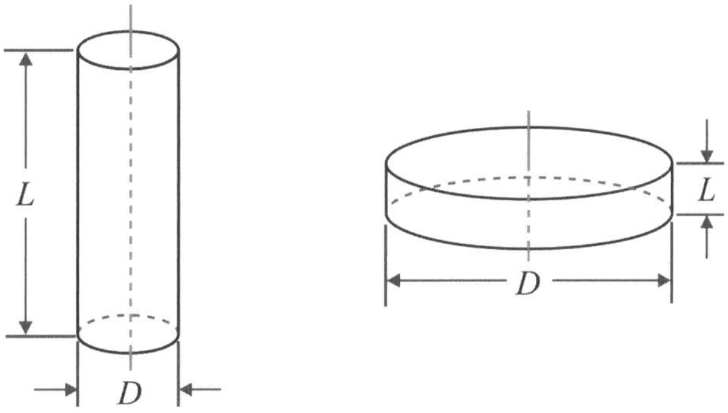


**Figura 9.11** Vareta ($L > D$) Disco ($L < D$)

## 9.3.4 Interações

O tratamento apresentado requer o sólido *isolado*, submerso num *meio infinito* e *sem interações específicas*, movendo-se a uma *velocidade uniforme*. O descumprimento de um ou mais destes requerimentos invalida os resultados obtidos.

Paredes sólidas estacionárias perto da esfera podem afetar consideravelmente o resultado. Para o caso de escoamento lento viscoso de uma esfera de diâmetro $D$, deslocando-se através de um fluido contido em um cilindro vertical de diâmetro $D_0$, o coeficiente de arraste pode ser expresso como

$$C_D = \frac{24}{Re_P} f\left(D_P/D_0\right) \tag{9.98}$$

onde o fator de correção $f$ é uma função da razão dos diâmetros (Figura 9.12). Para $D_p < 0{,}1\ D_0$ pode-se utilizar a aproximação linear

$$f = 1 + 2{,}1\left(D_P/D_0\right) \tag{9.99}$$

Observe que, para $D_P \approx \frac{1}{3} D_0, C_D \approx 3(C_D)_{D_0 \to \infty}$!

A presença de outras partículas na vizinhança perturba o escoamento. Suspensões de esferas rígidas de tamanho uniforme e sem interações específicas (tanto entre as partículas quanto entre as partículas e o fluido) são caracterizadas por apenas um parâmetro adicional: a *fração volumétrica* do sólido,[10] $\phi$. Considerações geométricas

[10] A fração do volume total ocupado pelo sólido (ou fração volumétrica do sólido) está relacionada à fração mássica e às densidades do sólido e do fluido através das Eqs. (2.32) e (2.14).

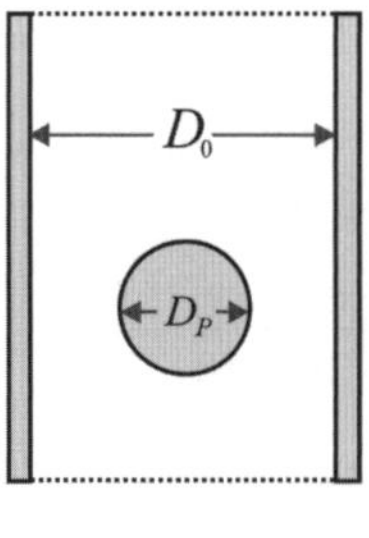


Figura 9.12a

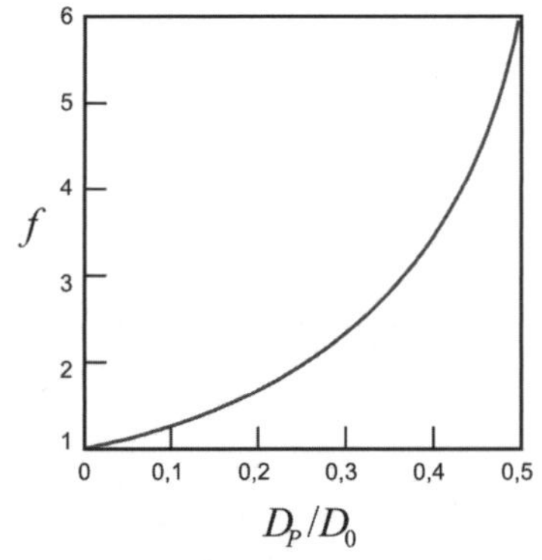


Figura 9.12b

permitem estabelecer qual a máxima fração volumétrica que corresponde ao *empacotamento hexagonal compacto* das esferas,[11] onde cada uma está em contato com outras doze, levando a

$$\phi_{max} = \frac{\pi}{\sqrt{18}} \approx 0,74 \tag{9.100}$$

Na prática é difícil obter frações volumétricas acima de 0,64. No empacotamento compacto, a distância entre os centros de duas partículas vizinhas é justamente 1$D$ (um diâmetro). Uma separação mínima entre partículas esféricas uniformes de $kD$ resulta em fração volumétrica:

$$\phi = \frac{\phi_{max}}{(k-1)^3} \tag{9.101}$$

Para $k = 10$ a fração volumétrica é 0,001 (0,1%). Para essa diluição a interação geométrica entre partículas e a perturbação do escoamento longe das mesmas são suficientemente pequenas para justificar o uso da lei de Stokes para avaliar o arraste sobre as partículas individuais na suspensão, em um escoamento uniforme lento viscoso. A Figura 9.13 permite *visualizar* a relação entre a distância mínima entre partículas esféricas e a fração volumétrica.

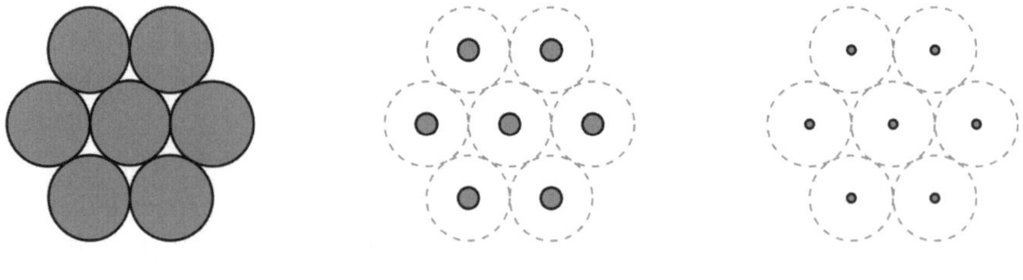


Figura 9.13

Em escoamento lento viscoso, a expressão

$$C_D = \frac{24}{Re_P} g(\phi) \tag{9.102}$$

é frequentemente utilizada. O fator de correção $g$ é uma função da fração de sólidos; longe das paredes, a correlação empírica

$$g = (1-\phi)^{4,7} \tag{9.103}$$

resulta em valores razoáveis para suspensões concentradas até $\phi_{max}$.[12]

Partículas não esféricas podem muitas vezes ser "empacotadas" com maiores densidades, mas nesse caso a movimentação das mesmas será dificultada. Para varetas de diâmetro $D$ e comprimento $L > D$, a fração volumé-

[11] A prova matemática de que o empacotamento hexagonal compacto é realmente o mais eficiente só foi completada em 1998 e ocupa mais de 100 páginas...

[12] R. F. Probstein, *Physicochemical Hydrodynamics*, 2nd ed. Wiley-Interscience, 2003, Eq. (5.4.18).

trica máxima que permite a livre rotação das mesmas é obtida com um empacotamento compacto de esferas de diâmetro igual ao comprimento das varetas:

$$(\phi_{max})_{\text{vareta}} = \tfrac{3}{16}\phi^0_{max}\left(\frac{D}{L}\right)^2 = \tfrac{3}{16}\phi^0_{max}\varepsilon^{-2} \tag{9.104}$$

onde $\phi^0{}_{max} = 0{,}74$ é a fração volumétrica das "esferas de influência" de diâmetro $L$. Para fibras com $\varepsilon = L/D = 20$, a fração volumétrica máxima de livre rotação é 0,00035 (0,035%). Para discos a situação não é muito melhor:

$$(\phi_{max})_{\text{disco}} = \tfrac{3}{16}\phi^0_{max}\frac{L}{D} = \tfrac{3}{16}\phi^0_{max}\varepsilon \tag{9.105}$$

As suspensões de partículas com fatores de forma $\varepsilon \neq 1$ são geralmente anisotrópicas em escoamento; mas, a uma baixa concentração de sólidos, $\phi < \phi_{max}$, a anisotropia é previsível: as partículas alinham-se *instantaneamente* com o escoamento. Já para $\phi > \phi_{max}$ o processo de reorientação de uma partícula no escoamento é dificultado (retardado) pela presença das partículas vizinhas na sua área de influência.

Suspensões com conteúdo de sólidos suficientemente pequenos em comparação com esses valores são consideradas *suspensões diluídas* e podem ser analisadas, na ausência de interações específicas, em termos de partículas individuais, utilizando os métodos apresentados nesta seção. Porém, suspensões de interesse prático raramente são diluídas; no caso de fibras e plateletas, jamais.

Suspensões com conteúdo de sólidos acima desses valores são consideradas *suspensões concentradas*; não podem ser analisadas com as ferramentas desenvolvidas para partículas isoladas (por exemplo, a lei de Stokes) e frequentemente exibem um comportamento fortemente *anisotrópico*, dependente da *história* da deformação a que têm sido submetidas (típico comportamento não newtoniano). A mecânica das suspensões concentradas vai além deste curso introdutório. Porém, suspensões de concentração bastante elevada podem ser analisadas como leitos de recheio. Na Seção 9.4 são considerados brevemente os *leitos de recheio fixos*, isto é, onde não existe movimento relativo das partículas.

## 9.4 ESCOAMENTO EM LEITOS DE RECHEIO

Considere o escoamento de um fluido newtoniano incompressível através de um leito de partículas. Vamos supor que o leito é formado por $N_p$ esferas de diâmetro $D_p$, acomodadas em um tubo cilíndrico de diâmetro $D_0$ e comprimento $L$ (Figura 9.14).

O volume $V_p$ e a área superficial $A_p$ de uma partícula esférica são

$$V_p = \tfrac{1}{6}\pi D_p^3 \tag{9.106}$$

$$A_p = \pi D_p^2 \tag{9.107}$$

Portanto, a relação área/volume é

$$\frac{A_p}{V_p} = \frac{6}{D_p} \tag{9.108}$$

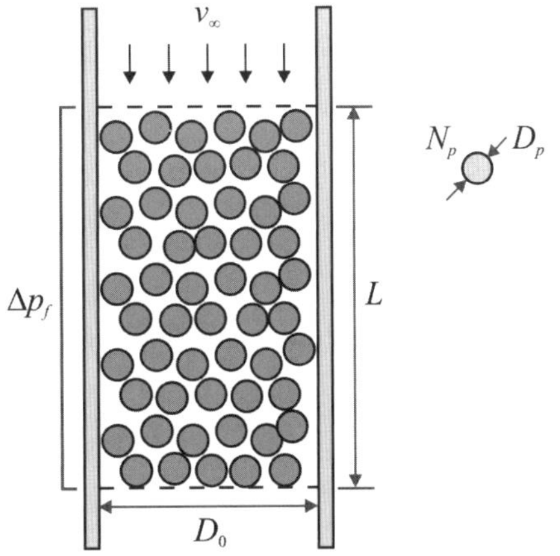


**Figura 9.14**

Se as partículas do leito não fossem esféricas, seria definido o diâmetro de uma "esfera equivalente" com a mesma relação área/volume que as partículas:

$$D_p = 6\frac{\text{Volume das partículas reais}}{\text{Área superficial das partículas reais}} \tag{9.109}$$

Se as partículas não fossem todas do mesmo tamanho, seria definido um diâmetro médio como a média harmônica dos diâmetros reais $D_i$:

$$D_p^{-1} = N_p^{-1}\left(\sum_{i=1}^{N_p} D_i^{-1}\right) \tag{9.110}$$

Uma propriedade geométrica importante do leito é a *porosidade* $\varepsilon$, definida como a fração de espaço "vazio" (poros) do leito, isto é, a relação entre o volume não ocupado pelas partículas e o volume total (macroscópico) do leito:

$$V_L = A_L L = \tfrac{1}{4} D_0^2 L \tag{9.111}$$

ou seja,

$$\varepsilon = \frac{V_L - N_p V_p}{V_L} = 1 - \tfrac{2}{3} N_p \frac{D_p^3}{D_0^2 L} \tag{9.112}$$

A porosidade do leito depende das propriedades geométricas das partículas (forma, tamanho) e da maneira como foram "empacotadas". Um leito de esferas de tamanho uniforme, empacotadas da forma mais compacta possível, tem uma porosidade de $\varepsilon = 0{,}26$; empacotadas aleatoriamente, $\varepsilon = 0{,}38\text{-}0{,}48$.

Para considerar a *queda de pressão* devida ao atrito viscoso no leito, é conveniente imaginar um modelo ideal do escoamento através do leito, formado por "tubos" cilíndricos, de comprimento $L$ e diâmetro efetivo $D_{eff}$. O *diâmetro efetivo* dos tubos pode ser considerado como um diâmetro hidráulico baseado no volume vazio do leito (volume não ocupado pelas partículas e, portanto, disponível para o escoamento) e na área superficial das partículas:

$$D_{eff} = 4 \times \frac{\text{Área transversal dos tubos}}{\text{Perímetro dos tubos}} = 4 \times \frac{\text{Volume vazio}}{\text{Área superficial das partículas}} \tag{9.113}$$

Mas

$$\text{Volume vazio} = \frac{\text{Volume vazio/volume do leito}}{\text{Volume sólido/volume do leito}} \times \text{Volume sólido} \tag{9.114}$$

$$\text{Volume vazio/volume do leito} = \varepsilon \tag{9.115}$$

$$\text{Volume sólido/volume do leito} = 1 - \varepsilon \tag{9.116}$$

$$\text{Volume sólido} = \tfrac{1}{6} N_p D_p^3 \tag{9.117}$$

Substituindo na Eq. (9.114),

$$\text{Volume vazio} = \tfrac{1}{6}\frac{\varepsilon}{1-\varepsilon} N_p \pi D_p^3 \tag{9.118}$$

$$\text{Área superficial das partículas} = N_p \pi D_p^2 \tag{9.119}$$

Substituindo as Eqs. (9.118)-(9.119) na Eq. (9.113),

$$D_{eff} = \tfrac{2}{3}\frac{\varepsilon}{1-\varepsilon} D_p \tag{9.120}$$

O fluido escoa nesses tubos com uma velocidade efetiva $v_{eff}$, que pode ser avaliada como

$$v_{eff} = \frac{Q}{\text{Área transversal dos tubos}} \tag{9.121}$$

Mas

$$Q = v_\infty \left(\tfrac{1}{4} \pi D_0^2\right) \tag{9.122}$$

$$\text{Área transversal dos tubos} = \frac{\text{Volume vazio}}{\text{Volume do leito}} \times \text{Área transversal do leito} = \varepsilon\left(\tfrac{1}{4}\pi D_0^2\right) \tag{9.123}$$

Portanto,

$$v_{eff} = \frac{v_\infty}{\varepsilon} \tag{9.124}$$

A queda de pressão nos tubos [Eq. (9.50)] é

$$\Delta p_f = 4f\frac{L}{D_{eff}}\left(\tfrac{1}{2}\rho v_{eff}^2\right) \tag{9.125}$$

onde $f$ é o fator de atrito nos tubos. Introduzindo as Eqs. (9.120) e (9.124) na Eq. (9.125),

$$\Delta p_f = \tfrac{2}{3}f\left(\frac{1-\varepsilon}{\varepsilon^3}\right)\frac{L}{D_p}\rho v_\infty^2 \tag{9.126}$$

Chamando

$$f_p = \tfrac{2}{3}f \tag{9.127}$$

o *fator de atrito no leito*, espera-se que seja uma função do *número de Reynolds no leito*, baseado no diâmetro efetivo e na velocidade efetiva nos "tubos",

$$Re_p \sim \frac{\rho v_{eff} D_{eff}}{\eta} \tag{9.128}$$

Mas, deixando fora o coeficiente numérico $\tfrac{2}{3}$,

$$Re_p = \frac{\rho v_\infty D_p}{(1-\varepsilon)\eta} \tag{9.129}$$

Espera-se que existam um regime de escoamento laminar para $Re_p \ll 1$, no qual $f_p$ seja proporcional a $Re_p^{-1}$, e um regime de escoamento completamente turbulento para $Re_p \gg 1$, no qual $f_p$ seja independente de $Re_p$. Observações experimentais indicam que

$$f_p = \frac{150}{Re_p} + 1{,}75 \tag{9.130}$$

chamada *equação de Ergun* (Figura 9.15).

Para $Re_p \leq 10$, pode-se desprezar o segundo termo, e para $Re_p \geq 1000$, o primeiro. A Eq. (9.130) representa os valores experimentais de queda de pressão em leitos de recheio com uma aproximação de $\pm 20\%$.

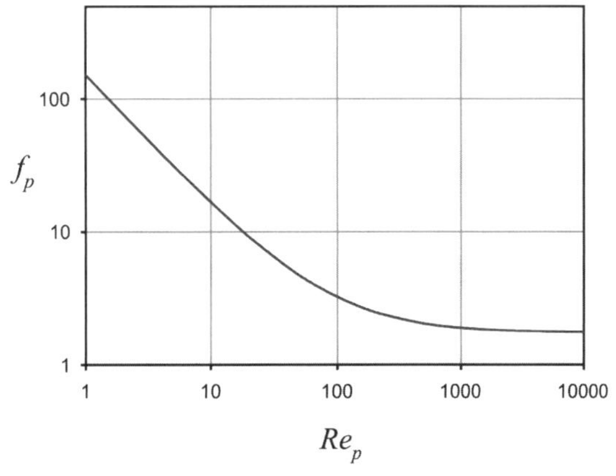


**Figura 9.15**

Os escoamentos em sistemas particulados são discutidos magistralmente na monografia de Giulio Massarani, *Fluidodinâmica em Sistemas Particulados*, 2ª ed. E-Papers, Rio de Janeiro, 2002.

# PROBLEMAS

## Problema 9.1 Transporte de fluidos (I)

Deseja-se transportar 200 m³/h de água através de um tubo de ferro de 10 cm de diâmetro e 100 m de comprimento. A estação de bombeio encontra-se a 2 m abaixo do nível da saída, e a temperatura da água é de 20°C (nessas condições pode-se supor que a densidade da água é de 1 g/cm³ e a viscosidade 1 mPa · s); a rugosidade do tubo é estimada em 0,1 mm (Figura P9.1.1). Avalie a potência da bomba requerida para puxar a água.

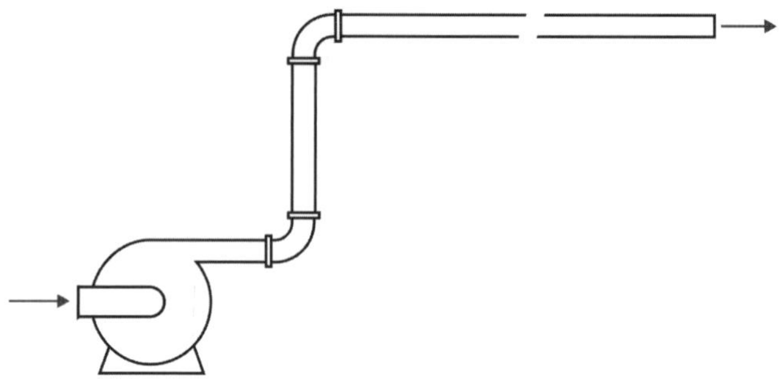

**Figura P9.1.1**

### *Resolução*

A vazão volumétrica da água é $Q = 200\ \text{m}^3/\text{h} = 0{,}056\ \text{m}^3/\text{s}$, e a velocidade média no tubo é

$$\bar{v} = \frac{Q}{A_F} = \frac{4Q}{\pi D^2} = \frac{4 \cdot (0{,}056\ \text{m}^3/\text{s})}{3{,}14 \cdot (0{,}1\ \text{m})^2} = 7{,}13\ \text{m/s}$$

onde $D = 0{,}1$ m é o diâmetro do tubo. O número de Reynolds é

$$Re = \frac{\rho \bar{v} D}{\eta} = \frac{(1000\ \text{kg/m}^3) \cdot (7{,}13\ \text{m/s}) \cdot (0{,}1\ \text{m})}{0{,}001\ \text{Pa·s}} \approx 0{,}7 \cdot 10^6$$

onde $\rho = 10^3\ \text{kg/m}^3$ e $\eta = 10^{-3}$ Pa · s são a densidade e a viscosidade da água, respectivamente. O regime de escoamento é, portanto, turbulento.

A potência necessária para transportar o fluido é dada pelo equivalente da Eq. (9.65), levando em consideração a energia potencial necessária para elevar o fluido até o nível de saída, $\Delta h = 2$ m,

$$\mathcal{W} = Q \cdot \Delta p = Q\left(\rho g \Delta h + \Delta p_f\right) \qquad \text{(P9.1.1)}$$

onde $g = 9{,}8\ \text{m/s}^2$ é a aceleração gravitacional, e $\Delta p_f$ é a queda de pressão devida ao atrito nas paredes do tubo, dada pela Eq. (9.50):

$$\Delta p_f = 4f\frac{L}{D}(\tfrac{1}{2}\rho\bar{v}^2) \qquad \text{(P9.1.2)}$$

O fator de atrito $f$ pode ser avaliado pelo gráfico da Figura 9.5, para $Re = 0{,}7 \cdot 10^6$ e rugosidade relativa

$$\frac{\varepsilon}{D} = \frac{0{,}1 \cdot 10^{-3}\ \text{m}}{0{,}1\ \text{m}} = 0{,}001$$

resultando em $f \approx 0{,}005$. Observe que o tubo opera no regime que chamamos de *completamente turbulento* (fator de atrito independente de $Re$). Substituindo na Eq. (P9.1.2),

$$\Delta p_f = \frac{2f\rho\bar{v}^2 L}{D} = \frac{2 \cdot (0{,}005) \cdot (1000\ \text{kg/m}^3) \cdot (7{,}07\ \text{m/s})^2 \cdot (100\ \text{m})}{0{,}1\ \text{m}} = 593 \cdot 10^3\ \text{Pa}$$

A pressão necessária para elevar a água é

$$\rho g \Delta h = (1000\ \text{kg/m}^3) \cdot (9{,}8\ \text{m/s}^2) \cdot (2\ \text{m}) = 19{,}6 \cdot 10^3\ \text{Pa}$$

Substituindo na Eq. (P9.1.1),

$$\mathcal{W} = Q(\rho g \Delta h + \Delta p_f) = (0{,}056\ \text{m}^3/\text{s}) \cdot (20\ \text{kPa} + 593\ \text{kPa}) = 34{,}3\ \text{kW}\ \checkmark$$

Observe que não temos considerado algumas "perdas" menores que estão relacionadas às peças de equipamento (entrada/saída, cotovelos, válvulas etc.), que provavelmente são necessárias para a operação do sistema.[13]

## Problema 9.2 Transporte de fluidos (II)

360 m³/h de um fluido newtoniano incompressível de densidade de 1 g/cm³ e viscosidade de 1 mPa · s escoam através de um duto formado por duas seções de tubo cilíndrico de aço polido. A primeira seção tem 10 cm de diâmetro e 20 m de comprimento; a segunda seção tem 20 cm de diâmetro e 10 m de comprimento. Avalie a potência necessária para manter o escoamento em estado estacionário. Desconsidere os efeitos de entrada. Suponha temperatura uniforme e constante, e tubos completamente lisos.

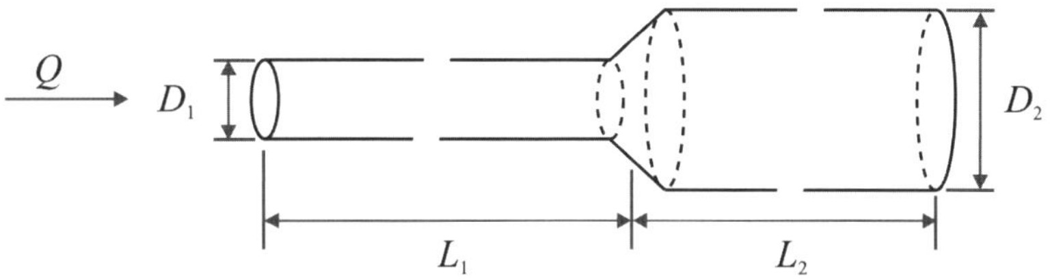


**Figura P9.2.1**

### *Resolução*

Com os dados disponíveis

$$Q = 360\ \text{m}^3/\text{h} = 0{,}1\ \text{m}^3/\text{s},\ D_1 = 0{,}1\ \text{m},\ D_2 = 0{,}2\ \text{m}.$$

podem-se avaliar as velocidades médias nas duas seções de tubo:

$$\bar{v}_1 = \frac{Q}{\frac{1}{4}\pi D_1^2} = \frac{(0{,}1\ \text{m}^3/\text{s})}{0{,}25 \cdot (3{,}14) \cdot (0{,}1\ \text{m})^2} = 12{,}7\ \text{m/s}$$

$$\bar{v}_2 = \frac{Q}{\frac{1}{4}\pi D_2^2} = \bar{v}_1 \left(\frac{D_1}{D_2}\right)^2 = 12{,}7\ \text{m/s} \cdot \left(\frac{0{,}1\ \text{m}}{0{,}2\ \text{m}}\right)^2 = \frac{12{,}7\ \text{m/s}}{4} = 8{,}5\ \text{m/s}$$

e os números de Reynolds correspondentes:

$$Re_1 = \frac{\rho \bar{v}_1 D_1}{\eta} = \frac{(10^3\ \text{kg/m}^3) \cdot (12{,}7\ \text{m/s}) \cdot (0{,}1\ \text{m})}{(10^{-3}\ \text{Pa·s})} = 1{,}27 \cdot 10^6$$

$$Re_2 = \frac{\rho \bar{v}_2 D_2}{\eta} = Re_1 \left(\frac{\bar{v}_2 D_2}{\bar{v}_1 D_1}\right) = Re_1 \left(\frac{D_1}{D_2}\right) = \frac{1{,}27 \cdot 10^6}{2} = 0{,}64 \cdot 10^6$$

O escoamento é turbulento em todo o sistema. A diferença de pressão pode ser avaliada através do balanço macroscópico de energia mecânica

$$\Delta p = E_v - \frac{1}{2}\rho(v_1^2 - v_2^2) \qquad \text{(P9.2.1)}$$

[13] Ainda que as tubulações sejam modestos equipamentos auxiliares nas indústrias de processamento de materiais, quando os insumos, produtos, e/ou intermediários são fluidos (por exemplo, na maioria das indústrias petroquímicas), o custo de instalação e operação dos equipamentos para transporte de fluidos (tubulações, bombas etc.) pode ser uma fração significativa do custo total de processamento. O desenho ótimo de tubulações é, portanto, uma área importante e bastante especializada da engenharia de processo, que será considerada com mais detalhe nos cursos de Operações Unitárias.

onde

$$E_v = (\Delta p_f)_1 + (\Delta p_f)_{exp} + (\Delta p_f)_2 = 2f_1 \frac{L_1}{D_1} \rho \bar{v}_1^2 + k_d \rho \bar{v}_1^2 + 2f_2 \frac{L_2}{D_2} \rho \bar{v}_2^2$$

$$= \left[ 2f_1 \frac{L_1}{D_1} + k_d + 2f_2 \frac{L_2}{D_2} \left( \frac{D_1}{D_2} \right)^4 \right] \rho \bar{v}_1^2 \quad \text{(P9.2.2)}$$

Substituindo na expressão para $D_p$ e levando em consideração a Eq. (9.76),

$$\Delta p = \left\{ 2f_1 \frac{L_1}{D_1} + \tfrac{1}{2} \left[ 1 - \left( \frac{D_1}{D_2} \right)^2 \right]^2 + 2f_2 \frac{L_2}{D_2} \left( \frac{D_1}{D_2} \right)^4 - \tfrac{1}{2} \left[ 1 - \left( \frac{D_1}{D_2} \right)^4 \right] \right\} \rho \bar{v}_1^2 \quad \text{(P9.2.3)}$$

Os fatores de atrito para tubos lisos são obtidos graficamente (Figura P9.2.2), resultando em $f_1 \approx 2{,}8 \cdot 10^{-3}$ e $f_2 \approx 3{,}1 \cdot 10^{-3}$. Os mesmos valores podem ser obtidos da Eq. (9.60):

$$\frac{1}{\sqrt{f_1}} = -3{,}6 \log_{10} \left( \frac{6{,}9}{1{,}27 \cdot 10^6} \right) = 18{,}95 \quad \rightarrow \quad f_1 = 0{,}0028$$

$$\frac{1}{\sqrt{f_2}} = -3{,}6 \log_{10} \left( \frac{6{,}9}{0{,}64 \cdot 10^6} \right) = 17{,}88 \quad \rightarrow \quad f_2 = 0{,}0031$$

Substituindo na Eq. (P9.2.3),

$$\frac{\Delta p}{\rho \bar{v}_1^2} = 2 \cdot (0{,}0028) \cdot \frac{20}{0{,}1} + 0{,}5 \cdot (1 - (0{,}5)^2)^2 + 2 \cdot (0{,}0031) \cdot \frac{10}{0{,}2} \cdot (0{,}5)^4 - 0{,}5 \cdot (1 - (0{,}5)^4)$$
$$= 1{,}12 + 0{,}28 + 0{,}02 - 0{,}47 = 0{,}95$$

ou seja,

$$\Delta p = 0{,}95 \cdot (10^3 \text{ kg/m}^3) \cdot (12{,}7 \text{ m/s})^2 = 1{,}53 \cdot 10^5 \text{ Pa} = 153 \text{ kPa}$$

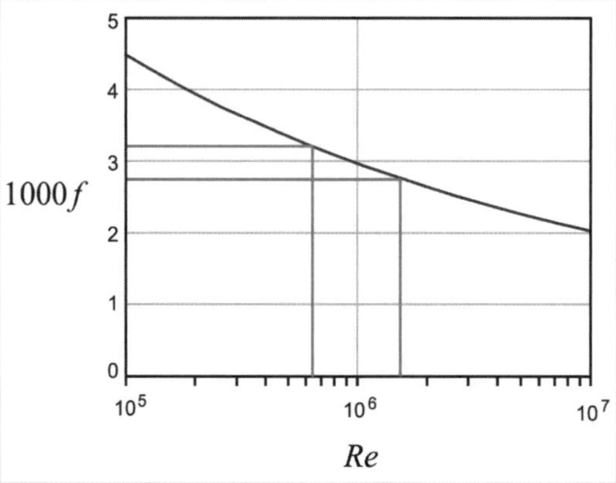


**Figura P9.2.2**

A potência pode ser avaliada pela Eq. (9.65):

$$\mathcal{W} = Q \cdot \Delta p = (0{,}1 \text{ m}^3/\text{s}) \cdot (153 \text{ kPa}) = 15{,}3 \text{ kW} \checkmark$$

## Problema 9.3 Sedimentação

Uma coluna vertical formada por um segmento cilíndrico de 20 cm de diâmetro acima de outro segmento também cilíndrico, de 18 cm de diâmetro, é alimentada por baixo com uma suspensão diluída de argila em água. Em estado estacionário e temperatura constante observa-se que a argila se acumula entre os dois segmentos quando a vazão é de 600 cm³/min. Avalie o tamanho das partículas de argila.

Suponha o seguinte:

- A suspensão de argila em água é suficientemente diluída para que a interação entre as partículas de argila possa ser desconsiderada (isto é, cada partícula de argila se comporta como se estivesse isolada, imersa em uma quantidade infinita de água) e para que a densidade e viscosidade da suspensão sejam as mesmas da água pura ($\rho$ = 1 g/cm³, $\eta$ = 1 mPa · s).

- O fluido que emerge no topo da coluna é água pura (isto é, toda a argila é retida na coluna).
- O perfil de velocidade na coluna é plano (isto é, a velocidade em cada segmento do tubo é uniforme, igual à velocidade média correspondente) e os efeitos de entrada são desprezíveis.

As partículas de argila são esferas de densidade $\rho_p = 2{,}5$ g/cm$^3$.

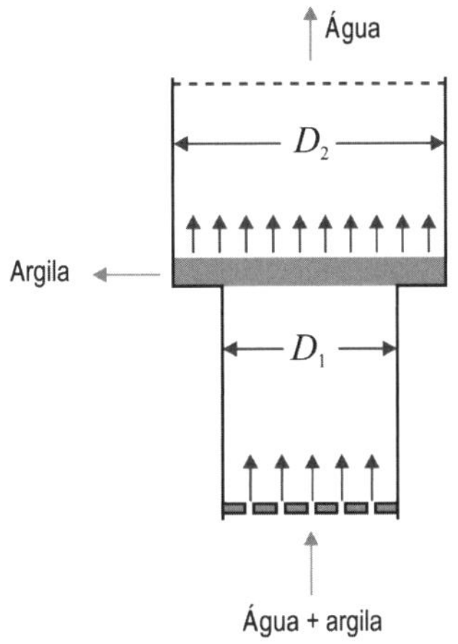


**Figura P9.3.1**

## *Resolução*

O escoamento de um fluido ao redor de uma partícula estacionária pode ser analisado em um sistema de coordenadas móveis que se desloca a uma velocidade (constante) $v_\infty$ do fluido longe da partícula. Nestas condições, o fluido (longe da partícula) aparece em repouso e a partícula aparece se deslocando a uma velocidade constante $v_\infty$. O problema nas coordenadas móveis é chamado *reverso cinemático* do problema original, e as expressões obtidas para o problema original são aplicáveis ao problema reverso trocando o sinal da velocidade. Desta forma, é possível analisar o deslocamento (a uma velocidade constante) de uma partícula submersa em um fluido em repouso, longe da partícula (perto da partícula, o fluido é arrastado pela mesma), utilizando os resultados da Seção 9.3. Veja também Seção 7.3.

Uma partícula esférica sólida, de diâmetro $D_P$ e densidade $\rho_P$, submersa em um fluido viscoso em repouso, de densidade $\rho$ *diferente* de $\rho_P$, está submetida a uma força $\mathcal{F}_G$ na direção vertical que é a diferença entre o peso da partícula e o peso do fluido deslocado (força de sustentação):

$$\mathcal{F}_G = \Delta\rho V_P g = |\rho_P - \rho|\left(\tfrac{1}{6}\pi D_P^3\right)g \qquad \text{(P9.3.1)}$$

O sentido da força (para abaixo ou para acima) depende dos valores relativos da densidade do sólido e do fluido.

A força $\mathcal{F}_G$ acelera a partícula, aumentando sua velocidade e incrementando a resistência ao movimento da partícula. A força de resistência, na direção do movimento e com sentido oposto à força $\mathcal{F}_G$, não é outra (reversão cinemática) senão a força de arraste $\mathcal{F}_D$ estudada na Seção 9.3. Chega-se a um ponto em que as duas forças se equilibram:

$$\mathcal{F}_G = \mathcal{F}_D \qquad \text{(P9.3.2)}$$

Nessas condições a partícula se desloca com velocidade constante $v_\infty$, a chamada *velocidade terminal* (ou *velocidade de sedimentação*, se $\rho' > \rho$).

Para partículas esféricas muito pequenas, a força de arraste é dada pela lei de Stokes [Eq. (9.85)]:

$$\mathcal{F}_D = 3\pi\eta v_\infty D_P \qquad \text{(P9.3.3)}$$

Substituindo as Eqs. (P9.3.1) e (P9.3.3) na Eq. (P9.3.2), obtém-se

$$v_\infty = \frac{(\rho_P - \rho)gD_P^2}{18\eta} \qquad \text{(P9.3.4)}$$

O limite de validade da Eq. (P9.3.4) é dado por

$$Re_P = \frac{\rho v_\infty D_P}{\eta} < 0{,}1 \qquad \text{(P9.3.5)}$$

No presente problema,

$$\bar{v}_1 = \frac{4Q}{\pi D_1^2} = \frac{4 \cdot (10 \cdot 10^{-6}\,\text{m}^3/\text{s})}{3{,}14 \cdot (0{,}18\,\text{m})^2} = 0{,}393 \cdot 10^{-3}\,\text{m/s}$$

$$\bar{v}_2 = \frac{4Q}{\pi D_2^2} = \frac{4 \cdot (10 \cdot 10^{-6}\,\text{m}^3/\text{s})}{3{,}14 \cdot (0{,}20\,\text{m})^2} = 0{,}318 \cdot 10^{-3}\,\text{m/s}$$

considerando que $Q = 600\ \text{cm}^3/\text{min} = 10\ \text{cm}^3/\text{s} = 10 \cdot 10^{-6}\ \text{m}^3/\text{s}$. Nestas condições o escoamento é laminar:

$$Re = \frac{\rho \bar{v} D}{\eta} < \frac{(10^3\,\text{kg/m}^3) \cdot (0{,}4 \cdot 10^{-3}\,\text{m/s}) \cdot (0{,}2\,\text{m})}{(10^{-3}\,\text{Pa}\cdot\text{s})} = 80 < 2000$$

Como as partículas sobem no segmento inferior, sabe-se que

$$v_\infty < \bar{v}_1$$

e como elas descem no segmento superior,

$$v_\infty > \bar{v}_2$$

Substituindo o sinal de igualdade nestas expressões, e utilizando a Eq. (P9.3.4), é possível avaliar os valores máximo e mínimo do diâmetro das partículas:

$$(D_P)_{max} = \sqrt{\frac{18 \eta \bar{v}_1}{(\rho_P - \rho) g}} = \sqrt{\frac{18 \cdot (10^{-3}\,\text{Pa}\cdot\text{s}) \cdot (0{,}393 \cdot 10^{-3}\,\text{m/s})}{\left[(2{,}5 - 1{,}0) \cdot 10^3\,\text{kg/m}^3\right] \cdot (9{,}8\,\text{m/s}^2)}} = 21{,}9 \cdot 10^{-6}\,\text{m}$$

$$(D_P)_{min} = \sqrt{\frac{18 \eta \bar{v}_2}{(\rho_P - \rho) g}} = \sqrt{\frac{18 \cdot (10^{-3}\,\text{Pa}\cdot\text{s}) \cdot (0{,}318 \cdot 10^{-3}\,\text{m/s})}{\left[(2{,}5 - 1{,}0) \cdot 10^3\,\text{kg/m}^3\right] \cdot (9{,}8\,\text{m/s}^2)}} = 19{,}8 \cdot 10^{-6}\,\text{m}$$

Pode-se dizer, portanto, que o diâmetro das partículas é

$$20\ \mu\text{m} < D_P < 22\ \mu\text{m}$$

ou

$$D_P \approx 21\ \mu\text{m}\ \checkmark$$

Resta verificar se a lei de Stokes pode ser utilizada no caso presente:

$$Re_P = \frac{\rho v_\infty D_P}{\eta} \approx \frac{(10^3\,\text{kg/m}^3) \cdot (0{,}4 \cdot 10^{-3}\,\text{m/s}) \cdot (20 \cdot 10^{-6}\,\text{m})}{(10^{-3}\,\text{Pa}\cdot\text{s})} = 0{,}008 < 0{,}1$$

## Problema 9.4 Centrifugação[14]

Uma suspensão diluída de argila ($\rho = 2{,}5\ \text{g/cm}^3$) em água ($\rho = 1\ \text{g/cm}^3$, $\eta = 1\ \text{mPa} \cdot \text{s}$) é centrifugada a 3000 rpm. Suponha que as partículas de argila são esferas de 2,5 $\mu$m de diâmetro. Avalie aproximadamente o tempo necessário para que a partícula se desloque entre 20 cm e 30 cm de distância do eixo da centrífuga. Compare com o tempo necessário para um deslocamento de 10 cm sob efeito do peso da partícula.

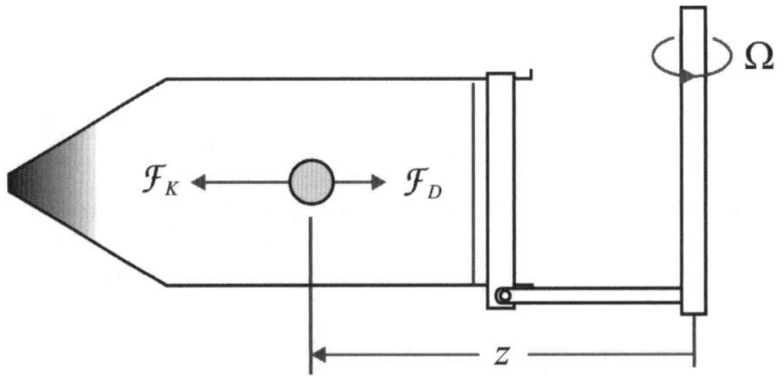


**Figura P9.4.1**

[14] Compare a resolução deste problema com o tratamento do assunto em R. F. Probstein, *Physicochemical Hydrodynamics*, 2nd ed. Wiley-Interscience, 2003, Seção 5.5.

## *Resolução*

Uma esfera de diâmetro $D_P$ e densidade $\rho_P$, suspensa em um fluido de densidade $\rho$ no tubo, é submetida a uma *força centrífuga* diferencial

$$\mathcal{F}_K = (\rho_P - \rho)V_P\,\Omega^2 z = \tfrac{1}{6}\pi(\rho_P - \rho)D_P^3\,\Omega^2 z \tag{P9.4.1}$$

onde $z$ é a distância entre a partícula e o eixo da centrífuga, e $\Omega$ é a velocidade de rotação da mesma. Esta força acelera a partícula que, por sua vez, gera uma força na mesma direção e sentido contrário à força centrífuga, que resiste ao movimento. Se o movimento for suficientemente lento e a esfera estiver isolada, a força de resistência será dada pela lei de Stokes

$$\mathcal{F}_D = 3\pi\eta v D_P \tag{P9.4.2}$$

onde $v$ é a velocidade da partícula e $\eta$ a densidade do meio. O efeito combinado da força centrífuga e da força de arraste acelera a partícula. Porém, se a aceleração for muito pequena[15] e puder ser desconsiderada,

$$\mathcal{F}_K - \mathcal{F}_D = 0 \tag{P9.4.3}$$

Substituindo as Eqs. (P9.4.1) e (P9.4.2) na Eq. (P9.4.3), obtém-se

$$v = \frac{(\rho_P - \rho)D_P^2\,\Omega^2 z}{18\eta} \tag{P9.4.4}$$

Mas

$$v = \frac{dz}{dt} \tag{P9.4.5}$$

Portanto,

$$\frac{dz}{dt} = \frac{(\rho_P - \rho)D_P^2\,\Omega^2 z}{18\eta} \tag{P9.4.6}$$

A Eq. (P9.4.6) pode ser integrada com uma condição inicial:

$$z = z_1 \quad \text{para} \quad t = 0 \tag{P9.4.7}$$

resultando em

$$z = z_1 \exp\left\{\frac{(\rho_P - \rho)D_P^2\,\Omega^2}{18\eta}t\right\} \tag{P9.4.8}$$

O tempo necessário para percorrer a distância entre $z_1$ e $z_2$ é

$$\Delta t = \frac{18\eta\ln(z_2/z_1)}{(\rho_P - \rho)D_P^2\,\Omega^2} \tag{P9.4.9}$$

No problema presente, $\Omega = 3000$ rpm $= 3000 \cdot (2\pi)/60\ \text{s}^{-1} = 314\ \text{s}^{-1}$. O tempo requerido para percorrer os 10 cm entre $z_1 = 20$ cm e $z_2 = 30$ cm é

$$\Delta t = \frac{18\eta\ln(z_2/z_1)}{(\rho_P - \rho)D_P^2\,\Omega^2} = \frac{18\cdot(10^{-3}\ \text{Pa}\cdot\text{s})\cdot\ln(2)}{\left[(2{,}5-1{,}0)\cdot 10^3\ \text{kg/m}^3\right]\cdot(2{,}5\cdot 10^{-6}\ \text{m})^2\cdot(314\ \text{s}^{-1})^2} = 13{,}2\ \text{s}\ \checkmark$$

Resta verificar se a aceleração é desprezível no caso presente. Pode-se provar (veja *Comentário*) que isto acontece, se

$$\left[\frac{(\rho_P - \rho)D_P^2\Omega}{9\eta}\right]^2 \ll 1 \tag{P9.4.10}$$

No caso presente:

$$\left\{\frac{(\rho_P - \rho)D_P^2\Omega}{9\eta}\right\}^2 = \left\{\frac{\left[(2{,}5-1{,}0)\cdot 10^3\ \text{kg/m}^3\right]\cdot(2{,}5\cdot 10^{-6}\ \text{m})^2\cdot(314\ \text{s}^{-1})}{9\cdot(10^{-3}\ \text{Pa}\cdot\text{s})}\right\}^2 \approx 6\cdot 10^{-6} \ll 1$$

[15] Na sedimentação sob efeito da força gravitacional (peso da partícula) a aceleração diminui no tempo até se tornar desprezível, independentemente das propriedades do fluido ou do diâmetro da partícula. Na centrifugação a aceleração *aumenta* no tempo e só pode ser desconsiderada para determinadas condições de velocidade de rotação da centrífuga, diâmetro de partícula etc.

Deve-se verificar também se a lei de Stokes é aplicável neste caso. O número de Reynolds pode ser avaliado utilizando a velocidade da partícula, dada pela Eq. (P9.4.6):

$$Re_P = \frac{\rho v D_P}{\eta} = \frac{\rho(\rho_P - \rho) D_P^3 \, \Omega^2 z}{18\eta^2} \qquad \text{(P9.4.11)}$$

Para $z = z_2$,

$$Re_P = \frac{(10^3\ \text{kg/m}^3) \cdot \left[(2{,}5 - 1{,}0) \cdot 10^3\ \text{kg/m}^3\right] \cdot (2{,}5 \cdot 10^{-6}\ \text{m})^3 \cdot (314\ \text{s}^{-1})^2 \cdot (0{,}30\ \text{m})}{18 \cdot (10^{-3}\ \text{Pa·s})^2} \approx 0{,}04 < 0{,}1$$

Está, portanto, justificado o uso da lei de Stokes.

Para a sedimentação sob efeito da força gravitacional, se a velocidade terminal, Eq. (P9.2.4), for atingida,

$$v_\infty = \frac{dz}{dt} = \frac{(\rho_P - \rho) g D_P^2}{18\eta} \qquad \text{(P9.4.12)}$$

que, integrada com a mesma condição inicial, resulta na expressão para o tempo requerido para percorrer uma distância $\Delta z = z_2 - z_1$:

$$\Delta t_0 = \frac{18\eta\Delta z}{(\rho_P - \rho) g D_P^2} \qquad \text{(P9.4.13)}$$

No caso presente, $\Delta z = 10$ cm:

$$\Delta t_0 = \frac{18\eta\Delta z}{(\rho_P - \rho) g D_P^2} = \frac{18 \cdot (10^{-3}\ \text{Pa·s}) \cdot (0{,}1\ \text{m})}{\left[(2{,}5 - 1{,}0) \cdot 10^3\ \text{kg/m}^3\right] \cdot (9{,}8\ \text{m/s}^2) \cdot (2{,}5 \cdot 10^{-6}\ \text{m})^2} = 19{,}5 \cdot 10^3\ \text{s} \ \checkmark$$

(5 h, 25 min). A centrifugação a 3000 rpm reduz o tempo requerido para o processo de sedimentação num fator de aproximadamente 1500 vezes.

## *Efeito da aceleração*

Pode ser instrutivo desenvolver a solução do problema sem desconsiderar a aceleração. A equação de movimento da partícula é

$$m_P a = \mathcal{F}_K - \mathcal{F}_D \qquad \text{(P9.4.14)}$$

onde $a$ é a aceleração e $m_P$ é a massa da partícula:

$$m_P = \tfrac{1}{6}\pi\rho_P D_P^3 \qquad \text{(P9.4.15)}$$

Substituindo as Eqs. (P9.4.1), (P9.4.2) e (P9.4.15) na Eq. (P9.4.14), levando em consideração que

$$v = \frac{dz}{dt}, \quad a = \frac{d^2z}{dt^2} \qquad \text{(P9.4.16)}$$

obtém-se

$$\frac{d^2z}{dt^2} + \frac{18\eta}{\rho_P D_P^2}\frac{dz}{dt} - \frac{(\rho_P - \rho)\Omega^2}{\rho_P} z = 0 \qquad \text{(P9.4.17)}$$

A Eq. (P9.4.17) é uma equação diferencial ordinária de segundo grau, homogênea e com coeficientes constantes. A solução geral depende das raízes da *equação característica*:

$$\lambda^2 + \frac{18\eta}{\rho_P D_P^2}\lambda - \frac{(\rho_P - \rho)\Omega^2}{\rho_P} = 0 \qquad \text{(P9.4.18)}$$

Para $\rho_P > \rho$ a Eq. (P9.4.18) tem duas raízes reais diferentes:

$$\lambda = -\frac{9\eta}{\rho_P D_P^2} \pm \sqrt{\left(\frac{9\eta}{\rho_P D_P^2}\right)^2 + \frac{(\rho_P - \rho)\Omega^2}{\rho_P}} \qquad \text{(P9.4.19)}$$

O sinal + resulta em uma raiz positiva, $\lambda_1 > 0$, e o sinal − resulta em uma raiz negativa, $\lambda_2 < 0$, com

$$|\lambda_2| > \lambda_1 \qquad \text{(P9.4.20)}$$

A solução geral é

$$z = C_1 \exp(\lambda_1 t) + C_2 \exp(\lambda_2 t) \tag{P9.4.21}$$

com $C_1$, $C_2$ constantes arbitrárias. A velocidade, obtida diferenciando a Eq. (P9.4.21), é

$$v = \frac{dz}{dt} = C_1\lambda_1 \exp(\lambda_1 t) + C_2\lambda_2 \exp(\lambda_2 t) \tag{P9.4.22}$$

Devido a que $\lambda_2$ é negativo e maior em módulo que $\lambda_1$, para tempos curtos ($t \to 0$) $v < 0$ se $C_2 > 0$, e $z < 0$ se $C_2 > 0$. Como tanto $z$ quanto $v$ devem ser positivos em todos os casos, a constante correspondente à raiz negativa deve ser nula, $C_2 = 0$. A constante $C_1$ é avaliada a partir da condição inicial, Eq. (P9.4.7). No caso presente, levando em consideração a Eq. (P9.4.19),

$$z = z_1 \exp\left\{\left[\sqrt{1+\left(\frac{(\rho_P-\rho)D_P^2\,\Omega^2}{9\eta}\right)^2} - 1\right]\frac{9\eta t}{\rho_P D_P^2}\right\} \tag{P9.4.23}$$

ou

$$z = z_1 \exp\left\{\left(\frac{\rho_P}{\rho_P-\rho}\right)\left[\sqrt{1+(t_0\Omega)^2} - 1\right]\frac{t}{t_0}\right\} \tag{P9.4.24}$$

onde

$$t_0 = \frac{(\rho_P-\rho)D_P^2}{9\eta} \tag{P9.4.25}$$

é um *tempo característico* do sistema. Para $(t_0\Omega)^2 \ll 1$,[16]

$$\sqrt{1+(t_0\Omega)^2} \approx 1 + \tfrac{1}{2}(t_0\Omega)^2 \tag{P9.4.26}$$

Substituindo na Eq. (P9.4.13),

$$z = z_1 \exp\left\{\tfrac{1}{2}\left(\frac{\rho_P}{\rho_P-\rho}\right)t_0\Omega^2 t\right\} \tag{P9.4.27}$$

e levando em consideração a Eq. (P9.4.14),

$$z = z_1 \exp\left\{\frac{(\rho_P-\rho)D_P^2\,\Omega^2}{18\eta}t\right\} \tag{P9.4.28}$$

A Eq. (P9.4.28) é idêntica à Eq. (P9.4.8) obtida desconsiderando a aceleração. Portanto, uma condição suficiente para desconsiderar esse termo é

$$(t_0\Omega)^2 = \left[\frac{(\rho_P-\rho)D_P^2\Omega}{9\eta}\right]^2 \ll 1 \tag{P9.4.29}$$

[16] O desenvolvimento de $(1 + x)^{1/2}$ em série de Taylor: $\sqrt{1+x} = 1 + \tfrac{1}{2}x + \tfrac{1}{2}x^2 ... = 1 + \tfrac{1}{2}x + O(x^2)$.

PARTE 2

# TRANSFERÊNCIA DE CALOR

# Introdução à Transferência de Calor

# 10



Distinguimos três mecanismos básicos e diferentes de transmissão de energia de um ponto a outro dentro de um material (ou de um material para outro):

- *Condução.* Mecanismo microscópico ("molecular"), depende de diferenças de temperatura ($\Delta T$).
- *Convecção.* Mecanismo macroscópico, depende do fluxo de matéria ($\rho \mathbf{v}$).
- *Radiação.* Mecanismo baseado na propagação de ondas eletromagnéticas.

## 10.1 TRANSFERÊNCIA DE ENERGIA POR CONDUÇÃO

### 10.1.1 Calor

Considere o seguinte caso mostrado esquematicamente a nível molecular na Figura 10.1:

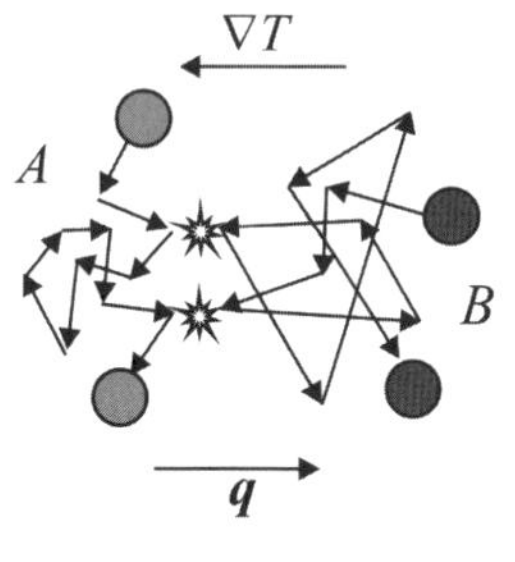


**Figura 10.1**

O diagrama representa um fluido em repouso, isto é, sem movimento macroscópico.[1] Contudo, as moléculas se movimentam de forma aparentemente caótica ou aleatória (vibram, rolam, transladam) e interagem entre elas. No diagrama temos representado o movimento de translação, onde cada mudança de rumo corresponde a um choque entre moléculas. Como o fluido está em repouso, a velocidade média das moléculas é nula:

$$\overline{v}_A = \overline{v}_B = 0 \tag{10.1}$$

Porém, sua energia cinética não é nula. A energia cinética média por unidade de massa é a metade da média do quadrado da velocidade (não do quadrado da velocidade média!). No diagrama, a energia cinética média das moléculas **A** é maior que a energia cinética média das moléculas **B**:

$$\overline{v_A^2} > \overline{v_B^2} \tag{10.2}$$

(A distância entre choques é menor e o número de choques por unidade de tempo é maior.)

[1] Neste livro reservamos o termo *microscópico* para o nível de observação em que o comprimento característico é tão pequeno (comparado com o do nível macroscópico) que um volume de controle pode ser reduzido até um ponto no contínuo, visto desde a perspectiva macroscópica (Seção 1.2). Porém esse volume "pontual" contém um número muito elevado (virtualmente infinito) de moléculas. Em termodinâmica nosso nível microscópico é chamado frequentemente macroscópico e o nível molecular é conhecido como microscópico.

A energia cinética média das moléculas (um conceito molecular) está diretamente relacionada à temperatura (um conceito macroscópico): a *temperatura* é a manifestação macroscópica da energia cinética a nível molecular. Neste caso, um elemento de volume na zona **A** encontra-se com temperatura mais elevada (mais "quente") que um elemento de volume na zona **B** (a energia cinética das moléculas **A** é maior) e existe, portanto, um gradiente de temperatura $\nabla T$ na direção de **A** para **B**. Através de colisões intermoleculares as moléculas **A** transferem parte da sua energia cinética para as moléculas **B**. Portanto, existe um fluxo de energia $\boldsymbol{q}$ na direção de **A** para **B**. Chamamos *calor* ao tipo de energia que está sendo transferida, *fluxo de calor* ao fluxo de energia, e *condução* ao mecanismo de transferência.

Vamos reservar o nome "fluxo de calor" e o símbolo $\boldsymbol{q}$ para a taxa de transferência de calor por condução por unidade de área normal à direção da transferência. O fluxo de calor é um vetor, já que a transferência de calor segue o gradiente de temperatura, que também é um vetor, derivado do campo escalar de temperatura $T$. Chamamos *taxa de transferência de calor* (escalar) através de uma superfície $S$ à integral

$$Q = \int_S \boldsymbol{q} \cdot d\boldsymbol{A} \tag{10.3}$$

($d\boldsymbol{A}$ *é* o vetor diferencial de área, de magnitude $dA$ e direção normal à área.)

A taxa de transferência de calor tem dimensões de [energia]/[tempo] e o fluxo de calor dimensões de [energia]/[tempo]×[comprimento]$^2$. As unidades de $q$ e $Q$ no Sistema Internacional de Unidades (SI) são

$$[q] = \text{J/s} \cdot \text{m}^2 = \text{W/m}^2$$

$$[Q] = \text{J/s} = \text{W}$$

respectivamente, J = Joule, e W = Watt. Outra unidade de energia bastante comum (ainda que fora do SI) é a kcal (1 kcal = 4,187 kJ). Unidades obsoletas ou de uso restrito são btu (*british thermal unit*), cal (caloria pequena), erg (ergio), eV (elétron-volt) etc. Nesta obra vamos utilizar exclusivamente as unidades do SI.

A transferência de energia por condução é possível em qualquer sistema *material*, sólido, líquido ou gás, porém não é possível no vácuo.

### 10.1.2 Lei de Fourier

Como sugere o exemplo molecular visto, observa-se experimentalmente que para muitos materiais o fluxo de calor é diretamente proporcional ao gradiente de temperatura "negativo":

$$\boldsymbol{q} = -k\nabla T \tag{10.4}$$

A Eq. (10.4) é chamada *lei de Fourier* da condução do calor. A constante de proporcionalidade $k$ é a *condutividade térmica* (chamada também, talvez mais apropriadamente, condutividade calorífica) do material. A lei de Fourier é uma relação constitutiva bastante universal, muito mais que sua equivalente no transporte de momento, a lei de Newton da viscosidade (materiais não newtonianos são bem mais comuns que materiais "não fourieranos"). Porém, a Eq. (10.4) somente é válida para materiais *isotrópicos* (que têm as mesmas propriedades em todas as direções). Esta é a única limitação séria da lei de Fourier expressada pela Eq. (10.4). A lei de Fourier em coordenadas cartesianas, cilíndricas e esféricas encontra-se no Apêndice, Tabela A.5.

### 10.1.3 Condutividade Térmica

A condutividade térmica é um parâmetro material positivo, dependente da pressão, temperatura, estado e composição do material. Para muitos sólidos e líquidos, de interesse para o engenheiro de materiais, pode-se supor a condutividade térmica aproximadamente constante.

As dimensões da condutividade térmica são [energia]/[tempo]×[comprimento]×[temperatura]. As unidades de $k$ no Sistema Internacional são

$$[k] = \text{J/s} \cdot \text{m} \cdot \text{K} = \text{W/mK}$$

É comum ver a unidade K (Kelvin) substituída por °C (graus Celsius). Em todos os casos que vamos estudar nesta disciplina, a variável independente é uma *diferença de temperatura* $\Delta T$, e para $\Delta T$ as duas unidades coincidem, ou seja, uma diferença de temperatura de 1 K é exatamente 1°C (não sendo assim para valores de temperaturas individuais!).

Valores típicos da condutividade térmica:

- Gases: 0,01-0,05 W/mK

- Líquidos e sólidos orgânicos (incluindo a maioria dos polímeros): 0,1-1 W/mK (maior em líquidos fortemente polares: 0,6 W/mK para água)
- Sólidos cerâmicos: 0, 1-5 W/mK (maior em sólidos cristalinos: 20 W/mK para quartzo)
- Líquidos e sólidos metálicos: 10-500 W/mK (aço inox: 10-25 W/mK, aço: 45 W/mK, cobre: 380 W/mK)

Observe que materiais que conduzem bem a eletricidade (metais) são bons condutores do calor, e isolantes elétricos (cerâmicos, orgânicos) tendem a ser também isolantes térmicos. Os mecanismos de condução do calor e da eletricidade são semelhantes. A condutividade térmica varia moderadamente com a temperatura. A condutividade térmica do vácuo é nula.

## 10.1.4 Observações

(1) Compare a lei de Fourier, Eq. (10.4), com a lei de Newton da viscosidade, Eq. (4.31):

$$\boldsymbol{\tau} = -\eta(\nabla \boldsymbol{v} + \nabla \boldsymbol{v}^{\mathrm{T}}) \tag{10.5}$$

Aqui, o tensor de tensões de atrito viscoso (força por unidade de área) substitui o vetor fluxo de calor (taxa de transferência de calor por unidade de área), e a parte simétrica do tensor gradiente de velocidade ($\boldsymbol{v}$ é um vetor, e seu gradiente é um tensor) substitui o vetor gradiente de temperatura ($T$ é um escalar, e seu gradiente é um vetor). O rol da condutividade térmica é preenchido pela viscosidade. Viscosidade e condutividade térmica são *propriedades de transporte* e são parâmetros materiais dependentes da temperatura e de outras variáveis de estado.

A semelhança entre as Eqs. (10.4) e (10.5), e entre cada um de seus termos, não é acidental. Os dois mecanismos de transporte têm origem "molecular". Em um caso transporta-se energia cinética (escalar), e no outro caso, momento (vetor), porém; o mecanismo de transporte é idêntico e as forças de atrito viscoso por unidade de área podem ser interpretadas como *fluxos de momento* (o BSL* utiliza este conceito consistentemente na sua apresentação da mecânica dos fluidos).

(2) Para materiais heterogêneos, formados por várias fases, cada uma com condutividade térmica diferente, ainda é possível utilizar a lei de Fourier, mas a condutividade térmica é substituída por uma *condutividade térmica efetiva* que depende das condutividades térmicas das fases componentes, da composição (proporção de cada fase) e da *forma* dos domínios (isto é, se a fase é contínua ou particulada, se é composta por fibras, plateletas, partículas irregulares, esferas etc.).

Muitas vezes, uma das componentes pode ser considerada como a *matriz* do compósito, e a outra (ou outras) como *recheio* (partículas incluídas dentro da matriz). Para este importante caso pode-se utilizar, muitas vezes, a simples equação de Knappe:

$$k_{eff} = \frac{1 - \sum 2a_i\phi_i}{1 - \sum a_i\phi_i} k_0 \tag{10.6}$$

$$a_i = \frac{k_0 - k_i}{2k_0 + k_i} \tag{10.7}$$

onde $k_{eff}$ é a condutividade térmica efetiva, $k_0$ é a condutividade térmica da matriz, $k_i$ e $\phi_i$ são as condutividades térmicas e frações volumétricas dos recheios, respectivamente, e a soma se estende a todos os recheios com $k_i \neq k_0$. A Eq. (10.6) é, aproximadamente, válida para compósitos poliméricos com recheios esféricos, irregulares, fibras etc., compósitos cerâmicos e materiais celulares (espumas plásticas, cerâmicas porosas) com as seguintes limitações: os compósitos devem ser isotrópicos (recheios não isotrópicos, como placas e fibras, devem ter suas orientações distribuídas aleatoriamente) e a fração volumétrica da matriz deve ser maior que ou igual a 50%.

Desde os trabalhos pioneiros de James Clerk Maxwell e Lord Rayleigh, nos anos de 1890, têm-se desenvolvido muitas expressões, teóricas e empíricas, para a condutividade térmica efetiva de sistemas heterogêneos. Para uma introdução à literatura técnica do assunto, veja BSL, Seção 9.6.

(3) Para os materiais *anisotrópicos*, algumas propriedades físicas, incluindo a condutividade térmica, assumem valores diferentes em distintas direções. Exemplos típicos de materiais anisotrópicos incluem cristais não cúbicos, materiais reforçados com fibras alinhadas, e laminados. No caso geral de um material anisotrópico a lei de Fourier se expressa como

$$\boldsymbol{q} = -\boldsymbol{\kappa} \bullet \nabla T \tag{10.8}$$

---

* R. B. Bird, W. E. Stewart e E. N. Lightfoot, *Fenômenos de Transporte*, 2ª ed. LTC, Rio de Janeiro, 2004 (BSL).

onde **κ** é o tensor (simétrico) de condutividade térmica, com seis componentes potencialmente independentes. Nem sempre é necessária tamanha prodigalidade. Materiais formados por estruturas aciculares orientadas (sejam macromoléculas ou fibras) têm simetria axial e podem ser descritos com apenas dois valores da condutividade térmica: na direção paralela às "fibras" (condutividade térmica axial, $k_\parallel$) e na direção normal às mesmas (condutividade térmica transversal, $k_\perp$).

Uma consequência da Eq. (10.8) é que, em geral, a fluxo de calor não tem a mesma direção do gradiente de temperatura.

## 10.2 TRANSFERÊNCIA DE ENERGIA POR CONVECÇÃO

A convecção é um mecanismo de transferência onde "propriedades" da matéria são transportadas pelo escoamento. Quando a propriedade é uma energia, temos transferência de energia por convecção (Figura 10.2).

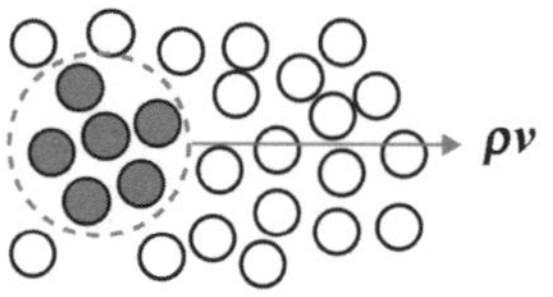


**Figura 10.2**

A convecção, associada ao *fluxo de matéria* $\rho\mathbf{v}$, é um mecanismo puramente macroscópico, possível somente em fluidos (os sólidos, por definição não escoam) e, em menor grau, em materiais viscoelásticos, através de deformações plásticas.

De acordo com a origem do fluxo de matéria, distinguem-se a *convecção forçada*, onde o movimento é devido a causas "externas" à transferência de calor (gradiente de pressão, movimento das bordas etc.), e a *convecção natural*, onde a causa do movimento são variações de densidade devido a diferenças de temperatura, associadas ao processo de transferência de calor (Figura 10.3).

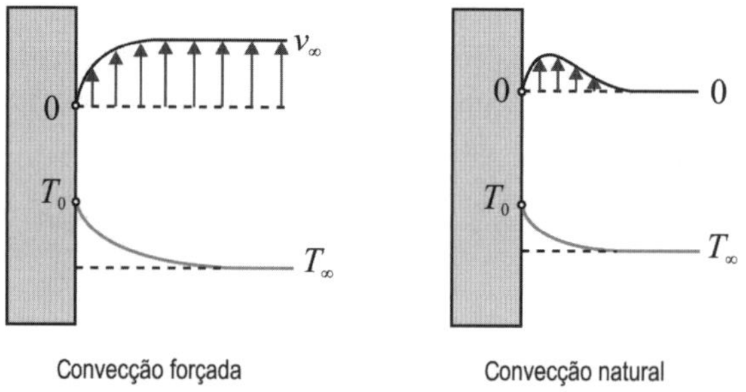


**Figura 10.3**

### 10.2.1 Energia Interna

Existem dois tipos de energia associadas à matéria que podem ser "arrastadas" pela mesma e transportadas por convecção:

- Energia cinética
- Energia interna

A energia cinética por unidade de massa é simplesmente $\frac{1}{2}v^2$, e a energia cinética por unidade de volume é $\frac{1}{2}\rho v^2$, onde $\mathbf{v}$ é a velocidade (macroscópica) média e $\rho$ a densidade do fluido. A energia cinética é uma forma de energia mecânica. O transporte de energia mecânica foi considerado na primeira parte deste livro (Parte I: Mecânica dos Fluidos).

A energia interna é mais interessante para nós neste momento. A energia interna é a expressão macroscópica da energia contida na matéria a nível microscópico. Ela inclui a energia armazenada nas ligações químicas, a energia de vibração e rotação devido a essas ligações, assim como a energia cinética de translação das moléculas (avaliada a partir da velocidade molecular – aquela que foi considerada no exemplo ilustrativo de condução – descontada da velocidade macroscópica, se houver). A energia interna é um conceito puramente macroscópico, ainda que sobre uma base molecular.

A energia interna é uma quantidade extensiva (isto é, proporcional à quantidade de matéria). Consideramos a energia interna por unidade de massa $\hat{U}$ (chamada *energia interna específica*), e a energia interna por unidade de volume $\rho\hat{U}$, onde $\rho$ é a densidade do fluido.

Para um material homogêneo de composição química fixa (constante), a energia interna específica depende somente da pressão e da temperatura. Desconsiderando a dependência com a pressão (vamos considerar apenas materiais incompressíveis), temos $U = U(T)$.

Definimos a capacidade calorífica[2] específica ou, simplesmente, o *calor específico*, como

$$\hat{c} = \frac{d\hat{U}}{dT} \tag{10.9}$$

Portanto,

$$\hat{U} = \hat{U}_0 + \int_{T_0}^{T} \hat{c}\, dT \tag{10.10}$$

onde $\hat{U}_0$ é a energia interna à temperatura de referência (arbitrária) $T_0$. Considerando o calor específico constante (independente da temperatura) ou utilizando um valor médio apropriado, a Eq. (10.10) fica:

$$\hat{U} = \hat{U}_0 + \hat{c}(T - T_0) \tag{10.11}$$

Desde que, em geral, é impossível avaliar valores absolutos da energia interna, as Eqs. (10.10)-(10.11) servem apenas para avaliar *diferenças* de energia interna entre duas temperaturas:

$$\Delta\hat{U} = \hat{c}\Delta T \tag{10.12}$$

Contudo, é só disso que precisamos (*diferenças* de energia interna). Na avaliação de variações de energia interna para intervalos de temperatura que incluem mudanças de fase devem ser levados em consideração os *calores latentes* de mudança de fase (fusão, ebulição etc.). O "calor" avaliado pela Eq. (10.12) é chamado de *calor sensível*; veja a Seção 10.2.3.

### 10.2.2 Calor Específico

O calor específico é uma propriedade física, dependente da pressão, temperatura, estado e composição do material. Para muitos sólidos e líquidos de interesse para o engenheiro de materiais, o calor específico pode ser suposto aproximadamente constante ou, se as diferenças de temperatura envolvidas forem elevadas, como uma função linear da temperatura:

$$\hat{c} = \hat{c}_0[1 + b(T - T_0)] \tag{10.13}$$

As dimensões do calor específico são [energia]/[massa]×[temperatura]. A unidade de $\hat{c}$ no Sistema Internacional é

$$[\hat{c}] = \text{J/kg} \cdot \text{K}$$

O Kelvin às vezes é substituído por °C, visto que as expressões que envolvem $\hat{c}$ incluem sempre diferenças de temperaturas, e não temperaturas individuais.

A variação do calor específico entre diferentes materiais, tanto sólidos quanto líquidos ou gases, é surpreendentemente reduzida. Valores típicos do calor específico a temperaturas moderadas variam no intervalo de 0,5-5 kJ/kg · K (água líquida, uma das substâncias de maior calor específico: 4,18 kJ/kg · K).

Para compósitos e misturas físicas de componentes inertes (isto é, sem interações específicas), a energia interna é aditiva (isto é, a energia interna da mistura é a soma das energias internas das componentes) e, portanto, o calor específico pode ser avaliado pela simples "regra das misturas":

$$\hat{c} = \sum w_i \hat{c}_i \tag{10.14}$$

onde $\hat{c}$ é o calor específico do compósito, $\hat{c}_i$ são os calores específicos das componentes e $w_i$ suas frações mássicas. Compare a simplicidade da Eq. (10.14), que além disso é exata, com a complexidade das regras de mistura aproximadas para a condutividade térmica, por exemplo, as Eqs. (10.6)-(10.7).

[2] Nos cursos de termodinâmica é usual definir capacidades caloríficas a volume e a pressão constantes, distinguidos pelos subíndices $V$ ou $P$. Para materiais compressíveis (por exemplo, gases) as duas são bem diferentes, mas para materiais incompressíveis as duas coincidem, desde que todos os processos são necessariamente a volume específico constante, incluindo aqueles a pressão constante.

### 10.2.3 Observação

Usualmente o calor específico de um material sólido é diferente do calor específico do mesmo material fundido (líquido), e um diagrama entalpia (ou energia interna, para materiais incompressíveis) *vs* temperatura é parecido com o esquema da esquerda na Figura 10.4, onde se mostra um *ponto de fusão cristalino* ($T_F$). Nesse ponto a entalpia (energia interna) "salta", mantendo-se a uma temperatura constante (calor latente de fusão).

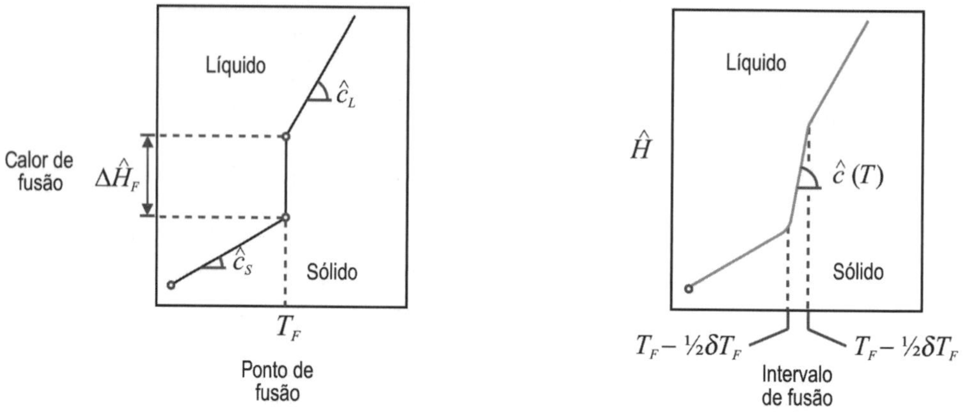


**Figura 10.4**

Porém, a Eq. (10.14) pode ser estendida para cobrir (aproximadamente) o intervalo sólido-líquido completo se o ponto de fusão for substituído por um *intervalo de fusão* ($\delta T_F$). Pode-se então utilizar um calor específico generalizado, definido como uma função contínua da temperatura, esquema da direita na Figura 10.4, o que facilita bastante em avaliações numéricas "automáticas". Esta aproximação é particularmente útil para o caso de materiais parcialmente cristalinos, em que tanto o calor latente de fusão efetivo por unidade de massa ($\Delta\hat{H}_F$) quanto o intervalo de temperaturas de fusão ($\delta T_F$) podem ser determinados experimentalmente. Em primeira aproximação,

$$\hat{c} = \begin{cases} \hat{c}_S & T \le T_F - \tfrac{1}{2}\delta T_F \\ \dfrac{\Delta\hat{H}_F}{\delta T_F} & T_F - \tfrac{1}{2}\delta T_F < T < T_F + \tfrac{1}{2}\delta T_F \\ \hat{c}_L & T \ge T_F + \tfrac{1}{2}\delta T_F \end{cases} \tag{10.15}$$

## 10.3 TRANSFERÊNCIA DE ENERGIA POR RADIAÇÃO

A transferência de energia por radiação envolve a emissão, propagação e absorção de energia eletromagnética. Radiação é o único mecanismo de transporte que opera no vácuo (condução e convecção requerem presença contínua de matéria entre um ponto e o outro da transmissão). Este mecanismo de transferência de energia é importante em diversas áreas da engenharia de materiais, desde o desenho e operação de fornos, e o processamento de materiais por micro-ondas, até a degradação de plásticos no meio ambiente por absorção da radiação ultravioleta do sol, que provoca uma série de reações fotoquímicas no material.

Mecanismos de transportes "moleculares" e convectivos são encontrados em todos os fenômenos de transporte (momento, energia, matéria). A analogia entre o funcionamento desses mecanismos, nos três fenômenos, ajuda e reforça a compreensão de cada um. Radiação é um mecanismo exclusivo para transporte de energia, sem análogos no transporte de momento e matéria. O fato de que a energia radiante se transmite em forma de ondas (que se refletem e refratam em interfaces, se absorvem ou dispersam em contato com a matéria) faz com que o estudo deste mecanismo de transferência seja bem diferente dos outros. Um tratamento adequado do assunto requer espaço, que não dispomos neste texto introdutório.

Todos os textos de fenômenos de transporte e de transferência de calor dedicam espaço ao transporte de energia por radiação. Para uma introdução, veja BSL, Capítulo 16. Um tratamento do assunto particularmente interessante encontra-se em S. Whitaker, *Fundamental Principles of Heat Transfer*, Pergamon Press, 1977, Capítulos 8-9.

# 10.4 BALANÇO DE ENERGIA INTERNA

## 10.4.1 Balanço de Energia

O princípio da conservação da energia resulta no seguinte balanço geral de energia:

$$\underset{(i)}{\begin{array}{c}\text{Taxa de aumento}\\ \text{de energia}\\ \text{dentro do sistema}\end{array}} = \underset{(ii)}{\begin{array}{c}\text{Taxa líquida de entrada}\\ \text{de energia no sistema}\\ \text{por convecção}\end{array}} + \underset{(iii)}{\begin{array}{c}\text{Taxa líquida de entrada}\\ \text{de energia no sistema}\\ \text{por condução}\end{array}} + \underset{(iv)}{\begin{array}{c}\text{Trabalho de todas}\\ \text{as forças aplicadas}\\ \text{sobre o sistema}\end{array}} + \underset{(v)}{\begin{array}{c}\text{Taxa de geração}\\ \text{de energia}\\ \text{no sistema}\end{array}} \quad (10.16)$$

A aplicação deste balanço num volume de controle diferencial (detalhes no Anexo desta seção) leva à *equação de variação da energia total* na sua forma mais geral:

$$\underset{(i)}{\frac{\partial}{\partial t}\rho\left(\hat{U}+\tfrac{1}{2}v^2\right)} = \underset{(ii)}{-\nabla\bullet\left[\rho\left(\hat{U}+\tfrac{1}{2}v^2\right)\boldsymbol{v}\right]} \underset{(iii)}{-\nabla\bullet\boldsymbol{q}} \underset{(iv\text{-}a)}{-\nabla\bullet(p\boldsymbol{v})} \underset{(iv\text{-}b)}{-\nabla\bullet(\boldsymbol{\tau}\bullet\boldsymbol{v})} \underset{(iv\text{-}c)}{+\rho(\boldsymbol{g}\bullet\boldsymbol{v})} \underset{(v)}{+S_V} \quad (10.17)$$

Cada termo é uma taxa de variação de energia por unidade de volume (unidades: J/s · m$^2$ = W/m$^2$), e muitos termos aparecem como divergentes. A "energia total" inclui a energia interna $(\rho\hat{U})$ e a energia cinética "macroscópica" ($\tfrac{1}{2}\rho v^2$). Observe que o termo (*iv*), trabalho das forças, aparece dividido em três partes, correspondentes às forças de pressão (*iv-a*), de atrito viscoso (*iv-b*), e às forças de gravidade ou peso do fluido (*iv-b*). Cada item representa o produto de uma força (por unidade de área) pela velocidade: as forças aplicadas somente "trabalham" se houver movimento (trabalho = força × deslocamento, taxa de produção de trabalho = força × taxa de deslocamento, isto é, velocidade).

Uma forma mais útil do balanço de energia resulta em subtrair a equação de variação da energia mecânica, Eq. (9.5), obtida a partir do balanço de momento, da equação de variação da energia total, Eq. (10.17), obtendo-se assim a equação de variação da energia interna:

$$\frac{\partial}{\partial t}\rho\hat{U} = -\nabla\bullet\rho\hat{U}\boldsymbol{v} - \nabla\bullet\boldsymbol{q} - p\nabla\bullet\boldsymbol{v} - \boldsymbol{\tau}:\nabla\boldsymbol{v} + S_V \quad (10.18)$$

Observe que os termos correspondentes à energia cinética e ao trabalho das forças têm sido eliminados, e que as *perdas* de energia mecânica na Eq. (9.5) aparecem agora com o sinal trocado, como *ganhos* de energia interna.

O primeiro termo da direita na Eq. (10.18) pode ser substituído pela identidade vetorial:

$$\nabla\bullet\rho\hat{U}\boldsymbol{v} = v\bullet\nabla\left(\rho\hat{U}\right) + \rho\hat{U}\left(\nabla\bullet\boldsymbol{v}\right) \quad (10.19)$$

resultando em

$$\frac{\partial}{\partial t}\rho\hat{U} + \boldsymbol{v}\bullet\nabla\left(\rho\hat{U}\right) + \rho\hat{U}\boxed{(\nabla\bullet\boldsymbol{v})} = -\nabla\bullet\boldsymbol{q} - p\boxed{(\nabla\bullet\boldsymbol{v})} - \left(\boldsymbol{\tau}:\nabla\boldsymbol{v}\right) + S_V \quad (10.20)$$

Para um material incompressível, a equação de continuidade elimina os termos destacados com sombreado. Substituindo a energia interna pela Eq. (10.11) e assumindo propriedades físicas (densidade e calor específico) constantes e uniformes, uma equação de variação da temperatura é obtida:

$$\underset{(i)}{\rho\hat{c}\frac{\partial T}{\partial t}} \underset{(ii)}{+\rho\hat{c}\boldsymbol{v}\bullet\nabla T} = \underset{(iii)}{-\nabla\bullet\boldsymbol{q}} \underset{(iv)}{-\left(\boldsymbol{\tau}:\nabla\boldsymbol{v}\right)} \underset{(v)}{+S_V} \quad (10.21)$$

onde os termos correspondem à acumulação (*i*), convecção (*ii*), condução (*iii*), dissipação (*iv*) e geração (*v*). Esta é a forma mais geral utilizada para resolver problemas de transferência de calor em engenharia de materiais, isotrópicos ou anisotrópicos, newtonianos ou não newtonianos. Com uma generalização apropriada na definição de calor específico, pode ser utilizada também para sistemas com mudança de fase e, com uma escolha adequada do termo de geração, em muitos problemas com reação química.

O balanço de energia em sólidos e fluidos com $\rho$ e $\hat{c}$ constantes, em termos das componentes do fluxo de calor $\boldsymbol{q}$, em coordenadas cartesianas, cilíndricas e esféricas está tabelado no BSL, Apêndice B. Para sólidos incompressíveis faça $\boldsymbol{v} = 0$ e $\partial\ln\rho/\partial\ln T = 0$ nas equações da tabela.

O fluxo de calor $\boldsymbol{q}$ pode ser expresso pela lei de Fourier, Eq. (10.4), e para fluidos newtonianos, o tensor de tensões de atrito viscoso $\boldsymbol{\tau}$ pela lei de Newton, Eq. (10.5). Para materiais com condutividade térmica e viscosidade constantes e uniformes,

$$\underset{(i)}{\rho\hat{c}\frac{\partial T}{\partial t}} \underset{(ii)}{+\rho\hat{c}\boldsymbol{v}\bullet\nabla T} = \underset{(iii)}{k\nabla^2 T} \underset{(iv)}{+\eta\Phi_V} \underset{(v)}{+S_V} \quad (10.22)$$

ou, aproveitando a definição de "derivada material",

$$\rho\hat{c}\frac{\partial T}{\partial t} = k\nabla^2 T + \eta\Phi_V + S_V \qquad (10.23)$$

$$(i+ii) \quad (iii) \quad (iv) \quad (v)$$

onde $\Phi_V = \nabla v : \nabla v$ é a função de dissipação viscosa (Apêndice, Tabela A.4).

Desconsiderando a dissipação viscosa e a geração interna, a Eq. (10.22) fica reduzida a

$$\frac{\partial T}{\partial t} + \boldsymbol{v}\cdot\nabla T = \alpha\nabla^2 T \qquad (10.24)$$

## 10.4.2 Balanço de Energia em Sólidos

Para sólidos, temos $\boldsymbol{v} \equiv 0$ e os termos *(ii)* e *(iv)* desaparecem na Eq. (10.21), que fica reduzida a

$$\rho\hat{c}\frac{\partial T}{\partial t} = -\nabla\cdot\boldsymbol{q} + S_V \qquad (10.25)$$

que representa o balanço de energia em um sólido (ou em qualquer material com $\boldsymbol{v} \equiv 0$) em termos do vetor fluxo de calor. Para $S_V = 0$ (caso mais comum), e substituindo a lei de Fourier, Eq. (10.4), na Eq. (10.22), obtemos, para condutividade térmica constante (independente da temperatura),

$$\rho\hat{c}\frac{\partial T}{\partial t} = k\nabla^2 T \qquad (10.26)$$

ou

$$\frac{\partial T}{\partial t} = \alpha\nabla^2 T \qquad (10.27)$$

onde

$$\alpha = \frac{k}{\rho\hat{c}} \qquad (10.28)$$

é *a difusividade térmica* do material, um parâmetro material (função da temperatura etc.) com dimensões de [comprimento]$^2$/[tempo] e unidades no SI:

$$[\alpha] = \text{m}^2/\text{s}$$

A difusividade térmica é uma medida da facilidade com que o material é esquentado ou resfriado. Por exemplo, leva muito mais tempo resfriar um plástico ($\alpha \approx 0{,}1$ mm$^2$/s) do que um aço ($\alpha \approx 10$ mm$^2$/s).

Para estado estacionário, as Eqs. (10.26)-(10.27) ficam reduzidas a

$$\nabla^2 T = 0 \qquad (10.29)$$

Tanto a Eq. (10.27), chamada "equação de difusão", quanto a Eq. (10.29), chamada "equação de Laplace", são equações bem conhecidas da física matemática. Soluções dessas equações, em geometrias diversas e com diferentes condições de borda, podem ser encontradas em monografias, como a clássica: H. S. Carslaw e J. C. Jaeger, *Conduction of Heat in Solids,* 2nd ed. Oxford University Press, 1959 (reimpressa muitas vezes).

## 10.4.3 Condições de Borda

Para resolver problemas de transferência de calor é necessário impor *condições de borda* nas equações diferenciais relevantes ao caso. As condições de borda mais comuns são:

- A temperatura na superfície é especificada:

$$T = T_0 \qquad (10.30)$$

- O fluxo de calor normal à superfície é especificado:

$$-k\frac{\partial T}{\partial n} = q_0 \qquad (10.31)$$

onde "$n$" é uma coordenada linear normal à superfície. Um caso particular desta condição é a superfície *adiabática* (termicamente isolada) onde $q_0 = 0$.

- O fluxo de calor normal à superfície é expresso em termos da diferença de temperatura entre a superfície e uma temperatura (constante) "longe" da superfície $T_\infty$:

$$-k\frac{\partial T}{\partial n} = h(T - T_\infty) \tag{10.32}$$

onde $h$ *é* chamado *coeficiente de transferência de calor*. O coeficiente de transferência de calor reflete a transferência de calor *fora* do sistema e *não* é um parâmetro material. A Eq. (10.32) liga quantidades avaliadas no sistema (esquerda) com quantidades avaliadas na vizinhança do sistema (direita). É comum utilizar esta condição, chamada às vezes "lei de resfriamento de Newton", sobre superfícies sólidas em contato com fluidos.

Coeficientes de transferência de calor avaliam-se analisando – teórica ou experimentalmente – a transferência de energia na vizinhança. Usualmente $h$ depende da temperatura, mas para sua utilização neste contexto ele pode ser considerado constante, ainda que muitas vezes seu valor só seja conhecido aproximadamente. O coeficiente de transferência de calor é análogo – no transporte de energia – aos fatores de atrito e coeficientes de arraste estudados no transporte de momento.

As dimensões do coeficiente de transferência de calor são [energia]/[tempo]×[comprimento]$^2$× [temperatura]. As unidades de $h$ no Sistema Internacional são:

$$[h] = \text{J/s} \cdot \text{m}^2 \cdot \text{K} = \text{W/m}^2\text{K}$$

É comum substituir K por °C, desde que nas expressões que envolvem $h$ existem apenas diferenças de temperatura e não temperaturas individuais.

Observe que a condição (10.32) é uma combinação linear das condições (10.30) e (10.31):

$$T - \frac{1}{h}\left(-k\frac{\partial T}{\partial n}\right) = T_\infty \tag{10.33}$$

Para valores elevados de $h$ (elevados em relação ao fluxo de calor no sistema $k\partial T/\partial n$) $T \approx T_\infty$, e a condição de tipo (10.32) se transforma efetivamente numa condição de tipo (10.30).

**Tabela 10.1** Valores típicos do coeficiente de transferência de calor

| **Processo/Material** | ***h* (W/mK)** |
|---|---|
| Convecção natural | |
| ar | 0,5-5 |
| água líquida | 5-50 |
| Convecção forçada | |
| ar, vapor de água | 30-300 |
| polímero fundido | 50-500 |
| água líquida | 300-5.000 |
| Água fervendo | 3.000-50.000 |
| Vapor de água condensando | 5.000-100.000 |

## 10.4.4 Geração de Energia

O termo de geração no balanço de energia merece um comentário. A energia se conserva e, consequentemente, não pode ser "gerada" no sentido estrito, exceto no caso de reações nucleares onde energia é gerada a partir da destruição de matéria. Porém, é conveniente associar alguns termos, que não podem facilmente ser expressos como o trabalho de forças materiais (isto é, na forma $\boldsymbol{v} \cdot \boldsymbol{F}$, nula para o transporte de energia em sólidos) sob o nome – não inteiramente correto – de *taxa de geração de energia* por unidade de volume $S_V$ a partir de um manancial ou fonte interna. Os dois casos mais comuns na prática são:

- *Fonte de origem elétrica*. Uma corrente elétrica que circula pelo material dissipa energia, correspondente ao trabalho das forças eletromagnéticas; o "fluido" que escoa neste caso são os elétrons. Porém, é mais simples incluir a taxa de dissipação como um termo de geração de energia:

$$S_V = -\nabla \boldsymbol{E} \cdot \boldsymbol{j} = \sigma j^2 \tag{10.34}$$

onde $\boldsymbol{E}$ é o campo elétrico (unidades: V), $\boldsymbol{j}$ é a densidade de corrente elétrica (unidades: A/m$^2$) e $\sigma$ é a resistividade elétrica (unidades: Ω/m), uma propriedade da matéria (correspondente à inversa da condutividade térmica). Lembre-se de que W = V · A = Ω · A$^2$ (V = Volt, A = Ampère, W = Ohm); consulte um texto de física para mais esclarecimentos.

- *Fonte de origem química.* Reações químicas resultam na produção ou consumo de energia interna devido ao reordenamento das uniões químicas nas substâncias componentes do material. Este termo corresponde à variação da "constante" $U_0$ na Eq. (10.11), e poderia ter sido incluído no primeiro termo do balanço, mas é conveniente considerá-lo como uma taxa de geração de energia interna:

$$S_V = \rho R \Delta \hat{H}_R \tag{10.35}$$

onde $R$ é a velocidade de reação, e $\Delta \hat{H}_R$ o "calor de reação" por unidade de massa.

Sistemas onde ocorrem reações químicas têm múltiplas componentes com concentrações não uniformes, com consequências energéticas ligadas à transferência de matéria (Parte III). Em geral, a situação é bem mais complexa do que a Eq. (10.35) deixa aparentar. Veja BSL, Seções 10.2-10.5.

## 10.4.5 Balanço Macroscópico

Integrando o balanço geral de energia, Eq. (10.17), em um volume de controle, obtém-se o balanço macroscópico de energia total do sistema, e subtraindo desse balanço o balanço macroscópico de energia mecânica (Parte I), chega-se a um *balanço macroscópico* (ou global) *de energia interna*, também chamado balanço de energia térmica ou de calor. Os detalhes do procedimento podem ser consultados na bibliografia indicada. Vamos considerar aqui somente o resultado final, simplificado para um caso muito particular, mas de grande importância prática na engenharia de processos: o balanço macroscópico de energia interna para um *material incompressível*, escoando em *estado estacionário* através de um sistema com apenas *uma entrada* (1) e *uma saída* (2) de matéria, e sem outra fonte de geração de energia interna além da *dissipação viscosa* de energia mecânica no interior do sistema.

$$\underset{(i)}{\frac{dU}{dt}} = \underset{(ii)}{-\Delta\left(G\hat{U}\right)} + \underset{(iii)}{Q} + \underset{(iv)}{E_v} \tag{10.36}$$

O termo $(i)$ é a taxa de aumento da energia interna total do sistema; o termo $(ii)$ é a taxa líquida (saída – entrada) de entrada de energia interna no sistema por *convecção*, onde $\hat{U}$ é a energia interna específica, e $G$ a vazão mássica, medidas na saída (2) e na entrada (1) do sistema. O termo $(iii)$ é a taxa de transferência de calor por *condução* através das paredes do sistema, e o termo $(iv)$ é a taxa de geração de calor dentro do sistema por *dissipação* (viscosa, para fluidos inelásticos) de energia mecânica.

Para sistemas em estado estacionário, o termo $(i)$ é nulo e a vazão mássica é a mesma na entrada e na saída. A Eq. (10.36) resulta então em

$$\rho \hat{c} \overline{v} \Delta T = Q + E_v \tag{10.37}$$

onde temos expressado a energia interna específica em função da temperatura,[3] o calor específico ($\hat{c}$), Eq. (10.9), considerado igual na entrada e na saída (se não for, deve-se utilizar um valor médio), e a vazão mássica em termos da velocidade média ($\overline{v}$) e da densidade do material (incompressível).

$Q$ se obtém integrando o *fluxo de calor* $\boldsymbol{q}$, normal às paredes em toda a área superficial (que separa o sistema da vizinhança) do sistema; para um material regido pela lei de Fourier com condutividade térmica constante,

$$Q = -\int_A \boldsymbol{q} \cdot d\boldsymbol{A} = k \int_A \nabla T \cdot d\boldsymbol{A} \tag{10.38}$$

Observe que o vetor $d\boldsymbol{A}$ aponta para fora do sistema; daí o sinal negativo na Eq. (10.38).

$E_v$ é um termo puramente mecânico que se obtém integrando a taxa de dissipação viscosa local (por unidade de volume) no volume do sistema. Para um fluido newtoniano incompressível de viscosidade constante e uniforme,

$$E_v = \eta \int_V (\nabla \boldsymbol{v} : \nabla \boldsymbol{v}) dV \tag{10.39}$$

[3] Se a temperatura variar sobre a área de entrada/saída, deve-se utilizar um valor médio. A temperatura média correspondente é a chamada *temperatura bulk* (ou temperatura de mistura) média (Seção 13.1).

### 10.4.6 Observações

(1) A Eq. (10.37) é muitas vezes utilizada sob a aproximação de dissipação viscosa desprezível:

$$Q = \rho\bar{v}\hat{c}\Delta T = G\hat{c}\Delta T \tag{10.40}$$

A *taxa* de transferência de calor ($Q$) em função da *vazão* mássica ($G$) e da diferença de temperatura entre a *saída* e a *entrada* ($\Delta T$). A Eq. (10.37) é a expressão (aproximada) mais simples da lei de conservação da energia para um sistema *aberto* em estado *estacionário*.

Compare com a expressão para um sistema *fechado* em estado *não estacionário*:

$$Q_T = m\hat{c}\Delta T \tag{10.41}$$

A *quantidade* total de calor transferida ($Q_T$) em função da *massa* do sistema ($m$) e da diferença de temperatura ($\Delta T$) entre o estado *final* e o estado *inicial*.

(2) Para sólidos $\boldsymbol{v} \equiv 0$ e tanto o primeiro quanto o último termo da Eq. (10.37) são identicamente nulos; portanto, o balanço macroscópico de calor em sólidos em estado estacionário é, simplesmente,

$$Q = 0 \tag{10.42}$$

## *Anexo Desenvolvimento do balanço "microscópico" de energia total*

O princípio de conservação da energia resulta no seguinte balanço geral de energia:

$$\begin{matrix}\text{Taxa de aumento} & & \text{Taxa líquida de entrada} & & \text{Taxa líquida de entrada} & & \text{Trabalho de todas} & & \text{Taxa de geração}\\ \text{de energia} & = & \text{de energia no sistema} & + & \text{de energia no sistema} & + & \text{as forças aplicadas} & + & \text{de energia}\\ \text{dentro do sistema} & & \text{por convecção} & & \text{por condução} & & \text{sobre o sistema} & & \text{no sistema}\\ (i) & & (ii) & & (iii) & & (iv) & & (v)\end{matrix} \tag{10.43}$$

Vamos aplicar um balanço de energia total em um volume de controle da forma de um paralelepípedo de lados $\Delta x$, $\Delta y$, $\Delta z$, alinhado num sistema de coordenadas cartesianas, com um vértice no ponto $(x, y, z)$ e outro no ponto $(x + \Delta x, y + \Delta y, z + \Delta z)$; Figura 10.5.

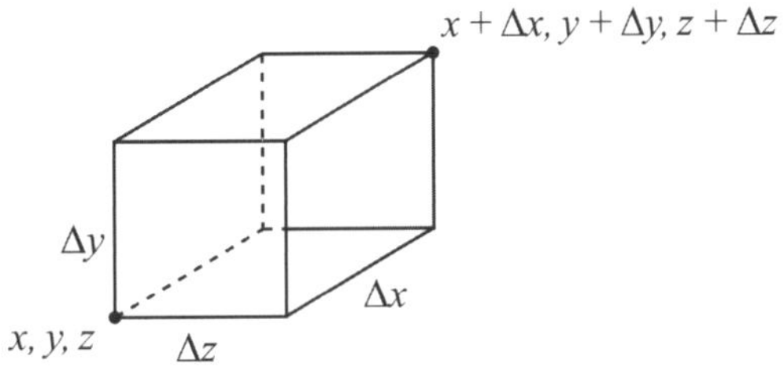


**Figura 10.5**

Temos os termos seguintes:

(i) Taxa de aumento de energia total no sistema:

$$\left[\frac{\partial}{\partial t}\rho\left(\hat{U} + \tfrac{1}{2}v^2\right)\right]\Delta x\Delta y\Delta z \tag{10.44}$$

Por "energia total" entende-se a soma da energia interna e energia cinética (macroscópica); a energia potencial é incluída como trabalho das forças de gravidade; $\hat{U}$ é a energia interna específica (energia interna por unidade de massa) e $\rho$ é a densidade do sistema; $\boldsymbol{v}$ é o vetor velocidade, de módulo $v$ e componentes $v_x$, $v_y$, $v_z$.

(ii) Taxa líquida de entrada de energia no sistema por convecção. Considerando cada uma das seis faces do paralelepípedo:

$$\begin{aligned}&\left[\rho\left(\hat{U} + \tfrac{1}{2}v^2\right)\Big|_x - \rho\left(\hat{U} + \tfrac{1}{2}v^2\right)\Big|_{x+\Delta x}\right]v_x\Delta y\Delta z +\\ &\left[\rho\left(\hat{U} + \tfrac{1}{2}v^2\right)\Big|_y - \rho\left(\hat{U} + \tfrac{1}{2}v^2\right)\Big|_{y+\Delta y}\right]v_y\Delta x\Delta z +\\ &\left[\rho\left(\hat{U} + \tfrac{1}{2}v^2\right)\Big|_z - \rho\left(\hat{U} + \tfrac{1}{2}v^2\right)\Big|_{z+\Delta z}\right]v_z\Delta x\Delta y\end{aligned} \tag{10.45}$$

(iii) Taxa líquida de entrada de energia no sistema por condução. Considerando cada uma das seis faces do paralelepípedo, temos

$$\left[q_x\big|_x - q_x\big|_{x+\Delta x}\right]\Delta y\Delta z + \left[q_y\big|_y - q_y\big|_{y+\Delta y}\right]\Delta x\Delta z + \left[q_z\big|_z - q_z\big|_{z+\Delta z}\right]\Delta x\Delta y \tag{10.46}$$

onde $\boldsymbol{q}$ é o vetor fluxo de calor, de componentes $q_x$, $q_y$, $q_z$.

(iv) Trabalho de todas as forças aplicadas no sistema, incluindo:

(a) as forças de pressão:

$$\left[pv_x|_x - pv_x|_{x+\Delta x}\right]\Delta y\Delta z + \left[pv_y|_y - pv_y|_{y+\Delta y}\right]\Delta x\Delta z + \left[pv_z|_z - pv_z|_{z+\Delta z}\right]\Delta x\Delta y \tag{10.47}$$

(b) as forças de atrito viscoso:

$$\begin{aligned}&\left[\left(\tau_{xx}v_x + \tau_{xy}v_y + \tau_{xz}v_z\right)\Big|_x - \left(\tau_{xx}v_x + \tau_{xy}v_y + \tau_{xz}v_z\right)\Big|_{x+\Delta x}\right]\Delta y\Delta z +\\ &\left[\left(\tau_{yx}v_x + \tau_{yy}v_y + \tau_{yz}v_z\right)\Big|_y - \left(\tau_{yx}v_x + \tau_{yy}v_y + \tau_{yz}v_z\right)\Big|_{y+\Delta y}\right]\Delta x\Delta z +\\ &\left[\left(\tau_{zx}v_x + \tau_{zy}v_y + \tau_{zz}v_z\right)\Big|_z - \left(\tau_{zx}v_x + \tau_{zy}v_y + \tau_{zz}v_z\right)\Big|_{z+\Delta z}\right]\Delta x\Delta y\end{aligned} \tag{10.48}$$

(c) o peso:

$$\begin{aligned}&\left[\rho g_x v_x|_x - \rho g_x v_x|_{x+\Delta x}\right]\Delta y\Delta z +\\ &\left[\rho g_y v_y|_y - \rho g_y v_y|_{y+\Delta y}\right]\Delta x\Delta z +\\ &\left[\rho g_z v_z|_z - \rho g_z v_z|_{z+\Delta z}\right]\Delta x\Delta y\end{aligned} \tag{10.49}$$

considerando cada uma das seis faces do paralelepípedo; $p$ é a pressão, $\boldsymbol{\tau}$ é o tensor de tensões (forças por unidade de área) de atrito viscoso, de componentes $\tau_{xx}$, $\tau_{xy}$, $\tau_{xz}$ etc. ($\tau_{ij}$ é força – por unidade de área – na direção $i$ aplicada sobre uma área normal à direção $j$), $\boldsymbol{g}$ é o vetor aceleração da gravidade, de componentes $g_x$, $g_y$, $g_z$.

(v) Taxa de geração de energia no sistema:

$$S_V\Delta x\Delta y\Delta z \tag{10.50}$$

onde $S_V$ é a taxa de geração por unidade de volume.

Substituindo as Eqs. (10.44)-(10.50) na Eq. (10.43), dividindo pelo volume de controle $\Delta x\Delta y\Delta z$, e tomando o limite $\Delta x \to 0$, $\Delta y \to 0$, $\Delta z \to 0$, obtém-se a Eq. (10.17).

# Transferência de Calor em Sólidos: Estado Estacionário

11



## 11.1 PAREDES PLANAS

### 11.1.1 Parede Simples

Considere a transferência de calor em estado estacionário através de uma parede ou placa plana, de espessura $H$, comprimento e largura $L \gg H$, $W \gg H$. O material da parede é um sólido isotrópico homogêneo de condutividade térmica constante $k$. São conhecidas as temperaturas (uniformes) nas duas superfícies externas da parede, $T_1$, $T_2$ (suponha, para fixar ideias, $T_1 > T_2$). Escolhe-se um sistema de coordenadas cartesianas com a coordenada $z$ na direção normal à parede (Figura 11.1).

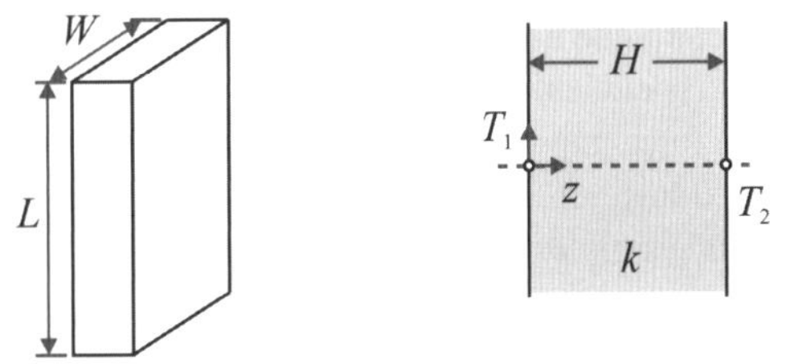


**Figura 11.1**

É razoável supor que, longe das bordas, a transferência de calor ocorre somente na direção $z$ e que, portanto, a temperatura no interior da parede é apenas função dessa coordenada, $T = T(z)$, determinada pela solução da equação de Laplace, Eq. (10.29), simplificada neste caso para

$$\frac{d^2T}{dz^2} = 0 \tag{11.1}$$

com as condições de borda

$$T\big|_{z=0} = T_1 \tag{11.2}$$

$$T\big|_{z=H} = T_2 \tag{11.3}$$

A solução da Eq. (11.1) corresponde a um perfil linear de temperatura:

$$T = A + Bz \tag{11.4}$$

As constantes de integração $A$ e $B$ são avaliadas a partir das condições de borda [Eqs. (11.2)-(11.3)],

$$A = T_1 \tag{11.5}$$

$$B = -\frac{T_1 - T_2}{H} \tag{11.6}$$

resultando em

$$T = T_1 - \frac{T_1 - T_2}{H} z \tag{11.7}$$

O fluxo de calor através da parede é constante:

$$q = q_z = -k\frac{dT}{dz} = k\frac{T_1 - T_2}{H} \tag{11.8}$$

assim como a taxa de transferência de calor:

$$Q = \int_0^L \int_0^W q\,dx\,dy = qLW = k\frac{T_1 - T_2}{H} LW \tag{11.9}$$

A Eq. (11.8) mostra que o fluxo de calor $q$ é proporcional à diferença de temperatura $\Delta T = T_1 - T_2$, que é sua *força impulsora*. A constante de proporcionalidade é chamada *coeficiente de transferência de calor*.[1] Para a parede simples,

$$u = \frac{k}{H} \tag{11.10}$$

O coeficiente de transferência de calor tem dimensões de [energia]/[tempo]×[comprimento]$^2$× [temperatura] e unidades no SI de J/s · m$^2$K = W/m$^2$K. Ao contrário da condutividade térmica, o coeficiente de transferência de calor não é um parâmetro material, pois depende não só do material, mas também da geometria do sistema ($H$). O fluxo de calor e a taxa de transferência de calor podem ser expressos de forma compacta em termos do coeficiente de transferência de calor:

$$q = u\Delta T \tag{11.11}$$

$$Q = uA\Delta T \tag{11.12}$$

onde $A$ é a área da superfície normal a $\boldsymbol{q}$, através da qual se mede a taxa de transferência de calor, ou *área de transferência*, $A = LW$ neste caso.

A Eq. (11.12) mostra que a taxa de transferência é proporcional tanto à força impulsora ($\Delta T$) quanto à área de transferência, sendo o coeficiente de transferência (que pode ser interpretado como a taxa de transferência por unidade de área e unidade de força impulsora) uma medida da "intensidade" do processo de transferência em particular.

O coeficiente de transferência de calor é uma condutância, e sua inversa é a *resistência térmica*. A resistência térmica de uma parede simples é

$$u^{-1} = \frac{H}{k} \tag{11.13}$$

O comportamento térmico da parede é equivalente ao comportamento de um circuito elétrico, onde o potencial elétrico (V) é o análogo da temperatura ($T$), e a corrente elétrica ($i$) é o análogo do fluxo de calor ($q$); Figura 11.2.

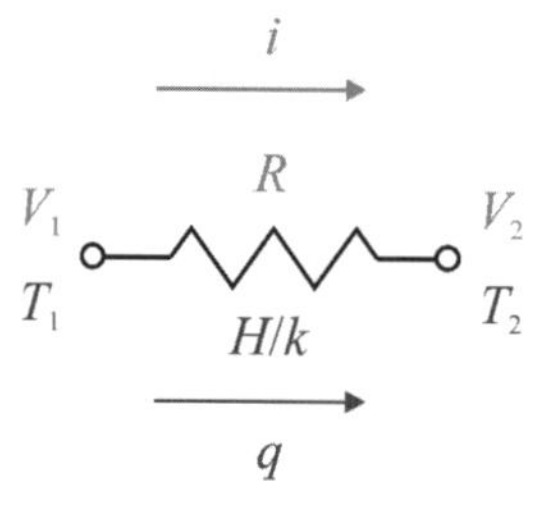


**Figura 11.2**

## 11.1.2 Parede Composta

Suponha agora que a parede é formada por duas camadas paralelas de diferentes espessuras, $H_1$ e $H_2$, e diferentes materiais (isto é, com diferentes condutividades térmicas, $k_1$ e $k_2$). As temperaturas nas superfícies externas da parede, $T_1$ e $T_3$, são conhecidas, não sendo conhecida a temperatura na interface entre as duas camadas, $T_2$ (Figura 11.3).

[1] Tínhamos visto o coeficiente de transferência de calor *convectivo* nas possíveis condições de borda para a transferência de calor em sólidos (Seção 10.4). Trata-se agora do coeficiente de transferência de calor *condutivo*, mas o conceito é o mesmo.

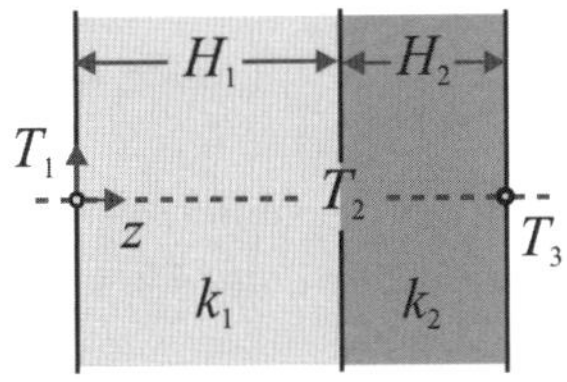


**Figura 11.3**

O perfil de temperatura *dentro de cada camada* é linear, desde que a temperatura cumpra a Eq. (11.1) em toda a parede, mas as condições de borda mudem (cada camada tem bordas diferentes). Temos então

$$T^{(1)} = A_1 + B_1 z, \qquad 0 < z < H_1 \tag{11.14}$$

$$T^{(2)} = A_2 + B_2 z, \qquad H_1 < z < H_1 + H_2 \tag{11.15}$$

onde colocamos um superíndice na temperatura para enfatizar que se trata de valores em faces (camadas) diferentes. Nas superfícies externas, como no caso anterior, temos temperaturas conhecidas

$$T^{(1)}\big|_{z=0} = T_1 \tag{11.16}$$

$$T^{(2)}\big|_{z=H_1+H_2} = T_3 \tag{11.17}$$

Na interface entre as duas camadas temos a continuidade da temperatura (a temperatura não "salta")

$$T^{(1)}\big|_{z=H} = T^{(2)}\big|_{z=H} \tag{11.18}$$

e a igualdade do fluxo de calor (o calor que sai de uma camada é igual ao calor que entra na outra)

$$-k_1 \left.\frac{dt^{(1)}}{dz}\right|_{z=H-} = -k_2 \left.\frac{dt^{(2)}}{dz}\right|_{z=H+} \tag{11.19}$$

onde temos utilizado os símbolos $z = H+$ e $z = H-$ para reforçar a indicação de que a derivada da esquerda deve ser avaliada com o perfil de temperatura na camada (1) e a derivada da direita deve ser avaliada com o perfil de temperatura na camada (2).

Substituindo as quatro condições de borda, Eq. (11.16)-(11.19), nas Eqs. (11.14)-(11.15), obtemos um sistema de quatro equações algébricas lineares com quatro incógnitas (as quatro constantes de integração, $A_1$, $B_1$, $A_2$, $B_2$). A resolução deste sistema leva a

$$A_1 = T_1 \tag{11.20}$$

$$B_1 = -\frac{T_1 - T_3}{k_1 \Phi} \tag{11.21}$$

$$A_2 = T_1 - H_1\left(\frac{k_2}{k_1} - 1\right)\left(\frac{T_1 - T_3}{k_2 \Phi}\right) \tag{11.22}$$

$$B_2 = -\frac{T_1 - T_3}{k_2 \Phi} \tag{11.23}$$

onde

$$\Phi = \frac{H_1}{k_1} + \frac{H_2}{k_2} \tag{11.24}$$

O perfil completo de temperatura obtém-se substituindo as constantes, Eqs. (11.20)-(11.23), nas Eqs. (11.14)-(11.15). Alguns resultados interessantes podem ser obtidos diretamente. Por exemplo, a temperatura na interface, $T_2$, pode ser avaliada através da Eq. (11.15) para $z = H_1$, levando em consideração as Eqs. (11.20), (11.21) e (11.24):

$$T_2 = A_1 + B_1 H_1 = T_1 - \frac{T_1 - T_3}{k_1 \Phi} H_1 = T_1 - \frac{T_1 - T_3}{\left(1 + \dfrac{k_1 H_2}{k_2 H_1}\right)} \tag{11.25}$$

O fluxo de calor (que é constante, igual nas duas camadas) pode ser avaliado também na camada (1):

$$q = -k_1 \frac{dT^{(1)}}{dz} = -k_1 B_1 = \frac{T_1 - T_3}{\Phi} \tag{11.26}$$

Vemos que $\Phi^{-1}$ tem dimensões de coeficiente de transferência de calor. De fato, podemos definir $\Phi^{-1}$ como o *coeficiente global de transferência de calor U*:

$$\frac{1}{U} = \frac{H_1}{k_1} + \frac{H_2}{k_2} \tag{11.27}$$

considerando a Eq. (11.13), desde que $U^{-1} = \Phi$. Levando em consideração a Eq. (11.27), a Eq. (11.26) fica reduzida a

$$q = U\,\Delta T \tag{11.28}$$

onde $\Delta T = T_1 - T_3$ é a *diferença global de temperatura*. Da mesma forma, a taxa de transferência de calor pode ser expressa em termos do coeficiente global de transferência de calor:

$$Q = \int_0^L \int_0^W q\,dx\,dy = qLW = UA\Delta T \tag{11.29}$$

onde $A = LW$ é a área da superfície normal a $\boldsymbol{q}$, através da qual se mede a taxa de transferência. A comparação das Eqs. (11.28)-(11.29) com as Eqs. (11.11)-(11.12) mostra que o coeficiente global $U$ é uma generalização do coeficiente individual $u$. A Eq. (11.27) mostra que o inverso $U^{-1}$, a *resistência térmica global*, é a soma das resistências térmicas das camadas individuais ($H_1/k_1$ e $H_2/k_2$). No análogo elétrico corresponde às resistências conectadas em séries (Figura 11.4).

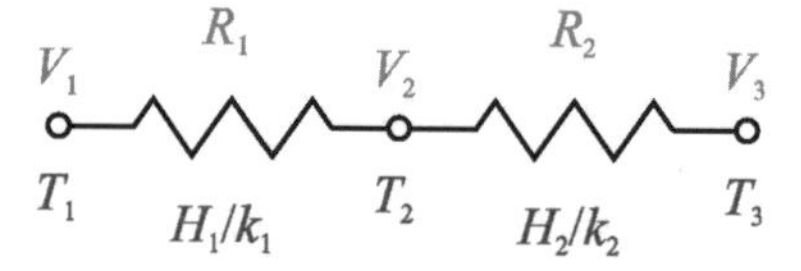


**Figura 11.4**

Observe que a camada com *maior* resistência térmica (menor condutância) "controla" o processo de transferência de calor. Se, por exemplo, $H_1/k_1 \gg H_2/k_2$ (maior resistência na camada 1), $U \approx k_1/H_1$ e $T_2 \approx T_3$, isto é, a camada 2 é praticamente isotérmica.

Muitas vezes não é necessário obter uma expressão explícita dos perfis de temperatura, mas somente do fluxo de calor e, talvez, das temperaturas interfaciais. Nesse caso, um procedimento alternativo é mais simples. Sabemos que para cada camada o perfil de temperatura é linear, desde que em cada camada se cumpra a Eq. (11.1). Consequentemente, o fluxo de calor (a derivada do perfil) é constante (independente $z$) e o mesmo para todas as camadas. Podemos escrever então:

Camada (1):
$$q = k_1 \frac{T_1 - T_2}{H_1} \tag{11.30}$$

Camada (2):
$$q = k_2 \frac{T_2 - T_3}{H_2} \tag{11.31}$$

um sistema de duas equações com duas incógnitas ($q$ e $T_2$). As Eqs. (11.30)-(11.31) podem ser escritas também:

Camada (1):
$$T_1 - T_2 = q\frac{H_1}{k_1} \tag{11.32}$$

Camada (2):
$$T_2 - T_3 = q\frac{H_2}{k_2} \tag{11.33}$$

Somando, elimina-se $T_2$:

$$T_1 - T_3 = q\left(\frac{H_1}{k_1} + \frac{H_2}{k_2}\right) \tag{11.34}$$

de onde

$$q = \frac{T_1 - T_3}{\left(\dfrac{H_1}{k_1} + \dfrac{H_2}{k_2}\right)} \tag{11.35}$$

ou

$$q = U(T_1 - T_3) \tag{11.36}$$

em termos do *coeficiente global de transferência de calor*.

Para avaliar $T_2$, basta substituir a Eq. (11.36) na Eq. (11.30) ou na Eq. (11.31).

Substituindo, por exemplo, na Eq. (11.30), temos

$$T_2 = T_1 - q\frac{H_1}{k_1} = T_1 - U(T_1 - T_3)\frac{H_1}{k_1} = T_1 - (T_1 - T_3)\left(\frac{\dfrac{H_1}{k_1}}{\dfrac{H_1}{k_1} + \dfrac{H_2}{k_2}}\right) \tag{11.37}$$

## 11.1.3 Parede com Condição de Borda Convectiva

Voltamos ao caso da parede simples (Seção 11.1.1). Suponha agora que a temperatura de uma das superfícies da parede (por exemplo, $T_2$) é desconhecida, mas sabe-se que essa superfície está em contato com um fluido que escoa paralelo à parede. A temperatura do fluido longe da parede, $T_\infty$, é constante e uniforme ao longo da parede (conhecida). Suponha também que o coeficiente de transferência de calor da superfície da parede ao fluido, $h$, é constante e uniforme ao longo da parede (conhecido); Figura 11.5.

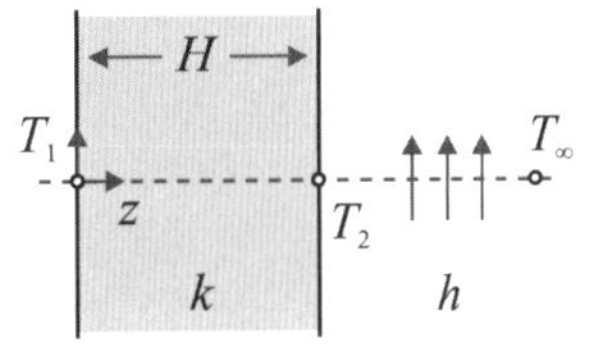


**Figura 11.5**

Nessas condições o perfil de temperatura dentro da parede permanece linear, desde que a transferência de calor dentro da parede seja governada pela Eq. (11.1), cuja solução é a Eq. (11.4):

$$T = A + Bz \tag{11.38}$$

A condição de borda para $z = 0$ é idêntica à Eq. (11.2):

$$T|_{z=0} = T_1 \tag{11.39}$$

mas a condição de borda para $z = H$, Eq. (11.3), deve ser mudada para

$$-k\left.\frac{dT}{dz}\right|_{z=H} = h\left(T|_{z=H} - T_\infty\right) \tag{11.40}$$

As constantes de integração $A$ e $B$ são avaliadas a partir das condições de borda, Eq. (11.37):

$$A = T_1 \tag{11.41}$$

$$B = -\frac{T_1 - T_\infty}{k\Phi} \tag{11.42}$$

onde

$$\Phi = \frac{H}{k} + \frac{1}{h} \tag{11.43}$$

A temperatura na superfície $z = H$ (interface fluido-parede) é

$$T_2 = A + BH = T_1 - \frac{T_1 - T_\infty}{k\Phi}H = T_1 - \frac{T_1 - T_\infty}{\left(1 + \dfrac{k}{hH}\right)} \tag{11.44}$$

e o fluxo de calor através da parede é

$$q = -k\frac{dT}{dz} = -kB = \frac{T_1 - T_\infty}{\Phi} \tag{11.45}$$

Observe que a solução é mais semelhante ao caso da parede composta do que da parede simples; $\Phi^{-1}$ assume o rol de *coeficiente global de transferência de calor*:

$$\frac{1}{U} = \frac{H}{k} + \frac{1}{h} \tag{11.46}$$

O fluxo de calor em termos de $U$ fica:

$$q = U(T_1 - T_\infty) \tag{11.47}$$

O tratamento precedente sugere que o fluido, ou melhor, um filme de fluido perto da parede, aja como se fosse outra camada da parede. O perfil de temperatura no filme não é, em geral, linear, e não conhecemos a espessura desta "camada". Contudo, observando a equivalência entre $h$ e $k/H$ nas equações anteriores, por exemplo, na Eq. (11.46), podemos definir a *espessura equivalente* do filme $\delta_F$ com base na condutividade térmica do fluido $k_F$:

$$\delta_F = \frac{k_F}{h} \tag{11.48}$$

Na Figura 11.6 temos o perfil não linear "real" de temperatura no fluido (desconhecido), em cinza-claro, e o perfil linear *equivalente* no filme perto da parede em cinza-escuro (linha de pontos).

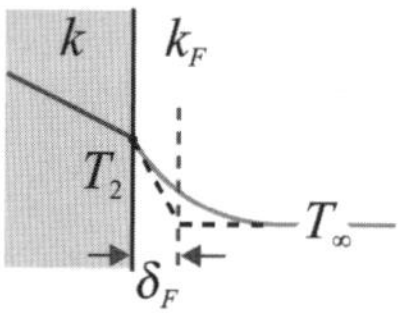


**Figura 11.6**

Neste caso pode-se utilizar também o procedimento alternativo descrito anteriormente:

Parede sólida:

$$T_1 - T_2 = q\frac{H}{k} \tag{11.49}$$

Filme fluido:

$$T_2 - T_\infty = q\frac{1}{h} \tag{11.50}$$

Somando as Eqs. (11.49)-(11.50), elimina-se $T_2$:

$$T_1 - T_\infty = q\left(\frac{H}{k} + \frac{1}{h}\right) \tag{11.51}$$

de onde:

$$q = \frac{T_1 - T_\infty}{\left(\frac{H}{k} + \frac{1}{h}\right)} \tag{11.52}$$

ou

$$q = U(T_1 - T_\infty) \tag{11.53}$$

onde $U$ é o *coeficiente global de transferência de calor* dado pela Eq. (11.46).

Observe que a resistência térmica do filme fluido perto da parede é $1/h$; a resistência térmica global $U^{-1}$ é, como no caso anterior, a soma das resistências térmicas individuais ($H/k$ e $1/h$).

Observe que, como no caso anterior (Seção 11.1.2), a camada com *maior* resistência térmica (menor condutância) "controla" o processo de transferência de calor. Se $h \ll k/H$ (maior resistência no filme), $U \approx h$ e $T_1 \approx T_2$ (parede praticamente isotérmica), o valor exato da condutividade térmica do sólido não é importante, mas o processo de transferência de calor no fluido (e o preciso valor do coeficiente de transferência de calor no filme) é importante para avaliar o fluxo de calor através da parede. No entanto, se $h \ll k/H$ (maior resistência na parede), $U \approx k/H$ e $T_2 \approx T_\infty$, ou seja, o preciso valor do coeficiente de transferência no filme não é importante, desde que a temperatura da superfície externa $T_2$ é conhecida.

### 11.1.4 Parede Composta com Condições de Borda Convectivas

O procedimento pode ser generalizado facilmente para uma parede de $N$ camadas com condições de borda convectivas nas duas superfícies externas:

$$q = U(T_0 - T_\infty) \tag{11.54}$$

onde

$$\frac{1}{U} = \frac{1}{h_0} + \sum_{i=1}^{N} \frac{H_i}{k_i} + \frac{1}{h_\infty} \tag{11.55}$$

Por exemplo, para uma parede de três camadas (Figura 11.7):

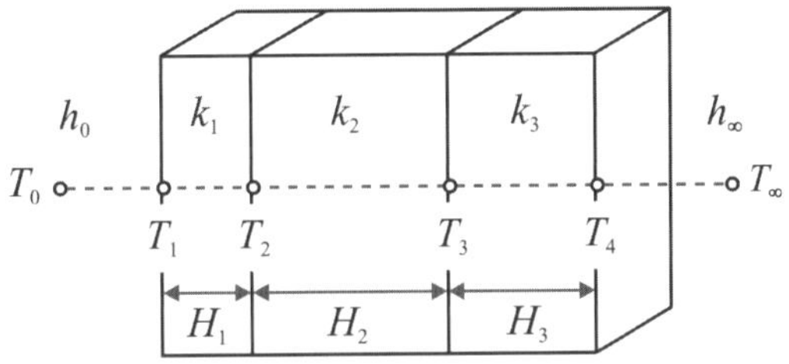


**Figura 11.7**

Com os parâmetros da figura ilustramos mais uma vez o procedimento alternativo:

Filme fluido: $$T_0 - T_1 = q\frac{1}{h_0} \tag{11.56}$$

Camada (1): $$T_1 - T_2 = q\frac{H_1}{k_1} \tag{11.57}$$

Camada (2): $$T_2 - T_3 = q\frac{H_2}{k_2} \tag{11.58}$$

Camada (3): $$T_3 - T_4 = q\frac{H_3}{k_3} \tag{11.59}$$

Filme fluido: $$T_4 - T_\infty = q\frac{1}{h_\infty} \tag{11.60}$$

Soma: $$T_0 - T_\infty = q\left(\frac{1}{h_0} + \frac{H_1}{k_1} + \frac{H_2}{k_2} + \frac{H_3}{k_3} + \frac{1}{h_\infty}\right) \tag{11.61}$$

Cada vez que as equações correspondentes a duas camadas vizinhas são somadas, elimina-se a temperatura interfacial entre elas. Na resolução de problemas, nem sempre é necessário somar todas. Os perfis de temperatura estão na Figura 11.8.

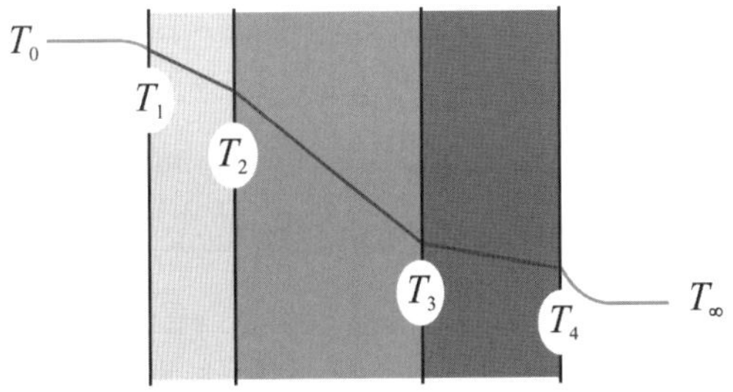


**Figura 11.8**

Coeficiente global de transferência de calor:

$$\frac{1}{U} = \frac{1}{h_0} + \frac{H_1}{k_1} + \frac{H_2}{k_2} + \frac{H_3}{k_3} + \frac{1}{h_\infty} \tag{11.62}$$

A taxa de transferência de calor é, simplesmente,

$$Q = U(LW)(T_0 - T_\infty) \tag{11.63}$$

# 11.2 PAREDES CILÍNDRICAS

## 11.2.1 Parede Simples

Considere a transferência de calor em estado estacionário através de uma parede cilíndrica, no espaço entre dois cilindros coaxiais com raios $R_1 > 0$ e $R_2 > R_1$ (parede cilíndrica) e comprimento $L \gg R_2$ (uma parede cilíndrica é uma "casca" de espessura $\Delta R = R_2 - R_1 > 0$; não um cilindro maciço). O material da parede é um sólido isotrópico homogêneo, de condutividade térmica constante $k$. São conhecidas as temperaturas (uniformes) da superfície interna e externa da parede, $T_1$, $T_2$ (suponha, para fixar ideias, $T_1 > T_2$). Escolhe-se um sistema de coordenadas cilíndricas centrado no eixo comum (Figura 11.9).

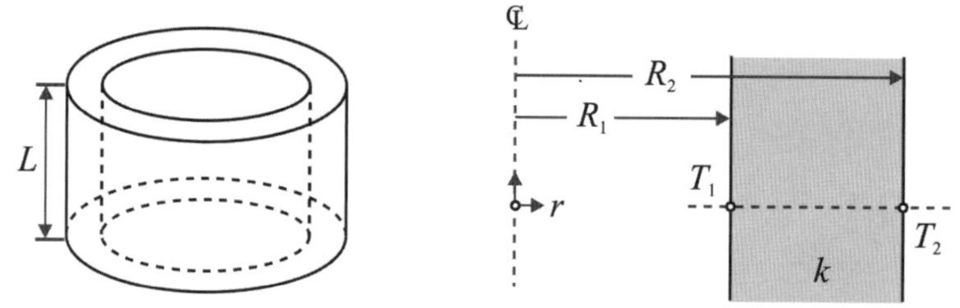


**Figura 11.9**

É razoável supor que, longe das bordas, a transferência de calor ocorre somente na direção radial $r$ e que, portanto, a temperatura no interior da parede é função apenas dessa coordenada, $T = T(r)$, determinada pela solução da equação de Laplace, Eq. (10.29), simplificada neste caso para

$$\frac{d}{dr}\left(r\frac{dT}{dr}\right) = 0 \tag{11.64}$$

com as condições de borda:

$$T|_{r=R_1} = T_1 \tag{11.65}$$

$$T|_{r=R_2} = T_2 \tag{11.66}$$

A solução da Eq. (11.64) corresponde a um perfil logarítmico de temperatura

$$T = A + B \ln r \tag{11.67}$$

As constantes de integração $A$ e $B$ são avaliadas a partir das condições de borda, Eqs. (11.65)-(11.66)

$$A = T_1 + \frac{T_1 - T_2}{\ln(R_2/R_1)} \ln R_1 \tag{11.68}$$

$$B = -\frac{T_1 - T_2}{\ln(R_2/R_1)} \tag{11.69}$$

resultando em

$$T = T_1 - \frac{T_1 - T_2}{\ln(R_2/R_1)} \cdot \ln\left(\frac{r}{R_1}\right) \tag{11.70}$$

O fluxo de calor através da parede não é constante:

$$q = q_r = -k\frac{dT}{dr} = k\frac{T_1 - T_2}{\ln(R_2/R_1)} \cdot \frac{1}{r} \tag{11.71}$$

mas a taxa de transferência de calor, como corresponde ao estado estacionário, é constante. Através de uma superfície cilíndrica de raio arbitrário $R$, isto é, através de qualquer superfície cilíndrica, temos

$$Q = \int_0^L q|_{r=R}\, 2\pi R dz = k\frac{T_1 - T_2}{\ln(R_2/R_1)} \cdot 2\pi L \tag{11.72}$$

Às vezes é conveniente escolher uma superfície cilíndrica determinada, caracterizada pelo valor do raio $R$ (pode ser $R = R_1$, $R = R_2$, ou qualquer outro valor), e expressar a Eq. (11.72) como

$$Q = \frac{k}{R\ln(R_2/R_1)}(2\pi RL)(T_1 - T_2) \tag{11.73}$$

ou

$$Q = uA\Delta T \tag{11.74}$$

onde $\Delta T = T_1 - T_2$ é a *força impulsora* para transferência de calor, $A = 2\pi RL$ é a *área de transferência*, e

$$u = \frac{k}{R\ln(R_2/R_1)} \tag{11.75}$$

é o *coeficiente de transferência de calor*. Observe que $u$ depende da área (valor de $R$) utilizada para sua definição, mas o produto $uA$ é independente da área. Dependendo da *área de referência* (através da qual se avalia $u$), temos

$$Q = u_1 A_1 \Delta T = u_2 A_2 \Delta T \tag{11.76}$$

onde

$$u_1 = \frac{k}{R_1 \ln(R_2/R_1)}, \quad A_1 = 2\pi R_1 L \tag{11.77}$$

$$u_2 = \frac{k}{R_2 \ln(R_2/R_1)}, \quad A_2 = 2\pi R_2 L \tag{11.78}$$

Observe que $uA$ não depende da espessura da parede $\Delta R = R_2 - R_1$, como em uma parede plana, mas de $\ln(R_2/R_1) = \ln R_2 - \ln R_1$.

A inversa do coeficiente de transferência de calor é a resistência térmica da parede:

$$u^{-1} = \frac{R}{k}\ln(R_2/R_1) \tag{11.79}$$

Avaliando a resistência térmica para $R = R_1$,

$$u^{-1} = \frac{R_1}{k}\ln\left(\frac{R_2}{R_1}\right) = \frac{R_1}{k}\ln\left(1 + \frac{\Delta R}{R_1}\right) \tag{11.80}$$

onde $\Delta R = R_2 - R_1$ é a espessura da parede cilíndrica. Para paredes "finas" pode-se desconsiderar a curvatura da parede e $\Delta R \ll R_1$:

$$u^{-1} \approx \frac{R_1}{k}\left(\frac{\Delta R}{R_1}\right) = \frac{\Delta R}{k} \tag{11.81}$$

O mesmo resultado[2] que para uma parede plana de espessura $H = \Delta R$, Eq. (11.13).

Observe as semelhanças (mesmos conceitos de resistência térmica, coeficiente de transferência etc.) assim como as diferenças entre a transferência de calor em paredes planas e em cilíndricas.

**Tabela 11.1** Comparação entre a parede plana e a parede cilíndrica

| Item | Parede plana | Parede cilíndrica |
|---|---|---|
| Perfil de temperatura ($T$): | Linear | Logarítmico |
| Fluxo de calor ($q$): | Uniforme | Depende da posição (coordenada $r$) |
| Coeficiente de transferência de calor ($u$): | Constante | Depende da superfície (raio $R$) |

[2] A "linearização" do logaritmo para $x \ll 1$, $\ln(1 + x) \approx x$, toma o primeiro termo da expansão de $\ln(1 + x)$ em série de potências de $x$ (série de Taylor) [veja o Apêndice C, item C.2.3 de R. B. Bird, W. E. Stewart e E. N. Lightfoot, *Fenômenos de Transporte*, 2ª ed. LTC, Rio de Janeiro, 2004. (BSL)].

### 11.2.2 Parede Composta

Suponha agora que a parede cilíndrica é formada por duas camadas (de $R_1$ a $R_2$, e de $R_2$ a $R_3$) de diferentes materiais (com condutividades térmicas $k_1$ e $k_2$). As temperaturas nas superfícies externas da parede, $T_1$ e $T_3$ ($T_1 > T_3$), são conhecidas; a temperatura na interface entre as duas camadas, $T_2$, é desconhecida (Figura 11.10).

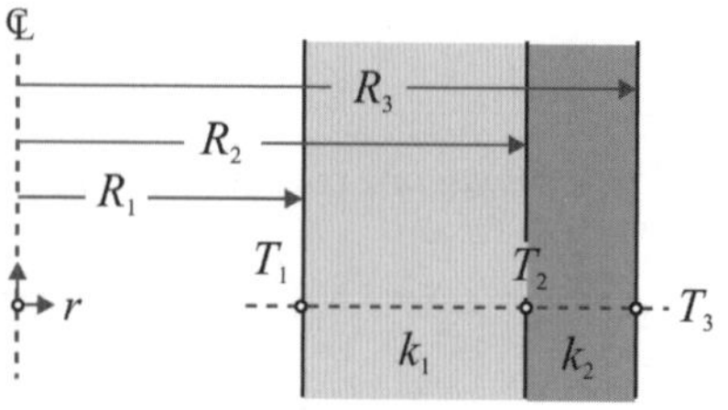


**Figura 11.10**

Como no caso anterior (Seção 11.2.1), o perfil de temperatura *dentro de cada camada* é logarítmico, e o fluxo de calor é

$$q_1(r) = -k_1 \frac{dT}{dr} = k_1 \frac{T_1 - T_2}{\ln(R_2/R_1)} \cdot \frac{1}{r}, \quad R_1 < r < R_2 \tag{11.82}$$

$$q_2(r) = -k_2 \frac{dT}{dr} = k_2 \frac{T_1 - T_2}{\ln(R_2/R_1)} \cdot \frac{1}{r}, \quad R_2 < r < R_3 \tag{11.83}$$

A continuidade do fluxo de calor na interface $r = R_2$

$$k_1 \frac{T_1 - T_2}{\ln(R_2/R_1)} = k_2 \frac{T_1 - T_2}{\ln(R_2/R_1)} \tag{11.84}$$

permite avaliar diretamente a temperatura na interface

$$T_2 = \frac{T_1 - \varphi T_3}{1 - \varphi} \tag{11.85}$$

onde

$$\varphi = \frac{k_2 \ln(R_2/R_1)}{k_1 \ln(R_3/R_2)} \tag{11.86}$$

A taxa de transferência de calor através da parede composta é constante e uniforme (isto é, não depende da superfície onde for avaliada):

$$Q = k_1 \frac{T_1 - T_2}{\ln(R_2/R_1)} \cdot 2\pi L = k_2 \frac{T_3 - T_2}{\ln(R_3/R_2)} \cdot 2\pi L \tag{11.87}$$

A Eq. (11.87) sugere que o "procedimento alternativo" desenvolvido para paredes planas compostas pode ser aplicado às paredes cilíndricas, mas utilizando a taxa de transferência, não o fluxo de calor. Reordenando a Eq. (11.87), temos

Camada (1):
$$T_1 - T_2 = \frac{Q}{2\pi L} \frac{\ln(R_2/R_1)}{k_1} \tag{11.88}$$

Camada (2):
$$T_2 - T_3 = \frac{Q}{2\pi L} \frac{\ln(R_3/R_2)}{k_2} \tag{11.89}$$

Soma:
$$T_1 - T_3 = \frac{Q}{2\pi L} \left[ \frac{\ln(R_2/R_1)}{k_1} + \frac{\ln(R_3/R_2)}{k_2} \right] \tag{11.90}$$

de onde

$$Q = \frac{2\pi L(T_1 - T_3)}{\dfrac{\ln(R_2/R_1)}{k_1} + \dfrac{\ln(R_3/R_2)}{k_2}} \tag{11.91}$$

ou

$$Q = UA\Delta T \tag{11.92}$$

onde $\Delta T = T_1 - T_3$ é a *força impulsora global*, $A = 2\pi RL$ é a *área de transferência* baseada em um raio $R$ arbitrário (pode ser $R = R_1$, $R = R_3$, ou qualquer outro valor), e

$$\frac{1}{U} = \frac{R\ln(R_2/R_1)}{k_1} + \frac{R\ln(R_3/R_2)}{k_2} \tag{11.93}$$

é o *coeficiente global de transferência de calor* baseado no mesmo valor de $R$ utilizado para avaliar a área.

## 11.2.3 Parede com Condição de Borda Convectiva

Considere agora uma parede cilíndrica simples em que uma das superfícies (por exemplo, a superfície $r = R_2$) está em contato com um fluido. Suponha que o fluxo de calor na parede exposta ao fluido pode-se expressar pela lei de resfriamento de Newton:

$$q|_{r=R_2} = h(T_2 - T_\infty) \tag{11.94}$$

onde $T_\infty$ é a temperatura do fluido longe da parede, constante e uniforme ao longo da mesma (conhecida), e $T_2$ é a temperatura da parede (desconhecida); $h$ é o coeficiente de transferência de calor da superfície da parede ao fluido, constante e uniforme ao longo da parede (conhecido); Figura 11.11.

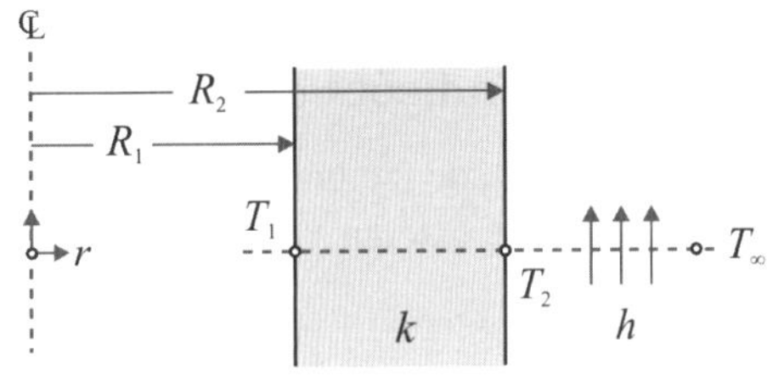


**Figura 11.11**

Nessas condições o perfil de temperatura na parede continua sendo logarítmico, e o fluxo de calor é

$$q = -k\frac{dT}{dr} = k\frac{T_1 - T_2}{\ln(R_2/R_1)}\cdot\frac{1}{r}, \quad R_1 \le r \le R_2 \tag{11.95}$$

Em particular, para $r = R_2$,

$$q|_{r=R_2} = k\frac{T_1 - T_2}{\ln(R_2/R_1)}\cdot\frac{1}{R_2} \tag{11.96}$$

Substituindo a Eq. (11.94) na Eq. (11.96), obtém-se

$$\frac{k}{R_2\ln(R_2/R_1)}(T_1 - T_2) = h(T_2 - T_\infty) \tag{11.97}$$

o que permite avaliar diretamente a temperatura na interface:

$$T_2 = \frac{T_\infty + \varphi T_1}{1+\varphi} \tag{11.98}$$

onde

$$\varphi = \frac{k}{hR_2\ln(R_2/R_1)} \tag{11.99}$$

A taxa de transferência de calor é constante e uniforme:

$$Q = k\frac{T_1 - T_2}{\ln(R_2/R_1)}\cdot 2\pi L = h(T_2 - T_\infty)\cdot 2\pi LR_2 \tag{11.100}$$

A Eq. (11.100) sugere que o "procedimento alternativo" desenvolvido para paredes planas pode ser aplicado às paredes cilíndricas, mas utilizando a taxa de transferência, não o fluxo de calor. Reordenando a Eq. (11.100), temos

Parede:
$$T_1 - T_2 = \frac{Q}{2\pi L}\frac{\ln(R_2/R_1)}{k} \tag{11.101}$$

Filme fluido:

$$T_2 - T_\infty = \frac{Q}{2\pi L} \cdot \frac{1}{R_2 h} \tag{11.102}$$

Soma:

$$T_1 - T_\infty = \frac{Q}{2\pi L}\left[\frac{\ln(R_2/R_1)}{k} + \frac{1}{R_2 h}\right] \tag{11.103}$$

de onde

$$Q = \frac{2\pi L(T_1 - T_\infty)}{\dfrac{\ln(R_2/R_1)}{k} + \dfrac{1}{R_2 h}} \tag{11.104}$$

ou

$$Q = UA\Delta T \tag{11.105}$$

onde $\Delta T = T_1 - T_\infty$ é a *força impulsora global*, $A = 2\pi RL$ é a *área de transferência* baseada em um raio $R$ arbitrário (pode ser $R = R_1$, $R = R_2$, ou qualquer outro valor), e

$$\frac{1}{U} = \frac{R\ln(R_2/R_1)}{k} + \frac{1}{h}\left(\frac{R}{R_2}\right) \tag{11.106}$$

é o *coeficiente global de transferência de calor* baseado no mesmo valor de $R$ utilizado para avaliar a área.

### 11.2.4 Parede Composta com Condições de Borda Convectivas

O procedimento pode ser generalizado facilmente para uma parede cilíndrica com $N$ camadas e condições de borda convectivas na superfície interna e externa:

$$Q = UA(T_0 - T_\infty) \tag{11.107}$$

onde

$$\frac{1}{U} = \frac{1}{h_0}\left(\frac{R}{R_1}\right) + \sum_{i=1}^{N} \frac{R\ln(R_{i+1}/R_i)}{k_i} + \frac{1}{h_\infty}\left(\frac{R}{R_{N+1}}\right) \tag{11.108}$$

é o coeficiente de transferência de calor avaliado em $r = R$, um valor arbitrário (mas usualmente o raio interno $R_1$ ou o raio externo $R_{N+1}$), e

$$A = 2\pi RL \tag{11.109}$$

é a área de transferência, a área de uma superfície cilíndrica de comprimento $L$ e raio $R$ (o mesmo valor utilizado para avaliar $U$).

Ilustramos mais uma vez o procedimento para uma parede cilíndrica de três camadas:

Filme fluido:

$$T_0 - T_1 = \frac{Q}{2\pi L}\frac{1}{R_1 h_0} \tag{11.110}$$

Camada (1):

$$T_1 - T_2 = \frac{Q}{2\pi L}\frac{\ln(R_2/R_1)}{k_1} \tag{11.111}$$

Camada (2):

$$T_2 - T_3 = \frac{Q}{2\pi L}\frac{\ln(R_3/R_2)}{k_2} \tag{11.112}$$

Camada (3):

$$T_3 - T_4 = \frac{Q}{2\pi L}\frac{\ln(R_4/R_3)}{k_3} \tag{11.113}$$

Filme fluido:

$$T_4 - T_\infty = \frac{Q}{2\pi L}\frac{1}{R_4 h_\infty} \tag{11.114}$$

Soma:

$$T_0 - T_\infty = \frac{Q}{2\pi L}\left[\frac{1}{h_0 R_1} + \frac{\ln(R_2/R_1)}{k_1} + \frac{\ln(R_3/R_2)}{k_2} + \frac{\ln(R_4/R_3)}{k_3} + \frac{1}{h_\infty R_4}\right] \tag{11.115}$$

Coeficiente global de transferência de calor baseado na área externa ($R = R_4$):

$$\frac{1}{U_4} = \frac{1}{h_0}\left(\frac{R_4}{R_1}\right) + \frac{R_4 \ln(R_2/R_1)}{k_1} + \frac{R_4 \ln(R_3/R_2)}{k_2} + \frac{R_4 \ln(R_4/R_3)}{k_3} + \frac{1}{h_\infty} \tag{11.116}$$

$$Q = U_4(2\pi R_4 L)(T_0 - T_\infty) \tag{11.117}$$

# 11.3 ALETA DE RESFRIAMENTO PLANA[3]

## 11.3.1 Introdução

A taxa de transferência de calor de uma parede para o exterior depende da área da interface parede-exterior. Uma forma de aumentar a taxa de transferência é estender essa área com saliências, tradicionalmente chamadas *aletas de resfriamento*. O caso mais simples de *superfícies estendidas* é a aleta plana de seção retangular em uma parede plana normal à mesma (Figura 11.12).

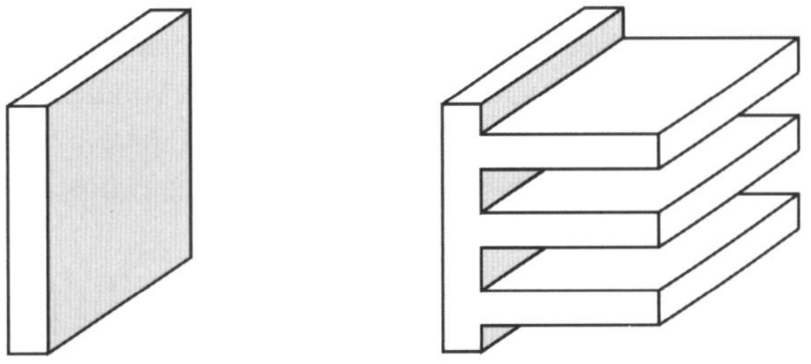


**Figura 11.12**

Considere uma aleta de resfriamento plana de seção retangular, de comprimento $L$, largura $W$ e espessura $2H$, com $L \gg H$ e $W \gg H$, de um material de condutividade térmica $k$ (constante), imersa em um fluido à temperatura $T_\infty$ (constante) com um coeficiente de transferência de calor $h$ (constante e uniforme) entre o fluido e a superfície da aleta (Figura 11.13).

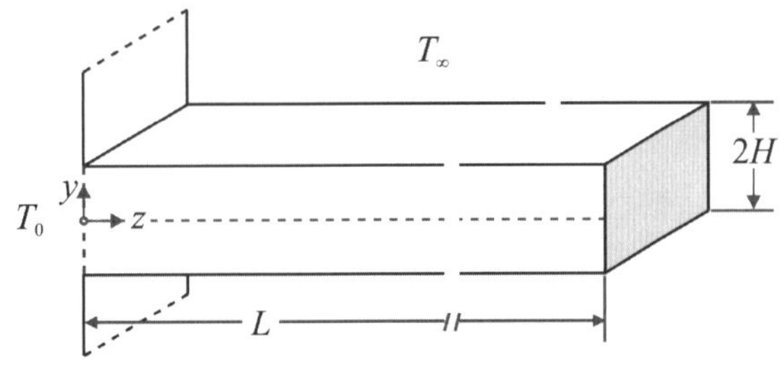


**Figura 11.13**

A adição de uma aleta à parede substitui a área de transferência $2HW$ (base da aleta) por $2HW$ (ponta da aleta) $+ 2LW$ (superfície superior e inferior da aleta). O aumento da área é

$$\frac{A_{\text{com aletas}}}{A_{\text{original}}} = \frac{2HW + 2LW}{2HW} = 1 + \frac{L}{H} \tag{11.118}$$

Vamos supor que a temperatura da superfície externa da parede original é $T_0$ (constante). Se (1) a superfície das aletas também estiver à temperatura $T_0$, e (2) o coeficiente de transferência de calor $h$ não mudar ao adicionar as aletas, a taxa de transferência de calor da parede com aletas é

$$Q = h\left(1 + f\frac{L}{H}\right)A_0(T_0 - T_\infty) \tag{11.119}$$

onde $A_0$ é a área da parede original e $f$ é a fração de área substituída por aletas (se o espaço entre aletas for igual a sua espessura $f = 0{,}5$; usualmente, $f < 0{,}5$).

[3] BSL, Seção 10.7; Deen, Exemplo 3.3-2.

Porém, a condição (11.119) não é o caso, uma vez que a aleta se resfria desde a base (podemos supor que permanece à temperatura $T_0$) até a ponta, devido à transferência de calor para o exterior. Nesse caso,[4]

$$Q = h\left(1 + f\eta \frac{L}{H}\right) A_0 (T_0 - T_\infty) \tag{11.120}$$

onde $\eta$ é a *eficiência térmica da aleta*. Uma análise da transferência de calor em uma aleta permite avaliar a eficiência.

## 11.3.2 Formulação do Problema

Escolhe-se um sistema de coordenadas cartesianas centrado no plano médio da base da aleta, com a coordenada axial $z$ ao longo da aleta ($0 < z < L$) e a coordenada transversal $y$ ($-H < y < H$); veja a Figura 11.14. Em princípio, a temperatura na aleta $T$ é função de $z$ e $y$; longe das bordas, $T$ é independente de $x$, a coordenada na direção da largura ($0 < x < W$), isto é,

$$T = T(y, z) \tag{11.121}$$

Observe que o sistema é simétrico em relação ao plano médio da aleta ($y = 0$), e basta considerar o processo de transferência apenas em meia aleta ($0 < y < H$). A condição de borda no "outro lado" ($y = -H$) é substituída pela condição de simetria na nova "borda" ($\partial T/\partial y = 0$ para $y = 0$).

Em estado estacionário e para condutividade térmica constante, o perfil de temperatura na aleta é regido pela equação

$$\frac{\partial^2 T}{\partial z^2} + \frac{\partial^2 T}{\partial y^2} = 0 \tag{11.122}$$

que resulta de simplificar a Eq. (10.29). As condições de borda são

$z = 0, 0 < y < H$: $$T = T_0 \tag{11.123}$$

$y = 0, 0 < z < L$: $$\frac{\partial T}{\partial z} = 0 \tag{11.124}$$

$y = H, 0 < z < L$: $$-k\frac{\partial T}{\partial y} = h(T - T_\infty) \tag{11.125}$$

$z = L, 0 < y < H$: $$-k\frac{\partial T}{\partial z} = h(T - T_\infty) \tag{11.126}$$

A primeira condição de borda estabelece a temperatura constante na base da aleta; a segunda corresponde à simetria no plano central da aleta; e as outras duas ligam os gradientes de temperatura normais à superfície da aleta com o fluxo de calor entre a aleta e o fluido (Figura 11.14).

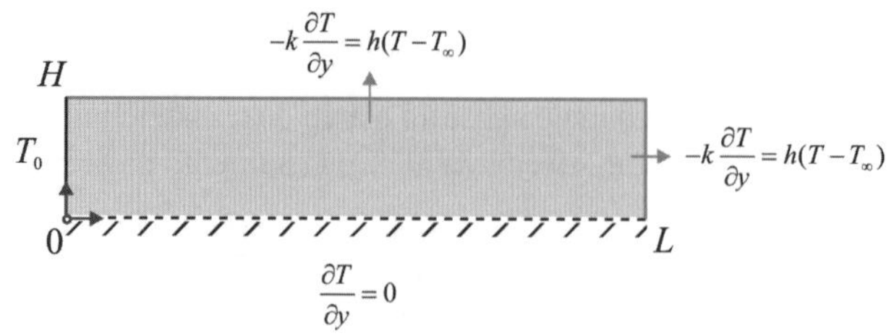


**Figura 11.14**

## 11.3.3 Aproximação da Aleta. Temperatura Média Transversal

O gradiente transversal de temperatura pode ser aproximado por

$$\left.\frac{\partial T}{\partial y}\right|_{y=H} \approx \frac{T|_{y=0} - T|_{y=H}}{H} \tag{11.127}$$

[4] Na análise térmica de aletas de resfriamento, vamos supor que a condutividade térmica das aletas, $k$, é elevada e que o coeficiente de transferência para o exterior, $h$, é baixo, de modo que o filme de fluido perto da aleta domina o processo de transferência de calor (ou pelo menos é uma parte importante do mesmo). Caso contrário, não faz muito sentido a utilização de aletas de resfriamento para melhorar a transferência de calor.

Substituindo a Eq. (11.127) na Eq. (11.125) e reordenando, temos

$$\frac{T|_{y=0} - T|_{y=H}}{T|_{y=H} - T_\infty} = \frac{hH}{k} \qquad (11.128)$$

Isto é, a relação entre as diferenças transversais de temperatura no *interior* da aleta e no filme fluido no *exterior* é (aproximadamente) igual à relação entre as resistências térmicas, conhecida como *número de Biot*:

$$Bi = \frac{hH}{k} \qquad (11.129)$$

No caso usual, a condutividade térmica das aletas ($k$) é elevada e o coeficiente de transferência para o exterior ($h$) é baixo, de modo que a resistência térmica no fluido controla o processo de transferência de calor, e $Bi \ll 1$. Nesse caso, a variação transversal de temperatura pode ser desconsiderada e a variação axial pode ser estudada considerando a temperatura média em uma seção transversal (Figura 11.15).

$$\bar{T}(z) = \frac{1}{H}\int_0^H T(z,y)dy \qquad (11.130)$$

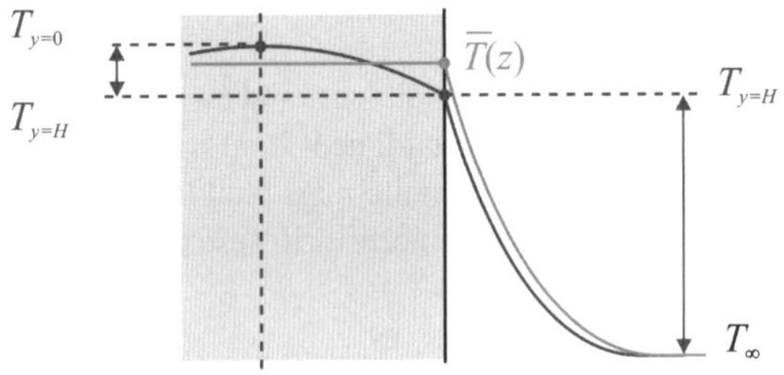


**Figura 11.15**

A média da Eq. (11.122) em uma seção transversal é

$$\overline{\frac{\partial^2 T}{\partial z^2}} + \overline{\frac{\partial^2 T}{\partial y^2}} = 0 \qquad (11.131)$$

onde

$$\overline{\frac{\partial^2 T}{\partial z^2}} = \frac{1}{H}\int_0^H \frac{\partial^2 T}{\partial z^2}dy = \frac{\partial^2}{\partial z^2}\left(\frac{1}{H}\int_0^H T dy\right) = \frac{d^2\bar{T}}{dz^2} \qquad (11.132)$$

e

$$\overline{\frac{\partial^2 T}{\partial y^2}} = \frac{1}{H}\int_0^H \frac{\partial^2 T}{\partial y^2}dy = \frac{1}{H}\frac{\partial T}{\partial y}\bigg|_{y=0}^{y=H} = -\frac{h}{kH}[T(z,H) - T_\infty] \qquad (11.133)$$

De acordo com a condição de borda, Eq. (11.124),

$$\frac{\partial T}{\partial y}\bigg|_{y=0} = 0 \qquad (11.134)$$

Da condição de borda, Eq. (11.125),

$$-k\frac{\partial T}{\partial y}\bigg|_{y=H} = h\left(T|_{y=H} - T_\infty\right) \approx h\left(\bar{T} - T_\infty\right) \qquad (11.135)$$

envolve a substituição da temperatura na superfície da aleta pela temperatura média transversal

$$T(H, z) \doteq \bar{T}(z) \qquad (11.136)$$

Substituindo as Eqs. (11.134) e (11.136) na Eq. (11.133),

$$\overline{\frac{\partial^2 T}{\partial y^2}} = -\frac{h}{kH}\left(\bar{T} - T_\infty\right) \qquad (11.137)$$

e substituindo as Eqs. (1.132) e (11.137) na Eq. (11.131),

$$\boxed{\frac{d^2\overline{T}}{dz^2} = \frac{h}{kH}\left(\overline{T} - T_\infty\right)} \tag{11.138}$$

que pode ser integrada com as condições de borda

$$z = 0: \qquad \overline{T} = T_0 \tag{11.139}$$

$$z = L: \qquad \frac{\partial \overline{T}}{\partial z} = -\frac{h}{k}(\overline{T} - T_\infty) \tag{11.140}$$

A Eq. (11.139) é exatamente a Eq. (11.123), e a Eq. (11.140) é a versão "média" da Eq. (11.126). De fato, para aletas relativamente compridas, o processo de transferência de calor esgota-se antes de atingir a ponta da aleta, onde o gradiente axial de temperatura é praticamente desprezível:[5]

$$z = L: \qquad \frac{\partial \overline{T}}{\partial z} \doteq 0 \tag{11.141}$$

A Eq. (11.125) facilita a expressão do resultado sem impor uma restrição muito importante, mas a aproximação não é crítica.

Temos transformado o problema bidimensional na temperatura pontual $T(y, z)$, regido pela equação diferencial *parcial*, Eq. (11.122), no problema unidimensional na temperatura média transversal $\overline{T}(z)$, regido pela equação diferencial *ordinária*, Eq. (11.138), muito mais fácil de resolver. No processo "perdemos" a informação sobre o perfil transversal de temperatura e foi necessário aproximar a temperatura na superfície com a temperatura média, Eq. (11.136).

## 11.3.4 Balanço Global de Calor

Antes de proceder à resolução do problema de bordas simplificado, é conveniente mencionar outra forma de obter a Eq. (11.138), através de um balanço de calor, um procedimento mais simples e intuitivo e não menos rigoroso. Considere um balanço *global* de calor em uma "fatia" de aleta, de comprimento $\Delta z$ (Figura 11.16):

$$q|_z(2HW) = q|_{z+\Delta z}(2HW) + 2h\left(\overline{T}|_z - T_\infty\right)(W\Delta z) \tag{11.142}$$

onde $q$ é o fluxo de calor médio na direção axial $z$, e a temperatura superficial é aproximada pela temperatura média, Eq. (11.136). Dividindo pelo volume $2HW\Delta z$ e passando ao limite $\Delta z \to 0$, temos

$$\frac{dq}{dz} + \frac{h}{H}(\overline{T} - T_\infty) = 0 \tag{11.143}$$

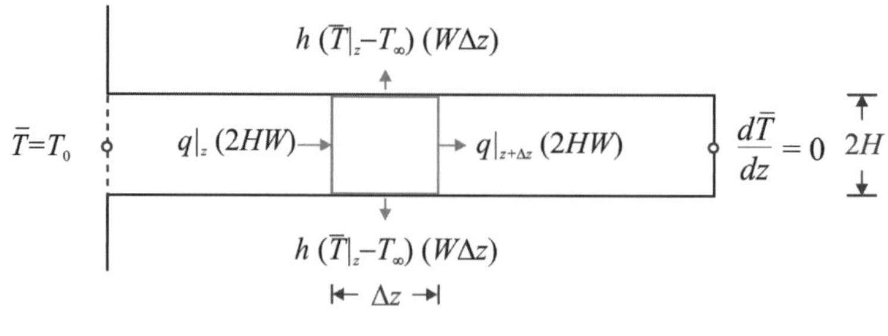


**Figura 11.16**

Observe que o resultado do balanço de energia inclui a condição de borda convectiva na parede da aleta: o balanço é *diferencial* na direção $z$ e *macroscópico* (integral) na direção $y$ (incluindo as condições de borda nessa direção). Expressando o fluxo na Eq. (11.143) pela lei de Fourier, em termos da temperatura média,

$$\frac{d}{dz}\left(-k\frac{d\overline{T}}{dz}\right) + \frac{h}{H}\left(\overline{T} - T_\infty\right) = 0 \tag{11.144}$$

[5] Recomenda-se, às vezes, utilizar um "comprimento equivalente", $L' = L + H$, para compensar a perda de calor na ponta da aleta.

ou

$$\boxed{\frac{d^2\bar{T}}{dz^2} = \frac{h}{kH}\left(\bar{T} - T_\infty\right)} \tag{11.145}$$

que é a Eq. (11.138).

### 11.3.5 Solução do Problema

É conveniente formular o problema em termos adimensionais, definindo uma temperatura ($\Theta$) e uma coordenada axial ($\zeta$) adimensionais:

$$\Theta = \frac{\bar{T} - T_\infty}{T_0 - T_\infty} \tag{11.146}$$

$$\zeta = \frac{z}{L} \tag{11.147}$$

Substituindo na Eq. (11.138),

$$\frac{d^2\Theta}{d\zeta^2} - \lambda^2\Theta = 0 \tag{11.148}$$

no intervalo $0 < \zeta < 1$; $\lambda$ é um parâmetro adimensional definido como

$$\lambda^2 = \frac{hL^2}{kH} \tag{11.149}$$

que pode ser expresso, em termos do número de Biot, como

$$\lambda = \sqrt{Bi}\cdot\left(\frac{L}{H}\right) \tag{11.150}$$

As condições de borda, Eqs. (11.139) e (11.140) em forma adimensional:

$$\Theta\big|_{\zeta=0} = 1 \tag{11.151}$$

$$\left.\frac{d\Theta}{d\zeta}\right|_{\zeta=1} = 0 \tag{11.152}$$

A integração da Eq. (11.148) [Seção 6.3.7a] leva a

$$\Theta = A\cosh\lambda\zeta + B\,\text{senh}\,\lambda\zeta \tag{11.153}$$

onde senh($x$) e cosh($x$) são o seno e o cosseno hiperbólicos [BSL, Apêndice C]. As constantes de integração são obtidas das condições de borda. Da Eq. (11.151), obtemos

$$A = 1 \tag{11.154}$$

e da Eq. (11.152),

$$\left.\frac{d\Theta}{d\zeta}\right|_{\zeta=1} = \left(A\lambda\,\text{senh}\,\lambda\zeta + B\lambda\cosh\lambda\zeta\right)\big|_{\zeta=1} = A\lambda\,\text{senh}\,\lambda + B\lambda\cosh\lambda = 0 \tag{11.155}$$

de onde

$$B = -\frac{\text{senh}\,\lambda}{\cosh\lambda} = -\tanh\lambda \tag{11.156}$$

Substituindo as Eqs. (11.154) e (11.156) na Eq. (11.153),

$$\Theta = \cosh\lambda\zeta - \tanh\lambda\cdot\text{senh}\,\lambda\zeta \tag{11.157}$$

ou

$$\Theta = \frac{\cosh\lambda\cdot\cosh\lambda\zeta - \text{senh}\,\lambda\cdot\text{senh}\,\lambda\zeta}{\cosh\lambda} \tag{11.158}$$

$$\boxed{\Theta = \frac{\cosh\lambda(1-\zeta)}{\cosh\lambda}} \tag{11.159}$$

o perfil adimensional de temperatura (axial) na aleta de esfriamento (Figura 11.17). Em forma dimensional, levando em consideração as Eqs. (11.146)-(11.147),

$$\overline{T} = T_\infty + \frac{\cosh\lambda(1 - z/L)}{\cosh\lambda}(T_0 - T_\infty) \tag{11.160}$$

A temperatura da ponta ($z = L$ ou $\zeta = 1$) é

$$\frac{T_1 - T_\infty}{T_0 - T_\infty} = \frac{1}{\cosh\lambda} \tag{11.161}$$

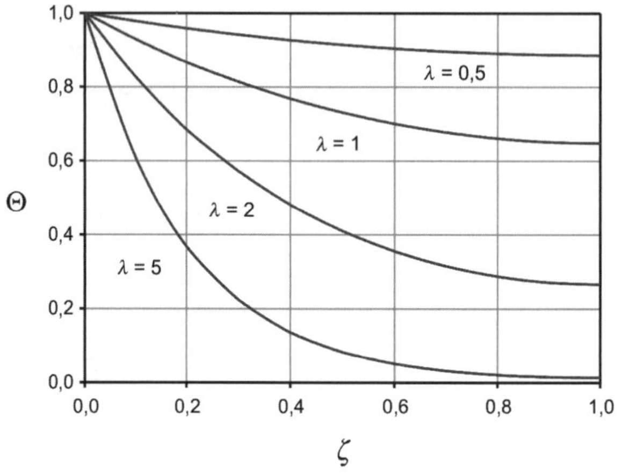


**Figura 11.17**

## 11.3.6 Eficiência

O fluxo de calor é

$$q = -k\frac{dT}{dz} = -\frac{k}{L}(T_0 - T_\infty)\frac{d\Theta}{d\zeta} \tag{11.162}$$

onde

$$\frac{d\Theta}{d\zeta} = -\frac{\lambda \operatorname{senh}\lambda(1-\zeta)}{\cosh\lambda} \tag{11.163}$$

Substituindo na Eq. (11.162) e reordenando, levando em consideração a Eq. (11.149),

$$q = \frac{\operatorname{senh}\lambda(1 - z/L)}{\cosh\lambda}\left(\frac{hk}{H}\right)^{1/2}(T_0 - T_\infty) \tag{11.164}$$

Em estado estacionário a taxa de transferência de calor da aleta para o exterior é simplesmente o fluxo de calor na base da aleta ($z = 0$) multiplicado pela área transversal (isto é, a quantidade de energia que entra na aleta por unidade de tempo):

$$Q = q\big|_{z=0}(2HW) = \tanh\lambda\left(\frac{hk}{H}\right)^{1/2} 2HW(T_0 - T_\infty) \tag{11.165}$$

Porém, a taxa de transferência de calor da aleta para o exterior, se a temperatura da superfície da aleta for uniforme e igual a $T_0$, é

$$Q_0 = h\frac{L}{H}(2HW)(T_0 - T_\infty) \tag{11.166}$$

Portanto, a eficiência térmica da aleta é

$$\eta = \frac{Q}{Q_0} = \left(\frac{kH}{hL^2}\right)^{1/2}\tanh\lambda \tag{11.167}$$

ou, levando em consideração a Eq. (11.148),

$$\boxed{\eta = \frac{\tanh \lambda}{\lambda}} \tag{11.168}$$

(Figura 11.18.) Observe que as aletas planas são altamente eficientes ($\eta \approx 1$) para $\lambda < 0{,}2$ e perdem rapidamente sua eficiência para $\lambda > 0{,}2$ ($\eta < 0{,}1$ para $\lambda > 10$). Para cálculos aproximados com $\lambda < 0{,}5$ a tangente hiperbólica pode ser aproximada pelos dois primeiros termos de sua expansão em série de Taylor, resultando em

$$\eta \approx 1 - \tfrac{1}{3}\lambda^2 = 1 - \frac{hL^2}{3kH} \tag{11.169}$$

Para $\lambda > 2{,}5$ $\tanh\lambda \approx 1$, resulta em:

$$\eta \approx \frac{1}{\lambda} = \sqrt{\frac{kH}{hL^2}} \tag{11.170}$$

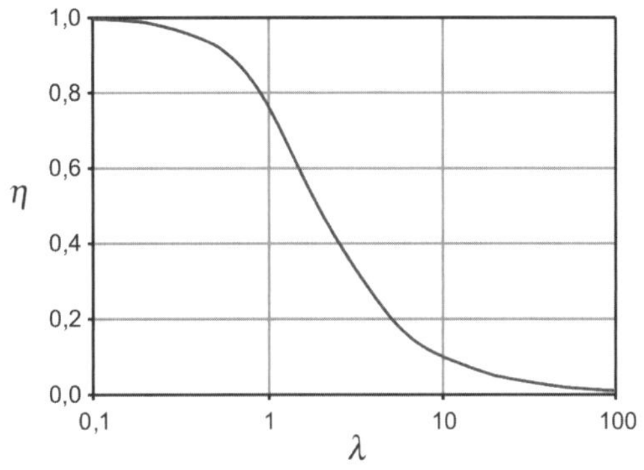


**Figura 11.18**

## 11.3.7 Extensões

A Eq. (11.138) pode ser obtida através da aproximação

$$h \doteq h' \tag{11.171}$$

onde $h'$ é definido como

$$q(z) = h\left[T(H, z) - T_\infty\right] = h'\left[\overline{T}(z) - T_\infty\right] \tag{11.172}$$

O coeficiente $h'$ não é um verdadeiro coeficiente de transferência de calor no filme em torno da aleta (depende do processo de transferência de calor no interior da aleta, isto é, das propriedades físicas do sólido). Mas o "verdadeiro" coeficiente de transferência de calor $h$ é frequentemente conhecido só em forma aproximada, e envolve uma série de aproximações de duvidosa validade (por exemplo, a constância de $h$ ao longo da aleta, desde a base até a ponta). Nessas condições, a aproximação da Eq. (11.171) parece bem mais *débil* do que a aproximação da Eq. (11.136). A Eq. (11.138) é essencialmente uma equação *exata* na temperatura média transversal da aleta.

Com um pouco mais de esforço é possível resolver a Eq. (11.148) com a condição de borda equivalente à Eq. (11.140)

$$\left.\frac{d\Theta}{d\zeta}\right|_{\zeta=1} = -\lambda\,\Theta|_{\zeta=1} \tag{11.173}$$

para obter

$$\Theta = \frac{\cosh\lambda(1-\zeta) + \sqrt{Bi}\cdot \operatorname{senh}\lambda(1-\zeta)}{\cosh\lambda + \sqrt{Bi}\cdot\operatorname{senh}\lambda} \tag{11.174}$$

Observe que para $Bi \ll 1$ a Eq. (11.174) fica reduzida à Eq. (11.159), o que justifica a utilização da condição de borda simplificada, Eq. (11.152).

Superfícies estendidas são amplamente utilizadas na prática. A Figura 11.19 mostra dois tipos de aletas de resfriamento utilizadas para incrementar a transferência de calor de tubos para o exterior: longitudinais (a) e anulares (b). As aletas longitudinais podem ser analisadas com o material desenvolvido nesta seção; para uma análise de uma aleta anular, veja, por exemplo, S. Whitaker, *Fundamental Principles of Heat Transfer*, Pergamon Press, 1977, Seção 2.7.

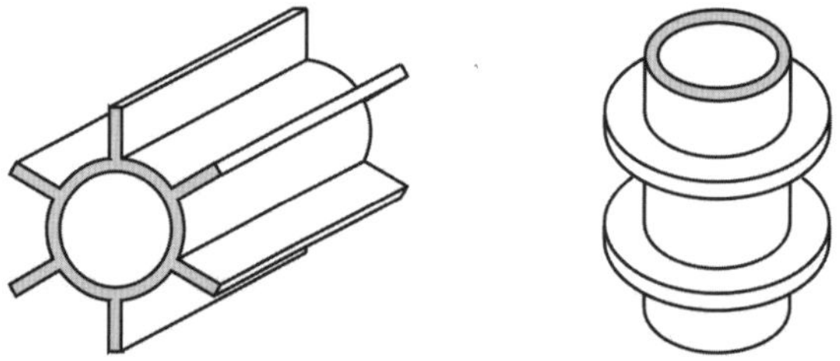


**Figura 11.19**

## 11.3.8 Adimensionalização

Neste ponto é conveniente analisar com mais detalhe a técnica de adimensionalização, já utilizada em ocasiões anteriores. É importante ressaltar que não estamos falando da "análise dimensional" empírica considerada em muitos textos de fenômenos de transporte e operações unitárias, mas da adimensionalização de "problemas de bordas" bem formulados, com as correspondentes equações diferenciais e condições de bordas.

Para adimensionalizar um problema, as variáveis (dependentes e independentes) são divididas por *valores característicos* da mesma dimensão, tornando-se *variáveis adimensionais* (por contraste, as variáveis originais do problema são chamadas de "variáveis dimensionais").[6] Os valores característicos são obtidos através da "análise física" do problema, a partir dos parâmetros *constantes* do sistema, das equações que regem o processo e das condições de borda (comprimentos, temperaturas, fluxos), das propriedades físicas (que possam ser consideradas constantes), e outros "coeficientes" ou "parâmetros materiais" do processo.

Os valores característicos podem ser parâmetros individuais ou combinações de parâmetros. Por exemplo, um "tempo característico" $t_0$ pode ser obtido a partir de um comprimento característico $L$ e da difusividade térmica $\alpha$ (uma propriedade física):

$$t_0 = \frac{L^2}{\alpha} \tag{11.175}$$

(As dimensões de $\alpha$ são [comprimento]$^2$/[tempo], e as dimensões de $L$ são [comprimento], resultando em dimensões de [tempo] para $t_0$.)

Em muitos casos existem várias opções para valor característico de uma determinada variável. Por exemplo, no problema precedente, a coordenada $z$ pode ser adimensionalizada dividindo-a pela semiespessura $H$ ou pelo comprimento $L$ da aleta. A escolha dos valores característicos é o estágio crítico do processo de adimensionalização, mas não é possível estabelecer "regras" para isso. A intuição física e a experiência com problemas semelhantes ajudam a visualizar o processo (o que está acontecendo no sistema?) e sugerem escolhas apropriadas. É importante também saber o que se quer obter da análise adimensional do processo.

Depois de escolher os valores característicos e definir com eles as variáveis adimensionais, dependentes e independentes, estas devem ser substituídas na equação que rege o problema e nas condições de borda. Cada variável dimensional é substituída pelo produto da variável adimensional pelo valor característico (por exemplo, se $\zeta = z/L$, $z$ é substituída por $L\zeta$).

A adimensionalização do problema revela, às vezes, a existência de um ou mais *parâmetros adimensionais* característicos do problema. Por exemplo, a definição de $\Theta$, Eq. (11.146), revela que a verdadeira variável do problema não é a temperatura da aleta *per se*, mas uma *diferença* de temperaturas (seja $T - T_0$ ou $T - T_\infty$), e que o valor absoluto dessa diferença não é o que interessa, mas o valor dessa diferença *em relação* à diferença entre a temperatura da parede e a temperatura do ar ($T_0 - T_\infty$). A definição do parâmetro $\lambda$, Eq. (11.149), revela que os parâmetros do sistema $H$, $L$, $k$ e $h$ não afetam a temperatura de forma independente, mas cada um é relativo aos outros, na forma da Eq. (11.149). Isto é, a diminuição do coeficiente de transferência de calor da parede ao ar pode ser compensada por um aumento do comprimento da aleta, e essa compensação é tal que uma diminuição de $h$ à metade de seu valor original requer uma aleta 1,4 vez mais comprida etc.

A escolha apropriada de valores característicos limita o intervalo de variação das variáveis. Por exemplo, no caso da aleta de resfriamento, a temperatura da aleta varia entre a temperatura da parede e a temperatura do ar, $T_0 > T > T_\infty$. Em um estudo de aletas de resfriamento genéricas, tanto $T_0$ quanto $T_\infty$ podem assumir diferentes valores em diferentes casos particulares, resultando em intervalos de variação muito diferentes, de difícil comparação. Mas a temperatura adimensional $\Theta$, Eq. (11.146), tem variação claramente limitada: $0 < \Theta < 1$.

[6] Porém, nem sempre é necessário que a variável original tenha "dimensões". Por exemplo, ângulos (em radianos) são considerados "sem dimensões", mas podem, e às vezes devem, ser adimensionalizados dividindo-os por algum ângulo característico (a extensão angular do sistema?).

A adimensionalização reduz, às vezes drasticamente, o número de parâmetros. No exemplo da aleta de resfriamento temos que a temperatura (dimensional) $T$ da aleta é função apenas, ou principalmente, de uma variável, a coordenada axial $z$, mas a solução depende de *seis* (6) parâmetros diferentes:

$$T = f\left(z;\ L, H, k, h, T_0, T_\infty\right) \tag{11.176}$$

Ou seja, dois comprimentos característicos da geometria do sistema (espessura e comprimento da aleta), duas temperaturas características do problema, que aparecem nas condições de borda (temperatura da parede e do ar), uma propriedade física (condutividade térmica do material da aleta) e um coeficiente de transferência de calor (da condição de borda convectiva).

A temperatura (adimensional) $\Theta$ da aleta também é função de uma variável adimensional, $\zeta$, mas depende de apenas *um* (1) parâmetro ($\lambda$):

$$\Theta = f^*\left(\zeta;\ \lambda\right) \tag{11.177}$$

Inclusive em casos particulares, onde os parâmetros assumem valores "fixos" conhecidos, é conveniente estudar a *sensibilidade paramétrica* da solução (como é afetada pela variação dos parâmetros). Na prática é impossível (ou muito caro) obter valores exatos (ou melhor, muito precisos) dos parâmetros do problema; portanto, é conveniente considerar a importância relativa dos mesmos no valor da variável dependente. Alguns parâmetros podem ser *criticamente importantes*; em outros casos, a solução pode ser relativamente insensível ao seu preciso valor.

Se, no exemplo anterior, decide-se testar três valores para cada parâmetro (alto, médio, baixo) em todas as possíveis combinações, o uso da expressão dimensional com seis parâmetros requer $3^6 = 729$ testes;[7] o uso da expressão adimensional só requer três testes. Sem falar nos testes, imagine o pesadelo de ter que *apresentar* os dados correspondentes ao efeito de seis parâmetros diferentes na função $T(z)$!

# PROBLEMAS

## Problema 11.1 Isolamento de um forno

(a) A parede de um forno é composta de uma camada de 20 cm de espessura de tijolos refratários ($k$ = 0,50 W/mK). A temperatura da superfície interna da parede é de 800°C. A superfície externa está em contato com o ar à temperatura ambiente (25°C). Pode-se supor que a convecção natural ao longo da parede resulta em um coeficiente de transferência de calor $h \approx 5$ W/m²K. Avalie a perda de calor (por unidade de área) através da parede e a temperatura da superfície exterior.

(b) Para diminuir as perdas de calor coloca-se uma camada de isolante ($k$ = 0,05 W/mK) entre a parede do forno e o ambiente. O isolante é segurado por uma placa de aço ($k$ = 50 W/mK) de 2 mm de espessura. Qual deve ser a espessura mínima da camada isolante para que a temperatura da placa de aço não ultrapasse os 50°C? Avalie a perda de calor (por unidade de área) nesse caso.

(c) O isolante utilizado é danificado se for submetido de forma contínua a temperaturas superiores a 500°C. Avalie a espessura máxima aceitável da camada isolante, a perda de calor (por unidade de área) e a temperatura da placa de aço nesse caso.

(d) É possível conciliar os requerimentos dos itens (b) e (c), isto é, manter a placa de aço a 50°C e o isolante abaixo de 500°C?

### *Resolução*

**(a)** Vamos supor que a largura e o comprimento da parede do forno são muito maiores que sua espessura, de modo que a transferência de calor é basicamente unidirecional (na direção normal à parede; veja a Seção 11.1). Chamamos $T_1$ = 800°C à temperatura na superfície interna da parede (lado do forno) e $T_\infty$ = 25°C à temperatura do ar, longe da superfície externa da parede. A espessura da parede (tijolo refratário, $k$ = 0,50 W/mK) é $H$ = 0,20 m. O coeficiente de transferência de calor da superfície externa da parede ao ar é $h$ = 5,0 W/m²K.

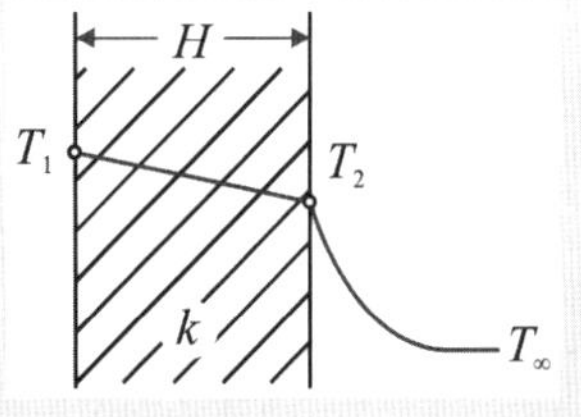


**Figura P11.1.1**

[7] Na prática não é necessário testar *todas* as combinações possíveis. Pode-se reduzir o número de testes através de técnicas estatísticas de "desenho de experimentos". A análise estatística dos resultados vai revelar a dependência das variáveis no parâmetro adimensional único.

Com os dados disponíveis pode-se avaliar o coeficiente global de transferência de calor, $U$:

$$\frac{1}{U}=\frac{H}{k}+\frac{1}{h}=\frac{0,20\text{ m}}{0,50\text{ W/m°C}}+\frac{1}{5,0\text{ W/m}^2\text{K}}=0,40\text{ m}^2\text{°C/W}+0,20\text{ m}^2\text{°C/W}=0,60\text{ m}^2\text{°C/W}$$

Ou seja,

$$U=1,67\text{ W/m}^2\text{°C}$$

O fluxo de calor através da parede avalia-se a partir desse valor e da diferença global de temperatura:

$$q=U(T_1-T_\infty)=1,67\text{ W/m}^2\text{°C}\cdot(800\text{°C}-25\text{°C})=1294\text{ W/m}^2\ \checkmark$$

O fluxo de calor pode-se expressar também na parede sólida:

$$q=\frac{k}{H}(T_1-T_2) \qquad \text{(P11.1.1)}$$

de onde é obtida a temperatura da superfície externa da parede, $T_2$:

$$T_2=T_1-q\frac{H}{k}=800\text{°C}-1294\text{ W/m}^2\cdot\frac{0,20\text{ m}}{0,50\text{ W/m°C}}=282\text{°C}\ \checkmark$$

**(b)** Neste caso temos uma parede composta de três camadas: tijolo refratário (1), isolante (2) e placa de aço (3). Em primeiro lugar, avaliamos a resistência térmica da placa de aço:

$$\frac{H_m}{k_m}=\frac{0,002\text{ m}}{50\text{ W/m°C}}=0,00004\text{ m}^2\text{°C/W}\approx 0$$

e verificamos que é muito pequena comparada com a resistência da camada de tijolo refratário calculada em **(a)** (a resistência térmica da camada isolante será maior ou aproximadamente igual à do refratário). A variação de temperatura na placa de aço é desprezível, e a temperatura na superfície em contato com o isolante é a mesma que na superfície externa em contato com o ar; chamamos a essa temperatura $T_3$.

Consideramos, portanto, uma parede com somente duas camadas efetivas: de refratário ($k_1$ = 0,50 W/mK) e isolante ($k_2$ = 0,05 W/mK). Chamamos $T_1$ = 800°C à temperatura na superfície interna (lado do forno) da camada de tijolo refratário e $T_\infty$ = 25°C à temperatura do ar longe da parede (igual ao item anterior); $T_2$ é agora a temperatura na interface entre as camadas de refratário e isolante. $H_1$ e $H_2$ são as espessuras correspondentes; $H_1$ = 0,20 m, igual ao item anterior (Figura P11.1.2).

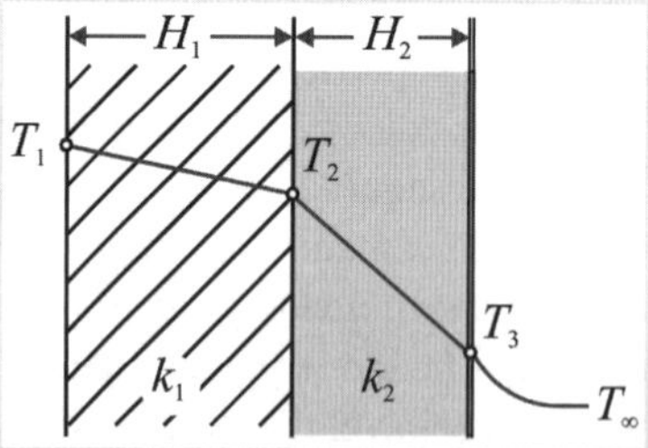


**Figura P11.1.2**

Neste caso temos $T_3$ = 50°C. O fluxo de calor pode ser avaliado considerando a transferência de calor no filme fluido

$$q=h(T_3-T_\infty)=5,0\text{ W/m}^2\text{°C}\cdot(50\text{°C}-25\text{°C})=125\text{ W/m}^2\ \checkmark$$

perto de 10% das perdas de calor através de uma parede de tijolo refratário avaliada no item anterior. Considerando agora a transferência de calor na camada refratária

$$q=\frac{k_1}{H_1}(T_1-T_2) \qquad \text{(P11.1.2)}$$

pode-se avaliar a temperatura na interface refratário-isolante, $T_2$:

$$T_2=T_1-q\frac{H_1}{k_1}=800\text{°C}-125\text{ W/m}^2\cdot\frac{0,20\text{ m}}{0,50\text{ W/m°C}}=750\text{°C}\ \checkmark$$

Conhecida $T_2$, e considerando a transferência de calor na camada isolante

$$q=\frac{k_2}{H_2}(T_2-T_3) \qquad \text{(P11.1.3)}$$

pode-se avaliar a espessura da camada isolante, $H_2$:

$$H_2 = \frac{k_2}{q}(T_2 - T_3) = \frac{0{,}05 \text{ W/m°C}}{125 \text{ W/m}^2} \cdot (750°\text{C} - 50°\text{C}) = 0{,}28 \text{ m} \checkmark$$

**(c)** A máxima temperatura na camada isolante encontra-se na interface refratário-isolante. Com a temperatura no máximo aceitável, $T_2 = 500°\text{C}$, avalia-se o fluxo de calor:

$$q = \frac{k_1}{H_1}(T_1 - T_2) = \frac{0{,}50 \text{ W/m°C}}{0{,}20 \text{ m}} \cdot (800°\text{C} - 500°\text{C}) = 750 \text{ W/m}^2 \checkmark$$

58% das perdas originais avaliadas no item (a), porém seis vezes mais que as perdas avaliadas no item (b). Conhecido o fluxo de calor, e considerando a transferência de calor global,

$$q = U(T_1 - T_\infty) \quad \text{(P11.1.4)}$$

pode-se avaliar o coeficiente global de transferência de calor:

$$U = \frac{q}{(T_1 - T_\infty)} = \frac{750 \text{ W/m}^2}{(800°\text{C} - 25°\text{C})} = 1{,}00 \text{ W/m}^2\text{°C}$$

Levando em consideração a definição de $U$:

$$\frac{1}{U} = \frac{H_1}{k_1} + \frac{H_2}{k_2} + \frac{1}{h} \quad \text{(P11.1.5)}$$

pode-se avaliar a nova espessura da camada isolante:

$$H_2 = \left(\frac{1}{U} - \frac{H_1}{k_1} - \frac{1}{h}\right)k_2 = \left(\frac{1}{1{,}00 \text{ W/m}^2\text{°C}} - \frac{0{,}20 \text{ m}}{0{,}50 \text{ W/m°C}} - \frac{1}{5{,}0 \text{ W/m}^2\text{°C}}\right) \cdot 0{,}05 \text{ W/m°C}$$

$$H_2 = \left(1{,}00 \text{ m}^2\text{°C/W} - 0{,}40 \text{ m}^2\text{°C/W} - 0{,}2 \text{ m}^2\text{°C/W}\right) \cdot 0{,}05 \text{ W/m°C} = 0{,}02 \text{ m} \checkmark$$

que resulta em apenas 2 cm. A consideração da transferência de calor no filme fluido

$$q = h(T_3 - T_\infty) \quad \text{(P11.1.6)}$$

permite avaliar a temperatura na placa de aço

$$T_3 = T_\infty + \frac{q}{h} = 25°C + \frac{750 \text{ W/m}^2}{5{,}0 \text{ W/m}^2\text{°C}} = 175°\text{C} \checkmark$$

inaceitavelmente elevada.

**(d)** Uma forma de conciliar os dois requerimentos consiste em aumentar a espessura (isto é, a resistência térmica) da camada refratária até o ponto em que a queda de temperatura nessa camada resulte em uma temperatura aceitável na interface refratário-isolante.

Se restabelecermos a temperatura da placa de aço para 50°C, o fluxo de calor será o mesmo que o avaliado no item (b), $q = 125 \text{ W/m}^2$. A consideração da transferência de calor na camada de refratário:

$$q = \frac{k_1}{H_1}(T_1 - T_2) \quad \text{(P11.1.7)}$$

permite avaliar sua espessura se a temperatura da interface refratário-isolante for mantida no máximo aceitável, $T_2 = 500°\text{C}$:

$$H_1 = \frac{k_1}{q}(T_1 - T_2) = \frac{0{,}50 \text{ W/m°C}}{125 \text{ W/m}^2}(800°\text{C} - 500°\text{C}) = 1{,}2 \text{ m} \checkmark$$

A espessura da camada isolante pode ser obtida considerando a transferência de calor nessa camada:

$$q = \frac{k_2}{H_2}(T_2 - T_3) \quad \text{(P11.1.8)}$$

ou seja,

$$H_2 = \frac{k_2}{q}(T_2 - T_3) = \frac{0{,}050 \text{ W/m°C}}{125 \text{ W/m}^2}(800°\text{C} - 500°\text{C}) = 0{,}12 \text{ m} \checkmark$$

Observe que a camada de tijolo refratário é bastante larga (seis vezes maior que a original). Outra solução é mudar o isolante para outro mais resistente à temperatura, talvez incluindo um aumento *moderado* da espessura da camada refratária.

## Problema 11.2 Caixa isolante

Um corpo de massa $m_0 = 100$ g e calor específico $c_0 = 2$ kJ/kg°C encontra-se inicialmente a $T_0 = -20$°C. Para transportar o corpo de um laboratório para outro é utilizada uma caixa cúbica de espuma de poliestireno (isopor), condutividade térmica $k_1 = 0{,}05$ W/m°C, de $L = 20$ cm de lado, com uma espessura de parede $H = 2$ cm, hermeticamente fechada. A temperatura ambiente é $T_\infty = 30$°C. Avalie aproximadamente o tempo máximo que pode levar o transporte, se a temperatura do corpo não deve ultrapassar 0°C.

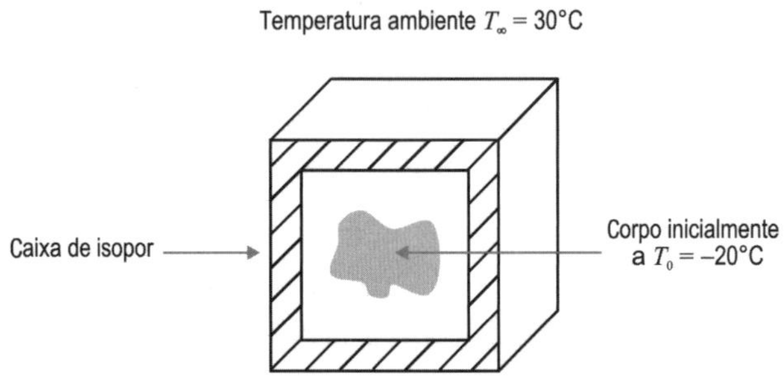


**Figura P11.2.1**

Suponha que tanto a condutividade térmica do corpo quanto os coeficientes de transferência de calor no ar dentro e fora da caixa são "infinitos" e que a capacidade calorífica do ar é desprezível. Que outras suposições e aproximações são necessárias para resolver o problema?

### *Resolução*

Coeficientes de transferência de calor no ar dentro e fora da caixa "infinitos" quer dizer, neste caso, que a resistência térmica no ar ($h_\infty^{-1}$, $h_0^{-1}$) é desprezível frente à resistência térmica na parede de isopor ($H/k_1$). Igualmente, a difusividade térmica "infinita" do corpo implica que a sua resistência térmica é desprezível frente à da parede de isopor. Portanto, só haverá variação de temperatura na parede de isopor,[8] situação representada esquematicamente na Figura P11.2.2.

Observe que a temperatura externa (ambiente) é constante ($T_\infty = 30$°C) e uniforme no tempo. A temperatura no interior da caixa $T$ é uniforme, mas varia no tempo, de $T_0 = -20$°C (a temperatura inicial no tempo $t = 0$) até $T_1 = 0$°C (ao tempo crítico $t = t_1$, a incógnita do problema).

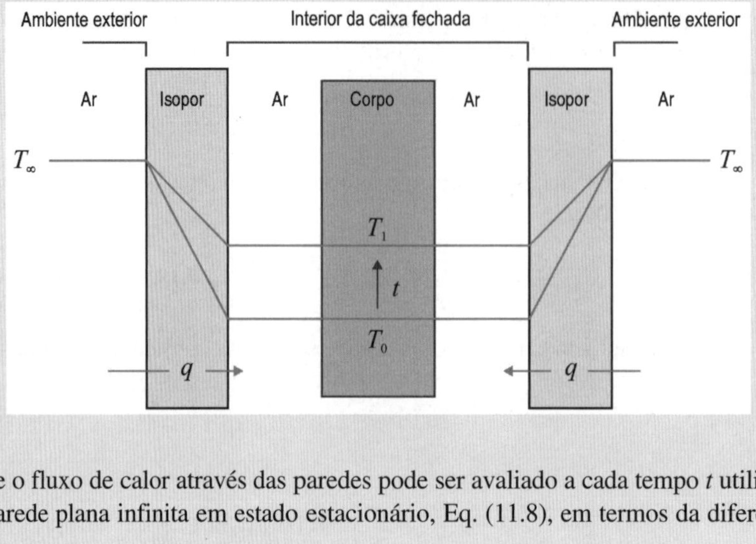


**Figura P11.2.2**

Vamos supor que o fluxo de calor através das paredes pode ser avaliado a cada tempo $t$ utilizando a simples expressão para uma parede plana infinita em estado estacionário, Eq. (11.8), em termos da diferença de temperatura

[8] O fluxo de calor (finito) $q = \Delta T/R_T$ ($R_T$ é a resistência térmica). Se $R_T$ for muito pequena, assim será $\Delta T$.

instantânea entre o exterior e o interior da caixa, $\Delta T = T_\infty - T$:

$$q = \frac{k_1}{H}(T_\infty - T) \tag{P11.2.1}$$

Esta aproximação implica duas coisas:

(a) Por um lado, aproxima paredes finitas ($L$ = 20 cm de lado não é "muito maior" que a espessura $H$ = 2 cm) com paredes infinitamente longas e compridas. Nas arestas e nos vértices da caixa o fluxo terá uma expressão bem mais complexa, já que a transferência de calor se torna tridimensional. Esses *efeitos de bordas* são desconsiderados no tratamento aproximado do problema.

(b) Por outro lado, o problema é claramente não estacionário, já que $T = T(t)$ – e presumivelmente $q = q(t)$ – mas o fluxo de calor "instantâneo" é expresso através de uma relação válida somente em estado estacionário. Esta é nossa velha conhecida aproximação de *estado quase estacionário*, válida se o fluxo de calor não for muito elevado.

A quantidade total de calor que entra na caixa em um intervalo de tempo $dt$ é

$$dQ_t = qAdt \tag{P11.2.2}$$

onde $A$ é a área da caixa, aproximadamente igual a $6L^2$ (a caixa é um cubo de lado $L$). A área externa é diferente da área interna, e a avaliação pode ser melhorada se utilizarmos uma "área média". Em vista de todas as aproximações utilizadas, não vamos entrar nesse detalhe.

$$dQ_t = -m_0\hat{c}_0 dT \tag{P11.2.3}$$

A Eq. (P11.2.3) leva implícita a suposição de que a capacidade calorífica do ar é muito menor que a capacidade calorífica do corpo, isto é,

$$(m\hat{c})_{ar} \ll (m\hat{c})_{corpo} = m_0\hat{c}_0 \tag{P11.2.4}$$

Isto é provavelmente verdadeiro em quase todos os casos.[9] Substituindo a Eq. (P11.2.1) na Eq. (P11.2.2), e o resultado na Eq. (P11.2.3),

$$\frac{k_1 A}{H}(T_\infty - T)dt = -m_0\hat{c}_0 dT \tag{P11.2.5}$$

ou

$$\frac{dT}{T_\infty - T} = -\frac{k_1 A}{m_0\hat{c}_0 H}dt \tag{P11.2.6}$$

Integrando entre $t = 0$, $T = T_0$ e $t = t_1$, $T = T_1$,

$$\ln\frac{T_\infty - T_1}{T_\infty - T_0} = -\frac{k_1 A}{m_0\hat{c}_0 H}t_1 \tag{P11.2.7}$$

ou

$$t_1 = \frac{m_0\hat{c}_0 H}{6k_1 L^2}\ln\frac{T_\infty - T_0}{T_\infty - T_1} \tag{P11.2.8}$$

onde temos substituído $A = 6L^2$.

$$t_1 = \frac{(0{,}1\ \text{kg})\cdot(2\cdot 10^3\ \text{J/kg°C})\cdot(0{,}02\ \text{m})}{6\cdot(0{,}05\ \text{W/m°C})\cdot(0{,}2\ \text{m})^2}\ln\frac{30-(-20)}{30-0} = 333\ \text{s}\cdot\ln(1{,}66) = 169\ \text{s}\ ✓$$

Isto é, 2 min e 49 s.

---

[9] Pode-se justificar. A densidade do ar a 1 atm e 0°C é aproximadamente $\rho_{ar}$ = 1,2 kg/m³, e o calor específico é $\hat{c}_{ar}$ = 1,0 kJ/kg°C. Se atribuirmos o volume total da caixa $V = L^3 = 8 \cdot 10^{-3}$ m³ ao ar, sua capacidade calorífica será

$$(m\hat{c})_{ar} = \rho_{ar}\hat{c}_{ar}V \approx 0{,}01\ \text{kJ/°C}$$

No entanto, a capacidade calorífica do corpo é

$$(m\hat{c})_{corpo} = m_0\hat{c}_0 = 0{,}20\ \text{kJ/°C}$$

20 vezes maior. Não é grande coisa, mas suficiente, em vista das aproximações do problema.

### *Observação*

Uma forma mais "simples" de resolver o problema consiste em considerar um fluxo de calor constante através da parede:

$$q = \frac{k_1}{H}(T_\infty - \bar{T}) \tag{P11.2.9}$$

onde $\bar{T}$ é a temperatura média no interior, e considerar a quantidade total de calor transferida através da parede até o tempo crítico $t_1$:

$$Q_t = qAt_1 \tag{P11.2.10}$$

igual à quantidade total de calor necessária para elevar a temperatura do corpo de $T_0$ para $T_1$

$$Q_t = m_0\hat{c}_0(T_1 - T_0) \tag{P11.2.11}$$

Substituindo a Eq. (P11.2.9) na Eq. (P11.2.10), e o resultado na Eq. (P11.2.11), temos

$$\frac{k_1 A}{H}(T_\infty - \bar{T})t_1 = m_0\hat{c}_0(T_1 - T_0) \tag{P11.2.12}$$

ou

$$t_1 = \frac{m_0\hat{c}_0 H}{6k_1 L^2}\left(\frac{T_1 - T_0}{T_\infty - \bar{T}}\right) \tag{P11.2.13}$$

onde temos substituído $A = 6L^2$. Utilizando a temperatura interna média $\bar{T} = ½(T_0 + T_1) = -10°C$, obtemos:

$$t_1 = 333 \cdot \frac{0-(-20)}{30-(-10)}\ \text{s} = 167\ \text{s}\ ✓$$

uma diferença de apenas 2 s com a aproximação mais elaborada. Utilizando a temperatura inicial e final, obtemos as estimativas mínima: $t_1 = 133$ s (2 min, 143 s) e máxima: $t_1 = 222$ s (3 min, 42 s).

## Problema 11.3 Isolamento de tubos (I)

(a) Deseja-se isolar um tubo de aço ($k = 40$ W/mK) de 10 cm de diâmetro "nominal" ($R_0 = 51$ mm, $R_1 = 57$ mm) que transporta vapor de água saturado a 5 bar, utilizando um material pré-moldado ($k = 0{,}05$ W/mK) em "meia casca" com espessura $\Delta R = 100$ mm. O sistema está exposto ao ar ($T_\infty = 25°C$). Suponha que o coeficiente de transferência de calor do vapor na parede interior do tubo é aproximadamente $10^4$ W/m²°C e o da parede exterior do tubo (isolado ou não) ao ar é 1 W/m²°C (Figuras P11.3.1-P11.3.2).

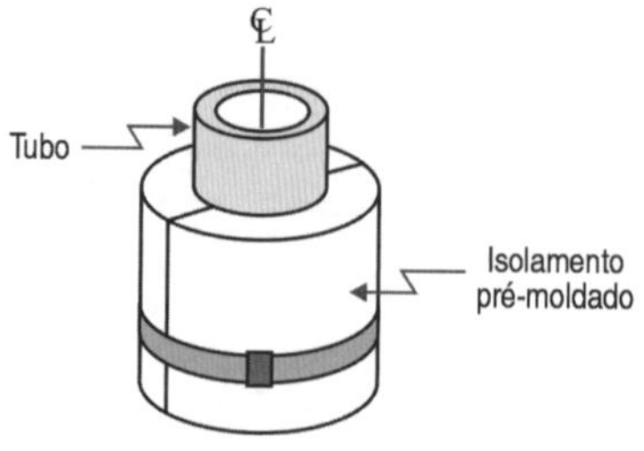


**Figura P11.3.1**

Avalie as perdas de calor (por unidade de comprimento), em estado estacionário, do tubo com e sem isolamento. Avalie as temperaturas na superfície exterior do tubo e do isolamento.

(b) Avalie as perdas de calor com e sem isolamento para um tubo de cobre ($k = 400$ W/mK) de 5 mm de diâmetro externo. A espessura do isolamento (mesmo material que no caso anterior) é de 5 mm. Utilize o mesmo valor da temperatura do ar e do coeficiente de transferência de calor no exterior do tubo (com e sem isolamento) que no caso anterior. Compare com o caso (a) e explique as diferenças.

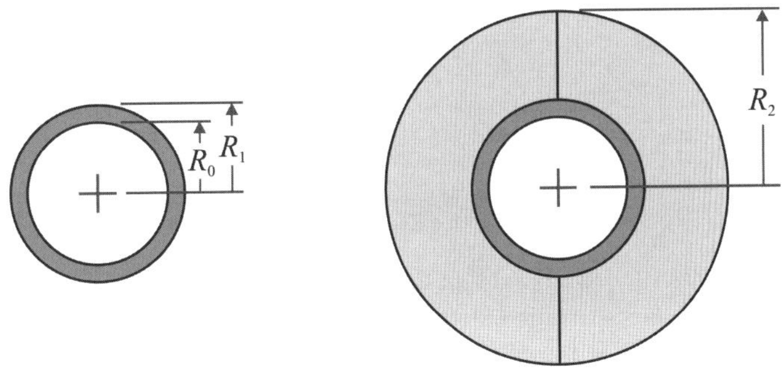


**Figura P11.3.2**

## *Resolução*

**(a)** A temperatura do vapor de água saturado a 5 bar ($p$ = 0,507 MPa, absoluta) é $T_0$ = 152°C (dado obtido das "tabelas de vapor", incluídas em manuais ou livros-texto de termodinâmica), constante. As perdas de calor causam a presença de um pequeno filme de "condensado" (água líquida) escorregando na parede interna do tubo, mas não mudam a temperatura.

Para o tubo sem isolamento temos três resistências térmicas em séries: (1) o filme de condensado na superfície interna do tubo, (2) a parede do tubo e (3) a massa de ar vizinha à superfície externa do tubo. A taxa de transferência de calor por unidade de comprimento é

$$\frac{Q_0}{L} = \frac{2\pi(T_0 - T_\infty)}{\dfrac{1}{h_0 R_0} + \dfrac{\ln(R_1/R_0)}{k_T} + \dfrac{1}{h_\infty R_1}} \qquad \text{(P11.3.1)}$$

onde $Q_0/L$ é a taxa de transferência de calor do vapor de água para o ar, por unidade de comprimento do tubo; $T_0$ = 152°C é a temperatura do vapor de água; $T_\infty$ = 25°C é a temperatura do ar longe do tubo. $R_0$ = 0,051 m e $R_1$ = 0,057 m são os raios interno e externo do tubo; $k_T$ = 40 W/mK é a condutividade térmica do tubo; $h_0$ = 10.000 W/m²°C é o coeficiente de transferência de calor através do filme de condensado na superfície interna do tubo; $h_\infty$ = 1,0 W/m²°C é o coeficiente de transferência de calor no ar na superfície externa do tubo.

$$\frac{Q_0}{L} = \frac{6{,}283\cdot(152°\text{C} - 25°\text{C})}{\dfrac{1}{(10.000\ \text{W/m}^2\,°\text{C})\cdot(0{,}051\ \text{m})} + \dfrac{\ln(0{,}057\ \text{m}/0{,}051\ \text{m})}{40\ \text{W/m°C}} + \dfrac{1}{(1\ \text{W/m}^2\,°\text{C})\cdot(0{,}057\ \text{m})}}$$

$$\frac{Q_0}{L} = \frac{798°\text{C}}{0{,}0020\ \text{m°C/W} + 0{,}0028\ \text{m°C/W} + 17{,}5\ \text{m°C/W}} = 45{,}6\ \text{W/m} \checkmark$$

Observe que a resistência térmica no filme de condensado e na parede do tubo é desprezível comparada com a resistência térmica no ar ao redor do tubo; portanto, a Eq. (P11.3.1) fica reduzida a

$$Q_0/L = 2\pi R_1 h_\infty (T_0 - T_\infty) \qquad \text{(P11.3.2)}$$

A temperatura na parede do tubo é aproximadamente uniforme e a mesma que no interior do tubo, uma vez que a resistência térmica no filme de condensado e na parede do tubo é muito pequena:

$$T_2 \approx T_1 \approx T_0 = 152°\text{C} \checkmark$$

Para o tubo com isolamento, desconsiderando as resistências no condensado e na parede do tubo, temos duas resistências térmicas em série: (1) a camada de isolante e (2) a massa de ar vizinha à superfície externa do tubo. A taxa de transferência de calor por unidade de comprimento é, agora,

$$\frac{Q_1}{L} = \frac{2\pi(T_0 - T_\infty)}{\dfrac{\ln(R_2/R_1)}{k_I} + \dfrac{1}{h_\infty R_2}} \qquad \text{(P11.3.3)}$$

onde $Q_1/L$ é a taxa de transferência de calor do vapor de água para o ar, por unidade de comprimento do tubo para este caso; $R_2 = R_1 + \Delta R$ = 0,157 m é o raio externo da camada isolante; e $k_I$ = 0,05 W/mK é a condutividade térmica do isolante.

$$\frac{Q_1}{L}=\frac{6,283\cdot(152°\text{C}-25°\text{C})}{\dfrac{\ln(0,157\text{ m}/0,057\text{ m})}{0,05\text{ W/m°C}}+\dfrac{1}{(1\text{ W/m}^2\text{°C})\cdot(0,157\text{ m})}}$$

$$\frac{Q_1}{L}=\frac{798°\text{C}}{20,26\text{ m°C/W}+6,37\text{ m°C/W}}=30,0\text{ W/m} \checkmark$$

As perdas de calor baixaram de 45,6 W/m para 30 W/m, o que corresponde a uma economia de 34%. A temperatura da superfície externa do isolante pode ser determinada considerando a taxa de transferência de calor avaliada no ar fora do tubo:

$$Q_1/L=2\pi R_2 h_\infty (T_2-T_\infty) \tag{P11.3.4}$$

de onde

$$T_2=T_\infty+\frac{Q_0/L}{2\pi R_2 h_\infty} \tag{P11.3.5}$$

$$T_2=25°\text{C}+\frac{30,0\text{ W/m}}{6,283\cdot(0,157\text{ m})\cdot(1\text{ W/m}^2\text{°C})}=55,4°\text{C} \checkmark$$

A temperatura na parede do tubo é a mesma que no caso anterior (152°C), a mesma que na superfície interna do isolante.

**(b)** As equações são as mesmas que no item (a). Para avaliar as perdas no tubo sem isolamento pode-se utilizar diretamente a Eq. (P11.3.2), visto que as resistências térmicas no filme de condensado e na parede do tubo são desprezíveis também neste caso:

$$Q_0/L=2\pi R_1 h_\infty (T_0-T_\infty) \tag{P11.3.6}$$

onde

$$\frac{Q_0}{L}=6,283\cdot(0,005\text{ m})\cdot(1\text{ W/m}^2\text{°C})\cdot(152°\text{C}-25°\text{C})=4,00\text{ W/m} \checkmark$$

Para avaliar as perdas no tubo com isolamento, utilizamos a Eq. (P11.3.3):

$$\frac{Q_1}{L}=\frac{2\pi(T_0-T_\infty)}{\dfrac{\ln(R_2/R_1)}{k_I}+\dfrac{1}{h_\infty R_2}} \tag{P11.3.7}$$

onde

$$\frac{Q_1}{L}=\frac{6,283\cdot(152°\text{C}-25°\text{C})}{\dfrac{\ln(0,010\text{ m}/0,005\text{ m})}{0,05\text{ W/m°C}}+\dfrac{1}{(1\text{ W/m}^2\text{°C})\cdot(0,010\text{ m})}}$$

$$\frac{Q_1}{L}=\frac{798°\text{C}}{13,9\text{ m°C/W}+100\text{ m°C/W}}=7,00\text{ W/m} \checkmark$$

A taxa de transferência de calor aumentou de 4 W/m para 7 W/m, o que corresponde a um acréscimo de 75%. As perdas de calor no tubo isolado são ***maiores*** que no tubo sem isolamento!

Como explicar este aparente paradoxo? A taxa de transferência de calor pode ser expressa em termos do coeficiente de transferência de calor:

$$Q=UA\Delta T \tag{P11.3.8}$$

O valor de $Q$ é independente da área de transferência; portanto, vamos supor que avaliamos o coeficiente de transferência de calor na área externa. A adição de uma camada de isolante aumenta a resistência térmica global e, portanto, *diminui* o coeficiente de transferência $U$. Porém, em paredes cilíndricas, a adição do isolante aumenta o raio externo e, portanto, *aumenta* a área de transferência $A$.

### *Raio crítico e espessura mínima de isolamento*

O assunto é: qual dos dois efeitos contrários predomina: a diminuição de $U$ ou o aumento de $A$? De fato, isso depende do valor do raio. Existe um valor crítico $R_{cr}$ do raio: para raios grandes ($R > R_{cr}$) predomina a diminuição do coeficiente de transferência, e a adição de isolante diminui a taxa de transferência de calor (item **a**); para raios pequenos ($R < R_{cr}$) predomina o aumento da área de transferência, e a adição de isolante aumenta a taxa de transferência de calor (item **b**).

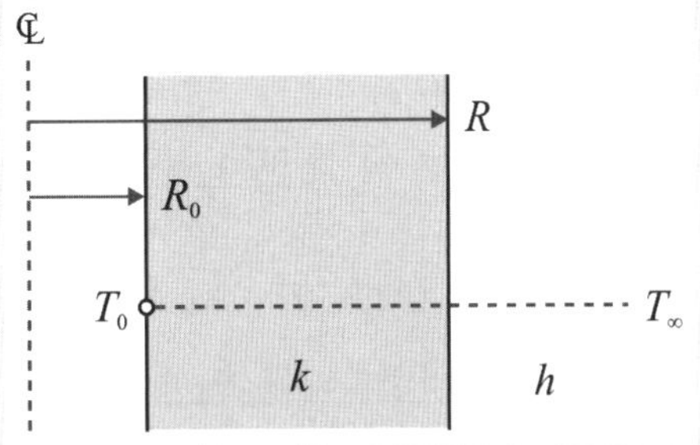


**Figura P11.3.3**

Considere a transferência de calor em estado estacionário através de uma parede cilíndrica (Figura P11.3.3), com raio interno $R_0$ e raio externo $R$, formada por um material isotrópico de condutividade térmica $k$ (constante) em contato com um fluido com coeficiente de transferência de calor $h$ (constante), sob efeito de uma diferença de temperatura $\Delta T = T_0 - T_\infty$ fixa entre a superfície interna da parede ($T_0$) e o fluido ($T_\infty$). A taxa de transferência de calor

$$Q = \frac{2\pi L \Delta T}{\dfrac{\ln(R/R_0)}{k} + \dfrac{1}{hR}} \qquad \text{(P11.3.9)}$$

considerada como uma função do raio externo $R$ (para o raio interno $R_0$ e todos os outros parâmetros fixos) exibe, em determinadas circunstâncias, um máximo para um *raio crítico* $R = R_{cr}$ (Figura P11.3.4).

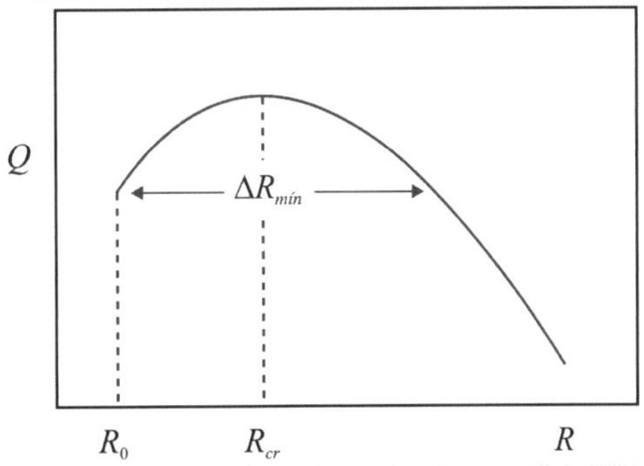


**Figura P11.3.4**

No máximo,

$$\frac{dQ}{dR} = 2\pi k L \Delta T \frac{\left(\dfrac{1}{R} - \dfrac{k}{hR^2}\right)}{\left[\ln\left(\dfrac{R}{R_0}\right) + \dfrac{k}{hR}\right]^2} = 0 \qquad \text{(P11.3.10)}$$

ou seja,

$$\frac{1}{R_{cr}} - \frac{k}{hR_{cr}^2} = 0 \qquad \text{(P11.3.11)}$$

ou

$$R_{cr} = \frac{k}{h} \qquad \text{(P11.3.12)}$$

O máximo existe para a camada terminal, com condição de borda convectiva, sempre que $R_0 < R_{cr}$ (para camadas intermediárias, a diminuição de $U$ predomina sobre o aumento de $A$, independentemente dos valores das condutividades térmicas). Os valores usuais de $k$ e $h$ fazem com que o raio crítico seja geralmente bastante pequeno, apenas importante para o isolamento de cabos e tubos de pequeno porte.

Para um valor dado $R_0 < R_{cr}$, é conveniente avaliar a espessura mínima de isolante $\Delta R_{min}$ que resulta em uma diminuição da taxa de transferência de calor, comparada à taxa no tubo sem isolamento. Temos:

Tubo sem isolante:

$$Q_0 = 2\pi R_0 L h \Delta T \tag{P11.3.13}$$

Tubo com isolante:

$$Q_1 = \frac{2\pi L \Delta T}{\dfrac{\ln(1+\Delta R/R_0)}{k} + \dfrac{1}{hR_0\left(1+\Delta R/R_0\right)}} \tag{P11.3.14}$$

considerando $R = R_0 + \Delta R$ na Eq. (P11.3.7). Para $\Delta R = \Delta R_{min}$, $Q_1 = Q_0$:

$$\frac{\ln(1+\Delta R_{min}/R_0)}{k} + \frac{1}{hR_0\left(1+\Delta R_{min}/R_0\right)} = \frac{1}{hR_0} \tag{P11.3.15}$$

Portanto, $\Delta R_{min}/R_0$ é a "raiz" da equação transcendente:

$$x = \frac{hR_0}{k}(1+x)\ln(1+x) \tag{P11.3.16}$$

que deve ser resolvida numericamente. Para avaliações rápidas pode-se utilizar a aproximação quadrática de $Q$ vs. $R$:

$$\Delta R_{min} \approx 2(R_{cr} - R_0) \tag{P11.3.17}$$

Observe que $\Delta R_{min}$ é a espessura mínima de isolamento *útil* (isto é, de diminuir as perdas de calor) para tubos de raio $R_0 < R_{cr}$; para tubos de raio $R_0 \geq R_{cr}$ todo isolamento é útil.

## Problema 11.4 Isolamento de tubos (II)

Vapor de água saturado, a 175°C, escoa através de um longo tubo cilíndrico de aço, de 20 cm de diâmetro externo, exposto a uma forte corrente de ar a 25°C.

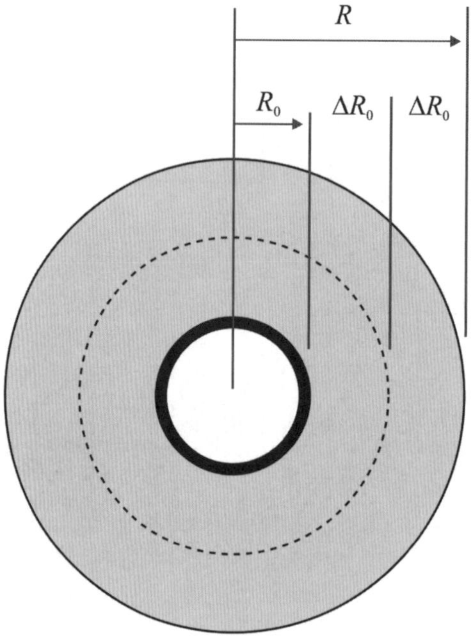


**Figura P11.4.1**

A taxa de transferência de calor do tubo ao ar foi determinada experimentalmente em 80 W/m de comprimento. Deseja-se reduzir as perdas de calor em 50% (ou mais) utilizando um isolante de condutividade térmica 0,05

W/m°C. Se o isolante for disponível em camadas de 10 cm de espessura, quantas camadas serão necessárias? Desconsidere as resistências térmicas no filme de condensado (no interior do tubo) e na parede metálica do tubo; suponha que o coeficiente de transferência de calor entre o ar e o tubo, com ou sem isolamento, é o mesmo.

## *Resolução*

Se as resistências térmicas no filme de condensado e na parede do tubo são desprezíveis, a temperatura da parede externa do tubo é $T_0 = 175°C$ e a diferença de temperatura entre o tubo e o ar é $\Delta T = T_0 - T_\infty = 150°C$. O coeficiente de transferência de calor entre o ar e o tubo (com ou sem isolamento), $h_\infty$, pode ser avaliado levando em consideração que, no tubo sem isolamento,

$$Q_0 / L = h_\infty (2\pi R_0)\Delta T \quad \text{(P11.4.1)}$$

onde $R_0 = 0,1$ m é o raio externo do tubo.

$$h_\infty = \frac{Q_0 / L}{2\pi R_0 \Delta T} = \frac{80 \text{ W/m}}{6,28 \cdot 0,1 \text{ m} \cdot 150°C} = 0,84 \text{ W/m}^2 °C$$

Para o tubo com uma espessura de isolamento $\Delta R = R - R_0$:

$$Q_1 / L = \frac{2\pi \Delta T}{\dfrac{\ln(R/R_0)}{k} + \dfrac{1}{Rh_\infty}} = \frac{2\pi k \Delta T}{\ln(R/R_0) + \dfrac{k}{Rh_\infty}} \quad \text{(P11.4.2)}$$

onde $k = 0,05$ W/m°C é a condutividade térmica do isolante. O estágio seguinte é avaliar $R$ para $Q_1 = ½Q_0$. É conveniente expressar a Eq. (P11.4.2) em termos da variável adimensional $x = R/R_0$:

$$Q_1 / L = \frac{A}{\ln x + \dfrac{1}{Bx}} \quad \text{(P11.4.3)}$$

onde

$$A = 2\pi k \Delta T = 6,28 \cdot (0,05 \text{ W/m°C}) \cdot (150°C) = 47,1 \text{ W/m}$$

$$B = \frac{R_0 h_\infty}{k} = \frac{(0,1 \text{ m}) \cdot (0,84 \text{ W/m}^2 °C)}{0,05 \text{ W/m°C}} = 1,68$$

O parâmetro adimensional B é o chamado "número de Biot", que relaciona resistência térmica característica do isolante ($R_0/k$) com a resistência térmica no ar ($1/h_\infty$); veja Eq. (11.129). A Eq. (P.11.4.3) não pode ser resolvida analiticamente, mas é possível obter um valor aproximado de $x$ desconsiderando o segundo termo do denominador:

$$Q_1 / L \approx \frac{A}{\ln x} \quad \text{(P11.4.4)}$$

Esta aproximação implica desconsiderar a resistência térmica no ar frente à resistência térmica no isolante. Para $Q_1 = ½Q_0$ resulta em

$$x \approx \exp\left(\frac{A}{Q_1 / L}\right) = \exp\left(\frac{2A}{Q_0 / L}\right) = \exp(1,18) = 3,25 \ \checkmark$$

Observe que temos desconsiderado $(Bx)^{-1} = 0,18$ comparando com 1,18 (15%); a aproximação não é muito boa, mas também não estamos procurando um valor exato de $x$, mas o número de camadas $N$:

$$N = \frac{\Delta R}{\Delta R_0} = \frac{R - R_0}{\Delta R_0} = (x-1)\frac{R_0}{\Delta R_0} \quad \text{(P11.4.5)}$$

onde $\Delta R_0$ é a espessura de uma camada. Neste caso, $\Delta R_0 = R_0 = 0,1$ m; portanto, $N = 3,25$. Como o número de camadas deve ser inteiro são necessárias quatro camadas de isolante, levando o diâmetro externo do tubo de 10 cm para 1 m.

Substituindo $x = 11$ na "equação exata", Eq. (P11.4.3):

$$Q_1 / L = \frac{47,1 \text{ W/m}}{\ln(4) + \dfrac{1}{1,68 \cdot 4}} = 30,7 \text{ W/m} < ½ Q_0 / L = 40 \text{ W/m}$$

## Problema 11.5 Transferência de calor em um condutor elétrico[10]

Uma barra cilíndrica de grafite (condutividade térmica $k$ = 100 W/mK, resistividade elétrica $\sigma$ = 15 $\mu\Omega$m, constantes) de 10 cm de diâmetro conduz uma corrente elétrica de 250 A em estado estacionário, uniformemente distribuída na área transversal da barra.

(a) Avalie as temperaturas mínima, máxima e média, e a taxa de transferência de calor para o ambiente por unidade de comprimento, considerando que a barra está imersa em um fluido refrigerante à temperatura $T_\infty$ = 25°C, com um coeficiente de transferência de calor entre a superfície da barra e o fluido $h$ = 2000 W/m²K.
(b) Que acontece para $h \to 0$ e para $h \to \infty$?

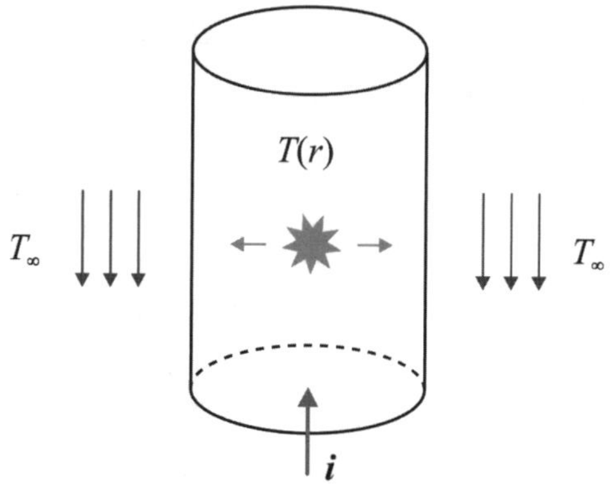


**Figura P11.5.1**

## *Resolução*

A transferência de calor em estado estacionário através de um sólido com condutividade térmica constante e uma fonte de energia uniformemente distribuída é regida pela Eq. (10.22):

$$k\nabla^2 T + S_V = 0 \tag{P11.5.1}$$

onde $S_V$ é a taxa de geração de energia por unidade de volume. Para a transferência de calor puramente radial, $T = T(r)$ em coordenadas cilíndricas, a Eq. (P11.5.1) simplifica-se para

$$\frac{k}{r}\cdot\frac{d}{dr}\left(r\frac{dT}{dr}\right) + S_V = 0 \tag{P11.5.2}$$

Para o caso presente, a condição de borda convectiva na superfície da barra é

$$-k\left.\frac{dT}{dr}\right|_{r=R} = h\left(T|_{r=R} - T_\infty\right) \tag{P11.5.3}$$

e o perfil de temperatura deve ter simetria axial (o fluxo de calor radial é nulo no eixo da barra):

$$\left.\frac{dT}{dr}\right|_{r=0} = 0 \tag{P11.5.4}$$

Integrando a Eq. (P11.5.2),

$$r\frac{dT}{dr} = -\frac{S_V}{2k}r^2 + A \tag{P11.5.5}$$

ou

$$\frac{dT}{dr} = -\frac{S_V}{2k}r + \frac{A}{r} \tag{P11.5.6}$$

onde $A$ é uma constante de integração. Aplicando a condição de simetria, Eq. (P11.5.4), resulta em

$$A = 0 \tag{P11.5.7}$$

Substituindo a Eq. (P11.5.7) na Eq. (P11.5.6) e integrando novamente:

[10] BSL, Seção 10.2; Deen, Exemplo 2.8-1.

$$T = -\frac{S_V}{4k} r^2 + B \qquad \text{(P11.5.8)}$$

Substituindo as Eqs. (P11.5.6) e (P11.5.8), avaliadas para $r = R$ na condição de borda convectiva, Eq. (3a),

$$\frac{S_V}{2} R = h\left(-\frac{S_V}{4k} R^2 + B - T_\infty\right) \qquad \text{(P11.5.9)}$$

de onde

$$B = \frac{S_V R}{2h} + \frac{S_V R^2}{4k} + T_\infty \qquad \text{(P11.5.10)}$$

Substituindo este resultado na Eq. (P11.5.8), obtém-se o perfil (parabólico) de temperatura na barra:

$$T = T_\infty + \frac{S_V R}{2h} + \frac{S_V R^2}{4k}\left[1 - \left(\frac{r}{R}\right)^2\right] \qquad \text{(P11.5.11)}$$

A temperatura máxima no centro da barra $r = 0$:

$$T_{max} = T(0) = T_\infty + \frac{S_V R}{2h} + \frac{S_V R^2}{4k} \qquad \text{(P11.5.12)}$$

e mínima na superfície:

$$T_{min} = T(R) = T_\infty + \frac{S_V R}{2h} \qquad \text{(P11.5.13)}$$

A temperatura média é obtida por integração do perfil:

$$\bar{T} = \frac{1}{A}\int_A T dA = \frac{2}{R^2}\int_0^R T r dr = T_\infty + \frac{S_V R}{h}\int_0^R \frac{r dr}{R^2} + \frac{S_V R^2}{2k}\int_0^R \left[1 - \left(\frac{r}{R}\right)^2\right]\frac{r dr}{R^2} \qquad \text{(P11.5.14)}$$

e finalmente:

$$\bar{T} = T_\infty + \frac{S_V R}{2h} + \frac{S_V R^2}{8k} \qquad \text{(P11.5.15)}$$

O fluxo de calor é avaliado diretamente da Eq. (P11.5.6) e resulta em ser proporcional à coordenada radial

$$q = -k\frac{dT}{dr} = \tfrac{1}{2} S_V r \qquad \text{(P11.5.16)}$$

atingindo seu valor máximo na superfície da barra $r = R$. A taxa de transferência de calor da barra para o ambiente é

$$Q = q(R) \cdot 2\pi R L = \pi R^2 L \cdot S_V \qquad \text{(P11.5.17)}$$

isto é, a taxa de geração de energia (taxa de geração por unidade volume, $S_V$, vezes o volume $\pi R^2 L$).

**(a)** Para o problema presente, a taxa de geração de energia por unidade de volume devido à passagem de uma corrente elétrica (contínua) de intensidade $i$ é

$$S_V = \sigma j^2 = \sigma\left(\frac{i}{\pi R^2}\right)^2 = 15 \cdot 10^{-6}\ \Omega\text{m} \cdot \left[\frac{250\ \text{A}}{3{,}1416 \cdot (0{,}05\ \text{m})^2}\right]^2 = 1{,}52 \cdot 10^6\ \text{W/m}^3$$

onde $j$ é a densidade de corrente (intensidade de corrente por unidade de área normal à mesma) e $\sigma$ é a resistividade elétrica do material.[11] A taxa de transferência por unidade de comprimento é

$$\frac{Q}{L} = \pi R^2 S_V = (3{,}1416) \cdot (0{,}05\ \text{m})^2 \cdot (1{,}52 \cdot 10^6\ \text{W/m}^3) \approx 12\ \text{kW/m}\ \checkmark$$

Para o cálculo das temperaturas:

$$a = \frac{S_V R}{2h} = \frac{(1{,}52 \cdot 10^6\ \text{W/m}^3) \cdot (0{,}05\ \text{m})}{2 \cdot (2 \cdot 10^3\ \text{W/m}^2{}^\circ\text{C})} = 19^\circ\text{C} \qquad b = \frac{S_V R^2}{4k} = \frac{(1{,}52 \cdot 10^6\ \text{W/m}^3) \cdot (0{,}05\ \text{m})^2}{4 \cdot (100\ \text{W/m}^\circ\text{C})} = 9{,}5^\circ\text{C}$$

[11] Em unidades do SI: 1 $\Omega A^2$ = 1 W, onde A = Ampère (corrente elétrica), $\Omega$ = Ohm (resistência elétrica).

As temperaturas mínima, máxima e média são

$$T_{max} = T_\infty + \frac{S_V R}{2h} + \frac{S_V R^2}{4k} = T_\infty + a + b = 53{,}5°\text{C} \checkmark$$

$$T_{min} = T_\infty + \frac{S_V R}{2h} = T_\infty + a = 44°\text{C} \checkmark$$

$$\overline{T} = T_\infty + \frac{S_V R}{2h} + \frac{S_V R^2}{8k} = T_\infty + a + \tfrac{1}{2} b = 48{,}8°\text{C} \checkmark$$

**(b)** Para discutir a dependência da temperatura com o coeficiente de transferência de calor, é conveniente adimensionalizar a Eq. (P11.5.11), utilizando a temperatura máxima (no centro da barra), Eq. (P11.5.12):

$$\Theta = \frac{T - T_\infty}{T_{max} - T_\infty} \qquad \text{(P11.5.18)}$$

e a coordenada radial adimensional:

$$\xi = \frac{r}{R} \qquad \text{(P11.5.19)}$$

O resultado é

$$\Theta = \frac{2 + Bi(1 - \xi^2)}{2 + Bi} \qquad \text{(P11.5.20)}$$

onde $Bi$ é o número de Biot, a relação entre as resistências térmicas na barra e no filme fluido (Figura P11.5.2.):

$$Bi = \frac{hR}{k} \qquad \text{(P11.5.21)}$$

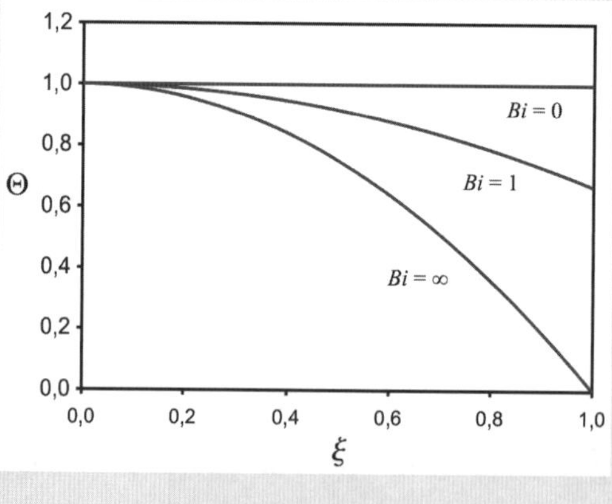


**Figura P11.5.2**

Para o caso presente,

$$Bi = \frac{hR}{k} = \frac{(2000\ \text{W/m}^2\,°\text{C}) \cdot (0{,}05\ \text{m})}{(100\ \text{W/m}°\text{C})} = 1$$

Para $Bi \ll 1$ ($h \to 0$) a resistência térmica na barra é desprezível (comparada com a resistência térmica no fluido) e a barra é efetivamente isotérmica, isto é, $T = T_{max}$, e

$$\Theta = 1 \qquad \text{(P11.5.22)}$$

Para $Bi \gg 1$ ($h \to \infty$) a resistência térmica no fluido é desprezível (comparada com a resistência térmica na barra) e a temperatura superficial da barra é efetivamente igual à temperatura no seno do fluido, isto é, $T_{min} = T_\infty$, e

$$\Theta = 1 - \xi^2 \qquad \text{(P11.5.23)}$$

## *Comparação entre transferência de calor e quantidade de movimento*

Compare os resultados deste problema (transferência de calor) com os da Seção 3.2 para o escoamento em um tubo cilíndrico:

- Perfil de velocidade, Eq. (3.121):

$$v_z = \frac{\Delta P R^2}{4\eta L}\left[1-\left(\frac{r}{R}\right)^2\right] \tag{P11.5.24}$$

- Perfil de temperatura, Eq. (P11.5.10):

$$T - T_0 = \frac{S_V R^2}{4k}\left[1-\left(\frac{r}{R}\right)^2\right] \tag{P11.5.25}$$

- Força de atrito viscoso por unidade de área, Eq. (3.131):

$$\tau = \tfrac{1}{2}\frac{\Delta P}{L} r \tag{P11.5.26}$$

- Fluxo de calor (taxa de transferência de calor por unidade de área), Eq. (P11.5.16):

$$q = \tfrac{1}{2} S_V r \tag{P11.5.27}$$

e outras quantidades (velocidade/temperatura máxima e média, vazão/taxa de transferência de calor etc.). Observe a equivalência entre transferência de momento e transferência de calor:

| | | |
|---|---|---|
| Variável dependente: | $v_z \leftrightarrow T - T_0$ | (P11.5.28a) |
| Fonte de momento/calor: | $\Delta P/L \leftrightarrow S_V$ | (P11.5.28b) |
| Propriedade de transporte: | $\eta \leftrightarrow k$ | (P11.5.28c) |
| Fluxo de momento/calor: | $\tau \leftrightarrow q$ | (P11.5.28d) |

Os dois fenômenos de transporte são *análogos* neste caso; as analogias podem ser aproveitadas para aumentar a compreensão dos fenômenos. Por exemplo, a Eq. (P11.5.28b) mostra que o gradiente axial de pressão ($\Delta P/L$) pode ser interpretado como a "fonte de momento" por analogia com a "fonte de calor" $S_V$. Para muitos estudantes talvez seja bem mais claro o conceito de "fonte" em transferência de calor do que em mecânica dos fluidos.

## Problema 11.6 Erro de leitura em um termopar[12]

Termopares são amplamente utilizados para medir temperaturas em sistemas de processo. Para sua proteção química e mecânica, o termopar é inserido em um poço cilíndrico, fechado, imerso no fluido (um polímero fundido escoando em um equipamento de processo no caso presente) cuja temperatura deseja-se medir.

Considere um tubo cilíndrico de aço ($k$ = 25 W/m°C), de diâmetro externo $D = 2R$ = 12 mm, espessura de parede $\Delta R$ = 2 mm, e comprimento $L$ = 100 mm, contendo os fios (isolados) do termopar. A base do tubo está em contato com a parede (metálica) do equipamento, mantida a uma temperatura $T_0$ = 150°C. A capa na ponta do cilindro (mesmo material) está em contato térmico com o sensor, que mede uma temperatura $T_1$ = 300°C. Suponha que o coeficiente de transferência de calor do polímero fundido para o cilindro é $h \approx 50$ W/m²°C. Avalie a temperatura do polímero fundido, $T_\infty$.

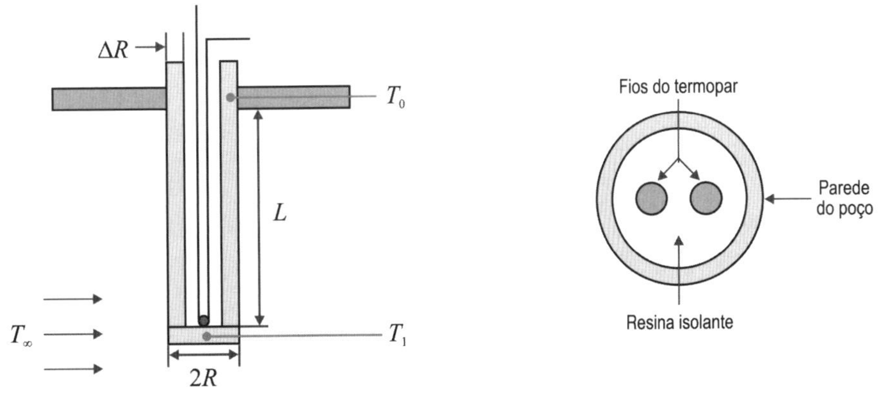


**Figura P11.6.1**

[12] BSL, Exemplo 10.7-1.

## *Resolução*

A parede do poço pode ser considerada como uma *superfície estendida* da parede do equipamento, na forma de uma *meia-aleta* plana de seção retangular (uma "aleta de esquentamento", neste caso), comprimento $L$, largura $W = 2\pi R$ e semiespessura $H = \Delta R$.

Ainda que a curvatura da parede cilíndrica não seja desprezível ($\Delta R/R$ = 2 mm/6 mm = 0,33 dificilmente pode ser considerado *muito menor* que 1), é uma primeira aproximação que permite obter algum resultado. O fato de termos meia-aleta não afeta o perfil de temperatura (Figura P11.6.2).

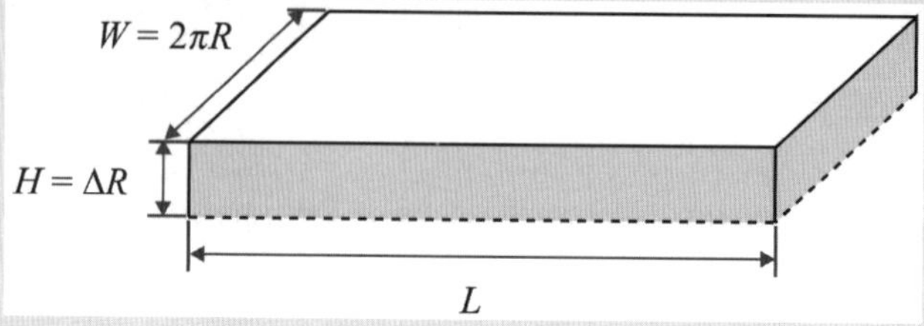


**Figura P11.6.2**

Para o fundo do poço, Eq. (11.161),

$$\Theta_1 = \frac{T_1 - T_\infty}{T_0 - T_\infty} = \frac{1}{\cosh\lambda} \qquad \text{(P11.6.1)}$$

onde [Eq. (11.149)]

$$\lambda = L\sqrt{\frac{h}{kH}} = 0{,}100\text{ m}\sqrt{\frac{(50\text{ W/m}^2\text{°C})}{(25\text{ W/m°C})(0{,}002\text{ m})}} = 3{,}16 \qquad \text{(P11.6.2)}$$

Mas

$$\cosh\lambda \approx \tfrac{1}{2}\exp(\lambda) = 11{,}8 \qquad \text{(P11.6.3)}$$

Portanto,

$$\Theta_1 = \frac{1}{\cosh\lambda} = \frac{1}{11{,}8} = 0{,}085 \qquad \text{(P11.6.4)}$$

Da Eq. (P11.6.1),

$$T_\infty = \frac{T_1 - \Theta_1 T_0}{1-\Theta_1} = \frac{300\text{°C} - 0{,}085\cdot 150\text{°C}}{1-0{,}085} = 314\text{°C} \checkmark \qquad \text{(P11.6.5)}$$

Isto é, a leitura do termopar ($T_1$) é 14°C *menor* que a temperatura do polímero fundido ($T_\infty$) devido à transferência de calor ao longo da parede cilíndrica do poço, um erro bastante importante.

# Transferência de Calor em Sólidos: Estado Não Estacionário

# 12



Na transferência de calor em sólidos em estado não estacionário, a temperatura é função do tempo e da posição, $T = T(t, \mathbf{r})$. Portanto, no caso mais simples de transferência *unidirecional*, a temperatura depende de *duas* variáveis independentes. A equação que rege a transferência de calor, neste caso a Eq. (10.27), para sólidos isotrópicos com propriedades físicas constantes e em ausência de fontes internas de energia, resulta em uma *equação diferencial parcial*, de solução bem mais difícil[1] que nos casos simples em estado estacionário. Contudo, o assunto é de grande importância prática, como se pode ver nos problemas incluídos neste capítulo.

## 12.1 PAREDE SEMI-INFINITA

### 12.1.1 Formulação do Problema

Considere uma parede plana *semi-infinita*, isto é, o espaço $z > 0$ a partir do plano $z = 0$, inicialmente (para tempo $t < 0$) à temperatura uniforme $T_0$. No tempo $t = 0$ a temperatura da superfície $z = 0$ é subitamente incrementada[2] para $T_1 > T_0$ e mantida nesse valor para todo o tempo posterior $t > 0$ (Figura 12.1).

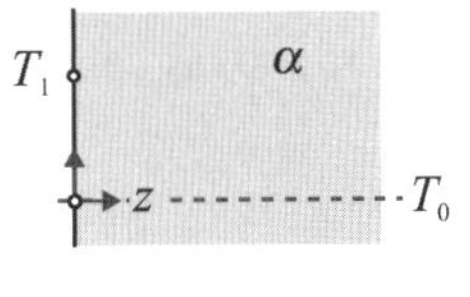


**Figura 12.1**

Deseja-se estudar o esquentamento da parede no tempo. Este é um problema não estacionário, já que a temperatura em cada ponto da parede aumenta no tempo (exceto no plano $z = 0$, onde é mantida fixa a $T_1$, e para $z \to \infty$, onde permanece igual à temperatura inicial $T_0$). O comprimento e a largura da parede são tais que os efeitos de bordas são desprezíveis, e a temperatura é função somente do tempo $t$ e da coordenada $z$ normal à superfície da parede:

$$T = T(t, z) \tag{12.1}$$

[1] Neste texto só resolvemos problemas de bordas para equações diferenciais ordinárias; as equações diferenciais parciais deverão ser reduzidas a esse tipo para sua resolução, utilizando técnicas especiais: transformação de semelhança na Seção12.1, separação de variáveis nas Seções 12.2 e seguintes.

[2] O problema é idêntico para o resfriamento da parede $T_1 < T_0$. Os resultados são apresentados em termos da diferença de temperatura $T_1 - T_0$, positiva ou negativa segundo o caso.

Suponha que o material da parede é um sólido isotrópico de propriedades físicas (densidade $\rho$, calor específico $\hat{c}$, condutividade térmica $k$) constantes e uniformes, independentes da temperatura. O comportamento do sistema é governado, para $t > 0$ e $z > 0$, pela Eq. (10.27):

$$\frac{\partial T}{\partial t} = \alpha \nabla^2 T \tag{12.2}$$

onde $\alpha = k/\rho\hat{c}$ é a difusividade térmica do material. A Eq. (12.2) simplifica-se neste caso para

$$\frac{\partial T}{\partial t} = \alpha \frac{\partial^2 T}{\partial z^2} \tag{12.3}$$

A Eq. (12.3) é uma equação diferencial parcial de primeiro grau em $t$ e de segundo grau em $z$; portanto, requer duas condições de borda para $z$:

$$T = T_1, \quad z = 0 \tag{12.4}$$

$$T = T_0, \quad z \to \infty \tag{12.5}$$

e uma condição de borda para $t$ (que se pode chamar de *condição inicial*):

$$T = T_0, \quad t = 0 \tag{12.6}$$

### 12.1.2 Semelhança

A solução de equações diferenciais parciais é um assunto difícil; porém, alguns "problemas de bordas" particulares, como o presente caso, podem ser resolvidos com relativa facilidade. Neste problema apresentamos o chamado "método de semelhança", que consiste em combinar as duas variáveis independentes $z$ e $t$ em uma, que vamos chamar $\xi$, e assim transformar a equação diferencial *parcial* (nas duas variáveis $z$ e $t$) em uma equação diferencial *ordinária* (na nova variável $\xi$), muito mais fácil de resolver. Para que isto possa acontecer, é necessário encontrar uma função

$$\xi = \xi\,(t, z) \tag{12.7}$$

que, substituída na equação diferencial original, Eq. (12.3), e nas condições de borda, Eqs. (12.4)-(12.6), mostre que, no "problema de bordas" em questão, a variável dependente $T$ é função somente da nova variável $\xi$. Não existe método certo de encontrar a função $\xi\,(z, t)$. De fato, na grande maioria dos problemas de bordas para equações diferenciais parciais não existe uma transformação desse tipo. Observe que é necessário eliminar, por combinação, uma das condições de borda, de modo a ficar com apenas duas condições na variável $\xi$. Uma forma de *tentar* combinar as variáveis $z$ e $t$ em uma variável $\xi$ é observar o comportamento da variável dependente $T$ com $z$ e $t$ para identificar possíveis *semelhanças* (daí o nome do método) que possam ser aproveitadas.

Neste problema observamos que o rol de $z$ e $t$ nas condições de borda é, de certa forma, inverso um do outro. Por exemplo, comparando as Eqs. (12.5) e (12.6), temos $T = T_0$ para $z \to \infty$ (todo $t$) e $T = T_0$ para $t = 0$ (todo $z$). Isto sugere que o comportamento de $t$ é semelhante ao de $z^{-1}$, desde que $z^{-1} \to 0$ para $z \to \infty$. Isto não muda se considerarmos $z^{-\nu}$ e $t^{\mu}$ (sendo $\nu$, $\mu$ duas constantes positivas). Vamos tentar a combinação $t^{\mu} z^{-\nu}$ na forma da nova variável:

$$\xi = a\frac{z^{\nu}}{t^{\mu}} \tag{12.8}$$

onde $a$ é uma constante a ser especificada depois, junto com os expoentes $\nu$ e $\mu$, e fazer, tentativamente,

$$T = F(\xi) \tag{12.9}$$

onde – ao contrário da prática deste texto – temos utilizado um *nome* diferente para a variável dependente ($T$) e para a função ($F$), para distinguir se estamos considerando a temperatura como uma função de uma ou duas variáveis; $T(z, t)$, Eq. (12.1), e $F(\xi)$, Eq. (12.9), representam a mesma variável dependente, a temperatura.

### 12.1.3 Solução do Problema

Pode-se provar (Seção 12.1.6a) que uma escolha apropriada é

$$\boxed{\xi = \frac{z}{\sqrt{4\alpha t}}} \tag{12.10}$$

isto é, $\nu = 1$, $\mu = ½$ e $a = 1/2\sqrt{\alpha}$. Substituindo na Eq. (12.3),

$$\frac{d^2F}{d\xi^2} + 2\xi\frac{dF}{d\xi} = 0 \tag{12.11}$$

em termos só da nova variável. As três condições de borda, Eqs. (12.4) e (12.6), ficam reduzidas a duas:

$$F = T_1, \qquad \xi = 0 \tag{12.12}$$

$$F = T_0, \qquad \xi \to \infty \tag{12.13}$$

A primeira condição, Eq. (12.12), corresponde à Eq. (12.4), desde que, de acordo com a Eq. (12.10), $\xi = 0$ para $z = 0$. A segunda condição, Eq. (12.13), corresponde às Eqs. (12.5) e (12.6), desde que $\xi \to \infty$ para $z \to \infty$ e para $t \to 0$.

Temos então reduzido o problema de uma equação diferencial parcial com três condições de borda para uma equação diferencial ordinária com duas condições de borda. A Eq. (12.11) é uma equação diferencial homogênea de segundo grau. É bastante simples desenvolver a solução. Substituindo

$$G = \frac{dF}{d\xi} \tag{12.14}$$

na Eq. (12.11) resulta em

$$\frac{dG}{d\xi} + 2\xi G = 0 \tag{12.15}$$

ou

$$\frac{dG}{G} = -2\xi d\xi = -d\xi^2 \tag{12.16}$$

de onde

$$G = \exp(-\xi^2) \tag{12.17}$$

ou

$$\frac{dF}{d\xi} = \exp(-\xi^2) \tag{12.18}$$

integrando novamente

$$F = A + B\int_0^{\xi} \exp(-\xi'^2)\,d\xi' \tag{12.19}$$

onde $\xi'$ é uma "variável muda" de integração, e as constantes $A$ e $B$ são determinadas através das condições de borda, Eqs. (12.12)-(12.13). Da Eq. (12.12) resulta

$$A = T_1 \tag{12.20}$$

A aplicação da Eq. (12.13), levando em consideração o resultado anterior, resulta em

$$T_0 = T_1 + B\int_0^{\infty} \exp(-\xi'^2)\,d\xi' \tag{12.21}$$

mas[3]

$$\int_0^{\infty} \exp(-x^2)\,dx = \tfrac{1}{2}\sqrt{\pi} \tag{12.22}$$

Temos, então,

$$B = -\frac{2}{\sqrt{\pi}}(T_1 - T_0) \tag{12.23}$$

Portanto, lembrando que $F \equiv T$, pode-se expressar o perfil de temperatura como

$$\frac{T_1 - T}{T_1 - T_0} = \frac{2}{\sqrt{\pi}}\int_0^{\xi} \exp(-\xi'^2)\,d\xi' \tag{12.24}$$

[3] I. S. Gradshteyn e I. M. Ryzhik, *Tables of Integrals, Series, and Products*, 4th ed. Academic Press, 1980, item 3.321-3.

ou

$$\frac{T - T_0}{T_1 - T_0} = 1 - \frac{2}{\sqrt{\pi}} \int_0^{\xi} \exp(-\xi'^2) d\xi' \tag{12.25}$$

A integral definida das Eqs. (12.24) e (12.25) não pode ser resolvida em termos das funções "elementares" conhecidas, mas serve de definição para uma nova função, chamada *função erro* (Seção 12.1.6b):

$$\text{erf}(x) = \frac{2}{\sqrt{\pi}} \int_0^{x} \exp(-x'^2) dx' \tag{12.26}$$

Definindo a diferença de temperatura adimensional,

$$\Theta = \frac{T - T_0}{T_1 - T_0} \tag{12.27}$$

é possível expressar o perfil de temperatura em forma compacta em termos da função erro[4] (Figura 12.2):

$$\Theta = 1 - \text{erf}(\xi) = \text{erfc}(\xi) \tag{12.28}$$

ou, em termos das variáveis originais,

$$\boxed{T = T_1 - (T_1 - T_0)\,\text{erf}\left(\frac{z}{\sqrt{4\alpha t}}\right)} \tag{12.29}$$

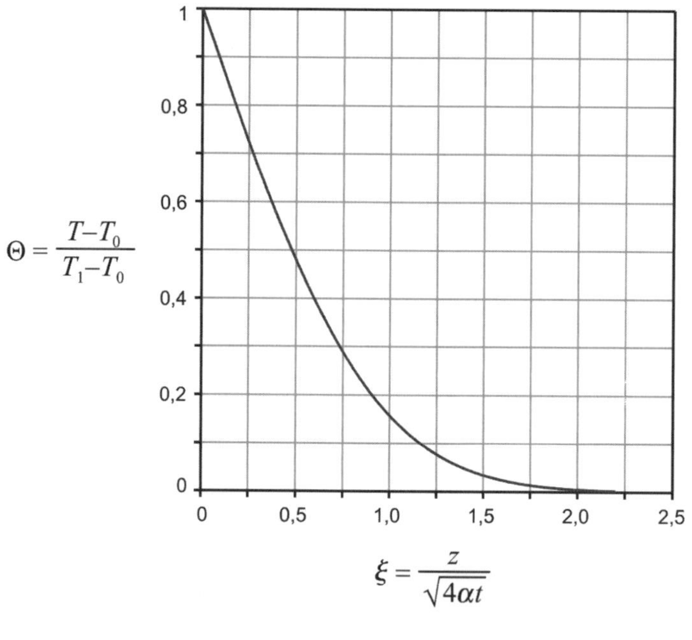


**Figura 12.2**

Observe a Figura 12.2. A temperatura adimensional é praticamente uma função linear da variável transformada para valores moderados da mesma. De fato, a simples expressão:

$$\Theta \approx 1 - \xi \tag{12.29a}$$

representa a temperatura adimensional com um erro menor que 5% para $\xi \leqslant 0{,}68$. Substituindo as variáveis adimensionais, Eqs.(12.10) e (12.27):

$$\frac{T_1 - T}{T_1 - T_0} \approx \frac{z}{2\sqrt{\alpha t}} \tag{12.29b}$$

A proporcionalidade variação inicial da variável dependente ($T_1 - T$ neste caso) com a inversa da raiz quadrada do tempo ($t^{-1/2}$) é uma característica dos *processos difusivos* que vai além deste exemplo ilustrativo.

### 12.1.4 Distância de Penetração Térmica e Tempo de Exposição

Observe que para valores maiores que $\xi \approx 2$ a parede não é afetada pelo calor e permanece à temperatura praticamente constante, igual a $T_0$; erf (1,8) = 0,99, isto é, para $\xi > 1{,}8$, $T$ difere de $T_0$ em menos de 1% da "variação

[4] A função erfc($x$) = 1 − erf($x$) é chamada de *função erro complementar*.

total" ($T_1 - T_0$). Considerando esse valor, o distúrbio térmico está limitado a uma camada vizinha à superfície, de espessura (dependente do tempo):

$$\boxed{\delta_T \approx 3{,}6\sqrt{\alpha t}} \tag{12.30}$$

Chamamos $\delta_T$ a *distância de penetração térmica*. Observe que a distância de penetração térmica depende da raiz quadrada do tempo e da difusividade térmica do material (Figura 12.3).

Para *tempos de exposição* menores que $t_0$,

$$\boxed{t_0 \approx \frac{H^2}{13\alpha}} \tag{12.31}$$

uma parede plana de semiespessura $H$ aparece como um meio semi-infinito, e os resultados deste problema (perfil de temperatura, fluxo de calor etc.) podem ser utilizados. Qualquer "parede" ou objeto sólido em geral pode ser considerado um meio semi-infinito para tempos de exposição suficientemente pequenos.

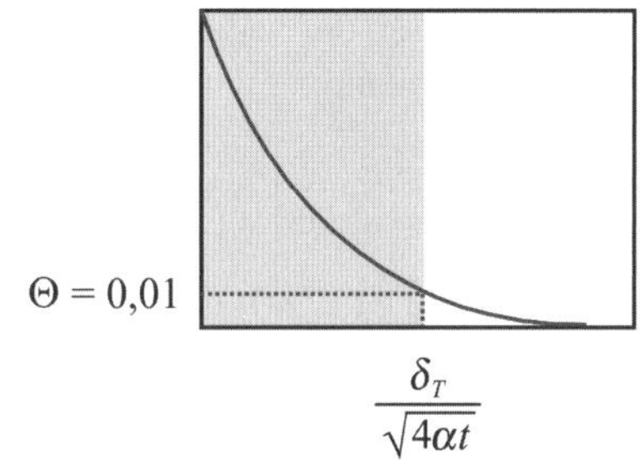


**Figura 12.3**

## 12.1.5 Fluxo e Calor Transferido

O fluxo de calor "instantâneo" na parede:[5]

$$\begin{aligned} q_0 = q_z\big|_{z=0} &= -k\left.\frac{\partial T}{\partial z}\right|_{z=0} = -k\left.\frac{dF}{d\xi}\right|_{\xi=0}\cdot\left.\frac{\partial \xi}{\partial z}\right|_{z=0} \\ &= k(T_1 - T_0)\frac{2}{\sqrt{\pi}}\left[\exp(-\xi^2)\right]_{\xi=0}\cdot\frac{1}{\sqrt{4\alpha t}} \end{aligned} \tag{12.32}$$

ou

$$q_0 = \frac{k}{\sqrt{\pi\alpha t}}(T_1 - T_0) \tag{12.33}$$

é uma função do tempo. Observe que a Eq. (12.33) é válida para $t > 0$. Para $t = 0$ o fluxo de calor é "infinito", refletindo o fato de que, no nosso modelo idealizado de parede, a temperatura salta de $T_0$ para $T_1$ no instante $t = 0$. Em uma parede real o "salto" é gradual, sobre um pequeno intervalo de tempo (pequeno, porém finito), e o fluxo é provavelmente bastante elevado, porém finito, nesse intervalo de tempo. O fluxo de calor na parede é precisamente a taxa de transferência de calor (por unidade de área) entre a parede e o meio externo.

A quantidade de energia (por unidade de área) transferida para a parede desde o exterior e desde o tempo $t = 0$ é outra variável de interesse:

$$\frac{Q_t}{A} = \int_0^t q_0 dt' = \frac{k}{\sqrt{\pi\alpha}}(T_1 - T_0)\int_0^t \frac{dt'}{\sqrt{t'}} \tag{12.34}$$

$$\boxed{\frac{Q_t}{A} = 2k\sqrt{\frac{t}{\pi\alpha}}(T_1 - T_0)} \tag{12.35}$$

onde $A$ é a área superficial da parede.

## 12.1.6 Comentários

**(a)** ***Transformação de semelhança***

O estudo das condições de borda sugere que uma transformação do tipo:

$$\xi = a\frac{z^\nu}{t^\mu} \tag{12.36}$$

[5] Use a "regra de Leibnitz" para diferenciar a integral [veja, por exemplo, o Apêndice C, item 3, de R. B. Bird, W. E. Stewart e E. N. Lightfoot, *Fenômenos de Transporte*, 2.ª ed. LTC, Rio de Janeiro, 2004 (BSL)].

onde $a$, $\nu$ e $\mu$ são constantes positivas arbitrárias, permite unificar as condições de borda Eqs. (12.5) e (12.6). É necessário verificar se, para alguma escolha das constantes, a substituição da Eq. (12.36) na Eq. (12.3) resulta numa equação diferencial ordinária na variável de transformação $\xi$. Isto é, se a dependência da temperatura com o tempo e a distância à superfície pode ser expressa através da combinação Eq. (12.36). Isto é, se

$$T = F(\xi) \tag{12.37}$$

onde $F$ é função *só* de $\xi$ (não de $z$ e $t$ separadamente).

Diferenciando a Eq. (12.37)[6] em relação a $t$ e a $z$,

$$\frac{\partial T}{\partial t} = \frac{dF}{d\xi} \cdot \frac{\partial \xi}{\partial t} \tag{12.38}$$

$$\frac{\partial T}{\partial z} = \frac{dF}{d\xi} \cdot \frac{\partial \xi}{\partial z} \tag{12.39}$$

Observe que as derivadas de $F$ são derivadas ordinárias, desde que $F$ é uma função de uma variável, Eq. (12.37), mas as derivadas de $\xi$ são derivadas parciais, visto que $\xi$ é uma função de duas variáveis, Eq. (12.36). Derivando a Eq. (12.39) novamente,

$$\frac{\partial^2 T}{\partial z^2} = \frac{\partial}{\partial z}\left[\frac{dF}{d\xi} \cdot \frac{\partial \xi}{\partial z}\right] = \frac{d^2 F}{d\xi^2} \cdot \left(\frac{\partial \xi}{\partial z}\right)^2 + \frac{dF}{d\xi} \cdot \frac{\partial^2 \xi}{\partial z^2} \tag{12.40}$$

Substituindo as Eqs. (12.38) e (12.40) na Eq. (12.3),

$$\frac{dF}{d\xi} \cdot \frac{\partial \xi}{\partial t} = \alpha\left[\frac{d^2 F}{d\xi^2} \cdot \left(\frac{\partial \xi}{\partial z}\right)^2 + \frac{dF}{d\xi} \cdot \frac{\partial^2 \xi}{\partial z^2}\right] \tag{12.41}$$

ou reordenando

$$\left(\frac{\partial \xi}{\partial z}\right)^2 \cdot \frac{d^2 F}{d\xi^2} = \left[\frac{1}{\alpha}\frac{\partial \xi}{\partial t} - \frac{\partial^2 \xi}{\partial z^2}\right]\frac{dF}{d\xi} \tag{12.42}$$

As derivadas da variável combinada $\xi$, Eq. (12.36),

$$\frac{\partial \xi}{\partial t} = -\frac{a\mu z^{\nu}}{t^{\mu+1}} \tag{12.43}$$

$$\frac{\partial \xi}{\partial z} = \frac{a\nu z^{\nu-1}}{t^{\mu}} \tag{12.44}$$

$$\frac{\partial^2 \xi}{\partial z^2} = \frac{a\nu(\nu-1)z^{\nu-2}}{t^{\mu}} \tag{12.45}$$

substituídas na Eq. (12.42)

$$\left(\frac{a\nu z^{\nu-1}}{t^{\mu}}\right)^2 \cdot \frac{d^2 F}{d\xi^2} = -\left[\frac{a\mu z^{\nu}}{\alpha t^{\mu+1}} + \frac{a\nu(\nu-1)z^{\nu-2}}{t^{\mu}}\right]\frac{dF}{d\xi} \tag{12.46}$$

ou

$$\frac{d^2 F}{d\xi^2} + \left[\frac{\mu}{\alpha a \nu^2} \cdot \frac{z^{2-\nu}}{t^{1-\mu}} + \frac{\nu-1}{a\nu} \cdot \frac{t^{\mu}}{z^{\nu}}\right]\frac{dF}{d\xi} = 0 \tag{12.47}$$

Para a seleção da variável combinada, Eq. (12.36), ser bem-sucedida, é necessário que, para alguma escolha das constantes $a$, $\mu$ e $\nu$, o termo entre colchetes seja função somente de $\xi$. A escolha $\nu = 1$ facilita a tarefa, e o termo entre colchetes fica

$$\left[\frac{\mu}{\alpha a} \cdot \frac{z}{t^{1-\mu}}\right]$$

Para completar a escolha é preciso que $t^{\mu} = t^{1-\mu}$, o que acontece para $\mu = ½$. A constante $a$ é arbitrária, mas fazendo-a proporcional a $\alpha^{-½}$ elimina-se a difusividade térmica da equação, e a variável $\xi$ resulta adimensional (sempre conveniente). Escolhemos então (a conveniência do número 4 será percebida depois, ao resolver a equação diferencial resultante):

$$\xi = \frac{z}{\sqrt{4\alpha t}} \tag{12.48}$$

que é a Eq. (12.10).

[6] Utilizando a "regra da corrente" para a derivada de uma função de outra função.

**(b)** ***Função erro***

A função erro **erf** (inglês: ***error function***) define-se como

$$\operatorname{erf}(x)=\frac{2}{\sqrt{\pi}}\int_0^x \exp(-\xi^2)\,d\xi \tag{12.49}$$

Chamada assim porque aparece em algumas equações da teoria probabilística dos erros de medição; no presente contexto não tem nada a ver com "erros". A função erro e sua irmã gêmea, a *função erro complementar* **erfc**,

$$\operatorname{erfc}(x)=1-\operatorname{erf}(x)=\frac{2}{\sqrt{\pi}}\int_x^\infty \exp(-\xi^2)\,d\xi \tag{12.50}$$

aparecem em muitos problemas de fenômenos de transporte. Estas funções estão tabeladas e encontram-se também em gráficos em muitos livros-textos de fenômenos de transporte e transferência de calor (mas não no BSL). A função erro é estritamente crescente, desde erf(0) = 0 até erf($x$) $\rightarrow$ 1 para $x \rightarrow \infty$. A função erro complementar é estritamente decrescente, desde erfc(0) = 1 até erfc($x$) $\rightarrow$ 0 para $x \rightarrow \infty$.

A expansão

$$\operatorname{erf}(x)=\frac{2}{\sqrt{\pi}}\left[x-\frac{x^3}{3}+\frac{x^5}{10}-\frac{x^7}{42}+\ldots\right]=\frac{2}{\sqrt{\pi}}\sum_{n=0}^{\infty}\frac{(-1)^n}{n!(2n+1)}x^{2n+1} \tag{12.51}$$

que se obtém substituindo a série de Taylor para a exponencial na Eq. (12.49) e integrando termo a termo é útil para valores pequenos da variável independente; a expansão assintótica (para $x \rightarrow \infty$)

$$\operatorname{erfc}(x)\sim\frac{1}{\sqrt{\pi}}\exp(-x^2)\left[\frac{1}{x}-\frac{1}{2x^3}+\frac{3}{4x^5}-\frac{15}{8x^7}+\ldots+\frac{(-1)^n(2n-1)!!}{2^n x^{2n+1}}+\ldots\right] \tag{12.52}$$

é apropriada para valores elevados. A derivada da função erro é, de acordo com as Eqs. (12.49)-(12.50),

$$\frac{d\operatorname{erf}(x)}{dx}=-\frac{d\operatorname{erfc}(x)}{dx}=\frac{2}{\sqrt{\pi}}\exp(-x^2) \tag{12.53}$$

De interesse nas aplicações são também a integral da função erro complementar

$$\operatorname{ierfc}(x)=\int_x^\infty \operatorname{erfc}(\xi)\,d\xi=\frac{1}{\sqrt{\pi}}\exp(x)-x\operatorname{erfc}(x) \tag{12.54}$$

e a combinação (veja a Seção 12.7):

$$f(x)=\exp(x^2)\cdot\operatorname{erfc}(x) \tag{12.55}$$

Para avaliações numéricas rápidas, é conveniente a aproximação

$$\operatorname{erf}(x)\approx\frac{3{,}372x}{3+x^2} \tag{12.56}$$

com erro menor que 0,005 para $x < 0{,}5$.

**Tabela 12.1** Função erro

| $x$ | erf($x$) | erfc($x$) | exp($x^2$) erfc($x$) | $x$ | erf($x$) | erfc($x$) | exp($x^2$) erfc($x$) |
|---|---|---|---|---|---|---|---|
| 0,00 | 0,00000 | 1,00000 | 1,0000 | 0,8 | 0,74212 | 0,25788 | 0,4891 |
| 0,05 | 0,05639 | 0,94361 | 0,9460 | 1,0 | 0,84272 | 0,15728 | 0,4276 |
| 0,1 | 0,11248 | 0,88752 | 0,8965 | 1,2 | 0,91031 | 0,08969 | 0,3785 |
| 0,2 | 0,22270 | 0,77730 | 0,8090 | 1,5 | 0,96611 | 0,03390 | 0,3216 |
| 0,3 | 0,32861 | 0,67139 | 0,7346 | 2,0 | 0,99531 | 0,00469 | 0,2554 |
| 0,5 | 0,52049 | 0,47951 | 0,6157 | 2,5 | 0,99959 | 0,00041 | 0,2108 |
| 0,6 | 0,60386 | 0,39614 | 0,5678 | 3,0 | 0,99998 | 0,00002 | 01790 |

Resumido de H. S. Carslaw e J. C. Jaeger, *Conduction of Heat in Solids*, 2nd ed. Oxford University Press (1959), Appendix II, Table I. [A referência citada contém tabelas mais detalhadas.]

É mais precisa e adequada para programar em computador:[7]

$$\text{erf}(x) = 1 - (0,34802p - 0,09587p^2 + 0,74785p^3) \cdot \exp(-x^2) \tag{12.57}$$

onde

$$p = \frac{1}{1 + 0,47047x} \tag{12.58}$$

com erro menor que $10^{-5}$ para qualquer valor de $x$.

**(c) *Função degrau***

Observe que a solução da Eq. (12.2) – procurada e obtida – é válida para $t > 0$ e $z > 0$. Para $t = 0$ e $z = 0$ temos uma situação "especial": a temperatura muda *instantaneamente* de $T = T_0$ para $T = T_1$. A temperatura na superfície ($z = 0$), considerada como função do tempo, tem uma *descontinuidade* no ponto $t = 0$. Se nos aproximarmos de $t = 0$ "pela esquerda" (isto é, desde tempos menores, $t < 0$), a temperatura na superfície da parede aparece como $T_0$; se nos aproximarmos de $t = 0$ "pela direita" (isto é, desde tempos maiores, $t > 0$), a temperatura aparece como $T_1$ (Figura 12.4).

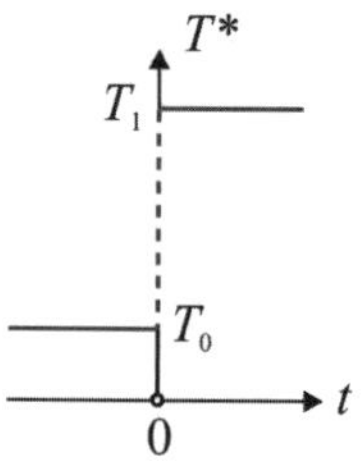


**Figura 12.4**

Este "paradoxo" pode ser expresso formalmente como

$$\lim_{t \to 0-} T^*(t) = T_0 \tag{12.59}$$

$$\lim_{t \to 0+} T^*(t) = T_1 \tag{12.60}$$

onde

$$T^*(t) = T(z, t)\big|_{z=0} \tag{12.61}$$

e $t \to 0-$ e $t \to 0+$ indicam o limite pela esquerda e pela direita, respectivamente. A função $T^*(t)$ não está *definida* para $t = 0$.

Lembre-se de que uma função $y = f(x)$ define-se como uma *correspondência unívoca* entre a variável independente $x$ e a variável dependente $y$ (o *valor* da função $f$). Portanto, $T^*$ não é realmente uma *função* em um intervalo de $t$ que inclui o ponto $t = 0$, mas em qualquer outro intervalo $T^*$ é uma função completamente "normal" (a função constante). Os matemáticos chamam o ponto $t = 0$ de *ponto singular* de $T^*$ e dizem que a função tem uma *singularidade* nesse ponto. Em alguns casos, $T^*$ comporta-se "normalmente" em intervalos que contêm o ponto singular. Por exemplo, a integral

$$\int_a^b T^*\, dt = T_1 b - T_0 a \tag{12.62}$$

integral para $a < 0$ e $b > 0$, isto é, a área sob a curva $y = T^*(t)$ entre $t = a$ e $t = b$, avalia-se de forma "normal".

A "função" $T^*(t)$, que não "é uma função ordinária, é um caso particular de *função generalizada*.[8] É conveniente definir o protótipo $T^*$ como a *função* (generalizada) *degrau* H($x$), também conhecida como *função de Heaveside*, como

$$\text{H}(x) = \begin{cases} 0, & x < 0 \\ 1, & x > 0 \end{cases} \tag{12.63}$$

[7] M. Abramowitz e I. Stegun, eds. *Handbook of Mathematical Functions*. Dover, 1965, item 7.1.25.

[8] A teoria matemática das funções generalizadas é bastante complexa, mas as funções generalizadas têm sido utilizadas por físicos e engenheiros antes que uma teoria "rigorosa" fosse desenvolvida. Para uma introdução ao assunto, veja, por exemplo, I. Stakgold, *Green's Functions and Boundary Value Problems*, Wiley-Interscience, 1979.

(Figura 12.5) e a relação

$$\int_a^b \mathrm{H}(x)dx = b \tag{12.64}$$

onde $a \leq 0$ e $b > 0$.

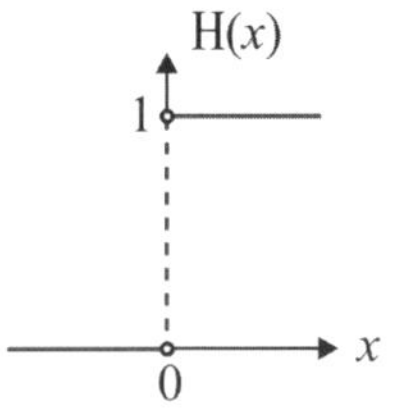


**Figura 12.5**

Observe que o que acontece para $x = 0$ não é parte da definição de H($x$): o ponto $x = 0$ é "inominável" e, por enquanto (Seção15.5), a derivada de $H$ nesse ponto é indefinida. Em termos da função degrau,

$$T^*(t) = T_0 + T_1 \cdot \mathrm{H}(t) \tag{12.65}$$

**(d)** ***Velocidade de propagação do calor***

Observe que para todo tempo $t > 0$, por pequeno que seja, a temperatura da parede em um ponto $z$, por mais afastado que esteja da superfície, é diferente da temperatura inicial, $|T(z, t) - T_0| > 0$. A diferença pode ser muito pequena para valores pequenos de $t$ e valores elevados de $z$, mas é *diferente de zero*. Isso quer dizer que a perturbação térmica na superfície ($T_0 \rightarrow T_1$) propagou-se *instantaneamente*. A resistência térmica do meio *atenua* a resposta – no tempo e no espaço – mas não afeta a velocidade de propagação (aparentemente infinita) do calor.

Nada disto tem grande importância prática. As perturbações reais não são instantâneas e não é possível medir as respostas extremamente pequenas: leva certo tempo $\delta t > 0$ – pequeno, mas finito – para mudar a temperatura da superfície de $T_0$ para $T_1$, e existe um limite $\delta T > 0$ – pequeno, mas finito – para que uma diferença de temperatura seja medida, não importa a sofisticação do método utilizado (que pode diminuir o valor de $\delta T$, mas não pode fazer $\delta T = 0$). Porém, o assunto tem importância teórica. Pode-se perguntar: por que as perturbações de pressão se propagam na matéria a uma velocidade finita (a velocidade do som) e as perturbações de temperatura se propagam – aparentemente – a uma velocidade infinita, sendo a base "molecular" das mesmas semelhante? Existem "ondas de temperatura"? O assunto é muito interessante, mas além do conteúdo deste texto introdutório de fenômenos de transporte.[9]

## 12.1.7 Analogias: Parede Plana Subitamente em Movimento Uniforme

Equações matematicamente idênticas às que resultam da análise apresentada nesta seção aparecem em muitos outros casos em fenômenos de transporte.

Considere, por exemplo, o caso de uma parede plana em contato com um fluido newtoniano incompressível, em repouso. Subitamente, para $t > 0$, a parede se movimenta paralela a si mesma com velocidade constante $U_0$. Um perfil de velocidade se desenvolve no fluido, onde se pode supor que $v_z = v_z(y, t)$, $v_x = v_y = 0$, onde $z$ é a direção da velocidade $U_0$ e $y$ é a direção normal à parede (Figura 12.6).

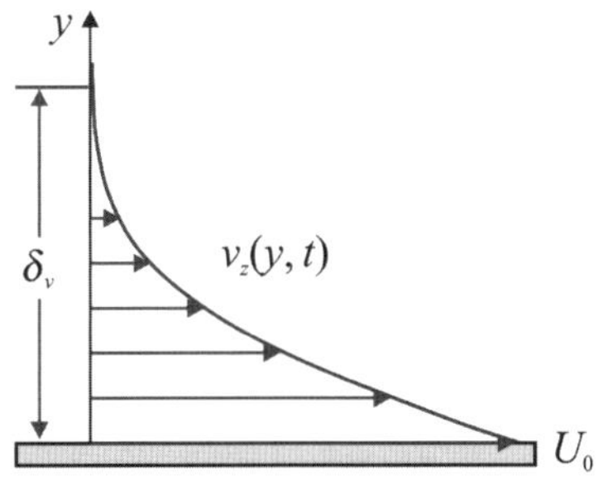


**Figura 12.6**

[9] Para uma introdução bastante acessível ao assunto, veja, por exemplo, C. R. G. Eckert and R. M. Drake, *Analysis of Heat and Mass Transfer*, McGraw-Hill, 1972, Seção 1.6.

O movimento do fluido é regido pela equação de continuidade e pelas equações de Navier-Stokes; a única componente não nula (desconsiderando a pressão hidrostática) das últimas simplifica-se, neste caso, para

$$\rho \frac{\partial v_z}{\partial t} = \eta \frac{\partial^2 v_z}{\partial y^2}, \quad t > 0, \; z > 0 \tag{12.66}$$

com as condições de borda:

$$v_z = U_0, \quad t > 0, \; y = 0 \tag{12.67}$$

$$v_z = 0, \quad t > 0, \; y \to \infty \tag{12.68}$$

$$v_z = 0, \quad t = 0, \; y > 0 \tag{12.69}$$

As Eqs. (12.66)-(12.69) são matematicamente idênticas às Eqs. (12.3)-(12.6), se substituirmos $y \to z$, $v_z \to T$, $U_0 \to T_1$, $0 \to T_0$, $\nu = \eta/\rho \to \alpha$. O resultado será, portanto, o equivalente da Eq. (12.28):

$$v_z = U_0 \operatorname{erfc}\left(\frac{y}{\sqrt{4\nu t}}\right) \tag{12.70}$$

Parâmetros como a espessura de penetração (da velocidade, neste caso) podem ser definidos, e expressões análogas à Eq. (12.30):

$$\delta_v \approx 3{,}6\sqrt{\nu t} \tag{12.71}$$

podem ser escritas imediatamente (Figura 12.6). A força por unidade de área necessária para mover a parede é igual à tensão de atrito viscoso na parede, equivalente ao fluxo de calor ($\tau_w \to q_0$). O equivalente da Eq. (12.33) expressa $\tau_w$ como função do tempo, com a substituição adicional $\eta \to k$:

$$\tau_w = \frac{\eta U_0}{\sqrt{\pi \nu t}} \tag{12.72}$$

A *analogia* entre transferência de calor e transferência de quantidade de movimento foi introduzida no comentário do Problema 11.5. Observe que a velocidade é um vetor e a tensão de atrito viscoso é um tensor de segunda ordem, mas a temperatura é um escalar e o fluxo de calor é um vetor. Portanto, a analogia limita-se a escoamentos unidirecionais nos quais somente uma componente da velocidade é diferente de zero. Porém, as soluções de muitos problemas em mecânica dos fluidos, transferência de massa, e também em transferência de calor em fluidos, podem ser obtidas simplesmente *por analogia*, como será visto no decorrer do livro.

# 12.2 PLACA PLANA (I)

## 12.2.1 Formulação do Problema

Considere uma parede plana, de espessura $2H$, inicialmente (para o tempo $t < 0$) à temperatura uniforme $T_0$. No tempo $t = 0$ a temperatura das superfícies $z = \pm H$ é subitamente mudada[10] para $T_1 \neq T_0$ e mantida nesse valor para todo o tempo posterior $t > 0$.

Deseja-se estudar o esquentamento (ou resfriamento) da parede no tempo. Este é um problema não estacionário, já que a temperatura em cada ponto da parede muda no tempo (exceto nos planos $\pm H$, onde é mantida fixa a $T_1$). O comprimento e a largura da parede são tais que os efeitos de bordas são desprezíveis e a temperatura é função somente do tempo e da coordenada $z$ normal à parede (Figura 12.7):

$$T = T(t, z) \tag{12.73}$$

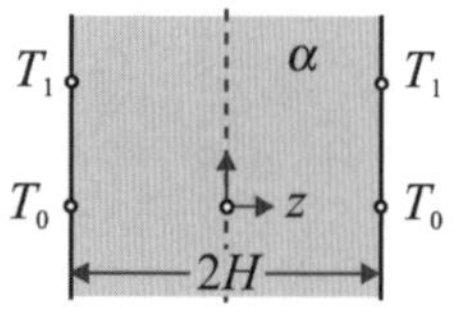


**Figura 12.7**

[10] Como no caso anterior (Seção 12.1), o problema é idêntico tanto para esquentamento, $T_1 < T_0$, quanto para resfriamento, $T_1 < T_0$, da placa. Os resultados são apresentados em termos da diferença de temperatura $T_1 - T_0$, positiva ou negativa segundo o caso.

Suponha que o material da parede é um sólido isotrópico de propriedades físicas (densidade $\rho$, calor específico $\hat{c}$, condutividade térmica $k$) constantes e uniformes, independentes da temperatura. O comportamento do sistema é governado, para $t > 0$ e $-H < z < H$, pela equação de difusão Eq. (10.27):

$$\frac{\partial T}{\partial t} = \alpha \nabla^2 T \qquad (12.74)$$

onde $\alpha = k/\rho\hat{c}$ é a difusividade térmica do material. A Eq. (12.74) simplifica-se neste caso para

$$\frac{\partial T}{\partial t} = \alpha \frac{\partial^2 T}{\partial z^2}, \quad t > 0, \quad -H < z < H \qquad (12.75)$$

A Eq. (12.75) é uma equação diferencial parcial, de primeiro grau em $t$ e de segundo grau em $z$, requerendo, portanto, duas condições de borda para $z$:

$$T = T_1, \quad t > 0, \quad z = \pm H \qquad (12.76)$$

e uma condição de borda para $t$ (condição inicial):

$$T = T_0, \quad t = 0, \quad -H < z < H \qquad (12.77)$$

Observe que o problema é simétrico em relação ao plano central e poderia ter sido formulado em "meia parede", isto é, para $0 < z < H$, substituindo a condição de borda para $-H$ pela condição de simetria:

$$\frac{\partial T}{\partial z} = 0, \quad t > 0, \quad z = 0 \qquad (12.78)$$

Observe também que a condição de simetria é idêntica à condição de isolamento $q_n = 0$, desde que, neste caso,

$$q_n = q_z = -k \frac{\partial T}{\partial z} \qquad (12.79)$$

O mesmo perfil de temperatura é obtido para o problema resultante, a transferência de calor não estacionária em uma parede plana de espessura $H$, originalmente à temperatura uniforme ($T_0$), com uma borda ($z = 0$) isolada e a outra ($z = H$) sofrendo uma mudança súbita de temperatura (para $T_1$) a $t = 0$; Figura 12.8.

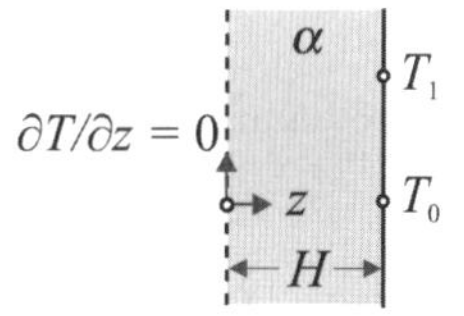


**Figura 12.8**

Pode ser conveniente apresentar o problema de forma adimensional. O comprimento característico natural é a meia espessura $H$, e em problemas de condução transiente pode-se gerar um tempo característico $H^2/\alpha$, baseado na difusividade térmica do material e no comprimento característico do sistema. Temos, então,

$$\tau = \frac{\alpha t}{H^2} \qquad (12.80)$$

$$\zeta = \frac{z}{H} \qquad (12.81)$$

(O tempo adimensional é chamado, às vezes, *número de Fourier*, abreviado *Fo*.) Como temperatura adimensional escolhe-se, por enquanto,

$$\Theta = \frac{T - T_1}{T_0 - T_1} \qquad (12.82)$$

Em termos adimensionais, a equação diferencial e as condições de borda, Eq. (12.75)-(12.77), resultam em

$$\frac{\partial \Theta}{\partial \tau} = \frac{\partial^2 \Theta}{\partial \zeta^2}, \qquad \tau > 0, \quad -1 < \zeta < 1 \qquad (12.83)$$

$$\Theta = 0, \qquad \tau > 0, \quad \zeta = \pm 1 \qquad (12.84)$$

$$\Theta = 1, \qquad \tau = 0, \quad -1 < \zeta < 1 \qquad (12.85)$$

### 12.2.2 Separação de Variáveis

A solução de equações diferenciais parciais é assunto difícil, porém alguns "problemas de bordas" particulares – como o presente caso – podem ser resolvidos com relativa facilidade. Neste problema apresentamos o "método de separação de variáveis", que consiste em considerar a solução do problema, uma função de $\tau$ e $\zeta$, como o produto de duas funções separadas, uma que só depende de $\tau$ e outra que só depende de $\zeta$,

$$\Theta(\tau, \zeta) = F(\tau) \cdot G(\zeta) \tag{12.86}$$

transformando assim uma equação diferencial parcial em $\Theta$, em duas equações diferenciais ordinárias, em $F$ e $G$, de resolução mais simples. A Eq. (12.86) é a solução do problema se for possível encontrar duas funções $F$ e $G$ com essas características que satisfaçam a equação diferencial, Eq. (12.83), e duas condições de borda, Eqs. (12.84)-(12.85).

Neste caso, substituindo a Eq. (12.86) na Eq. (12.83),

$$G\frac{dF}{d\tau} = F\frac{d^2G}{d\zeta^2} \tag{12.87}$$

ou

$$\frac{1}{F}\frac{dF}{d\tau} = \frac{1}{G}\frac{d^2G}{d\zeta^2} \tag{12.88}$$

O termo da esquerda é função apenas de $\tau$ e o termo da direita é função apenas de $\zeta$; portanto, os dois serão iguais a uma constante comum $C$, resultando em duas equações diferenciais *ordinárias*:

$$\frac{dF}{d\tau} - CF = 0 \tag{12.89}$$

$$\frac{d^2G}{d\zeta^2} - CG = 0 \tag{12.90}$$

### 12.2.3 Solução do Problema

A integração da Eq. (12.89) é imediata:

$$F = A\exp(C\tau) \tag{12.91}$$

onde $A$ é uma constante de integração a ser determinada junto com a constante $C$, através das condições de borda. Observe que a constante $C$ deve ser negativa; caso contrário, $\Theta$ seria independente do tempo (se $C = 0$) ou infinita para $t \to \infty$ (se $C > 0$), ao contrário da nossa intuição de que $\Theta \to 1$ ($T \to T_0$) para $t \to \infty$. Portanto, a constante $C$ pode ser expressa como

$$C = -\lambda^2 \tag{12.92}$$

(dessa forma asseguramos que $C < 0$, qualquer que seja o sinal de $\lambda$) e a Eq. (12.91) fica:

$$F = A\exp(-\lambda^2\tau) \tag{12.93}$$

A solução geral da Eq. (12.90) (Seção 6.3.7a) é

$$G = B_1\cos(\lambda\zeta) + B_2\ \text{sen}(\lambda\zeta) \tag{12.94}$$

mas a solução é simétrica em relação ao plano central e, portanto, $G$ deve ser uma *função par*, isto é,

$$G(-\zeta) = G(\zeta) \tag{12.95}$$

Sendo o cosseno par e o seno ímpar, $B_2 = 0$ (tentativamente), o que torna

$$G = B_1\cos(\lambda\zeta) \tag{12.96}$$

Substituindo as Eqs. (12.93)-(12.94) na Eq. (12.86),

$$\Theta = B\cos(\lambda\zeta)\exp(-\lambda^2\tau) \tag{12.97}$$

onde $B = AB_1$ é uma constante de integração. A aplicação da condição de borda, Eq. (12.84), resulta em

$$B\cos(\pm\lambda)\exp(-\lambda^2\tau) = 0 \tag{12.98}$$

Sendo $B \neq 0$, a Eq. (12.98) se cumpre sempre que

$$\cos(\pm\lambda) = 0 \tag{12.99}$$

ou seja,

$$\lambda = \tfrac{1}{2}\pi,\ \tfrac{3}{2}\pi,\ \tfrac{5}{2}\pi, \ldots \tag{12.100}$$

ou

$$\lambda_n = (n + \tfrac{1}{2})\pi, \quad n = 0, 1, 2, \ldots \tag{12.101}$$

Substituindo a Eq. (12.102) na Eq. (12.97),

$$\Theta \doteq B_n \cos\{(n+\tfrac{1}{2})\pi\zeta\}\exp\{-(n+\tfrac{1}{2})^2\pi^2\tau\}, \quad n = 0, 1, 2, \ldots \tag{12.102}$$

onde chamamos $B_n$ de constante de integração. Temos um número infinito de soluções da Eq. (12.83) que cumprem as condições de borda Eq. (12.84), mas nenhuma cumpre a condição inicial, Eq. (12.85), que requer

$$B_n \cos\{(n+\tfrac{1}{2})\pi\zeta\} = 1 \tag{12.103}$$

qualquer que seja a escolha da constante $B_n$. Aproveitando a propriedade das equações diferenciais lineares, de que a soma de soluções também é uma solução, tentamos a soma de todas as soluções, Eq. (12.102), para $n = 0$, 1, 2, etc.

$$\Theta \doteq \sum_{n=0}^{\infty} B_n \cos\{(n+\tfrac{1}{2})\pi\zeta\}\exp\{-(n+\tfrac{1}{2})^2\pi^2\tau\} \tag{12.104}$$

e vemos se é possível determinar as constantes $B_n$ para $n = 0, 1, 2, \ldots$ de modo que a Eq. (12.104) cumpra com a condição inicial, isto é,

$$\sum_{n=0}^{\infty} B_n \cos\{(n+\tfrac{1}{2})\pi\zeta\} = 1 \tag{12.105}$$

De fato, isso é possível. Multiplicamos os dois lados da Eq. (12.105) por $\cos\{(m+\tfrac{1}{2})\pi\zeta\}$ e integramos entre $-1$ e $+1$ para obter

$$\sum_{n=0}^{\infty} B_n \int_{-1}^{1} \cos\{(n+\tfrac{1}{2})\pi\zeta\}\cos\{(m+\tfrac{1}{2})\pi\zeta\}\,d\zeta = \int_{-1}^{1} \cos\{(m+\tfrac{1}{2})\pi\zeta\}\,d\zeta \tag{12.106}$$

mas

$$\int_{-1}^{1} \cos\{(n+\tfrac{1}{2})\pi\zeta\}\cos\{(m+\tfrac{1}{2})\pi\zeta\}\,d\zeta = 0 \tag{12.107}$$

para $n \neq m$. Portanto, fica apenas um termo da soma, aquele para $n = m$:

$$B_n \int_{-1}^{1} \cos^2\{(n+\tfrac{1}{2})\pi\zeta\}\,d\zeta = \int_{-1}^{1} \cos\{(n+\tfrac{1}{2})\pi\zeta\}\,d\zeta \tag{12.108}$$

de onde

$$B_n = \frac{\int_{-1}^{1} \cos\{(n+\tfrac{1}{2})\pi\zeta\}\,d\zeta}{\int_{-1}^{1} \cos^2\{(n+\tfrac{1}{2})\pi\zeta\}\,d\zeta} \tag{12.109}$$

Avaliadas as integrais da Eq. (12.109), resulta

$$\begin{aligned} B_n &= \frac{\left.\dfrac{\operatorname{sen}(n+\tfrac{1}{2})\pi\zeta}{(n+\tfrac{1}{2})\pi}\right|_{\zeta=-1}^{\zeta=1}}{\left.\dfrac{\tfrac{1}{2}(n+\tfrac{1}{2})\pi\zeta + \tfrac{1}{4}\operatorname{sen}2(n+\tfrac{1}{2})\pi\zeta}{(n+\tfrac{1}{2})\pi}\right|_{\zeta=-1}^{\zeta=1}} \\ &= \left.\frac{\operatorname{sen}(n+\tfrac{1}{2})\pi\zeta}{\tfrac{1}{2}(n+\tfrac{1}{2})\pi\zeta + \tfrac{1}{4}\operatorname{sen}2(n+\tfrac{1}{2})\pi\zeta}\right|_{\zeta=-1}^{\zeta=1} \end{aligned} \tag{12.110}$$

e, finalmente:

$$B_n = \frac{2}{\pi} \cdot \frac{(-1)^n}{(n + 1/2)} \tag{12.111}$$

As constantes $B_n$ para $n = 0, 1, 2$ etc., avaliadas pela Eq. (12.111), garantem que a Eq. (12.104) cumpre com a condição inicial, Eq. (12.85). Como a Eq. (12.104) satisfaz a equação diferencial e todas as condições de borda, Eqs. (12.83)-(12.85), temos a solução do problema. Substituindo a Eq. (12.111) na Eq. (12.104),

$$\Theta = \frac{2}{\pi} \sum_{n=0}^{\infty} \frac{(-1)^n}{(n + 1/2)} \cos\{(n + 1/2)\pi\zeta\} \exp\{-(n + 1/2)^2 \pi^2 \tau\} \tag{12.112}$$

o perfil adimensional de temperatura. Substituindo as Eqs. (12.80)-(12.82) na equação anterior,

$$\boxed{\frac{T - T_0}{T_1 - T_0} = 1 - \frac{2}{\pi} \sum_{n=0}^{\infty} \frac{(-1)^n}{(n + 1/2)} \cos\left\{(n + 1/2)\pi \frac{z}{H}\right\} \exp\left\{-(n + 1/2)^2 \pi^2 \frac{\alpha t}{H^2}\right\}} \tag{12.113}$$

onde o termo da esquerda[11] representa o aumento de temperatura $(T - T_0)$ em relação ao aumento máximo $(T_1 - T_0)$. Observe que, como em outros casos, a verdadeira variável dependente é uma *diferença* de temperaturas (Figura 12.9).

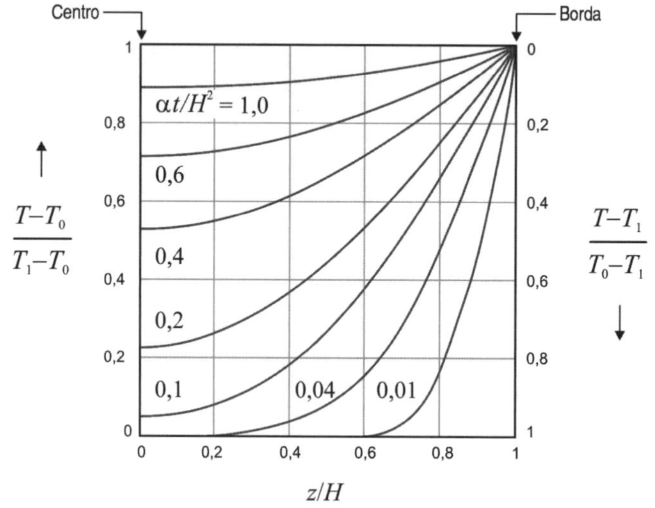


**Figura 12.9**

## 12.2.4 Temperatura no Centro da Placa

Na prática, raramente é necessário conhecer a temperatura pontual no interior da placa. Mais na frente, Eq. (12.133), é avaliada a *temperatura média* da placa. É interessante também avaliar a *temperatura mínima*[12] no interior da placa, que se verifica no centro da mesma, $z = 0$. Da Eq. (12.113),

$$\boxed{\frac{T_C - T_0}{T_1 - T_0} = 1 - \frac{2}{\pi} \sum_{n=0}^{\infty} \frac{(-1)^n}{(n + 1/2)} \exp\left\{-(n + 1/2)^2 \pi^2 \frac{\alpha t}{H^2}\right\}} \tag{12.114}$$

A série na direita da Eq. (12.114) converge rapidamente para $\alpha t/H^2 > 0{,}2$; uma aproximação razoável[13] nessas condições considera somente o primeiro termo:

$$\frac{T_C - T_0}{T_1 - T_0} \approx 1 - \frac{4}{\pi} \exp\left\{-\frac{\pi^2}{4} \frac{\alpha t}{H^2}\right\} = 1 - 1{,}27 \cdot \exp\left\{-2{,}47 \frac{\alpha t}{H^2}\right\} \tag{12.115}$$

Para valores suficientemente baixos de $\alpha t/H^2$, cada "meia placa" comporta-se aproximadamente como um meio semi-infinito, desde que a perturbação térmica na superfície da placa não tenha atingido ainda em forma

[11] Esta expressão é uma melhor escolha para temperatura adimensional; porém, a Eq. (12.82) facilitou a resolução do problema.

[12] Ou *máxima*, no caso de resfriamento.

[13] A série da Eq. (12.85) é uma série alternada (cujos termos mudam alternadamente de sinal). Para séries alternadas, a margem de erro de desconsiderar *todos* os termos, exceto o primeiro, é menor que o valor absoluto do segundo termo (o primeiro desconsiderado); cf. Seção 12.2.5(a). Para $\alpha t/H^2 > 0{,}17$, a margem de erro é menor que 0,01 (1%).

significativa o plano central, onde,

$$\frac{T_C - T_0}{T_1 - T_0} = 0 \tag{12.116}$$

isto é, $T_C = T_0$. O limite de validade da Eq. (12.116) pode ser obtido igualando a distância de penetração térmica, $\delta_T$, Eq. (12.30), à meia espessura da placa, $H$:

$$3{,}6\sqrt{\alpha t} = H \tag{12.117}$$

ou seja, $\alpha t/H^2 < 0{,}1$.

## 12.2.5 Temperatura Média

O fluxo de calor é

$$q = q_z = -k\frac{\partial T}{\partial z} = \frac{2k}{H}(T_1 - T_0)\sum_{n=0}^{\infty}(-1)^n \operatorname{sen}\left\{(n+\tfrac{1}{2})\pi\frac{z}{H}\right\}\exp\left\{-(n+\tfrac{1}{2})^2\pi^2\frac{\alpha t}{H^2}\right\} \tag{12.118}$$

O fluxo é função do tempo e da posição na placa, $q = q(t, z)$, sendo nulo no plano central, $z = 0$ (condição de simetria), e máximo (em módulo) nas superfícies da placa, $z = \pm H$:

$$q_0 = \mp\frac{2k}{H}(T_1 - T_0)\sum_{n=0}^{\infty}\exp\left\{-(n+\tfrac{1}{2})^2\pi^2\frac{\alpha t}{H^2}\right\} \tag{12.119}$$

A quantidade total de energia transferida entre a placa e o meio externo, desde o início do aquecimento (ou resfriamento) em $t = 0$, é função do tempo:

$$\frac{Q_t}{A} = 2\int_0^t |q_0|\,dt' \tag{12.120}$$

$$\frac{Q_t}{A} = \frac{4kH}{\pi^2\alpha}|T_1 - T_0|\sum_{n=0}^{\infty}\frac{1}{(n+\frac{1}{2})^2}\left[1-\exp\left\{-(n+\tfrac{1}{2})^2\pi^2\frac{\alpha t}{H^2}\right\}\right] \tag{12.121}$$

onde $A$ é a área superficial (um lado) da placa. A quantidade máxima de energia transferida é obtida para $t \to \infty$:

$$\frac{Q_\infty}{A} = \frac{4kH}{\pi^2\alpha}|T_1 - T_0|\sum_{n=0}^{\infty}\frac{1}{(n+\frac{1}{2})^2} \tag{12.122}$$

Porém, a quantidade máxima de energia transferida pode ser avaliada através de um balanço global de calor, entre $t = 0$ (temperatura da placa $T_0$) e $t \to \infty$ (temperatura da placa $T_1$):

$$Q_\infty = \rho\hat{c}(2HA)|T_1 - T_0| \tag{12.123}$$

Levando em consideração a definição de difusividade térmica, $\alpha = k/\rho\hat{c}$, a Eq. (12.123) resulta em

$$\frac{Q_\infty}{A} = \frac{2kH}{\alpha}|T_1 - T_0| \tag{12.124}$$

Comparando as Eqs. (12.123) e (12.124), obtém-se a soma da série numérica da Eq. (12.122):

$$\sum_{n=0}^{\infty}\frac{1}{(n+\frac{1}{2})^2} = \tfrac{1}{2}\pi^2 \tag{12.125}$$

Das Eqs. (12.121) e (12.124),

$$\frac{Q_t}{Q_\infty} = \frac{2}{\pi^2}\sum_{n=0}^{\infty}\frac{1}{(n+\frac{1}{2})^2}\left[1-\exp\left\{-(n+\tfrac{1}{2})^2\pi^2\frac{\alpha t}{H^2}\right\}\right] \tag{12.126}$$

ou, levando em consideração a Eq. (12.125),

$$\frac{Q_t}{Q_\infty} = 1 - \frac{2}{\pi^2}\sum_{n=0}^{\infty}\frac{1}{(n+\frac{1}{2})^2}\exp\left\{-(n+\tfrac{1}{2})^2\pi^2\frac{\alpha t}{H^2}\right\} \tag{12.127}$$

A série na direita da Eq. (12.127) converge rapidamente para $\alpha t/H^2 > 0{,}5$. Uma aproximação razoável nessas condições considera somente o primeiro termo:

$$\frac{Q_t}{Q_\infty} \approx 1 - \frac{8}{\pi^2}\exp\left\{-\frac{\pi^2}{4}\cdot\frac{\alpha t}{H^2}\right\} \tag{12.128}$$

Para valores suficientemente baixos de $\alpha t/H^2$, cada "meia placa" comporta-se como um meio semi-infinito, desde que a perturbação térmica na superfície da placa não tenha atingido ainda o plano central. O limite de validade desta aproximação é obtido igualando a distância de penetração térmica à semiespessura da placa; veja a Eq. (12.117) acima. Para $\alpha t/H^2 < 0{,}1$, temos, da Eq. (12.35),

$$\frac{Q_t}{A} \approx 4k\sqrt{\frac{t}{\pi\alpha}}(T_1 - T_0) \tag{12.129}$$

(para as duas meias placas) e, levando em consideração a Eq. (12.124),

$$\frac{Q_t}{Q_\infty} \approx 2\sqrt{\frac{\alpha t}{\pi H^2}} \tag{12.130}$$

A quantidade total de energia transferida está relacionada à temperatura média da placa através de um simples balanço de calor:

$$Q_t = \rho\hat{c}(2HA)\left|\bar{T} - T_0\right| \tag{12.131}$$

onde $V = 2HA$ é o volume da placa. Para $t \to \infty$ a temperatura média da placa é $T_1$ (uniforme), e obtemos a Eq. (12.123); portanto,

$$\frac{\bar{T} - T_0}{T_1 - T_0} = \frac{Q_t}{Q_\infty} \tag{12.132}$$

Levando em consideração as Eqs. (12.128) e (12.132), temos, em geral, $\bar{T} = \bar{T}(t)$:

$$\boxed{\frac{\bar{T} - T_0}{T_1 - T_0} = 1 - \frac{2}{\pi^2}\sum_{n=0}^{\infty}\frac{1}{(n+½)^2}\exp\left\{-(n+½)^2\pi^2\frac{\alpha t}{H^2}\right\}} \tag{12.133}$$

e, aproximadamente, para $\alpha t/H^2 > 0{,}5$:

$$\frac{\bar{T} - T_0}{T_1 - T_0} \approx 1 - \frac{8}{\pi^2}\exp\left\{-\frac{\pi^2}{4}\cdot\frac{\alpha t}{H^2}\right\} = 1 - 0{,}81\cdot\exp\left\{-2{,}47\cdot\frac{\alpha t}{H^2}\right\} \tag{12.134}$$

ou, para $\alpha t/H^2 < 0{,}1$,

$$\frac{\bar{T} - T_0}{T_1 - T_0} \approx 2\sqrt{\frac{\alpha t}{\pi H^2}} \tag{12.135}$$

Compare as Eqs. (12.133)-(12.135), para avaliar a temperatura média, com as Eqs. (12.114)-(12.116), para avaliar a temperatura no centro da placa. Para tempos (adimensionais) longos as duas temperaturas dependem exponencialmente do tempo, Eqs. (12.115) e (12.134). Para tempos curtos o comportamento é bem diferente. Na superfície, o gradiente de temperatura é muito elevado para tempos curtos, o que resulta no aumento rápido da temperatura média, Eq. (12.135). No interior da placa o gradiente de temperatura é inicialmente nulo, o que resulta no aumento muito lento da temperatura no centro da placa; de fato, ela permanece, por um bom tempo (aproximadamente), constante e igual à temperatura inicial, Eq. (12.116).

**Tabela 12.2** Sumário de soluções aproximadas

| Placa plana | Temperatura no centro | Temperatura média |
|---|---|---|
| Tempos curtos: $\alpha t/H^2 < 0{,}1$ | $\frac{T_C - T_0}{T_1 - T_0} \approx 0$ | $\frac{\bar{T} - T_0}{T_1 - T_0} \approx 2\sqrt{\frac{\alpha t}{\pi H^2}}$ |
| Tempos longos: $\alpha t/H^2 > 0{,}5$ | $\frac{T_C - T_0}{T_1 - T_0} \approx 1 - \frac{4}{\pi}\exp\left\{-\frac{\pi^2}{4}\cdot\frac{\alpha t}{H^2}\right\}$ | $\frac{\bar{T} - T_0}{T_1 - T_0} \approx 1 - \frac{8}{\pi^2}\exp\left\{-\frac{\pi^2}{4}\cdot\frac{\alpha t}{H^2}\right\}$ |

## 12.2.6 Comentários

**(a)** ***Séries de Fourier***

Dada uma série:

$$\sum_{n=1}^{\infty} a_n \tag{12.136}$$

onde o número ou função $a_n$ é chamado o "termo de ordem $n$" da mesma, e dada uma sucessão de somas parciais:

$$S_N = \sum_{n=0}^{N} a_n, \quad N = 0,1,2, \dots \tag{12.137}$$

diz-se que a série Eq. (12.136) é *convergente* se existe o limite:

$$S_\infty = \lim_{N \to \infty} S_N \tag{12.138}$$

(uma série que não é convergente se diz divergente). Para uma série convergente, o número ou função $S_\infty$ é chamado "soma da série", escrita formalmente como

$$S_\infty = \sum_{n=1}^{\infty} a_n \tag{12.139}$$

e se diz que $S_\infty$ é "representado" pela série Eq. (12.136). Em geral, para que a série Eq. (12.136) seja convergente é *necessário* que

$$\lim_{n \to \infty} a_n = 0 \tag{12.140}$$

Porém, a condição Eq. (12.140) não é *suficiente*, isto é, não garante que a série seja convergente. Obviamente estamos interessados apenas em séries convergentes. Para o caso de séries de funções, onde $a_n = a_n(x)$, é preciso que a série convirja uniformemente[14] para $S_\infty = S_\infty(x)$ em todo o intervalo de interesse da variável independente $x$, em geral um intervalo aberto $a < x < b$. O conceito pode ser generalizado facilmente para funções de mais de uma variável, $a_n = a_n(x, y, \dots)$.

Na prática, é necessário: (a) determinar se uma série dada é convergente ou divergente, e (b) no caso de ser convergente, avaliar a soma da série $S_\infty$. A convergência pode ser provada diretamente através da definição, Eq. (12.138). Previamente é conveniente testar a condição da Eq. (12.140) para ver se a série *pode* ser convergente. Às vezes é possível obter a soma de uma série convergente de forma *exata*. Para uma série numérica, isto significa obter um número; para uma série de funções, significa obter uma expressão analítica (finita) em termos de funções conhecidas. Se não for o caso, a soma da série é avaliada *aproximadamente* através da soma parcial $S_N$ de um número suficientemente elevado de termos. A questão é: quantos termos são necessários somar para obter $S_\infty$ com uma precisão determinada, ou, qual é o erro – para diferentes valores de $N$ – de tomar $S_N$ como soma da série no lugar de $S_\infty$? Lembre-se de que a soma de um grande número de termos, geralmente pequenos, pode resultar em erros numéricos muito significativos...

Um caso particularmente simples é apresentado pelas *séries alternadas*, onde os termos são alternadamente positivos e negativos. Sem perda de generalidade, podemos supor que

$$a_n = (-1)^n c_n \tag{12.141}$$

onde os $c_n$ são estritamente positivos:

$$c_n > 0, \quad n = 0,1,2, \dots \tag{12.142}$$

Podemos escrever, então,

$$\sum_{n=1}^{\infty} (-1)^n c_n \tag{12.143}$$

As séries alternadas têm duas propriedades importantes:

[14] A convergência uniforme de uma série de funções $a_n(x)$ em um intervalo aberto $a < x < b$ quer dizer que as somas parciais $S_N(x)$ podem se aproximar de $S_\infty(x)$ tão perto quanto se queira, para $N > N_0$, onde $N_0$ depende da precisão requerida, mas é independente de $x$: a série converge "do mesmo jeito" em todo o intervalo.

(i) A condição Eq. (12.140) é *suficiente* para que a série seja convergente, isto é, se

$$\lim_{n\to\infty} c_n = 0 \tag{12.144}$$

então a série Eq. (12.143) é convergente.

(ii) O erro de tomar $S_N$ como soma da série no lugar de $S_\infty$ tem o mesmo sinal e é menor, em valor absoluto, que o primeiro termo desconsiderado, isto é, o termo de ordem $N + 1$,

$$|S_N - S_\infty| < c_{N+1} \tag{12.145}$$

onde

$$S_N = \sum_{n=1}^{N} (-1)^n c_n \tag{12.146}$$

Temos então uma forma simples de monitorar a avaliação da soma, ainda que isso não resolva todos os problemas.

A "velocidade" de convergência afeta a utilidade prática de uma série alternada. A Figura 12.10a apresenta uma série de *convergência lenta*: a soma dos oito primeiros termos não é representativa da soma da série, e a margem de erro é de pouca utilidade. Já na Figura 12.10b, temos uma série de *convergência rápida*: $S_7 \approx S_\infty$, e a margem de erro ($a_8$) mostra claramente o grau de aproximação atingido nesse ponto (série em cinza-claro, somas parciais em cinza-escuro, e soma da série em cinza médio).

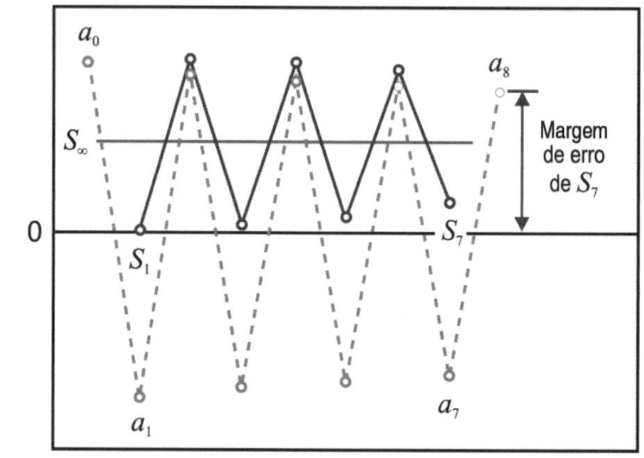


**Figura 12.10a**

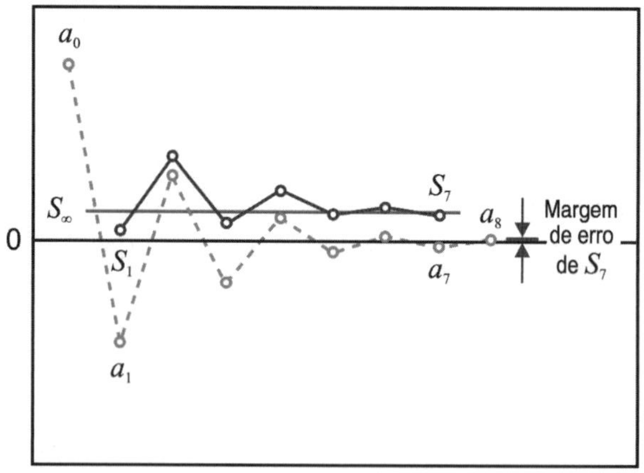


**Figura 12.10b**

A Eq. (12.104) é um exemplo de *série de Fourier*. Para certos valores dos parâmetros $\lambda_n$, $n = 0, 1, 2, \ldots$ que satisfazem

$$\int_a^b \operatorname{sen}(\lambda_n x)\operatorname{sen}(\lambda_m x)dx \begin{cases} = 0, & n \neq m \\ \neq 0, & n = m \end{cases} \tag{12.147}$$

(e o mesmo para cossenos e produtos seno-cosseno) em certo intervalo $a < x < b$, o conjunto de funções

$$\{\operatorname{sen}(\lambda_n x),\ \cos(\lambda_n x),\ n = 1, 2, \ldots\} \tag{12.148}$$

é "completo" no sentido de que, com coeficientes $A_n$, $B_n$, $n = 0, 1, 2, \ldots$ apropriados,

$$f(x) = \sum_{n=1}^{\infty} A_n \operatorname{sen}(\lambda_n x) + B_n \cos(\lambda_n x) \tag{12.149}$$

para qualquer função mais ou menos regular no intervalo $a < x < b$ (Figura 12.11).

A série na direita da Eq. (12.149), chamada *série de Fourier de* $f(x)$, "representa" a função $f(x)$ no intervalo. Os coeficientes $A_n$, $B_n$ são avaliados através de expressões semelhantes à Eq. (12.149):

$$A_n = \frac{\int_a^b f(x)\operatorname{sen}(\lambda_n x)dx}{\int_a^b \operatorname{sen}^2(\lambda_n x)dx}, \quad B_n = \frac{\int_a^b f(x)\cos(\lambda_n x)dx}{\int_a^b \cos^2(\lambda_n x)dx} \tag{12.150}$$

A propriedade Eq. (12.150) garante que os coeficientes $A_n$, $B_n$ podem ser avaliados (o denominador é diferente de zero). Além de senos e cossenos, existem outros conjuntos completos de funções que podem ser utilizadas para representar funções mais ou menos arbitrárias através de séries de Fourier.[15]

A Figura 12.11 apresenta três somas parciais, com 3 (cinza-claro), 5 (cinza-escuro) e 9 (preto) termos, da série de Fourier que representa a função $f(\zeta) = 1$ no intervalo $-1 < \zeta < 1$, onde $\lambda_n$ e $B_n$ são dados pelas Eqs. (12.101) e (12.111).

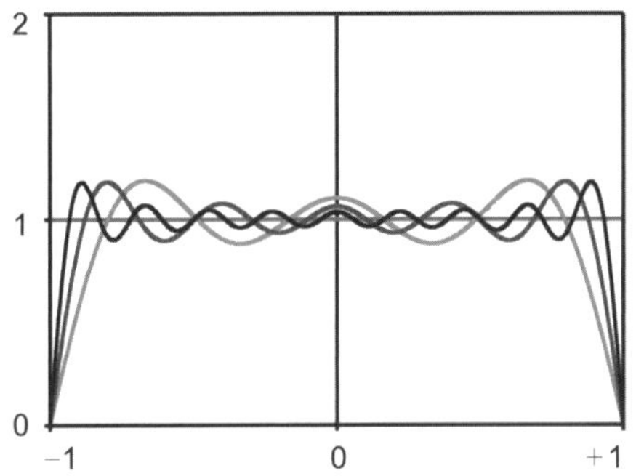


**Figura 12.11**

Todos os livros-textos chamados "Matemáticas para Engenheiros", ou coisa parecida, têm capítulos dedicados às séries de Fourier; por exemplo, *Foundations of Applied Mathematics*, Prentice-Hall, 1978. Uma referência clássica, breve e acessível é R. V. Churchill, *Fourier Series and Boundary Value Problems*, 2nd ed. McGraw-Hill, 1963.

**(b)** ***Variações***

Ainda que a solução do problema seja única, esta pode ser expressa (ou "representada") de formas diversas. Por exemplo, é possível analisar o problema em um sistema de coordenadas com origem localizada na superfície da placa, e não no plano central (Figura 12.12).

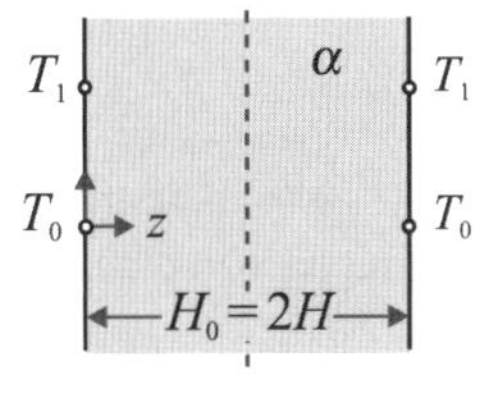


**Figura 12.12**

Nesse caso, a Eq. (12.113) fica:

$$\frac{T - T_0}{T_1 - T_0} = 1 - \frac{4}{\pi} \sum_{n=0}^{\infty} \frac{1}{(2n+1)} \operatorname{sen}\left\{(2n+1)\pi \frac{z}{H_0}\right\} \exp\left\{-(2n+1)^2 \pi^2 \frac{\alpha t}{H_0^2}\right\} \tag{12.151}$$

válida no intervalo $0 < z < H_0$, $t > 0$. A Eq. (12.151), porém, não tem nenhuma vantagem sobre a Eq. (12.113).

[15] Quem achar "raro" que uma série de senos e cossenos possam representar uma função arbitrária $f(x)$ num intervalo finito $a < x < b$, pense que séries baseadas nos monômios $\{x^n\}$ $n = 0, 1, 2\ldots$ podem representar toda e qualquer função contínua no intervalo $-\infty < x < +\infty$ (as séries de Taylor).

Também é possível[16] obter a solução em termos da *função erro complementar* erfc, Eq. (12.50), em vez do produto de funções trigonométricas e exponenciais:

$$\frac{T-T_0}{T_1-T_0}=\sum_{n=0}^{\infty}(-1)^n\left[\operatorname{erfc}\left\{\frac{(n+\frac{1}{2})H-z}{\sqrt{\alpha t}}\right\}+\operatorname{erfc}\left\{\frac{(n+\frac{1}{2})H+z}{\sqrt{\alpha t}}\right\}\right] \tag{12.152}$$

A Eq. (12.152) pode ser de utilidade para obter temperaturas locais para tempos curtos, condições nas quais a Eq. (12.113) converge muito lentamente.

(c) ***A solução de problemas em fenômenos de transporte***

Temos visto que a solução de problemas em fenômenos de transporte requer frequentemente a consideração de problemas de bordas em equações diferenciais, ordinárias ou parciais. Matemáticos, físicos e engenheiros têm estudado esses problemas de bordas, contudo, de pontos de vista diferentes. O matemático fica muitas vezes satisfeito se for possível provar que o problema tem solução e que a solução é única, isto é, estuda a existência e unicidade das soluções. Já o físico teórico está interessado em obter a solução de problemas de bordas específicos na forma de funções, séries ou integrais. Mas o engenheiro vai além disso. Ele precisa tirar *números* dessas soluções para casos particulares e concretos.[17] Não adianta ao engenheiro saber que existe a solução do problema representado pelas Eqs. (12.3)-(12.6) ou pelas Eqs. (12.75)-(12.77), ou ainda saber que a solução do primeiro é dada pela Eq. (12.29) e a do segundo pela Eq. (12.113), se não souber como avaliar a função erro da Eq. (12.29) para um valor *concreto* de $z/(\alpha t)^{1/2}$, ou somar a série de Fourier da Eq. (12.113) para um valor *determinado* de $z/H$ e $\alpha t/H^2$. É, portanto, essencial para o engenheiro saber como avaliar numericamente as "funções especiais" (que não aparecem nas calculadoras), séries numéricas e funcionais, e integrais definidas que resultam da solução de problemas de bordas, e estimar a margem de erro desses cálculos numéricos. Daí a importância dos comentários das Seções 12.1, sobre a avaliação da função erro, e 12.2, sobre a soma das séries de Fourier.

# 12.3 PLACA PLANA (II)

## 12.3.1 Formulação do Problema

Considere uma parede plana (muito larga e comprida), de espessura $H_0$ e propriedades termofísicas constantes, e suponha que o perfil de temperatura inicial (isto é, para tempo $t < 0$) é dado pela função (conhecida) $T_0(z)$. No tempo $t = 0$ a temperatura das superfícies $z = 0$ e $z = H_0$ é subitamente fixa nos valores $T_1$ e $T_2$ (em geral, $T_2 \neq T_1$) e mantida nesses valores para todo o tempo posterior $t > 0$ (Figura 12.13).

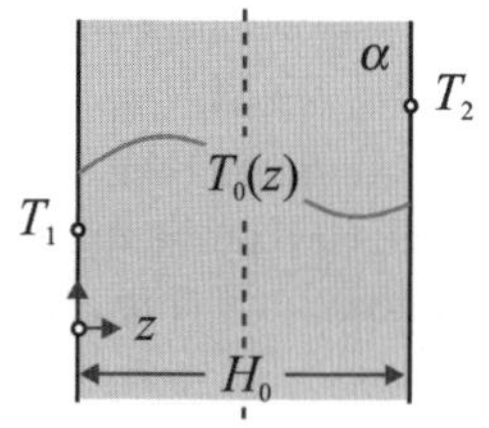


**Figura 12.13**

Para tempos muito longos ($t \to \infty$) a distribuição de temperatura na parede atinge o perfil linear do estado estacionário correspondente a uma parede plana (Seção 11.1):

$$T_\infty(z)=T_1+(T_2-T_1)\frac{z}{H_0} \tag{12.153}$$

Para tempos finitos $t > 0$, calor é fornecido ou retirado através das superfícies, de forma que o perfil inicial $T_0(z)$ se transforma no perfil final $T_\infty(z)$. Deseja-se estudar a variação do perfil de temperatura em função do tempo, $T = T(z, t)$. As temperaturas $T_1$ e $T_2$ são arbitrárias, e é possível que $T_1 = T_0(0)$ e/ou $T_2 = T_0(H_0)$; a função $T_0(z)$ também é arbitrária, mas diferente de $T_\infty(z)$ – caso contrário o problema é trivial. O problema estudado na Seção12.2 corresponde ao caso particular "degenerado" $T_0(z) \equiv T_0$ constante, $T_2 = T_1 \neq T_0$.

[16] Veja, por exemplo, H. S. Carslaw e J. C. Jaeger, *Conduction of Heat in Solids*, 2nd ed. Oxford University Press (1959), Seção 3.3, Eq. (9).

[17] O que limita consideravelmente a complexidade dos problemas que o engenheiro pode resolver.

Nas condições do problema (sólido isotrópico de propriedades físicas constantes e transferência de calor unidirecional – por conta de a largura e o comprimento da parede serem muito maiores que a espessura) a variação de temperatura é regida pela equação:

$$\frac{\partial T}{\partial t} = \alpha \frac{\partial^2 T}{\partial z^2}, \ t > 0, \quad 0 < z < H_0 \tag{12.154}$$

onde $\alpha$ é a difusividade térmica do material. As condições de borda são

$$T = T_1, \qquad t > 0, \ z = 0 \tag{12.155}$$

$$T = T_2, \qquad t > 0, \ z = H_0 \tag{12.156}$$

e a condição inicial é

$$T = T_0(z), \ t = 0, \quad 0 < z < H_0 \tag{12.157}$$

Ainda que o problema seja mais complexo (mais geral) que o caso anterior, a equação diferencial é a mesma. As condições de borda seguem o mesmo padrão, mas o problema *não é* simétrico em relação ao plano central (daí a escolha do sistema de coordenadas com origem em uma superfície da parede).

Seguindo o procedimento da Seção 12.2, apresentamos o problema de forma adimensional, utilizando a espessura $H_0$ como comprimento característico e $H_0^2/\alpha$ como tempo característico do sistema. Temos, então,

$$\tau = \frac{\alpha t}{H_0^2} \tag{12.158}$$

$$\zeta = \frac{z}{H_0} \tag{12.159}$$

Como temperatura adimensional, a escolha natural é

$$\Theta = \frac{T - T_1}{T_2 - T_1} \tag{12.160}$$

Em termos adimensionais, a equação diferencial, Eq. (12.154), e as condições de borda, Eqs. (12.155)-(12.157) resultam em

$$\frac{\partial \Theta}{\partial \tau} = \frac{\partial^2 \Theta}{\partial \zeta^2}, \qquad \tau > 0, \quad 0 < \zeta < 1 \tag{12.161}$$

$$\Theta = 0, \qquad \tau > 0, \quad \zeta = 0 \tag{12.162}$$

$$\Theta = 1, \qquad \tau > 0, \quad \zeta = 1 \tag{12.163}$$

$$\Theta = \Theta_0(\zeta), \qquad \tau = 0, \quad 0 < \zeta < 1 \tag{12.164}$$

onde

$$\Theta_0(\zeta) = \frac{T_0(z) - T_1}{T_2 - T_1} \tag{12.165}$$

Observe as diferenças entre este caso e o caso mais simples da Seção 3.2:

(a) A condição inicial é bem mais complexa: é uma função e não uma constante.
(b) As condições de borda são constantes, mas são diferentes.

Em relação ao item (a) não é muito o que podemos fazer; porém o item (b) pode ser facilmente contornado. A função $\Theta_\infty(z)$, definida como,

$$\Theta_\infty(\zeta) = \frac{T_\infty(z) - T_1}{T_2 - T_1} \tag{12.166}$$

onde $T_\infty$ dado pela Eq. (12.153), também é uma solução da Eq. (12.161) – é a solução do estado estacionário, para tempos longos – e cumpre com *as mesmas* condições de borda, Eqs. (12.162)-(12.163), mas, obviamente, não cumpre com a condição inicial, Eq. (12.164). Se definirmos uma nova variável independente $\Theta'$:

$$\Theta'(z, t) = \Theta(z, t) - \Theta_\infty(z) \tag{12.167}$$

teremos que $\Theta'$, uma combinação linear de duas soluções da Eq. (12.161), também é solução da Eq. (12.161) e cumpre com *a mesma* condição nas duas bordas:

$$\Theta' = 0, \qquad \tau > 0,\ \zeta = 0 \tag{12.168}$$

$$\Theta' = 0, \qquad \tau > 0,\ \zeta = 1 \tag{12.169}$$

A condição inicial para $\Theta'$ é obtida da definição, Eq. (12.167), e da condição inicial para $\Theta$, Eq. (12.165):

$$\Theta' = \Theta_0(\zeta) - \Theta_\infty(\zeta), \quad \tau = 0, \quad 0 < \zeta < 1 \tag{12.170}$$

que não é mais nem menos complexa que a original.

Resumindo, tentaremos resolver o problema de bordas na nova variável $\Theta'$:

$$\frac{\partial \Theta'}{\partial \tau} = \frac{\partial^2 \Theta'}{\partial \zeta^2}, \quad \tau > 0, \quad 0 < \zeta < 1 \tag{12.171}$$

$$\Theta' = 0, \qquad \tau > 0, \quad \zeta = 0 \tag{12.172}$$

$$\Theta' = 0, \qquad \tau > 0, \quad \zeta = 1 \tag{12.173}$$

$$\Theta' = \Theta_0'(\zeta), \qquad \tau = 0, \quad 0 < \zeta < 1 \tag{12.174}$$

onde temos chamado

$$\Theta_0'(\zeta) = \Theta_0(\zeta) - \Theta_\infty(\zeta) \tag{12.175}$$

Uma vez que o problema, Eqs. (12.171)-(12.174), esteja resolvido, $\Theta$ é obtido da definição:

$$\Theta(z, t) = \Theta'(z, t) + \Theta_\infty(z) \tag{12.176}$$

### 12.3.2 Solução do Problema

Utilizando o método de separação de variáveis, consideramos a solução do problema como o produto de duas funções, uma que só depende de $\tau$ e outra que só depende de $\zeta$:

$$\Theta'(\tau, \zeta) = F(\tau) \cdot G(\zeta) \tag{12.177}$$

O argumento segue o mesmo percurso que na Seção 12.2, Eqs. (12.87)-(12.97). A equação diferencial parcial, Eq. (12.171), é reduzida a um par de equações diferenciais ordinárias:

$$\frac{dF}{d\tau} - CF = 0 \tag{12.178}$$

$$\frac{d^2G}{d\zeta^2} - CG = 0 \tag{12.179}$$

onde $C$ é uma constante, por enquanto desconhecida. Os mesmos argumentos levam à conclusão de que $C$ deve ser negativa, expressada, portanto, como $C = -\lambda^2$, mas a falta de simetria recomenda agora o uso dos senos em vez dos cossenos:

$$F = A\exp(-\lambda^2\tau) \tag{12.180}$$

$$G = B_1 \operatorname{sen}(\lambda\zeta) \tag{12.181}$$

ou

$$\Theta' = G \cdot F = B\cos(\lambda\zeta)\exp(-\lambda^2\tau) \tag{12.182}$$

onde $B = AB_1$ é uma constante de integração. A aplicação da condição de borda, Eq. (12.173), resulta em

$$B\operatorname{sen}(\lambda)\exp(-\lambda^2\tau) = 0 \tag{12.183}$$

(A condição de borda em $z = 0$ é cumprida automaticamente para qualquer valor de $\lambda$.) Sendo $B \neq 0$, a Eq. (12.193) se cumpre sempre que

$$\operatorname{sen}(\lambda) = 0 \tag{12.184}$$

ou seja,

$$\lambda = 0, \pi, 2\pi, 3\pi, \ldots \tag{12.185}$$

ou

$$\lambda_n = n\pi, \quad n = 0, 1, 2, \ldots \tag{12.186}$$

Substituindo na Eq. (12.182), temos infinitas soluções:

$$\Theta'_n = B_n \operatorname{sen}(n\pi\zeta)\exp\{-(n\pi)^2\tau\}, \quad n = 0, 1, 2, \ldots \tag{12.187}$$

que cumprem as condições de borda Eqs. (12.172)-(12.173), mas nenhuma cumpre a condição inicial, Eq. (12.174). Tentamos então a série

$$\Theta' = \sum_{n=0}^{\infty} B_n \operatorname{sen}(n\pi\zeta)\exp\{-(n\pi)^2\tau\} \tag{12.188}$$

e determinamos as constantes $B_n$ para $n = 0, 1, 2, \ldots$ de modo que a Eq. (12.188) cumpra com a condição inicial, isto é,

$$\sum_{n=0}^{\infty} B_n \cos(n\pi\zeta) = \Theta'_0(\zeta) \tag{12.189}$$

Em vista de que as funções sen($n\pi x$) são ortogonais no intervalo $0 < x < 1$, argumento semelhante ao utilizado na Seção 12.2, Eqs. (12.106)-(12.111), temos

$$B_n = \frac{\int_0^1 \Theta'_0(\xi)\operatorname{sen}(n\pi\xi)d\xi}{\int_0^1 \operatorname{sen}^2(n\pi\xi)d\xi} \tag{12.190}$$

A integral do denominador é simplesmente[18]

$$\int_0^1 \operatorname{sen}^2(n\pi\xi)d\xi = \frac{1}{n\pi}\int_0^{n\pi} \operatorname{sen}^2\xi' d\xi' = \left.\frac{\xi' - \operatorname{sen}\xi'\cos\xi'}{2n\pi}\right|_0^{n\pi} = \tfrac{1}{2} \tag{12.191}$$

Portanto,

$$B_n = 2\int_0^1 \Theta'_0(\xi)\operatorname{sen}(n\pi\xi)d\xi \tag{12.192}$$

A solução do problema na variável auxiliar $\Theta'$ é a série da Eq. (12.188), com os coeficientes $B_n$ (os coeficientes de Fourier da função $\Theta'_0$) avaliados com a Eq. (12.192).

Levando em consideração as Eqs. (12.153), (12.166) e (12.167), temos, finalmente,

$$\Theta = \zeta + \sum_{n=1}^{\infty} B_n \operatorname{sen}(n\pi\zeta)\exp\{-(n\pi)^2\tau\} \tag{12.193}$$

onde

$$B_n = 2\int_0^1 [\Theta_0(\xi) - \xi]\operatorname{sen} n\pi\xi d\xi \tag{12.194}$$

A Eq. (12.193) é a solução geral do problema. Soluções particulares requerem a escolha de um perfil de temperatura inicial $\Theta_0$ específico.

Vamos considerar um exemplo bem simples:

$$\Theta_0(\zeta) = 0 \tag{12.195}$$

isto é, $T_0(z) = T_1$, temperatura inicial uniforme, igual à temperatura da superfície em $z = 0$. Os coeficientes $B_n$ resultam então em

$$B_n = -2\int_0^1 \xi \operatorname{sen} n\pi\xi d\xi \tag{12.196}$$

ou, substituindo $\xi' = n\pi\xi$,

$$B_n = -\frac{2}{(n\pi)^2}\int_0^{n\pi} \xi' \operatorname{sen}\xi' d\xi' \tag{12.197}$$

[18] Lembre-se: $\int \operatorname{sen}^2 x\, dx = \tfrac{1}{2}(x - \operatorname{sen} x \cdot \cos x)$.

que pode ser facilmente integrada:[19]

$$\int_0^{n\pi} \xi' \operatorname{sen}\xi' d\xi' = [\operatorname{sen}\xi - \xi\cos\xi]_0^{n\pi} = \operatorname{sen} n\pi - n\pi\cos n\pi = -n\pi(-1)^n \qquad (12.198)$$

Portanto,

$$B_n = \frac{2(-1)^n}{n\pi} \qquad (12.199)$$

e substituindo na Eq. (12.193):

$$\Theta = \zeta + \frac{2}{\pi}\sum_{n=1}^{\infty}\frac{(-1)^n}{n}\operatorname{sen}(n\pi\zeta)\exp\{-(n\pi)^2\tau\} \qquad (12.200)$$

que é a solução procurada. A série da Eq. (12.200) converge rapidamente para valores moderados do tempo adimensional $\tau$. Para $\tau > 0{,}1$, ficando com o primeiro termo ($n = 1$),

$$\Theta \doteq \zeta - \frac{2}{\pi}\operatorname{sen}(\pi\zeta)\exp\{-\pi^2\tau\} \qquad (12.201)$$

o erro na temperatura adimensional é menor que 0,01 (1%). Em termos dimensionais,

$$\frac{T - T_1}{T_2 - T_1} \doteq \frac{z}{H_0} - \frac{2}{\pi}\operatorname{sen}\left(\pi\frac{z}{H_0}\right)\exp\left\{-\pi^2\frac{\alpha t}{H_0^2}\right\} \qquad (12.202)$$

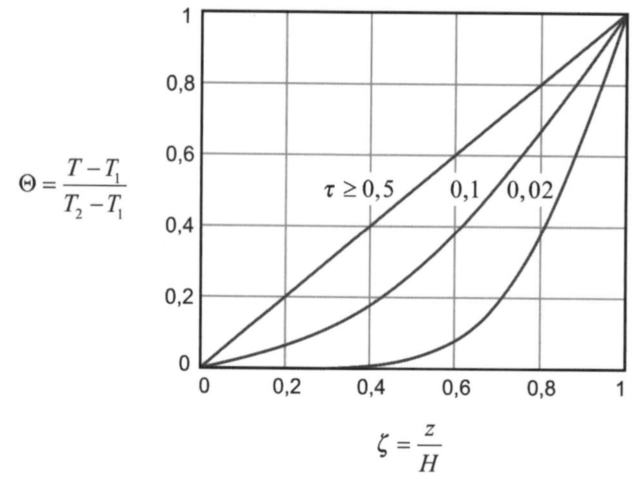


**Figura 12.14**

A Figura 12.14 mostra perfis de temperatura para vários tempos. A partir da Eq. (12.200) ou da Eq. (12.202), é possível avaliar outras quantidades de interesse (temperatura média, fluxos de calor etc.) seguindo os mesmos procedimentos das Seções 12.1 e 12.2.

### 12.3.3 Mais Analogias: Placas Planas Paralelas Subitamente em Movimento Uniforme

Considere um fluido newtoniano incompressível em repouso entre duas placas planas paralelas, distantes $H_0$ uma da outra. Subitamente, uma placa se movimenta paralela a si mesma com velocidade constante $U_0$. Um perfil de velocidade se desenvolve no fluido, arrastado pela placa móvel. Pode-se imaginar este movimento, semelhante ao discutido na Seção 12.1.6e mas constrangido pela presença da placa fixa, como o início, a partir do repouso, do escoamento de Couette em uma fenda estreita, estudado na Seção 3.3.

O movimento laminar não estacionário, pode-se supor unidirecional, com $v_z = v_z(y, t)$ $v_z = v_z = 0$, onde $z$ é a direção da velocidade $U_0$ e $y$ é a direção normal à parede (Figura 12.15), é regido pelas equações de continuidade e de Navier-Stokes, que neste caso se simplificam para

$$\frac{\partial v_z}{\partial t} = \nu\frac{\partial^2 v_z}{\partial y^2} \qquad (12.203)$$

[19] Lembre-se: $\int x \operatorname{sen} x\, dx = \operatorname{sen} x - x\cos x$.

onde $\nu$ é a viscosidade cinemática do fluido, com as condições de borda e condição inicial:

$$v_z = 0, \qquad y = 0 \tag{12.204}$$

$$v_z = U_0, \qquad y = H_0 \tag{12.205}$$

$$v_z = 0, \qquad t = 0 \tag{12.206}$$

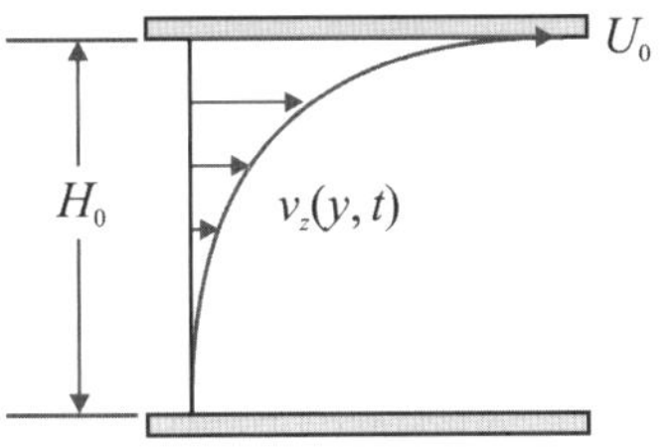


**Figura 12.15**

As Eqs. (12.203)-(12.206) são matematicamente idênticas às equações correspondentes ao exemplo desenvolvido nesta seção. Se substituirmos $y \to z$, $v_z \to T$, $U_0 \to T_2$, $0 \to T_1$, $\nu \to \alpha$, o resultado para o perfil de velocidade será o equivalente da Eq. (12.200):

$$\frac{v_z}{U_0} = \frac{y}{H_0} - \frac{2}{\pi}\,\text{sen}\left(\pi \frac{y}{H_0}\right)\exp\left\{-\pi^2 \frac{\nu t}{H_0^2}\right\} \tag{12.207}$$

Observe que no limite $t \to \infty$ o movimento corresponde ao escoamento *estacionário* de Couette em uma fenda estreita estudado na Seção 3.3, com perfil de velocidade:

$$\frac{(v_z)_\infty}{U_0} = \frac{y}{H_0} \tag{12.208}$$

A Eq. (12.207) pode ser escrita:

$$\frac{(v_z)_\infty - v_z}{U_0} = \frac{2}{\pi}\,\text{sen}\left(\pi \frac{y}{H_0}\right)\exp\left\{-\pi^2 \frac{\nu t}{H_0^2}\right\} \tag{12.209}$$

Se considerarmos o tempo necessário para que a velocidade no plano médio $y = \frac{1}{2}H_0$ difira em 1% do valor correspondente no escoamento completamente desenvolvido, isto é, $\frac{1}{2}U_0$, como o *tempo necessário para atingir o estado estacionário* $t_\infty$ partindo do fluido em repouso, a Eq. (12.209) nos diz que

$$\frac{\nu t_\infty}{H_0^2} \approx 0{,}42 \tag{12.210}$$

ou

$$\frac{t_\infty U_0}{H_0} \approx 0{,}42\frac{U_0 H_0}{\nu} = 0{,}42Re \tag{12.211}$$

onde o número de Reynolds para o escoamento de Couette na fenda estreita tem sido definido da maneira usual, utilizando a velocidade da placa móvel $U_0$ e a espessura da fenda $H_0$ como parâmetros característicos:

$$Re = \frac{\rho U_0 H_0}{\eta} = \frac{U_0 H_0}{\nu} \tag{12.212}$$

sendo $\rho$ a densidade e $\eta$ a viscosidade (dinâmica) do fluido.

Observe que durante o tempo $t_\infty$ um ponto na placa móvel tem-se deslocado $L_\infty = U_0 t_\infty$:

$$\frac{L_\infty}{H_0} \approx 0{,}42Re \tag{12.213}$$

Em certas circunstâncias,[20] $L_\infty$ pode ser identificado com o comprimento de entrada $L_e$ na fenda estreita sob escoamento de Couette (Figura 12.16).

[20] O escoamento na zona de entrada é bidimensional e bidirecional, $v_z = v_z(y, z)$ e $v_y = v_y(y, z)$; a identificação de $L_\infty$ com $L_e$ requer que os efeitos inerciais (convectivos) sejam desconsiderados, isto é, requer a aproximação de escoamento lento viscoso, $Re \ll 1$ (mas o comprimento de entrada é proporcional ao número de Reynolds). A identificação é, portanto, de duvidosa utilidade...

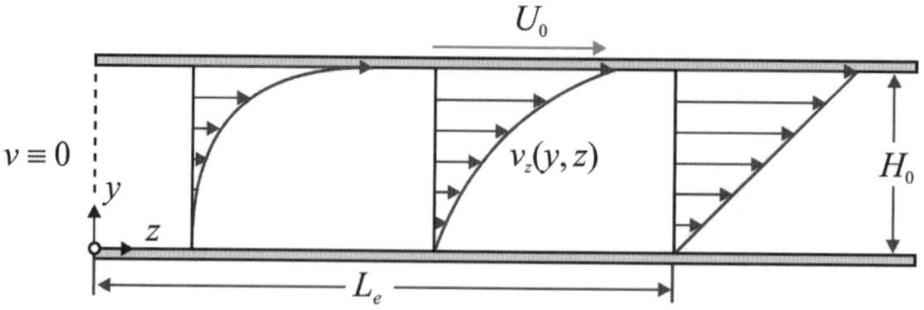


Figura 12.16

# 12.4 PLACA PLANA ISOLADA

## 12.4.1 Formulação do Problema

Considere uma parede plana de espessura $2H$ com um perfil inicial (para tempo $t = 0$) arbitrário de temperatura,[21] mas que é função apenas da coordenada transversal $z$:

$$T = T_{ini}(z), \quad -H \leq z \leq H, \quad t = 0 \tag{12.214}$$

No tempo $t > 0$ as superfícies $z = \pm H$ são isoladas:

$$-k\frac{\partial T}{\partial z} = 0, \quad z = \pm H, \quad t > 0 \tag{12.215}$$

Se a parede for suficientemente larga e comprida, de modo que possam ser desconsiderados os efeitos de bordas, a temperatura para $t > 0$ será função apenas do tempo e da coordenada transversal:

$$T = T(t, z) \tag{12.216}$$

(Figura 12.17.) Em ausência de fontes, a temperatura *média* da parede permanece constante no tempo, igual ao valor inicial:

$$\overline{T} = \frac{1}{2H}\int_{-H}^{H} T(z, t)dz = \frac{1}{2H}\int_{-H}^{H} T_{ini}(z)dz = \overline{T}_{ini} \tag{12.217}$$

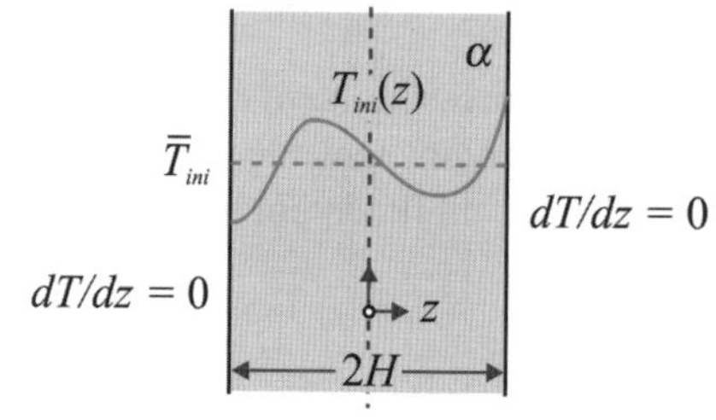


Figura 12.17

Para $t > 0$ o calor é transferido das zonas mais quentes (de maior temperatura) para as mais frias (de menor temperatura), de modo que a temperatura da placa se equilibra em torno da temperatura média. No limite:

$$\lim_{t \to \infty} T(t, z) = \overline{T}_{ini} \tag{12.218}$$

Deseja-se estudar a evolução da temperatura da parede no tempo. Vamos supor que o material da parede é um sólido isotrópico de propriedades físicas (densidade $\rho$, calor específico $\hat{c}$, condutividade térmica $k$) constantes e uniformes, independentes da temperatura. O comportamento do sistema é governado, para $t > 0$ e $-H < z < H$, pela equação de difusão, Eq. (10.27), simplificada neste caso para

$$\frac{\partial T}{\partial t} = \alpha\frac{\partial^2 T}{\partial z^2}, \quad t > 0, \; -H < z < H \tag{12.219}$$

onde $\alpha = k/\rho\hat{c}$ é a difusividade térmica do material, com as condições de borda dadas pela Eq. (12.205) e a condição inicial dada pela Eq. (12.214).

Ainda que as condições de borda sejam simétricas, o problema não é, em geral, simétrico com referência ao plano central da parede, devido a que a condição inicial, Eq. (12.214), não é, em geral, simétrica. Porém, se o fosse, isto é, se $T_{ini}(-z) = T_{ini}(z)$, o problema poderia ser analisado na meia-parede $0 < z < H$ (Figura 12.18).

[21] Vamos supor que $T_{ini}$ não é constante através da parede. No caso "degenerado", a solução do problema é trivial: $T(z, t) = T_{ini}$ para todo tempo.

Observe que a condição de simetria, Eq. (12.78), é a mesma que a condição de borda imposta na superfície da parede, Eq. (12.215). Portanto, não se perde generalidade se considerarmos apenas o problema simétrico.

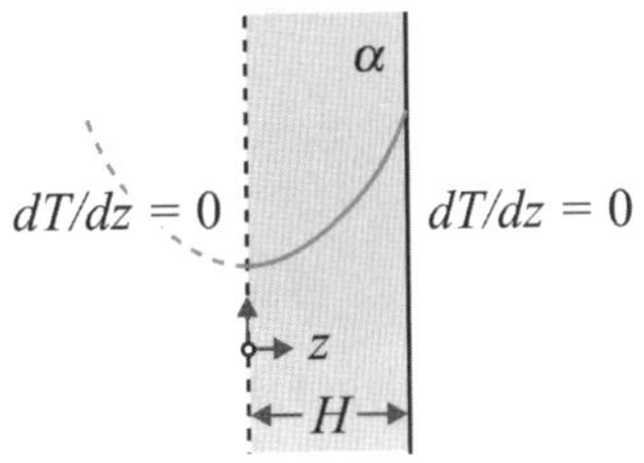


**Figura 12.18**

## 12.4.2 Solução do Problema

A solução do problema segue as mesmas linhas que a solução do problema com paredes isotérmicas, considerado na Seção 12.2. A equação diferencial e as condições de borda e iniciais podem ser adimensionalizadas da mesma forma, utilizando a meia espessura da parede $H$ como comprimento característico e $H^2/\alpha$ como tempo característico:

$$\tau = \frac{\alpha t}{H^2} \tag{12.220}$$

$$\zeta = \frac{z}{H} \tag{12.221}$$

Escolhemos como temperatura adimensional:

$$\Theta = \frac{T - \overline{T}_{ini}}{T_1 - \overline{T}_{ini}} \tag{12.222}$$

onde $T_1$ é uma temperatura característica (arbitrária) baseada no perfil de temperatura inicial. Observe que

$$\overline{\Theta} = \int_0^1 \Theta \, d\zeta = \frac{\overline{T} - \overline{T}_{ini}}{T_1 - \overline{T}_{ini}} = 0 \tag{12.223}$$

Em termos adimensionais, a equação diferencial e as condições de borda, Eq. (12.219) e Eqs. (12.214)-(12.215), resultam em

$$\frac{\partial \Theta}{\partial \tau} = \frac{\partial^2 \Theta}{\partial \zeta^2}, \qquad \tau > 0, \quad -1 < \zeta < 1 \tag{12.224}$$

$$\frac{d\Theta}{d\tau} = 0, \qquad \tau > 0, \quad \zeta = \pm 1 \tag{12.225}$$

$$\Theta = \Theta_{ini}(\zeta), \qquad \tau = 0, \quad -1 < \zeta < 1 \tag{12.226}$$

onde $\Theta_{ini}$ é

$$\Theta_{ini} = \frac{T_{ini}(z) - \overline{T}_{ini}}{T_1 - \overline{T}_{ini}} \tag{12.227}$$

Utilizando o método de separação de variáveis, consideramos a solução do problema como o produto de duas funções, uma que só depende de $\tau$ e outra que só depende de $\zeta$:

$$\Theta(\tau, \zeta) = F(\tau) \cdot G(\zeta) \tag{12.228}$$

O argumento segue o mesmo percurso que na Seção 12.2, Eqs. (12.87)-(12.97). A equação diferencial parcial, Eq. (12.224), é reduzida a um par de equações diferenciais ordinárias:

$$\frac{dF}{d\tau} - CF = 0 \tag{12.229}$$

$$\frac{d^2G}{d\zeta^2} - CG = 0 \tag{12.230}$$

onde $C$ é uma constante, por enquanto desconhecida. Os mesmos argumentos levam à conclusão de que $C$ deve ser negativa, expressada, portanto, como $C = -\lambda^2$, e as mesmas considerações de simetria levam a

$$F = A\exp(-\lambda^2\tau) \tag{12.231}$$

$$G = B_1\cos(\lambda\zeta) \tag{12.232}$$

ou

$$\Theta = G\cdot F = B\cos(\lambda\zeta)\exp(-\lambda^2\tau) \tag{12.233}$$

onde $B = AB_1$ é uma constante de integração. A aplicação das condições de borda, Eq. (12.225), resulta em

$$\pm\lambda B\,\text{sen}(\pm\lambda)\exp(-\lambda^2\tau) = 0 \tag{12.234}$$

Sendo $B \neq 0$, a Eq. (12.234) se cumpre sempre que

$$\text{sen}(\pm\lambda) = 0 \tag{12.235}$$

ou seja,

$$\lambda = 0, \pi, 2\pi, 3\pi, \ldots \tag{12.236}$$

ou

$$\lambda_n = n\pi, \quad n = 0, 1, 2, \ldots \tag{12.237}$$

Substituindo na Eq. (12.233) temos infinitas soluções:

$$\Theta_n = B_n\cos(n\pi\zeta)\exp(-n^2\pi^2\tau), \quad n = 0, 1, 2, \ldots \tag{12.238}$$

que cumprem as condições de borda Eq. (12.225), mas nenhuma cumpre a condição inicial, Eq. (12.226). Tentamos então a série:

$$\Theta = \sum_{n=0}^{\infty} B_n\cos(n\pi\zeta)\exp(-n^2\pi^2\tau) \tag{12.239}$$

e determinamos as constantes $B_n$ para $n = 0, 1, 2,\ldots$ de modo que a Eq. (12.239) cumpra com a condição inicial, isto é,

$$\sum_{n=0}^{\infty} B_n\cos(n\pi\zeta) = \Theta_{ini}(\zeta) \tag{12.240}$$

Em vista de que as funções $\cos(n\pi x)$ são ortogonais no intervalo $-1 < x < 1$, argumento semelhante ao utilizado na Seção 12.2, Eqs. (12.106)-(12.111), temos que

$$B_n = \frac{\int_{-1}^{1}\Theta_{ini}(\zeta)\cos(n\pi\zeta)d\zeta}{\int_{-1}^{1}\cos^2(n\pi\zeta)d\zeta} \tag{12.241}$$

A integral do denominador é, simplesmente,[22]

$$\int_{-1}^{1}\cos^2(n\pi\zeta)d\zeta = \frac{1}{n\pi}\int_{-n\pi}^{n\pi}\cos^2\xi d\xi = \left.\frac{\xi + \text{sen}\,\xi\cos\xi}{2n\pi}\right|_{-n\pi}^{n\pi} = 1 \tag{12.242}$$

Portanto,

$$B_n = \int_{-1}^{1}\Theta_{ini}(\zeta)\cos(n\pi\zeta)d\xi = 2\int_{0}^{1}\Theta_{ini}(\zeta)\cos(n\pi\zeta)d\xi \tag{12.243}$$

A solução de nosso problema é a série da Eq. (12.239), com os coeficientes $B_n$ (os coeficientes de Fourier da função $\Theta_{ini}$) avaliados com a Eq. (12.243):

$$\Theta = 2\sum_{n=1}^{\infty}\left[\int_{0}^{1}\Theta_{ini}(\zeta)\cos(n\pi\zeta)d\xi\right]\cos(n\pi\zeta)\exp(-n^2\pi^2\tau) \tag{12.244}$$

[22] Lembre-se: $\int\cos^2 x\,dx = ½(x + \text{sen}\,x\cdot\cos x)$

Observe que, levando em consideração a Eq. (12.223), $B_0 = 0$; portanto, o somatório da Eq. (12.244) inicia-se efetivamente para $n = 1$. Nas variáveis dimensionais, levando em consideração que

$$\int_0^1 \cos(n\pi\zeta)d\zeta = 0 \tag{12.245}$$

temos

$$\boxed{T - \overline{T}_{ini} = \frac{2}{H}\sum_{n=1}^{\infty}\left[\int_0^H T_{ini}\cos\left(\frac{n\pi z}{H}\right)dz\right]\cos\left(\frac{n\pi z}{H}\right)\exp\left(-\frac{n^2\pi^2\alpha t}{H^2}\right)} \tag{12.246}$$

Uma análise mais detalhada da solução, Eq. (12.244) ou Eq. (12.246), requer a escolha de uma distribuição de temperatura inicial particular, $T_{ini}(z)$.

### 12.4.3 Aproximação Polinômica ("*splines* cúbicos")

Como exemplo, considere o perfil de temperatura inicial da Figura 12.17, um polinômio de terceiro grau simétrico com referência ao plano central da parede. Chamamos $T_0$ à temperatura inicial no plano central ($z = 0$), $T_1$ à temperatura inicial na superfície ($z = \pm H$), e $\kappa$ ao gradiente adimensional de temperatura na superfície (o gradiente de temperatura no plano central é nulo devido à simetria); Figura 12.19.

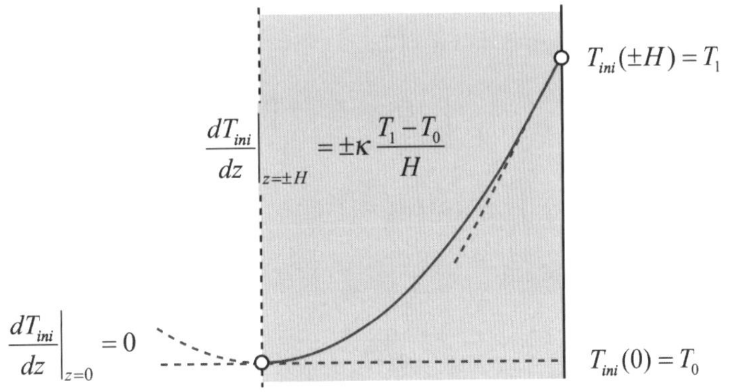


**Figura 12.19**

Definimos um perfil inicial adimensional[23] como

$$\Phi = \frac{T_{ini} - T_0}{T_1 - T_0} \tag{12.247}$$

Temos, então,

$$\Phi = \Phi(\zeta), \qquad 0 \le \zeta \le 1 \tag{12.248}$$

Nos extremos do intervalo:

$$\Phi(0) = 0 \tag{12.249}$$

$$\Phi(1) = 1 \tag{12.250}$$

Na superfície da parede:

$$\Phi'(1) = \left.\frac{d\Phi}{d\zeta}\right|_{\zeta=1} = \kappa \tag{12.251}$$

e por simetria o perfil terá um máximo ou um mínimo para $\zeta = 0$:

$$\Phi'(0) = \left.\frac{d\Phi}{d\zeta}\right|_{\zeta=0} = 0 \tag{12.252}$$

[23] Observe que $\Phi \neq \Theta_{ini}$.

Fica determinado um polinômio de terceiro grau[24]

$$\Phi = a + b\zeta + c\zeta^2 + d\zeta^3 \tag{12.253}$$

onde as quatro constantes $a$, $b$ etc., são obtidas através das Eqs. (12.249)-(12.252). O resultado é uma função cúbica dependente de um só parâmetro, o gradiente de temperatura adimensional inicial na superfície da parede:

$$\Phi = (3-\kappa)\zeta^2 - (2-\kappa)\zeta^3 = [1 + (2-\kappa)(1-\zeta)]\zeta^2 \tag{12.254}$$

A temperatura média inicial na parede é

$$\frac{\overline{T}_{ini} - T_0}{T_1 - T_0} = \overline{\Phi} = \int_0^1 \Phi d\zeta = \frac{3-\kappa}{12} \tag{12.255}$$

A Eq. (12.255) pode ser de utilidade para avaliar o gradiente adimensional inicial na parede $\kappa$ para uma determinada temperatura média inicial.

A integral da Eq. (12.255) é, levando em consideração a Eq. (12.245),

$$I_n = \int_0^H T_{ini}(z)\cos(n\pi z/H)dz = H(T_1 - T_0)\int_0^1 \Phi(\zeta)\cos(n\pi\zeta)d\zeta \tag{12.256}$$

Substituindo a Eq. (12.254) na Eq. (12.256),

$$\frac{I_n}{H(T_1 - T_0)} = \frac{3-\kappa}{(n\pi)^3}\int_0^{n\pi} \xi^2 \cos\xi d\xi - \frac{2-\kappa}{(n\pi)^4}\int_0^{n\pi} \xi^3 \cos\xi d\xi \tag{12.257}$$

Avaliando as integrais da Eq. (12.257),[25]

$$\int_0^{n\pi} \xi^2 \cos\xi d\xi = \left[(\xi^2 - 2)\operatorname{sen}\xi + 2\xi\cos\xi\right]_0^{n\pi} = -4(n\pi) \tag{12.258}$$

$$\int_0^{n\pi} \xi^3 \cos\xi d\xi = \left[\xi(\xi^3 - 6)\operatorname{sen}\xi + 3(\xi^2 - 2)\cos\xi\right]_0^{n\pi} = -6[(n\pi)^2 + 2] \tag{12.259}$$

resultando finalmente em

$$\frac{I_n}{H(T_1 - T_0)} = -2\frac{3-\kappa}{(n\pi)^2} - 6[(n\pi)^2 - 2]\frac{2-\kappa}{(n\pi)^4} \tag{12.260}$$

Substituindo na Eq. (12.246), resulta em

$$\frac{\overline{T}_{ini} - T}{T_1 - T_0} = 4\sum_{n=1}^{\infty} C_n \cos\left(\frac{n\pi z}{H}\right)\exp\left(-\frac{n^2\pi^2\alpha t}{H^2}\right) \tag{12.261}$$

onde

$$C_n = \frac{9-4\kappa}{(n\pi)^2} - \frac{6}{(n\pi)^4} \tag{12.262}$$

Para tempos longos, $t > 0{,}1H^2/\alpha$, pode-se aproximar o perfil de temperatura com o primeiro termo da série

$$\frac{\overline{T}_{ini} - T}{T_1 - T_0} \approx 4C_1 \cos\left(\frac{\pi z}{H}\right)\exp\left(-\frac{\pi^2\alpha t}{H^2}\right) \tag{12.263}$$

onde

$$C_1 = \frac{9-4\kappa}{\pi^2} - \frac{6}{\pi^4} \approx 0{,}85 - 0{,}40\kappa \tag{12.264}$$

A temperatura mínima (no plano central da parede, $z = 0$) e a temperatura máxima (na superfície da parede, $z = \pm H$):

$$\frac{\overline{T}_{ini} - T_C}{T_1 - T_0} = \frac{T_S - \overline{T}_{ini}}{T_1 - T_0} \approx 2(0{,}85 - 0{,}40\kappa)\exp\left(-\frac{\pi^2\alpha t}{H^2}\right) \tag{12.265}$$

[24] Os polinômios de terceiro grau definidos em um intervalo, no qual se fixam os valores da função *e de sua derivada* nos extremos, são conhecidos em matemática como *splines cúbicos*, muito utilizados em cálculo numérico para a aproximação de funções arbitrárias.

[25] Veja, por exemplo, I. S. Gradshteyn & I. M. Ryzhik, *Tables of Integrals, Series, and Products*, Academic Press, 1980; p. 185.

A diferença máxima de temperaturas na parede:

$$\frac{T_S - T_C}{T_1 - T_0} \approx 4(0,85 - 0,40\kappa)\exp\left(-\frac{\pi^2 \alpha t}{H^2}\right) \tag{12.266}$$

# 12.5 BARRA CILÍNDRICA

## 12.5.1 Formulação do Problema

Considere uma barra cilíndrica de diâmetro $D = 2R$ e comprimento $L \gg D$, inicialmente (para tempo $t < 0$) à temperatura uniforme $T_0$. Em um tempo $t = 0$ a temperatura da superfície $r = R$ é subitamente mudada para $T_1 \neq T_0$ e é mantida nesse valor para todo o tempo posterior $t > 0$. Deseja-se estudar o esquentamento (ou resfriamento) da barra no tempo (Figura 12.20).

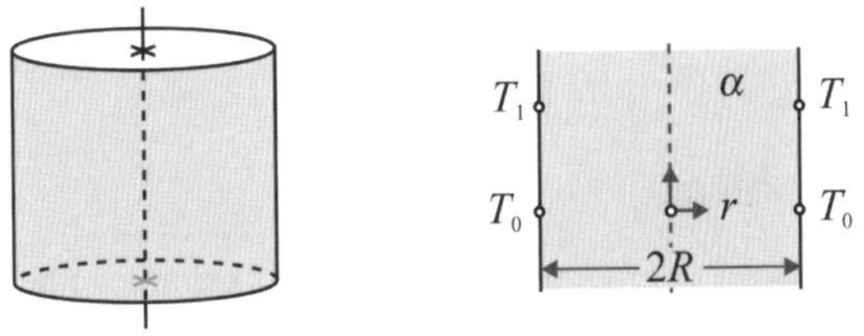


**Figura 12.20**

Este problema não estacionário é equivalente ao anterior (parede plana), mas na geometria cilíndrica. Um estudo comparativo dos dois casos é bastante interessante: revela os traços essenciais da transferência de calor em estado não estacionário em sólidos "infinitos" (o que eles têm em comum) e as características específicas do transporte em diferentes geometrias (as diferenças entre os dois casos).

Desde que o comprimento da barra é muito maior que o diâmetro, pode-se supor que os efeitos de bordas são desprezíveis e que a temperatura é função somente do tempo e da coordenada radial $r$:

$$T = T(t, r) \tag{12.267}$$

Suponha que o material da barra é um sólido isotrópico de propriedades físicas (densidade $\rho$, calor específico $\hat{c}$, condutividade térmica $k$) constantes e uniformes, independentes da temperatura. O comportamento do sistema é governado, para $t > 0$ e $r < R$, pela equação de difusão, Eq. (10.27),

$$\frac{\partial T}{\partial t} = \alpha \nabla^2 T \tag{12.268}$$

onde $\alpha = k/\rho\hat{c}$ é a difusividade térmica do material. A Eq. (12.268) simplifica-se neste caso [Apêndice, Tabela A.6 Eq. (2)] para

$$\frac{\partial T}{\partial t} = \frac{\alpha}{r}\frac{\partial}{\partial r}\left(r\frac{\partial T}{\partial r}\right), \quad t > 0, \ z < R \tag{12.269}$$

A Eq. (12.269) é uma equação diferencial parcial, de primeiro grau em $t$ e de segundo grau em $r$, requerendo, portanto, duas condições de borda para $r$:

$$T = T_1, \quad t > 0, \ r = R \tag{12.270}$$

$$\frac{\partial T}{\partial r} = 0, \quad t > 0, \ r = 0 \tag{12.271}$$

(desde que o problema é simétrico em relação ao eixo da barra) e uma condição inicial para $t$:

$$T = T_0, \quad t = 0, \ r < R \tag{12.272}$$

Em forma adimensional, utilizando o raio da barra $R$ como comprimento característico e $R^2/\alpha$ como tempo característico,

$$\tau = \frac{\alpha t}{R^2} \tag{12.273}$$

$$\xi = \frac{r}{R} \tag{12.274}$$

Como temperatura adimensional escolhe-se, por enquanto,

$$\Theta = \frac{T - T_1}{T_0 - T_1} \quad (12.275)$$

Em termos adimensionais, a equação diferencial e as condições de borda, Eqs. (12.269)-(12.272), resultam em

$$\frac{\partial \Theta}{\partial \tau} = \frac{1}{\xi}\frac{\partial}{\partial \xi}\left(\xi \frac{\partial \Theta}{\partial \xi}\right), \qquad \tau > 0, \quad \xi < 1 \quad (12.276)$$

$$\Theta = 0, \qquad \tau > 0, \quad \xi = 1 \quad (12.277)$$

$$\frac{\partial \Theta}{\partial \xi} = 0, \qquad \tau > 0, \quad \xi = 0 \quad (12.278)$$

$$\Theta = 1, \qquad \tau = 0, \quad \xi < 1 \quad (12.279)$$

### 12.5.2 Solução do Problema

Este problema pode ser resolvido pelo "método de separação de variáveis", apresentado no caso da parede plana (Seção 12.2). Lembramos que o método considera a solução do problema, uma função de $\tau$ e $\xi$, como o produto de duas funções: uma que só depende de $\tau$ e outra que só depende de $\xi$,

$$\Theta(\tau, \xi) = F(\tau) \cdot G(\xi) \quad (12.280)$$

transformando assim uma equação diferencial parcial em $\Theta$ em duas equações diferenciais ordinárias, em $F$ e $G$. A Eq. (12.280) é a solução do problema se for possível encontrar duas funções $F$ e $G$ com essas características que satisfaçam a equação diferencial, Eq. (12.276), e as condições de borda, Eqs. (12.277)-(12.279).

Substituindo a Eq. (12.280) na Eq. (12.276),

$$G\frac{dF}{d\tau} = \frac{F}{\xi}\frac{d}{d\xi}\left(\xi \frac{dG}{d\xi}\right) \quad (12.281)$$

ou

$$\frac{1}{F}\frac{dF}{d\tau} = \frac{1}{G}\left[\frac{1}{\xi}\frac{d}{d\xi}\left(\xi \frac{dG}{d\xi}\right)\right] \quad (12.282)$$

O termo da esquerda é função apenas de $\tau$ e o termo da direita é função apenas de $\xi$; portanto, os dois serão iguais a uma constante comum $C$:

$$\frac{dF}{d\tau} - CF = 0 \quad (12.283)$$

$$\frac{d^2G}{d\xi^2} + \frac{1}{\xi}\frac{dG}{d\xi} - CG = 0 \quad (12.284)$$

A integração da Eq. (12.283) é imediata:

$$F = A\exp(C\tau) \quad (12.285)$$

onde $A$ é uma constante de integração a ser determinada, junto com a constante $C$, através das condições de borda. Observe que a constante $C$ deve ser negativa; caso contrário, $\Theta$ seria independente do tempo (se $C = 0$) ou infinita para $t \rightarrow \infty$ (se $C > 0$), contrariamente à nossa intuição de que $\Theta \rightarrow 1$ ($T \rightarrow T_0$) para $t \rightarrow \infty$. Portanto, a constante $C$ pode ser expressa como

$$C = -\lambda^2 \quad (12.286)$$

e a Eq. (12.285) fica:

$$F = A\exp(-\lambda^2\tau) \quad (12.287)$$

A solução da Eq. (12.284) não pode ser expressa em termos de uma soma finita de funções elementares conhecidas, mas pode ser expressa como uma série (infinita):

$$G = \sum_{n=0}^{\infty} \frac{(-1)^n (\lambda\xi)^{2n}}{2^{2n}(n!)^2} \qquad (12.288)$$

A função definida pela série da Eq. (12.288) na variável $x = \lambda\xi$ pertence a uma família de funções que aparece em muitos problemas da física matemática formulados em coordenadas cilíndricas, e recebem o nome de *funções de Bessel*; o membro dessa classe, definido especificamente pela Eq. (12.288), chama-se *função de Bessel de primeira classe e ordem* 0 e é denotado pelo símbolo $J_0(x)$:

$$J_0(x) = \sum_{n=0}^{\infty} \frac{(-1)^n}{(n!)^2} (\tfrac{1}{2}x)^{2n} \qquad (12.289)$$

(Veja a Seção 12.5.4.)

Portanto, a solução da Eq. (12.284) pode ser expressa como[26]

$$G = B' J_0(\lambda\xi) \qquad (12.290)$$

Substituindo as Eqs. (12.287) e (12.290) na Eq. (12.280),

$$\Theta = B J_0(\lambda\xi) \exp(-\lambda^2\tau) \qquad (12.291)$$

onde $B = AB'$ é uma constante de integração. A aplicação da condição de borda, Eq. (12.277), resulta em

$$B J_0(\lambda) \exp(-\lambda^2\tau) = 0 \qquad (12.292)$$

Sendo $B \neq 0$, a Eq. (12.292) se cumpre sempre que

$$J_0(\lambda) = 0 \qquad (12.293)$$

isto é, se $\lambda$ é uma raiz de $J_0$. De fato, as funções de Bessel de primeira classe têm um número infinito (numerável) de raízes: $\lambda_1, \lambda_2, \lambda_3, \ldots$ que podem ser obtidas numericamente (Seção 12.5.4). Substituindo a Eq. (12.293) na Eq. (12.291),

$$\Theta = B_n J_0(\lambda_n\xi) \exp(-\lambda_n^2\tau), \quad n = 1, 2, 3, \ldots \qquad (12.294)$$

onde temos chamado $B_n$ à constante de integração. A condição de borda, Eq. (12.278), é satisfeita automaticamente, desde que

$$\left.\frac{d J_0(x)}{dx}\right|_{x=0} = -J_1(0) = 0 \qquad (12.295)$$

onde $J_1(x)$ é a *função de Bessel de primeira classe e ordem* 1 (Seção 12.5.4). Temos então um número infinito de soluções da Eq. (12.276) que cumprem as condições de borda, Eqs. (12.277)-(12.278), mas nenhuma cumpre a condição inicial, Eq. (12.279), que requer

$$B_n J_0(\lambda_n\xi) = 1 \qquad (12.296)$$

qualquer que seja a escolha da constante $B_n$. Aproveitando a propriedade das equações diferenciais lineares, de que a soma de soluções também é uma solução, tentamos a soma de todas as soluções, para $n = 1, 2, 3$ etc.

$$\Theta \doteq \sum_{n=1}^{\infty} B_n J_0(\lambda_n\xi) \exp(-\lambda_n^2\tau) \qquad (12.297)$$

e vemos se é possível determinar as constantes $B_n$ para $n = 0, 1, 2, \ldots$ de modo que a Eq. (12.297) cumpra com a condição inicial, isto é,

$$\sum_{n=1}^{\infty} B_n J_0(\lambda_n\xi) = 1 \qquad (12.298)$$

De fato, isso é possível. Multiplicamos os dois lados da Eq. (12.298) por $\xi J_0(\lambda_m\xi)$ e integramos entre 0 e 1 para obter:

$$\sum_{n=1}^{\infty} B_n \int_0^1 \xi J_0(\lambda_n\xi) J_0(\lambda_m\xi) d\xi = \int_0^1 \xi J_0(\lambda_m\xi) d\xi \qquad (12.299)$$

[26] A Eq. (12.284), como toda equação diferencial linear de segundo grau, tem duas soluções independentes. Neste caso, a outra solução é a função de Bessel de *segunda* classe e ordem 0, $Y_0(\lambda\xi)$. A solução *geral* da Eq. (12.284) é

$$G = B' J_0(\lambda\xi) + B'' Y_0(\lambda\xi)$$

Porém, $Y_0(\lambda\xi) \to -\infty$ para $\lambda\xi \to 0$, e portanto $B'' \equiv 0$ neste caso.

mas [Eq. (12.327)],

$$\int_0^1 \xi \, J_0(\lambda_n \xi) J_0(\lambda_m \xi) d\xi = 0 \tag{12.300}$$

para $n \neq m$. Portanto, fica apenas um termo da soma, aquele para $n = m$:

$$B_n \int_0^1 \xi \, J_0^2(\lambda_n \xi) d\xi = \int_0^1 \xi \, J_0(\lambda_m \xi) d\xi \tag{12.301}$$

de onde

$$B_n = \frac{\int_0^1 \xi \, J_0(\lambda_m \xi) d\xi}{\int_0^1 \xi \, J_0^2(\lambda_n \xi) d\xi} \tag{12.302}$$

Avaliadas as integrais da Eq. (12.302), resulta, para o denominador [Eq. (12.233)],

$$\int_0^1 \xi \, J_0^2(\lambda_n \xi) d\xi = \left[ \tfrac{1}{2} \xi^2 \left( J_0^2(\lambda_n \xi) + J_1^2(\lambda_n \xi) \right) \right]_0^1 \tag{12.303}$$

e, levando em consideração a Eq. (12.293),

$$\int_0^1 \xi \, J_0^2(\lambda_n \xi) d\xi = \tfrac{1}{2} J_1^2(\lambda_n \xi) \tag{12.304}$$

Para o numerador [Eq. (12.332)],

$$\int_0^1 \xi \, J_0(\lambda_n \xi) d\xi = \left[ \frac{\xi}{\lambda_n} J_1(\lambda_n \xi) \right]_0^1 = \frac{J_1(\lambda_n)}{\lambda_n} \tag{12.305}$$

Substituindo as Eqs. (12.304)-(12.305) na Eq. (12.302),

$$B_n = \frac{2}{\lambda_n \, J_1(\lambda_n)} \tag{12.306}$$

Observe que os $\lambda_n$, $n = 1, 2, 3, \ldots$ são os autovalores do problema (os "zeros" da função $J_0$), e $J_1(\lambda_n)$ são os valores da função $J_1$ nesses pontos. Tanto os $\lambda_n$ quanto $J_1(\lambda_n)$ devem ser avaliados numericamente. A Tabela 12.3 contém os primeiros 10 valores desses parâmetros.

As constantes $B_n$ para $n = 1, 2$ etc., avaliadas pela Eq. (12.306), garantem que a Eq. (12.297) cumpra com a condição inicial, Eq. (12.279). Portanto, a Eq. (12.297), que satisfaz a equação diferencial e todas as condições de borda, é a solução do problema. Substituindo a Eq. (12.306) na Eq. (12.297),

$$\Theta = 2 \sum_{n=1}^{\infty} \frac{J_0(\lambda_n \xi)}{\lambda_n \, J_1(\lambda_n)} \exp(-\lambda_n^2 \tau) \tag{12.307}$$

o perfil adimensional de temperatura. Substituindo as Eqs. (12.273)-(12.275) na equação anterior,

$$\boxed{\frac{T - T_0}{T_1 - T_0} = 1 - 2 \sum_{n=1}^{\infty} \frac{J_0(\lambda_n r / R)}{\lambda_n \, J_1(\lambda_n)} \exp\left( -\lambda_n^2 \frac{\alpha t}{R^2} \right)} \tag{12.308}$$

O termo da esquerda representa o aumento de temperatura $(T - T_0)$ em relação ao aumento máximo $(T_1 - T_0)$; Figura 12.21.

### 12.5.3 Temperatura no Centro do Cilindro e Temperatura Média

Na prática, raramente é necessário conhecer a temperatura pontual no interior da barra, mas é interessante avaliar a *temperatura mínima* no interior da barra, isto é, no eixo da mesma, $r = 0$. Da Eq. (12.308),

$$\boxed{\frac{T_C - T_0}{T_1 - T_0} = 1 - 2 \sum_{n=1}^{\infty} \frac{1}{\lambda_n \, J_1(\lambda_n)} \exp\left( -\lambda_n^2 \frac{\alpha t}{R^2} \right)} \tag{12.309}$$

Observe que a série da Eq. (12.309) é uma série alternada devido à alternância no sinal de $J_1(\lambda_n)$ entre $+1$ e $-1$.

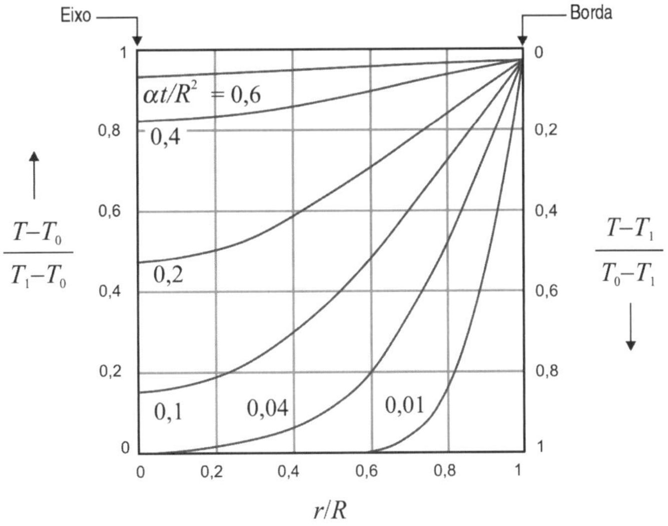


**Figura 12.21**

Para tempos relativamente longos, $\alpha t/R^2 > 0,1$, a série pode ser truncada no primeiro termo:

$$\frac{T_C - T_0}{T_1 - T_0} \approx 1 - \frac{2}{\lambda_1 J_1(\lambda_1)} \exp\left(-\lambda_1^2 \frac{\alpha t}{R^2}\right) = 1 - 1,60 \cdot \exp\left(-5,78 \frac{\alpha t}{R^2}\right) \tag{12.310}$$

com um erro menor que 0,5%.

O fluxo de calor na superfície da barra é

$$q_0 = -k \left.\frac{\partial T}{\partial r}\right|_{r=R} = -k \frac{T_0 - T_1}{R} \cdot \left.\frac{\partial \Theta}{\partial \xi}\right|_{\xi=1} \tag{12.311}$$

mas, levando em consideração a Eq. (12.295),

$$\left.\frac{\partial \Theta}{\partial \xi}\right|_{\xi=1} = -2 \sum_{n=1}^{\infty} \exp(-\lambda_n^2 \tau) \tag{12.312}$$

Portanto,

$$q_0 = 2k \frac{T_0 - T_1}{R} \sum_{n=1}^{\infty} \exp\left(-\lambda_n^2 \frac{\alpha t}{R^2}\right) \tag{12.313}$$

A quantidade total de energia transferida entre a barra e o meio externo, desde o início do aquecimento (ou resfriamento) até $t = 0$, é

$$\frac{Q_t}{A} = \int_0^t |q_0| dt' \tag{12.314}$$

onde $A = 2\pi RL$ é a área superficial da barra. Substituindo a Eq. (12.308) e integrando:

$$Q_t = \frac{4\pi k R^2 L}{\alpha} |T_1 - T_0| \sum_{n=1}^{\infty} \frac{1}{\lambda_n^2} \left[1 - \exp\left\{-\lambda_n^2 \frac{\alpha t}{H^2}\right\}\right] \tag{12.315}$$

A quantidade máxima de energia transferida é obtida para $t \to \infty$:

$$Q_\infty = \frac{4\pi k R^2 L}{\alpha} |T_1 - T_0| \sum_{n=1}^{\infty} \frac{1}{\lambda_n^2} \tag{12.316}$$

ou através de um balanço global:

$$\frac{Q_\infty}{V} = \rho \hat{c} |T_1 - T_0| \tag{12.317}$$

onde $V = \pi R^2 L$ é o volume da barra. Portanto, levando em consideração a definição de difusividade térmica $\alpha = k/\rho\hat{c}$,

$$Q_\infty = \frac{\pi k R^2 L}{\alpha} |T_1 - T_0| \tag{12.318}$$

Comparando as Eqs. (12.306) e (12.318),

$$4\sum_{n=1}^{\infty}\frac{1}{\lambda_n^2}=1 \tag{12.319}$$

Dividindo a Eq. (12.315) pela Eq. (12.318), temos

$$\frac{Q_t}{Q_\infty}=4\sum_{n=1}^{\infty}\frac{1}{\lambda_n^2}\left[1-\exp\left\{-\lambda_n^2\frac{\alpha t}{H^2}\right\}\right] \tag{12.320}$$

ou, levando em consideração a Eq. (12.319),

$$\frac{Q_t}{Q_\infty}=1-4\sum_{n=1}^{\infty}\frac{1}{\lambda_n^2}\exp\left\{-\lambda_n^2\frac{\alpha t}{H^2}\right\} \tag{12.321}$$

Levando em consideração a definição de temperatura média,

$$\frac{Q_t}{V}=\rho\hat{c}\left|\bar{T}-T_0\right| \tag{12.322}$$

e comparando as Eqs. (12.318) e (12.322),

$$\frac{\bar{T}-T_0}{T_1-T_0}=\frac{Q_t}{Q_\infty} \tag{12.323}$$

ou seja,

$$\boxed{\frac{\bar{T}-T_0}{T_1-T_0}=1-4\sum_{n=1}^{\infty}\frac{1}{\lambda_n^2}\exp\left(-\lambda_n^2\frac{\alpha t}{R^2}\right)} \tag{12.324}$$

A série da Eq. (12.324) converge rapidamente. Para tempos relativamente longos, uma aproximação razoável é

$$\frac{\bar{T}-T_0}{T_1-T_0}\approx 1-\frac{4}{\lambda_1^2}\exp\left(-\lambda_1^2\frac{\alpha t}{R^2}\right)=1-0,69\cdot\exp\left(-5,78\frac{\alpha t}{R^2}\right) \tag{12.325}$$

Expressões para tempos curtos, bastante mais complexas e, portanto, de pouca utilidade, podem ser obtidas; veja-se J. Crank, *The Mathematics of Diffusion*, 2nd ed. Oxford University Press, 1975, Seção 5.3.1.

### 12.5.4 Comentário. Funções de Bessel e Séries de Fourier-Bessel

As funções de Bessel, $J_0(x)$ e $J_1(x)$, são dois exemplos (os mais simples) de uma vasta classe de funções definidas através de séries, integrais e/ou de soluções de equações diferenciais ordinárias. As funções de Bessel de primeira classe e ordem $n$ (onde $n$ é um número inteiro positivo, negativo ou nulo) podem ser definidas como

$$J_k(x)=(\tfrac{1}{2}x)^k\sum_{n=0}^{\infty}\frac{(-\tfrac{1}{4}x^2)^n}{n!(n+k)!} \tag{12.326}$$

Muitas propriedades interessantes podem ser derivadas da definição, Eq. (12.326), utilizando as técnicas do cálculo (diferenciação termo a termo, integração por partes etc.). Por exemplo:

$$J_k(-x)=(-1)^k J_k(x) \tag{12.327}$$

$$J_{-k}(x)=(-1)^k J_k(x) \tag{12.328}$$

$$\frac{d\,J_k(x)}{dx}=J_{k-1}(x)-\frac{k}{x}J_k(x) \tag{12.329}$$

Os dois primeiros termos da classe, para $k = 0$ e $k = 1$, são os mais conhecidos e utilizados nos fenômenos de transporte (Figura 12.22).

$$J_0(x)=\sum_{n=0}^{\infty}\frac{(-1)^n}{(n!)^2}(\tfrac{1}{2}x)^{2n} \tag{12.330}$$

$$J_1(x)=\tfrac{1}{2}x\sum_{n=0}^{\infty}\frac{(-1)^n}{n!(n+1)!}(\tfrac{1}{2}x)^{2n} \tag{12.331}$$

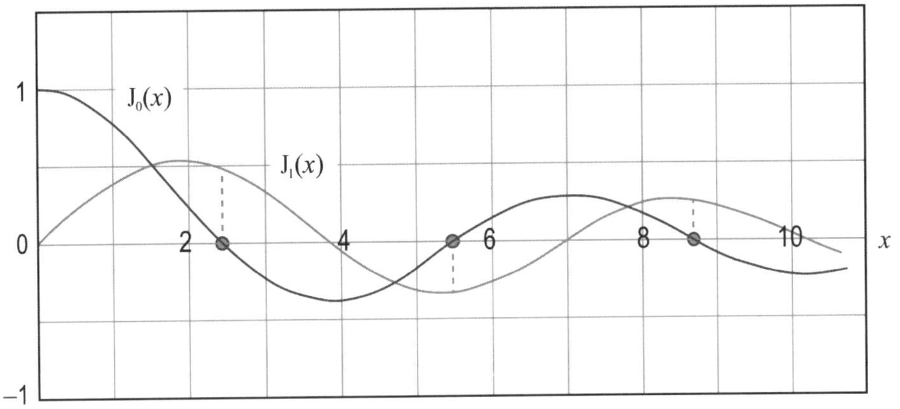


**Figura 12.22**

Duas integrais importantes:

$$\int x\,J_0(ax)dx = \frac{x}{a}J_1(ax) \qquad (12.332)$$

$$\int x\,J_0^2(ax)dx = \tfrac{1}{2}x^2\left[J_0^2(ax)+J_1^2(ax)\right] \qquad (12.333)$$

A forma das funções $J_0(x)$ e $J_1(x)$ são obtidas representando graficamente as Eqs. (12.330)-(12.331). Observe que tanto $J_0(x)$ quanto $J_1(x)$ têm um número infinito de raízes aproximadamente equidistantes (os valores das dez primeiras raízes positivas, avaliadas numericamente, estão na Tabela 12.3).

As funções de Bessel de primeira classe são, em muitos aspectos, semelhantes às bem conhecidas funções trigonométricas (senos e cossenos). As funções cos($x$) e sen($x$) são periódicas, de período (distância entre os zeros) igual a $\pi$ e amplitude (diferença entre o valor máximo e mínimo) constante e igual a 2. O cosseno é uma função par, $\cos(-x) = \cos(x)$, e o seno ímpar, $\text{sen}(-x) = -\text{sen}(x)$, relacionadas através de

$$\frac{d\cos(x)}{dx} = -\text{sen}(x) \qquad (12.334)$$

As funções de Bessel de primeira classe, $J_0(x)$ e $J_1(x)$, são funções quase periódicas, de "período" (distância entre os zeros) aproximadamente igual a $\pi$ e amplitude (diferença entre máximos e mínimos sucessivos) decrescente. $J_0$ é par, $J_0(-x) = J_0(x)$, e $J_1$ ímpar, $J_1(-x) = -J_1(x)$, relacionadas através de

$$\frac{d\,J_0(x)}{dx} = -J_1(x) \qquad (12.335)$$

Tanto as funções trigonométricas, $\cos(\lambda_n x)$ e $\text{sen}(\lambda_n x)$, quanto as funções de Bessel, $J_0(\lambda_n x)$ e $J_1(\lambda_n x)$, onde $\lambda_n$, $n = 1, 2, \ldots$ são as raízes das funções correspondentes, isto é, são as soluções das equações características:

$$g(\lambda_n) = 0 \qquad (12.336)$$

(onde $g$ é uma das funções: cos, sen, $J_0$, $J_1$), os chamados *autovalores* (*eigenvalues* em inglês e alemão) das funções correspondentes.

As funções $g(\lambda_n x)$ formam conjuntos *completos* de funções *ortogonais* (Seção 12.2.5a) em determinados intervalos ($a < x < b$) da variável independente (os valores de $a$ e $b$ dependem da função $g$ escolhida) para algum valor de $p \geq 0$. Por serem *ortogonais*,

$$\int_a^b x^p g(\lambda_n x)g(\lambda_m x)dx = \begin{cases} \lambda_n^{1+p}, & m = n \\ 0, & m \neq n \end{cases} \qquad (12.337)$$

O fato de serem conjuntos *completos* permite desenvolver *qualquer* função $f(x)$ em série de Fourier:

$$f(x) \sim \sum_{n=1}^{\infty} C_n g(\lambda_n x) \qquad (12.338)$$

no intervalo $a < x < b$, sendo os números $C_n$, $n = 1, 2, \ldots$ os coeficientes de Fourier de $f(x)$, obtidos facilmente (utilizando a propriedade de ortogonalidade) como:

$$C_n = \frac{\int_a^b x^p f(x) g(\lambda_n x) dx}{\int_a^b x^p [g(\lambda_n x)]^2 dx} \quad (12.339)$$

Observe que as Eqs. (12.107) e (12.109) são casos particulares das Eqs. (12.337) e (12.339) para $g(x) = \cos(x)$, $p = 0$, e as Eqs. (12.304) e (12.306) para $g(x) = J_0(x)$, $p = 1$.

As funções trigonométricas – com *amplitude constante* – são apropriadas para descrever a variação de temperatura em uma placa plana (Seção 12.2), onde a área normal ao fluxo de calor é *constante*. As funções de Bessel – com *amplitude variável* – são apropriadas para descrever a variação de temperatura em uma barra cilíndrica, onde a área normal ao fluxo de calor é *variável* (Figura 12.23).

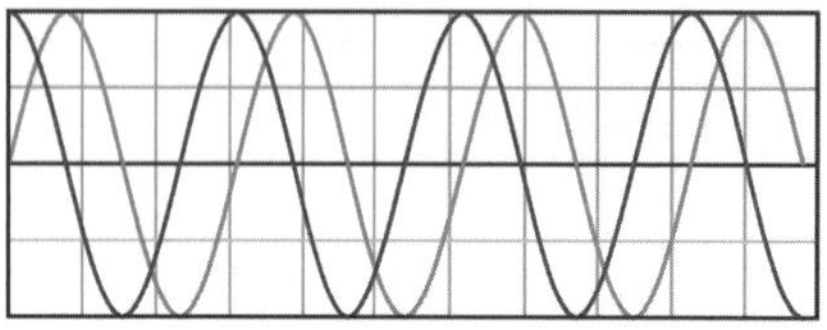

— cos(x) — sen(x)

**Figura 12.23a**

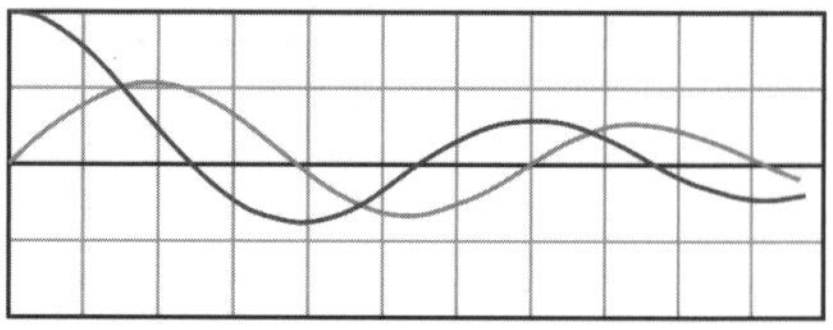

— $J_0(x)$ — $J_1(x)$

**Figura 12.23b**

Para mais informações sobre as funções de Bessel, e as séries de Fourier-Bessel consultar quaisquer livros-textos de "matemática para engenheiros" ou a obra já citada: R. V. Churchill, *Fourier Series and Boundary Value Problems*, 2nd ed. McGraw-Hill, 1963.

**Tabela 12.3** As dez primeiras raízes positivas de $J_0(\lambda_n) = 0$ e os valores correspondentes de $J_1$

| $n$ | $\lambda_n$ | $J_1(\lambda_n)$ | $n$ | $\lambda_n$ | $J_1(\lambda_n)$ |
|---|---|---|---|---|---|
| 1 | 2,40483 | 0,51915 | 6 | 18,07106 | −0,18773 |
| 2 | 5,52008 | −0,34026 | 7 | 21,21164 | 0,17327 |
| 3 | 8,65373 | 0,27145 | 8 | 24,35247 | −0,16170 |
| 4 | 11,79153 | −0,23246 | 9 | 27,49348 | 0,15218 |
| 5 | 14,93092 | 0,20655 | 10 | 30,53461 | −0,14417 |

Resumido de M. Abramowitz e I. Stegun, eds., *Handbook of Mathematical Functions*. Dover (1965), Chapter 9, Table 9.5. [A referência citada contém tabelas mais detalhadas.]

# 12.6 ESFERA

## 12.6.1 Formulação do Problema

Considere uma esfera de diâmetro $D = 2R$, inicialmente à temperatura uniforme $T_0$. Num tempo $t = 0$ a temperatura da superfície $r = R$ é subitamente mudada para $T_1 \neq T_0$ e é mantida nesse valor para todo o tempo posterior $t > 0$. Deseja-se estudar o esquentamento (ou resfriamento) da esfera no tempo (Figura 12.24).

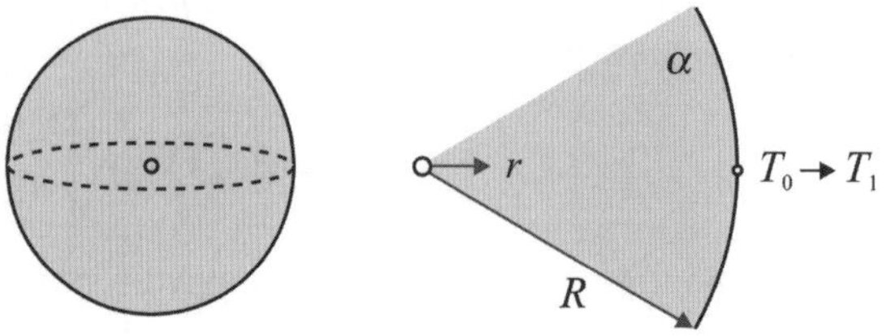


**Figura 12.24**

Este problema não estacionário é equivalente aos anteriores (parede plana, Seção 12.2, e barra cilíndrica Seção 12.5), mas na geometria esférica. A temperatura neste caso é função do tempo e da coordenada radial $r$:

$$T = T(t, r) \quad (12.340)$$

Como nos outros casos, o material da esfera é um sólido isotrópico de propriedades físicas (densidade $\rho$, calor específico $\hat{c}$ condutividade térmica $k$) constantes e uniformes, independentes da temperatura. O comportamento do sistema é governado, para $t > 0$ e $r < R$, pela equação de difusão, Eq. (10.27),

$$\frac{\partial T}{\partial t} = \alpha \nabla^2 T \tag{12.341}$$

onde $\alpha = k/\rho\hat{c}$ é a difusividade térmica do material. A Eq. (12.341) é simplificada, neste caso [Apêndice, Tabela A.6, Eq. (3)], para

$$\frac{\partial T}{\partial t} = \frac{\alpha}{r^2}\frac{\partial}{\partial r}\left(r^2 \frac{\partial T}{\partial r}\right), \quad t > 0, \; r < R \tag{12.342}$$

com a condição de borda na superfície da esfera:

$$T = T_1, \qquad t > 0, \; r = R \tag{12.343}$$

a condição de simetria do perfil de temperatura no centro da esfera:

$$\frac{\partial T}{\partial r} = 0, \qquad t > 0, \; r = 0 \tag{12.344}$$

e a condição inicial:

$$T = T_0, \qquad t = 0, \; r < R \tag{12.345}$$

Em forma adimensional, utilizando o raio da esfera $R$ como comprimento característico e $R^2/\alpha$ como tempo característico,

$$\tau = \frac{\alpha t}{R^2} \tag{12.346}$$

$$\xi = \frac{r}{R} \tag{12.347}$$

Como temperatura adimensional escolhe-se, por enquanto,

$$\Theta = \frac{T - T_1}{T_0 - T_1} \tag{12.348}$$

Em termos adimensionais a equação diferencial e as condições de borda, Eqs. (12.342)-(12.345), resultam em

$$\frac{\partial \Theta}{\partial \tau} = \frac{1}{\xi^2}\frac{\partial}{\partial \xi}\left(\xi^2 \frac{\partial \Theta}{\partial \xi}\right), \qquad \tau > 0, \quad \xi < 1 \tag{12.349}$$

$$\Theta = 0, \qquad \tau > 0, \quad \xi = 1 \tag{12.350}$$

$$\frac{\partial \Theta}{\partial \xi} = 0, \quad \tau > 0, \quad \xi = 0 \tag{12.351}$$

$$\Theta = 1, \qquad \tau = 0, \quad \xi < 1 \tag{12.352}$$

## 12.6.2 Solução do Problema

Este problema pode ser resolvido pelo "método de separação de variáveis", apresentado no caso da parede plana, Seção 12.2, e utilizado sucessivamente nas Seções 12.3-12.5. Lembramos que o método considera que a solução do problema, uma função de $\tau$ e $\xi$, é o produto de duas funções: uma que só depende de $\tau$ e outra que só depende de $\xi$,

$$\Theta(\tau, \xi) = F(\tau) \cdot G(\xi) \tag{12.353}$$

transformando assim uma equação diferencial parcial em $\Theta$, em duas equações diferenciais ordinárias, em $F$ e $G$. A Eq. (12.353) é a solução do problema se for possível encontrar duas funções $F$ e $G$ com essas características que satisfaçam a equação diferencial, Eq. (12.349), e as condições de borda, Eqs. (12.350)-(12.352). Substituindo a Eq. (12.353) na Eq. (12.349),

$$\frac{1}{F}\frac{dF}{d\tau} = \frac{1}{G}\left[\frac{1}{\xi^2}\frac{d}{d\xi}\left(\xi^2 \frac{dG}{d\xi}\right)\right] \tag{12.354}$$

O termo da esquerda é função apenas de $\tau$, e o termo da direita é função apenas de $\xi$; portanto, os dois serão iguais a uma constante comum $C$. Pelas mesmas razões expostas nos casos anteriores (Seções 12.2-12.5), a constante deve ser negativa, $C = -\lambda^2$, o que leva a

$$F = A\exp(-\lambda^2\tau) \tag{12.355}$$

(onde $A$ é uma constante de integração) sendo $G$ a solução da equação:

$$\frac{d}{d\xi}\left(\xi^2\frac{dG}{d\xi}\right) - \lambda^2\xi^2 G = 0 \tag{12.356}$$

A integração da Eq. (12.356) é facilitada pela substituição de

$$H = G\xi \tag{12.357}$$

como variável dependente. A substituição na Eq. (12.357) revela (depois de alguns reordenamentos) que $H(\xi)$ satisfaz

$$\frac{d^2H}{d\xi^2} + \lambda^2 H = 0 \tag{12.358}$$

Observe que a Eq. (12.358) é idêntica à Eq. (12.90) para a transferência de calor não estacionária em uma placa, e sua solução geral é a mesma, Eq. (12.94):

$$H = B_1'\cos(\lambda\xi) + B_2'\,\mathrm{sen}(\lambda\xi) \tag{12.359}$$

(onde $B_1'$ e $B_2'$ são constantes de integração). Substituindo a Eq. (12.359) na Eq. (12.357), e o resultado junto com a Eq. (12.355) na Eq. (12.353), obtemos uma solução geral da Eq. (12.349):

$$\Theta = \frac{1}{\xi}\left[B_1\cos(\lambda\xi) + B_2\,\mathrm{sen}(\lambda\xi)\right]\exp(-\lambda^2\tau) \tag{12.360}$$

onde as constantes $B_1$, $B_2$ e $\lambda$ devem ser determinadas através das condições de borda, Eqs. (12.350)-(12.352). As Eqs. (12.350)-(12.351) são satisfeitas para $B_1 = 0$ e

$$\lambda = \pm n \ (n = 0, 1, \ldots) \tag{12.361}$$

resultando num número infinito de soluções linearmente independentes das Eqs. (12.349)-(12.351) no intervalo $0 < \xi < 1$ para $\tau > 0$:

$$\Theta_n = \frac{B_n}{\xi}\,\mathrm{sen}(n\pi\xi)\exp(-n^2\pi^2\tau), \quad n = 1, 2, \ldots \tag{12.362}$$

A Eq. (12.362) não satisfaz a última condição de borda, Eq. (12.352), para nenhum valor particular de $B_n$. Como nos casos anteriores, tenta-se uma combinação das mesmas em forma de série:

$$\Theta = \frac{1}{\xi}\sum_{n=1}^{\infty} B_n\,\mathrm{sen}(n\pi\xi)\exp(-n^2\pi^2\tau) \tag{12.363}$$

Verifica-se que a Eq. (22.363) satisfaz a condição de borda, Eq. (12.352), sempre que os coeficientes $B_n$ forem

$$B_n = \frac{2(-1)^n}{\pi n} \tag{12.364}$$

ou seja, se a série da Eq. (12.364) for a série de Fourier de senos da função $\xi\Theta$. Portanto, a solução do problema é

$$\Theta = \frac{2}{\pi\xi}\sum_{n=1}^{\infty}\frac{(-1)^n}{n}\,\mathrm{sen}(n\pi\xi)\exp(-n^2\pi^2\tau) \tag{12.365}$$

o perfil adimensional de temperatura na esfera. Em termos dimensionais,

$$\boxed{\frac{T - T_0}{T_0 - T_1} = 1 - \frac{2R}{\pi r}\sum_{n=1}^{\infty}\frac{(-1)^n}{n}\,\mathrm{sen}\left(\frac{n\pi r}{R}\right)\exp\left(-\frac{n^2\pi^2\alpha}{R^2}\right)} \tag{12.366}$$

representado graficamente na Figura 12.25.

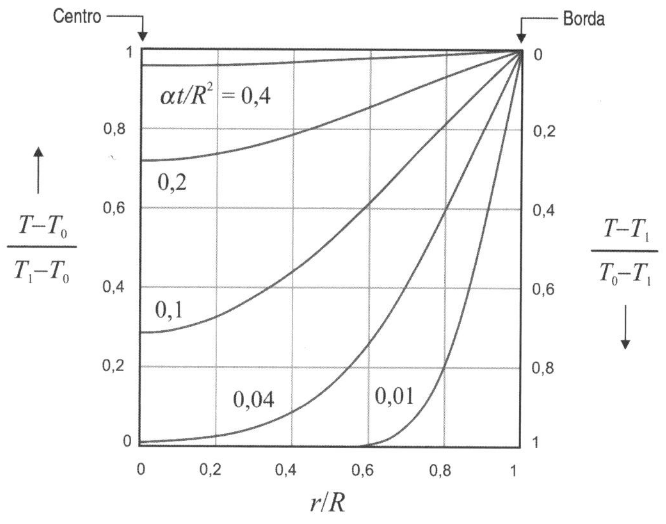


**Figura 12.25**

### 12.6.3 Temperatura no Centro da Esfera e Temperatura Média

Também como nos casos anteriores, é conveniente dispor de uma expressão para a *temperatura mínima* no interior da esfera, isto é, no centro da mesma, $r = 0$, como uma função do tempo. Da Eq. (12.366):

$$\boxed{\frac{T_C - T_0}{T_1 - T_0} = 1 - 2\sum_{n=1}^{\infty}(-1)^n \exp\left(-\frac{n^2\pi^2\alpha}{R^2}\right)} \qquad (12.367)$$

Para tempos relativamente longos, $\alpha t/R^2 > 0{,}1$, a série pode ser truncada no primeiro termo:

$$\frac{T_C - T_0}{T_1 - T_0} \approx 1 - 2\exp\left(-\pi^2 \frac{\alpha t}{R^2}\right) = 1 - 2{,}00 \cdot \exp\left(-9{,}89\frac{\alpha t}{R^2}\right) \qquad (12.368)$$

com um erro menor que 0,5%.

Outra variável importante nas aplicações é a *temperatura média* da esfera. Utilizando um procedimento análogo ao dos casos anteriores (Seções 12.2 e 12.5), pode-se obter

$$\boxed{\frac{\bar{T} - T_0}{T_1 - T_0} = 1 - \frac{6}{\pi^2}\sum_{n=1}^{\infty}\frac{1}{n^2}\exp\left(-n^2\pi^2\frac{\alpha t}{R^2}\right)} \qquad (12.369)$$

A série da Eq. (12.369) converge rapidamente. Para tempos relativamente longos, uma aproximação razoável é

$$\frac{\bar{T} - T_0}{T_1 - T_0} \approx 1 - \frac{6}{\pi^2}\exp\left(-\pi^2\frac{\alpha t}{R^2}\right) = 1 - 0{,}61 \cdot \exp\left(-9{,}89\frac{\alpha t}{R^2}\right) \qquad (12.370)$$

## 12.7 SÓLIDOS "INFINITOS"

Pode ser interessante comparar a transferência de calor, em estado não estacionário, em sólidos de diferente geometria, analisando a resposta de uma placa plana infinita, um cilindro infinito e uma esfera à variação súbita da temperatura superficial. Em todos os casos o fluxo de calor é unidimensional. Como comprimento característico para a placa escolhe-se a semiespessura ($H$), para o cilindro e a esfera, o raio ($R$). Em todos os casos o comprimento característico é a distância da superfície ao centro do sólido (o plano/linha/ponto que tarda mais tempo para ser esquentado/resfriado), o que parece um razoável ponto de comparação.

A Figura 12.26 mostra os perfis adimensionais de temperatura como função do tempo adimensional $\tau$ para a placa plana (a), o cilindro (b) e a esfera (c).

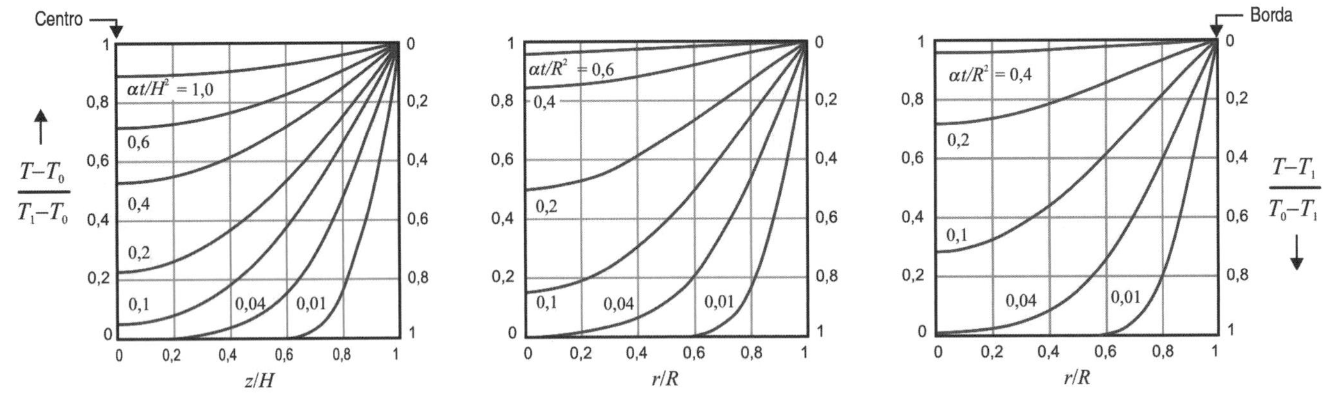


**Figura 12.26**

Observe que para tempos muito curtos (por exemplo, linha $\tau = 0{,}01$, na Figura 12.26) o perfil de temperatura é bastante parecido em todas as geometrias: o distúrbio térmico na superfície só atinge uma fina camada de material perto da superfície, e os corpos se comportam – em primeira aproximação – como paredes planas semi-infinitas. Observe a evolução da temperatura no centro ($T_C \approx T_0$) e a temperatura média ($\nabla T|_0 \to \infty$) para tempos curtos (círculos ponteados nas Figuras 12.27-28). Já para tempos moderados ou longos, a situação é bem diferente.

**Tabela 12.4** Temperatura no centro e temperatura média para tempos longos

| Sistema | $\frac{T_C - T_0}{T_1 - T_0}$ | Eq. | $\frac{\bar{T} - T_0}{T_1 - T_0}$ | Eq. |
|---|---|---|---|---|
| Placa plana | $1-1{,}27\cdot\exp\left(-2{,}47\frac{\alpha t}{H^2}\right)$ | (12.115) | $1-0{,}81\cdot\exp\left(-2{,}47\frac{\alpha t}{H^2}\right)$ | (12.134) |
| Barra cilíndrica | $1-1{,}60\cdot\exp\left(-5{,}78\frac{\alpha t}{R^2}\right)$ | (12.310) | $1-0{,}69\cdot\exp\left(-5{,}78\frac{\alpha t}{R^2}\right)$ | (12.325) |
| Esfera | $1-2{,}00\cdot\exp\left(-9{,}89\frac{\alpha t}{R^2}\right)$ | (12.368) | $1-0{,}61\cdot\exp\left(-9{,}89\frac{\alpha t}{R^2}\right)$ | (12.370) |

A Figura 12.27 mostra a temperatura (adimensional) no centro do sólido em função do tempo (adimensional) para a placa plana infinita, o cilindro infinito e a esfera, com temperaturas constantes na superfície. Observe o comportamento para tempos curtos (círculo cinza-claro).

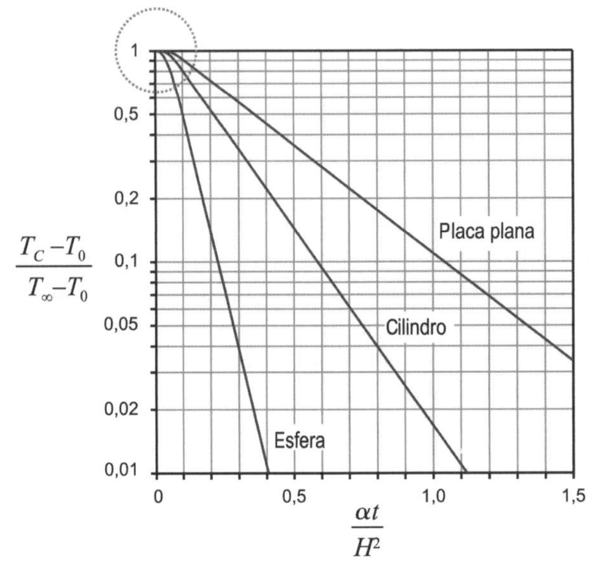


**Figura 12.27**

A Figura 12.28 mostra a temperatura média (adimensional) em função do tempo (adimensional) para a placa plana infinita, o cilindro infinito e a esfera, com temperaturas constantes na superfície. Observe o comportamento para tempos curtos (círculo cinza-claro).

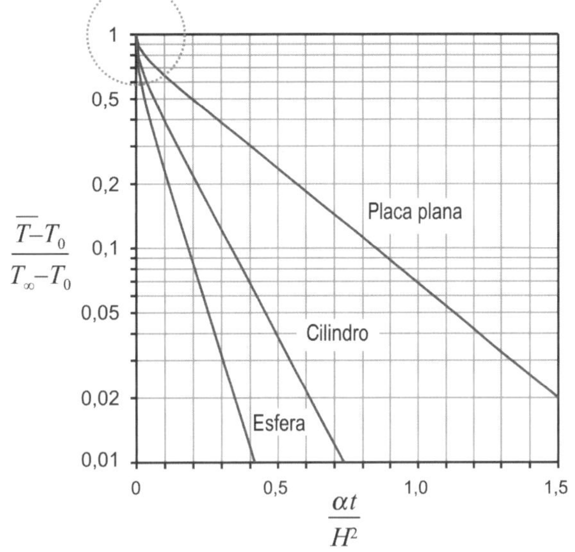


**Figura 12.28**

As diferenças quantitativas devem-se (entre outras coisas) às diferenças na relação área/volume: área superficial (por onde o calor entra/sai) comparada com o volume (que é necessário esquentar/resfriar).

**Tabela 12.5** Relação área/volume para sólidos "infinitos"

| Sistema | Área | Volume | Área/Volume |
|---|---|---|---|
| Placa plana infinita | $2LW$ | $2HLW$ | $1/H$ |
| Cilindro infinito | $2\pi RL$ | $\pi R^2$ | $2/R$ |
| Esfera | $4\pi R^2$ | $4/3\pi R^3$ | $3/R$ |

## 12.8 PAREDE SEMI-INFINITA COM CONDIÇÃO DE BORDA CONVECTIVA

Considere uma parede plana semi-infinita, formada por um sólido isotrópico de difusividade térmica constante $\alpha$ (Seção 12.1), inicialmente ($t = 0$) à temperatura uniforme $T_0$, cuja superfície ($z = 0$) é mantida em contato (para todo o tempo $t > 0$) com um fluido à temperatura $T_\infty \neq T_0$, constante, longe da superfície da parede. O fluxo de calor na superfície segue a lei de resfriamento de Newton:

$$q_0 = h(T_S - T_\infty) \qquad (12.371)$$

onde $T_S$ é a temperatura da superfície e $h$ é um coeficiente de transferência de calor entre o fluido e a parede sólida, suposto constante (independente do tempo). Deseja-se estudar o esquentamento ($T_\infty > T_0$) ou resfriamento ($T_\infty < T_0$) da parede no tempo.

Desconsiderando os efeitos de bordas, pode-se supor que a temperatura da parede só será função do tempo $t$ e da coordenada linear $z$ normal à superfície:

$$T = T(t, z) \qquad (12.372)$$

O comportamento do sistema é governado, para $t > 0$ e $z > 0$, pela equação:

$$\frac{\partial T}{\partial t} = \alpha \frac{\partial^2 T}{\partial z^2} \qquad (12.373)$$

As condições de borda na superfície da parede, levando em consideração a Eq. (12.371) e as definições de $q_0$ e $T_S$:

$$-k\frac{\partial T}{\partial z} = h(T - T_\infty), \qquad t > 0,\ z = 0 \tag{12.374}$$

A condição de borda longe da superfície ($z \to \infty$) e a condição inicial ($t = 0$) são:

$$T = T_0, \qquad t \geq 0,\ z \to \infty \tag{12.375}$$

$$T = T_0, \qquad t = 0,\ z > 0 \tag{12.376}$$

O problema é semelhante ao estudado na Seção 12.1 (parede semi-infinita com temperatura constante na superfície), mas a condição de borda Eq. (12.374) é diferente. Adimensionalizando:

$$\Theta = \frac{T - T_0}{T_\infty - T_0} \tag{12.377}$$

$$\xi = \frac{z}{\sqrt{4\alpha t}} \tag{12.378}$$

Observe que a definição de temperatura adimensional $\Theta$, Eq. (12.377), é semelhante, mas não idêntica, à Eq. (12.27) do caso estudado: a temperatura do fluido longe da superfície, $T_\infty$, substitui a temperatura da superfície, $T_1 \equiv T_S$, que é desconhecida no caso presente.

A variável de semelhança $\xi$, Eq. (12.378), é a mesma que no caso anterior, Eq. (12.10). Contudo, aqui acabam as semelhanças. A adimensionalização da condição de borda convectiva, Eq. (12.374),

$$\frac{k}{h\sqrt{4\alpha t}}\frac{\partial \Theta}{\partial \xi} = 1 - \Theta, \qquad \xi = 0 \tag{12.379}$$

indica a existência de outra variável independente:

$$\eta = \frac{h}{k}\sqrt{\alpha t} \tag{12.380}$$

Temos, portanto,

$$\Theta = \Theta(\eta, \xi) \tag{12.381}$$

com *duas* variáveis independentes. Nesses termos, a Eq. (12.379) fica:

$$\Theta\Big|_{\xi=0} + \frac{1}{2\eta}\frac{\partial \Theta}{\partial \xi}\Big|_{\xi=0} = 1 \tag{12.382}$$

que é a versão adimensional da condição de borda convectiva, Eq. (12.374). A Eq. (12.382) sugere a seguinte transformação da variável dependente:

$$\Phi = \Theta + \frac{1}{2\eta}\frac{\partial \Theta}{\partial \xi} \tag{12.383}$$

Pode-se provar facilmente que $\Phi$ satisfaz as equações para a transferência de calor numa parede semi-infinita com temperatura constante na superfície, Eqs. (12.11)-(12.13):

$$\frac{\partial^2 \Phi}{\partial \xi^2} + 2\xi\frac{\partial \Phi}{\partial \xi} = 0 \tag{12.384}$$

com condições de borda:

$$\Phi = 1, \qquad \xi = 0 \tag{12.385}$$

$$\Phi = 0, \qquad \xi \to \infty \tag{12.386}$$

cuja solução é

$$\Phi = \operatorname{erfc}(\xi) \tag{12.387}$$

onde temos utilizado a *função erro complementar* $\operatorname{erfc}(x) = 1 - \operatorname{erf}(x)$. A substituição da Eq. (12.387) na Eq. (12.383) leva, após uma série de manipulações,[27] à solução de nosso problema:

$$\Theta = \operatorname{erfc}\xi - \exp[\eta(2\xi + \eta)]\cdot\operatorname{erfc}(\xi + \eta) \tag{12.388}$$

[27] Veja, por exemplo, H. S. Carslaw e J. C. Jaeger, *Conduction of Heat in Solids*, 2nd ed. Oxford University Press (1959), Seção 2.7.

em forma adimensional, ou levando em consideração as Eqs. (12.377), (12.378) e (12.380), o perfil (dimensional) de temperatura com as variáveis e parâmetros do problema original:

$$\boxed{\frac{T-T_0}{T_\infty - T_0} = \text{erfc}\left(\frac{z}{\sqrt{4\alpha t}}\right) - \exp\left(\frac{hz}{k} + \frac{h^2\alpha t}{k^2}\right)\cdot \text{erfc}\left(\frac{z}{\sqrt{4\alpha t}} + \frac{h\sqrt{\alpha t}}{k}\right)} \tag{12.389}$$

O comportamento deste sistema é bastante diferente do caso da parede semi-infinita com temperatura constante na superfície, estudado na Seção 12.1. A curva superior na Figura 12.29 corresponde à temperatura na superfície, $T_S$ (para $z = 0$). Observe que no limite $t \to 0$, $T_S \to T_0$, a temperatura inicial da parede, em contraste com o caso da Seção 12.1 em que a temperatura era necessariamente constante, igual a $T_1$ (que corresponde a $T_\infty$ neste problema). Sabemos (Seções 12.1-12.2) que uma parede, cuja temperatura superficial muda subitamente a $t = 0$, tem resistência térmica desprezível nos instantes iniciais (a resistência térmica efetiva da parede é $\delta/k$, onde $k$ é a condutividade térmica do material e $\delta$ é a espessura de penetração térmica, muito pequena nos instantes iniciais do processo). A transferência de calor é dominada pelo transporte no fluido (no limite $t \to 0$ isto é verdade, por mais elevado que seja o coeficiente de transferência de calor $h$). Portanto, inicialmente, $T_S = T_0$. O balanço de resistências térmicas se reverte para tempos longos, e $T_S \to T_\infty$ para $t \to \infty$.

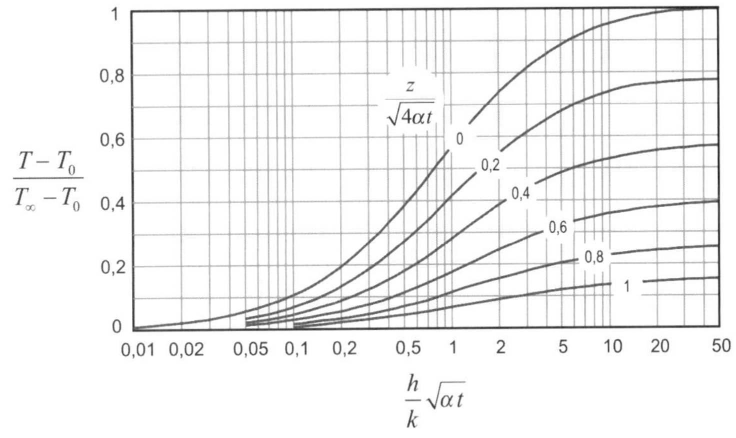


**Figura 12.29**

A temperatura superficial $T_S$ pode ser avaliada da Eq. (12.388) para $\xi = 0$:

$$\Theta_S = 1 - \exp\eta^2 \cdot \text{erfc}\,\eta \tag{12.390}$$

ou da Eq. (12.389) para $z = 0$:

$$\boxed{\frac{T_S - T_0}{T_\infty - T_0} = 1 - \exp\left(\frac{h^2\alpha t}{k^2}\right)\cdot \text{erf}\left(\frac{h\sqrt{\alpha t}}{k}\right)} \tag{12.391}$$

onde

$$\Theta_S = \frac{T_S - T_0}{T_\infty - T_0} \tag{12.392}$$

e $\eta$ é dado pela Eq. (12.380).

A expansão[28]

$$\exp\eta^2 \cdot \text{erfc}\,\eta = \sum_{n=0}^{\infty} \frac{x^n}{\Gamma(1+\frac{1}{2}n)} = 1 - \frac{2}{\sqrt{\pi}}x + x^2 - \frac{4}{3\sqrt{\pi}}x^3 + \frac{1}{2}x^4 - \frac{8}{15\sqrt{\pi}}x^5 + \ldots \tag{12.393}$$

é de utilidade para tempos curtos. Tomando os três primeiros termos,

$$\Theta_S \approx \frac{2\eta}{\sqrt{\pi}}\left(1 - \frac{\sqrt{\pi}}{2}\eta\right) \tag{12.394}$$

[28] J. Spanier e K. B. Oldham, *An Atlas of Functions*, HemispherePublishing/Springer Verlag (1987), Eq. 41:6.1.

ou

$$\boxed{\frac{T_S - T_0}{T_\infty - T_0} \approx \frac{h}{k}\sqrt{\frac{4\alpha t}{\pi}}\left(1 - \frac{h}{k}\sqrt{\frac{\pi\alpha t}{4}}\right)} \tag{12.395}$$

com um erro menor que 1% para $\eta < 0{,}1$. Para tempos longos $\eta \gg 1$, a expansão assintótica[29]

$$\exp x \cdot \operatorname{erfc}\sqrt{x} \sim \frac{1}{\sqrt{\pi x}}\left[1 - \frac{1}{2x} + \frac{3}{4x^2} - \frac{15}{9x^3} + \ldots\right] \tag{12.396}$$

permite avaliar a temperatura superficial. Tomando o primeiro termo:

$$\Theta_S \approx 1 - \frac{1}{\eta\sqrt{\pi}} \tag{12.397}$$

ou

$$\boxed{\frac{T_S - T_0}{T_\infty - T_0} \approx 1 - \frac{k}{h\sqrt{\pi\alpha t}}} \tag{12.398}$$

com um erro menor que 1% para $\eta > 10$.

Conhecida a temperatura na superfície, o fluxo de calor do fluido para o sólido (ou vice-versa) é avaliado simplesmente pela Eq. (12.371):

$$q_0 = h(T_S - T_\infty) = (\Theta_S - 1)h(T_S - T_\infty) \tag{12.399}$$

e pela Eq. (12.390):

$$q_0 = -(\exp\eta^2 \cdot \operatorname{erfc}\eta)h(T_S - T_\infty) \tag{12.400}$$

A quantidade total de calor transferida (por unidade de área) do fluido à parede desde o tempo $t = 0$:

$$\frac{Q_t}{A} = \int_0^t q_0 dt' = -\left[\int_0^\eta \exp\eta'^2 \cdot \operatorname{erfc}\eta' \cdot \eta' d\eta'\right]\frac{k^2}{\alpha h}(T_S - T_\infty) \tag{12.401}$$

mas[30]

$$\begin{aligned}\int_0^\eta \exp\eta'^2 \cdot \operatorname{erfc}\eta' \cdot \eta' d\eta' &= \int_0^{\eta^2} \exp x \cdot \operatorname{erfc}\sqrt{x} \cdot dx \\ &= \left[\exp x \cdot \operatorname{erfc}\sqrt{x} - \frac{2\sqrt{x}}{\sqrt{\pi}}\right]_0^{\eta^2} \\ &= \exp\eta^2 \cdot \operatorname{erfc}\eta - 1 - \frac{2\eta}{\sqrt{\pi}} = -\left(\Theta_S + \frac{2\eta}{\sqrt{\pi}}\right)\end{aligned} \tag{12.402}$$

Substituindo na Eq. (12.401) e reordenando:

$$\boxed{\frac{Q_t}{A} = 2k\sqrt{\frac{t}{\pi\alpha}}\left(1 + \frac{\sqrt{\pi}}{2\eta}\Theta_S\right)(T_S - T_\infty)} \tag{12.403}$$

Compare com a equação correspondente para o caso da parede semi-infinita com temperatura constante na superfície [Eq. (12.35)]:

$$\frac{Q_t^{(0)}}{A} = 2k\sqrt{\frac{t}{\pi\alpha}}(T_S - T_\infty) \tag{12.404}$$

O termo entre parênteses na Eq. (12.403) é o "fator de correção" devido à resistência térmica finita no fluido. Podem-se utilizar as Eqs. (12.394) e (12.397) para avaliar o fator no limite de tempos curtos, $\eta \ll 1$:

$$\phi_0 = 1 + \frac{\sqrt{\pi}}{2\eta}\Theta_S\bigg|_{\eta \ll 1} \approx -\frac{\sqrt{\pi}}{2}\eta = \tfrac{1}{2}\frac{h}{k}\sqrt{\pi\alpha t} \tag{12.405}$$

[29] Spanier e Oldham, *op. cit.*, Eq. 41:6.4.

[30] Spanier e Oldham, *op. cit.*, Eq. 41:10.9.

e tempos longos $\eta \gg 1$:

$$\phi_\infty = 1 + \frac{\sqrt{\pi}}{2\eta}\Theta_S\bigg|_{\eta \gg 1} \approx 1 + \frac{\sqrt{\pi}}{2\eta}\left(1 - \frac{1}{\eta\sqrt{\pi}}\right) \approx 1 + \frac{\sqrt{\pi}}{2\eta} = 1 + \tfrac{1}{2}\frac{k}{h}\sqrt{\frac{\pi}{\alpha t}} \tag{12.406}$$

Observe que a quantidade total de calor transferida (por unidade de área) é proporcional a $t$ para tempos curtos e proporcional a $t^{1/2}$ para tempos muito longos, quando se aproxima do valor obtido na Seção 12.1 para o caso da parede semi-infinita com temperatura superficial constante.

## 12.9 PLACA PLANA COM CONDIÇÃO DE BORDA CONVECTIVA

Considere uma placa plana de espessura $2H$, formada por um sólido isotrópico de difusividade térmica constante $\alpha$ (Seção 12.2), inicialmente ($t = 0$) à temperatura uniforme $T_0$, cuja superfície ($z = 0$) é mantida em contato para todo o tempo $t > 0$ com um fluido à temperatura $T_\infty \neq T_0$, constante, longe da superfície da placa. O fluxo de calor na superfície segue a lei de resfriamento de Newton:

$$|q_0| = h(T_S - T_\infty) \tag{12.407}$$

onde $T_S$ é a temperatura da superfície e $h$ é um coeficiente de transferência de calor entre o fluido e a placa, suposto constante (independente do tempo). Deseja-se estudar o esquentamento ($T_\infty > T_0$) ou resfriamento ($T_\infty < T_0$) da placa no tempo.

Desconsiderando os efeitos de bordas, pode-se supor que a temperatura da placa só será função do tempo $t$ e da coordenada linear $z$ normal à superfície:

$$T = T(t, z) \tag{12.408}$$

O comportamento do sistema é governado, para $t > 0$ e $-H < z < H$, pela equação:

$$\frac{\partial T}{\partial t} = \alpha \frac{\partial^2 T}{\partial z^2} \tag{12.409}$$

As condições de borda são, levando em consideração a Eq. (12.407),

$$-k\frac{\partial T}{\partial z} = h(T - T_\infty), \qquad t > 0,\ z = \pm H \tag{12.410}$$

e a condição inicial é

$$T = T_0, \qquad t = 0,\ -H < z < H \tag{12.411}$$

O problema é semelhante ao estudado na Seção 12.2 (placa plana com temperatura constante na superfície), mas as condições de borda são diferentes. Adimensionalizando:

$$\Theta = \frac{T - T_\infty}{T_0 - T_\infty} \tag{12.412}$$

$$\tau = \frac{\alpha t}{H^2} \tag{12.413}$$

$$\zeta = \frac{z}{H} \tag{12.414}$$

Observe que a definição de temperatura adimensional $\Theta$, Eq. (12.412), é semelhante – mas não idêntica – à Eq. (12.82) do caso estudado; a temperatura do fluido longe da superfície, $T_\infty$, substitui a temperatura da superfície, $T_1 \equiv T_S$, que é desconhecida no caso presente.

A equação diferencial e as condições de borda, Eqs. (12.409)-(12.411), em termos adimensionais, são

$$\frac{\partial \Theta}{\partial \tau} = \frac{\partial^2 \Theta}{\partial \zeta^2} \qquad \tau > 0,\ -1 < \zeta < 1 \tag{12.415}$$

$$\frac{\partial \Theta}{\partial \zeta} = \mp \frac{1}{Bi}\Theta \qquad \tau > 0,\ \zeta = \pm 1 \tag{12.416}$$

$$\Theta = 1 \qquad \tau = 0,\ -1 < \zeta < 1 \tag{12.417}$$

onde a razão entre as resistências térmicas no fluido e no sólido é

$$Bi = \frac{k}{hH} \tag{12.418}$$

o chamado *número de Biot*, um parâmetro característico do sistema.

Comparando as Eqs. (12.415)-(12.417) com as Eqs. (12.83)-(12.85), observa-se que a única diferença é a substituição das condições de borda convectivas, o que resulta em um novo *parâmetro* (número de Biot). Comparando as mudanças neste caso com o problema na parede semi-infinita, Seção 12.8, observa-se que naquele caso a condição de borda convectiva resultou na aparição de uma nova *variável* devido à ausência de um comprimento característico. Consequentemente, a resolução deste problema é bem mais simples.

O método de separação de variáveis permite obter soluções da Eq. (12.415) consistentes com a simetria do problema:

$$\Theta = B\cos(\lambda\zeta)\exp(-\lambda^2\tau) \tag{12.420}$$

onde $\lambda$ e $B$ são constantes arbitrárias, a serem determinadas pelas condições de borda. A aplicação da condição de borda convectiva, Eq. (12.416), resulta em

$$\lambda\,\mathrm{sen}(\pm\lambda) = \frac{1}{Bi}\cos(\pm\lambda) \tag{12.420}$$

que se cumpre para todas as soluções ("raízes") da equação

$$\lambda \tan\lambda = Bi^{-1} \tag{12.421}$$

A Eq. (12.421) tem infinitas raízes reais (para $Bi > 0$), $\lambda_n$, $n = 1, 2, 3, \ldots$ Esses números são chamados *valores próprios* (ou *autovalores*) do problema, já que somente para eles a Eq. (12.419) é uma solução da Eq. (12.415) com condições de borda, Eq. (12.416).

A Figura 12.30 mostra uma solução gráfica da Eq. (12.420), representando as funções $f_1(\lambda) = \tan\lambda$ (cinza-escuro) e $f_2(\lambda) = Bi^{-1}/\lambda$ (cinza-claro) para dois valores do parâmetro $Bi$. Os valores de $\lambda$ nos quais $f_1 = f_2$ são os autovalores do problema.

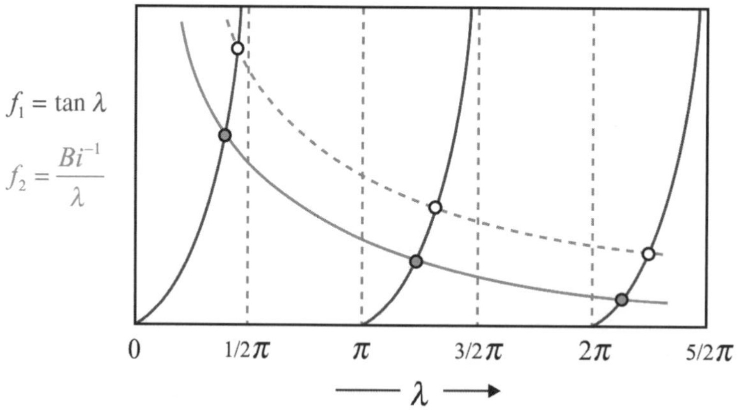


**Figura 12.30**

A Eq. (12.421) é uma equação transcendente (por oposição às equações algébricas polinomiais etc.). As raízes da mesma, exceto casos triviais ($Bi = 0$ ou $Bi \to \infty$), são avaliadas numericamente e estão tabeladas na literatura técnica (Tabela 12.6).

Observe que os valores próprios do problema $\lambda_n$ dependem da razão das resistências térmicas no fluido e no sólido, o número de Biot $Bi$.

Temos então um número infinito de soluções:

$$\Theta \doteq B_n\cos(\lambda_n\zeta)\exp(-\lambda_n^2\tau), \quad n = 0, 1, 2, \ldots \tag{12.422}$$

onde $B_n$ são constantes arbitrárias. Desde que nenhuma cumpre a condição inicial, tentamos a soma delas:

$$\Theta \doteq \sum_{n=1}^{\infty} B_n\cos(\lambda_n\zeta)\exp(-\lambda_n^2\tau) \tag{12.423}$$

A condição inicial requer:

$$\sum_{n=1}^{\infty} B_n\cos(\lambda_n\zeta) = 1 \tag{12.424}$$

Para que seja possível determinar as constantes $B_n$, $n = 1, 2, 3, \ldots$, isto é, para que a Eq. (12.423) seja efetivamente a solução do problema, é necessário que as funções $\cos(\lambda_n x)$, $n = 1, 2, 3, \ldots$, sendo os $\lambda_n$ soluções da Eq. (12.421), sejam ortogonais uma a outra no intervalo $-1 < x < 1$, isto é,

$$\int_{-1}^{1} \cos(\lambda_n x)\cos(\lambda_m x)dx \begin{cases} = 0, & n \neq m \\ \neq 0, & n = m \end{cases} \tag{12.425}$$

Isso foi simples de verificar no caso da placa plana com temperatura constante na superfície (Seção 12.2), onde os valores próprios Eq. (12.101) eram

$$\lambda_n = (n + \tfrac{1}{2})\pi, \quad n = 1, 2, 3\ldots \tag{12.426}$$

O caso presente é um pouco mais complicado. Não é óbvio que a Eq. (12.425) seja válida para $\lambda_n$ obtidos da Eq. (12.421). Porém, aplicando o método utilizado no caso anterior ao nosso problema particular, Eq. (12.424), obtemos[31]

$$B_n = \frac{\int_{-1}^{1} \cos(\lambda_n \zeta)d\zeta}{\int_{-1}^{1} \cos^2(\lambda_n \zeta)d\zeta} \tag{12.427}$$

e avaliadas as integrais:

$$B_n = \frac{2\,\text{sen}\,\lambda_n}{\lambda_n + \text{sen}\,\lambda_n \cos\lambda_n} \tag{12.428}$$

A Eq. (12.428) pode ser expressa de diversas formas, levando em consideração a Eq. (12.418) e identidades trigonométricas; por exemplo,

$$B_n = \frac{2Bi}{(\lambda_n^2 Bi^2 + Bi + 1)\cos\lambda_n} = 2Bi\frac{C_n}{\cos\lambda_n} \tag{12.429}$$

onde

$$C_n = \frac{1}{\lambda_n^2 Bi^2 + Bi + 1} \tag{12.430}$$

Substituindo a Eq. (12.429) na Eq. (12.423),

$$\Theta = 2Bi\sum_{n=1}^{\infty}\frac{C_n}{\cos\lambda_n}\cos(\lambda_n\zeta)\exp(-\lambda_n^2\tau) \tag{12.431}$$

o perfil adimensional de temperatura. Substituindo as Eqs. (12.412)-(12.414) na equação anterior,

$$\boxed{\frac{T - T_0}{T_\infty - T_0} = 1 - 2Bi\sum_{n=1}^{\infty}\frac{C_n}{\cos\lambda_n}\cos\left(\lambda_n\frac{z}{H}\right)\exp\left(-\lambda_n^2\frac{\alpha t}{H^2}\right)} \tag{12.432}$$

o perfil dimensional de temperatura.

A temperatura no centro da placa, $T_C$, é obtida a partir da Eq. (12.432) para $z = 0$ (Figura 12.31):

$$\boxed{\frac{T_C - T_0}{T_\infty - T_0} = 1 - 2Bi\sum_{n=1}^{\infty}\frac{C_n}{\cos\lambda_n}\exp\left(-\lambda_n^2\frac{\alpha t}{H^2}\right)} \tag{12.433}$$

e a temperatura na superfície, $T_S$, para $z = \pm H$ (Figura 12.32)

$$\boxed{\frac{T_S - T_0}{T_\infty - T_0} = 1 - 2\sum_{n=1}^{\infty}\left(\frac{Bi}{\lambda_n^2 Bi^2 + Bi + 1}\right)\exp\left(-\lambda_n^2\frac{\alpha t}{H^2}\right)} \tag{12.434}$$

[31] Veja, por exemplo, S. Whitaker, *Fundamental Principles of Heat Transfer*, Pergamon Press, 1977, Seção 4.5.

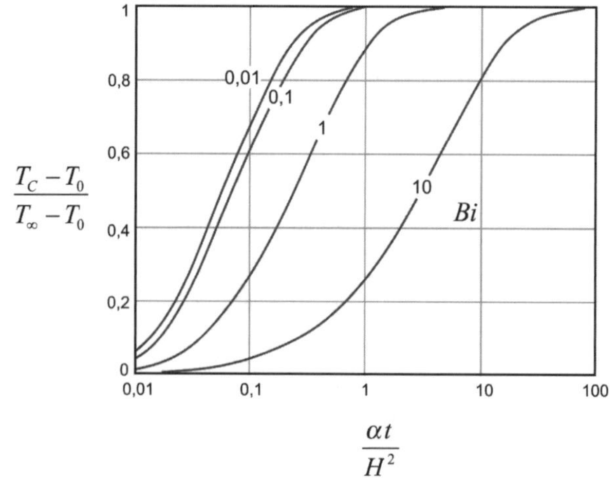


**Figura 12.31**

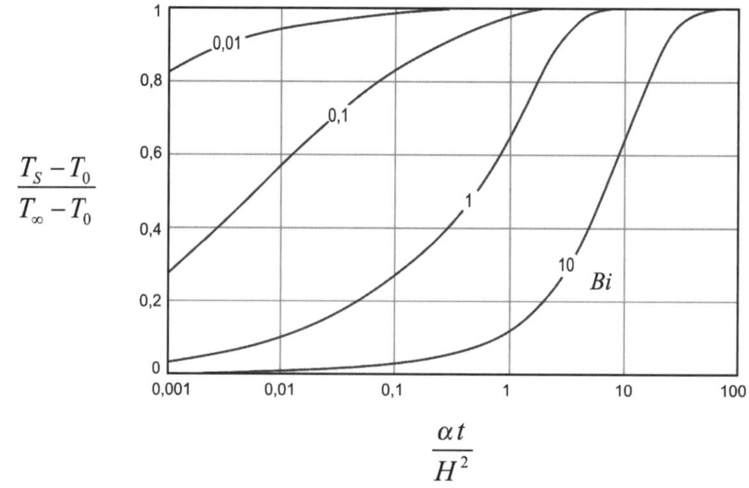


**Figura 12.32**

O fluxo de calor na superfície é

$$|q_0| = h|T_S - T_\infty| = \frac{2k}{H}|T_\infty - T_0| \sum_{n=1}^{\infty} C_n \exp\left(-\lambda_n^2 \frac{\alpha t}{H^2}\right) \tag{12.435}$$

A quantidade total de calor (por unidade de área) transferida entre o fluido e a placa até o tempo $t$ é

$$\frac{Q_t}{A} = 2\int_0^t |q_0| dt' = \frac{4k}{H}|T_\infty - T_0| \sum_{n=1}^{\infty} C_n \int_0^t \exp\left(-\lambda_n^2 \frac{\alpha t'}{H^2}\right) dt' \tag{12.436}$$

$$\frac{Q_t}{A} = \frac{4kH}{\alpha}|T_\infty - T_0| \sum_{n=1}^{\infty} \frac{C_n}{\lambda_n^2}\left[1 - \exp\left(-\lambda_n^2 \frac{\alpha t}{H^2}\right)\right] \tag{12.437}$$

A máxima quantidade de calor (por unidade de área) transferida entre o fluido e a placa é avaliada através da Eq. (12.437) no limite $t \to \infty$:

$$\frac{Q_\infty}{A} = \frac{4kH}{\alpha}|T_\infty - T_0| \sum_{n=0}^{\infty} \frac{C_n}{\lambda_n^2} \tag{12.438}$$

A mesma quantidade pode ser obtida a partir de um simples balanço global de calor no equilíbrio:

$$\frac{Q_\infty}{A} = \rho\hat{c}(2H)|T_\infty - T_0| \tag{12.439}$$

ou, levando em consideração a definição de difusividade térmica, $\alpha = k/\rho\hat{c}$,

$$\frac{Q_\infty}{A} = \frac{2kH}{\alpha}|T_\infty - T_0| \tag{12.440}$$

A comparação das Eqs. (12.438) e (12.440) leva ao seguinte resultado para a série numérica:

$$\sum_{n=1}^{\infty} \frac{C_n}{\lambda_n^2} = \frac{1}{2} \tag{12.441}$$

A substituição da Eq. (12.441) na Eq. (12.436):

$$\frac{Q_t}{A} = \frac{2kH}{\alpha}|T_\infty - T_0|\left[1 - \sum_{n=1}^{\infty} \frac{C_n}{\lambda_n^2} \exp\left(-\lambda_n^2 \frac{\alpha t}{H^2}\right)\right] \tag{12.442}$$

Finalmente, dividindo a Eq. (12.442) pela Eq. (12.440), chegamos à expressão para a fração do calor transferido entre 0 e $t$:

$$\frac{Q_t}{Q_\infty} = 1 - \sum_{n=1}^{\infty} \frac{C_n}{\lambda_n^2} \exp\left(-\lambda_n^2 \frac{\alpha t}{H^2}\right) \tag{12.443}$$

Lembrando que a fração de calor transferido é a temperatura média dimensional, Eq. (12.132):

$$\boxed{\frac{\overline{T} - T_0}{T_\infty - T_0} = 1 - \sum_{n=1}^{\infty} \frac{C_n}{\lambda_n^2} \exp\left(-\lambda_n^2 \frac{\alpha t}{H^2}\right)} \tag{12.444}$$

Para tempos curtos pode-se tomar o primeiro termo da série na Eq. (12.442) ou Eq. (12.444):

$$\frac{Q_t}{Q_\infty} = \frac{\overline{T} - T_0}{T_\infty - T_0} \approx 1 - \frac{C_1}{\lambda_1^2} \exp\left(-\lambda_1^2 \frac{\alpha t}{H^2}\right) \tag{12.445}$$

onde $\lambda_1$ é o primeiro autovalor do problema, a raiz menor da Eq. (12.421) e

$$C_1 = (\lambda_1^2 Bi^2 + Bi + 1)^{-1} \tag{12.446}$$

**Tabela 12.6** As seis primeiras (menores) raízes positivas da Eq. (12.421): $\lambda \tan \lambda = Bi^{-1}$

| ***Bi*** | $\boldsymbol{\lambda_1}$ | $\boldsymbol{\lambda_2}$ | $\boldsymbol{\lambda_3}$ | $\boldsymbol{\lambda_4}$ | $\boldsymbol{\lambda_5}$ | $\boldsymbol{\lambda_6}$ |
|---|---|---|---|---|---|---|
| 0 | 1,5708 | 4,7124 | 7,8540 | 10,9956 | 14,1372 | 17,2788 |
| 0,01 | 1,5552 | 4,6658 | 7,7764 | 10,8871 | 13,9981 | 17,1093 |
| 0,1 | 1,4289 | 4,3058 | 7,2281 | 10,2003 | 13,2142 | 16,2594 |
| 1 | 0,8603 | 3,4256 | 6,4373 | 9,5293 | 12,6453 | 15,7713 |
| 10 | 0,3111 | 3,1731 | 6,2991 | 9,4354 | 12,5743 | 15,7143 |
| 100 | 0,0998 | 3,1448 | 6,2848 | 9,4258 | 12,5672 | 16,7086 |
| ∞ | 0 | 3,1416 | 6,2832 | 9,4248 | 12,5664 | 15,7080 |

Resumido de H. S. Carslaw e J. C. Jaeger, *Conduction of Heat in Solids*, 2nd ed. Oxford University Press (1959), Appendix IV, Table I. [A referência citada contém tabelas mais detalhadas.]

Para avaliações aproximadas em torno de $Bi \approx 1$ (para cálculos rápidos no intervalo $0{,}01 < Bi < 100$):

$$\lambda_1 \approx \frac{1{,}72}{1 + Bi^{0{,}57}} \tag{12.447}$$

(Veja a Figura 12.33, no fim da Seção 12.10.)

## 12.10 BARRA CILÍNDRICA E ESFERA COM CONDIÇÃO DE BORDA CONVECTIVA

Apresentamos nesta seção os resultados para uma barra cilíndrica ("infinitamente" comprida) e para uma esfera sem maiores detalhes. Baseando-se nas Seções 12.5-12.6 (barra e esfera com temperatura superficial constante) e na Seção 12.9 (placa plana com condição de borda convectiva), o leitor curioso poderá preencher os detalhes com facilidade.

### 12.10.1 Barra Cilíndrica

Considere uma barra cilíndrica de raio $R$ e comprimento $L \gg R$, formada por um sólido isotrópico de difusividade térmica constante $\alpha$, inicialmente ($t = 0$) à temperatura uniforme $T_0$, cuja superfície ($r = R$) é mantida em contato para todo o tempo $t > 0$ com um fluido à temperatura $T_\infty \neq T_0$, constante, longe da barra. O fluxo de calor na superfície segue a lei de resfriamento de Newton, $|q_0| = h(T_S - T_\infty)$, onde $T_S$ é a temperatura da superfície e $h$ é um coeficiente de transferência de calor entre o fluido e a barra, suposto constante (independente do tempo). Deseja-se estudar o esquentamento ($T_\infty > T_0$) ou resfriamento ($T_\infty < T_0$) da barra no tempo. Desconsiderando os efeitos de bordas, pode-se supor que a temperatura da barra será função somente do tempo $t$ e do raio $r$, $T = T(t, r)$, em um sistema de coordenadas cilíndricas coaxial com a barra.

Adimensionalização:

$$\Theta = \frac{T - T_\infty}{T_0 - T_\infty} \tag{12.448}$$

$$\tau = \frac{\alpha t}{R^2} \tag{12.449}$$

$$\xi = \frac{r}{R} \tag{12.450}$$

Equação diferencial e condições de borda:

$$\frac{\partial \Theta}{\partial \tau} = \frac{1}{\xi}\frac{\partial}{\partial \xi}\left(\xi \frac{\partial \Theta}{\partial \xi}\right) \qquad \tau > 0, \quad 0 < \xi < 1 \tag{12.451}$$

$$\frac{\partial \Theta}{\partial \xi} = \frac{1}{Bi}\Theta \qquad \tau > 0, \quad \xi = 1 \tag{12.452}$$

$$\frac{\partial \Theta}{\partial \xi} = 0 \qquad \tau > 0, \quad \xi = 0 \tag{12.453}$$

$$\Theta = 1 \qquad \tau = 0, \quad -1 < \zeta < 1 \tag{12.454}$$

onde o número de Biot, $Bi$, relaciona as resistências térmicas no fluido e no sólido:

$$Bi = \frac{k}{hR} \tag{12.455}$$

Perfil de temperatura:

$$\boxed{\Theta = 2Bi\sum_{n=1}^{\infty} \frac{B_n}{J_0(\lambda_n)} J_0(\lambda_n \xi)\exp(-\lambda_n^2 \tau)} \tag{12.456}$$

onde $\lambda_n$, $n = 1, 2, \ldots$ são as raízes (positivas) da equação:

$$\lambda J_1(\lambda) = Bi^{-1} J_0(\lambda) \tag{12.457}$$

e

$$C_n = \frac{1}{\lambda_n^2 Bi^2 + 1} \tag{12.458}$$

As seis primeiras raízes da Eq. (12.457) são apresentadas na Tabela 12.7 para diversos valores do Biot.

A temperatura no centro da barra ($r = 0$):

$$\frac{T_C - T_0}{T_\infty - T_0} = 1 - 2Bi\sum_{n=1}^{\infty} \frac{C_n}{J_0(\lambda_n)} \exp\left(-\lambda_n^2 \frac{\alpha t}{R^2}\right) \tag{12.459}$$

A temperatura na superfície da barra ($r = R$):

$$\frac{T_S - T_0}{T_\infty - T_0} = 1 - 2Bi\sum_{n=1}^{\infty} C_n \exp\left(-\lambda_n^2 \frac{\alpha t}{R^2}\right) \tag{12.460}$$

A temperatura média da barra:

$$\frac{\bar{T} - T_0}{T_\infty - T_0} = 1 - \sum_{n=1}^{\infty} \frac{C_n}{\lambda_n^2} \exp\left(-\lambda_n^2 \frac{\alpha t}{R^2}\right) \tag{12.461}$$

Para tempos relativamente longos:

$$\frac{\bar{T} - T_0}{T_\infty - T_0} \approx 1 - \frac{C_1}{\lambda_1^2} \exp\left(-\lambda_1^2 \frac{\alpha t}{R^2}\right) \tag{12.462}$$

Por exemplo, para $Bi = 0{,}1$, $\lambda_1 = 2{,}18$ (Tabela 12.7) e

$$\frac{\bar{T} - T_0}{T_\infty - T_0} \approx 1 - 0{,}20 \cdot \exp\left(-4{,}75 \frac{\alpha t}{R^2}\right) \tag{12.463}$$

enquanto para $Bi = 10$, $\lambda_1 \approx 0{,}44$ (Tabela 12.7), e:

$$\frac{\bar{T} - T_0}{T_\infty - T_0} \approx 1 - 0{,}28 \cdot \exp\left(-0{,}44 \frac{\alpha t}{R^2}\right) \tag{12.464}$$

Para cálculos rápidos no intervalo $0{,}01 < Bi < 100$ pode-se utilizar a relação aproximada:

$$\lambda_1 \approx \frac{2{,}51}{1 + Bi^{0{,}65}} \tag{12.465}$$

(Figura 12.33, no fim desta seção.)

**Tabela 12.7** As seis primeiras (menores) raízes positivas da Eq. (12.457): $\lambda J_1(\lambda) = Bi^{-1}J_0(\lambda)$

| $Bi$ | $\lambda_1$ | $\lambda_2$ | $\lambda_3$ | $\lambda_4$ | $\lambda_5$ | $\lambda_6$ |
|---|---|---|---|---|---|---|
| 0 | 2,4048 | 5,5201 | 8,6537 | 11,7915 | 14,9309 | 18,0711 |
| 0,01 | 2,3809 | 5,4652 | 8,5678 | 11,6747 | 14,7834 | 17,8931 |
| 0,1 | 2,1795 | 5,0332 | 7,569 | 10,9363 | 13,9580 | 17,0099 |
| 1 | 1,2558 | 4,0795 | 7,1558 | 10,2710 | 13,3984 | 16,5312 |
| 10 | 0,4417 | 3,8677 | 7,0298 | 10,1833 | 13,3312 | 16,4767 |
| 100 | 0,1412 | 3,8343 | 7,0170 | 10,1745 | 13,3244 | 16,4712 |
| ∞ | 0 | 3,8317 | 7,0156 | 10,1735 | 13,3237 | 16,4706 |

Resumido de H. S. Carslaw e J. C. Jaeger, *Conduction of Heat in Solids*, 2nd ed. Oxford University Press (1959), Appendix IV, Table III. [A referência citada contém tabelas mais detalhadas.]

## 12.10.2 Esfera

Considere uma esfera de raio $R$ formada por um sólido isotrópico de difusividade térmica constante $\alpha$, inicialmente ($t = 0$) à temperatura uniforme $T_0$, cuja superfície ($r = R$) é mantida em contato para todo tempo $t > 0$ com um fluido à temperatura $T_\infty \neq T_0$, constante, longe da esfera. O fluxo de calor na superfície segue a lei de resfriamento de Newton, $|q_0| = h(T_S - T_\infty)$, onde $T_S$ é a temperatura da superfície e $h$ é um coeficiente de transferência de calor entre o fluido e a esfera, suposto constante (independente do tempo). Deseja-se estudar o esquentamento ($T_\infty > T_0$) ou resfriamento ($T_\infty < T_0$) da esfera no tempo. A temperatura da esfera será função apenas do tempo $t$ e do raio $r$, $T = T(t, r)$, em um sistema de coordenadas esféricas centrado no sólido.

Adimensionalização:

$$\Theta = \frac{T - T_\infty}{T_0 - T_\infty} \tag{12.466}$$

$$\tau = \frac{\alpha t}{R^2} \tag{12.467}$$

$$\xi = \frac{r}{R} \tag{12.468}$$

Equação diferencial e condições de borda:

$$\frac{\partial \Theta}{\partial \tau} = \frac{1}{\xi^2}\frac{\partial}{\partial \xi}\left(\xi^2 \frac{\partial \Theta}{\partial \xi}\right) \qquad \tau > 0, \quad 0 < \xi < 1 \tag{12.469}$$

$$\frac{\partial \Theta}{\partial \xi} = \frac{1}{Bi}\Theta \qquad \tau > 0, \quad \xi = 1 \tag{12.470}$$

$$\frac{\partial \Theta}{\partial \xi} = 0 \qquad \tau > 0, \quad \xi = 0 \tag{12.471}$$

$$\Theta = 1 \qquad \tau = 0, \quad -1 < \zeta < 1 \tag{12.472}$$

onde o número de Biot, *Bi*, relaciona as resistências térmicas no fluido e no sólido:

$$Bi = \frac{k}{hR} \tag{12.473}$$

Perfil de temperatura:

$$\boxed{\Theta = \frac{2Bi}{\xi}\sum_{n=1}^{\infty}\frac{B_n}{\text{sen}(\lambda_n)}\cdot \text{sen}(\lambda_n \xi)\exp(-\lambda_n^2 \tau)} \tag{12.474}$$

onde $\lambda_n$, $n = 1, 2, \ldots$ são as raízes (positivas) da equação:

$$\lambda \cot(\lambda) = 1 - Bi^{-1} \tag{12.475}$$

e

$$B_n = \frac{1}{\lambda_n^2 Bi^2 - Bi + 1} \tag{12.476}$$

As seis primeiras raízes da Eq. (12.475) são apresentadas na Tabela 12.8 para diversos valores de Biot.

A temperatura no centro da esfera ($r = 0$):[32]

$$\frac{T_C - T_0}{T_\infty - T_0} = 1 - 2Bi\sum_{n=1}^{\infty}\frac{\lambda_n B_n}{\text{sen}(\lambda_n)}\exp\left(-\lambda_n^2 \frac{\alpha t}{R^2}\right) \tag{12.477}$$

A temperatura na superfície da esfera ($r = R$):

$$\frac{T_S - T_0}{T_\infty - T_0} = 1 - 2Bi\sum_{n=1}^{\infty} B_n \exp(-\lambda_n^2 \tau) \tag{12.478}$$

A temperatura média da esfera:

$$\frac{\bar{T} - T_0}{T_\infty - T_0} = 1 - 6\sum_{n=1}^{\infty}\frac{B_n}{\lambda_n^2}\cdot \exp\left(-\lambda_n^2 \frac{\alpha t}{R^2}\right) \tag{12.479}$$

Para tempos relativamente longos:

$$\frac{\bar{T} - T_0}{T_\infty - T_0} \approx 1 - \frac{6B_1}{\lambda_1^2}\cdot \exp\left(-\lambda_1^2 \frac{\alpha t}{R^2}\right) \tag{12.480}$$

[32] Lembre-se: $\lim_{\xi \to 0} \frac{\text{sen}(\lambda_n \xi)}{\xi} = \lambda_n$

Por exemplo, para $Bi = 0{,}1$, $\lambda_1 = 2{,}84$ (Tabela 12.8) e

$$\frac{\bar{T}-T_0}{T_\infty - T_0} \approx 1 - 0{,}75 \cdot \exp\left(-8{,}07\frac{\alpha t}{R^2}\right) \tag{12.481}$$

enquanto para $Bi = 10$, $\lambda_1 \approx 0{,}54$ (Tabela 12.8) e

$$\frac{\bar{T}-T_0}{T_\infty - T_0} \approx 1 - 0{,}54 \cdot \exp\left(-0{,}29\frac{\alpha t}{R^2}\right) \tag{12.482}$$

Para cálculos rápidos no intervalo $0{,}01 < Bi < 100$, pode-se utilizar a relação aproximada (Figura 12.33):

$$\lambda_1 \approx \frac{3{,}14}{1 + Bi^{0{,}81}} \tag{12.483}$$

**Tabela 12.8** As seis primeiras (menores) raízes positivas da Eq. (12.475): $\lambda \cot(\lambda) = 1 - Bi^{-1}$

| *Bi* | $\lambda_1$ | $\lambda_2$ | $\lambda_3$ | $\lambda_4$ | $\lambda_5$ | $\lambda_6$ |
|---|---|---|---|---|---|---|
| 0 | 3,1416 | 6,2832 | 9,4248 | 12,5664 | 15,7080 | 18,8496 |
| 0,01 | 3,1105 | 6,2211 | 9,3317 | 12,4426 | 15,5537 | 18,6650 |
| 0,1 | 2,8363 | 5,7172 | 8,6587 | 11,6532 | 14,6870 | 17,7481 |
| 1 | 1,5708 | 4,7124 | 7,8540 | 10,9956 | 14,1372 | 17,2788 |
| 10 | 0,5423 | 4,5157 | 7,7382 | 10,9133 | 14,0733 | 17,2266 |
| 100 | 0,1730 | 4,4956 | 7,6275 | 10,9050 | 14,0669 | 17,2213 |
| ∞ | 0 | 4,4934 | 7,7253 | 10,9041 | 14,0662 | 17,2208 |

Resumido de H. S. Carslaw e J. C. Jaeger, *Conduction of Heat in Solids*, 2nd ed. Oxford University Press (1959), Appendix IV, Table II. [A referência citada contém tabelas mais detalhadas.]

A Figura 12.33 mostra o menor autovalor ($\lambda_1$) para a placa plana infinita, cilindro infinito e esfera com condição de borda convectiva, em função da relação entre as resistências térmicas dentro e fora do sólido (número de Biot). As linhas representam as expressões aproximadas, Eqs. (12.447), (12.465) e (12.483).

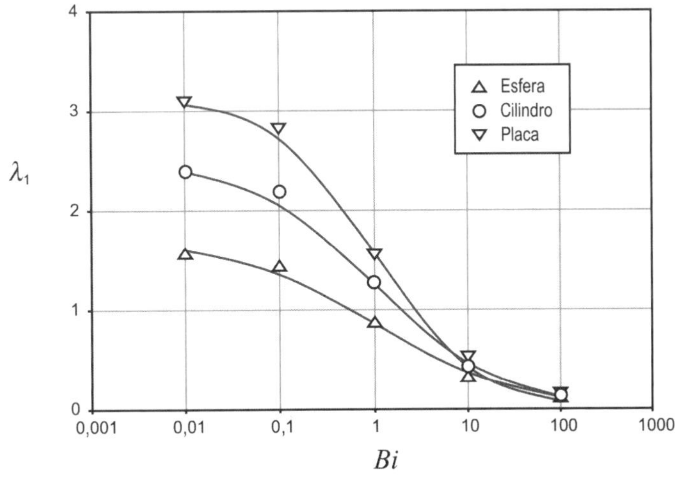


**Figura 12.33**

# PROBLEMAS

## Problema 12.1 Resfriamento de um filme

Um filme de PVC (difusividade térmica $\alpha$ = 0,15 mm²/s) de 1 m de largura ($W$) e 1 mm de espessura ($H$ = 0,5 mm), à temperatura uniforme de 150°C ($T_1$), é resfriado continuamente em uma câmara de 1 m de comprimento ($L$) com convecção forçada de ar que assegura que a temperatura superficial do filme atinja instantaneamente a temperatura (constante) de 25°C ($T_0$).

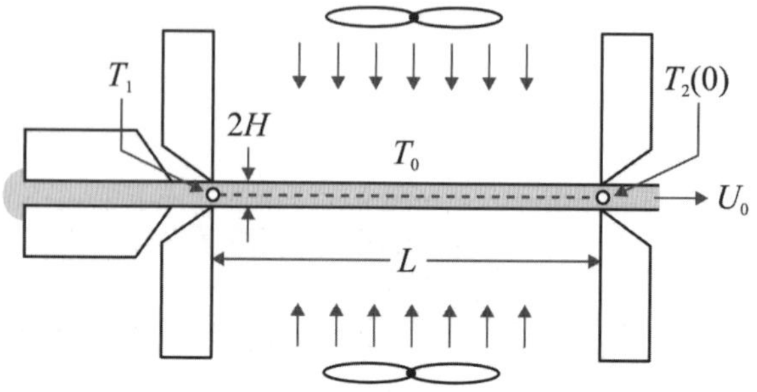


**Figura P12.1.1**

Se o filme se move a uma velocidade (constante) de 0,5 m/s ($U_0$), avalie a temperatura média e a temperatura no centro do filme à saída da câmara de resfriamento.

### *Resolução*

Se desconsiderarmos a transferência de calor ao longo do filme (coordenada $z$) e considerarmos somente a transferência de calor normal ao mesmo (coordenada $y$), poderemos analisar o que acontece em uma fatia de material, de comprimento $\Delta z$, espessura $2H$ e largura $W$, se movendo à velocidade constante $U_0$, desde $z$ = 0 até $z$ = $L$. Durante o tempo de exposição

$$t_0 = \frac{L}{U_0} = \frac{1\,\text{m}}{0{,}5\,\text{m/s}} = 2\,\text{s}$$

o elemento material, inicialmente à temperatura uniforme $T_1$, transfere calor ao ambiente através das superfícies superior e inferior, mantidas à temperatura constante $T_0$, gerando-se no interior do filme um perfil de temperatura (Figura P12.1.2). O processo corresponde à transferência de calor não estacionária em uma placa plana, estudado na Seção 12.2.

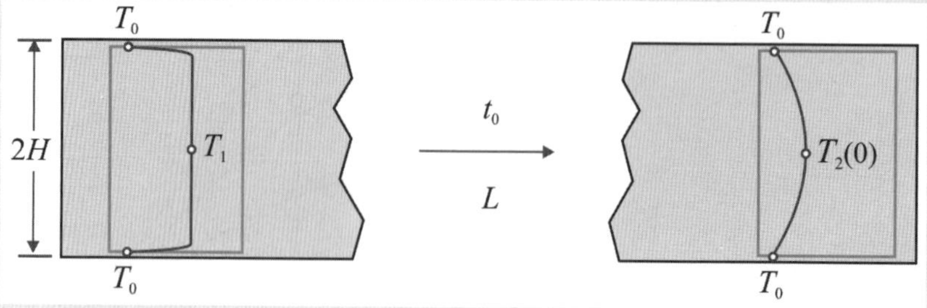


**Figura P12.1.2**

O tempo adimensional na saída da câmara é

$$\tau = \frac{\alpha t_0}{H^2} = \frac{(0{,}15\,\text{mm}^2/\text{s})\cdot(2\,\text{s})}{(0{,}5\,\text{mm})^2} = 1{,}2$$

Pode-se, portanto, utilizar a aproximação de "tempos longos" para avaliar a temperatura média, Eq. (12.134):[33]

[33] Preste atenção à definição de $T_0$ e $T_1$ neste problema e na Seção12.2: são diferentes.

$$\frac{T_1 - \bar{T}_2}{T_1 - T_0} = 1 - 0,81 \cdot \exp\left\{-2,47 \cdot \frac{\alpha t}{H^2}\right\} = 0,958$$

de onde

$$\bar{T}_2 = T_1 - 0,958(T_1 - T_0) = 150\,°\mathrm{C} - 0,958 \cdot 125\,°\mathrm{C} = 30,2\,°\mathrm{C} \; ✓$$

e para avaliar a temperatura no centro do filme [Eq. (12.115)]:

$$\frac{T_1 - T_2(0)}{T_1 - T_0} \approx 1 - 1,27 \cdot \exp\left\{-2,47 \cdot \frac{\alpha t}{H^2}\right\} = 0,934$$

de onde

$$T_2(0) = T_1 - 0,934(T_1 - T_0) = 150\,°\mathrm{C} - 0,934 \cdot 125\,°\mathrm{C} = 33,2\,°\mathrm{C} \; ✓$$

Temos visto, em várias ocasiões, como situações não estacionárias podem ser analisadas em estado estacionário, através da *aproximação de estado quase estacionário*. Aqui temos o caso oposto: um problema estacionário *bidimensional* (em coordenadas fixas) analisado como não estacionário – mas *unidimensional* – em coordenadas móveis: trocamos uma variável independente espacial por uma variável independente temporal para aproveitar um caso previamente analisado de solução conhecida.

## *Aproximação unidimensional*

O uso das equações unidimensionais (Tabela 12.2) requer mais uma aproximação, já que a fatia não pode, em princípio, ser considerada como uma placa plana "muito comprida", e o calor é transferido não só na direção normal à superfície exposta – a direção transversal – mas na direção do movimento – a direção axial – entre elementos materiais vizinhos. Um balanço macroscópico de calor em uma "fatia material" de filme de comprimento $\Delta z$, largura $W$ e espessura $2H$ se deslocando ao longo da câmara de resfriamento (Figura P12.1.3)

$$\rho \hat{c} \frac{\partial \bar{T}}{\partial t} \cdot 2HW\Delta z = -2q_y^0 \cdot W\Delta z + \left(q_z|_z - q_z|_{z+\Delta z}\right) \cdot 2H\Delta z \qquad \text{(P12.1.1)}$$

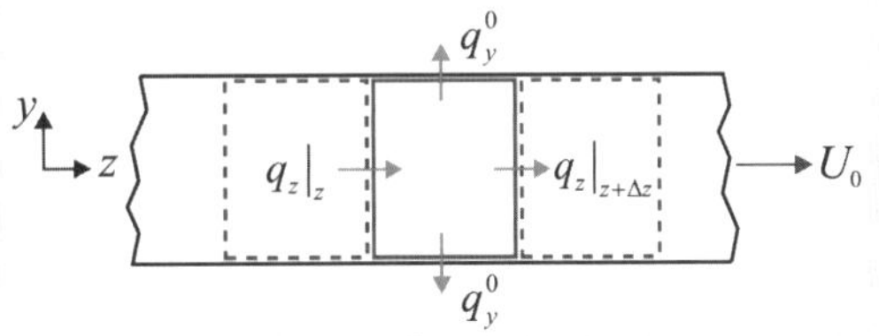


**Figura P12.1.3**

resulta em

$$-\rho \hat{c} \frac{d\bar{T}}{dt} = \frac{q_y^0}{H} + \frac{dq_z}{dz} \qquad \text{(P12.1.2)}$$

onde $\rho$ é a densidade e $\hat{c}$ é o calor específico do material. A aproximação utilizada no problema requer que, para tempos curtos ou moderadamente longos,[34] a contribuição do transporte na direção axial seja desconsiderada frente ao transporte na direção transversal:

$$\frac{dq_z}{dz} \ll \frac{q_y^0}{H} \qquad \text{(P12.1.3)}$$

Ainda que a Eq. (P12.1.3) requer só que a *variação* (gradiente) do fluxo axial seja desprezível, vamos considerar uma condição mais estrita: que o próprio fluxo axial seja desprezível comparado com o fluxo transversal de calor:

$$q_z \ll 2q_y^0 \qquad \text{(P12.1.4)}$$

[34] Para tempos muito longos, $T_2 \approx T_0$ e todos os fluxos de calor são desprezíveis.

O termo da esquerda pode ser aproximado pelo valor médio ao longo do filme

$$q_z \doteq k\frac{T_1 - \bar{T}_2}{L} \tag{P12.1.5}$$

onde $T_1$ é a temperatura (uniforme) "inicial" ($z = 0$), e $\bar{T}_2$ é a temperatura (média) "final" ($z = L$). O termo da direita pode ser avaliado pela Eq. (12.33) para tempos de exposição curtos ou pelo primeiro termo ($n = 0$) da Eq. (12.33) para tempos de exposição longos:

$$q_y^0 \doteq \begin{cases} \dfrac{k}{\sqrt{\pi\alpha t}}(T_1 - T_0) \\ \dfrac{2k}{H}\exp\left(-\dfrac{\pi^2\alpha t}{4H^2}\right)(T_1 - T_0) \end{cases} \tag{P12.1.6}$$

onde $T_0$ é a temperatura (uniforme) da superfície ($y = \pm H$). Definindo um tempo adimensional,

$$\tau' = \frac{\pi^2\alpha t}{4H^2} \tag{P12.1.7}$$

a Eq. (P12.1.6) fica

$$q_y^0 \doteq \begin{cases} \dfrac{\sqrt{\pi}k}{2H}\dfrac{(T_1 - T_0)}{\sqrt{\tau'}} \\ \dfrac{2k}{H}\exp(-\tau')(T_1 - T_0) \end{cases} \tag{P12.1.8}$$

Substituindo as Eqs. (P12.1.5) e (P12.1.8) na Eq. (P12.1.4), temos que a condição do transporte de calor é efetivamente unidimensional se:

Tempos curtos: $$T_1 - \bar{T}_2 \ll \frac{\sqrt{\pi}}{\sqrt{\tau'}}\frac{L}{H}(T_1 - T_0) \tag{P12.1.9}$$

Tempos longos: $$T_1 - \bar{T}_2 \ll 4\exp(-\tau')\frac{L}{H}(T_1 - T_0) \tag{P12.1.10}$$

Desconsiderando os fatores de $\mathbb{O}(1)$ a condição fica reduzida a

$$T_1 - \bar{T}_2 \ll \frac{L}{H}(T_1 - T_0) \tag{P12.1.11}$$

para tempos curtos ou moderadamente longos. Isto é, $H \ll L$ assegura que a transferência de calor axial possa ser desconsiderada e as equações da Tabela 12.2 possam ser utilizadas.

## Problema 12.2 Resfriamento de placas

Uma placa de PVC rígido (difusividade térmica $\alpha$ = 0,15 mm²/s) de 1 m de largura ($W$) e 10 mm de espessura ($2H$), à temperatura uniforme de 150°C ($T_1$), é extruída continuamente em uma câmara de 1 m de comprimento ($L$) com convecção forçada de ar que assegura que a temperatura superficial da placa atinja instantaneamente a temperatura (constante) de 25°C ($T_0$).

Ao sair da câmara de resfriamento, as placas são imediatamente cortadas (comprimento $L$ = 1,5 m), empilhadas, e deixadas por um tempo nessas condições.

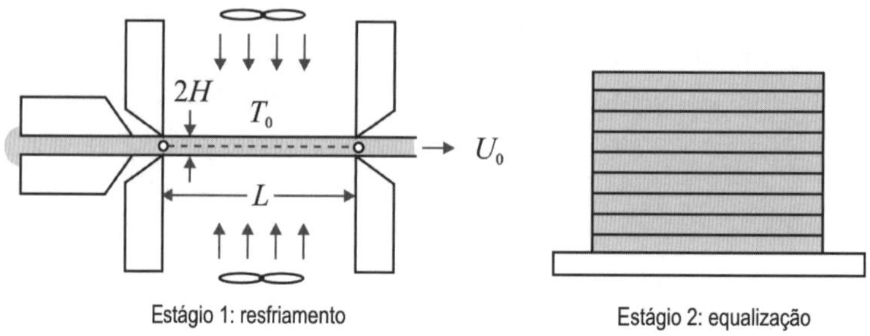


**Figura P12.2.1**

Avalie a máxima velocidade $U_0$, necessária para que a temperatura *média* da placa à saída da câmara de resfriamento seja de 50°C, e o tempo $t_S$ necessário para que a temperatura *máxima* das placas empilhadas seja inferior a 51°.

## *Resolução*

(a) Se considerarmos somente a transferência de calor normal à placa, poderemos analisar o que acontece em uma fatia de material se movendo à velocidade constante $U_0$, desde $z = 0$ até $z = L$. Durante o tempo de exposição $t_0$ o elemento material, inicialmente à temperatura uniforme $T_1$, transfere calor ao ambiente através das superfícies superior e inferior, mantidas à temperatura constante $T_0$, gerando-se no interior da placa um perfil de temperatura. O processo corresponde à transferência de calor não estacionária em uma placa plana, estudado na Seção 12.2 e no problema anterior (Problema 12.1).

O tempo de residência $t_R$ na câmara de resfriamento, necessário para que a temperatura média da placa mude de $T_1$ para $\overline{T}_2$, pode ser avaliado através da Eq. (12.134):[35]

$$\frac{T_1 - \overline{T}_2}{T_1 - T_0} = 1 - 0{,}81 \cdot \exp\left\{-2{,}47 \frac{\alpha t_R}{H^2}\right\} \qquad \text{(P12.2.1)}$$

ou

$$t_R = -\frac{H^2}{2{,}47\alpha} \ln\left[\frac{1}{0{,}81}\left(1 - \frac{\overline{T}_2 - T_1}{T_0 - T_1}\right)\right] = \frac{H^2}{2{,}47\alpha} \ln\left(0{,}81 \cdot \frac{T_1 - T_0}{\overline{T}_2 - T_0}\right) \qquad \text{(P12.2.2)}$$

$$t_R = \frac{(5\ \text{mm})^2}{2{,}47 \cdot (0{,}15\ \text{mm}^2/\text{s})} \ln\left[0{,}81 \cdot \frac{150°\text{C} - 25°\text{C}}{50°\text{C} - 25°\text{C}}\right] = 94{,}5\ \text{s}$$

A velocidade (constante) de extrusão é, simplesmente,

$$U_0 = \frac{L}{t_R} = \frac{1000\ \text{mm}}{94{,}5\ \text{s}} = 10{,}6\ \text{mm/s} \approx 5{,}8\ \text{m/h}\ \checkmark$$

Para completar a parte (a) é necessário verificar a validade da Eq. (P12.2.1), uma aproximação para tempos longos, $\tau > 0{,}5$:

$$\tau_R = \frac{\alpha t_R}{H^2} = \frac{(0{,}15\ \text{mm}^2/\text{s}) \cdot (94{,}5\ \text{s})}{(5\ \text{mm})^2} = 0{,}57 > 0{,}5$$

(b) As placas empilhadas (desconsiderando as bordas e o topo da pilha) podem ser consideradas termicamente isoladas. A temperatura média das mesmas permanece constante, igual ao valor obtido na parte (a), mas o perfil de temperatura se equaliza no tempo. A temperatura máxima inicial é a temperatura no plano central da placa à saída da câmara de refrigeração, que pode ser avaliada pela Eq. (12.115) para $t = t_R$:

$$\frac{T_1 - T_2}{T_1 - T_0} = 1 - 1{,}27 \cdot \exp(-2{,}47\tau_R) = 0{,}69$$

ou seja, $T_2 = 64°C$. A temperatura mínima inicial é a temperatura na superfície da placa à saída da câmara de refrigeração, $T_0 = 25°C$ (Figura P12.2.2).

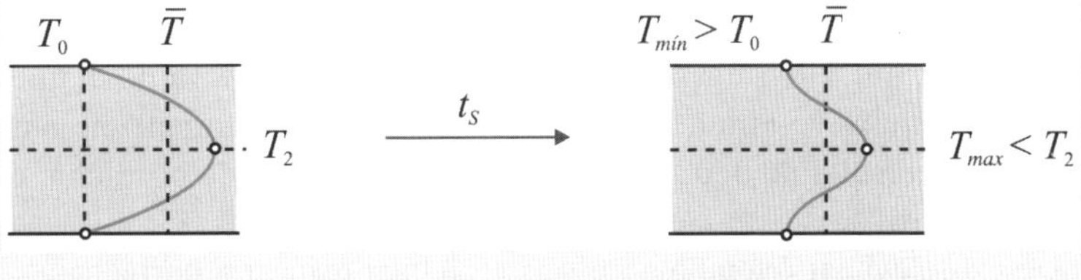


**Figura P12.2.2**

O processo de equalização da temperatura em uma placa isolada foi estudado na Seção 12.4. Se o perfil de temperatura inicial é simétrico e pode ser aproximado por *splines* cúbicos, a temperatura máxima ($T_3$) depois

[35] Preste atenção à definição de $T_0$ e $T_1$ neste problema e na Seção12.2: são diferentes.

de um tempo $t_S > 0{,}1H^2/\alpha$) é dada pela Eq. (12.124):[36]

$$\frac{T_3 - \overline{T}_2}{T_2 - T_0} = 2(0{,}85 - 0{,}40\kappa)\exp\left(-\frac{\pi^2 \alpha t}{H^2}\right) \tag{P12.2.3}$$

onde $\kappa$ é o gradiente adimensional de temperatura inicial na superfície da placa, que pode ser obtido da Eq. (12.265):

$$\frac{T_2 - \overline{T}}{T_2 - T_0} = \frac{3-\kappa}{12} \tag{P12.2.4}$$

$$\kappa = 3 - 12\frac{T_2 - \overline{T}_2}{T_2 - T_0} = 3 - 12\frac{64°\text{C} - 50°\text{C}}{64°\text{C} - 25°\text{C}} = -1{,}31$$

Invertendo a Eq. (P12.2.3),

$$\frac{\alpha t_S}{H^2} = \frac{1}{\pi^2}\ln\left[a\frac{T_2 - T_0}{T_3 - \overline{T}_2}\right] \tag{P12.2.5}$$

onde

$$a = 2(0{,}85 - 0{,}40\kappa) = 2\cdot[0{,}85 - (0{,}40)\cdot(-1{,}31)] = 2{,}75$$

$$\ln\left(a\frac{T_2 - T_0}{T_3 - \overline{T}_2}\right) = \ln\left(2{,}75\cdot\frac{64°\text{C} - 25°\text{C}}{52°\text{C} - 50°\text{C}}\right) = \ln(53{,}6) = 3{,}98$$

$$\frac{\alpha t_S}{H^2} = \frac{3{,}98}{(3{,}14)^2} = 0{,}40 > 0{,}1$$

$$t_S = \frac{0{,}40\cdot(5\text{ mm})^2}{(0{,}1\text{ mm}^2/\text{s})} = 100\text{ s} \checkmark$$

## Problema 12.3 Análise térmica de um misturador aberto

O misturador aberto (*two-roll mill* ou TRM) é um dos mais simples e antigos processadores para "amassar", misturar e resfriar borracha. Consiste em dois cilindros paralelos de mesmo diâmetro, com uma pequena separação (ajustável) entre os mesmos, que giram em direções opostas à velocidade constante (ajustável). Um dos cilindros, chamado "ativo", é refrigerado internamente e gira à velocidade levemente maior que a velocidade do outro. Uma massa de composto de borracha é depositada no topo do TRM. A rotação dos cilindros amassa e mistura a massa. Uma parte da mesma é transportada continuamente em torno do cilindro ativo e, após uma volta, misturada novamente com a massa rolante no topo. Durante essa volta, o filme de borracha, em contato com a superfície fria, é resfriado pelo cilindro. O processo continua por um tempo até que a massa de borracha tenha sido suficientemente amassada e resfriada, momento em que a massa é retirada manualmente (Figura P12.3.1).

Para este problema vamos supor que 100 kg ($m_0$) de um elastômero (densidade $\rho$ = 1 g/cm³, calor específico $\hat{c}$ = 2 kJ/kgK, e condutividade térmica $k$ = 0,1 W/mK, constantes), inicialmente a 150°C ($T_0$), são processados em um TRM formado por dois cilindros de 0,8 m de diâmetro ($D$) e 2 m de comprimento efetivo ($L$). O cilindro ativo gira a 30 rpm ($\Omega$ = 0,5 s$^{-1}$) e sua superfície é mantida a 50°C ($T_S$). A separação entre os cilindros resulta no depósito de um filme uniforme, de borracha, de 3 mm de espessura ($d$) na superfície do cilindro ativo.

Deseja-se avaliar o tempo necessário ($t_P$) para resfriar a borracha até 75°C ($T_1$) e a quantidade total de calor transferida para o sistema de refrigeração do cilindro ($Q_T$).

---

[36] A notação das temperaturas ($T_0$, $T_1$, $T_2$ etc.) neste problema é diferente da utilizada na Seção12.3. Neste problema a temperatura máxima é no centro da placa, e a mínima, na superfície (caso oposto ao considerado na Seção12.3).

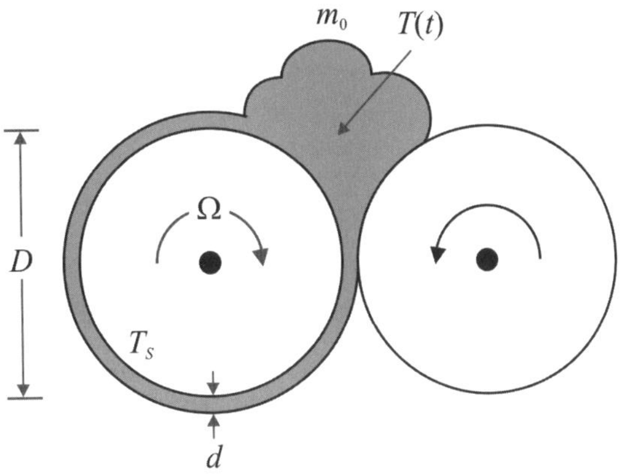


**Figura P12.3.1**

## *Resolução*

Vamos idealizar o sistema dividindo-o em duas partes: (1) a *massa* no topo do TRM e (2) o *filme* ao redor do cilindro ativo, com as seguintes características:

- A *massa* é perfeitamente misturada à temperatura uniforme (que depende do tempo, mas não da posição dentro da massa). A transferência de calor da massa para o ambiente é desprezível.
- O *filme* é formado continuamente no topo, com material fornecido pela *massa* à temperatura uniforme (igual à temperatura da massa), e transfere calor à parede do cilindro (mantida a temperatura constante) durante uma volta, e retorna à *massa* onde é perfeitamente misturado com a mesma. A transferência de calor do filme para o ambiente é desprezível.

O resfriamento do elastômero é devido somente à transferência de calor entre o filme e o cilindro ativo.

O sistema pode ser modelado, portanto, como mostra a Figura P12.3.2.

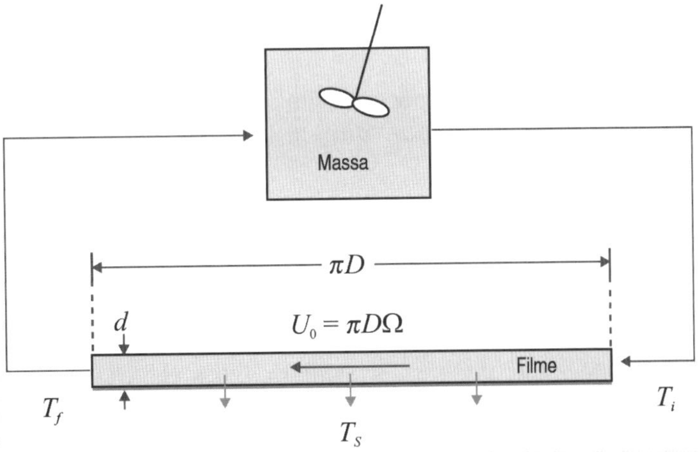


**Figura P12.3.2**

Sendo $d \ll D$, pode-se considerar o filme plano, de comprimento $\pi D$ e largura $L$. Um elemento material percorre o trajeto à velocidade uniforme $U_0 = \pi D\Omega$; o percurso de uma volta leva um tempo:

$$t_0 = \Omega^{-1} = 2\text{ s}$$

Se desconsiderarmos a transferência de calor "tangencial" (ao longo do filme) e considerarmos somente a transferência de calor "radial" (através do filme), poderemos considerar o elemento material, no início, como uma miniparede semi-infinita com uma temperatura uniforme $T_i$ (a temperatura da massa) cuja superfície, em contato com o cilindro, muda subitamente para $T_S$ (a temperatura da superfície do cilindro). A espessura de penetração térmica no final, depois de um tempo $t_0$ de contato [Eq. (12.30)], é

$$\delta_0 \approx 3{,}6\sqrt{\alpha t_0} \qquad \text{(P12.3.1)}$$

onde $\alpha$ é a difusividade térmica do elastômero:

$$\alpha = \frac{k}{\rho \hat{c}} = \frac{(0{,}1\ \text{J/s}\cdot\text{mK})}{(10^3\ \text{kg/m}^3)\cdot(2\cdot 10^3\ \text{J/kgK})} = 0{,}05\cdot 10^{-6}\ \text{m}^2/\text{s} = 0{,}05\ \text{mm}^2/\text{s}$$

Portanto,

$$\delta_0 \approx 3{,}6\sqrt{\alpha t_0} = 3{,}6\cdot\sqrt{(0{,}05\ \text{mm}^2/\text{s})\cdot(2\ \text{s})} = 1{,}14\ \text{mm}$$

Sendo $\delta_0 < d = 5$ mm, o elemento de material comporta-se como uma parede semi-infinita durante *todo* o percurso. A perturbação térmica (temperatura diferente da temperatura inicial $T_i$) no filme (causada pela superfície do cilindro à temperatura $T_S$) limita-se a uma pequena camada vizinha ao cilindro (Figura P12.3.3).

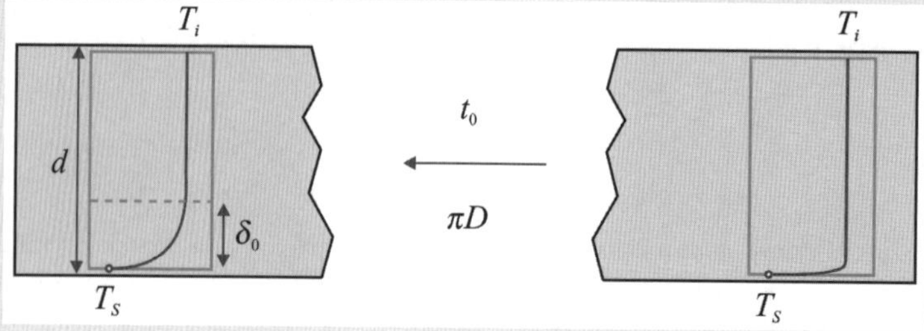


**Figura P12.3.3**

O fluxo de calor na superfície do cilindro [Eq. (12.33)] é

$$q = \frac{k}{\sqrt{\pi \alpha t_0}}(T_S - T_i) \tag{P12.3.2}$$

onde $t_0$ é o *tempo de exposição* do elemento. A taxa de transferência de calor entre o elastômero e o cilindro, desconsiderando os "efeitos de bordas" nos extremos do cilindro, é

$$\dot{Q} = \frac{\pi k D L}{\sqrt{\pi \alpha t_0}}(T_S - T_i) \tag{P12.3.3}$$

em função de $T_i$, a temperatura (por enquanto desconhecida) inicial do filme, que é a temperatura do elastômero no topo do TRM ao tempo em que o filme sai da massa:

$$T_i \equiv T(t) \tag{P12.3.4}$$

A variação de temperatura do material é devida ao calor tirado pelo filme. Um *balanço global* de calor resulta em

$$m\hat{c}\frac{dT}{dt} = \dot{Q} = \frac{\pi k D L}{\sqrt{\pi \alpha t_0}}(T_S - T_i) \tag{P12.3.5}$$

Integrando entre o início ($t = 0, T = T_0$) e o fim ($t = t_P, T = T_1$) do processo, temos

$$\ln\frac{T_0 - T_S}{T_1 - T_S} = \left(\frac{\pi k D L}{m\hat{c}\sqrt{\pi \alpha t_0}}\right) t_P \tag{P12.3.6}$$

$$t_P = \tau_0 \ln\frac{T_0 - T_S}{T_1 - T_S} \tag{P12.3.7}$$

onde

$$\tau_0 = \frac{m\hat{c}\sqrt{\pi \alpha t_0}}{\pi k D L} = \frac{m}{\rho D L}\sqrt{\frac{t_0}{\pi \alpha}} \tag{P12.3.8}$$

é o tempo característico do sistema. Para o caso presente:

$$\tau_0 = \frac{m}{\rho D L}\sqrt{\frac{t_0}{\pi \alpha}} = \frac{(100\ \text{kg})}{(1000\ \text{kg/m}^3)\cdot(0{,}8\ \text{m})\cdot(2\ \text{m})}\sqrt{\frac{(2\ \text{s})}{3{,}14\cdot(0{,}05\cdot 10^{-6}\ \text{m}^2/\text{s})}} = 223\ \text{s}$$

Portanto,

$$t_P = \tau_0 \ln \frac{T_0 - T_S}{T_1 - T_S} = (223\ \text{s}) \cdot \ln\left(\frac{150\,°\text{C} - 50\,°\text{C}}{75°\text{C} - 50\,°\text{C}}\right) = 309\ \text{s}\ \checkmark$$

(5 min). O calor total transferido para o cilindro é

$$Q_T = m\hat{c}(T_0 - T_1) = (100\ \text{kg}) \cdot (2\ \text{kJ/kg°C}) \cdot (75°\text{C}) = 15 \cdot 10^3\ \text{kJ}\ \checkmark$$

distribuídos (em forma não uniforme) sobre os 412 s (potência média: 37 kW).

Aqui temos outro caso, mais complexo, de como analisar um sistema até encontrar um "ponto de vista" que reduza o problema a um caso conhecido. Neste caso, a análise de um sistema essencialmente não estacionário é substituída pela análise do sistema semelhante em estado estacionário (aproximação de estado "quase estacionário"). Em um segundo estágio o sistema estacionário, porém bidimensional, é substituído por um sistema não estacionário unidimensional em coordenadas móveis (troca de uma variável independente espacial pelo tempo) cuja solução é conhecida.

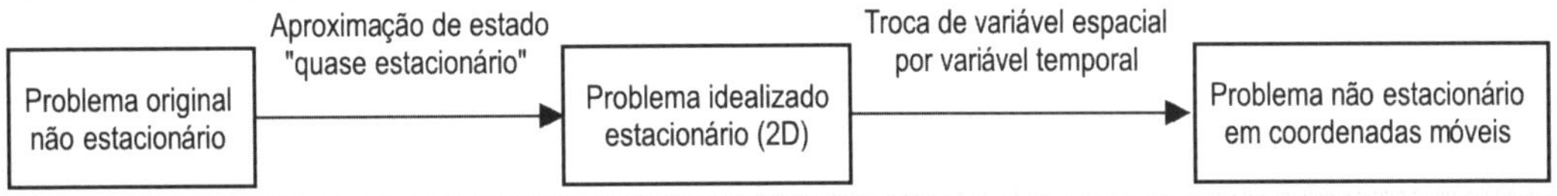


**Diagrama 12.1**

# 13 TRANSFERÊNCIA DE CALOR EM FLUIDOS



## 13.1 INTRODUÇÃO

### 13.1.1 Balanço de Calor em Fluidos

O balanço de energia térmica para um fluido newtoniano incompressível de propriedades físicas constantes leva (na ausência de fontes internas de energia) à *equação de variação da temperatura*, Eq. (10.6):[1]

$$\underset{(i)}{\rho\hat{c}\frac{\partial T}{\partial t}} + \underset{(ii)}{\rho\hat{c}\left(\boldsymbol{v}\cdot\nabla T\right)} = \underset{(iii)}{k\nabla^2 T} + \underset{(iv)}{\eta\left(\nabla\boldsymbol{v}:\nabla\boldsymbol{v}\right)} \tag{13.1}$$

onde $T$ é a temperatura, $\boldsymbol{v}$ é a velocidade, $\rho$ a densidade, $\hat{c}$ o calor específico, $k$ condutividade térmica e $\eta$ a viscosidade do fluido. Os termos correspondem a: (*i*) taxa de aumento de energia interna, (*ii*) transporte de energia interna por convecção, (*iii*) transporte de calor por condução (lei de Fourier) e (*iv*) dissipação viscosa de energia mecânica (lei de Newton).

Para estado estacionário [(*i*) = 0], e desconsiderando a dissipação viscosa [(*iv*) ≈ 0]:

$$\boldsymbol{v}\cdot\nabla T = \alpha\nabla^2 T \tag{13.2}$$

onde $\alpha = k/\rho\hat{c}$ é a difusividade térmica do fluido. A Eq. (13.2) tem *duas* variáveis dependentes: o vetor velocidade $\boldsymbol{v}(\boldsymbol{r})$ e o escalar temperatura $T(\boldsymbol{r})$; a variável independente é $\boldsymbol{r}$, o vetor posição (não confundir com a coordenada cilíndrica ou esférica $r$), usualmente expresso em algum sistema de coordenadas apropriado à simetria do problema: coordenadas cartesianas $(x, y, z)$, coordenadas cilíndricas $(r, \theta, z)$ etc.

A Eq. (13.2), portanto, só pode ser resolvida em conjunto com a correspondente *equação de variação da velocidade*, a equação de Navier-Stokes, que para estado estacionário é

$$\rho\boldsymbol{v}\cdot\nabla\boldsymbol{v} = -\nabla P + \eta\nabla^2\boldsymbol{v} \tag{13.3}$$

Se as propriedades físicas (densidade e viscosidade, neste caso) são constantes (isto é, independentes da temperatura), a Eq. (13.3) pode ser resolvida independentemente da Eq. (13.2), fornecendo um *perfil de velocidade* $\boldsymbol{v}(\boldsymbol{r})$ que permite resolver agora a Eq. (13.2) e obter o *perfil de temperatura* $T(\boldsymbol{r})$. Porém, a Eq. (13.2) é, em geral, difícil de resolver, exceto para os mais simples perfis de velocidade.

Antes de seguir com o desenvolvimento, consideremos as aproximações envolvidas no sistema das Eqs. (13.2)-(13.3). As aproximações de estado estacionário e fluido incompressível (densidade independente da pressão) são geralmente aplicáveis à maioria dos sistemas de interesse para o engenheiro envolvido no estudo do processamento de materiais.

[1] Temos substituído $\Phi_V = \nabla\boldsymbol{v}:\nabla\boldsymbol{v}$ (fluido newtoniano incompressível) e considerado $S_V \equiv 0$.

As propriedades físicas (densidade, calor específico, condutividade térmica, viscosidade) são funções da temperatura e no estudo da transferência de calor não é possível supor "temperatura constante e uniforme", como na Parte I do livro.[2] Porém, em muitos casos a variação de algumas dessas propriedades no domínio do problema é suficientemente pequena para justificar a consideração de serem constantes e uniformes em "primeira aproximação" (que para o engenheiro é, frequentemente, a única aproximação factível). Outras aproximações têm consequências mais sérias:

(a) *Fluido newtoniano*. Muitos fluidos de interesse (suspensões de argilas, polímeros fundidos etc.) são fortemente não newtonianos, e muitos deles mostram uma *tensão de escoamento inicial* (*yield stress*) ou outras características elásticas (isto é, são fluidos viscoelásticos). A consideração desses efeitos está muito além do conteúdo deste texto introdutório de fenômenos de transporte. Muitos problemas de interesse envolvem escoamentos de cisalhamento, basicamente unidirecionais. Nesses casos, o material comporta-se, aproximadamente, como um fluido puramente viscoso (as características elásticas do fluido são mais importantes em escoamentos com componentes extensionais significativas), e resultados obtidos para fluidos newtonianos podem ser generalizados, com relativa facilidade, para os modelos de comportamento não newtoniano mais simples (por exemplo, a "lei da potência"). Em todo caso, os resultados para fluidos newtonianos (com uma apropriada escolha de viscosidade) são muitas vezes utilizáveis em casos mais complexos como "primeira aproximação".

(b) *Dissipação viscosa desprezível*. O termo de dissipação viscosa depende de dois fatores: viscosidade (propriedade material) e gradiente de velocidade (característica do escoamento). Os gases e os líquidos simples possuem viscosidades relativamente baixas; portanto, a aproximação é válida, exceto no caso de escoamentos com gradientes de velocidade excepcionalmente elevados (ou medições extremamente precisas: caso dos viscosímetros). Porém, muitos fluidos de interesse têm viscosidades elevadas (em particular, os polímeros fundidos) e muitos escoamentos de interesse envolvem elevados gradientes de velocidade (em escoamentos de cisalhamento o gradiente de velocidade é diretamente proporcional à intensidade de mistura; portanto, muitos equipamentos para processamento de polímeros são operados em condições onde os gradientes de velocidade são elevados). Nesses casos, a desconsideração do termo de dissipação viscosa é inaceitável, inclusive como "primeira aproximação". O efeito da dissipação viscosa será estudado na Seção 13.5.

(c) *Viscosidade independente da temperatura*. Ao contrário de outros parâmetros, a viscosidade – como já falamos na primeira parte do curso – é uma propriedade física muito sensível à temperatura (estamos falando de fluidos newtonianos, nos quais a viscosidade pode ser considerada como uma propriedade característica do material). Geralmente, a viscosidade depende exponencialmente da temperatura, e uma característica da dependência exponencial é que a sensibilidade à temperatura é maior, quanto maior for a viscosidade. Como muitos fluidos de interesse têm viscosidade elevada, a aproximação de viscosidade constante (independente da temperatura) em problemas de transferência de calor não é muito razoável. Para fluidos de baixo peso molecular a suposição de viscosidade constante implica erros consideráveis nos sistemas onde a aproximação (b) – dissipação viscosa desprezível – é perfeitamente aceitável (não se devem confundir as duas aproximações!). Como veremos depois, muitas correlações empíricas, desenvolvidas com gases e líquidos simples (ar, água), incluem termos para corrigir o efeito das variações de viscosidade no sistema. O efeito da dependência da viscosidade com a temperatura será considerado brevemente na Seção 13.6.

### 13.1.2 Transferência de Calor em Dutos

Neste capítulo vamos estudar quase que exclusivamente a transferência de calor em fluidos escoando no interior de dutos. Um *duto* é uma estrutura de paredes sólidas, geralmente fixas, com uma entrada ("1") e uma saída ("2"), onde é possível definir uma *direção axial* (coordenada $z$). Vamos considerar apenas dutos onde a seção transversal (normal à direção axial) é constante ao longo do duto. Um fluido newtoniano incompressível, de propriedades físicas constantes, escoa na direção $z$ em estado estacionário e (exceto na Seção 13.4) em regime laminar. Exemplos típicos de dutos são o tubo cilíndrico (Figura 13.1a) e a fenda (Figura 13.1b).[3]

O fluido entra no duto a uma temperatura constante e uniforme $T_1$. Após um *comprimento de entrada hidrodinâmico*[4] o perfil de velocidade torna-se independente da coordenada axial (é o perfil de velocidade completamente desenvolvido, estudado na Parte I):[5]

[2] Observe que a Eq. (13.2) requer a uniformidade independente de $\rho\hat{c}$ e $k$; a Eq. (13.3) requer a uniformidade de $\rho$ e $\eta$. Portanto, todas, e cada uma das propriedades físicas, devem ser "constantes e uniformes" no domínio do problema em que a temperatura é certamente variável.

[3] Vamos considerar tubos *compridos* e fendas *estreitas*, onde a menor distância do eixo à parede (raio $R$ do tubo ou semiespessura $H$ da fenda) é muito menor que o comprimento $L$ e, no caso da fenda, que a largura.

[4] Veja, por exemplo, Seções 3.1-3.2.

[5] Eqs. (3.38) e (3.129). Nos casos que serão considerados nesta seção, a velocidade axial $v_z$ é a única componente não nula da velocidade.

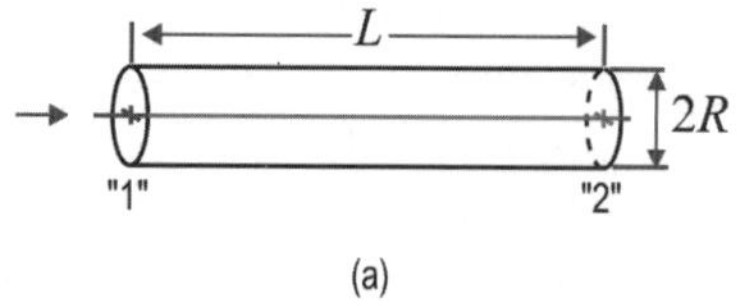


**Figura 13.1a**

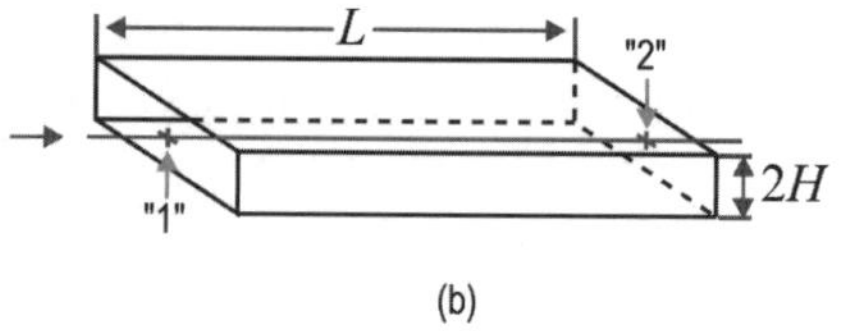


**Figura 13.1b**

Tubo:
$$v_z = 2\overline{v}\left[1-\left(\frac{r}{R}\right)^2\right] \tag{13.4}$$

Fenda:
$$v_z = \tfrac{3}{2}\overline{v}\left[1-\left(\frac{y}{H}\right)^2\right] \tag{13.5}$$

onde $\overline{v}$ é a velocidade média.

A partir desse ponto o fluido é aquecido (ou resfriado) continuamente através da parede do duto, que é mantida a uma temperatura $T_0$ *diferente* (maior ou menor, segundo o caso) da temperatura do fluido, mas não necessariamente constante ao longo do mesmo. Calor é transferido tanto na direção normal à parede do duto (por condução) quanto na direção axial (por convecção e condução). Vamos estudar dois casos típicos:

(a) Calor é fornecido (ou retirado) a uma taxa constante. Isto é, o fluxo de calor $q_0$ através da parede é constante. Neste caso, a temperatura da parede $T_0$ é variável, função da coordenada axial. Chamamos a esta situação *condição **H***.

(b) A temperatura da parede $T_0$ é mantida constante. Neste caso, o fluxo de calor $q_0$ através da parede é variável, função da coordenada axial. Chamamos a esta situação *condição **T***.

Na maioria das aplicações práticas, a situação real aproxima-se de um desses dois casos-limites, ou pode ser considerada como intermediária entre os mesmos. Observe que o subscrito "0" é utilizado aqui para designar uma grandeza ($T_0$, $q_0$) medida na parede do duto, mas não necessariamente constante.

### 13.1.3 Equação de Variação da Temperatura

É conveniente neste momento particularizar a análise no caso do tubo cilíndrico de raio $R$ (a fenda estreita, ou – no limite idealizado – as placas planas paralelas infinitas, é completamente semelhante) e considerar o aquecimento do fluido (o resfriamento do fluido é idêntico, mas com a direção do fluxo de calor oposta). Escolhe-se, como é usual, um sistema de coordenadas cilíndricas centrado no eixo do tubo, e fixa-se a origem da coordenada axial ($z = 0$) no plano em que se inicia o processo de transferência de calor. Nesse ponto, e para $z > 0$, o perfil de velocidade é o clássico perfil parabólico, Eq. (13.4). Devido à simetria das condições de borda – tanto na condição (a) quanto na (b), acima – a temperatura do fluido $T$ será função apenas da coordenada axial $z$ e da coordenada radial $r$ (mas não da coordenada angular $\theta$), isto é, $T = T(r, z)$. A Eq. (13.2) é simplificada para

$$v_z(r)\,\frac{\partial T}{\partial z} = \alpha\left[\frac{1}{r}\frac{\partial}{\partial r}\left(r\frac{\partial T}{\partial r}\right)+\frac{\partial^2 T}{\partial z^2}\right] \tag{13.6}$$

O primeiro termo na direita da Eq. (13.6) representa a variação da temperatura devido à condução na direção radial ($r$), e o segundo termo, a variação devido à condução na direção axial ($z$). Vamos supor que o mecanismo dominante de transferência de calor *na direção axial* seja a convecção, representada pelo termo da esquerda da Eq. (13.6), e desconsiderar a transferência de calor por *condução* na direção axial, resultando em

Tubo:
$$\boxed{v_z(r)\,\frac{\partial T}{\partial z} = \alpha\frac{1}{r}\frac{\partial}{\partial r}\left(r\frac{\partial T}{\partial r}\right)} \tag{13.7}$$

A condição "inicial" é

$$T = T_1, \qquad z = 0, \quad 0 < r < R \tag{13.8}$$

Para a condição de borda na parede, $r = R$, os dois casos são

(a) Condição ***H***, fluxo de calor constante:

$$-k\frac{\partial T}{\partial r} = q_0, \qquad z > 0, \quad r = R \tag{13.9}$$

Neste caso a temperatura da parede é variável, $T_0 = T_0(z)$, mas o *gradiente normal de temperatura* na parede é constante.

(b) Condição $\boldsymbol{T}$, temperatura constante:

$$T = T_0, \qquad z > 0, \quad r = R \tag{13.10}$$

Neste caso o fluxo de calor na parede é variável, $q_0 = q_0(z)$, e o gradiente de temperatura na parede também.

Para uma fenda estreita, desconsiderando a *condução* axial:

Fenda:

$$\boxed{v_z(y)\frac{\partial T}{\partial z} = \alpha \frac{\partial^2 T}{\partial y^2}} \tag{13.11}$$

com a condição "inicial":

$$T = T_1, \qquad z = 0, \quad -H < y < H \tag{13.12}$$

As possíveis condições na parede são

(a) Condição $\boldsymbol{H}$, fluxo de calor constante:

$$-k\frac{\partial T}{\partial y} = \tfrac{1}{2} q_0, \qquad z > 0, \quad y = \pm H \tag{13.13}$$

(b) Condição $\boldsymbol{T}$, temperatura constante:

$$T = T_0, \qquad z > 0, \quad r = \pm H \tag{13.14}$$

No caso da fenda, $q_0$ é o fluxo de calor, incluindo as duas placas ($y = \pm H$); daí o fator ½ na Eq. (13.13). Figura 13.2.

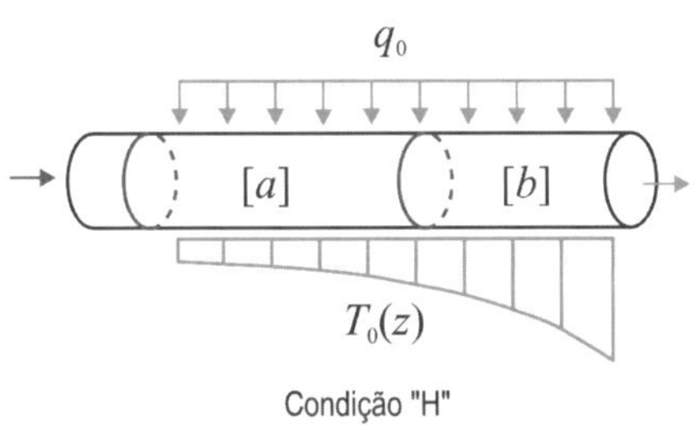


**Figura 13.2a**

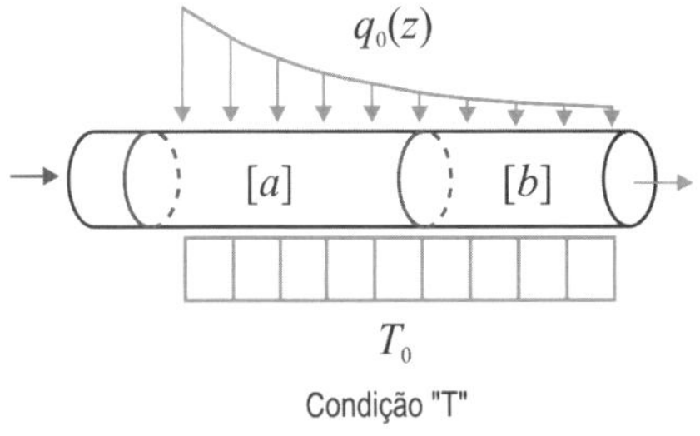


**Figura 13.2b**

Estes problemas, chamados na literatura *problemas de Nusselt-Graetz* (particularmente com a condição de borda $\boldsymbol{T}$), podem ser resolvidos de forma analítica nos casos-limites de $z$ muito pequeno ($z \to 0$) ou $z$ muito grande ($z \to \infty$). Os casos-limites também podem ser resolvidos para a fenda estreita, o anel cilíndrico e outras geometrias simples, para fluidos newtonianos e para fluidos não newtonianos puramente viscosos modelados pela "lei da potência".

### 13.1.4 Comprimento de Entrada Térmico e Perfil de Temperatura Completamente Desenvolvido

Antes de iniciar o tratamento rigoroso dos dois casos-limites, é conveniente considerar qualitativamente o que acontece no fluido no duto assim que entra na zona de transferência de calor. No início, a perturbação térmica na parede se propaga para o interior do duto e o perfil de temperatura começa a se desenvolver. Em muitos casos (em particular, com as condições de borda $\boldsymbol{T}$ e $\boldsymbol{H}$), após certo *comprimento de entrada térmico*, o perfil de temperatura se estabiliza. Não é muito claro neste momento em que consiste a "estabilização" do perfil, já que, em princípio, a temperatura do fluido varia continuamente ao longo do duto. Chamamos a esse perfil "estabilizado" *perfil de temperatura completamente desenvolvido* (Figura 13.3).

Vamos iniciar nosso estudo da transferência de calor em dutos com a zona do perfil de temperatura completamente desenvolvido (Seção 13.2), seguindo com a zona de entrada (Seção 13.3), e finalizar com um breve tratamento dos casos intermediários e indefinidos, assim como da transferência de calor em regime de escoamento turbulento (Seção 13.4). Contudo, antes disso vamos considerar alguns conceitos básicos.

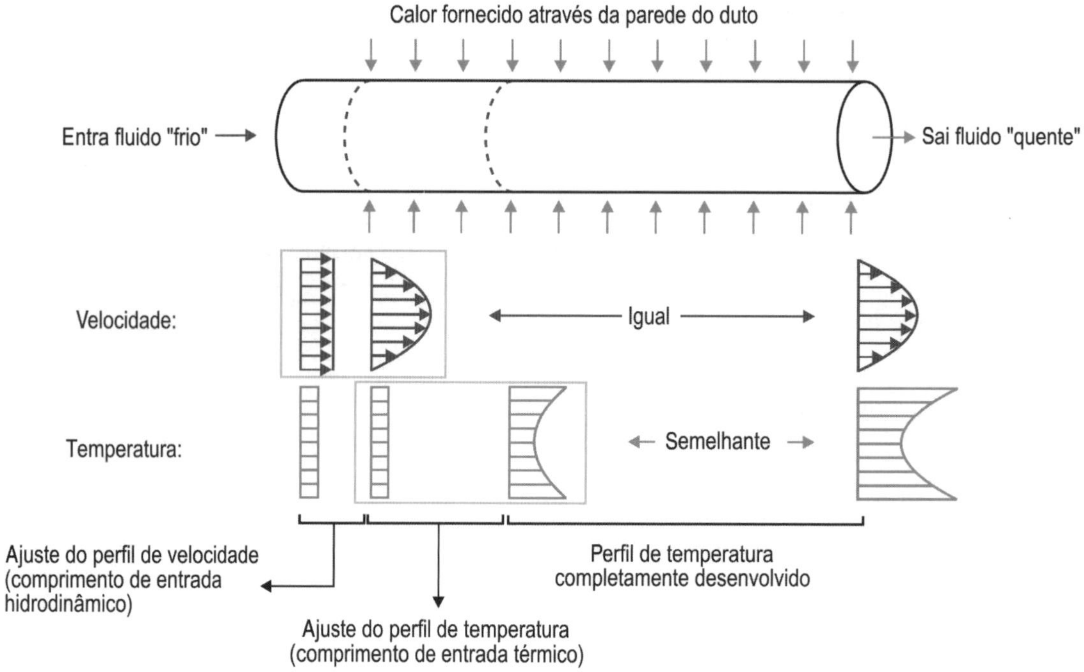


**Figura 13.3**

## 13.1.5 Temperatura "Bulk"

Muitas vezes não é necessário conhecer o valor pontual da temperatura, mas apenas sua variação ao longo do duto. Nesses casos é conveniente expressar os resultados em termos do valor médio da temperatura em uma seção normal à direção do escoamento (seção transversal). A definição usual de temperatura média

$$\overline{T} = \frac{1}{A}\int_A T dA = \frac{\int_0^R T(r,z) 2\pi r dr}{\pi R^2} \tag{13.15}$$

foi utilizada no estudo da transferência de calor em sólidos, e pode ser utilizada em fluidos. Porém, no caso de fluidos, onde ao perfil de temperatura existe, superposto, um perfil de velocidade transversal, é muitas vezes mais conveniente dar maior "peso" na média à temperatura do material que se desloca (vaza) à maior velocidade. Considere o seguinte "experimento conceitual": em uma dada posição axial o duto é "cortado" e o fluido que vaza é coletado num copo durante um breve intervalo de tempo. O material coletado é homogeneizado (misturado até atingir uma temperatura uniforme) e sua temperatura medida.

O valor medido é um valor médio da temperatura nessa posição, chamado "temperatura de mistura em copo", ou simplesmente *temperatura bulk* (utilizando a palavra inglesa para "em volume" ou "agregado"), definido formalmente como:

$$T_b = \frac{\int_A v T dA}{\int_A v dA} = \frac{\frac{1}{\pi R^2}\int_0^R v(r) T(r,z) 2\pi r dr}{\overline{v}} \tag{13.16}$$

ou

Tubo:
$$T_b = \frac{2}{\overline{v} R^2}\int_0^R v(r) T(r,z) r dr \tag{13.17}$$

A expressão correspondente para uma fenda estreita é:

Fenda:
$$T_b = \frac{1}{\overline{v} H}\int_0^H v(r) T(y,z) dy \tag{13.18}$$

Observe que o valor médio do produto $v_z T$ é o produto da velocidade média $\overline{v}$ pela temperatura *bulk* $T_b$:

$$\overline{v_z T} = \overline{v}\, T_b \tag{13.19}$$

O termo da esquerda é (no caso de propriedades físicas constantes) diretamente proporcional ao valor médio do fluxo convectivo (axial) de energia interna $(\rho\hat{c}v_z T)$. A Eq. (13.19) é uma expressão muito conveniente que separa ou "desacopla" as variáveis térmicas ($T$) e hidrodinâmicas ($\overline{v}$). Às vezes é possível utilizar indistintamente a temperatura média ordinária ou a temperatura *bulk* para caracterizar o valor médio da temperatura de um fluido escoando, mas, devido em grande parte à Eq. (13.19), no estudo da transferência de calor em dutos vamos utilizar preferencialmente a temperatura *bulk*.

## 13.1.6 Coeficiente Local de Transferência de Calor

Muitas vezes é conveniente expressar o fluxo de calor na parede $q_0$ em termos da diferença entre a temperatura da parede e a temperatura *bulk* do fluido:[6]

Tubo:
$$q_0 = -k\left.\frac{\partial T}{\partial r}\right|_{r=R} = h_{loc}(T_0 - T_b) \tag{13.20}$$

Fenda:
$$q_0 = -k\left.\frac{\partial T}{\partial y}\right|_{y=\pm H} = h_{loc}(T_0 - T_b) \tag{13.21}$$

As Eqs. (13.20)-(13.21) definem um *coeficiente de transferência de calor* entre a parede e o fluido. Em geral, tanto $q_0$ quanto $T_0$ e $T_b$ variam ao longo do duto. Consequentemente, em geral, o coeficiente de transferência de calor, definido pelas Eqs. (13.20)-(13.21), é uma função da coordenada axial $z$, e é chamado coeficiente *local* de transferência de calor, $h_{loc} = h_{loc}(z)$.

## 13.1.7 Balanço Global

Um resultado interessante pode ser obtido através de um balanço de energia interna em uma "fatia" de duto de comprimento axial $\Delta z$ (Figura 13.4):

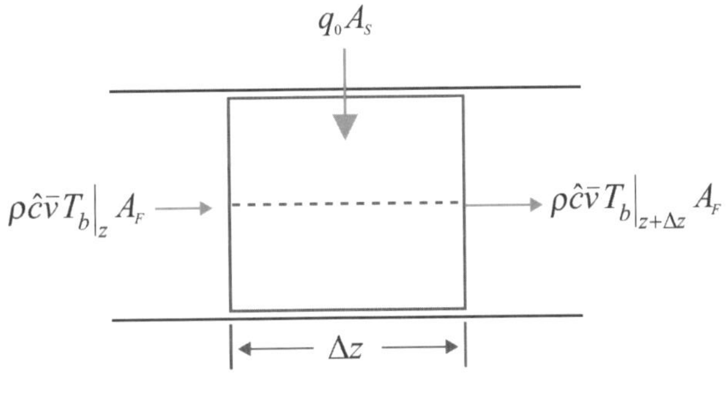


**Figura 13.4**

$$\rho\hat{c}\,\overline{vT}\big|_z A_F - \rho\hat{c}\,\overline{vT}\big|_{z+\Delta z} A_F = -q_0 A_S \tag{13.22}$$

onde $A_F$ é a área de fluxo através da fatia, e $A_S$ é a área da parede através da qual o calor é transferido.

Para um tubo cilíndrico de raio $R$ ou uma fenda estreita de semiespessura $H$ e largura $W$:

Tubo:
$$A_F = \pi R^2, \quad A_S = 2\pi R\Delta z \tag{13.23}$$

Fenda:
$$A_F = 2HW, \quad A_S = 2W\Delta z \tag{13.24}$$

No caso da fenda, considera-se a área das paredes superior e inferior, mas desconsidera-se a área das paredes laterais, $4H\Delta z$, desde que $H \ll W$.

O termo da esquerda na Eq. (13.22) representa o transporte convectivo de energia interna no fluido na direção axial, e o termo da direita representa a transferência de calor por condução da parede para o fluido na direção radial.[7]

[6] Os coeficientes de transferência de calor são definidos a partir de uma *área de transferência* e de uma *força impulsora*, escolhidos mais ou menos arbitrariamente de acordo com o problema. Neste caso, a área de transferência é a superfície do duto, e a força impulsora é $\Delta T = T_b - T_0$.

[7] Poderíamos chamar este balanço de "semiglobal": global na direção transversal e diferencial na direção axial. Este tipo de balanço é utilizado para obter informação detalhada em uma direção (a direção "diferencial") sem aprofundar no que acontece na direção normal (a direção "global").

Substituindo as Eqs. (13.23)-(13.24) na Eq. (13.22), utilizando a Eq. (13.19) para separar $T_b$ e $\overline{v}$, e dividindo pelo comprimento $\Delta z$, no limite $\Delta z \to 0$, obtém-se:[8]

Tubo:
$$\rho\hat{c}\overline{v}\frac{dT_b}{dz} = \frac{2}{R}q_0 \tag{13.25}$$

Fenda:
$$\rho\hat{c}\overline{v}\frac{dT_b}{dz} = \frac{1}{H}q_0 \tag{13.26}$$

O fluxo de calor na parede, $q_0$, pode ser constante (condição ***H***) ou variável (condição ***T***). Este resultado é bastante geral, válido tanto para a região de entrada quanto para a zona com perfil de temperatura completamente desenvolvido. Além das aproximações básicas discutidas anteriormente (estado estacionário, propriedades físicas constantes, dissipação viscosa desprezível), temos desconsiderado somente a condução axial e assumido que a velocidade média não depende de $z$. Outra forma de expressar este resultado combina as Eqs. (13.25)-(13.26) com as Eqs. (13.20)-(13.21):

Tubo:
$$\rho\hat{c}\overline{v}\frac{dT_b}{dz} = \frac{2}{R}h_{loc}(T_0 - T_b) \tag{13.27}$$

Fenda:
$$\rho\hat{c}\overline{v}\frac{dT_b}{dz} = \frac{1}{H}h_{loc}(T_0 - T_b) \tag{13.28}$$

# 13.2 TRANSFERÊNCIA DE CALOR EM DUTOS: PERFIL DE TEMPERATURA DESENVOLVIDO

## 13.2.1 Adimensionalização "Local"

Voltamos agora para o problema do perfil "estabilizado" de temperatura. Vamos definir como *completamente desenvolvido* o perfil que na forma adimensional

$$\Phi = \frac{T_0 - T}{T_0 - T_b} \tag{13.29}$$

é independente da coordenada axial $z$, isto é, $\Phi = \Phi(r)$; portanto

$$\frac{\partial \Phi}{\partial z} = \frac{\partial}{\partial z}\left(\frac{T_0 - T}{T_0 - T_b}\right) = 0 \tag{13.30}$$

Temos, então,

$$T(r, z) = T_0(z) - [T_0(z) - T_b(z)]\cdot\Phi(r) \tag{13.31}$$

Em princípio, tanto $T_b$ quanto $T_0$ variam na direção axial, mas a "forma" do perfil (a dependência com $r$ estabelecida por $\Phi$) não varia. A adimensionalização proposta pela Eq. (13.29) é diferente das que temos utilizado previamente. Neste caso, os "valores característicos" são funções de $z$, e não constantes do problema. Trata-se de uma adimensionalização *local*. Observe também que, em geral, $\Phi = \Phi(r, z)$: a condição $\Phi = \Phi(r)$ é a definição formal de perfil de temperatura *completamente desenvolvido*.

Se o perfil de temperatura é completamente desenvolvido,

$$\frac{\partial}{\partial z}\left(\frac{\partial \Phi}{\partial r}\right) = \frac{\partial}{\partial r}\left(\frac{\partial \Phi}{\partial z}\right) = 0 \tag{13.32}$$

Portanto, na parede,

$$\left.\frac{\partial \Phi}{\partial r}\right|_{r=R} = -\frac{1}{T_0 - T_b}\left.\frac{\partial T}{\partial r}\right|_{r=R} = \text{constante} \tag{13.33}$$

[8] Observe a diferença entre as expressões obtidas para o tubo cilíndrico, Eq. (13.25), e para a fenda estreita, Eq. (13.26). Os comprimentos característicos (raio $R$, semiespessuras $H$) são equivalentes: os dois medem a distância entre o "interior" e a superfície. Porém, para mesmo fluxo de calor na superfície ($q_0$), igual velocidade média ($\overline{v}$) etc., a temperatura no fluido no interior do tubo varia *duas vezes* mais rápido ao longo do duto que no caso da fenda: o tubo cilíndrico tem mais área superficial por unidade de volume vazante; portanto, a taxa de transferência de calor é maior. Teremos oportunidade de voltar a este assunto mais à frente.

visto que $T_0$ nem $T_b$ são funções da coordenada radial. Levando em consideração a Eq. (13.20),

$$-k\left.\frac{\partial T}{\partial r}\right|_{r=R} = k(T_0 - T_b)\left.\frac{\partial \Phi}{\partial r}\right|_{r=R} = h_{loc}(T_0 - T_b) \tag{13.34}$$

Portanto,

$$h_{loc} = k\left.\frac{\partial \Phi}{\partial r}\right|_{r=R} = \text{constante} \tag{13.35}$$

Isto é, se o perfil de temperatura está completamente desenvolvido, o coeficiente *local* de transferência de calor é *constante* (independente da coordenada axial $z$).[9] Vamos chamar $h_\infty$ ao coeficiente de transferência de calor na zona do perfil de temperatura completamente desenvolvido ($z \to \infty$).

## 13.2.2 Perfil Radial de Temperatura

Diferenciando a Eq. (13.31) em relação à coordenada radial $r$, obtém-se

$$\frac{\partial T}{\partial r} = -(T_0 - T_b)\cdot\frac{d\Phi}{dr} \tag{13.36}$$

e diferenciando em relação à coordenada axial $z$:

$$\frac{\partial T}{\partial z} = (1-\Phi)\frac{dT_0}{dz} + \Phi\frac{dT_b}{dz} \tag{13.37}$$

Para temperatura constante na parede (condição ***T***), temos

$$\frac{dT_0}{dz} = 0 \tag{13.38}$$

e a Eq. (13.37) simplifica-se para

$$\frac{\partial T}{\partial z} = \Phi\frac{dT_b}{dz} \tag{13.39}$$

Substituindo o perfil parabólico de velocidade, Eq. (13.4), e os gradientes de temperatura, Eqs. (13.36) e (13.39), na equação de variação da temperatura, Eq. (13.7), resulta em

$$\frac{1}{r}\frac{d}{dr}\left(r\frac{dT}{dr}\right) = \frac{2\bar{v}}{\alpha}\Phi\frac{dT_b}{dz}\left[1-\left(\frac{r}{R}\right)^2\right] \tag{13.40}$$

Em termos da coordenada radial adimensional $\xi = r/R$ e do perfil adimensional de velocidade $\Phi(\xi)$,

$$\frac{1}{\xi}\frac{d}{d\xi}\left(\xi\frac{d\Phi}{d\xi}\right) = -K\Phi(1-\xi^2) \tag{13.41}$$

onde $K(z)$ é

$$K = \frac{2\bar{v}R^2}{\alpha(T_0 - T_b)}\cdot\frac{dT_b}{dz} \tag{13.42}$$

Para fluxo de calor constante na parede (condição ***H***), da Eq. (13.20) com $h_{loc}$ = constante,

$$T_0 - T_b = \text{constante} \tag{13.43}$$

Portanto,

$$\frac{dT_0}{dz} = \frac{dT_b}{dz} \tag{13.44}$$

e da Eq. (13.37),

$$\frac{\partial T}{\partial z} = \frac{dT_0}{dz} = \frac{dT_b}{dz} \tag{13.45}$$

[9] A uniformidade do coeficiente local de transferência de calor na zona do perfil de temperatura completamente desenvolvido tem sido comprovada experimentalmente em uma variedade de sistemas.

O mesmo procedimento (substituição do perfil de velocidade e dos gradientes de temperatura na equação de variação, seguido de adimensionalização) leva a

$$\frac{1}{\xi}\frac{d}{d\xi}\left(\xi\frac{d\Phi}{d\xi}\right)=-K(1-\xi^2) \tag{13.46}$$

onde $K(z)$ é dado pela Eq. (13.42).

As Eqs. (13.41) e (13.46) são equações diferenciais *ordinárias* na variável independente $\xi$ que podem ser integradas com as condições de borda:

$$\Phi|_{\xi=1}=0 \tag{13.47}$$

temperatura na parede $T = T_0(z)$, correspondente a $\Phi = 0$, e

$$\left.\frac{d\Phi}{d\xi}\right|_{\xi=0}=0 \tag{13.48}$$

simetria do perfil de temperatura no eixo do tubo.

Como exemplo vamos considerar em detalhe a condição ***H***, Eq. (13.46), que é mais fácil de resolver. Integrando duas vezes,

$$\Phi=-\frac{K}{16}(4\xi^2-\xi^4)+A\ln\xi+B \tag{13.49}$$

Das condições de borda, Eqs. (13.47)-(13.48), obtém-se

$$A=0,\quad B=\frac{3K}{16} \tag{13.50}$$

que substituídas na Eq. (13.49) levam ao perfil de temperatura adimensional:

$$\Phi=\tfrac{1}{16}K(3-4\xi^2+\xi^4) \tag{13.51}$$

ou, em termos das variáveis dimensionais,

$$\boxed{T=T_0-\frac{\bar{v}R^2}{8\alpha}\cdot\frac{dT_b}{dz}\left[3-4\left(\frac{r}{R}\right)^2+\left(\frac{r}{R}\right)^4\right]} \tag{13.52}$$

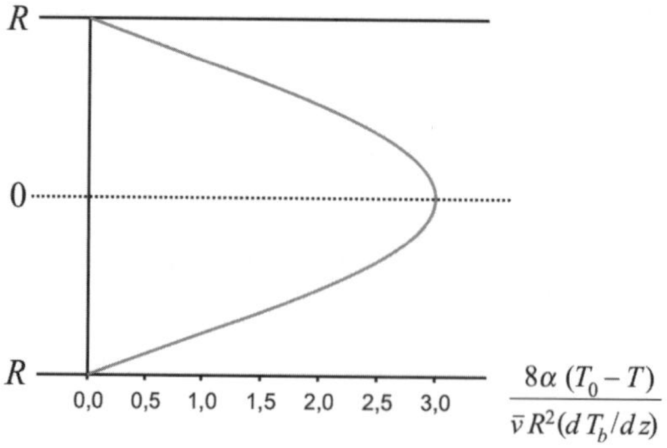


**Figura 13.5**

### 13.2.3 Coeficiente de Transferência de Calor

Uma vez que o perfil radial de temperatura é conhecido, é possível avaliar a temperatura *bulk* utilizando sua definição, Eq. (13.17), substituindo o perfil de velocidade parabólico, Eq. (13.4), e o perfil radial de temperatura, Eq. (13.52):

$$\begin{aligned}T_0-T_b&=\frac{2}{\bar{v}R^2}\int_0^R v(T_0-T)r\,dr\\&=\frac{\bar{v}}{4\alpha}\cdot\frac{dT_b}{dz}\int_0^R\left[1-\left(\frac{r}{R}\right)^2\right]\left[3-4\left(\frac{r}{R}\right)^2+\left(\frac{r}{R}\right)^4\right]r\,dr\\&=\frac{\bar{v}R^2}{4\alpha}\cdot\frac{dT_b}{dz}\int_0^1(1-\xi^2)(3-4\xi^2+\xi^4)\xi\,d\xi\end{aligned} \tag{13.53}$$

Avaliada a integral, resulta em

$$T_0 - T_b = \frac{11}{48} \cdot \frac{\bar{v}R^2}{\alpha} \cdot \frac{dT_b}{dz} \tag{13.54}$$

Substituindo este resultado na definição de coeficiente local de transferência de calor, Eq. (13.1.20), temos que o fluxo de calor na parede é

$$q_0 = h_\infty (T_0 - T_b) = \frac{11}{48} h_\infty \frac{\bar{v}R^2}{\alpha} \cdot \frac{dT_b}{dz} \tag{13.55}$$

A última incógnita, o gradiente axial da temperatura *bulk*, pode ser eliminado entre a Eq. (13.55) e o balanço global de calor, Eq. (13.27), para obter

$$h_\infty = \frac{24}{11} \frac{k}{R} \tag{13.56}$$

o coeficiente de transferência de calor para o escoamento laminar em um tubo cilíndrico com fluxo de calor constante na parede, para elevados valores de $z$ (no limite $z \to \infty$) onde o perfil de temperatura está completamente desenvolvido. Observe que $h_\infty$ não depende da velocidade do escoamento nem da capacidade calorífica do material.

É conveniente adimensionalizar o coeficiente de transferência de calor utilizando a condutividade térmica do fluido (constante) e um comprimento característico do sistema na direção da transferência de calor em que se esse coeficiente. Para um tubo cilíndrico, o diâmetro $D = 2R$ é geralmente utilizado como comprimento característico, obtendo-se o chamado *número de Nusselt*:

Tubo:
$$Nu = \frac{2hR}{k} = \frac{hD}{k} \tag{13.57}$$

Para uma fenda estreita, o número de Nusselt é definido com a espessura $2H$ como comprimento característico:

Fenda:
$$Nu = \frac{2hH}{k} \tag{13.58}$$

O significado físico do número de Nusselt pode ser obtido multiplicando o numerador e o denominador por uma diferença de temperatura arbitrária, característica da transferência de calor radial. Para o tubo cilíndrico,

$$Nu = \frac{hD}{k} = \frac{h \cdot \Delta T}{(k/D) \cdot \Delta T} \tag{13.59}$$

Vemos então que o número de Nusselt pode ser considerado como a razão entre o fluxo de calor radial $[h\Delta T]$ e o fluxo de calor radial por "condução pura" $[(k/D)\Delta T]$. Isto é, o número de Nusselt representa o efeito da condução na transferência de calor radial.[10]

No caso presente, Eq. (13.56),

$$Nu_\infty = \frac{48}{11} = 4,364 \tag{13.60}$$

Para valores elevados da coordenada axial ($z \to \infty$), na zona do perfil de temperatura completamente desenvolvido, o número de Nusselt (o coeficiente adimensional de transferência de calor entre o fluido e a parede) é uma constante numérica que só depende do *tipo* do duto e da condição de borda!

Problemas semelhantes têm sido resolvidos em outras geometrias e com outras condições de borda (mas a complexidade matemática é bem maior);[11] veja a Tabela 13.1.

[10] O número de Nusselt ($Nu$) não deve ser confundido com o número de Biot ($Bi$), mencionado no tratamento da transferência de calor em paredes sólidas (Problema 11.1, Nota). No $Bi$, o coeficiente de transferência de calor corresponde a um filme *fora* da parede e a condutividade térmica do material (sólido) *dentro* da parede; no $Nu$, tanto o coeficiente de transferência de calor quanto a condutividade térmica correspondem à mesma fase, o fluido. O $Nu$ compara dois mecanismos de transferência no mesmo lugar (fluido); o $Bi$ compara as resistências térmicas em diferentes lugares (parede sólida, filme fluido).

[11] Para uma introdução ao assunto, veja, por exemplo, o Exemplo 12.2-1, e Problemas 12D.2-12D.3, de R. B. Bird, W. E. Stewart e E. N. Lightfoot, *Fenômenos de Transporte*, 2ª ed. LTC, Rio de Janeiro, 2004 (BSL). O problema com a condição de borda ***T*** (temperatura constante na parede) está resolvido detalhadamente para o caso geral de um fluido não newtoniano (lei da potência, da qual o fluido newtoniano é um caso particular) no Exemplo 4.4-2 de R. B. Bird, R. C. Armstrong e O. Hassager, *Dynamics of Polymeric Liquids*, 2nd ed, Vol. 1, Wiley-Interscience, 1987. O tratamento apresentado nesta seção é baseado em W. M. Kays e M. E. Crawford, *Convective Heat and Mass Transfer*, 2nd ed. McGraw-Hill, 1980, Capítulo 8.

**Tabela 13.1** Número de Nusselt para perfil de temperatura completamente desenvolvido

| Condição | Tubo cilíndrico | Fenda estreita |
|---|---|---|
| "T" | $Nu_\infty = 3{,}657$ | $Nu_\infty = 3{,}772$ |
| "H" | $Nu_\infty = 4{,}364$ | $Nu_\infty = 4{,}118$ |

Número de Nusselt baseado no diâmetro ($D = 2R$) para o tubo, e na espessura ($2H$) para a fenda.

### 13.2.4 Perfil Axial de Temperatura Bulk

Consideremos as duas condições limites, exemplificadas para um tubo cilíndrico. Resultados semelhantes podem ser facilmente obtidos para outros casos.

**(a)** ***Condição H***

Neste caso o fluxo de calor constante na superfície $q_0$ é um dado conhecido do problema. O balanço global de energia, Eq. (13.24),

$$\frac{dT_b}{dz} = -\frac{2q_0}{\rho\widehat{c}\overline{v}R} \tag{13.61}$$

pode ser diretamente integrado com a condição de borda "inicial"

$$T_b\big|_{z=0} = T_1 \tag{13.62}$$

onde $T_1$ é a temperatura *bulk* em qualquer ponto ao longo do tubo, seja no comprimento de entrada térmico ou na zona de perfil de temperatura completamente desenvolvido, que arbitrariamente tomamos como origem da coordenada axial, $z = 0$. O resultado é o perfil axial de temperatura *bulk*:

Tubo:
$$\boxed{T_b = T_1 - \frac{2q_0}{\rho\widehat{c}\overline{v}} \cdot \frac{z}{R}} \tag{13.63}$$

Para uma fenda estreita, a partir da Eq. (13.25):

Fenda:
$$\boxed{T_b = T_1 - \frac{q_0}{\rho\widehat{c}\overline{v}} \cdot \frac{z}{H}} \tag{13.64}$$

Observe que se trata de perfis lineares, onde a diferença de temperatura entre o fluido e a superfície, $T_0 - T_b$, é constante ao longo do tubo.

**(b)** ***Condição T***

Neste caso a temperatura constante da superfície $T_0$ é um dado conhecido do problema. A Eq. (13.27)

$$\frac{dT_b}{dz} = -\frac{2h_{loc}}{\rho\widehat{c}\overline{v}R}(T_b - T_0) \tag{13.65}$$

pode ser integrada com a condição de borda inicial, Eq. (13.61), sempre que o coeficiente local de transferência de calor for constante, independente da coordenada axial, o que acontece na zona de perfil de temperatura completamente desenvolvido. O resultado da integração, onde temos substituído o coeficiente local $h_{loc}$ por $h_\infty$, o coeficiente de transferência de calor constante, é

$$\ln\frac{T_b - T_0}{T_1 - T_0} = -\frac{2h_\infty}{\rho\widehat{c}\overline{v}} \cdot \frac{z}{R} \tag{13.66}$$

ou

Tubo:
$$\boxed{\frac{T_b - T_0}{T_1 - T_0} = \exp\left\{-\frac{2h_\infty}{\rho\widehat{c}\overline{v}} \cdot \frac{z}{R}\right\}} \tag{13.67}$$

Para a fenda o resultado é idêntico, substituindo $H$ por $R$ (e utilizando o valor de $h_\infty$ correspondente a uma fenda, Tabela 13.1):

Fenda:
$$\boxed{\frac{T_b - T_0}{T_1 - T_0} = \exp\left\{-\frac{h_\infty}{\rho\widehat{c}\overline{v}} \cdot \frac{z}{H}\right\}} \tag{13.68}$$

Observe que a diferença de temperatura entre o fluido e a superfície, $T_0 - T_b$, decresce exponencialmente ao longo do tubo (Figura 13.6).

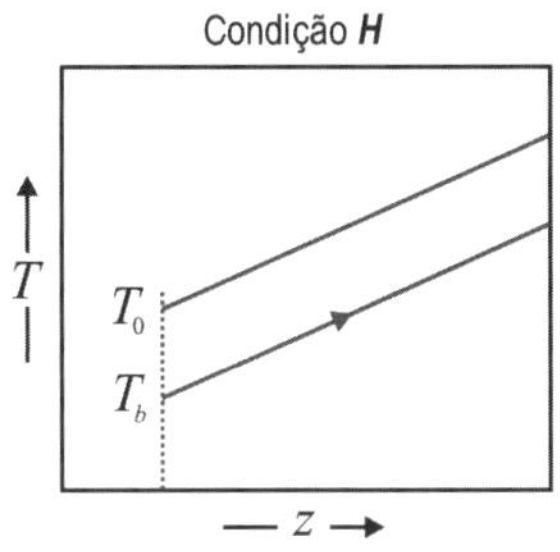


Figura 13.6a

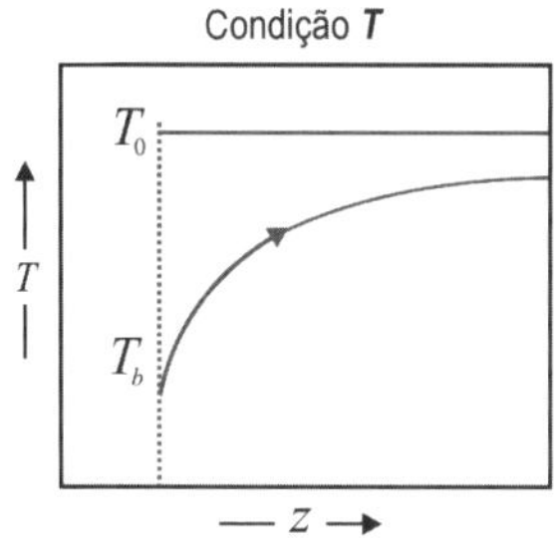


Figura 13.6b

O fluxo de calor $q_0$ também varia exponencialmente:

$$q_0 = h(T_0 - T_b) = (T_0 - T_1)\exp\left\{-\frac{2h_\infty}{\rho\hat{c}\overline{v}} \cdot \frac{z}{R}\right\} \tag{13.69}$$

assim como o gradiente axial de temperatura *bulk*:

$$\frac{dT_b}{dz} = -\frac{q_0}{k} = -\frac{(T_0 - T_1)}{k}\exp\left\{-\frac{2h_\infty}{\rho\hat{c}\overline{v}} \cdot \frac{z}{R}\right\} \tag{13.70}$$

É conveniente expressar os resultados anteriores em forma adimensional. Define-se um comprimento adimensional, utilizando o diâmetro do tubo como comprimento característico, e uma diferença de temperatura adimensional, utilizando a diferença entre a temperatura inicial e a temperatura da parede do tubo como diferença de temperatura característica:

$$\Theta_b = \frac{T_b - T_0}{T_1 - T_0} \tag{13.71}$$

$$\zeta = \frac{z}{R} \tag{13.72}$$

Convém expressar o parâmetro do sistema em termos do número de Nusselt, Eq. (13.57),

$$\frac{h}{\rho\hat{c}\overline{v}} = \frac{hD}{k} \cdot \frac{k}{\rho\hat{c}\overline{v}D} = Nu\frac{\alpha}{\overline{v}D} \tag{13.73}$$

O grupo adimensional restante recebe o nome de *número de Péclet*:

Tubo:
$$Pe = \frac{2\overline{v}R}{\alpha} = \frac{\overline{v}D}{\alpha} \tag{13.74}$$

Para uma fenda estreita o número de Péclet é definido com a espessura $2H$ como comprimento característico:

Fenda:
$$Pe = \frac{2\overline{v}H}{\alpha} \tag{13.75}$$

O significado físico do número de Péclet pode ser obtido multiplicando numerador e denominador por uma diferença de temperatura arbitrária, característica da transferência de calor:

$$Pe = \frac{\overline{v}D}{\alpha} = \frac{\rho\hat{c} \cdot \Delta T}{(k/D) \cdot \Delta T} \tag{13.76}$$

Vemos então que o Péclet pode ser considerado como a razão entre o transporte convectivo de calor $[\rho\hat{c}\overline{v}\Delta T]$ e o transporte de calor por condução $[(k/D)\Delta T]$. Portanto, o parâmetro adimensional do sistema é a combinação

$$\frac{h_\infty}{\rho\hat{c}\overline{v}} = \frac{Nu_\infty}{Pe} \tag{13.77}$$

que representa o efeito da convecção na transferência de calor.[12] Substituindo as Eqs. (13.71)-(13.72) e (13.74) na

[12] Observe que temos utilizado o diâmetro do tubo $D = 2R$ como comprimento característico para definir os números de Nusselt e Péclet, mas o raio do tubo $R$ para escalar a coordenada axial. A escolha de comprimento característico é – em princípio – arbitrária, sujeita somente à conveniência. Porém, uma boa escolha facilita a comparação de termos nas equações adimensionais e a identificação de casos-limites significativos.

Eq. (13.67), temos o perfil adimensional de temperatura *bulk*:

$$\ln \Theta_b = -2\frac{Nu_\infty}{Pe}\zeta \tag{13.78}$$

$$\boxed{\Theta_b = \exp\left\{-2\frac{Nu_\infty}{Pe}\zeta\right\}} \tag{13.79}$$

No limite $z \to \infty$:

$$\Theta_b^{(\infty)} = 0 \tag{13.80}$$

Expressões semelhantes podem ser obtidas para outras geometrias.

A Eq. (13.79) é válida para valores relativamente elevados de $\zeta Pe^{-1}$, condições em que o coeficiente de transferência de calor (em termos adimensionais, o *Nu*) atinge um valor constante, independente da coordenada axial. O limite de validade só pode ser estabelecido quantitativamente se uma expressão (teórica ou empírica) para valores mais baixos for conhecida. A discussão na Seção13.3 revela que um limite razoável é

$$\zeta Pe^{-1} > 0{,}1 \tag{13.81}$$

que corresponde (aproximadamente) a $\Theta_b < 0{,}5$.

A Figura 13.7 mostra a temperatura *bulk* adimensional como função da coordenada axial em um tubo cilíndrico com temperatura constante na parede, para alguns valores do número de Péclet. A Eq. (13.79) é válida na expressão válida na região do perfil de temperatura desenvolvido, $\zeta/Pe > 0{,}1$ (aproximadamente, abaixo da linha pontilhada na figura).

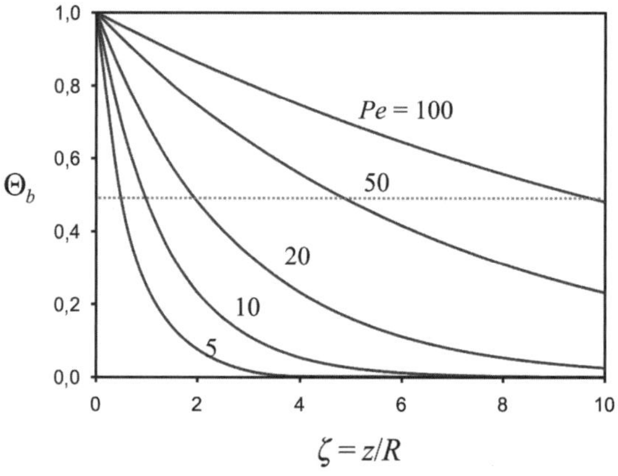


**Figura 13.7**

Observe que as expressões obtidas para a condição ***H***, Eqs. (13.63)-(13.64), podem ser expressas em forma adimensional substituindo o fluxo de calor na parede $q_0$ pelo coeficiente de transferência de calor $h_\infty$ e a diferença de temperatura $(T_0 - T_b)$, Eqs. (13.20)-(13.21). Para o tubo cilíndrico, levando em consideração as definições de Nusselt, Eq. (13.57), e Péclet, Eq. (13.74),

$$\frac{T_1 - T_b}{T_0 - T_b} = \frac{2Nu_\infty}{Pe}\cdot\frac{z}{R} \tag{13.82}$$

ou, desde que

$$\Theta_b = \frac{T_b - T_0}{T_1 - T_0} = \left(1 - \frac{T_1 - T_b}{T_0 - T_b}\right)^{-1} \tag{13.83}$$

resulta em

$$\Theta_b = \left(1 - \frac{2Nu_\infty}{Pe}\cdot\frac{z}{R}\right)^{-1} \tag{13.84}$$

e expressão semelhante para a fenda.[13] Neste caso, também temos no limite $z \to \infty$:

$$\Theta_b^{(\infty)} = 0 \tag{13.85}$$

[13] Na prática, as Eqs. (13.63)-(13.64) são mais úteis para avaliar o perfil de temperatura *bulk*, já que neste caso é mais comum que seja conhecido o fluxo de calor na parede (constante) e não a temperatura na parede (variável).

## 13.3 TRANSFERÊNCIA DE CALOR EM DUTOS: REGIÃO DE ENTRADA

Na zona de ajuste do perfil de temperatura, os valores locais do coeficiente de transferência de calor variam na direção axial e são significativamente maiores que os avaliados na Seção 13.2.

### 13.3.1 Perfil de Temperatura

Considere o escoamento laminar estacionário de um fluido newtoniano, de propriedades físicas constantes, em um tubo cilíndrico de raio $R$. Após um comprimento de entrada hidrodinâmico, a velocidade torna-se unidirecional. Em um sistema de coordenadas cilíndricas centrado no eixo do tubo, a velocidade axial $v$ forma o bem conhecido perfil parabólico, Eq. (13.4),

$$v = 2\bar{v}\left[1-\left(\frac{r}{R}\right)^2\right] \tag{13.86}$$

A partir do plano transversal $z = 0$, a parede do tubo é mantida a uma temperatura constante $T_0$ diferente da temperatura uniforme do fluido $T_1$ para $z < 0$ (condição $\boldsymbol{T}$).

Considere a transferência de calor na entrada da zona aquecida/resfriada. Para valores pequenos da coordenada axial $z$, a transferência de calor atinge somente uma casca cilíndrica perto da parede (Figura 13.8). A espessura da casca, que aumenta na direção axial, define o limite de penetração do *distúrbio térmico*. Nessas condições é possível desconsiderar a curvatura da parede e considerar a transferência de calor no filme plano próximo à parede, que se estende indefinidamente para o interior do tubo.

É conveniente definir como variável independente a distância desde a parede:

$$y^* = R - r \tag{13.87}$$

e considerar um sistema de coordenadas cartesianas *locais* $y^*-z$.

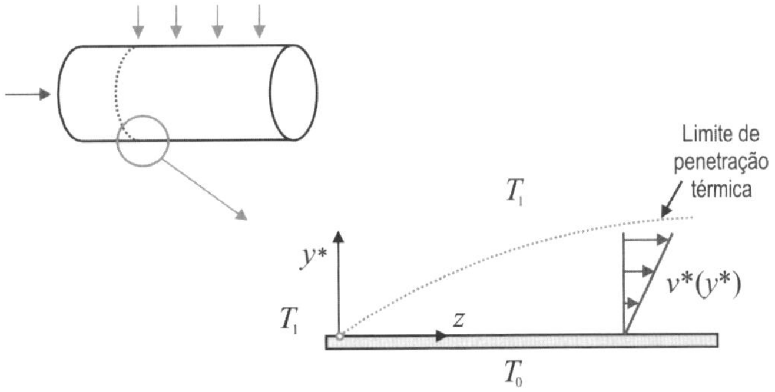


**Figura 13.8**

A variação de temperatura é regida pela equação

$$v^*(y^*)\frac{\partial T}{\partial z} = \alpha\frac{\partial^2 T}{\partial y^{*2}} \tag{13.88}$$

forma a que se reduz a Eq. (13.7) nesta situação, com as aproximações usuais (dissipação viscosa e condução axial desprezíveis etc.). A velocidade do fluido $v^*$ em termos da coordenada $y^*$ pode ser linearizada perto da parede:

$$v^* = ay^* \tag{13.89}$$

onde a constante $a$ é obtida através da taxa de cisalhamento na parede:

$$a = \frac{dv^*}{dy^*} = -\left.\frac{dv}{dr}\right|_{r=R} = \frac{4\bar{v}}{R} \tag{13.90}$$

Substituindo na Eq. (13.88), obtemos

$$4\frac{\bar{v}}{R}y^*\frac{\partial T}{\partial z} = \alpha\frac{\partial^2 T}{\partial y^{*2}} \tag{13.91}$$

com as condições de borda:

Temperatura uniforme na entrada da zona de transferência de calor:

$$z = 0,\ y^* > 0: \qquad T = T_1 \tag{13.92}$$

Temperatura constante na parede:

$$y^* = 0,\ z > 0: \qquad T = T_0 \tag{13.93}$$

Temperatura fora da zona de penetração térmica:

$$y^* \to \infty,\ z > 0: \qquad T = T_1 \tag{13.94}$$

Observe que o fluido se comporta como um meio semi-infinito sempre que a espessura de penetração térmica for muito menor que o raio do tubo, o que acontece na região de entrada na zona aquecida/resfriada. Uma vez que o problema de bordas [Eqs. (13.91)-(13.94)] é resolvido, pode-se avaliar a espessura de penetração térmica – que é função da coordenada axial – e estabelecer os limites de validade da solução obtida.

Adimensionalizando da forma usual, temos

$$\Theta = \frac{T - T_0}{T_1 - T_0} \tag{13.95}$$

$$\zeta = \frac{z}{R} \tag{13.96}$$

$$\psi = \frac{y^*}{R} \tag{13.97}$$

Substituindo nas Eqs. (13.91)-(13.94),

$$2Pe\psi \frac{\partial \Theta}{\partial \zeta} = \frac{\partial^2 \Theta}{\partial \psi^2} \tag{13.98}$$

$$\Theta|_{\zeta=0} = 1 \tag{13.99}$$

$$\Theta|_{\psi=0} = 0 \tag{13.100}$$

$$\Theta|_{\psi\to\infty} = 1 \tag{13.101}$$

onde $Pe$ é o número de Péclet baseado no diâmetro ($2R$) do tubo, como é de prática.

Observe que o problema é bem semelhante ao da transferência de calor *não estacionária* em uma parede plana sólida semi-infinita, estudado na Seção 12.1, que foi resolvido através de uma "transformação de semelhança". De fato, temos utilizado esses resultados para transferência de calor *estacionária* em fluidos seguindo o deslocamento de um elemento (volume de controle) material. Porém, nesses casos o material se deslocava com velocidade uniforme e sem deformação. Agora temos um perfil de velocidade que resulta em uma equação com "coeficientes variáveis" (dependentes da variável independente $\psi$). Porém, a semelhança nas condições de borda, Eqs. (13.99) e (13.101), sugere uma combinação de variáveis do tipo da Eq. (12.8). A combinação

$$\chi = \psi \left( \frac{2Pe}{9\zeta} \right)^{1/3} \tag{13.102}$$

substituída nas Eqs. (13.98)-(13.101) resulta em uma equação diferencial ordinária:

$$\frac{d^2\Theta}{d\chi^2} + 3\chi^2 \frac{d\Theta}{d\chi} = 0 \tag{13.103}$$

com as condições de borda:

$$\Theta|_{\chi=0} = 0 \tag{13.104}$$

$$\Theta|_{\chi\to\infty} = 1 \tag{13.105}$$

A solução[14] do problema de bordas, Eqs. (13.103)-(13.105), é

$$\Theta = \frac{1}{\Gamma(4/3)} \int_0^{\chi} \exp(-\chi^3)\, d\chi \tag{13.106}$$

onde $\Gamma(4/3) = 0{,}89298\ ...$

[14] Não vamos desenvolver detalhadamente a solução. A função gama $\Gamma(x)$ é uma generalização para uma variável real $x$ do fatorial $n!$ (que é definido só para números *inteiros* positivos $n$). O assunto pode ser revisto nos livros-texto de cálculo avançado, matemática para engenheiros etc., já citados. Para o caso, basta considerar $\Gamma(4/3)$ como uma constante conhecida ($\approx 0{,}893$).

Observe a semelhança entre a Eq. (13.106) e a Eq. (12.21) para a parede sólida semi-infinita. Naquele caso tínhamos a integral de

$$\exp(-x^2)$$

que chamávamos "função erro"; neste caso temos a integral de

$$\exp(-x^3)$$

outra função – relacionada com a chamada *função gama incompleta* $\gamma(\nu, x)$ de índice $\nu = 1/3$ – que também não pode ser expressa como uma combinação finita de "funções elementares" conhecidas.[15] Porém, a integral da Eq. (13.106) pode ser facilmente expressa como uma série alternada; basta desenvolver a exponencial em série de potências (série de Taylor) e integrar termo a termo. O resultado é

$$\Theta = \frac{1}{\Gamma(4/3)} \sum_{n=0}^{\infty} \frac{(-1)^n \chi^{3n+1}}{(3n+1)n} = 1{,}12\chi(1 - 1/4\,\chi^3 + 1/14\,\chi^6 - \ldots) \tag{13.107}$$

Resultados semelhantes podem ser obtidos para outras geometrias. Por exemplo para uma fenda estreita, definindo as variáveis adimensionais e o número de Péclet em termos da semiespessura $H$ (em vez do raio $R$), as Eqs. (13.106)-(13.107) podem ser utilizadas se a variável de transformação, Eq. (13.102), é substituída por

$$\chi = \psi \left( \frac{Pe}{6\zeta} \right)^{1/3} \tag{13.108}$$

## 13.3.2 Coeficiente de Transferência de Calor

Conhecido o perfil de temperatura, pode-se avaliar o coeficiente local de transferência de calor:

$$h_{loc} = -k \left. \frac{\partial T}{\partial y^*} \right|_{y^*=0} \tag{13.109}$$

em forma adimensional:

$$Nu_{loc} = 2 \left. \frac{\partial \Theta}{\partial \psi} \right|_{\psi=0} \tag{13.110}$$

onde $Nu_{loc}$ é o número de Nusselt local (isto é, dependente da coordenada axial) baseado no diâmetro do tubo ($2R$), como é de prática, Eq. (13.57). A diferenciação[16] da Eq. (13.106), particularização para a parede do tubo, e a substituição da Eq. (13.110) resultam em

$$Nu_{loc} = \frac{2}{\Gamma(4/3)} \left( \frac{2Pe}{9} \cdot \frac{R}{z} \right)^{1/3} = 1{,}357 \left( Pe \frac{R}{z} \right)^{1/3} \tag{13.111}$$

Observe que a verdadeira variável adimensional na direção axial é

$$(z/R)Pe^{-1}$$

(Diz-se então que a coordenada axial $z$ está *escalada* pelo número de Péclet.) Portanto, "$z$ pequeno" quer dizer, neste caso,

$$z/R \ll Pe \tag{13.112}$$

Resultados semelhantes podem ser obtidos para diversas geometrias (tubo cilíndrico, fenda estreita) e condições de borda na parede do duto (temperatura constante – condição ***T***, fluxo de calor constante – condição ***H***). Em geral,

$$Nu_{loc} = a \left( Pe \frac{S}{z} \right)^{1/3} \tag{13.113}$$

onde $S$ é o comprimento característico ($R$ para o tubo, $H$ para fenda), e a constante numérica $a$, que depende da geometria (tubo, fenda) e da condição de borda (***T***, ***H***), é apresentada na Tabela 13.2.

[15] Veja, por exemplo, M. Abramowitz e I. A. Stegun, *Handbook of Mathematical Functions*. Dover, 1965, Seção 6.5.

[16] Use a "regra de Leibnitz" para diferenciar a integral; veja BSL, Apêndice C.

**Tabela 13.2** Número de Nusselt local na região de entrada ($z/L \ll Pe$), Eq. (13.113)

| Condição | Tubo cilíndrico | Fenda estreita |
|---|---|---|
| "T" | $a = 1,357$ | $a = 1,233$ |
| "H" | $a = 1,640$ | $a = 1,490$ |

Número de Péclet ($Pe$) baseado na velocidade média ($\overline{v}$), no diâmetro ($D = 2R$), para o tubo cilíndrico, e na espessura ($2H$) para a fenda estreita; número de Nusselt local ($Nu_{loc}$) baseado nos mesmos comprimentos.

Na Figura 13.9 representamos um caso "genérico" de escoamento laminar (perfil parabólico de velocidade) com $a \approx 1,5$ e $Nu_\infty \approx 4$, comparado com os resultados obtidos para um escoamento ideal com perfil de velocidade plano (o chamado "escoamento pistão"), $v_z \equiv \overline{v}$.

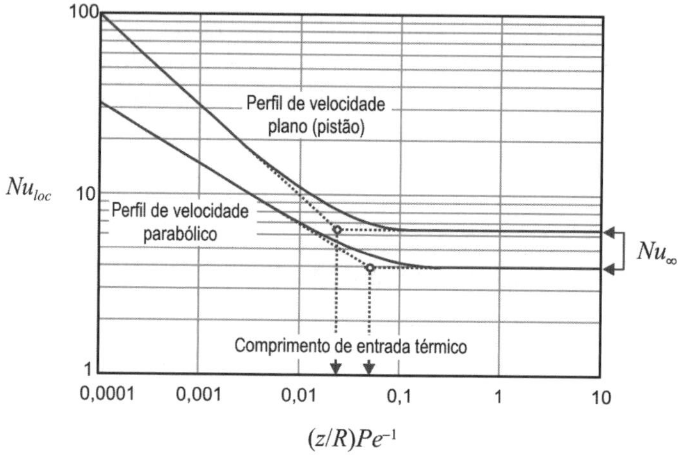


**Figura 13.9**

## 13.3.3 Comprimento de Entrada Térmico

Uma avaliação aproximada do comprimento de entrada térmico se obtém igualando o número de Nusselt local, $Nu_{loc}$, para a região de entrada (Tabela 13.2), ao número de Nusselt, $Nu_\infty$, para a região do perfil de temperatura completamente desenvolvido (Tabela 13.1):

$$Nu_\infty = a\left(\frac{Pe}{L_e/S}\right)^{1/3} \tag{13.114}$$

onde $S$ é o comprimento característico ($R$ para o tubo, $H$ para fenda).

Por exemplo, para o escoamento laminar em tubo cilíndrico com temperatura da parede constante (condição *T*), temos

$$1,357\left(\frac{Pe}{L_e/R}\right)^{1/3} = 3,657 \tag{13.115}$$

de onde

$$\frac{L_e}{R} = \left(\frac{1,357}{3,657}\right)^3 Pe = 0,051Pe \tag{13.116}$$

## 13.3.4 Perfil Axial de Temperatura Bulk

Em muitas aplicações práticas não é necessário dispor do perfil detalhado de temperatura como função das coordenadas axial e transversal (radial em caso de tubo), mas somente do perfil axial da temperatura média (*bulk*, neste caso). Em princípio, é possível obter $T_b(z)$ integrando a Eq. (13.107). Porém, é bem mais simples derivar o perfil do balanço global de calor, Eq. (13.27):

$$\rho\widehat{c}\overline{v}\frac{dT_b}{dz} = \frac{2}{R}h_{loc}(T_0 - T_b) \tag{13.117}$$

Na região de entrada o coeficiente local de transferência de calor pode ser expresso pela Eq. (13.113):

$$h_{loc} = \tfrac{1}{2} a \frac{k}{R}\left( Pe \frac{R}{z} \right)^{1/3} \tag{13.118}$$

onde chamamos $a$ à constante numérica para facilitar a adaptação dos resultados em diferentes situações. Substituindo a Eq. (13.118) na Eq. (13.117),

$$\rho \hat{c} \overline{v} \frac{dT_b}{dz} = a \frac{k}{R^2}\left( Pe \frac{R}{z} \right)^{1/3} (T_0 - T_b) \tag{13.119}$$

É conveniente neste ponto adimensionalizar o problema utilizando a Eq. (13.95) para a temperatura *bulk*:

$$\Theta_b = \frac{T_b - T_0}{T_1 - T_0} \tag{13.120}$$

e a Eq. (13.96) para a coordenada axial:

$$\zeta = \frac{z}{R} \tag{13.121}$$

Substituindo na Eq. (13.119) e reordenando, obtemos

$$\frac{d\Theta_b}{d\zeta} = -2aPe^{-2/3}\zeta^{-1/3}\Theta_b \tag{13.122}$$

que, integrada com a condição de borda ("inicial"),

$$\Theta_b \big|_{\zeta=0} = 1 \tag{13.123}$$

resulta em

$$\ln \Theta_b = -3a\left( \frac{\zeta}{Pe} \right)^{2/3} \tag{13.124}$$

ou

$$\Theta_b = \exp\left\{ -3a\left( \frac{\zeta}{Pe} \right)^{2/3} \right\} \tag{13.125}$$

Em forma dimensional,

$$\frac{T_b - T_0}{T_1 - T_0} = \exp\left\{ -3a\left( \frac{\alpha z}{2\overline{v}R^2} \right)^{2/3} \right\} \tag{13.126}$$

As Eqs. (13.125)-(13.126) são válidas para valores pequenos de $\zeta Pe^{-1}$; um valor-limite razoável (Figura 13.10) é

$$\zeta Pe^{-1} < 0{,}01 \tag{13.127}$$

Nessas condições a exponencial pode ser substituída, sem erro apreciável, pelos dois primeiros termos do seu desenvolvimento em série de potências, resultando em

$$\Theta_b \approx 1 - 3a\left( \frac{\zeta}{Pe} \right)^{2/3} \tag{13.128}$$

Expressões semelhantes podem ser obtidas para outras geometrias. Por exemplo, para uma fenda estreita, o equivalente da Eq. (13.126) é

$$\frac{T_b - T_0}{T_1 - T_0} = \exp\left\{ -6a\left( \frac{\alpha z}{2\overline{v}H^2} \right)^{2/3} \right\} \tag{13.129}$$

utilizando os valores apropriados da constante $a$ (Tabela 13.2), e o equivalente da Eq. (13.128) é

$$\Theta_b \approx 1 - 3a\left( \frac{\zeta}{Pe} \right)^{2/3} \tag{13.130}$$

(formalmente idêntica!) onde o número de Péclet é definido utilizando a espessura $2H$ como comprimento característico.

Para algumas aplicações é conveniente dispor de um coeficiente *médio* de transferência de calor para uma seção de duto, obtido por integração do coeficiente *local*. Na região de entrada o coeficiente médio entre $z = 0$ e $z = L < Le$ é

$$Nu_m(L) = \frac{1}{L}\int_0^L Nu_{loc}(z)\,dz \tag{13.131}$$

Por exemplo, para o escoamento laminar em tubo cilíndrico, temos

$$Nu_m = \tfrac{2}{3}a\left(Pe\frac{R}{L}\right)^{1/3} \tag{13.132}$$

Para dutos de comprimento $L \gg L_e$ é possível desconsiderar os "efeitos de entrada". Esta situação pode ser encontrada às vezes em sistemas que envolvem gases e líquidos simples de baixo peso molecular (água, orgânicos etc.). Porém, raramente é o caso nas aplicações de processamento de materiais, onde às vezes acontece a situação inversa: o processo se desenvolve inteiramente na região de entrada. O número de Péclet, de interesse em engenharia de materiais, varia de relativamente pequeno ($Pe \sim 0{,}1$) a muito grande ($Pe \sim 10^9$) e é impossível fazer generalizações abrangentes. Aliás, números de Péclet elevados estão usualmente associados a sistemas nos quais é impossível desconsiderar a dissipação viscosa; esses casos serão discutidos mais adiante (Seção 13.5).

# 13.4 CORRELAÇÕES EMPÍRICAS

## 13.4.1 Diferença de Temperatura Média Logarítmica

As Eqs. (13.65)-(13.67) são válidas somente para valores elevados da coordenada axial $z$, em zonas do tubo onde os perfis de velocidade e temperatura estão completamente desenvolvidos. Porém, a Eq. (13.66) é o ponto de partida para a definição (empírica) de um valor médio do coeficiente de transferência de calor, incluindo zonas do tubo onde os perfis de temperatura e velocidade podem ou não estar completamente desenvolvidos.

Considere o que acontece na zona onde o perfil de temperatura está completamente desenvolvido. A taxa de transferência de calor da parede para o fluido em uma seção do tubo de comprimento $L$, entre o plano (1), onde a temperatura *bulk* é $T_1$, e o plano (2), onde a temperatura *bulk* é $T_2$, pode ser avaliada através de um balanço global de calor:

$$Q = \rho\hat{c}\overline{v}\,(\pi R^2)\Delta T \tag{13.133}$$

Observe que a taxa de transferência $Q$ é o produto do fator

$$\rho\hat{c}\overline{v} = \frac{k\overline{v}}{\alpha} = \tfrac{1}{2}\frac{k}{R}Pe \tag{13.134}$$

que é a "condutância convectiva" do tubo, isto é, o fluxo convectivo de energia na direção axial por unidade de $\Delta T$, na mesma direção, multiplicado pela área de fluxo ($\pi R^2$) e a diferença de temperatura *bulk* ao longo do tubo ($\Delta T = T_2 - T_1$).

A Eq. (13.66) avaliada entre os planos (1) e (2) resulta em

$$\ln\frac{T_2 - T_0}{T_1 - T_0} = -\frac{2h_\infty}{\rho\hat{c}\overline{v}}\cdot\frac{L}{R} \tag{13.135}$$

Eliminando o fator $\rho\overline{v}\hat{c}$ entre as Eqs. (13.133) e (13.135), temos

$$Q = \frac{2h_\infty\dfrac{L}{R}}{\ln\dfrac{T_2 - T_0}{T_1 - T_0}}(\pi R^2)\Delta T = \frac{h_\infty(2\pi RL)\Delta T}{\ln\dfrac{T_2 - T_0}{T_1 - T_0}} \tag{13.136}$$

que se pode escrever como

$$Q = h_\infty(\pi DL)\Delta T_{ml} \tag{13.137}$$

o produto do coeficiente de transferência de calor ($h_\infty$), a área lateral da seção de tubo ou área de transferência de calor ($\pi DL$), e uma diferença de temperatura ($\Delta T_{ml}$):

$$\Delta T_{ml} = \frac{T_2 - T_1}{\ln(T_2 - T_0) - \ln(T_1 - T_0)} = \frac{(T_2 - T_0) - (T_1 - T_0)}{\ln(T_2 - T_0) - \ln(T_1 - T_0)} \tag{13.138}$$

chamada *diferença média logarítmica* de temperatura entre a parede e o fluido na seção de tubo entre os planos (1) e (2).

Observe que $\Delta T$ na Eq. (13.133) é uma diferença *axial* de temperatura média (*bulk*) no fluido, e $\Delta T_{ml}$ na Eq. (13.137) é um valor médio da diferença *radial* de temperatura entre a parede e o fluido. A diferença de temperatura neste caso (entre a temperatura *constante* da parede do tubo e a temperatura *bulk variável* do fluido) depende de $z$ e, portanto, é necessário utilizar um valor médio da diferença. Para a transferência de calor em dutos com temperatura constante na parede e coeficiente de transferência de calor constante (isto é, na zona de perfil de temperatura completamente desenvolvido), o valor médio apropriado é a média logarítmica definida pela Eq. (13.138).

A média logarítmica é intermediária entre a média aritmética (Figura 13.10):

$$\Delta T_{ma} = \tfrac{1}{2}[(T_2 - T_0) + (T_1 - T_0)] \tag{13.139}$$

e a média geométrica:

$$\Delta T_{mg} = \sqrt{(T_2 - T_0) \cdot (T_1 - T_0)} \tag{13.140}$$

Isto é,

$$\Delta T_{mg} < \Delta T_{ml} < \Delta T_{ma} \tag{13.141}$$

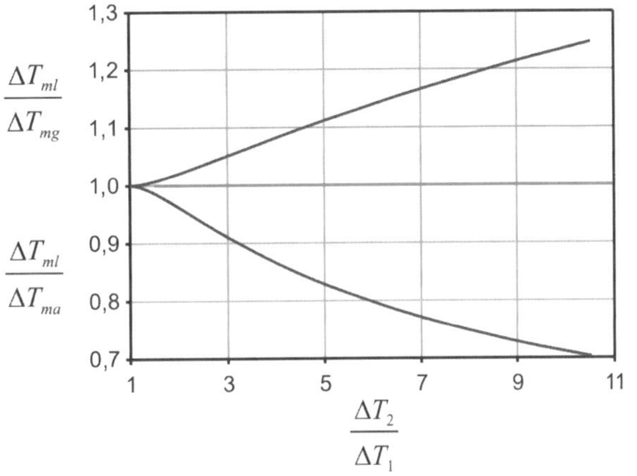


**Figura 13.10**

A Eq. (13.137) é utilizada para definir operativamente o coeficiente de transferência de calor em dutos onde as paredes são mantidas à temperatura constante.

$$h_{ml} = \frac{Q/(\pi DL)}{\Delta T_{ml}} \tag{13.142}$$

A taxa de transferência de calor ($Q$) é medida em uma seção de um tubo; a partir deste valor e das dimensões da seção ($D$, $L$) é avaliado o numerador da Eq. (13.142). A temperatura da parede ($T_0$) e as temperaturas *bulk* de entrada e saída do fluido na seção ($T_1$, $T_2$) são medidas, e a diferença de temperatura média logarítmica – o denominador da Eq. (13.142) – é avaliada pela Eq. (13.138). O parâmetro $h_{ml}$ é então avaliado pela Eq. (13.142). Se a seção do tubo onde se realiza a medição está na zona de perfil de temperatura completamente desenvolvido, o parâmetro medido corresponde ao coeficiente de transferência de calor local (constante). Se a seção do tubo inclui zonas onde o perfil de temperatura não está completamente desenvolvido, o parâmetro medido corresponde a um valor médio, que chamamos *coeficiente de transferência de calor médio logarítmico*, simbolizado por $h_{ml}$. O coeficiente de transferência de calor assim medido depende da velocidade média (vazão volumétrica por unidade de área de fluxo) e das propriedades físicas do fluido, que devem ser avaliadas (ou medidas) à temperatura média (aritmética) *bulk* do fluido, $\tfrac{1}{2}(T_1 + T_2)$.

O número de Péclet, que rege a transferência de calor em fluidos, pode ser considerado como o produto do número de Reynolds, que rege a transferência de momento em fluidos, por outro grupo adimensional que relaciona o transporte de momento com o transporte de energia:

$$Pe = \frac{\bar{v}D}{\alpha} = \frac{\rho \bar{v} D}{\eta} \cdot \frac{\hat{c}\eta}{k} = Re \cdot Pr \tag{13.143}$$

onde temos o bem conhecido número de Reynolds (baseado no mesmo comprimento e velocidade característicos que o número de Péclet) e o *número de Prandtl*:

$$Pr = \frac{\hat{c}\eta}{k} = \frac{\nu}{\alpha} \tag{13.144}$$

que liga a viscosidade ("dinâmica" $\eta$ ou cinemática $\nu$) com propriedades (condutividade térmica $k$, capacidade calorífica $\hat{c}$, difusividade térmica $\alpha$) relacionadas com a transferência de calor.

O número de Prandtl pode ser considerado como mais uma "propriedade física". Como tal, e pelo fato de envolver a razão entre duas propriedades de transporte (viscosidade e condutividade térmica) com ampla variabilidade, o intervalo de valores para fluidos de interesse em engenharia de materiais é muito extenso, abrangendo mais de doze décadas, desde $10^{-3}$ para metais líquidos (alta condutividade térmica, baixa viscosidade) até $10^9$ ou mais para certos polímeros fundidos (baixa condutividade térmica, viscosidade muito alta).

Porém, a maioria dos estudos experimentais de transferência de calor (por exemplo, medições de coeficientes de transferência de calor) têm sido conduzidos em intervalos bem mais restritos: 0,5-5 (água, ar), com extensões até 500-5000 para óleos "pesados" (indústria do petróleo) e estudos especiais para metais líquidos (de interesse na indústria nuclear). O intervalo de números de Prandtl de maior interesse para o processamento de polímeros ($10^5$-$10^8$) tem sido pouco estudado.

## 13.4.2 Correlações Empíricas para o Coeficiente de Transferência de Calor

Para escoamento em tubos a correlação empírica associada aos nomes de Sieder e Tate é muito utilizada:

- Regime laminar ($10 < Re < 2 \cdot 10^3$):

$$Nu_{ml} = 1{,}86\,(Re\,Pr\,D/L)^{1/3}\left(\eta_b/\eta_0\right)^{0{,}14} \tag{13.145}$$

- Regime turbulento ($5 \cdot 10^3 < Re < 10^5$):

$$Nu_{ml} = 0{,}026\,Re^{0{,}8}\,Pr^{1/3}\left(\eta_b/\eta_0\right)^{0{,}14} \tag{13.146}$$

onde $Nu_{ml}$ é o número de Nusselt, baseado no coeficiente de transferência de calor médio logarítmico. Observe as duas "componentes" do número de Péclet e veja que os números de Reynolds e Prandtl são utilizados separadamente (no regime laminar o parâmetro característico segue sendo o produto $Pe = Re \cdot Pr$).[17] O termo $(\eta_b/\eta_0)^{0{,}14}$, onde $\eta_b$ é a viscosidade avaliada através da média aritmética das temperaturas *bulk* na entrada e na saída, $\frac{1}{2}(T_1 + T_2)$, e $\eta_b$ é a viscosidade avaliada na temperatura da parede $T_0$, é uma correlação empírica da variação da viscosidade com a temperatura.

O intervalo de validade da correlação de Sieder e Tate é $0{,}5 < Pr < 1{,}5 \cdot 10^4$; $0{,}5 \cdot 10^{-2} < \eta_b/\eta_0 < 10$; $L/D > 50$. Todas as propriedades devem ser avaliadas através da média aritmética das temperaturas *bulk* do fluido na entrada e na saída, exceto a viscosidade $\eta_0$ que é avaliada na temperatura (aproximadamente constante) da parede do tubo. Esta correlação tem sido verificada com uma grande quantidade de medições em variados sistemas dentro do intervalo de validade dos parâmetros. A incerteza no coeficiente de transferência de calor avaliado com as Eqs. (13.145)–(13.146) é de $\pm 10\%$ nas circunstâncias mais propícias.

A correlação pode ser escrita de forma compacta em termos do chamado "fator *j* de Colburn" (um análogo, na transferência de calor, ao *fator de atrito* para transferência de momento):

$$j_H = \frac{Nu_{ml}}{Re\,Pr^{1/3}\left(\eta_b/\eta_0\right)^{0{,}14}} = \begin{cases} \dfrac{1{,}86}{Re^{2/3}}(D/L)^{1/3}\,, & Re < 2000 \\[2ex] \dfrac{0{,}026}{Re^{1/5}}\,, & Re > 5000 \end{cases} \tag{13.147}$$

(Figura 13.11). Para escoamento laminar em tubos suficientemente compridos, temos o resultado "teórico", comprovado experimentalmente (Seção 13.2):

$$Nu \approx 3{,}66 \tag{13.148}$$

Às vezes é conveniente dispor de uma única expressão analítica que ligue este resultado com a correlação de Sieder e Tate, Eq. (13.145), para escoamento laminar em tubos menos compridos, onde os efeitos de entrada não podem ser desconsiderados:

$$Nu_{ml} \approx 3{,}66 + \frac{0{,}075 \cdot N^3}{1 + 0{,}04 \cdot N^2} \tag{13.149}$$

onde

$$N = (Pe \cdot D/L)^{1/3}\left(\eta_b/\eta_0\right)^{0{,}14} \tag{13.150}$$

[17] O grupo $Gz = Re \cdot Pr(L/D) = Pe(D/L)$ é chamado de número de Graetz.

Os coeficientes de transferência de calor em dutos de seção transversal não circular podem ser avaliados com as correlações precedentes (obtidas em tubos cilíndricos) utilizando um diâmetro hidráulico apropriado. Ainda que as correlações precedentes tivessem sido desenvolvidas para temperatura aproximadamente constante na parede, são utilizadas na prática para outras condições, às vezes utilizando "fatores de correção" (por exemplo, 20% a mais para fluxo de calor constante na parede).[18]

$$j_H = \frac{Nu_{ml}}{RePr^{1/3}(\eta_b/\eta_0)^{0,14}}$$

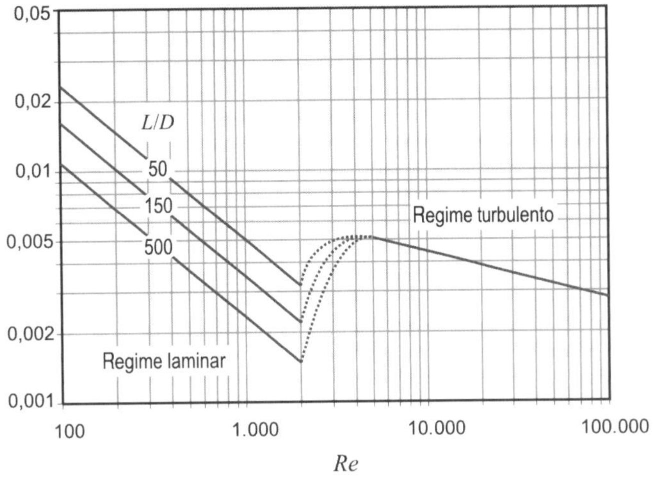


**Figura 13.11**

Correlações empíricas semelhantes têm sido desenvolvidas para escoamentos dos mais diversos tipos, dentro e fora de dutos, de grande utilidade para resolver problemas de processamento de materiais. O texto de R. Welty, C. E. Wicks e R. E. Wilson, *Fundamentals of Momentum, Heat and Mass Transport*, 3ª edição, Wiley, 1984, contém uma boa amostra. Neste texto introdutório não temos espaço para rever essas correlações, mas o estudante deve estar ciente de sua existência e saber onde procurar a informação.

### 13.4.3 Trocadores de Calor

Uma aplicação importante das correlações empíricas é na análise e desenho de *trocadores de calor*, que são equipamentos onde o calor é transferido entre dois fluidos, um *fluido quente* (índice $Q$) que se resfria, e um *fluido frio* (índice $F$) que se esquenta, usualmente separados por uma parede sólida. A Eq. (13.142) pode ser generalizada para este caso:

$$Q = U_{ml} A_T \Delta T_{ml} \tag{13.151}$$

onde $A_T$ é a área de transferência de calor, $U_{ml}$ é o coeficiente global de transferência de calor e $\Delta T_{ml}$ é a diferença média logarítmica entre a temperatura do fluido quente e a temperatura do fluido frio. A forma como cada um desses termos é expresso depende das características geométricas específicas do trocador de calor em questão. Por exemplo, se um dos fluidos escoa em um tubo cilíndrico de diâmetro $D$ e comprimento $L$, em contato térmico com o outro fluido através da parede do tubo, a *área de transferência de calor* é dada por

$$A_T = \pi DL \tag{13.152}$$

A escolha do diâmetro interno ou externo do tubo, para avaliar $A_T$, é puramente convencional (mas, uma vez feita, a escolha afeta a definição do coeficiente global de transferência de calor). Neste texto vamos considerar somente o caso em que a espessura da parede do tubo $\delta$ é pequena (muito menor que o diâmetro), de modo que a escolha do diâmetro é, na prática, indiferente.

Nessas condições, a resistência térmica entre o *bulk* do fluido quente e o *bulk* do fluido frio é a soma de três resistências em séries (Seções 13.1 e 13.2):

(a) Resistência térmica *no lado do fluido quente*, entre o *bulk* do fluido quente e a parede que separa os dois fluidos, dada pela inversa de um coeficiente de transferência de calor no fluido quente, $h_Q^{-1}$.
(b) Resistência térmica na parede que separa os dois fluidos, dada por $\delta/k_S$, onde $k_S$ é a condutividade térmica do material da parede (sólida).
(c) Resistência térmica *no lado do fluido frio*, entre a parede que separa os dois fluidos e o *bulk* do fluido frio, dada pela inversa de um coeficiente de transferência de calor no fluido frio, $h_F^{-1}$.

[18] Veja, por exemplo, W. M. Rohsenow e J. P. Hartnett, *Handbook of Heat Transfer*, McGraw-Hill, 1973.

Desde que as temperaturas (dos fluidos e da parede) variam, em princípio, ao longo do trocador, devem-se utilizar valores médios dos coeficientes de transferência de calor. Visto que na Eq. (13.141) é utilizada a diferença de temperatura média logarítmica entre os dois fluidos, isto corresponde a utilizar os *coeficientes de transferência de calor médios logarítmicos*, avaliados com uma correlação empírica apropriada, como, por exemplo, a correlação de Sieder e Tate, Eqs. (13.145)-(13.146).

O *coeficiente global de transferência de calor* entre o *bulk* do fluido quente e o *bulk* do fluido frio resulta então em

$$\frac{1}{U_{ml}} = \frac{1}{h_{ml}^{(Q)}} + \frac{\delta}{k_M} + \frac{1}{h_{ml}^{(F)}} \tag{13.153}$$

A resistência térmica na parede é muitas vezes desprezível (especialmente levando em consideração as muitas aproximações utilizadas), de modo que a inversa do coeficiente global é simplesmente a soma das inversas dos coeficientes individuais para cada "lado":

$$\frac{1}{U_{ml}} \approx \frac{1}{h_{ml}^{(Q)}} + \frac{1}{h_{ml}^{(F)}} \tag{13.154}$$

A *diferença de temperatura média logarítmica* entre os dois fluidos é

$$\Delta T_{ml} = \frac{\left(T_2^{(Q)} - T_2^{(F)}\right) - \left(T_1^{(Q)} - T_1^{(F)}\right)}{\ln\left(\dfrac{T_2^{(Q)} - T_2^{(F)}}{T_1^{(Q)} - T_1^{(F)}}\right)} \tag{13.155}$$

onde os subíndices 1 e 2 indicam as duas extremidades do trocador de calor; a ordem é indiferente, já que se trocar 1 por 2 na Eq. (13.155) o resultado obtido é o mesmo. Observe que $T_1^{(Q)}$ e $T_1^{(F)}$ são as temperaturas de entrada dos fluidos quente e frio somente se os dois fluidos entrarem no trocador *pela mesma extremidade*, o que não é sempre o caso (veja o Problema 13.5).

Além da equação de transferência de calor, Eq. (13.141), com os termos avaliados pelas Eqs. (13.142)-(13.143) e (13.145)-(13.146), a taxa de transferência de calor $Q$ (calor transferido por unidade de tempo) pode ser avaliada através de balanços globais de energia interna nos fluidos quente e frio. A forma dos balanços de energia depende do processo térmico nos fluidos correspondentes. Se o fluido esquenta-se ou resfria-se sem mudar de fase, ele troca *calor sensível* e o balanço de calor assume a forma:

$$Q = \hat{c}_Q G_Q \Delta T_Q \tag{13.156}$$

$$Q = \hat{c}_F G_F \Delta T_F \tag{13.157}$$

onde $\hat{c}_i$ são os calores específicos, e $G_i$ as vazões mássicas ($i = F, Q$), respectivamente, e

$$\Delta T_Q = \left|T_1^{(Q)} - T_2^{(Q)}\right| \tag{13.158}$$

é a diferença de temperatura entre a *entrada* e a *saída* do fluido quente (isto é, a queda de temperatura do fluido quente) no trocador de calor. Observe que se deve tomar o valor absoluto na Eq. (13.148) pelo fato de não sabermos qual das duas temperaturas corresponde à entrada e à saída. Analogamente:

$$\Delta T_F = \left|T_2^{(F)} - T_1^{(F)}\right| \tag{13.159}$$

Se o fluido muda de fase é só trocar pelo *calor latente*; o balanço de calor assume a forma:

$$Q = G_Q \Delta \hat{H}_Q^0 \tag{13.160}$$

$$Q = G_F \Delta \hat{H}_F^0 \tag{13.161}$$

onde $\Delta \hat{H}_i^0$ ($i = F, Q$) são os calores latentes de mudança de fase (usualmente vaporização). Nesses casos,

$$T_1^{(Q)} = T_2^{(Q)} = T_Q \tag{13.162}$$

$$T_1^{(F)} = T_2^{(F)} = T_Q \tag{13.163}$$

Temos, portanto, três equações que ligam as variáveis do trocador (os dois balanços de energia e a equação de transferência), isto é, três possíveis incógnitas. Usualmente a taxa de transferência de calor $Q$ é uma delas. Ficam então duas variáveis que podem ser avaliadas: vazões, temperaturas, ou, às vezes, o comprimento do trocador.

### 13.4.4 Comentário. Reynolds, Péclet, Prandtl

O número de Péclet:

$$Pe = \frac{\bar{v}D}{\alpha} \tag{13.164}$$

onde $\bar{v}$ e $D$ correspondem a uma velocidade e a um comprimento característicos do sistema, e $\alpha$ é a difusividade térmica do material, caracteriza o fenômeno de transporte de energia interna em fluidos e pode ser interpretado como a relação entre um fluxo de calor por *convecção* e um fluxo de calor por *condução*, característicos do sistema, isto é, como a relação entre o transporte de energia interna pelo mecanismo macroscópico (grosso) e microscópico (molecular).

Na primeira parte deste curso apresentamos a mecânica dos fluidos em termos de forças: forças de atrito viscoso, forças inerciais, forças de pressão etc. Porém, vimos que a mecânica dos fluidos corresponde ao fenômeno de transporte de momento e pode ser apresentada em termos de fluxos de momento.

O número de Reynolds, que caracteriza o fenômeno de transporte de quantidade de movimento em fluidos, pode ser escrito como

$$Re = \frac{\bar{v}D}{\nu} \tag{13.165}$$

onde $\nu = \eta/\rho$ é a chamada viscosidade cinemática; como anteriormente, $\bar{v}$ e $D$ correspondem a uma velocidade e a um comprimento característicos do sistema. Observe a semelhança entre o $Re$ e o $Pe$. Na Parte I interpretamos o número de Reynolds como a relação entre as forças inerciais e as forças de atrito viscoso, características do sistema. Contudo, o número de Reynolds pode ser interpretado também como uma relação entre fluxos de momento. O momento ou quantidade de movimento é o produto da massa pela velocidade; portanto, a velocidade é o *momento específico* (momento por unidade de massa). As tensões (forças por unidade de área) de atrito viscoso podem ser interpretadas como um fluxo de momento transportado por um mecanismo microscópico, e as forças inerciais (por unidade de área) como um fluxo de momento transportado por um mecanismo macroscópico. Uma comparação do $Re$ e do $Pe$, termo a termo, pode tornar mais claro esse conceito.

Fluxo ***convectivo*** de momento: Fluxo de materia · Momento por unidade de massa

$$Re = \frac{\bar{v}D}{\nu} = \frac{\rho\bar{v} \cdot \bar{v}}{\eta \cdot \dfrac{\bar{v}}{D}}$$

Viscosidade · Gradiente de velocidade: Fluxo ***condutivo*** de momento

Fluxo ***convectivo*** de enegia interna: Fluxo de materia · Energia interna por unidade de massa

$$Pe = \frac{\bar{v}D}{\alpha} = \frac{\rho\bar{v} \cdot \hat{c}\Delta T}{k \cdot \dfrac{\Delta T}{D}}$$

Condutividade térmica · Gradiente de temperatura: Fluxo ***condutivo*** de energia interna

**Diagrama 13.1**

Portanto, o Reynolds pode ser considerado como um *Péclet de momento*. Cada fenômeno de transporte é caracterizado por uma propriedade: a difusividade térmica $\alpha$, para o transporte de energia interna, a viscosidade cinemática $\nu$, para o transporte de momento. A relação entre os dois "Péclets" é justamente o número de Prandtl:

$$Pr = \frac{Re}{Pe} = \frac{\alpha}{\nu} = \frac{k}{\hat{c}\eta} \tag{13.166}$$

Observe que a viscosidade cinemática $\nu$ é uma *difusividade de momento*, assim como a viscosidade (dinâmica) $\eta$ pode ser interpretada como uma condutividade de momento.

A analogia entre a transferência de calor (transporte de energia interna) e a mecânica dos fluidos (transporte de momento) é, às vezes, obscura pela diferença de ordem tensorial entre o momento (um vetor, tensor de ordem 1) e a energia interna (um escalar, tensor de ordem 0). Nas aplicações para a engenharia de materiais temos outra diferença importante: a maioria dos materiais (em estado fluido) tem alta viscosidade e baixa condutividade térmica. Portanto, os escoamentos de interesse correspondem principalmente ao regime onde a condução de momento (atrito viscoso) é dominante (baixo número de Reynolds), mas os processos de transferência de calor mais interessantes correspondem ao regime onde a convecção de energia interna é dominante (alto número de Péclet). Porém, as analogias entre diferentes fenômenos de transporte são poderosas ferramentas educativas que permitem "transferir" conhecimentos entre áreas mais bem compreendidas (geralmente a transferência de calor) e áreas consideradas mais difíceis (geralmente a mecânica dos fluidos).

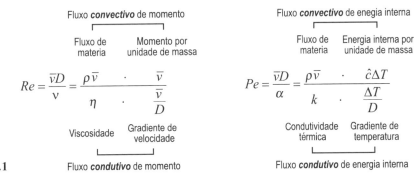

# 13.5 TRANSFERÊNCIA DE CALOR COM DISSIPAÇÃO VISCOSA

## 13.5.1 Introdução

O tratamento da transferência de calor em dutos, apresentado nas Seções 13.1-13.3, é baseado nas três aproximações maiores discutidas na Seção 13.1: fluido newtoniano, propriedades físicas constantes (viscosidade, em particular) e dissipação viscosa desprezível. Nesta seção vamos considerar a transferência de calor em sistemas onde a dissipação de energia mecânica em calor (o trabalho das forças de atrito viscoso) não pode ser desconsiderada. Vamos manter as outras duas aproximações (fluido newtoniano e propriedades constantes) e considerar o escoamento estacionário laminar[19] em dutos de geometrias simples (tubo cilíndrico, fenda estreita etc.).

Infelizmente, os casos de interesse onde a dissipação viscosa não é desprezível envolvem fluidos de alta viscosidade (e, portanto, com viscosidade fortemente dependente da temperatura) e materiais não newtonianos. Porém, a estrutura básica dos escoamentos com dissipação viscosa significativa pode ser percebida nos casos aproximados que estudaremos aqui. A desconsideração das outras aproximações vai além do conteúdo deste curso introdutório; os interessados podem consultar a bibliografia recomendada.

O ponto de partida é a Eq. (13.1) para estado estacionário:

$$\rho\hat{c}\left(\boldsymbol{v}\boldsymbol{\cdot}\nabla T\right)=k\nabla^2 T+\eta\left(\nabla\boldsymbol{v}:\nabla\boldsymbol{v}\right) \tag{13.167}$$

Considerando o escoamento unidirecional em um tubo cilíndrico (perfil de velocidade completamente desenvolvido),[20] temos

$$v_z=2\overline{v}\left[1-\left(\frac{r}{R}\right)^2\right] \tag{13.168}$$

onde $\overline{v}$ é a velocidade média. A taxa de cisalhamento é

$$\dot{\gamma}_{zr}=\frac{dv_z}{dr}=-4\frac{\overline{v}}{R}\left(\frac{r}{R}\right) \tag{13.169}$$

Portanto, a taxa de dissipação de energia por unidade de volume fica reduzida a

$$\eta\left(\nabla\boldsymbol{v}:\nabla\boldsymbol{v}\right)=\eta\dot{\gamma}_{zr}^2=\eta\left(\frac{dv_z}{dr}\right)^2=16\eta\left(\frac{\overline{v}}{R}\right)^2\left(\frac{r}{R}\right)^2 \tag{13.170}$$

A temperatura do fluido $T(r, z)$ é função da coordenada axial $z$ e da coordenada radial $r$ (mas não é função da coordenada angular $\theta$). Nesse caso a Eq. (13.167) simplifica-se para

$$2\rho\hat{c}\overline{v}\left[1-\left(\frac{r}{R}\right)^2\right]\frac{\partial T}{\partial z}=k\frac{1}{r}\frac{\partial}{\partial r}\left(r\frac{\partial T}{\partial r}\right)+\frac{16\eta\overline{v}^2}{R^2}\left(\frac{r}{R}\right)^2 \tag{13.171}$$

onde temos desconsiderado o transporte de calor por *condução* na direção axial, usualmente desprezível comparado com o transporte de energia interna por *convecção* na mesma direção.

Equações inteiramente similares podem ser formuladas para outras geometrias. Por exemplo, para uma fenda estreita de semiespessura $H$ o perfil de velocidade axial é

$$v_z=\tfrac{3}{2}\overline{v}\left[1-\left(\frac{y}{H}\right)^2\right] \tag{13.172}$$

e a taxa de cisalhamento é

$$\dot{\gamma}_{zy}=\frac{dv_z}{dy}=-3\frac{\overline{v}}{H}\left(\frac{y}{H}\right) \tag{13.173}$$

A taxa de dissipação de energia por unidade de volume é

$$\eta\left(\nabla\boldsymbol{v}:\nabla\boldsymbol{v}\right)=\eta\dot{\gamma}_{zy}^2=\eta\left(\frac{dv_z}{dy}\right)^2=9\eta\left(\frac{\overline{v}}{H}\right)^2\left(\frac{y}{H}\right)^2 \tag{13.174}$$

---

[19] Na maioria das aplicações de interesse para a engenharia de materiais, a dissipação viscosa é importante no escoamento de fluidos de alta viscosidade; nessas circunstâncias o regime de escoamento é quase sempre laminar, frequentemente na categoria de *escoamento lento viscoso* ($Re \to 0$).

[20] É virtualmente impossível limitar a dissipação viscosa (e, portanto, a transferência de calor) a uma seção do duto: a dissipação de energia se inicia na entrada. Porém, o comprimento de entrada hidrodinâmico é geralmente pequeno nos sistemas de interesse (da ordem de ½ diâmetro/espessura para $Re \to 0$; veja o Problema 3.1) e será desconsiderado.

e a Eq. (13.167) simplifica-se para

$$\tfrac{3}{2}\rho\hat{c}\bar{v}\left[1-\left(\frac{y}{H}\right)^2\right]\frac{\partial T}{\partial z}=k\frac{\partial^2 T}{\partial y^2}+\frac{9\eta\bar{v}^2}{H^2}\left(\frac{y}{H}\right)^2 \qquad (13.175)$$

Antes de formular condições de borda típicas, é conveniente discutir qualitativamente o que acontece em sistemas com dissipação viscosa apreciável.

Assim que o material entra no duto, inicia-se a dissipação de energia no interior do fluido, independente do que acontece nas bordas. O calor é gerado com maior intensidade nas zonas em que a taxa de cisalhamento é maior, ou seja, perto das paredes. Daí o calor é transportado:

- Por condução, na direção transversal (normal à direção de escoamento), tanto para as paredes quanto para o centro do duto (onde pouco ou nada de calor é gerado, já que as taxas de cisalhamento perto do centro são muito menores ou nulas).
- Por convecção, na direção axial ao longo do tubo.

Esquematicamente, no caso de um tubo cilíndrico (Figura 13.12):

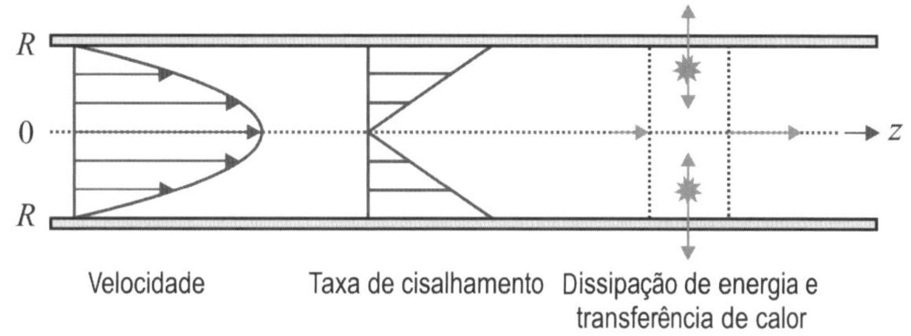


**Figura 13.12**

Dessa forma, na região de entrada é gerado um perfil de temperatura peculiar, diferente do que aparece nos sistemas sem geração interna de calor, com um máximo perto das paredes. A temperatura modifica-se ao longo do duto até atingir (ou não, dependendo das condições nas bordas) um perfil estável completamente desenvolvido.

A Figura 13.13 mostra esquematicamente o desenvolvimento do perfil de temperatura em um tubo ou fenda com temperatura, na parede, constante e igual à temperatura de entrada do fluido (o gráfico mostra a diferença entre a temperatura do fluido e a temperatura da parede/entrada). Neste caso a temperatura tende a se estabilizar em um perfil que não muda apreciavelmente a partir de certo ponto, atingindo um "estado de equilíbrio térmico".

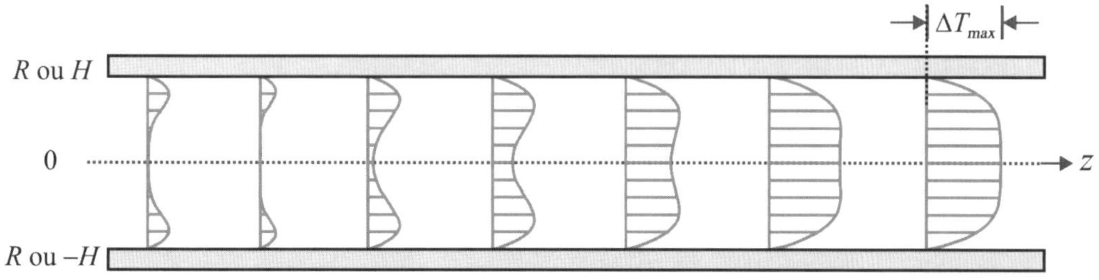


**Figura 13.13**

O estado-limite[21] é importante para a formulação e solução de problemas, mas é raramente atingido na prática, onde a maioria dos casos está restrita à zona de ajuste do perfil de temperatura (comprimento de entrada térmico).

Nos sistemas com dissipação viscosa o interesse é principalmente resfriar o fluido, portanto, são estas as condições-limites que vamos estudar:

(a) Temperatura constante na parede, $T_0$, *menor* que a temperatura de entrada do fluido $T_1$ ($T_0 < T_1$), condição ***T***, estudada anteriormente.

(b) Fluxo de calor constante na parede, $q_0$, positivo (de dentro para fora), nossa velha conhecida condição ***H***.

[21] "Estado de equilíbrio" no sentido de que o balanço de geração e condução transversal mantém a temperatura constante na direção axial, mas nada a ver com "equilíbrio" no sentido termodinâmico do termo. Escolha de termo pouco apropriada, porém muito difundida.

Porém, existem neste caso outras condições de bordas de importância prática:

(c) Temperatura constante na parede, $T_0$, *igual* à temperatura de entrada do fluido $T_1$ ($T_0 = T_1$), que vamos chamar *condição* $\boldsymbol{T_0}$ (o caso da Figura 13.14).

(d) Fluxo de calor nulo na parede ($q_0 = 0$), isto é, parede isolada, que vamos chamar *condição* $\boldsymbol{H_0}$. (Figura 13.14.)

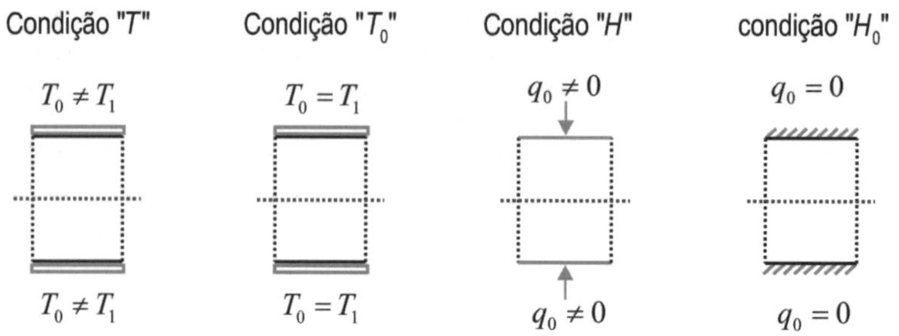


**Figura 13.14**

Essas últimas condições geram fenômenos de transferência de calor impossíveis em sistemas sem dissipação viscosa, nos quais a transferência de calor depende de uma perturbação térmica nas bordas para ser iniciada. Em sistemas com geração interna de calor, a perturbação térmica (quando existir) tem um rol muitas vezes menor: é usual que a dissipação viscosa domine os fenômenos de transferência de calor.

### 13.5.2 Adimensionalização

A definição usual de temperatura adimensional, baseada em duas temperaturas características *diferentes* (temperatura na parede do duto $T_0$, temperatura no início do duto $T_1$),

$$\Theta = \frac{T - T_0}{T_1 - T_0} \tag{13.176}$$

não é aplicável com as novas condições de borda $\boldsymbol{T_0}$ ou $\boldsymbol{H_0}$. Uma diferença de temperatura característica relevante neste caso pode ser formada comparando a taxa de dissipação (proporcional a $\eta\overline{v}^2$) com a taxa de condução (proporcional a $k\Delta T$), resultando na temperatura adimensional:

$$\Theta^* = \frac{k(T - T_0)}{\eta\overline{v}^2} \tag{13.177}$$

que pode ser utilizada tanto com a condição $\boldsymbol{T_0}$ quanto com a condição $\boldsymbol{H_0}$, substituindo $T_1$ em lugar de $T_0$. Observe que, no caso em que $T_0 \neq T_1$,

$$\Theta^* = \Theta \cdot Bk^{-1} \tag{13.178}$$

onde o grupo adimensional

$$Bk = \frac{\eta\overline{v}^2}{k(T_1 - T_0)} \tag{13.179}$$

é chamado *número de Brinkman*, que relaciona o calor gerado por dissipação viscosa $[\eta\overline{v}^2/D]$ e o calor transportado por condução $[(k/D)\Delta T]$.[22]

### 13.5.3 Balanço Global

Seguindo o exemplo da Seção 13.1, considere o balanço global de energia em uma fatia de duto de comprimento $\Delta z$, utilizando a Eq. (13.19) para separar a velocidade média $\overline{v}$ da temperatura *bulk* $T_b$ (Figura 13.15):

$$\rho\hat{c}\overline{v}\,T_b\big|_z A_F - \rho\hat{c}\overline{v}\,T_b\big|_{z+\Delta z} A_F = q_0 A_T - E_v V \tag{13.180}$$

onde $A_F$ é a área de fluxo através da fatia, $A_T$ é a área da parede através da qual o calor é transferido, e $V$ é o volume de fluido na fatia; $T_b$ é a temperatura *bulk* do fluido e $q_0$ é o fluxo de calor na parede. Para um tubo cilíndrico de raio $R$ ou uma fenda estreita de semiespessura $H$ e largura $W$:

[22] Neste livro utilizamos a definição *com sinal*, sendo $Bk > 0$ para resfriamento do fluido ($T_1 > T_0$) e $Bk < 0$ para aquecimento do fluido ($T_1 < T_0$), mas é possível utilizar o valor absoluto dessa diferença $|T_1 > T_0|$. Antes de utilizar qualquer expressão que inclui o número de Brinkman, é conveniente verificar sua definição.

Tubo: $$A_F = \pi R^2, \quad A_T = 2\pi R\Delta z, \quad V = \pi R^2 \Delta z \tag{13.181}$$

Fenda: $$A_F = 2HW, \quad A_T = 2W\Delta z, \quad V = 2HW\Delta z \tag{13.182}$$

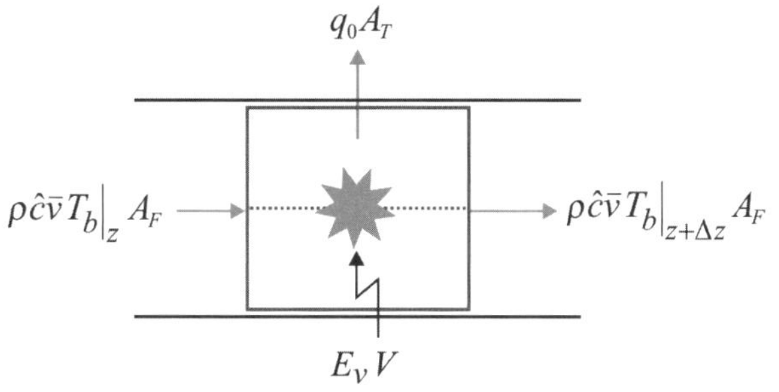


**Figura 13.15**

O termo da esquerda na Eq. (13.180) é a taxa de transporte convectivo de energia interna no fluido na direção axial, o primeiro termo da direita é a taxa de transferência de calor por condução do fluido para a parede na direção radial, e o segundo é a taxa de dissipação viscosa. Substituindo as Eqs. (13.181)-(13.182) na Eqs. (13.180) e dividindo pelo comprimento $\Delta z$, no limite $\Delta z \to 0$, obtém-se:

Tubo: $$\rho\hat{c}\bar{v}\frac{dT_b}{dz} = -\frac{2}{R}q_0 + E_v \tag{13.183}$$

Fenda: $$\rho\hat{c}\bar{v}\frac{dT_b}{dz} = -\frac{1}{H}q_0 + E_v \tag{13.184}$$

A taxa de dissipação viscosa por unidade de volume é, levando em conta as Eqs. (13.170) e (13.174),

Tubo: $$E_v = \frac{2\eta}{R^2}\int_0^R \left(\frac{dv_z}{dr}\right)^2 r dr = \frac{32\eta\bar{v}^2}{R^6}\int_0^R r^3 dr = 8\eta\left(\frac{\bar{v}}{R}\right)^2 \tag{13.185}$$

Fenda: $$E_v = \frac{\eta}{H}\int_0^H \left(\frac{dv_z}{dy}\right)^2 dy = \frac{9\eta\bar{v}^2}{H^4}\int_0^H y^2 dy = 3\eta\left(\frac{\bar{v}}{H}\right)^2 \tag{13.186}$$

Substituindo nas Eqs. (13.183)-(13.184):

Tubo: $$\rho\hat{c}\bar{v}\frac{dT_b}{dz} = -\frac{2}{R}q_0 + \frac{8\eta\bar{v}^2}{R^2} \tag{13.187}$$

Fenda: $$\rho\hat{c}\bar{v}\frac{dT_b}{dz} = -\frac{1}{H}q_0 + \frac{3\eta\bar{v}^2}{H^2} \tag{13.188}$$

## 13.5.4 Temperatura Adiabática

O balanço global pode ser integrado em forma imediata para a condição $\boldsymbol{H_0}$ ($q_0 = 0$). Para um tubo cilíndrico, fica reduzido a

$$\rho\hat{c}\bar{v}\frac{dT_b}{dz} = \frac{8\eta\bar{v}^2}{R^2} \tag{13.189}$$

ou

$$\frac{dT_b}{dz} = \frac{8\eta\bar{v}}{\rho\hat{c}R^2} \tag{13.190}$$

que, integrado com a condição inicial,

$$T = T_1, \qquad z = 0, \quad 0 < r < R \tag{13.191}$$

resulta em

$$T_b = T_1 + \frac{8\eta\bar{v}}{\rho\hat{c}R^2}z \tag{13.192}$$

A temperatura média do fluido (representada neste caso pela temperatura *bulk*) aumenta *linearmente* e sem limite ao longo do tubo com paredes termicamente isoladas (isto é, *adiabáticas*). A Eq. (13.192) pode ser expressa em termos adimensionais substituindo a difusividade térmica $\alpha = k/\rho\hat{c}$ e levando em consideração a Eq. (13.177):

$$\boxed{\Theta_b^* = \frac{16}{Pe}\zeta} \tag{13.193}$$

onde

$$\Theta^* = \frac{k(T - T_1)}{\eta\overline{v}^2} \tag{13.194}$$

$$\zeta = \frac{z}{R} \tag{13.195}$$

e

$$Pe = \frac{2\overline{v}R}{\alpha} \tag{13.196}$$

é o já conhecido número de Péclet, Eq. (13.74).

A Eq. (13.192), expressa para um tubo de comprimento $L$, permite avaliar a *máxima*[23] diferença de temperatura entre a entrada ($T_1$) e a saída ($T_2$) do fluido (temperaturas *bulk*) pelo aquecimento devido à dissipação viscosa no interior do tubo:

$$\Delta T_{adiab} = T_2 - T_1 = \frac{8\eta\overline{v}L}{\rho\hat{c}R^2} \tag{13.197}$$

Esta diferença, obtida para um tubo com paredes termicamente isoladas, é conhecida como *aumento de temperatura adiabático*. Uma expressão mais compacta para $\Delta T_{adiab}$ pode ser obtida substituindo a velocidade média $\overline{v}$ em termos da diferença de pressão $\Delta p$, Eq. (3.127):

$$\overline{v} = \frac{\Delta PR^2}{8\eta L} \tag{13.198}$$

para obter

$$\boxed{\Delta T_{adiab} = \frac{\Delta P}{\rho\hat{c}}} \tag{13.199}$$

Esta expressão, surpreendentemente simples, avalia o limite superior dos "efeitos térmicos" no escoamento em um tubo cilíndrico. Observe que $\Delta T_{adiab}$ é independente da viscosidade do fluido, da velocidade do escoamento e da geometria do sistema (toda essa informação está contida na queda de pressão $\Delta P$). A Eq. (13.199) é bastante utilizada na prática; se $\Delta T_{adiab}$ é pequena, os "efeitos térmicos" podem ser desconsiderados; se $\Delta T_{adiab}$ é significativa, o esforço de analisar a transferência de calor no tubo é justificável, mas sempre é possível que, depois de uma análise detalhada, a diferença de temperatura nas condições do problema resulte em ser desprezível (Seção 13.3).

Para uma fenda estreita, o equivalente da Eq. (13.193) é

$$\boxed{\Theta_b^* = \frac{6}{Pe}\zeta} \tag{13.200}$$

com o número de Péclet definido em termos da espessura da fenda $2H$ no lugar do diâmetro do tubo $2R$. A Eq. (13.199) é válida tanto para um tubo quanto para uma fenda estreita.

Observe que as Eqs. (13.189)-(13.200), obtidas por integração direta do balanço global de calor, dependem do desenvolvimento hidrodinâmico do escoamento (o perfil parabólico foi utilizado para avaliar a dissipação viscosa e a relação entre queda de pressão e velocidade média) mas não do desenvolvimento térmico (do perfil de temperatura).

### 13.5.5 Equilíbrio Térmico

Considere o escoamento em um tubo cilíndrico sob a condição $\boldsymbol{T_0}$ para valores elevados da coordenada axial, quando se tem atingido o estado de equilíbrio térmico.[24] Nessas condições a temperatura é função somente da coordenada

---

[23] Máxima no sentido de que será menor se o sistema "perde" calor através das paredes ($q_0 > 0$). Obviamente, a temperatura pode ser incrementada além deste máximo se o tubo for aquecido ($q_0 < 0$).

[24] O argumento é o mesmo sob a condição "$T$" em geral: no estado de equilíbrio térmico ($z \to \infty$) o perfil de temperatura não é afetado pela condição inicial ($z = 0$), isto é, pelo valor de $T_1$.

radial, e o transporte convectivo de energia interna ao longo do tubo pode ser desconsiderado. Representamos a temperatura nesse caso como $T_\infty$. Estritamente:

$$T_\infty(r) = \lim_{z\to\infty} T(r,z) \tag{13.201}$$

A Eq. (13.171) fica reduzida a

$$k\frac{1}{r}\frac{d}{dr}\left(r\frac{dT_\infty}{dr}\right) + \frac{16\eta\overline{v}^2}{R^2}\left(\frac{r}{R}\right)^2 = 0 \tag{13.202}$$

As condições de borda envolvem a temperatura constante na parede do tubo:

Para $r = R$: $$T_\infty = T_0 \tag{13.203}$$

e a condição de simetria no eixo do mesmo:

Para $r = 0$: $$\frac{dT_\infty}{dr} = 0 \tag{13.204}$$

É conveniente adimensionalizar as Eqs. (13.202)-(13.204) utilizando a Eq. (13.194) e definindo a coordenada radial adimensional da maneira usual ($\xi = r/R$):

$$\frac{1}{\xi}\frac{d}{d\xi}\left(\xi\frac{d\Theta_\infty^*}{d\xi}\right) + 16\xi^2 = 0 \tag{13.205}$$

com as condições de borda:

$$\Theta_\infty^*\Big|_{\xi=1} = \frac{d\Theta_\infty^*}{d\xi}\Big|_{\xi=0} = 0 \tag{13.206}$$

A Eq. (13.205) é uma equação diferencial ordinária na variável independente $\xi$, que pode ser facilmente integrada com as condições de borda da Eq. (13.206). Integrando duas vezes:

$$\Theta_\infty^* = -\xi^4 + A\ln\xi + B \tag{13.207}$$

Utilizando as condições de borda:

$$A = 0, \quad B = 1 \tag{13.208}$$

que, substituídas na Eq. (13.207), levam ao perfil radial de temperatura, em forma adimensional:

$$\Theta_\infty^* = 1 - \xi^4 \tag{13.209}$$

ou, em forma dimensional,

$$T_\infty = T_0 + \frac{\eta\overline{v}^2}{k}\left[1 - \left(\frac{r}{R}\right)^4\right] \tag{13.210}$$

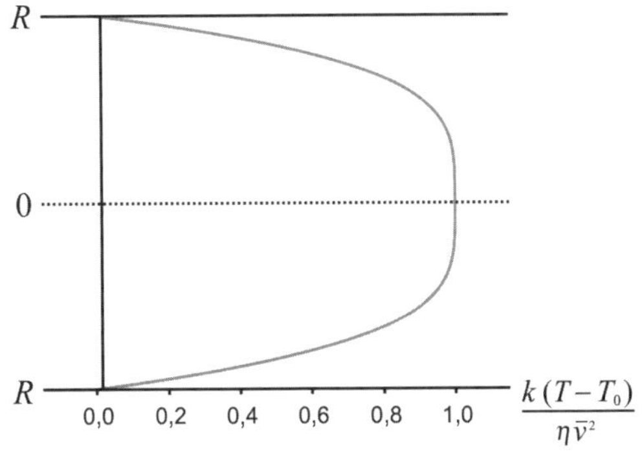


**Figura 13.16**

O fluxo de calor na parede é

$$q_0 = -k\frac{dT_\infty}{dr}\Big|_{r=R} = \frac{4\eta\overline{v}^2}{kR} \tag{13.211}$$

No centro do tubo ($r = 0$) temos a temperatura máxima:

$$\Delta T_{\max} = T_\infty(0) - T_0 = \frac{\eta \bar{v}^2}{k} \quad (13.212)$$

$\Delta T_{max}$ é uma diferença de temperatura característica do "equilíbrio" entre geração e condução de calor no sistema. $\Delta T_{max}$ foi justamente utilizada para adimensionalizar a temperatura através da Eq. (13.194).

Conhecido o perfil de temperatura radial, pode-se avaliar a temperatura *bulk* utilizando a definição da mesma, Eq. (13.15), e levando em consideração o perfil de velocidade, Eq. (13.4), e temperatura, Eq. (13.210):

$$T_b^{(\infty)} - T_0 = \frac{2}{\bar{v}R^2}\int_0^R v_z[T_\infty - T_0]rdr = 4\frac{\eta\bar{v}^2}{kR^2}\int_0^R \left[1-(r/R)^2\right]\left[1-(r/R)^4\right]rdr = \frac{5\eta\bar{v}^2}{6k} \quad (13.213)$$

ou

$$\Theta_b^{*(\infty)} = 4\int_0^1 (1-\xi^2)(1-\xi^4)\xi d\xi = \frac{5}{6} \quad (13.214)$$

Compare com o valor:

$$\Theta_b^{*(\infty)} = 0 \quad (13.215)$$

(isto é, $T_b = T_0$) nas mesmas condições, mas *sem* dissipação viscosa, Eq. (13.70).

Para uma fenda estreita de semiespessura $H$, as expressões equivalentes às Eqs. (13.209) e (13.211)-(13.213) são

$$\Theta_\infty^* = \tfrac{3}{4}(1-\xi^4) \quad (13.216)$$

$$q_0 = \frac{3\eta\bar{v}^2}{kH} \quad (13.217)$$

$$\Delta T_{max} = \frac{3\eta\bar{v}^2}{4k} \quad (13.118)$$

$$\Theta_b^{*(\infty)} = \frac{24}{35}\cdot\frac{\eta\bar{v}^2}{k} \quad (13.219)$$

### 13.5.6 Desenvolvimento do Perfil de Temperatura

Para valores finitos da coordenada axial $z$ não é possível, em geral, desconsiderar o transporte convectivo de energia interna, e é necessário considerar a Eq. (13.171) – para um tubo cilíndrico – ou a Eq. (13.175) – para uma fenda estreita. A temperatura é função das coordenadas axial e transversal. Considere, por exemplo, o caso de um tubo de raio $R$ sob as condições $\boldsymbol{T}$ ou $\boldsymbol{T_0}$ (temperatura constante na parede). A Eq. (13.171):

$$2\rho\hat{c}\bar{v}\left[1-\left(\frac{r}{R}\right)^2\right]\frac{\partial T}{\partial z} = k\frac{1}{r}\frac{\partial}{\partial r}\left(r\frac{\partial T}{\partial r}\right) + \frac{16\eta\bar{v}^2}{R^2}\left(\frac{r}{R}\right)^2 \quad (13.220)$$

deve ser integrada com as condições de borda:

Para $z = 0$, $0 < r < R$: $\quad T = T_1 \quad$ (13.221)

Para $r = R$, $z > 0$: $\quad T = T_0 \quad$ (13.222)

Para $r = 0$, $z > 0$: $\quad \dfrac{dT}{dr} = 0 \quad$ (13.223)

onde $T_1 = T_0$ para a condição $\boldsymbol{T_0}$ e $T_1 \neq T_0$ (frequentemente $T_1 > T_0$) para a condição $\boldsymbol{T}$.

Em forma adimensional, em termos da temperatura $\Theta^*$ definida na Eq. (13.179), que pode ser utilizada independente da relação entre $T_0$ e $T_1$:

$$(1-\xi^2)\frac{\partial\Theta^*}{\partial\zeta^*} = \frac{1}{\xi}\frac{\partial}{\partial\xi}\left(\xi\frac{\partial\Theta^*}{\partial\xi}\right) + 16\xi^2 \quad (13.224)$$

onde adimensionalizamos a coordenada radial da forma usual, $\xi = r/R$, e utilizamos uma coordenada axial adimensional "escalada" com o número de Péclet:

$$\zeta^* = \frac{\zeta}{Pe} = \frac{\alpha z}{2\bar{v}R^2} \quad (13.225)$$

As condições de borda, Eqs. (13.221)-(13.223), ficam:

Para $\zeta^* = 0$, $0 < \xi < 1$:
$$\Theta^* = \frac{k(T_1 - T_0)}{\eta \bar{v}^2} \tag{13.226}$$

Para $\xi = 1$, $\zeta^* > 0$:
$$\Theta^* = 0 \tag{13.227}$$

Para $\xi = 0$, $\zeta^* > 0$:
$$\frac{d\Theta^*}{d\xi} = 0 \tag{13.228}$$

As Eqs. (13.224)-(13.228) podem ser resolvidas analítica ou numericamente. A discussão dos métodos envolvidos vai além do conteúdo deste curso introdutório, mas o leitor interessado pode consultar o texto de Bird, Armstrong e Hassager já citado, onde uma solução analítica está desenvolvida em detalhe para o caso de um fluido "lei da potência", do qual o fluido newtoniano incompressível é um caso particular.

A Figura 13.17 apresenta os perfis radiais de temperatura adimensional $\Theta^*$ para vários valores da coordenada axial adimensional modificada $\zeta^*$, para a condição $\boldsymbol{T_0}$.

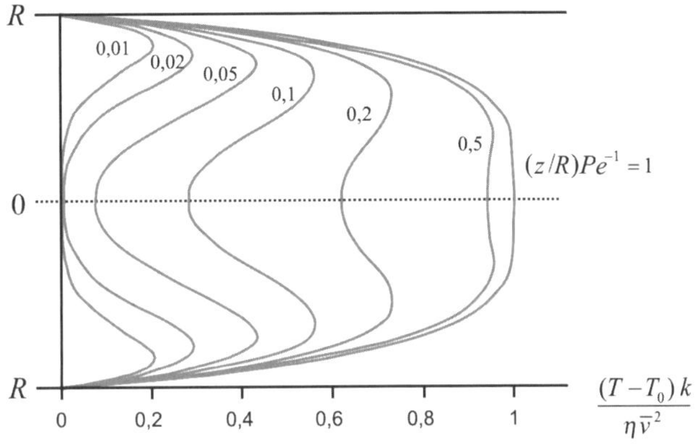


**Figura 13.17**

Neste caso o estado de equilíbrio térmico é obtido para $\zeta^* \doteq (z/R)Pe^{-1} \geq 1$. Observe que o típico perfil com "asas" é mantido até se atingir o equilíbrio térmico.

Procedimentos similares podem ser aplicados a outras geometrias, com outras condições de borda, e ainda no caso de escoamentos de Couette, gerados pela movimentação das bordas.

## 13.5.7 Aproximações

Na literatura de processamento de materiais são utilizadas expressões aproximadas para o chamado *regime de transição* logo depois do comprimento de entrada, mas antes do estado de equilíbrio térmico.[25] Vamos apresentar os resultados desse tipo de aproximação e discutir sua validade.

Considere o caso do escoamento em um tubo cilíndrico de raio $R$ sob as condições $\boldsymbol{T}$ ou $\boldsymbol{T_0}$ (temperatura constante na parede) no estado de equilíbrio térmico, $z \to \infty$. Eliminando o fator $\eta \bar{v}^2/k$ entre as Eqs. (13.211) e (13.213), obtém-se uma relação entre o fluxo de calor e a diferença entre a temperatura *bulk* e a temperatura (constante) da parede:

$$q_0 = \frac{24}{5} \cdot \frac{(T_b - T_0)}{R} \tag{13.229}$$

Esta expressão é válida somente no estado de equilíbrio térmico, quando a temperatura (e, portanto, a temperatura *bulk*) não depende da coordenada axial. Isto é, quando $dT_b/dz = 0$. Se assumirmos que a Eq. (13.229) é válida *aproximadamente* para valores elevados da coordenada axial $z$, mas antes de se ter atingido o estado de equilíbrio, a substituição deste resultado no balanço global, Eq. (13.187), fornece uma relação que permite avaliar a taxa de variação axial da temperatura *bulk* nessa zona:

$$\rho \widetilde{c} \bar{v} \frac{dT_b}{dz} = -\frac{48}{5} \cdot \frac{(T_b - T_0)}{R^2} + \frac{8\eta \bar{v}^2}{R^2} \tag{13.230}$$

[25] Uma apresentação particularmente detalhada, incluindo expressões para o escoamento de fluidos não newtonianos, encontra-se no texto de J.-F. Agassant, P. Avenas, J.-Ph. Sergent e P. J. Carreau, *Polymer Processing Principles and Modeling*. Hanser, 1991.

Esta equação pode ser integrada[26] com a condição inicial:

Para $z = 0$: $$T_b = T_1 \tag{13.231}$$

O resultado é

$$\frac{T_b - T_0}{T_1 - T_0} = 1 - \left(1 - \frac{5}{6} \cdot \frac{\eta \bar{v}^2}{k(T_1 - T_0)}\right)\left[1 - \exp\left(-\frac{48}{5} \cdot \frac{\alpha z}{\bar{v}R^2}\right)\right] \tag{13.232}$$

ou, utilizando a temperatura adimensional $\Theta$ definida na Eq. (13.176) e a coordenada axial adimensional usual $\zeta = z/R$,

$$\Theta_b = 1 - \left(1 - \frac{5}{6}Bk\right)\left[1 - \exp\left(-\frac{96}{5} \cdot \frac{\zeta}{Pe}\right)\right] \tag{13.233}$$

onde $Bk$ é o número de Brinkman, Eq. (13.179), que representa o efeito da dissipação viscosa (relativo à condução), e $Pe$ é o número de Péclet baseado no diâmetro $D = 2R$, Eq. (13.196), que representa o efeito da convecção (também relativo à condução). As Eqs. (13.232)-(13.233) só podem ser utilizadas para $T_1 \neq T_0$. Para a condição $\boldsymbol{T_0}$ ($T_1 = T_0$), multiplicando a Eq. (13.232) por $(T_1 - T_0)$ antes de tomar o limite $T_1 \rightarrow T_0$, chega-se a

$$\frac{T_b - T_0}{\eta \bar{v}^2 / k} = \frac{5}{6}\left[1 - \exp\left(-\frac{48}{5} \cdot \frac{\alpha z}{\bar{v}R^2}\right)\right] \tag{13.234}$$

ou, utilizando a temperatura adimensional $\Theta^*$ definida na Eq. (13.177),

$$\Theta^* = \frac{5}{6}\left[1 - \exp\left(-\frac{96}{5} \cdot \frac{\zeta}{Pe}\right)\right] \tag{13.235}$$

Neste caso o efeito da dissipação está incorporado na definição da temperatura adimensional.

Expressões análogas podem ser obtidas para uma fenda estreita de semiespessura $H$. Por exemplo, o equivalente das Eqs. (13.232) e (13.234) para a fenda é

$$\frac{T_b - T_0}{T_1 - T_0} = 1 - \left(1 - \frac{24}{35} \cdot \frac{\eta \bar{v}^2}{k(T_1 - T_0)}\right)\left[1 - \exp\left(-\frac{35}{8} \cdot \frac{\alpha z}{\bar{v}H^2}\right)\right] \tag{13.236}$$

e

$$\frac{T_b - T_0}{\eta \bar{v}^2 / k} = \frac{24}{35}\left[1 - \exp\left(-\frac{35}{8} \cdot \frac{\alpha z}{\bar{v}H^2}\right)\right] \tag{13.237}$$

As expressões obtidas, ainda que atraentemente simples, têm sérios problemas. Compare, por exemplo, a Eq. (13.233) com a Eq. (13.79), que representa uma situação semelhante mas sem dissipação viscosa. Levando em consideração o valor de $Nu_\infty$ para um tubo cilíndrico sob a condição $\boldsymbol{T}$ (Tabela 13.1), com as mesmas definições de $\Theta_b$, $\zeta$ e $Pe$:

$$\Theta_b = \exp\left\{-7{,}3\frac{\zeta}{Pe}\right\} \tag{13.238}$$

Mas no limite da dissipação viscosa desprezível, isto é, para $Bk \rightarrow 0$, a Eq. (13.233) fica reduzida a

$$\Theta_b^{(0)} = \lim_{Bk \to 0} \Theta_b = \exp\left(-19{,}2\frac{\zeta}{Pe}\right) \tag{13.239}$$

Observe que o coeficiente exponencial é 2,6 vezes maior! A Eq. (13.233) *não* converge à Eq. (13.79) no limite $Bk \rightarrow 0$, e portanto não é válida para pequenos valores da dissipação viscosa, ainda que essa limitação não seja imposta na sua dedução. O único "problema" na obtenção da Eq. (13.233) e similares foi suposição de que a Eq. (13.229) é válida para valores da coordenada axial nos quais o transporte convectivo de energia interna não é desprezível. Evidentemente esta aproximação – que pode ser perfeitamente admissível em outras circunstâncias – não é válida para valores pequenos da dissipação viscosa. Fica então a possível (mas duvidosa) validade da Eq. (13.233) para elevados valores da dissipação viscosa, situação em que a dependência da viscosidade com a temperatura não pode, em geral, ser ignorada, o que invalida todo o procedimento.

É possível que, em alguns casos onde a dissipação viscosa é significativa (mas não sob a condição $\boldsymbol{T_0}$), exista um intervalo da coordenada axial $z$ em que o perfil radial de temperatura seja independente de $z$, no sentido uti-

[26] Sugestão: Substitua a expressão na direita da Eq. (13.230) por uma nova variável dependente e integre o resultado.

lizado na Seção 13.2 (isto é, onde o perfil adimensional local $\Phi$ seja independente de $z$). Através de uma análise semelhante à utilizada nessa ocasião, será possível deduzir uma expressão simples e *correta* (no limite $Bk \to 0$) do perfil axial de temperatura *bulk* nesse intervalo, para valores significativos da dissipação viscosa. Mas essa é outra história.

## 13.6 EFEITO DA VARIAÇÃO DA VISCOSIDADE COM A TEMPERATURA

Considere o escoamento laminar estacionário em um tubo cilíndrico de raio $R$ (diâmetro $D = 2R$) e comprimento $L \gg R$, de um fluido newtoniano incompressível de propriedades físicas constantes, exceto a viscosidade, que pode ser suposta dependente exponencialmente da temperatura, Eq. (2.28):

$$\eta = \eta_0 \exp\{-\beta(T - T_0)\} \tag{13.240}$$

onde $\eta_0$ é a viscosidade avaliada na temperatura de referência $T_0$, e $\beta$ é uma constante. A temperatura de referência pode ser escolhida arbitrariamente. Neste caso escolhe-se a temperatura (constante) da parede do tubo. Vamos analisar o caso do escoamento *hidrodinamicamente desenvolvido*, onde (em um sistema de coordenadas cartesianas coaxial com o tubo) a única componente não nula da velocidade só depende da coordenada radial, $v_z = v_z(r)$, e a pressão (modificada) só é função da coordenada axial, $P = P(z)$, e *termicamente desenvolvido* (em "equilíbrio térmico"), condição em que a temperatura só depende da coordenada radial, $T = T(r)$. Os efeitos convectivos serão desconsiderados e a geração de calor por dissipação viscosa é balanceada pela condução radial de calor desde o fluido até a parede isotérmica do tubo.

O balanço de quantidade de movimento, Eq. (4.30), fica reduzido a

$$\frac{1}{r}\frac{d}{dr}\left(\eta r \frac{dv_z}{dr}\right) = \frac{dP}{dz} \tag{13.241}$$

Observe que a viscosidade não pode "sair"do parêntese neste caso porque é função da temperatura, que por sua vez é função da coordenada radial. As condições de borda para a Eq. (13.241) envolvem a condição de não deslizamento na parede do tubo:

Para $r = R$: $$v_z = 0 \tag{13.242}$$

e a condição de simetria no eixo do mesmo:

Para $r = 0$: $$\frac{dv_z}{dr} = 0 \tag{13.243}$$

Observe que na Eq. (13.241), como em outros casos (Seção 3.3), o termo da esquerda é função apenas da coordenada radial, e o termo da direita é função apenas da coordenada axial. Portanto, ambos são constantes. Para um escoamento térmico e hidrodinamicamente desenvolvido o gradiente de pressão é constante, independente da variação (radial) da viscosidade. Em outras oportunidades temos substituído o gradiente de pressão pela forma integrada $-\Delta P/L$. Não faremos isso neste caso, para enfatizar o fato de que o gradiente de pressão na Eq. (13.241) corresponde à zona completamente desenvolvida $z \gg R$ e não ao tubo como um todo.

A Eq. (13.241) pode ser integrada uma vez:

$$\eta r \frac{dv_z}{dr} = \frac{r^2}{2}\left(\frac{dP}{dz}\right) + A \tag{13.244}$$

ou

$$\frac{dv_z}{dr} = \frac{r}{2\eta}\left(\frac{dP}{dz}\right) + \frac{A}{\eta r} \tag{13.245}$$

Da Eq. (13.243) resulta que a constante de integração é nula, $A = 0$. Portanto, o gradiente radial de velocidade é

$$\frac{dv_z}{dr} = \frac{r}{2\eta}\left(\frac{dP}{dz}\right) \tag{13.246}$$

ou, levando em consideração a Eq. (13.240),

$$\frac{dv_z}{dr} = \frac{r}{2\eta_0}\exp\{\beta(T - T_0)\}\left(\frac{dP}{dz}\right) \tag{13.247}$$

Desconsiderando os termos convectivos, o balanço de energia interna simplifica-se para

$$k\frac{1}{r}\frac{d}{dr}\left(r\frac{dT}{dr}\right)+\eta\left(\frac{dv_z}{dr}\right)^2=0 \tag{13.248}$$

As condições de borda para a Eq. (13.248) envolvem a temperatura constante na parede do tubo:

Para $r = R$: $$T = T_0 \tag{13.249}$$

e a condição de simetria no eixo do mesmo:

Para $r = 0$: $$\frac{dT}{dr}=0 \tag{13.250}$$

A substituição da Eq. (13.246) na Eq. (13.248) resulta em

$$k\frac{1}{r}\frac{d}{dr}\left(r\frac{dT}{dr}\right)+\frac{r^2}{4\eta}\left(\frac{dP}{dz}\right)^2=0 \tag{13.251}$$

e introduzindo a Eq. (13.240),

$$k\frac{1}{r}\frac{d}{dr}\left(r\frac{dT}{dr}\right)+\frac{r^2}{4\eta_0}\left(\frac{dP}{dz}\right)^2\exp\{\beta(T-T_0)\}=0 \tag{13.252}$$

Observe que temos desacoplado a Eq. (13.248) da Eq. (13.241). A Eq. (13.252) é uma equação diferencial ordinária de segundo grau (não linear) na variável dependente $T$, que pode ser integrada com as condições de borda [Eqs (13.249)-(13.250)].

É conveniente neste ponto definir uma temperatura adimensional baseada no coeficiente $\beta$ e utilizar a definição convencional da coordenada radial adimensional:

$$\Theta=\beta(T-T_0),\quad \xi=\frac{r}{R} \tag{13.253}$$

Nessas condições, a Eq. (13.252) fica:

$$\frac{1}{\xi}\frac{d}{d\xi}\left(\xi\frac{d\Theta}{d\xi}\right)+K\xi^2e^{\Theta}=0 \tag{13.254}$$

onde

$$K=\frac{\beta R^4}{4k\eta_0}\left(\frac{dP}{dz}\right)^2 \tag{13.255}$$

Em termos adimensionais, as condições de borda, Eqs. (13.249)-(13.250), resultam em

$$\Theta\big|_{\xi=1}=\left.\frac{d\Theta}{d\xi}\right|_{\xi=0}=0 \tag{13.256}$$

A Eq. (13.254) pertence ao reduzido grupo das equações diferenciais não lineares que podem ser integradas de forma exata, resultando em uma expressão "fechada" em termos de funções elementares:

$$\Theta=\ln\frac{32B_\pm}{(K\xi^4+B_\pm)^2} \tag{13.257}$$

onde

$$B_\pm=16-K\pm4\sqrt{16-2K} \tag{13.258}$$

O detalhe da solução vai além do conteúdo deste curso.[27] O interessado pode verificar facilmente que a Eq. (13.257) é uma solução da Eq. (13.254) e que cumpre com as condições de borda, Eq. (13.256). Observe que, de fato, temos encontrado *duas* soluções diferentes para o problema de bordas,[28] de acordo com o sinal utilizado na raiz quadrada da Eq. (13.258), que pode ser escrita:

$$B_\pm=\begin{cases}16-K+4\sqrt{16-2K}\\16-K-4\sqrt{16-2K}\end{cases} \tag{13.259}$$

[27] Veja, por exemplo, W. F. Ames, *Nonlinear Ordinary Differential Equations in Transport Processes*. Academic Press, 1968, p. 120.

[28] Equações diferenciais ordinárias lineares de segundo grau têm duas soluções *gerais* linearmente independentes, mas só *uma* combinação linear das mesmas satisfaz as condições de borda. Isto é, um problema de bordas *linear* tem uma única solução. A existência de soluções múltiplas é uma característica de alguns problemas de bordas *não lineares*.

Consequentemente, a teoria prediz dois perfis de temperatura diferentes para cada valor do gradiente de pressão adimensional $K$. Qual deles é realizado na prática depende de outras considerações (por exemplo, da estabilidade relativa dos mesmos); Figura 13.18.

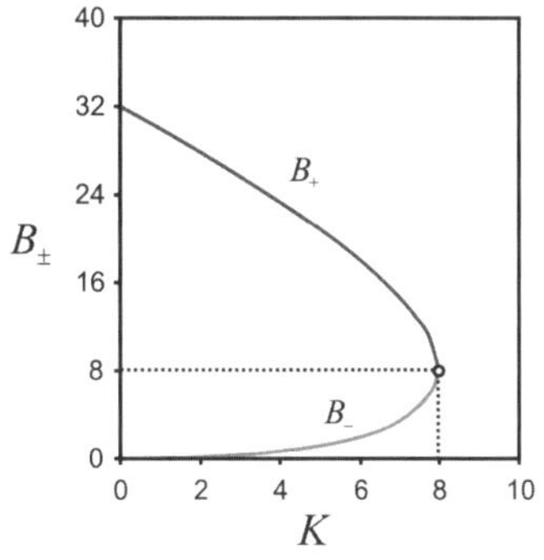


**Figura 13.18**

Adimensionalizando o balanço de momento semi-integrado, Eq. (13.247), utilizando as variáveis definidas previamente, Eq. (13.253), resulta em

$$\frac{dv_z}{d\xi} = \frac{R^2}{2\eta_0}\left(\frac{dP}{dz}\right)\xi e^{\Theta} \tag{13.260}$$

e substituindo a Eq. (13.257):

$$\frac{dv_z}{d\xi} = \frac{16B_\pm R^2}{\eta_0}\left(\frac{dP}{dz}\right)\frac{\xi}{(K\xi^4 + B_\pm)^2} \tag{13.261}$$

A Eq. (13.261) pode ser integrada[29] levando em consideração a condição de borda restante, Eq. (13.242):

$$v_z\big|_{\xi=1} = 0 \tag{13.262}$$

O perfil de velocidade resultante é

$$v_z = \frac{16B_\pm R^2}{\eta_0}\left(\frac{dP}{dz}\right)\int_\xi^1 \frac{\xi' d\xi'}{(\xi'^4 + B_\pm)^2} \tag{13.263}$$

ou

$$v_z = \frac{4R^2}{\eta_0}\left(\frac{dP}{dz}\right)\left[\frac{B_\pm}{K + B_\pm} - \frac{B_\pm \xi^2}{K\xi^4 + B_\pm} + \frac{B_\pm}{\sqrt{KB_\pm}}\arctan\left(\frac{\sqrt{KB_\pm}\,(1-\xi^2)}{K\xi^2 + B_\pm}\right)\right] \tag{13.264}$$

A vazão é obtida integrando o perfil de velocidade:

$$Q = 2\pi\int_0^R v_z r dr = \frac{4\pi R^4}{\eta_0 (K + B_\pm)}\left(\frac{dP}{dz}\right) \tag{13.265}$$

É conveniente comparar esta vazão com a vazão que se obteria no escoamento do mesmo fluido no mesmo tubo e sob o mesmo gradiente de pressão, à temperatura uniforme $T_0$. Isto é, desconsiderando a dissipação viscosa, o que resulta, no estado de "equilíbrio térmico", em uma temperatura uniforme igual à temperatura (constante) da parede (Seção 13.2). Nessas condições, a viscosidade do fluido é constante, igual a $\eta_0$, e a vazão está relacionada com o gradiente de pressão através da equação de Hagen-Poiseuille, Eq. (3.125):

$$Q_0 = \frac{\pi R^4}{8\eta_0}\left(\frac{dP}{dz}\right) \tag{13.266}$$

Dividindo a Eq. (13.265) pela Eq. (13.266),

$$\frac{Q}{Q_0} = \frac{32}{K + B_\pm} \tag{13.267}$$

[29] Sugestão: Após substituir $x = \xi^2$, decomponha o integrando em frações simples, e lembre-se de que

$$\int \frac{dx}{a + bx^2} = \frac{1}{\sqrt{ab}}\arctan\left(x\sqrt{b/a}\right), \quad \text{para } ab > 0.$$

A Figura 13.19 representa a vazão relativa $Q/Q_0$ como função de $K^{1/2}$, que pode ser considerada como um gradiente de pressão adimensional, de acordo com a Eq. (13.255):

$$\sqrt{K} = \frac{(dP/dz)}{\sqrt{2k\eta_0/\beta R^4}} \tag{13.268}$$

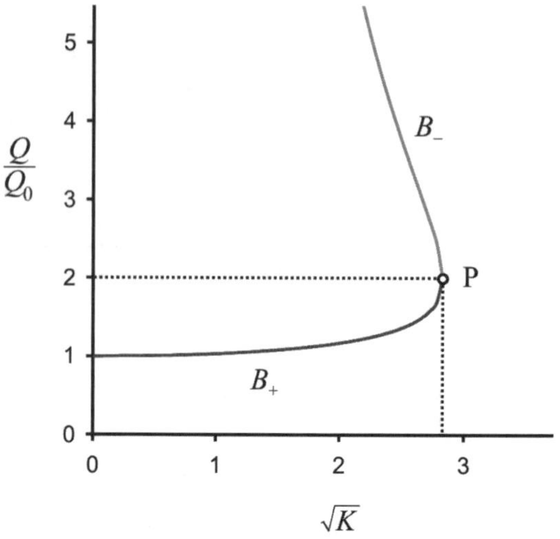


**Figura 13.19**

Observe que:

(a) Existe um valor máximo do parâmetro $K$ ($K_{max} = 8$, $K^{1/2}_{max} \approx 2{,}8284$) que corresponde ao valor máximo do gradiente de pressão:

$$\left(\frac{dP}{dz}\right)_{max} = \frac{2\sqrt{8}}{R^2}\sqrt{\frac{k\eta_0}{\beta}} \tag{13.269}$$

acima do qual não existe uma solução *estável* do problema. A vazão neste caso é o dobro da vazão de referência $Q_0$. A existência deste máximo não quer dizer que seja impossível impor um gradiente de pressão maior no fluido no tubo e obter um escoamento estável. Pode ser que nesse caso o escoamento não esteja completamente desenvolvido, isto é, que os termos convectivos, desconsiderados para obter a solução que estamos analisando, não sejam desprezíveis e devam ser incluídos na formulação do problema.

(b) Para cada valor do gradiente de pressão menor que o máximo dado pela Eq. (13.269) existem dois possíveis valores da vazão: um menor que $2Q_0$, obtido considerando o sinal positivo na Eq. (13.258), isto é, com o parâmetro $B_+$, que varia no intervalo $8 < B_+ < 32$, e o outro maior que $2Q_0$, obtido considerando o sinal negativo na Eq. (13.258), isto é, com o parâmetro $B_-$, que varia no intervalo $0 < B_- < 8$ (a curva $Q/Q_0$ vs. $K^{1/2}$ tem dois "galhos" que se juntam no ponto crítico **P**: $K = K_{max}$, $Q = Q_0$). O estudo teórico e experimental deste sistema revela que a solução obtida com $B_-$ é instável e que, de fato, a única solução observável é a que resulta de considerar $B_+$. Isto é, a vazão também tem um valor máximo, atingido quando o gradiente de pressão assume seu máximo valor:

$$Q_{max} = 2Q_0 = \frac{\pi R^4}{8\eta_0}\left(\frac{dP}{dz}\right)_{max} \tag{13.270}$$

Observe que a vazão é sempre maior do que a vazão de referência $Q_0$, desde que a viscosidade do fluido é sempre menor que a viscosidade avaliada à temperatura mínima, utilizada para calcular $Q_0$. Isto é, a dependência da viscosidade com a temperatura favorece o escoamento: aumenta a vazão para um valor dado do gradiente de pressão ou diminui o gradiente de pressão necessário para puxar ao longo do tubo uma dada quantidade de fluido por unidade de tempo.

O parâmetro $K$ foi considerado como (o quadrado de) um gradiente de pressão adimensional. Porém, o "gradiente de pressão característico" utilizado para adimensionar $dP/dz$ tem uma forma bastante estranha. Uma interpretação mais apurada deste parâmetro ilumina o significado físico do mesmo. Considere a velocidade média correspondente à vazão de referência $Q_0$ (desconsiderando a dissipação viscosa):

$$\bar{v}_0 = \frac{Q_0}{\pi R^2} = \frac{R^2}{8\eta_0}\left(\frac{dP}{dz}\right) \tag{13.271}$$

Observe que o fator na frente do colchete na Eq. (13.264) é justamente $2\overline{v}_0 = (v_0)_{max}$. Substituindo na definição do parâmetro $K$, Eq. (13.255), obtém-se uma expressão de $K$ em termos da velocidade $\overline{v}_0$:

$$K = \frac{16\beta\eta_0 v_0^2}{k} = 16Na \qquad (13.272)$$

onde o parâmetro adimensional $Na$, que relaciona termos associados com a dissipação viscosa ($\eta_0\overline{v}^2$), a transferência de calor por condução ($k$) e a dependência da viscosidade com a temperatura ($\beta$), é conhecido como *número de Nahme-Griffith*:

$$Na = \frac{\beta\eta_0 v_0^2}{k} \qquad (13.273)$$

Valores pequenos do $Na$ correspondem a processos onde o efeito da temperatura na viscosidade pode ser desconsiderado, seja porque a viscosidade pouco depende da temperatura ($\beta$ pequeno), ou porque não é gerado suficiente calor por dissipação viscosa ($\eta_0\overline{v}^2$ pequeno), ou porque a elevada taxa de transferência de calor por condução elimina eficientemente o calor gerado ($k$ elevado). Por outro lado, valores elevados do $Na$ correspondem a processos onde o efeito da temperatura na viscosidade é importante. No caso presente, o número de Nahme-Griffith varia entre 0 (para $K = 0$) e 0,5 (para $K = 8$).

As Eqs. (13.264) e (13.257) permitem avaliar os perfis radiais de velocidade e temperatura no tubo. A Figura 13.20 mostra os perfis radiais adimensionais de velocidade (a) e temperatura (b) para diferentes valores do parâmetro $K = 16Na$, para o escoamento completamente desenvolvido em um tubo cilíndrico com temperatura constante na parede.

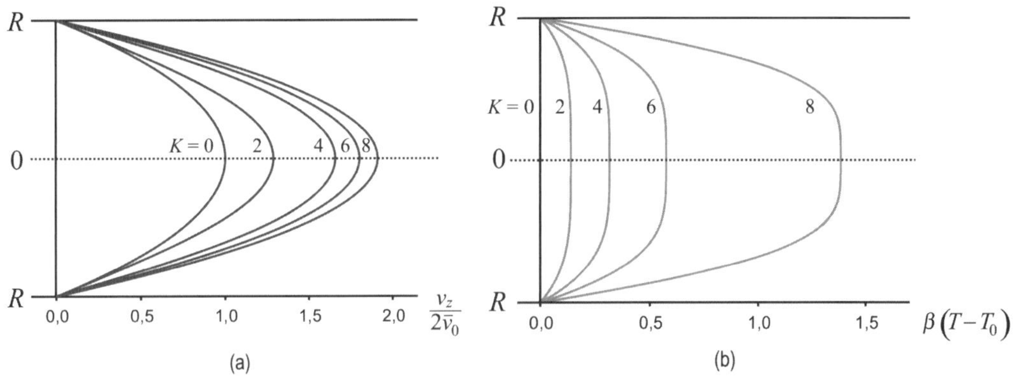


**Figura 13.20**

Para $K = 0$ ($Na = 0$) a velocidade assume o clássico perfil parabólico do escoamento não perturbado (Seção 3.2); para $K > 0$ os perfis de velocidade são parábolas levemente deformadas com valores crescentes da velocidade máxima, atingindo um valor $v_{max} \approx 1{,}95(v_0)_{max}$ para $K = K_{max} = 8$ ($Na = 0{,}5$). Para $K = 0$ ($Na = 0$) a temperatura é constante, $T = T_0$; para $K > 0$ os perfis de temperatura assemelham-se bastante às parábolas de quarta ordem obtidas com viscosidade constante (Figura 13.18). A temperatura máxima, $T_{max} \approx T_0 + 1{,}39\beta^{-1}$, é obtida no centro do tubo para $K = K_{max} = 8$ ($Na = 0{,}5$).

Resultados semelhantes podem ser obtidos com o método desenvolvido nesta seção para outros escoamentos básicos (fenda estreita, anel cilíndrico) tanto para escoamentos gerados por uma diferença de pressão (Poiseuille) quanto para escoamentos gerados pelo movimento das bordas (Couette).

Uma introdução ao assunto discutido nas duas últimas seções, com um nível semelhante ao texto, encontra-se no texto de Bird, Armstrong e Hassager já citado.[30] Para se aprofundar nesta matéria é necessário recorrer aos trabalhos originais. Alguma informação sobre o assunto é usualmente incluída em textos e monografias sobre reologia e processamento de polímeros. De especial interesse para o assunto é o texto avançado de J. R. A. Pearson, *Mechanics of Polymer Processing*. Elsevier-Applied Science, 1985.

[30] R. B. Bird, R. C. Armstrong e O. Hassager, *Dynamics of Polymeric Liquids*, 2nd ed. Vol. 1, Wiley-Interscience, 1987. Porém, nesta seção temos utilizado uma metodologia um pouco diferente, tomada diretamente do trabalho original de E. A. Kearsley, "The viscous heating correction for viscometric flows", *Trans. Soc. Rheol.* **6**, 253-261 (1962).

# PROBLEMAS

## Problema 13.1 Resfriamento de um polímero fundido em uma matriz anular

36 kg/h de um polímero fundido (densidade: 0,75 g/cm$^3$, calor específico: 2,5 kJ/kg°C, condutividade térmica: 0,1 W/m°C, independentes da temperatura) escoam através do espaço entre dois cilindros coaxiais com 5 mm de separação e 25 mm de comprimento efetivo. O cilindro interno é um tubo de aço de 150 mm de diâmetro interno e 2 mm de espessura de parede, por onde escoa água pressurizada a 100°C com uma vazão suficiente para manter sua temperatura constante e uniforme. O cilindro externo está termicamente isolado. O fundido entra na zona de aquecimento a 200°C. Avalie:

(a) A temperatura (*bulk*) do polímero na saída da matriz.
(b) A taxa de transferência de calor entre o polímero e a água.
(c) A vazão mínima de água para que a variação de sua temperatura (*bulk*) seja menor que 1°C.

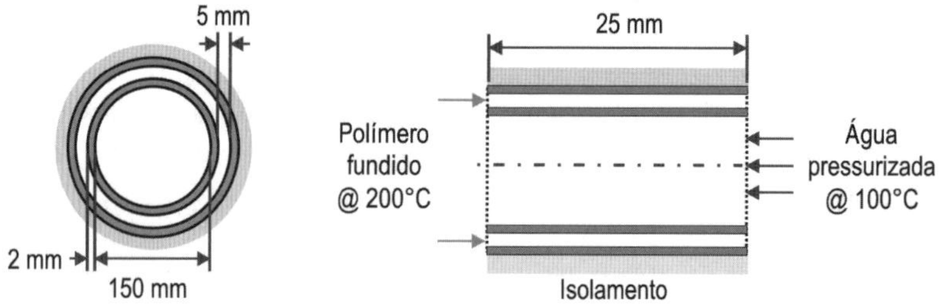


**Figura P13.1.1**

### *Resolução*

Desde que a espessura do anel cilíndrico ($H$ = 5 mm) é bem menor que o diâmetro ($D$ = 154 mm), é possível desconsiderar os efeitos de curvatura e considerar o anel como uma fenda estreita plana, de largura $W = \pi D \approx$ 484 mm. Desconsiderando as resistências térmicas na parede do tubo interno e na água, pode-se considerar que uma das duas superfícies planas em contato com o polímero fundido se mantém a uma temperatura constante $T_0$ = 100°C. A outra superfície está isolada. Mas a condição de isolamento ($dT/dy = 0$) é a mesma que a condição de simetria no plano central de uma fenda de dupla espessura ($2H$) em que as duas paredes são mantidas à mesma temperatura constante ($T_0$). Portanto, vamos modelar o espaço entre os dois cilindros como uma fenda (plana) estreita, de espessura $2H$ = 10 mm, largura $W$ = 484 mm, e comprimento $L$ = 25 mm, com temperatura constante nas paredes (condição *T*); Figura P13.1.2.

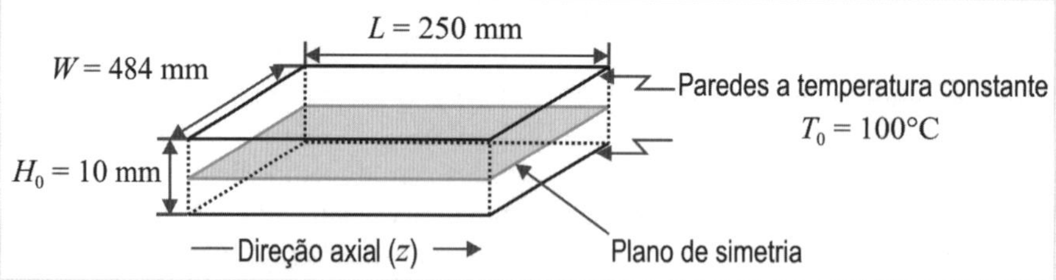


**Figura P13.1.2**

A difusividade térmica do polímero é

$$\alpha = \frac{k}{\rho \hat{c}} = \frac{(0{,}1\ \text{W/m°C})}{(0{,}75\cdot 10^3\ \text{kg/m}^3)\cdot(2{,}5\cdot 10^3\ \text{J/kg°C})} = 0{,}053\cdot 10^{-6}\ \text{m}^2/\text{s}$$

e a velocidade média no anel = fenda é

$$\overline{v} = \frac{G}{\rho A_F} = \frac{G}{2\rho H W} = \frac{(10\cdot 10^{-3}\ \text{kg/s})}{2\cdot(0{,}75\cdot 10^3\ \text{kg/m}^3)\cdot(5\cdot 10^{-3}\ \text{m})\cdot(0{,}484\ \text{m})} = 2{,}77\cdot 10^{-3}\ \text{m/s}$$

Portanto, o número de Péclet é

$$Pe = \frac{2H\bar{v}}{\alpha} = \frac{2\cdot(5\cdot 10^{-3}\ \text{m})\cdot(2,77\cdot 10^{-3}\ \text{m/s})}{(0,053\cdot 10^{-6}\ \text{m}^2/\text{s})} = 523$$

O comprimento de entrada térmico pode ser avaliado a partir da Eq. (13.114), com $a$ = 1,233 (Tabela 13.2) e $Nu_\infty$ = 3,772 (Tabela 13.1):

$$\frac{L_e}{H} = \left(\frac{a}{Nu_\infty}\right)^3 Pe = \left(\frac{1,233}{3,772}\right)^3 523 = 18,2$$

$$L_e = 18,2H = 18,2\cdot(5\cdot 10^{-3}\ \text{m}) = 92,8\ \text{mm} \gg L = 25\ \text{mm} \Rightarrow \text{zona de entrada}$$

**(a)** A temperatura *bulk* na saída é avaliada pela Eq. (13.129), com $\zeta = L/H = 5$:

$$\Theta_b = \exp\left\{-6a\left(\frac{\zeta}{Pe}\right)^{2/3}\right\} = \exp\left\{-6\cdot 1,233\cdot\left(\frac{5}{523}\right)^{0,667}\right\} = 0,216$$

$$T_2 = T_0 - \Theta_b(T_0 - T_1) = 200°\text{C} - 0,216\cdot 100°\text{C} = 178°\text{C}\ ✓$$

**(b)** A taxa de transferência de calor pode ser avaliada através de um simples balanço global de energia no polímero:

$$Q = \hat{c}G(T_1 - T_2) = (2,5\ \text{kJ/kg°C})\cdot(10\cdot 10^{-3}\ \text{kg/s})\cdot(200\,°\text{C} - 178\,°\text{C}) = 0,55\ \text{kW}\ ✓$$

**(c)** A vazão mínima de água requerida é avaliada através de um balanço global de energia na água:

$$Q = \hat{c}_A G_A \Delta T_A \tag{P13.1.1}$$

Para $\Delta T_w$ = 1°C, utilizando o resultado do item **(b)**, e tomando $\hat{c}_w$ = 4,2 kJ/kg para a água líquida a 100°C,

$$G_A = \frac{Q}{\hat{c}_w \Delta T_w} = \frac{0,55\ \text{kW}}{(4,2\ \text{kJ/kg°C})(1°\text{C})} = 0,12\ \text{kg/s}\ ✓$$

ou aproximadamente 7,5 m³/min (o resultado não varia apreciavelmente se for utilizado o mais conhecido valor, $\hat{c}_A$= 4,18 kJ/kg, para a água à temperatura ambiente).

## Problema 13.2 Esquentamento em tubo cilíndrico

15 kg/h de um metal líquido a 250°C (densidade $\rho$ = 2,5 g/cm³, calor específico $\hat{c}$ = 1 kJ/kg°C, condutividade térmica $k$ = 50 W/m°C) escoam em um tubo cerâmico de 10 mm de diâmetro interno e 50 cm de comprimento, esquentado eletricamente (o conjunto está termicamente isolado). Avalie:

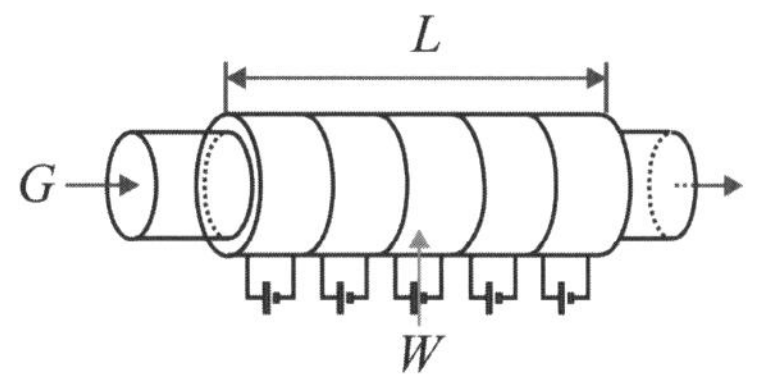


**Figura P13.2.1**

(a) A potência elétrica total para elevar a temperatura *bulk* do fluido até 300°C na saída do tubo.
(b) A temperatura da parede interna do tubo na saída do tubo.
(c) A temperatura no centro do tubo na saída.
Suponha que todas as propriedades físicas são independentes da temperatura.

## *Resolução*

Temos: comprimento do tubo, $L$ = 0,5 m, diâmetro interno do tubo, $D$ = 10 mm; vazão mássica de fluido, $G$ = 15 kg/h = 0,0042 kg/s; temperatura (uniforme) do fluido na entrada do tubo $T_1$ = 250°C; e temperatura *bulk* do fluido na saída do tubo, $T_2$ = 300°C.

A área de escoamento do tubo é

$$A_F = \tfrac{1}{4}\pi D^2 = \tfrac{1}{4}(3{,}1416)\cdot(10\text{ mm})^2 = 78{,}5\text{ mm}^2$$

e a velocidade média do fluido é

$$\bar{v} = \frac{G}{\rho A_F} = \frac{0{,}0042\text{ kg/s}}{(2{,}5\cdot 10^{-6}\text{ kg/mm}^3)\cdot(78{,}5\text{ mm}^2)} = 21{,}4\text{ mm/s}$$

A difusividade térmica do metal líquido é

$$\alpha = \frac{k}{\rho\hat{c}} = \frac{50\text{ W/m°C}}{(2500\text{ kg/m}^3)\cdot(1000\text{ J/kg°C})} = 2\cdot 10^{-7}\text{ m}^2/\text{s} = 20\text{ mm}^2/\text{s}$$

Portanto, o número de Péclet é

$$Pe = \frac{\bar{v}D}{\alpha} = \frac{(21{,}4\text{ mm/s})\cdot(10\text{ mm})}{20\text{ mm}^2/\text{s}} = 10{,}7$$

O comprimento de entrada para um tubo cilíndrico (aproximadamente) é

$$L_e \approx 0{,}051 Pe\cdot H = 0{,}051\cdot 10{,}7\cdot 10\text{ mm} = 5{,}5\text{ mm}$$

Eq. (13.117) com o coeficiente numérico avaliado com os dados das Tabelas 13.1 e 13.2 para tubo cilíndrico, perfil parabólico, condição ***H***. Desde que $L = 0{,}5\text{ m} \gg L_e$, podem ser desconsiderados os efeitos de entrada.

**(a)** A potência requerida, que é igual à taxa de transferência de calor pela parede do tubo, pode ser obtida através de um simples balanço macroscópico:

$$W = Q = \hat{c}G(T_2 - T_1) = (1000\text{ J/kg°C})\cdot(0{,}0042\text{ kg/s})\cdot(300\text{°C} - 250\text{°C}) = 210\text{ W} \checkmark$$

A área de transferência de calor (superfície interna do tubo) é

$$A_T = \pi DL = (3{,}1416)\cdot(0{,}01\text{ m})\cdot(0{,}5\text{ m}) = 0{,}0016\text{ m}^2$$

e o fluxo de calor na parede é

$$q_0 = \frac{Q}{A_T} = \frac{210\text{ W}}{0{,}0016\text{ m}^2} = 13{,}38\text{ kW/m}^2$$

Do balanço de calor, Eq. (13.27), obtemos o gradiente axial de temperatura *bulk*:

$$R\frac{dT_b}{dz} = \frac{2q_0}{\rho\hat{c}\bar{v}} = \frac{2\cdot(13.380\text{ W/m}^2)}{(2500\text{ kg/m}^3)\cdot(1000\text{ J/kg°C})\cdot(0{,}0214\text{ m/s})} = 0{,}5\text{°C}$$

**(b)** A temperatura da parede na saída do tubo pode ser avaliada para $T_b = T_2$:

$$T_0 - T_2 = \tfrac{1}{2}\frac{Pe}{Nu_\infty}\left(R\frac{dT_b}{dz}\right) = \frac{0{,}5\cdot(10{,}7)\cdot(0{,}5\text{°C})}{4{,}364} = 0{,}6\text{°C}$$

$$T_0 = 300\text{°C} + 0{,}6\text{°C} = 300{,}6\text{°C} \checkmark$$

**(c)** A temperatura no centro do tubo pode ser avaliada com a Eq. (13.52) para $r = 0$:

$$T_0 - T_c = \frac{3}{16}Pe\left(R\frac{dT_b}{dz}\right) = \frac{3\cdot(10{,}7)\cdot(0{,}5\text{°C})}{16} = 1{,}0\text{°C}$$

$$T_c = 300{,}6\text{°C} - 1{,}0\text{°C} = 299{,}4\text{°C} \checkmark$$

A temperatura é bastante uniforme, com uma diferença máxima de 1°C.

## Problema 13.3 Resfriamento em tubo cilíndrico

Deseja-se resfriar um líquido (densidade: 1,0 g/cm³, calor específico: 1,5 kJ/kg°C, condutividade térmica: 0,5 W/m°C, viscosidade: 0,5 mPa · s) a 60°C, utilizando um tubo de cobre de 1 cm de diâmetro interno e 50 cm de comprimento efetivo (ponto "1" a ponto "2"), imerso em uma mistura agitada de água líquida e gelo (temperatura: 0°C). Avalie o máximo volume de líquido por unidade de tempo que pode ser resfriado no equipamento se a temperatura de saída tem que ser igual ou menor que 20°C. Suponha propriedades físicas constantes no intervalo 0-60°C e desconsidere as resistências térmicas na mistura refrigerante e na parede do tubo.

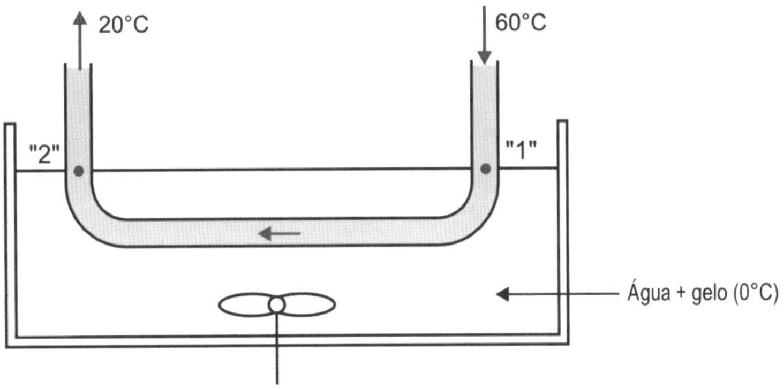


**Figura P13.3.1**

## *Resolução*

**Tabela P13.3.1** Dados do problema (em unidades SI)

| Item | | Valor |
|---|---|---|
| Propriedades físicas | Densidade | $\rho = 1{,}0\ \text{g/cm}^3 = 1{,}0 \cdot 10^3\ \text{kg/m}^3$ |
| | Calor específico | $\hat{c} = 1{,}5\ \text{kJ/kg°C} = 1{,}5 \cdot 10^3\ \text{J/kg°C}$ |
| | Condutividade térmica | $k = 0{,}5\ \text{W/m°C}$ |
| | Viscosidade | $\eta = 0{,}5\ \text{mPa} \cdot \text{s} = 0{,}5 \cdot 10^{-3}\ \text{Pa} \cdot \text{s}$ |
| Parâmetros geométricos | Diâmetro | $D = 1\ \text{cm} = 0{,}01\ \text{m}$ |
| | Comprimento | $L = 50\ \text{cm} = 0{,}50\ \text{m}$ |
| Condições operativas | Temperatura de entrada | $T_1 = 60°\text{C}$ |
| | Temperatura de saída | $T_2 = 20°\text{C}$ |
| | Temperatura da superfície | $T_0 = 0°\text{C}$ |

A taxa de transferência de calor pode ser avaliada através de um balanço global no líquido:

$$Q = \hat{c}G(T_1 - T_2) \qquad \text{(P13.3.1)}$$

onde $G$ é a vazão mássica do líquido, ou através da "equação de transferência de calor":

$$Q = U_{ml}A_T\Delta T_{ml} = h_{ml}(\pi DL)\Delta T_{ml} \qquad \text{(P13.3.2)}$$

onde o coeficiente global de transferência de calor ($U_{ml}$) é, neste caso, simplesmente o coeficiente de transferência de calor do lado do líquido ($h_{ml}$), desde que a resistência térmica na mistura refrigerante e na parede do tubo pode ser desconsiderada. A diferença média logarítmica entre a temperatura do líquido ($T_1 \rightarrow T_2$) e a temperatura da mistura refrigerante ($T_0$) fica reduzida, neste caso, para

$$\Delta T_{ml} = \frac{T_1 - T_2}{\ln\dfrac{T_1 - T_0}{T_2 - T_0}} \qquad \text{(P13.3.3)}$$

O coeficiente de transferência de calor do lado do líquido ($h$) pode ser avaliado pela correlação empírica de Sieder e Tate que, em regime de escoamento turbulento e desconsiderando o fator de correção da viscosidade (propriedades físicas constantes), é

$$\frac{h_{ml}D}{k} = Nu_{ml} = 0{,}026Re^{0{,}8}Pr^{1/3} \qquad \text{(P13.3.4)}$$

onde

$$Re = \frac{\rho \bar{v} D}{\eta} \qquad \text{(P13.3.5)}$$

O número de Prandtl, $Pr = \hat{c}\eta/k$, é simplesmente um grupo de propriedades físicas do líquido. A velocidade média pode ser avaliada a partir da vazão mássica:

$$\bar{v} = \frac{G}{\rho A_F} = \frac{G}{\rho(\frac{1}{4}\pi D^2)} \qquad \text{(P13.3.6)}$$

Observe que a vazão mássica do líquido ($G$), incógnita do problema, aparece na primeira e na última dessas equações.

A partir das Eqs. (P13.3.1)-(P13.3.5) é possível eliminar todas as outras incógnitas para obter

$$G^{0,2} = k \frac{L\eta^{0,2}}{D^{0,8} Pr^{2/3}} \left( \ln \frac{T_1 - T_0}{T_2 - T_0} \right)^{-1} \qquad \text{(P13.3.7)}$$

onde

$$k = \frac{0,026\pi^{0,2}}{(\frac{1}{4})^{0,8}} \approx 0,100$$

Portanto, é possível avaliar a vazão mássica $G$ diretamente:

$$\ln \frac{T_1 - T_0}{T_2 - T_0} = \ln(3) = 1,0986$$

$$Pr = \frac{\hat{c}\eta}{k} = \frac{(1,5 \cdot 10^3 \text{ J/kg°C}) \cdot (0,5 \cdot 10^{-3} \text{ Pa·s})}{(0,5 \text{ W/m°C})} = 1,5$$

$$\frac{L\eta^{0,2}}{D^{0,8}} = \frac{(0,50 \text{ m}) \cdot (0,5 \cdot 10^{-3} \text{ Pa·s})^{0,2}}{(0,01 \text{ m})^{0,8}} = 4,35 \text{ (kg/s)}^{0,2}$$

$$G = 2,52 \cdot 10^{-3} \text{ kg/s} \quad (Q_V = 2,52 \text{ cm}^3/\text{s}) \checkmark$$

(Verificação: $\bar{v}$ = 0,32 m/s, $Re$ = 6400 ⇒ regime turbulento.)

## Problema 13.4 Troca de calor entre um líquido e um vapor saturado

Deseja-se aquecer 25 m³/h de um líquido newtoniano incompressível (densidade $\rho$ = 1,0 g/cm³, calor específico $\hat{c}$ = 2,5 kJ/kg°C, condutividade térmica $k$ = 0,5 W/m°C) de 25°C a 75°C. Pode-se dispor de uma seção de tubo de aço de 100 mm de diâmetro interno e 10 m de comprimento. Propõe-se envolver a seção do tubo com uma jaqueta e passar vapor de água saturado pela mesma.

Avalie a pressão do vapor de água necessária e o consumo de vapor por unidade de tempo. Desconsidere dissipação viscosa e efeitos de entrada. Considere que as propriedades físicas do fluido são independentes da temperatura. Liste as suposições e aproximações utilizadas. Observação: A jaqueta será isolada do exterior.

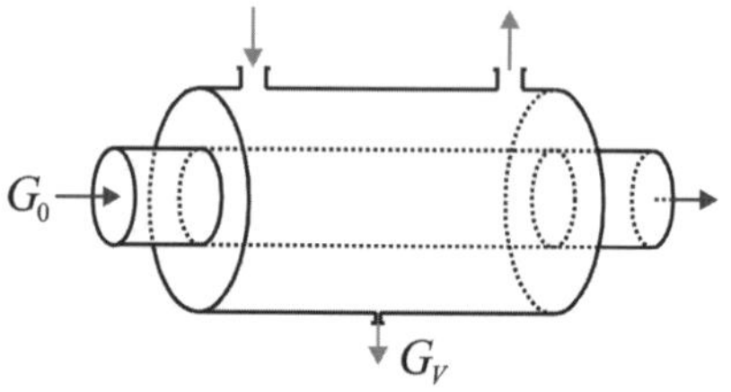


**Figura P13.4.1**

### *Resolução*

Um balanço global (macroscópico) de energia no fluido indica que a taxa de transferência de calor do vapor de água para o líquido, através da parede do tubo, deve ser igual à taxa de aumento de energia interna do líquido:

$$Q = \hat{c}G(T_1 - T_2) \qquad \text{(P13.4.1)}$$

onde $T_1$ e $T_2$ são as temperaturas *bulk* do líquido na entrada e na saída do tubo, e $G_0$ é a vazão mássica. Em termos da vazão volumétrica $Q_V$ (conhecida),

$$G_0 = \rho Q_V = \frac{(1{,}0 \cdot 10^3 \text{ kg/m}^3) \cdot (25 \text{ m}^3/\text{h})}{(3600 \text{ s/h})} = 6{,}95 \text{ kg/s}$$

Portanto,

$$Q = \hat{c} G_0 (T_1 - T_2) = (2{,}5 \cdot 10^3 \text{ J/kg°C}) \cdot (6{,}95 \text{ kg/s}) \cdot (75°\text{C} - 25°\text{C}) = 868 \cdot 10^3 \text{ W} \;\checkmark$$

Mas a taxa de transferência pode ser expressa também em termos de um coeficiente de transferência de calor $h_{ml}$ e da diferença de temperatura média logarítmica entre a parede do tubo e o líquido $\Delta T_{ml}$ [Eq. (13.151)]:

$$Q = \pi D L h_{ml} \Delta T_{ml} \qquad \text{(P13.4.2)}$$

onde $D$ é o diâmetro interno do tubo, $L$ seu comprimento, e

$$\Delta T_{ml} = \frac{(T_0 - T_1) - (T_0 - T_2)}{\ln(T_0 - T_1) - \ln(T_0 - T_2)} = \frac{(T_2 - T_1)}{\ln[(T_0 - T_1)/(T_0 - T_2)]} \qquad \text{(P13.4.3)}$$

onde $T_0$ é a temperatura (desconhecida) da parede interna do tubo.

A pressão do vapor de água *saturado* na jaqueta pode ser considerada constante (a queda de pressão necessária para movimentar o vapor é desprezível) e, portanto, sua temperatura também é constante (por estar saturado); a transferência de calor do vapor para o líquido ocasiona a condensação (parcial, se o fluxo de vapor for suficiente) do vapor de água, sem mudança de temperatura. A resistência térmica do condensado na parede externa do tubo (o lado da jaqueta) é muito pequena (o coeficiente de transferência de calor através do filme de condensado é da ordem de $10^4$ W/m²°C) e pode ser desconsiderada. A resistência térmica da parede do tubo também é desprezível. Portanto:

(a) A única resistência térmica entre o vapor de água e o "bulk" do líquido é no lado do líquido, representada pelo coeficiente de transferência de calor $h_{ml}$.
(b) A temperatura da parede interna do tubo $T_0$ é a temperatura do vapor de água saturado, que só depende da pressão do vapor $p_0$; $p_0$ é a *pressão de vapor* da água líquida à temperatura $T_0$, e $T_0$ é a *temperatura de saturação* (ou condensação) do vapor d'água à pressão $p_0$.

É necessário agora avaliar o coeficiente de transferência de calor do lado do líquido.

- Área de fluxo do tubo:

$$A_F = \tfrac{1}{4}\pi D^2 = \tfrac{1}{4}(3{,}1416) \cdot (0{,}1 \text{ m})^2 = 7{,}85 \cdot 10^{-3} \text{ m}^2$$

- Número de Reynolds:

$$Re = \frac{\rho \bar{v} D}{\eta} = \frac{(G/A_F) D}{\eta} = \frac{(6{,}95 \text{ kg/s}) \cdot (0{,}1 \text{ m})}{(7{,}85 \cdot 10^{-3} \text{ m}^2) \cdot (1{,}0 \cdot 10^{-3} \text{ Pa} \cdot \text{s})} = 88.500$$

(regime de escoamento turbulento)

- Número de Prandtl, Eq. (13.144):

$$Pr = \frac{\hat{c}\eta}{k} = \frac{(2{,}5 \cdot 10^3 \text{ J/kg°C}) \cdot (1{,}0 \cdot 10^{-3} \text{ Pa} \cdot \text{s})}{(0{,}5 \text{ W/m°C})} = 5$$

- Número de Nusselt, correlação de Sieder e Tate, Eq. (13.146):

$$Nu_{ml} = 0{,}026\, Re^{0{,}8} Pr^{1/3} = 0{,}026 \cdot (88.500)^{0{,}80} (5)^{0{,}33} = 400$$

- Coeficiente de transferência de calor:

$$h_{ml} = Nu_{ml} \frac{k}{D} = 400 \frac{(0{,}5 \text{ W/m°C})}{(0{,}1 \text{ m})} = 2000 \text{ W/m}^2\text{°C} \;\checkmark$$

Uma vez que temos o coeficiente de transferência, a diferença de temperaturas avalia-se através da Eq. (P13.4.2):

$$\Delta T_{ml} = \frac{Q}{\pi D L h_{ml}} = \frac{(868 \cdot 10^3 \text{ W})}{(3{,}1416) \cdot (0{,}1 \text{ m}) \cdot (10 \text{ m}) \cdot (2000 \text{ W/m}^2\text{°C})} = 138\text{°C} \;\checkmark$$

Substituindo na Eq. (P13.4.3):

$$\ln\frac{(T_0 - T_1)}{(T_0 - T_2)} = \frac{(T_2 - T_1)}{\Delta T_{ml}} = \frac{50}{138} = 0,36$$

$$T_0 = \frac{e^{0,54}T_2 - T_1}{e^{0,54} - 1} = \frac{1,44 \cdot 75°\text{C} - 25°\text{C}}{0,44} = 189°\text{C} \checkmark$$

Nas *Tabelas de Vapor*[31] vemos que para $T_0$ = 189°C, $p_0$ = 1,25 MPa (12,5 bar); na mesma tabela, temos o volume específico do vapor, $\hat{v}_V$ = 0,158 m³/kg, e a entalpia específica de vaporização, $\Delta\hat{h}_{LV}$ = 1980 kJ/kg. Temos então

$$p_0 = 1,25 \text{ MPa} \checkmark$$

O consumo de vapor é obtido do balanço global de energia no vapor, considerando que o processo ocorre a *pressão e temperatura constantes*:

$$G_V = \frac{Q}{\Delta\hat{h}_{LV}} = \frac{0,868 \cdot 10^6 \text{ J/s}}{1,980 \cdot 10^6 \text{ J/kg}} = 0,44 \text{ kg/s} = 1580 \text{ kg/h} \checkmark$$

onde utilizamos a entalpia de vaporização (*não* a energia interna de vaporização, que nas condições do problema é próxima de 10% menor),[32] ou aproximadamente 250 m³/h.

***Nota*:** Observe que o líquido, com uma temperatura *bulk* que varia entre 25°C e 75°C, está sujeito a temperaturas bem maiores perto da parede do tubo. A solução do problema é razoável se o líquido pode suportar a temperatura da parede, de 186°C, sem evaporar ou decompor. Observe que a solução depende criticamente do comprimento do tubo. Por exemplo, se o comprimento do tubo fosse de 2 m (em vez de 10 m), a temperatura da parede deveria atingir o valor pouco razoável de 767°C para aquecer modestos 50°C em *bulk*, o que possivelmente danifica o líquido (e o tubo!); além disso, lembre-se de que a temperatura crítica da água é de 374°C (não existe "vapor de água saturado" a temperaturas maiores do que isso…).

## Problema 13.5 Trocador de calor de tubo duplo

Deseja-se resfriar 3600 kg/h de um óleo (densidade $\rho_Q$ = 0,8 g/cm³, calor específico $c_Q$ = 2,0 kJ/kg°C, condutividade térmica $k_Q$ = 0,1 W/m°C, viscosidade $\eta_Q$ = 4,0 mPa · s) de 80°C para 60°C, utilizando 1800 kg/h de água (densidade $\rho_Q$ = 1,0 g/cm³, calor específico $c_Q$ = 4,0 kJ/kg°C, condutividade térmica $k_Q$ = 0,6 W/m°C, viscosidade $\eta_Q$ = 0,8 mPa · s) disponível a 20°C em um *trocador de calor de tubo duplo*, formado por um tubo interno de aço (condutividade térmica $k_T$ = 25 W/m°C) de diâmetro interno $D_1$ = 40 mm e espessura de parede $\Delta R$ = 2,5 mm, por onde escoa o óleo (fluido quente), e um tubo externo coaxial de diâmetro interno $D_2$ = 65 mm, por onde escoa a água (fluido frio). Suponha que todas as propriedades físicas são independentes da temperatura.

Avalie o comprimento total ($L$) necessário se o trocador de calor for operado:

(a) Em *co-corrente* (os fluidos entram no mesmo extremo do trocador); Figura P13.5.1a.
(b) Em *contracorrente* (os fluidos entram em extremos opostos do trocador); Figura P13.5.1b.

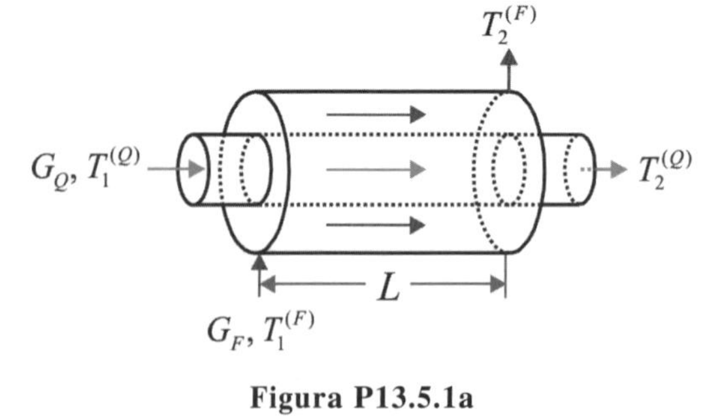


**Figura P13.5.1a**

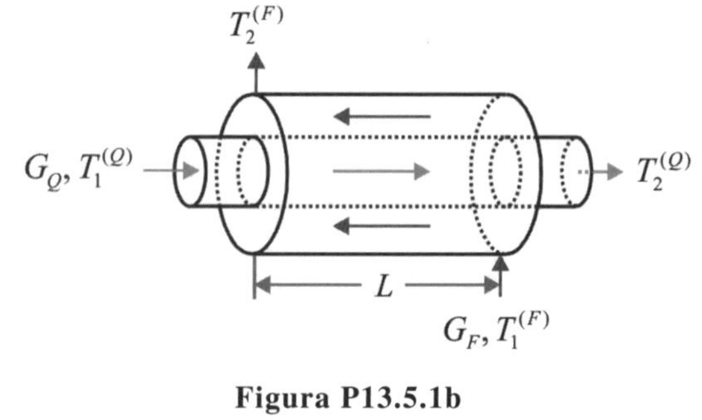


**Figura P13.5.1b**

[31] Devido a sua importância prática, as propriedades da água são estabelecidas por uma comissão internacional (*International Association for the Properties of Water and Steam*) que publica (e revisa periodicamente) as *Tabelas de Vapor* "oficiais" (última edição: 1997 – a versão anterior era de 1967). Extratos dessa publicação são incluídos em muitos livros-textos de termodinâmica; por exemplo, S. I. Sandler, *Chemical and Engineering Thermodynamics*, 3rd ed., Wiley, 1999, pp. 584ss.

[32] O assunto do balanço de energia em fluidos compressíveis – que é mais complexo do que parece – está fora do conteúdo deste texto introdutório; veja BSL, Seção 11.2 e Tabela 11.4-1. O problema (com uma lista de livros e artigos com "balanços de entalpia" errados) é considerado, em forma detalhada, em M. M. Denn, *Process Modeling*, Longman, 1986, Seção 5.3.

*Resolução*

**Tabela P13.5.1** Dados do problema (em unidades SI)

| Item | Óleo | Água |
|---|---|---|
| Vazão mássica, G (kg/s) | 1,00 | 0,50 |
| Temperatura de entrada (°C) | 80 | 20 |
| Temperatura de saída (°C) | 60 | ? |
| Propriedades: densidade (kg/m$^3$) | $0{,}8 \cdot 10^3$ | $1{,}0 \cdot 10^3$ |
| Calor específico (J/kg°C) | $2{,}0 \cdot 10^3$ | $4{,}0 \cdot 10^3$ |
| Condutividade térmica (W/m°C) | 0,1 | 0,6 |
| Viscosidade (Pa · s) | $4{,}0 \cdot 10^{-3}$ | $0{,}8 \cdot 10^{-3}$ |

A taxa de transferência de calor do fluido quente (óleo) para o fluido frio (água), $Q$, é igual à taxa de diminuição da energia interna do óleo e à taxa de aumento da energia interna da água:

$$Q = \hat{c}_Q G_Q \left(T_1^{(Q)} - T_2^{(Q)}\right) = \hat{c}_F G_F \left(T_2^{(F)} - T_1^{(F)}\right) \qquad \text{(P13.5.1)}$$

onde os $G$ são as vazões mássicas, os índices"Q" e "F" referem-se ao fluido quente e frio, respectivamente, e os subíndices numéricos indicam a entrada ("1") e a saída ("2") dos fluidos, *não* os extremos do trocador.

A primeira relação, Eq. (P13.5.1a), permite avaliar a taxa de transferência:

$$Q = \hat{c}_Q G_Q \left(T_1^{(Q)} - T_2^{(Q)}\right) = (2{,}0 \cdot 10^3 \text{ J/kg°C}) \cdot (1{,}0 \text{ kg/s}) \cdot (80°\text{C} - 60°\text{C}) = 40 \cdot 10^3 \text{ J/s} \checkmark$$

e a segunda, Eq. (P13.5.1b), a temperatura de saída da água:

$$T_2^{(F)} = T_1^{(F)} + \frac{Q}{\hat{c}_F G_F} = 20°\text{C} + \frac{40 \cdot 10^3 \text{ J/s}}{(4{,}0 \cdot 10^3 \text{ J/kg°C}) \cdot (0{,}5 \text{ kg/s})} = 40°\text{C}$$

Mas a taxa de transferência de calor pode ser expressa em termos da diferença *média* de temperatura *bulk* entre o fluido quente e o fluido frio (as temperaturas *bulk* variam ao longo da área de contato térmico, portanto é necessário utilizar um valor médio), um coeficiente global de transferência de calor $U_0$, e a área de transferência $A_0$:

$$Q = U_0 A_0 \Delta T_{ml} \qquad \text{(P13.5.2)}$$

A média logarítmica $\Delta T_{ml}$ é universalmente utilizada como diferença de temperaturas. O coeficiente de transferência de calor entre os dois fluidos é baseado na área $A_0$ e na diferença de temperaturas $\Delta T_{ml}$ (a escolha da área de transferência é arbitrária, mas o produto $U_0 A_0$ não é arbitrário, e pode ser expresso em função da geometria do sistema, dos fluxos e das propriedades físicas dos fluidos.

Se utilizarmos a área interna do tubo interno (diâmetro $D_1$) como área de transferência de calor:

$$A_0 = \pi D_1 L \qquad \text{(P13.5.3)}$$

o coeficiente global de transferência de calor correspondente é

$$\frac{1}{U_0 R_1} = \frac{1}{h_{ml}^{(Q)} R_1} + \frac{1}{k_T \ln\left(\dfrac{R_1 + \Delta R}{R_1}\right)} + \frac{1}{h_{ml}^{(F)} (R_1 + \Delta R)} \qquad \text{(P13.5.4)}$$

onde $h_{ml}^{(F)}, h_{ml}^{(Q)}$ são os *coeficientes de transferência de calor médios logarítmicos* correspondentes ao fluido frio e quente, respectivamente, $k_T$ é a condutividade térmica da parede do tubo interno, e $R_1 = ½D_1$. A resistência térmica da parede do tubo é (usualmente, e neste caso particular) desprezível:

$$k_T/\Delta R \gg h_{ml}^{(F)}, h_{ml}^{(Q)} \qquad \text{(P13.5.5)}$$

Portanto,

$$U_0 = \left[\frac{1}{h_{ml}^{(Q)}} + \frac{1}{h_{ml}^{(F)} \left(1 + \Delta R/R_1\right)}\right]^{-1} \qquad \text{(P13.5.6)}$$

Os coeficientes $h_{ml}^{(F)}, h_{ml}^{(Q)}$ podem ser avaliados – em termos do número de Nusselt, Eq. (13.57) – pela correlação empírica de Sieder e Tate,[33] Eqs. (13.145)-(13.146), simplificada para o caso de viscosidade constante:

$$Nu_{ml} = \begin{cases} 1,86(Re\,Pr\,D/L)^{1/3}, & Re < 2000 \\ 0,026\,Re^{0,8}Pr^{1/3}, & Re > 5000 \end{cases} \tag{P13.5.7}$$

onde *Nu*, *Re* e *Pr* são os números de Nusselt, Reynolds e Prandtl:

$$Nu_{ml} = \frac{h_{ml}D}{k}, \qquad Re = \frac{\rho\bar{v}D}{\eta} = \frac{(G/A)D}{\eta}, \qquad Pr = \frac{\hat{c}\eta}{k} \tag{P13.5.8}$$

Para o fluido que escoa no tubo interno (óleo): $D = D_1$ e $A = A_1 = \frac{1}{4}\pi D_1^2$; para o fluido que escoa no espaço entre os tubos interno e externo pode-se utilizar o diâmetro hidráulico:

$$D_h = 4\frac{\frac{1}{4}\pi D_2^2 - \frac{1}{4}\pi(D_1+2\Delta R)^2}{\pi D_2 + \pi(D_1+2\Delta R)} = D_2 - D_1 - 2\Delta R \tag{P13.5.9}$$

Portanto, $D = D_h$ e $A = A_2 = \frac{1}{4}\pi D_h^2$.

Para o caso presente:

- Diâmetro hidráulico do anel cilíndrico:

$$D_h = D_2 - D_1 - 2\Delta R = 0,065\,\text{m} - 0,040\,\text{m} - 2\cdot 0,0025\,\text{m} = 0,020\,\text{m}$$

- Área de fluxo do tubo interno:

$$A_1 = \tfrac{1}{4}\pi D_1^2 = \tfrac{1}{4}(3,1416)\cdot(0,040\text{ m})^2 = 1,26\cdot 10^{-3}\,\text{m}^2$$

- Área de fluxo do tubo externo:

$$A_2 = \tfrac{1}{4}\pi D_h^2 = \tfrac{1}{4}(3,1416)\cdot(0,020\text{ m})^2 = 0,314\cdot 10^{-3}\,\text{m}^2$$

*Avaliação do coeficiente de transferência de calor médio logarítmico no lado do fluido quente (óleo):*

- Número de Reynolds:

$$Re = \frac{(G_Q/A_1)D_1}{\eta_Q} = \frac{[(1\text{ kg/s})/(1,26\cdot 10^{-3}\text{m}^2)]\cdot(0,040\text{ m})}{(4,0\cdot 10^{-3}\text{ Pa}\cdot\text{s})} = 7940$$

(regime de escoamento turbulento)

- Número de Prandtl:

$$Pr = \frac{\hat{c}_Q\eta_Q}{k_Q} = \frac{(2\cdot 10^3\text{ J/kg°C})\cdot(4,0\cdot 10^{-3}\text{Pa}\cdot\text{s})}{(0,1\text{ W/m°C})} = 80$$

- Número de Nusselt:

$$Nu_{ml} = 0,026\,Re^{0,8}Pr^{1/3} = 0,026\cdot(7940)^{0,8}\cdot(80)^{0,33} = 148$$

- Coeficiente de transferência de calor:

$$h_{ml}^{(Q)} = Nu_{ml}\frac{k_Q}{D_1} = 148\cdot\frac{(0,1\text{ W/m°C})}{(0,04\text{ m})} = 370\text{ W/m}^2\text{°C} \checkmark$$

*Avaliação do coeficiente de transferência de calor médio logarítmico no lado do fluido frio (água):*

- Número de Reynolds:

$$Re = \frac{(G_F/A_2)D_h}{\eta_F} = \frac{[(0,5\text{ kg/s})/(0,314\cdot 10^{-3}\text{m}^2)]\cdot(0,020\text{ m})}{(0,8\cdot 10^{-3}\text{ Pa}\cdot\text{s})} = 39.800$$

(regime de escoamento turbulento)

- Número de Prandtl:

$$Pr = \frac{\hat{c}_F\eta_F}{k_F} = \frac{(4\cdot 10^3\text{ J/kg°C})\cdot(0,8\cdot 10^{-3}\text{Pa}\cdot\text{s})}{(0,6\text{ W/m°C})} = 5,3$$

[33] Ainda que a correlação de Sieder e Tate seja estritamente válida para (isto é, foi desenvolvida com dados medidos em) tubos cilíndricos com temperatura da parede constante, ela é usualmente utilizada para outras condições de parede e outras geometrias (com os diâmetros hidráulicos apropriados), às vezes com "fatores de correção".

- Número de Nusselt:

$$Nu_{ml} = 0,026\, Re^{0,8} Pr^{1/3} = 0,026 \cdot (39.800)^{0,8} \cdot (5,3)^{0,33} = 217$$

- Coeficiente de transferência de calor:

$$h_{ml}^{(F)} = Nu_{ml} \frac{k_F}{D_h} = 217 \cdot \frac{(0,6 \text{ W/m°C})}{(0,02 \text{ m})} = 6500 \text{ W/m}^2\text{°C} \checkmark$$

- Coeficiente global de transferência de calor:

$$U_0 = \left[ \frac{1}{h_{ml}^{(Q)}} + \frac{1}{h_{ml}^{(F)}\left(1 + \Delta R/R_1\right)} \right]^{-1} \approx \left[ \frac{1}{370 \text{ W/m}^2\text{°C}} + \frac{1}{6500 \text{ W/m}^2\text{°C}} \right]^{-1} = 350 \text{ W/m}^2\text{°C} \checkmark$$

A diferença de temperatura média logarítmica é avaliada de acordo com a definição, Eq. (13.138), levando em consideração o *layout* dos escoamentos. Para o arranjo em co-corrente, os dois fluidos entram pelo mesmo extremo do trocador, e as diferenças de temperatura nas duas extremidades do trocador são $T_1^{(Q)} - T_1^{(F)}$ e $T_2^{(Q)} - T_2^{(F)}$; a diferença média logarítmica é

$$\Delta T_{ml} = \frac{\left(T_1^{(Q)} - T_1^{(F)}\right) - \left(T_2^{(Q)} - T_2^{(F)}\right)}{\ln\left(T_1^{(Q)} - T_1^{(F)}\right) - \ln\left(T_2^{(Q)} - T_2^{(F)}\right)} \qquad \text{(P13.5.10)}$$

Para o arranjo em contracorrente, os fluidos entram pelos extremos opostos do trocador, e as diferenças de temperatura nas duas extremidades do trocador são $T_1^{(Q)} - T_2^{(F)}$ e $T_2^{(Q)} - T_1^{(F)}$; a diferença média logarítmica é

$$\Delta T_{ml} = \frac{\left(T_1^{(Q)} - T_2^{(F)}\right) - \left(T_2^{(Q)} - T_1^{(F)}\right)}{\ln\left(T_1^{(Q)} - T_2^{(F)}\right) - \ln\left(T_2^{(Q)} - T_1^{(F)}\right)} \qquad \text{(P13.5.11)}$$

Contudo, para o caso presente, temos

(a) Co-corrente:

$$\Delta T_1 = T_1^{(Q)} - T_1^{(F)} = 80\text{°C} - 20\text{°C} = 60\text{°C}$$

$$\Delta T_2 = T_2^{(Q)} - T_2^{(F)} = 60\text{°C} - 40\text{°C} = 20\text{°C}$$

Portanto,

$$\Delta T_{ml} = \Delta T_1 = \Delta T_2 = 20\text{°C} \checkmark$$

(b) Contracorrente:

$$\Delta T_1 = T_1^{(Q)} - T_2^{(F)} = 80\text{°C} - 40\text{°C} = 40\text{°C}$$

$$\Delta T_2 = T_2^{(Q)} - T_1^{(F)} = 60\text{°C} - 20\text{°C} = 40\text{°C}$$

Portanto,

$$\Delta T_{ml} = \Delta T_1 = \Delta T_2 = 40\text{°C} \checkmark$$

Observe que a aplicação da Eq. (P13.5.10) leva à indeterminação "0/0" (que pode ser resolvida formalmente utilizando a regra de L'Hôpital), mas resulta evidente que todos os valores médios – qualquer que seja sua definição, incluindo a *média logarítmica* – de duas quantidades iguais são idênticos às mesmas.

Substituindo na Eq. (P13.5.2), resulta em

(a) Co-corrente:

$$A_0 = \frac{Q}{U_0 \Delta T_{ml}} = \frac{40 \cdot 10^3 \text{ J/s}}{(350 \text{ W/m}^2\text{°C}) \cdot (20\text{°C})} = 5,71 \text{ m}^2 \checkmark$$

e da Eq. (P13.5.3):

$$L = \frac{A_0}{\pi D_1} = \frac{5,714 \text{ m}^2}{(3,1416)(0,040 \text{ m})} = 45,5 \text{ m} \checkmark$$

(b) Contracorrente:

$$A_0 = \frac{Q}{U_0 \Delta T_{ml}} = \frac{40 \cdot 10^3 \text{ J/s}}{(350 \text{ W/m}^2\text{°C}) \cdot (40\text{°C})} = 2,86 \text{ m}^2 \checkmark$$

e da Eq. (P13.5.3):

$$L = \frac{A_0}{\pi D_1} = \frac{2{,}857 \text{ m}^2}{(3{,}1416)\cdot(0{,}040 \text{ m})} = 22{,}7 \text{ m} \checkmark$$

Observe que o modo de operação em contracorrente é muito mais eficiente, requerendo 50% da área de transferência, do que o modo de operação em co-corrente para obter o mesmo resultado. A Figura P13.5.2 mostra os perfis axiais de temperatura "bulk" para operação em co-corrente (a) e contracorrente (b):

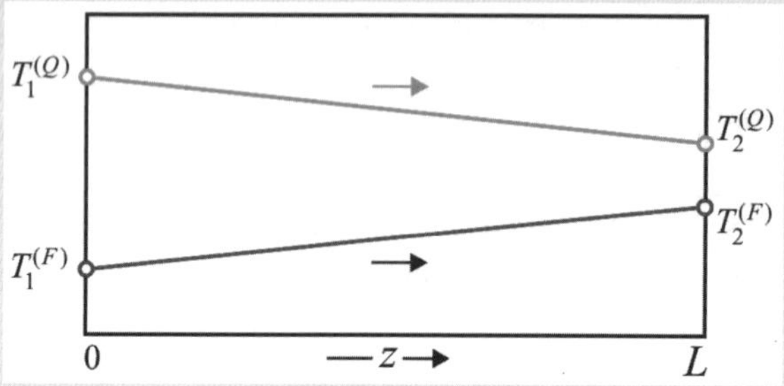


Figura 13.5.2a

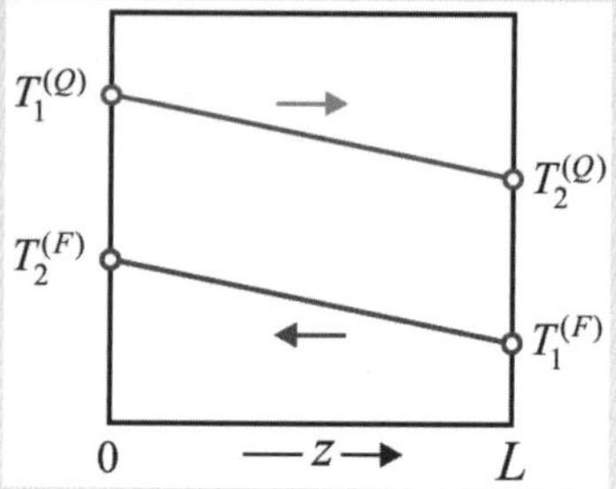


Figura 13.5.2a

Este é um caso extremo. A operação em contracorrente é geralmente mais eficiente; porém, a poupança é da ordem de 10-20%.

***Nota*:** Os trocadores de calor são equipamentos auxiliares amplamente utilizados em todas as indústrias de processo, chegando às vezes a constituir uma parte significativa dos custos de instalação e operação. Uma grande variedade de sofisticados desenhos tem sido desenvolvida para otimizar o contato térmico entre os fluidos, minimizando a potência necessária para movê-los. O desenho e a análise de trocadores de calor constituem um tópico específico, além do conteúdo deste curso introdutório de fenômenos de transporte.[34] Os trocadores de calor de tubo duplo, ainda que bastante ineficientes, são utilizados para "tarefas menores". Na sua implementação prática eles são montados a partir de seções em forma de "U", de comprimento padronizado $L_0$ (por exemplo, 5 m), conectadas em série (o número de seções utilizadas depende da aplicação particular); Figura P13.5.3.

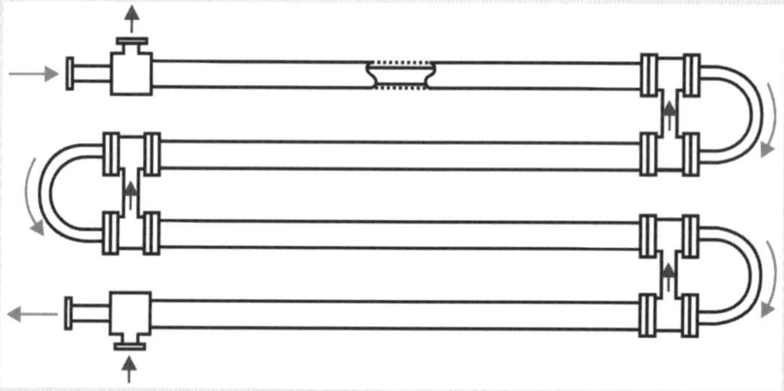

Figura 13.5.3

[34] Veja, por exemplo, D. Q. Kern, *Process Heat Transfer*. McGraw-Hill, 1950; W. M. Kays e A. L. London, *Compact Heat Exchangers*, 2nd ed. McGraw-Hill, 1964. Após 60 anos, o clássico "Kern" está disponível e é amplamente utilizado na indústria na sua edição *original* de 1950...

# PARTE 3

# TRANSFERÊNCIA DE MASSA

# Introdução à Transferência de Massa

# 14



A transferência de massa (matéria) corresponde ao transporte de espécies químicas em sistemas multicomponentes, através de dois mecanismos básicos:

- *Difusão*. Mecanismo microscópico ("molecular"), que depende de gradientes de composição.
- *Convecção*. Mecanismo macroscópico, que depende do fluxo global de matéria ($\rho \boldsymbol{v}$).

Espécies químicas podem ser geradas a partir de outras através de *reações químicas*.

A transferência de massa tem muitas características semelhantes à transferência de calor, de forma que alguns resultados obtidos na Parte II deste livro podem ser "traduzidos" de forma mais ou menos direta para a transferência de massa. Em particular, a transferência de massa em misturas binárias diluídas (uma componente – soluto – diluído em outro – solvente) sem reação química é *análoga* (em termos de equações, soluções, coeficientes etc.) à transferência de calor em sólidos ou fluidos, desconsiderando a dissipação viscosa.

## 14.1 CONCENTRAÇÕES E FLUXOS

### 14.1.1 Composição

A primeira característica *específica* dos sistemas multicomponentes é que, para definir o estado do sistema, além das variáveis termodinâmicas comuns (pressão, temperatura etc.) é necessário especificar a composição do sistema, isto é, a quantidade (absoluta ou relativa) das componentes.

Considere uma mistura homogênea de $N$ componentes (espécies químicas) diferentes: 1, 2, 3, …, $N$. A *composição* do sistema é dada pela massa de cada componente na mistura:

$$m_i \; (i = 1, 2, 3, \ldots, N) \tag{14.1}$$

(base mássica) ou, alternativamente, no caso em que cada componente seja identificada como uma espécie química definida, pelo número de moles de cada componente:

$$n_i \; (i = 1, 2, 3, \ldots, N) \tag{14.2}$$

(base molar). A massa e o número de moles estão relacionados através da massa molar:

$$m_i = n_i \cdot M_i \; (i = 1, 2, 3, \ldots, N) \tag{14.3}$$

onde $M_i$ é a massa molar da componente $i$. (A massa *molar* e a massa *molecular* estão relacionadas através do número de avogadro $N_A \approx 6{,}02 \cdot 10^{23}$).

#### *Observação*

Nem sempre é possível ou conveniente considerar um material como um agregado molecular. Um caso típico são os cristais (cerâmicos ou metais), onde cada cristal é, rigorosamente, uma "molécula", mas às vezes átomos (Fe, C etc.), grupos ($SiO_2$, $Na_2O$) ou íons ($SiO_4^{-2}$, $Na^+$) são considerados (mais ou menos arbitrariamente) como as unidades constitutivas "a nível molecular". Outro caso comum são os polímeros. Ainda que um material polimérico (plástico, elastômero etc.) seja composto por moléculas discretas e bem definidas, todo polímero industrial "puro" é uma mistura de moléculas semelhantes, porém de massa molecular diferente (cadeias com diferente número de unidades ou "meros") dentro de certo intervalo.[1] Às vezes é conveniente considerar como unidade constitutiva uma molécula (ideal) de massa molecular média; outras vezes, o "mero" é tomado como a unidade constitutiva. Em todos os casos é preferível, sempre que possível, trabalhar em base mássica.

Neste livro vamos utilizar preferencialmente a base mássica. Porém, em certos casos a base molar é mais apropriada, como em alguns problemas que envolvem gases (onde a pressão parcial é proporcional à fração molar) ou reações químicas (em que a relação entre reagentes e produtos é proporcional ao número de moles). Veja o Problema 15.1.

É conveniente expressar a concentração em *frações mássicas* $w_i$ (propriedade intensiva) em vez das massas $m_i$ (propriedade extensiva):

$$w_i = \frac{m_i}{m} \quad (i = 1, 2, 3, \ldots, N) \tag{14.4}$$

onde $m$ é a massa total:

$$m = \sum_{i=0}^{N} m_i \tag{14.5}$$

A soma das frações mássicas de todas as componentes é a unidade:

$$\sum_{i=1}^{N} w_i = 1 \tag{14.6}$$

Portanto, para uma mistura de $N$ componentes só é necessário especificar $N - 1$ frações mássicas. A fração mássica restante pode ser avaliada a partir delas:

$$w_N = 1 - \sum_{i=1}^{N-1} w_i \tag{14.7}$$

A composição de um sistema multicomponente pode ser expressa de muitas outras formas. Por exemplo, define-se a *concentração volumétrica* em base mássica como

$$\rho_i = \frac{m_i}{V} \quad (i = 1, 2, 3, \ldots, N) \tag{14.8}$$

onde $V$ é o volume da mistura. A soma das concentrações volumétricas é a densidade do sistema:

$$\sum_{i=1}^{N} \rho_i = \rho \tag{14.9}$$

onde $\rho$ é a densidade da mistura:

$$\rho = \frac{m}{V} \tag{14.10}$$

As concentrações volumétricas estão relacionadas com as frações mássicas:

$$\rho_i = \rho w_i \; (i = 1, 2, 3, \ldots, N) \tag{14.11}$$

Às vezes é conveniente singularizar uma componente (seja a componente $N$) – geralmente a componente que, em condições normais, se apresenta no mesmo estado físico que a mistura, ou a componente presente em maior proporção – como o *solvente* no qual estão dissolvidas as outras componentes (*solutos*) para formar uma *solução* (a mistura homogênea resultante). Para soluções diluídas:

$$w_i \ll 1 \; (i = 1, 2, 3, \ldots, N - 1) \tag{14.12}$$

E, portanto, da Eq. (14.7),

$$w_N \doteq 1 \tag{14.13}$$

---

[1] Por exemplo, um polietileno comercial de alta densidade, com massa molecular média $\bar{M} = 10^4$, é formado por uma mistura homogênea de moléculas

$$CH_3 - (CH_2 - CH_2)_n - CH_3$$

com $1 < n < 2000$. Obviamente, as propriedades do gás butano ($n = 1$), uma cera parafínica ($n = 20\text{-}40$), e do plástico usualmente conhecido como "polietileno" ($n = 200\text{-}2000$) são bem diferentes.

e da Eq. (14.11)

$$\rho_N \doteq \rho \tag{14.14}$$

Em paralelo com as medidas de composição em base mássica, podem ser definidas *frações molares* ($x_i$, $y_i$) e *concentrações volumétricas em base molar* ($c_i$); veja o Anexo nesta seção. Para gases e vapores é usual expressar a concentração em termos da *pressão parcial* da componente $i$

$$p_i = y_i P \; (i = 1, 2, 3, \ldots, N) \tag{14.15}$$

onde $y_i$ é a fração molar, e $P$ é a pressão (termodinâmica) do sistema.

### *Observação*

Muitas outras medidas da composição são de uso frequente em ciência e engenharia. Pode-se dizer que cada área da tecnologia desenvolve seu próprio sistema preferencial de unidades de concentração, o que dificulta bastante as comparações. As mesmas unidades são utilizadas para expressar a concentração em sistemas homogêneos e heterogêneos, e não é raro que a composição envolva "espécies químicas" sem existência real no sistema em estudo (por exemplo, a concentração de íons completamente hidratados em soluções aquosas é expressa frequentemente em termos dos íons "nus"). Neste texto tentamos refletir essa variedade e ao mesmo tempo reduzir as medidas de composição a frações em base mássica ou molar, adotadas como padrão.

## 14.1.2 Fluxos

Em um sistema multicomponente em movimento pode-se definir a velocidade para cada componente

$$\boldsymbol{v}_i \; (i = 1, 2, 3, \ldots, N) \tag{14.16}$$

em relação a um sistema de coordenadas fixas. Ao nível molecular, a velocidade $\boldsymbol{v}_i$ (um campo vetorial, isto é, uma função vetorial do vetor posição $\boldsymbol{r}$) é a velocidade média de todas as unidades constitutivas (moléculas, átomos, partículas) da componente $i$ em um elemento de volume infinitesimal (um ponto). A velocidade mássica média referente a um sistema de coordenadas fixas é

$$\boldsymbol{v} = \sum_{i=1}^{N} w_i \boldsymbol{v}_i = \frac{1}{\rho} \sum_{i=1}^{N} \rho_i \boldsymbol{v}_i \tag{14.17}$$

A velocidade $\boldsymbol{v}$ (outro campo vetorial) é a velocidade "ordinária" do material, considerada nas Partes I e II deste livro.

O *fluxo mássico* da componente $i$ (massa de $i$ por unidade de tempo e unidade de área normal a $\boldsymbol{v}_i$) referente a um sistema de coordenadas fixas pode ser definido como

$$\boldsymbol{n}_i = \rho_i \boldsymbol{v}_i \; (i = 1, 2, 3, \ldots, N) \tag{14.18}$$

A soma dos fluxos mássicos resulta no fluxo mássico total

$$\boldsymbol{n} = \sum_{i=1}^{N} \boldsymbol{n}_i = \rho \boldsymbol{v} \tag{14.19}$$

considerado nas Partes I e II.

Na ausência de *transferência de massa*, a velocidade de cada componente é igual à velocidade média:

$$\boldsymbol{v}_i \equiv \boldsymbol{v} \; (\mathrm{i} = 1, 2, 3, \ldots, N) \tag{14.20}$$

Porém, se existe transferência de massa da espécie $i$ (movimento da componente $i$ em relação às outras componentes) define-se a *velocidade difusiva* de $i$ em base mássica

$$\boldsymbol{v}_i - \boldsymbol{v} \tag{14.21}$$

como a velocidade da componente $i$ em relação a um sistema que se move com velocidade $\boldsymbol{v}$.

Por analogia com a Eq. (14.18) define-se o *fluxo difusivo mássico* da componente $i$ como o fluxo mássico de $i$ em relação a um sistema que se move com velocidade $\boldsymbol{v}$:

$$\boldsymbol{j}_i = \rho_i (\boldsymbol{v}_i - \boldsymbol{v}) \; (i = 1, 2, 3, \ldots, N) \tag{14.22}$$

Das Eqs. (14.18) e (14.19) resulta que a soma dos fluxos difusivos de todas as componentes é

$$\sum_{i=1}^{N} \boldsymbol{j}_i = 0 \tag{14.23}$$

Observe que a Eq. (14.23) implica que, se $\boldsymbol{j}_i \neq 0$ (isto é, se $\boldsymbol{v}_i \neq \boldsymbol{v}$) para alguma componente $i$, existem necessariamente outras componentes $k$ ($k \neq i$) para os quais $\boldsymbol{j}_k \neq 0$ (isto é, se $\boldsymbol{v}_k \neq \boldsymbol{v}$), e as componentes de $\boldsymbol{j}_i$ e (pelo menos um dos) $\boldsymbol{j}_k$ têm sinais diferentes. Isto é, (a) a transferência de massa de uma componente implica a transferência de massa de outra(s) componente(s), e (b) a difusão é sempre contradifusão, com referência a um sistema que se move com velocidade $\boldsymbol{v}$. É importante lembrar-se dessas conclusões ao analisar alguns casos em que aparentemente é transportado apenas uma componente.

Das equações precedentes (prove!) resulta a relação entre o fluxo mássico total $\boldsymbol{n}_i$ e o fluxo mássico difusivo $\boldsymbol{j}_i$

$$\boldsymbol{n}_i = \boldsymbol{j}_i + w_i\boldsymbol{n} \quad (i = 1, 2, 3, \ldots, N) \tag{14.24}$$

ou

$$\boldsymbol{n}_i = \boldsymbol{j}_i + \rho_i\boldsymbol{v} \quad (i = 1, 2, 3, \ldots, N) \tag{14.25}$$

O fluxo mássico $\boldsymbol{n}_i$ corresponde ao transporte "total" ou "global" da componente $i$ (com referência a um sistema de coordenadas fixas), e o fluxo mássico difusivo $\boldsymbol{j}_i$ corresponde ao transporte da componente $i$ "por difusão", ou seja, com referência a um sistema que se move com velocidade global $\boldsymbol{v}$. A diferença entre os dois, ou seja, o segundo termo da direita nas Eqs. (14.24)-(14.25), corresponde ao *transporte convectivo* da componente $i$, isto é, ao fluxo da componente $i$ "arrastada" pelo movimento global do material.

Um desenvolvimento em base molar, paralelo ao apresentado aqui, resulta na definição de uma velocidade média molar ($\boldsymbol{v}^*$), velocidades difusivas molares ($\boldsymbol{v}_i - \boldsymbol{v}^*$) e fluxos molares ($\boldsymbol{N}, \boldsymbol{N}_i, \boldsymbol{J}_i^*$); veja o Anexo no fim desta seção.

# 14.2 DIFUSÃO EM MISTURAS BINÁRIAS

## 14.2.1 Lei de Fick

Para poder resolver problemas de transferência de matéria, é necessário expressar o fluxo difusivo de cada componente em termos das variáveis do sistema (composição, temperatura etc.). Para uma mistura binária (um sistema homogêneo formado por apenas duas componentes: **A** e **B**) foi estabelecido (empiricamente) que em muitos casos o fluxo difusivo é proporcional ao gradiente de concentração. Para um sistema incompressível (densidade constante):

$$\boldsymbol{j}_A = -\rho\mathscr{D}_{AB}\nabla w_A \tag{14.26}$$

$$\boldsymbol{j}_B = -\rho\mathscr{D}_{BA}\nabla w_B \tag{14.27}$$

As Eqs. (14.26)-(14.27) são expressões da primeira *lei de Fick*, e os coeficientes $\mathscr{D}_{AB}$ e $\mathscr{D}_{BA}$ são conhecidos como coeficientes de difusividade ou simplesmente *difusividades* da componente **A** na mistura **A** + **B** e da componente **B** na mistura **A** + **B**, respectivamente; $\nabla w_A$ e $\nabla w_B$ são os vetores gradiente de composição.

Observe que para densidade constante (uma situação comum em misturas diluídas) a lei de Fick pode ser expressa em termos de concentrações volumétricas:

$$\boldsymbol{j}_A = -\mathscr{D}_{AB}\nabla\rho_A \tag{14.28}$$

$$\boldsymbol{j}_B = -\mathscr{D}_{BA}\nabla\rho_B \tag{14.29}$$

Compare com a lei de Fourier para um material isotrópico, Eq. (10.4),

$$\boldsymbol{q} = -k\nabla T \tag{14.30}$$

ou ainda com a lei de Newton para um fluido (newtoniano) incompressível, Eq. (2.24):

$$\boldsymbol{\tau} = -\eta\dot{\boldsymbol{\gamma}} = -\eta(\nabla\boldsymbol{v} + \nabla\boldsymbol{v}^{\mathrm{T}}) \tag{14.31}$$

As misturas binárias formam uma classe muito especial (especialmente simples) de mistura homogênea. Observe que a composição é determinada por apenas uma variável, Eq. (14.6), desde que,

$$w_B = 1 - w_A \tag{14.32}$$

de onde

$$\nabla w_B = -\nabla w_A \tag{14.33}$$

Por outra parte, a Eq. (14.23) indica que

$$\boldsymbol{j}_B = -\boldsymbol{j}_A \tag{14.34}$$

Substituindo as Eqs. (14.33)-(14.34) na Eq. (14.27) e comparando com a Eq. (14.26), resulta em que, para uma mistura binária,

$$\mathscr{D}_{BA} = \mathscr{D}_{AB} \tag{14.35}$$

Isto é, $\mathscr{D}_{AB}$ é a difusividade de **A** e/ou **B** na mistura **A** + **B**. Isto não é o caso em misturas com mais de duas componentes.

A substituição da lei de Fick, Eq. (14.26), na expressão do fluxo, Eq. (14.24), resulta em

$$\boldsymbol{n}_A = w_A\,(\boldsymbol{n}_A + \boldsymbol{n}_B) - \rho\mathscr{D}_{AB}\nabla w_A \tag{14.36}$$

$$\boldsymbol{n}_B = w_B\,(\boldsymbol{n}_A + \boldsymbol{n}_B) - \rho\mathscr{D}_{AB}\nabla w_B \tag{14.37}$$

expressões da lei de Fick em termos dos fluxos mássicos globais. Expressões equivalentes podem ser obtidas em base molar:

$$\boldsymbol{J}_A = -c\mathscr{D}_{AB}\nabla x_A \tag{14.38}$$

$$\boldsymbol{J}_B = -c\mathscr{D}_{AB}\nabla w_B \tag{14.39}$$

$$\boldsymbol{N}_A = x_A\,(\boldsymbol{N}_A + \boldsymbol{N}_B) - c\mathscr{D}_{AB}\nabla x_A \tag{14.40}$$

$$\boldsymbol{N}_B = x_B\,(\boldsymbol{N}_A + \boldsymbol{N}_B) - c\mathscr{D}_{AB}\nabla x_B \tag{14.41}$$

É fácil provar, utilizando as relações obtidas na Seção 14.1, que os coeficientes $\mathscr{D}_{AB}$ e $\mathscr{D}_{BA}$ são os mesmos em base mássica ou molar.

A lei de Fick (fluxo difusivo, função linear do gradiente de concentração) é aplicável na maioria dos materiais simples e soluções diluídas. Muitos sistemas requerem extensões e generalizações da simples lei de Fick, Eqs. (14.26)-(14.27). A consideração do comportamento não fickeano não faz parte deste texto introdutório.

As Eqs. (14.32)-(14.35) mostram que a transferência de massa em misturas binárias pode ser analisada em termos de *uma* variável dependente, *um* fluxo e *uma* propriedade de transporte, associadas através de *uma* equação constitutiva. As analogias entre a transferência de calor em materiais isotrópicos e a transferência de massa em misturas binárias são aparentemente completas. Veja a Tabela 14.1. A analogia com a transferência de quantidade de movimento deve levar em consideração a diferente ordem tensorial das variáveis e a variedade do comportamento reológico dos materiais.

### 14.2.2 Difusividade

A difusividade é um parâmetro material positivo, dependente da pressão, temperatura, estado e composição do material. Ao contrário de outras propriedades físicas estudadas neste curso (densidade, viscosidade, calor específico, condutividade térmica), a difusividade $\mathscr{D}_{AB}$ é uma *propriedade binária* que depende de duas espécies químicas (**A** e **B**).

As dimensões da difusividade são [comprimento]$^2$/[tempo]. As unidades de $\mathscr{D}_{AB}$ no Sistema Internacional são

$$[\mathscr{D}_{AB}] = \text{m}^2/\text{s}$$

as mesmas que da viscosidade cinemática $\nu$, Eq. (2.27), e a difusividade térmica $\alpha$, Eq. (10.28). Na literatura técnica é comum utilizar os submúltiplos mm$^2$/s $= 10^{-6}$ m$^2$/s e cm$^2$/s $= 10^{-4}$ m$^2$/s.

Valores típicos da difusividade:

- Gases (pressão atmosférica e temperatura ambiente): 0,1-1 cm$^2$/s
- Líquidos (incluindo gases e solventes orgânicos em polímeros fundidos): $0{,}1\text{-}1 \cdot 10^{-5}$ cm$^2$/s
- Átomos e moléculas pequenas em sólidos metálicos e cerâmicos: $10^{-8}$-$10^{-30}$ cm$^2$/s

Em geral, a difusividade em líquidos e sólidos depende exponencialmente da temperatura. O fato de a difusividade ser uma propriedade binária e ser utilizada em sistemas de composição variável dificulta a medição experimental e tabulação de resultados. Consequentemente tem-se desenvolvido muitos procedimentos para avaliar a difusividade a partir das propriedades das componentes.

Para mais informações sobre o assunto, veja E. L. Cussler, *Diffusion: Mass Transfer in Fluid Systems*, Cambridge University Press (1984), Capítulos 5-6; M. A. Cremasco, *Fundamentos de Transferência de Massa*, Editora da UNICAMP (1998), Capítulo 1.

Sistemas com mais de duas componentes podem muitas vezes ser considerados como "pseudobinários". Em geral, isto é possível em soluções muito diluídas e sem interações específicas (a nível molecular) entre os diferentes solutos. Neste caso se estuda a difusão de cada soluto no solvente, ignorando a presença dos outros solutos.[2] Porém, há casos práticos (soluções altamente não ideais ou concentradas) em que isto não é possível e deve ser considerado o caso geral de difusão em sistemas multicomponentes. A generalização da lei de Fick para sistemas com mais de duas componentes é *muito* mais complexa que no caso de misturas binárias, e vai além do conteúdo deste curso introdutório. Para uma introdução ao assunto, veja o texto de Cussler, citado anteriormente, Capítulo 8 (Capítulo 7 na segunda edição); veja também as Seções 17.9 e 24.1-4, de R. B. Bird, W. E. Stewart e E. N. Lightfoot, *Fenômenos de Transporte*, 2ª ed. LTC, Rio de Janeiro, 2004 (BSL).

# 14.3 BALANÇO DE MASSA

## 14.3.1 Balanço Microscópico de Massa

Considere um sistema homogêneo multicomponente formado por várias componentes (espécies químicas) **A**, **B**, ... com densidade constante. O tratamento pode ser estendido para sistemas heterogêneos onde a estabilidade (no tempo) e a relativa uniformidade (no espaço) do sistema multifásico permitem considerá-los como "pseudo-homogêneos" (metais e cerâmicos policristalinos, polímeros recheados etc.). O requerimento de densidade constante é aplicável de forma aproximada à maioria dos materiais de interesse. Em certas circunstâncias pode-se aplicar para sistemas tipicamente compressíveis (por exemplo, gases a pressão e temperatura constantes têm densidade constante em base molar se as reações químicas não afetarem o número de moles) ou com variações moderadas de temperatura (caso a dependência da densidade com a temperatura possa ser desconsiderada).

O balanço de massa para uma componente da mistura (por exemplo, a componente **A**) em um volume de controle arbitrariamente localizado no sistema (por exemplo, um paralelepípedo de lados $\Delta x$, $\Delta y$, $\Delta z$, com um vértice na posição $x$, $y$, $z$) pode ser expresso (Seção 1.3) como

$$\begin{matrix}\text{Aumento da massa de } \mathbf{A} \\ \text{no elemento de volume}\end{matrix} = \begin{matrix}\text{Entrada líquida de massa de } \mathbf{A} \\ \text{no elemento de volume}\end{matrix} + \begin{matrix}\text{Geração de massa de } \mathbf{A} \\ \text{dentro do elemento de volume}\end{matrix} \tag{14.42}$$

Considere cada um desses termos:

- Aumento da massa da componente **A** no interior do volume de controle:

$$\rho \frac{\partial w_A}{\partial t} \cdot \Delta x \Delta y \Delta z \tag{14.43}$$

onde $\rho$ é a densidade (constante) do material e $w_A$ é a fração mássica da componente **A** na mistura.

- Entrada líquida da componente **A** no volume de controle pelas seis faces do paralelepípedo:

$$\left[\boldsymbol{n}_A|_x - \boldsymbol{n}_A|_{x+\Delta x}\right]\Delta y \Delta z + \left[\boldsymbol{n}_A|_y - \boldsymbol{n}_A|_{y+\Delta y}\right]\Delta x \Delta z + \left[\boldsymbol{n}_A|_z - \boldsymbol{n}_A|_{z+\Delta z}\right]\Delta x \Delta y \tag{14.44}$$

onde $\boldsymbol{n}_A$ é o vetor fluxo mássico da componente **A** (massa de **A** que passa através da unidade de área por unidade de tempo).

- Geração da componente **A** por reação química no interior do volume de controle:

$$r_A \cdot \Delta x \Delta y \Delta z \tag{14.45}$$

onde $r_A$ é a taxa de geração de massa da componente **A** por unidade de volume, devido à reação química homogênea (ou pseudo-homogênea).

Substituindo as Eqs. (14.43)-(14.45) no balanço de massa da componente **A**, Eq. (14.42), dividindo pelo volume $\Delta x \Delta y \Delta z$, e no limite $\Delta x \to 0$, $\Delta y \to 0$, $\Delta z \to 0$:

$$\rho \frac{\partial w_A}{\partial t} = -\left( \frac{\partial \boldsymbol{n}_A}{\partial x} + \frac{\partial \boldsymbol{n}_A}{\partial y} + \frac{\partial \boldsymbol{n}_A}{\partial z} \right) + r_A \tag{14.46}$$

O primeiro termo da direita é o divergente do vetor fluxo mássico $\boldsymbol{n}_A$. Portanto, em notação vetorial o balanço de matéria para a componente **A** em um sistema homogêneo (ou pseudo-homogêneo) de densidade constante resulta em

$$\boxed{\rho \frac{\partial w_A}{\partial t} = -\nabla \bullet \boldsymbol{n}_A + r_A} \tag{14.47}$$

[2] Exemplo concreto: a eliminação de gases e impurezas voláteis (restos de monômero, solventes, produtos de degradação dos aditivos etc.) dissolvidos em plásticos ("devolatilização") envolve a difusão de muitas espécies químicas, cada uma em concentrações frequentemente inferiores a 0,1%, no polímero fundido.

Os três termos da Eq. (14.47) correspondem ao acúmulo, transporte e geração de massa de **A**. O primeiro termo (acúmulo) é diferente de zero somente em caso de transferência de matéria em estado não estacionário; o último termo (geração) é diferente de zero somente em caso de transferência de matéria com reação química homogênea (ou pseudo-homogênea). O segundo termo (transporte) inclui uma contribuição *difusiva* (transporte de **A** com referência a um sistema que se move à velocidade do material $\boldsymbol{v}$) e uma contribuição *convectiva* (transporte de **A** "arrastada" pelo escoamento do material). O fluxo mássico de **A**, Eq. (14.11) e Eq. (14.24), para $i \equiv A$ é

$$\boldsymbol{n}_A = \boldsymbol{j}_A + \rho \boldsymbol{v} w_A \tag{14.48}$$

onde $\boldsymbol{j}_A$ é o fluxo mássico difusivo da **A**. Para um sistema de densidade constante o divergente do fluxo mássico pode ser expresso como

$$\nabla \cdot \boldsymbol{n}_A = \nabla \cdot \boldsymbol{j}_A + \rho \nabla \cdot (\boldsymbol{v} w_A) = \nabla \cdot \boldsymbol{j}_A + \rho w_A \cancel{\nabla \cdot \boldsymbol{v}} + \rho \boldsymbol{v} \cdot \nabla w_A \tag{14.49}$$

onde $\nabla \cdot \boldsymbol{v} = 0$ pela equação da continuidade (balanço de massa total) para um sistema de densidade constante, Eq. (4.8):

$$\boxed{\rho \frac{\partial w_A}{\partial t} + \rho \boldsymbol{v} \cdot \nabla w_A = -\nabla \cdot \boldsymbol{j}_A + r_A} \tag{14.50}$$

Os termos da esquerda podem ser condensados na derivada substancial da fração mássica [Eq. (4.39)]:

$$\rho \frac{D w_A}{Dt} = -\nabla \cdot \boldsymbol{j}_A + r_A \tag{14.51}$$

As equações de variação da composição em base mássica e em termos dos fluxos difusivos, e as velocidades de reação química, Eqs. (14.50)-(14.51), são válidas para sistemas multicomponentes (únicas limitações: densidade constante e material homogêneo ou pseudo-homogêneo). Para um sistema de $N$ componentes têm-se $N - 1$ equações independentes, desde que

$$\sum_{i=1}^{N} w_i = 1, \quad \sum_{i=1}^{N} \boldsymbol{j}_i = \boldsymbol{0}, \quad \sum_{i=1}^{N} r_i = 0 \tag{14.52}$$

[Eqs. (14.6), (14. 23) e (1.11).] Para resolver problemas concretos é necessário expressar os fluxos difusivos $\boldsymbol{j}_i$ $(i = 1 \cdots N - 1)$ e as velocidades de reação $r_i$ $(i = 1 \cdots N - 1)$ em termos das variáveis do processo (composição, temperatura etc.) e das propriedades físicas do material.

Para uma mistura binária de componentes **A** e **B** os balanços de massa ficam reduzidos a uma única equação, com o fluxo difusivo expressado pela lei de Fick, Eq. (14.26):

$$\rho \frac{\partial w_A}{\partial t} + \rho \boldsymbol{v} \cdot \nabla w_A = \rho \nabla \cdot (\mathscr{D}_{AB} \nabla w_A) + r_A \tag{14.53}$$

A velocidade de reação $r_A$ depende da concentração através da cinética específica e, em princípio, a difusividade $\mathscr{D}_{AB}$ é função da composição. A velocidade $\boldsymbol{v}$ é obtida a partir do balanço de momento (por exemplo, a equação de Navier-Stokes para um fluido newtoniano incompressível; Parte I), mas a viscosidade é também função da composição, e a Eq. (14.53) tem que ser integrada junto com o balanço de momento.

A Eq. (14.53) é útil no caso de *soluções diluídas*, onde as propriedades físicas (viscosidade, difusividade etc.) podem ser consideradas independentes da composição, e o perfil de velocidade $\boldsymbol{v}$ pode ser obtido independentemente do balanço de massa. Na ausência de reações químicas ($r_A = r_B = 0$),

$$\boxed{\frac{\partial w_A}{\partial t} + \boldsymbol{v} \cdot \nabla w_A = \mathscr{D}_{AB} \nabla^2 w_A} \tag{14.54}$$

Compare com a Eq. (10.24). Em sólidos diluídos ($w_A \ll 1$, $w_B \approx 1$) $\boldsymbol{v} = 0$ e se recupera a equação de difusão para $w_A$:

$$\boxed{\frac{\partial w_A}{\partial t} = \mathscr{D}_{AB} \nabla^2 w_A} \tag{14.55}$$

Compare com a Eq. (10.27). Veja o Apêndice, Tabela A.8, para a expressão da Eq. (14.54) em coordenadas cartesianas, cilíndricas e esféricas.

### 14.3.2 Condições de Borda

Ao contrário da velocidade (transferência de momento) e da temperatura (transferência de calor),[3] as concentrações em sistemas multicomponentes (transferência de massa) não são, em geral, contínuas através das interfaces. A concentração de uma espécie química em duas fases em contato não é usualmente a mesma nas duas fases. Em muitos casos pode-se considerar, em primeira aproximação, que a espécie química está em *equilíbrio* na interface. Também se pode considerar, em primeira aproximação – em particular se a espécie química em questão estiver diluída em uma delas –, que a relação entre as concentrações em equilíbrio nos dois lados da interface seja linear:

$$\text{(concentração de } \mathbf{A} \text{ na face I)} = K \cdot \text{(concentração de } \mathbf{A} \text{ na face II)} \tag{14.56}$$

onde $K$ é o *coeficiente de partição* de **A** entre as duas faces; em primeira aproximação, $K$ pode ser considerado como independente das concentrações.

Para sistemas gás-líquido ou gás-sólido a Eq. (14.56) é chamada *lei de Henry*, e a constante de proporcionalidade $K$ é conhecida simplesmente como a "constante da lei de Henry", às vezes simbolizada como $K_H$. A constante da lei de Henry é função da temperatura. A Eq. (14.56) assume diversas formas, dependendo da natureza das fases e da forma de expressar as concentrações. Por exemplo, para o equilíbrio entre um gás, com a concentração de **A** expressa em termos da sua pressão parcial $p_A$, e uma fase condensada (líquido ou sólido) diluída, onde a concentração é expressa em termos da fração mássica, $w_A \ll 1$:

$$p_A = K_H w_A \tag{14.57}$$

ou, levando em consideração a Eq. (14.15) para uma mistura de gases ideais,

$$y_A = \frac{K_H}{P} w_A \tag{14.58}$$

onde $y_A$ é a fração molar de **A** no gás e $P$ é a pressão do gás. Observe que a inversa da constante da lei de Henry, $S = K_H^{-1}$, é a *solubilidade* do gás no líquido ou sólido.

Para misturas líquidas ideais em equilíbrio com o vapor,[4] considerado como uma mistura (ideal) de gases ideais, a conhecida *lei de Raoult* expressa a relação entre as frações molares na fase líquida ($x_A$) e gasosa ($y_A$):

$$y_A P = x_A p_A^0 \tag{14.59}$$

onde $p_A^0$ é a *pressão de vapor* da componente **A** puro à temperatura $T$ do sistema, e $P$ é a pressão do sistema. Em termos da fração mássica no líquido,

$$y_A = \frac{p_A^0 \bar{M}}{P M_A} w_A \tag{14.60}$$

onde $M_A$ é a massa molar da componente **A** e $\bar{M}$ é a massa molar média do líquido.

Comparando com a Eq. (14.58), observe que neste caso a constante da lei de Henry (isto é, a solubilidade) pode ser facilmente avaliada a partir de propriedades de substâncias puras ($p_A^0$) e da composição do líquido ($\bar{M}$).

Conhecidas as solubilidades, a diferença de concentração da espécie química **A** através da interface entre duas fases condensadas imiscíveis pode ser avaliada como

$$K_H^{(\mathrm{I})} w_A^{(\mathrm{I})} = K_H^{(\mathrm{II})} w_A^{(\mathrm{II})} \tag{14.61}$$

onde $K_H^{(\mathrm{I})}$, $K_H^{(\mathrm{II})}$ são as constantes da lei de Henry, Eqs. (14.57)-(14.58), para a substância **A** nas fases I e II. A Eq. (14.61) é uma boa aproximação para fases diluídas ($w_A^{(\mathrm{I})}$, $w_A^{(\mathrm{II})} \ll 1$) em ausência de reações químicas na interface (Figura 14.1).

Ao contrário das concentrações, e na ausência de reações químicas interfaciais, o *fluxo* de cada componente é contínuo através de uma interface:

$$\left(n_{Az}\right)_0^{(\mathrm{I})} = \left(n_{Az}\right)_0^{(\mathrm{II})} \tag{14.62}$$

onde o termo da esquerda é a componente do fluxo (mássico) de **A** normal à interface (coordenada $z$), avaliado na fase I, no ponto $z = 0^+$ (na interface, mas no lado da fase I), e o termo da direita é a componente do fluxo (mássi-

[3] Em materiais complexos (polímeros fundidos, suspensões concentradas etc.) ou em gases a pressão muito baixa, a velocidade é descontínua através de uma interface (deslizamento); a temperatura, apenas excepcionalmente.

[4] Chama-se *vapor* a um gás condensável nas condições do sistema (ou próximas delas). A pressão de vapor dos "gases permanentes" (como às vezes são chamados) é muito menor que a pressão ambiente. Assim, por exemplo, água (ponto de ebulição a 1 atm: 100°C) em fase gasosa à pressão e temperatura ambiente é considerado um vapor, mas oxigênio (ponto de ebulição a 1 atm: −183°C) é um gás não condensável.

co) de **A** normal à interface (coordenada $z$), avaliado na fase II no ponto $z = 0^-$ (na interface, mas no lado da fase II). Observe que na Eq. (14.62) aparece o fluxo *global* de **A** (mássico ou molar), não o fluxo *difusivo*.

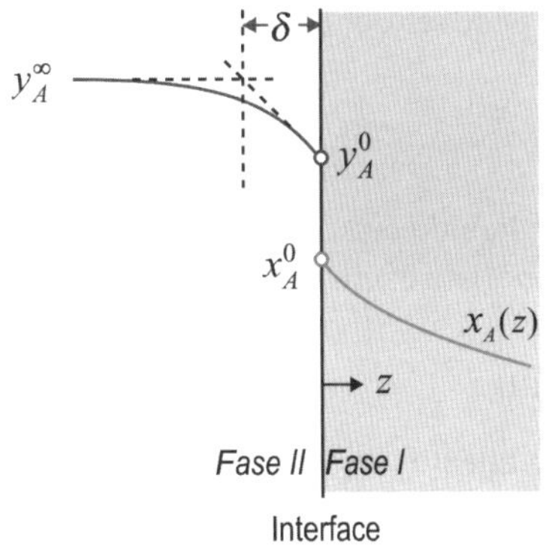


**Figura 14.1**

Na Figura 14.1, acima, utilizamos $x_A$ para representar a concentração de **A** (em base mássica ou molar) na fase I e $y_A$ para representar a concentração de **A** (em base mássica ou molar) na fase II.

Se o sistema de interesse for a fase I, temos os casos seguintes:

(1) A concentração de **A** na superfície é especificada:

$$x_A = (x_A)_0 \tag{14.63}$$

Considerando que $(x_A)_0$ é conhecida ou $(y_A)_0$ é conhecida, $(x_A)_0$ pode ser avaliada a partir da lei de Henry.

(2) O fluxo de **A** normal à superfície é especificado:

$$\left[\rho v_z x_A - \rho \mathscr{D}_{AB} \frac{\partial x_A}{\partial z}\right]_{z=0^+} = (n_A)_0 \tag{14.64}$$

onde "$z$" é a coordenada linear normal à superfície. O fluxo global (termo da esquerda) pode ser substituído (aproximadamente) pelo fluxo difusivo para: (a) misturas muito diluídas, $(x_A)_0 \ll 1$, ou (b) interface estacionária na direção normal $(v_z)_0 = 0$. Um caso particular desta condição é uma superfície *impenetrável* na substância **A**, onde $(n_A)_0 = 0$.

(3) O fluxo de **A** normal à superfície é expresso em termos da diferença de concentração (na fase externa) entre a superfície $(y_A)_0$ e um valor (constante) "longe" da superfície $(y_A)_\infty$:

$$\left[\rho v_z x_A - \rho \mathscr{D}_{AB} \frac{\partial x_A}{\partial z}\right]_{z=0^+} = k[(y_A)_0 - (y_A)_\infty] \tag{14.65}$$

onde $k$ é chamado *coeficiente de transferência de massa*. O fluxo global (termo da esquerda) pode ser substituído (aproximadamente) pelo fluxo difusivo para: (a) misturas muito diluídas, $(x_A)_0 \ll 1$, ou (b) interface estacionária na direção normal $(v_z)_0 = 0$. Nas condições de borda o coeficiente de transferência de massa reflete a transferência de **A** *fora* do sistema (na fase II). A Eq. (14.65) liga quantidades avaliadas no sistema (esquerda) com quantidades avaliadas na vizinhança do sistema (direita).

Os coeficientes de transferência de massa (em base mássica ou molar) são avaliados analisando – teórica ou experimentalmente – a transferência de massa na outra fase (a fase II na figura). As dimensões do coeficiente de transferência de massa são as mesmas que as do fluxo (mássico ou molar): [massa]/[tempo]×[comprimento]$^2$ ou [moles]/[tempo]×[comprimento]$^2$. A unidade de $k$ no Sistema Internacional é

$$[k] = \text{kg/s} \cdot \text{m}^2 \text{ ou } [k] = \text{moles/s} \cdot \text{m}^2$$

O coeficiente de transferência de massa é análogo, no transporte de massa, ao coeficiente de transferência de calor no transporte de energia.

## *Observação*

Uma grande variedade de unidades da solubilidade é utilizada na prática. Vamos apresentar só um exemplo, que será utilizado nos problemas do capítulo seguinte. Para sistemas gás/líquido e gás/sólido muito diluídos é comum expressar a solubilidade através do *coeficiente de Bunsen* $S_B$, em que a quantidade do gás dissolvida é expressa em termos do volume que ocuparia em condições padrão de pressão e temperatura (STP)[5] se se comportasse – nessas condições – como um gás ideal,[6] e a quantidade de líquido ou sólido é expressa como volume, resultado nas unidades típicas do $S_B$: cm³(SPT)/cm³bar. Deixamos como exercício para o estudante provar que a constante da lei de Henry $K_H$, Eq. (14.57), pode ser obtida a partir do coeficiente de Bunsen $S_B$ através da expressão:

$$K_H = \frac{\rho \tilde{V}_0}{M_A S_B} \tag{14.66}$$

onde $\rho$ é a densidade do líquido ou sólido, $M_A$ é a massa molar da espécie dissolvida, e $\tilde{V}_0 = 22{,}711 \cdot 10^3$ cm³/mol é o *volume molar normal* (isto é, em condições SPT: 1 bar e 273,2 K) *de um gás ideal.*

## 14.3.3 Adimensionalização

Selecionando um comprimento característico ($L$) e uma velocidade ($v_0$) adequados,[7] é possível adimensionalizar a equação de variação da fração (mássica ou molar) da espécie química **A**, Eq. (14.54). Existem duas formas de definir um tempo adimensional, baseando-se no comprimento e velocidade característicos ($L$ e $v_0$) e na difusividade $\mathscr{D}_{AB}$. Se o tempo característico é tomado como a razão $L/v_0$, temos

$$t^* = \frac{t v_0}{L} \tag{14.67}$$

e o resultado é

$$\frac{\partial w_A}{\partial t^*} + \boldsymbol{v}^* \bullet \nabla w_A = \frac{1}{Pe_m} \nabla^2 w_A \tag{14.68}$$

Se o tempo característico é tomado como a razão $L^2/\mathscr{D}_{AB}$, temos

$$t^{**} = \frac{t \mathscr{D}_{AB}}{L^2} \tag{14.69}$$

e o resultado é

$$\frac{\partial w_A}{\partial t^{**}} + Pe_m \boldsymbol{v}^* \bullet \nabla w_A = \nabla^2 w_A \tag{14.70}$$

Nos dois casos,

$$Pe_m = \frac{v_0 L}{\mathscr{D}_{AB}} \tag{14.71}$$

é um parâmetro adimensional característico, conhecido como o *número de Péclet.*

O número de Péclet representa a relação entre as contribuições convectivas (associadas ao transporte global de matéria) e difusivas (proporcionais aos gradientes de composição) na transferência de massa de uma espécie química:

$$Pe_m = \frac{v_0 L}{\mathscr{D}_{AB}} = \frac{\rho v_0 \cdot \Delta w_A}{\rho \mathscr{D}_{AB} \cdot (\Delta w_A / L)} = \frac{\text{Fluxo convectivo de } \mathbf{A}}{\text{Fluxo difusivo de } \mathbf{A}} \tag{14.72}$$

Observe que um grupo adimensional equivalente – e com o mesmo nome – foi definido no estudo da transferência de calor, Eq. (13.74). Para distingui-los vamos chamar o parâmetro definido pela Eq. (14.71) de número de *Péclet de massa.*

As duas escolhas de tempo característico são igualmente válidas. A primeira é particularmente útil para sistemas em que o mecanismo convectivo de transporte de massa é dominante, isto é, para valores elevados do número de Péclet. No limite $Pe_m \to \infty$ (transporte difusivo desconsiderado), a Eq. (14.68) fica reduzida a

$$\frac{\partial w_A}{\partial t^*} + \boldsymbol{v}^* \bullet \nabla w_A \doteq 0 \tag{14.73}$$

[5] STP (do inglês: *standard temperature and pressure*), temperatura $T_0 = 0°C = 273{,}2$ K e pressão $p_0 = 1$ atm de acordo com o antigo padrão, ou $p_0 = 1$ bar de acordo com o novo. Neste livro utilizamos o novo padrão, baseado no Sistema Internacional de unidades, mas a maioria dos dados que o estudante vai encontrar em obras de referência e artigos originais é baseada no padrão antigo. Ainda que a diferença é pequena (1 bar = 100 kPa, 1 atm = 101,325 kPa), nem sempre é desprezível.

[6] Observe que se trata de um volume *hipotético*; a substância dissolvida pode não se comportar como um gás ideal nas condições padrão. A unidade "cm³(STP)" não é uma unidade de volume, mas de "quantidade de matéria", relacionada com o mol através da constante universal *volume molar normal de um gás ideal.*

[7] Como temos visto repetidas vezes, a escolha de comprimento e velocidade característicos depende do problema.

A segunda escolha é para sistemas em que o mecanismo difusivo de transporte de massa é dominante, isto é, para valores pequenos do número de Péclet. No limite $Pe_m \to 0$ (transporte convectivo desconsiderado), a Eq. (14.70) fica reduzida a

$$\frac{\partial w_A}{\partial t^{**}} \doteq \nabla^2 w_A \tag{14.74}$$

Este é mais um exemplo de que a escolha de parâmetros característicos depende muitas vezes do problema específico que está sendo considerado e das intenções do adimensionalizador. Um caso semelhante foi apresentado na adimensionalização da equação de Navier-Stokes (Seção 4.2.3).

O número de Péclet (de massa) pode ser escrito em função do número de Reynolds (que relaciona as contribuições convectivas e "difusivas" no transporte de momento) e do número de Schmidt (que relaciona os parâmetros materiais básicos de transferência difusiva de momento e de massa):

$$Pe_m = \frac{v_0 L}{\mathscr{D}_{AB}} = \frac{\rho v_0 L}{\eta} \cdot \frac{\eta}{\rho \mathscr{D}_{AB}} = Re \cdot Sc \tag{14.75}$$

O *número de Schmidt* ($Sc$) é

$$Sc = \frac{\eta}{\rho \mathscr{D}_{AB}} = \frac{\nu}{\mathscr{D}_{AB}} \tag{14.76}$$

onde $\nu$ é a viscosidade cinemática do material ($\nu = \rho/\eta$). Na maioria dos casos de interesse em engenharia de materiais, o $Sc$ é bastante elevado (alta viscosidade e baixa difusividade). O número de Schmidt inclui somente parâmetros materiais; é, portanto, um parâmetro material ele mesmo. Observe que o número de Schmidt é análogo ao número de Prandtl ($Pr$) para a transferência de calor, Eq. (13.144).

Na expressão adimensional das condições de borda às vezes utiliza-se o *número de Sherwood* ($Sh$):

$$Sh = \frac{kL}{\rho \mathscr{D}_{AB}} \tag{14.77}$$

onde $k$ é o coeficiente de transferência de massa da espécie química em estudo. O número de Sherwood relaciona o transporte "total" da espécie química (por convecção e difusão) com o transporte puramente difusivo da mesma:

$$Sh = \frac{kL}{\rho \mathscr{D}_{AB}} = \frac{k \cdot \Delta w_A}{\rho \mathscr{D}_{AB} \cdot (\Delta w_A / L)} = \frac{\text{Fluxo global de } \mathbf{A}}{\text{Fluxo difusivo de } \mathbf{A}} \tag{14.78}$$

Observe que o número de Sherwood é análogo ao número de Nusselt ($Nu$) para a transferência de calor, Eqs. (13.57)-(13.58).

## 14.4 ANALOGIA ENTRE A TRANSFERÊNCIA DE QUANTIDADE DE MOVIMENTO, CALOR E MASSA

A transferência de momento linear (ou quantidade de movimento) em um sistema em movimento, de energia interna (energia térmica ou simplesmente calor) em um sistema não isotérmico, e de massa de uma espécie química em uma mistura homogênea, mas de composição não uniforme, apresenta semelhanças e analogias que justificam o estudo unificado das mesmas na disciplina *Fenômenos de Transporte*.

Em várias ocasiões temos comparado os diversos fenômenos de transporte e nos referido às analogias entre os mesmos. Em particular, temos explorado a analogia matemática (que às vezes chega à virtual identidade) entre as equações resultantes e sua aplicação na resolução de problemas. As analogias "práticas" observadas no texto têm uma base teórica e conceitual, que vamos considerar em detalhe nesta seção.

É conveniente distinguir e considerar separadamente os dois grandes tipos de mecanismos de transporte: o mecanismo de *convecção*, de origem macroscópica, e o mecanismo de *difusão*,[8] de origem molecular, para analisar seu funcionamento na escala microscópica (Seção 1.2).

O mecanismo macroscópico ou *convectivo* de transferência de momento linear, energia interna, e massa de uma espécie química é universal. Qualquer propriedade $x$ associada à matéria é arrastada pelo movimento macroscó-

[8] O termo *difusão* tem dois significados diferentes. No sentido restrito, refere-se à transferência de *massa* por mecanismos de origem molecular. No sentido amplo – que utilizamos agora – refere-se a todos os mecanismos de transferência de origem molecular, incluindo as forças de atrito viscoso (Seção 2.3), a condução de calor (Seção 10.2) e a difusão de uma espécie química (difusão no sentido restrito), estudada neste capítulo.

pico do material, de forma que sua taxa de transferência ou fluxo $\boldsymbol{n}$ (quantidade de $x$ transportada por unidade de tempo e de área normal na direção do movimento) é, simplesmente,

$$\boldsymbol{n} = \hat{x}\rho\boldsymbol{v} \tag{14.79}$$

onde $\hat{x}$ é a concentração mássica de propriedade $x$ (isto é, $x$ por unidade de massa), e $\rho\boldsymbol{v}$ é o fluxo mássico (massa total transportada pelo movimento, por unidade de tempo e de área). Figura 14.2.

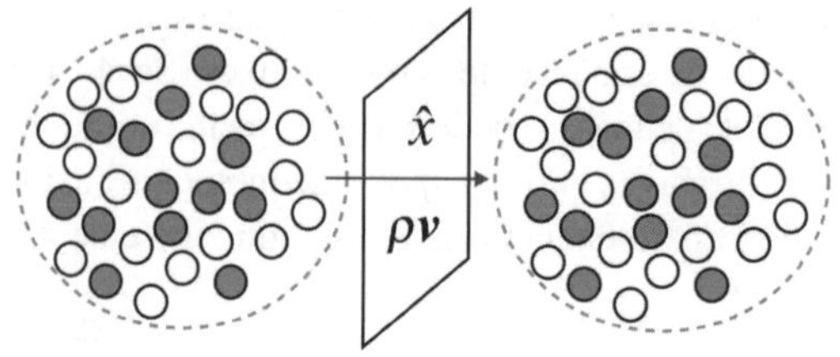


**Figura 14.2**

Em particular temos

$$\hat{x} = \begin{cases} \boldsymbol{v} & \text{momento linear por unidade de massa} \\ \hat{U} = \hat{c}T & \text{energia interna por unidade de massa} \\ w_A & \text{massa da espécie } \mathbf{A} \text{ por unidade de massa (total)} \end{cases}$$

No primeiro caso, temos o transporte convectivo de momento linear (quantidade de movimento), onde o fluxo é $\rho\boldsymbol{v}\boldsymbol{v}$; no segundo caso, a energia interna com fluxo $\rho\hat{c}T\boldsymbol{v}$; e no terceiro, o transporte convectivo de massa da espécie química **A** com fluxo $\rho w_A\boldsymbol{v}$. O mecanismo de transporte é *semelhante* nos três casos.

Já o mecanismo de transporte molecular ou *difusivo* de momento linear, energia interna, e massa de uma espécie química é diferente (quando analisado a nível molecular), mas o resultado microscópico é *análogo* (Figura 14.3). A Figura 14.3 representa esquematicamente os mecanismos de transporte difusivo a nível molecular: transferência de momento linear na direção do movimento (Figura 14.3a) entre camadas de fluido que se deslocam a diferente velocidade, transferência de calor (Figura 14.3b) entre camadas a diferente temperatura, e transferência de massa da espécie química **A** (Figura 14.3c) entre camadas com diferente concentração da espécie (✷ = colisões intermoleculares).

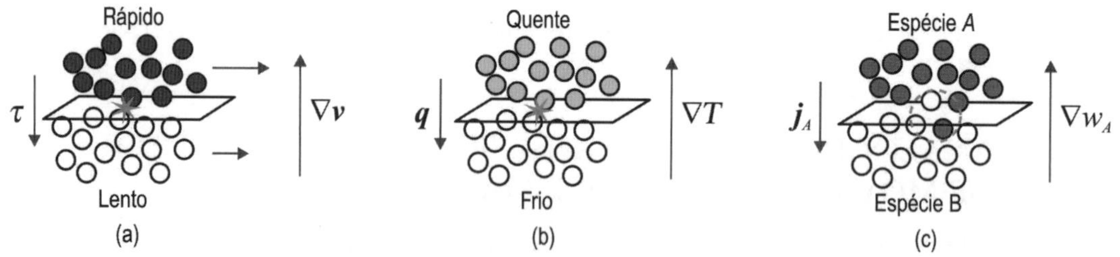


**Figura 14.3**

As colisões intermoleculares transferem o momento e a energia cinética a nível molecular. Portanto, se em um fluido existem variações espaciais do momento linear médio (isto é, gradientes de velocidade média, desde que a velocidade é o momento por unidade de massa), o momento será transferido do fluido mais rápido para o mais lento, isto é, na direção contrária ao gradiente de velocidade (Figura 14.3a). Em princípio, a taxa de transferência de momento é proporcional ao gradiente de velocidade (lei de Newton da viscosidade):

$$\tau_{zy} = -\eta \frac{dv_z}{dy} \tag{14.80}$$

onde $\tau_{zy}$ é a taxa de transferência de momento (por unidade de área) na direção $z$, transferido através da área normal à direção $y$ – o fluxo difusivo de quantidade de movimento – e $\eta$ é a *viscosidade* do material. A *taxa* de transferência de momento pode ser interpretada como uma força por unidade de área (tensão): a força de *atrito viscoso* entre as camadas de fluido.

Quando falamos de momento linear *médio* estamos nos referindo ao valor médio em um elemento material microscópico, muito pequeno na escala macroscópica (um "ponto" no contínuo), mas contendo um número muito grande (virtualmente infinito) de moléculas, avaliado em um período de tempo muito menor que o "tempo característico" do movimento macroscópico, mas muito maior que o intervalo entre colisões intermoleculares sucessivas. A média envolve, portanto, o comportamento de um grande número de moléculas e um grande número de colisões: corresponde a um fenômeno em escala microscópica, supramolecular,[9] ainda que a "causa" do mesmo esteja no que acontece a nível molecular.

A lei de Newton é restrita a materiais simples (fluidos newtonianos: gases e líquidos de baixa massa molecular), mas a maioria dos líquidos viscosos (isto é, dos líquidos "verdadeiros", sem componentes elásticas) não newtonianos comportam-se como newtonianos quando submetidos a gradientes de velocidade suficientemente baixos.

Em geral, a lei de Newton é expressa em termos do gradiente de velocidade:

$$\boldsymbol{\tau} = -\eta(\nabla \boldsymbol{v} + \nabla \boldsymbol{v}^{\mathrm{T}}) \tag{14.81}$$

Não vamos discutir neste curso introdutório a presença do gradiente de velocidade transposto $\nabla \boldsymbol{v}^{\mathrm{T}}$ na Eq. (14.81) – que resulta em uma tensão de atrito viscoso $\boldsymbol{\tau}$ simétrica – nem o fato de que a equação é válida só para fluidos incompressíveis (ou – aproximadamente – para fluidos compressíveis a pressões moderadas, se movimentando a uma velocidade muito menor que a velocidade do som no material em questão).

As colisões intermoleculares também transferem a energia cinética das moléculas em questão. Portanto, se em um material (sólido ou fluido) existem variações espaciais de temperatura (que é a manifestação – a nível microscópico – da energia cinética molecular), a energia será transferida do fluido mais quente para o mais frio, isto é, na direção contrária ao gradiente de temperatura (Figura 14.3b). A forma de energia associada à energia cinética média das moléculas é chamada *calor*. A taxa de transferência de calor é proporcional ao gradiente de temperatura (lei de Fourier):

$$q_y = -\eta \frac{dT}{dy} \tag{14.82}$$

onde $q_y$ é a taxa de transferência de calor (por unidade de área) na direção $z$ transferido através da área normal à direção $y$ – o fluxo de calor – e $k$ é a *condutividade térmica* do material.

As mesmas considerações que no caso anterior são aplicáveis ao valor médio da energia cinética. A transferência de calor é um fenômeno em escala supramolecular, ainda que a "causa" do mesmo é o que acontece a nível molecular.

A lei de Fourier é de aplicação praticamente universal para fluidos e sólidos isotrópicos (com as mesmas propriedades em todas as direções). Em geral, a lei de Fourier é expressa em termos do gradiente de temperatura:

$$\boldsymbol{q} = -k\nabla T \tag{14.83}$$

O movimento aleatório das moléculas em uma mistura homogênea de composição não uniforme tende a igualar a composição, o que resulta na transferência de massa das espécies componentes. Uma substância particular (por exemplo, **A**) será transferida das zonas em que sua concentração é maior para as zonas em que essa é menor, isto é, na direção contrária ao gradiente de concentração de **A** (Figura 14.3c).

A taxa de transferência de massa da espécie química **A** em uma mistura binária formada por **A** e outra componente (**B**) é proporcional ao gradiente de concentração de **A** (lei de Fick):

$$j_{Ay} = -\rho \mathscr{D}_{AB} \frac{dw_A}{dy} \tag{14.84}$$

onde $j_{Ay}$ é o fluxo difusivo da espécie **A** em base mássica (referida à velocidade mássica média), $\rho$ é a densidade e $\mathscr{D}_{AB}$ a difusividade binária na mistura **A** + **B**. Não vamos insistir nesse ponto; o transporte difusivo de matéria foi estudado nas primeiras seções deste capítulo.

A lei de Fick é de aplicação bastante geral para fluidos e sólidos. As exceções (por exemplo, alguns polímeros amorfos a temperaturas abaixo do ponto de transição vítrea) estão fora deste texto introdutório. Sua forma geral – sempre para uma mistura binária – é

$$\boldsymbol{j}_A \ -\rho \mathscr{D}_{AB} \nabla w_A \tag{14.85}$$

[9] O movimento de agitação térmica gera momento em todas as direções, que se anula na média. O momento linear médio é diferente de zero só se existe um movimento a escala supramolecular (microscópica e – talvez – macroscópica) superposto à agitação térmica.

A energia cinética média devida à agitação térmica (a média do *quadrado* da velocidade molecular, sempre positivo) não é nula, ainda que a média do momento linear devido *só* à agitação térmica (a média da velocidade molecular, positiva ou negativa) é nula (por "compensação de sinais"). Portanto, a transferência de energia cinética é possível em sólidos ou fluidos em repouso, mas a transferência de momento linear só acontece em materiais com gradientes de movimento, o que a restringe na prática ao escoamento de fluidos (ou sólidos no ato – geralmente transitório – de serem deformados).

Observe que as leis que regem o transporte difusivo de momento linear, energia interna, e massa de uma espécie química, Eqs. (14.81), (14.83) e (14.85) – as *relações constitutivas* do transporte a nível molecular – podem ser expressas em forma análoga: o fluxo (taxa de transferência para a unidade de área) é diretamente proporcional ao gradiente da propriedade transferida. A situação é sumarizada na Tabela 14.3.

**Tabela 14.1** Transporte difusivo

| Fenômeno | Fluxo difusivo | Coeficiente | Força impulsora |
|---|---|---|---|
| Momento linear | $\tau$ | – | $\nabla v + \nabla v^T$ |
| Calor | $q$ | k | $\nabla T$ |
| Massa de **A*** | $j_A$ | $\rho\mathscr{D}_{AB}$ | $\nabla w_A$ |

* Mistura binária **A** + **B**.

Observe que as forças impulsoras são gradientes das variáveis transportadas. Mas o momento linear é um *vetor*, e o gradiente do mesmo é, portanto, um *tensor* de segunda ordem. Tanto a energia interna quanto a concentração de uma espécie são *escalares*, e os gradientes correspondentes são, nesses casos, *vetores* (tensores de primeira ordem). Daí o caráter tensorial do fluxo de quantidade de movimento e o caráter vetorial dos fluxos de calor e massa. Esta "pequena" diferença (que não afeta a analogia fundamental entre as três) faz com que a analogia entre transferência de calor e massa seja mais aparente e mais útil do ponto de vista prático do que a analogia desses fenômenos e a transferência de quantidade de movimento (mecânica dos fluidos viscosos). Muitos (a maioria, em um tratamento introdutório) dos problemas de transferência de massa têm um problema análogo na área de transferência de calor, e vice-versa. E a analogia é tão próxima que muitas vezes a solução de um caso segue imediatamente da solução do outro.

Observe por exemplo a equivalência entre a *equação de variação da temperatura* (balanço microscópico de energia interna) em um sistema homogêneo de propriedades físicas constantes, sem fontes internas de energia e com dissipação viscosa desprezível, Eq. (10.24), e a *equação de variação da composição* (balanço microscópico de matéria) em uma mistura binária homogênea de propriedades físicas constantes e sem reações químicas, Eq. (14.54), onde:

Temperatura ($T$) $\leftrightarrow$ Fração mássica ($w_A$) ou molar ($x_A$)
Difusividade térmica ($\alpha$) $\leftrightarrow$ Difusividade ($\mathscr{D}_{AB}$)

A tabela seguinte apresenta a equivalência entre os parâmetros adimensionais utilizados no estudo da transferência de calor e massa.

**Tabela 14.2** Equivalência entre transferência de calor e massa

| Transferência de calor | | Transferência de massa | |
|---|---|---|---|
| Número de Péclet (de calor) | $Pe = \dfrac{v_0 L}{\alpha}$ | Número de Péclet (de massa) | $Pe_m = \dfrac{v_0 L}{\mathscr{D}_{AB}}$ |
| Número de Prandtl | $Pr = \dfrac{\nu}{\alpha}$ | Número de Schmidt | $Sc = \dfrac{\nu}{\mathscr{D}_{AB}}$ |
| Número de Nusselt | $Nu = \dfrac{hL}{k}$ | Número de Sherwood | $Sh = \dfrac{kL}{\rho\mathscr{D}_{AB}}$ |

$k$: condutividade térmica (calor), coeficiente de transferência de massa.

Porém algumas diferenças entre transferência de calor e massa devem ser levadas em consideração:

- A transferência de calor é regida pelo balanço de energia e gera *uma* equação de variação; a transferência de massa em um sistema de $N$ componentes é regida por $N - 1$ balanços de matéria, que geram $N - 1$ equações de variação. Objeção eliminada em misturas binárias ($N = 2$).
- A variável dependente na transferência de calor (temperatura) é geralmente contínua através das interfaces; as variáveis dependentes na transferência de massa (concentrações) são, em geral, descontínuas através das interfaces (solubilidade diferente em diferentes fases). Assunto já comentado nesta seção.
- O termo de geração de energia (seja através de fontes elétricas ou químicas, ou pela dissipação de energia mecânica) só depende indiretamente da variável dependente (temperatura) e muitas vezes essa dependência

pode ser desconsiderada em primeira aproximação; o termo de geração de massa de uma espécie química (reação química) depende diretamente das variáveis dependentes (concentrações) através da cinética química.

Muitas apresentações dos Fenômenos de Transporte aproveitam as analogias para fornecer um tratamento integrado, ou – como no caso deste livro – para melhorar a compreensão dos fenômenos de transporte individuais.

A discussão apresentada nesta seção *sugere* (mas não prova!) a dependência dos fluxos com os gradientes, e a relação *linear* (a relação mais simples possível) entre os mesmos parece *razoável* para baixas taxas de transferência. De fato, não é possível "provar" as relações constitutivas.[10] A teoria cinética dos gases (mecânica molecular) permite obtê-las para gases a baixa pressão, e a introdução de expressões simples para as forças intermoleculares leva à expressão das *propriedades de transporte* (viscosidade, condutividade térmica, difusividade) nesses materiais.

Uma discussão do assunto vai além do conteúdo deste texto introdutório de Fenômenos de Transporte. Para uma breve introdução à teoria cinética dos gases nos fenômenos de transporte, veja BSL, Seções 1.4, 9.3 e 17.3. Uma referência mais geral e muito acessível é: H. Macedo. *Elementos da Teoria Cinética dos Gases*. Guanabara Dois, 1978. A teoria cinética dos líquidos é bem mais complexa (introdução em BSL, Seções 1.5, 9.4 e 17.4).

## *Anexo Sumário de concentrações e fluxos em base mássica e molar*

**Tabela 14.3** Concentrações

| **Base mássica** | **Base molar** |
|---|---|
| Mistura homogênea de $N$ componentes: 1, 2, 3, ..., $N$ | |
| Massa de cada componente na mistura: $m_i\ (i = 1, 2, 3, \ldots, N)$ | Número de moles de cada componente: $n_i\ (i = 1, 2, 3, \ldots, N)$ |
| $m_i = n_i \cdot M_i\ (i = 1, 2, 3, \ldots, N)$ onde $M_i$ é a massa molecular do componente $i$ | |
| Massa total: $m = \sum_{i=0}^{N} m_i$ | Número de moles total: $n = \sum_{i=0}^{N} n_i$ |
| Fração mássica: $w_i = \frac{m_i}{m}\quad (i = 1, 2, 3, \ldots, N)$ | Fração molar: $x_i = \frac{n_i}{n}\quad (i = 1, 2, 3, \ldots, N)$ |
| Soma de frações: $\sum_{i=1}^{N} w_i = \sum_{i=1}^{N} x_i = 1$ | Soma de frações: $\sum_{i=1}^{N} w_i = \sum_{i=1}^{N} x_i = 1$ |
| Portanto: $w_N = 1 - \sum_{i=1}^{N-1} w_i$ | Portanto: $x_N = 1 - \sum_{i=1}^{N-1} x_i$ |
| Para uma mistura de $N$ componentes é necessário apenas especificar $N - 1$ frações mássicas. | Para uma mistura de $N$ componentes é necessário apenas especificar $N - 1$ frações molares. |
| $w_i = x_i \frac{M_i}{M}\quad (i = 1, 2, 3, \ldots, N)$ onde $M$ é a massa molecular média da mistura: | |
| $\frac{1}{M} = \sum_{i=1}^{N} \frac{w_i}{M_i}$ | $M = \sum_{i=1}^{N} x_i M_i$ |

*(continua)*

[10] As relações constitutivas definem classes *particulares* de materiais. Em princípio, nada impede que os fenômenos de transporte em outros materiais sejam regidos por relações diferentes. Ainda que a dependência da taxa de transferência difusiva de quantidade de movimento com a taxa de deformação (lei de Newton) seja a mesma para gases e líquidos, as expressões da viscosidade obtidas da teoria cinética são bem diferentes. Por exemplo, a dependência da viscosidade com a temperatura é completamente diferente para gases e para líquidos, e para diferentes tipos de líquido...

**Tabela 14.3** Concentrações (continuação)

| Base mássica | Base molar |
|---|---|
| **Concentração volumétrica em base mássica:** $$\rho_i = \frac{m_i}{V} \quad (i = 1, 2, 3, \ldots, N)$$ onde $V$ é o volume da mistura. Soma: $$\sum_{i=1}^{N} \rho_i = \rho$$ onde $\rho$ é a densidade da mistura: $$\rho = \frac{m}{V}$$ | **Concentração volumétrica em base molar:** $$c_i = \frac{n_i}{V} \quad (i = 1, 2, 3, \ldots, N)$$ onde $V$ é o volume da mistura. Soma: $$\sum_{i=1}^{N} c_i = c$$ onde $c$ é a densidade molar da mistura: $$c = \frac{n}{V}$$ |
| $\rho_i = c_i M_i \ (i = 1, 2, 3, \ldots, N)$ <br> $\rho = cM$ | |
| Relação com as frações mássicas: $$\rho_i = \rho w_i \ (i = 1, 2, 3, \ldots, N)$$ | Relação com as frações molares: $$c_i = c x_i \ (i = 1, 2, 3, \ldots, N)$$ |

**Tabela 14.4** Velocidades e fluxos

| Base mássica | Base molar |
|---|---|
| Velocidade de cada componente $\boldsymbol{v}_i \ (i = 1, 2, 3, \ldots, N)$ com referência a um sistema de coordenadas fixas. | |
| Velocidade mássica média: $$\boldsymbol{v} = \sum_{i=1}^{N} w_i \boldsymbol{v}_i = \frac{1}{\rho} \sum_{i=1}^{N} \rho_i \boldsymbol{v}_i$$ referente a um sistema de coordenadas fixas. Velocidade difusiva em base mássica: $$\boldsymbol{v}_i - \boldsymbol{v} \ (i = 1, 2, 3, \ldots, N)$$ velocidade de cada componente com referência a um sistema que se move com velocidade $\boldsymbol{v}$. | Velocidade molar média: $$\boldsymbol{v}^* = \sum_{i=1}^{N} x_i \boldsymbol{v}_i = \frac{1}{c} \sum_{i=1}^{N} c_i \boldsymbol{v}_i$$ referente a um sistema de coordenadas fixas. Velocidade difusiva em base molar: $$\boldsymbol{v}_i - \boldsymbol{v}^* \ (i = 1, 2, 3, \ldots, N)$$ velocidade de cada componente com referência a um sistema que se move com velocidade $\boldsymbol{v}^*$. |
| Fluxo mássico (massa/tempo × área): $$\boldsymbol{n}_i = \rho_i \boldsymbol{v}_i \ (i = 1, 2, 3, \ldots, N)$$ referente a um sistema de coordenadas fixas. Soma: $$\boldsymbol{n} = \sum_{i=1}^{N} \boldsymbol{n}_i = \rho \boldsymbol{v}$$ onde $\boldsymbol{n}$ é o fluxo mássico total. | Fluxo molar (número de moles/tempo × área): $$\boldsymbol{N}_i = c_i \boldsymbol{v}_i \ (i = 1, 2, 3, \ldots, N)$$ referente a um sistema de coordenadas fixas. Soma: $$\boldsymbol{N} = \sum_{i=1}^{N} \boldsymbol{N}_i = c\boldsymbol{v}^*$$ onde $\boldsymbol{N}$ é o fluxo molar total. |
| Fluxo *difusivo* mássico: $$\boldsymbol{j}_i = \rho_i (\boldsymbol{v}_i - \boldsymbol{v}) \ (i = 1, 2, 3, \ldots, N)$$ referente a um sistema que se move com velocidade $\boldsymbol{v}$. Soma: $$\sum_{i=1}^{N} \boldsymbol{j}_i = 0$$ | Fluxo *difusivo* molar: $$\boldsymbol{J}_i^* = c_i (\boldsymbol{v}_i - \boldsymbol{v}^*) \ (i = 1, 2, 3, \ldots, N)$$ referente a um sistema que se move com velocidade $\boldsymbol{v}^*$. Soma: $$\sum_{i=1}^{N} \boldsymbol{J}_i^* = 0$$ |
| Relação entre $\boldsymbol{n}_i$ e $\boldsymbol{j}_i$ $$\boldsymbol{n}_i = \boldsymbol{j}_i + w_i \boldsymbol{n} \ (i = 1, 2, 3, \ldots, N)$$ ou $$\boldsymbol{n}_i = \boldsymbol{j}_i + \rho_i \boldsymbol{v} \ (i = 1, 2, 3, \ldots, N)$$ | Relação entre $\boldsymbol{N}_i$ e $\boldsymbol{J}_i^*$ $$\boldsymbol{N}_i = \boldsymbol{J}_i^* + x_i \boldsymbol{N} \ (i = 1, 2, 3, \ldots, N)$$ ou $$\boldsymbol{N}_i = \boldsymbol{J}_i^* + c_i \boldsymbol{v}^* \ (i = 1, 2, 3, \ldots, N)$$ |

# PROBLEMAS DE TRANSFERÊNCIA DE MASSA

15



Neste capítulo apresentaremos alguns "casos típicos" de transferência de massa utilizando os princípios desenvolvidos no capítulo anterior. Muitos problemas de transferência de massa podem ser resolvidos facilmente tomando como referência problemas análogos de transferência de calor, considerados na Parte II deste livro. Portanto, cada caso estudado nesta seção será comparado com o análogo na transferência de calor, verificando os traços comuns e identificando as características específicas da transferência de massa.

## 15.1 DIFUSÃO ATRAVÉS DE UMA PAREDE PLANA *SIMPLES* EM ESTADO ESTACIONÁRIO[1]

Considere uma espécie química **A** que difunde através de uma parede sólida ou fluida (espécie química **B**), de espessura $H$ (muito menor que a largura $L$ e comprimento $W$ da mesma), em estado estacionário e em ausência de reações químicas. Suponha que os valores da fração mássica de **A** no sistema **A** + **B**, avaliados nas superfícies da parede ($w_{A1} > w_{A2}$), são constantes e que a densidade do sistema ($\rho$) e a difusividade de **A** em **B** ($\mathscr{D}_{AB}$) são constantes, independentes da composição no intervalo $w_{A1} > w_A > w_{A2}$. Chamando $z$ à coordenada linear normal à parede, tem-se $w_A = w_A(z)$ (Figura 15.1).

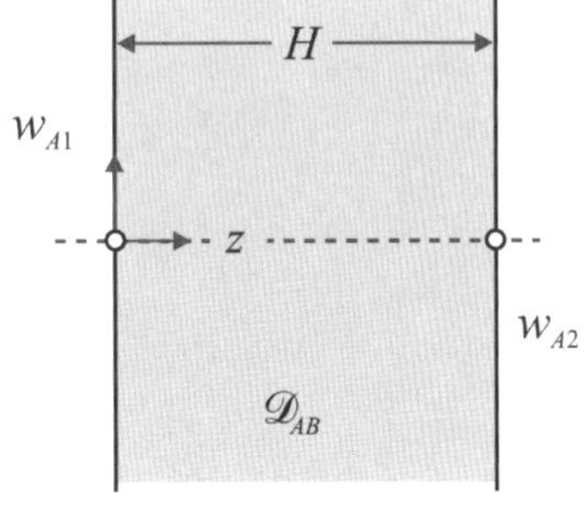


**Figura 15.1**

A parede sólida (ou a camada fluida estagnada) não se move ($\boldsymbol{v}_B = 0$), mas o *sistema* **A** + **B** se move, porque **A** se move (difunde) na direção $z$ e $v_{Az} \neq 0$. Portanto,

$$v_z = w_A v_{Az} + w_B v_{Bz} = w_A v_{Az} \neq 0 \tag{15.1}$$

O fluxo mássico de **A** em relação às coordenadas fixas, Eq. (14.36), resulta em

$$n_{Az} = w_A n_{Az} - \rho \mathscr{D}_{AB} \frac{dw_A}{dz} \tag{15.2}$$

[1] Veja, por exemplo, a Seção 18.2, de R. B. Bird, W. E. Stewart e E. N. Lightfoot, *Fenômenos de Transporte*, 2ª ed. LTC, Rio de Janeiro, 2004 (BSL).

ou

$$n_{Az} = -\frac{\rho \mathscr{D}_{AB}}{1-w_A} \cdot \frac{dw_A}{dz} \tag{15.3}$$

O balanço de massa de **A**, Eq. (14.47), em estado estacionário e sem reação química, fica reduzido a

$$\frac{dn_{Az}}{dz} = 0 \tag{15.4}$$

e, considerando a Eq. (15.3),

$$\frac{d}{dz}\left(\frac{1}{1-w_A} \cdot \frac{dw_A}{dz}\right) = 0 \tag{15.5}$$

A integração da Eq. (15.5) leva a

$$\ln(1-w_A) = az + b \tag{15.6}$$

As constantes da integração $a$, $b$ podem ser avaliadas a partir das condições de borda:

$$w_A\big|_{z=0} = w_{A1} \tag{15.7}$$

$$w_A\big|_{z=H} = w_{A2} \tag{15.8}$$

resultando em

$$b = \ln(1-w_{A1}) \tag{15.9}$$

$$a = \frac{1}{H}\ln\left(\frac{1-w_{A2}}{1-w_{A1}}\right) \tag{15.10}$$

A substituição na Eq. (15.6) leva a

$$\ln\left(\frac{1-w_A}{1-w_{A1}}\right) = \ln\left(\frac{1-w_{A2}}{1-w_{A1}}\right) \cdot \frac{z}{H} \tag{15.11}$$

ou

$$\boxed{\frac{1-w_A}{1-w_{A1}} = \left(\frac{1-w_{A2}}{1-w_{A1}}\right)^{\frac{z}{H}}} \tag{15.12}$$

um perfil de concentração exponencial. Observe que a fração mássica da componente **B** é $w_B = 1 - w_A$. Portanto, as Eqs. (15.11)-(15.12) podem ser escritas como

$$\ln\frac{w_B}{w_{B1}} = \ln\left(\frac{w_{B2}}{w_{B1}}\right) \cdot \frac{z}{H} \tag{15.13}$$

e

$$\frac{w_B}{w_{B1}} = \left(\frac{w_{B2}}{w_{B1}}\right)^{\frac{z}{H}} \tag{15.14}$$

Ainda que $w_A$ seja muito mais conveniente como variável dependente, as Eqs. (15.13)-(15.14) são úteis para cálculos intermediários. Assim, a *composição média* na parede é

$$\bar{w}_B = \frac{1}{H}\int_0^H w_B(z)dz = \frac{w_{B1}}{H}\int_0^H \left(\frac{w_{B2}}{w_{B1}}\right)^{\frac{z}{H}} dz = w_{B1}\int_0^1 \left(\frac{w_{B2}}{w_{B1}}\right)^{\zeta} d\zeta = \frac{w_{B2} - w_{B1}}{\ln(w_{B2}/w_{B1})} \tag{15.15}$$

Observe que o valor médio da fração mássica de **B** é a *média logarítmica* das frações mássicas de **B** na superfície das paredes:

$$\bar{w}_B \equiv (w_B)_{ml} \tag{15.16}$$

Já tínhamos encontrado a média logarítmica no estudo da transferência de calor em um tubo cilíndrico (Seção 13.4). Da Eq. (15.15),

$$\bar{w}_A = 1 - \bar{w}_B = 1 - \frac{w_{A1} - w_{A2}}{\ln(1-w_{A2})/(1-w_{A1})} = 1-(1-w_A)_{ml} \tag{15.17}$$

O fluxo mássico de **A**, Eq. (15.3), é

$$n_{Az} = -\frac{\rho\mathscr{D}_{AB}}{1-w_A}\cdot\frac{dw_A}{dz} = \frac{\rho\mathscr{D}_{AB}}{w_B}\frac{dw_B}{dz} = \rho\mathscr{D}_{AB}\frac{d\ln w_B}{dz} \tag{15.18}$$

e levando em consideração a Eq. (15.13),

$$n_{Az} = \frac{\rho\mathscr{D}_{AB}}{H}\ln\left(\frac{w_{B2}}{w_{B1}}\right) = -\frac{\rho\mathscr{D}_{AB}}{(w_B)_{ml}}\cdot\frac{(w_{B2}-w_{B1})}{H} \tag{15.19}$$

ou

$$\boxed{n_{Az} = \frac{\rho\mathscr{D}_{AB}}{(1-w_A)_{ml}}\cdot\frac{\Delta w_A}{H}} \tag{15.20}$$

onde $\Delta w_A = w_{A1} - w_{A2}$ é a "força impulsora" para o transporte de **A**. A taxa de transferência de massa (massa de **A** que passa através da parede por unidade de tempo) é, simplesmente,

$$\dot{m}_A = \int_0^L\int_0^W n_{Az}\big|_{z=0}\,dxdy = \frac{\rho\mathscr{D}_{AB}\,LW\Delta w_A}{H(1-w_A)_{ln}} \tag{15.21}$$

A solução obtida é válida para todo sistema (sólido, líquido ou gás), binário ou pseudobinário, em que a espécie química **B** não se movimenta ($\boldsymbol{v}_B = 0$).

Para $w_A \ll 1$ (**A** diluído em **B**) a Eq. (15.5) simplifica-se para

$$\frac{d^2w_A}{dz^2} = 0 \tag{15.22}$$

que pode ser obtida diretamente da Eq. (14.54) para estado estacionário. A integração da Eq. (15.22) com as condições de borda, Eqs. (15.7)-(15.8), leva a um perfil linear:

$$w_A = w_{A1} - \frac{\Delta w_A}{H}z \tag{15.23}$$

A Eq. (15.23) pode ser obtida também da Eq. (15.11), levando em consideração que $\ln(1-x) \approx -x$ para $x \ll 1$. Nessas condições temos que $(1-w_A)_{ml} \approx 1$ e a Eq. (15.20) fica reduzida a

$$n_{Az} = \rho\mathscr{D}_{AB}\frac{\Delta w_A}{H} \tag{15.24}$$

A Eq. (15.24) mostra o fluxo mássico de **A** como função da força impulsora $\Delta w_A$, a diferença das frações mássicas de **A** *dentro* da parede. Se a solubilidade de **A** em **B** for dada pela lei de Henry, Eq. (14.57), é possível expressar o fluxo em função da diferença das pressões parciais de **A** na superfície *fora* da parede:

$$n_{Az} = \mathscr{P}_{AB}\frac{\Delta p_A}{H} \tag{15.25}$$

onde

$$\mathscr{P}_{AB} = \frac{\rho\mathscr{D}_{AB}}{K_H} \tag{15.26}$$

é chamada *permeabilidade* de **B** para **A**, e $K_H$ é a constante da lei de Henry nas condições (temperatura) do sistema. A permeabilidade é um parâmetro material mais fácil de medir experimentalmente do que a difusividade. Resultados semelhantes podem ser desenvolvidos em base molar, com concentrações volumétricas etc., assim como com outras expressões da solubilidade.

Para misturas *concentradas* (isto é, com $w_A$ e $w_B$ da mesma ordem de magnitude) os resultados são bastante diferentes dos obtidos na transferência de calor (perfil exponencial de concentração *vs* perfil linear de temperatura). Porém, para misturas binárias diluídas (com propriedades físicas constantes) e sem reação química, a analogia entre transferência de massa e transferência de calor é perfeita.

### *Observação*

A Eq. (15.26) define uma permeabilidade em base mássica [unidades: g/cm · s · bar]. É possível definir a permeabilidade de forma que a quantidade de matéria seja expressa pelo volume (hipotético) que ocuparia se se comportasse como um gás ideal em condições padrão de temperatura e pressão [unidades: $cm^3$(STP)/cm · s · bar]:

$$\mathscr{P}'_{AB} = S_B \mathscr{D}_{AB} \tag{15.27}$$

onde $S_B$ é o coeficiente de Bunsen da espécie que difunde (Seção 14.2.3, *Observação*). A permeabilidade definida pela Eq. (15.27) é de uso muito comun no estudo da permeação de gases e vapores simples através de materiais sólidos.

Substituindo a Eq. (14.66) na Eq. (15.27) e levando em consideração a Eq. (15.26),

$$\mathscr{P}'_{AB} = \mathscr{P}_{AB} \frac{\tilde{V}_0}{M_A} \tag{15.28}$$

onde $M_A$ é a massa molar da espécie que difunde, e $\tilde{V}_0 = 22{,}711 \cdot 10^3$ $cm^3$/mol é o *volume molar normal* (isto é, em condições STP: 1 bar e 273,2 K) *de um gás ideal*.

## 15.2 DIFUSÃO ATRAVÉS DE UMA PAREDE PLANA *COMPOSTA* EM ESTADO ESTACIONÁRIO

Considere uma parede plana formada por duas camadas paralelas de diferente composição, I e II, de espessuras $H_1$ e $H_2$ (o comprimento e a largura da parede são muito maiores que a espessura $H_1 + H_2$, de modo que a parede pode ser considerada como efetivamente "infinita"). Uma espécie química **A** (um gás a pressão e temperatura ambiente) difunde, em estado estacionário, através da parede composta. A substância **A** é pouco solúvel na parede, de modo que as frações mássicas de **A** nas duas camadas $(w_A)_{\text{I}}$, $(w_A)_{\text{II}}$ são muito menores do que 1 (Figura 15.2). A solubilidade de **A** pode ser expressa através da lei de Henry:

$$p_A = K_1 (w_A)_{\text{I}} \tag{15.29}$$

$$p_A = K_2 (w_A)_{\text{II}} \tag{15.30}$$

onde $p_A$ é a pressão parcial de **A** no gás em equilíbrio com a parede, e $K_1$, $K_2$ são as constantes da lei de Henry para as duas camadas; em princípio, $K_1 \neq K_2$. Vamos supor que as duas camadas podem ser consideradas como soluções pseudobinárias diluídas de **A** em **B** (camada I) e **C** (camada II), que a difusão de **A** na parede satisfaz a lei de Fick, e que as difusividades de **A** em **B**, $\mathscr{D}_1 = \mathscr{D}_{AB}$, e **C**, $\mathscr{D}_2 = \mathscr{D}_{AC}$, são constantes e uniformes (em cada camada); em princípio, $\mathscr{D}_1 \neq \mathscr{D}_2$. A densidade de todas as camadas também será considerada constante, $\rho_1 \approx \rho_B$, $\rho_2 \approx \rho_C$.

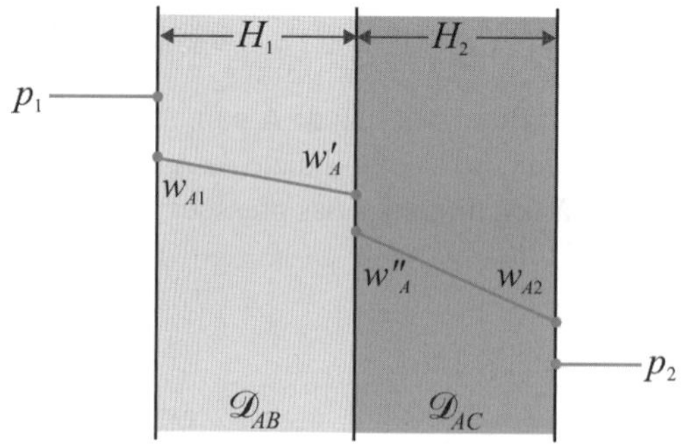


**Figura 15.2**

Em estado estacionário o fluxo mássico de **A** é o mesmo através de cada camada:

$$n_A = (n_{Az})_{\text{I}} = (n_{Az})_{\text{II}} \tag{15.31}$$

e, levando em consideração a Eq. (15.24),

$$n_A = \frac{\rho_1 \mathscr{D}_1}{H_1}(w_{A1} - w'_A) \tag{15.32}$$

$$n_A = \frac{\rho_2 \mathscr{D}_2}{H_2}(w''_A - w_{A2}) \tag{15.33}$$

onde $w_{A1}$ é a fração mássica da **A** na camada I, avaliada na superfície externa ($z = 0$); $w_{A2}$ é a fração mássica da **A** na camada II, avaliada na superfície externa ($z = H_1 + H_2$); $w'_A$ é a fração mássica de **A** na camada I, avaliada na interface I/II; e $w''_A$ é a fração mássica de **A** na camada II, avaliada na interface I/II.

Sob a suposição de equilíbrio de **A** entre o gás e a parede, de acordo com as Eqs. (15.29)-(15.30):

$$p_1 = K_1 w_{A1} \tag{15.34}$$

$$p_2 = K_2 w_{A2} \tag{15.35}$$

e entre as duas camadas,

$$K_1 w'_A = K_2 w''_A \tag{15.36}$$

onde $p_1$, $p_2$ são as pressões parciais de **A** no gás vizinho às superfícies externas da parede, para $z = 0$ e $z = H_1 + H_2$, respectivamente. Substituindo as Eqs. (15.34)-(15.35) nas Eqs. (15.32)-(15.33),

$$n_A = \frac{\rho_1 \mathscr{D}_1}{H_1}\left(\frac{p_1}{K_1} - w'_A\right) \tag{15.37}$$

$$n_A = \frac{\rho_2 \mathscr{D}_2}{H_2}\left(w''_A - \frac{p_2}{K_2}\right) \tag{15.38}$$

Eliminando $w'_A$ e $w''_A$ entre as Eqs. (15.36)-(15.38),

$$n_A = K(p_1 - p_2) \tag{15.39}$$

onde

$$K^{-1} = \frac{K_1 H_1}{\rho_1 \mathscr{D}_1} + \frac{K_2 H_2}{\rho_2 \mathscr{D}_2} \tag{15.40}$$

Uma vez avaliado o fluxo mássico $n$, as frações mássicas na interface entre as duas camadas, $w'_A$ e $w''_A$, podem ser obtidas diretamente das Eqs. (15.37)-(15.38).

Observe a semelhança entre a constante $K$ (uma espécie de "permeabilidade global" da parede) e o *coeficiente global de transferência de calor U*, introduzido no estudo da condução de calor através das paredes sólidas compostas, na Parte II, Eq. (11.27).

## 15.3 DIFUSÃO EM ESTADO NÃO ESTACIONÁRIO

A transferência de matéria em estado não estacionário em misturas binárias diluídas sem reação química, em condições em que $\boldsymbol{v} \approx 0$, é regida pela Eq. (14.55) – às vezes chamada *segunda lei de Fick*[2] – formalmente idêntica à Eq. (10.27) da Parte II. *Todos* os resultados obtidos na Seção 10.4 da Parte II podem ser "traduzidos" para transferência de massa utilizando a equivalência:

$$T \leftrightarrow w_A,\ \alpha \leftrightarrow \mathscr{D}_{AB},\ k \leftrightarrow \rho\mathscr{D}_{AB} \text{ etc.}$$

(O *etc.* corresponde à "tradução" das condições de borda.) Vamos, portanto, considerar nesta seção um caso geometricamente diferente (que não vimos, mas poderíamos ter visto na Parte II) como é a difusão radial não estacionária no *exterior* de uma esfera, ou seja, no espaço "semi-infinito" $r > R_0$.

Considere a transferência de matéria desde uma esfera (componente **A**) de raio $R_0$, em contato com um meio estagnado (componente **B**) para $t > 0$ (Figura 15.3). A espécie química **A**, pouco solúvel em **B**, difunde radialmente para $r > R_0$, em condições em que $\boldsymbol{v}_B = 0$; a fração mássica de **A** é função somente do tempo e da coordenada radial, $w_A = w_A(t, r)$.

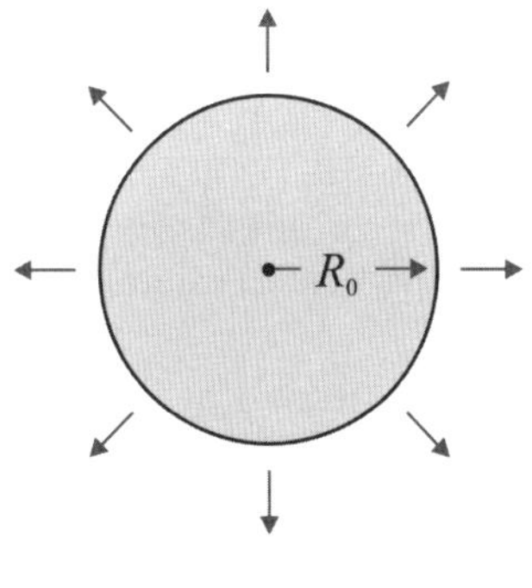


**Figura 15.3**

[2] Sendo a primeira lei de Fick a nossa lei de Fick *tout court*, Eqs. (14.26)-(14.27).

Se a solução de **A** em **B** pode ser considerada suficientemente diluída, com densidade $\rho \approx \rho_B$ e difusividade $\mathscr{D}_{AB}$ constantes, a variação de $w_A$ é regida por [Apêndice, Tabela A.8, Eq. (3)]:

$$\frac{\partial w_A}{\partial t} = \frac{\mathscr{D}_{AB}}{r^2}\frac{\partial}{\partial r}\left(r^2 \frac{\partial w_A}{\partial r}\right) \tag{15.41}$$

(Temos assumido que não há reações químicas que envolvam a espécie **A**.) A Eq. (15.41) deve ser integrada com as condições de borda:

Para $t \leq 0$, $r \geq R_0$: $$w_A = 0 \tag{15.42}$$

Para $t > 0$, $r = R_0$: $$w_A = (w_A)_0 \tag{15.43}$$

Para $t > 0$, $r \to \infty$: $$w_A = 0 \tag{15.44}$$

onde $(w_A)_0$ é a solubilidade de **A** em **B** à temperatura e pressão do sistema (condição de equilíbrio na interface).

A substituição da variável dependente

$$\phi = r w_A \tag{15.45}$$

nas Eqs. (15.41)-(15.44) resulta em

$$\frac{\partial \phi}{\partial t} = \mathscr{D}_{AB}\frac{\partial^2 \phi}{\partial r^2} \tag{15.46}$$

Para $t \leq 0$, $r \geq R_0$: $$\phi = 0 \tag{15.47}$$

Para $t > 0$, $r = R_0$: $$\phi = R_0(w_A)_0 \tag{15.48}$$

Para $t > 0$, $r \to \infty$: $$\phi = 0 \tag{15.49}$$

As Eqs. (15.46)-(15.49) são idênticas às Eqs. (12.3)-(12.6) da Parte II, para a transferência de calor em uma parede plana sólida semi-infinita, com as equivalências:

$$T \leftrightarrow \phi,\ z \leftrightarrow r - R_0,\ T_1 \leftrightarrow R_0(w_A)_0,\ T_0 \leftrightarrow 0,\ \alpha \leftrightarrow \mathscr{D}_{AB}$$

Os resultados obtidos na Seção 12.1 da Parte II podem ser diretamente traduzidos para o caso presente. Em particular, a solução do problema, $w_A(t, r)$, é dada pelo equivalente da Eq. (12.29) da Parte II:

$$w_A = (w_A)_0 \frac{R_0}{r}\operatorname{erfc}\left(\frac{r - R_0}{\sqrt{4\mathscr{D}_{AB}t}}\right) \tag{15.50}$$

onde "erfc" é a função erro complementar (Seção 12.1.6b). A "penetração" de **A** na vizinhança da esfera está efetivamente limitada a uma casca de espessura

$$\Delta r_m \approx 3{,}6\sqrt{\mathscr{D}_{AB}t} \tag{15.51}$$

dependente do tempo. Fora da casca a fração mássica é desprezível, $rw_A < 0{,}01R_0(w_A)_0$. A Eq. (15.51) é equivalente à Eq. (12.27).

O fluxo mássico de **A**

$$j_{Ar} = -\rho\mathscr{D}_{AB}\frac{\partial w_A}{\partial r} \tag{15.52}$$

é obtido derivando a Eq. (15.50):

$$j_{Ar} = \rho\mathscr{D}_{AB}\frac{R_0(w_A)_0}{r}\left\{\frac{1}{r}\operatorname{erfc}\left[\frac{r - R_0}{\sqrt{4\mathscr{D}_{AB}t}}\right] + \frac{1}{\sqrt{\pi\mathscr{D}_{AB}t}}\exp\left[\frac{(r - R_0)^2}{4\mathscr{D}_{AB}t}\right]\right\} \tag{15.53}$$

Em particular, o fluxo na superfície da esfera, $r = R_0$:

$$n_{Ar} \doteq j_{Ar}\big|_{r=R_0} = \rho\mathscr{D}_{AB}\frac{(w_A)_0}{R_0}\left\{1 + \frac{R_0}{\sqrt{\pi\mathscr{D}_{AB}t}}\right\} \tag{15.54}$$

A taxa de transferência de massa da esfera à vizinhança é, simplesmente,

$$\dot{m}_A = 4\pi R_0^2 n_{Ar} = 4\pi\rho\mathscr{D}_{AB}R_0(w_A)_0\left\{1 + \frac{R_0}{\sqrt{\pi\mathscr{D}_{AB}t}}\right\} \tag{15.55}$$

Observe que, ao contrário do que acontece na difusão em um meio semi-infinito *plano*, para tempos longos atinge-se, na geometria esférica, um valor *estacionário* (independente do tempo) do fluxo mássico na interface, Eq. (15.54):

$$n_{A\infty} = \lim_{t\to\infty} n_{Ar} = \rho\mathscr{D}_{AB}\frac{(w_A)_0}{R_0} \tag{15.56}$$

Para tempos curtos, $t \ll R_0^2/\mathscr{D}_{AB}$, a Eq. (15.54) fica reduzida a

$$n_{Ar} \approx \rho\mathscr{D}_{AB}\frac{(w_A)_0}{\sqrt{\pi\mathscr{D}_{AB}t}} \tag{15.57}$$

o equivalente à Eq. (12.33) da Parte II. Essas diferenças são inteiramente atribuídas às diferenças geométricas (esfera vs. plano), não à diferença entre o transporte de energia e matéria.

## 15.4 ABSORÇÃO DE UM GÁS EM UM FILME LÍQUIDO[3]

Vamos considerar um exemplo bastante simples de transferência de massa em fluidos, incluindo os termos de convecção e difusão na equação de variação da concentração, sempre para uma mistura binária diluída e sem reação química.

Considere um filme líquido, de espessura constante, descendo por uma parede vertical em contato com um gás. Uma componente do gás (substância **A**) é parcialmente solúvel no líquido (substância **B**). Vamos supor que o equilíbrio é atingido instantaneamente na interface gás-líquido. Se a pressão, temperatura e concentração de **A** no gás são constantes e uniformes,[4] a concentração **A** na superfície do filme $w_A^0$ é constante ao longo do mesmo (Figura 15.4). Se a concentração inicial de **A** no líquido é menor que $w_A^0$, a substância **A** é transferida do gás para o líquido, ou seja, é *absorvida* pelo líquido **B**.

Vamos supor que o líquido comporta-se como um fluido newtoniano incompressível, em escoamento laminar estacionário.

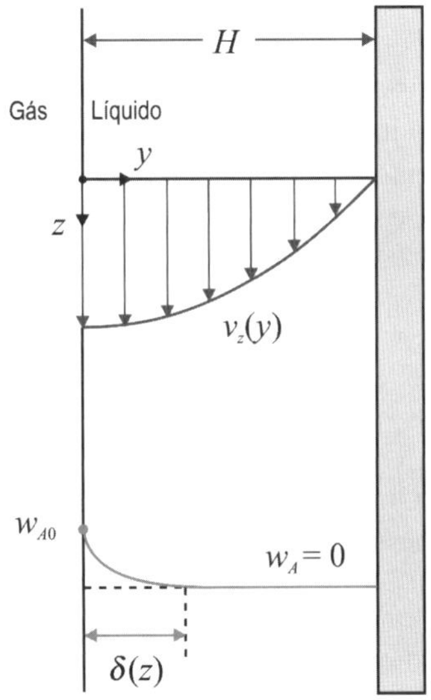


**Figura 15.4**

Para propriedades físicas constantes e em ausência de reações químicas o transporte da substância **A** no líquido é regido pela Eq. (14.54):

$$\frac{\partial w_A}{\partial t} + \boldsymbol{v}\bullet\nabla w_A = \mathscr{D}_{AB}\nabla^2 w_A \tag{15.58}$$

[3] BSL, Seção 18.5.

[4] Se o gás for formado pela substância **A** pura, a concentração de equilíbrio de **A** no líquido é simplesmente a solubilidade de **A** em **B**. Se o gás for uma mistura, é necessário supor também que a resistência à transferência de **A** no gás é desprezível, comparada com a resistência à transferência de **A** no filme líquido.

Em estado estacionário e desconsiderando os efeitos de bordas, o problema fica reduzido ao plano $z$-$y$ ($z$ é a coordenada axial, ao longo do filme, $y$ é a coordenada transversal, através do filme):

$$v_y \frac{\partial w_A}{\partial y} + v_z \frac{\partial w_A}{\partial z} = \mathscr{D}_{AB} \left( \frac{\partial^2 w_A}{\partial y^2} + \frac{\partial^2 w_A}{\partial z^2} \right) \tag{15.59}$$

Se a substância **A** for pouco solúvel em **B** ($w_A{}^0 \ll 1$), as propriedades do líquido (densidade, viscosidade) não são afetadas apreciavelmente pela presença do soluto, o perfil de velocidade não varia ao longo do filme e corresponde ao caso estudado na Seção 5.7 (veja a Figura 5.22), Eq. (5.278):

$$v_y = 0 \tag{15.60}$$

$$v_z = v_{max} \left[ 1 - \left( \frac{y}{H} \right)^2 \right] \tag{15.61}$$

onde $H$ é a espessura (constante) do filme, e $v_{max}$ é a velocidade máxima, atingida na interface gás-líquido. Se o escoamento for gerado somente pela ação das forças gravitacionais, $v_{max}$ é dada por

$$v_{max} = \tfrac{3}{2}\bar{v} = \tfrac{3}{2}\frac{Q_B}{HW} = \frac{\rho g H^2}{2\eta} \tag{15.62}$$

onde $Q_B$ é a vazão volumétrica de **B**, $W$ é a largura da parede, $\rho$ e $\eta$ são a densidade e a viscosidade de **B** nas condições do problema, e $g$ = 9,81 m/s$^2$; Eqs. (5.273)-(5.275).

Se a difusividade de **A** em **B** for suficientemente baixa, a penetração do soluto no líquido limita-se a uma camada estreita, vizinha à interface gás-líquido, onde a velocidade do líquido é basicamente constante e igual à velocidade máxima $v_{max}$ (veja a Figura 5.22). A transferência de massa na direção axial ($z$) é dominada pela convecção, e o termo difusivo nessa direção, o segundo da direita na Eq. (15.59), pode ser desconsiderado. Nessas condições, e levando em consideração a Eq. (15.60), a Eq. (15.59) fica reduzida a

$$v_{max} \frac{\partial w_A}{\partial z} = \mathscr{D}_{AB} \frac{\partial^2 w_A}{\partial y^2} \tag{15.63}$$

Observe que para um sistema isotérmico (temperatura constante) as duas suposições anteriores (baixa solubilidade e baixa difusividade) justificam a aproximação de propriedades físicas constantes na Eq. (15.58).

Para simplificar o assunto, vamos supor que o líquido está livre de **A** na "entrada" do filme (no topo da parede, $z$ = 0):

$$w_A = 0 \quad \text{para } z = 0,\ y > 0 \tag{15.64}$$

Na superfície do filme, $y$ = 0, o gás está em equilíbrio com o líquido e a concentração de **A** no líquido é constante ao longo filme:

$$w_A = w_A^0 \quad \text{para } y = 0,\ z > 0 \tag{15.65}$$

Desde que o soluto fica limitado à vizinhança da interface gás-líquido, longe da superfície a concentração de **A** tem o valor inicial (nulo neste caso) e o filme pode ser considerado como de espessura "efetivamente" infinita.

$$w_A = 0 \quad \text{para } y \to \infty,\ z > 0 \tag{15.66}$$

O problema resultante, Eq. (15.63), com condições de borda, Eqs. (15.64)-(15.66), é matematicamente idêntico ao problema da transferência de calor em estado não estacionário em uma parede sólida semi-infinita estudado na Seção 12.1, com a coordenada axial $z$ no lugar do tempo $t$, $\mathscr{D}_{AB}/v_{max}$ no lugar da difusividade térmica $\alpha$ etc.

A solução do problema presente pode ser desenvolvida pelo mesmo método da transformação de semelhança, que neste caso resulta em

$$\xi = \frac{y}{\sqrt{4\mathscr{D}_{AB}\, z / v_{max}}} \tag{15.67}$$

Compare com a Eq. (12.10). O resultado é matematicamente idêntico:

$$\frac{w_A}{w_A^0} = 1 - \frac{2}{\sqrt{\pi}} \int_0^{\xi} \exp(-\xi'^2)\, d\xi' \tag{15.68}$$

Compare com a Eq. (12.25). O fluxo mássico total na interface (igual ao fluxo difusivo, desde que a convecção na direção transversal foi completamente desconsiderada) é

$$n_A\big|_{y=0} \doteq j_A\big|_{y=0} = -\rho\mathscr{D}_{AB}\frac{\partial w_A}{\partial y}\bigg|_{y=0} = \rho w_A^0\sqrt{\frac{\mathscr{D}_{AB}\,v_{max}}{\pi z}} \tag{15.69}$$

Compare com a Eq. (12.33) para o fluxo de calor.

A taxa de transferência de $A$ por unidade de largura (a massa de **A** absorvida pelo líquido por unidade de largura e por unidade de tempo) é obtida integrando o fluxo ao longo da parede:

$$\frac{\dot{m}_t}{W} = \int_0^L \left(n_{Az}\big|_{y=0}\right)dz = \rho w_A^0\sqrt{\frac{\mathscr{D}_{AB}\,v_{max}}{\pi}}\int_0^L \frac{dz}{\sqrt{z}} = \rho w_A^0\sqrt{\frac{4L\mathscr{D}_{AB}\,v_{max}}{\pi}} \tag{15.70}$$

Compare com a Eq. (12.35) para a energia total, obtida pela integração temporal do fluxo de calor. A massa total absorvida por unidade de área de transferência e por unidade de tempo resulta, então, em

$$\boxed{\frac{\dot{m}_t}{LW} = \rho w_A^0\sqrt{\frac{4\mathscr{D}_{AB}\,v_{max}}{\pi L}}} \tag{15.71}$$

Um raciocínio inteiramente semelhante ao da Seção 12.1 leva à avaliação da espessura de penetração (mássica) de **A**

$$\delta_m \approx 3{,}6\sqrt{\mathscr{D}_{AB}t_{\exp}} \tag{15.72}$$

em termos de um tempo de exposição

$$t_{\exp} = \frac{z}{v_{max}} \tag{15.73}$$

Compare com a Eq. (12.30) para a espessura de penetração térmica. A espessura máxima é obtida para o tempo máximo de exposição:

$$t_{max} = \frac{L}{v_{max}} \tag{15.74}$$

A condição de borda, Eq. (15.66), requer $(\delta_m)_{max} < H$, mas a aproximação de velocidade constante na parte "ativa" do filme, $v_z \approx v_{max}$, requer $(\delta_m)_{max} \ll H$, que é a condição de validade da solução obtida:

$$(\delta_m)_{max} \approx 3{,}6\sqrt{\frac{\mathscr{D}_{AB}L}{v_{max}}} \ll H \tag{15.75}$$

Os resultados obtidos nesta seção formam a base da chamada "teoria da penetração", utilizada na análise de muitas operações unitárias da engenharia química.

Levando em consideração que a velocidade média no filme é $\overline{v} = \frac{2}{3}v_{max}$, Eq. (5.277), a condição da Eq. (15.75) pode ser expressa também como

$$Pe_m = \frac{\overline{v}H}{\mathscr{D}_{AB}} \gg 20\frac{L}{H} \tag{15.76}$$

onde o termo da esquerda é o número de Péclet de massa, Eq. (14.75). O tratamento do problema desenvolvido nesta seção é válido para filmes planos em escoamento laminar (Seção 5.7.2b):

$$Re = \frac{\overline{v}H}{\nu} < 5 \tag{15.77}$$

onde $\nu = \eta/\rho$ é a viscosidade cinemática do líquido (isto é, de **B**) à temperatura do sistema. Usualmente $L \gg H$. Portanto, a teoria da penetração é válida para *baixo número de Reynolds* e *elevado número de Péclet*.

## 15.5 DISPERSÃO AXIAL EM UM TUBO CILÍNDRICO[5]

O caso seguinte, conhecido como "dispersão de Taylor", não é especialmente "difícil", mas é "complicado", e pode ser considerado como uma "prova final" do domínio dos conceitos e métodos dos fenômenos de transporte que tentamos explicar neste texto introdutório.

[5] BSL, Seção 20.5; W. M. Deen, *Analysis of Transport Phenomena*. Oxford University Press, 1998, Seção 9.7.

### 15.5.1 Formulação do Problema

Deseja-se estudar o efeito da convecção e a difusão na dispersão axial de um *pulso* da substância **A**, injetada, no tempo $t = 0$ e no plano $z = 0$, em um tubo cilíndrico de raio $R$ onde escoa um fluido **B**, em regime laminar e estado estacionário (perfil de velocidade completamente desenvolvido). O pulso consiste em uma massa $m_A$ injetada no fluxo de forma mais ou menos concentrada no tempo. Por efeito da transferência de matéria (convecção e difusão) o pulso se espalha (a substância **A** se *dispersa* em **B**), à medida que se translada na direção axial, arrastado pelo escoamento (Figura 15.5).

Vamos supor o seguinte:

- A fração mássica $w_A \ll 1$.
- A mistura binária **A-B** obedece à lei de Fick.
- O fluido **B** (ou, mais apropriadamente, a mistura **A-B**) é um líquido newtoniano incompressível.
- Não há reações químicas que envolvam as espécies **A** e **B**.
- A temperatura é constante e uniforme.

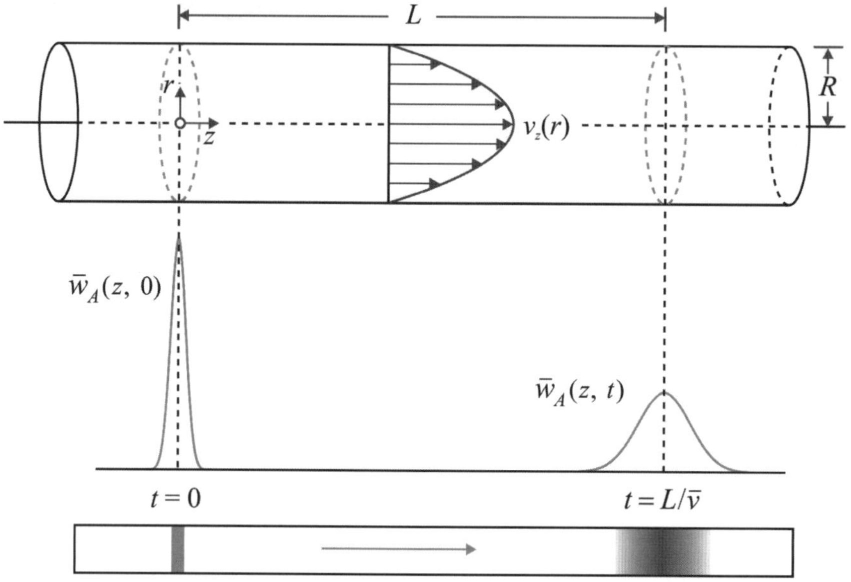


**Figura 15.5**

Nessas condições:

(a) A densidade $\rho$ e difusividade $\mathscr{D}_{AB}$ da mistura são constantes e uniformes.
(b) O transporte de matéria não afeta o transporte de momento.

A dispersão de **A** em **B** (ou, mais apropriadamente, na mistura **A-B**), isto é, a variação da concentração (fração mássica) de **A** no tempo $t$ e espaço $\boldsymbol{r}$, $w_A(\boldsymbol{r}, t)$, é regida pela equação de variação, Eq. (14.54):

$$\frac{\partial w_A}{\partial t} + \boldsymbol{v} \cdot \nabla w_A = \mathscr{D}_{AB} \nabla^2 w_A \tag{15.78}$$

onde $\boldsymbol{v}$ é o perfil de velocidade obtido da solução (prévia e independente) da equação de Navier-Stokes nas condições de escoamento no tubo (Seção 3.2). Em um sistema de coordenadas cilíndricas $(r, \theta, z)$ centrado no eixo do tubo $v_r = v_\theta = 0$ e

$$v_z = 2\bar{v}\left[1 - \left(\frac{r}{R}\right)^2\right] \tag{15.79}$$

onde $\bar{v}$ é a velocidade média (vazão por unidade de área) da mistura, Eq. (3.129). Para condições de borda e iniciais simétricas, $w_A$ não é função da coordenada angular $\theta$, e a Eq. (15.78) simplifica-se para (Apêndice)

$$\frac{\partial w_A}{\partial t} + 2\bar{v}\left[1 - \left(\frac{r}{R}\right)^2\right]\frac{\partial w_A}{\partial z} = \mathscr{D}_{AB}\left[\frac{1}{r}\frac{\partial}{\partial r}\left(r\frac{\partial w_A}{\partial r}\right) + \frac{\partial^2 w_A}{\partial z^2}\right] \tag{15.80}$$

O segundo termo na esquerda representa o transporte *convectivo* de **A** na direção axial ($z$); os dois termos da direita representam o transporte *difusivo* de **A** nas direções radial ($r$) e axial ($z$), respectivamente. A Eq. (15.80) deve ser integrada com as condições de borda:

Para $t = 0$, $z = 0$, $0 < r < R$:
$$w_A = \frac{m_A}{\rho \pi R^2}\delta(z) \tag{15.81}$$

Para $t > 0$, $z \to \pm\infty$, $0 < r < R$:
$$w_A = 0 \tag{15.82}$$

Para $t > 0$, $-\infty < z < \infty$, $r = R$:
$$\frac{\partial w_A}{\partial r} = 0 \tag{15.83}$$

Para $t > 0$, $-\infty < z < \infty$, $r = 0$:
$$\frac{\partial w_A}{\partial r} = 0 \tag{15.84}$$

onde $\delta(z)$ é a "função" delta de Dirac (Seção 15.5.3a). As Eqs. (15.81)-(15.82) indicam que uma massa $m_A$ de **A** é injetada subitamente no tempo $t = 0$ e no plano $z = 0$ (distribuída uniformemente nesse plano, para $0 < r < R$) em um meio livre de **A**, que permanece livre de **A** para $|z| \to \infty$. A Eq. (15.83) – fluxo normal de **A** nulo nas paredes do tubo – e a Eq. (15.84) – simetria da concentração de **A** em relação ao eixo do tubo – não requerem maiores esclarecimentos.

A condição de borda, Eq. (15.81), é uma idealização matemática de um pulso real (finito). Uma versão, ainda idealizada, mas fisicamente mais realista da condição inicial, é:

Para $t = 0$, $-½h < z < +½h$, $0 < r < R$:
$$w_A = w_A^0 \tag{15.85}$$

para $h \ll L$, e com a condição:

$$w_A^0 = \frac{m_A}{\rho \pi R^2 h} \tag{15.86}$$

A Eq. (15.83) pode ser considerada como o limite (para $h \to 0$) da Eq. (15.85).[6]

O problema de bordas, Eqs. (15.80)-(15.84), é matematicamente muito complexo e não é possível obter uma solução analítica geral (tem sido resolvida numericamente). Vamos, portanto, tentar uma solução aproximada. Estamos interessados principalmente na evolução do perfil axial de concentração média, $\overline{w}_A(z, t)$, para $t \gg 0$; a fração mássica média é definida, como em outros casos, como o valor médio na área transversal:

$$\overline{w}_A = \frac{1}{\pi R^2}\int_0^R w_A \cdot 2\pi r dr = \frac{2}{R^2}\int_0^R w_A r dr \tag{15.87}$$

Exceto para velocidades extremamente baixas, a convecção domina o processo de transferência de matéria na direção axial e, como no caso da transferência de calor, a difusão axial – o último termo na direita da Eq. (15.80) – pode ser desconsiderada, resultando em

$$\frac{\partial w_A}{\partial t} + 2\overline{v}\left[1 - \left(\frac{r}{R}\right)^2\right]\frac{\partial w_A}{\partial z} = \mathscr{D}_{AB}\left[\frac{1}{r}\frac{\partial}{\partial r}\left(r\frac{\partial w_A}{\partial r}\right)\right] \tag{15.88}$$

## 15.5.2 Solução do Problema

A seguinte análise, bastante engenhosa, para obter uma solução aproximada, $\overline{w}_A(z, t)$, para $t \gg 0$, foi desenvolvida pelo matemático inglês G. I. Taylor, nos anos 1950s.

Uma vez que **A** se *dispersa* (espalha) e se *translada* ao mesmo tempo, eliminamos em primeiro lugar o efeito da translação, para estudar especificamente o processo de dispersão. Para isso introduzimos uma coordenada axial *deslocada* em relação ao avanço médio ($\overline{v}t$) de **A**:

$$\tilde{z} = z - \overline{v}t \tag{15.89}$$

e consideramos a fração mássica de **A** como função de $r$, $\tilde{z}$ e $t$, em vez de função de $r$, $z$ e $t$ (Seção 15.5.3b):

$$\left(\frac{\partial w_A}{\partial z}\right)_{r,t} = \left(\frac{\partial w_A}{\partial \tilde{z}}\right)_{r,t} \tag{15.90}$$

[6] Observa-se empiricamente que quando o pulso se espalha até uma largura $\Delta L > \overline{v}R^2/\mathscr{D}_{AB}$ o resultado é praticamente independente da forma inicial do pulso.

$$\left(\frac{\partial w_A}{\partial t}\right)_{r,z} = \left(\frac{\partial w_A}{\partial t}\right)_{r,\tilde{z}} - \bar{v}\left(\frac{\partial w_A}{\partial z}\right)_{r,t} \tag{15.91}$$

onde indicamos explicitamente – para facilitar a compreensão – as variáveis independentes que se mantêm constantes nas derivadas parciais, no estilo utilizado nos textos de termodinâmica. Portanto, os dois primeiros termos da Eq. (15.88) resultam em

$$\begin{aligned}\left(\frac{\partial w_A}{\partial t}\right)_{r,z} + 2\bar{v}\left[1-\left(\frac{r}{R}\right)^2\right]\left(\frac{\partial w_A}{\partial z}\right)_{r,t} &= \left(\frac{\partial w_A}{\partial t}\right)_{r,\tilde{z}} - \bar{v}\left(\frac{\partial w_A}{\partial \tilde{z}}\right)_{r,t} + 2\bar{v}\left[1-\left(\frac{r}{R}\right)^2\right]\left(\frac{\partial w_A}{\partial \tilde{z}}\right)_{r,t} \\ &= \left(\frac{\partial w_A}{\partial t}\right)_{r,\tilde{z}} + 2\bar{v}\left[\frac{1}{2}-\left(\frac{r}{R}\right)^2\right]\left(\frac{\partial w_A}{\partial \tilde{z}}\right)_{r,t}\end{aligned} \tag{15.92}$$

Substituindo a Eq. (15.92) na Eq. (15.88):

$$\frac{\partial w_A}{\partial t} + 2\bar{v}\left[\frac{1}{2}-\left(\frac{r}{R}\right)^2\right]\frac{\partial w_A}{\partial z} = \mathscr{D}_{AB}\left[\frac{1}{r}\frac{\partial}{\partial r}\left(r\frac{\partial w_A}{\partial r}\right)\right] \tag{15.93}$$

Observe que o primeiro termo da esquerda é a variação no tempo da concentração de **A** *para um valor fixo da coordenada axial deslocada* $\tilde{z}$, não da coordenada axial (fixa) $z$, como na Eq. (15.88).

A mudança de variável permite fazer as seguintes aproximações-chave:

(a) A dependência *explícita* de $w_A$ com o tempo (a $\tilde{z}$ constante) é desprezível frente à difusão radial:

$$\frac{\partial w_A}{\partial t} \ll \mathscr{D}_{AB}\left[\frac{1}{r}\frac{\partial}{\partial r}\left(r\frac{\partial w_A}{\partial r}\right)\right] \tag{15.94}$$

e portanto o primeiro termo da Eq. (15.93) pode ser desconsiderado.

(b) A *variação radial* da concentração de **A** (para $t$ constante) é muito menor que a *variação axial* da mesma, e, portanto, a concentração *local* $w_A$ pode ser substituída pela concentração *média* $\bar{w}_A$ no termo convectivo:

$$\frac{\partial w_A}{\partial \tilde{z}} \approx \frac{\partial \bar{w}_A}{\partial \tilde{z}} \tag{15.95}$$

Observe que esta última aproximação lembra uma aproximação semelhante que foi utilizada na análise da transferência de calor em tubos (Seção 11.2 da Parte II) quando o perfil radial de temperatura (neste caso: de concentração de **A**) estava "completamente desenvolvido".

Com essas aproximações a Eq. (15.93) fica reduzida a

$$2\bar{v}\left[\frac{1}{2}-\left(\frac{r}{R}\right)^2\right]\frac{\partial \bar{w}_A}{\partial z} = \mathscr{D}_{AB}\left[\frac{1}{r}\frac{\partial}{\partial r}\left(r\frac{\partial w_A}{\partial r}\right)\right] \tag{15.96}$$

É conveniente adimensionalizar o problema, definindo uma coordenada radial adimensional

$$\xi = \frac{r}{R} \tag{15.97}$$

e uma coordenada axial deslocada adimensional

$$\zeta = \frac{z - \bar{v}t}{R} \tag{15.98}$$

Substituindo na Eq. (15.96),

$$\frac{2\bar{v}R}{\mathscr{D}_{AB}}(½-\xi^2)\frac{\partial w_A}{\partial \zeta} = \frac{1}{\xi}\frac{\partial}{\partial \xi}\left(\xi\frac{\partial w_A}{\partial \xi}\right) \tag{15.99}$$

ou

$$Pe_m(½-\xi^2)\frac{\partial w_A}{\partial \zeta} = \frac{1}{\xi}\frac{\partial}{\partial \xi}\left(\xi\frac{\partial w_A}{\partial \xi}\right) \tag{15.100}$$

onde

$$Pe_m = \frac{2\bar{v}R}{\mathscr{D}_{AB}} \tag{15.101}$$

é o *número de Péclet* para transferência de matéria, Eq. (14.73), que pode ser considerado como a razão entre o transporte convectivo $[\bar{v}\Delta w_A]$ e o transporte difusivo $[(\mathscr{D}_{AB}/2R)\Delta w_A]$. Observe que, seguindo o uso mais comum, utilizamos o diâmetro do tubo $(2R)$ como comprimento característico.

A Eq. (15.100) pode ser integrada com as condições de borda, Eqs. (15.84)-(15.85), que em forma adimensional são

$$\left.\frac{\partial w_A}{\partial \xi}\right|_{\xi=0} = \left.\frac{\partial w_A}{\partial \xi}\right|_{\xi=1} = 0 \tag{15.102}$$

para obter

$$w_A = \tfrac{1}{2} Pe_m \frac{\partial \bar{w}_A}{\partial \bar{z}} \xi^2 (1 - \tfrac{1}{2}\xi^2) + C \tag{15.103}$$

onde $C\,[= w_A(0, \bar{z}, t)]$ é uma constante de integração. Observe que as condições de borda, Eq. (15.102), contêm apenas derivadas e não podem ser utilizadas para determinar $C$.

Substituindo a Eq. (15.103) na definição de concentração média, Eq. (15.87), e integrando, obtém-se

$$\bar{w}_A = \tfrac{1}{6} Pe_m \frac{\partial \bar{w}_A}{\partial \bar{z}} + C \tag{15.104}$$

que permite eliminar $C$ entre as Eqs. (15.103) e (15.104), em favor da fração mássica média $\bar{w}_A$:

$$\boxed{w_A = \bar{w}_A - \tfrac{1}{4} Pe_m \frac{\partial \bar{w}_A}{\partial \zeta}(\tfrac{1}{3} - \xi^2 + \tfrac{1}{2}\xi^4)} \tag{15.105}$$

A Eq. (15.105) expressa o perfil radial de concentração em forma adimensional, para um valor dado do tempo e da coordenada axial deslocada (isto é, com referência ao avanço médio $\bar{v}t$), em termos da concentração média nesse ponto (Figura 15.6).

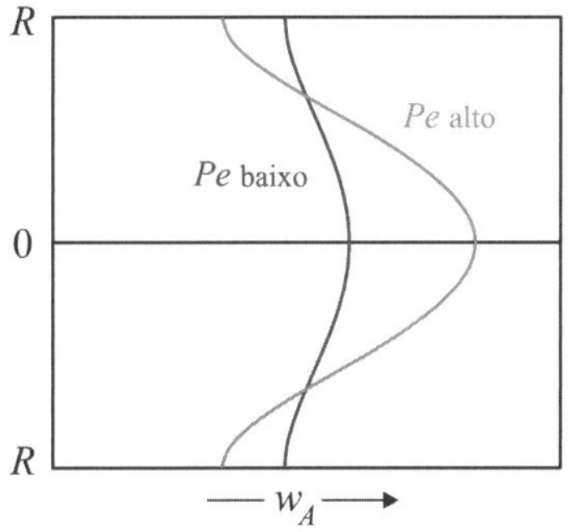


**Figura 15.6**

Observe que a dispersão radial é menor em escoamentos com alto número de Péclet (dominados pela convecção axial) do que em escoamentos com baixo número de $Pe_m$ (em que domina a difusão radial).

Desde que o transporte difusivo na direção axial foi desconsiderado[7] (e a densidade é uniforme), o fluxo mássico total *médio* de **A**, com referência à coordenada deslocada (Seção 15.5.3c), pode ser avaliado como

$$\overline{n^*} = \rho\overline{(w_A - \bar{w}_A)(v - \bar{v})} \tag{15.106}$$

Levando em consideração as Eq. (15.105) e a Eq. (15.79), temos

$$\begin{aligned}\overline{(w_A - \bar{w}_A)(v - \bar{v})} &= 2\int_0^1 (w_A - \bar{w}_A)(v - \bar{v})\xi d\xi \\ &= -\bar{v} Pe_m \frac{\partial \bar{w}_A}{\partial \zeta}\int_0^1 (\tfrac{1}{3} - \xi^2 + \tfrac{1}{2}\xi^4)(\tfrac{1}{2} - \xi^2)\xi d\xi \\ &= -\frac{\bar{v} Pe_m}{96}\frac{\partial \bar{w}_A}{\partial \zeta}\end{aligned} \tag{15.107}$$

mas

$$\frac{\bar{v} Pe_m}{96}\frac{\partial \bar{w}_A}{\partial \zeta} = \frac{\bar{v} R Pe_m}{96}\frac{\partial \bar{w}_A}{\partial \bar{z}} = \frac{\mathscr{D}_{AB} Pe_m^2}{192}\frac{\partial \bar{w}_A}{\partial \bar{z}} \tag{15.108}$$

[7] A desconsideração da difusão axial implica $j_{Az} \approx 0$ e $v_A \approx v_B = v$.

Substituindo este último resultado na Eq. (15.106),

$$\overline{n^*} = -\rho\left(\frac{1}{192}\mathscr{D}_{AB}\, Pe_m^2\right)\frac{\partial \overline{w}_A}{\partial \tilde{z}} \tag{15.109}$$

A expressão entre parênteses:

$$\boxed{K = \frac{1}{192}\mathscr{D}_{AB}\, Pe_m^2 = \frac{\overline{v}^2 R^2}{48\mathscr{D}_{AB}}} \tag{15.110}$$

é chamada de *coeficiente de dispersão axial* de **A** na mistura. Portanto,

$$\overline{n^*} = -\rho K \frac{\partial \overline{w}_A}{\partial \tilde{z}} \tag{15.111}$$

O fluxo axial médio de **A** é diretamente proporcional ao gradiente axial de concentração média e ao coeficiente de dispersão. O coeficiente de dispersão é inversamente proporcional à difusividade, Eq. (15.110), de modo que *quanto maior é a difusividade, menor é a dispersão.* Este resultado, aparentemente paradoxal, pode ser facilmente explicado se considerarmos que as Eqs. (15.110)-(15.111) foram obtidas desconsiderando a difusão axial (frente à convecção axial). Portanto, a difusividade (e o transporte difusivo em geral) só afeta a transferência de material na direção radial. Considere-se o diagrama na Figura 15.7:

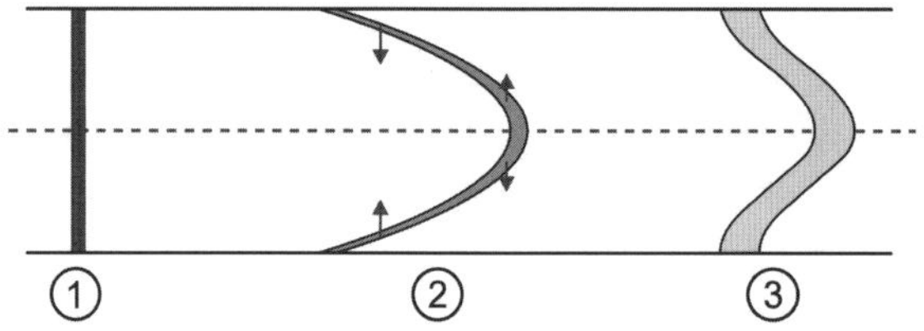


**Figura 15.7**

Observa-se que o pulso de **A**, no início radialmente uniforme ①, se deforma (se espalha axialmente) por efeito da *convecção axial* (perfil parabólico de velocidade) que arrasta o material na zona central, mais rápido que o material perto das paredes ②, mas a *difusão radial* transporta a substância **A** da zona central para as paredes, e das paredes para a zona central – para diferentes valores de $z$ – resultando em um pulso axialmente mais compacto, isto é, menos espalhado do que se a dispersão axial fosse devida apenas à convecção ③. Essa inibição da dispersão axial pela difusão radial é tanto maior quanto maior for a difusividade $\mathscr{D}_{AB}$ comparada com a convecção $\overline{v}R$ (isto é, quanto menor for o $Pe_m$).

Um balanço global de **A** leva a

$$\rho\frac{\partial \overline{w}_A}{\partial t} = -\frac{\partial \overline{n^*}}{\partial \tilde{z}} \tag{15.112}$$

e substituindo a Eq. (15.111), obtém-se

$$\frac{\partial \overline{w}_A}{\partial t} = K\frac{\partial^2 \overline{w}_A}{\partial \tilde{z}^2} \tag{15.113}$$

A Eq. (15.113) deve ser integrada com as condições de borda restantes, Eqs. (15.81)-(15.82), adaptadas para o caso (concentração média, coordenada axial deslocada):

$$\overline{w}_A\big|_{t=0} = \frac{m_A}{\rho\pi R^2}\delta(\tilde{z}) \tag{15.114}$$

$$\overline{w}_A\big|_{\tilde{z}=\pm\infty} = 0, \quad \left.\frac{\partial \overline{w}_A}{\partial \tilde{z}}\right|_{\tilde{z}=0} = 0 \tag{15.115}$$

Observe que temos incluído uma condição de simetria na coordenada axial deslocada, desde que a Eq. (15.113) requer duas condições de borda em $\tilde{z}$. O resultado da integração, que não vamos desenvolver em detalhe,[8] é o

[8] O método padrão de resolução destes problemas envolve o uso da *transformada de Laplace*, além do conteúdo do curso introdutório de fenômenos de transporte; veja, por exemplo, M. D. Greenberg, *Foundations of Applied Mathematics*, Prentice-Hall (1978), Capítulo 6, ou outros textos de "matemática avançada para engenheiros". Para um tratamento detalhado dos problemas com "fontes" (de massa ou de calor) na forma de pontos, linhas ou planos (delta de Dirac), veja H. S. Carslaw e J. C. Jaeger, *Conduction of Heat in Solids,* 2nd ed. Oxford University Press (1959), Capítulo 10.

perfil axial da fração mássica média de **A**:

$$\bar{w}_A = \frac{m_A}{2\pi\rho R^2\sqrt{\pi K t}}\exp\left\{-\frac{\tilde{z}^2}{4Kt}\right\} \tag{15.116}$$

ou, em termos da coordenada axial fixa, $z$,

$$\bar{w}_A = \frac{m_A}{2\pi\rho R^2\sqrt{\pi K t}}\exp\left\{-\frac{(z-\bar{v}t)^2}{4Kt}\right\} \tag{15.117}$$

Observe a "estranha" semelhança da Eq. (15.116) com a expressão do fluxo de calor para o transporte não estacionário em uma parede semi-infinita, Parte II, Eq. (12.33), e veja a Seção 15.5.3d.

O limite de validade do tratamento apresentado é, aproximadamente,

$$Pe_m = \frac{2\bar{v}R}{\mathscr{D}_{AB}} > 100, \quad \tau = \frac{t\mathscr{D}_{AB}}{R^2} > 1 \tag{15.118}$$

As Eqs. (15.116)-(15.117), junto com a expressão do coeficiente de dispersão, Eq. (15.110), foram obtidas por G. I. Taylor em 1953. Pouco depois, R. Aris (1956) estendeu o intervalo de validade das Eqs. (15.116)-(15.117) para baixo número de Péclet, levando em consideração a difusão axial. O coeficiente de dispersão axial nessas condições (ainda para $t \gg 0$)[9] é

$$K = \mathscr{D}_{AB}\left(1 + \frac{1}{192}Pe_m^2\right) \tag{15.119}$$

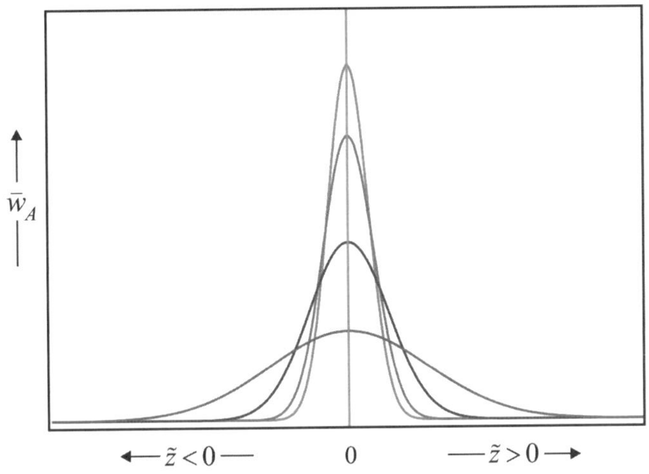


**Figura 15.8**

A partir desses trabalhos, iniciou-se uma vasta literatura de soluções analíticas e numéricas e de estudos experimentais abrangendo o intervalo completo de tempos e números de Péclet. Este problema é de importância prática na engenharia (medição de difusividade em líquidos, medição e modelagem da distribuição e tempos de residência em equipamentos de processo etc.) e um dos poucos exemplos em que o coeficiente de dispersão pode ser avaliado analiticamente.

## 15.5.3 Comentários

**(a)** ***Delta de Dirac***

O delta de Dirac $\delta(x)$ não é uma função ordinária "normal", mas pertence a uma classe de funções generalizadas (ou distribuições) que não é usualmente estudada nos cursos elementares de Cálculo. A definição intuitiva de $\delta(x)$ como uma "espinha" localizada na origem $x = 0$, de altura infinita e largura infinitamente pequena, é provavelmente conhecida por todos. Assim, $\delta(x) = 0$ para todo $x$, exceto para $x = 0$, onde vale "infinito".

[9] A inibição da dispersão axial pela difusão radial ocorre para $Pe_m > 14$:

$$\frac{dK}{d\mathscr{D}_{AB}} = 0 \Rightarrow Pe_m = \sqrt{192} \approx 14$$

Mas trata-se de um infinito muito especial, já que a área abaixo da "curva" $y = \delta(x)$ não é zero nem infinito, mas simplesmente a unidade:

$$\int_{-\infty}^{+\infty} \delta(x)dx = 1 \tag{15.120}$$

Considere a função (perfeitamente normal) definida para todo $x$:

$$f(x) = \begin{cases} 0, & x < -\tfrac{1}{2}h \\ 1/h, & -\tfrac{1}{2}h \le x \le \tfrac{1}{2}h \\ 0, & x > \tfrac{1}{2}h \end{cases} \tag{15.121}$$

Claramente,

$$\int_{-\infty}^{+\infty} f(x)dx = 1 \tag{15.122}$$

para todo $h > 0$. Formalizando o conceito intuitivo, a "função" $\delta(x)$ define-se como

$$\delta(x) = \lim_{h \to 0} f(x) \tag{15.123}$$

O problema de definir $\delta(x)$ dessa forma é que no mundo das funções "normais" o limite da Eq. (15.80) não existe [o limite para $h \to 0$ da Eq. (15.123) sim, existe e é justamente 1]. Do ponto de vista matemático é melhor definir $\delta(x)$ como um *operador* que "extrai" o valor de qualquer função normal $f(x)$ na origem $x = 0$:

$$\int_{-\infty}^{+\infty} f(x)\delta(x)dx = f(0) \tag{15.124}$$

Por exemplo, para $f(x) = 1$, recupera-se a Eq. (15.120). Do conceito intuitivo ficamos com $\delta(x) = 0$ para $x > 0$ e para $x < 0$, mas nem se fala do que acontece com $\delta(x)$ para $x = 0$.

Para o caso da condição inicial, Eq. (15.81),

$$w_A(z) = \frac{m_A}{\rho \pi R^2}\delta(z) \tag{15.125}$$

A função $w_A(z)$ qualifica para pulso desde que $w_A(z) = 0$ para todo $z$, exceto $z = 0$. A massa de **A** injetada pode ser calculada como

$$\int_{-\infty}^{+\infty} \rho w_A \pi R^2 dz \tag{15.126}$$

Levando em consideração a Eq. (15.125),

$$\int_{-\infty}^{+\infty} \rho w_A \pi R^2 dz = \int_{-\infty}^{+\infty} \frac{m_A}{\pi R^2}\delta(z)\pi R^2 dz \tag{15.127}$$

mas, de acordo com a Eq. (15.124) [neste caso $f(x) = m_A$],

$$\int_{-\infty}^{+\infty} \frac{m_A}{\cancel{\pi R^2}}\delta(z)\cancel{\pi R^2}\, dz = \int_{-\infty}^{+\infty} m_A \delta(z)dz = m_A \tag{15.128}$$

o que justifica o uso da Eq. (15.125) para representar um pulso de massa $m_A$ injetado no plano $z = 0$. Observe que, sendo $z$ uma coordenada linear, $\delta(x)$ tem dimensões de [comprimento]$^{-1}$.

Para mais informações sobre o delta de Dirac e outras funções generalizadas, veja, por exemplo, M. D. Greenberg, *Foundations of Applied Mathematics*, Prentice-Hall (1978), Capítulo 4, ou outros textos de "matemática avançada para engenheiros".

**(b)** ***Mudança de variável independente***

Para provar as Eqs. (15.90)-(15.91), esquecendo por enquanto a dependência de $w_A$ com $\xi$, considere

$$w_A = f(z, t) = g(\tilde{z}, t) \tag{15.129}$$

onde

$$\tilde{z} = z - \overline{v}t \tag{15.130}$$

Com esta notação temos separado a *função* ($f$ ou $g$) do *valor da função* (a variável dependente $w_A$). O diferencial $dw_A$ pode ser avaliado como

$$dw_A = \frac{\partial f}{\partial t}dt + \frac{\partial f}{\partial z}dz = \frac{\partial g}{\partial t}dt + \frac{\partial g}{\partial \tilde{z}}d\tilde{z} \tag{15.131}$$

mas

$$d\tilde{z} = dz - \overline{v}dt \tag{15.132}$$

Portanto,

$$dw_A = \frac{\partial f}{\partial t}dt + \frac{\partial f}{\partial z}dz = \frac{\partial g}{\partial t}dt + \frac{\partial g}{\partial \tilde{z}}dz - \overline{v}\frac{\partial g}{\partial \tilde{z}}dt = \left(\frac{\partial g}{\partial t} - \overline{v}\frac{\partial g}{\partial \tilde{z}}\right)dt + \frac{\partial g}{\partial \tilde{z}}dz \tag{15.133}$$

isto é,

$$\frac{\partial f}{\partial t}dt + \frac{\partial f}{\partial z}dz = \left(\frac{\partial g}{\partial t} - \overline{v}\frac{\partial g}{\partial \tilde{z}}\right)dt + \frac{\partial g}{\partial \tilde{z}}dz \tag{15.134}$$

Desde que $t$ e $z$ são variáveis *independentes*, a igualdade anterior implica a igualdade separada dos termos com $dt$ e $dz$:

$$\frac{\partial f}{\partial t} = \frac{\partial g}{\partial t} - \overline{v}\frac{\partial g}{\partial \tilde{z}} \tag{15.135}$$

$$\frac{\partial f}{\partial z} = \frac{\partial g}{\partial \tilde{z}} \tag{15.136}$$

ou, voltando à notação usual,

$$\left(\frac{\partial w_A}{\partial t}\right)_z = \left(\frac{\partial w_A}{\partial t}\right)_{\tilde{z}} - \overline{v}\left(\frac{\partial w_A}{\partial z}\right)_t \tag{15.137}$$

$$\boxed{\left(\frac{\partial w_A}{\partial z}\right)_t = \left(\frac{\partial w_A}{\partial \tilde{z}}\right)_t} \tag{15.138}$$

Substituindo a Eq. (15.138) na Eq. (15.137),

$$\boxed{\left(\frac{\partial w_A}{\partial t}\right)_z = \left(\frac{\partial w_A}{\partial t}\right)_{\tilde{z}} - \overline{v}\left(\frac{\partial w_A}{\partial \tilde{z}}\right)_t} \tag{15.139}$$

**(c) *Fluxo mássico em coordenadas fixas***

As Eqs. (15.106)-(15.112) podem ser expressas em relação à coordenada *fixa* $z$, em vez da coordenada *deslocada* $\tilde{z}$. Nesse caso, a Eq. (15.106) resulta em

$$\overline{n_A} = \rho\overline{w_A v} = \rho\overline{(w_A - \overline{w}_A)(v - \overline{v})} + \rho\overline{w}_A\overline{v} \tag{15.140}$$

Levando em consideração que

$$\frac{\partial \overline{w}_A}{\partial \tilde{z}} = \frac{\partial \overline{w}_A}{\partial z} \tag{15.141}$$

obtém-se, em vez da Eq. (15.109),

$$\overline{n}_A = \rho\overline{w}_A\overline{v} - \rho K\frac{\partial \overline{w}_A}{\partial z} \tag{15.142}$$

e o balanço de matéria resulta em

$$\frac{\partial \overline{w}_A}{\partial t} + \overline{v}\frac{\partial \overline{w}_A}{\partial z} = K\frac{\partial^2 \overline{w}_A}{\partial z^2} \tag{15.143}$$

em vez da Eq. (15.112). Compare a Eq. (15.142) com a expressão do balanço microscópico de massa que utiliza a lei de Fick para um caso em que $w_A = w_A(z)$, Eq. (14.54):

$$n_A = \rho w_A v - \rho\mathscr{D}_{AB}\frac{\partial w_A}{\partial z} \tag{15.144}$$

onde $n_A \equiv (n_A)_z$ e $v \equiv v_z$. A semelhança é chamativa, o que sugere (erroneamente) que a Eq. (15.143) seja algo assim como a média – na seção transversal – da Eq. (15.144), sendo o coeficiente de dispersão axial $K$ equivalente à difusividade $\mathscr{D}_{AB}$. Mas a Eq. (15.142) foi obtida desconsiderando a difusão axial [justamente a Eq.

(15.144)]. O segundo termo da Eq. (15.143) expressa a contribuição ao fluxo total de **A** da dispersão axial (do pulso e só do pulso!) devido ao efeito combinado da *convecção axial* e da *difusão radial*. O segundo termo da Eq. (15.144) expressa a contribuição ao fluxo total de **A** da dispersão axial (de um elemento material arbitrário) devido somente ao efeito da *difusão axial*. Alem disso, o coeficiente de dispersão $K$ não é um parâmetro material como a difusividade $\mathscr{D}_{AB}$, desde que $K$ depende da velocidade de escoamento e do raio do tubo. $K$ é inversamente proporcional à difusividade, Eq. (15.110); veja o texto.

$$K = \frac{\overline{v}^2 R^2}{48\mathscr{D}_{AB}} \tag{15.145}$$

**(d)** ***Dispersão axial* vs *transferência de calor em uma parede semi-infinita***

Compare o perfil axial de *concentração média* $\overline{w}_A$ em um tubo cilíndrico (como função da coordenada axial deslocada $\tilde{z}$ e do tempo $t$), obtido como resultado da dispersão de um *pulso* injetado a $t = 0$ em $\tilde{z} = 0$, Eq. (15.116),

$$\overline{w}_A = \frac{[m_A / \pi R^2]}{\sqrt{4\pi K t}} \exp\left\{-\frac{\tilde{z}^2}{4Kt}\right\} \tag{15.146}$$

com o perfil do *fluxo de calor* $q$ em uma parede plana semi-infinita (como função da coordenada normal à parede $z$ e do tempo $t$), obtido como resultado da variação súbita da temperatura a $t = 0$ em $z = 0$, Eq. (12.33) da Parte II:

$$q = \frac{[2k(T_1 - T_0)]}{\sqrt{4\pi\alpha t}} \exp\left\{-\frac{z^2}{4\alpha t}\right\} \tag{15.147}$$

As duas equações são matematicamente idênticas. O problema da transferência de calor em uma parede plana semi-infinita tem uma condição de borda, mudança súbita (ao tempo $t = 0$) da temperatura na interface ($z = 0$) de $T_0$ para $T_1$, que pode ser expressa em termos da *função degrau*. A função degrau (às vezes associada ao nome de Heaveside) é definida como

$$\mathrm{H}(x) = \begin{cases} 0, & x < 0 \\ 1, & x > 0 \end{cases} \tag{15.148}$$

A função degrau é uma função generalizada, como a função pulso (veja a Seção 15.5.3a) da qual conhecemos o valor para todo $x$, exceto para $x = 0$ (Figura 15.9). No mundo das funções generalizadas, o delta de Dirac é justamente a derivada da função degrau:

$$\delta(x) = \frac{d}{dx}\mathrm{H}(x) \tag{15.149}$$

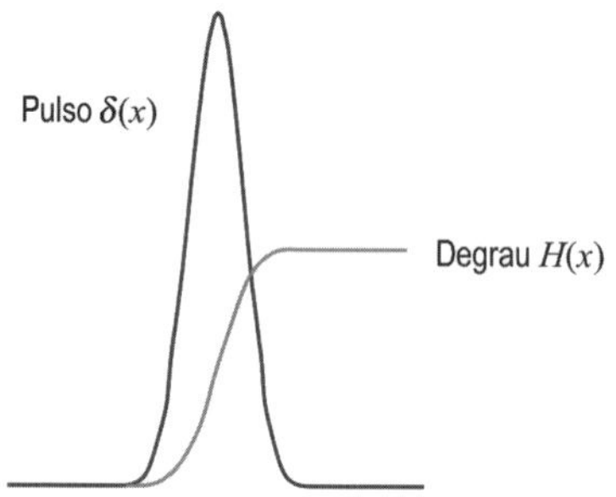


**Figura 15.9**

A solução do problema com condição de borda em termos do delta de Dirac (derivada do degrau) é a derivada (o fluxo) da solução do problema com condição de borda em termos da função degrau.

# PROBLEMAS

## Problema 15.1 Evaporação de um líquido

Considere um tubo cilíndrico, parcialmente cheio com água líquida a 80°C, exposto a uma corrente de ar seco, escoando a uma pressão de 1 bar. Em contato com o ar seco a água evapora e o vapor de água difunde através de uma coluna de ar estagnado de $L = 10$ cm de comprimento. Pode-se supor: (a) que a taxa de evaporação é suficientemente baixa, para que a variação do nível de água no tubo (devido à evaporação) não afete o processo difusivo (estado quase estacionário); (b) que a coluna de ar úmido no tubo se encontra a $p = 1$ bar e $T = 80$°C (constantes e uniformes); (c) que a densidade do ar úmido e a difusividade do vapor de água no ar são constantes, independentes do conteúdo de água no ar; (d) que a pressão parcial da água no ar úmido em contato com a água líquida é igual à pressão de vapor de água (em equilíbrio) a 80°C; (e) que a pressão parcial da água na saída do tubo é 0 (ar seco).

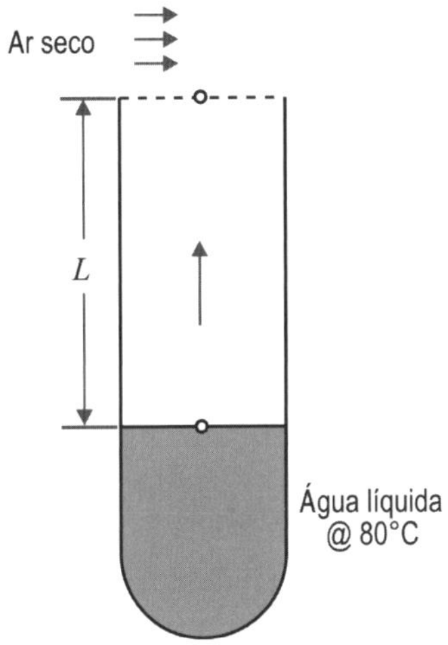


**Figura P15.1.1**

Avalie a variação da altura de líquido no tubo por unidade de tempo. Dados:

- Pressão de vapor de água a 80°C — $p_0 = 47{,}4$ kPa
- Densidade do ar (seco ou úmido) a 80°C — $\rho = 1{,}00 \cdot 10^{-3}$ g/cm$^3$
- Densidade da água líquida a 80°C — $\rho_0 = 0{,}74$ g/cm$^3$
- Difusividade do vapor de água no ar a 1 bar e 80°C — $\mathscr{D}_{AB} = 0{,}22$ cm$^2$/s

Considere o "ar" como uma espécie química de massa molar $M_B = 29{,}0$ g/mol; a massa molar da água é $M_A = 18{,}0$ g/mol.

### *Resolução*

Escolhe-se uma coordenada linear $z$ com origem na superfície do líquido. Chamamos **A** = água, **B** = ar (seco). A fração molar de água no ar úmido para $z = 0$, considerando que o sistema se comporta como um gás ideal, é

$$(y_A)_0 = \frac{p_0}{p} = \frac{47{,}4 \text{ kPa}}{100 \text{ kPa}} = 0{,}474$$

e a fração molar de ar:

$$(y_B)_0 = 1 - (y_A)_0 = 1 - 0{,}474 = 0{,}526$$

A massa molar média do ar úmido nessas condições é

$$\bar{M} = (y_A)_0 M_A + (y_A)_0 M_B = 0{,}474 \cdot 18{,}0 \text{ g/mol} + 0{,}526 \cdot 29{,}0 \text{ g/mol} = 23{,}8 \text{ g/mol}$$

e a fração mássica de água no ar úmido, para $z = 0$:

$$(w_A)_0 = \frac{M_A}{\bar{M}}(y_A)_0 = \frac{18{,}0 \text{ g/mol}}{23{,}8 \text{ kg/mol}} \cdot 0{,}474 = 0{,}359$$

e a fração mássica de ar:

$$(w_B)_0 = 1 - (w_A)_0 = 1 - 0{,}359 = 0{,}641$$

No outro extremo, para $z = L$, temos

$$(w_A)_L = 0, \quad (w_B)_L = 1$$

Portanto,

$$(1 - w_A)_{ml} = (w_B)_{ml} = \frac{(y_B)_L - (y_B)_0}{\ln[(y_B)_L / (y_B)_0]} = \frac{1 - 0{,}526}{\ln(1/0{,}526)} = \frac{0{,}474}{0{,}642} = 0{,}738$$

O fluxo de água (taxa de evaporação) é obtido a partir da Eq. (15.14):

$$n_A = \frac{\rho \mathscr{D}_{AB}}{(w_B)_{ml}} \cdot \frac{\Delta w_A}{L} = \frac{(1 \cdot 10^{-3}\ \text{g/cm}^3) \cdot (0{,}22\ \text{cm}^2/\text{s}) \cdot (0{,}359)}{(0{,}738) \cdot (10\ \text{cm})} = 1{,}07 \cdot 10^{-5}\ \text{g/cm}^2\text{s}$$

A variação da altura do líquido é

$$\rho_0 \frac{dL}{dt} = -n_A$$

ou seja,

$$\rho_0 \frac{dL}{dt} = -\frac{n_A}{\rho_0} = \frac{1{,}07 \cdot 10^{-5}\ \text{g/cm}^2\text{s}}{0{,}74\ \text{g/cm}^3} = 1{,}45 \cdot 10^{-5}\ \text{cm/s}\ \checkmark$$

isto é, pouco mais que 0,5 mm por hora (justifica-se a aproximação de estado quase estacionário). Observe que a aproximação de "solução diluída" envolve um erro de 35% $[(w_{Bml})^{-1} \approx 1{,}35]$.

## Problema 15.2 Difusão através de um filme (I)

Dióxido de carbono (componente **A**) difunde em estado estacionário através de um filme de LDPE (componente **B**) de 0,2 mm de espessura, colocado entre duas correntes de ar, a 1 bar e 25°C, contendo 40% de $CO_2$ (em moles), a primeira ($p_{A1} = 0{,}4$ bar), e 20% (em moles) a segunda ($p_{A1} = 0{,}6$ bar).

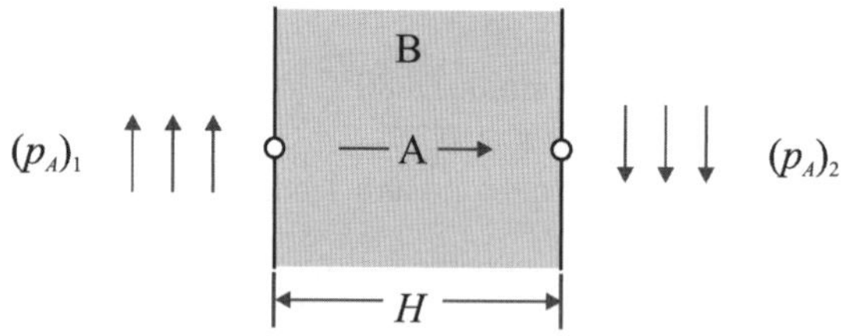


**Figura P15.2.1**

Avalie a fluxo de dióxido de carbono através do filme. Dados:

- Solubilidade do $CO_2$ em LDPE a 25°C — $S_{AB} = 0{,}46$ cm³(STP)/cm³bar
- Difusividade do $CO_2$ em LDPE a 25°C — $\mathscr{D}_{AB} = 0{,}37 \cdot 10^{-6}$ cm²/s
- Densidade do LDPE a 25°C — $\rho_B = 0{,}92$ g/cm³

A massa molar de $CO_2$ é $M_A = 44$ g/mol.

### *Resolução*

Levando em consideração as Eqs. (15.29)-(15.30), onde $K_H$ é dado pela Eq. (14.66)

$$\Delta w_A = \frac{\Delta p_A}{K_H} = \frac{M_A S_{AB} p_0}{\rho_B R T_0} \Delta p_A$$

$$\Delta w_A = \frac{(44{,}0\ \text{g/mol}) \cdot (0{,}46\ \text{cm}^3/\text{cm}^3\text{bar}) \cdot (1{,}013\ \text{bar})}{(0{,}92\ \text{g/cm}^3) \cdot (83{,}15\ \text{cm}^3\text{bar/mol·K}) \cdot (273\ \text{K})} \cdot (0{,}40\ \text{bar}) = 0{,}39 \cdot 10^{-3}$$

O fluxo de $CO_2$, Eq. (12.24):

$$n_A = \rho_B \mathscr{D}_{AB} \frac{\Delta w_A}{H} = \frac{(0,92\ \text{g/cm}^3)\cdot(0,37\cdot 10^{-6}\ \text{cm}^2/\text{s})\cdot(0,39\cdot 10^{-3})}{(0,02\ \text{cm})} = 6,6\cdot 10^{-9}\ \text{g/cm}^2\text{s}\ \checkmark$$

(aproximadamente 12,5 mg de $CO_2$ por $cm^2$ de filme por mês).

## Problema 15.3 Difusão através de um filme (II)

Deseja-se diminuir a permeabilidade do filme plástico do Problema 15.2, substituindo o filme simples por um composto, formado por duas camadas de 0,1 mm, cada uma de LDPE, e uma camada intermediária de 0,02 mm de espessura de um plástico com a mesma densidade e difusividade do $CO_2$ que o LDPE, mas com uma solubilidade de $CO_2$ dez vezes menor. Avalie o fluxo de $CO_2$ através do filme composto, nas condições do problema anterior.

### *Resolução*

Chamando $\delta$ à espessura da "barreira", $K_1$ e $K_2$ às constantes da lei de Henry (inversas das solubilidades) para o LDPE e a "barreira", *r* e *D* à densidade e difusividade comuns, temos

$$(n_A)_{\text{simples}} = \frac{\rho D}{HK_1}\Delta p$$

$$(n_A)_{\text{composto}} = \frac{\rho D}{HK_1 + \delta K_2}\Delta p$$

Portanto,

$$\frac{(n_A)_{\text{composto}}}{(n_A)_{\text{simples}}} = \frac{1}{1+(\delta/H)(K_2/K_1)}$$

Levando em consideração que $\delta = 0,1H$ e $K_2 = 10K_1$,

$$\frac{(n_A)_{\text{composto}}}{(n_A)_{\text{simples}}} = 0,5\ \checkmark$$

## Problema 15.4 Sublimação de uma esfera sólida

Uma esfera de naftalina de 2 cm de diâmetro sublima em ar a 50°C e 1 atm. Avalie a duração do "transiente" inicial e o tempo necessário para que o volume da esfera fique reduzido à metade.

Dados:

| | |
|---|---|
| • Pressão de vapor da naftalina a 50°C | $p^0 = 0,086$ kPa |
| • Difusividade do naftaleno em ar a 50°C e 1 atm | $\mathscr{D}_{AB} = 0,070$ cm²/s |
| • Densidade do naftaleno a 50°C | $\rho_A = 1,14$ g/cm³ |
| • Densidade do ar a 50°C e 1 atm | $\rho_B = 1,09 \cdot 10^{-3}$ g/cm³ |

Considere o "ar" como uma espécie química de massa molar $M_B = 29,0$ g/mol. A massa molar do naftaleno é $M_A = 128,2$ g/mol.

### *Resolução*

Escolhe-se um sistema de coordenadas esféricas com centro na esfera de naftaleno, chamando **A** = naftaleno, **B** = ar. A fração molar de naftaleno no ar para $r = R_0$ é

$$(y_A)_0 = \frac{p_0}{p} = \frac{0,086\ \text{kPa}}{101\ \text{kPa}} = 0,85\cdot 10^{-3}$$

A solução está diluída o bastante para considerar $(y_B)_0 \approx 1$ e $\bar{M} \approx M_B = 29,0$ g/mol. Portanto, a fração mássica de naftaleno no ar, $r = R_0$:

$$(w_A)_0 = \frac{M_A}{\bar{M}}(y_A)_0 = \frac{128,2 \text{ g/mol}}{29 \text{ g/mol}} \cdot 0,85 \cdot 10^{-3} = 3,76 \cdot 10^{-3}$$

Considerando que o naftaleno sublima em ar puro para $t > 0$, o fluxo radial de naftaleno no ar é dado pela Eq. (15.54):

$$n_A = \rho_B \mathscr{D}_{AB} \frac{(w_A)_0}{R_0} \left\{ 1 + \frac{R_0}{\sqrt{\pi \mathscr{D}_{AB} t}} \right\} \tag{P15.4.1}$$

desde que a densidade da mistura diluída naftaleno-ar pode ser tomada como a densidade do ar (componente **B**).

A duração do transiente inicial pode ser avaliada como o tempo $t_0$ necessário para que o segundo termo da direita da Eq. (P15.4.1) fique reduzido a 1% do primeiro (1), isto é,

$$\frac{R_0}{\sqrt{\pi \mathscr{D}_{AB} t_0}} \approx 0,01$$

$$t_0 \approx \frac{10 R_0^2}{\pi \mathscr{D}_{AB}} = \frac{100 \cdot (1 \text{ cm})^2}{3,14 \cdot (0,07 \text{ cm}^2/\text{s})} = 450 \text{ s} \checkmark$$

ou $t_0 \approx 7,5$ min. A variação da massa da esfera é

$$\frac{dm_A}{dt} = \rho_A \frac{dV}{dt} = n_A A \tag{P15.4.2}$$

onde $A = \frac{4}{3}\pi R^2$ e $V = 4\pi R^3$ (área superficial e volume da esfera). Levando em consideração a Eq. (P15.4.1),

$$\rho_A \frac{dR}{dt} = \rho_B \mathscr{D}_{AB} \frac{(w_A)_0}{R} \left\{ 1 + \frac{R}{\sqrt{\pi \mathscr{D}_{AB} t}} \right\} \tag{P15.4.3}$$

e desconsiderando o transiente inicial,

$$R \frac{dR}{dt} \approx \frac{\rho_B}{\rho_A} \mathscr{D}_{AB} (w_A)_0 \tag{P15.4.4}$$

Uma esfera com a metade do volume da esfera original de raio $R_0$ tem um raio $R_1 = R_0/\sqrt[3]{2} = 0,79R_0$. Integrando entre $R = R_0$ para $t = 0$ e $R_1 = 0,79R_0$ para $t = t_{1/2}$:

$$\tfrac{1}{2}(R_1^2 - R_0^2) = -0,105 R_0^2 = -\frac{\rho_B}{\rho_A} \mathscr{D}_{AB} (w_A)_0 t$$

ou

$$t_{1/2} = 0,105 \frac{\rho_A}{\rho_B} \cdot \frac{R_0^2}{\mathscr{D}_{AB} (w_A)_0} = \frac{0,105 \cdot (1,14 \text{ g/cm}^3) \cdot (1 \text{ cm})^2}{(1,09 \cdot 10^{-3} \text{ g/cm}^3) \cdot (0,070 \text{ cm}^2/\text{s}) \cdot (3,76 \cdot 10^{-3})} = 0,42 \cdot 10^6 \text{ s} \checkmark$$

ou $t_{1/2} \approx 5$ dias. Observe que $t_{1/2} \gg t_0$, o que justifica a desconsideração do transiente.

Observe que o problema envolve inicialmente a transferência de massa não estacionária no ar ao redor de uma esfera de raio fixo $R_0$, mas avaliamos o fluxo utilizando a aproximação de estado estacionário para tempos longos, sempre desde uma esfera de raio fixo $R_0$. Depois, consideramos a variação do raio da esfera suficientemente lento para que o fluxo mássico não seja afetado (estado quase estacionário).

## Problema 15.5 Absorção de $CO_2$

Um tubo de 1 m de diâmetro e 2 m de comprimento é utilizado para reduzir o conteúdo de dióxido de carbono ($CO_2$) no ar por absorção em uma solução aquosa. 3,5 L/min da solução (densidade: 1 g/mL, viscosidade: 4,5 mPa), inicialmente livre de $CO_2$, escorregam pela parede interna do tubo e entram em contato com ar contendo inicialmente 20% (moles) de $CO_2$. A temperatura do sistema é de 25°C e a pressão do gás é de 1 atm. A solubilidade do dióxido de carbono na solução a 25°C é de 2 g $CO_2$ por 100 g de solução a 1 atm (pressão parcial de $CO_2$), e a difusividade à mesma temperatura é de $1,5 \cdot 10^{-5}$ cm²/s.

(a) Avalie a taxa de transferência de $CO_2$ do ar para a solução (kg/h).
(b) Avalie a fração molar de $CO_2$ no topo do tubo se uma corrente de 3,6 m³/h de ar com 20% (moles) de $CO_2$ entra pela base do tubo.

Suponha que a resistência à transferência de massa no gás é desprezível comparada com a resistência no filme líquido.

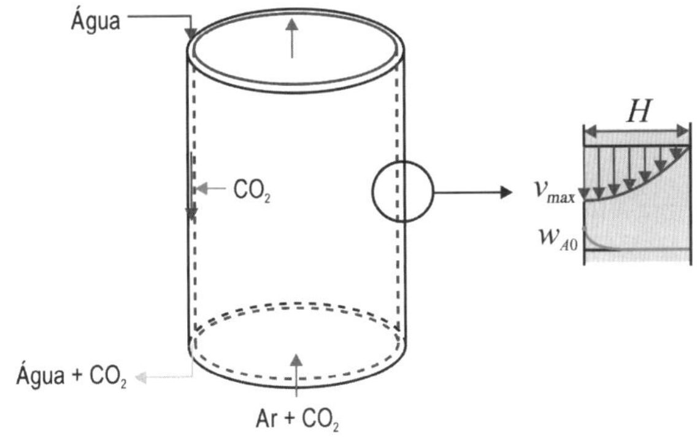


**Figura P15.5.1**

## *Resolução*

**(a)** Se a espessura $H$ do filme líquido for muito menor que o diâmetro $D$ do tubo, o filme pode ser considerado plano, com largura de

$$W = \pi D = 3{,}14 \cdot 1 \text{ m} = 3{,}14 \text{ m}$$

Em unidades do SI, a vazão volumétrica de 3,5 L/min corresponde a

$$Q = \frac{3{,}5 \text{ L/min}}{(1000 \text{ L/m}^3)(60 \text{ s/min})} = 58 \cdot 10^{-6} \text{ m}^3/\text{s}$$

e a espessura do filme, Eq. (5.274):

$$H = \left[\frac{3\eta_B Q}{\rho_B g W}\right]^{1/3} = \left[\frac{3 \cdot (4{,}5 \cdot 10^{-3} \text{ Pa} \cdot \text{s}) \cdot (58 \cdot 10^{-6} \text{ m}^3/\text{s})}{(1 \cdot 10^3 \text{ kg/m}^3) \cdot (9{,}8 \text{ m}^2/\text{s}) \cdot (3{,}14 \text{ m})}\right]^{1/3} = (25{,}4 \cdot 10^{-12} \text{m}^3)^{1/3} = 2{,}9 \cdot 10^{-4} \text{ m}$$

ou 0,3 mm aproximadamente (verifica-se que a espessura do filme é muito menor que o diâmetro do tubo). A velocidade média é

$$\bar{v} = \frac{Q}{WH} = \frac{58 \cdot 10^{-6} \text{ m}^3/\text{s}}{(0{,}29 \cdot 10^{-3} \text{ m}) \cdot (3{,}14 \text{ m})} = 64 \cdot 10^{-3} \text{ m/s}$$

(64 mm/s). O número de Reynolds é

$$Re = \frac{\rho_B \bar{v} H}{\eta_B} = \frac{(1 \cdot 10^3 \text{ kg/m}^3) \cdot (64 \cdot 10^{-3} \text{ m/s}) \cdot (2{,}9 \cdot 10^{-4} \text{ m})}{(4{,}5 \cdot 10^{-3} \text{ Pa} \cdot \text{s})} = 4{,}1 < 5 \ \checkmark$$

Verifica-se que o escoamento é laminar e a interface gás-líquido é plana, Eq. (15.77). Avaliamos agora o número de Péclet modificado:[10]

$$Pe_m \frac{H}{L} = \frac{\bar{v} H^2}{\mathscr{D}_{AB} L} = \frac{(64 \cdot 10^{-3} \text{m/s}) \cdot (2{,}9 \cdot 10^{-4} \text{ m})^2}{(1{,}5 \cdot 10^{-9} \text{m}^2/\text{s}) \cdot (1 \text{ m})} = 1{,}2 \cdot 10^4 \gg 20 \ \checkmark$$

Verifica-se que a espessura de penetração do $CO_2$ no filme é muito menor que sua espessura, Eq. (15.75). Nessas condições, pode-se avaliar a transferência de massa na base da teoria da penetração desenvolvida na Seção 15.4. Vamos designar a componente **A** ao $CO_2$ e a componente **B** à solução líquida (se for necessário chamaremos componente **C** ao ar).

A pressão parcial de $CO_2$ em um gás *ideal* a 1 atm que contém 20% (moles) de $CO_2$ é de 0,2 atm. Portanto, se a lei de Henry é aplicável à solução de $CO_2$ no líquido, a fração mássica de $CO_2$ no líquido na superfície do filme, em equilíbrio com o gás, é

$$w_A^0 = \frac{2 \text{ g } CO_2}{100 \text{ g Líq} \cdot \text{atm}} 0{,}2 \text{ atm} = 4 \cdot 10^{-3} \text{ g } CO_2/\text{g Líq}$$

[10] A combinação $Pe_m \cdot (H/L)$ é chamada, às vezes, *número de Graetz* (de massa).

Levando em consideração que $v_{max} = 1{,}5\bar{v}$, a taxa de transferência de $CO_2$ do gás para o líquido é, Eq. (15.71):

$$\dot{m}_t = \rho w_A^0 LW \sqrt{\frac{6\mathscr{D}_{AB}\,\bar{v}}{\pi L}} = (1 \cdot 10^3 \text{ kg/m}^3)\cdot(4\cdot 10^{-3})\cdot(2\text{ m})\cdot(3{,}14\text{ m})\sqrt{\frac{6\cdot(1{,}5\cdot 10^{-9}\text{ m}^2/\text{s})\cdot(64\cdot 10^{-3}\text{ m/s})}{3{,}14\cdot(2\text{ m})}}$$

$$\dot{m}_t = 0{,}213\cdot 10^{-3}\text{ kg/s} = 0{,}77\text{ kg/h} \checkmark$$

**(b)** Supondo que a mistura $CO_2$-ar comporta-se como gás ideal nas condições do problema (25°C, 1 atm), a vazão mássica de $CO_2$ ($\dot{m}_A^{(g)}$) na fase gasosa pode ser expressa em termos da vazão volumétrica total do gás ($\dot{V}_A$) através da equação de estado:

$$\dot{m}_A^{(g)} = y_A M_A \frac{p\dot{V}}{RT} \tag{P15.5.1}$$

onde $y_A$ é a fração molar de $CO_2$ no gás, $M_A = 44 \cdot 10^{-3}$ kg/mol é a massa molar do $CO_2$, $p = 1$ atm é a pressão do gás (suposta constante ao longo do tubo, queda de pressão dinâmica – correspondente ao atrito viscoso no gás – desprezível), $T = 298$ K é a temperatura absoluta do sistema e $R = 82 \cdot 10^{-6}$ m³atm/K · mol é a constante universal dos gases.

O fluxo mássico de $CO_2$ absorvido pelo líquido através da interface gás-líquido, em condições em que a resistência à transferência de massa no gás é desprezível, é dado pela Eq. (15.69):

$$n_A = \rho w_A^0 \sqrt{\frac{\mathscr{D}_{AB} v_{max}}{\pi z}} \tag{P15.5.2}$$

Supondo que a lei de Henry é aproximadamente válida nas condições do problema, a fração mássica de $CO_2$ no líquido ($w_A^0$) em equilíbrio com um gás a pressão $p$ e com uma fração molar $y_A$ de $CO_2$ é

$$w_A^0 = K y_A p \tag{P15.5.3}$$

onde $K = 0{,}2$ atm$^{-1}$ é a solubilidade do $CO_2$ no líquido nas condições do problema.[11] Levando em consideração que $v_{max} = 1{,}5\bar{v}$, a Eq. (P15.5.2) resulta em

$$n_A = \rho_B y_A K p \sqrt{\frac{3\mathscr{D}_{AB}\bar{v}}{2\pi z}} \tag{P15.5.4}$$

Um balanço global de massa de $CO_2$ em uma fatia de tubo (Figura P15.5.2) resulta em

$$\left(-\dot{m}_A^{(g)}\Big|_{z+\Delta z}\right) - \left(-\dot{m}_A^{(g)}\Big|_z\right) = n_A(\pi D \Delta z) \tag{P15.5.5}$$

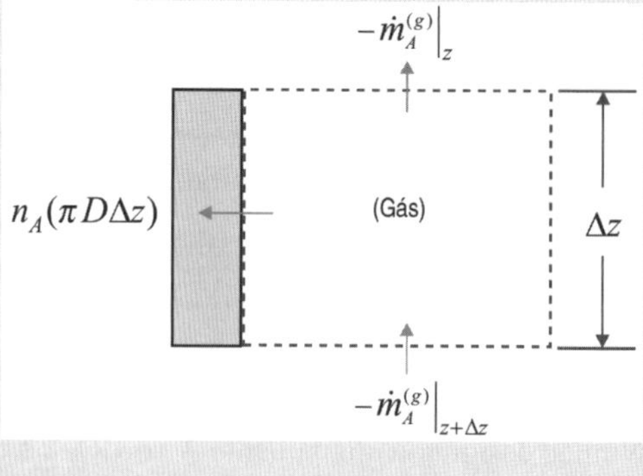


**Figura P15.5.2**

Substituindo as Eqs. (P15.5.1) e (P15.5.4) na Eq. (P15.5.5),

$$-M_A \frac{p\dot{V}}{RT}\left(y_A\big|_{z+\Delta z} - y_A\big|_z\right) = \rho_B y_A p \sqrt{\frac{3\mathscr{D}_{AB}\bar{v}}{2\pi z}}\,\pi D \Delta z \tag{P15.5.6}$$

Observe que a utilização da Eq. (P15.5.4), obtida para um valor constante – independente da coordenada axial $z$ – de $y_A$ (ou $w_A^0$), em uma situação em que $y_A = y_A(z)$, envolve uma aproximação semelhante ao estado

[11] $K$ é a constante da lei de Henry expressa em base molar no gás e mássica no líquido.

quase estacionário, válida para baixas taxas de transferência. No limite $\Delta z \to 0$,

$$\frac{dy_A}{dz} = -\left[\frac{\rho_B DKRT}{M_A \dot{V}}\sqrt{3/2\,\pi \mathscr{D}_{AB}\bar{v}}\right]\frac{y_A}{\sqrt{z}} \quad \text{(P15.5.7)}$$

que pode ser integrada entre $z = 0$, $y_A = y_2$ (saída) e $z = L$, $y_A = y_1$ (entrada):

$$\int_{y_2}^{y_1}\frac{dy_A}{y_A} = -\left[\frac{\rho_B DKRT}{M_A \dot{V}}\sqrt{3/2\,\pi \mathscr{D}_{AB}\bar{v}}\right]\int_0^L \frac{dz}{\sqrt{z}} \quad \text{(P15.5.8)}$$

ou seja,

$$y_2 = y_1 \exp\left\{-\frac{\rho_B DKRT}{M_A \dot{V}}\sqrt{3\pi \mathscr{D}_{AB}\bar{v}L}\right\} \quad \text{(P15.5.9)}$$

$$y_2 = 0{,}2\exp\{-1{,}31\cdot 10^{-3}\} = 0{,}1997$$

A diminuição da concentração é de 0,15%.

### *Observação*

O resultado da parte (b) deste problema mostra que um líquido escorregando na parede interna de um tubo em contracorrente com uma corrente gasosa é um sistema bastante ineficiente para transferir uma substância do gás para o líquido, devido à reduzida área de contato (transferência) entre o líquido e o gás. Se o tubo for recheado com partículas sólidas inertes, e o líquido escorrega entre as mesmas, a área interfacial gás-líquido é muito maior (Figura P15.5.3). Os *leitos de recheio* (Seção 9.4) são utilizados na indústria para a absorção de gases, uma típica operação unitária da engenharia química.

A teoria da penetração desenvolvida na Seção 15.4 e exemplificada neste problema é a base para o desenho e a análise aproximada das *colunas de absorção*.

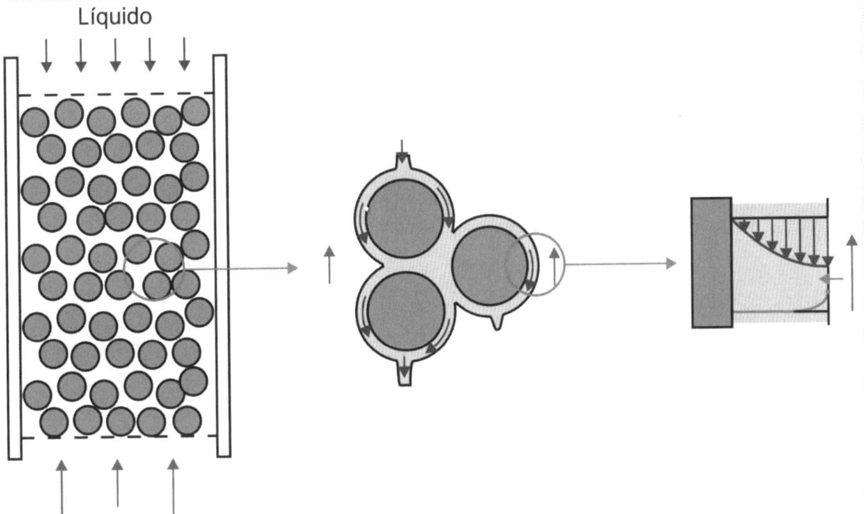


**Figura P15.5.3**

## Problema 15.6 Secagem de um sólido poroso

Deseja-se secar um tubo cerâmico de 25 cm de diâmetro, 50 cm de comprimento e 5 mm de espessura de parede pela exposição a uma forte corrente de ar seco a 80°C e 1 atm (Figura P15.6.1). A massa (inicial) do tubo úmido é de 3,01 kg e a massa do tubo completamente seco é de 3,00 kg. A *difusividade efetiva*[12] do vapor de água no tubo a 80°C foi medida em 0,028 cm²/s.

[12] A difusividade efetiva é medida considerando o material poroso como um sólido homogêneo, e depende, além da difusividade "molecular" na fase gasosa que preenche os poros (no caso presente, a difusividade do vapor de água no ar a 80°C e 1 atm é 0,34 cm²/s), das características do meio poroso: diâmetro dos poros, "tortuosidade" do caminho através deles etc. Para mais informação sobre o assunto, veja M. A. Cremasco, *Fundamentos de Transferência de Massa*. Editora da UNICAMP, 1998, Seção 1.5.

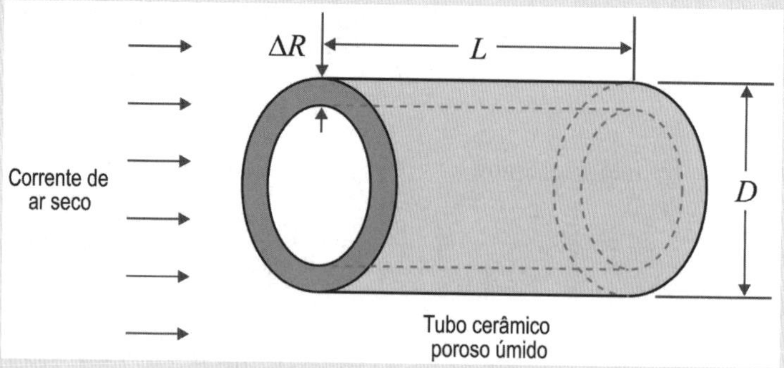


**Figura P15.6.1**

(a) Desconsiderando os efeitos térmicos e considerando que o processo é conduzido à temperatura constante e uniforme de 80°C, avalie o tempo necessário para que a umidade do tubo seja reduzida para 1% do valor inicial.

(b) Que percentagem da umidade (inicial) do tubo poroso está na forma de água líquida? Dados: densidade da cerâmica compacta: 2,40 g/cm³ (independente da temperatura); densidade da água líquida a 80°C: 0,97 g/cm³; densidade do ar seco a 80°C e 1 atm: 1,00 kg/m³; conteúdo de vapor de água no ar saturado a 80°C e 1 atm: 0,55 kg água/kg ar seco.[13]

(c) Discuta (e avalie aproximadamente) os efeitos térmicos. Dados: calor latente de vaporização da água a 80°C: 2300 kJ/kg; calor específico da cerâmica seca: 1,5 kJ/kg°C (independente da temperatura).

## *Resolução*

**(a)** Desconsiderando a curvatura ($\Delta R \ll D$), o tubo pode ser considerado como uma placa plana de espessura $\Delta R$ (semiespessura $H = ½\Delta R = 2{,}5 \cdot 10^{-3}$ m), largura $W = \pi D = 0{,}78$ m e comprimento $L = 0{,}5$ m ($W, L \gg H$). Considerando a cerâmica porosa úmida como um meio homogêneo pseudobinário, componente **A** (água) diluída na componente **B** (o resto: sólido cerâmico e ar seco), o transporte da água do tubo à corrente de ar (isto é, o processo de secagem do tubo) é regido pela versão unidirecional da Eq. (14.55) em coordenadas cartesianas:

$$\frac{\partial w_A}{\partial t} = \mathscr{D}_{eff} \frac{\partial^2 w_A}{\partial y^2} \qquad \text{(P15.6.1)}$$

onde $w_A$ é a fração mássica "macroscópica" da água no tubo e $y$ é uma coordenada normal à superfície do mesmo e com origem no plano central (Figura P15.6.2).

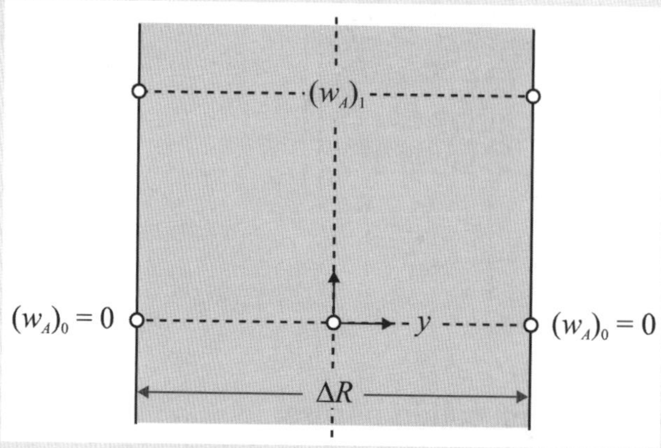


**Figura P15.6.2**

A concentração inicial de água no tubo, distribuída uniformemente, é

$$\text{Para } t = 0,\ -H < y < H: \qquad (w_A)_1 = \frac{m_w}{m_0} = \frac{m_1 - m_0}{m_0} = 0{,}0033 \qquad \text{(P15.6.2)}$$

[13] Chamado *umidade absoluta do ar (saturado) em base seca.*

onde $m_0 = 3{,}00$ kg é a massa do tubo seco e $m_1 = 3{,}01$ kg é a massa do tubo úmido nas condições iniciais; $m_w = m_1 - m_0 = 0{,}01$ kg é a massa de água contida no tubo úmido.

Para $t > 0$, $y = \pm H$:

$$(w_A)_0 = 0 \tag{P15.6.3}$$

Observe que assumimos que a resistência à transferência de massa na corrente de ar é desprezível (comparada com a resistência dentro do tubo) e a água transferida do tubo desaparece instantaneamente, ficando a concentração nula nas superfícies (em equilíbrio com o ar seco). A concentração da água é expressa em base seca, justificável em vista da aproximação de mistura diluída.

A Eq. (P15.6.1) com condição inicial e condições de bordas dadas pelas Eqs. (P15.6.2)-(P15.6.3) é matematicamente idêntica à considerada na Seção 12.2 para a transferência de calor em uma placa plana infinita, substituindo $\mathscr{D}_{eff}$ por $\alpha$, $w_A$ por $T$, $(w_A)_1$ por $T_0$ e $(w_A)_0 = 0$ por $T_1$. Em particular, a expressão para concentração média $\bar{w}_A$ ao tempo $t$, Eq. (12.134) e Tabela 12.2,

$$\frac{\bar{w}_A - (w_A)_1}{0 - (w_A)_1} \approx 1 - \frac{8}{\pi^2}\exp\left\{-\frac{\pi^2}{4}\cdot\frac{\mathscr{D}_{eff}t}{H^2}\right\} \tag{P15.6.4}$$

ou

$$\frac{\bar{w}_A}{(w_A)_1} \approx \frac{8}{\pi^2}\exp\left\{-\frac{\pi^2}{4}\cdot\frac{\mathscr{D}_{eff}t}{H^2}\right\} \tag{P15.6.5}$$

é válida para tempos longos:

$$\frac{t\mathscr{D}_{eff}}{H^2} > 0{,}5 \tag{P15.6.6}$$

O tempo necessário para reduzir a concentração média do valor inicial $(w_A)_1$ para $\bar{w}_A$ é, portanto,

$$t \approx \frac{4H^2}{\pi^2\mathscr{D}_{eff}}\ln\left\{\frac{8}{\pi^2}\cdot\frac{(w_A)_1}{\bar{w}_A}\right\} \tag{P15.6.7}$$

Para $\bar{w}_A = 0{,}01(w_A)_1$ – 1% do conteúdo inicial – temos

$$t_1 = \frac{4\cdot(0{,}25\,\text{cm})^2}{(3{,}14)^2(0{,}028\,\text{cm}^2/\text{s})}\ln\left\{\frac{8\cdot 100}{(3{,}14)^2}\right\} \approx 4\,\text{s}$$

Verificamos que o tempo $t_1$ pode ser considerado como "longo" pela Eq. (P15.6.6):

$$\frac{t_1\mathscr{D}_{eff}}{H^2} = \frac{(4\,\text{s})\cdot(0{,}028\,\text{cm}^2/\text{s})}{(0{,}25\,\text{cm})^2} = 1{,}8 > 0{,}5$$

**(b)** A cerâmica porosa pode ser considerada como composta de uma fase sólida impermeável e compacta, o *sólido cerâmico*, e um "espaço vazio", os *poros* que formam uma rede de canais interconectados, de dimensões (diâmetro equivalente) microscópicas, uniformemente distribuídos no material. No material úmido, o ar saturado de vapor de água preenche o espaço vazio, com o excesso de água (provavelmente) na forma de um filme de água líquida nas paredes dos poros (Figura P15.6.3).

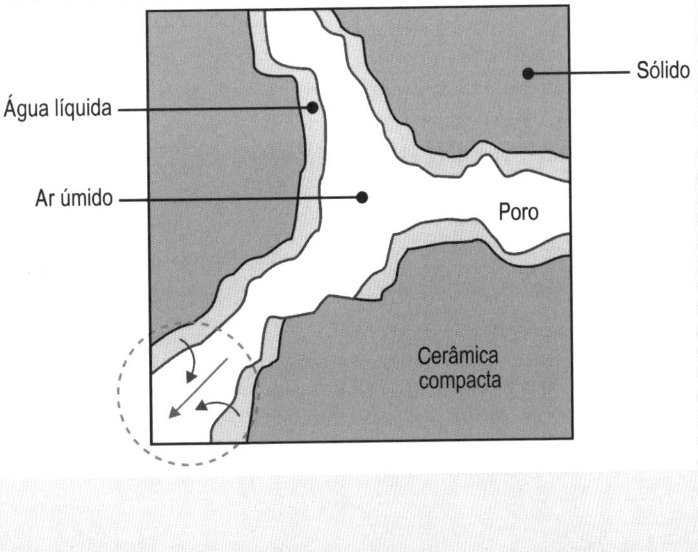


**Figura P15.6.3**

O volume do tubo é

$$V = \pi DL\Delta R = (3{,}14)\cdot(0{,}25\,\text{m})\cdot(0{,}5\,\text{m})\cdot(5\cdot10^{-3}\,\text{m}) = 1{,}96\cdot10^{-3}\,\text{m}^3$$

e o volume ocupado pelo sólido cerâmico é

$$V_S = \frac{m_0}{\rho_S} = \frac{3\,\text{kg}}{2{,}4\cdot10^3\,\text{kg/m}^3} = 1{,}25\cdot10^{-3}\,\text{m}^3$$

onde $\rho_S$ é a densidade do sólido (compacto). A razão entre o volume vazio $V - V_S$ e o volume "macroscópico" $V$ é a *porosidade* do material:

$$\varepsilon = \frac{V - V_S}{V} = \frac{1{,}96\cdot10^{-3}\,\text{m}^3 - 1{,}25\cdot10^{-3}\,\text{m}^3}{1{,}25\cdot10^{-3}\,\text{m}^3} = 0{,}36$$

Isto é, 36% do volume é "espaço vazio", ocupado pelo ar e pela água.

Se chamarmos de $f_L$ a fração (mássica) da água em estado líquido nas condições iniciais, a massa de água é $f_L \cdot m_w$ e o volume ocupado pelo líquido:

$$V_L = \frac{f_L m_w}{\rho_w} \tag{P15.6.8}$$

onde $\rho_w$ é a densidade da água líquida. Portanto, o volume ocupado pelo ar úmido é

$$V_{ar} = \varepsilon V - V_L = \varepsilon V - \frac{f_L m_w}{\rho_w} \tag{P15.6.9}$$

No entanto, a massa de água contida no ar, $(1 - f_L)m_w$, pode ser avaliada como

$$(1 - f_L)m_w = \mathcal{H}_0 \rho_0 V_{ar} \tag{P15.6.10}$$

onde $\rho_0$ é a densidade do ar seco e $\mathcal{H}_0$ é o conteúdo de água no ar em base seca. Substituindo a Eq. (P15.6.9) na Eq. (P15.6.10) e resolvendo para $f_L$,

$$f_L = \frac{\rho_w - \mathcal{H}_0\rho_0\left(\dfrac{\rho_w \varepsilon V}{m_w}\right)}{\rho_w - \mathcal{H}_0\rho_0} \tag{P15.6.11}$$

Avaliando

$$\frac{\rho_w \varepsilon V}{m_w} = \frac{(0{,}97\cdot10^3\,\text{kg/m}^3)\cdot(0{,}36)\cdot(1{,}96\cdot10^{-3}\,\text{m}^3)}{(0{,}01\,\text{kg})} = 68{,}4$$

$$f_L = \frac{\rho_w - \mathcal{H}_0\rho_0\left(\dfrac{\rho_w \varepsilon V}{m_w}\right)}{\rho_w - \mathcal{H}_0\rho_0} = \frac{(970\,\text{kg/m}^3) - (68{,}4)\cdot(0{,}55\,\text{kg/m}^3)}{(970\,\text{kg/m}^3) - (0{,}55\,\text{kg/m}^3)} = 0{,}96$$

Ou seja, 96% da água encontram-se no estado líquido e os 4% restantes como vapor de água no ar úmido. Mas o líquido ocupa uma pequena fração do volume dos poros. A fração volumétrica de líquido é

$$\phi_L = \frac{f_L m_w}{\rho_w \varepsilon V} = \frac{0{,}96}{68{,}4} = 0{,}014$$

ou seja, 1,4% do volume dos poros é preenchido pela água líquida, e os 98,6% restantes pelo ar úmido.

**(c)** A nível microscópico a transferência de massa ocorre por difusão molecular no ar úmido (um gás, o que explica o valor relativamente elevado da difusividade efetiva). Mas o vapor de água do ar úmido, constantemente transferido para fora do tubo, é substituído pela constante vaporização da água líquida nos poros, um processo que requer aporte energético. Nas condições praticamente adiabáticas no interior do meio poroso, o *calor latente de vaporização* é fornecido a expensas da energia interna do material, que é resfriado (diminui sua temperatura), resultando numa queda da difusividade efetiva.[14]

---

[14] O processo é mais complexo que o esquema apresentado: a variação da temperatura afeta todas as propriedades físicas, incluído o conteúdo de água do ar saturado. O leitor interessado pode consultar o capítulo de *psicrometria* (do grego, medição de umidade) num texto de operações unitárias da engenharia química. O objetivo deste problema não é discutir o processo de secagem (uma análise mais realista do mesmo está fora deste curso), mas demonstrar como um conhecimento sumário dos fenômenos de transporte envolvidos permite modelar *em primeira aproximação* o tempo de secagem e avaliar os efeitos térmicos resultantes.

A evaporação de $m_w = 0{,}01$ kg de água requer

$$Q = m_w \Delta \hat{H}_v = (0{,}01\,\text{kg}) \cdot (2309\,\text{kJ/kg}) = 23\,\text{kJ}$$

o que resulta numa queda de temperatura:

$$\Delta T = \frac{Q}{m_0 \hat{c}_s} = \frac{23\,\text{kJ/kg}}{(3{,}0\,\text{kg}) \cdot (1{,}5\,\text{kJ/kg°C})} = 5{,}1\text{°C}$$

onde desconsideramos a capacidade calorífica do ar úmido.

# 16

# MISTURA



## 16.1 INTRODUÇÃO

O *processo de mistura* consiste na obtenção de um material mais ou menos homogêneo e de propriedades uniformes, a partir de dois ou mais materiais com propriedades diferentes. O processo de mistura envolve geralmente sistemas multicomponentes, frequentemente sistemas multifásicos (heterogêneos). Vamos considerar somente o processo de *mistura física*, sem a participação de reações químicas entre as componentes do sistema. O processo de mistura é uma das operações básicas no processamento de materiais. Está presente em praticamente todos os processos de todo tipo de materiais (polímeros, cerâmicos, metais). O processo de mistura é certamente o mais comum e difundido, e talvez o mais importante dos *estágios elementares* (ou "operações unitárias") do processamento de materiais.

Por que é importante misturar? A maioria dos materiais (plásticos reforçados, blendas, concreto, aço etc.) consiste em sistemas heterogêneos, compostos por fases e substâncias diferentes, e suas propriedades (as propriedades são a razão de existir do material) dependem quase sempre criticamente da qualidade da mistura das componentes. Inclusive outros estágios do processamento do material (por exemplo, aqueles que envolvem reações químicas) dependem criticamente do estado de mistura do material durante seu desenvolvimento. Portanto, é essencial para o engenheiro de materiais ter uma noção clara dos fundamentos deste tópico.

Todo mundo tem uma noção intuitiva do que é *mistura*.[1] No entanto, o problema se apresenta quando se tenta definir o termo quantitativamente e com precisão. O que quer dizer, exatamente, mistura? O que quer dizer que um sistema, com idênticas propriedades globais (mesma temperatura e composição média etc.) que outro, está mais (ou melhor) misturado? É necessário responder satisfatoriamente estas questões antes de encarar o estudo dos processos de mistura, que aumentam o *grau de mistura* (ou diminuem o grau de *segregação*) de um material.

### 16.1.1 Escala e Intensidade de Segregação

Sabe-se que o grau de mistura está relacionado com o grau de *uniformidade*[2] das propriedades do sistema. Tomando uma "propriedade-teste" pontual, $f(x)$, para definir a uniformidade (usualmente a composição), podem-se distinguir dois conceitos:

(a) A *intensidade de segregação*, que mede a diferença entre o valor da propriedade nos diferentes pontos do sistema.

(b) A *escala de segregação*, que mede a distância entre pontos vizinhos com valores diferentes dessa propriedade (Figura 16.1).

[1] Em português, a mesma palavra (mistura) designa o ato de misturar (o processo de *mistura*) e o produto do ato (a *mistura* obtida).

[2] Neste texto temos utilizado o termo *homogêneo* para um sistema formado por uma só fase, e *uniforme* para um sistema com iguais propriedades em todo ponto. No estudo das misturas – o mesmo que na linguagem comum – uniformizar e homogeneizar são termos muitas vezes utilizados como sinônimos. Porém, vamos reservar o termo *homogeneizar* para o processo de misturar um sistema heterogêneo (formado por mais de uma fase) pelo procedimento de dividir uma ou mais fases em domínios (partículas) suficientemente pequenos para que o sistema *apareça* homogêneo em um dado nível de observação.

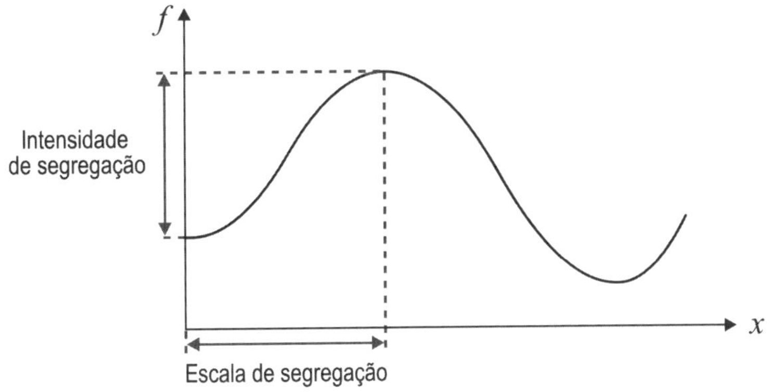


**Figura 16.1**

O objetivo de um processo de mistura consiste em diminuir tanto a intensidade quanto a escala de segregação, até obter um sistema virtualmente uniforme. A clássica Figura 16.2[3] ilustra este processo.

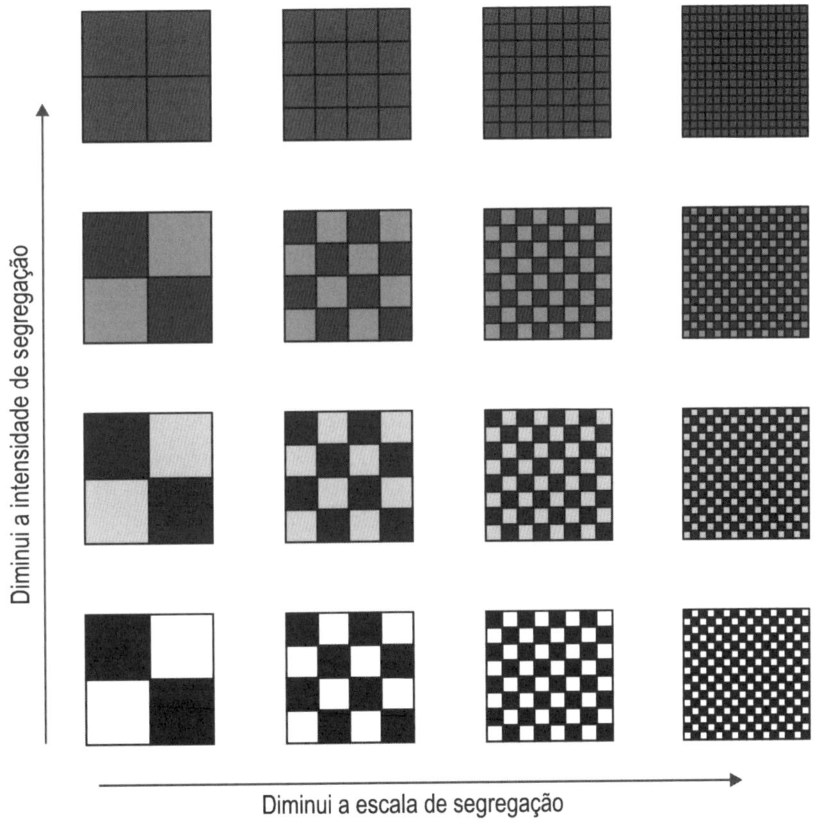


**Figura 16.2**

Trata-se de misturar o material branco e o material preto, inicialmente presentes em poucos domínios de grande tamanho (elevada escala de segregação) de material preto e branco puro (elevada intensidade de segregação).

Um caminho possível consiste em diminuir a *intensidade de segregação* dissolvendo mutuamente os dois materiais sem mudar o tamanho dos domínios (direção vertical na figura). Assim, o material preto se dissolve no branco, formando misturas cada vez mais escuras, e o branco no preto, formando misturas cada vez mais claras (cada uma em seu domínio de grande tamanho), obtendo-se finalmente um material cinza de composição uniforme. Um problema com este caminho é o *tempo*. Sabe-se que a taxa de transferência de matéria (preto ⟶ branco e branco ⟶ preto) depende não só da diferença de concentração, mas da área da superfície através da qual se transporta a substância. Os domínios de grande tamanho têm áreas superficiais pequenas, resultando em uma taxa de transferência bastante reduzida. O tempo necessário para atingir uma homogeneização satisfatória é elevado de-

[3] Por exemplo, Z. Tadmor e C. Gogos, *Principles of Polymer Processing*, 2ª ed. Wiley-Interscience (2006), Figura 7.36.

mais (ainda que se tente aumentar o coeficiente de transferência de matéria – o outro fator de que depende a taxa de transferência – aumentando, por exemplo, a temperatura). Este caminho, embora teoricamente possível, não é praticamente realizável na maioria dos casos.

Outro caminho possível consiste em diminuir a *escala de segregação* dividindo o tamanho dos domínios sem mudar[4] a composição das "partículas", que ficam pretas e brancas (não cinza). Eventualmente, o tamanho das partículas diminui até o ponto em que a mistura *aparece* (para certo nível de observação) cinza, ainda que na realidade seja formada por partículas pretas e brancas muito pequenas. Um problema com este caminho é a *energia*. Dividir o material em partículas suficientemente pequenas requer agitação mecânica, que consome energia; tanto mais energia necessita-se quanto menores sejam as partículas que se deseja obter.

Uma forma mais prática de misturar consiste em utilizar uma combinação dos dois caminhos: dividir os domínios até aumentar a área, de modo que a taxa de transferência atinja valores suficientemente elevados para completar a homogeneização do sistema. A partir de certo tamanho de partícula, o mecanismo de difusão (molecular) – sempre presente – fará *inevitavelmente* desaparecer os gradientes de concentração em um sistema completamente *miscível*. Equilibram-se assim a energia dissipada no processo e o tempo de processamento.

Desde que o processo de mistura requer *tempo* e *energia* (dois fatores que se traduzem em custos elevados) nem sempre é apropriado tentar obter a melhor mistura *possível*, mas somente aquela que resulte em um material adequado ao uso que se pretende dar ao mesmo. Assim, é conveniente, às vezes, considerar a escala de observação do fenômeno de mistura e distinguir entre sistemas que aparecem uniformes a nível macroscópico, microscópico, ou a nível molecular.

### 16.1.2 Mistura Extensiva e Intensiva

Observe que estes conceitos se aplicam, principalmente, a misturas homogêneas em que é *possível* diminuir indefinidamente a intensidade de segregação. Cabe neste ponto distinguir dois casos diferentes: a mistura de um material homogêneo, formado por uma só fase (a mistura de dois ou mais materiais completamente miscíveis), e a mistura de um material heterogêneo, formado por mais de uma fase (a mistura de dois ou mais materiais imiscíveis). No primeiro caso, o processo de mistura chama-se *mistura extensiva* ou *mistura distributiva*. No segundo caso, o processo de mistura chama-se *mistura intensiva* ou *mistura dispersiva*. Neste caso trata-se de diminuir a escala de segregação, por deformação e, eventualmente, ruptura dos domínios. Uma vez que o tamanho dos domínios tenha sido reduzido, é necessário distribuir uniformemente as partículas resultantes. Portanto, a mistura de sistemas heterogêneos envolve tanto dispersão (ruptura) quanto deformação e redistribuição, antes e depois da ruptura.

### 16.1.3 Caos

Há sistemas em que a mistura procede-se através de um processo ordenado (e, portanto, previsível) de *subdivisão* dos domínios e *redistribuição* dos subdomínios assim obtidos, seguindo um caminho parecido com o representado na figura anterior. É o caso dos chamados "misturadores estáticos", analisados nos textos de processamento de polímeros, como o de Tadmor e Gogos, citados na nota de rodapé 3. Porém, na maioria dos misturadores o processo de mistura envolve a subdivisão e redistribuição mais ou menos *aleatória* do material. Esse tipo de processo de mistura *caótica* é bem mais difícil de analisar.[5] No caso limite, a posição de um elemento material,[6] em um tempo $t$ dentro do misturador, é independente da posição desse elemento num tempo anterior $t_0 < t$. Um misturador onde isso acontece é chamado *misturador perfeito*. O comportamento dos misturadores reais aproxima-se em diverso grau a esse padrão. É fácil imaginar que um escoamento turbulento pode-se aproximar da mistura ideal através da intensa agitação mecânica do sistema. No regime de escoamento laminar, dominante na maioria dos processos de interesse na engenharia de materiais, a situação é mais complexa.

Vamos considerar, em primeiro lugar, a mistura de materiais incompressíveis e homogêneos, ocasionada pela simples deformação dos elementos materiais em escoamentos laminares, a chamada *mistura laminar* ou distributiva, e a dependência do grau de mistura no tipo e "intensidade" do escoamento (Seção 16.2). Nem sempre é possível estabelecer os perfis de velocidade e avaliar analiticamente o grau de mistura. Porém, uma análise global

[4] Sendo este um "experimento conceitual", não interessa tornar preciso como é possível dividir os domínios sem dissolver um material no outro.

[5] O estudo rigoroso dos processos de mistura caótica é matematicamente muito complexo e está fora do conteúdo deste curso introdutório; veja, por exemplo, J. M. Ottino, *The Kinematics of Mixing: Stretching, Caos, and Transport*, Cambridge University Press (1989).

[6] Para a presente discussão, vamos chamar elemento material a um subsistema (geralmente pequeno comparado com o tamanho do sistema) fechado e contínuo (isto é, não troca matéria com o resto do sistema ou a vizinhança, e pode percorrer *todos* os pontos do elemento sem sair do mesmo). Um elemento material tem massa constante e não se "quebra" em partes disjuntas, mas pode-se deformar à vontade.

dos padrões de escoamento, através do *tempo de residência* de um elemento material no sistema, permite obter informação útil sobre o grau de mistura (Seção 16.3). A seguir, vamos apresentar brevemente um caso típico de mistura intensiva de grande interesse no processamento de polímeros: a dispersão de um *líquido imiscível* em uma matriz líquida (Seção 16.3). Finalmente, vamos introduzir alguns conceitos que permitem analisar aproximadamente o comportamento dos *misturadores* (Seção 16.4).

## 16.2 MISTURA LAMINAR

### 16.2.1 Mistura e Deformação

Considere um elemento material esférico, de volume $V_0$ e área superficial $A_0$, em um fluido incompressível. A massa de um elemento material é constante (pelo fato de ser um elemento *material*), e se o material for incompressível, o volume $V$ do elemento é constante ($V = V_0$), mas, em geral, sua área superficial $A(t)$ varia durante o escoamento (Figura 16.3).

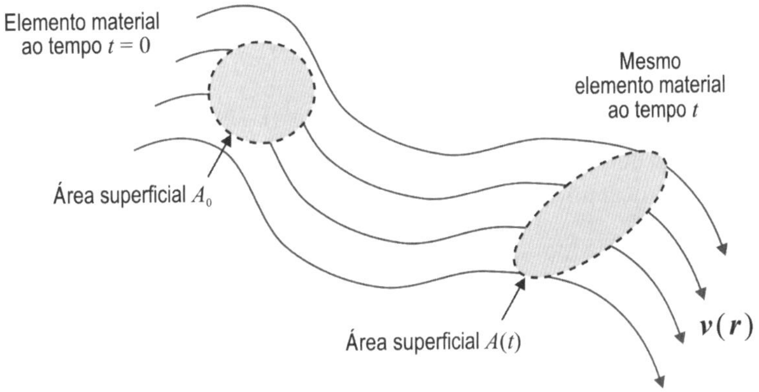


**Figura 16.3**

A quantidade

$$s = \frac{V}{A} = \frac{V_0}{A(t)} \tag{16.1}$$

chamada *espessura de estria*, é um comprimento característico do elemento material, equivalente à escala de segregação. Portanto, a diminuição de $s$ está ligada ao aumento do grau de mistura. A espessura de estria é uma quantidade dimensional que depende do tamanho do elemento material. É conveniente definir o *grau de mistura* adimensional como a variação relativa da área superficial do elemento material:

$$\mu = \frac{A(t)}{A_0} = \frac{A(t)}{V_0} \cdot \frac{V_0}{A_0} = \frac{\frac{1}{6} D_0}{s} \tag{16.2}$$

Qualquer escoamento que resulte na *deformação* do elemento material (isto é, que mude a *forma* do elemento, de esférica para não esférica) vai aumentar o grau de mistura do sistema, desde que a área superficial do elemento deformado seja necessariamente maior que a área superficial do elemento original (a esfera é o corpo com a menor área superficial para um dado volume).

### 16.2.2 Escoamentos Planos Lineares

O movimento de um elemento material pode ser considerado como a soma de três componentes: translação, rotação e deformação. Dos três, somente a deformação resulta num incremento da área superficial e contribui, portanto, para a mistura do material. Vamos considerar o comportamento de uma família de movimentos particularmente de importância em engenharia de materiais: os escoamentos planos lineares de fluidos incompressíveis, em regime laminar e estado estacionário. Estes escoamentos podem ser estudados em detalhe, com técnicas bastante simples, e ilustram muitas características de escoamentos mais complexos e realistas (tridimensionais, não lineares etc.).

Considere um *escoamento plano*, isto é, um escoamento onde o movimento de um elemento material arbitrário fica constrangido a um plano no espaço tridimensional. Os escoamentos planos são bidimensionais[7] e sempre é

[7] Mas nem todos os escoamentos bidimensionais são planos. Os escoamentos *assimétricos*, isto é, simétricos em relação a um *eixo*, como, por exemplo, o escoamento em um tubo cilíndrico, não são planos.

possível escolher um sistema de coordenadas cartesianas $(x, y, z)$ no qual $v_z = 0$. Portanto, para o estado *estacionário*:

$$\begin{aligned} v_x &= v_x(x, y) \\ v_y &= v_y(x, y) \end{aligned} \quad (16.3)$$

Dizemos que o escoamento plano é *linear*, se $v_x$ e $v_y$ são funções lineares das coordenadas $x$ e $y$:

$$\begin{aligned} v_x &= a_0 + a_1 x + a_2 y \\ v_y &= b_0 + b_1 x + b_2 y \end{aligned} \quad (16.4)$$

onde $a_i$ e $b_i$ são constantes. As constantes $a_0$ e $b_0$ correspondem ao movimento de *translação* do sistema e não têm maior interesse nesta discussão. Podem-se supor nulas, $a_0 = b_0 = 0$, isto é, vamos considerar um sistema com um ponto fixo $\boldsymbol{r}_0$ [onde $\boldsymbol{v}(\boldsymbol{r}_0) = 0$] que pode ser tomado como a origem do sistema de coordenadas. Esta suposição é feita para simplificar a notação, mas não é realmente necessária para o desenvolvimento seguinte, desde que estamos interessados no tensor *gradiente de velocidade* $\nabla \boldsymbol{v}$, que inclui somente as derivadas das componentes do vetor velocidade $(a_1, b_1, a_2, b_2)$, mas não as constantes desconsideradas. Pode-se provar que uma expressão geral[8] para todo escoamento plano linear – excluída a translação – de um fluido *incompressível* é

$$v_x = \tfrac{1}{2}(1+k)Gx + \tfrac{1}{2}(1-k)Gy \quad (16.5)$$

$$v_y = -\tfrac{1}{2}(1-k)Gx - \tfrac{1}{2}(1+k)Gy \quad (16.6)$$

onde $G$ e $k$ são dois parâmetros (constantes em estado estacionário) característicos. O parâmetro $G$ (com dimensões de [tempo]$^{-1}$) quantifica a intensidade do escoamento; $k$ (adimensional), sua natureza (Figura 16.4).

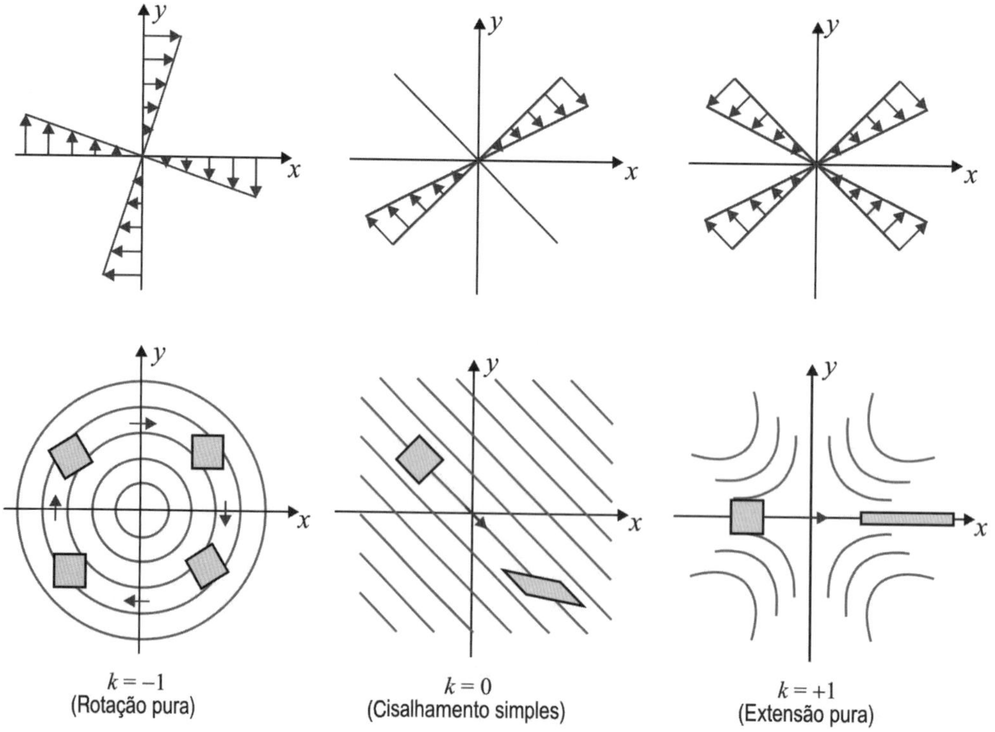


**Figura 16.4**

Para $k = -1$ temos um escoamento de rotação pura. Os elementos materiais giram em órbitas circulares em torno do ponto $\boldsymbol{r} = 0$, com velocidade angular $\dot{\omega} \equiv G$; o perfil de velocidade fica reduzido a

$$\begin{aligned} v_x &= \dot{\omega} y \\ v_y &= -\dot{\omega} x \end{aligned} \quad (16.7)$$

Os elementos materiais não são deformados por este escoamento.

[8] Outras expressões igualmente "gerais" podem ser desenvolvidas; veja, por exemplo, a monografia de Ottino (citada anteriormente), Seção 16.2.

Para $k = 1$ temos um escoamento de extensão pura. As linhas de corrente (as trajetórias dos elementos materiais em estado estacionário) são hipérboles equiláteras. O parâmetro $G$ é a taxa de extensão $\dot{\varepsilon}$, e o perfil de velocidade é

$$\begin{aligned} v_x &= \dot{\varepsilon} y \\ v_y &= -\dot{\varepsilon} x \end{aligned} \tag{16.8}$$

Os elementos materiais são deformados por este escoamento.

Para $k = 0$ temos um escoamento de cisalhamento simples. As linhas de corrente são retas, e o parâmetro $G$ é a taxa de cisalhamento $\dot{\gamma}$. Neste caso, as Eqs. (16.5)-(16.6) simplificam-se para

$$\begin{aligned} v_x &= \tfrac{1}{2}\dot{\gamma}x + \tfrac{1}{2}\dot{\gamma}y \\ v_y &= -\tfrac{1}{2}\dot{\gamma}x - \tfrac{1}{2}\dot{\gamma}y \end{aligned} \tag{16.9}$$

Uma forma mais simples (e conhecida) da Eq. (16.9) obtém-se rotando o sistema de coordenadas em 45° (veja o Anexo A no fim desta seção):

$$\begin{aligned} v_x &= \dot{\gamma} y \\ v_y &= 0 \end{aligned} \tag{16.10}$$

(A rotação do sistema de coordenadas não afeta o caráter do escoamento.) Os elementos materiais são deformados por este escoamento. Observe que o cisalhamento simples pode ser considerado como uma combinação de extensão e rotação (Figura 16.5).

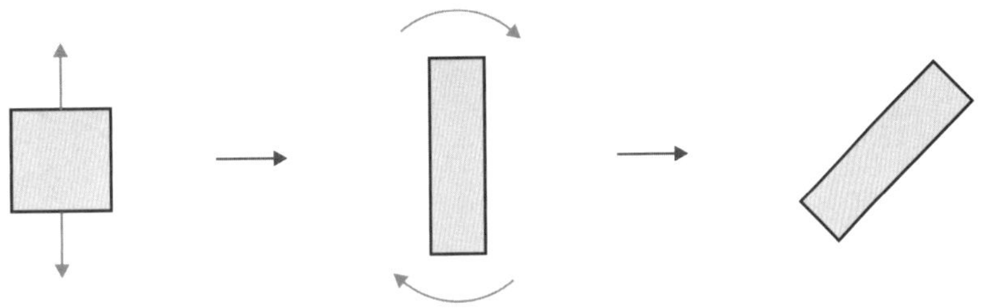

**Figura 16.5**

O parâmetro

$$\alpha = \tfrac{1}{2}(1+k) \tag{16.11}$$

$0 < \alpha < 1$, representa a fração de "extensão" (ou deformação pura) contida no escoamento. Escoamentos com valores elevados de $\alpha$ ($\alpha > 0{,}5$) são chamados *escoamentos fortes*; escoamentos com valores baixos de $\alpha$ ($\alpha < 0{,}5$) são chamados *escoamentos fracos*.

O conceito pode ser generalizado para escoamentos arbitrários (tridimensionais e não necessariamente lineares):

$$\alpha = 1 - \frac{\|\nabla \boldsymbol{v} - \nabla \boldsymbol{v}^{\mathrm{T}}\|}{\|\nabla \boldsymbol{v}\|} \tag{16.12}$$

O numerador do segundo termo na direita – a norma da parte antissimétrica do tensor gradiente de velocidade – é a velocidade angular (local) do fluido. A Eq. (16.12) pode ser avaliada ponto a ponto toda vez que o perfil de velocidade for conhecido, seja através da solução analítica ou numérica das equações de Navier-Stokes, ou determinado experimentalmente.

A deformação de um elemento material tem um custo energético. A deformação *per se* em um fluido homogêneo não requer trabalho, mas o escoamento que produz a deformação dissipa energia devido ao atrito viscoso. Em um misturador, essa energia deve ser fornecida pelo "usuário". A taxa de dissipação de energia por unidade de volume para o escoamento definido pelas Eqs. (16.5)-(16.6) em um fluido newtoniano incompressível de viscosidade $\eta$ é

$$E_v = \eta(\nabla \boldsymbol{v} : \nabla \boldsymbol{v}) = \eta\left[\left(\frac{\partial v_x}{\partial x}\right)^2 + \left(\frac{\partial v_x}{\partial y} + \frac{\partial v_y}{\partial x}\right)^2 + \left(\frac{\partial v_y}{\partial y}\right)^2\right] = \tfrac{1}{2}\eta(1+k)^2 G^2 \tag{16.13}$$

Observe que a rotação pura ($k = -1$) não requer energia, e que a deformação pura ($k = 1$), extensão, requer o máximo.

### 16.2.3 Cisalhamento e Extensão

A área superficial de um elemento material $A(t)$ depende da deformação total imposta ao elemento no intervalo de tempo $t$, assim como do tipo de escoamento, da área inicial do elemento $A_0 = A(0)$ e de sua orientação com referência ao eixo do escoamento.

Observe que a "intensidade" do movimento $G$ é a soma da taxa de deformação $\frac{1}{2}G(1 + k)$ e da velocidade angular $\frac{1}{2}G(1 - k)$. Para um escoamento de extensão pura ($k = 1$) $G$ é efetivamente a taxa de deformação (*strain rate*); desde que $G$ é constante em um escoamento linear, a deformação total (*strain*) no período de tempo $t$ é o produto $Gt$. Neste caso, utilizamos a notação $G \equiv \dot{\varepsilon}$.

Para um escoamento de cisalhamento simples ($k = 0$) o parâmetro $G$ é chamado taxa de cisalhamento (*shear rate*). Neste caso, $Gt$ é o "cisalhamento total" (*shear strain*) que, como já vimos, inclui metade da deformação e metade da rotação. Neste caso utilizamos a notação $G \equiv \dot{\gamma}$. A taxa de deformação em um escoamento de cisalhamento simples é, portanto, $\frac{1}{2}\dot{\gamma}$, e a deformação total, $\frac{1}{2}\dot{\gamma}t$.

Pode-se provar[9] que a deformação de um elemento material de forma esférica, em um tempo $t = 0$, resulta em um esferoide prolato[10] no tempo $t$ (Figura 16.6).

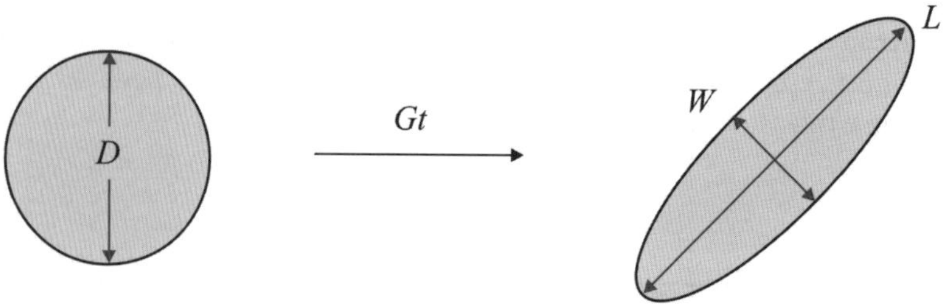


**Figura 16.6**

A escolha de um elemento material inicialmente esférico facilita o estudo da deformação, que será independente da orientação inicial do elemento com referência ao escoamento. Além disso, a forma esferoidal do elemento deformado é a mesma, qualquer que seja o tipo de escoamento. Porém, a área superficial (e, portanto, o grau de mistura) depende, e muito, do parâmetro $\alpha$.

Considere o caso limite de escoamento de cisalhamento simples, $k = 0$, $G = \dot{\gamma}$, $Gt = \gamma$. Neste caso, o diâmetro maior do esferoide $L$ é dado por

$$\frac{L}{D} = \left[1 + \tfrac{1}{2}\gamma^2 + \tfrac{1}{2}\gamma(4 + \gamma^2)^{1/2}\right]^{1/2} \tag{16.14}$$

onde $D$ é o diâmetro da esfera inicial ($t = 0$). Observe que $L = L(t)$, desde que $\gamma = \dot{\gamma}t$ e $\dot{\gamma}$ é constante. O diâmetro menor $W$ pode ser obtido da conservação do volume, considerando que o volume de uma esfera de diâmetro $D$ é

$$V_0 = \tfrac{1}{6}\pi D^3 \tag{16.15}$$

e que o volume[11] do esferoide prolato de diâmetro maior $L$ e diâmetro menor $W$ é

$$V = \tfrac{1}{6}\pi L W^2 \tag{16.16}$$

Portanto,

$$V = V_0 \Rightarrow \frac{W}{D} = \left(\frac{L}{D}\right)^{-1/2} \tag{16.17}$$

ou seja,

$$\frac{W}{D} = \left[1 + \tfrac{1}{2}\gamma^2 + \tfrac{1}{2}\gamma(4 + \gamma^2)^{1/2}\right]^{-1/4} \tag{16.18}$$

[9] A prova desta afirmação está fora do escopo deste curso introdutório; veja, por exemplo, a monografia de Ottino (citada anteriormente), ou A. L. Coimbra, *Lições de Mecânica do Contínuo*, Edgar Blücher/Editora da Universidade de São Paulo (1978).

[10] Esferoide *prolato* (forma de charuto ou esfera "esticada" ao longo de um diâmetro) é o sólido obtido por rotação de uma elipse em torno do eixo maior (esferoide *oblato*, esfera "achatada" ao longo de um diâmetro, por rotação em torno do eixo menor); as seções que contêm o eixo maior são elipses, as normais ao mesmo são círculos. Veja a Seção 9.3.4.

[11] As fórmulas para o volume e a área superficial dos esferoides podem ser obtidas em obras de referência, em velhos textos de geometria, ou – trabalhosamente – por integração.

A área superficial da esfera inicial é

$$A_0 = \pi D^2 \tag{16.19}$$

e a do esferoide resultante é

$$A \approx \tfrac{1}{2}\pi LW \tag{16.20}$$

para $L \gg W$, que é o caso de interesse.[12] Levando em consideração as Eqs. (16.14)-(16.20), obtém-se

$$\frac{A}{A_0} \approx \tfrac{1}{2}\left[1 + \tfrac{1}{2}\gamma^2 + \tfrac{1}{2}\gamma(4+\gamma^2)^{1/2}\right]^{1/2} \tag{16.21}$$

Uma boa aproximação para $\gamma > 5$ é

$$\boxed{\mu = \frac{A}{A_0} \approx \tfrac{1}{2}\gamma = \tfrac{1}{2}\dot{\gamma}t} \tag{16.22}$$

Isto é, em um escoamento de cisalhamento simples o grau de mistura aumenta *linearmente* com a deformação. Os misturadores onde o escoamento dominante é de cisalhamento são chamados *misturadores lineares*.

Considere agora o outro caso limite, o escoamento extensional puro, $\alpha = 1$, $G = \dot{\varepsilon}$, $Gt = \varepsilon$. Neste caso, o diâmetro maior do esferoide $L$ é dado por

$$\frac{L}{D} = \exp(\varepsilon) \tag{16.23}$$

Observe que $L = L(t)$, desde que $\varepsilon = \dot{\varepsilon}t$ e $\dot{\varepsilon}$ é constante. O diâmetro menor $W$ pode ser obtido, da mesma forma que no caso anterior, a partir da conservação do volume:

$$\frac{W}{D} = \exp(-\tfrac{1}{2}\varepsilon) \tag{16.24}$$

Substituindo as Eqs. (16.23)-(16.24) na Eq. (16.20), e levando em consideração a Eq. (16.19),

$$\frac{A}{A_0} = \tfrac{1}{2}\exp(\tfrac{1}{2}\varepsilon)\{1 + \exp(-\tfrac{3}{2}\varepsilon)\} \tag{16.25}$$

Uma boa aproximação para $\varepsilon > 2$ é

$$\boxed{\mu = \frac{A}{A_0} \approx \tfrac{1}{2}\exp(\tfrac{1}{2}\varepsilon) = \tfrac{1}{2}\exp(\tfrac{1}{2}\dot{\varepsilon}t)} \tag{16.26}$$

Isto é, em um escoamento de extensão pura o grau de mistura aumenta *exponencialmente* com a deformação (Figura 16.7). Os misturadores onde o escoamento dominante é de extensão são chamados *misturadores exponenciais*.

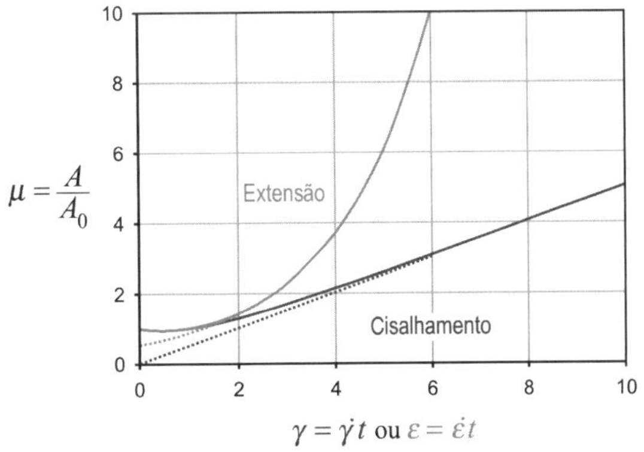


**Figura 16.7**

À igual intensidade de deformação $G$ ($\dot{\gamma}$ ou $\dot{\varepsilon}$) o grau de mistura aumenta muito mais rápido no escoamento extensional do que no escoamento de cisalhamento. As linhas pontilhadas no gráfico representam as aproximações assintóticas, Eqs. (16.22) e (16.26). Observe que para baixas deformações ($Gt < 2$) o grau de mistura é pra-

[12] Lembre-se de que sen $x \approx x$ para $x \ll 1$.

ticamente independente do tipo de escoamento, mas, na medida em que aumenta a deformação, a diferença entre a mistura linear e a mistura exponencial aumenta dramaticamente (para $Gt = 5$ a relação é de 2:1, para $Gt = 20$ a relação é de 1000:1).

Sendo a mistura em escoamentos extensionais bem mais eficiente do que em escoamentos cisalhantes, pode-se perguntar por que a maioria dos misturadores laminares na indústria e no laboratório opera com escoamentos essencialmente de cisalhamento. O problema é que, em equipamentos razoavelmente dimensionados, é praticamente impossível manter um escoamento extensional durante o tempo suficiente para aproveitar a diferença; se o tempo for curto ($Gt < 3$), a eficiência do escoamento extensional é semelhante à do escoamento de cisalhamento.

## 16.2.4 Estagiamento

Por que a diferença? É verdade que, para um valor dado de $Gt$, o cisalhamento envolve metade da deformação que a extensão, mas a diferença é bem maior que um fator de 2 para $Gt > 3$, e não é só quantitativa. O fato é que a rotação contida no cisalhamento tende a alinhar os elementos materiais já deformados com o eixo do escoamento, que é bastante sensível à *orientação* dos mesmos (Figura 16.8).

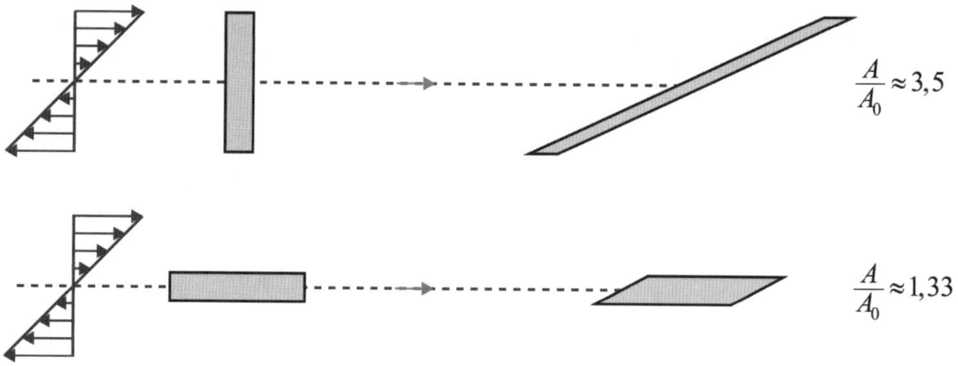


**Figura 16.8**

Na figura (os dois casos têm o mesmo valor de $Gt$), a deformação no elemento material favoravelmente orientado (acima, completamente desalinhado) é maior que a deformação no elemento desfavoravelmente orientado (em baixo, completamente alinhado). O fato explica também por que a deformação inicial (para $Gt < 3$) é semelhante para cisalhamento e extensão: a deformação de elementos esféricos é independente da orientação.

Isso sugere uma possível solução ao dilema: reorientar os elementos materiais parcialmente deformados na metade do processo e "começar de novo", aproveitando o fato de que, no início, a deformação de cisalhamento não é tão ruim. O procedimento pode ser generalizado, dividindo o processo em uma série de *estágios* com reordenação dos elementos materiais entre estágio e estágio.

Às vezes é possível controlar a reorientação com mais ou menos precisão (por exemplo, nos chamados *misturadores estáticos*, em que muda o eixo do escoamento entre estágios). É mais simples, comum e versátil provocar um *reordenamento aleatório* ou "randomização" dos elementos materiais entre estágios sucessivos. Dessa forma, uma fração dos elementos estará mais ou menos favoravelmente orientada no início de cada estágio.

Considere um processo de mistura laminar, em escoamento de cisalhamento, dividida em $N$ estágios, $i = 1, 2, \ldots, N$. O grau de mistura no estágio $i$ pode ser avaliado pela Eq. (16.22):

$$\frac{A_i}{A_{i-1}} = p(\tfrac{1}{2}\gamma_i) \tag{16.27}$$

onde $A_i$ é a área superficial de um elemento material na saída do estágio $i$; $A_{i-1}$ é a área superficial do mesmo elemento na entrada do estágio $i$ (isto é, na saída do estágio $i$-1; vamos supor que o reordenamento entre estágios não incrementa sensivelmente a deformação dos elementos); e o fator $p$ depende da orientação do elemento material com referência à direção do escoamento. Se entre estágios sucessivos o material for "misturado", os elementos materiais serão reorientados de forma aleatória; nesse caso pode-se tomar o valor médio $p \approx \tfrac{1}{2}$. Se a deformação total $\gamma$ for distribuída uniformemente entre todos os estágios, $\gamma_i = \gamma/N$:

$$\frac{A_i}{A_{i-1}} \approx \frac{\tfrac{1}{4}\gamma}{N} \tag{16.28}$$

Finalmente, o grau de mistura global pode ser avaliado como

$$\mu = \frac{A_N}{A_0} = \frac{A_1}{A_0} \cdot \frac{A_2}{A_1} \cdot \ \cdots \ \cdot \frac{A_N}{A_{N-1}} \approx \left( \frac{\frac{1}{4}\dot{\gamma}}{N} \right)^N \tag{16.29}$$

Se o número de estágios for elevado, o grau de mistura em um misturador linear estagiado atinge um nível comparável (ainda que menor) com o grau de mistura em um misturador exponencial com a mesma deformação total.[13]

Por exemplo, uma deformação total de 200 unidades, imposta de forma contínua em um elemento de volume em um escoamento de cisalhamento, resulta em um aumento de área $A/A_0 = 100$. Se a mesma deformação (200 unidades) for imposta na forma de 10 estágios de 20 unidades cada um, com reorientação aleatória entre estágios, o aumento de área será $A/A_0 \approx 5^{10} \approx 10^4$, isto é, 100 vezes maior.

Apresentamos aqui um clássico exemplo de mistura laminar que pode ser facilmente reproduzido no laboratório (Figura 16.9). Trata-se de uma cavidade bidimensional onde o material escoa por efeito do movimento das paredes (escoamento plano, basicamente cisalhamento simples).

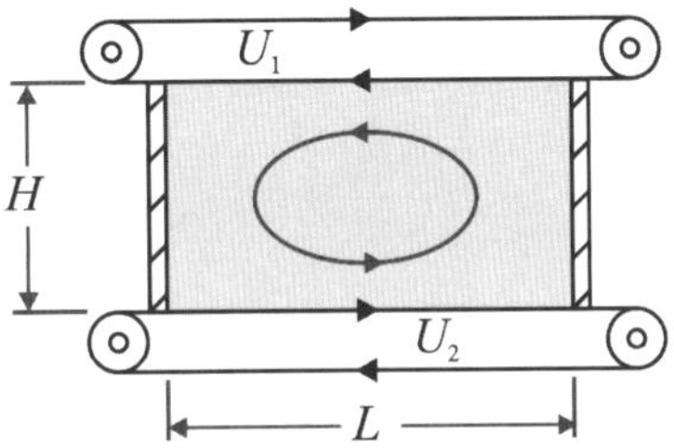


**Figura 16.9**

No exemplo, a cavidade tem $L = 10{,}3$ cm de comprimento e $H = 6{,}2$ cm de largura. As paredes superior e inferior se movem com velocidade uniforme em direções opostas $U_1 = -U_2 = 1{,}6$ cm/s. A caixa contém um fluido altamente viscoso, disponível em duas cores contrastantes (os materiais de diferente cor são completamente miscíveis, mas a difusividade é muito baixa).

Na Figura 16.10[14] observa-se o destino de um cilindro de material "branco" inicialmente localizado no centro da caixa e orientado favoravelmente (normal às paredes móveis) depois de 5 minutos (300 segundos) de iniciado o movimento.

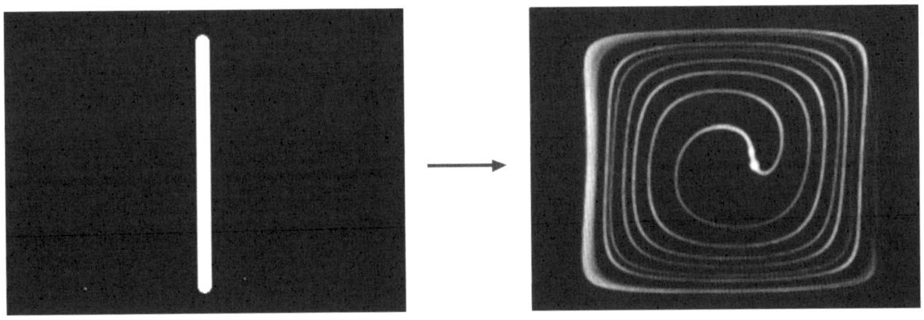

**Figura 16.10**

Este é um caso de misturador linear.

A taxa de cisalhamento entre placas planas paralelas infinitas, Eq. (3.39), resulta em $\dot{\gamma} \approx 0{,}5\ \text{s}^{-1}$ e $\gamma \approx 150$. A Eq. (16.22) permite avaliar $\mu \approx 75$. Para simular o estagiamento, a Figura 16.11[15] mostra um caso de velocidades de parede periódicas:

$$U_1 = U_0 \,\text{sen}^2 (\pi t / T), \quad U_2 = -U_0 \,\text{sen}^2 (\pi t / T - \tfrac{1}{2}\pi) \tag{16.30}$$

---

[13] Lembre-se do limite: $\lim_{N \to \infty} \left( 1 + \frac{x}{N} \right)^N = \exp(x)$

[14] Ottino, *op. cit.*, p. 203. Figura 16.14: © 1989 Cambridge University Press. Reproduzida com autorização.

[15] Ottino, *op. cit.*, p. 206-207. Figura 16.11: © 1989 Cambridge University Press. Reproduzida com autorização.

com $U_0 = 2{,}7$ cm/s e o período $T = 20$ s. O tempo total é o mesmo que no caso anterior (300 s) e, se fizermos corresponder um estágio para cada período, temos aproximadamente 15 "estágios". Para $\gamma \approx 160$ o grau de mistura, avaliado pela Eq. (16.29), é $\mu \approx 2{,}5 \cdot 10^6$.

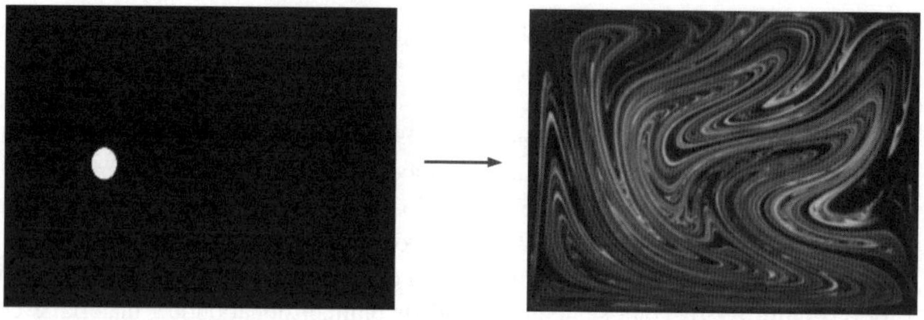

**Figura 16.11**

Para o mesmo valor da deformação total ($\frac{1}{2}\gamma \approx 75$) o estagiamento incrementou o grau de mistura em mais de 30.000 vezes.[16]

## 16.2.5 Redistribuição

Para obter uma mistura uniforme o processo de mistura laminar, baseado na deformação dos elementos materiais, continua até atingir a escala de segregação (espessura de estria) adequada à aplicação do produto que está sendo misturado. Eventualmente atinge-se o nível de espessura nos filamentos (unidimensionais) ou lamelas (bidimensionais) obtidos por deformação em que a difusão molecular completa o processo de mistura,[17] obtendo-se um material perfeitamente uniforme. Às vezes, as estruturas obtidas na mistura laminar sofrem um processo de ruptura em um estágio intermediário (Figura 16.12).

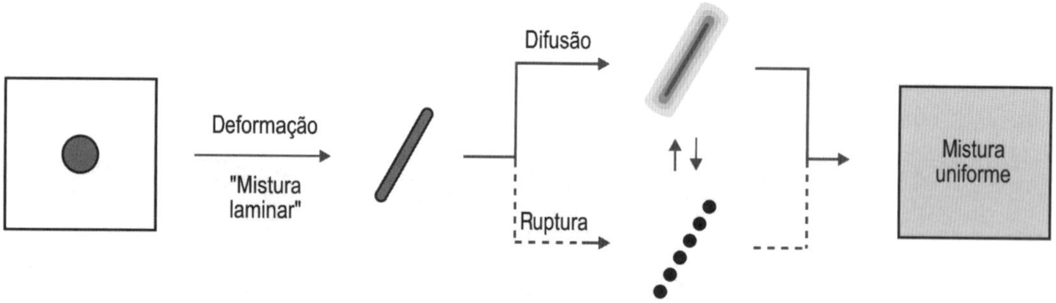


**Figura 16.12**

Em princípio, o resultado dos processos descritos é uma mistura *localmente* uniforme que se deve uniformizar a nível *global* através da redistribuição ("homogeneização") dos elementos materiais.

O processo de homogeneização em escala global é difícil de quantificar e depende, em geral, dos detalhes específicos da geometria do misturador e dos padrões de fluxo nele gerados. Tradicionalmente o processo de redistribuição era considerado parte da "arte de misturar", com base na experiência. Nos últimos 20 anos tem sido desenvolvida uma teoria da *mistura caótica* que pode "explicar" o processo de mistura distributiva e conduzir ao desenho racional de misturadores. Porém, a consideração deste assunto vai muito além do nível e conteúdo deste texto introdutório de fenômenos de transporte.

Uma ideia de como o processo de redistribuição pode acontecer obtém-se observando um dos processos de mistura mais antigos de que se tem conhecimento: o procedimento utilizado desde tempo imemorial por profissionais

[16] As aproximações utilizadas são muito grosseiras (a cavidade não é infinita, a reorientação em um período é menor 50% etc.) e os valores numéricos pouco confiáveis, mas a simples comparação das duas figuras mostra que o efeito do estagiamento no grau de mistura é enorme...

[17] O tempo necessário para completar o processo de mistura por difusão é da ordem de magnitude de $s^2/\mathcal{D}_{AA}$, sendo $s$ a espessura de estria, Eq. (16.1), e $\mathcal{D}_{AA}$, o *coeficiente de autodifusão* (a difusividade do material nele mesmo), muito pequeno na maioria dos casos de interesse em engenharia de materiais.

e donas de casa para misturar a massa de bolo. Os ingredientes (farinha, água etc.) são primeiro misturados grosseiramente para formar uma massa. A massa é logo "amassada": esticada, dobrada, esticada novamente, dobrada novamente etc., repetindo este procedimento um número de vezes até obter a mistura uniforme dos ingredientes. Cada instância de estiramento/dobra pode ser representada graficamente; Figura 16.13.

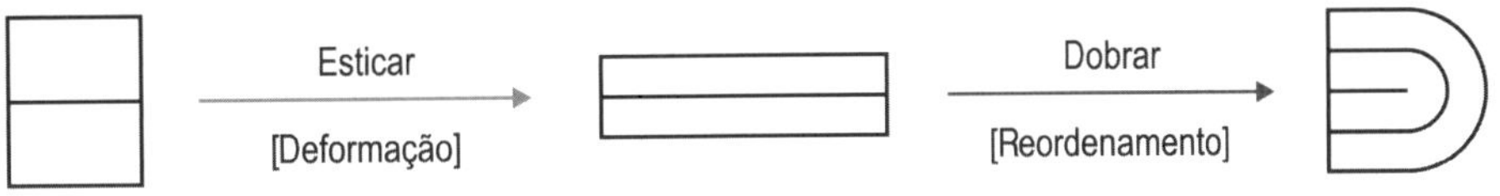


**Figura 16.13**

Observe que a primeira parte (seta cinza-clara) de cada estágio (*esticar*) corresponde à deformação dos elementos materiais da massa através da mistura laminar já analisada; a segunda parte (seta cinza-escura) do estágio (*dobrar*) corresponde ao reordenamento ou redistribuição dos mesmos.[18] A dupla esticar/dobrar é repetida muitas vezes. Este procedimento é conhecido na literatura técnica como a "transformação do padeiro" (*baker's transformation*).

A Figura 16.14 mostra esquematicamente – ao longo de três estágios (três aplicações sucessivas da "transformação do padeiro" em uma dimensão)[19] – o destino do material preto, inicialmente localizado na metade superior do elemento.

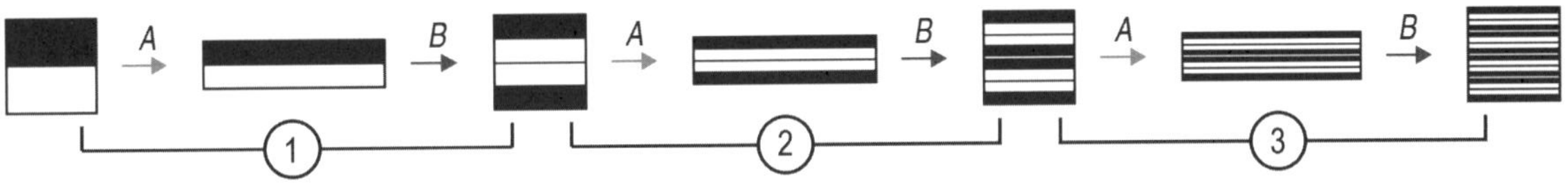


**Figura 16.14**

O material preto foi razoavelmente redistribuído em toda a largura do elemento. O material, que antes estava localizado em uma parte definida do elemento, aparece agora por todas as partes. Generalizando: o conhecimento *aproximado* da posição inicial de um ponto material não permite predizer com a mesma aproximação a posição final do mesmo. Esta característica é justamente uma das consequências da *mistura caótica* (que chamamos antes "mistura perfeita"). Observe que o caráter aleatório da mistura é obtido através da repetição de estágios perfeitamente "deterministas". E o coitado do padeiro que – como a personagem de Molière, que falava prosa sem saber – tinha misturado caoticamente suas massas esse tempo todo!

## 16.2.6 Bibliografia

A teoria da mistura laminar é desenvolvida detalhadamente em J. M. Ottino, *The Kinematics of Mixing: Stretching, Caos, and Transport*, Cambridge University Press, 1989. O nível dessa monografia é bastante elevado. Uma introdução mais amena do assunto encontra-se em quase todos os livros-textos de processamento de polímeros, especialmente Z. Tadmor e C. Gogos, *Principles of Polymer Processing*, 2ª ed. Wiley-Interscience, 2006, Capítulo 7. Para mais detalhes a um nível relativamente acessível, o leitor interessado pode consultar L. Erwin, "Principles of Fluid/Fluid Mixing", em C. Rauwendaal (editor), *Mixing in Polymer Processing*. Dekker, 1991, pp. 1-16; e C. Tucker III, "Mixing of Miscible Liquids", em Manas-Zloczower (editor), *Mixing and Compounding of Polymers. Theory and Practice*, 2nd ed. Hanser, 2009, pp. 5-40.

A recente compilação editada por Ica Manas-Zloczower (a primeira edição, em 1994, foi editada por Zehev Tadmor e Ica Manas) é o ponto de partida indispensável para o estudo da mistura de materiais de elevada viscosidade (polímeros fundidos em particular). Todos os interessados em mistura dentro do contexto da engenharia de materiais, tanto na academia quanto na indústria, deveriam se familiarizar com a obra.

[18] Em misturadores geometricamente constrangidos, o material se dobra por efeito das paredes da câmara de mistura (primeiro exemplo da subseção anterior).

[19] Na prática do amassado de bolos, a massa é frequentemente girada 90° entre esticada e esticada, levando a uma "transformação do padeiro" bidimensional...

### *Anexo A Efeito da rotação do sistema de coordenadas nas componentes do vetor v(r)*

Lembremos alguns resultados da geometria analítica. Seja o vetor $\boldsymbol{v}$ de componentes $v_x$, $v_y$ em um sistema de coordenadas cartesianas $(x, y)$:

$$\begin{aligned} v_x &= a_1 x + a_2 y \\ v_y &= b_1 x + b_2 y \end{aligned} \tag{16.31}$$

Uma rotação do sistema de coordenadas $(x, y) \rightarrow (x', y')$ de ângulo $\phi$ (Figura 16.15) resulta na transformação das componentes do vetor $\boldsymbol{v}$, $(v_x, v_y) \rightarrow (v'_x, v'_y)$, onde

$$v'_x = v_x \cos\phi + v_y \operatorname{sen}\phi \tag{16.32}$$

$$v'_y = -v_x \operatorname{sen}\phi + v_y \cos\phi \tag{16.33}$$

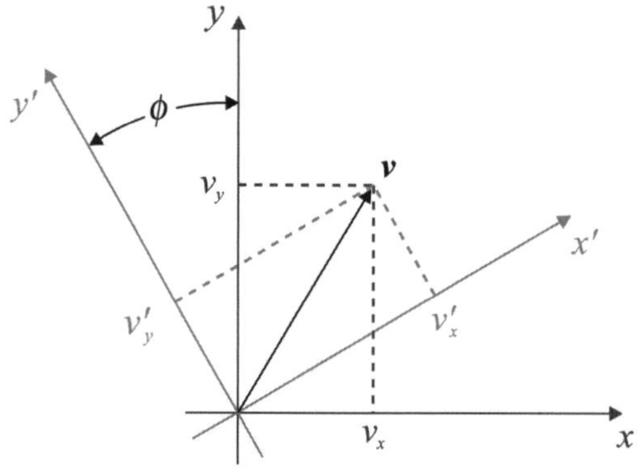


**Figura 16.15**

Substituindo a Eq. (16.31) na Eq. (16.32),

$$v'_x = (a_1 x + a_2 y)\cos\phi + (b_1 x + b_2 y)\operatorname{sen}\phi \tag{16.34}$$

ou seja,

$$v'_x = \left(a_1 \cos\phi + b_1 \operatorname{sen}\phi\right)x + \left(a_2 \cos\phi + b_2 \operatorname{sen}\phi\right)y \tag{16.35}$$

Substituindo a Eq. (16.31) na Eq. (16.33),

$$v'_y = -(a_1 x + a_2 y)\operatorname{sen}\phi + (b_1 x + b_2 y)\cos\phi \tag{16.36}$$

ou seja,

$$v'_y = \left(-a_1 \operatorname{sen}\phi + b_1 \cos\phi\right)x + \left(-a_2 \operatorname{sen}\phi + b_2 \cos\phi\right)y \tag{16.37}$$

As Eqs. (16.34)-(16.37) expressam as componentes do vetor $\boldsymbol{v}$ no novo sistema de coordenadas. Porém, as componentes de $\boldsymbol{v}$ são funções (lineares) das coordenadas (isto é, das componentes do vetor posição $\boldsymbol{r}$). É necessário expressar essas componentes em termos do novo sistema de coordenadas através da transformação inversa do vetor posição $\boldsymbol{r}$, $(x', y') \rightarrow (x, y)$:

$$\begin{aligned} x &= x' \cos\phi - y' \operatorname{sen}\phi \\ y &= x' \operatorname{sen}\phi + y' \cos\phi \end{aligned} \tag{16.38}$$

Substituindo na Eq. (16.35),

$$v'_x = \left(a_1 \cos\phi + b_1 \operatorname{sen}\phi\right)\left(x' \cos\phi - y' \operatorname{sen}\phi\right) + \left(a_2 \cos\phi + b_2 \operatorname{sen}\phi\right)\left(x' \operatorname{sen}\phi + y' \cos\phi\right) \tag{16.39}$$

ou seja,

$$\begin{aligned} v'_x = &\left[a_1 \cos^2\phi + (a_2 + b_1)\operatorname{sen}\phi\cos\phi + b_2 \operatorname{sen}^2\phi\right]x' \\ &+ \left[a_2 \cos^2\phi - (a_1 - b_2)\operatorname{sen}\phi\cos\phi - b_1 \operatorname{sen}^2\phi\right]y' \end{aligned} \tag{16.40}$$

Substituindo na Eq. (16.37),

$$v'_y = \left(-a_1 \operatorname{sen}\phi + b_1 \cos\phi\right)\left(x' \cos\phi - y' \operatorname{sen}\phi\right) + \left(-a_2 \operatorname{sen}\phi + b_2 \cos\phi\right)\left(x' \operatorname{sen}\phi + y' \cos\phi\right) \tag{16.41}$$

ou seja,

$$v'_y = \left[b_1 \cos^2\phi - (a_1 - b_2)\text{sen}\phi\cos\phi - a_2\,\text{sen}^2\phi\right]x' + \left[b_2\cos^2\phi - (a_2 + b_1)\text{sen}\phi\cos\phi + a_1\,\text{sen}^2\phi\right]y' \tag{16.42}$$

Temos então, no sistema cartesiano, rotado em um ângulo $\phi$,

$$\begin{aligned} v'_x &= a'_1 x' + a'_2 y' \\ v'_y &= b'_1 x' + b'_2 y' \end{aligned} \tag{16.43}$$

onde os coeficientes $a'_1 \ldots$ em termos dos coeficientes $a_1 \ldots$

$$a'_1 = a_1\cos^2\phi + (a_2 + b_1)\text{sen}\phi\cos\phi + b_2\,\text{sen}^2\phi \tag{16.44}$$

$$a'_2 = a_2\cos^2\phi - (a_1 - b_2)\text{sen}\phi\cos\phi - b_1\,\text{sen}^2\phi \tag{16.45}$$

$$b'_1 = b_1\cos^2\phi - (a_1 - b_2)\text{sen}\phi\cos\phi - a_2\,\text{sen}^2\phi \tag{16.46}$$

$$b'_2 = b_2\cos^2\phi - (a_2 + b_1)\text{sen}\phi\cos\phi + a_1\,\text{sen}^2\phi \tag{16.47}$$

## 16.3 TEMPO DE RESIDÊNCIA

O tempo de residência, ou, mais precisamente, a distribuição dos tempos de residência, é uma poderosa ferramenta para avaliar o grau de mistura em sistemas complexos, onde não é possível uma análise detalhada do escoamento.

### 16.3.1 Tempo Médio de Residência

Considere um sistema aberto de volume *V*, com uma entrada e uma saída, através do qual escoa um fluido incompressível em estado estacionário. Já utilizamos esse tipo de sistema idealizado para estudar o transporte de momento, calor e massa em condições em dutos, tanques e outras peças de equipamento de interesse no processamento contínuo de materiais.[20] Neste caso, a vazão (volumétrica) na entrada é igual à vazão na saída, conhecida simplesmente como *vazão* (através) *do sistema Q*.

Um importante parâmetro característico do sistema é o tempo transcorrido, *em média*, entre a entrada e a saída de um elemento material que percorre o sistema, conhecido como *tempo de residência* (médio) do sistema, $\bar{t}$. Para estudar a relação entre $\bar{t}$ e outros parâmetros do sistema, vamos definir uma coordenada linear $z$ entre a entrada e a saída do sistema, e fatiar o sistema em "elementos" normais à coordenada $z$, de espessura $dz$ e área transversal $A = A(z)$; Figura 16.16.

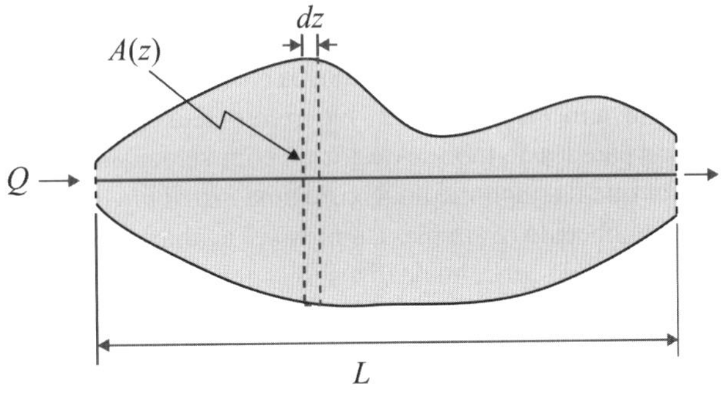


**Figura 16.16**

O volume do sistema é

$$V = \int_0^L A(z)dz \tag{16.48}$$

Pode-se definir uma velocidade média em cada fatia:

$$\bar{v}(z) = \frac{Q}{A(z)} \tag{16.49}$$

[20] O "sistema" é o fluido contido no duto, tanque etc., e $V$ é o volume (constante em estado estacionário) do fluido: as partes vazias do equipamento não contam.

Um elemento material se move através da fatia, em média, à velocidade $\overline{v}$. Portanto, o *tempo de residência médio* em uma fatia, isto é, o tempo transcorrido, em média, entre a entrada e a saída de um elemento material da fatia, é

$$d\overline{t}(z) = \frac{dz}{\overline{v}(z)} \tag{16.50}$$

O tempo de residência médio no sistema é obtido integrando a Eq. (16.50), levando em consideração as Eqs. (16.48)-(16.49):

$$\overline{t} = \int_0^{\overline{t}} d\overline{t} = \int_0^L \frac{dz}{\overline{v}} = \frac{1}{Q}\int_0^L A dz = \frac{V}{Q} \tag{16.51}$$

ou seja,

$$\boxed{\overline{t} = \frac{V}{Q}} \tag{16.52}$$

Observe que, se o equipamento (duto, tanque etc.) que contém o sistema estiver cheio, o volume é independente da forma do sistema, das propriedades do material, ou do padrão de escoamento do fluido no sistema. Portanto, sistemas com o mesmo volume ($V$), pelos quais escoa a mesma quantidade de material por unidade de tempo ($Q$), têm o mesmo tempo médio de residência ($\overline{t}$). Isto parece, às vezes, contrário à intuição, que sugere que um fluido "leva mais tempo" escoando através de um sistema cheio de reviravoltas do que num sistema do mesmo volume, porém com caminho sem obstruções entre a entrada e a saída (Figura 16.17).[21]

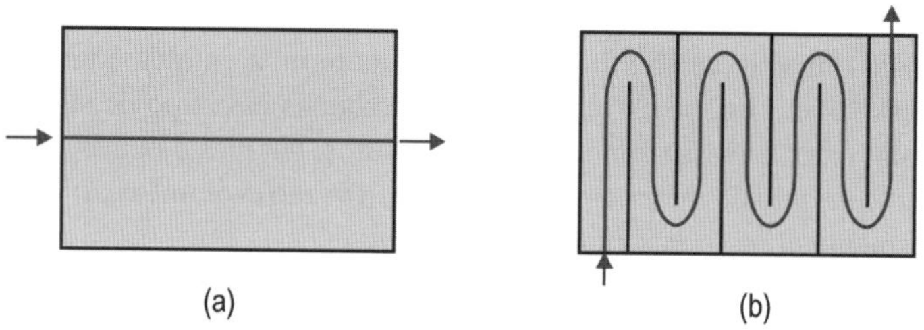


**Figura 16.17**

## 16.3.2 Distribuição dos Tempos de Residência

Na maioria dos sistemas, nem todos os elementos materiais que entram no sistema levam o mesmo tempo para percorrê-lo. Há elementos que levam menos tempo do que a média, e elementos que levam mais. Por exemplo, no escoamento laminar em um tubo cilíndrico, os elementos materiais perto do eixo do tubo se deslocam com velocidade maior do que a média ($v|_{r=0} = 2\overline{v}$); portanto, têm tempo de residência menor que o tempo médio. Já os elementos perto das paredes do tubo se deslocam com velocidade muito menor ($v|_{r\to R} = 0$) e, portanto, têm tempo de residência maior que o tempo médio. Existe uma *distribuição de tempos de residência*. Nos casos em que o perfil de velocidade é conhecido (e simples), é possível avaliar analiticamente a distribuição dos tempos de residência.

Porém, a utilidade do conceito de distribuição de tempo de residência aparece nos casos em que a complexidade do sistema não permite uma análise detalhada dos perfis de velocidade. Como vamos ver mais adiante, é muito mais fácil *medir* a distribuição de tempo de residência do que medir o perfil (distribuição espacial) de velocidade. Portanto, vamos desenvolver o conceito de distribuição de tempo de residência em geral, sem reduzi-lo aos casos em que possa ser avaliado analiticamente.

Define-se a função de *distribuição de tempo de residência* (do inglês: ***r**esidence **t**ime **d**istribution*, ou abreviadamente, RTD) $f(t)$ como

$$fdt = \{\text{probabilidade de que um elemento material resida no sistema entre } t \text{ e } t + dt\} \tag{16.53}$$

[21] A explicação deste aparente paradoxo está no fato de muitas vezes compararmos, consciente ou inconscientemente, sistemas com a mesma *força impulsora* e não com a mesma *vazão*. É bem provável que para uma dada força impulsora, a vazão no "sistema com reviravoltas" seja muito menor e, portanto, o tempo médio de residência muito maior do que no "sistema sem reviravoltas". Imagine, por exemplo, um tubo cilíndrico de 0,1 m de raio e 100 m de comprimento, *versus* um tubo de 1 m de raio e 1 m de comprimento: os dois têm o mesmo volume (3,14 m$^3$), mas, para o mesmo $\Delta P$ (força impulsora, neste caso) a vazão no primeiro caso é $10^6$ (um milhão!) vezes menor do que no segundo; Eq. (3.125). Portanto, se em certas condições o tempo médio de residência no segundo sistema for de 1 segundo, nas mesmas condições, o tempo médio de residência no primeiro sistema será de quase 12 dias...

isto é, a probabilidade de que um elemento material que entrou no sistema no instante $t = 0$ saia do mesmo entre $t$ e $t + dt$. Alternativamente, a RTD pode ser definida com base nas frações de material na saída:

$$fdt = \{\text{fração do material na saída que ficou no sistema entre } t \text{ e } t + dt\} \tag{16.54}$$

As duas formas são equivalentes. A segunda forma aparece muitas vezes como mais fácil de compreender, desde que frações (mássicas ou volumétricas: para um fluido incompressível é a mesma coisa) são itens "tangíveis" e as probabilidades são abstrações matemáticas menos acessíveis de forma imediata. Porém, a consideração das distribuições em termos probabilísticos permite utilizar toda a bagagem matemática da teoria das probabilidades...

Observe que a RTD representa uma distribuição *contínua* de probabilidade, desde que o tempo é uma variável contínua (é provável que nós estejamos mais familiarizados com distribuições *discretas* – descontínuas – de probabilidade, por exemplo, "chances de obter dois 'seis' quando se jogam dois dados" etc.).

Junto com a função de distribuição de tempo de residência $f(t)$ – que em termos matemáticos é uma *densidade* de probabilidade (a *probabilidade* propriamente falando é $f \cdot dt$) – pode-se definir também a *probabilidade cumulativa*, isto é, a probabilidade de que um elemento material resida no sistema menos do que $t$ (isto é, entre 0 e $t$), ou a fração do material (na saída) que ficou no sistema menos do que o tempo $t$. Essa probabilidade cumulativa é obtida somando as probabilidades individuais (que para uma distribuição contínua envolve a integração):

$$F(t) = \int_0^t f(t')dt' \tag{16.55}$$

ou

$$f(t) = \frac{dF(t)}{dt} \tag{16.56}$$

Observe que

$$F(0) = 0 \tag{16.57}$$

$$\lim_{t \to \infty} F(t) = \int_0^\infty f(t')dt' = 1 \tag{16.58}$$

desde que a probabilidade de que um elemento material resida no sistema qualquer tempo entre 0 e $\infty$ é justamente uma certeza (probabilidade = 1): todo elemento material que entra, sai eventualmente (Figura 16.18).

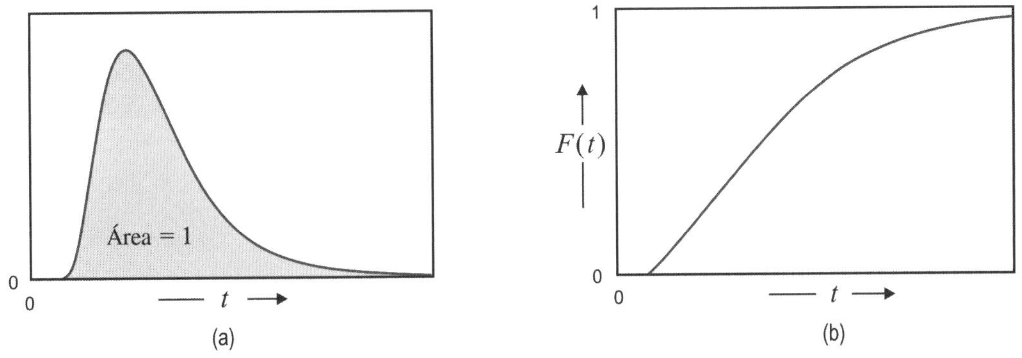


**Figura 16.18**

A probabilidade de que um elemento material resida no sistema mais do que $t$ (isto é, entre $t$ e $\infty$), ou a fração do material (na saída) que ficou no sistema mais do que o tempo $t$ é, simplesmente,

$$W(t) = \int_t^\infty f(t')dt' = 1 - F(t) \tag{16.59}$$

ou

$$f(t) = -\frac{dW(t)}{dt} \tag{16.60}$$

e

$$W(0) = 1 \tag{16.61}$$

$$\lim_{t \to \infty} W(t) = 0 \tag{16.62}$$

Sendo $f(t)$ uma densidade de probabilidade, é possível obter o valor médio de qualquer variável $x$ que dependa do tempo, como

$$\bar{x} = \int_0^{\infty} x(t) f(t) dt \tag{16.63}$$

Em particular, para $x = t$ obtemos o *tempo médio de residência*:

$$\bar{t} = \int_0^{\infty} t f(t) dt \tag{16.64}$$

cujo valor conhecemos, *a priori*, pela Eq. (16.52). Pode-se provar também que

$$\bar{t} = \int_0^{\infty} W(t) dt \tag{16.65}$$

Também é possível avaliar a *variância* da distribuição ao redor da média, que é o valor médio da diferença $(t-\bar{t})$:

$$\sigma^2 = \int_0^{\infty} (t - \bar{t})^2 f(t) dt \tag{16.66}$$

($\sigma$, a raiz quadrada da variância, é chamada *desvio padrão* da distribuição.) A variância é uma medida da "amplitude" da distribuição (o gráfico representa duas distribuições com o mesmo valor médio e diferente variância); Figura 16.19.

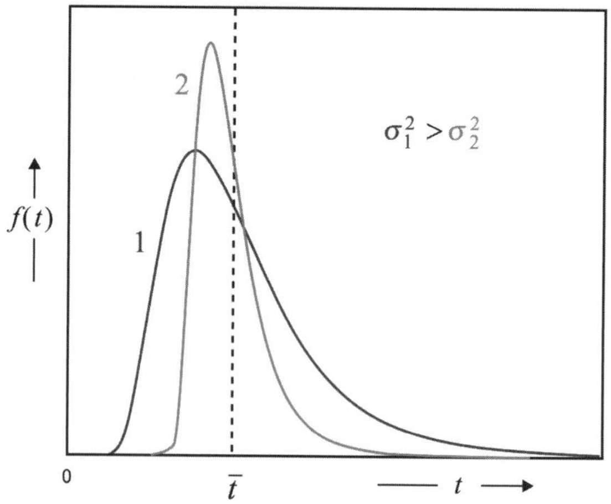


**Figura 16.19**

Observe que, a menos que a RTD seja simétrica, o valor médio não coincide com o máximo. As distribuições de sistemas reais são frequentemente assimétricas, com "caudas" compridas (uma pequena fração do material fica preso no sistema), mas a área sob as curvas é a mesma, igual a um, de acordo com as Eqs. (16.55)-(16.56). Em geral, os valores pontuais particulares da RTD, incluindo o máximo – o valor mais provável de $f(t)$ – não têm maior significância.[22]

Como temos visto mais de uma vez, é conveniente às vezes trabalhar com quantidades adimensionais. O tempo característico neste caso é o tempo médio de residência $\bar{t}$, que permite definir um tempo adimensional:

$$\theta = \frac{t}{\bar{t}} \tag{16.67}$$

As distribuições cumulativas, $F(t)$ e $W(t)$, são probabilidades (ou frações) e, portanto, adimensionais; a RTD tem dimensões de [tempo]$^{-1}$ ($f \cdot DDT$ é adimensional). Temos então

$$f^*(\theta) = \bar{t} \cdot f(t) \tag{16.68}$$

[22] Tanto $f$ (a densidade de probabilidade) quanto $F$ (a probabilidade cumulativa), correspondentes à distribuição de tempo de residência (idades na saída), são conhecidas como RTD. $W$ é conhecida às vezes como *função de lavado* (*washout function*).

a distribuição adimensional de tempo de residência. Da mesma forma, a variância adimensional em torno da média ($\bar{\theta} \equiv 1$) é

$$\sigma^{*2} = \int_0^\infty (\theta - 1)^2 f^*(\theta) d\theta = \frac{\sigma^2}{\bar{t}^2} \tag{16.69}$$

O parâmetro adimensional $\sigma^* = \sigma / \bar{t}$ (desvio padrão adimensional) é chamado às vezes *coeficiente de dispersão* da RTD.

Outras funções de distribuição relacionadas ao tempo de residência podem ser definidas. Por exemplo, o tempo transcorrido desde que um elemento material entra no sistema é chamado *idade* do elemento, sendo a RTD a distribuição de idades na *saída* do sistema. Da mesma forma pode-se definir a distribuição de idade no interior do sistema (*idade interna*) como

$$hdt = \{\text{probabilidade de que um elemento material no sistema tenha uma idade entre } t \text{ e } t + dt\} \tag{16.70}$$

isto é, que tenha entrado no tempo $t = 0$ e ainda não tenha saído. Considere os elementos materiais dentro do sistema com idade entre $t$ e $t + dt$. Esses elementos são os que entraram no sistema entre o tempo $t = 0$ e $t = dt$ e ainda não saíram do sistema. Isto é, aqueles que terão uma idade de saída *maior* que $t$. Temos então

$$hdt = \frac{Wdt}{\int_0^\infty Wdt} \tag{16.71}$$

ou seja, levando em consideração a Eq. (16.65),

$$h(t) = \frac{W(t)}{\bar{t}} = \frac{1 - F(t)}{\bar{t}} \tag{16.72}$$

A Eq. (16.72) liga a distribuição de idades internas com a distribuição (cumulativa) de idades na saída.

Os engenheiros preferem reduzir a RTD a uns poucos "números" (parâmetros) que possam ser utilizados para comparar processos. O tempo médio de residência $\bar{t}$ e a variância da distribuição $\sigma^2$ (ou o coeficiente de dispersão $\sigma^*$) são dois desses parâmetros.

Em muitos casos, o material permanece no sistema pelo menos um tempo $t_0 > 0$, isto é, a saída do material que entra no sistema não pode ser instantânea, e existe um retardo mínimo na saída. Nesses casos, o *tempo mínimo de residência* $t_0$ é outro parâmetro que contribui para "definir" a RTD.

Nas aplicações, a *cauda* da distribuição (isto é, a RTD para valores elevados do tempo, $t \gg \bar{t}$) é às vezes do maior interesse. O material que fica muito tempo dentro do equipamento de processo, em condições extremas de temperatura e submetido a tensões elevadas, é, de alguma forma, "diferente" da maioria do material que permanece tempos próximos ao tempo médio de residência (por exemplo: pode se degradar significativamente). A variância pode não ser o melhor parâmetro para avaliar a magnitude da cauda da distribuição. Se escolhemos (arbitrariamente) $t_\infty = 3\bar{t}$ e chamamos *fração de cauda* $\varphi_\infty$ à fração de material que tem permanecido um tempo $t > t_\infty$ no sistema,

$$\varphi_\infty = W(t_\infty) = 1 - F(t_\infty) \tag{16.73}$$

pode ser a medida que estamos procurando. Veja por exemplo o uso do parâmetro $\varphi_\infty$ no caso de tubos e fendas, onde a RTD "teórica" tem variância infinita.

### 16.3.3 RTD e Grau de Mistura

Definimos (Seção 16.1.3) como misturador perfeito (inglês: ***ideal mixer***; abreviado IM) aquele em que a composição (e todas as propriedades) é a mesma em todos os pontos dentro do misturador, incluindo o ponto de saída. O misturador perfeito é uma idealização do tanque contínuo agitado mecanicamente (mas outros sistemas podem ter comportamento semelhante). Em particular, em um misturador perfeito a idade de *todos* os elementos materiais é a mesma, ou seja, a fração de fluido no interior do misturador com idade entre $t$ e $t + dt$ é igual à fração de fluido na saída, com idade entre $t$ e $t + dt$:

$$h(t)dt = f(t)dt \tag{16.74}$$

Levando em consideração as Eqs. (16.60) e (16.72),

$$-\frac{dW(t)}{dt} = \frac{W(t)}{\bar{t}} \tag{16.75}$$

onde $\bar{t}$ é o tempo de residência médio no misturador. Integrando a Eq. (16.75) com a condição, Eq. (16.61),

$$\ln W(t) = -\frac{t}{\bar{t}} \tag{16.76}$$

ou

$$W(t) = \exp\left(-\frac{t}{\bar{t}}\right) \tag{16.77}$$

Substituindo a Eq. (16.72),

$$f(t) = \frac{1}{\bar{t}}\exp\left(-\frac{t}{\bar{t}}\right) \tag{16.78}$$

ou, em termos adimensionais, Eqs. (16.67)-(16.68),

$$\boxed{f^*(\theta) = \exp(-\theta)} \tag{16.79}$$

que é a RTD para um misturador perfeito.[23] A correspondente distribuição cumulativa, Eq. (16.55), é

$$F(\theta) = 1 - \exp(-\theta) \tag{16.80}$$

(Figura 16.20). A variância da RTD pode ser avaliada a partir da Eq. (16.69). Em termos adimensionais,

$$\boxed{\sigma^{*2} = 1} \tag{16.81}$$

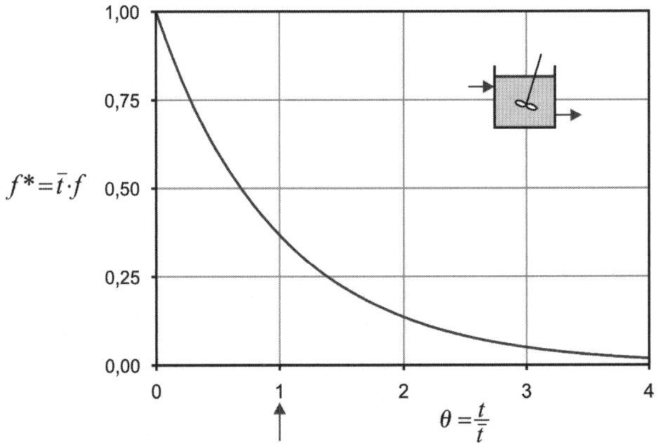


**Figura 16.20**

No extremo oposto está o sistema com segregação perfeita, onde *todo* o material que entra no tempo $t = 0$ sai no tempo $t = \bar{t}$, sem se misturar com o material que entrou antes ou entrará depois. Este sistema é uma idealização de um duto com um perfil de velocidade plano, o chamado "escoamento pistão" (do inglês: ***piston flow***; abreviado PF): escoamentos turbulentos de fluidos newtonianos ou escoamentos laminares de fluidos não newtonianos. A distribuição de tempo de residência é, simplesmente,

$$f(t) = \delta(t - \bar{t}) \tag{16.82}$$

onde $\bar{t}$ é o tempo de residência médio no misturador, e $\delta$ é a função (generalizada) "delta de Dirac" (Seção 15.5.3a). Em termos adimensionais,

$$\boxed{f^*(\theta) = \delta(1)} \tag{16.83}$$

A distribuição cumulativa é dada pela função (generalizada) "degrau" (Seção 12.1.6c):

$$F(\theta) = 1 - \mathrm{H}(1-\theta) = \begin{cases} 0, & \theta < 1 \\ 1, & \theta > 1 \end{cases} \tag{16.84}$$

(Figura 16.21). A variância da distribuição é nula, desde que o material não se espalha no sistema:

$$\boxed{\sigma^{*2} = 0} \tag{16.85}$$

[23] Para uma derivação alternativa, veja Tadmor e Gogos, *op. cit.*, Exemplo 7.7, p. 362.

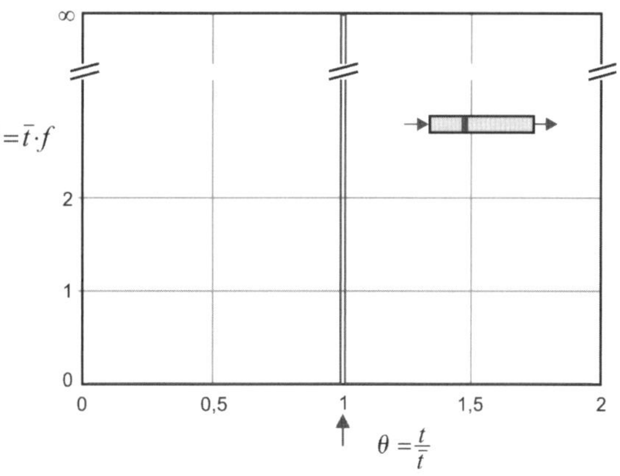


**Figura 16.21**

A Figura 16.22 mostra a forma das distribuições cumulativas para o misturador perfeito (IM), Eq. (16.80), e para o sistema de escoamento pistão (PF), Eq. (16.84).

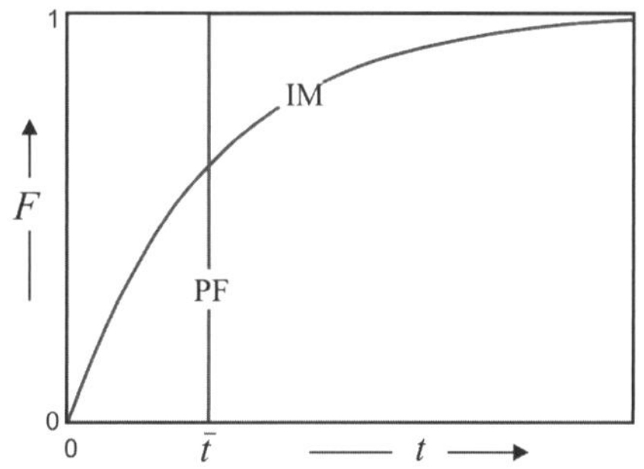


**Figura 16.22**

Observe que nesses casos o desvio padrão adimensional da RTD varia entre $\sigma^{*2} = 0$ para o sistema de escoamento pistão, com um grau de mistura mínimo, e $\sigma^{*2} = 1$ para o misturador perfeito; para muitos sistemas reais, $0 < \sigma^{*2} < 1$. Isto sugere que $\sigma^{*2}$ pode ser tomado como uma medida do grau de mistura fornecido pelo sistema.

Porém, a inversa não é verdadeira: $\sigma^{*2} = 1$ não garante que o sistema misture perfeitamente. De fato, existem alguns sistemas reais com $\sigma^* \gg 1$ (por exemplo, dutos) que não podem ser considerados bons misturadores (Seção 16.3.5). A variância $\sigma^{*2}$ é uma medida bastante grosseira do nível de mistura, mas, devido à facilidade com que a RTD pode ser determinada experimentalmente em sistemas complexos, é bastante utilizada na prática. A variância da RTD deve ser utilizada apenas com propósitos comparativos: em sistemas *análogos*, um aumento de $\sigma^{*2}$ pode ser muitas vezes associado a um aumento no grau de mistura.

## 16.3.4 Determinação Experimental da RTD

Um método simples de determinar a RTD consiste em estudar a resposta do sistema à introdução de uma pequena quantidade de uma substância inerte (um *traçador*). O "candidato a traçador" não deve mudar os padrões de escoamento, não deve reagir quimicamente com o sistema, nem ser absorvido nas paredes do equipamento etc. Também é necessário que a concentração média do traçador possa ser determinada com suficiente precisão em condições de extrema diluição ($10^{-3}$ a $10^{-6}$ vezes a pequena concentração inicial). Substâncias radioativas, corantes e eletrólitos são típicos traçadores, onde a concentração é determinada através de medições físico-químicas com detectores de radioatividade, fotômetros ou medições de condutividade elétrica (Figura 16.23).

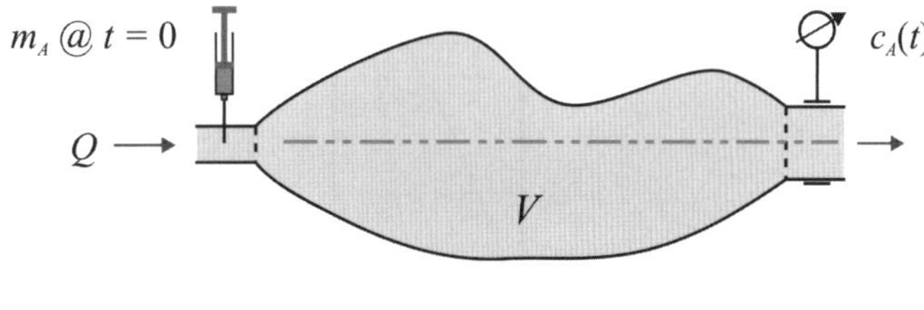


**Figura 16.23**

Uma quantidade $m_A$ de traçador é injetada na entrada do sistema, na forma de um pulso – idealmente instantâneo – no tempo $t = 0$, e a concentração média de traçador $\bar{\rho}_A^1(t)$ na saída do sistema é monitorada para $t > 0$. Desde que o traçador acompanhe o fluido, a fração de traçador na saída, no tempo $t$, é igual à fração de fluido que residiu no sistema num tempo igual ou menor que $t$. Um balanço de massa para a espécie **A** (o traçador) leva a

$$f^* = \bar{t} \cdot f(t) = \frac{\bar{\rho}_A^1(t)}{\bar{\rho}_A^0} \tag{16.86}$$

onde

$$\bar{\rho}_A^0 = \frac{m_A}{V} = \frac{1}{\bar{t}} \int_0^\infty \bar{\rho}_A(t)dt \tag{16.87}$$

é a concentração média inicial de **A** no sistema. As Eqs. (16.86)-(16.87) assumem que o fluido que escoa no sistema não contém mais substância $A$ (que a que foi introduzida no tempo $t = 0$); caso contrário, a concentração $\rho_A$ deve ser entendida como o valor acima da "linha de base".

O exemplo da Figura 16.24 mostra a RTD medida em um extrusor de dupla rosca onde escoa um poliestireno fundido.

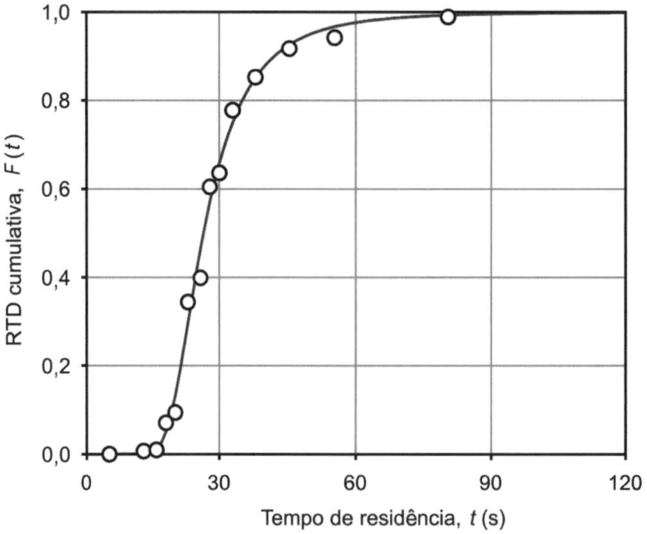


**Figura 16.24**

Neste caso, o tempo mínimo de residência é $t_0 \approx 10$ s; o tempo médio de residência é $\bar{t} = 32,3$ s; e a variância da distribuição, $\sigma^2 = 272$ s$^2$. O desvio padrão adimensional resulta em $\sigma^{*2} \approx 0,26$. Os pontos experimentais (O) foram "fitados" com uma simples função "logística" (cinza-escuro):

$$F = a(1 - bt)^{-c} \tag{16.88}$$

Compare a RTD experimental (cinza-claro) para esse típico sistema encontrado no processamento de polímeros com a RTD correspondente aos misturadores "ideais" IM e PF (cinza-escuro), com o mesmo tempo médio de residência (Figura 16.25).

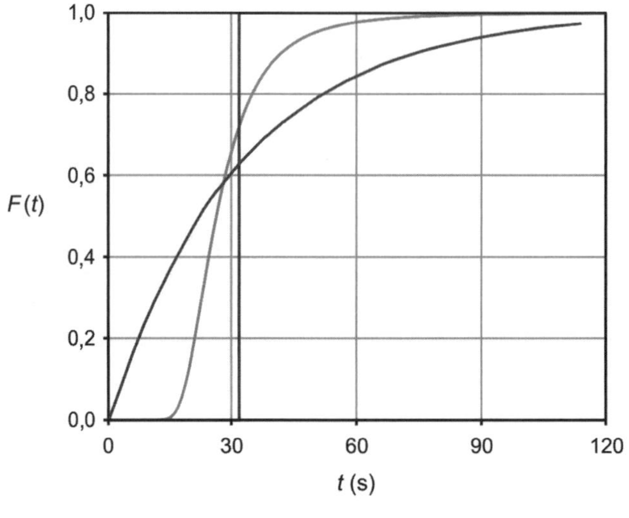


**Figura 16.25**

Neste caso particular, a variância pode ser utilizada comparativamente para quantificar – em primeira aproximação – o nível de mistura obtido com diferentes configurações de extrusores de dupla rosca.

### 16.3.5 Avaliação Analítica da RTD

Se os fenômenos de difusão molecular forem desconsiderados, a distribuição do tempo de residência poderá ser avaliada analiticamente sempre que o perfil de velocidade $\boldsymbol{v} = \boldsymbol{v}(\boldsymbol{r})$ for conhecido. Em escoamentos simples é possível obter uma expressão "fechada" e relativamente simples de $f(t)$, a partir da qual os parâmetros de interesse (por exemplo, a variância da RTD) podem ser avaliados. A avaliação analítica da RTD em sistemas *simples* não parece ter aplicação prática imediata, mas é de utilidade.

Considere o escoamento laminar estacionário de um fluido newtoniano incompressível, e de propriedades físicas constantes, através de um tubo cilíndrico de raio $R$ e comprimento $L \gg R$, sob efeito de um gradiente de pressão constante. Em um sistema de coordenadas cilíndricas coaxial com o tubo, o perfil de velocidade é dado por [Eq. (3.129) da Parte I]

$$v_z = 2\overline{v}\left[1-\left(\frac{r}{R}\right)^2\right] \tag{16.89}$$

onde

$$\overline{v} = \frac{Q}{\pi R^2} \tag{16.90}$$

é a velocidade média e $Q$ é a vazão volumétrica (constante). O *tempo médio de residência* $\overline{t}$ é dado por

$$\overline{t} = \frac{V}{Q} = \frac{\pi R^2 L}{\pi R^2 \overline{v}} = \frac{L}{\overline{v}} \tag{16.91}$$

Cada camada de fluido, caracterizada por um valor de $r$, $0 < r < R$, leva um tempo

$$t = \frac{L}{v_z} = \frac{L}{2\overline{v}\left[1-\left(\frac{r}{R}\right)^2\right]} \tag{16.92}$$

para percorrer o tubo desde a entrada, em $z = 0$, até a saída, em $z = L$. O valor de $t$, dado pela Eq. (16.92), é o tempo de residência no tubo. O *tempo mínimo de residência*, $t_0$, é obtido para a máxima velocidade, $2\overline{v}$, no centro do tubo ($r = 0$):

$$t_0 = \frac{L}{2\overline{v}} = \tfrac{1}{2}\overline{t} \tag{16.93}$$

O volume de fluido (por unidade de tempo) que escoa em uma camada e reside entre um tempo $t$ e um tempo $t + dt$, no sistema, é dado por

$$dQ = v_z \cdot 2\pi r dr = \frac{L}{t} \cdot 2\pi r dr \tag{16.94}$$

O valor de $r$ para a camada com tempo de residência $t$ é obtido invertendo-se a Eq. (16.92):

$$r = R\left(1-\frac{L}{2\overline{v}t}\right)^{1/2} \tag{16.95}$$

Diferenciando esta expressão,

$$dr = \frac{RL}{4\overline{v}}\left(1-\frac{L}{2\overline{v}t}\right)^{-1/2}\frac{dt}{t^2} \tag{16.96}$$

Substituindo as Eqs. (16.95) e (16.96) na Eq. (16.94),

$$dQ = \frac{\pi R^2 L^2}{2\overline{v}}\frac{dt}{t^3} \tag{16.97}$$

A fração de fluido que escoa na camada é

$$\frac{dQ}{Q} = \frac{L^2}{2\overline{v}^2}\frac{dt}{t^3} \tag{16.98}$$

onde $Q = \pi R^2 \bar{v}$, Eq. (16.90). Mas $dQ/Q$ é justamente a fração de fluido que reside no tubo entre $t$ e $t + dt$; pela Eq. (16.54),

$$fdt = \frac{dQ}{Q} = \frac{L^2}{2\bar{v}^2}\frac{dt}{t^3} \tag{16.99}$$

ou

$$f = \frac{L^2}{2\bar{v}^2}\frac{1}{t^3} \tag{16.100}$$

Mas $L/\bar{v} = \bar{t}$, Eq. (16.91); portanto,

$$f = \tfrac{1}{2}\frac{\bar{t}^2}{t^3} \tag{16.101}$$

Este resultado é válido para $t > t_0$. Em geral,

$$\boxed{f = \begin{cases} 0, & t < \tfrac{1}{2}\bar{t} = t_0 \\ \tfrac{1}{2}\dfrac{\bar{t}^2}{t^3}, & t > \tfrac{1}{2}\bar{t} = t_0 \end{cases}} \tag{16.102}$$

que é a RTD para o escoamento laminar de um fluido newtoniano em um tubo cilíndrico. A distribuição cumulativa é obtida por integração da Eq. (16.102):

$$F = \int_0^t f\,dt = \begin{cases} 0, & t < \tfrac{1}{2}\bar{t} = t_0 \\ 1 - \tfrac{1}{4}\left(\dfrac{\bar{t}}{t}\right)^2, & t > \tfrac{1}{2}\bar{t} = t_0 \end{cases} \tag{16.103}$$

(Figura 16.26). Se tentarmos avaliar a variância da distribuição,

$$\sigma^2 = \int_0^\infty (t - \bar{t})^2 f(t)dt = \tfrac{1}{2}\bar{t}^2 \int_{t_0}^\infty \frac{(t - \bar{t})^2}{t^3} dt \rightarrow \infty \tag{16.104}$$

A variância é "infinita"! De fato, esta é uma característica comum a todas as RTD puramente "hidrodinâmicas", isto é, avaliadas desconsiderando-se os efeitos difusivos. Nos sistemas reais, o efeito da difusão molecular resulta em variâncias finitas. Porém, em muitos casos de interesse a difusividade é pequena e $\sigma^{*2} \gg 1$.

A fração de cauda, porém, é finita:

$$\varphi_\infty = \frac{1}{36} \approx 0{,}028 \tag{16.105}$$

ou 2,8%.

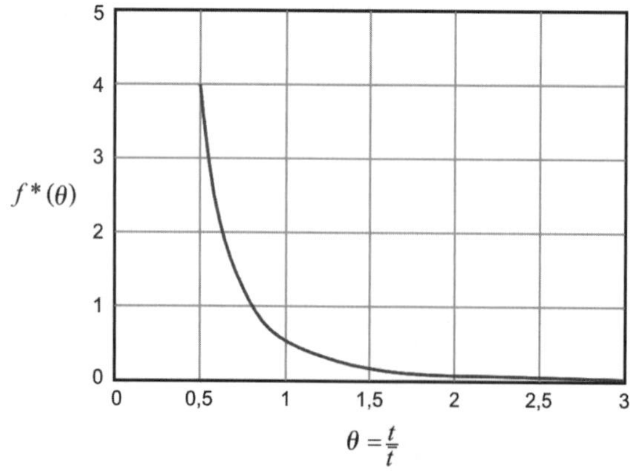


**Figura 16.26a**

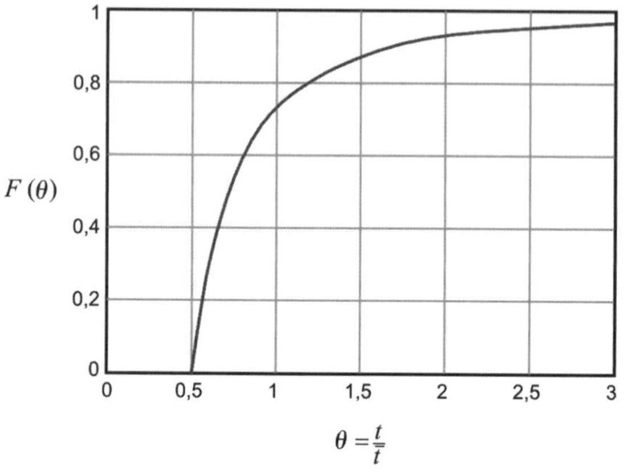


**Figura 16.26b**

Utilizando procedimentos inteiramente semelhantes ao caso desenvolvido, é possível obter a RTD de muitos escoamentos simples. Por exemplo, para uma fenda estreita:

$$F = \left(1 + \tfrac{1}{3}\frac{\bar{t}}{t}\right)\left(1 - \tfrac{2}{3}\frac{\bar{t}}{t}\right)^{1/2}, \quad t > t_0 = \tfrac{2}{3}\bar{t} \tag{16.106}$$

A variância é infinita, mas a fração de cauda é

$$\varphi_\infty = 1 - \frac{10\sqrt{7}}{27} \approx 0{,}020 \tag{16.107}$$

ou 2,0%.

Para um "fluido lei da potência" escoando através de um tubo cilíndrico,

$$F = \left[1 + \frac{2n}{(3n+1)} \cdot \frac{\bar{t}}{t}\right]\left[1 - \frac{(n+1)}{(3n+1)} \cdot \frac{\bar{t}}{t}\right]^{\frac{2n}{n+1}}, \quad t > t_0 = \frac{2n}{3n+1}\bar{t} \tag{16.108}$$

onde $n$ é o índice da lei da potência (Capítulo 8).

A consideração do efeito da difusão conduz a problemas bem mais complexos. O caso mais simples envolve a "dispersão de Taylor" em um tubo cilíndrico, estudada na Seção 15.5, que considera a difusão radial do traçador, além da convecção axial. A concentração média na saída do tubo (raio $R$, comprimento $L$), resultante da injeção de um pulso de traçador **A** de massa $m_A$ no tempo $t = 0$, é obtida avaliando-se a Eq. (15.117) em $z = L$:

$$\bar{\rho}_A^{(1)}(t) = \rho\,\bar{w}_A(t)\big|_{z=L} = \frac{m_A}{2\pi R^2\sqrt{\pi K t}}\exp\left\{-\frac{(L-\bar{v}t)^2}{4Kt}\right\} \tag{16.109}$$

onde $\bar{v}$ é a velocidade média do fluido no tubo e $K$ é o *coeficiente de dispersão axial* do traçador no fluido, Eq. (15.110):

$$K = \frac{1}{192}\mathscr{D}_{AB}Pe_m^2 = \frac{\bar{v}^2R^2}{48\mathscr{D}_{AB}} \tag{16.110}$$

onde $\mathscr{D}_{AB}$ é a difusividade do traçador (**A**) no fluido (**B**) e

$$Pe_m = \frac{2\bar{v}R}{\mathscr{D}_{AB}} \tag{16.111}$$

é o número de Péclet de massa, baseado no diâmetro do tubo ($2R$). A "concentração inicial" (a concentração, se a massa $m_A$ tivesse se espalhado instantaneamente por todo o tubo, mas sem sair dele), definida pela Eq. (16.87), é

$$\bar{\rho}_A^{(0)} = \frac{m_A}{\pi R^2 L} \tag{16.112}$$

Portanto, lembrando a Eq. (16.86),

$$f^* = \frac{\bar{\rho}_A^{(1)}(t)}{\bar{\rho}_A^{(0)}} = \frac{L}{2\sqrt{\pi K t}}\exp\left\{-\frac{(L-\bar{v}t)^2}{4Kt}\right\} \tag{16.113}$$

Levando em consideração que o tempo adimensional é

$$\theta = \frac{t}{\bar{t}} = \frac{t\bar{v}}{L} \tag{16.114}$$

substituindo a Eq. (16.114) na Eq. (16.113) e reordenando,

$$\boxed{f^* = \sqrt{\frac{C}{\pi\theta}}\exp\left\{-C\frac{(1-\theta)^2}{\theta}\right\}} \tag{16.115}$$

onde

$$C = \tfrac{1}{4}\frac{\bar{v}L}{K} \tag{16.116}$$

Observe que $C$ é um "número de Péclet" baseado no comprimento característico ¼$L$ (em vez de $2R$) e no coeficiente de dispersão $K$ (em vez da difusividade $\mathscr{D}_{AB}$). Substituindo a expressão de $K$, Eq. (16.110),

$$\boxed{C = \frac{12\mathscr{D}_{AB}}{\bar{v}R} \cdot \frac{L}{R} = \frac{48}{Pe_m} \cdot \frac{L}{D}} \tag{16.117}$$

onde $D = 2R$. Apresentamos (sem derivação) o resultado obtido para a variância adimensional:

$$\sigma^{*2} = \int_0^\infty (\theta - 1)^2 f^*(\theta) d\theta = \frac{1}{2C}\left(1 + \frac{1}{C}\right) = \frac{Pe_m}{96}\frac{D}{L}\left(1 + \frac{Pe_m}{48}\frac{D}{L}\right) \tag{16.118}$$

A Figura 16.27 representa a RTD adimensional, $f^*(\theta)$, e a distribuição cumulativa, $F(\theta)$, para $\sigma^{*2} = 0{,}5$.

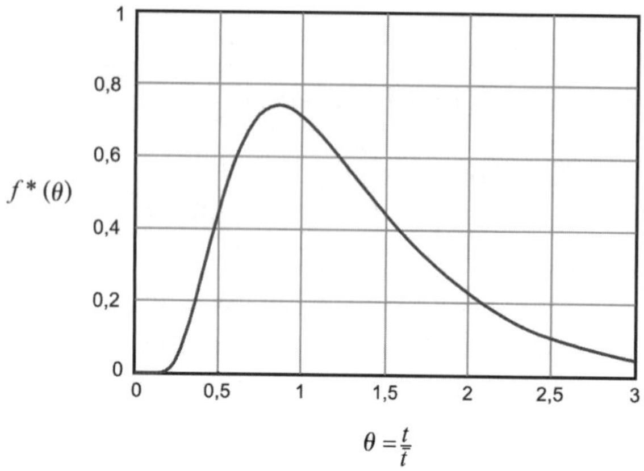


Figura 16.27a

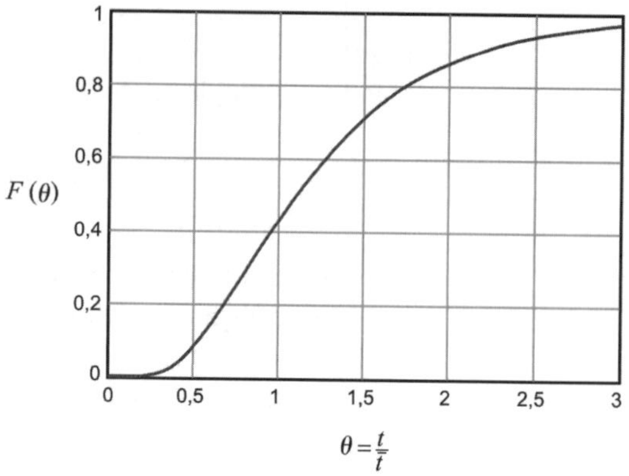


Figura 16.27b

Lembramos que a Eq. (16.110) e portanto as Eqs. (16.115) e (16.118) são válidas para valores relativamente elevados do tempo e do número de Péclet $Pe_m$, Eq. (15.118). Em particular, para $Pe_m > 100$ e

$$\theta > \tfrac{1}{4} Pe_m (D/L) \tag{16.119}$$

Isto é, para tubos compridos $L > 100D$. A situação pode melhorar bastante se utilizarmos a expressão de Aris para o coeficiente de dispersão, Eq. (15.119),

$$K = \mathscr{D}_{AB}\left(1 + \frac{1}{192} Pe_m^2\right) \tag{16.120}$$

em vez da expressão original de Taylor, Eq. (16.109). Deixamos isso como exercício para o leitor. Problemas semelhantes têm sido desenvolvidos, incluindo os efeitos da difusão axial, reação química etc. Veja a bibliografia recomendada no fim desta seção.

Na prática, $C$ (ou $Pe_m$) é considerado um parâmetro empírico característico do sistema, obtido a partir do ajuste de dados experimentais ao "modelo". O exemplo da subseção anterior corresponde a $C \approx 2{,}65$.

## 16.3.6 Modelos Combinados

A RTD pode ser avaliada analiticamente para diversas combinações de misturadores "ideais" (IM e PF). Por exemplo, para uma combinação de $N$ misturadores perfeitos de igual volume, conectados em série (Figura 16.28), obtém-se

$$\boxed{f^* = \frac{N^N \theta^N}{(N-1)!} \exp(-N\theta)} \tag{16.121}$$

onde $\theta = t/\bar{t}$ e $\bar{t} = Q/V$, $Q$ é vazão volumétrica através do sistema, e $V$ é o volume total dos $N$ misturadores (cada um com um volume igual a $V/N$).

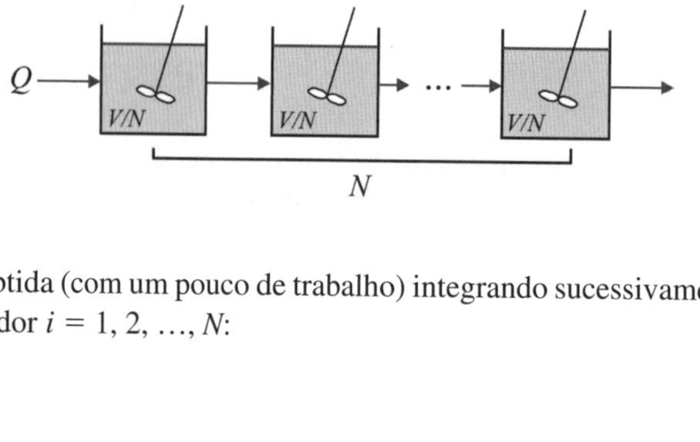


Figura 16.28

A Eq. (16.121) pode ser obtida (com um pouco de trabalho) integrando sucessivamente os "balanços de massa" para o traçador **A** no misturador $i = 1, 2, \ldots, N$:

$$\frac{V}{N} \cdot \frac{d\bar{\rho}_A^{(i)}}{dt} = Q\bar{\rho}_A^{(i-1)} - Q\bar{\rho}_A^{(i)},\ i = 1, 2, \ldots, N \tag{16.122}$$

com as condições iniciais (para $t = 0$):

$$\bar{\rho}_A^{(i)} = \begin{cases} \frac{m_A}{Q}\delta(0), & i = 0 \\ 0, & i > 0 \end{cases} \tag{16.123}$$

para obter a concentração média de traçador $\bar{\rho}_A^{(i)}(t)$ na saída do misturador $i$. Uma vez que se tem a concentração na saída do último misturador ($i = N$) $\bar{\rho}_A^{(N)}(t)$, isto é, na saída do sistema:

$$f^* = \frac{\bar{\rho}_A^{(N)}(t)}{\bar{\rho}_A^{(0)}} \tag{16.124}$$

A variância adimensional correspondente é

$$\sigma^{*2} = \frac{1}{N} \tag{16.125}$$

A Figura 16.29 representa a RTD adimensional, $f^*(\theta)$, e a distribuição cumulativa, $F(\theta)$, para $\sigma^{*2} = 0{,}5$ (isto é, $N = 2$); nas linhas ponteadas estão as curvas correspondentes ao misturador perfeito ($N = 1$).

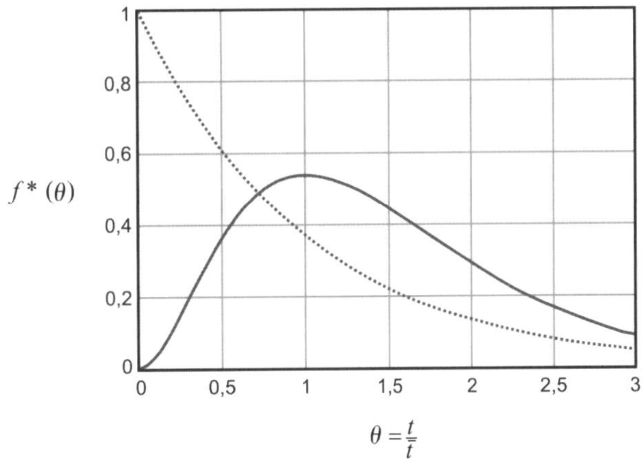


**Figura 16.29a**

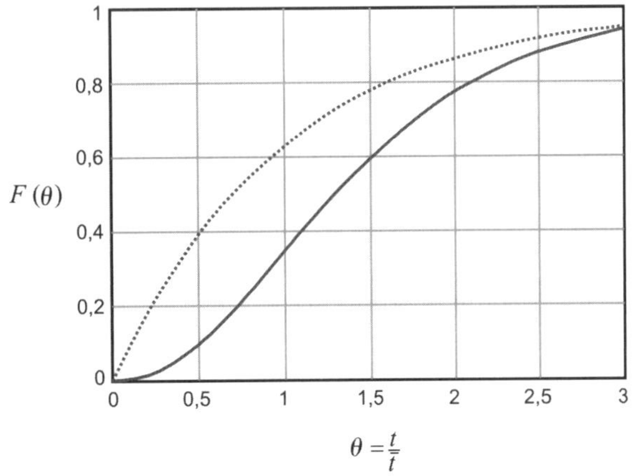


**Figura 16.29b**

Outras combinações de misturadores ideais são regularmente utilizadas para a modelagem de equipamentos de processo. Veja a bibliografia recomendada no fim desta seção.

Na prática, o número $N$ de misturadores ideais em séries pode ser tomado como um parâmetro empírico real utilizado para fitar dados experimentais de RTD com a Eq. (16.121). No exemplo da subseção anterior, $N \approx 3{,}85$.

Deve-se levar em consideração que diferentes modelos com a mesma variância correspondem a RTD bastante diferentes. Por exemplo, o gráfico seguinte compara a RTD avaliada utilizando um modelo combinado de dois misturadores ideais em série (cinza-claro) com a RTD avaliada utilizando um modelo de difusão radial em tubo (cinza-escuro) com o *mesmo valor* da variância adimensional ($\sigma^{*2} = 0{,}5$).

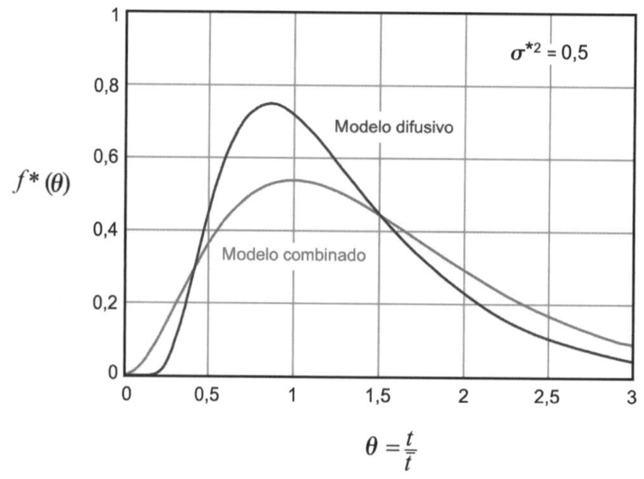


**Figura 16.30**

### 16.3.7 Conclusão

A aplicação dos métodos "determinísticos" a sistemas complexos requer medições e/ou simulações numéricas complexas. Tempo, despesa e pessoal especializado para esses afazeres não estão, em geral, disponíveis para o engenheiro de materiais confrontando com a análise e desenvolvimento de processos. Portanto, os métodos baseados nos "balanços de população" – dos quais a RTD é o exemplo mais simples – constituem a única ferramenta disponível para orientar a experimentação e complementar os modelos ultrassimplificados baseados nos conceitos e métodos "clássicos" da física aplicada semelhantes aos desenvolvidos neste texto de fenômenos de transporte.

A maioria dos livros-texto sobre desenho de reatores utilizados nos cursos de engenharia química contém material introdutório sobre a RTD e assuntos conexos. A referência clássica sobre aplicação dos balanços de população à engenharia de processo é D. M. Himmelblau, *Process Analysis by Statistical Methods*, Wiley (1970), onde a necessária base matemática é desenvolvida em detalhe. Sobre a RTD e misturas, veja a monografia de E. B. Nauman e B. A. Buffham, *Mixing in Continuous Flow Systems*, Wiley-Interscience, 1983.

## 16.4 DISPERSÃO DE LÍQUIDOS IMISCÍVEIS[24]

Considere o processo de mistura dispersiva em um sistema heterogêneo formado por duas fases líquidas imiscíveis, cada fase composta por um material diferente **A** e **B**. Para simplificar, suponha que cada fase tem composição constante e uniforme (pode-se imaginar **A** e **B** como duas substâncias – espécies químicas – puras, mas isso não é necessário: basta supor que nenhuma componente do material **A** é solúvel em **B**, e vice-versa). Suponha também que ambas as fases são incompressíveis e que têm propriedades físicas (densidade, viscosidade etc.) constantes; quando necessário, vamos supor também que as duas fases se comportam – em primeira aproximação – como fluidos newtonianos. A dispersão de um líquido em outro é chamada *emulsão*, especialmente quando referida a materiais de baixa viscosidade e massa molecular (por exemplo, óleo e água). Um caso típico de mistura dispersiva de dois líquidos, de interesse em engenharia de materiais e que vamos utilizar como exemplo, é a formação de uma "blenda" polimérica (*blend*) através da dispersão de um polímero fundido em outro.

Uma primeira característica de uma dispersão de líquidos é a *morfologia* ou estrutura de fases do sistema, isto é, a *conectividade*, *forma* e *tamanho* dos domínios de cada fase. Em princípio, uma das fases é formada por um único domínio interconectado (a *fase contínua* ou matriz), e a outra por múltiplos domínios discretos e disjuntos, partículas (gotas) dispersas na matriz (a *fase dispersa*). A fase que está em maior proporção (medida através de sua fração em volume[25] $\phi$) e a que tem menor viscosidade ($\eta$) é geralmente a fase contínua. Um critério prático de continuidade baseia-se no parâmetro:

$$\chi = \frac{\phi_A}{\phi_B} \cdot \frac{\eta_B}{\eta_A} \tag{16.126}$$

[24] Brevíssima introdução qualitativa e esquemática a um tema nas fronteiras do conhecimento, tema de pesquisa atual em engenharia de materiais.

[25] Para uma mistura binária imiscível **A-B**, as frações volumétricas estão relacionadas às frações mássicas e às densidades das componentes:

$$\phi_A = \frac{w_A}{w_A + (\rho_B / \rho_A) w_B}$$

Para $\chi > 1$ a fase **A** é contínua e a fase **B** dispersa; para $\chi < 1$ a fase **B** é contínua e a fase **A** dispersa. Para $\chi \approx 1$ temos sistemas instáveis, nos quais as duas fases podem ser contínuas ao mesmo tempo (*co-continuidade*) ou mudar facilmente de uma morfologia para a outra (*inversão de fase*). Nesta seção vamos considerar que a fase ou componente **A** é a fase dispersa na fase ou componente contínua **B**.

Quanto à forma das partículas da fase dispersa, podem-se distinguir esferas, elipsoides, filamentos, lamelas etc. A forma das partículas fluidas não é fixa, mas depende das forças atuantes no sistema. As forças superficiais levam as gotas a adotarem forma esférica que minimize a área superficial para um dado volume, em um sistema em repouso ($\boldsymbol{v} = 0$) e na ausência de outras forças. Portanto, as morfologias não esféricas (filamentos, lamelas etc.) – caso existam – são estruturas transitórias, dependentes do estado de tensão existente durante o escoamento do material. Só aparecem em forma permanente, "congeladas" no estado sólido, quando o líquido solidifica sob tensão.

O tamanho das partículas da fase dispersa é caracterizado pelo "diâmetro equivalente" das gotas e sua distribuição (raramente a dispersão é composta por domínios de tamanho uniforme). Outras medidas adequadas do tamanho é a *espessura (média) de estria*, Eq. (16.1), e a *área superficial total* da fase dispersa. Mas o tamanho também não é estável: a mesma tendência (termodinâmica) a minimizar da área que leva à formação de gotas esféricas resulta na *coalescência* (união) de gotículas para formar unidades maiores, com menor relação área/volume (Figura 16.31). Este processo pode ser retardado *estabilizando* a morfologia existente (por exemplo, utilizando substâncias *tensioativas* – "detergentes" – que se acumulam na superfície das gotas e dificultam sua coalescência).

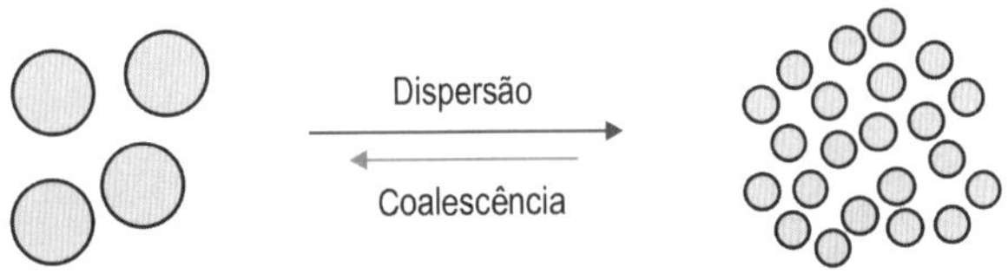


**Figura 16.31**

A morfologia (transiente) é gerada através do processo de mistura dispersiva, em muitos aspectos semelhante ao processo de mistura laminar de um sistema homogêneo, estudado na Seção 16.2. O processo envolve: (a) o aumento da área interfacial por deformação das gotas, e (b) a subdivisão das gotas deformadas. Mas, ao contrário da superfície passiva (virtual) dos elementos materiais homogêneos, os sistemas heterogêneos possuem uma superfície ativa, a *interface* que separa dois materiais diferentes, e sobre a qual atuam forças derivadas da diferença entre as interações intermoleculares nos materiais nos dois lados da superfície. A geração de interface requer energia:

$$dW = \sigma_{AB} dA \tag{16.127}$$

onde $dW$ é o trabalho necessário para gerar uma interface de área $dA$ entre os materiais imiscíveis **A** e **B**, $\sigma_{AB}$ é a *tensão interfacial* ou energia superficial específica, um parâmetro material característico do par **A**-**B**.

A tensão interfacial[26] tem um papel importante em sistemas com interface na qual a curvatura é da ordem de magnitude do comprimento característico. Fenômenos em que a tensão interfacial tem um papel importante são chamados *fenômenos capilares* (a elevação do nível de líquido em tubo de pequeno diâmetro – um capilar – é justamente um desses fenômenos). Por exemplo, em um sistema homogêneo estacionário ($\boldsymbol{v} = 0$) a pressão hidrostática é a mesma nos dois lados da superfície que limita um elemento material. Porém, em um sistema heterogêneo formado por dois fluidos imiscíveis, a pressão é diferente nos dois lados de uma interface curva que separa os dois fluidos. Nesse caso, a diferença de pressão é dada pela equação de Young-Laplace:

$$\Delta p = p_A = p_B = \sigma_{AB}\left(\frac{1}{R_1} + \frac{1}{R_2}\right) \tag{16.128}$$

onde $R_1$ e $R_2$ são os raios de curvatura da interface ($R_1 = R_2 = R$ para uma esfera de raio $R$; $R_1 = R$ e $R_2 = \infty$ para um cilindro de raio $R$ etc.).

A tensão interfacial entre dois materiais é igual à diferença entre as tensões interfaciais desses materiais em contato com o ar a 1 atm escolhido universalmente como referência:

$$\sigma_{AB} = \sigma_A - \sigma_B \tag{16.129}$$

A tensão superficial tem dimensões de [força]/[comprimento] = [energia]/[comprimento]$^2$ e unidades de N/m = J/m$^2$ no Sistema Internacional de unidades; um submúltiplo muito utilizado é o mN/m. Valores típicos de $\sigma$ para líquidos orgânicos (incluindo polímeros fundidos), 10-100 mN/m; para metais líquidos, 100-1000 mN/m.

[26] Material apresentado no Anexo da Seção 7.4.

A tensão superficial decresce com o aumento da temperatura; uma estimativa razoável em muitos casos é $d\sigma/dT = -0{,}1$ mN/m°C. A tensão interfacial entre polímeros fundidos é bastante pequena, tipicamente 1-20 mN/m.

A deformação de uma gota imersa em um escoamento laminar depende da intensidade e do tipo do escoamento, assim como da relação entre a viscosidade das fases:

$$\lambda = \frac{\eta_p}{\eta_0} \tag{16.130}$$

onde $\eta_p$ é a viscosidade da fase dispersa (**A**), e $\eta_0$ é a viscosidade da fase contínua (**B**). Em princípio, a deformação e a estabilidade de uma gota no escoamento dependem do balanço entre as forças de atrito viscoso na fase contínua (por unidade de área: $\tau$), que tendem a deformá-la, aumentando a relação área/volume, e as forças superficiais na interface (por unidade de área: $\sigma/R_p$) que tendem a preservar a forma mais ou menos esférica da gota, diminuindo a relação área/volume (Figura 16.32).

O parâmetro relevante é a razão entre as forças, o *número de capilaridade*:[27]

$$Ca = \frac{\tau R_p}{\sigma} \tag{16.131}$$

Observe a diferença com o comportamento dos elementos materiais (com uma superfície passiva), nos quais a deformação *só* depende da intensidade e do tipo do escoamento. Para o caso de cisalhamento simples, uma introdução ao assunto foi apresentada na Seção 7.5.

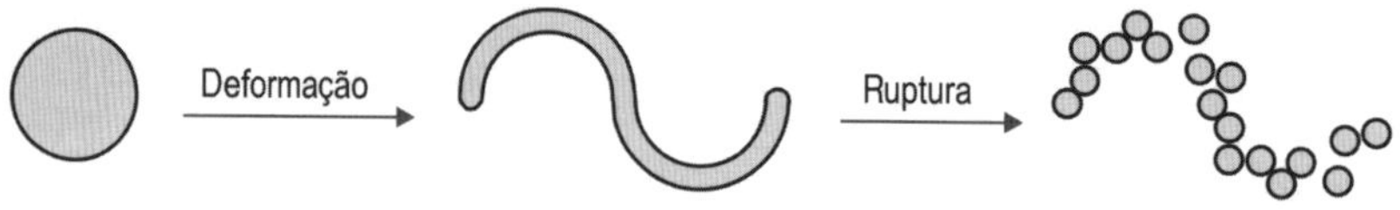


**Figura 16.32**

A Figura 16.33[28] representa os resultados experimentais obtidos em escoamentos planos lineares de fluidos newtonianos (Seção 16.2.2) e concorda bastante bem com a teoria. Neste caso, a tensão de atrito viscoso é

$$\tau = (1+k)\eta_0 G \tag{16.132}$$

e o número de capilaridade é definido como

$$Ca = \frac{(1+k)\eta_0 G R_p}{\sigma} \tag{16.133}$$

Lembre-se de que para um escoamento de cisalhamento simples ($k = 0$), $(1+k)G = \dot{\gamma}$, onde $\dot{\gamma}$ é a taxa de cisalhamento; e para um escoamento (plano) de extensão pura ($k = 1$), $(1+k)G = 2\dot{\varepsilon}$, onde $\dot{\varepsilon}$ é a taxa de extensão. Observe que o número de capilaridade é definido com o *raio* equivalente $R_p$ (não com o diâmetro).

Existe um valor crítico do número capilar, $Ca_{cr}$, que depende do tipo de escoamento (do balanço entre cisalhamento e extensão) e da relação entre a viscosidade das fases $\lambda$, Eq. (16.130), acima do qual as partículas fluidas (gotas ou bolhas) são instáveis. Para $Ca \ll Ca_{cr}$ as gotas se deformam no escoamento, mas não se fragmentam. Para $Ca \approx Ca_{cr}$ as gotas tornam-se instáveis e se dividem em fragmentos, cada um com uma relação área/volume menor (mais esféricos) que a gota original. Para $Ca \gg Ca_{cr}$ dominam as forças de atrito viscoso, e a interface comporta-se como uma superfície passiva. As gotas são deformadas no escoamento – de forma análoga à deformação dos elementos materiais em um sistema homogêneo – através do processo de mistura laminar, estudado na Seção 16.2, até formar longos filamentos quase cilíndricos. Na medida em que a gota se deforma e a área interfacial aumenta, o raio $R_p$ diminui, e consequentemente diminui o número de capilaridade. Esses filamentos não são estáveis e terminam se fragmentando em múltiplas gotas menores.[29]

Gotas de baixa viscosidade (ou bolhas de gás) imersas em um fluido viscoso ($\lambda \ll 1$) tornam-se instáveis para valores relativamente elevados de $Ca$ (mais elevados, quanto menor for $\lambda$) para todo tipo de escoamento. A pre-

[27] Apresentado na Seção 7.5, Eq. (7.174).
[28] Baseada em Ottino, *op. cit.*, Figura 9.3.2, p. 302.
[29] Tome esta afirmação com um grão de sal: muitos fatores difíceis de controlar (por exemplo, pequenas quantidades de impurezas na fase contínua, ou mínimas componentes elásticas no material disperso) fazem milagres estabilizando gotas que não deveriam existir, de acordo com a teoria puramente newtoniana. Além disso, a ruptura de uma gota instável não é um processo instantâneo; muitas vezes é possível "congelar" morfologias instáveis solidificando o material antes da geração da hipotética morfologia estável.

sença de rotação no escoamento ($k < 1$) torna as gotas instáveis para valores maiores de $Ca$, isto é, aumenta o valor crítico $Ca_{cr}$. Consequentemente, maior deformação (menor tamanho de gota) pode ser obtida, quanto maior for a viscosidade do fluido disperso e o caráter extensional do escoamento.

$$Ca_{cr} = \left( \frac{\eta(1+k)GR}{\sigma} \right)_{cr}$$

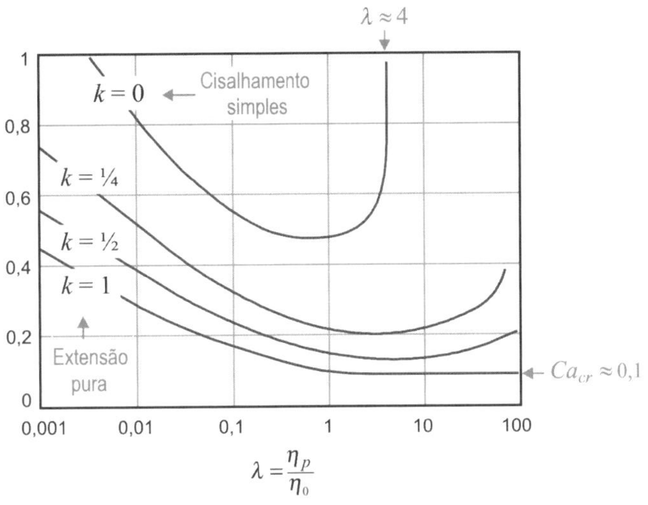


**Figura 16.33**

Para escoamentos de extensão pura ($k = 1$) o valor crítico de $Ca$ tende a um valor mínimo constante para $\lambda \geq 1$, $Ca_{cr} \approx 0{,}1$. A presença de rotação ($k < 1$) no escoamento eleva o valor mínimo ($Ca_{cr} \approx 0{,}5$ para $\lambda \approx 1$ em cisalhamento simples). Aliás, a rotação ocasiona um aumento do $Ca_{cr}$ para valores elevados de $\lambda$. Em particular, não é possível fraturar gotas muito viscosas ($\lambda > 4$) em escoamentos de cisalhamento simples ($k = 0$); nesse caso $Ca_{cr} \to \infty$ para $\lambda \to 4$; para $\lambda > 4$ as gotas podem se deformar mas conservam sua integridade.

Esta breve análise dos resultados apresentados no gráfico revela algumas características importantes da mistura dispersiva:

(a) Na mistura dispersiva não é possível trocar tempo por taxa de deformação, particularmente nas vizinhanças de valor crítico do número capilar (em um sistema homogêneo o grau de mistura depende do produto $Gt$: o mesmo grau de mistura é obtido com a metade da taxa no dobro do tempo).

(b) Na mistura dispersiva, a presença de rotação no escoamento não só degrada *quantitativamente* o grau de mistura, mas resulta (para valores suficientemente elevados da viscosidade da fase dispersa) na impossibilidade (ou extrema dificuldade) de misturar o sistema, um efeito *qualitativo* completamente diferente. Não é possível, nestes casos, substituir o escoamento extensional por um escoamento de cisalhamento estagiado.

Estas características são consequências da existência de uma interface entre as componentes imiscíveis. Outra característica distintiva desses sistemas é a necessidade de subdividir a fase dispersa gerada por deformação,[30] desde que não é possível – em um sistema estritamente imiscível – completar a mistura simplesmente por difusão molecular.

Do ponto de vista termodinâmico, o estado de equilíbrio de um sistema de dois líquidos imiscíveis consiste, na ausência de forças, em uma grande esfera de material **A** suspensa no material **B**. O estado de mistura é termodinamicamente instável em um sistema com tensão interfacial diferente de zero, somente possível devido às forças de atrito viscoso que deformam e fraturam os domínios do material disperso. A morfologia gerada dessa forma tem que ser estabilizada e/ou "congelada" para manter o grau de mistura atingido.

Quando uma gota é deformada em um escoamento onde $Ca > Ca_{cr}$, o comprimento característico $R_p$ diminui até o ponto em que $Ca \approx Ca_{cr}$ e a interface torna-se instável. Nesse ponto a gota se fragmenta espontaneamente, através de diferentes mecanismos de fratura.

(i) Gotas moderadamente alongadas em cisalhamento, com extremos em ponta – típicos em sistemas com baixa viscosidade na fase dispersa ($\lambda \ll 1$) – podem, às vezes, diminuir o volume através da geração de uma corrente de microgotas que se separam da gota-mãe nas pontas e são arrastadas pelo escoamento, mecanismo

[30] Desde que isto seja possível. Lembre-se do que acontece para $\lambda \geq 4$ em cisalhamento simples.

batizado (em inglês) como *tip streaming*. A Figura 16.34 representa esquematicamente o fenômeno observado em uma bolha em cisalhamento simples, $Rp = 1{,}2$ mm, $Ca \approx Ca_{cr}$, $\lambda < 10^{-4}$.

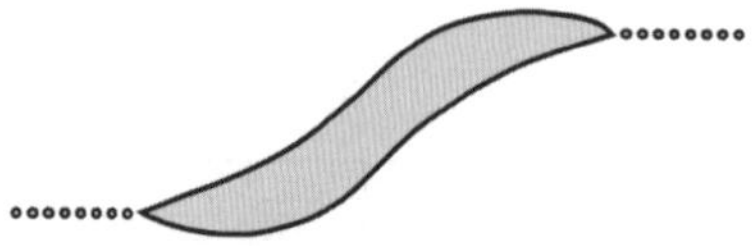

**Figura 16.34**

(ii) Gotas moderadamente alongadas em cisalhamento, em sistemas com alta viscosidade na fase dispersa ($\lambda \approx 1$), fragmentam-se em duas gotas do mesmo tamanho, com uma série de gotículas "satélites" entre as mesmas. A Figura 16.35 representa esquematicamente a fratura de uma gota em cisalhamento simples, $Rp = 1$ mm, $Ca \approx Ca_{cr}$, $\lambda = 0{,}14$.

**Figura 16.35**

(iii) Filamentos formados a elevados valores de deformação fragmentam-se em uma fileira de gotas esféricas quando a taxa de deformação é diminuída ou eliminada, através do crescimento de perturbações sinusoidais (ondas superficiais). Este mecanismo, associado aos nomes de Lord Rayleigh e S. Tomotika, é o mais importante no caso de sistemas viscosos ($\lambda > 1$) que têm sido fortemente deformados por mistura laminar. A Figura 16.36 mostra esquematicamente a desintegração de um filamento em repouso, $Rp = 0{,}35$ mm, $\eta_0 = 0{,}9$ Pa · s, $\eta_p = 0{,}7$ Pa · s, $\sigma = 4$ mN/m (imagens observadas a cada segundo).

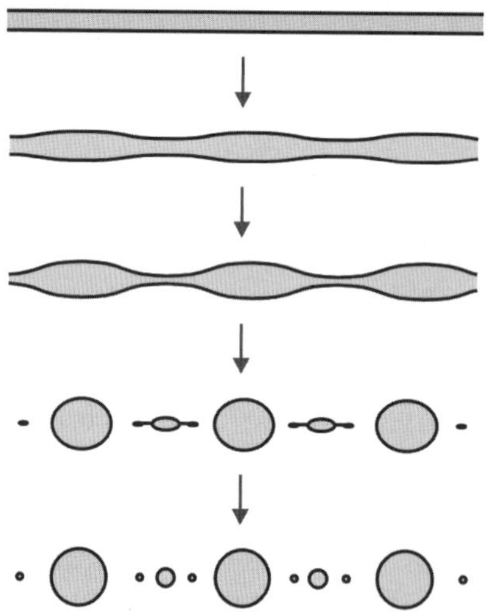

**Figura 16.36**

Encerramos esta subseção com um belo exemplo de mistura dispersiva em um sistema de interesse para o engenheiro de materiais: a preparação de uma blenda polimérica (Figura 16.37). A Figura 16.37 mostra a "morfologia congelada" (a) e desintegração de filamentos (b) em uma mistura de poliestireno (PS) – fase dispersa – em polietileno de alta densidade (HDPS) – fase contínua – através do mecanismo de Rayleigh-Tomotika. As blendas foram preparadas em extrusor de dupla rosca. No caso (a) o material foi resfriado (solidificado) imediatamente na saída do extrusor, preservando os filamentos obtidos por mistura laminar; no caso (b) o material foi deixado em repouso por vários segundos (no estado líquido) antes de resfriar, tempo suficiente para desintegrar a maioria dos filamentos [H. E. H. Meijer, J. M. H. Janssen e P. D. Anderson, "Mixing of Immiscible Liquids", em: I. Manas-Zloczower (editor), *Mixing and Compounding of Polymers. Theory and Practice*, 2nd ed. Hanser, 2009, Figura 3.127, p. 156].

A modelagem do processo de formação da morfologia de blendas poliméricas é assunto pesquisado ativamente. Um sumário atualizado e bastante acessível do "estado das questões" é H. E. H. Meijer, J. M. H. Janssen e P. D. Anderson, "Mixing of Immiscible Liquids", em: I. Manas-Zloczower (editor), *Mixing and Compounding of Polymers. Theory and Practice*, 2nd ed. Hanser, 2009, pp. 41-182. Veja também o capítulo de L. A. Utracki and

M. R. Kamal, "The Rheology of Polymer Alloys and Blends", in L. A. Utracki (editor): *Polymer Blends Handbook*, vol. 1, Kluwer (2002).

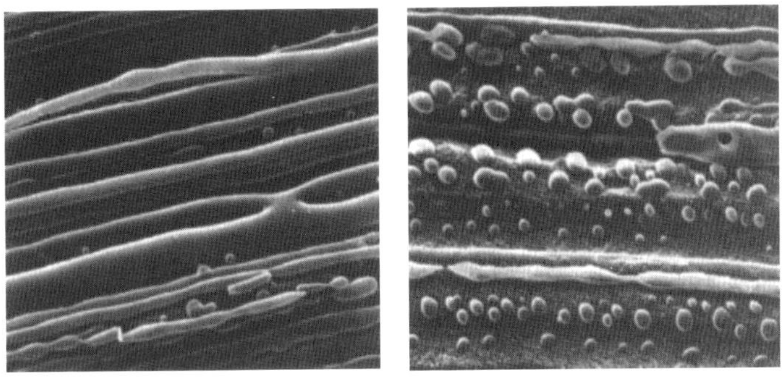

(a) (b)

**Figura 16.37**

## *Anexo B Energia de deformação de uma gota*

Considere a deformação de uma gota de um fluido incompressível imerso em um escoamento de cisalhamento simples com taxa de cisalhamento $\dot{\gamma}$. A gota deforma-se para um esferoide prolato (alongado na direção do eixo maior) de diâmetro maior $L$ e diâmetro menor $W$ (Seção 16.2). O trabalho $dW$ contra as forças da tensão superficial para aumentar a área superficial da gota em $dA$ é

$$dW = \sigma dA \tag{16.134}$$

onde $\sigma$ é a tensão interfacial entre o fluido disperso e a matriz. Depois de um tempo, a variação da área superficial da gota deformada no intervalo de tempo $dt$ é bem representada pela Eq. (16.22):

$$\frac{dA}{A} = \tfrac{1}{2}\dot{\gamma}dt \tag{16.135}$$

onde

$$A \approx \tfrac{1}{2}\pi LW\left(1+\frac{W}{L}\right) \tag{16.136}$$

é a área superficial de um esferoide prolato, Eq. (16.20). Substituindo na Eq. (16.134):

$$dW = \tfrac{1}{4}\pi WL\left(1+\frac{W}{L}\right)\dot{\gamma}\sigma dt \tag{16.137}$$

Para $L \gg W$ a gota deformada é transformada basicamente em um filamento cilíndrico de raio $R = \tfrac{1}{2}W$:

$$dW = \tfrac{1}{2}\pi RL\dot{\gamma}\sigma dt \tag{16.138}$$

O volume da gota relaciona-se ao volume total do sistema através da fração volumétrica de material disperso $\phi$:

$$\pi R^2 L = \phi V \tag{16.139}$$

Portanto, a taxa de consumo de energia para deformar o material disperso por unidade de volume é

$$\dot{E}_s = \frac{1}{V}\frac{dW}{dt} = \tfrac{1}{2}\phi\frac{\sigma\dot{\gamma}}{R} \tag{16.140}$$

Comparando com a taxa de dissipação de energia no escoamento, Eq. (16.13),

$$\dot{E}_v = \tfrac{1}{2}\eta_0\dot{\gamma}^2 \tag{16.141}$$

onde $\eta_0$ é a viscosidade da matriz. Temos, então,

$$\frac{\dot{E}_s}{\dot{E}_v} = \phi\frac{\sigma}{\eta_0\dot{\gamma}R} = \frac{\phi}{Ca} \tag{16.142}$$

*Exemplo*: Suponha um processo de blenda de um polímero fundido (fase dispersa) em outro (fase contínua) de viscosidade $\eta_0 = 100$ Pa · s, escoando em cisalhamento simples com $\dot{\gamma} = 100$ s$^{-1}$; um valor típico da tensão interfacial entre dois polímeros fundidos é $\sigma = 0{,}01$ N/m. Na medida em que o processo de mistura laminar avança do valor inicial $R = 1$ mm ($10^{-3}$ m) até $R = 1$ $\mu$m ($10^{-6}$ m), o número capilar varia de $Ca = 1000$ (subcrítico) para $Ca = 1$ (supercrítico na maioria dos casos). Para $\phi = 0{,}5$ a energia utilizada especificamente na deformação passa de 0,5% (praticamente desprezível) para 50% (fração significativa) da energia dissipada no escoamento necessário para gerar a deformação.

## 16.5 MISTURADORES

Temos visto que tanto a mistura laminar em sistemas homogêneos quanto a mistura dispersiva em sistemas heterogêneos requerem que o material seja submetido a *elevadas taxas de deformação* (e, no segundo caso, *elevadas tensões*) para ser adequadamente misturado. Na indústria do processamento de materiais esta tarefa é desenvolvida em peças de equipamento especializadas: os *misturadores*.

Exemplos de misturadores (a matéria é considerada em detalhe nas disciplinas de processamento de materiais; aqui apenas mencionamos o assunto *en passant*) são os misturadores descontínuos (*batch*) do tipo *Banbury*[31] (o equipamento mais comum para a mistura da borracha com negro de fumo e outros aditivos para a fabricação de pneus etc.), os misturadores contínuos tipo FCM[32] (utilizados para a fabricação de compostos de poliolefinas e outros plásticos de consumo), assim como os *extrusores de dupla rosca* (utilizados para a fabricação de toda classe de compostos e blendas poliméricas, que nos últimos anos tem se transformado no "misturador padrão" da indústria de processamento de polímeros), inclusive (em casos "leves") os *extrusores de rosca simples* com seções de mistura.

Em materiais altamente viscosos (caso típico: polímeros fundidos) a mistura é acompanhada da dissipação de grande quantidade de energia em forma de calor, nos escoamentos necessários para deformar e/ou fragmentar o material. A excessiva dissipação de energia, além de elevar os custos (a energia tem que ser fornecida pelo usuário do misturador), aumenta perigosamente a temperatura do material (os polímeros têm baixa difusividade térmica e o transporte dessa energia para fora é bastante ineficiente). Os materiais poliméricos, como a maioria dos compostos orgânicos, são essencialmente instáveis e se degradam facilmente a temperaturas elevadas.

A questão fundamental do desenho de misturadores e, de fato, do processamento de polímeros em geral é como balancear os requerimentos contraditórios: elevadas taxas de deformação e tensões de atrito viscoso (para misturar o material), e moderado aumento de temperatura (para não degradar o material). Não é este o lugar apropriado para desenvolver o assunto, que será considerado nas disciplinas de processamento de materiais. Basta dizer que uma das *estratégias de mistura* mais utilizadas consiste em restringir as elevadas taxas de deformação e atrito viscoso para algumas regiões específicas do misturador, que vamos chamar ZATs (zonas de alta taxa de deformação/tensão) para abreviar, responsáveis pela mistura, especialmente pela mistura dispersiva de materiais heterogêneos. No resto do misturador o escoamento é consideravelmente menos intenso (menores taxas de deformação), mas ainda contribui essencialmente para o processo de mistura: são nessas regiões que o material disperso é redistribuído uniformemente.[33] Por exemplo, na dispersão de líquidos viscosos, as baixas taxas de deformação nestas regiões do misturador são responsáveis pela desintegração – através do mecanismo de Rayleigh-Tomotika (Seção16.4) – dos filamentos gerados pela elevada taxa de deformação nas ZATs.

Considere o caso de um misturador contínuo, com uma entrada e uma saída, operando em estado estacionário com um material (homogêneo ou heterogêneo) incompressível. Vamos supor, para simplificar, que o padrão de escoamento no equipamento – exceto talvez na ZAT – corresponde ao de um misturador perfeito. Temos basicamente três formas de conectar uma ZAT no misturador (Figura 16.38):

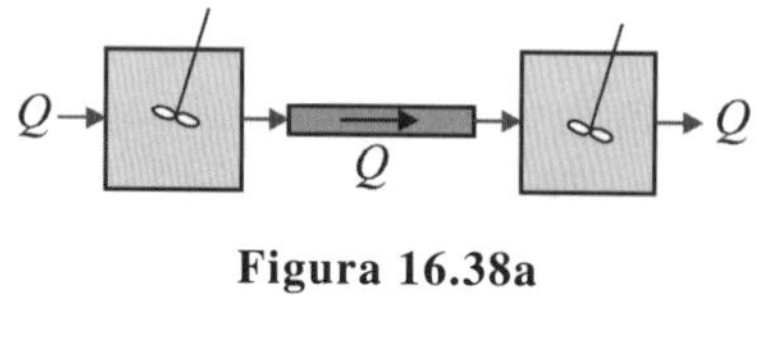

**Figura 16.38a**

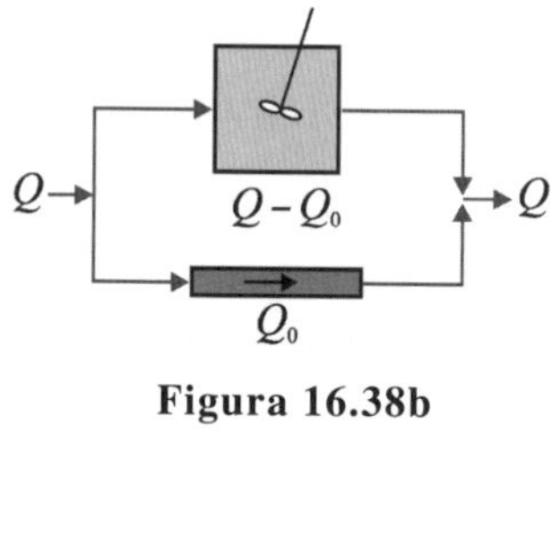

**Figura 16.38b**

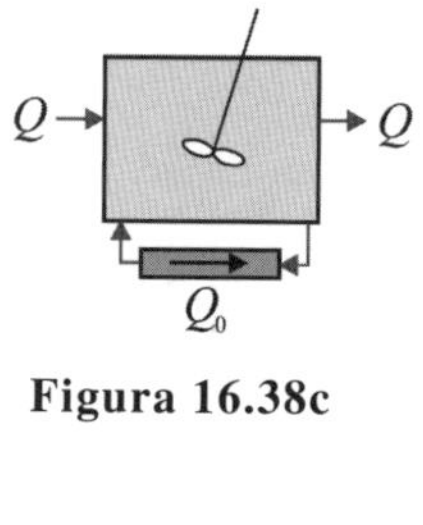

**Figura 16.38c**

[31] Misturador inventado por Fernley Banbury por volta de 1915 e produzido inicialmente pela companhia norte-americana Farrel. Foi o primeiro misturador *interno* moderno para processamento de polímeros; antes disso a borracha era misturada principalmente em *two-roll mills* abertos (Problema 12.3).

[32] Abreviatura de F*arrel* C*ontinuous* M*ixer*, uma versão contínua do misturador Banbury introduzida na década de 1960 pela Farrel Corporation.

[33] Z. Tadmor e C. Gogos, *Principles of Polymer Processing*, 2nd ed. Wiley-Interscience, 2006, Seção 6.2.

(a) ZAT em séries. Todo o material passa uma vez através da ZAT. Dessa forma temos nos assegurado de que todas e cada uma das partículas (dos elementos materiais, se o sistema for homogêneo), são submetidas *uma vez* (somente uma vez) a uma taxa de deformação elevada. Se chamamos $K$ ao *número de passagens* do material pela ZAT, antes de sair do misturador, temos, neste caso,

$$K = 1 \tag{16.143}$$

Este método é utilizado em algumas seções de mistura intensiva em extrusores monorrosca.

(b) ZAT em paralelo. Parte do material passa (uma vez) através da ZAT e parte do material não passa pela ZAT e sai da mistura sem ser submetido a taxas de deformação elevadas. O número *médio* de passagens do material pela ZAT, antes de sair do misturador, é igual à fração de material que passa através da ZAT, dada por

$$K = \frac{Q_0}{Q} < 1 \tag{16.144}$$

onde $Q$ é a vazão volumétrica global através do equipamento, e $Q_0$ é a vazão volumétrica através da ZAT. Isolado, este arranjo não parece muito atrativo: uma boa parte (tipicamente, a maior parte) do material não é submetido a deformações significativas. Porém, quando várias unidades desse tipo são conectadas em séries, e os elementos materiais são completamente misturados ("randomizados") entre unidades sucessivas, o arranjo em séries/paralelo resultante é utilizado no desenho de *seções de mistura* para extrusores monorrosca.

(c) ZAT em um *loop* de reciclagem (interno ou externo). O material passa, de forma mais ou menos aleatória, através da região de elevada taxa de deformação. Parte das partículas (dos elementos materiais, se o sistema for homogêneo) é submetida à taxa de deformação elevada, parte não. Porém, existe uma chance de as partículas serem submetidas *mais de uma vez* à taxa de deformação elevada. Ainda com essa ressalva, o sistema não parece muito promissório, desde que uma parte substancial do material não é submetida às elevadas taxas de deformação e, portanto, deixa o misturador sem ser adequadamente misturada/dispersa. Nesses casos (como temos visto no caso da mistura laminar "ineficiente" nos escoamentos de cisalhamento) pode-se recorrer ao estagiamento (o caso será considerado mais na frente).

Em média, o *número de passagens* do material pela ZAT, antes de sair do misturador, é

$$K = \frac{\bar{t}}{t_0} = \frac{V/Q}{V/Q_0} = \frac{Q_0}{Q} \tag{16.145}$$

onde $\bar{t}$ é o tempo médio de residência no equipamento, e $t_0$ é o chamado tempo de circulação na ZAT (observe que $t_0$ *não é* o tempo médio de residência na zona, que é $V_0/Q_0$); $Q$ é a vazão volumétrica global através do equipamento, $Q_0$ é a vazão volumétrica através da ZAT, e $V$ é o volume (total) do misturador.

Observe que $Q_0$ pode ser menor, maior, ou igual a $Q$, isto é, $K$ pode assumir qualquer valor real (maior que zero). Contudo, $K$ representa apenas um valor médio. O número real de passagens de um determinado elemento material ou partícula pela zona identificada com uma seta maior pode assumir apenas valores inteiros, $n = 0, 1, 2,$ ... distribuídos estatisticamente. Isto é, pode-se avaliar a *probabilidade* de que um elemento material ou partícula passe $n$ ($n \geq 0$) vezes pela ZAT antes de sair do misturador ou, o que é o mesmo, a *fração* de elementos materiais ou partículas que passam $n$ vezes pela ZAT antes de sair do misturador. A situação é semelhante ao caso da distribuição de tempos de residência (RTD) estudada na Seção 16.3, mas agora temos uma *distribuição do número de passagens* (NPD) pela ZAT.

Seja $p$ a probabilidade de uma partícula no interior do misturador passar pela ZAT antes de sair do mesmo. Uma vez que o material – exceto talvez na ZAT – é perfeitamente misturado, a probabilidade em questão é independente de que a partícula tenha ou não passado pela zona anteriormente. A fração de partículas que, ao sair do misturador, passou *exatamente n* vezes pela ZAT é

$$g_n = \underbrace{p^n}_{\text{Passa } n \text{ vezes}} \times \underbrace{(1-p)}_{\text{Não passa mais}} \tag{16.146}$$

Observe que a Eq. (16.146) é válida também para $n = 0$: evidentemente, a fração de partículas que sai sem passar pela ZAT é

$$g_0 = 1 - p \tag{16.147}$$

Sendo $g_n$ uma probabilidade discreta ($n$ é uma variável restrita a valores inteiros: 0, 1, 2...; porém $g_n$ é um número real, $0 \leq g_n \leq 1$), o valor médio do número de passagens pela ZAT é avaliado através de um somatório:

$$\bar{n} = \sum_{i=0}^{\infty} i \cdot g_i = (1-p)\sum_{i=0}^{\infty} i \cdot p^i = \frac{p}{1-p} \tag{16.148}$$

Mas $\bar{n}$ é justamente a razão entre a vazão através da zona vermelha e a vazão global através do equipamento. O parâmetro $K$ é dado pela Eq. (16.145):

$$K = \frac{Q_0}{Q} = \frac{p}{1-p} \tag{16.149}$$

ou

$$p = \frac{K}{1+K} \tag{16.150}$$

Substituindo a Eq. (16.150) na Eq. (16.146), obtemos

$$\boxed{g_n = \frac{1}{1+K}\left(\frac{K}{1+K}\right)^n} \tag{16.151}$$

que é a função de *distribuição do número de passagens* (inglês: *number of passages distribution*), ou NPD, pela ZAT em um misturador perfeito com reciclo interno.[34] A distribuição cumulativa é

$$G_n = \sum_{i=0}^{n} g_n = 1 - p^{n+1} = 1 - \left(\frac{K}{1+K}\right)^{n+1} \tag{16.152}$$

onde $G_n$ é a fração de partículas que têm passado *não mais* que $n$ vezes pela ZAT ($n \geq 0$) antes de sair do misturador. A variância da distribuição é

$$\sigma^2 = \sum_{i=0}^{\infty} (i-\bar{n})^2 g_i = \frac{p}{(1-p)^2} = K(1+K) \tag{16.153}$$

Ainda que o número de passagens e a variância sejam quantidades adimensionais, é conveniente definir uma variância reduzida (equivalente à variância adimensional na RTD):

$$\sigma^{*2} = \frac{\sigma^2}{\bar{n}^2} = \frac{1}{p} = \frac{1+K}{K} \tag{16.154}$$

*Exemplo*: Suponha $Q_0 = Q$, isto é, $K = 1$. Das Eqs. (16.151)-(16.152), temos que $g_0 = G_0 = 0{,}5$, ou seja, 50% das partículas passam através do misturador sem passar pela zona de elevadas taxas de deformação (passam exatamente 0 vez): metade do material não é adequadamente misturado/disperso, o que significa um desempenho bastante ruim...

Temos adiantado que uma possível forma de melhorar o desempenho de um misturador "aleatório" (tipo *b*) é estagiar o sistema, isto é, substituir o misturador por uma série de $N$ misturadores, cada um com uma ZAT (Figura 16.39).

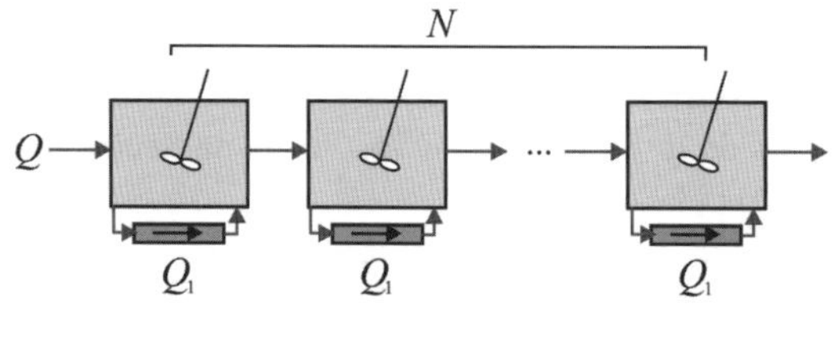


**Figura 16.39**

Para avaliar o efeito do estagiamento na NPD é conveniente considerar $Q_1 = Q_0/N$, sendo $Q_0$ a vazão através da ZAT do misturador original, e $Q_1$ a vazão através da ZAT de cada um dos estágios, de forma que $K_1 = K/N$ e o número médio de passagens através de *alguma* zona vermelha no sistema de $N$ misturadores em série sejam os mesmos que no misturador original:

$$(K)_N = NK_1 = K \tag{16.155}$$

[34] Observe que para ZAP montados em séries (caso *a*), $g_1 = 1$ e $g_i = 0$ para $i \neq 1$; para para ZAP montados em paralelo (caso *b*), $g_0 = 1 - K$, $g_1 = K$, e $g_i = 0$ para $i > 1$.

A probabilidade de que o material não passe pela ZAT de nenhum dos $N$ misturadores em série é o produto da probabilidade de que não passe pela ZAT do misturador 1, vezes a probabilidade de que não passe pela ZAT do misturador 2 etc., desde que todos são eventos independentes (misturadores perfeitos!). Se o número médio de passagens pela ZAT em cada misturador é o mesmo, $K_1 = K/N$, temos, levando em consideração a Eq. (16.151),

$$(g_0)_N = (g_0)_1^N = \left(\frac{1}{1+K_1}\right)^N = \left(\frac{1}{1+K/N}\right)^N \tag{16.156}$$

Compare com

$$g_0 = \frac{1}{1+K} \tag{16.157}$$

obtido para um único misturador com $K = N \cdot K_1$: $(g_0)_N < g_0$ para todo $N > 1$. A fração de material que *não* passa pela ZAT é sempre menor nos misturadores estagiados do que no misturador único equivalente, ou seja, a fração de material que passa (pelo menos uma vez) pela ZAT *sempre aumenta* estagiando os misturadores: o estagiamento melhora – muitas vezes de forma dramática – o desempenho de um misturador "aleatório" até o ponto de torná-lo mais eficiente que o misturador com número de passagens fixo (tipo *a*). Porém, deve-se levar em consideração que $(g_0)_N$ pode ser bastante pequeno, mas é sempre maior que zero ($g_0 \equiv 0$ para um misturador de tipo *a*): existe sempre a possibilidade de que alguma partícula "escape" do ciclo de mistura nas ZATs e apareça na saída do misturador.

*Exemplo*: Suponha um misturador (tipo *b*) com $K = 10$. Da Eq. (16.151) temos que $g_0 \approx 0{,}1$, ou seja, 10% das partículas passam através do misturador sem passar pela zona de elevadas taxas de deformação. Suponha agora $N = 10$ misturadores em série, cada um com $K_1 = K/N = 1$, de modo que a vazão total através das ZATs seja a mesma que no misturador original. Da Eq. (16.156) temos que $g_0 \approx 0{,}001$, ou seja, 0,1% das partículas passam através do misturador sem passar por uma ZAT: 99,9% das mesmas têm sido submetidas, *pelo menos* uma vez, a elevadas taxas de deformação. Um desempenho bem melhor...

Observe que o estagiamento implementado envolve somente a vazão através das ZATs. O grau de mistura/dispersão imposto no material na ZAT depende das características geométricas e condições operativas na zona, incluindo, possivelmente, a vazão. A comparação das NPD requer implicitamente que o grau de mistura/dispersão na ZAT do misturador original (vazão $Q_0$) seja o mesmo que o grau de mistura/dispersão em *cada uma* das ZATs dos $N$ misturadores em série do sistema estagiado (vazão $Q_1 = Q_0/N$), de modo que uma passagem pela ZAT tenha as mesmas consequências em termos de mistura/dispersão; caso contrário, a comparação não faz sentido.

Para uma introdução ao assunto, veja Z. Tadmor e C. Gogos, *Principles of Polymer Processing*, 2ª ed, Wiley-Interscience, 2006, Capítulo 7. Para mais informações sobre a NPD, veja o capítulo de Z. Tadmor, "Number of Passages Distribution Functions", em I. Manas-Zloczower (editor), *Mixing and Compounding of Polymers. Theory and Practice*, 2nd ed. Hanser, 2009, pp. 241-250.

APÊNDICE

# COORDENADAS CURVILÍNEAS

Neste livro de fenômenos de transporte tivemos oportunidade de trabalhar com *campos* escalares (exemplos: pressão $p$, temperatura $T$, concentração $w_A$), vetoriais (exemplo: velocidade $\boldsymbol{v}$) e tensoriais (exemplo: taxa de deformação $\dot{\boldsymbol{\gamma}}$). Um campo é simplesmente uma função do *vetor posição* $\boldsymbol{r}$ no espaço ordinário de três dimensões,[1] representado por três componentes (independentes) em um *sistema de coordenadas* (ortogonais). O mais simples é o *sistema cartesiano* (retangular) de coordenadas $x$, $y$, $z$, onde as superfícies definidas por $x$ = constante, $y$ = constante e $z$ = constante são *planos* ortogonais. Coordenadas cartesianas foram utilizadas na derivação das equações de variação (Capítulos 4, 10 e 16) e na análise de diversos sistemas formados por fendas e placas planas (Seções 3.1 e 3.3, 5.4, 7.2, 8.2, 11.1 e 11.3, 12.1, 12.3, 12.7 e 12.8, 15.1 e 15.2 etc.).

Porém, a simetria de muitos problemas recomenda a utilização de sistemas de *coordenadas curvilíneas*. Os dois sistemas mais comuns desse tipo, e os únicos utilizados neste livro, são os sistemas de coordenadas polares *cilíndricas* $(r, \theta, z)$ e *esféricas* $(r, \theta, \phi)$.[2]

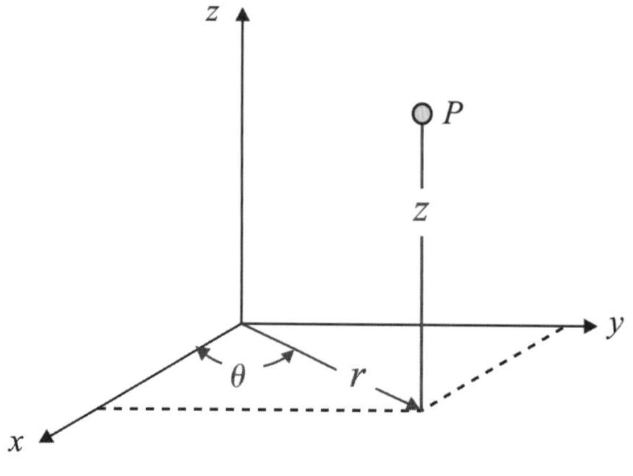


**Figura A.1a**

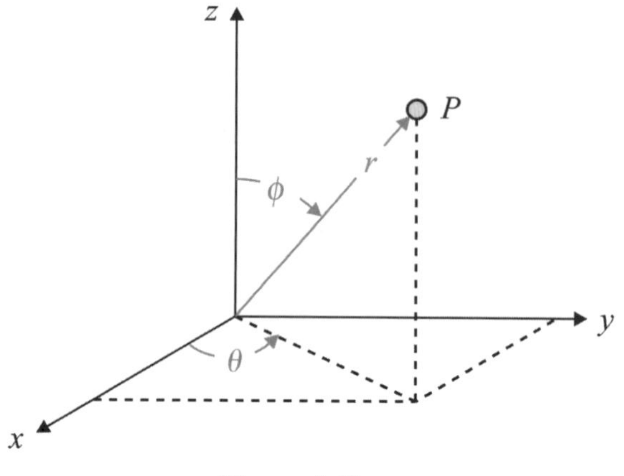


**Figura A.1b**

O sistema de coordenadas cilíndricas $(r, \theta, z)$, Figura A.1a, pode-se definir em relação às coordenadas cartesianas $(x, y, z)$ através das relações:

$$
\begin{aligned}
r &= +\sqrt{x^2 + y^2} & x &= r\cos\theta \\
\theta &= \arctan(y/x) & y &= r\,\mathrm{sen}\,\theta \\
z &= z & z &= z
\end{aligned}
\tag{A.1}
$$

[1] Não se deve confundir o vetor posição $\boldsymbol{r}$ (módulo $r = |\boldsymbol{r}|$) com a coordenada cilíndrica $r$ ou a coordenada esférica $r$. Lamentavelmente, o uso praticamente universal da mesma letra ($r$) para três grandezas diferentes pode dar origem a confusões.

[2] Existem outros sistemas de coordenadas ortogonais com paraboloides, esferoides etc., como superfícies coordenadas.

As superfícies definidas por $r$ = constante são *cilindros* circulares coaxiais; as superfícies com $\theta$ = constante e $z$ = constante são *planos*.

$$\begin{aligned} u_r &= u_x \cos\theta + u_y \operatorname{sen}\theta \\ u_\theta &= -u_x \operatorname{sen}\theta + u_y \cos\theta \\ u_z &= u_z \end{aligned} \tag{A.2}$$

onde $u_r$, $u_\theta$, $u_z$ são as *componentes físicas*[3] do vetor $\boldsymbol{u}$ em coordenadas cilíndricas, e $u_x$, $u_y$, $u_z$ são as componentes do mesmo vetor em coordenadas cartesianas, orientadas como na Figura A.1a.

Coordenadas cilíndricas foram utilizadas na análise de diversos sistemas formados por tubos e anéis (Seções 3.2, 5.1, 5.3 e 5.5, 6.1-6.3, 8.3, 11.2, 12.4 etc.).

O sistema de coordenadas esféricas ($r$, $\theta$, $\phi$), Figura A.1b, pode-se definir em relação às coordenadas cartesianas ($x$, $y$, $z$) através das relações:

$$\begin{aligned} r &= +\sqrt{x^2 + y^2 + z^2} & x &= r \operatorname{sen}\theta \cos\phi \\ \theta &= \arctan(\sqrt{x^2 + y^2}/x) & y &= r \operatorname{sen}\theta \operatorname{sen}\phi \\ \phi &= \arctan(y/x) & z &= r \cos\theta \end{aligned} \tag{A.3}$$

As superfícies definidas por $r$ = constante são *esferas* concêntricas, as superfícies com $\theta$ = constante são *cones*, e as superfícies com $\phi$ = constante são *planos*. Coordenadas esféricas foram utilizadas neste texto na análise de alguns casos com essa simetria (Seções 7.2-7.3, 12.5, 15.3 etc).

$$\begin{aligned} u_r &= u_x \operatorname{sen}\theta \cos\phi + u_y \operatorname{sen}\theta \operatorname{sen}\phi + u_z \cos\theta \\ u_\theta &= u_x \cos\theta \cos\phi + u_y \cos\theta \operatorname{sen}\phi - u_z \operatorname{sen}\theta \\ u_\phi &= -u_x \operatorname{sen}\phi + u_y \cos\phi \end{aligned} \tag{A.4}$$

onde $u_r$, $u_\theta$, $u_\phi$ são as *componentes físicas* do vetor $\boldsymbol{u}$ em coordenadas esféricas e $u_x$, $u_y$, $u_z$ são as componentes do mesmo vetor em coordenadas cartesianas, orientadas como na Figura A.1b.

As Tabelas A.1-A.8 apresentam as expressões de algumas equações vetoriais importantes em termos das *componentes físicas* dos campos vetoriais e tensoriais correspondentes, em coordenadas cartesianas, cilíndricas e esféricas.

| | |
|---|---|
| Tabela A.1 | Lei de Newton da viscosidade para um fluido incompressível, Eq. (2.24). |
| Tabela A.2 | Equação da continuidade para um fluido de propriedades físicas constantes, Eq. (4.8). |
| Tabela A.3 | Equação de movimento para um fluido newtoniano incompressível de propriedades físicas constantes (equação de Navier-Stokes), Eq. (4.34). |
| Tabela A.4 | Taxa de dissipação viscosa (por unidade de volume) em um fluido newtoniano incompressível de propriedades físicas constantes. |
| Tabela A.5 | Lei de Fourier da condução térmica para um material (sólido ou fluido) isotrópico, Eq. (10.4). |
| Tabela A.6 | Equação de variação da temperatura para um sólido isotrópico ($v \equiv 0$) ou um fluido newtoniano incompressível de propriedades físicas constantes, sem fontes internas de energia além da dissipação viscosa, Eq. (10.22). |
| Tabela A.7 | Lei de Fick da difusão para uma mistura binária (sólida ou fluida) homogênea, em base mássica, Eq. (14.26). |
| Tabela A.8 | Equação de variação da concentração para uma mistura binária homogênea – sólido isotrópico ($v \equiv 0$) ou fluido newtoniano incompressível – de propriedades físicas constantes, em ausência de reações químicas e em base mássica, Eq. (14.54). |

As tabelas podem ser utilizadas para obter a representação de outras expressões em coordenadas curvilíneas. Por exemplo, para obter o gradiente de um campo escalar, veja o desenvolvimento de $\nabla p$ na Tabela A.3; para o laplaciano de um campo escalar, o desenvolvimento de $\nabla^2 T$ na Tabela A.6; para o divergente de um campo vetorial, o desenvolvimento de $\nabla \cdot \boldsymbol{v}$ na Tabela A.2 etc.

[3] Sobre o conceito de *componente física* de vetores e tensores veja a bibliografia recomendada. As componentes físicas são as únicas utilizadas neste texto.

***Referências***: BSL, Apêndice A; J. C. Slattery, *Advanced Transport Phenomena*. Cambridge University Press, 1999, Apêndice A; W. M. Deen, *Analysis of Transport Phenomena*. Oxford University Press, 1998. Para um tratamento mais completo: R. Aris, *Vectors, Tensors, and the Basic Equations of Fluid Mechanics*, Prentice-Hall, 1962; L. Brand, *Vector and Tensor Analysis*, Wiley, 1948; R. M. Bowen and C. C. Wang, *Introduction to Vectors and Tensors*, 2 vols. Plenum, 1976.

**Tabela A.1** Lei de Newton da viscosidade para um fluido incompressível, Eq. (2.24)

| $\boldsymbol{\tau} = -\eta\dot{\boldsymbol{\gamma}} = -\eta(\nabla \boldsymbol{v} + \nabla \boldsymbol{v}^{\mathrm{T}})$ | | | |
|---|---|---|---|
| Coordenadas cartesianas $(x, y, z)$: | | | |
| $\tau_{xx} = -\eta\left[2\frac{\partial v_x}{\partial x}\right]$ | $\tau_{yy} = -\eta\left[2\frac{\partial v_y}{\partial y}\right]$ | $\tau_{zz} = -\eta\left[2\frac{\partial v_z}{\partial z}\right]$ | (1-3) |
| $\tau_{xy} = \tau_{yx} = -\eta\left[\frac{\partial v_y}{\partial x} + \frac{\partial v_x}{\partial y}\right]$ | $\tau_{yz} = \tau_{zy} = -\eta\left[\frac{\partial v_z}{\partial y} + \frac{\partial v_y}{\partial z}\right]$ | $\tau_{zx} = \tau_{xz} = -\eta\left[\frac{\partial v_x}{\partial z} + \frac{\partial v_z}{\partial x}\right]$ | (4-6) |
| Coordenadas esféricas $(r, \theta, \phi)$: | | | |
| $\tau_{rr} = -\eta\left[2\frac{\partial v_r}{\partial r}\right]$ | $\tau_{\theta\theta} = -\eta\left[2\left(\frac{1}{r}\frac{\partial v_\theta}{\partial \theta} + \frac{v_r}{r}\right)\right]$ | $\tau_{\phi\phi} = -\eta\left[2\left(\frac{1}{r\,\mathrm{sen}\,\theta}\frac{\partial v_\phi}{\partial \phi} + \frac{v_r + v_\theta \cot\theta}{r}\right)\right]$ | (7-9) |
| $\tau_{r\theta} = \tau_{\theta r} = -\eta\left[r\frac{\partial}{\partial r}\left(\frac{v_\theta}{r}\right) + \frac{1}{r}\frac{\partial v_r}{\partial \theta}\right]$ | $\tau_{\theta\phi} = \tau_{\phi\theta} = -\eta\left[\frac{\mathrm{sen}\,\theta}{r}\frac{\partial}{\partial \theta}\left(\frac{v_\phi}{\mathrm{sen}\,\theta}\right) + \frac{\partial v_\theta}{\partial z}\right]$ | $\tau_{\phi r} = \tau_{r\phi} = -\eta\left[\frac{1}{r\,\mathrm{sen}\,\theta}\frac{\partial v_r}{\partial \phi} + r\frac{\partial}{\partial r}\left(\frac{v_\phi}{r}\right)\right]$ | (10-12) |
| Coordenadas cilíndricas $(r, \theta, z)$: | | | |
| $\tau_{rr} = -\eta\left[2\frac{\partial v_r}{\partial r}\right]$ | $\tau_{\theta\theta} = -\eta\left[2\left(\frac{1}{r}\frac{\partial v_\theta}{\partial \theta} + \frac{v_r}{r}\right)\right]$ | $\tau_{zz} = -\eta\left[2\frac{\partial v_z}{\partial z}\right]$ | (13-15) |
| $\tau_{r\theta} = \tau_{\theta r} = -\eta\left[r\frac{\partial}{\partial r}\left(\frac{v_\theta}{r}\right) + \frac{1}{r}\frac{\partial v_r}{\partial \theta}\right]$ | $\tau_{\theta z} = \tau_{z\theta} = -\eta\left[\frac{1}{r}\frac{\partial v_z}{\partial \theta} + \frac{\partial v_\theta}{\partial z}\right]$ | $\tau_{zr} = \tau_{rz} = -\eta\left[\frac{\partial v_r}{\partial z} + \frac{\partial v_z}{\partial r}\right]$ | (16-18) |

*Nota*: Os termos entre colchetes são as componentes do tensor taxa de deformação, $\dot{\gamma}_{ij} = \dot{\gamma}_{ji}$.

**Tabela A.2** Equação da continuidade para um fluido de propriedades físicas constantes, Eq. (4.8)

| $\nabla \cdot \boldsymbol{v} = 0$ | |
|---|---|
| Coordenadas cartesianas $(x, y, z)$: | |
| $\frac{\partial v_x}{\partial x} + \frac{\partial v_y}{\partial y} + \frac{\partial v_z}{\partial z} = 0$ | (1) |
| Coordenadas cilíndricas $(r, \theta, z)$: | |
| $\frac{1}{r}\frac{\partial r v_r}{\partial r} + \frac{1}{r}\frac{\partial v_\theta}{\partial \theta} + \frac{\partial v_z}{\partial z} = 0$ | (2) |
| Coordenadas esféricas $(r, \theta, \phi)$: | |
| $\frac{1}{r^2}\frac{\partial r^2 v_r}{\partial r} + \frac{1}{r\,\mathrm{sen}\,\theta}\frac{\partial v_\theta\,\mathrm{sen}\,\theta}{\partial \theta} + \frac{1}{r\,\mathrm{sen}\,\theta}\frac{\partial v_\phi}{\partial \phi} = 0$ | (3) |

**Tabela A.3** Equação de movimento para um fluido newtoniano incompressível de propriedades físicas constantes (equação de Navier-Stokes), Eq. (4.34)

| $\rho\left(\frac{\partial \boldsymbol{v}}{\partial t}+\boldsymbol{v}\cdot\nabla\boldsymbol{v}\right)=-\nabla P+\eta\nabla^2\boldsymbol{v}$ | |
|---|---|
| Coordenadas cartesianas $(x, y, z)$: | |
| $\rho\left(\frac{\partial v_x}{\partial t}+v_x\frac{\partial v_x}{\partial x}+v_y\frac{\partial v_x}{\partial y}+v_z\frac{\partial v_x}{\partial z}\right)=-\frac{\partial P}{\partial x}+\eta\left[\frac{\partial^2 v_x}{\partial x^2}+\frac{\partial^2 v_x}{\partial y^2}+\frac{\partial^2 v_x}{\partial z^2}\right]$ | (1) |
| $\rho\left(\frac{\partial v_y}{\partial t}+v_x\frac{\partial v_y}{\partial x}+v_y\frac{\partial v_y}{\partial y}+v_z\frac{\partial v_y}{\partial z}\right)=-\frac{\partial P}{\partial y}+\eta\left[\frac{\partial^2 v_y}{\partial x^2}+\frac{\partial^2 v_y}{\partial y^2}+\frac{\partial^2 v_y}{\partial z^2}\right]$ | (2) |
| $\rho\left(\frac{\partial v_z}{\partial t}+v_x\frac{\partial v_z}{\partial x}+v_y\frac{\partial v_z}{\partial y}+v_z\frac{\partial v_z}{\partial z}\right)=-\frac{\partial P}{\partial z}+\eta\left[\frac{\partial^2 v_z}{\partial x^2}+\frac{\partial^2 v_z}{\partial y^2}+\frac{\partial^2 v_z}{\partial z^2}\right]$ | (3) |
| Coordenadas cilíndricas $(r, \theta, z)$: | |
| $\rho\left(\frac{\partial v_r}{\partial t}+v_r\frac{\partial v_r}{\partial r}+\frac{v_\theta}{r}\frac{\partial v_r}{\partial \theta}+v_z\frac{\partial v_r}{\partial z}-\frac{v_\theta^2}{r}\right)=-\frac{\partial P}{\partial r}+\eta\left[\frac{\partial}{\partial r}\left(\frac{1}{r}\frac{\partial r v_r}{\partial r}\right)+\frac{1}{r^2}\frac{\partial^2 v_r}{\partial \theta^2}+\frac{\partial^2 v_r}{\partial z^2}-\frac{2}{r^2}\frac{\partial v_\theta}{\partial \theta}\right]$ | (4) |
| $\rho\left(\frac{\partial v_\theta}{\partial t}+v_r\frac{\partial v_\theta}{\partial r}+\frac{v_\theta}{r}\frac{\partial v_\theta}{\partial \theta}+v_z\frac{\partial v_\theta}{\partial z}+\frac{v_r v_\theta}{r}\right)=-\frac{1}{r}\frac{\partial P}{\partial \theta}+\eta\left[\frac{\partial}{\partial r}\left(\frac{1}{r}\frac{\partial r v_\theta}{\partial r}\right)+\frac{1}{r^2}\frac{\partial^2 v_\theta}{\partial \theta^2}+\frac{\partial^2 v_\theta}{\partial z^2}+\frac{2}{r^2}\frac{\partial v_r}{\partial \theta}\right]$ | (5) |
| $\rho\left(\frac{\partial v_z}{\partial t}+v_r\frac{\partial v_z}{\partial r}+\frac{v_\theta}{r}\frac{\partial v_z}{\partial \theta}+v_z\frac{\partial v_z}{\partial z}\right)=-\frac{\partial P}{\partial z}+\eta\left[\frac{1}{r}\frac{\partial}{\partial r}\left(r\frac{\partial v_z}{\partial r}\right)+\frac{1}{r^2}\frac{\partial^2 v_z}{\partial \theta^2}+\frac{\partial^2 v_z}{\partial z^2}\right]$ | (6) |
| Coordenadas esféricas $(r, \theta, \phi)$: | |
| $\rho\left(\frac{\partial v_r}{\partial t}+v_r\frac{\partial v_r}{\partial r}+\frac{v_\theta}{r}\frac{\partial v_r}{\partial \theta}+\frac{v_\phi}{r\,\text{sen}\,\theta}\frac{\partial v_r}{\partial \phi}-\frac{v_\theta^2+v_\phi^2}{r}\right)=-\frac{\partial P}{\partial r}+\eta\left[\frac{1}{r^2}\frac{\partial^2 r^2 v_r}{\partial r^2}+\frac{1}{r^2\,\text{sen}\,\theta}\frac{\partial}{\partial \theta}\left(\text{sen}\,\theta\frac{\partial v_r}{\partial \theta}\right)+\frac{1}{r^2\,\text{sen}^2\theta}\frac{\partial^2 v_r}{\partial \phi^2}\right]$ | (7) |
| $\rho\left(\frac{\partial v_\theta}{\partial t}+v_r\frac{\partial v_\theta}{\partial r}+\frac{v_\theta}{r}\frac{\partial v_\theta}{\partial \theta}+\frac{v_\phi}{r\,\text{sen}\,\theta}\frac{\partial v_\theta}{\partial \phi}+\frac{v_r v_\theta-v_\phi^2\cot\theta}{r}\right)=-\frac{1}{r}\frac{\partial P}{\partial \theta}+\eta\left[\frac{1}{r^2}\frac{\partial}{\partial r}\left(r^2\frac{\partial v_\theta}{\partial r}\right)+\frac{1}{r^2}\frac{\partial}{\partial \theta}\left(\frac{1}{\text{sen}\,\theta}\frac{\partial v_\theta\,\text{sen}\,\theta}{\partial \theta}\right)+\frac{1}{r^2\,\text{sen}^2\theta}\frac{\partial^2 v_\theta}{\partial \phi^2}+\frac{2}{r^2}\frac{\partial v_r}{\partial \theta}-\frac{2\cot\theta}{r^2\,\text{sen}\,\theta}\frac{\partial v_\phi}{\partial \phi}\right]$ | (8) |
| $\rho\left(\frac{\partial v_\phi}{\partial t}+v_r\frac{\partial v_\phi}{\partial r}+\frac{v_\theta}{r}\frac{\partial v_\phi}{\partial \theta}+\frac{v_\phi}{r\,\text{sen}\,\theta}\frac{\partial v_\phi}{\partial \phi}+\frac{v_r v_\phi+v_\theta v_\phi\cot\theta}{r}\right)=-\frac{1}{r\,\text{sen}\,\theta}\frac{\partial P}{\partial \phi}+\eta\left[\frac{1}{r^2}\frac{\partial}{\partial r}\left(r^2\frac{\partial v_\phi}{\partial r}\right)+\frac{1}{r^2}\frac{\partial}{\partial \theta}\left(\frac{1}{\text{sen}\,\theta}\frac{\partial v_\phi\,\text{sen}\,\theta}{\partial \theta}\right)+\frac{1}{r^2\,\text{sen}^2\theta}\frac{\partial^2 v_\phi}{\partial \phi^2}+\frac{2}{r^2\,\text{sen}\,\theta}\frac{\partial v_r}{\partial \phi}+\frac{2\cot\theta}{r^2\,\text{sen}\,\theta}\frac{\partial v_\theta}{\partial \phi}\right]$ | (9) |

**Tabela A.4** Taxa de dissipação viscosa (por unidade de volume) em um fluido newtoniano incompressível de propriedades físicas constantes

| $E_V = -\boldsymbol{\tau} : \dot{\boldsymbol{\gamma}} = \eta(\nabla \boldsymbol{v} : \nabla \boldsymbol{v})$ | |
|---|---|
| Coordenadas cartesianas $(x, y, z)$: | |
| $E_V = \eta\left\{2\left[\left(\frac{\partial v_x}{\partial x}\right)^2 + \left(\frac{\partial v_y}{\partial y}\right)^2 + \left(\frac{\partial v_z}{\partial z}\right)^2\right] + \left(\frac{\partial v_y}{\partial x} + \frac{\partial v_x}{\partial y}\right)^2 + \left(\frac{\partial v_z}{\partial y} + \frac{\partial v_y}{\partial z}\right)^2 + \left(\frac{\partial v_x}{\partial z} + \frac{\partial v_z}{\partial x}\right)^2\right\}$ | (1) |
| Coordenadas cilíndricas $(r, \theta, z)$: | |
| $E_V = \eta\left\{2\left[\left(\frac{\partial v_r}{\partial r}\right)^2 + \left(\frac{1}{r}\frac{\partial v_\theta}{\partial \theta} + \frac{v_r}{r}\right)^2 + \left(\frac{\partial v_z}{\partial z}\right)^2\right] + \left[r\frac{\partial}{\partial r}\left(\frac{v_\theta}{r}\right) + \frac{1}{r}\frac{\partial v_r}{\partial \theta}\right]^2 + \left[\frac{1}{r}\frac{\partial v_z}{\partial \theta} + \frac{\partial v_\theta}{\partial z}\right]^2 + \left[\frac{\partial v_r}{\partial z} + \frac{\partial v_z}{\partial r}\right]^2\right\}$ | (2) |
| Coordenadas esféricas $(r, \theta, \phi)$: | |
| $E_V = \eta\left\{2\left[\left(\frac{\partial v_r}{\partial r}\right)^2 + \left(\frac{1}{r}\frac{\partial v_\theta}{\partial \theta} + \frac{v_r}{r}\right)^2 + \left(\frac{1}{r\,\mathrm{sen}\,\theta}\frac{\partial v_\phi}{\partial \phi} + \frac{v_r + v_\theta \cot\theta}{r}\right)^2\right] + \left[r\frac{\partial}{\partial r}\left(\frac{v_\theta}{r}\right) + \frac{1}{r}\frac{\partial v_r}{\partial \theta}\right]^2 + \left[\frac{\mathrm{sen}\,\theta}{r}\frac{\partial}{\partial \theta}\left(\frac{v_\phi}{\mathrm{sen}\,\theta}\right) + \frac{1}{r\,\mathrm{sen}\,\theta}\frac{\partial v_\theta}{\partial \phi}\right]^2 + \left[\frac{1}{r\,\mathrm{sen}\,\theta}\frac{\partial v_r}{\partial \phi} + r\frac{\partial}{\partial r}\left(\frac{v_\phi}{r}\right)\right]^2\right\}$ | (3) |

O termo entre chaves é a norma do tensor taxa de deformação, $\dot{\gamma}^2 = \dot{\boldsymbol{\gamma}} : \dot{\boldsymbol{\gamma}}$.

**Tabela A.5** Lei de Fourier da condução térmica para um material (sólido ou fluido) isotrópico, Eq. (10.4)

| $\boldsymbol{q} = -k\nabla T$ | | | |
|---|---|---|---|
| Coordenadas cartesianas $(x, y, z)$: | | | |
| $q_x = -k\dfrac{\partial T}{\partial x}$ | $q_y = -k\dfrac{\partial T}{\partial y}$ | $q_z = -k\dfrac{\partial T}{\partial z}$ | (1-3) |
| Coordenadas esféricas $(r, \theta, \phi)$: | | | |
| $q_r = -k\dfrac{\partial T}{\partial r}$ | $q_\theta = -k\dfrac{1}{r}\dfrac{\partial T}{\partial \theta}$ | $q_z = -k\dfrac{\partial T}{\partial z}$ | (4-6) |
| Coordenadas cilíndricas $(r, \theta, z)$: | | | |
| $q_r = -k\dfrac{\partial T}{\partial r}$ | $q_\theta = -k\dfrac{1}{r}\dfrac{\partial T}{\partial \theta}$ | $q_\phi = -k\dfrac{1}{r\,\mathrm{sen}\,\theta}\dfrac{\partial T}{\partial \phi}$ | (7-9) |

**Tabela A.6** Equação de variação da temperatura para um sólido isotrópico ($\boldsymbol{v} \equiv 0$) ou um fluido newtoniano incompressível de propriedades físicas constantes, sem fontes de internas de energia além da dissipação viscosa, Eq. (10.22)

| $\rho\hat{c}\left(\dfrac{\partial T}{\partial t} + \boldsymbol{v}\cdot\nabla T\right) = k\nabla^2 T + E_V$ | |
|---|---|
| Coordenadas cartesianas $(x, y, z)$: | |
| $\rho\hat{c}\left(\dfrac{\partial T}{\partial t} + v_x\dfrac{\partial T}{\partial x} + v_y\dfrac{\partial T}{\partial y} + v_z\dfrac{\partial T}{\partial z}\right) = k\left[\dfrac{\partial^2 T}{\partial x^2} + \dfrac{\partial^2 T}{\partial y^2} + \dfrac{\partial^2 T}{\partial z^2}\right] + E_V$ | (1) |
| Coordenadas cilíndricas $(r, \theta, z)$: | |
| $\rho\hat{c}\left(\dfrac{\partial T}{\partial t} + v_r\dfrac{\partial T}{\partial r} + \dfrac{v_\theta}{r}\dfrac{\partial T}{\partial \theta} + v_z\dfrac{\partial T}{\partial z}\right) = k\left[\dfrac{1}{r}\dfrac{\partial}{\partial r}\left(r\dfrac{\partial T}{\partial r}\right) + \dfrac{1}{r^2}\dfrac{\partial^2 T}{\partial \theta^2} + \dfrac{\partial^2 T}{\partial z^2}\right] + E_V$ | (2) |
| Coordenadas esféricas $(r, \theta, \phi)$: | |
| $\rho\hat{c}\left(\dfrac{\partial T}{\partial t} + v_r\dfrac{\partial T}{\partial r} + \dfrac{v_\theta}{r}\dfrac{\partial T}{\partial \theta} + \dfrac{v_\phi}{r\,\mathrm{sen}\,\theta}\dfrac{\partial T}{\partial \phi}\right) = k\left[\dfrac{1}{r^2}\dfrac{\partial}{\partial r}\left(r^2\dfrac{\partial T}{\partial r}\right) + \dfrac{1}{r^2\,\mathrm{sen}\,\theta}\dfrac{\partial}{\partial \theta}\left(\mathrm{sen}\,\theta\dfrac{\partial T}{\partial \theta}\right) + \dfrac{1}{r^2\,\mathrm{sen}^2\theta}\dfrac{\partial^2 T}{\partial \phi^2}\right] + E_V$ | (3) |

Termo $E_V = \eta\Phi_V$ na Tabela A.4. Difusividade térmica $\alpha = k/\rho\hat{c}$.

**Tabela A.7** Lei de Fick da difusão para uma mistura binária (sólida ou fluida) homogênea em base mássica, Eq. (14.26)

| $\boldsymbol{j}_A = -\rho\mathscr{D}_{AB}\nabla \boldsymbol{w}_A$ | | | |
|---|---|---|---|
| Coordenadas cartesianas $(x, y, z)$: | | | |
| $j_{Ax} = -\rho\mathscr{D}_{AB}\dfrac{\partial w_A}{\partial x}$ | $j_{Ay} = -\rho\mathscr{D}_{AB}\dfrac{\partial w_A}{\partial y}$ | $j_{Az} = -\rho\mathscr{D}_{AB}\dfrac{\partial w_A}{\partial z}$ | (1-3) |
| Coordenadas esféricas $(r, \theta, \phi)$: | | | |
| $j_{Ar} = -\rho\mathscr{D}_{AB}\dfrac{\partial w_A}{\partial r}$ | $j_{A\theta} = -\rho\mathscr{D}_{AB}\dfrac{1}{r}\dfrac{\partial w_A}{\partial \theta}$ | $j_{Az} = -\rho\mathscr{D}_{AB}\dfrac{\partial w_A}{\partial z}$ | (4-6) |
| Coordenadas cilíndricas $(r, \theta, z)$: | | | |
| $j_{Ar} = -\rho\mathscr{D}_{AB}\dfrac{\partial w_A}{\partial r}$ | $j_{A\theta} = -\rho\mathscr{D}_{AB}\dfrac{1}{r}\dfrac{\partial w_A}{\partial \theta}$ | $j_{A\phi} = -\rho\mathscr{D}_{AB}\dfrac{1}{r\,\text{sen}\,\theta}\dfrac{\partial w_A}{\partial \phi}$ | (7-9) |

Para obter a expressão da lei de Fick em base molar substituir $j_A$, $\rho$ e $w_A$ por $J_A^*$, $c$ e $x_A$.

**Tabela A.8** Equação de variação da concentração para uma mistura binária homogênea – sólido isotrópico ($\boldsymbol{v} \equiv 0$) ou fluido newtoniano incompressível – de propriedades físicas constantes, em ausência de reações químicas e em base mássica, Eq. (14.54)

| $\dfrac{\partial \boldsymbol{w}_A}{\partial t} + \boldsymbol{v}\cdot\nabla \boldsymbol{w}_A = \mathscr{D}_{AB}\,\nabla^2 \boldsymbol{w}_A$ | |
|---|---|
| Coordenadas cartesianas $(x, y, z)$: | |
| $\dfrac{\partial w_A}{\partial t} + v_x\dfrac{\partial w_A}{\partial x} + v_y\dfrac{\partial w_A}{\partial y} + v_z\dfrac{\partial w_A}{\partial z} = \mathscr{D}_{AB}\left[\dfrac{\partial^2 w_A}{\partial x^2} + \dfrac{\partial^2 w_A}{\partial y^2} + \dfrac{\partial^2 w_A}{\partial z^2}\right]$ | (1) |
| Coordenadas cilíndricas $(r, \theta, z)$: | |
| $\dfrac{\partial w_A}{\partial t} + v_r\dfrac{\partial w_A}{\partial r} + \dfrac{v_\theta}{r}\dfrac{\partial w_A}{\partial \theta} + v_z\dfrac{\partial w_A}{\partial z} = \mathscr{D}_{AB}\left[\dfrac{1}{r}\dfrac{\partial}{\partial r}\left(r\dfrac{\partial w_A}{\partial r}\right) + \dfrac{1}{r^2}\dfrac{\partial^2 w_A}{\partial \theta^2} + \dfrac{\partial^2 w_A}{\partial z^2}\right]$ | (2) |
| Coordenadas esféricas $(r, \theta, \phi)$: | |
| $\dfrac{\partial w_A}{\partial t} + v_r\dfrac{\partial w_A}{\partial r} + \dfrac{v_\theta}{r}\dfrac{\partial w_A}{\partial \theta} + \dfrac{v_\phi}{r\,\text{sen}\,\theta}\dfrac{\partial w_A}{\partial \phi} = \mathscr{D}_{AB}\left[\dfrac{1}{r^2}\dfrac{\partial}{\partial r}\left(r^2\dfrac{\partial w_A}{\partial r}\right) + \dfrac{1}{r^2\,\text{sen}\,\theta}\dfrac{\partial}{\partial \theta}\left(\text{sen}\,\theta\dfrac{\partial w_A}{\partial \theta}\right) + \dfrac{1}{r^2\,\text{sen}^2\theta}\dfrac{\partial^2 w_A}{\partial \phi^2}\right]$ | (3) |

Para obter uma expressão em base molar substituir $v$ e $w_A$ por $v^*$ e $x_A$.

# BIBLIOGRAFIA

As obras citadas no texto estão ordenadas pelo sobrenome do primeiro autor. As edições citadas foram consultadas pelo autor na preparação do livro (com exceção dos itens marcados com *); reimpressões, traduções e edições recentes são notadas quando conhecidas. Como comentamos anteriormente (Seção 1.4), só são citados textos e monografias "convencionais" (ocasionalmente, algum capítulo de compilações editadas em forma de livro). *Fenômenos de Transporte* possui uma riquíssima bibliografia desse tipo, desde tratamentos elementares e introdutórios da matéria até obras de altíssimo nível, com as quais o estudante deve se familiarizar (pelo menos parcialmente) antes de se aventurar nos trabalhos de pesquisa "originais".


M. Abramowitz e I. A. Stegun (editors), *Handbook of Mathematical Functions*. Dover, 1965.

F. S. Acton, *Real Computing Made Real. Preventing Errors in Scientific and Engineering Calculations*. Princeton University Press, 1996.

A. W. Adamson, *Physical Chemistry of Surfaces*, 4th ed. Wiley-Interscience, 1982 (6ª ed. de 1997, coautor A. P. Gast).

J.-F. Agassant, P. Avenas, J.-Ph. Sergent e P. J. Carreau, *Polymer Processing Principles and Modeling*. Hanser, 1991.

R. Aris, *Vectors, Tensors, and the Basic Equations of Fluid Mechanics*. Prentice-Hall, 1962 (reimpressão: Dover, 1990).

G. Astaria e G. Marrucci, *Principles of Non-Newtonian Fluid Mechanics*. McGraw-Hill, 1974.

H. A. Barnes, J. F. Hutton and K. Walters, *An Introduction to Rheology*. Elsevier, 1989.

G. K. Batchelor, *An Introduction to Fluid Dynamics*. Cambridge University Press, 1967.

R. B. Bird, W. E. Stewart e E. N. Lightfoot, *Fenômenos de Transporte*, 2ª ed. LTC, Rio de Janeiro, 2004.

R. B. Bird, R. C. Armstrong e O. Hassager, *Dynamics of Polymeric Liquids*, Volume 1: *Fluid Mechanics*, 2nd ed. Wiley-Interscience, 1987.

R. M. Bowen e C. C. Wang, *Introduction to Vectors and Tensors*, 2 vols. Plenum, 1976.

L. Brand, *Vector and Tensor Analysis*, Wiley, 1948.

H. S. Carslaw e J. C. Jaeger, *Conduction of Heat in Solids*, 2nd ed. Oxford University Press, 1959.

R. V. Churchill, *Fourier Series and Boundary Value Problems*, 2nd ed. McGraw-Hill, 1963 (7ª edição: 2006, coautor J. W. Brown). [Tradução em português: *Séries de Fourier e Problemas de Valores no Contorno*. Editora Guanabara Dois, Rio de Janeiro, 1979.]

R. Clift, J. R. Grace e M. E. Weber, *Bubbles, Drops, and Particles*. Academic Press, 1978 (reimpressão: Dover, 2006).

A. L. Coimbra, *Lições de Mecânica do Contínuo*. Edgar Blücher/Editora da USP, 1978. [Do mesmo autor: *Mecânica do Continuo*, 2ª ed. COPPE, Rio de Janeiro, 1988.]

J. Crank, *The Mathematics of Diffusion*, 2nd ed. Oxford University Press, 1975.

M. A. Cremasco, *Fundamentos de Transferência de Massa*. Editora da UNICAMP, Campinas, 1998.

E. L. Cussler, *Diffusion: Mass Transfer in Fluid Systems*, Cambridge University Press, 1984 (2ª edição: 1997).

W. M. Deen, *Analysis of Transport Phenomena*. Oxford University Press, 1998.

M. M. Denn, *Stability of Reaction and Transport Processes*. Prentice-Hall, 1975.

M. M. Denn, *Process Modeling*. Longman, 1986.

M. M. Denn, *Process Fluid Mechanics*. Prentice-Hall, 1980.

M. M. Denn, *Polymer Melt Processing: Foundations in Fluid Mechanics and Heat Transfer*. Cambridge University Press, 2008.

P. G. Drazin e W. H. Reid, *Hydrodynamic Stability*, 2nd ed. Cambridge University Press, 2004.

C. R. G. Eckert e R. M. Drake, *Analysis of Heat and Mass Transfer*, McGraw-Hill, 1972 (reimpressão: Hemisphere, 1987).

F. E. Eirich (editor), *Rheology: Theory and Applications*, volume 4. Academic Press, 1967.
H. L. Goldsmith e S. G. Mason, "The Microrheology of Dispersions", pp 85-250.

R. Feynman, *The Character of Physical Law*. MIT Press, 1965 (reimpressão: Random House, 1994).

I. S. Gradshteyn e I. M. Ryzhik, *Tables of Integrals, Series, and Products*, 4th ed. Academic Press, 1980 (6ª edição: 2000).

M. D. Greenberg, *Foundations of Applied Mathematics*, Prentice-Hall, 1978. [Do mesmo autor: *Advanced Engineering Mathematics*, 2nd ed. Prentice Hall, 1998.]

G. W. Govier e K. Aziz, *The Flow of Complex Mixtures in Pipes*. Van Nostrand, 1972.

C. D. Han, *Multiphase Flow in Polymer Processing*, Academic Press, 1981.

J. Happel e H. Brenner, *Low Reynolds Number Hydrodynamics, with special applications to particulate media*, 2nd ed. Nijhoff, 1973.

G. Hetsroni (editor), *Handbook of Multiphase Systems*. New York, McGraw-Hill, 1983.

D. M. Himmelblau, *Process Analysis by Statistical Methods*, Wiley, 1970.

W. M. Kays e A. L. London, *Compact Heat Exchangers*, 2nd ed. McGraw-Hill, 1964 (reimpressão: Krieger, 1998).

W. M. Kays e M. E. Crawford, *Convective Heat and Mass Transfer*, 2nd ed. McGraw-Hill, 1980 (4ª edição: 2004, coautor B. Weigand).

D. Q. Kern, *Process Heat Transfer*. McGraw-Hill, 1950. [Tradução em português: *Processos de Transmissão de Calor*. Guanabara Dois, Rio de Janeiro, 1982.]

S. Kim e S. J. Karrila, *Microhydrodynamics. Principles and Selected Applications*. Butterworth-Heinemann, 1996 (reimpressão: Dover, 2005).

S. Kou, *Transport Phenomena and Materials Processing*. Wiley-Interscience, 1996.

L. D. Landau e E. M. Lifshitz, *Fluid Mechanics,* 2nd ed. (traduzido do russo por J. B. Sykes e W. H. Reid). Pergamon Press, 1987.

L.G. Leal, *Laminar Flow and Convective Transport Processes. Scaling Principles and Asymptotic Analysis.* Butterworth-Heinemann, 1992.

P.-C. Lu, *Introduction to the Mechanics of Viscous Fluids*. McGraw-Hill, 1977.

H. Macedo, *Elementos da Teoria Cinética dos Gases*. Guanabara Dois, 1978.

I. Manas-Zloczower (editor), *Mixing and Compounding of Polymers. Theory and Practice*, 2nd ed. Hanser, 2009.
C. Tucker III, "Mixing of Miscible Liquids", pp. 5-40.
H. E. H. Meijer, J. M. H. Janssen e P. D. Anderson, "Mixing of Immiscible Liquids", pp. 41-182.
Z. Tadmor, "Number of Passages Distribution Functions", pp. 241-250.
E. L. Canedo e L. N. Valsamis, "Continuous Mixers", pp. 1081-1138.

G. Massarani, *Fluidodinâmica em Sistemas Particulados*, 2.ª ed. E-Papers, Rio de Janeiro, 2002.

E. B. Nauman e B. A. Buffham, *Mixing in Continuous Flow Systems*, Wiley-Interscience, 1983.

J. Newman, *Electrochemical Systems*, Prentice-Hall, 1973 (3ª edição: 2004, coautor E. Thomas-Alyea, publicada por Wiley-Interscience).

J. M. Ottino, *The Kinematics of Mixing: Stretching, Caos, and Transport*, Cambridge University Press, 1989.

J. R. A. Pearson, *Mechanics of Polymer Processing*. Elsevier Applied Science, 1985.

A. D. Polyanin e V. F. Zaitsev, *Handbook of Exact Solutions for Ordinary Differential Equations*, 2nd ed. Chapman & Hall, 2002.

R. F. Probstein, *Physicochemical Hydrodynamics: An Introduction*, 2nd ed. Wiley-Interscience, 2003.

C. Rauwendaal, *Polymer Extrusion*, 4th ed. Hanser, 2001.

C. Rauwendaal (editor), *Mixing in Polymer Processing*. Dekker, 1991.
L. Erwin, "Principles of Fluid/Fluid Mixing", pp. 1-16.

W. M. Rohsenow e J. P. Hartnett (editors), *Handbook of Heat Transfer*, McGraw-Hill, 1973 (3ª edição: 1998, coeditor Y. I. Cho).

S. I. Sandler, *Chemical and Engineering Thermodynamics*, 3rd ed. Wiley, 1999.

H. Schlichting, *Boundary-Layer Theory*, 6th ed. (Traduzido do alemão por J. Kestin.) McGraw-Hill, 1968 (8ª edição: 2004, coautor K. Gersten, traduzida por C. Mayes, publicada por Springer Verlag).

J. C. Slattery, *Advanced Transport Phenomena*. Cambridge University Press, 1999.

M. L. de Souza-Santos, *Analytical and Approximate Methods in Transport Phenomena*. CRC Press, 2008.

J. Spanier e K. B. Oldham, *An Atlas of Functions*, Hemisphere/Springer Verlag, 1987.

I. Stakgold, *Green's Functions and Boundary Value Problems*, Wiley-Interscience, 1979 (2ª edição: 1998).

Z. Tadmor e I. Klein, *Engineering Principles of Plasticating Extrusion*, Reinhold, 1970 (reimpressão: Krieger, 1982).

Z. Tadmor e C. Gogos, *Principles of Polymer Processing*, 2nd ed. Wiley-Interscience, 2006.

R. I. Tanner, *Engeneering Rheology*. Oxford University Press, 1985 (2ª edição: 2000).

L. A. Utracki (editor), *Polymer Blends Handbook*, volume 1, Kluwer Academic Publishers (2002).

L. A. Utracki and M. R. Kamal, "The Rheology of Polymer Alloys and Blends", pp. 449-546.

J. R. Van Wazer, J. W. Lyons, K. Y. Kim e R. E. Colwell, *Viscosity and Flow Measurement*. Wiley-Interscience, 1963.

M. Van Dyke, *Perturbation Methods in Fluid Mechanics*. Parabolic Press, 1975.

J. R. Welty, C. E. Wicks e R. E. Wilson, *Fundamentals of Momentum, Heat and Mass Transport*, 3rd ed. Wiley, 1984 (5ª edição: 2008, coautor G. L. Rorrer).

S. Whitaker, *Introduction to Fluid Mechanics*. Prentice-Hall, 1968 (reimpressão: Krieger, 1992).

S. Whitaker, *Fundamental Principles of Heat Transfer*, Pergamon Press, 1977.

J. L. White e H. Potente (editors), *Screw Extrusion*, Hanser, 2003.

H. H. Potente, "Single Screw Extruder Analysis and Design", pp. 227-352.

C.-S. Yih, *Fluid Mechanics*. West River Press, 1979.

# ÍNDICE

ROTAPLAN
GRÁFICA E EDITORA LTDA
Rua Álvaro Seixas, 165
Engenho Novo - Rio de Janeiro
Tels.: (21) 2201-2089 / 8898
E-mail: rotaplanrio@gmail.com

10 1 2 3 4 5 6 7 8 9 2018